2025 최신판

건축기사 실기

강병두 · 강호근 편저

과년도 및 모의고사

- 최신 과년도 기출문제와 모의고사 수록
- 기출문제의 정밀 분석을 통한 핵심 요약정리
- 최신 시방서(KCS) 및 구조기준(KDS)에 맞춘 내용 및 해설
- 건축공사 표준시방서(KCS 41 00 00, 2021년) 적용
- 구조재료공사 표준시방서(KCS 14 00 00, 2022년) 적용
- 가설공사 표준시방서(KCS 21 00 00, 2022년) 적용
- 건축구조기준(KDS 41 00 00, 2022년) 적용
- 구조설계기준(KDS 14 00 00, 2022년) 적용

핵심 요약 + 기출 문제

질의응답 사이트 운영
http://www.kkwbooks.com
도서출판 건기원

도서출판 건기원

머리말

대학은 건축공학과 건축학으로 분화하여 학생들을 양성하고 있다. 특히, 건축공학의 경우 4년제 학과로 시공, 구조, 설비, 계획 등을 포함한 건축 엔지니어를 양성한다. 이러한 건축공학과 관련한 자격시험 중에는 건축기사 자격시험이 있다. 건축기사 자격시험 중 건축기사 실기시험은 실무적인 관점에서 건축시공, 건축적산, 공정관리, 품질관리 및 건축구조 등의 분야에서 주관식으로 출제된다.

최근의 출제 경향을 살펴보면, 출제범위는 더욱 광범위하고 문제내용은 현장실무와 관련된 깊이 있는 문제가 자주 출제되며 또한 최근 개정된 시방서와 구조기준을 중심으로 출제되고 있다. 또한 2011년부터는 건축일반구조, 구조역학, 철근콘크리트구조 및 강구조를 포함한 건축구조가 새롭게 추가되었다. 따라서 저자는 건축실무와 대학강의 등을 통해 습득한 다양한 경험과 시중에 판매되는 최신의 시방서(KCS)와 구조기준(KDS)은 물론 NCS(국가직무능력표준)를 바탕으로 건축기사 실기시험의 원년도부터 최근까지 출제된 모든 문제들을 철저하고 완벽히 분석하여 핵심 내용을 수험생들이 짧은 시간 동안 효율적인 학습이 될 수 있도록 정리하였다. 그리고 2011년부터 추가된 건축구조(구조역학, 철근콘크리트구조, 강구조)에 대한 내용과 예제를 추가하였다.

이 책은 건축시공, 건축적산, 공정관리, 품질관리 및 건축구조 등 총 5편에 대한 내용이며, 전반부에서 총 5편에 대한 기출문제 위주의 핵심내용 요약을 하였고, 이후 최근 기출문제를 해설과 함께 실었으며 내용적인 특징은 다음과 같다.

첫째, 건축시공, 건축적산, 공정관리, 품질관리 및 건축구조에 대한 핵심내용을 요약하였으며, 필기시험 이후 건축기사 실기에 대한 내용요약에 활용하고 특히 실기시험 1개월 전에 집중적으로 활용하면 유용할 것이다.

둘째, 최근 기출문제를 해설과 함께 완벽히 정리하였다.

셋째, 건축시공은 건축공사 표준시방서(KCS 41 00 00, 2021년 개정), 구조재료공사 표준시방서(KCS 14 00 00, 2022년 개정), 가설공사 표준시방서(KCS 21 00 00, 2022년 개정), 건축구조기준(KDS 41 00 00, 2022년 개정), 구조설계기준(KDS 14 00 00, 2022년 개정) 등 최근 개정된 시방서와 구조기준을 바탕으로 문제해설을 하여 학생들의 혼란을 최소화하였다.

넷째, 특히 건축시공은 SI단위계를 반영하였고, 새로운 출제기준에 따라 추가된 부분을 반영하였다.

다섯째, 건축적산은 한눈에 내용 파악이 될 수 있도록 정리하여 수험생들의 편의를 제공하였다.

여섯째, 공정관리는 공정표 작성에서부터 공기조정 및 공기단축까지 수험생이 직접 학습하여도 이해될 수 있도록 쉽고 상세하게 설명하였다.

일곱째, 건축구조는 구조역학, 철근콘크리트구조 및 강구조로 이루어져 있다. 구조역학에서는 그림과 자세한 해설로 수험생이 이해하기 쉽게 구성하였고, 예제 문제를 통해 내용을 더욱 상세히 다루었다. 또한 철근콘크리트구조와 강구조(철골구조)의 해석 및 설계에서는 건축구조기준(KDS 41 00 00, 2022년 개정), 구조설계기준(KDS 14 00 00, 2022년 개정) 등을 근간으로 하여 기본 이론에서 예제 문제까지 기준에 맞춰 내용을 충실히 하였다.

여덟째, 수험생들이 실전고사에서 당황하지 않고 차분히 문제를 풀 수 있도록 많은 횟수의 모의고사를 실전 문제와 같은 양식으로 하여 수록하였다.

건축기사 실기시험은 문제은행식으로 출제되므로 과년도문제가 제일 중요하다. 또한 최근 개정된 시방서와 구조기준이 최근문제에서 중요하게 다루어져 자주 출제되므로 이를 중요하게 다루어야 한다. 따라서 본서는 시방서와 구조기준 등을 바탕으로 해설한 과년도문제 풀이를 통해 학생들의 자격증 취득에 도움을 주고자 하였다. 특히 전반부의 핵심요약은 학생들에게 많은 수고를 들어 줄 판단되며, 수험생들은 본서의 내용 하나하나를 철저히 이해하고 습득하여 건축기사 시험에 합격하여 영광을 누리길 바란다.

이 교재를 집필하기 위해 학회, 협회 및 관련 서적 등 훌륭한 자료와 내용을 참고하였으나 미리 양해를 구하지 못한 점에 대해 진심으로 사의를 표하며 부족하고 미흡한 부분들은 계속하여 보완·수정할 수 있도록 많은 관심과 고견을 부탁드립니다.

항상 가족이라는 든든한 후원자가 있기에 정진할 수 있었습니다. 끝으로 이 교재가 완성되도록 지원과 노력을 아끼지 않으신 출판사 사장님과 관계자 여러분들께 진심으로 감사를 드립니다.

저자 씀

출제기준(실기)

직무분야	건설	중직무분야	건축	자격종목	건축기사	적용기간	2025.01.01. ~ 2029.12.31.

실기과목명	주요항목	세부항목
건축시공실무	1. 해당 공사 분석	1. 계약사항 파악하기 / 2. 공사내용 분석하기 / 3. 유사공사 관련자료 분석하기
	2. 공정표 작성	1. 공종별 세부공정관리계획서 작성하기 2. 세부공정내용파악하기 3. 요소작업(Activity)별 산출내역서작성하기 4. 요소작업(Activity) 소요공기 산정하기 5. 작업순서관계표시하기 / 6. 공정표작성하기
	3. 진도관리	1. 투입계획 검토하기 / 2. 자원관리 실시하기 / 3. 진도관리계획 수립하기 4. 진도율 모니터링하기 / 5. 진도 관리하기 / 6. 보고서 작성하기
	4. 품질관리 자료관리	1. 품질관리 관련자료 파악하기 2. 해당 공사 품질관리 관련자료 작성하기
	5. 자재 품질관리	1. 시공기자재보관계획수립하기 / 2. 시공기자재검사하기 3. 검사·측정시험장비관리하기
	6. 현장환경점검	1. 환경점검계획수립하기 / 2. 환경점검표작성하기 3. 점검실시 및 조치하기
	7. 현장착공관리(6수준)	1. 현장사무실개설하기 / 2. 공동도급관리하기 3. 착공관련인·허가법규검토하기 / 4. 보고서작성·신고하기 5. 착공계(변경)제출하기
	8. 계약관리	1. 계약관리하기 / 2. 실정보고하기 / 3. 설계변경하기
	9. 현장자원관리	1. 노무관리하기 / 2. 자재관리하기 / 3. 장비관리하기
	10. 하도급관리	1. 발주하기 / 2. 하도급업체선정하기 / 3. 계약·발주처신고하기 4. 하도급업체계약변경하기
	11. 현장준공관리	1. 예비준공검사하기 / 2. 준공하기 / 3. 사업종료보고하기 4. 현장사무실철거 및 원상복구하기 / 5. 시설물인수·인계하기
	12. 프로젝트파악	1. 건축물의 용도파악하기
	13. 자료조사	1. 사례조사하기 / 2. 관련도서검토하기 / 3. 지중주변환경조사하기
	14. 하중검토	1. 수직하중검토하기 / 2. 수평하중검토하기 / 3. 하중조합검토하기
	15. 도서작성	1. 도면작성하기
	16. 구조계획	1. 부재단면 가성하기
	17. 구조시스템계획	1. 구조형식 사례검토하기 / 2. 구조시스템 검토하기 3. 구조형식 결정하기
	18. 철근콘크리트 부재	1. 철근콘크리트 구조 부재 설계하기
	19. 강구조 부재설계	1. 강구조 부재 설계하기

실기과목명	주요항목	세부항목
	20. 건축목공시공계획수립	1. 설계도면검토하기 / 2. 공정표작성하기 / 3. 인원투입계획하기 4. 자재장비투입계획하기
	21. 검사하자보수	1. 시공결과확인하기 / 2. 재작업검토하기 / 3. 하자원인파악하기 4. 하자보수계획하기 / 5. 보수보강하기
	22. 조적미장공사시공계획수립	1. 설계도서검토하기 / 2. 공정관리계획하기 / 3. 품질관리계획하기 4. 안전관리계획하기 / 5. 환경관리계획하기
	23. 방수시공계획수립	1. 설계도서검토하기 / 2. 내역검토하기 / 3. 가설계획하기 4. 공정관리계획하기 / 5. 작업인원투입계획하기 6. 자재투입계획하기 / 7. 품질관리계획하기 8. 안전관리계획하기 / 9. 환경관리계획하기
	24. 방수검사	1. 외관검사하기 / 2. 누수검사하기 / 3. 검사부위손보기
	25. 타일석공시공계획수립	1. 설계도서검토하기 / 2. 현장실측하기 / 3. 시공상세도작성하기 4. 시공방법절차검토하기 / 5. 시공물량산출하기 6. 작업인원자재투입계획하기 / 7. 안전관리계획하기
	26. 검사보수	1. 품질기준확인하기 / 2. 시공품질확인하기 / 3. 보수하기
	27. 건축도장시공계획수립	1. 내역검토하기 / 2. 설계도서검토하기 / 3. 공정표작성하기 4. 인원투입계획하기 / 5. 자재투입계획하기 6. 장비투입계획하기 / 7. 품질관리계획하기 8. 안전관리계획하기 / 9. 환경관리계획하기
	28. 건축도장시공검사	1. 도장면의 상태확인하기 / 2. 도장면의 색상확인하기 3. 도막두께확인하기
	29. 철근콘크리트시공계획수립	1. 설계도서검토하기 / 2. 내역검토하기 / 3. 공정표작성하기 4. 시공계획서작성하기 / 5. 품질관리계획하기 6. 안전관리계획하기 / 7. 환경관리계획하기
	30. 시공 전 준비	1. 시공상세도 작성하기 / 2. 거푸집 설치 계획하기 3. 철근가공 조립계획하기 / 4. 콘크리트 타설 계획하기
	31. 자재관리	1. 거푸집 반입·보관하기 / 2. 철근 반입·보관하기 3. 콘크리트 반입검사하기
	32. 철근가공조립검사	1. 철근절단가공하기 / 2. 철근조립하기 / 3. 철근조립검사하기
	33. 콘크리트양생 후 검사보수	1. 표면상태 확인하기 / 2. 균열상태 검사하기 / 3. 콘크리트보수하기
	34. 창호시공계획수립	1. 사전조사실측하기 / 2. 협의조정하기 / 3. 안전관리계획하기 4. 환경관리계획하기 / 5. 시공순서계획하기
	35. 공통가설계획수립	1. 가설측량하기 / 2. 가설건축물시공하기 / 3. 가설동력및용수확보하기 4. 가설양중시설설치하기 / 5. 가설환경시설설치하기
	36. 비계시공계획수립	1. 설계도서작성검토하기 / 2. 지반상태확인보강하기 3. 공정계획작성하기 / 4. 안전품질환경관리계획하기 5. 비계구조검토하기
	37. 비계검사점검	1. 받침철물기자재설치검사하기 / 2. 가설기자재조립결속상태검사하기 3. 작업발판안전시설재설치검사하기

실기과목명	주요항목	세부항목
	38. 거푸집동바리시공계획수립	1. 설계도서작성검토하기 / 2. 공정계획작성하기 3. 안전품질환경관리계획하기 / 4. 거푸집동바리구조 검토하기
	39. 거푸집동바리검사점검	1. 동바리설치 검사하기 / 2. 거푸집설치 검사하기 / 3. 타설전중점검 보정하기
	40. 가설안전시설물설치 점검해체	1. 가설통로설치점검 해체하기 / 2. 안전난간설치점검 해체하기 3. 방호선반설치점검 해체하기 / 4. 안전방망설치점검 해체하기 5. 낙하물방지망설치점검 해체하기 / 6. 수직보호망설치점검 해체하기 7. 안전시설물해체점검정리하기
	41. 수장시공계획수립	1. 현장조사하기 / 2. 설계도서검토하기 3. 공정관리계획하기 / 4. 품질관리계획하기 5. 안전환경관리계획하기 / 6. 자재인력장비투입계획하기
	42. 검사마무리	1. 도배지검사하기 / 2. 바닥재검사하기 / 3. 보수하기
	43. 공정관리계획수립	1. 공법 검토하기 / 2. 공정관리계획하기 / 3. 공정표작성하기
	44. 단열시공계획수립	1. 자재투입양중계획하기 / 2. 인원투입계획하기 3. 품질관리계획하기 / 4. 안전환경관리계획하기
	45. 검사	1. 육안검사하기 / 2. 물리적 검사하기 / 3. 화학적 검사하기
	46. 지붕시공계획수립	1. 설계도서 확인하기 / 2. 공사여건 분석하기 / 3. 공정관리 계획하기 4. 품질관리 계획하기 / 5. 안전관리 계획하기 / 6. 환경관리 계획하기
	47. 부재제작	1. 재료관리하기 / 2. 공장제작하기 / 3. 방청도장하기
	48. 부재설치	1. 조립준비하기 / 2. 가조립하기 / 3. 조립검사하기
	49. 용접접합	1. 용접준비하기 / 2. 용접하기 / 3. 용접 후 검사하기
	50. 볼트접합	1. 재료검사하기 / 2. 접합면관리하기 / 3. 체결하기 / 4. 조임검사하기
	51. 도장	1. 표면처리하기 / 2. 내화도장하기 / 3. 검사보수하기
	52. 내화피복	1. 재료공법선정하기 / 2. 내화피복시공하기 / 3. 검사보수하기
	53. 공사준비	1. 설계도서 검토하기 / 2. 공작도 작성하기 / 3. 품질관리 검토하기 4. 공정관리 검토하기
	54. 준공 관리	1. 기성검사준비하기 / 2. 준공도서작성하기 3. 준공검사하기 / 4. 인수·인계하기

■ http://www.q-net.or.kr〉정기시험〉자격정보〉국가자격종목별상세정보

차례

제1편 핵심요약

Lesson 1 건축시공 ······ 3
I. 총 론 ······ 3
1. 건축시공의 개론 및 건설업과 건설경영 ······ 3
2. 건설계약 ······ 6
3. 입찰, 계약, 건설클레임 및 시방서 ······ 9
II. 가설공사 ······ 12
1. 가설공사의 개요, 가설건물 및 규준틀 ······ 12
2. 비계 및 안전시설 ······ 13
III. 토공사 ······ 14
1. 토공사 계획, 흙의 분류 및 흙의 성질 ······ 14
2. 지반조사, 지반개량 공법 및 지하수 대책 ······ 15
3. 터파기 및 흙막이벽 ······ 18
4. 지하연속벽 흙막이, 탑다운 공법, 굴착기계 및 계측관리 ······ 20
IV. 지정 및 기초공사 ······ 23
1. 부동침하, 부력 및 기초와 지정 ······ 23
2. 각종 말뚝지정 및 말뚝박기 ······ 25
V. 철근콘크리트 공사 ······ 28
1. 개요 ······ 28
2. 철근공사 ······ 28
3. 거푸집공사 ······ 30
4. 콘크리트의 재료 ······ 34
5. 콘크리트의 성질, 시험 및 내구성 ······ 37
6. 콘크리트의 배합설계 및 시공 ······ 42
7. 각종 콘크리트 ······ 46
VI. 강구조공사 ······ 53
1. 개요 및 철골공장 가공 ······ 53
2. 강구조부재의 접합 ······ 53
3. 현장세우기, 내화피복 공법 및 기타 ······ 59
VII. 조적공사 ······ 63
1. 벽돌공사 ······ 63
2. 블록공사 ······ 67

3. 돌공사 ………… 68
VIII. 목공사 ………… 69
1. 목재의 개요, 성질, 방부법 및 철물 ………… 69
2. 목재의 가공, 제품, 세우기 및 수장 ………… 71
IX. 지붕, 홈통 및 방수공사 ………… 73
1. 지붕공사 및 홈통공사 ………… 73
2. 방수공사 ………… 73
X. 미장 및 타일공사 ………… 77
1. 미장공사 ………… 77
2. 타일공사 ………… 79
XI. 창호 및 유리공사 ………… 80
1. 창호공사 ………… 80
2. 유리공사 ………… 82
XII. PC공사 및 외벽공사 ………… 83
1. PC공사 ………… 83
2. 커튼월공사 ………… 83
3. ALC 패널공사 ………… 84
XIII. 마감, 기타 공사 및 유지관리 ………… 85
1. 도장공사 ………… 85
2. 합성수지공사 ………… 86
3. 금속공사 ………… 86
4. 단열공사 ………… 86
5. 도배공사 ………… 86
6. 바닥공사 ………… 86
7. 기타 공사 ………… 87
8. 유지관리 ………… 87
Lesson 2 건축적산 ………… 88
1. 건축적산의 일반기준 ………… 88
2. 가설공사의 수량 ………… 89
3. 토공사의 수량 ………… 90
4. 콘크리트의 각 재료량 ………… 94
5. 거푸집면적 및 콘크리트량 산출 ………… 95
6. 철근수량 ………… 99
7. 철골공사의 수량 ………… 104

8. 조적 및 타일공사의 수량 ········ 104
9. 목공사의 수량 ········ 105
10. 기타 공사의 수량 ········ 105
11. 종합적산 ········ 106

Lesson 3 공정관리 ········ 111

1. 공정관리의 개요 ········ 111
2. 네트워크 공정표의 작성 ········ 112
3. 네트워크 공정표와 바차트 ········ 118
4. 공기단축의 개요 ········ 119
5. 공기단축 방법 및 최적공기 산정 ········ 120
6. 진도관리 및 자원배당 ········ 123

Lesson 4 품질관리 ········ 124

1. 품질관리의 개요 ········ 124
2. 통계적 품질관리 ········ 124
3. 종합적 품질관리 ········ 125
4. 토질시험 ········ 126
5. 시멘트시험 ········ 127
6. 골재시험 ········ 128
7. 콘크리트시험 ········ 129
8. 기타 시험 ········ 130

Lesson 5 건축구조 ········ 132

I. 구조역학 ········ 132
1. 구조물의 특성 및 판별 ········ 132
2. 정정 구조물의 해석 ········ 134
3. 탄성체의 성질 ········ 140
4. 구조물의 변형 ········ 145
5. 부정정 구조물의 해석 ········ 148

II. 철근콘크리트구조 ········ 152
1. 철근콘크리트 구조설계 일반 ········ 152
2. 보의 해석과 설계 ········ 155
3. 전단과 비틀림 ········ 161
4. 철근의 정착과 이음 ········ 162
5. 사용성과 내구성 ········ 165

6. 기둥 ………… 168
7. 슬래브 ………… 170
8. 기초 ………… 172
9. 벽체와 옹벽 ………… 176
Ⅳ. 강구조 ………… 177
1. 강구조설계 일반 ………… 177
2. 접합의 기본 ………… 181
3. 인장재 ………… 189
4. 압축재 ………… 192
5. 휨재 ………… 195

제2편 과년도 기출 문제

• 2011년 1회(2011.5.1 시행) ………… 201
• 2011년 2회(2011.7.24 시행) ………… 211
• 2011년 3회(2011.11.13 시행) ………… 223
• 2012년 1회(2012.4.22 시행) ………… 234
• 2012년 2회(2012.7.8 시행) ………… 247
• 2012년 3회(2012.11.3 시행) ………… 257
• 2013년 1회(2013.4.21 시행) ………… 267
• 2013년 2회(2013.7.14 시행) ………… 277
• 2013년 3회(2013.11.10 시행) ………… 287
• 2014년 1회(2014.4.19 시행) ………… 298
• 2014년 2회(2014.7.5 시행) ………… 307
• 2014년 3회(2014.11.1 시행) ………… 318
• 2015년 1회(2015.4.18 시행) ………… 329
• 2015년 2회(2015.7.11 시행) ………… 340
• 2015년 3회(2015.11.7 시행) ………… 351
• 2016년 1회(2016.4.16 시행) ………… 360
• 2016년 2회(2016.6.25 시행) ………… 372
• 2016년 3회(2016.11.12 시행) ………… 383
• 2017년 1회(2017.4.16 시행) ………… 394
• 2017년 2회(2017.6.25 시행) ………… 405
• 2017년 3회(2017.11.11 시행) ………… 416

• 2018년 1회(2018.4.14 시행) 426
• 2018년 2회(2018.6.30 시행) 436
• 2018년 3회(2018.11.10 시행) 446
• 2019년 1회(2019.4.13 시행) 456
• 2019년 2회(2019.6.29 시행) 467
• 2019년 3회(2019.11.9 시행) 478
• 2020년 1회(2020.5.24 시행) 488
• 2020년 2회(2020.7.25 시행) 499
• 2020년 3회(2020.10.17 시행) 511
• 2020년 4회(2020.11.14 시행) 521
• 2020년 5회(2020.11.29 시행) 531
• 2021년 1회(2021.4.25 시행) 541
• 2021년 2회(2021.7.10 시행) 550
• 2021년 3회(2021.11.14 시행) 559
• 2022년 1회(2022.5.7 시행) 568
• 2022년 2회(2022.7.24 시행) 578
• 2022년 3회(2022.11.19 시행) 589
• 2023년 1회(2023.4.23 시행) 599
• 2023년 2회(2023.7.22 시행) 608
• 2023년 3회(2023.11.5 시행) 618

부록 모의고사

제1회 3
제2회 17
제3회 31
제4회 43
제5회 57
제6회 71
제7회 83
제8회 97
제9회 109

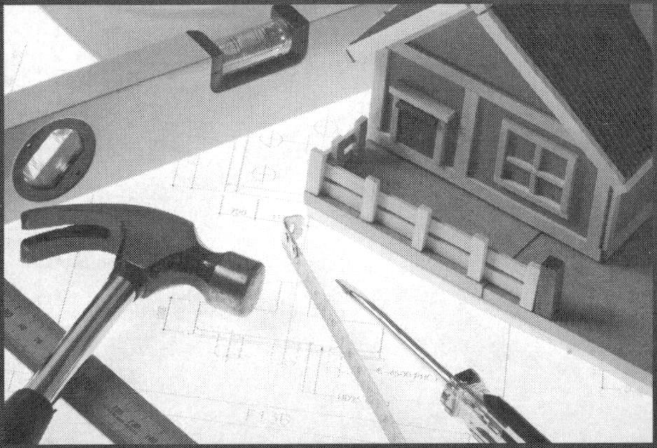

건/축/기/사/실/기/과/년/도

01

핵심요약

Lesson 1 건축시공
Lesson 2 건축적산
Lesson 3 공정관리
Lesson 4 품질관리
Lesson 5 건축구조

Lesson 01 건축시공

I 총론

1. 건축시공의 개론 및 건설업과 건설경영

1) 건축부품의 3S 시스템 (99③, 01③, 07①)

① 단순화(Simplification)

② 규격화(Standardization)

③ 전문화(Specialization)

2) 건축주(발주자, 시행주) (06②)

건설공사를 건설업자에게 도급하는 자를 말한다. 다만, 수급인으로서 도급 받은 건설공사를 하도급하는 자를 제외한다.

3) 공사감리자 (06②)

건축주의 위탁을 받아 공사가 설계대로 시공되는지 여부를 확인, 지도, 감독하는 자이다.

4) 건축주와 도급자의 권리와 의무 (93②)

구 분	건축주	도급자
권 리	완성된 건축물 인수의 권리	공사비 청구의 권리
의 무	공사비 지불의 의무	기간내 건축물 완성의 의무

5) 도급자의 종류 (98③)

① 원도급자 : 건축주와 직접도급계약을 한 시공업자

② 재도급 : 도급공사의 전부를 건축주와 관계없이 다른 공사자에게 도급주어 시행하는 것

③ 하도급 : 원도급자가 공사를 부분적으로 분할하여 제3자에게 도급주어 시행하는 것

6) 고용형태에 따른 건설노무자 (00①)

종 류	내 용
직용노무자 (90③,92③, 94②, 96②)	원도급자에게 직접 고용되어 임금을 받는 노무자로서 잡역 등의 미숙련 노무자가 많다.
정용노무자	직종별 전문업자 혹은 하도급자에 상시 종속되어 있는 기능노무자로서 출력일수에 따라 임금을 받는다.
임시고용 노무자	날품노무자로서 보조노무자이고 임금이 저렴하다.

7) 건설산업 환경분석 내용 (06②)

① 일반 경제지표

② 정부의 투자계획 및 제도

③ 건설수요 예상물량

④ 잠정적 고객

⑤ 경쟁자의 능력

⑥ 자원공급력(인력, 자재, 하도급업자 등)

⑦ 지역별 특수조건(제도 등)

8) 직계식 조직(Line Organization) (06③)

건설사업에서 전통적으로 사용되어 온 것으로, 사업성격이 분명하고 단순하며 각 업무가 분절되어도 서로 큰 영향을 미치지 않은 경우에 적합하지만 CM 등이 적용되는 대규모 공사에는 부적합하고 자칫 관료적이 되기 쉬운 건설관리 조직형태이다.

9) 전담반 조직(Task Force Organization) (10③)

다양한 기능조직에서 일정기간 본 부서를 떠나 한시적으로 팀을 구성하여 주어진 임무를 완수한 후 다시 본래의 조직으로 복귀

하는 조직형태로써 긴급공사, 중요공사 및 일정기간에 완료해야 하는 공사 등에 유리하다.

10) 건축시공 기술의 분류 (04②)

(1) 하드웨어 기술

① 시공
② 시운전
③ 해체

(2) 소프트웨어 기술

① 프로젝트 발굴 ② 기획
③ 타당성 평가 ④ 기본설계
⑤ 상세설계 ⑥ 자재조달
⑦ 인도 ⑧ 유지관리

11) 시공계획의 순서 (07②)

① 사전조사 ② 기본계획
③ 상세계획 ④ 관리계획

12) 착공단계에서의 공사계획 순서 (95②, 96③⑤, 98①, 99⑤, 01②)

① 현장원 편성
② 공정표 작성
③ 실행예산편성과 조정
④ 하도급자의 선정
⑤ 가설준비물 결정
⑥ 재료선정
⑦ 재해예방

13) 도급계약 체결 후 시공순서 (85①, 86③)

가설공사 → 토공사 → 지정 및 기초공사 → 구체공사 → 방수 및 방습공사 → 지붕 및 홈통공사 → 외벽 마무리공사 → 창호공사 → 내부 마무리공사

14) 건축 프로젝트의 전개과정 (98⑤, 05②)

① 프로젝트 착상 및 타당성 분석
② 설계
③ 구매 및 조달
④ 시공
⑤ 시운전 및 완공
⑥ 인도

15) 정초식, 상량식에 대한 설명 (92③, 07③)

① 정초식 : 기초공사 완료시에 행하는 의식
② 상량식 : 강구조, 목구조는 기둥을 세우고 지붕 마룻대 올리기가 완료될 때 행하는 의식이고, 콘크리트구조에서는 콘크리트 지붕공사가 완료되었을 때 행하는 의식

16) 건설공사 현장의 보고(報告) 중 주기가 짧은 것부터 긴 것 (98③)

① 일보(日報) ② 주보(週報)
③ 순보(旬報) ④ 월보(月報)
⑤ 분기보(分期報)

17) 공사내용의 분류 방법에서 목적에 따른 Breakdown Structure의 종류 (05②, 12②, 17①, 22①)

① WBS(작업분류체계)
② OBS(조직분류체계)
③ CBS(원가분류체계)
④ BBS(업무분류체계

18) 건축시공(생산)관리 3대 목표 (89①, 91③, 98②, 01①, 04①)

① 품질관리 ② 공정관리
③ 원가관리

19) 목표 및 수단이 되는 관리 (94①, 03①)

(1) 목표가 되는 관리

① 품질관리 ② 공정관리
③ 원가관리 ④ 안전관리

(2) 수단이 되는 관리

① 인력관리 ② 자원관리
③ 설비관리 ④ 자금관리

20) 품질관리 중 5M (89②, 94②)

① Man(인력) ② Machine(기계)
③ Material(재료) ④ Money(자금)
⑤ Method(시공법)

21) VE의 정의 (94①, 95⑤, 97④, 02②, 10③, 20③)

발주자가 요구하는 성능, 품질을 보장하면서 가장 저렴한 값으로 공사를 수행하기 위한 수단을 찾고자 하는 체계적이고 과학적인 공사 방법

22) VE의 기본공식 (92④, 98④, 00②, 09②, 15③, 22①)

$$V = \frac{F}{C}$$

여기서, V : 가치, F : 기능, C : 비용

23) VE의 가치향상의 방법 (08①)

① 기능은 일정하게 하고, 비용은 내린다.
② 기능은 올리고, 비용은 일정하게 한다.
③ 기능은 올리고, 비용은 내린다.
④ 기능은 많이 올리고, 비용은 약간 올린다.
⑤ 기능은 약간 내리고, 비용은 많이 내린다.

24) VE의 사고방식 (98①, 11③, 14③, 20③)

① 고정관념의 제거
② 사용자 중심의 사고
③ 기능중심의 접근
④ 조직적 노력

25) VE의 기본추진절차 (00④, 01③, 08③, 17③)

대상선정 → 정보수십 → 기능정의 → 기능정리 → 기능평가 → 아이디어 발상 → 평가 → 제안 → 실시

26) VE의 기본추진절차를 4단계로 구분 (07②, 13②, 15①)

① 정보수집 및 기능분석단계
② 아이디어 창출단계
③ 대체안의 평가 및 개발단계
④ 제안 및 실시단계

27) 브레인스토밍의 원칙 (07①)

① 다른 사람의 아이디어를 비판하지 말 것
② 질 보다 양을 중시할 것
③ 먼저 나온 아이디어를 활용하여 다른 아이디어를 낼 것
④ 기록자는 전문성이 많은 사람이 할 것
⑤ 나온 아이디어를 재빨리 요약해서 기록할 것

28) JIT(Just In Time)의 정의 (07①)

생산부문의 각 공정별로 작업량을 조정하여 중간재고를 최소한으로 줄이는 관리체계로서 생산에 있어 필요한 때 필요한 부품만을 확보하는 경영방식이다.

29) LCC의 정의 (07②③, 10①, 10③, 12③, 16①, 19③, 20③, 22①)

건축물의 기획, 설계, 시공에서부터 완공된 후의 유지관리 및 해체까지 이어지는 일련의 과정을 건물의 생애(수명)라 한다. 이러한 건물의 생애기간동안 소요되는 초기투자비 및 유지관리비 등의 총비용을 LCC라 한다.

30) CIC(Computer Integrated Construction) (01②)

모든 건설단계에서 발생되는 각기 다른 형태의 정보들을 상호 연결시켜 건설생산 과정에 참여하는 참가자들이 모든 과정에 걸쳐 정보를 공유하고, 상호 협소하여 하나의 팀으로 구성하는 건설정보의 통합화이다.

31) CALS의 정의 (01③, 05③, 07②, 10①)

건설사업자원 통합전산망으로 기획, 계약, 설계, 시공, 유지관리 등 건설활동 전 과정의 정보를 발주자 및 건설 관련자가 전산망을 통하여 신속히 교환, 공유토록 함으

로써 건설산업을 지원하는 통합정보시스템

32) EC의 정의 (05②, 07②)

종래의 단순한 시공업과 비교하여 건설사업의 발굴, 기획, 설계, 시공, 유지관리에 이르기까지 사업전반에 관한 것을 종합, 기획 관리하는 업무영역의 확대를 말한다.

33) PMIS의 정의 (10③)

건설산업관리시스템이라고 하며, 건설사업과 관련된 발주자, 사업관리자, 사업자간에 발생하는 각종 정보를 체계화, 종합화시킴으로써 최고 품질의 건축물을 건설하도록 지원하는 전산시스템이다.

2. 건설계약

1) 공사수행방식에 따른 계약방식 (08②)

① 일식도급 ② 분할도급
③ 공동도급

2) 도급금액결정방식의 종류 (94②)

① 정액도급 ② 단가도급
③ 실비정산보수가산도급

3) 공구별 분할도급의 설명 (99①)

도급업자에게 균등한 기회를 주며 공기단축, 시공기술 향상 및 공사의 높은 성과를 기대할 수 있다.

4) 공동도급의 설명 (99①)

대규모 공사의 시공에 있어서 시공자의 기술, 자본 및 위험 등의 부담을 분산, 감소시킬 수 있다.

5) 공동도급의 장·단점 (95④, 96⑤, 98⑤, 09③, 11③, 18③)

(1) 장점

① 융자력 증대 ② 위험의 분산
③ 시공의 확실성 ④ 상호기술의 확충
⑤ 공사 도급경쟁 완화수단

(2) 단점

① 도급자 상호간의 이해 충돌
② 경영방식의 차이에서 오는 능률저하
③ 단일 회사의 도급공사보다 공사비 증대
④ 현장 및 사무관리에 혼란 우려
⑤ 책임소재가 불분명

6) 공동도급의 종류 (08②, 18①)

① 공동이행방식
② 분담이행방식
③ 주계약자형 공동도급방식

7) 페이퍼 조인트의 정의 (00④, 07③, 13②)

서류상(명목상)으로는 공동도급의 형태를 취하지만, 실질적으로는 한 회사가 공사 전체를 진행하고 나머지 회사는 하도급의 형태 또는 단순 이익배당 형태로 참여하는 서류상의 공동도급방식

8) 정액도급의 정의 (99①)

공사비 총액을 확정하여 계약하는 방식으로 공사발주와 동시에 공사비가 확정되어 관리업무가 간편하다.

9) 실비정산보수가산도급의 정의 (07③)

공사의 실비를 건축주와 도급자가 확인, 정산하고 건축주는 미리 정한 보수율에 따라 도급자에게 그 보수액을 지불하는 방식

10) 실비정산보수가산도급의 설명 (99①, 07③, 18②)

양심적인 공사를 기대할 수 있으나, 공사비 절감 노력이 없어지고 공사기일이 연체되는 경향이 있다.

11) 실비정산보수가산도급의 장점 (96①)

① 양심 시공 기대
② 양질 공사 기대

12) 실비정산보수가산도급의 종류 (95⑤, 96①, 98①, 00⑤, 03③, 11②, 13①)

① 실비비율보수가산식(A+Af)
② 실비한정비율보수가산식(A'+A'f)
③ 실비정액보수가산식(A+F)
④ 실비준동율보수가산식(A+A×variable F)
여기서, A : 공사실비, A' : 한정된 실비,
f : 비율, Af : 비율보수, F : 정액보수

13) 실비한정비율보수가산식 (96①)

공사의 실비에 한정을 두고 시공자는 이 실비 내에서 공사를 완성시키는 방식

14) 실비한정비율보수가산식에 따른 총공사금액 산정 (09②, 13①)

① 한정된 실비 : 100,000,000원
② 보수비율 : 5%
③ 총공사금액
=100,000,000+100,000,000×0.05
=105,000,000원

15) 턴키 방식의 정의 (94①, 96④, 99①)

도급자가 대상계획의 기업, 금융, 토지조달, 설계, 시공, 기계·기구 설치, 시운전 및 조업지도까지 주문자가 필요로 하는 모든 것을 조달하여 주문자에게 인도하는 방식

16) 턴키 방식의 설명 (99①)

모든 요소를 포괄한 도급계약으로 주문자가 필요로 하는 모든 것을 조달 및 완수

17) 턴키(설계·시공 일괄 계약) 방식의 장·단점 (96①, 97⑤, 11①, 12①)

(1) 장점

① 책임한계가 명확
② 최적대안의 선정
③ 관리업무의 최소화
④ 공기단축
⑤ 사업수행의 효율성 제고
⑥ 신기술 개발유도
⑦ 위험관리 기회증진
⑧ 전문화의 촉진

(2) 단점

① 사업내용의 불확실
② 품질확보의 한계
③ 사업관리의 한계
④ 발주절차의 복잡성
⑤ 입찰부담의 가중
⑥ 중소기업의 참여기회 제한

18) CM의 정의 (96④, 98①, 07③, 08③)

설계에서부터 각종 공사정보의 활용성 및 시공성을 고려하여 원가절감 및 공기단축을 꾀할 수 있는 설계와 시공의 통합 시스템. 혹은 발주자의 이익확보의 측면에서 발주자의 대리인으로 설계단계 및 시공단계에서 필요한 업무수행, 즉 기획, 설계, 시공, 감리 등에 필요한 기술과 경험을 개인 또는 조직이 발주자에게 제공하는 설계와 시공의 통합관리 시스템

19) 설계에서부터 각종 공사정보의 활용성 및 시공성을 고려하여 원가절감 및 공기단축을 꾀할 수 있는 설계와 시공의 통합 시스템은? (95⑤, 97④, 02②, 08③)

CM

20) 건설 프로젝트의 기획, 설계, 시공, 유지관리 등 전 과정에 대해 전부 또는 일부의 건설관리(CM)를 수행하는 자는? (06②)

CMr

21) CM의 주요 업무 (00①③, 03③)

① 사업관리 일반 ② 계약관리
③ 사업비관리 ④ 공정관리
⑤ 품질관리 ⑥ 안전관리
⑦ 사업정보관리

22) CM의 단계별 업무 (02①)

① Pre-Design 단계 : 사업의 타당성 검토 및 사업수행의 구체적 계획수립
② Design 단계 : 비용의 분석 및 VE 기법의 도입, 대안 공법의 검토
③ Pre-Construction 단계 : 전문공종별 입찰자 선정 및 계약
④ Construction 단계 : 설계도면, 시방서에 따른 공사진행 검사 및 검토
⑤ Pre-Construction 단계 : 사용계획 및 최종 인허가 및 유지관리

23) CM for Fee 방식과 CM at Risk 방식에 대한 설명 (04②, 07①, 10②, 19③, 20④)

① CM for Fee 방식 : 발주자와 시공자가 직접 계약을 하고 CM은 설계 및 시공에 직접 관여하지 않고 건설사업 수행에 관한 발주자에 대한 대리인 및 조정자의 역할만을 하는 방식
② CM at Risk 방식 : 발주자와 CM이 계약을 하고 발주자와 합의된 계약 조건하에서 CM이 시공자 역할까지 하면서 하도급자를 선정하고 이윤을 추구할 수 있도록 하는 방식

24) CM의 장점과 단점 (06①)

(1) 장점

① 충실한 설계관리 및 검토 가능
② 견제와 균형
③ 설계-시공 통합관리
④ 발주자의 적극적인 참여

(2) 단점

① 공사행정 부담 증가
② 발주자가 감당할 위험 증대
③ 관리기능의 중첩 우려

25) CM 계약의 유형에 대한 설명 (07①)

① ACM : 공사관리자가 대리인 업무만 수행하는 기법
② XCM : 기능 확대형의 기법
③ OCM : 공사관리자가 설계도 하고 시공도 하는 기법
④ GMPCM : 비용 한계선을 미리 정하고 관리하는 기법

26) BOT의 정의 (00④, 03②, 04①, 07②, 08①③, 10③, 11②, 14①③, 16①③, 17①, 19②, 20①, 21①)

사회간접시설의 확충을 위해 민간이 자금조달과 시설준공(Build) → 민간이 투자비 회수를 위해 일정기간 운영(Operate) → 소유권을 정부에 이전(Transfer)

27) BTO의 정의 (07②, 08①, 10③, 13③, 15③, 19②)

사회간접시설의 확충을 위해 민간이 자금조달과 시설준공(Build) → 소유권을 정부에 이전(Transfer) → 민간이 투자비 회수를 위해 일정기간 운영(Operate)

28) BOO의 정의 (08①, 10③, 19②)

사회간접시설의 확충을 위해 민간이 자금조달과 시설준공(Build) → 시설물의 소유권(Own)을 갖고 운영(Operate)

29) BLT의 정의 (13③)

사회간접시설의 확충을 위해 민간이 자금조달과 시설준공(Build) → 민간이 투자비 회수를 위해 정부와 약정기간 동안 운영업자에게 리스로 임대(Lease) → 리스기간 종료 후에 소유권을 정부에 이전(Transfer)

30) BTL의 정의 (17②)

사회간접시설의 확충을 위해 민간이 자금조달과 시설준공 → 소유권을 정부에 이전 → 민간이 투자비 회수를 위해 정부와 약

정기간 동안 운영업자에게 리스로 임대

31) 파트너링 방식의 정의 (00③, 16①③)

발주자와 수급자가 상호 신뢰를 바탕으로 팀을 구성하여 프로젝트의 성공과 상호 이익을 목표로 프로젝트를 공동으로 집행관리하는 방식

32) 성능발주 방식의 정의 (96④, 98①, 07③, 08①, 10③, 19②)

발주자는 설계에서 시공까지 건물의 요구성능만을 제시하고 시공자가 재료나 시공 방법을 선택하여 요구성능을 실현하는 방식

33) 계약측면에서의 설계와 시공의 의사소통 개선 방법 (94①, 98②)

① 턴키 방식　② 성능발주 방식
③ CM　④ EC
⑤ 파트너링 방식

3. 입찰, 계약, 건설클레임 및 시방서

1) 입찰제도의 설명 (95③, 96④, 10②, 11③, 18②, 22①)

① 특명입찰 : 해당 공사에 가장 적격한 단일 도급업자를 지명하여 입찰시키는 방법
② 공개경쟁입찰 : 입찰 참가자를 공모하여 모든 유자격자에게 참여할 수 있는 기회를 주는 방법. 일반경쟁입찰이라고도 한다.
③ 지명경쟁입찰 : 해당 공사에 적격이라고 인정되는 수 개의 도급업자를 정하여 입찰시키는 방법

2) 특명입찰의 장단점 (96①, 07①, 13③, 17②)

(1) 장점
① 공사기밀 유지 가능
② 우량시공 기대
③ 입찰수속 간단

(2) 단점
① 공사금액 결정이 불명확
② 불공평한 일이 내재
③ 공사비 증대의 우려

3) 재입찰 후에도 낙찰자가 없을 때 최저 입찰순으로 교섭하여 계약을 체결하는 것 (05③)

수의계약

4) 공개경쟁입찰의 장단점 (97①)

(1) 장점
① 기회가 균등
② 담합의 우려가 적음
③ 경쟁으로 인한 공사비 절감

(2) 단점
① 입찰사무가 복잡
② 부적격자에게 낙찰될 우려
③ 과다경쟁으로 부실공사 우려

5) 공개경쟁입찰 순서 (84①, 86②, 87①, 88③, 91①, 95①, 97③, 08①, 17②)

입찰공고 → 참가등록 → 설계도서 교부, 현장설명, 질의응답 → 견적 및 적산 → 입찰등록 → 입찰 → 개찰 → 낙찰 → 계약 → 착공

6) 설계도서 (건축법 제2조) (97③)

① 공사용 도면
② 구조계산서
③ 시방서

7) 현장설명 사항 (99②)

① 현장위치 및 부지현황
② 공사개요(대지면적, 건축면적, 연면적, 건물구조 등)
③ 공사범위(건축공사, 토목공사, 조경공사 등과 관련한 주요공사 표기)
④ 공사기간
⑤ 관급자재현황과 인도조건 및 운반거리·운반로

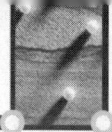

⑥ 주요자재현황과 인도조건 및 운반거리·운반로

8) **PQ제도의 정의** (95⑤, 97④, 02②, 08③)

건설업체의 공사수행능력을 기술적 능력, 재무능력, 조직 및 공사능력 등 비가격 요인을 검토하여 가장 효율적으로 공사를 수행할 수 있는 업체에 입찰참가 지격을 부여하는 제도

9) **PQ제도의 장단점** (97①, 02③, 10①)

(1) 장점

① 부실시공 방지
② 부적격업체 사전배제
③ 기업의 경쟁력 확보
④ 입찰자 감소로 입찰시 소요시간과 비용 감소

(2) 단점

① 자유경쟁원리에 위배
② 평가의 공정성 의문
③ 대기업에 유리
④ 신규 참여업체는 불리
⑤ PQ 통과 후 담합 우려

10) **부대입찰제의 정의** (11①, 20②)

입찰자로 하여금 산출내역서에 입찰금액을 구성하는 공사 중 하도급 부분, 하도급 금액 및 하수급인 등 하도급에 관한 사항을 기재하여 제출토록 하는 제도이다.

11) **대안입찰제의 정의** (06②, 11①, 15②, 20②)

도급자가 당초 작성한 설계서 상의 공종 중에서 대체가 가능한 공종에 대하여 기본 방침의 변동없이 대체될 수 있는 동등 이상의 기능 및 효과를 가진 신공법, 신기술, 공기단축 등에 반영될 설계로서 당해 설계상의 가격이 당초 작성된 설계서 상의 가격보다 낮고 공사기간이 당초 작성된 설계서 상의 기간을 초과하지 아니하는 방법을 제시하여 입찰하는 방식이다.

12) **우편입찰제도의 정의** (05②)

기간입찰제의 한 방법으로 일주일부터 한 달 이내의 입찰기간을 정해 등기우편으로 입찰서를 접수하고, 입찰기간이 끝난 뒤 일주일 내로 정해지는 매각기일에 개찰을 해 낙찰자를 정하는 방법

13) **낙찰자 선정 방식의 종류** (06②)

① 최저가 낙찰제
② 저가 심의제
③ 적격심사 낙찰제
④ 제한적 평균가격 낙찰제(부찰제)
⑤ 제한적 최저가 낙찰제
⑥ TES

14) **적격심사 낙찰제의 정의** (20①)

국고 등의 부담이 되는 경쟁입찰에서는 예정가격 이하의 최저가격으로 입찰한 자의 순으로 당해 계약이행능력을 심사하여 낙찰자로 결정하는 제도이다.

15) **TES(Two Envelope System)의 정의** (07③)

공사입찰 시에 기술능력이 우수한 업체에 우선권을 주기 위한 제도로서, 기술제안서와 가격제안서를 분리하여 제출 받아 이들을 각기 평가한 후 낙찰자를 결정하는 제도이다.

16) **종합심사 낙찰제** (21①)

예정가격 이하로 입찰한 입찰자 중 각 입찰자의 입찰가격, 공사수행능력 및 사회적 책임 등을 종합 심사하여 합산점수가 가장 높은 자를 낙찰자로 결정하는 제도이다.

17) **계약서 기재내용** (96③④, 98④, 00①)

① 공사내용(공사명, 대지위치)

② 공사기간
③ 도급금액
④ 공사비 지불시기와 방법
⑤ 하자담보책임기간
⑥ 하자보수보증금률
⑦ 지체상금률
⑧ 계약보증금 등

18) 도급계약서 첨부서류 (92①, 93②)

① 계약서
② 설계도면
③ 시방서
④ 현장설명서, 질의응답서
⑤ 물량내역서
⑥ 공정표
⑦ 지급재료 명세서 등

19) 계약변경(재계약) 사유 (99①, 03③)

① 계약사항의 변경
② 설계도면과 시방서의 하자
③ 상이한 현장조건

20) 공사비 지불순서 (91③)

① 착공금(전도금) ② 중간불(기성불)
③ 준공불(완공불) ④ 하자보수보증금

21) 클레임의 유형 (05①)

① 공기지연 클레임
② 공사범위 클레임
③ 공기촉진 클레임
④ 현장조건변경 클레임

22) 건설분쟁의 해결방법 (02②, 05③)

① 협상(상호 협의)
② 조정
③ 소송

23) 건설보증제도 (05③)

공사계약자와 발주자간 공사 계약 사항의 실행을 보증회사(제3자)가 일정 수수료를 받고 보증해 주는 제도

24) 계약제도상의 보증금 (03②, 06②)

① 입찰보증금
② 계약보증금
③ 하자보수보증금

25) 기술개발보상제도 (05③)

공공 공사에서 신기술, 신공법을 적용하여 공사비 절감, 공기단축의 효과를 가져온 경우 계약금액을 감액하지 못하도록 하는 제도

26) 표준공기제도 (05③)

발주기관이 설계와 시공에 필요한 공사기일을 표준화하여 무리한 공기단축과 부실시공을 방지하기 위한 제도

27) 시방서 기재내용 (96②, 96④)

① 사용재료
② 공법, 공사 순서
③ 시공 기계·기구
④ 보양, 청소관리
⑤ 시공의 주의사항

28) 일반시방서, 표준시방서, 공사시방서, 안내시방서의 용어정의 (98③, 07①)

① 일반시방서 : 공사기일 등 공사 전반에 걸친 비기술적인 사항을 규정한 시방서
② 표준시방서(건축공사표준시방서, 공통시방서) : 모든 공사의 공통적인 사항을 국토해양부(건설교통부)가 제정한 시방서
③ 공사시방서 : 특정공사별로 건설공사 시공에 필요한 사항을 규정한 시방서
④ 안내시방서 : 공사시방서를 작성하는 데 안내 및 지침이 되는 시방서

29) 기술시방서, 성능시방서의 용어정의 (00⑤, 04③)

① 기술시방서 : 공사 전반의 기술적인 내용을 규정한 시방서

② 성능시방서 : 구조물의 요소나 전체에 대해 필요한 성능만을 명시해 놓은 시방서

30) 시방서와 설계도서의 우선순위 (01②)

① 설계도면<공사시방서

② 표준시방서<전문시방서

③ 기본도면<상세도면

31) Genecon(조합건설업 면허제도)의 정의 (18③)

엄격한 자격요건을 갖추면서 프로젝트의 전 단계에 걸쳐 공사를 추진할 수 있는 능력을 갖춘 종합건설업 면허제도이다.

32) 시건설공사 계약체결 후 실제 현장공사 착수 시까지의 준비기간 (07③)

리드타임(Lead Time)

II 가설공사

1. 가설공사의 개요, 가설건물 및 규준틀

1) 공통가설과 직접가설의 항목 (00②④)

(1) 공통가설 항목

① 가설건물 ② 용수설비
③ 공사용 동력 ④ 운반
⑤ 양중・하역설비 ⑥ 숙소
⑦ 급・배수설비 ⑧ 현장사무소
⑨ 공사용 전기설비 ⑩ 기자재 창고

(2) 직접가설 항목

① 규준틀 ② 방호선반
③ 먹매김 ④ 콘크리트 양생
⑤ 안전설비

2) 고저측량(레벨측량)에 사용되는 기구 (06①)

① 스태프(Staff) ② 레벨

3) 평판측량 시 사용되는 기구 (92①, 93②, 95①, 06①)

① 평판 ② 앨리데이드
③ 삼각 ④ 구심기
⑤ 자침기 ⑥ 다림추

4) 평판측량 설치조건(표정작업) (92②, 96②)

① 정치 ② 정위
③ 치심

5) 가설설비계획 입안 시 유의사항 (03③)

① 설치위치가 적당할 것

② 설치시기가 적당할 것

③ 설치규모가 적정할 것

6) 구대(Over Bridge)의 정의 (92④)

대지가 협소할 경우 적법한 절차에 따라 인근 보도의 상부에 설치하게 되는 현장사무소 등의 구조물

7) 시멘트 창고의 관리 방법 (87④, 89③, 97②, 08②, 13①)

① 지붕 및 외벽은 방수 및 방습구조로 한다.

② 주위에 배수 도랑을 두고 누수를 방지한다.

③ 바닥은 지면에서 30 cm 이상의 높이로 한다.

④ 채광창을 제외한 통풍창은 두지 않는다.

⑤ 반입구와 반출구는 구분하여 반입 순서로 반출한다.

⑥ 3개월 이상 경과한 시멘트는 재시험 후 사용한다.

⑦ 쌓기 높이는 13포대 이하로 한다.

8) 가설건축물 신고시 제출 서류 (16①)

① 가설건축물축조신고서

② 배치도

③ 평면도

④ 대지사용승낙서

9) 수평규준틀의 설치 목적 (12①, 15②)

① 기초 흙파기와 기초 공사 시 건물 각 부의 위치의 기준을 표시하기 위한 것이다.

② 건물의 높이, 기초 너비, 길이를 결정하기 위한 것이다.

10) 기준점의 정의 (92④, 93④, 96④, 04③, 07③, 09①, 10①, 11①, 13③, 14①, 16③, 18①, 20③, 21①, 22②)

건축공사 중 건축물의 고저에 기준이 되도록 건축물 인근에 높이의 기준을 설치하는 표시물

11) 기준점 설치 시 주의사항 (93④, 96④, 04③, 07③, 11①, 11②, 17①, 22②)

① 이동의 염려가 없는 곳에 설치한다.

② 현장 어디서나 바라보기 좋고 공사에 지장이 없는 곳에 설치한다.

③ 최소 2개소 이상, 여러 곳에 설치한다.

④ 지면(GL)에서 0.5~1 m 위치에 설치한다.

2. 비계 및 안전시설

1) 강관파이프비계의 설명 (89③, 08①)

기둥 간격은 띠장방향으로 (1.85) m 이하, 장선방향으로 (1.5) m 이하로 하고, 벽 이음재의 배치간격은 수평방향 및 수직방향 모두 (5.0) m 이하로 설치하며, 비계기둥 사이의 하중한도는 (4.0) kN 이하, 비계기둥 1개에 작용하는 하중은 (7.0) kN 이하로 한다. 띠장의 수직간격은 2 m 이하로 한다.

(주) KCS 21 60 10 (2022)에 맞게 수정하였음

2) 커플링의 정의 (97④)

강관파이프비계의 수평부재의 연결에 쓰이는 이음관

3) 강관비계에서 클램프의 종류 (15①)

① 고정형 클램프

② 회전형 클램프

(주1) KS F 8013 기준에 의한 클램프(조임철물)는 용도와 체결방식에 따라 강관용 클램프와 강구조용 클램프로 구분된다.
(주2) 강관용 클램프는 고정형과 회전형이 있다.
(주3) 강구조용 클램프는 직교형, 평행형, 겸용형이 있다.

4) 강관비계에서 하부고정을 위해 지반에 사용되는 철물 (15①)

베스트 플레이트

5) 강관비계의 수직, 수평, 경사방향으로 연결, 이음, 고정용 부속철물 (00③, 07①)

① 이음관(커플링) ② 고정형 클램프
③ 회전형 클램프 ④ 베이스 플레이트

6) 강관틀비계의 설명 (93②, 98②)

세로틀은 수직방향 (6) m, 수평방향 (8) m 내외의 간격으로 건축물의 구조체에 견고하게 긴결해야 하며 높이는 원칙적으로 (40) m를 초과할 수 없다.

7) 일체형 작업발판(안전발판)의 장점 (20②)

① 조립식 구조로 견고하며 비틀림이나 이탈이 없다.

② 설치 및 해체 작업의 안정성 확보된다.

③ 고층 설치와 큰 하중에도 비계는 구조적으로 안전하다.

④ 조립식 구조로 시공속도가 빠르다.

8) 달비계의 정의 (95④)

외부공사마감, 수리, 외벽청소를 위해 곤돌라 형식의 상자모양의 비계

9) **비계다리에 대한 설명** (89②, 91①, 97③)

비계다리 경사로의 너비는 최소 (900) mm 이상, 비계다리의 경사는 최대 (30)° 이하, 보통 (17)°로 하고, (7) m 이내마다 되돌음참을 설치한다.

10) **추락, 낙하, 비래 방지를 위한 안전설비** (01①)

① 추락방호망
② 안전난간
③ 개구부 수평보호덮개
④ 리프트 승강구 안전문
⑤ 엘리베이터 개구부용 난간틀
⑥ 수직형 추락방망
⑦ 안전대 부착설비
⑧ 접근방지책

11) **낙하물에 대한 위험방지물이나 방지시설** (00②)

① 낙하물방지망　　② 방호선반
③ 수직보호망

12) **방호선반에 대한 설명** (10①, 13③, 21①)

상부에서 작업도중 자재나 공구 등의 낙하로 인한 재해를 방지하기 위하여 개구부 및 비계 외부 안전 통로 출입구 상부에 설치하는 낙하물방지망 대신 설치하는 목재 또는 금속 판재이다.

III 토공사

1. 토공사 계획, 흙의 분류 및 흙의 성질

1) **지내력의 크기 순서** (89③, 95②, 97①, 04①)

① 경암판 > 연암반 > 자갈 > 자갈, 모래 반섞이 > 모래섞인 진흙 > 진흙
② 굳은 역암 > 편암 > 자갈 > 자갈섞인 점토 > 모래섞인 점토 > 점토

2) **장기허용지내력의 크기와 장기와 단기허용지내력의 관계** (10②, 14③)

(1) 장기허용지내력

① 경암반 : 4,000 kN/m^2
② 연암반 : 2,000 kN/m^2
③ 자갈과 모래의 혼합물 : 200 kN/m^2
④ 모래 : 100 kN/m^2

(2) 단기허용지내력 = 장기허용지내력 × 2.0

3) **전단강도의 정의** (96④, 98①, 06③)

전단강도란 흙에 관한 역학적 성질로서 기초의 극한지지력을 알 수 있다. 따라서 기초의 하중이 흙의 전단강도 이상이 되면 흙은 (**붕괴**)되고, 기초는 (**침하**)되며, 이하이면 흙은 (**안정**)되고, 기초는 (**지지**)된다.

4) **전단강도 공식** (95⑤, 99②, 08②, 15①)

$$전단강도(\tau) = c + \sigma \tan\phi$$

여기서, c : 점착력, $\tan\phi$: 마찰계수, ϕ : 내부마찰각, σ : 파괴면에 수직인 힘

5) **다시의 법칙** (90②, 95④, 98⑤)

투수계수 확인

6) **압밀의 정의** (95④, 12①, 15②, 20①)

점토지반에서 재하에 의해 간극수가 제거되어 침하되는 현상

7) 압밀침하의 정의 (01③, 03③)

점토지반에서 재하에 의해 간극수가 제거되어 침하되는 것

8) 예민비의 정의 (95④, 03①, 07③, 12①, 15②, 17②, 18②, 19③, 22②)

흙의 이김에 의해서 약해지는 정도를 표시하는 것

9) 예민비의 공식 (92②, 18②, 22②)

$$\text{예민비} = \frac{\text{자연시료의 강도}}{\text{이긴시료의 강도}}$$

10) 함수량에 따른 흙의 변화 (97④, 08③, 11①, 15②, 21①)

① 전건상태 ② 소성한계
③ 소성상태 ④ 액성한계
⑤ 질컥한 액성상태

11) 피압수의 정의 (01③, 03③)

지형과 지반의 상태에 따라 정수압에 비해 높은 압력을 가진 지하수이다.

2. 지반조사, 지반개량 공법 및 지하수 대책

1) 지반조사 순서 (07②)

사전조사 → 예비조사 → 본조사 → 추가조사

2) 지하탐사법의 종류 (01②)

① 터파보기
② 짚어보기(탐사간)
③ 물리적 지하탐사

3) 지반조사 방법 (87②, 97③)

① 터파기 : 대지의 일부분을 시험파기 하여 그 지층의 상태를 보고 내력을 추정
② 짚어보기 : 수 개소 시행하여 지층의 깊이를 추정
③ 물리적 지하탐사 : 광대한 대지의 지하 구성층의 개략적 탐사
④ 베인테스트 : 극히 연약한 점토지반의 조사
⑤ 보링 : 토질의 시료를 채취하여 지층의 상황을 판단

4) 사운딩의 정의와 종류 (00①, 19①)

(1) 정의

로드에 붙인 저항체를 지중에 넣고 관입, 회전, 인발 등의 저항으로부터 토층의 성상을 탐사하는 방법이다.

(2) 종류

① 표준관입시험
② 스웨덴식 관입시험
③ 화란식 관입시험
④ 베인테스트

5) 표준관입시험의 목적 (90②, 93③, 95②④, 97②, 98⑤, 04①, 10③, 19③)

사질지반의 밀도(지내력) 측정

6) 표준관입시험 설명 (95③, 10①)

로드 선단에 샘플러를 부착하여 로드 상단에서 질량 63.5 kg의 추를 760 mm 높이에서 자유낙하시켜 300 mm 관입시킬 때의 타격횟수 N을 구한다.

7) 표준관입시험의 순서(3단계) (96④, 97③, 01②)

① 로드 선단에 샘플러를 부착한다.
② 로드 상단에서 질량 63.5 kg의 추를 760 mm 높이에서 자유낙하한다.
③ 300 mm 관입시킬 때의 타격횟수 N을 구한다.

8) 표준관입시험에서 N값에 따른 모래의 상대밀도 (16①)

① 0~4 : 매우 느슨 ② 4~10 : 느슨
③ 10~30 : 보통 ④ 30~50 : 조밀
⑤ 50 이상 : 매우 조밀

9) Penetrometer의 관련 시험 (90②, 95③)

토질시험

10) 베인테스트의 정의 (09③, 17③)

보링구멍을 이용하여 +자형 날개의 베인전단시험기(베인테스터)를 지반에 때려 박고, 회전시킬 때의 회전력으로 점토의 점착력을 판별한다.

11) 베인테스트의 목적 (87②, 90②, 92③, 93③, 95④, 97② ③, 98⑤, 04①, 10③, 19③)

① 점토(진흙)의 점착력 판별
② 극히 연약한 점토지반의 조사

12) 보링의 정의 (87②, 97③, 11③)

토질의 시료를 채취하여 지층의 상황을 판단

13) 보링의 4대 구성기구 (93③, 95②, 97②)

① 로드　② 비트
③ 케이싱　④ 코어튜브

14) 보링의 종류 3가지 (94③, 95④, 09②, 11② ③, 12③, 14②, 16① ③, 20④)

① 오거 보링　② 수세식 보링
③ 충격식 보링　④ 회전식 보링

15) 각종 보링의 설명 (95③, 97④, 02②, 03①, 06②, 07② ③, 13②, 21③)

① 수세식 보링 : 비교적 연약한 토사에 수압을 이용하여 탐사하는 방식
② 충격식 보링 : 경질층을 깊이 파는 데 이용되는 방식
③ 회전식 보링 : 지층의 변화를 연속적으로 비교적 정확히 알고자 할 때 사용하는 방식

16) 딘월 샘플링 (93③, 95②, 97②, 04①, 10③, 19③)

연약 점토질의 시료채취

17) 콤포짓 샘플링 (90②, 95④, 98⑤)

굳은 지층의 시료채취

18) 지내력시험의 정의 (07③, 13②, 19③)

평판재하 또는 시험말뚝을 이용하여 기초지반의 지지력 산정과 지반반력계수를 산정하는 시험이다.

19) 지내력시험의 종류 (01①, 07① ③, 12③, 15②)

① 평판재하시험
② 말뚝재하시험

20) 지내력시험(평판재하시험)의 설명 (88③, 97②, 00⑤)

① 시험은 예정 기초 바닥면에서 행한다.
② 하중시험용 재하판은 정방형 혹은 원형의 면적 2,000 cm^2의 것을 표준으로 하고, 보통 45 cm 각의 것이 사용된다.

(주) KDS 41 20 00 기준에서 평판재하시험의 재하판은 지름 300 mm를 표준으로 한다.

③ 매회 재하는 10 kN(1 tf) 이하 또는 예상 파괴하중의 1/5 이하로 하고, 각 재하에 의한 침하가 멎을 때까지의 침하량을 측정한다.

(주) KS F 2444 기준에서 하중 증가는 계획된 시험 목표하중의 8단계로 나누고 누계적으로 동일 하중을 흙에 가한다.

21) 지내력 산정 (90④, 91②, 94②, 97⑤, 99③, 00②)

예제 1

지내력시험 결과가 다음과 같을 때 단기 및 장기 허용 지내력은?

• 00 ②

보기

[지내력시험 결과]
㉮ 재하판의 크기 : 300 mm
㉯ 침하곡선에서 항복상태를 보일 때의 하중 : 140 kN
㉰ 총 침하량이 30 mm에 도달했을 때의 하중 : 180 kN

(1) 단기허용지내력 :
(2) 장기허용지내력 :

정답 (1) 재하판의 넓이$=\pi \times 0.3^2/4=0.0707\text{m}^2$

(2) 항복하중의 허용지내력

$$=\frac{140\text{kN}}{0.0707\text{m}^2}=1,980.59\text{kN/m}^2$$

(3) 극한하중의 허용지내력

$$=\frac{180\times(2/3)\text{kN}}{0.0707\text{m}^2}=1,697.65\text{kN/m}^2$$

(4) 단기허용지내력

$=\min(1,980.59,\ 1,697.65)$

$=1,697.65\text{kN/m}^2$

(5) 장기허용지내력$=1,697.65\times\frac{1}{2}$

$=848.83\text{kN/m}^2$

(주) 기출문제를 KS F 2444의 최신 기준에 맞게 일부 수정하였음

22) 다이얼게이지 용어설명 (92③, 95⑤, 01②)

종방향의 미세한 변형량을 시계형으로 확대시켜 정확한 침하량을 측정하는 기구이다.

23) 다이얼게이지의 관련 시험 (90②, 95③)

지내력시험

24) 말뚝박기시험의 방법 (93②, 98②, 05③)

① 타격횟수 5회 총관입량이 6 mm 이하인 경우 거부현상으로 본다.

② 기초면적 1,500 m^2까지는 2개, 3,000 m^2까지는 3개의 시험말뚝을 설치한다.

25) 지반개량의 목적 (95④, 96⑤, 00①)

① 지반의 지지력 증대

② 기초의 부동침하 방지

③ 지하 굴착시 안전성 확보

④ 기초의 보강

⑤ 말뚝의 가로 저항력 증대

26) 점토지반 개량공법 2가지와 그 중에서 1가지를 간단히 설명 (16②)

(1) 점토지반 개량공법

① 재하법 ② 치환법 ③ 탈수법

④ 동결법 ⑤ 전기화학고결법

(2) 탈수법

주로 연약 점토질지반에서 간극수를 탈수하여 지내력을 증가시키는 공법이다.

27) 지반개량의 종류 (95① ④, 96③ ⑤, 00①, 19③)

① 재하법 ② 치환법

③ 탈수법 ④ 다짐법

⑤ 주입법 ⑥ 동결법

⑦ 전기화학고결법

28) 선행재하법(성토 공법)의 정의 (04③)

구조물에 상당하는 무게를 미리 연약지반 위에 일정기간 방치하여 연약지반을 압밀시키는 공법

29) 치환법의 정의 (96①, 04③)

연약한 지반의 흙을 양호한 흙으로 전체를 바꾸어 지반을 개량하는 공법

30) 탈수법의 종류 4가지 (99①, 04②, 08①, 13②)

① 웰포인트 공법 ② 샌드드레인 공법

③ 페이퍼드레인 공법 ④ 생석회 공법

31) 사질지반의 대표적인 탈수법 (98②, 99⑤, 01③, 05③, 07①, 08②, 09③, 13③, 21①)

웰포인트 공법

32) 점토지반의 대표적인 탈수법 (98②, 99⑤, 01③, 05③, 07①, 08②, 09③, 13③)

샌드드레인 공법

33) 샌드드레인 공법의 목적 및 방법 (94④, 11①)

① 목적 : 연약 점토질지반에서 탈수를 이용해 지반을 개량하기 위한 공법

② 방법 : 지반에 구멍을 뚫고 모래를 넣은 후, 성토 및 기타 하중을 가하여 점토질 지반을 압밀함으로써 탈수하는 공법

34) 샌드드레인 공법의 정의 (09②, 10①, 12②, 14③, 16①, 17③, 20②, 21① ②)

연약 점토질지반의 탈수를 이용해 지반을

개량하기 위한 공법으로 지반에 구멍을 뚫고 모래를 넣은 후, 성토 및 기타 하중을 가하여 점토질 지반을 압밀함으로써 탈수하는 공법

35) 페이퍼드레인 공법의 정의 (10③, 11①, 20③)

점토질지반에서 모래말뚝 대신 흡수지를 삽입하여 탈수시키는 공법이다.

36) 생석회 공법의 정의 (10③, 11①, 20③)

점토질지반에서 모래말뚝 대신 산화칼슘(생석회)을 채워 넣어 탈수시키는 공법이다.

37) 지반다짐 공법의 종류 (98⑤, 99⑤, 01③, 05①, 06③)

① 바이브로 플로테이션 공법
② 바이브로 컴포저 공법
③ 샌드컴팩션 파일 공법

38) 샌드드레인 공법, 그라우팅 공법, 동결법의 공통점 (93①, 95②, 97①, 04①, 05②)

지반개량 공법

39) 약액주입법(그라우팅)의 주입효과 판정시험 (22②)

① 현장투수시험　　② 색소판별법
③ 표준관입시험

40) 동결법의 정의 (04③)

지반에 파이프를 박고 액체질소나 프레온가스를 주입하여 지하수를 동결시켜 차단하는 공법

3. 터파기 및 흙막이벽

1) 굴착에 의한 토량의 증가 순서 (93③, 98②, 99⑤)

① 암석
② 점토, 모래, 자갈의 혼합토
③ 점토
④ 모래 또는 자갈

2) 흙의 휴식각의 정의 (94①, 97②, 98②, 01①, 12③)

흙입자 간의 부착력, 응집력을 무시할 때, 즉 마찰력만으로서 중력에 대하여 정지하는 흙의 사면각도

3) 흙파기 형식에 의한 분류 (89①)

① 오픈컷 공법
② 아일랜드컷 공법
③ 트렌치컷 공법
④ 구체 흙막이지보공 공법(케이슨 공법)

4) 어스앵커 공법의 정의 (93④, 94②, 95④, 98⑤, 12③, 15③, 19①)

버팀대 대신 흙막이벽의 바깥쪽에 어스앵커를 설치하여 토압을 지지하면서 굴착하는 공법

5) 어스앵커 공법의 특징 (11③, 17②)

① 버팀대(지보공) 없이 깊은 굴착이 가능하며 경제적이다.
② 굴착작업 공간이 넓어 기계화 시공이 가능하다.
③ 버팀대와 지주가 없어 가설재가 절약된다.
④ 부분굴착 시공이 가능하여 공구분할이 용이하다.
⑤ 굴착에 있어 공기단축이 가능하다.

6) 어스앵커 공법의 시공순서 (90①, 93④, 96②, 99②, 03③)

(1) Type (Ⅰ)

엄지말뚝박기 → 흙막이벽판 설치 → 앵커용 보링 → 앵커 그라우팅 → 띠장 설치 → 인장시험

(2) Type (Ⅱ)

① 어미말뚝을 박는다.
② 흙파기를 한다.
③ 토류판을 설치한다.
④ 어스앵커 드릴로 구멍을 뚫는다.

⑤ PC 케이블을 삽입하고, 그라우트 한다.
⑥ 띠장을 설치한다.
⑦ 앵커를 긴장 및 정착시킨다.

7) 아일랜드컷 공법의 정의 (90③, 92③, 94②, 96②, 97④, 09②, 13②, 17②, 21①)

터파기공사 시 중앙부분을 먼저 파고 기초를 축조한 다음 버팀대로 지지하여 주변 흙을 파내고 지하구조물을 완성하는 터파기 공법

8) 아일랜드컷 공법의 시공순서 (93①, 94②, 05②, 17②)

① 흙막이 설치
② 중앙부 굴착
③ 중앙부 기초구조물 축조
④ 버팀대 설치
⑤ 주변부 흙파기
⑥ 지하구조물 완성

9) 트렌치컷 공법의 정의 (09②, 13②, 21①)

주변부 굴착 후 기초구조부를 완성하고, 중앙부 굴착 후 나머지 기초구조부를 완성하는 공법

10) 지하구조체, 흙막이지보공(버팀대)의 역할을 하는 공법 (02②, 06③)

① 우물통 공법　② 개방잠함 공법
③ 용기잠함 공법

11) 개방 잠함의 시공순서 (89③, 92③, 08①, 13③)

① 지하구조체 지상구축
② 하부의 중앙흙을 파내어 침하
③ 중앙부 기초구축
④ 주변 기초구축

12) 터파기 완료 후 인접건물의 침하원인 (98②, 12③, 19②)

① 히빙파괴　② 보일링
③ 파이핑 현상　④ 지하수위 변화
⑤ 흙막이벽 배면의 뒤채움 불량

13) 히빙파괴의 정의 (89③, 93①, 94①, 00② ③, 05①, 10②, 12① ③, 13③, 17①, 19③, 20③)

연약 점토지반에서 흙의 중량과 지표 적재하중으로 인해 흙이 안으로 밀려 불룩하게 되는 현상

14) 히빙파괴의 대책 (09②)

① 흙막이를 경질지반까지 도달
② 지반개량
③ 지반 위의 하중 제거

15) 보일링의 정의 (93①, 00③, 05①, 08②, 12① ③, 13③)

사질지반에서 지하수, 피압수로 인해 저면 사질지반의 지지력을 상실하는 현상

16) 보일링의 대책 (01②, 09②, 13②, 17①, 20③)

① 흙막이를 경질지반까지 도달
② 웰포인트 공법으로 지하수위 저하
③ 약액주입 등으로 굴착지면의 지수

17) 파이핑 현상의 정의 (93①, 00③, 05①, 13③)

흙막이벽의 부실공사로써 흙막이벽의 뚫린 구멍 또는 이음새를 통하여 물이 공사장 내부바닥으로 파이프작용을 하는 현상

18) 수평버팀대식 흙막이에 작용하는 응력 (00②, 09①, 16①, 22①)

① 버팀대의 반력
② 주동토압
③ 수동토압

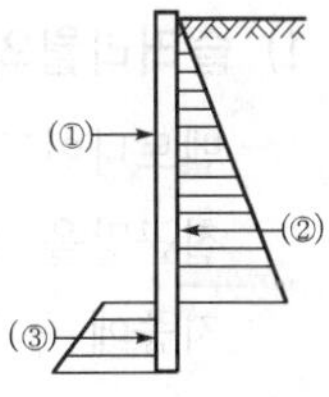

19) 흙막이의 종류 (03②)

① 간단한 흙막이
② 버팀대식 흙막이
③ 널말뚝 흙막이
④ 지하연속벽 흙막이

20) 연결재 또는 당겨매시식 흙막이의 시공 순서 (91①, 97④)

① 어미말뚝(엄지말뚝)
② 널말뚝(토류판) 시공
③ 널말뚝 상부 띠장(ㄱ자 형강)
④ 연결재 및 로프 당겨매기
⑤ 흙파기

21) 수평버팀대식 흙막이의 설치순서 (94①, 95③, 97②)

① 줄파기
② 규준대대기
③ 널말뚝박기
④ 흙파기
⑤ 받침기둥박기
⑥ 띠장대기
⑦ 버팀대대기
⑧ 중앙부 흙파기
⑨ 주변부 흙파기

22) 강재 널말뚝의 종류 (99①, 99②, 01①)

① 테라루즈식
② 유니버설 조인트식
③ 심플렉스식
④ 라르센식
⑤ 유에스 스틸식
⑥ 랜섬식
⑦ 라크완느식

4. 지하연속벽 흙막이, 탑다운 공법, 굴착기계 및 계측관리

1) 슬러리월의 정의 (96②, 03②, 16③, 19②)

벤토나이트액을 이용하여 지반을 굴착하고 철근망을 삽입한 후 콘크리트를 타설하여 지중에 구성된 철근콘크리트 연속벽체

2) 지하연속벽(슬러리월) 공법의 장단점 (00②, 10②, 20②)

(1) 장점

① 저소음, 저진동
② 도심근접 시공 유리
③ 흙막이, 구조체, 옹벽, 차수벽 역할
④ 강성, 차수성 우수

(2) 단점

① 공사비가 고가
② 콘크리트의 품질관리에 유의
③ 수평방향의 연속성이 결여
④ 고도의 경험과 기술이 필요

3) 가이드월(안내벽)의 정의 (03③)

지하연속벽 시공 시 굴착작업에 앞서 굴착구 양측에 설치하는 것으로 굴착구 인접지반의 붕락을 방지하고 굴착기계의 진입을 유도하는 가설벽

4) 가이드월의 역할 (03②, 15②)

① 인접지반의 붕락방지
② 굴착기계의 진입유도
③ 철근망의 거치

5) 가이드월의 스케치 (15②)

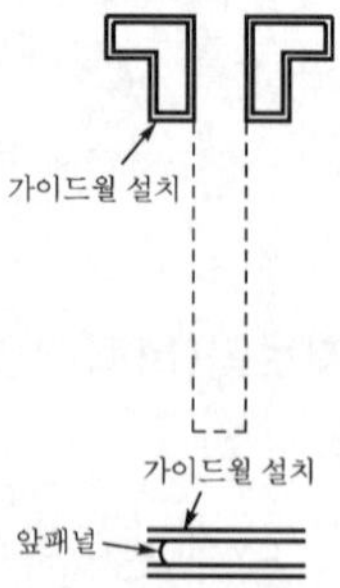

6) 벤토나이트용액의 사용 목적 (99⑤, 02③, 10③, 20④)

① 슬라임의 부유 배제
② 굴착면의 붕괴방지
③ 지수효과
④ 굴착부의 마찰저항 감소

7) 공벽토사의 붕괴방지법 (92④, 94③)

① 벤토나이트용액 주입
② 케이싱 박기

8) 트레미관의 정의 (97③, 01②, 03③)

① 물, 이수 중의 콘크리트 치기를 할 때 보통 안지름 25cm 이상으로 하고 관선단이 항상 채워진 콘크리트 중에 묻히도록 하여 콘크리트 타설을 용이하게 하기 위한 관

② 수중 콘크리트 타설에 이용되는 상단부의 머리부분에 구멍을 가진 수밀성이 있는 관

9) 지하연속벽(슬러리월) 공법의 시공순서 (90④, 93①③, 96②)

(1) Type (Ⅰ)

① Guide Wall 설치
② 굴착
③ 안정액 투입
④ Inter Locking Pipe 설치
⑤ 철근망 설치
⑥ 콘크리트 타설
⑦ Inter Locking Pipe 인발
⑧ 양생

(2) Type (Ⅱ)

① Guide Wall 설치
② 굴착
③ 슬라임 제거
④ Stop End Tube 설치
⑤ 철근망 설치
⑥ 트레미관 설치
⑦ 콘크리트 타설
⑧ Stop End Tube 인발

10) ICOS 공법의 시공순서 (88②, 96④)

① 하나 걸러가며 말뚝구멍 천공
② 콘크리트 타설
③ 말뚝과 말뚝 사이에 다른 말뚝구멍 천공
④ 다음 말뚝구멍에 콘크리트타설하여 지수벽 완성

11) 주열식(ICOS) 공법의 특징 (96①, 98①, 14③)

① 저소음, 저진동
② 도심근접 시공 유리
③ 흙막이, 구조체, 옹벽, 차수벽 역할
④ 강성, 차수성 우수

12) 프리팩트콘크리트말뚝의 종류 (93③, 09①, 16①)

① CIP(Cast In Place Pile)
② PIP(Packed In Place Pile)
③ MIP(Mixed In Place Pile)

13) CIP, PIP, MIP의 정의 (96②)

① CIP 공법 : 보링기로 지반을 굴착한 후 공내에 조립된 철근 및 조골재를 채우고 모르타르를 주입하여 시공하는 현장말뚝 공법

② PIP 공법 : 스크루 오거로 지반을 천공하고 흙과 오거를 끌어 올리면서 오거 선단을 통하여 유출되는 모르타르를 주입하여 시공하는 현장말뚝 공법

③ MIP 공법 : 굴착한 구멍 및 주위의 자연토질과 시멘트 경화제를 오거 등으로 혼합하여 소일시멘트화 하고 그 속에 H형강 등을 삽입하여 조성된 현장말뚝 공법

14) CIP의 시공순서 (96⑤, 99③, 03①)

① 철근조립
② 모르타르 주입용 파이프 설치
③ 자갈 다져넣기
④ 모르타르 주입

15) S.C.W 공법의 특징 (90③, 97④, 03③)

① 저소음, 지진동
② 도심근접 시공 유리
③ 흙막이, 구조체, 옹벽, 차수벽 역할

④ 강성, 차수성 우수
⑤ 자유로운 형상, 치수가 가능
⑥ 깊은 심도까지 굴착 가능

16) 역타설(Top-Down) 공법의 장점 (96①, 98③, 00②, 01②, 02①, 06③, 09②, 11①, 16②, 17③, 19②, 21②, 22②)

① 지상, 지하 동시 작업으로 공기단축
② 전천후 시공 가능
③ 1층 슬래브를 선시공함으로써 작업공간 활용 가능
④ 인접건물에 악영향이 적음
⑤ 굴착소음 방지 및 분진방지
⑥ 흙막이의 우수한 안정성

17) 탑다운 공법에서 기상변화의 영향이 적어 공기단축을 꾀할 수 있는 이유 (05①, 06②, 12②, 17②, 20⑤)

1층 바닥의 구조체가 완료되면 1층 바닥을 작업장으로 이용할 수 있다. 따라서 기상변화에 적은 영향을 받으면서 공사를 진행할 수 있으므로 공기를 단축할 수 있다.

18) SPS 공법의 정의 (15①)

가설 스트럿(Strut)이 흙막이벽을 지지하지 않고 강구조 기둥과 보를 스트럿(버팀대)으로 활용하여 스트럿의 해체 없이 영구 강구조 지하구조물을 완성하는 공법이다.

19) SPS 공법의 장점 (12①, 14②, 20①)

① 지상, 지하 동시 작업으로 공기단축
② 전천후 시공 가능
③ 1층 슬래브를 부분적으로 선시공함으로써 작업공간 활용 가능
④ 인접건물에 악영향이 적음
⑤ 굴착소음방지 및 분진방지
⑥ 흙막이의 우수한 안정성
⑦ 가설버팀대의 설치 및 해체 공정이 없음

20) 토공장비 선정 시 고려사항 (03②, 17②)

① 굴착깊이 ② 흙의 처리
③ 흙의 종류 ④ 공사기간

21) 굴착용 토공기계 (89②, 92③, 96④, 00④, 18②, 20⑤)

① 로더 : 굴착한 토사의 상차작업
② 파워셔블 : 기계가 서 있는 지반보다 높은 곳 굴착
③ 불도저 : 운반거리 50~60 m 이하의 배토작업
④ 드래그셔블(백호) : 기계가 서 있는 지반보다 낮은 곳 굴착
⑤ 크램셸 : 좁은 곳의 수직 굴착. 낮은 곳의 흙을 좁고, 깊게 판다. 지하연속벽 공사에 사용한다.
⑥ 드래그라인 : 지반보다 낮은 연질의 흙을 긁어모으거나 판다.
⑦ 트렌처 : 일정한 폭의 구덩이를 연속으로 판다.

22) 굴착용 토공기계 (92②, 97②)

① 스크레이퍼 : 토사운반
② 그레이더 : 정지작업
③ 셔블로더 : 토사적재
④ 백호 : 도랑파기
⑤ 크램셸 : 깊은 우물통파기

23) 정지용장비의 종류와 특징 및 용도 (10③)

(1) 불도저

① 운반거리 50~60 m 이하의 배토작업
② 최대 운반거리 100 m

(2) 그레이더

땅고르기(노면정리, 정지) 기계

(3) 스크레이퍼

① 흙을 긁어모아 적재하여 토사운반
② 운반거리 100~150 m

24) 흙의 다짐에 적합한 기계 (00②)

① 롤러
② 램머
③ 플레이트 컴팩터

25) 자주식 운반용 장비 (96④, 01②)

① 덤프트럭
② 트레일러
③ 트랙터

26) 크레인 부착장비 (91②, 98④)

① 파일드라이버 ② 드래그라인
③ 크램셸 ④ 파워셔블
⑤ 드래그셔블(백호)

27) 계측기기 및 용도 (95②, 97①, 99④, 01②, 04 ②③, 05①, 08②, 09①, 11②, 14①③, 15③, 17②)

① Piezometer : 간극수압 측정
② Earth Pressure Gauge : 토압 측정
③ Water Level Meter : 지하수위 측정
④ Level and Staff : 지표면 침하 측정
⑤ Inclinometer : 지중 흙막이벽의 수평 변위 측정
⑥ Strain Gauge : 응력 및 변형 측정
⑦ Load Cell : 하중 측정
⑧ Extension Meter : 지중 수직변위 측정
⑨ Tiltmeter : 인접건물의 기울기 측정

28) 흙막이의 계측관리 시 계측에 사용되는 측정장비 (06③, 12②, 18①, 20④)

① Earth(Soil) Pressure Gauge(토압계)
② Strain Gauge(변형계)
③ Level and Staff(지표면 침하계)
④ Inclinometer(지중 경사계)
⑤ Load Cell(하중계)

29) 계측기기의 설치 위치 (13①, 21②)

① 토압계(Earth Pressure Gauge) : 흙막이벽의 인접 지점
② 하중계(Load Cell) : 버팀대(Strut) 또는 Earth Anhor 설치 지점
③ 지중 경사계(Inclinometer) : 흙막이 및 인접 구조물의 주변 지반
④ 변형계(Strain Gauge) : 버팀대(Strut) 또는 흙막이 벽체

[참고] 건물 경사계(Tiltmeter) : 흙막이벽 및 인접 구조물의 벽

IV 지정 및 기초공사

1. 부동침하, 부력 및 기초와 지정

1) 부동침하의 원인 (90②, 93③, 95⑤, 97③)

① 연약지반 ② 경사지반
③ 이질지반 ④ 낭떠러지
⑤ 일부 증축 ⑥ 지하수위 변경
⑦ 지하구멍 ⑧ 메운땅 흙막이
⑨ 이질지정 ⑩ 일부 지정

2) 조적구조 벽체의 부동침하에 의한 균열 (93③)

(1) 조적구조 벽체의 부동침하

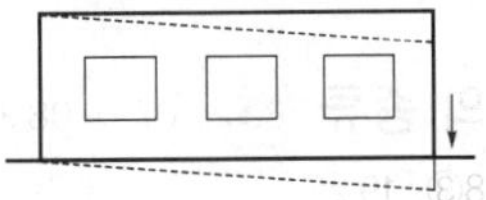

(2) 부동침하 후 균열발생

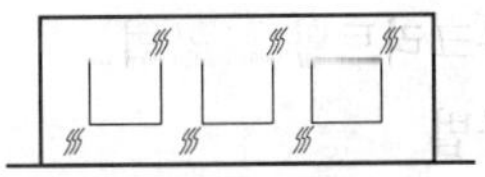

3) 부동침하의 방지대책 (02①)

(1) 상부구조에 대한 대책

① 건물을 경량화 할 것
② 이웃건물의 거리를 넓게 할 것
③ 건물의 평면길이를 짧게 할 것

④ 건물의 중량을 균등배분 할 것
⑤ 건물의 강성을 높일 것

(2) 기초구조에 대한 대책
① 마찰말뚝을 사용할 것
② 지하실을 설치할 것
③ 경질지반에 지지할 것
④ 복합기초를 사용할 것

4) 기초구조물에 대한 부동침하의 방지대책 (06②, 12②, 15①, 17②, 20①)

① 마찰말뚝을 사용할 것
② 지하실을 설치할 것
③ 경질지반에 지지할 것
④ 복합기초를 사용할 것

5) 언더피닝 공법의 정의 (88②, 90③, 92③, 94①②, 95④, 96②, 08③, 14②, 15①, 18③, 19③)

① 지반이 연약하여 건물의 하중을 견디지 못할 경우 지반을 보강하는 것이다.
② 굴착공사 중 기존건물의 지반이 연약할 경우 기존건물의 기초, 지정을 보강하는 공법이다.
③ 기존건축물 가까이에서 신축공사를 하고자 할 때, 기존건물의 지반과 기초를 보강하거나 새로운 기초를 삽입하는 공법이다.

6) 언더피닝 공법의 종류 (03②, 07①, 08③, 10①, 11③, 14②, 15①, 18③, 19②)

① 2중 널말뚝 공법
② 현장타설 콘크리트말뚝 공법
③ 강재말뚝 공법
④ 모르타르 및 약액주입 공법

7) 부력 방지대책 (04③, 09②, 12①, 14①, 20①)

① 영구배수 공법
② 사하중 공법
③ 부력방지용 영구앵커 공법
④ 인장파일 공법
⑤ 조합형 공법

8) 지정 및 기초의 정의 (95①, 06③, 12③, 19①, 20④)

① 기초 : 기초슬래브와 지정을 총칭한 것으로 기초구조라고도 함
② 지정 : 슬래브를 지지하기 위한 것으로 잡석, 말뚝 등의 부분

9) 복합기초의 정의 (96⑤, 00①)

2개 이상의 기둥을 1개의 기초판에 받치게 한 기초

10) Floating Foundation의 정의 (06①)

연약지반에서 굴착한 흙의 중량이 건물의 중량 이하가 되도록 만든 기초이며 온통기초와 동일하게 건물 하부 전체 또는 지하실 전체를 기초판으로 구성한다.

11) 잡석지정의 목적 (91③, 93②, 96①)

① 이완된 지표면의 다짐
② 기초 콘크리트두께 절감
③ 기초판 하부의 배수처리
④ 기초 콘크리트 타설시 흙이 섞이지 않게 하기 위한 것

12) 잡석지정의 시공순서 (85③, 89②)

① 기초 굴착 ② 잡석 깔기
③ 사춤자갈 깔기 ④ 다짐
⑤ 밑창콘크리트 타설

13) 보통지정의 설명 (89③)

① 잡석지정 : 지름 100~250 mm 정도의 호박돌을 옆 세워 깔고 그 사이에 메꿈자갈을 다져 넣은 것이다.
② 모래지정 : 지반이 연약하나 하부 2 m 이내에 굳은 층이 있어 말뚝을 박을 필요가 없을 때 그 부분을 파내고 모래를

넣어 300 mm마다 물다짐한 지정으로 총 1 m 정도 설치한다.

③ 자갈지정 : 굳은 지반에 지름 45 mm 정도의 자갈을 두께 50~100 mm 정도로 깔고 잔자갈을 채운 것이다.

④ 긴주춧돌지정 : 비교적 지반이 깊고 말뚝을 사용할 수 없는 간단한 건물에서 잡석다짐 위에 긴주춧돌을 세운 것이다.

⑤ 밑창콘크리트지정 : 배합비 1 : 3 : 6 정도로 잡석다짐 위에 두께 60 mm 정도의 무근콘크리트를 타설하여 양생한다.

14) 지지말뚝과 무리말뚝의 정의 (99⑤)

① 지지말뚝 : 연약지반을 관통하여 굳은 지반에 도달시켜 말뚝선단의 지지력에 의하는 말뚝

② 무리말뚝 : 연약층이 깊어 굳은 층에 지지할 수 없을 때 말뚝과 지반의 마찰력에 의하는 말뚝

15) 무리말뚝의 시공순서 (98④, 03③)

① 표토 걷어내기
② 수평규준틀 설치
③ 말뚝중심잡기
④ 가장자리 말뚝박기
⑤ 중앙부 말뚝박기
⑥ 말뚝머리 정리(두부정리)

16) 말뚝지정의 종류 (99⑤)

① 나무말뚝
② 기성콘크리트말뚝
③ 강재말뚝
④ 제자리콘크리트말뚝

17) 말뚝의 종류별 간격의 한도 (87②, 89③, 92④)

① 나무말뚝 : 2.5d 또한 600 mm 이상
② 기성콘크리트말뚝 : 2.5d 또한 750 mm 이상
③ 제자리콘크리트말뚝 : 2.0d 또한 1,000 mm 이상

여기서, d : 말뚝머리 지름

18) 말뚝의 중심간격 (13①, 16①)

① 나무말뚝 : 2.5 d 또한 600 mm 이상
② 기성콘크리트말뚝 : 2.5 d 이상 또한 750 mm 이상
③ 강재말뚝 : 2.0 d(다만, 폐관 강관말뚝의 경우 2.5 d) 이상 또한 750 mm 이상
④ 현장타설콘크리트말뚝 : 2.0 d 이상 또한 d+1,000 mm 이상

여기서, d : 말뚝머리 지름

2. 각종 말뚝지정 및 말뚝박기

1) PHC말뚝의 양생방법 및 제조방법 (06①)

PHC파일을 만드는 과정에서는 (**고온·고압 증기양생 또는 오토클레이브 양생**)을 하며, (**프리텐션 방식**)을 이용해서 제작한다.

2) 기성콘크리트말뚝의 이음방식 (96⑤, 98①, 00⑤, 01②, 03①)

① 충전식 이음　② 장부식 이음
③ 볼트식 이음　④ 용접식 이음

3) 압입 공법에서 채용되는 말뚝의 선단부 형상의 종류 (03①)

① 평탄형　② 요철형

4) 기성콘크리트말뚝의 표기방법 (00②)

PHC-A · 450-12

① PHC : 프리텐션 방식 원심력 고강도 콘크리트말뚝
② A · 450 : A종, 말뚝 바깥지름 450 mm
③ 12 : 말뚝길이 12 m

5) 강관말뚝 지정의 특징 (01①, 20②)

① 경질지반에도 사용 가능
② 지지력이 크다.
③ 이음이 안전하고 길이조절이 용이
④ RC말뚝에 비해 경량이고 운반 용이
⑤ 상부구조와 결합이 용이
⑥ 균질한 재료의 대량생산 가능
⑦ 지중에서 부식 우려

6) 강말뚝의 부식방지법 (01③, 05③)

① 판두께 증가법 ② 도장법
③ 전기도금법 ④ 시멘트 피복법

7) 제자리콘크리트말뚝 공법의 종류 (91②, 92④, 95②, 09②, 16③)

① 콤프레솔 파일
② 심플렉스 파일
③ 페데스탈 파일
④ 레이몬드 파일
⑤ 프랭키 파일
⑥ 어스드릴 공법(칼웰드 공법)
⑦ 베노토 공법
⑧ 리버스 서큘레이션 공법(RCD)
⑨ ICOS 공법
⑩ 프리팩트콘크리트말뚝 공법

8) 콤프레솔 파일, 심플렉스 파일, 레이몬드 파일의 정의 (93④, 06③)

① 콤프레솔 파일 : 끝이 뾰족한 추로 천공하고, 속에 넣은 콘크리트를 끝이 둥근 추로 다져 넣은 다음 평면진 추로 다진다.
② 심플렉스 파일 : 굳은 지반에 외관을 처박고 콘크리트를 추로 다져 넣으며 외관을 빼낸다.
③ 레이몬드 파일 : 얇은 철판의 외관에 심대를 넣어 처박은 후 심대를 빼내고 콘크리트를 다져 넣는다.

9) 페데스탈 파일의 시공순서 (94②, 98②, 02②, 06②)

① 내외관의 2중관을 소정의 위치까지 박는다.
② 내관을 빼낸다.
③ 외관 내에 콘크리트를 넣는다.
④ 내관을 넣어 다지며 외관을 서서히 빼올리며 콘크리트를 구근형으로 다진다.

10) 합성말뚝의 정의 (13②)

합성말뚝은 이질 재료의 말뚝을 이어서 한 개의 말뚝으로 구성하는 것이다.

11) 칼웰드 공법, 베노토 공법, 리버스 서큘레이션 및 이코스 공법의 공통점 (93①, 95②, 97①, 03③, 04①, 05②)

제자리콘크리트말뚝 공법

12) 어스드릴 공법의 정의 (03③)

회전식 Drilling Bucket에 의해 지중에 필요 깊이까지 굴착하고, 그 굴착공에 철근을 삽입하여 콘크리트를 타설하여 말뚝을 조성하는 공법

13) 베노토 공법의 정의 (90④, 98③, 03③, 09②)

특수 고안된 케이싱 튜브를 좌회전과 우회전 운동의 반복에 의해 요동시키면서 지반의 마찰저항을 감소시켜 유압잭으로 압입하면서 공벽 파괴를 방지하고 해머 그래브로 굴착 후 철근을 삽입하고 콘크리트를 충전하면서 케이싱 튜브를 빼내어 말뚝을 조성하는 공법

14) 베노토 공법의 시공순서(6단계) (00①)

① 케이싱 튜브세우기
② 해머 그래브로 굴착
③ 철근망 넣기
④ 트레미관 삽입
⑤ 콘크리트 타설
⑥ 케이싱 튜브 인발

15) 베노토 공법의 시공순서(5단계) (04②)

① 케이싱 튜브세우기 및 굴착
② 철근망 넣기
③ 트레미관 삽입
④ 콘크리트 타설
⑤ 케이싱 튜브 인발

16) 리버스 서큘레이션 드릴 공법의 정의 (00②, 03③)

굴착구멍 내에서 지하수위보다 2 m 이상 높게 물을 채우고 20 kN/m^2(2 tf/m^2)의 압력에 의해 붕괴를 방지할 수 있으며 파낸 흙과 물을 배출하며 말뚝을 구축한다.
또는 특수 비트의 회전으로 굴착된 토사를 드릴 로드 내의 물과 함께 공외로 배출하여 침전지에 토사를 침전시킨 후 물을 다시 공내에 환류 시키면서 굴착한 후 철근망을 삽입하고 트레미관에 의해 콘크리트를 타설하면서 말뚝을 조성하는 공법

17) 드롭해머의 관련시험 (90②, 95③)

말뚝관입시험

18) 디젤해머의 장점과 단점 (14②)

(1) 장점

① 단위시간당 타격횟수가 많다.
② 타격력이 크다.
③ 파일 박는 속도가 빨라 능률적이다.
④ 설치가 쉽고 연료 소비가 적다
⑤ 운전 조작이 쉽다.

(2) 단점

① 설비비가 비싸고 유지비가 많이 든다.
② 수중 작업이 곤란하고 정비가 어렵다.
③ 소음, 진동이 크다

19) 기성콘크리트말뚝 공법 중 무소음, 무진동 공법의 종류 (00②, 01①, 02③, 04③, 15①)

① 프리보링 공법 ② 중굴 공법
③ 회전압입 공법 ④ 수사법

20) 프리보링 병용 타격 공법의 시공순서 (06①)

① 어스 오거 드릴로 구멍 굴착
② 소정의 지지층 확인
③ 시멘트액(말뚝주변 고정액) 주입
④ 기성콘크리트말뚝 삽입(세워넣기)
⑤ 기성콘크리트말뚝 경타
⑥ 소정의 지지력 확보

21) 기성콘크리트말뚝을 사용한 기초공사에 사용 가능한 무소음, 무진동 공법의 종류와 설명 (10②)

① 프리보링공법 : 지지층 부근까지 굴착액을 주입하면서 어스 오거로 굴착하고, 이 굴착한 구멍에 말뚝을 세워 넣고, 지지 지반까지 해머로 타격하여 지지층 안에 관입시키는 공법이다.
② 중굴공법 : 말뚝 중공부에 삽입한 어스 오거에 의해 말뚝 선단부의 지반을 굴착하고, 토사를 배출하면서 자침 또는 압입에 의해 말뚝을 지지층 부근까지 침설한 후, 해머로 말뚝 머리를 타격하여 말뚝을 지지층에 관입시키는 공법이다.
③ 회전압입공법 : 말뚝 선단에 철물을 부착하여 말뚝 중공부에 로드를 삽입하고, 선단 철물의 노즐에서 굴착수를 토출하면서 말뚝 선단 철물에 회선을 주어 말뚝을 지지층까지 침설한 후 말뚝 선단부를 근고정 구근을 축조하는 공법이다.
④ 수사법 : 말뚝의 선단에 제트파이프를 박아 고압수를 분출시켜 지반을 고르게 하면서 말뚝을 타격하여 삽입하는 공법이다.

V 철근콘크리트 공사

1. 개요

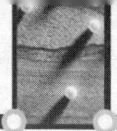

1) 철근콘크리트의 선팽창계수를 이용한 부재의 길이 변화량 (05②, 10②)

① 온도차이 : 10 ℃

② 부재길이 : 10 m

③ 선팽창계수 : 1.0×10^{-5}/℃

∴ 부재의 길이 변화량

$=1.0\times10^{-5}$/℃×10 ℃×1,000 cm

=0.1 cm

2) 크리프의 정의 (93④, 94②, 98③, 09②, 10②, 11②, 20①, 22①)

하중의 증가 없이 시간이 경과함에 따라 콘크리트에 발생되는 소성변형

3) 경화된 콘크리트에서 크리프의 증가원인 (11①)

① 재하기간 중 습도가 낮을수록 크리프는 증가

② 재하개시 재령이 짧을수록 크리프는 증가

③ 재하 응력이 낮을수록 크리프는 증가

④ 시멘트 페이스트량이 많을수록 크리프는 증가

⑤ 단면의 치수가 작을수록 크리프는 증가

4) 강구조물 주위에 철근배근을 하고 그 위에 콘크리트를 타설하여 일체가 되게 한 것으로 초고층 구조물 하층부의 복합구조물로 많이 사용하는 구조 (19①)

철골철근콘크리트구조(SRC구조)

2. 철근공사

1) 온도조절철근의 정의 (94①, 04②, 15②, 20⑤)

수축과 온도변화에 따른 콘크리트의 균열을 방지하고, 응력을 분포시킬 목적으로 주철근과 직각방향으로 배치한 보조적인 철근

2) 이형철근과 배력철근의 정의 (18①)

① 이형철근 : 철근과 콘크리트와의 부착력을 증가시키기 위해 마디와 리브가 있는 철근이다.

② 배력철근 : 하중을 분산시키거나 균열을 제어할 목적으로 주철근과 직각에 가까운 방향으로 배치한 보조 철근이다.

3) 띠철근(대근)의 목적 (09①)

① 주철근의 좌굴방지 (가장 중요)

② 주철근의 위치 고정

③ 기둥의 전단보강

④ 피복두께 유지

4) 철근공사의 순서 (87③)

① 공작도 작성　② 철근의 반입

③ 저장　④ 검사 및 시험

⑤ 가공　⑥ 조립

⑦ 조립 검사

5) 철근공작도의 정의와 종류 (93④, 94④)

(1) 정의 : 철근구조도에 의거하여 현장에서 실제 공작을 하기 위한 모양, 치수, 지름, 길이, 수량 등을 명확히 기입한 도면

(2) 종류

① 기초상세도

② 기둥 및 벽 상세도

③ 보상세도

④ 바닥상세도

6) 철근의 현장 입고 시 철근 품질확인을 위한 시험검사 (12①)

① 인장시험

② 굽힘시험(휨시험)

7) 후크(Hook)를 반드시 두어야 할 곳 (95④, 96⑤, 05③, 13②)

① 원형철근의 단부

② 스터럽의 단부
③ 띠철근의 단부
④ 기둥 및 보(지중보 제외)의 돌출부철근의 단부
⑤ 굴뚝철근의 단부

8) 이음위치 선정 시 주의사항 (99③)

① 응력이 큰 곳은 피한다.
② 이음은 엇갈리게 한다.
③ 한 곳에 반수 이상의 철근을 잇지 않는다.
④ D35를 초과하는 철근은 겹침이음을 할 수 없다(용접의 원칙).
⑤ 기둥의 주철근은 하부 바닥판의 500 mm부터 층높이의 3/4 이하까지 잇는다.
⑥ 보의 주철근은 반드시 압축부에서 잇는다.

9) 철근의 정착위치 (88③, 90①, 97②, 06②)

① 기둥의 주철근 : 기초판에 정착
② 큰보의 주철근 : 기둥에 정착
③ 작은보의 주철근 : 큰보에 정착
④ 직교하는 단부 보밑에 기둥이 없을 때 : 보 상호간에 정착
⑤ 벽철근 : 기둥, 보 또는 바닥판에 정착
⑥ 바닥철근 : 보 또는 벽체에 정착
⑦ 지중보의 주철근 : 기초 또는 기둥에 정착
⑧ 계단철근 : 보에 정착

10) 정착길이의 도식 (89①, 96④ ⑤, 99② ⑤)

① 최상층의 보

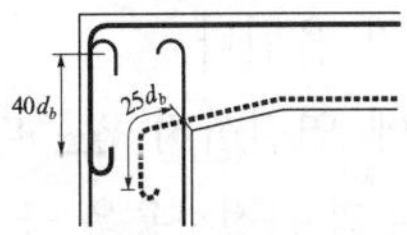

② 중간층의 보

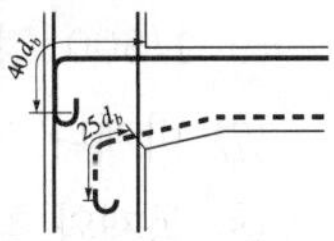

③ 슬래브의 단부

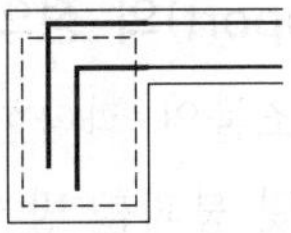

11) 헌치(Hunch) (02①)

보의 응력은 일반적으로 기둥과 접합부 부근에서 크게 되어 단부의 응력에 알맞은 단면으로 보 전체를 설계하면 현저하게 비경제적이기 때문에 단부에만 크게 하여 보강한 것

12) 철근이음의 종류 (96①, 97③, 99④, 02③, 05③, 13①, 16①, 20④)

① 겹침이음 ② 용접이음
③ 가스압접이음 ④ 기계적 이음

13) 용접이음방법의 장점 (93③, 99②)

① 단순한 가공과 적은 가공면적
② 적은 조직변화로 인해 철근의 강도 보장
③ 공사비 저렴(철근의 절약)
④ 철근 조립부의 단순화로 인해 콘크리트 타설 용이

14) 가스압접이음의 정의 (03③)

철근의 단면을 산소-아세틸렌 불꽃 등을 사용하여 가열하고, 기계적 압력을 가하여 맞댐이음하는 것이다.

15) 압접금지 사항 (02②, 09①, 13②, 17③)

① 철근지름 차가 6 mm 이상인 경우
② 철근 재질이 서로 다른 경우
③ 철근 항복강도가 서로 다른 경우
④ 강풍, 강우, 강설 시
⑤ 철근 중심축 편심량이 철근 지름의 1/5 $(1/5d_b)$ 이상인 경우

16) 피복두께의 정의 (97①, 01②, 10②, 20②)

콘크리트의 표면에서 제일 외측에 가까운 철근의 표면까지의 거리

17) 피복두께의 확보 목적 (96①, 97②, 02②, 06②, 08①, 10②, 20②)

① 내구성
② 내화성
③ 부착성

④ 콘크리트 타설 시의 유동성 확보

18) 철근간격의 유지 이유 (03①, 07②, 10①, 12①, 13③, 14①, 22②)

① 콘크리트 타설 시의 유동성 확보
② 재료분리 방지
③ 소요강도 확보

19) 철근의 간격제한 및 철근 배근 개수 (92③, 95②, 97①, 04③, 07③, 09③, 16②)

(1) 보

최소 수평 순간격

$$\geq \max\left(25\,\text{mm},\ 1.0\,d_b,\ \frac{4}{3}\,G\right)$$

(2) 기둥

최소 수평 순간격

$$\geq \max\left(40\,\text{mm},\ 1.5\,d_b,\ \frac{4}{3}\,G\right)$$

여기서, G : 굵은 골재의 최대치수(mm)
d_b : 이형철근의 공칭지름(mm)

20) 철근콘크리트구조(RC구조)의 철근조립 순서 (95③, 98⑤, 18②)

기초철근 → 기둥철근 → 벽철근 → 보철근 → 바닥철근 → 계단철근

21) 철골철근콘크리트구조(SRC구조)의 철근조립 순서 (99②)

기초철근 → 기둥철근 → 보철근 → 벽철근 → 바닥철근 → 계단철근

22) 기초 및 기둥의 철근조립 순서 (00②, 05③)

① 거푸집 위치 먹줄치기
② 철근간격 표시
③ 직교철근 배근
④ 대각선철근 배근
⑤ 스페이서 설치
⑥ 기둥 주철근 설치
⑦ 띠철근 끼우기

23) 철근 선조립(Pre-fab) 공법의 장점 (14②)

① 철근 가공 정밀도 향상
② 철근 손실 감소
③ 현장 노동력 절감
④ 공기단축

3. 거푸집공사

1) 거푸집의 역할 (92④, 07②)

① 콘크리트의 형상과 치수 유지
② 경화에 필요한 수분누출 방지
③ 외기의 영향 차단
④ 콘크리트 표면의 품질확보

2) 거푸집의 구비조건(요구성능) (91③, 96③, 06②)

① 정밀성　② 안전성
③ 수밀성　④ 해체성, 시공성
⑤ 전용성, 경제성

3) 거푸집공사의 주의사항 (06③)

① 형상 및 치수가 정확하고 변형이 안 되게 한다.
② 외력에 견딜 수 있는 구조로 한다.
③ 넓은 시멘트 페이스트가 새지 않는 구조로 한다.
④ 조립 및 해체가 용이하게 한다.
⑤ 반복사용이 가능하게 한다.
⑥ 바닥판 및 보의 중앙부는 처짐변형을 감안하여 캠버(솟음)를 이용 스팬의 1/300~1/500 정도 치켜 올린다.
⑦ 비계나 가설물에 연결하지 않는다.
⑧ 목재와 철재 지주의 근접사용을 금지한다.

4) 잭서포트(Jack Support)의 정의 (15③)

잭서포트는 상판 구조물의 과다한 하중과 진동으로 인한 균열 및 붕괴를 방지하기 위해 설치하는 동바리로서 높낮이 조절이 수월하여 신속한 설치와 해체가 가능하다.

5) 부속자재 및 기구 (88③, 90③, 92③, 95③⑤, 01②③, 07①, 09①③, 11②, 13①②, 17③, 18③, 21①)

(1) 긴결재

거푸집의 간격을 유지하며 측압에 의해 벌어지는 것을 막는 긴장재

(2) 격리재

거푸집이 오므라지는 것을 방지하고 거푸집 상호간의 간격을 유지하기 위한 자재

(3) 간격재

슬래브 등에 배근되는 철근이 거푸집에 밀착되는 것을 방지하기 위한 굄재이다.

(4) 박리제

거푸집을 떼기 쉽게 바르는 물질이다.

(5) 와이어클리퍼

거푸집 공사에서 거푸집 긴장철선을 콘크리트 경화 후 절단하는 절단기이다.

(6) 칼럼밴드

기둥 거푸집의 고정 및 측압 버팀용으로 주로 합판 거푸집에 사용되는 것이다.

(7) 드롭헤드

철재 거푸집에서 사용되는 철물로써 지주를 제거하지 않고 슬래브 거푸집만 제거할 수 있도록 한 철물

(8) 캠버

바닥판, 보의 중앙부 처짐변형을 감안하여 스팬의 1/300~ 1/500 정도 치켜 올려주는 기구

(9) 인서트

콘크리트에 달대와 같은 설치물을 고정하기 위해 매입하는 철물

6) 철근 간격재의 종류 (00①)

① 모르타르제품 ② 콘크리트제품
③ 강(철재)제품 ④ 플라스틱제품
⑤ 세라믹제품

7) 거푸집 설계에서 고려하는 하중 (90②, 03①)

(1) 바닥판, 보의 밑면 거푸집

① 생콘크리트 중량 ② 작업하중
③ 충격하중

(2) 벽, 기둥, 보의 옆면 거푸집

① 생콘크리트의 중량
② 생콘크리트의 측압

8) 콘크리트측압에 영향을 주는 요소 (98⑤, 06①)

① 치어붓기(부어넣기)의 속도
② 콘시스턴시
③ 콘크리트의 비중
④ 콘크리트의 온도 및 기온
⑤ 거푸집 표면의 평활도
⑥ 거푸집의 투수성 및 누수성
⑦ 거푸집의 수평단면
⑧ 바이브레이터의 사용
⑨ 치어붓기 방법
⑩ 시멘트의 종류
⑪ 거푸집의 강성
⑫ 강구조량 또는 철근량
⑬ 대기습도

9) 콘크리트측압이 크게 걸리는 경우 (92②, 94①, 96③, 10①, 15③, 20②)

① 슬럼프 : 크다 > 작다
② 배합 : 부배합 > 빈배합
③ 벽두께 : 두껍다 > 얇다
④ 부어넣기 속도 : 빠르다 > 늦다
⑤ 대기 중의 습도 : 높다 > 낮다

10) 건축 현장의 콘크리트 부어넣기 과정에서 거푸집 측압에 영향을 줄 수 있는 요인 (12②, 17③)

① 슬럼프 값
② 치어붓기(부어넣기)의 속도

③ 바이브레이터의 사용
④ 콘크리트의 비중

11) 생콘크리트의 측압 (07①)

생콘크리트의 측압은 슬럼프값이 (클)수록, 벽두께가 (두꺼울)수록, 부어넣기 속도가 (빠를)수록, 대기습도가 (높을)수록 크다.

12) 콘크리트헤드의 정의 (01③, 07①③, 09①, 11③, 15①, 16①, 20⑤)

타설된 콘크리트 윗면으로부터 최대 측압면까지의 거리

13) 무근콘크리트 기둥의 측압 산정 (00⑤)

① H : 3.6 m
② W : 24 kN/m^3
∴ 측압은 다음과 같다.

$p = WH$
$= 24 \times 3.6 = 86.40$ kN/m^2

14) 철근콘크리트공사에서 형틀(거푸집) 조립 작업순서 (05③)

기둥 → 보받이 내력벽 → 큰 보 → 작은 보 → 바닥 → 외벽

15) 기초공사 완료 후 RC 1개 층 시공순서 (84②, 87③)

(1) Type (Ⅰ)

기둥 거푸집 → 큰 보 거푸집 → 작은 보 거푸집 → 바닥 거푸집 → 외벽 거푸집

(2) Type (Ⅱ)

기둥 철근배근 → 기둥 거푸집 설치 → 보 거푸집 설치 → 바닥 거푸집 설치 → 보 철근배근 → 바닥 철근배근

16) 철근콘크리트공사의 시공순서 (84①, 85②, 86①②, 88③, 91①, 97④)

① 기초 옆, 지중보 거푸집 설치
② 기초판 철근배근, 지중보 철근배근
③ 기둥철근을 기초에 정착
④ 기초판(지하실 바닥, 지중보) 콘크리트 타설
⑤ 기둥 철근배근
⑥ 기둥 거푸집, 벽 한쪽 거푸집 설치
⑦ 벽의 철근배근
⑧ 벽의 판편 거푸집 설치
⑨ 보 밑창판, 옆판 및 바닥판 거푸집 설치
⑩ 보의 철근배근
⑪ 바닥판 철근배근
⑫ 기둥, 벽, 보, 바닥판 콘크리트 타설

17) 거푸집에서 시멘트 페이스트의 누출을 발견하였을 때 현장에서 취할 수 있는 조치 (06③)

넝마 등으로 신속히 메운 다음 급결 모르타르나 석고 등과 같은 급경성 재료로 누출부위를 막거나, 각목이나 철판 또는 판자를 붙여 막는다.

18) 거푸집 존치기간의 결정 요인 (90②, 04①)

① 시멘트 종류　② 천후
③ 평균기온　④ 하중
⑤ 양생법(보양법)　⑥ 부위
⑦ 콘크리트 압축강도

19) 거푸집의 존치기간 (92④, 98④, 07②, 15①)

기초, 보, 기둥, 벽 등의 측면 거푸집널의 해체는 콘크리트의 압축강도가 (5) MPa 이상에 도달한 것이 확인될 때까지이며, 슬래브 및 보의 밑면, 아치 내면의 거푸집널의 해체는 다층구조인 경우, 설계기준압축강도의 (100) % 이상의 콘크리트 압축강도가 얻어진 것이 확인될 때까지이며, 계산결과에 관계없이 받침기둥을 해체 시 콘크리트의 압축강도는 (14) MPa 이상이어야 한다.

20) 거푸집의 존치기간 중의 압축강도시험을 하지 않고 떼어 낼 수 있는 콘크리트의 재령(일) (09②, 12②, 17①, 18②, 19①, 20②)

콘크리트의 압축강도를 시험하지 않을 경우
(기초, 보, 기둥 및 벽의 측면)

시멘트의 종류 / 평균기온	조강포틀랜드시멘트	보통포틀랜드시멘트 고로슬래그시멘트 (1종) 포틀랜드포졸란시멘트 (1종) 플라이애시시멘트 (A종)	고로슬래그시멘트 (2종) 포틀랜드포졸란시멘트 (2종) 플라이애시시멘트 (B종)
20℃ 이상	2일	4일(3일)	5일(4일)
10℃ 이상 20℃ 미만	3일	6일(4일)	8일(6일)

(주) 위의 표는 거푸집널 존치기간 중 평균기온이 10℃ 이상인 경우에 적용 가능하다.

(주1) 괄호 밖은 KCS 14 20 12 기준이고, 괄호 안은 KCS 21 50 05 기준이다.

21) 건축공사표준시방서에서 정한 거푸집의 존치기간 (09①)

① 기초, 보 옆, 기둥 및 벽의 측벽 거푸집널 존치기간은 콘크리트의 압축강도가 (**5**) MPa 이상

② 다만, 거푸집널 존치기간 중 평균기온이 10 ℃ 이상 20 ℃ 미만이고, 보통 포틀랜드시멘트를 사용한 경우는 콘크리트 재령 (**6 또는 4**)일이 경과하면 압축강도시험을 하지 않고도 해체

(주) 6은 KCS 14 20 12 기준이고, 4는 KCS 21 50 05 기준이다.

22) 지주 바꾸어 세우기 시기 (93③)

받침기둥 바꿔세우기는 콘크리트의 압축강도가 설계기준압축강도의 2/3 이상이 된 후에 한다.

23) 지주 바꾸어 세우기 순서 (84①, 93③)

① 큰 보　　　② 작은 보
③ 바닥판

24) 벽체전용시스템 거푸집의 종류 (10②)

① 갱폼(대형 패널 거푸집)
② 클라이밍폼
③ 슬라이딩폼
④ 슬립폼

25) 메탈폼의 정의 (92①, 93③)

① 철재 거푸집으로 표면이 매끄러워 제치장용 거푸집으로 사용되는 거푸집
② 강철, 금속재의 콘크리트용 거푸집으로 제치장용에 사용

26) 갱폼의 정의 (96④, 99④, 01③, 07①)

사용할 때마다 작은 부재의 조립, 분해를 반복하지 않고 대형화, 단순화하여 한번에 설치하고 해체하는 거푸집 시스템

27) 갱폼의 장단점 (00④, 01③, 03②, 10②, 11③, 13①, 15①, 19②)

(1) 장점

① 조립, 해체가 생략되어 인력 절감
② 줄눈의 감소로 마감 단순화 및 비용 절감
③ 기능공의 기능도에 적은 영향

(2) 단점

① 대형 양중장비가 필요
② 초기 투자비 과다
③ 기능공의 교육 및 작업숙달 기간이 필요

28) 클라이밍폼의 정의 (99④)

벽체용 거푸집으로 거푸집과 벽체 마감공사를 위한 비계틀을 일체로 조립하여 한꺼번에 인양시켜 설치하는 거푸집

29) 플라잉폼의 정의 (99④)

바닥에 콘크리트를 타설하기 위한 거푸집으로써 거푸집판, 장선, 멍에, 서포트 등을 일체로 제작하여 부재화 한 거푸집 공법

30) 바닥전용 거푸집 (05③)

플라잉폼 또는 테이블폼

31) **플라잉폼의 장점** (00④, 02①, 05②)

① 조립, 분해가 생략되어 공기단축
② 적은 거푸집 처짐
③ 기능도에 영향이 적다.
④ 주요 부재의 재사용 가능(전용횟수가 많다)
⑤ 인력 절감

32) **터널폼의 정의** (97①, 01②)

대형 형틀로서 슬래브와 벽체의 콘크리트 타설을 일체화하기 위한 것으로 Twin Shell Form과 Mono Shell Form으로 구성되는 형틀

33) **터널폼의 정의** (92①, 94④, 95③, 04①, 08②, 10①, 11①, 12③, 14③, 16②, 18②, 20⑤)

① ㄱ자형, ㄷ자형의 기성재 거푸집으로 아파트 공사에 주로 사용되는 거푸집
② 벽식 철근콘크리트구조를 시공할 때 한 구획 전체의 벽판과 바닥판을 일체로 제작하여 한번에 설치 해체할 수 있도록 한 거푸집

34) **슬라이딩폼의 정의** (92①, 93③, 95③, 96③ ④, 99④, 14③, 16②, 18①, 20⑤, 22②)

① 수평적 또는 수직적으로 반복된 구조물을 시공이음이 없이 균일한 형상으로 시공하기 위하여 요크로 거푸집을 연속적으로 이동시키면서 콘크리트를 타설하여 구조물을 시공하는 거푸집 공법
② 사일로, 교각, 건물의 코어 부분 등 단면형상의 변화가 없는 수직으로 연속된 콘크리트구조물에 사용되는 거푸집

35) **슬립폼의 정의** (96③, 15②, 18③)

전망탑, 급수탑 등 단면형상에 변화가 있는 수직으로 연속된 콘크리트구조물에 사용되는 거푸집

36) **트래블링폼의 정의** (96③ ④, 15②, 18① ③, 19③)

장선, 멍에, 동바리 등이 일체로 유닛화한 대형, 수평이동 거푸집

37) **수평지지보의 정의** (01①)

받침기둥 없이 보를 걸어서 거푸집널을 지지하는 공법

38) **수평지지보의 종류와 정의** (92③, 94④, 01① ③, 04①, 07①, 08②, 11①, 12③)

(1) 보우빔

축이 불가능한 무지주 공법의 수평지지보

(2) 페코빔

신축이 가능한 무지주 공법의 수평지지보

39) **와플폼의 정의** (92③, 93③, 94④, 95③, 96②③, 97①, 04①, 06①, 08②, 11①, 12③, 14③, 18①, 22②)

무량판구조 또는 평판구조에서 2방향 장선 바닥판구조가 가능하도록 특수 상자모양으로 된 기성재 거푸집

40) **무량판구조의 정의** (97①, 01②, 14③)

RC구조의 구조 방식에서 보를 사용하지 않고 바닥슬래브를 직접 기둥에 지지시키는 구조 방식

41) **Half PC 슬래브의 정의** (09①)

콘크리트구조물의 일부분을 미리 프리캐스트콘크리트로 제작하여 거푸집 대용으로 사용하고 여기에 현장타설콘크리트를 합성하여 구조물을 만드는 방식

4. 콘크리트의 재료

1) **시멘트의 주요화합물** (12①, 16③)

① 규산2석회(C_2S ; $2CaO \cdot SiO_2$)
② 규산3석회(C_3S ; $3CaO \cdot SiO_2$)
③ 알루민산3석회(C_3A ; $3CaO \cdot Al_2O_3$)
④ 알루민산철4석회(C_4AF ; $4CaO \cdot Al_2O_3 \cdot FeO_4$)

2) 콘크리트의 28일 이후 장기강도에 관여하는 화합물 (12①, 16③)

규산2석회(C_2S ; $2CaO \cdot SiO_2$)

3) 포틀랜드시멘트의 종류 (08①, 10③, 14③, 17②)

① 보통포틀랜드시멘트
② 중용열포틀랜드시멘트
③ 조강포틀랜드시멘트
④ 저열포틀랜드시멘트
⑤ 내황산염포틀랜드시멘트

4) 혼합 시멘트의 종류 (03③)

① 고로슬래그시멘트
② 플라이애시시멘트
③ 포틀랜드 포졸란시멘트(실리카시멘트)

5) 중용열포틀랜드시멘트의 특징 (11①)

① 수화열이 적다.
② 조기강도는 작고, 장기강도는 크다.
③ 건조수축이 작다.
④ 내화학성, 내산성이 크다.
⑤ 작은 단위수량으로 워커빌리티가 좋다.
⑥ 대단면의 구조재 및 방사선 차단재로 사용된다.

6) 조강포틀랜드시멘트의 특징 (11①)

① 조기강도가 발현된다.
② 화학적 저항성이 크다.
③ 수밀성과 내구성이 좋다.
④ 양생기간이 짧아 경제적이다.
⑤ 발열량(수화열) 및 수축이 크다.
⑥ 긴급공사 및 한중공사에 사용된다.

7) 플라이애시시멘트의 특징 (00③, 16③)

① 워커빌리티 개선
② 수밀성 증대
③ 블리딩 및 재료분리 감소
④ 조기강도 감소, 장기강도 증대
⑤ 단위수량 감소
⑥ 수화열 감소
⑦ 건조수축 감소
⑧ 화학적 저항성 증대(내구성 증대)
⑨ 알칼리성 감소(알칼리 골재반응 감소)

8) 백색 포틀랜드시멘트의 용도 (11①)

① 착색재　② 미장재
③ 치장줄눈용　④ 인조석의 원료

9) 시멘트의 응결시간에 영향을 미치는 요소에 대한 설명 (05①, 18③)

① 분말도가 크면 빠르다.
② 석고량이 적을수록 빠르다.
③ 온도가 높을수록 빠르다.
④ 습도가 낮을수록 빠르다.
⑤ W/C가 낮을수록 빠르다.
⑥ 시멘트가 풍화되면 늦어진다.
⑦ 알루민산3석회 성분이 많을수록 빠르다.

10) 헛응결의 정의 (03①, 11③, 17①)

가수 후 10~20분에 퍽 굳어지고 다시 묽어지며 이후 순조로운 경과로 굳어가는 현상

11) 시멘트의 풍화작용 (10③)

시멘트의 풍화작용은 시멘트가 대기 중에서 수분을 흡수하여 수화작용으로 (**수산화칼슘**)이 생기고 공기 중의 (**이산화탄소**)를 흡수하여 (**탄산칼슘 또는 탄산석회**)를 생기게 하는 작용이다.

12) 굵은골재가 갖추어야 할 조건(요구품질) (90③, 99⑤, 16①)

① 청결하고 유해불순물이 없을 것
② 내구성과 내화성을 가질 것
③ 표면이 거칠고 둥글며, 입도가 적당할 것
④ 시멘트강도 이상으로 견고할 것
⑤ 내열적이고, 내약품적일 것
⑥ 내마모성이 있을 것

⑦ 흡수율이 작을 것
⑧ 운모가 함유되지 않을 것

13) 골재의 흡수량, 함수량, 표면수량 및 유효흡수량 (94①, 95⑤, 98②, 01③, 05①, 09①, 19③)

① 골재의 흡수량 : 표면건조 내부포수상태의 골재 중에 포함되는 물의 양
② 골재의 함수량 : 습윤상태의 골재가 함유하는 전수량
③ 골재의 표면수량 : 함수량과 흡수량의 차이
④ 골재의 유효흡수량 : 흡수량과 기건상태일 때 함유한 골재 내의 수량과의 차이

14) 콘크리트의 유해불순물의 영향 (99①, 01①, 06③)

① 염화물 : 철근부식
② 당분 : 응결지연
③ 유기불순물 : 강도 저하
④ 점토덩어어리 : 균열발생

15) 조립률의 정의 (07①, 09②, 11①, 15②, 21②)

골재의 입도를 수량적으로 나타낸 것으로 체가름시험에 의해 구한다.

16) 혼화제와 혼화재의 구분 (07③, 13②)

① 혼화제 : 약품적으로 소량 사용되고 배합설계 시 중량을 무시
② 혼화재 : 비교적 다량 사용되고 배합설계시 중량을 고려

17) 혼화제의 종류 (99①⑤, 01③, 07③, 13②)

① 공기연행제(AE제)
② 감수제, AE 감수제
③ 고성능 AE감수제
④ 유동화제
⑤ 응결경화 조정제
⑥ 기포제
⑦ 방청제

18) 기포제(발포제)의 정의 (08①, 12③)

기포작용으로 인해 충진성을 개선하고 중량을 조절한다.

19) 방청제의 정의 (08①, 12③)

염화물에 대한 철근의 부식을 억제한다.

20) 혼화제의 사용목적 (09③)

① 워커빌리티, 동결융해 저항성 개선
② 단위수량, 단위시멘트량 감소
③ 큰 감수효과로 대폭적인 강도 증진
④ 유동성 개선
⑤ 응결경화시간 조절
⑥ 염화물에 대한 철근의 부식 억제
⑦ 기포작용으로 인해 충전성 개선, 중량조절
⑧ 응집작용에 의한 재료분리 억제

21) 혼화재의 종류 (99①⑤, 01③, 07③, 13②)

① 포졸란　② 플라이애시
③ 고로슬래그　④ 규산백토
⑤ 팽창혼화재　⑥ 착색재
⑦ 실리카퓸

22) 대표적인 혼화재의 종류 (04②)

① 포졸란
② 플라이애시
③ 고로슬래그

23) 표면활성제의 정의 (93④, 95②)

표면활성작용에 의해 콘크리트 중의 미세한 기포를 발생시키거나 시멘트 입자를 분산시키는 혼화제

24) AE제의 사용 목적 (90②, 00④, 12②, 17①)

① 워커빌리티 개선
② 동결융해 저항성 증대
③ 내구성, 수밀성 증대
④ 알칼리 골재반응 감소
⑤ 단위수량 감소

⑥ 재료분리 감소
⑦ 발열량 감소
⑧ 건조수축 감소

(주) AE제의 사용목적은 AE콘크리트의 특징과 같다.

25) AE제의 정의 (96①, 99②, 05①, 08①, 12③)

공기연행제로서 미세한 기포를 고르게 분포시킨다.

26) AE감수제의 정의 (09②, 16①)

공기 연행제로서 미세한 기포를 고르게 분포시키는 AE제의 성질과 계면활성 작용으로 시멘트 입자를 분산시켜 유동성을 증가시키는 감수제의 성질을 겸한 것이다.

27) 응결촉진제의 정의 (96①, 99②, 05①)

시멘트와 물과의 화학반응을 촉진시킨다.

28) 응결지연제의 정의 (96①, 99②, 05①)

시멘트와 물의 화학반응이 늦어지게 한다.

29) 포졸란반응, 플라이애시, 고로슬래그의 정의 (96③, 13③)

① 포졸란반응 : 실리카질은 그 자체로서는 수경성이 없는 물질이나 상온에서 물과 수산화칼슘이 화합하여 불용성의 염을 형성하여 경화하는 반응
② 플라이애시 : 미분탄을 사용하는 화력발전소의 연소배기가스 중에 포함된 미세한 석탄재를 집진기로 포집한 시멘트 혼화재
③ 고로슬래그 : 선철을 제조하는 과정에서 발생되는 용융슬래그를 물에 급랭시켜 미분말화한 시멘트 혼화재

30) 전기로에서 금속규소나 규소철을 생산하는 과정 중 부산물로 생성되는 매우 미세한 입자로써 고강도 콘크리트 제조 시 사용되는 포졸란계 혼화재의 명칭 (13③, 16①)

실리카퓸(Silica Fume)

31) 콘크리트 착색재에서 색깔 발현 재료 (13①, 16②)

① 빨강 : 제2산화철
② 노랑 : 크롬산바륨
③ 파랑 : 군청
④ 초록 : 산화크롬
⑤ 갈색 : 아산화망간
⑥ 검정 : 카본블랙

5. 콘크리트의 성질, 시험 및 내구성

1) 굳지 않은 콘크리트 관련 용어정의

(90③, 95②, 97①, 99④, 02③, 06②③, 09①, 21①)

(1) 워커빌리티(시공연도)
① 묽기 정도 및 재료분리에 저항하는 정도 등 복합적 의미에서의 시공 난이 정도
② 컨시스턴시에 의한 이어붓기 난이 정도 및 재료분리에 저항하는 정도

(2) 컨시스턴시(반죽질기)
① 단위수량의 다소에 따른 혼합물의 묽기 정도
② 수량에 의해 변화하는 콘크리트의 유동성 정도

(3) 플라스티시티(성형성)
① 구조체에 타설된 콘크리트가 거푸집에 잘 채워질 수 있는지의 난이 정도
② 거푸집 등의 형상에 순응하여 채우기 쉽고, 분리가 일어나지 않는 성질

(4) 피니셔빌리티(마감성)
① 도로 포장 등에서 골재의 최대 치수에 따르는 표면정리의 난이 정도
② 마감성의 난이도를 표시하는 성질

(5) 펌퍼빌리티(압송성)
펌프에서 콘크리트가 잘 밀려가는지의 난이 정도

2) 굳지 않은 콘크리트의 관련성 (99④)

① 워커빌리티 : 시공성
② 컨시스턴시 : 유동성
③ 스테빌리티 : 안정성
④ 컴팩터빌리티 : 다짐성
⑤ 모빌리티 : 가동성
⑥ 플라스티시티 : 성형성

3) 워커빌리티에 영향을 주는 요인
(90②, 95②⑤, 96⑤, 98④, 99④, 01①)

① 단위수량 ② 단위시멘트량
③ 시멘트 성질 ④ 골재 입도, 입형
⑤ 공기량 ⑥ 혼화재료
⑦ 비빔시간 ⑧ 온도

4) 공기량의 범위 (08①)

3~6 %

5) 공기량의 성질 (94②)

① AE제의 혼입량이 증가하면 공기량은 증가한다.
② 시멘트의 분말도 및 단위시멘트량이 증가하면 공기량은 감소한다.
③ 잔골재 중에 미립분이 많으면 공기량은 증가하고, 잔골재율이 커지면 공기량은 증가한다.
④ 콘크리트의 온도가 낮아지면 공기량은 증가한다.
⑤ 컨시스턴시가 커지면 즉, 슬럼프가 커지면 공기량은 증가한다.

6) 진동기를 과도하게 사용할 경우 (05②, 08②, 12①)

진동기를 과다사용 할 경우에는 (**재료분리**) 현상을 일으키고, AE 콘크리트에서는 (**공기량**)이 많이 감소된다.

7) 인트랩트에어, 인트레인드에어 및 모세관 공극의 정의 (92④, 95①, 96①, 98⑤, 01③, 06②, 07①, 08③, 10②, 17②③)

① 인트랩트에어 : 일반 콘크리트에 자연적으로 상호 연속된 기포가 1~2% 함유된 것
② 인트레인드에어 : AE제에 의한 미세한 독립된 기포로서 볼 베어링 역할을 한다.
③ 모세관공극 : 콘크리트 입자 사이에 발생하는 모세관 모양의 불연속 공극

8) 경화 콘크리트 내부의 공극 크기 (04②)

① 겔공극(Gel Pore) : 2.5~0.5nm
② 모세관공극(Capillary Pore) : 15~0.05μm
③ 인트레인드에어(Entrained Air) : 0.025~0.25mm(25~250μm)
④ 인트랩트에어(Entrapped Air) : 자연기포로서 비교적 크고 불규칙한 형태이다.

9) 재료분리의 원인과 대책 (95⑤, 97⑤, 07①)

(1) 원인

① 단위수량 및 물시멘트비가 클 때
② 골재의 입도, 입형이 부적당할 때
③ 혼화재료의 부적절한 사용
④ 시공이 잘못되었을 때
⑤ 시멘트 페이스트의 분리

(2) 대책

① 적정 물시멘트비 유지
② 골재 입도가 적당하고 입형이 둥글 것
③ 양질의 혼화제를 적정량 사용
④ 운반 후 타설시 다시 비벼 넣는다.
⑤ 거푸집의 틈새를 없앤다.

10) 블리딩의 정의 (87①, 88①, 97②, 99④, 12③, 14③, 18③)

아직 굳지 않은 시멘트 풀, 모르타르 및 콘크리트에 있어서 물이 윗면에 스며 오르는 현상

11) 레이턴스의 정의 (87①, 92③, 94①, 96①, 07③, 10②, 14③, 20①)

콘크리트를 부어 넣은 후 블리딩 수의 증발에 따라 그 표면에 나오는 백색의 미세한 물질

12) 현장에 도착한 굳지 않은 콘크리트 타설 중 품질을 확인하는 시험의 종류 (04②③, 22①)

① 슬럼프시험
② 공기량시험
③ 단위용적질량시험
④ 염화물함유량시험

13) 슬럼프콘의 정의 (97③)

콘크리트의 슬럼프시험시 사용되는 용기로써, 윗지름 10cm, 밑지름 20cm, 높이 30cm인 콘(Cone) 모양이다.

14) 슬럼프손실의 정의 (97①, 02②)

가수 후, 시간이 경과함에 따라 콘크리트 응결에 따른 자유수의 감소와 반죽질기의 감소로 슬럼프가 저하하는 것

15) 슬럼프손실이 발생할 조건 (18②)

① 온도가 높을수록 발생한다.
② 운반거리가 멀면 발생한다.
③ 운반이 지연되었을 경우 발생한다.
④ 수분이 증발할 경우 발생한다.

16) 슬럼프플로의 정의 (09②, 15②, 21②)

아직 굳지 않는 콘크리트의 유동성 정도를 나타내는 지표로 슬럼프콘을 들어올린 후에 원모양으로 퍼진 콘크리트의 직경을 측정하여 나타낸다.

17) 콘크리트의 반죽질기(시공연도) 측정 방법 (17③, 19①)

① 슬럼프시험 ② 흐름시험
③ 구관입시험 ④ 리몰딩시험
⑤ 비비시험

18) 압축강도시험의 파괴양상 (99①, 04②, 06①)

① 저강도 콘크리트 : 최대 강도 이후 완만한 변형으로 변형률 0.004 정도에서 연성파괴
② 일반강도 콘크리트 : 최대강도 이후 다소 완만한 변형으로 변형률 0.003~0.004 정도에서 연성파괴와 취성파괴의 중간정도의 압축파괴
③ 고강도 콘크리트 : 최대 강도 이후 급격한 변형으로 변형률 0.003 정도에서 취성파괴

(주) 선형탄성파괴는 주로 취성파괴를 의미한다.

19) 콘크리트의 압축강도 추정을 위한 비파괴시험 (97①, 98②, 01①, 02①, 04①, 15③, 21①)

① 반발경도법 ② 초음파속도법
③ 복합법 ④ 공진법

20) 슈미트해머의 관련시험 (90②, 95③)

콘크리트강도 측정시험

21) 슈미트해머의 강도 보정 방법 (98④, 99⑤, 04③, 10②)

① 타격방향에 따른 보정
② 재령에 따른 보정
③ 압축응력 상태에 따른 보정
④ 건조 상태에 따른 보정

22) 콘크리트의 중성화에 대한 정의 (00①④, 01①②, 03①, 07②)

경화된 콘크리트는 강알칼리성이나 공기 중의 탄산가스(CO_2)와 결합하여 탄산칼슘으로 변하고 알칼리성을 상실하고 중성화되는 현상

23) 콘크리트의 중성화에 대한 정의 (03①, 05①)

경화한 콘크리트는 시멘트의 수화생성물질로서 수산화석회를 유리하여 강알칼리성을 나타내고 수산화석회는 시간의 경과와 함

께 콘크리트의 표면으로부터 공기 중의 탄산가스 영향을 받아 서서히 탄산석회로 변화하여 알칼리성을 소실하는 현상

24) 콘크리트의 중성화 설명 (11①)

콘크리트의 중성화는 콘크리트 중의 (**수산화칼슘**)과 공기 중의 탄산가스(CO_2)가 결합하여 서서히 (**탄산칼슘**) 으로 변하여 콘크리트가 알칼리성을 상실하게 되는 과정이다.

25) 콘크리트의 중성화 반응식 (07②, 11①)

$$Ca(OH)_2 + CO_2 \rightarrow CaCO_3 + H_2O$$

26) 콘크리트 내의 철근의 내구성에 영향을 주는 위험인자를 억제할 수 있는 방법 (06③)

① 충분한 피복두께 확보
② 밀실한 콘크리트의 타설
③ 콘크리트의 표면마감 철저
④ 혼화제(AE제 및 감수제) 사용
⑤ 물시멘트비를 낮게 한다.

(주) 콘크리트의 중성화에 대한 대책을 의미한다.

27) 탄산가스(CO_2, 중성화)의 영향 (00③)

① 철근 방청력 상실
② 콘크리트 균열
③ 내구성 저하
④ 철근의 체적팽창

28) 중성화의 저감대책 (00②)

① 충분한 피복두께 확보
② 밀실한 콘크리트의 타설
③ 콘크리트의 표면마감 철저
④ 혼화제(AE제 및 감수제) 사용
⑤ 물시멘트비를 낮게 한다.

29) 알칼리골재반응의 정의 (92④, 95①, 99④, 00①, 01②, 04③, 08③, 10①, 15③, 17③)

시멘트 중의 알칼리성분과 골재 중의 실리카성분이 화학반응을 일으켜 팽창을 유발시키는 반응

30) 알칼리골재반응의 방지대책 (97②, 00①, 06②, 10①, 10③, 12③, 13②, 15③, 19②, 21③)

① 반응성 골재의 사용금지
② 저알칼리 시멘트 사용
③ 콘크리트 $1m^3$당 총알칼리량 저감
④ 방수성 마감
⑤ 혼화제를 사용하여 수분의 이동 감소

31) 염해의 정의 (00①④)

염분이 콘크리트에 침투 또는 첨가되어 콘크리트의 알칼리성이 소실되는 것

32) 해사 사용 시 철근콘크리트 구조물에 미치는 영향 (96①)

① 철근 부식 ② 균열발생
③ 내구성 저하 ④ 이상응결

33) 염해에 따른 철근부식 방지 대책 (95⑤, 98③, 99③, 01③, 03③, 05①, 09①, 13①)

① 염분 제거
② 염분의 고정화
③ 에폭시코팅 철근 사용
④ 아연도금 철근 사용
⑤ 내식성 철근 사용
⑥ 콘크리트에 방청제 혼합

34) 콘크리트 내의 Cl^-(염소이온) 규정 (99②)

① 굳지 않은 콘크리트 중의 염화물이온량 : $0.3kg/m^3$ 이하
② 철근 방청조치시 콘크리트 중의 염화물 이온량 : $0.6kg/m^3$ 이하

35) 강재피해의 3요소 (03②)

① 물 ② 공기 ③ 염분

36) 강재부식의 원인 (96③)

① 콘크리트의 중성화 ② 알칼리골재반응

③ 염해(염화물) ④ 동결융해
⑤ 전기적 부식 ⑥ 건조수축
⑦ 피복두께 부족 ⑧ 과다수량

37) 철근부식의 방지법 (03②)

① 염분제거
② 염분의 고정화
③ 에폭시코팅 철근 사용
④ 아연도금 철근 사용
⑤ 내식성 철근 사용
⑥ 콘크리트에 방청제 혼합
⑦ 콘크리트 표면에 피막제 도포
⑧ 충분한 피복두께 확보
⑨ 밀실한 콘크리트의 타설

(주) ①~⑥은 염해에 따른 철근 부식방지대책과 동일하다.

38) 콘크리트 균열의 재료상, 시공상 원인 (99①)

(1) 재료상 원인

① 시멘트의 이상응결
② 시멘트의 이상팽창
③ 콘크리트의 침하 및 블리딩
④ 시멘트의 수화열
⑤ 콘크리트의 건조수축
⑥ 콘크리트의 중성화
⑦ 알칼리골재반응
⑧ 염화물

(2) 시공상 원인

① 장시간 비빔
② 타설시의 수량 증대
③ 철근의 피복두께 감소
④ 급속한 타설
⑤ 불균일한 타설 및 다짐
⑥ 거푸집의 처짐
⑦ 이어치기면의 처리 불량
⑧ 경화 전 진동 및 충격
⑨ 초기양생 불량
⑩ 받침기둥의 침하

39) 레미콘에 의해 생길 수 있는 균열원인 (97②, 03①)

① 장시간 비빔
② 타설시의 수량 증대

40) 콘크리트의 타설 후 재료에 의한 균열 (99④)

① 콘크리트의 중성화
② 알칼리골재반응
③ 염해
④ 콘크리트의 건조수축
⑤ 동결융해
⑥ 철근부식

41) 침강균열의 정의 (97②, 03①)

콘크리트가 타설된 후 블리딩으로 인해 철근 하부에 블리딩 수가 모이거나 공극이 발생하여 철근을 따라 콘크리트 표면에 발생하는 균열

42) 소성수축균열에 대한 설명 (14②, 22②)

굳지 않은 콘크리트가 경화할 때 수분 증발량이 블리딩량을 초과할 경우 인장응력에 의해 콘크리트 표면에 발생하는 균열이다.

43) 표면처리 공법과 주입 공법의 정의 (03①, 10①, 16③)

① 표면처리 공법 : 미세한 균열 부위에 퍼터수지로 충전하고 균열표면에 보수재료를 씌우는 공법
② 주입 공법 : 균열부위에 주입 파이프를 설치하여 보수재를 저압저속으로 주입하는 공법

44) 콘크리트 구조물의 보강 방법(공법)의 종류 (02①, 06①, 12①, 17①, 20③)

① 탄소섬유접착 공법
② 강판접착 공법
③ 앵커접합 공법

④ 단면증가법

45) **콘크리트 구조물의 구조적인 균열에 대한 보수재료가 갖추어야 하는 요구조건** (06②)

① 내구성
② 내화학성(내후성)
③ 충분한 접착력과 내력의 확보
④ 충전성(충진성)

6. 콘크리트의 배합설계 및 시공

1) **콘크리트가 구비해야 할 성질(콘크리트의 요구조건)** (94④)

① 소요의 강도 ② 균일성
③ 밀실성 ④ 내구성
⑤ 시공용이성 ⑥ 정확성
⑦ 경제성

2) **콘크리트 공사의 일정계획에 영향을 주는 요소** (93③, 95④)

① 강우 ② 기온
③ 바람 ④ 습도

3) **배합설계 시 관련 조건** (92③, 02③)

① 반죽질기 조정 : 단위수량 혹은 단위시멘트량
② 점도 및 재료분리 조정 : 잔골재율 혹은 단위 굵은 골재량
③ 강도 고려 : 물시멘트비
④ 내구성 고려 : AE제의 양

4) **배합설계의 종류** (98①, 99⑤)

① 절대용적배합
② 질량배합(중량배합)
③ 표준계량용적배합
④ 현장계량용적배합

5) **콘크리트 배합의 결정 요소** (88②)

① 물시멘트비 ② 슬럼프값
③ 단위시멘트량 ④ 단위수량
⑤ 잔골재율 ⑥ 공기량

6) **콘크리트 배합설계 순서** (88①, 88③, 91①, 93①, 94①, 95③, 04①, 06③, 08②)

① 설계기준압축강도의 결정
② 소요강도의 결정
③ 배합강도의 결정
④ 시멘트강도의 결정
⑤ 물시멘트비의 선정
⑥ 슬럼프값의 결정
⑦ 굵은골재 최대 치수의 결정
⑧ 잔골재율의 결정
⑨ 단위수량의 결정
⑩ 시방배합의 산출 및 조정
⑪ 현장배합의 조정

7) **콘크리트 배합강도(f_{cr})의 결정** (93③)

(1) 품질기준강도(f_{cq})

$$f_{cq} = \max(f_{ck}, f_{cd})$$

(2) 호칭강도(f_{cn})

$$f_{cn} = f_{cq} + T_n$$

(3) 배합강도(f_{cr})

① $f_{ck} \leq 35$MPa인 경우

$$f_{cr} = \max[f_{cn} + 1.34s, (f_{cn} - 3.5) + 2.33s] \text{(MPa)}$$

② $f_{ck} > 35$MPa인 경우

$$f_{cr} = \max[f_{cn} + 1.34s, 0.9f_{cn} + 2.33s] \text{ (MPa)}$$

여기서, s : 압축강도의 표준편차(MPa)

8) **물시멘트비의 정의** (87①, 88①, 09①, 10②, 15①)

부어넣기 직후의 모르타르 또는 콘크리트에 포함된 시멘트 페이스트 중의 시멘트에 대한 물의 질량 백분율

9) 물시멘트 과다 시 문제점 (06③, 14②)

① 강도 저하 ② 재료분리
③ 블리딩현상 ④ 건조수축

10) 물시멘트비(W/C) 또는 물결합재비(W/B)의 산정 (90④, 94①, 02③)

① 물결합재비는 압축강도를 기준으로 물결합재비를 정하는 경우 그 값은 다음과 같이 정하여야 한다.

㉠ 압축강도와 물결합재비와의 관계는 시험에 의하여 정하는 것을 원칙으로 한다. 이때 공시체는 재령 28일을 표준으로 한다.

㉡ 배합에 사용할 물결합재비(W/B)는 기준 재령의 결합재-물비(B/W)와 압축강도와의 관계식에서 배합강도에 해당하는 결합재-물비(B/W) 값의 역수로 한다.

$$f_{28} = a + b\left(\frac{B}{W}\right)$$

여기서, f_{28} : 재령 28일의 콘크리트 압축강도(MPa)

a, b : 시험에 의하여 정하는 상수

B/W : 결합재-물비

② 소규모 공사에서 시험을 하지 않고 보통포틀랜드시멘트를 사용하고 혼화제를 쓰지 않는 보통콘크리트에 대한 물시멘트비(W/C)는 다음과 같이 산정한다.

$$W/C = \min\left(\frac{21.5}{f_{28}+21.0}, \frac{61}{f_{28}/K+0.34}\right)$$

여기서, K : 시멘트강도(MPa)

(주) 물결합재비(W/B)는 모르타르 또는 콘크리트에 포함된 시멘트 페이스트 중 결합재(시멘트+혼화재)에 대한 물의 질량 백분율이다.

11) 굵은골재의 최대 치수 표준 (20①)

① 일반적인 경우 : 20 또는 25 mm
② 단면이 큰 경우 : 40 mm
③ 무근콘크리트 : 40 mm

12) 철근콘크리트의 표준 슬럼프값의 범위 (08①)

① 일반적인 경우 : 80~180 mm
② 단면이 큰 경우 : 60~150 mm

13) 잔골재율(S/A)의 정의 (11①)

전체골재에 대한 잔골재의 절대용적비를 백분율(%)로 나타낸 것이다.

14) Inundator(이넌데이터)의 정의 (92③, 07③)

모래의 용적 계량장치

15) Wacecreter(워세크리터)의 정의 (92③, 07③)

물시멘트비를 일정하게 유지하면서 골재를 계량하는 장치

16) Dispenser(디스펜서)의 정의 (95②⑤, 97①, 99④, 01②, 04②, 05①, 08②, 09①, 11②, 14①, 17②)

AE제의 계량장치

17) Washington Meter(Air Meter)의 정의 (90②, 92③, 95②③, 97①③, 99④, 04②, 05①, 08②, 09①, 11②, 14①, 17②)

굳지 않은 콘크리트 중의 공기량 측정

18) 배처플랜트의 정의 (92④, 95①, 08③)

물, 시멘트, 골재 등을 정확하고 능률적으로 자동 중량 계량하고 혼합하여 주는 기계설비

19) 다시비빔과 되비빔의 정의 (91③, 95②, 99②, 03③, 09①, 10③)

① 다시비빔 : 아직 엉기지 않은 콘크리트를 시간 경과 또는 재료가 분리된 경우에 다시 비벼 쓰는 것

② 되비빔 : 콘크리트가 응결하기 시작한 것을 다시 비비는 것

20) 콘크리트 펌프의 압송방식 종류 (02②)

① 공기압축식
② 피스톤식
③ 스퀴즈식

21) 콘크리트 펌프의 장단점 (99②)

(1) 장점

① 기계화에 따른 노동력 절감
② 작업의 연속성
③ 운반성능향상
④ 기동성 및 작업의 능률향상

(2) 단점

① 압송거리 제한
② 수송관이 중량이고 진동이 있음
③ 압송관의 폐색사고
④ 된비빔 압송 시 난점

22) 콘크리트 타워를 이용한 콘크리트의 타설순서 (90④)

믹서 → 버킷 → 타워 호퍼 → 경사 슈트 → 플로어 호퍼 → 손차 → 타설

23) 콘크리트의 타설순서 (90①, 94②, 96②, 97②)

기초 → 기둥 → 벽 → 계단 → 보 → 바닥판

24) 현장가수할 경우 가장 중요한 결과와 이론적 원인 (93②)

① 가장 중요한 결과 : 콘크리트의 강도 저하
② 이론적 원인 : 물시멘트비의 증가에 따른 내부공극 증대

25) 콘크리트 타설 시 현장가수로 인한 문제점 (95⑤, 97⑤, 02①, 03①, 16③)

① 콘크리트의 강도 저하
② 내구성, 수밀성 저하
③ 재료분리 발생
④ 블리딩 증가
⑤ 건조수축에 따른 균열발생

26) 콘크리트 구조체 공사의 VH(Vertical Horizontal) 공법의 정의 (05②, 11②)

기둥, 벽 등의 수직부재를 먼저 타설하고 보, 슬래브 등의 수평부재를 나중에 타설하는 공법

27) 콘크리트 이어붓기 시 주의사항 (90④)

① 구조물의 강도에 영향이 적은 곳
② 이음길이가 최소인 곳
③ 시공순서에 무리가 없는 곳
④ 응력방향에 수직, 수평으로

28) 콘크리트 이어붓기 위치 및 방법 (91②, 93③, 03②, 08①)

① 보, 바닥판 : 스팬 중앙부에서 수직
② 스팬 중앙부에 작은 보가 있는 바닥판 : 작은보 쪽의 2배정도 떨어진 곳에서 수직
③ 기둥 : 기초판, 연결보, 바닥판 위에서 수평
④ 벽 : 개구부(문꼴) 등 끊기 좋고 이음자리 막기와 떼어내기 편리한 곳에 수직, 수평
⑤ 아치 : 아치축에 직각

29) 콘크리트 계속타설 중 이어치기 허용 시간간격 (19③)

① 외기온도 25℃ 이상 : 2.0시간(120분) 이내
② 외기온도 25℃ 미만 : 2.5시간(150분) 이내

30) 콘크리트 이어붓기 자리의 결함 (94③)

① 강도의 저하 ② 누수발생
③ 마무리재의 균열 ④ 구조체 균열증가

31) 콘크리트 타설 시 시공 조인트 처리방법 (94①, 96③, 99②)

① 이음면 : 밀실하게 막아 콘크리트가 흘러내리거나 새지 않게 한다.
② 수평부재 : 이음부 청소 철저히 하고 타설 전 시멘트 페이스트를 도포한다.
③ 수직부재 : 콘크리트에 재진동 다짐을 한다.

④ 이음부처리 : 레이턴스를 철저히 제거하고 타설 전 시멘트 페이스트를 도포한다.

32) 무근콘크리트의 붓기 이음새의 전단력 보강 방법 (98③, 02①)

① 촉 또는 홈을 둔다.

② 돌을 삽입한다.

③ 철근을 삽입한다.

33) 굳지 않은 콘크리트의 다지기 방법 (01②, 04①)

① 손다짐 ② 진동다짐

③ 거푸집 두드림 ④ 가압법

⑤ 원심력법 ⑥ 진공처리법

34) 꽂이식(막대형) 진동기의 효과가 큰 것에서 작은 것으로의 순서 (97⑤, 99④)

① 빈배합 된비빔

② 빈배합 묽은비빔

③ 부배합 묽은비빔

35) 진동기의 종류와 정의 (98③, 99①, 06③)

① 꽂이식(막대형, 봉형) 진동기 : 콘크리트에 삽입시켜 사용하는 진동기

② 거푸집 진동기 : PC공장에서 거푸집 외부에 진동을 가하는 진동기

③ 표면 진동기 : 도로공사 등에서 콘크리트 상부에 직접 진동을 가하는 진동기

36) 진동다짐기 사용시 주의사항 (99⑤)

① 수직으로 사용한다.

② 철근에 직접 닿지 않게 한다.

③ 삽입 깊이는 하층이 콘크리트 속으로 10 cm 정도 찔러 넣는다.

④ 삽입 간격은 500 mm 이하로 중복되지 않게 한다.

⑤ 진동시간 1개소당 5~15초 정도로 한다.

⑥ 사용 후 서서히 제거하여 공극이 남지 않도록 한다.

⑦ 과도한 진동으로 재료분리가 일어나지 않도록 한다.

⑧ 굳기 시작한 콘크리트에는 진동을 주지 않는다.

⑨ 슬럼프 150 mm 이하의 된비빔 콘크리트에 사용함을 원칙으로 한다.

37) 콘크리트를 부어 넣은 다음 수화작용을 충분히 발휘시킴과 동시에 건조 및 외력에 의한 균열발생을 방지하고 오손, 변형, 파괴에서 보호하는 것 (06②)

양생(보양)

38) 콘크리트 양생 방법 (96④, 98③, 02③)

① 습윤양생 ② 피막양생

③ 오토클레이브 양생 ④ 증기양생

⑤ 전기양생

39) 콘크리트 양생 시 주의사항 (89③, 96③)

① 경화 시까지 충격 및 하중을 가하지 않는다.

② 직사일광, 풍우, 서리, 눈 등에 노출면을 보호한다.

③ 양생온도를 유지하여 급격한 건조를 방지한다.

④ 수화작용이 충분히 되도록 습윤상태를 유지한다.

⑤ 양생기간을 준수한다.

⑥ 콘크리트를 타설한 후 1일간은 원칙적으로 그 위를 보행하거나 중량물을 올려놓지 않는다.

40) 시공줄눈의 정의 (91②, 95③④, 97②, 98③, 99④, 07③, 20①)

시공상 콘크리트를 한 번에 계속하여 부어 나가지 못할 때 생기는 줄눈

41) 콜드조인트의 정의 (91②, 95③④, 97②, 98③, 99④, 02①, 07①③, 10②, 12③, 14①, 17③, 18②③)

콘크리트의 작업관계로 경화된 콘크리트에 새로 콘크리트를 타설할 경우 발생하는 줄눈

42) 콜드조인트가 구조물에 미치는 영향과 방지대책 (00②)

(1) 영향 : 누수의 원인이 되어 철근이 부식되어 구조물의 내구성 저하

(2) 방지대책

① 이어붓기 시간 준수
② 인원, 장비, 자재계획 수립
③ 응결지연제 사용
④ 콘크리트면의 습윤 유지
⑤ 타설구획 설정

43) 신축줄눈의 정의 (91②, 95③④, 98③, 99④, 02①, 07③, 18②, 20①)

온도변화에 따른 팽창, 수축 혹은 부동침하, 진동 등에 의해 균열이 예상되는 위치에 설치하는 줄눈

44) 이음새 시공에서 슬립바의 정의 (97④)

콘크리트 슬래브의 신축줄눈에서 인접한 슬래브를 서로 연결하고 수평을 유지하기 위해 삽입한 철근

45) 슬립바의 처리방법 (03②)

슬립바의 자유단에 설치하는 플라스틱캡은 끝 부분에 마스킹 테이프를 부착하여 콘크리트 타설시 모르타르가 침입하지 못하도록 한다.

46) 신축줄눈의 도식과 용접철망의 처리방법 (03②)

줄눈의 좌우 양측으로 50mm 정도 떨어진 지점까지 설치하여 줄눈을 관통시키지 않는다.

47) 조절줄눈의 정의 (91②, 95④, 98③, 02①, 07③, 11②, 15②, 17③, 18②, 19①)

① 균열을 전체 벽면 중의 일정한 곳에만 일어나도록 유도하는 줄눈
② 지반 등 안정된 위치에 있는 바닥판이 수축에 의하여 표면에 균열이 생기는 것을 방지하기 위해 설치하는 줄눈

48) 지연줄눈의 정의 (02①, 16②)

장 스팬의 구조물(100 m가 넘는)에 신축줄눈을 설치하지 않고, 건조수축을 감소시킬 목적으로 설치하는 줄눈

49) 다음 그림에서 줄눈의 명칭 (06①, 13③, 18①)

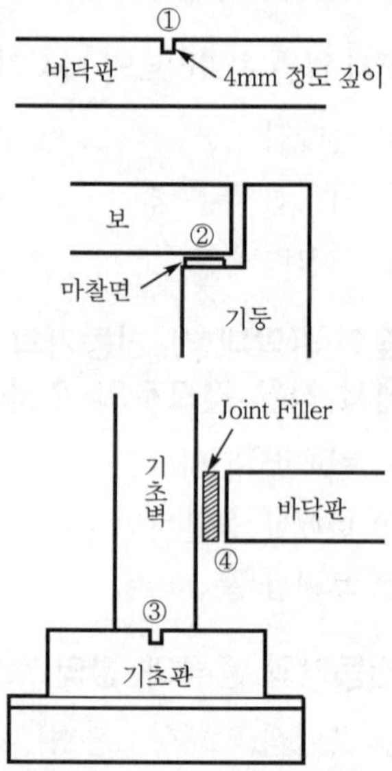

① 조절줄눈	② 미끄럼줄눈
③ 시공줄눈	④ 신축줄눈

7. 각종 콘크리트

1) 레디믹스트 콘크리트의 정의 (07②)

콘크리트 제조 전문 공장에서 배치플랜트에 의하여 콘크리트를 주문자의 요구에 맞는 배합으로 계량 및 혼합한 후 시공 현장에 운반차로 운반하여 사용하는 콘크리트로 레미콘(Remicon)이라고도 한다.

2) 레미콘의 종류와 그에 따른 정의 (89②, 90③, 95②, 08①, 09②, 16①)

① 센트럴믹스트 콘크리트 : 믹싱 플랜트에서 고정 믹서로 완전히 비빈 것을 애지테이터 트럭으로 운반하는 것
② 쉬링크믹스트 콘크리트 : 믹싱 플랜트에

서 고정 믹서로 어느 정도 비빈 것을 애지테이터 트럭으로 실어 운반 도중 완전히 비비는 것

③ 트랜싯믹스트 콘크리트 : 트럭 믹서에 모든 재료를 공급받아 운반 도중에 비비는 것

3) 레미콘의 장점 (93②, 95④)

① 현장 내 재료 적치장 불필요
② 공사 추진 정확
③ 균일한 품질 확보
④ 부어 넣는 수량에 따라 조절가능
⑤ 비빔작업이 불필요
⑥ 소요량을 정확히 사용

4) 레미콘 공장선정 시 고려사항 (20③)

① 운반시간
② 배출시간
③ 콘크리트의 제조능력
④ 운반 차량의 수
⑤ 공장의 제조설비
⑥ 품질관리 상태

5) 레미콘의 규격 (97①, 08②, 15③)

Remicon(<u>보통</u> – <u>25</u> – <u>30</u> – <u>210</u>)
①　②　③　④

① 보통 : 사용 골재의 종류
② 25 : 굵은골재의 최대 치수(mm)
③ 30 : 콘크리트의 호칭강도(MPa)
④ 210 : 슬럼프값(mm)

6) KS F 4009 레디믹스트 콘크리트의 강도 시험 (08③)

KS F 4009에 따른 레디믹스트 콘크리트의 강도는 규정에 따라 (3)회의 시험결과에 의해 검사 로트의 합부가 결정된다. 시험횟수는 원칙적으로 (150)m^3에 (1)회로 규정되어 있기 때문에 검사 로트의 크기가 (450)m^3가 된다.

7) 공기량의 한도와 허용오차 (05②)

레디믹스트 콘크리트의 공기량은 보통 콘크리트의 경우 (4.5)%이며, 경량골재 콘크리트의 경우 (5.5)%로 하되 공기량의 허용오차는 (±1.5)%로 한다.

8) 레미콘의 현장 도착 시 검사사항 (01③)

① 콘크리트의 강도　② 슬럼프
③ 슬럼프플로　④ 공기량
⑤ 염화물함유량

9) 레미콘 공장에서 현장타설까지의 진행순서 (93④, 06①)

비빔시간 → 배출시간(적재시간) → 주행시간 → 대기시간 → 처리시간(타설시간)

10) 한중 콘크리트의 정의 (95②)

콘크리트 타설 일의 일평균기온이 4 ℃ 이하 또는 콘크리트 타설 완료 후 24시간 동안 일최저기온 0 ℃ 이하가 예상되는 조건이거나 그 이후라도 초기 동해 위험이 있는 경우에 시공하는 콘크리트이다.

11) 한중 콘크리트의 문제점 (02③, 05③, 08③)

수화반응이 지연되어 콘크리트의 응결 및 강도발현이 늦어진다.

12) 한중 콘크리트의 문제점에 대한 대책 (04②, 08②, 14①, 16②, 19②)

① 물결합재비를 60% 이하로 유지
② AE제 사용
③ 보온양생

13) 한중 콘크리트의 정의 및 대책 (07②)

한중 콘크리트의 특징은 일평균기온 (4) ℃ 이하로 예상되며, 한중 콘크리트의 문제점에 대한 대책으로 W/C비는 원칙적으로 (60) % 이하이어야 하며, (AE제)를 사용해야 한다.

14) 한중 콘크리트에서 재료의 가열순서 (89③, 97④)

① 물 ② 모래 ③ 자갈

15) 극한기 콘크리트에서 가열한 재료의 믹서 투입순서 (85①)

① 골재 ② 물 ③ 시멘트

16) 한중 콘크리트의 일반사항 (95③)

① 한중 콘크리트의 시공에서 콘크리트를 부어넣은 후 28일까지가 월평균기온이 (2)~(10)℃인 달을 포함하는 기간을 한냉기라 하고, 월평균기온이 (2)℃ 이하의 달을 포함하는 기간을 극한기라 한다.

② 시멘트는 기온이 (0)℃ 이하일 때는 보온시설이 된 창고에 저장한다.

③ 한중 콘크리트 시공에서 물의 사용량을 적게 하고 물시멘트비(W/C)는 (60)% 이하로 하며 표면활성제를 쓴다.

17) 한중 콘크리트에 관한 사항 (11②, 16②)

① 한중 콘크리트는 초기양생을 통해 콘크리트의 양생 종료 시의 소요 압축강도가 최소 (5)MPa 이상이 되게 한다.

② 한중 콘크리트의 물시멘트비는 원칙적으로 (60)% 이하이어야 한다.

18) 한중 콘크리트에서 (   )에 공통적으로 들어갈 용어 (10③)

① 한중 콘크리트에서는 초기강도 발현이 늦어지므로 (**적산온도**)를 이용하여 거푸집의 해체시기, 콘크리트 양생기간 등을 검토한다.

② 양생온도가 달라져도 그 (**적산온도**)가 같으면 콘크리트 강도는 비슷하다고 본다.

(주) 콘크리트의 전산온도는 콘크리트의 초기강도를 얻기 위해 일일평균 양생온도에 총양생기간을 곱한 누적온도(양생온도×양생기간)이다.

19) 한중 콘크리트의 보온양생방법 (04③)

① 급열양생(가열보온양생)

② 단열양생(단열보온양생)

③ 피복양생

20) 한중 콘크리트의 초기양생 시 주의사항 (21①)

① 초기 동해의 방지에 필요한 압축강도 5 MPa이 초기양생기간 내에 얻어지도록 한다.

② 소요 압축강도가 얻어질 때까지 콘크리트의 온도를 5 ℃ 이상으로 유지한다.

③ 소요 압축강도에 도달한 후 2일간은 구조물의 어느 부분이라도 0 ℃ 이상이 되도록 유지한다.

21) 시방서에 규정된 서중 콘크리트의 온도 규정 (05②, 21②)

일평균기온이 25 ℃를 초과하는 경우에 시공되는 콘크리트이다.

22) 서중 콘크리트의 문제점 (02③, 05③, 08③)

슬럼프 로스가 증대하고, 슬럼프가 저하하고 동일 슬럼프를 얻기 위해 단위수량이 증가한다.

23) 하절기 콘크리트 시공 시 발생하는 문제점으로써 콘크리트 품질 및 시공면에 미치는 영향 (04③, 06①, 10③)

① 슬럼프 저하

② 연행공기량의 감소

③ 콜드조인트의 발생

④ 표면수분의 증발에 의한 균열발생

⑤ 온도균열의 발생

⑥ 장기강도 저하

⑦ 콘크리트 표층부의 밀실성 저하

24) 하절기 콘크리트 시공 시 발생되는 문제점에 대한 대책 (08①, 12②)

① AE 감수제를 사용한다.
② 콘크리트의 운반 및 타설시간의 단축계획을 수립한다.
③ 중용열 시멘트를 사용한다.
④ 온도 증가재료 방지대책 수립(온도가 낮은 밤에 시공)한다.
⑤ 물은 냉각수를 사용한다.
⑥ 골재는 사용 전에 충분한 습윤상태를 유지시킨다.
⑦ 기초지반을 적절한 습윤상태로 유지시킨다.
⑧ 골재냉각, 차양막 설치 등을 통해 타설온도를 낮춘다.
⑨ 과도한 혼합을 피한다.

25) ALC 제조 시 필요한 재료와 기포도입방법 (20①③)

(1) 재료

① 석회질 원료(석회, 시멘트)
② 규산질 원료(고로슬래그, 플라이애시)
③ 기포제

(2) 기포도입방법

① 발포법 ② 기포법

(주1) 발포법 : 시멘트 슬러지 중에서 화학반응을 이용해 가스를 발생시키는 방법
(주2) 기포법 : 시멘트 슬러지 중에 기포제를 이용해 기포를 발생시키는 방법

26) ALC의 건축재료로서의 특징 (98④, 00③)

① 경량성 ② 단열성
③ 불연성, 내화성 ④ 흡음성, 차음성
⑤ 내구성 ⑥ 시공성(가공성)

27) 경량 콘크리트의 공기량 (05②)

5.5%

28) 서모콘의 정의 (02①, 10①, 17①)

콘크리트 제작 시 골재는 전혀 사용하지 않고 물, 시멘트, 발포제만으로 만든 경량 콘크리트

29) 신더 콘크리트의 정의 (97②)

석탄재를 골재로 한 경량 콘크리트

30) 경량 콘크리트의 재료 (01②)

① 주재료 : 인공경량골재, 천연경량골재
② 혼화재료 : 발포제(기포제)

31) 경량골재 콘크리트의 장점 (93④)

① 건물중량 경감
② 운반, 타설노력 절감
③ 단열, 내화, 방음 및 흡음성 우수
④ 냉·난방의 열손실 방지효과

32) 중량 콘크리트의 정의 (90①, 95②, 10①)

주로 생물체의 방호를 위하여 X선, γ선 및 중성자선을 차폐할 목적으로 사용되는 콘크리트로써, 중량골재를 사용하여 기건 단위중량 2,500 kg/m^3 이상인 콘크리트이다.

33) 중량 콘크리트의 용도와 사용골재 (01②, 10②, 13①)

① 용도 : 방사선 차단용
② 사용골재 : 중정석, 자철광

34) 매스 콘크리트의 정의 (00③, 03①, 05①, 08②, 15③)

부재 단면치수가 800 mm 이상, 콘크리트 내외부 온도 차가 25 ℃ 이상으로 예상되는 콘크리트

35) 매스 콘크리트의 문제점 (02③, 05③, 08③)

수화열이 내부에 축적되어 콘크리트 온도가 상승하고 균열발생이 쉽다.

36) 매스 콘크리트에서 온도균열의 기본대책 (09③, 12①, 13①, 14③, 18②, 19①, 20①, 21②)

① 중용열시멘트를 사용한다.

② 단위시멘트량을 적게 한다.
③ 프리쿨링 또는 파이프쿨링 방법을 사용한다.

37) 온도균열 증가원인 (참고)

① 수화열이 클수록
② 단위시멘트량이 많을수록
③ 부재단면이 클수록
④ 콘크리트의 내부와 외부의 온도 차가 클수록
⑤ 콘크리트 탄성계수가 클수록

38) 프리쿨링과 파이프쿨링의 정의 (09③, 19②, 20④)

① 프리쿨링 : 콘크리트를 타설하기 전에 콘크리트의 온도를 제어하기 위해 얼음이나 액체질소 등으로 콘크리트의 원재료의 일부 또는 전부를 냉각시키는 방법
② 파이프쿨링 : 콘크리트를 타설한 후 콘크리트의 내부 온도를 제어하기 위해 미리 묻어 둔 파이프 내부에 냉수를 강제적으로 순환시켜 콘크리트를 냉각하는 방법

39) 섬유보강 콘크리트의 정의 (02③)

일반 콘크리트의 휨, 전단, 인장강도 및 균열저항성, 인성 등을 개선하기 위해 단섬유상 재료를 균등히 분산시켜 제조한 콘크리트

40) 섬유보강 콘크리트 섬유의 종류 (02③, 03③, 18②, 20④)

① 강섬유 ② 유리섬유
③ 탄소섬유 ④ 비닐론섬유

41) AE콘크리트의 공기량에 대한 설명 (95①)

콘크리트에 AE제를 사용하여 0.025~0.25 mm의 미세한 독립기포의 발생으로 시공연도를 개선할 수 있다.

42) AE제 등을 사용한 콘크리트의 공기량 (95①, 08①)

AE제 등을 사용하는 콘크리트의 공기량은 굵은골재의 최대 치수에 따라 (3.0~6.0)% 범위의 값이다.

43) AE콘크리트의 특징 (90②, 00④, 12②)

① 워커빌리티 개선
② 동결융해 저항성 증대
③ 내구성, 수밀성 증대
④ 알칼리골재반응 감소
⑤ 단위수량 감소
⑥ 재료분리 감소
⑦ 발열량 감소
⑧ 건조수축 감소

(주) AE콘크리트의 특징은 AE제의 사용목적과 같다.

44) 유동화 콘크리트의 문제점 (02③, 08③)

슬럼프의 경시변화가 보통 콘크리트보다 커서 여름에 30분, 겨울에는 1시간 정도에서 베이스 콘크리트의 슬럼프로 되돌아오는 경우도 있다.

45) 유동화 콘크리트의 유동화 방법 (97②, 99①, 02②, 07①, 11①)

① 공장첨가 유동화법
② 공장첨가 현장유동화법
③ 현장첨가 유동화법

46) 고성능 콘크리트의 종류 (99③, 02③)

① 고강도 콘크리트
② 고내구성 콘크리트
③ 고유동 콘크리트

47) 고강도 콘크리트의 정의 (03①, 05①, 08②, 15③)

건축구조물이 20층 이상이면서 기둥 크기를 적게 하도록 콘크리트 강도를 높게 하는 구조물에 사용되는 콘크리트로써 설계기준압

축강도가 보통콘크리트에서 40 MPa 이상, 경량골재콘크리트에서 27 MPa 이상인 콘크리트이다.

48) 폭렬현상의 정의 (14①, 17③, 18①, 20②⑤)

고강도 콘크리트에서 화재 시 급격한 고온에 의해 내부 수증기압이 발생하고, 이 수증기압이 콘크리트의 인장강도보다 크게 되면 콘크리트 부재 표면이 심한 폭음과 함께 박리 및 탈락하는 현상이다.

49) 폭렬현상의 방지대책 (19①, 21②)

① 강섬유를 혼입한다.
② 철근의 피복두께를 증가시킨다.
③ 단위수량을 감소시킨다.
④ 흡수율이 적은 골재를 사용한다.

50) 제치장 콘크리트의 정의 (00③, 03①, 05①, 08②, 15③)

콘크리트면에 미장을 하지 않고 직접 노출시켜 마무리한 콘크리트

51) 제치장 콘크리트의 시공목적 (92③, 94③, 97④, 02①, 05②)

① 모양의 간소함
② 고도의 강도 추구
③ 재료절감
④ 건물자중 경감
⑤ 공사내용의 단일화
⑥ 안전성, 경제성 추구

52) 폴리머시멘트 콘크리트(플라스틱 콘크리트)의 특징 (04②, 09②, 16②)

① 수밀성 증대
② 내동결융해성
③ 내약품성
④ 내마모성, 내충격성
⑤ 방수성
⑥ 강도(압축, 인장, 휨)의 증대

53) 프리팩트 콘크리트의 정의 (89②, 97①, 02①, 06①, 10①, 17①)

거푸집 안에 미리 굵은골재를 채워 넣은 후 그 공극 속으로 특수한 모르타르를 주입하여 만든 콘크리트

54) 프리스트레스트 콘크리트의 정의 (06①, 09①)

콘크리트의 인장응력이 생기는 부분을 미리 압축력을 주어 콘크리트의 인장강도를 증가시켜 휨저항을 크게 한 콘크리트

55) 프리스트레스트 콘크리트에 이용되는 긴장재의 종류 (97⑤, 05①, 08③, 10②, 16①)

① PC 강선　　② PC 강연선
③ PC 경강선　　④ PC 강봉

56) 프리스트레스트 콘크리트의 정착구의 정착 공법 (97④, 00⑤, 04③)

① 쐐기식 공법　　② 나사식 공법
③ 버튼헤드식 공법　　④ 루프식 공법

57) 프리스트레스트 콘크리트 공법에 따른 정의 (89①, 94④, 96③, 00①, 05①, 14③, 18③, 20②)

(1) 프리텐션법

PS 강재에 인장력을 가한 상태에서 콘크리트를 타설, 경화한 후에 긴장을 풀어주는 방법

(2) 포스트텐션법

콘크리트를 쳐서 경화한 후에 미리 묻어둔 시스관 내에 PS 강재를 삽입하여 긴장시킨 후 정착하고 그라우팅하는 방법

58) 프리스트레스트 콘크리트 공법의 시공순서 (95①, 04③, 09②, 12②, 17②)

(1) Pre-tension 공법

① 강현재 긴장
② 콘크리트 타설

③ 콘크리트 경화
④ 강현재 양끝 절단

(2) Post-tension 공법
① 시스 설치
② 콘크리트 타설
③ 강현재 삽입 및 긴장
④ 그라우팅

59) 프리스트레스트 콘크리트 공법의 시공순서 (91①, 95②, 00⑤)

(1) 프리텐션법
① PC 강재의 긴장
② 콘크리트 타설
③ PS 강재와 콘크리트의 부착
④ 프리스트레싱 포스를 콘크리트에 전달

(2) 포스트텐션법
① 부재 내의 강재의 도관 설치
② 콘크리트 타설
③ PS 강재의 긴장
④ PS 강재와 콘크리트의 부착
⑤ 프리스트레싱 포스를 콘크리트에 전달

60) 포스트텐션 공법의 작업순서 (90④, 92③, 96⑤, 98③, 07③, 08③, 13③)

시스 설치 → 콘크리트 타설 → 콘크리트 경화 → 강현재 삽입 → 강현재 긴장 → 강현재 고정 → 그라우팅

61) 포스트텐션 공법의 작업순서 (05②)

거푸집 조립 → 시스 설치 → 콘크리트 타설 → 콘크리트 경화 → 강현재 삽입 → 강현재 긴장 → 강현재 고정 → 그라우팅

62) 그라우팅의 정의 (94④, 96③)

경화 후에 긴장재와 시스관 사이에 충분한 부착강도가 발휘되도록 시스관 내에 PS 강재를 삽입하고 긴장시킨 후 시멘트 페이스트를 채워 넣는 일

63) 압입 공법의 정의 (00③)

PC 제품이나 내진보강벽 등 폐쇄공간의 콘크리트를 타설하기 위해 콘크리트 펌프 등의 압송기계에 연결된 배관을 구조체 하부의 거푸집에 설치된 압입부에 직접 연결해서 유동성 있게 타설하는 공법

64) 숏크리트의 정의와 종류 (00⑤, 01①, 04①, 07③)

(1) 정의 : 압축공기로 모르타르를 뿜칠하여 시공하는 공법으로 뿜칠 콘크리트라고도 한다.

(2) 종류
① 시멘트건　　② 본닥터
③ 제트크리트

65) 숏크리트의 정의와 장단점 (09①, 11③, 14③, 19①)

(1) 정의 : : 압축공기로 모르타르를 뿜칠하여 시공하는 공법으로 뿜칠 콘크리트라고도 한다.

(2) 장점 : 거푸집이 불필요하고 급속 시공이 가능하며, 곡면 시공이 가능하다.

(3) 단점 : 리바운딩이 되기 쉽고, 평활한 표면이 곤란하다.

66) 진공 콘크리트의 정의 (96①, 00③, 02①, 10①, 17①)

콘크리트를 타설한 직후에 매트, 진공펌프 등을 이용하여 콘크리트 속에 잔류해 있는 잉여수 및 기포 등을 제거함을 목적으로 하는 콘크리트

67) 수밀 콘크리트에 대한 설명 (예상)

수밀 콘크리트의 소요 슬럼프값은 되도록 적게 하여 (180) mm 이하이며, 타설이 용이하면 (120) mm 이하이다. 워커빌리티를 개선하기 위해 공기량은 (4) % 이하이고, 물결합재비는 (50) % 이하로 한다.

VI 강구조공사

1. 개요 및 강구조의 공장 가공

1) 강구조공사에 사용되는 형강의 종류 (97④, 99③)

① 등변 L형강 ② 부등변 L형강
③ I형강 ④ H형강
⑤ ㄷ형강 ⑥ C형강
⑦ T형강 ⑧ Z형강

2) 강구조공사의 공장가공 제작순서 (85①, 02②)

원척도 작성 → 본뜨기 → 변형 바로잡기 → 금매김 → 절단 및 가공 → 구멍뚫기 → 가조립 → 본조립 → 검사 → 녹막이칠 → 운반

3) 강구조공사의 공장가공 제작순서 (87②, 95③, 97①, 04①)

공작도 작성 → 원척도 작성 → 형판뜨기 → 변형 바로잡기 → 마크표시 → 절단 및 가공 → 구멍뚫기 → 가조립 → 본조립 → 도장

4) 강구조 부재의 절단 방법 (98④, 99⑤, 06①, 12②, 15②, 20⑤)

① 기계절단 ② 가스절단
③ 플라즈마절단 ④ 레이즈절단

5) 송곳뚫기를 하여야 하는 경우 (92②, 94③)

① 판 두께가 13 mm 초과인 강재
② 주철제
③ 수조, 유조
④ 부재의 두께가 일반볼트 등의 '공칭지름+3 mm 이하'라도 세밀가공을 요할 때
⑤ 고장력볼트용

6) 드리프트핀 (94①③, 95②, 98②, 00③)

리벳구멍 중심을 맞추는 공구

7) 리머의 정의 (92③, 94①③, 95②③⑤, 98②, 00③, 01②)

① 펀치 또는 드릴로 뚫은 구멍의 지름을 정확하고 보기 좋게 가다듬는 공구
② 구멍주위 가심질

8) 녹막이칠 하기 전 금속표면의 오염물 제거 도구 및 제거용제 (99①, 01①)

(1) 제거도구
① 와이어브러시
② 샌드블라스트
③ 연마지(샌드페이퍼)

(2) 제거용제
① 휘발유 ② 벤졸
③ 솔벤트 ④ 나프타

9) 녹막이칠 제외부분 (92①, 97②, 98①④, 99①, 01③, 03③, 06③, 14①, 18③, 19③, 22①)

① 현장 용접부에서 100mm 이내
② 고장력볼트 접합부 마찰면
③ 콘크리트 부착 또는 매입 부분
④ 밀착 또는 회전하는 기계깎기 마무리면
⑤ 철골조립에 의해 맞닿는 면
⑥ 밀폐되는 내면

10) 강구조 부재 운반 시 조사 및 검토사항 (98①)

① 운반차량의 용량제한
② 운반차량의 길이제한
③ 수송 중 장애물 및 높이제한
④ 도로 및 교량의 중량제한
⑤ 운행시간

2. 강구조 부재의 접합

1) 강구조의 접합 종류 (01①)

① 일반볼트접합 ② 고장력볼트접합
③ 용접접합 ④ 리벳접합

2) 강구조의 접합종류와 설명(특징) (91①, 96④)

① 일반볼트접합 : 볼트 구멍지름과 볼트

공칭지름의 차이 때문에 밀착하지 않으며, 간단한 규모 이하의 건물에서만 적용하는 접합

② 고장력볼트접합 : 접합된 판 사이에 강한 압축력이 작용하며 접합재 간의 마찰저항에 의해 힘이 전달되어 접합

③ 용접접합 : 강재를 국부적으로 가열하여 용융상태에서 접합

④ 리벳접합 : 가열한 리벳을 양판재의 구멍에 끼우고 압력을 이용하여 열간 타격으로 머리를 형성시켜 접합

3) 강구조의 접합종류와 주의사항 (93①, 97③)

(1) 일반볼트접합

① 간단한 규모 이하의 건물에서만 적용한다.

② 영구적인 구조물에는 사용하지 못하고 가체결용으로만 사용한다.

③ 진동, 충격 또는 반복응력을 받는 접합부에는 사용을 금지한다.

(2) 고장력볼트접합

① 접합부 마찰면 처리를 철저히 한다.

② 접촉면의 밀착 및 뒤틀림, 구부림이 없게 한다.

③ 조임 순서는 중앙에서 외측으로 한다.

④ 강우, 강풍 시 체결작업을 중단한다.

(3) 용접접합

① 용접결함을 방지한다.

② 용접면의 불순물을 제거한다.

③ 치수에 여분을 두어 용접한다.

(4) 리벳접합

① 가열온도를 준수한다.

② 리벳구멍 크기를 준수한다.

③ 리벳배치 간격을 유지한다.

④ 불량리벳을 제거한다.

4) 너트의 풀림방지 (95③, 97④, 99③, 04①)

① 이중너트 사용　　② 너트 용접

③ 콘크리트에 매입

5) 스프링와셔의 용도 (95③)

대용볼트 조이기

6) 볼트 등의 접합재의 간격 및 용어 (88②, 94①③, 98②, 00③, 11①)

① 볼트 등의 접합재 구멍의 중심간 간격 : 피치

② 볼트 등의 접합재를 치는데 한 열의 기준이 되는 중심선 : 게이지라인

③ 볼트 중심을 연결한 선 사이의 중심간격 : 게이지

7) 강구조 접합 방법에서 마찰력으로 응력을 전달하는 접합 방법 (07②)

고장력볼트접합

8) 고장력볼트의 장점 (95⑤, 99①⑤, 03②, 07③, 09③, 12②)

① 접합부 변형이 작다.

② 응력전달이 원활하다.

③ 강성 및 내력이 크다.

④ 피로강도가 높다.

⑤ 저소음

⑥ 노동력 절감, 공기단축

⑦ 현장설비가 간단하다.

⑧ 불량개소의 수정용이

9) F10T 고장력볼트의 기호 중 10의 의미 (07③)

최소 인장강도 1,000MPa

10) 특수형 볼트의 종류 (02③)

① T/S 고장력볼트(볼트축 전단형 볼트)

② PI 너트(너트 전단형 볼트)

③ 그립볼트

④ 지압형 볼트

11) 고장력볼트접합의 종류에 대한 설명 (04③, 10②)

① 토크콘트롤볼트로써 일정한 조임 토크계수값에서 볼트축이 절단 : T/S 고장력볼트(볼트축 전단형 볼트)

② 두 겹의 특수 너트를 이용한 것으로 일정한 조임 토크계수값에서 너트가 절단 : PI 너트(너트 전단형 볼트)

③ 일반 고장력볼트를 개량한 것으로 조임이 확실한 방식 : 그립형 볼트

④ 지름보다 약간 적은 볼트구멍에 끼워 너트를 강하게 조이는 방식 : 지압형 볼트

12) 강구조 부재의 접합에 사용되는 고장력볼트 중 볼트의 장력관리를 손쉽게 하기 위한 목적으로 개발된 것으로 본조임 시 전용조임기를 사용하여 볼트의 핀테일이 파단될 때까지 조임 시공하는 볼트의 명칭 (19①, 22②)

T/S 고장력볼트 또는 토크-전단형 고장력 또는 볼트축 전단형 볼트

13) 특수형 고력볼트(T/S 고장력볼트)의 부위별 명칭 (17②)

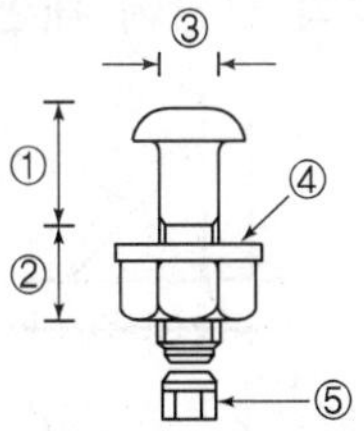

① 축부 ② 나사부
③ 직경 ④ 평와셔
⑤ 핀테일

11) 미끄럼계수의 확보를 위한 마찰면 처리 (16③)

접합부 마찰면의 밀착성 유지에 주의하며, 구멍을 중심으로 지름의 2배 이상 범위의 녹, 흑피 등을 숏블라스트 또는 샌드블라스트로 제거하고, 건축물의 경우 마찰면에 페인트를 칠하지 않고, 미끄럼계수가 0.5 이상 확보되도록 표면처리 한다.

14) 임팩트렌치 (95②③, 97②, 06②)

볼트 가조임, 고장력볼트 조이기

15) 표준볼트장력을 설계볼트장력의 비교 설명 (09②, 10③, 13①, 16③)

설계볼트장력은 고장력볼트의 설계 시 전단강도를 구하기 위해서 사용되는 값이며, 표준볼트장력은 마찰접합을 위한 모든 볼트 시공 시 장력의 풀림을 고려하여 설계볼트장력에 최소한 10 %를 할증하여 조여야 하는 표준 값이다.

16) T/S 고장력볼트 시공순서 (12①)

① 핀테일에 내측 소켓을 끼우고 렌치를 걸어 너트에 외측 소켓을 맞춤

② 렌치의 스위치를 켜 외측 소켓을 회전하여 볼트 체결

③ 핀테일이 절단되었을 때 외측 소켓이 너트로부터 분리되도록 렌치를 잡아당김

④ 팁 레버를 잡아당겨 내측 소켓에 들어있는 핀테일을 제거

17) 너트회전법에 의한 검사 (22②)

1차 조임 후에 너트회전량이 120±30°의 범위에 있으면 합격

18) 고장력볼트 조임기구 및 검사개수 (93②, 05①)

(1) 고장력볼트 조임기기

① 임팩트렌치

② 토크렌치

(2) 조임검사를 행하는 볼트의 수

각 볼트군에 대한 볼트 수의 10% 또한 1개 이상

19) 용접의 장점 (96①, 12②, 14①)

(1) 장점

① 무진동, 무소음

② 응력전달이 확실

③ 수밀성, 기밀성에 유리

④ 건물의 경량화

⑤ 강재의 절약

⑥ 접합두께의 제한이 없음

⑦ 간편하며 강성확보가 용이

(2) 단점

① 접합부 검사가 곤란

② 숙련공이 필요

③ 용접부의 취성파괴 우려

④ 피로강도가 낮음

⑤ 용접열에 의한 변형, 왜곡

⑥ 응력집중에 민감

20) 직류아크용접과 교류아크용접의 특징 (97④, 99③, 01③, 04①)

① 직류아크용접 : 주로 공장용접에 사용되며, 일하기 쉽다.

② 교류아크용접 : 주로 현장용접에 사용되며, 저가이고 고장이 적다.

21) 플럭스(Flux)의 정의 (89②)

용접봉의 피복제 역할을 하는 분말상의 재료

22) 피복제(Flux)의 역할 (91②, 94④, 97①, 99③, 06①, 12③)

① 아크 주변의 공기를 차단하여 용적의 산화, 질화를 방지한다.

② 함유원소를 이온화해 아크를 안정시킨다.

③ 용융금속을 탈산, 정련한다.

④ 용착금속에 합금원소를 첨가한다.

⑤ 고온의 금속표면의 산화를 방지한다.

⑥ 고온의 금속표면의 냉각 응고속도를 늦춘다.

23) 그루브용접의 정의 (08③, 17①, 20④)

접합 부재 면에 홈(Groove)을 만들어(개선하여) 그 사이에 용착금속으로 채우는 용접이다.

24) 그루브용접의 모양에 대한 명칭 (00③, 17①)

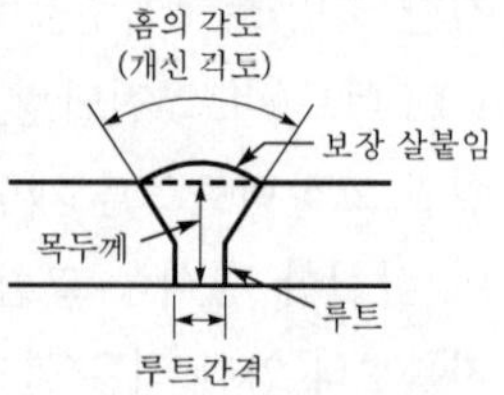

25) 용접의 융합부 상세 (97①, 08②)

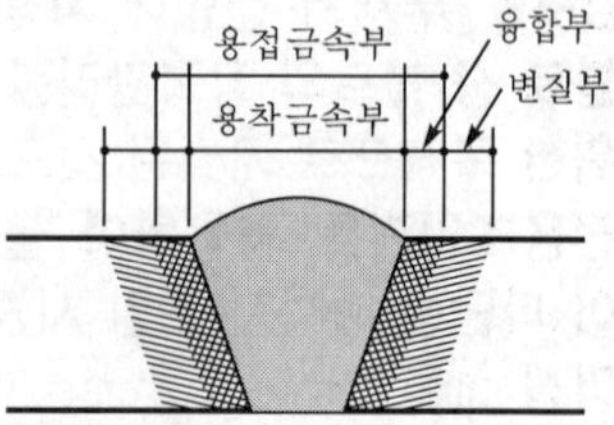

26) 필릿용접의 정의 (17①, 20④)

목두께의 방향이 면과 45° 또는 거의 45°를 이루게 하는 용접이다.

27) 필릿용접의 모양에 대한 명칭 (17①)

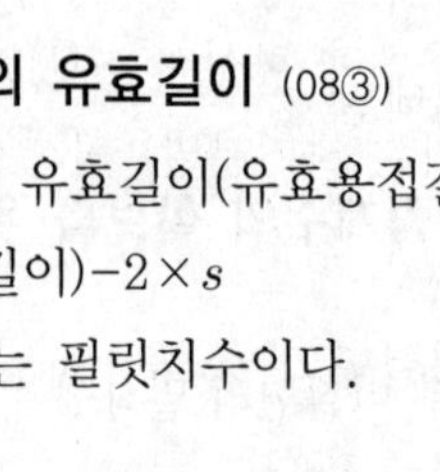

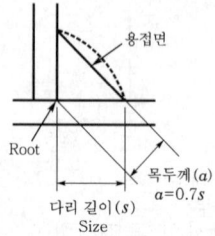

28) 필릿용접의 유효길이 (08③)

필릿용접의 유효길이(유효용접길이)=용접전장(용접길이)$-2\times s$

여기서, s는 필릿치수이다.

29) 용접부 검사 (88③, 93④, 96②, 97④⑤, 99④, 11②, 13①③)

(1) 용접착수 전

① 트임새 모양　② 모아대기법
③ 구속법　④ 자세의 적부

(2) 용접작업 중

① 운봉　② 전류
③ 용접봉
④ 제1층 용접 완료상태

(3) 용접완료 후

① 외관 판단　② X선 및 γ선 투과
③ 자기초음파　④ 침투수압
⑤ 절단검사

30) 용접부 검사 (16③, 20②)

(1) 용접착수 전

① 청소 상태
② 홈 각도, 간격 및 치수
③ 부재의 밀착

(2) 용접작업 중

① 아크 전압　② 용접 속도
③ 밑면 따내기

(3) 용접완료 후

① 필릿의 크기
② 균열, 언더컷 유무

31) 용접부의 비파괴시험 방법 (99④, 03①, 06②, 08①, 14①, 17③, 20①)

① 방사선 투과시험(RT)
② 초음파 탐상시험(UT)
③ 자분(자기분말) 탐상시험(MT)
④ 침투 탐상시험(PT)

32) 용접결함의 종류 (91③, 92③, 96③, 98⑤, 08②, 12③, 13③, 14③, 15③)

① 크랙　② 공기구멍
③ 슬래그 감싸들기　④ 언더컷
⑤ 오버랩　⑥ 크레이터
⑦ 용입부족

33) 오버랩, 언더컷, 슬래그 감싸들기, 공기 구멍의 용어정의 (87①, 93①③, 97②, 05③, 09①, 19①, 21②)

① 오버랩 : 용접금속과 모재가 융합되지 않고 겹쳐지는 것
② 언더컷 : 용접상부에 따라 모재가 녹아 용착금속이 채워지지 않고 홈으로 남게 된 부분
③ 슬래그 감싸들기 : 피복제 심선과 모재가 변하여 생긴 회분이 용착금속 내에 혼입된 것, 혹은 용접봉의 피복제 용해물인 회분이 용착금속 내에 혼입된 것
④ 공기구멍(블로홀) : 모재불량, 오손, 불량용접 등으로 생기는 길쭉하게 된 구멍, 혹은 용융금속이 응고할 때 방출되어야 할 가스가 남아서 생기는 용접부의 빈자리

34) 슬래그 감싸들기의 원인과 대책 (15②, 22②)

(1) 원인

① 용접전류의 불안정
② 운봉속도의 부적당
③ 용접봉의 결함

(2) 대책

① 적정전류의 공급
② 용접속도의 준수
③ 적당한 용접봉의 선택

35) 용접결함의 원인 (96②, 98④)

① 용접전류의 불안정
② 운봉속도의 부적당
③ 용접봉의 결함
④ 용접각도의 불량
⑤ 모재의 불량
⑥ 이음부에 이물질 부착

⑦ 용접부의 개선 정밀도 불량
⑧ 숙련도 미숙
⑨ 잘못된 용접순서

36) 용접결함 중 과대전류에 의한 결함 (10②, 17①)

① 언더컷 ② 블로홀
③ 크랙 ④ 크레이터

37) 용접기호에 따른 도면 표기 (18①)

① 개선각 45° ② 화살표 방향
③ 현장용접 ④ 간격 3 mm

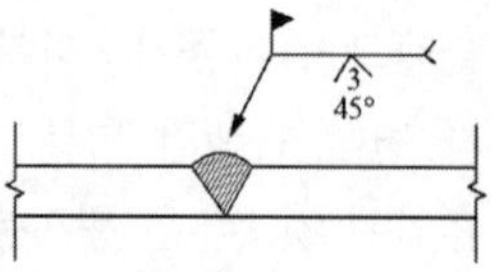

38) 용접기호의 의미 (20②)

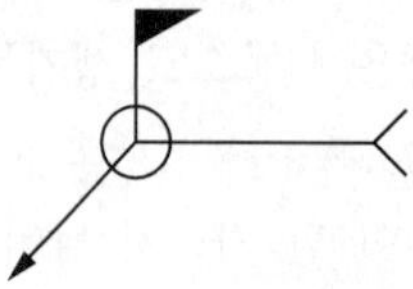

① 온둘레현장용접
② 특별지시

39) 용접기호의 의미 (02① 21②)

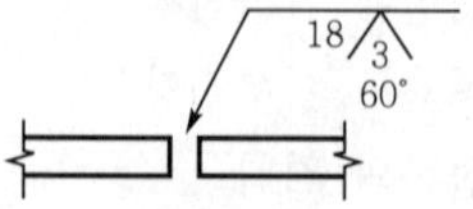

① V형 완전용입 그루브용접
② 개선깊이(홈의 길이) : 18mm
③ 루트간격(트임새 간격) : 3mm
④ 개선각(홈의 각도) : 60°

40) 용접부 기호에 대해 기호의 수치를 모두 표기 (14②)

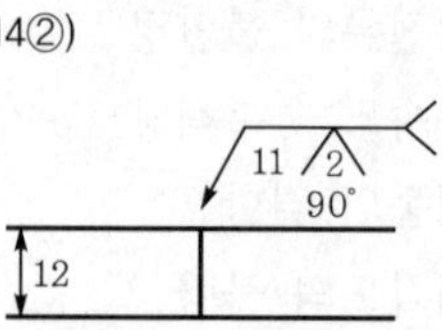

【기호의 수치 표기】

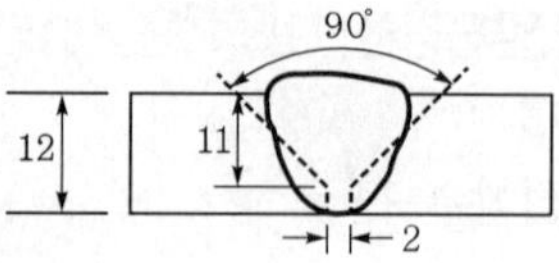

[참고] 실형(의미)

① V형 완전용입 그루브용접
② 이음부 판두께(T) : 12 mm
③ 개선깊이(D) : 11 mm
④ 루트간격(G) : 2 mm
⑤ 개선각도(α) : 90°
⑥ 루트면(R) : 1 mm

41) 용접기호의 의미 (92④, 94③, 98②, 04③)

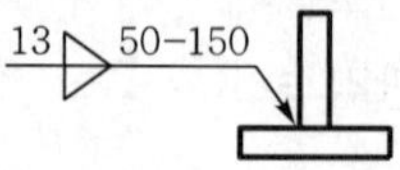

① 병렬단속 필릿용접
② 용접치수(Size) : 13 mm
③ 용접길이(Length) : 50 mm
④ 피치(Pitch) : 150 mm

42) 용접자세의 표시기호 (00①)

① F : 아래보기 자세
② O : 위보기 자세
③ H : 수평 자세
④ V : 수직 자세

43) 용접모양에 따른 명칭 (98②, 00③④)

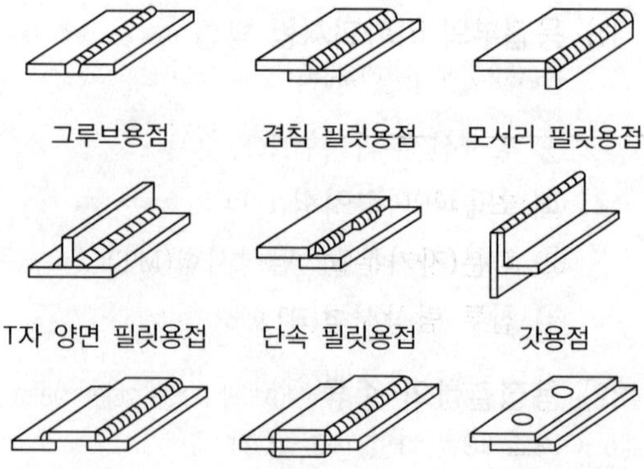

그루브용접 / 겹침 필릿용접 / 모서리 필릿용접
T자 양면 필릿용접 / 단속 필릿용접 / 갓용접
덧판용접 / 양면 덧판용접 / 산지용접

44) 스칼럽, 엔드탭의 용어정의 (02①, 08③, 15③, 16②, 19③, 21③, 22②)

① 스칼럽 : 강구조 부재의 용접 시, 이음이나 접합부위에서 용접선이 교차하는 것을 피하기 위하여 한쪽의 부재에 설치(모따기)한 홈이다.

② 엔드탭 : 개선이 있는 용접의 양끝의 전체 단면을 완전한 용접으로 하기 위해 그리고 공기구멍, 크레이터 등의 용접결함이 생기기 쉬운 용접 비드의 시작과 끝 지점에 용접을 하기 위해 용접접합 하는 모재의 양단에 부착하는 보조 강판이다.

45) 뒷댐재(Back Strip, 뒷받침쇠)의 정의 (14①, 19①)

그루브용접을 한쪽 면으로만 실시하는 경우, 충분한 용접을 확보하고 용융금속의 용락을 방지할 목적으로 루트 뒷면에 금속판 등으로 받치는 받침쇠이다.

46) 용접부 상세의 명칭 (02②, 09①, 11③, 20④)

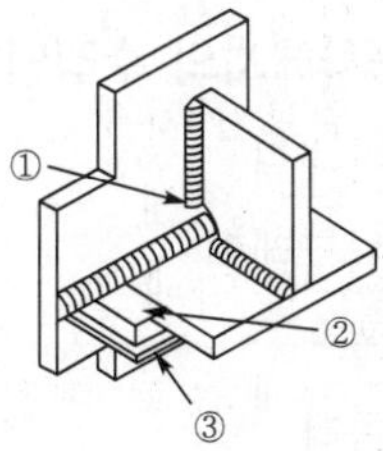

① 스칼럽(Scallop, 곡선모따기)

② 엔드탭(End Tab, 보조강판)

③ 뒷댐재(Back Strip, 뒷받침쇠)

47) 메탈터치의 정의 (02①, 08③, 15③, 20①, 21②)

강구조 기둥의 이음부를 가공하여 상하부 기둥의 밀착을 좋게 하여 일정 이상의 축력을 하부 기둥 밀착면에 직접 전달시키는 이음 방법이다.

48) 메탈터치 이음의 개념도와 마감면의 정밀도 (12①)

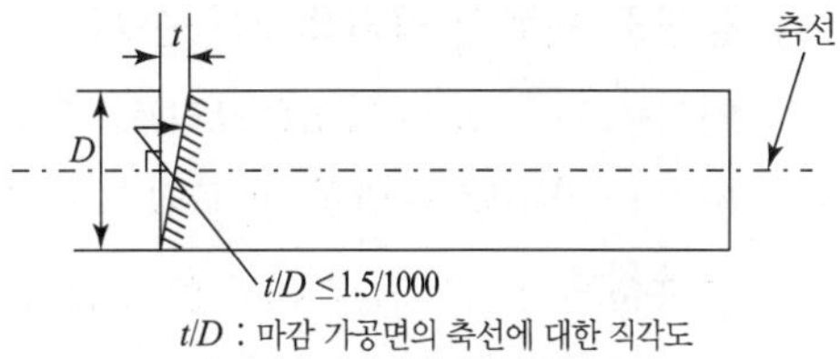

t/D : 마감 가공면의 축선에 대한 직각도
D : 마감 가공면의 단면 폭

49) 스패터(Spatter)의 정의 (00③)

용접 시에 비산하는 슬래그 및 금속입자가 경화된 것

50) 접합혼용 시 응력분담 (91②)

용접 > 고장력볼트 = 리벳 > 볼트

51) 턴버클(Turn Buckle)의 역할 (95②)

긴장시키는 역할

52) 데크플레이트, 시어커넥터 및 거셋플레이트의 정의 (16③, 20④, 21①)

(1) 데크플레이트(Deck Plate)

강구조의 보에 걸어 지주 없이 쓰이는 바닥판이며, 거푸집으로 사용될 수 있도록 제작된 골형 플레이트이다.

(2) 시어커넥터(Shear Connector)

합성보에서 슬래브와 강구조 보를 일체화시켜 전단력에 저항하도록 한 부재이다. 전단연결재의 종류로는 스터드볼트, ㄷ형강, 나선철근 등이 있다.

(3) 거셋플레이트(Gusset Plate)

강구조의 이음 또는 맞춤에서 부재를 접합하기 위해 사용되는 강판이다.

3. 현장세우기, 내화피복 공법 및 기타

1) 강구조 세우기 공사의 시공순서 (96③, 98⑤, 13②)

앵커볼트 매입 → 세우기 → 볼트 가조임 → 변형 바로잡기 → 볼트 본조임 → 접합부 검사 → 도장

2) 강구조 세우기 공사의 시공순서 (07②, 11①)

앵커볼트 매입→기초콘크리트 타설→세우기→가조립→변형 바로잡기→본조립→도장

3) 강구조 기둥공사의 작업흐름 (88②, 95③, 15①)

현장 시공도 작성→중심 내기→앵커볼트 매입→기둥 밑바닥 Leveling 조정→세우기 기계 준비→부재반입→세우기→세우기검사→본접합→접합부 검사→도장→완성

4) 강구조 세우기 현장작업 순서 (84①, 90④, 97①⑤, 00⑤, 07③)

기초주각부 기타 심먹매김→앵커볼트 설치→기초상부 고름질→강구조세우기→가조립→변형 바로잡기→본조립→접합부검사→도장→완성

5) 현장세우기를 위한 강구조 시공도에 삽입할 사항 (03②)

① 주심, 벽심과 강구조 주심과의 관계
② 강구조와 앵커볼트와의 관계
③ 기초와 앵커볼트와의 관계
④ 각 부분 부재의 개체중량

6) 강구조 부재 주각부의 부재별 명칭 (91①, 95①, 00⑤, 04②)

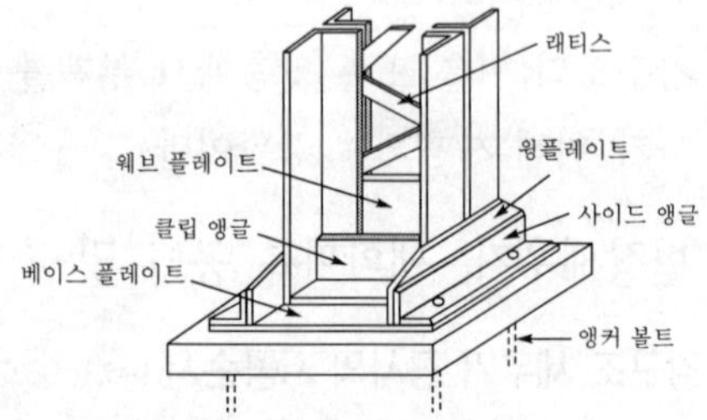

7) 앵커볼트의 역할 (95②)

기둥 밑을 고정시키는 역할

8) 앵커볼트의 매입 공법 (97④, 99①③, 00③, 02②, 10③, 17②, 21②)

① 고정매입 공법
② 가동매입 공법
③ 나중매입 공법

9) 기초상부 고름질(기둥 밑창 고르기) 방법 (94②, 95①④, 99②, 00③⑤, 03③, 05③, 07③, 11②)

① 전면바름 마무리법
② 나중채워넣기 중심바름법
③ 나중채워넣기 +자 바름법
④ 나중채워넣기법

10) 강구조공사를 시공할 때 베이스플레이트의 시공 시에 사용되는 충전재의 명칭 (05③, 12②)

무수축모르타르

11) 강구조 세우기 기계의 종류 (91③, 93③, 94③, 96④, 97②, 99①, 00④, 18③)

① 가이데릭 ② 스티프레그데릭
③ 타워크레인 ④ 트럭크레인

12) 건설공사에서의 수직인양 기구 (92②, 06②)

① 가이데릭 ② 스티프레그데릭
③ 타워크레인 ④ 트럭크레인
⑤ 진폴 ⑥ 엘리베이터
⑦ 곤돌라

13) T형 타워크레인 대신 러핑(Luffing)형 타워크레인을 사용해야 하는 경우 (14①)

① 도심의 구조물 밀집 지역
② 초고층 건설 현장
③ 인접대지 경계의 침해 등이 예상되는 지역

14) 강구조세우기 기계의 분류 (97⑤)

① 소형 양중기 : 진폴(Gin Pole), 윈치(Winch)
② 데릭 : 가이데릭, 스티프레그데릭

③ 이동식 크레인 : 트럭크레인, 크롤러크레인

④ 정치식 크레인 : 타워크레인

15) 강구조의 내화피복 공법 (96①, 98⑤)

강구조공사에 있어서 내화피복 공법을 분류하면 습식 공법, (**건식 공법**), (**도장 공법 또는 합성 공법**)이 있으며, 습식 내화피복 공법의 종류로서는 (**타설 공법**), (**조적 공법**), 미장 공법 또는 뿜칠 공법 등이 있다.

16) 강구조의 내화피복을 크게 구분한 종류 (97②, 99④)

① 도장 공법 ② 습식 공법
③ 건식 공법 ④ 합성 공법

17) 강구조의 내화피복 공법 중 습식 내화피복 공법의 종류 (99⑤, 05②, 08③, 11①, 14①, 15③, 16②, 19②, 21③)

① 타설 공법 ② 조적 공법
③ 미장 공법 ④ 뿜칠 공법

18) 강구조의 내화피복 공법 종류 및 재료 한 가지 (98④)

① 내화도료 공법 : 팽창성 내화도료
② 타설 공법 : 콘크리트
③ 미장 공법 : 철망 모르타르
④ 뿜칠 공법 : 암면(석면)
⑤ 조적 공법 : 벽돌
⑥ 성형판붙임 공법 : ALC판
⑦ 세락믹울 피복 공법 : 세라믹 섬유 블랭킷

19) 강구조의 내화피복 공법 종류 및 설명 (98①, 00④, 03②, 06①)

① 내화도료 공법 : 팽창성 내화 도료를 강재의 표면에 도장하여 내화피복한다.

② 타설 공법 : 강재의 주위에 경량 콘크리트나 기포 모르타르 등 내화, 단열성능이 우수한 재료로 타설하여 내화피복

③ 조적 공법 : 콘크리트블록, 경량 콘크리트블록, 돌, 벽돌 등을 쌓아 내화 피복

④ 미장 공법 : 강재의 주위에 메탈라스 등을 시공설치하고 경량 콘크리트 또는 플라스터 등을 발라 내화피복

⑤ 뿜칠 공법 : 접착제로 도장한 강구조 부재의 표면에 피복제를 뿜칠하여 시공

⑥ 성형판붙임 공법 : 내화 단열성능이 우수한 경량의 각종 성형판을 강구조 주위에 붙여 내화피복

⑦ 세라믹울 피복 공법 : 세라믹울을 강구조 부재 주위에 붙여 내화피복

20) 습식 공법의 설명, 습식 공법의 종류 및 종류에 해당하는 재료 (09②, 12①, 14②, 17②, 18②, 20②③)

(1) 습식 공법 : 강구조에서 화재 등으로 인한 강재의 온도상승을 막고 화재로부터 보호하기 위해 모르타르, 콘크리트벽돌 등의 습식 재료로 내화피복을 한 것이다.

(2) 습식 공법의 종류 및 재료

① 타설 공법 : 콘크리트, 경량콘크리트
② 조적 공법 : 벽돌, 블록
③ 미장 공법 : 철망 모르타르
④ 뿜칠 공법 : 암면, 모르타르, 플라스터

21) 데크플레이트의 정의 (96③, 16③)

강구조의 보에 걸어 지주 없이 쓰이는 바닥판이며, 거푸집으로 사용될 수 있도록 제작된 골형 플레이트이다.

22) 데크플레이트의 설명 (13②)

① 바닥 콘크리트 타설을 위한 슬래브 하부 거푸집판

② 작업 시 안정성 강화 및 동바리 수량 감소로 원가 절감 가능

③ 아연도금 철판을 절곡하여 제작하며 해

체 작업이 필요 없음

23) 스터드볼트의 정의 (17①, 20③)

강구조의 보와 철근콘크리트 슬래브가 일체가 되어 전단력을 전달하도록 강재 보의 플랜지에 용접되고 콘크리트 슬래브 속에 매입된 전단연결재(Shear Connector)로 사용되는 볼트

24) 경량철골의 장단점 (98④, 99⑤)

(1) 장점

① 중량, 단면적에 비해 단면효율이 높다.
② 저렴하고, 경제적이다.
③ 경량으로 자중 경감

(2) 단점

① 집중응력에 대해 열간성형강 보다 약하다.
② 두께가 얇아 국부좌굴, 국부변형 및 부재의 비틀림이 생기기 쉽다.
③ 부식에 약하다.
④ 부재로 사용할 때는 압축력에 약하므로 복합재를 설계해야 한다.

25) 경량철골 반자틀 시공순서 (87①, 94②, 95④, 97⑤, 02②)

① 인서트 매입　② 달대 설치
③ 행거　④ 천장틀 받이
⑤ 천장틀 설치　⑥ 텍스 붙이기

26) 파이프구조의 장점 (97④, 00⑤)

① 폐쇄형 단면이므로 모든 방향의 강도가 균등하다.
② 국부좌굴에 강하다.
③ 살두께가 작으면서 휨효과가 큰 단면을 선택할 수 있다.
④ 좌굴 후의 내력 저하가 둔하다.
⑤ 용접된 조립부재는 강철 트러스가 되고 비틀림 강성이 크다.

27) 파이프 단면의 녹막이를 고려한 밀폐 방법 (94④, 96③, 01②, 04① ③, 08①, 15②)

① 스피닝에 의한 방법
② 가열하여 구형으로 가공
③ 원판, 반구원판을 용접
④ 관내에 모르타르 채움
⑤ 관 끝을 압착하여 용접 밀폐시키는 방법

28) 콘크리트충전 강관(CFT) 구조의 정의와 장단점 (12①, 16①, 17③, 21③)

(1) 정의

콘크리트충전 강관구조(CFT)는 원형 또는 각주형 강관 내부에 고강도, 고유동화 콘크리트를 타설하여 만든 구조(기둥)이다.

(2) 장점

① 내진성능 향상　② 좌굴방지
③ 기둥단면 축소　④ 강성 증대

(3) 단점

① 지중에서 부식 우려
② 재료비가 고가

29) 칼럼쇼트닝의 정의 (05①, 08③, 15①, 19②, 20④)

건축물이 초고층화되거나 대형화됨에 따라 강구조 구조물의 높이 증가와 하중의 증가로 인해 기둥에 작용하는 수직하중이 증대되어 발생되는 기둥의 수축량이다.

30) 칼럼쇼트닝의 원인과 그에 따른 영향 (10③, 19②)

(1) 원인

① 탄성 축소
② 크리프
③ 건조수축

(2) 영향

① 기둥의 심한 축소현상으로 기본설계와는 다른 층고 발생

② 기둥별 부담하중 차이로 슬래브나 보와 같은 수평부재의 초기 위치 변화 발생
③ 마감재(외장재), 파이프나 엘리베이터 레일과 같은 비구조재에 영향을 주어 균열, 비틀림 등의 사용성 문제 발생

31) 밀시트(Mill Sheet)의 정의 (19①)

강재 제조업체가 발행하는 품질보증서이다.

32) 밀시트에서 확인할 수 있는 사항 (19③, 22②)

① 제품의 생산정보(제품치수, 제품번호, 수량, 중량, 제강번호)
② 기계적 성질(항복강도, 인장강도)
③ 화학 성분

VII 조적공사

1. 벽돌공사

1) 벽돌쌓기 규격별 두께 (97④)

(단위 : mm)

구 분	0.5B	1.0B	1.5B	2.0B
표준형	90	190	290	390
기존형	100	210	320	430

2) 벽돌의 마름질 종류 (98④, 00②④)

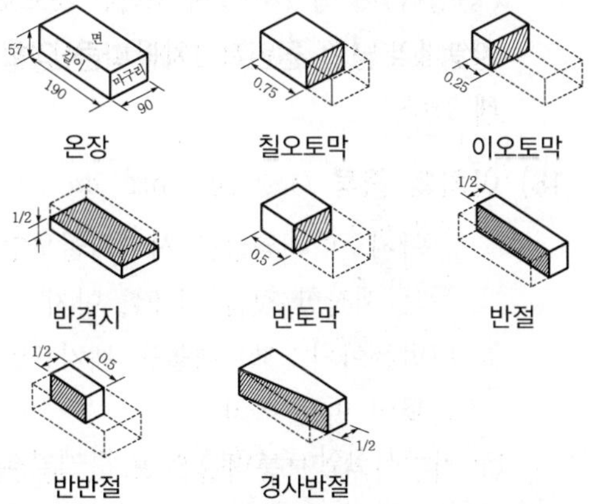

3) 조적구조의 안전 규정 (10①, 12③, 18③, 21③)

조적구조의 기초는 일반적으로 (**연속기초 또는 줄기초**)로 한다. 내력벽의 최소 두께는 (190)mm 이상이어야 하고, 대린벽으로 구획된 내력벽의 길이는 (10)m 이하이어야 하며, 한 층에서 내력벽으로 둘러싸인 바닥면적은 (80)m^2 이하이어야 한다.

4) 벽돌쌓기 종류 (88②, 08③)

① 영식쌓기　② 화란식쌓기
③ 불식쌓기　④ 미식쌓기
⑤ 길이쌓기　⑥ 마구리쌓기
⑦ 옆세워쌓기　⑧ 길이세워쌓기
⑨ 공간쌓기　⑩ 내쌓기

5) 벽돌쌓기면에서 보이는 모양에 따른 쌓기명 (98③, 01③, 04①)

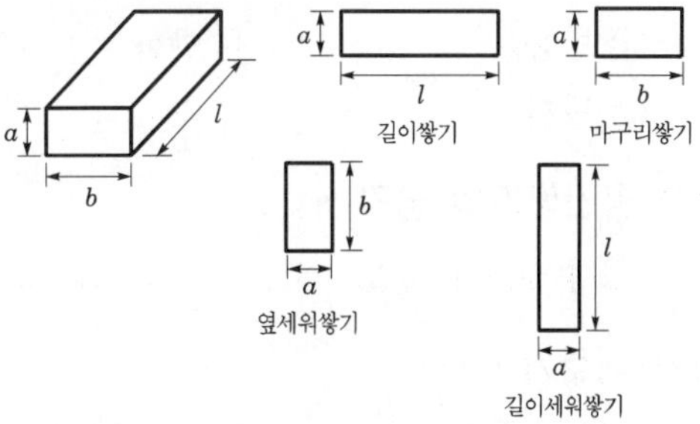

6) 벽돌쌓기 방식 (99③)

① 영식쌓기

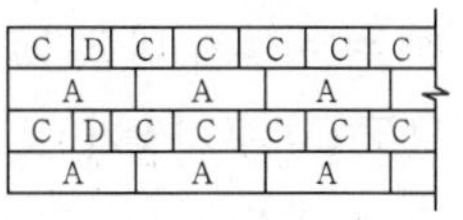

② 화란식쌓기

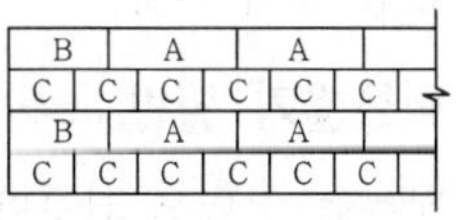

③ 불식쌓기

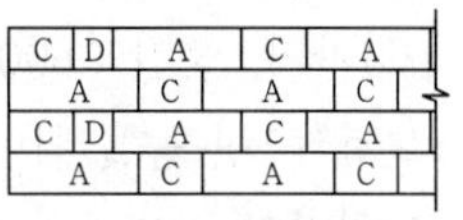

여기서, A : 길이, B : 칠오토막
C : 마구리, D : 이오토막

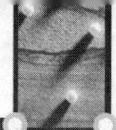

7) 영식쌓기 특성 (87③, 08②, 17①)

① 1켜 길이쌓기, 1켜 마구리쌓기

② 모서리 끝벽 이오토막 또는 반절 사용

③ 통줄눈이 생기지 않는다.

④ 가장 튼튼한 쌓기법

8) 엇모쌓기의 정의 (21①)

1켜 남 또는 처마 부분에서 내쌓기를 할 때 45° 각도로 모서리면이 돌출되어 나오도록 쌓는 것이다.

9) 영롱쌓기의 정의 (11①, 21①)

1켜 난간벽과 같이 상부 하중을 지지하지 않는 벽에 있어서 장식적인 효과를 기대하기 위하여 벽체에 구멍을 내어 쌓는 것이다.

10) 공간쌓기의 목적 (03①, 08③)

① 방습(주된 목적) ② 단열

③ 방음 ④ 방한

⑤ 방서

11) 공간쌓기의 공간 (89②)

보통 50mm 정도

12) 내쌓기 (87①)

벽돌벽면에서 내쌓기 할 때는 두켜씩 (1/4)B 내쌓고, 또는 한켜씩 (1/8)B 내쌓기로 하고, 맨 위는 두켜 내쌓기로 한다. 이 때 내쌓기는 모두 (**마구리쌓기**)로 하는 것이 강도상, 시공상 유리하다.

13) 벽돌쌓기 일반 (89②)

창문틀 옆벽은 좌우에서 같이 벽돌을 쌓아 올라가며, 중간 (600) mm 내외의 간격으로 꺾쇠, 못 등을 박아가며 쌓고, 창대벽돌은 윗면의 수평과 (15)° 내외로 경사지게 옆세워 쌓는다. 공간쌓기는 보통 (50) mm 정도 띄워서 쌓고, 1일 벽돌쌓기 높이는 보통 (1.2) m 정도로 하고, 최고 (1.5) m 이하로 한다.

14) 창대쌓기의 정의 (11②)

창대돌 또는 벽돌을 15° 경사지게 옆세워 쌓는 것이다.

15) 목재 문틀의 이탈방지를 위한 보강 방법 (98③, 02③)

① 창문틀의 상하 가로틀은 뿔을 내어 옆 벽돌에 물린다.

② 중간 600mm 내외 간격으로 보강철물로 고정한다.

③ 문틀의 선틀재가 길고 휨의 우려가 있을 경우, 중간버팀대를 댄다.

16) 켜걸름 들여쌓기와 층단 떼어쌓기의 정의 (97⑤)

① 켜걸름 들여쌓기 : 벽돌벽의 교차부에서 벽돌 한켜걸름으로 1/4B~2/4B를 들여 쌓는 방법이다.

② 층단 떼어쌓기 : 긴 벽돌쌓기의 경우 벽 중간 일부를 쌓지 못하게 될 때 점점 쌓는 길이를 줄여오는 방법이다.

17) 아치쌓기 일반 (90①, 96②)

아치는 상부에서 오는 수직압력이 아치의 축선에 따라 좌우로 나뉘어져 밑으로 (**압축력**) 만으로 전달 되게 한 것이고, 부재의 하부에 (**인장력**)이 생기지 않게 조적한 것으로, 아치쌓기의 모든 줄눈은 아치의 (**중심**)에 모이게 한다.

18) 아치의 종류 (97⑤, 00①, 01②, 04①)

① 본아치 : 아치벽돌을 사다리꼴모양으로 주문 제작한 것을 이용한 아치

② 막만든아치 : 보통벽돌을 쐐기모양으로 다듬어 만든 아치

③ 거친아치 : 보통벽돌을 쓰고, 줄눈을 쐐기모양으로 만든 아치

④ 층두리아치 : 아치 너비가 클 때 주로 사용하는 것으로, 두 겹 또는 세 겹으로 층을 두른 아치

19) 아치의 형태 (97④, 99④)

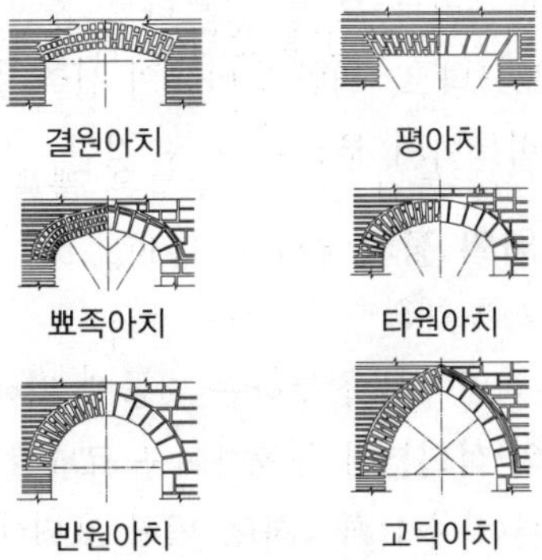

20) 1일 벽돌쌓기 높이 (89②, 21②)

① 벽돌쌓기 시 가로줄눈 및 세로줄눈의 너비는 (10) mm를 표준으로 한다.

② 벽돌쌓기법은 일반적으로 영식쌓기 또는 (**화란식**)쌓기로 한다.

③ 1일 쌓기 높이는 표준 (1.2) m, 최고 (1.5) m 이하로 균일하게 쌓는다.

④ 벽돌벽이 블록벽과 서로 직각으로 만날 때에는 연결철물을 만들어 블록 (3)켜마다 보강하여 쌓는다.

21) 조적공사 시 유의사항 (03②)

① 한냉기 공사 (4)℃ 이하에서 모르타르 온도가 (4)~(40)℃ 이내가 되도록 유지한다.

② 벽돌 표면온도가 (**영하 7℃**) 이하가 되지 않도록 관리한다.

③ 가로, 세로의 줄눈너비는 (10) mm를 표준으로 한다.

④ 모르타르용 모래는 (5) mm 체에 100%를 통과하는 적당한 입도일 것

22) 일반벽돌 및 블록 쌓기순서 (04②)

벽돌면 청소 → 벽돌 물축이기 → 벽돌나누기 → 기준쌓기 → 중간부쌓기 → 줄눈누름 → 줄눈파기 → 치장줄눈 → 보양

23) 벽돌조의 벽돌쌓기 순서 (85②, 95①, 02②, 05②, 08①)

벽돌면 청소 → 벽돌 물축이기 → 재료 건비빔 → 벽돌나누기 → 기준쌓기(규준쌓기) → 중간부쌓기 → 줄눈누름 → 줄눈파기 → 치장줄눈 → 보양

24) 일반벽돌 및 블록 쌓기순서 (95⑤, 98⑤, 03③)

접착면 청소 → 물축이기 → 규준쌓기 → 중간부쌓기 → 줄눈누르기 → 줄눈파기 → 치장줄눈 → 보양

25) 세로규준틀의 설치위치 (98③, 15①, 22②)

① 건물의 모서리

② 벽의 교차부(구석)

③ 긴 벽의 중앙부

26) 세로규준틀의 기입사항 (95⑤, 97⑤, 98①, 15①, 16③, 22②)

① 쌓기 단수(켜수)

② 줄눈의 위치

③ 창문틀의 위치 및 치수

④ 매입철물의 위치

⑤ 테두리보 및 인방보의 설치위치

27) 모르타르의 용적배합비 (99④)

① 조적용 → 1 : 3~1 : 5

② 아치용 → 1 : 2

③ 치장용 → 1 : 1

28) 치장줄눈의 시공순서 및 시공 (90④, 95⑤)

벽돌, 블록 및 돌쌓기 등 조적재를 쌓은 다음, 줄눈 시공은 먼저 쌓은 줄눈을 곧바로 (**줄눈누름**)을 하여 두고, 시기를 보아 깊이 10mm 정도 (**줄눈파기**)를 하며, 벽면을 청소한 후 (**치장줄눈**)을 시공한다. 줄

눈모양은 특별한 지정이 없을 때에는 (**평줄눈**)으로 하고 조적면에서 2mm 정도 들여밀며 갓둘레는 반듯하게 조적면과 잘 접착이 되도록 한다.

29) 치장줄눈의 명칭 (91③, 93④)

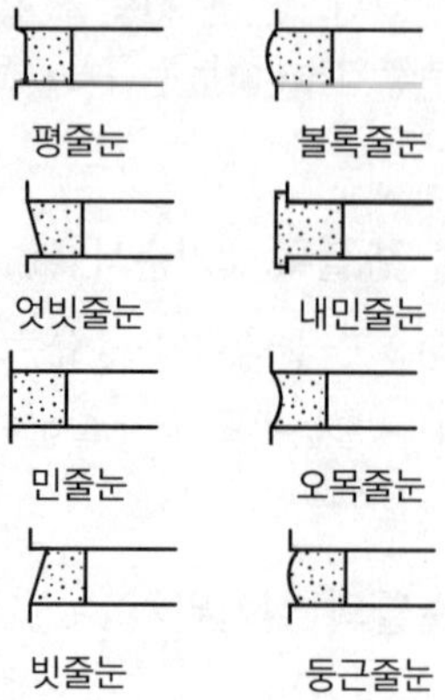

30) 조절줄눈을 두어야 하는 위치 (05③)

① 벽높이가 변하는 곳
② 벽두께가 변하는 곳
③ L, T, U형 건물에서 벽 교차부 근처
④ 개구부의 가장자리
⑤ 응력이 집중되는 곳

31) 벽돌쌓기 후 치장면 청소 방법 (00③)

① 물세척　　② 세제세척
③ 산체척

32) 조적구조 벽체 균열의 원인 (90④, 95④, 96③⑤, 98①)

(1) 계획, 설계상
① 기초의 부등침하
② 건물의 평면, 입면의 불균형 및 벽의 불합리한 배치
③ 불균형 하중, 큰 집중하중, 횡력 및 충격
④ 벽돌벽의 길이, 높이, 두께에 대한 벽돌벽체의 강도 부족
⑤ 문꼴 크기의 불합리 및 불균형 배치

(2) 시공상
① 벽돌 및 모르타르 강도 부족
② 재료의 신축성(온도 및 흡수)
③ 이질재와의 접합부 불량
④ 콘크리트 보 밑 모르타르 충전 부족
⑤ 모르타르, 회반죽 바름의 신축 및 들뜨기
⑥ 벽돌벽의 부분적 시공 결함

33) 백화의 정의 (89①, 08①, 10③, 11②, 15③, 19③, 20③⑤, 21③)

벽 표면에서 침투하는 빗물에 의해 모르타르의 석회분이 유출하여 모르타르 중의 석회분이 수산화석회로 되어 표면에 유출될 때 공기 중의 탄산가스 또는 벽돌의 유황성분과 결합하여 흰 가루가 생기는 현상이다.

34) 백화현상의 원인과 대책 (93③, 08①, 11②, 13③, 15③)

(1) 원인
① 벽돌벽면의 빗물 침입
② 재료 불량
③ 시공 불량
④ 기온이 낮을 때
⑤ 습도가 높을 때
⑥ 물시멘트비가 클 때

(2) 대책
① 양질의 벽돌 사용
② 줄눈 모르타르에 방수제 혼합
③ 빗물이 침입하지 않도록 벽면에 비막이 설치
④ 벽돌표면에 파라핀 도료를 발라 염류의 유출 방지
⑤ 낮은 물시멘트비로 시공
⑥ 비나 눈이 오면 작업 중지

2. 블록공사

1) 시멘트블록의 치수 3가지 (07①, 10②)

(길이×높이×두께)

① 390×190×210 mm

② 390×190×190 mm

③ 390×190×150 mm

④ 390×190×100 mm

2) 블록의 명칭 (98③, 02③, 10①)

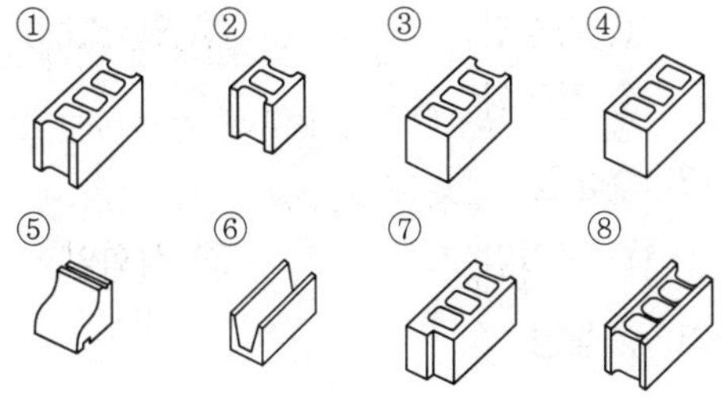

① 기본블록　　　　② 반블록
③ 한마구리 평블록　④ 양마구리 평블록
⑤ 창대블록　　　　⑥ 인방블록
⑦ 창쌤블록　　　　⑧ 가로근용 블록

3) 인방블록, 창대블록, 창쌤블록의 용어정의

(89②, 00①)

① 인방블록 : 문꼴 위에 쌓아 철근과 콘크리트를 다져 넣어 보강하는 U자형 블록

② 창대블록 : 창문틀 밑에 쌓는 블록

③ 창쌤블록 : 창문틀 옆에 쌓는 블록

4) 대린벽의 정의 (02①)

조적구조에서 벽체의 길이를 규제하기 위해 설정한 것으로 서로 마주 보는 벽

5) 벽량의 정의 (02①)

조적구조의 건물에서 내력벽 길이의 합(cm)을 그 층의 바닥면적(m^2)으로 나눈 값

$$벽량 = \frac{내력벽\ 길이\ 합계(cm)}{바닥면적(m^2)}$$

6) 블록쌓기 시공도에 기입해야 할 사항

(94③, 96②, 00⑤, 05①)

① 블록 나누기

② 모르타르 및 그라우트의 충전 개소

③ 철근의 종류와 배근시 매입철물의 종류

④ 철근의 매입위치

⑤ 철근의 가공 상세

⑥ 철근의 이음 및 정착위치와 방법

⑦ 인방의 배근 및 상세

⑧ 창문틀 및 출입문틀의 고정과 접합부위 상세

7) 콘크리트블록쌓기의 시공순서 (94①)

① 하부 고르기 모르타르 및 물축이기

② 세로 규준대 설치

③ 블록쌓기

④ 메시 및 철근세우기

⑤ 사춤 콘크리트 채우기

8) 블록공사의 모르타르 사춤 (93①, 97④)

① 모르타르 또는 콘크리트를 사춤하는 높이는 (3)켜 이내로 하고 이어붓는 위치는 블록의 윗면에서 (50) mm 아래에 둔다.

② 모르타르 또는 콘크리트를 사춤할 때의 보강철근은 정확한 위치를 유지하도록 하며, 이동 및 변형이 없게 하고 또한 피복두께는 (20) mm 이상으로 한다.

9) 인방보 설치 방법 (04②, 22①)

① 제자리 부어넣기 철근콘크리트에서 인방보의 주철근은 개구부의 양측 벽체에 (40) d_b 이상 정착한다. (d_b : 철근의 공칭지름)

② 기성콘크리트 인방보의 양 끝을 벽체의 블록에 (200) mm 이상(보통 400 mm 정도) 걸친다.

③ 기성콘크리트 인방보 상부의 벽은 균열이 생기지 않도록 주변의 벽과 강하게

연결되도록 철근이나 블록 메시로 보강 연결하거나 인방보 좌우단 상향으로 (컨트롤조인트)를 둔다.

10) 테두리보의 역할 (04③, 06②)

① 수직균열 방지
② 벽체의 일체성 확보
③ 수직하중의 분산
④ 세로근의 정착자리 제공
⑤ 지붕, 바닥틀 등에 의한 집중하중에 대한 보강
⑥ 벽체의 강성 증대

11) 세로근의 설치위치 (93②, 03①, 06①)

① 벽끝　　② 모서리
③ 교차부　　④ 문꼴 주위

12) 보강블록구조의 시공에서 반드시 모르타르 또는 콘크리트로 사춤해야 하는 부분 (97⑤, 07③)

① 벽끝　　② 모서리
③ 교차부　　④ 문꼴 주위

(주) 세로근의 설치위치와 같음

13) 보강블록쌓기 시 세로근의 정착길이와 철근의 피복두께 (18②, 22①)

보강콘크리트블록공사에서 블록 안에 들어가는 세로근의 정착길이는 철근지름의 (40)배 이상이어야 하며, 이때 철근의 피복두께는 (20) mm 이상이어야 한다.

14) 보강블록쌓기 시 와이어메시의 역할 (00⑤, 03②)

① 벽체균열 방지
② 횡력 및 집중하중에 대한 하중 분산
③ 벽체보강

15) 일반 RC구조에 비해 거푸집블록구조의 시공 및 구조적으로 불리한 점 (96②, 05①)

① 다짐 불량이 발생하여 콘크리트면이 곰보가 될 우려가 있다.
② 블록 살이 얇아 충분히 다질 수 없다.
③ 거푸집이 제거되지 않아 시공결과의 판단이 어렵다.
④ 부어넣기 이음새가 많고, 강도가 좋지 않다.

3. 돌공사

1) 암석의 성인별 분류 (98③, 02①)

(1) 화성암

① 화강암　　② 안산암
③ 현무암

(2) 수성암

① 점판암　　② 석회암

(3) 변성암

① 대리석　　② 석면

2) 석재의 가공 및 다듬기 순서와 각 공정에 사용되는 석공구 (84①, 86①②, 90①, 93③)

① 혹두기(혹떼기) : 쇠메
② 정다듬 : 정
③ 도드락다듬 : 도드락망치
④ 잔다듬 : 날망치
⑤ 물갈기 및 광내기 : 숫돌

3) 건축공사표준시방서에 따른 경질석재 물갈기 마감공정 (14②)

거친갈기 → 물갈기 → 본갈기 → 정갈기

4) 석재 표면마감의 특수 가공법의 명칭과 설명 (97⑤, 02②)

① 모래분사법 : 고압공기의 압력을 분출시켜 석재면을 다듬는 방법
② 화염분사법 : 버너의 고열로 석재면을 달군 후 급냉시켜 석재면의 엷은 껍질을 벗겨 면을 다듬는 방법

5) 석재가공 완료 시 검사 내용 (98④, 01③)

① 마무리치수의 정확도

② 모서리의 직각, 직선 바르기
③ 다듬기 솜씨가 일정
④ 면의 평활도
⑤ 석재의 재질, 색조, 석리 등의 결함이 없을 것

6) 석재 사용상 주의사항 (90③)

① 석재는 중량이 크고, 운반에 제한이 따르므로 최대치수를 정한다.
② 압축응력을 받는 곳에만 사용한다.
③ $1m^3$ 이상인 석재는 높은 곳에 사용이 불가능하다.
④ 내화도가 필요한 곳에는 열에 강한 것을 사용한다.
⑤ 조각용은 너무 연한 것, 너무 굳은 것은 곤란하다.
⑥ 동일 건축물은 동일 석재를 사용한다.

7) 나무나 석재의 모나 면을 깎아 밀어서 두드러지게 또는 오목하게 하여 모양지게 하는 것 (06①)

모접기

8) 돌붙이기의 시공순서 (07②)

돌나누기 → 탕개줄 및 연결철물 설치 → 돌붙이기 → 모르타르 사춤 → 치장줄눈 → 보양 → 청소

9) 바닥돌깔기의 형식 및 문양에 따른 명칭 (97⑤, 08③)

① 원형깔기	② 오늬무늬깔기
③ 바자무늬깔기	④ 자연석깔기
⑤ 바둑판무늬깔기	⑥ 일자깔기
⑦ 화문깔기	⑧ 우물마루식 깔기
⑨ 마름모깔기	⑩ 빗깔기

10) 캐스트스톤(Cast Stone)의 정의 (90②, 04②)

백색시멘트와 종석, 안료를 혼합하여 천연석과 유사한 외관을 가진 인조석으로 잔다듬한 모조석이라고도 한다.

Ⅷ 목공사

1. 목재의 개요, 성질, 방부법 및 철물

1) 구조용 목재의 요구조건 (94④, 99①)

① 강도가 큰 것
② 곧고 긴 재료를 얻을 수 있을 것
③ 건조변형 및 수축성이 적을 것
④ 산출량이 많고, 구득이 용이할 것
⑤ 잘 썩지 않고, 충해에 저항이 클 것
⑥ 질이 좋고, 공작이 용이할 것

2) 건설재료 중 구조재료가 갖추어야 할 조건(02③)

① 소요강도의 확보(강도가 큰 것)
② 곧고 긴 재료를 얻을 수 있을 것
③ 건조수축이 적을 것
④ 산출량이 많고, 구득이 용이할 것

3) 제재치수와 마무리치수의 설명 (88③)

① 제재치수 : 제재소에서 톱켜기 한 치수로 구조재, 수장재로 사용
② 마무리치수 : 대패로 마무리한 치수로 창호재, 가구재로 사용

4) 제재치수, 마무리치수 및 정치수 (89①, 96⑤, 05②, 14②)

목재의 단면을 표시하는 치수는 특별한 지침이 없는 경우 구조재, 수장재는 모두 (**제재치수**)로 하고, 창호재, 가구재의 치수는 (**마무리치수**)로 한다. 또 제재목을 지정치수 대로 한 것을 (**정치수**)라 한다.

5) **목수 관련 용어정의** (95②)

목수는 (**편수**)라고도 하고, 구조 및 수장 일을 하는 목수를 (**대목**), 창호 및 가구 등의 일을 하는 목수를 (**소목**)이라 하며, 목수직의 책임자를 (**도편수**)라 한다.

6) **목재의 수축변형** (00①)

목재는 건조수축 하여 변형하고, 연륜방향의 수축은 연륜의 (**수직방향**)에 약 2배가 된다. 수피부는 수심부보다 수축이 크다. (**수심부**)는 조직이 경화되고, (**수피부**)는 조직이 여리고, 함수율도 크고, 재질도 무르기 때문이다.

7) **섬유포화점의 용어정의** (97③, 99③, 02③)

목재의 세포 내에서 자유수는 모두 증발되고 세포벽은 결합수로 포화되어 있는 상태이며, 일반적으로 함수율 30% 정도에 해당된다.

8) **목재의 섬유포화점을 설명하고, 섬유포화점과 관련하여 흡수율 증감에 따른 강도의 변화에 대해 설명** (09②, 16③, 20②)

(1) 목재의 섬유포화점

목재의 세포 내에서 자유수는 모두 증발되고 세포벽은 결합수로 포화되어 있는 상태이며, 일반적으로 함수율 30% 정도에 해당된다.

(2) 목재의 함수율 증감에 따른 강도의 변화

섬유포화점보다 높은 함수율 상태에서는 함수율 변화에 따른 목재 성질의 변화가 없지만, 섬유포화점보다 낮은 함수율 상태에서는 함수율의 변화에 따라서 수축이 일어나고 강도가 증가된다.

9) **목재의 품질검사 항목** (02①)

① 함수율 측정시험 ② 수축률 시험
③ 흡수량 측정시험 ④ 압축시험
⑤ 인장시험 ⑥ 휨시험
⑦ 전단시험 ⑧ 갈라짐시험

10) **목재의 인공건조법의 종류** (18②, 20⑤)

① 훈연건조 ② 전열건조
③ 연소가스건조 ④ 진공건조
⑤ 약품건조

11) **목재의 자연건조법의 장점** (19①, 22②)

① 특별한 건조장치가 필요 없기 때문에 시설과 작업 비용이 적게 든다.
② 열에너지가 절약된다.
③ 작업이 비교적 간단하여 목재 손상이 적고 특수한 건조기술이 덜 요구된다.

12) **목재의 방부처리방법** (92①, 93②, 95①, 99②, 11②, 15①, 16① ③, 18③, 21③)

① 가압주입법 ② 침지법
③ 방부제칠 ④ 표면탄화법

13) **목재의 방부처리방법과 설명** (94②, 05①, 10①, 14②, 19③, 21②)

① 가압주입법 : 방부제 용액을 고기압 (7~12) 기압으로 가압 주입하여 방부처리
② 침지법 : 방부제 용액 중에 담가 공기를 차단하여 방부처리
③ 방부제칠 : 목재를 충분히 건조 후 솔 등으로 약제를 도포 및 뿜칠하여 방부처리
④ 표면탄화법 : 목재에서 균에게 양분을 제공하는 표면을 3~10 mm 정도 태워 방부처리

14) **목재의 방부제처리법 종류** (97②)

① 크레오소트유 ② 콜타르칠
③ 아스팔트방부칠

15) **목공사에서 방부처리를 필요로 하는 장소** (21①)

① 콘크리트, 벽돌 등의 투습성 재질의 접합부
② 외부에 직접 노출되는 부위
③ 급수, 배수관이 접하는 부위
④ 모르타르 등의 바탕으로 사용되는 부위

⑤ 지면 또는 콘크리트 바닥면으로부터 300 mm 이내에 설치되는 부재

16) 목재 연결철물의 큰 분류상 종류 (94③, 98⑤)

① 못 ② 꺾쇠 ③ 띠쇠
④ 볼트 ⑤ 듀벨

17) 못의 명칭 (97⑤)

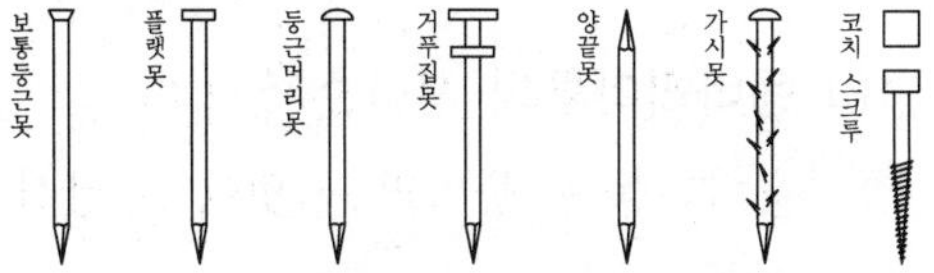

18) 꺾쇠의 명칭 (98①)

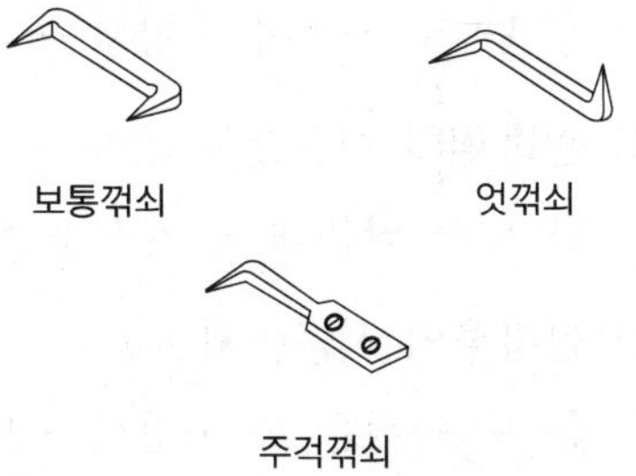

19) 듀벨의 정의 (88①, 99⑤)

두 부재의 접합부에 끼워 볼트와 같이 사용하는 것으로서 전단력에 견디기 위하여 사용되는 보강철물

20) 목재 접합제 중 내수성이 큰 순서 (91③, 98②)

페놀수지 > 요소수지 > 아교

2. 목재의 가공, 제품, 세우기 및 수장

1) 대패질 종류 및 순서 (85②)

① 막대패질(하급) : 제재톱 자국이 간신히 없어진 거친 대패질
② 중대패질(중급) : 제재톱 자국이 완전히 없어지고, 평활한 정도의 중간 대패질
③ 마무리대패질(상급) : 완전평면이고, 미끈하게 된 고운 대패질

2) 먹매김 기호와 명칭 (90③, 92③, 94②)

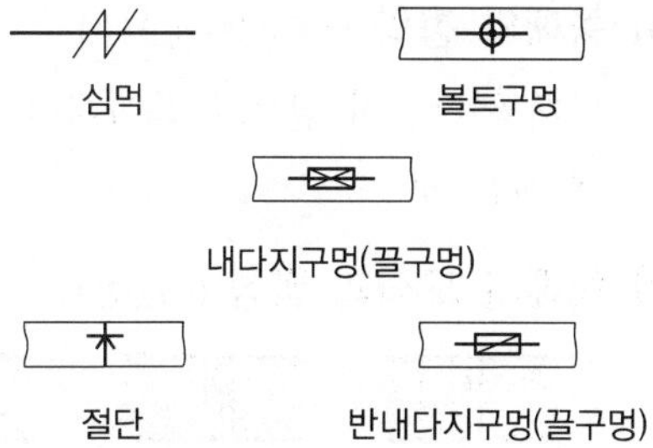

3) 모접기의 용어정의 (94④, 97①, 06①)

나무나 석재의 모나 면을 깎아 밀어 두드러지게 또는 오목하게 하여 모양지게 하는 것

4) 모접기의 종류 (95①, 11①, 16③)

① 실모 ② 둥근모
③ 쌍사모 ④ 게눈모
⑤ 큰모 ⑥ 평골모
⑦ 실오리모 ⑧ 티미리
⑨ 빰접기 ⑩ 등미리
⑪ 쌍사 ⑫ 쇠시리

5) 모접기의 종류 (99①)

① 쇠시리 ② 게눈모 ③ 실모

① ② ③

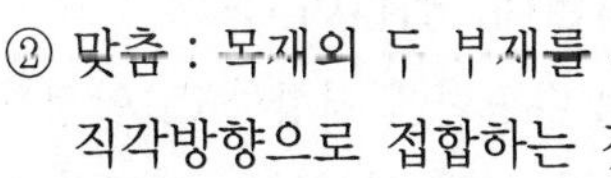

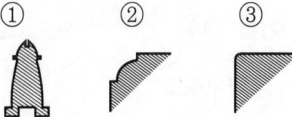

6) 이음과 맞춤의 용어정의 (88①, 09③, 12③, 16③)

① 이음 : 목재의 두 부재를 부재의 길이방향으로 길게 접합하는 것
② 맞춤 : 목재의 두 부재를 서로 경사 또는 직각방향으로 접합하는 것

7) 연귀맞춤의 정의 (94④, 97①, 99⑤, 06①)

① 모서리 구석 등에 표면 마구리가 보이지 않게 45° 각도로 빗잘라대는 맞춤
② 창문틀이나 창문의 모서리 등에서 맞춤재의 마구리를 감추면서 튼튼하게 맞춤

을 하는 것

8) 쪽매의 정의 (99⑤, 09③, 12③)

널재를 나란히 옆으로 붙여대어 판재를 넓게 하는 것

9) 쪽매의 도식과 명칭 (90① ②)

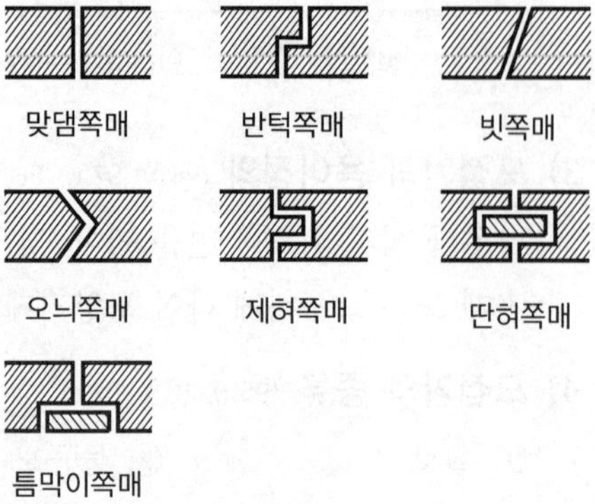

10) 집성재의 정의 (97③, 99③, 02③)

얇게 켠 넓은 널(판재)을 섬유방향으로 서로 평행하게 여러 장 포개서 접착시켜 만든 가공목재

11) 통재기둥의 정의 (96⑤, 00①)

밑층에서 위층까지 1개의 부재로 된 기둥으로 5~7 m 정도의 길이로 타 부재의 설치기준이 되는 기둥

12) 깔도리의 정의 (99⑤)

기둥 맨 상단의 처마 부분에 수평으로 걸어 기둥 상단을 고정하면서 지붕틀을 받아 지붕의 하중을 기둥에 전달하는 부재

13) 가새, 버팀대, 귀잡이 (98②)

① 가새 : 수평력에 저항하고, 안정한 구조로 하기 위해 설치하는 대각선 부재

② 버팀대 : 가새를 댈 수 없는 곳에 설치하는 대각선 부재로 수평력에 저항하는 보강재

③ 귀잡이 : 수평재를 안정하게 하기 위해 댄 버팀대

14) 횡력(수평력) 보강 부재 (08②, 20①)

① 가새 ② 버팀대 ③ 귀잡이

15) 마루의 종류 (01①, 14①)

(1) 1층 마루(바닥마루)

① 동바리마루 ② 납작마루

(2) 2층 마루(층마루)

① 홑마루 ② 보마루 ③ 짠마루

16) 동바리마루의 시공순서 (21②)

동바리돌 → 동바리 → 멍에 → 장선 → 마룻널

17) 납작마루의 시공순서 (88①, 99⑤)

동바리돌 → 멍에 → 장선 → 마룻널

18) 짠마루의 시공순서 (89③)

큰 보 → 작은 보 → 장선 → 마룻널

19) 짠마루의 시공순서 (89③)

큰 보 → 작은 보 → 장선 → 마룻널

20) 마룻널 이중깔기의 시공순서 (88①)

동바리 → 멍에 → 장선 → 밑창널깔기 → 방수지깔기 → 마룻널깔기

21) 목재 계단설치 시공순서 (90③)

① 1층 멍에, 계단참, 2층 받이보
② 계단 옆판 및 난간 어미기둥
③ 디딤판, 챌판
④ 난간동자
⑤ 난간두겁

22) 반자틀 시공순서 (89②, 99②, 03③)

달대받이 → 반자돌림대 → 반자틀받이 → 반자틀 → 달대 → 천장재 붙이기

23) 천장공사의 시공 (21②)

① 천장 깊이가 1.5 m 이상인 경우에는 가로, 세로 (1.8) m 정도의 간격으로 달대볼트

의 흔들림 방지용 보강재를 설치한다.

② 강제 인서트나 앵커볼트에 달대볼트를 반자틀받이에 대해 (1,600) mm 간격 이내로 설치한다.

24) 실 내부의 바닥에서 1~1.5 m 정도의 높이까지 널을 댄 판벽 (18②, 21②)

징두리판벽

IX 지붕, 홈통 및 방수공사

1. 지붕공사 및 홈통공사

1) 지붕 이음재료의 요구성능 (89①)

① 수밀성 ② 내풍압성
③ 열변위 ④ 단열성
⑤ 내화성 ⑥ 방화성
⑦ 차음성

2) 한식기와 명칭 (90③)

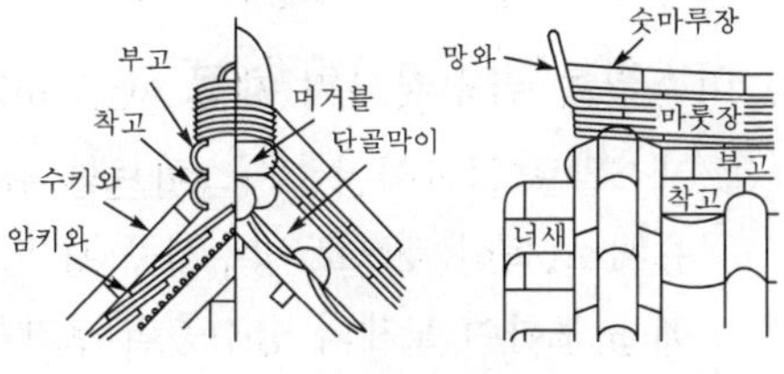

지붕마루 잇기

3) 기와 관련 용어정의 (12①)

한식기와 잇기에서 산자 위에서 펴 까는 진흙을 (**알매흙**)이라 하며, 수키와 처마 끝에 막새 대신에 회진흙 반죽으로 둥글게 바른 것을 (**아귀토**)라 한다.

4) 한식기와 잇기 시공순서 (07③)

산자엮어대기 → 알매흙 → 암키와 → 홍두깨흙 → 수키와 → 착고 → 부고 → 암마룻장 → 숫마룻장

5) 금속기와의 설치순서 (12①)

① 경량철골 설치
② Purlin 설치(지붕레벨고정)
③ 부식방지를 위한 용접부위의 방청도장 실시
④ 서까래 설치(방부처리를 할 것)
⑤ 금속기와 사이즈에 맞는 간격으로 기와걸이 미송각재를 설치
⑥ 금속기와 설치

6) 슬레이트 골판 잇기 설명 (92①, 97⑤)

슬레이트 골판 잇기에 있어서 세로(상하) 겹침은 보통 (100)~(150) mm로 하며 가로(좌우) 겹침은 큰 골판일 때 (0.5)골 이상, 작은 골판일 때 (1.5)골 이상으로 (**중도리**)에 직접 걸친다.

7) 슬레이트 골판 잇기 설명 (95④)

골판 잇기의 세로겹침은 지붕물매가 3/10~5/10 이상일 때 (100)~(150) mm 정도로 하고, 가로겹침은 큰 골판일 때에는 (0.5)골 이상, 작은 골판일 때에는 (1.5)골 이상 겹치기로 한다.

8) 지붕면에서 지상으로 빗물이 흘러가는 순서 (91③, 92②)

처마홈통 → 깔때기홈통 → 장식홈통 → 선홈통 → 보호관 → 낙수받이돌

2. 방수공사

1) 건축공사표준시방서에서의 방수공사 표기 방법 중 각 공법에서 최초의 문자 A, M, S, L의 의미 (16②)

① A : 아스팔트 방수층
② M : 개량 아스팔트 방수층
③ S : 합성고분자 시트 방수층
④ L : 도막 방수층

2) 건축공사표준시방서에서의 방수공사 표기 방법 중 각 공법에서 중간문자 Pr, Mi, Al, Th, In의 의미 (10①)

① Pr : 보행 등에 견딜 수 있는 보호층이 필요한 방수층(Protected)

② Mi : 최상층에 모래붙은 루핑을 사용한 방수층(Mineral Surfaced)

③ Al : 바탕이 ALC패널용의 방수층(Alc)

④ Th : 방수층 사이에 단열재를 삽입한 방수층(Thermal Insulated)

⑤ In : 실내용 방수층(Indoor)

3) 건축공사표준시방서에서의 방수공사 표기 방법 중 각 공법에서 최후의 문자 F, M, S, U, T, W의 의미 (05①, 09③)

① F : 바탕에 전면 밀착시키는 공법

② S : 바탕에 부분적으로 밀착시키는 공법

③ T : 바탕과의 사이에 단열재를 삽입한 방수층

④ M : 바탕과 기계적으로 고정시키는 방수층

⑤ U : 지하에 적용하는 방수층

⑥ W : 외부에 적용하는 방수층

4) 멤브레인방수의 정의 (03③)

불투수성 피막을 형성하여 방수하는 공사를 총칭하며, 아스팔트방수, 시트방수 및 도막방수가 여기에 해당된다.

5) 멤브레인방수 공법의 종류 (99①, 02③, 04③)

① 아스팔트방수

② 개량아스팔트 시트방수

③ 합성고분자계 시트방수(시트방수)

④ 도막방수

6) 아스팔트방수, 시멘트액체방수, 시트방수의 설명 (96①, 97⑤)

① 아스팔트방수 : 시공시 인건비가 많이 들며, 방수효과는 보통이고 보호누름이 필요하다.

② 시멘트액체방수 : 시공이 간단하며, 비교적 저렴하게 시공할 수 있고 결점부의 발견이 용이하다.

③ 시트방수 : 신장성과 내후성이 우수하고 보호누름이 필요하며, 결함부의 발견이 매우 어렵다.

7) 침입도의 용어정의 (99②, 09①, 15①)

아스팔트의 경도를 나타내는 기준으로 아스팔트의 양부를 결정하는 데 있어 가장 중요하다.

8) 아스팔트 방수재료의 종류 (91③, 94③)

① 아스팔트 프라이머

② 스트레이트 아스팔트

③ 블로운 아스팔트

④ 아스팔트 컴파운드

⑤ 아스팔트 펠트

⑥ 아스팔트 루핑

9) 아스팔트 컴파운드의 정의 (90③, 96②, 17③)

블로운 아스팔트에 광물성, 동·식물섬유, 광물질가루, 섬유 등을 혼입한 것으로 아스팔트 방수재료 중 최우량품이다.

10) 아스팔트 방수공사의 재료 (98②, 01②)

① 아스팔트 프라이머 : 아스팔트를 휘발성 용제로 녹인 것으로 방수시공 시 밑바탕에 도포하여 모재와 방수층의 부착을 좋게 한다.

② 스트레이트 아스팔트 : 신축이 좋고 접착력도 우수하지만 연화점이 낮아 주로 지하실 등에 사용한다.

③ 블로운 아스팔트 : 비교적 연화점이 높고 온도에 예민하지 않으므로 지붕방수에 주로 사용한다.

④ 아스팔트 컴파운드 : 블로운 아스팔트에 동·식물성 기름이나 광물성 분말을 혼합하여 성질을 개량한 최우량품의 아스

팔트이다.

11) **스트레이트 아스팔트와 블로운 아스팔트의 비교** (98④)

항 목	스트레이트 아스팔트	블로운 아스팔트
침입도	크다	작다
상온신장도	크다	작다
부착력	크다	작다
탄력성	작다	크다

12) **방수층을 세분하지 않은 경우의 옥상 아스팔트방수공사 시공순서** (84①, 00②, 05①)

① 바탕 모르타르 바름
② 아스팔트 방수층 시공
③ 보호누름
④ 보호 모르타르 시공

13) **8층 아스팔트 방수공사 표준 시공순서 중 펠트와 루핑을 구분한 경우** (84②, 87③, 91②, 02②, 10①, 15②)

AP → A → AF → A → AR → A → AR → A

여기서, AP : 아스팔트 프라이머, A : 아스팔트,
AF : 아스팔트 펠트, AR : 아스팔트 루핑

14) **시트방수의 정의** (95①, 97③, 00①)

구조체의 경미한 이동에 대처할 목적으로 신장률이 큰 합성고분자 재료로 제조된 시트상 루핑을 1겹 깔고 접착제를 붙여 방수하는 공법

15) **시트방수의 방수층 형성원리** (09③, 11③)

구조체의 경미한 이동에 대처할 목적으로 신장률이 큰 합성고분자 재료로 제조된 시트상 루핑을 1겹 깔고 접착제를 붙여 방수하는 공법

16) **시트방수의 설명** (96①, 97⑤)

신장성과 내후성이 우수하고 보호누름이 필요하며, 결함부의 발견이 매우 어렵다.

17) **시트방수의 장단점** (12①, 19①②, 21③)

(1) 장점

① 신장성과 내후성이 우수하다.
② 방수성능이 우수하다.
③ 시공이 간단하다.
④ 공기단축이 가능하다.

(2) 단점

① 보호누름이 필요하다.
② 결함부의 발견이 매우 어렵다.

18) **시트방수 재료를 붙이는 방법** (91②, 97②, 04②)

① 온통접착 ② 줄접착
③ 점접착 ④ 갓접착

19) **시트방수 공법의 설명** (94①, 96②, 98⑤)

① 일반적으로 시트재의 상호간의 이음은 겹침이음 또는 맞댐이음으로 하고, 각기 겹침 너비는 50 mm 이상, 100 mm 이상이 필요하고 충분히 압착해야 한다.
② 시공순서는 바탕처리 → 프라이머 칠 → 접착제 칠 → 시트붙이기 → 마무리

20) **시트이음 방법** (04②)

겹침이음은 50 mm 이상, 맞댐이음은 100 mm 이상 이음하고 충분히 압착한다.

21) **시트방수 공법의 시공순서**

(1) Type(I) (94①, 96②⑤, 99③, 00⑤, 08③, 11②, 15①, 17②)

바탕처리 → 프라이머 칠 → 접착제 칠 → 시트붙이기 → 마무리

(2) Type(II) (00④, 05①, 13②)

바탕처리 → 단열재 깔기 → 접착제 도포 → 시트붙이기 → 보강붙이기 → 조인트 실 → 물채우기시험

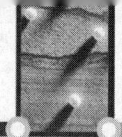

22) 도막방수의 정의 (95①, 97③, 00①)

도료상의 방수재를 여러 번 칠하여 방수막을 형성하는 공법

23) 도막방수의 방수층 형성원리 (09③, 11③)

도료상의 방수재를 여러 번 칠하여 방수막을 형성하는 공법

24) 보강포의 정의 (04③)

방수용 도막재와 병용하여 방수층을 보강하는 재료로서 일반적으로 유리섬유 제품이나 합성섬유 제품을 사용한다.

25) 시멘트액체방수의 설명 (96①, 97⑤)

시공이 간단하며 비교적 저렴하게 시공할 수 있고, 결점부의 발견이 용이하다.

26) 시멘트액체방수 시공순서(제1 공정) (84①, 88①, 94②)

① 방수액 침투 ② 시멘트 풀
③ 방수액 침투 ④ 시멘트 모르타르

27) 아스팔트방수와 시멘트액체방수의 비교 (91①, 99③)

구 분	아스팔트방수	시멘트액체방수
① 바탕처리	모르타르 바름	불필요
② 외기영향	적다.	직감적이다.
③ 방수층 신축성	크다.	적다.
④ 균열 발생	안 생김	잘 생김
⑤ 시공용이도	번잡	용이
⑥ 시공시일	길다.	짧다.
⑦ 보호누름	필요	안 해도 무방
⑧ 공사비	비싸다.	저렴하다.
⑨ 결함부발견	용이하지 않음	용이
⑩ 보수범위	광범위	국부적

28) 실링재의 요구성능 (05②, 10①)

① 접착성
② 내구성
③ 내오염성

29) 실링 방수재의 주요 하자요인 (03①)

① 실링재 자신이 파단해 버리는 응집파괴
② 부재의 피착면으로부터 벗겨져 버리는 접착파괴
③ 도장의 변질, 접착부 줄눈 주변의 오염

30) 블록벽체(조적구조벽체)의 습기와 빗물 침투 원인 (94④, 98②, 15②, 18②, 20④)

① 이질재와의 접합부 불량
② 사춤 모르타르의 충전 부족
③ 치장줄눈의 시공 불량
④ 물흘림, 물끊기 불량
⑤ 조적조쌓기 완료 후 비계장선 등의 구멍 메우기 불충분
⑥ 채양 등 돌출부 위에 물이 괴는 부분에 접속되는 조적벽

31) 조적구조벽체의 외부방수(직접방수처리) 방법 (03②, 05②, 08②, 14③, 18③)

① 피막도료칠(합성수지도료, 도막방수)
② 방수 모르타르바름(시멘트액체방수)
③ 타일, 판돌붙임(수밀재 붙임)

32) 지하실 바깥방수의 시공순서 (86②, 94④, 95③, 99④, 00⑤, 02③, 07①)

잡석다짐 → 밑창콘크리트 → 바닥방수층 시공 → 바닥콘크리트타설 → 벽콘크리트 타설 → 외벽방수층 시공 → 보호누름 시공(벽돌쌓기) → 되메우기

33) 지하실방수 중 안방수와 바깥방수의 장단점 (95⑤, 03③, 06①, 12②)

(1) 안방수

① 장점 : 공사시기가 자유롭고, 공사비가 저가이다.
② 단점 : 수압이 적고 얕은 지하실에서 사용되며, 내수압성이 적다.

(2) 바깥방수

① 장점 : 수압이 크고 깊은 지하실에서 사용되며, 내수압성이 크다.

② 단점 : 공사시기가 본 공사에 선행하며, 공사비가 고가이다.

34) 지하실방수 중 안방수와 바깥방수의 비교 (98④, 09③, 19③, 21①)

구 분	안방수	바깥방수
사용환경	수압이 적고, 얕은 지하실	수압이 크고, 깊은 지하실
공사시기	자유롭다.	본 공사에 선행
내수압성	적다.	크다.
경제성	저가	고가
보호누름	필요	없어도 무방

35) 합성고분자방수 공법의 종류 (99②, 01③)

① 도막방수　② 시트방수
③ 실링방수　④ 수지혼화시멘트방수

X 미장 및 타일공사

1. 미장공사

1) 바탕처리의 용어정의 (87②, 06③, 08①, 12②)

요철 또는 변형이 심한 개소를 고르게 손질바름하여 마감두께가 균등하게 되도록 조정하고 균열 등을 보수하는 것이다.

2) 덧먹임의 용어정의 (87②, 06③, 08①, 12②)

바르기의 접합부 또는 균열의 틈새, 구멍 등에 반죽된 재료를 밀어 넣어 때우는 것이다.

3) 리그노이드스톤(Lignoid Stone)의 용어정의 (90②, 04②)

마그네시아시멘트 모르타르에 탄성재인 코르크 분말, 안료 등을 혼합한 미장재료이다.

4) 손질바름과 실러바름의 용어정의 (14②, 20⑤)

① 손질바름 : 콘크리트, 콘크리트블록 바탕에서 초벌바름하기 전에 마감두께를 균등하게 할 목적으로 모르타르 등으로 미리 요철을 조정하는 것이다.

② 실러바름 : 바탕의 흡수 조정, 바름재와 바탕과의 접착력 증진 등을 위하여 합성수지 에멀션 희석액 등을 바탕에 바르는 것이다.

5) 기경성 및 수경성 미장재료의 종류 (90③, 96②⑤, 99①③, 00①, 05①, 12②, 13③)

(1) 기경성 미장재료의 종류

① 진흙질
② 회반죽
③ 돌로마이트 플라스터
④ 아스팔트 모르타르
⑤ 마그네시아 시멘트

(2) 수경성 미장재료의 종류

① 순석고 플라스트
② 킨즈시멘트
③ 시멘트 모르타르

6) 경화에 따라 팽창성, 수축성으로 분류 (92①)

(1) 수축성

① 진흙
② 회반죽
③ 돌로마이트 플라스트
④ 시벤트 모르타르

(2) 팽창성

① 석고 플라스터
② 마그네시아 시멘트

7) 알칼리성 미장재료 (90④, 91②)

① 시멘트 모르타르
② 회반죽

③ 돌로마이트 플라스터

8) 해초풀과 여물의 역할 (95②, 99④)

(1) 해초풀

① 점도(점착력) 증대
② 바탕재의 흡수 방지
③ 건조 후 강도 증대
④ 부착력 증대

(2) 여물

① 잔금 방지 ② 재료의 끈기 유지
③ 탈락 방지 ④ 강도 보강

9) 바라이트 모르타르의 용어정의 (90②, 95③, 00⑤)

시멘트, 바라이트 분말, 모래로 혼합된 특수 모르타르로 방사선 차단용으로 사용된다.

10) 각종 모르타르의 주요 용도 (93④, 96②, 98⑤, 01①, 04②, 07②)

① 바라이트 모르타르 : 방사선 차단용
② 질석 모르타르 : 경량, 단열용
③ 활석면 모르타르 : 보온, 불연용
④ 아스팔트 모르타르 : 내산 바닥용

11) 미장바르기 순서 (84②, 89①, 95④)

왼손 및 오른손잡이를 막론하고 미장공사에 있어서 실내 미장바르기 순서는 (**천장**)에서부터 (**바닥**)의 순서로 하고 외벽은 (**위**)에서부터 (**아래**)의 순으로 하며, 벽과 교차되는 처마밑, 반자, 차양밑 등의 부위에서는 (**밑**)을 먼저 바르고 그 (**밑벽**)의 순서로 진행한다.

12) 시멘트 모르타르 벽체 3회 바름 시공순서 (92①, 93①)

바탕처리 → 바탕청소 → 재료비빔 → 초벌바름 및 라스먹임 → 초벌바름방치 → 고름질 → 재벌바름 → 정벌바름 → 마무리 → 보양(양생)

13) 시멘트 모르타르 바닥바름 시공순서 (91①)

청소 및 물씻기 → 시멘트 페이스트 도포 → 모르타르 바름 → 규준대 밀기 → 나무흙손 고름질 → 쇠흙손 마감

14) 시멘트 모르타르 바름두께 (99④)

① 미장공사 시 1회의 바른 두께는 바닥을 제외하고 6 mm를 표준으로 한다.
② 바닥, 외벽 : 24 mm
③ 내벽 : 18 mm
④ 천장, 차양 : 15 mm

15) 시멘트 모르타르 바름두께 (03②, 05②)

① 바닥 : 24 mm ② 천장 : 15 mm
③ 내벽 : 18 mm ④ 외벽 : 24 mm

16) 회반죽 바름의 시공순서(90③, 95①, 97③, 02③)

바탕처리 → 재료조정 및 반죽 → 수염붙이기 → 초벌바름 → 고름질 및 덧먹임 → 재벌바름 → 정벌바름 → 마무리 및 보양

17) 인조석 바름 또는 테라조 현장갈기 시공 시 줄눈대 설치 이유 (94④, 02②)

① 바닥바름 구획
② 균열 방지
③ 부분보수 용이

18) 테라조 현장갈기의 시공순서 (84②, 87②, 94②)

황동 줄눈대 설치 → 테라조 종석 바름 → 양생 및 경화 → 초벌갈기 → 시멘트풀 먹임 → 정벌갈기 → 왁스칠

19) 테라조 현장갈기의 시공순서 (95②)

바탕처리 → 줄눈대 대기 → 바름 → 양생 → 갈기 → 광내기

20) 바닥강화재의 형태에 따른 분류와 증진 성능 (00④, 01③)

(1) 형태에 따른 분류

① 분말형 바닥강화재

② 액상형 바닥강화재

(2) 증진성능

① 내마모성 증진

② 내화학성 증진

③ 분진방지성 증진

21) 침투식액상 바닥강화재의 바름의 시공 시 주의사항 (11①, 22②)

① 바닥강화 시공 시 기온이 5℃ 이하가 되면 작업을 중지한다.

② 타설된 면에 비나 눈의 피해가 없도록 보양조치한다.

2. 타일공사

1) 소지질 및 용도에 따른 타일의 종류 (00⑤, 03③, 08①)

(1) 소지질

① 도기질 타일 ② 석기질 타일

③ 자기질 타일

(2) 용도

① 외부벽용 타일 ② 내부벽용 타일

③ 외부바닥용 타일 ④ 내부바닥용 타일

2) 면처리 타일의 종류 (94③, 95④)

① 스크래치 타일 ② 태피스트리 타일

③ 천무늬 타일 ④ 클링커 타일

3) 타일 붙이기의 줄눈너비 표준 (92④)

① 대형 벽돌형(외부) : 9 mm

② 대형(내부 일반) : 6 mm

③ 소형 : 3 mm

④ 모자이크 : 2 mm

4) 벽타일 붙이기 공법의 종류 (99②③, 00③, 08①, 10②, 16①)

① 떠붙임 공법

② 압착붙임 공법

③ 개량압착붙임 공법

④ 판형붙임 공법

⑤ 접착붙임 공법

⑥ 동시 줄눈붙임 공법(밀착붙임 공법)

⑦ 모자이크타일붙임 공법

5) 벽타일 붙이기 공법의 명칭 (00④, 02③, 06①, 10③, 15①)

① 떠붙임 공법 : 가장 오래된 타일 붙이기 방법으로 타일 뒷면에 붙임 모르타르를 얹어 바탕 모르타르에 누르거나 하여 1매씩 붙이는 방법

② 압착붙임 공법 : 평평하게 만든 바탕 모르타르 위에 붙임 모르타르를 만들고, 그 위에 타일을 두드려 누르거나 닿으면서 붙이는 방법

③ 개량압착붙임 공법 : 평평하게 만든 바탕 모르타르 위에 붙임 모르타르를 바르고, 타일 뒷면에도 붙임 모르타르를 얇게 두드려 누르거나, 비벼 넣으면서 붙이는 방법

6) 벽타일 붙이기 공법의 명칭 (01①, 07②)

① 떠붙임 공법 : 타일 뒷면에 붙임용 모르타르를 바르고, 벽면의 아래에서 위로 붙여 가는 종래의 일반적인 공법

② 압착붙임 공법 : 바탕면에 먼저 붙임 모르타르를 고르게 바르고, 그곳에 타일을 눌러 붙이는 공법

③ 밀착(동시줄눈)붙임 공법 : 바탕면에 붙임 모르타르를 발라 타일을 붙인 다음 충격공구(손진동기)로 타일면에 충격을 가하는 공법

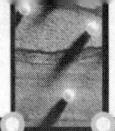

7) 벽타일 붙임 공법 중 붙임재 사용법에 따른 분류 (10③)

① 타일 측에 붙임재를 바르는 공법 : 떠붙임 공법

② 바탕 측에 붙임재를 바르는 공법 : 압착붙임 공법

8) 벽타일 붙임순서 (85③, 10①, 14③)

바탕처리 → 타일나누기 → 벽타일붙이기 → 치장줄눈 → 보양

9) 타일, 미장, 용접, 도장 등의 시공순서 (85②, 95⑤)

① 외벽 미장 : 위에서부터 아래

② 실내 타일붙이기 : 아래에서부터 위

③ 수직부 용접 : 아래에서부터 위

④ 외벽 타일붙이기(고층 압착 공법) : 위에서부터 아래

⑤ 실외 도장 : 위에서부터 아래

10) Open Time의 정의 (95⑤, 97③, 01②)

① 타일 붙임 모르타르의 기본 접착강도를 얻을 수 있는 한계의 시간

② 붙임 모르타르를 바탕면에 바른 후 타일 붙임을 시작하면 시간경과에 따라 붙임 모르타르의 응결이 진행되는데, 타일의 기준 접착강도를 얻을 수 있는 최대 한계시간

11) 외장타일에서 발생할 수 있는 결점 (98③)

① 치수의 차이

② 모양이 뒤틀린 것

③ 우그러든 것

④ 표면의 흠

⑤ 알갱이가 묻어 두드러진 것

⑥ 유약에 금이 그어진 것

⑦ 옆면 가장자리가 곱지 않은 것

⑧ 유약이 불균등하게 묻은 것

12) 타일의 탈락 원인 (16③, 17②)

① 바탕처리 미비

② 붙임모르타르의 강도부족(압축강도, 접착강도 부족)

③ 모르타르의 시간경과로 인한 접착강도 저하

④ 붙임 모르타르의 두께 부족

⑤ 타일의 흡수율

⑥ 구조체의 수축, 팽창차이

⑦ 일사량의 차이

XI 창호 및 유리공사

1. 창호공사

1) 창호공사 관련 용어 (94④, 98①, 05③, 08③)

① 박배 : 창문을 창문틀에 다는 일

② 여밈대 : 미서기 또는 오르내리창이 서로 여며지는 선대

③ 마중대 : 미닫이 또는 여닫이 문짝이 서로 맞닿는 선대

④ 풍소란 : 창호가 닫아졌을 때 각종 선대 등 접하는 부분에 틈새가 나지 않도록 대어 주는 것

2) 성능에 의한 창호 분류 (03③)

① 보통 창호　② 방음 창호

③ 단열 창호　④ 방화 창호

3) 문의 명칭 (00⑤)

① 주름문 : 문을 닫았을 때 창살처럼 되는 문으로 방범용으로 쓰임

② 플러시문 : 울거미를 짜고 중간 살간격 25 cm 정도 배치하여 양면에 합판을 교착한 문

③ 징두리 양판문 : 상부에 유리, 높이 1 m 정도 하부에만 양판을 댄 문
④ 양판문 : 울거미 중심에 넓은 널을 댄 문

4) 창호기호의 표시 방법 (13①, 22①)

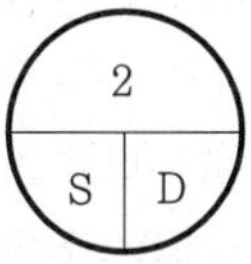

창호번호 2번의 강철 문

5) 강재 창호의 제작순서 (85②, 90②, 07①)

원척도 → 녹떨기 → 변형 바로잡기 → 금매김(금긋기) → 절단 → 구부리기 → 조립 → 용접 → 마무리 → 접합부 검사

6) 강재 창호의 설치순서 (91①, 04②)

현장반입 → 변형 바로잡기 → 녹막이칠 → 먹매김 → 구멍파기, 따내기 → 가설치 및 검사 → 묻음발 고정 → 창문틀 주위 모르타르 사춤 → 보양

7) 알루미늄 창호의 장점 (92①, 14①, 17③)

① 비중은 철의 1/3 정도로 가볍다.
② 녹슬지 않고, 사용연한이 길다.
③ 공작이 자유롭고 빗물막이, 기밀성에 유리하다.
④ 여닫음이 경쾌하다.

8) 알루미늄 창호 공사 시 주의사항 (98②)

① 알칼리에 약하므로 콘크리트나 모르타르에 직접 접촉시키지 않는다.
② 이질재료와의 접촉은 금하며, 사용되는 금속재는 모두 알루미늄 재료로 한다.
③ 강도가 약하므로 단면을 보강하거나 벽선, 멀리온 등으로 보강한다.
④ 철재는 아연도금처리하여 보강한다.
⑤ 알루미늄은 연한 재료이므로 스틸새시와 같이 취급할 경우 손상에 주의한다.

9) 셔터 시공 시 설치부품 (91③, 92②)

① 홈대 ② 셔터 케이스
③ 로프 홈통 ④ 핸들박스
⑤ 슬랫

10) 창호의 용도 (91③, 93②)

① 셔터 : 방화용
② 주름문 : 방도용
③ 아코디언 도어 : 칸막이용
④ 무테문 : 현관용
⑤ 회전문 : 현관 방풍용

11) 창호철물의 용도 (97③)

① 래버토리 힌지 : 화장실문
② 플로어 힌지 : 현관철문
③ 피봇 힌지 : 일반 방화문

12) 창호철물의 명칭 (89②, 99③)

① 래버토리 힌지 : 공중전화출입문, 화장실문, 경량 칸막이문 등에 사용되며, 저절로 닫히지만 150 mm 정도는 열려지는 문에 사용
② 플로어 힌지 : 정첩으로 지탱할 수 없는 중량이 큰 자재여닫이 문에 사용
③ 도어 클로저 : 문 위턱과 문짝에 설치하여 자동으로 문을 닫는 장치

13) 창호철물에 대한 설명 (04③)

정첩으로 지탱할 수 없는 무거운 자재여닫이문(현관문)에는 (**플로어**) 힌지, 용수철을 쓰지 않고 문장부식으로 된 힌지로 중량문(방화문)에 사용하는 (**피봇**) 힌지, 스프링 힌지의 일종으로 공중화장실, 공중전화 출입문에는 저절로 닫혀 지지만 15 cm 정도 열려 있게 하는 (**래버토리**) 힌지 등이 사용된다.

14) 창호철물의 명칭 (93①)

① 래버토리 힌지 : 스피링 힌지의 일종으

로 공중변소, 전화실 출입문에 쓰이며 저절로 닫히지만 15 cm 정도 열려 있게 된 것

② 피봇 힌지 : 문지도리로서 용수철을 쓰지 않고 문장부식으로 된 것

15) 각종 창호에 사용되는 창호철물 (90②)

① 미서기창 : 레일
② 여닫이창 : 정첩
③ 자재여닫이 중량문 : 플로어 힌지
④ 회전문 : 지도리
⑤ 오르내리창 : 도르래

16) 미서기창에 쓰이는 창호철물 (92②)

① 레일 ② 호차(바퀴)
③ 오목 손걸이 ④ 꽂이쇠
⑤ 도어행거

2. 유리공사

1) 건축 창호용 유리의 종류 (93④)

① 보통 판유리
② 플로트 판유리
③ 열선흡수 판유리
④ 열선반사유리
⑤ 접합유리(합판유리)
⑥ 강화유리(열처리유리)
⑦ 망입유리
⑧ 복층유리
⑨ 자외선 투과유리
⑩ 자외선 차단유리
⑪ 배강도유리
⑫ 스테인드글라스

2) 안전유리의 종류 (93②, 96②, 98①, 00③)

① 접합유리 ② 강화유리 ③ 망입유리

3) 각종 유리의정의 (93①, 02②, 13①, 15②, 17②③, 19①, 22②)

① 접합유리 : 두 장 이상의 판 사이에 합성수지를 겹붙여 댄 것으로서 일명 합판유리라 한다.

② 강화유리 : 판유리를 열처리하여 유리 표면에 강한 압축응력층을 만들어 파괴강도를 증가시키고, 또 깨어질 때에는 작은 조각이 되도록 처리한 유리이다.

③ 망입유리 : 방도용 또는 화재, 기타 파손 시에 산란을 방지하기 위하여 철망을 삽입한 유리이다.

④ 복층유리 : 건조 공기층을 사이에 두고 판유리를 이중으로 접합하여 테두리를 둘러서 밀봉한 유리이다.

⑤ 자외선 투과유리 : 일광욕실, 병원, 요양소 등에 사용된다.

⑥ 자외선 차단유리 : 진열장, 약품창고 등에서 노화와 퇴색방지에 사용된다.

⑦ 배강도유리 : 판유리를 열처리하여 유리 표면에 적절한 크기의 압축응력층을 만들어 파괴강도를 증대시킨 유리이다.

4) 로이유리(Low-E Glass) (15②, 19①, 20⑤)

열적외선을 반사하는 은소재 도막으로 코팅하여 방사율과 열관류율을 낮추고 가시광선 투과율을 높인 유리로서 일반적으로 복층유리로 제조하여 사용한다.

5) 현장가공(절단) 불가능 유리 (01①, 18③)

① 강화유리 ② 복층유리
③ 스테인드글라스 ④ 유리블록

6) 단열간봉(Warm-edge Space)의 정의 (20⑤)

복층유리의 간격을 유지하며 열전달을 차단하는 자재이며, 고단열 및 결로방지를 위한 목적으로 적용된다.

7) SSG 공법의 정의 (07②)

커튼월 등에서 건물의 창과 외벽을 구성하

는 유리와 패널류를 구조용 실란트를 사용하여 실내 측의 멀리온, 프레임 등에 접착 고정하는 공법.

8) SSG 공법에서 검토사항 (07②)

① 풍압력에 대한 검토
② 온도 무브먼트에 대한 검토
③ 지진 시의 층간 변위에 대한 검토
④ 유리중량에 대한 검토

9) 유리의 열파(열파손) 현상의 설명 (20①)

유리의 중앙부와 유리 Frame이 면하는 주변부와의 온도차이로 인한 팽창, 수축 차이 때문에 응력이 생겨서 유리가 파손되는 현상이다.

XII PC공사 및 외벽공사

1. PC공사

1) 주문공급방식으로써 대형구조물이나 특수 구조물에 적합한 PC(Precast Concrete) 생산방식의 명칭 (16①)

Closed System(클로즈드 시스템)

2) 조립식 공법의 용어 (91①, 96④, 00④, 03③, 07②)

① 내력벽식 공법(대형패널 공법) : 창호 등이 설치된 건축물의 벽체를 아파트 등의 구조체로 이용하는 방법
② 박스식 공법 : 건축물의 1실 혹은 2실 등의 구조체를 박스형으로 지상에서 제작한 후 이를 인양 조립하는 공법
③ Tilt Up 공법 : 지상의 평면에서 벽판 및 구조체를 제작한 후 이를 일으켜서 건축물을 구축하는 공법
④ Lift Slab 공법 : 지상에서 여러 층의 슬래브를 제작한 후 이를 순차적으로 들어올려 구조체를 축조하는 공법
⑤ 커튼월 공법 : 창문틀 등을 건축물의 벽판에 설치한 후 구조체에 붙여대어 이용하는 공법

3) 프리패브 콘크리트 공사 작업순서 (90①, 96⑤, 98④, 01①)

베드, 거푸집 청소 → 거푸집 조립 → 개구부 프레임 설치 → 철근, 철골류 삽입 → 설비, 전기배관 → 중간검사 → 콘크리트 타설 → 표면 마감 → 양생 후 탈형 → 보수와 검사 → 야적

2. 커튼월공사

1) 주프레임 재료에 따른 커튼월의 종류 (05①)

① 금속 커튼월
② 프리캐스트콘크리트 커튼월
③ 복합 커튼월

2) 커튼월 공법에서 조립 방식에 의한 분류 (09③, 11①, 12②, 13③, 16①, 17①, 20①)

① 유닛월 시스템 : 공장에서 미리 벽체 유닛을 완전조립한 후 현장에서는 설치만 하는 공법
② 스틱월 시스템 : 부재를 현장에 반입한 후 현장에서 부재를 조립 및 설치하는 공법
③ 윈도우월 시스템 : 창호 주변(Frame)이 패널(월)로 구성하여 창호의 구조가 패널 트러스에 연결되는 공법

3) 커튼월 공법의 외관 형태별 분류 (02①, 09③, 11①, 12②, 13②)

① 스팬드럴방식 : 수평선을 강조하는 창과 스팬드럴의 조합으로 이루어진 방식
② 샛기둥방식 : 수직기둥을 노출시키고, 그 사이에 유리창이나 스팬드럴 패널을 끼

우는 방식

③ 격자방식 : 수직, 수평의 격자형 외관을 보여주는 방식

④ 피복방식 : 구조체를 외부에 노출시키지 않고 패널로 은폐시키고 새시는 패널 안에서 끼워지는 방식

4) 스팬드럴방식의 설명 (08②, 17②)

수평선을 강조하는 창과 스팬드럴의 조합으로 이루어진 방식

5) 커튼월 공법의 구조 형식에 의한 분류 (09③, 12②, 16①)

① 패널방식 ② 샛기둥방식 ③ 커버방식

6) 커튼월공사에서 패스너의 긴결 방법 (04①②, 09①, 11①, 14③)

① 슬라이드방식 ② 회전방식 ③ 고정방식

7) 풍동시험(Wind Tunnel Test) 의 설명 (02①)

건물 준공 후 발생될 수 있는 바람에 의한 문제점을 파악하고, 설계에 반영하기 위해 건물 주변 600m 반경의 지형 및 건물배치를 축소형 모델로 만들어 원형 턴테이블(Turn Table)의 풍동 속에 설치한 후, 과거 10~50년 또는 100년간의 최대 풍속을 가하여 실시하는 시험으로 풍압시험 및 영향시험을 한다.

8) 실물대 모형시험(Mock-Up Test)의 설명 (99②④, 02①, 11②)

외기의 영향으로 인한 외장재(외벽)의 성능을 사전에 검토하기 위해 풍동시험을 근거로 설계한 실물모형 3개를 만든 뒤, 건축 예정지에서 최악의 기후조건으로 외장재 설치 후 일어날 수 있는 모든 문제점을 검증해 보는 시험

9) 커튼월의 성능시험 항목 (04①, 08①, 11②, 13③, 16②)

① 예비시험 ② 기밀시험
③ 정압수밀시험 ④ 동압수밀시험
⑤ 구조시험

10) 커튼월에서 발생하는 누수처리 방식 (13②)

① Closed Joint System : 커튼월 접합부를 실(Seal)재로 완전히 밀폐시켜 틈새를 없애는 방식이다. 실재의 외기 노출로 인해 성능저하의 우려가 있다.

② Open Joint System : 커튼월의 내측 및 외측벽 사이에 공간을 두고 외기압과 같은 기압을 유지하여 배수하는 방식이다. 기밀 실재가 외기에 노출되지 않아 성능유지에 유리하다.

11) 커튼월의 알루미늄바에서 시공적인 측면에서의 누수방지 대책 (19①)

① 멀리온과 패널의 이음매 처리 철저
② Closed Joint System의 경우 이음새 없이 시공
③ Open Joint System의 경우 누수 차단 철저
④ 용도에 적합한 실란트 사용

3. ALC 패널공사

1) ALC 패널의 설치 공법 (01②, 02①, 05③, 11③)

① 수직철근 공법
② 슬라이드 공법
③ 볼트조임 공법
④ 커버플레이트 공법
⑤ 타이플레이트 공법
⑥ 오·볼트 공법

XIII 마감, 기타 공사 및 유지관리

1. 도장공사

1) 철강재(금속재)의 바탕처리법 중 화학적 방법의 종류 (11①, 16②)

① 용제에 의한 법
② 알칼리에 의한 법
③ 산처리법
④ 인산피막법
⑤ 워시 프라이머법

2) 철의 녹제거용 공구와 용제 (99①, 01①)

(1) 공구

① 와이어브러시 ② 연마지
③ 스크레이퍼 ④ 블라스트

(2) 용제

① 휘발유 ② 벤졸
③ 솔벤트 ④ 나프타

3) 목부 바탕만들기 시공순서 (92④, 94③)

오염, 부착물 제거 → 송진처리 → 연마지 닦기 → 옹이땜 → 구멍땜

4) 뿜칠 공법에서의 주의사항 (09③)

뿜칠의 노즐 끝과 시공면의 거리는 (300) mm를 유지하고, 시공면과의 각도는 (90)° 이며, 기온이 (5) ℃ 미만인 경우 작업 중단이 원칙이다.

5) 유성페인트의 구성요소 (93②, 98③)

① 안료 ② 건성유
③ 희석제 ④ 건조제

6) 목부 유성페인트 시공순서 (85③, 91①, 98⑤)

바탕만들기 → 연마 → 초벌칠 → 퍼티작업 → 연마 → 재벌칠 1회 → 연마 → 재벌칠 2회 → 연마 → 정벌칠

7) 수성페인트의 3공정 시공순서 (93①)

바탕만들기 → 초벌칠 → 정벌칠

8) 목재면 바니시의 시공순서 (92②, 99③, 06③, 16②)

바탕처리 → 눈먹임 → 색올림 → 왁스 문지름(바니시칠)

9) 녹막이칠의 종류 (09②, 12③)

① 광명단
② 징크로메이트 도료
③ 알루미늄 도료

2. 합성수지공사

1) 합성수지 재료의 물성에 관한 장단점 (99⑤)

(1) 장점

① 비강도가 크다.
② 경량성
③ 우수한 가공성
④ 전기절연성
⑤ 내수성, 내투습성
⑥ 내약품성, 내유성
⑦ 자유로운 착색과 높은 투명성
⑧ 우수한 접착성

(2) 단점

① 내열성, 내후성 불량
② 큰 열변형(큰 팽창수축)
③ 큰 크리프
④ 낮은 강도와 낮은 탄성계수
⑤ 낮은 내마모성과 낮은 표면경도

2) 열가소성수지와 열경화성수지의 분류 (91② ③, 94②, 00②, 02①)

(1) 열가소성수지

① 염화비닐수지 ② 폴리에틸렌수지
③ 아크릴수지

(2) 열경화성수지

① 페놀수지　② 멜라민수지
③ 에폭시수지　④ 폴리에스테르수지
⑤ 프란수지

3) 에폭시수지 접착제의 특징 (18②, 20③)

에폭시수지 접착제는 접착강도가 가장 우수하고 내약품성, 내열성, 내수성이 뛰어난 접착제이고 콘크리트의 균열 보수나 금속의 접착 또는 깨진 석재의 접착에 사용된다.

3. 금속공사

1) 계단 논슬립의 나중 설치 시공순서 (93①)

① 가설 나무벽돌 설치
② 콘크리트 타설
③ 가설 나무벽돌 제거 및 구멍청소
④ 다리철물 설치
⑤ 사춤 모르타르 구멍 메우기
⑥ 논슬립 고정
⑦ 보양

2) 코너비드의 설명 (89②, 90①, 93④, 97②, 05③, 10①, 19③, 20①)

벽, 기둥 등의 모서리에 대어 미장바름을 보호하는 철물

3) 각종 철물의 설명 (90③, 91②, 93④, 08②, 12③, 15①, 18①, 20③)

① 코너비드 : 벽, 기둥의 모서리에 대어 미장바름을 보호하는 철물
② 와이어메시 : 연강철선을 서로 직교시켜 전기용접한 철선망
③ 메탈라스 : 얇은 철판에 자름금을 내어 당겨 늘린 것
④ 와이어라스 : 철선을 꼬아 만든 철물
⑤ 펀칭메탈 : 얇은 철판에 각종 모양을 도려낸 것
⑥ 줄눈대 : 테라조 현장갈기의 줄눈에 쓰이는 것
⑦ 인서트 : 주로 콘크리트조 바닥판 밑에 달대의 걸침이 되는 것으로 거푸집 바닥에 고정 시공

4) 드라이브 핀 (11③, 18①, 20②)

드라이비트 건이라는 못 박기 총에 사용되는 특수 못

4. 단열공사

1) 단열재의 구비조건(요구성능) (07②)

① 열전도율 및 흡수율이 낮고 비중이 작을 것
② 내화성 및 내부식성이 좋을 것
③ 어느 정도 기계적인 강도가 있을 것
④ 유독성 가스가 발생되지 않고, 사용연한에 따른 변질이 없을 것
⑤ 균질한 품질에 가격이 저렴할 것
⑥ 시공성(가공 및 접착 등)이 좋을 것

2) 단열부위 위치에 따른 벽단열 공법의 종류 (99③, 02③, 06③, 16②)

① 외벽단열 공법　② 내벽단열 공법
③ 중공벽단열 공법

5. 도배공사

1) 벽도배의 시공순서 (86①)

바탕처리 → 초배지 바름 → 재배지 바름 → 정배지 바름

2) 도배공사 중 봉투바름의 설명 (88②, 94①)

종이 주위에 풀칠하여 바르는 것

6. 바닥공사

1) 리놀륨의 시공순서 (86①, 00③)

바탕처리 → 깔기계획 → 임시깔기 → 정깔기 → 마무리

2) 온수온돌공사의 시공순서 (92③)

바닥 콘크리 → 방습층 설치 → 단열재 깔기 → 자갈채움 → 버림콘크리트 → 파이프 배관 → 미장 모르타르 → 장판지 마감

3) Access 바닥에 대한 설명 (00③, 09①, 19③)

정방형의 바닥 패널을 지주대로 지지시켜 전산실, 강의실, 회의실 등에 공조설비, 배관설비 등의 설치를 위해 사용되는 이중 바닥구조

4) Access 바닥의 지지방식 (10②)

① 지지각 분리 방식
② 지지각 일체 방식
③ 조정 지지가 방식
④ 트렌치 구성 방식

7. 기타 공사

1) 콘크리트 건물의 마감공사 시공순서 (90②, 95③, 06①)

① 창, 출입문(섀시)
② 벽, 천장(회반죽 바름)
③ 징두리(인조대리석판)
④ 걸레받이(인조대리석판)
⑤ 마루(비닐타일)

2) 석고보드의 장단점 (10③, 16③)

(1) 장점

① 단열성 우수　② 차음성 우수
③ 가공성 우수　④ 방화성 우수
⑤ 보온성 우수　⑥ 방균성 우수

(2) 단점

① 내충격성 부족　② 내수성 부족
③ 방청성 부족

8. 유지관리

1) 정기적 유지관리 항목 (06②)

① 점검
② 보수
③ 수선

Lesson 02 건축적산

1. 건축적산의 일반기준

1) 적산 및 견적의 정의 (13②, 18③)

① 적산 : 공사에 필요한 재료 및 품의 수량 등의 공사량을 산출하는 기술활동

② 견적 : 산출한 공사량에 적정한 단가를 곱하여 총 공사비를 산출하는 기술활동

2) 일반 건축공사의 견적순서 (92④, 94③)

① 수량조사 ② 단가
③ 가격 ④ 현장경비
⑤ 일반관리비부담금 ⑥ 이윤
⑦ 견적가격

3) 원가산정의 절차 (01①)

① 물량산출 ② 일위대가 산정
③ 공사비 계산

4) WBS, SV, BCWS의 용어정의 (08③, 12①)

① WBS : 프로젝트의 모든 작업내용을 계층적으로 분류한 것으로 가계도와 유사한 형상을 나타낸다.

② SV : 성과측정시점까지 지불된 공사비(BCWP)에서 성과측정시점까지 투입예정된 공사비(BCWS)를 제외한 비용

③ BCWS : 성과측정시점까지 투입예정된 공사비

5) CA, CV, ACWP의 용어정의 (05②, 16②)

① CA : 공정, 공사비 통합, 성과측정, 분석의 기본단위

② CV : 성과측정시점까지 지불된 공사비(BCWP)에서 성과측정시점까지 실제로 투입된 금액(ACWP)을 제외한 비용

③ ACWP : 성과측정시점까지 실제로 투입된 금액

6) 공사원가, 일반관리비, 직접노무비의 정의 (04②, 07③, 14②)

① 공사원가 : 공사 시공과정에서 발생하는 재료비, 노무비, 경비의 합계액

② 일반관리비 : 기업의 유지를 위한 관리활동의 부분에서 발생하는 제비용

③ 직접노무비 : 공사계약 목적물을 완성하기 위하여 직접 작업에 종사하는 종업원 및 기능공에 대한 대가

7) 재료비 산정 (09②)

재료비=수량×단가

8) 노무비 산정 (09②)

각종 공사에서 근로자에게 지급되는 임금

9) 직접공사비의 산출항목 (92②)

① 재료비
② 노무비(직접노무비)
③ 경비(직접공사경비)
④ 외주비

10) 공사비의 분류 (88②)

① 총 공사비
=공사원가+일반관리비부담금
+부가이윤

② 공사원가=순공사비+현장경비

③ 순공사비=직접공사비+간접공사비

11) 자재비(재료비), 노무비, 현장경비, 간접공사비, 일반관리비부담금, 이윤 중에서 공사원가와 총 공사비 산출 (06③)

① 공사원가=자재비(재료비)+노무비+현장경비+간접공사비

② 총 공사비=공사원가+일반관리비부담금+이윤

12) 실행예산의 정의 (99②)

공사목적물을 계약된 공기 내에 완성하기 위하여 공사손익을 사전에 예지하고 이익계획을 명확히 하여 합리적이고 경제적인 현장운영 및 공사수행을 도모하도록 작성되는 예산

13) 대표적인 건축재료의 할증률 (90①, 08②, 15③)

① 1% : 유리

② 2% : 시멘트

③ 3% : 일반용 합판, 붉은벽돌, 내화벽돌, 이형철근

④ 5% : 각재, 수장용 합판, 시멘트벽돌, 원형철근, 강관, 소형형강, 기와

⑤ 7% : 대형형강

⑥ 10% : 판재, 강판, 단열재

14) 재료의 단위중량에 따른 운반 인부 수 (84②, 87②, 09③)

15) 철근콘크리트 부재의 부피에 따른 중량 (18③)

16) 재료의 중량에 따른 운반 트럭 대수 (15②, 16②)

17) 소요철근량에 대한 필요한 철근 개수 (90③, 04①)

18) 운반거리 등 작업조건에 따른 덤프트럭의 1일 운반횟수 (92④)

19) 소운반의 운반거리 (07③)

소운반 거리는 (20) m 기준이며, 경사로 소운반의 경우 직고 1 m를 수평거리 (6) m로 본다.

2. 가설공사의 수량

1) 시멘트 창고의 필요면적 (06②, 21②)

구 분	600포대 이하	600~1,800포대	1,800포대 이상
면 적 $A(\text{m}^2)$	$0.4\times\dfrac{N}{n}$	$0.4\times\dfrac{600}{n}$	$0.4\times\dfrac{N}{n}\left(\dfrac{1}{3}\right)$

여기서, A : 창고면적(m^2)

N : 저장할 시멘트 포대 수

n : 쌓기 단수(단기 저장 13포대, 장기 저장 7포대, 최고 13포대)

2) 동력소 및 변전소의 필요면적과 전기사용량 (10②)

$$A = 3.3\sqrt{W}\ (\text{m}^2)$$

여기서, A : 면적(m^2)

W : 전력용량(kWh)

3) 평규준틀과 귀규준틀의 수량 (16②, 20④)

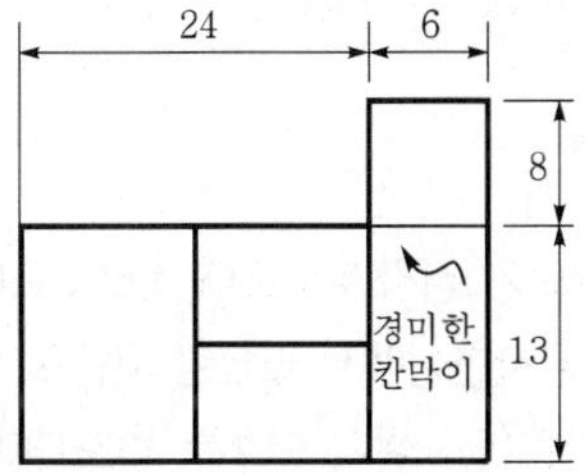

① 평규준틀 : 6개소

② 귀규준틀 : 5개소

4) 비계면적 기본 산출식 (88③, 89③, 93②, 07③, 12①, 17③)

> 비계의 외주면적(m^2)
> =비계둘레길이(L)×건물높이(h)

5) 외부 비계면적 산출방법 (09③, 13②)

① 쌍줄비계면적(m^2)
=비계둘레길이(L)×건물높이(h)
=벽외면에서 90cm 거리의 지면에서부터 건물 높이까지의 외주면적
$=\{(a+b)\times 2+0.90\times 8\}\times h$

② 외줄비계면적(m^2)
=비계둘레길이(L)×건물높이(h)
=벽외면에서 45cm 거리의 지면에서부터 건물 높이까지의 외주면적
$=\{(a+b)\times 2+0.45\times 8\}\times h$

6) 동바리 체적 (87①)

① 동바리의 체적(10공m^3)
=(상층바닥면적−$1m^2$ 이상 개구부)×동바리 높이$\times 0.9\times\frac{1}{10}$

② 동바리의 체적(공m^3)
=(상층바닥면적−1 m^2 이상 개구부)×동바리 높이×0.9

예제 1

현장에 시멘트가 각각 500포대, 1,600포대, 2,400포대가 있다. 공사현장에서 필요한 시멘트 창고의 면적은 얼마인가? (단, 쌓기 단수는 13포대이다.)

•06 ②, 21 ②

정답 ① 500포대의 경우 :

$$A=0.4\times\frac{N}{n}=0.4\times\frac{500}{13}=15.38m^2$$

② 1,600포대의 경우 :

$$A=0.4\times\frac{600}{n}=0.4\times\frac{600}{13}=18.46m^2$$

③ 2,400포대의 경우 :

$$A=0.4\times\frac{N}{n}\left(\frac{1}{3}\right)=0.4\times\frac{2,400}{13}\times\left(\frac{1}{3}\right)$$
$$=24.615\rightarrow 24.62m^2$$

예제 2

아래 평면의 건물높이가 16.5m일 때 비계면적을 산출하시오. (단, 쌍줄비계로 함.)

•88 ③, 07 ③

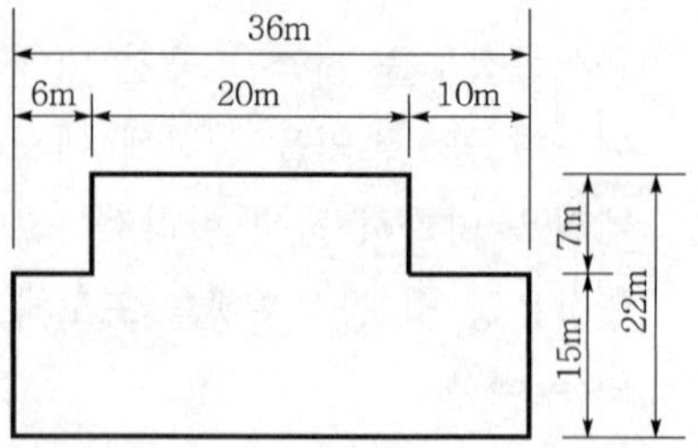

정답 쌍줄비계면적=비계둘레길이(L)×건물높이(h)
$=\{(36+22)\times 2+0.9\times 8\}\times 16.5$
$=2,032.80m^2$

3. 토공사의 수량

1) 잡석량과 틈막이 자갈량 (00④)

① 잡석량=잡석정미량×1.1
② 틈막이 자갈량=잡석정미량×0.3

2) 독립기초의 토량산출 (87③, 91①, 94②)

$$V=\frac{h}{6}\{(2a+a')b+(2a'+a)b'\}\ (m^3)$$

여기서, a, b : 상변의 가로, 세로($a=a'+0.6h$, $b=b'+0.6h$)
a', b' : 하변의 가로, 세로
h : 높이

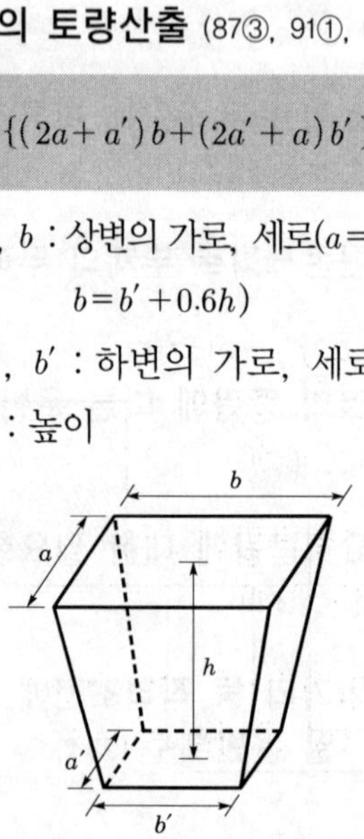

3) 줄기초의 토량산출 (99④)

$$V=\left\{\left(\frac{a+b}{2}\right)\times h\times \text{줄기초의 길이} - \text{중복되는 체적}\right\}(\text{m}^3)$$

여기서, $a=b+0.6h$

4) 일반흙의 되메우기 (17①)

흙 되메우기 시 일반흙으로 되메우기 할 경우 (30) cm마다 다짐밀도 (95) % 이상으로 다진다.

5) 토량환산계수를 이용한 터파기량, 차량운반대수, 표고산정 및 각종 토량산출 (87③, 90③, 92①, 00③, 11③, 15③, 16① ③, 18①, 20④, 21①, 22②)

구하는 상태 / 기준이 되는 상태	자연 상태의 토량	흐트러진 상태의 토량	다져진 상태의 토량
자연 상태의 토량	1	L	C
흐트러진 상태의 토량	$1/L$	1	C/L
다져진 상태의 토량	$1/C$	L/C	1

6) 독립기초, 줄기초 및 온통기초에서 토공사의 터파기량, 되메우기량 및 잔토처리량의 산정 (89③, 91①, 94② ④, 96③, 99④, 02②, 07③, 10①, 13③, 20②)

(1) 토량환산계수(C, L)를 고려한 잔토처리량의 일반식

$$\text{잔토처리량}=\left\{V-(V-S)\times\frac{1}{C}\right\}\times L$$

(2) $C=1$, $L=1$인 경우

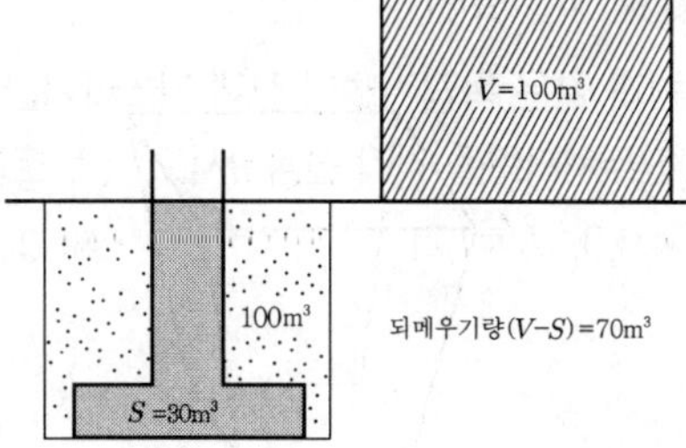

각종 토량	산출량
터파기량	$V=100\text{m}^3$
구조체량	$S=30\text{m}^3$
되메우기량	$V-S=70\text{m}^3$
잔토처리량	$S=30\text{m}^3$

(3) $C=0.9$, $L=1.2$인 경우

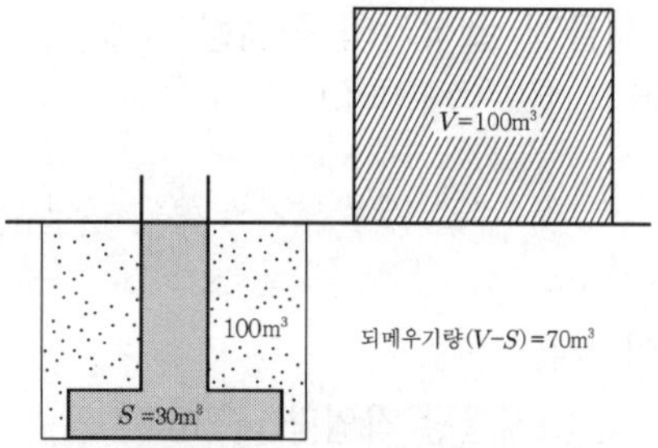

각종 토량	산출량
터파기량	$V=100\text{m}^3$
구조체량	$S=30\text{m}^3$
되메우기량	$V-S=70\text{m}^3$
잔토처리량	$\left\{V-(V-S)\times\frac{1}{C}\right\}\times L$ $=\{30-70\times1/0.9\}\times1.2$ $=26.67\text{m}^3$

7) 독립기초의 터파기량, 차량운반대수, 표고산정 (87③, 92①, 12③, 16①, 21①)

① 독립기초의 터파기량(자연상태의 토량)

$$V=\frac{h}{6}\{(2a+a')b+(2a'+a)b'\}$$

② 운반대수(자연상태에서 흐트러진 상태의 토량으로 운반. L : 자연상태의 토량 → 흐트러진 상태의 토량)

$$\text{운반대수}=\frac{V}{\text{1대의 적재량}}\times L$$

③ 표고(터파기한 자연상태의 체적에 토량을 다져 넣는다. C : 자연상태의 토량 → 다져진 상태의 토량)

$$\text{표고}=\frac{V}{\text{다짐하는 흙의 면적}}\times C$$

8) 기계손료의 종류 (92 ①)

① 상각비 ② 정비비 ③ 관리비

9) 파워셔블의 1시간당 작업량 (97③, 00①, 03①, 05③, 06①, 09③, 15②, 19①)

$$운반횟수=\frac{운반 재료의 전중량(kg)}{운반차량의 적재량(kg)}$$

10) 셔블계 굴착기의 작업량 (97③, 00①, 03①, 05③, 06①, 09③, 15②)

$$Q=\frac{3{,}600\times q\times k\times f\times E}{C_m}\ (m^3/hr)$$

여기서,

- Q : 1시간당 작업량(m^3/hr)
- q : 디퍼(Dipper) 또는 버킷의 공칭 용량(m^3)
- k : 디퍼 또는 버킷계수
- f : 토량환산계수
- E : 작업효율
- C_m : 1회 사이클 소요시간(sec)

11) 불도저의 시간당 작업량 및 작업시간 (87③, 13①, 16②)

$$Q=\frac{60\times q\times f\times E}{C_m}\ (m^3/hr)$$

여기서, Q : 1시간당 작업량(m^3/hr)
- q : 토공관 용량(m^3)
- f : 토량환산계수
- E : 작업효율
- C_m : 1회 사이클 소요시간(min)

예제 3

건축물 기초를 시공하기 위하여 평탄한 지반을 다음과 같이 굴착하고자 한다. 다음 물음에 답하시오. (단, 굴착할 흙의 토량환산계수 L=1.3, C=0.9이다.)

• 92 ①, 12 ③, 16 ③, 21 ①

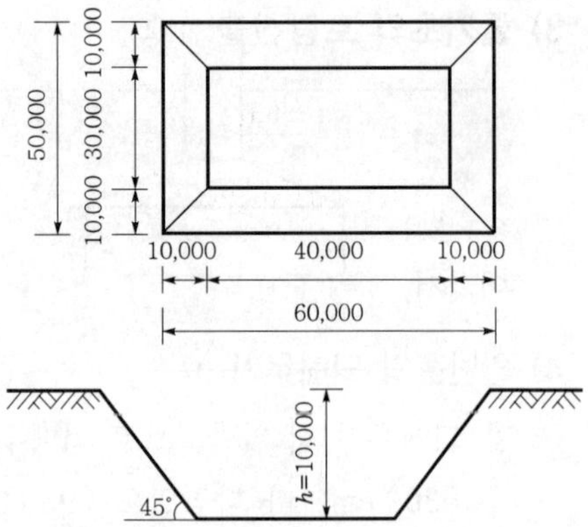

가. 터파기량을 산출하시오.

나. 운반대수를 산출하시오.(단, 운반대수 1대의 적재량 $12m^3$)

다. 5,000m^2에 흙을 이용하여 성토하여 다짐할 때 표고는 몇 m인지 구하시오. (단, 비탈면은 수직으로 생각함.)

정답 가. 터파기량(자연상태의 토량)

$$V=\frac{h}{6}\{(2a+a')b+(2a'+a)b'\}$$

$$=\frac{10}{6}\times\{(2\times 60+40)\times 50+(2\times 40+60)\times 30\}$$

$$=20{,}333.333\ \rightarrow\ 20{,}333.33m^3$$

나. 운반대수(자연상태에서 흐트러진 상태의 토량으로 운반)

$$운반대수=\frac{20{,}333.33}{12}\times 1.3$$

$$=2{,}202.78\ \rightarrow\ 2{,}203대$$

다. 표고(터파기한 자연상태의 체적에 토량을 다져 넣는다.)

$$표고=\frac{20{,}333.33}{5{,}000}\times 0.9=3.660\ \rightarrow\ 3.66m$$

예제 4

다음 그림과 같은 독립기초의 전체 기초파기량, 되메우기량, 잔토처리량을 각각 산출하시오. (단, 토량환산계수 C=0.9, L=1.2)

• 89 ③, 07 ③

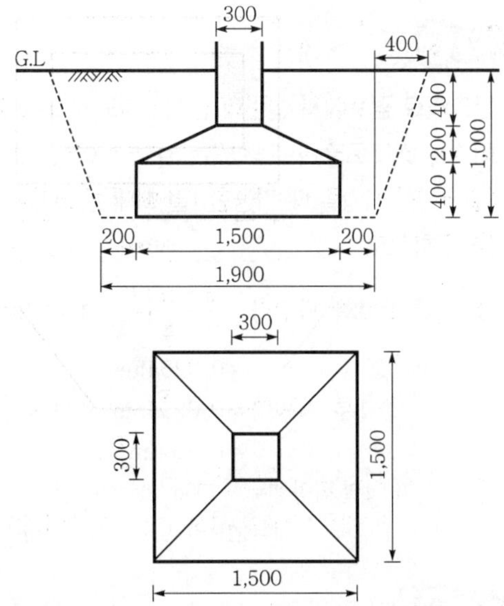

정답

구분	수량 산출근거	계
1. 터파기량 (V)	$V=\frac{1.0}{6}\times\{(2\times2.7+1.9)\times2.7$ $+(2\times1.9+2.7)\times1.9\}$ $=5.343\rightarrow5.34\text{m}^3$	5.34m^3
2. 되메우기량 $(V-S)$	(1) 되메우기량=터파기량(V)−GL 이하 기초구조부체적(S) (2) 터파기량$(V)=5.34\text{m}^3$ (3) GL 이하 기초구조부체적(S)=잡석다짐량+버림콘크리트량+기초판량+GL 이하의 주각량 ① 잡석다짐량과 버림콘크리트량은 0이다. ② 기초판량$=1.5\times1.5\times0.4+\frac{0.2}{6}\times\{(2\times1.5+0.3)\times1.5+(2\times0.3+1.5)\times0.3\}=1.086\text{m}^3$ ③ GL 이하의 주각량 $=0.3\times0.3\times0.4=0.036\text{m}^3$ ∴ GL 이하 기초구조부체적(S) $=1.086+0.036=1.122\text{m}^3$ (4) 되메우기량 $=V-S=5.34-1.122$ $=4.218\rightarrow4.22\text{m}^3$	4.22m^3
3. 잔토처리량 $(C=0.9,\ L=1.2)$	잔토처리량$=\left\{V-(V-S)\times\frac{1}{C}\right\}\times L$ $=\left\{5.34-4.22\times\frac{1}{0.9}\right\}\times1.2$ $=0.781\rightarrow0.78\text{m}^3$	0.78m^3

예제 5

파워셔블의 1시간당 추정 굴착작업량을 다음 | 조건 | 일 때 산출하시오. (단, 단위를 명기하시오.)

• 97 ③, 00 ①, 03 ①, 05 ③, 06 ①, 09 ③ 15 ②, 19 ①

| 조건 |

㉮ $q=0.8\text{m}^3$, ㉯ $f=1.28$, ㉰ $E=0.83$, ㉱ $k=0.8$, ㉲ $C_m=40\text{sec}$

정답 $Q=\frac{3,600\times q\times k\times f\times E}{C_m}$

$=\frac{3,600\times0.8\times0.8\times1.28\times0.83}{40}$

$=61.194\rightarrow61.19\text{m}^3/\text{hr}$

예제 6

토량 2,000m³를 2대의 불도저로 작업하려 한다. 삽날 용량 0.6m³, 토량환산계수 0.7, 작업효율 0.9이며, 1회 사이클 시간이 15분일 때 작업을 완료할 수 있는 시간을 구하시오.

• 87 ③, 13 ①, 16 ②

정답 ① 불도저의 시간당 작업량

$Q=\frac{60\times q\times f\times E}{C_m}$

$=\frac{60\times0.6\times0.7\times0.9}{15}=1.512\text{m}^3/\text{hr}$

② 불도저 2대의 작업시간

$\frac{2,000\text{m}^3}{(1.512\text{m}^3/\text{hr}\times2\text{EA})}$

$=661.376\rightarrow661.38$시간

예제 7

모래질흙으로된 지하실의 터파기량(자연상태) 1,200 m^3 중에서 5,000m^3를 되메우기하고 나머지 전부를 9t 트럭으로 잔토처리할 경우 덤프트럭 1회 적재량과 필요한 차량 대수를 산출하시오. (단, 자연상태에서의 토석의 단위중량 : 1,800kg/m^3, 토량변화율(L) : 1.25)

• 16 ①

정답 가. 덤프트럭 1회 적재량

$$\frac{8t}{1.8t/m^3}=4.444\rightarrow 4.44m^3/회$$

나. 필요 차량 대수

(1) 잔토처리량

$(12,000-5,000)\times 1.25=8,750\,m^3$

(2) 필요 차량 대수

$$\frac{8,750\,m^3}{4.44\,m^3/회}=1970.7\rightarrow 1971회(대)$$

4. 콘크리트의 각 재료량

1) 물시멘트비를 이용한 물의 용적(m^3)계산 (88③)

W/C=물의 질량(kg)/시멘트 질량(kg)

2) 콘크리트 $1m^3$를 만드는 데 소요되는 각 재료 수량 (88③, 90③, 91②, 08③, 17①, 20①)

시멘트의 소요량	$C=\frac{1}{V}(m^3)=\frac{1.5}{V}(t)=\frac{1500}{V}(kg)$ $=\frac{37.5}{V}$(포대)
모래의 소요량	$S=\frac{m}{V}(m^3)$
자갈의 소요량	$G=\frac{n}{V}(m^3)$
물의 소요량	$W=C\times x$(kg)

3) 1일 최대 콘크리트 펌핑량 (90③, 06①)

① 1회 펌핑량

=실린더 안면적×길이×효율(m^3)

② 1분 펌핑량

=1회 펌핑량×분당 스트로크 수(m^3/분)

③ 1일 펌핑량

=1분당 펌핑량×1일(6시간×60분/시간)(m^3)

4) 콘크리트 펌핑시 레미콘 트럭의 배차 간격(분) (90②, 97③, 10①, 16②, 18③)

예제 8

콘크리트 펌프에서 실린더 안지름 18cm, 스트로크 길이 1m, 스트로크 수 24회/분, 효율 100%인 조건으로 1일 6시간 작업할 때 가능한 1일 최대 콘크리트 펌핑량을 구하시오. • 90 ③, 06 ①

정답 ① 1회 펌핑량$=\frac{\pi\times 0.18^2}{4}\times 1\times 1.0$

$=0.02545m^3$

② 1분 펌핑량$=0.02545m^3\times 24$회/분

$=0.6108m^3$/분

③ 1일 펌핑량$=0.6108m^3$/분×6시간×60분/시간

$=219.888\rightarrow 219.89m^3$

예제 9

콘크리트 펌프의 실린더 안지름 18cm, 스트로크 길이 1m, 스트로크 수 24회/분인 조건의 90% 효율로 휴식시간 없이 계속적으로 콘크리트를 펌핑할 때 원활한 공사 시공을 위한 $7m^3$ 레미콘 트럭의 배차시간 간격(분)을 구하시오. • 90 ②, 97 ⑤, 16 ②

정답 ① 1회 펌핑량$=\frac{\pi\times 0.18^2}{4}\times 1\times 0.9$

$=0.02290m^3$

② 1분 펌핑량$=0.02290m^3\times 24$회/분

$=0.5496^3$/분

③ 레미콘 트럭 배차시간 간격(분)

$$=\frac{7m^3}{0.5496m^3/분}=12.737분\rightarrow 12.74분$$

예제 10

두께 0.15m, 너비 6m, 길이 100m의 도로를 $7m^3$ 레미콘을 이용하여 하루 8시간 작업하는 경우 레미콘의 배차 간격은? (단, 낭비시간은 없는 것으로 한다.) • 10 ①

정답 ① 레미콘 대수

$$\frac{0.15m\times 6m\times 100m}{7m^3/대}=12.857\rightarrow 13대$$

② $7m^3$ 레미콘 배차간격

$$\frac{8시간\times 60분/시간}{13대}=36.923\rightarrow 36.92분/대$$

5. 거푸집면적 및 콘크리트량 산출

1) 거푸집의 구입량 또는 주문량 산정

(84①, 90①)

① 소요량=공사 시 필요한 각 층 거푸집 면적

② 전용량=전용량×전용률

③ 주문량=소요량×주문율+(소요량−전용량)×주문율

(주) 거푸집의 전용에 대해서는 예제 및 기출문제를 참고하기 바람.

2) 독립기초 (91③, 07①, 22③)

거푸집 면적 (S)	① $\theta < 30°$ 인 경우 : 경사면을 거푸집 면적에 포함하지 않는다. $S = 2(a+b) \times h_1$ ② $\theta \geq 30°$ 인 경우 : 경사면을 거푸집 면적에 포함한다. $S = S_1 + S_2$ $S_1 = 2(a+b) \times h_1$ S_2=경사면의거푸집 $= \left(\frac{a+a'}{2}\right) \times h_3 \times 4$ 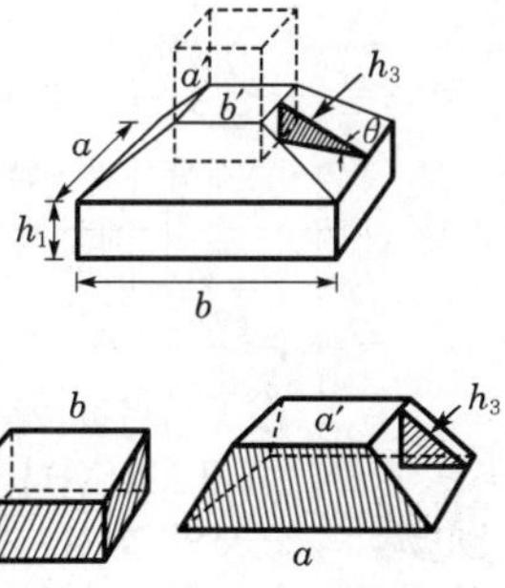
콘크리트량 (V)	$V = V_1 + V_2$(지반선 이하) $V_1 = a \times b \times h_1$ $V_2 = \frac{h_2}{6}\{(2a+a')b + (2a'+a)b'\}$ a, b : 상변의 가로, 세로길이 a', b' : 하변의 가로, 세로길이 h_2 : 수직높이

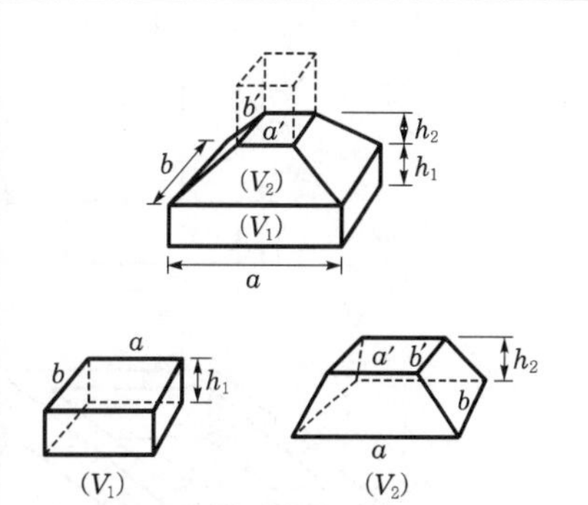

3) 줄기초 (89③, 94④, 96③, 99④)

(1) 1방향형

거푸집 면적(S)	S=측면거푸집+양쪽마구리거푸집 $S = (h_1 + h_2) \times 2 \times l + (a \times h_1 + b \times h_2) \times 2$
콘크리트량 (V)	V=기초단면적×중심연장길이 $V = (a \times h_1 + b \times h_2) \times l$

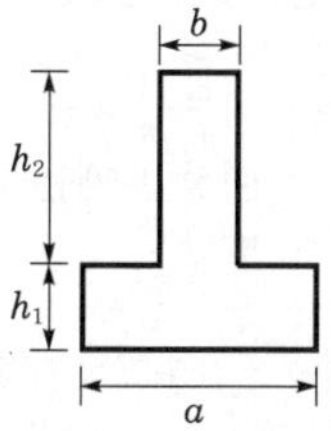

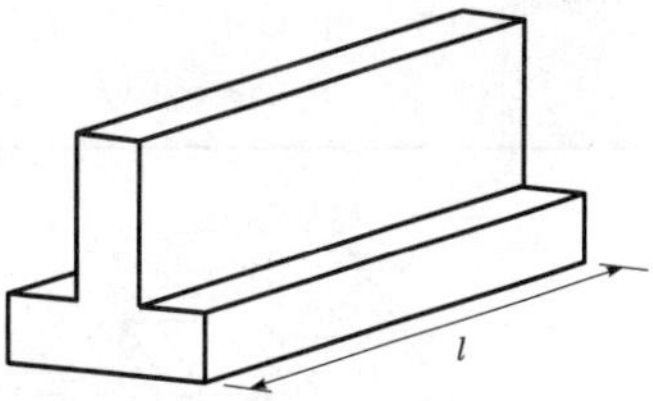

(2) 폐합형

거푸집 면적(S)	S=측면거푸집 $S = (h_1 + h_2) \times 2 \times \Sigma l$
콘크리트량 (V)	V=기초단면적×중심연장길이 $V = (a \times h_1 + b \times h_2) \times \Sigma l$

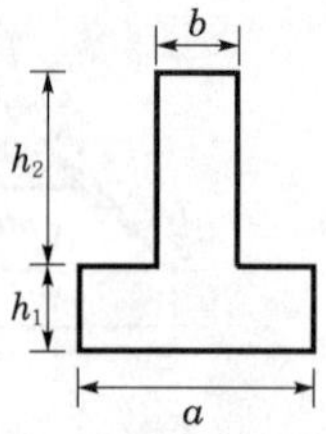

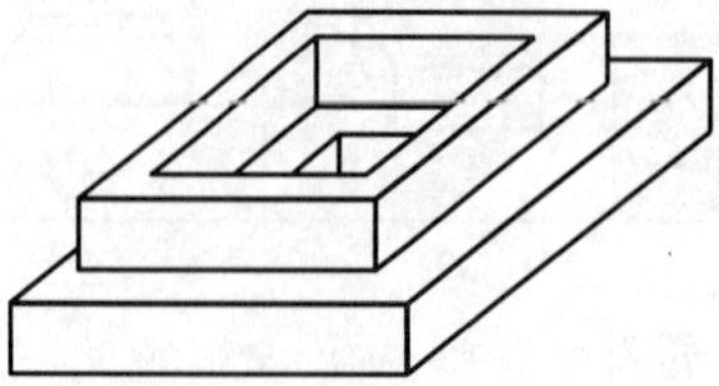

4) 기둥 (85③, 96①, 98③, 04①, 06①, 08②, 14②③, 19②③, 22①)

거푸집 면적(S)	S=기둥둘레길이×기둥높이 $S=2(a+b)\times h$ ① 기둥높이=바닥판 안목간의 높이 ② 보와 겹쳐지는 부분은 공제하지 않는다. ③ 기둥에 접하는 옹벽의 두께가 20cm 이상일 때는 거푸집 면적에서 이를 뺀다.
콘크리트량(V)	V=단면적×기둥높이 $V=(a\times b)\times h$ 기둥높이(h)=바닥판 안목간의 높이 =층고(H)−슬래브두께(t)

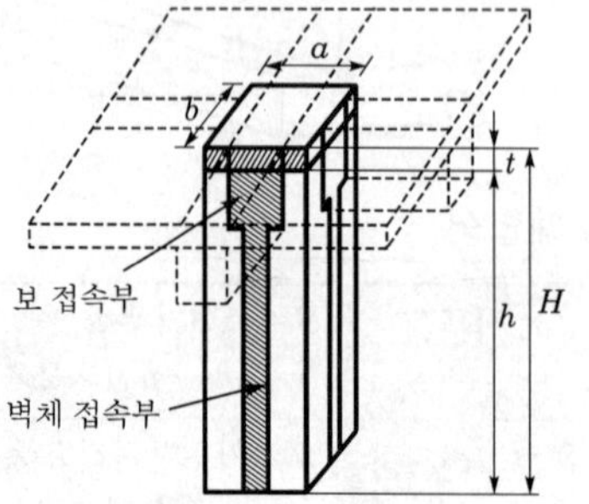

기둥

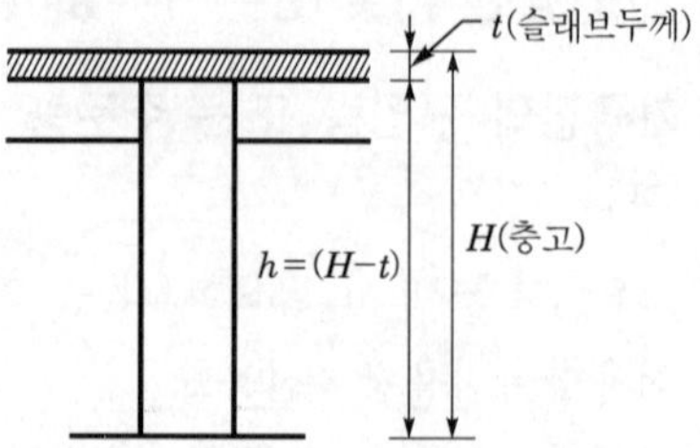

기둥 입면

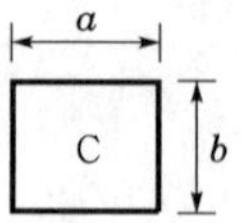

기둥 평면

5) 보 (85③, 93④, 96①, 98③, 04①, 05①, 06①, 08②, 14②③, 19③, 20③)

거푸집 면적(S)	S=(기둥간 안목길이×바닥판 두께를 뺀 보옆 높이)×2 $S=l_0\times(D-t)\times 2$ ① 보의 밑부분은 바닥판 거푸집 면적에 포함시킨다. ② 단, 보에 대한 단일 문제이거나 1차 시험 등에서는 보밑 거푸집으로 계상한다. ③ 조적구조의 테두리보 밑면 거푸집은 계상하지 않는다.
콘크리트량(V)	V=보단면적×보길이 $V=b\times(D-t)\times l_0$ ① 보단면적 계산시 바닥판두께를 뺀 것으로 한다. ② 보의 길이는 기둥간 안목거리로 한다. ③ 헌치가 있을 경우 헌치 부분만큼을 가산하다. ④ 보의 콘크리트량만 산출하는 문제의 경우 슬래브의 두께가 포함된 보의 높이로 한다.

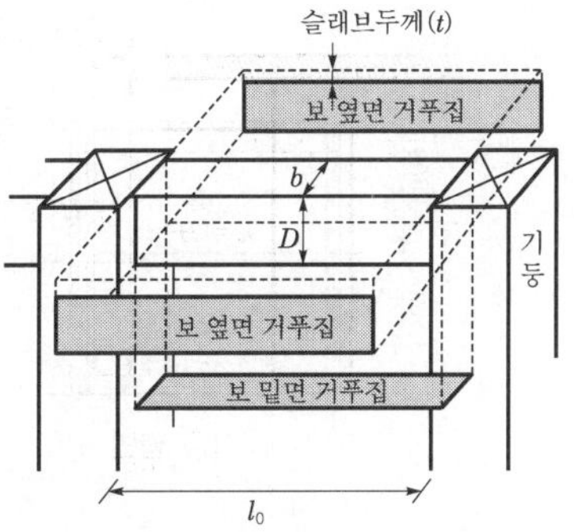

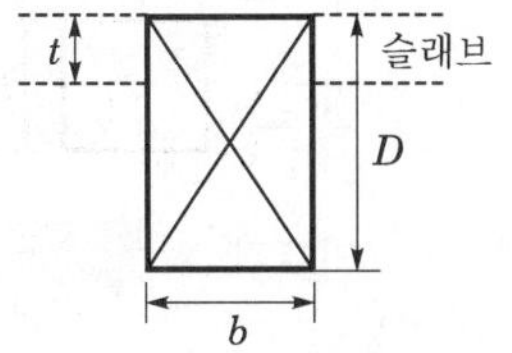

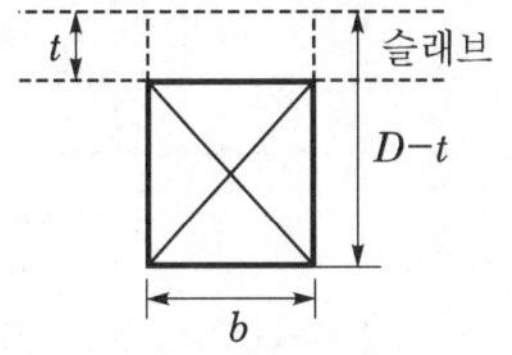

6) 슬래브와 차양 (85③, 96①, 98③, 04①, 06③, 08②, 4② ③, 19③)

거푸집 면적(S)	(1) 조적구조 S=외벽의 두께를 뺀 내벽간 바닥면적 (2) 철근콘크리트구조 S=외곽선으로 둘러싸인 바닥면적 $S=l_x\times l_y$ ① 슬래브 구석에서 기둥과 접속하는 부분의 면적은 공제하지(빼지) 않는다. ② 개구부가 설치되어 있는 경우, 1면의 면적이 $1m^2$ 이하는 공제하지(빼지) 않는다. ③ 조적구조의 보밑 거푸집은 슬래브 거푸집에서 빼준다. ④ 철근콘크리트구조의 보밑 거푸집은 슬래브 거푸집 산출시 계산해야 한다. ⑤ 개구부가 있으면 나중세우기를 하므로 거푸집이 필요하다. 알루미늄창 : 나중 세우기-거푸집 필요 목재창 : 나중 세우기-거푸집 필요 먼저 세우기-거푸집 필요 없음 (주) 특별한 설명이 없으면 나중세우기로 간주하여 거푸집을 산출한다.
콘크리트량(V)	V=바닥판 전면적×바닥판 두께 $V=l_x\times l_y\times t$ ① 바닥판 전면적은 바닥 외곽선으로 둘러싸인 면적이다. ② 개구부 면적은 제외하되, 개구부의 체적이 1개소당 $0.005m^3$ 이하인 때에는 제외하지 아니한다.

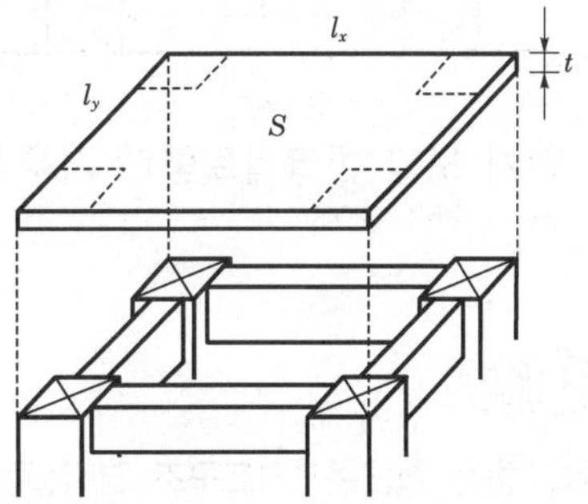

7) 벽 (19②, 22①)

거푸집 면적(S)	S= (벽면적−개구부 면적)×2 S= ($l\times h$−개구부 면적)×2 ① 벽에 출입구, 창 등의 개구부가 있을 경우, 1면의 면적이 $1m^2$ 이하이면 공제하지 아니한다. ② 벽면적은 기둥과 보의 면적을 뺀 것이다.
콘크리트량(V)	V= (벽면적−개구부 면적)×벽두께 V= ($l\times h$ −개구부 면적)×t_w ① 벽면적은 기둥과 보의 면적을 뺀 것이다. ② 벽의 높이는 바닥판간의 안목치수로 한다. ③ 개구부 면적은 제외하되, 개구부의 체적이 1개소당 $0.005m^3$ 이하인 때에는 제외하지 아니한다.

[안목치수]

① 보가 있을 경우 안목치수(h)=층고(H)−보의 춤(d)

② 보가 없을 경우 안목치수(h)=층고(H)−슬래브두께(t)

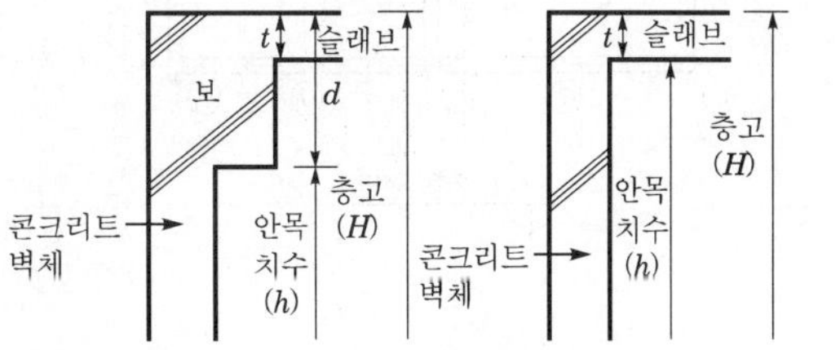

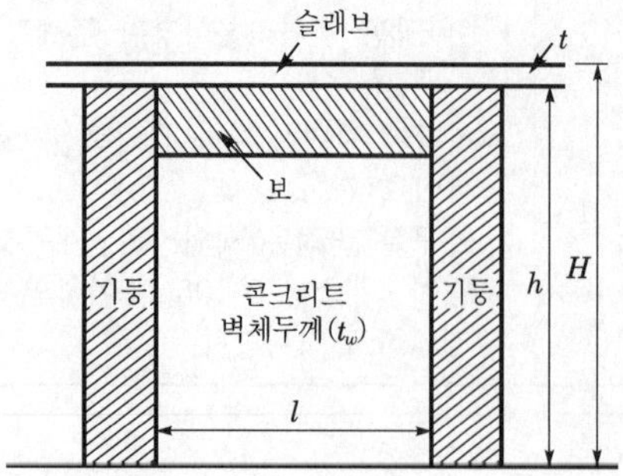

8) 헌치 보의 콘크리트량과 거푸집량산출

(93④, 05①, 20③)

예제 11

아래 그림은 철근콘크리트구조 경비실건물이다. 주어진 평면도 및 단면도를 보고 C_1, G_1, G_2, S_1에 해당되는 부분의 1층과 2층 콘크리트량과 거푸집량을 산출하시오. • 10 ②, 14 ②

단, 1) 기둥단면(C_1) : 30cm×30cm

2) 보단면(G_1, G_2) : 30cm×60cm

3) 슬라브두께(S_1) : 13cm

4) 층고 : 단면도 참조(단, 단면도에 표기된 1층 바닥선 이하는 계산하지 않는다.)

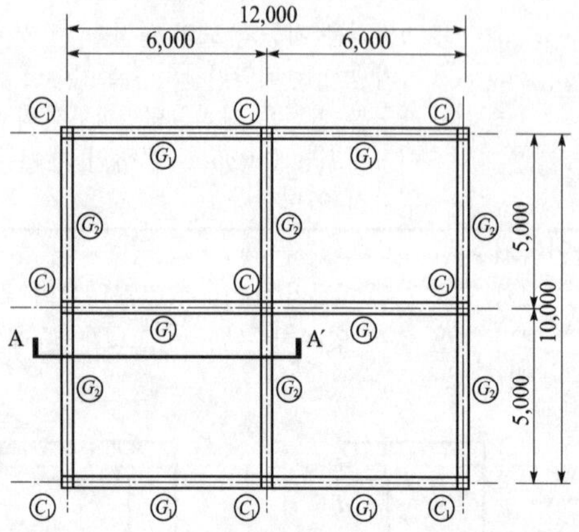

1, 2층 평면도

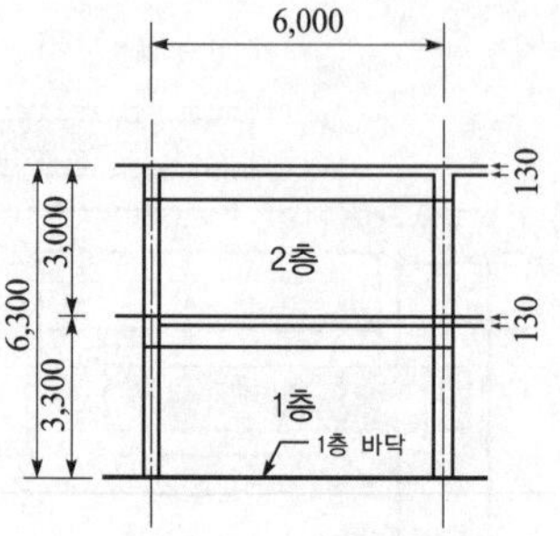

A–A' 단면도

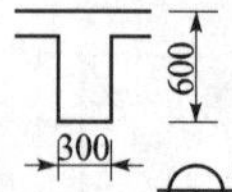

G_1, G_2보 단면도

정답 1. 콘크리트량

(1) 기둥

① 1층(C_1) : 0.3×0.3×(3.3−0.13)×9EA
=2.568m³

② 2층(C_1) : 0.3×0.3×(3.0−0.13)×9EA
=2.325m³

(2) 보

① 1층+2층(G_1) : 0.3×(0.6−0.13)×5.7×12EA
=9.644m³

② 1층+2층(G_2) : 0.3×(0.6−0.13)×4.7×12EA
=7.952m³

(3) 슬래브

1층+2층(S_1) : 12.3×10.3×0.13×2EA
=32.939m³

∴ 합계 : 2.568+2.325+9.644+7.952+32.939
=55.428 → 55.43m³

2. 거푸집면적

(1) 기둥

① 1층(C_1) : (0.3+0.3)×2×(3.3−0.13)×9EA
=34.236m²

② 2층(C_1) : (0.3+0.3)×2×(3.0−0.13)×9EA
=30.996m²

(2) 보

① 1층+2층(G_1) : (0.6−0.13)×5.7×12EA×2
=64.296m²

② 1층+2층(G_2) : (0.6−0.13)×4.7×12EA×2
=53.016m²

(3) 슬래브

1층+2층(S_1) : {12.3×10.3+(12.3+10.3)×2×0.13}×2EA=265.132m²

∴ 합계 : 34.236+30.996+64.296+53.016
+265.132=447.676 → 447.68m²

6. 철근수량

1) 일반사항

(1) 철근은 직경별, 종류별로 갈고리의 길이, 이음 및 정착 길이, 벤트 길이 등을 고려하여 총길이(m)로 계산한다.

(2) 철근의 종류별 및 규격별로 산출된 총길이에 단위중량(kg/m)을 곱하여 총중량(kg 혹은 ton)을 산출한다.

① 총길이(m)×단위중량(kg/m) =총중량(kg)

② 총중량(kg)×할증률(%)=소요중량(kg)

(3) 모든 값은 소수 셋째자리에서 4사5입한다.

(4) 띠철근(대근, Hoop) 및 늑근(Stirrup)의 길이는 기둥 및 보 등의 콘크리트 설계 치수의 주장(둘레 길이)으로 하고 갈고리는 없는 것으로 한다.

(5) 철근의 본수는 각각 4사5입한다.

(6) 철근의 말단부 구부림 각도에 따른 갈고리 길이는 $10.3d$로 한다. (d : 철근의 직경)

2) 독립기초 (84②, 88①③, 22③)

주철근 (가로철근)	$l_x \times \left(\dfrac{l_y}{\text{철근간격}}+1\right)$
배력철근 (세로철근)	$l_y \times \left(\dfrac{l_x}{\text{철근간격}}+1\right)$
대각선철근 (경사철근)	$\sqrt{l_x^2+l_y^2}\times$개수

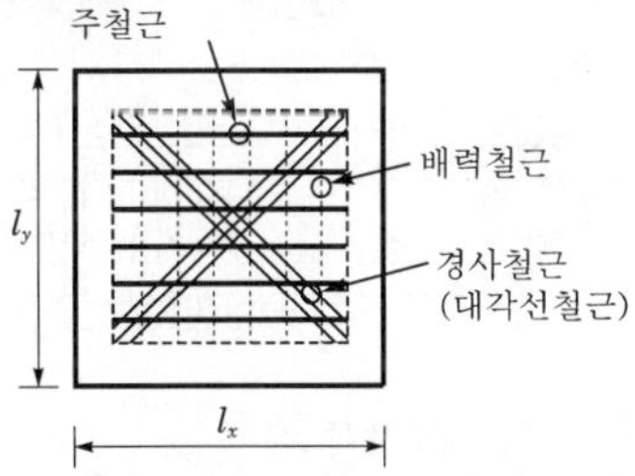

3) 줄기초 (89③, 91②, 92④, 94③, 97②, 00②, 07②)

중심 연장길이 : $\Sigma l=(l_1+l_2)\times 2+l_2+l_4$		
기초판	단변철근	① 길이 : l_x ② 개수 : $\dfrac{\Sigma l}{\text{철근간격}}$
	장변철근	① 길이 : Σl+이음길이 ② 개수 : 도면표기
기초벽	수직철근 (세로철근)	① 길이 : h+정착길이 ② 개수 : $\dfrac{\Sigma l}{\text{철근간격}}$
	수평철근 (가로철근)	① 길이 : Σl+이음길이 ② 개수 : 도면표기

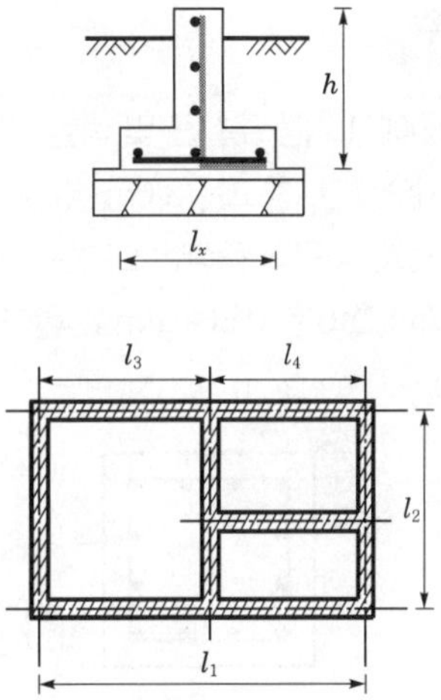

【줄기초의 단면과 평면】

4) 기둥 (90①, 95⑤, 98①, 99⑤, 05②, 09③, 11②)

(1) 기둥철근량 산정일반

① 주철근이 상층부에서 절단될 때 상층바닥판 바닥에서 30 cm의 여장을 둔다.

② 기둥 주철근에서 최상층의 여장은 기둥 모서리 4개근에 한해서 15 cm를 둔다.

③ 주철근의 기초판 정착길이는 40 cm로 한다.

④ 주철근의 기초에 대한 정착 및 여장길이 $l=(D-10\text{cm})+40\text{cm}$

(2) 철근량 산출식

구 분	수량 산출방법
① 주철근	(기둥높이+이음길이+정착길이)×철근개수 (주) 주철근의 기초판 정착길이는 40cm로 한다.
② 띠철근	기둥단면의 외주 둘레길이×도면의 철근개수 (주) 띠철근의 갈고리는 고려하지 않는다.
③ 보조 띠철근	기둥단면의 외주 둘레길이×도면의 철근개수 (주) 보조 띠철근의 갈고리는 고려하지 않는다.

예제 12

다음 도면에서 기둥 주철근 및 띠철근의 철근량 합계를 산출하시오. (단, 층고는 3.6m, 주철근의 이음길이는 25d로 하고, 철근의 중량은 D22는 3.04kg/m, D19는 2.25kg/m, D10은 0.56kg/m로 한다.) • 96 ⑤, 98 ①, 99 ⑤, 05 ②, 09 ③, 11 ②, 15 ①

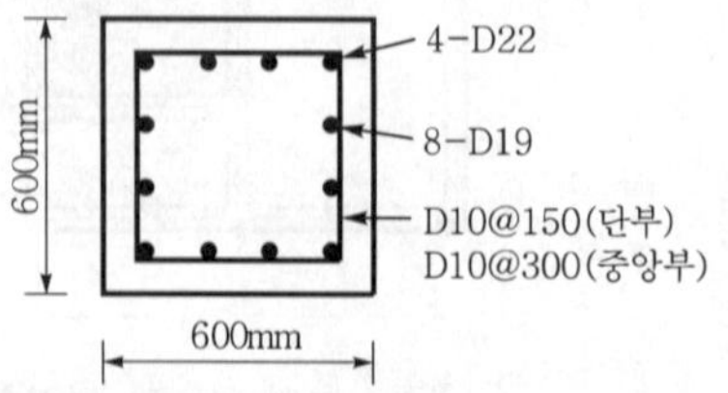

정답

구 분	수량 산출근거
기둥 주철근의 철근량	① D19 : 8EA×(3.6+25×0.019)×2.25 =73.350→ 73.35kg ② D22 : 4EA×(3.6+25×0.022)×3.04 =50.464→ 50.46kg ∴ 소계 : 73.35+50.46=123.81kg
띠철근 계산 (D10)	① 띠철근 길이=(0.6+0.6)×2=2.4m ② 띠철근 개수=(1.8/0.15)+(1.8/0.3) +1=12+6+1 =19EA ③ 띠철근 및 보조 띠철근 중량(D10) =2.4×19EA×0.56=25.54kg
합계	∴ 합계 : 123.81+25.54=149.35kg

5) 보 (85③, 90④, 93② ④, 94①, 95④ ⑤, 97③ ⑤, 99①, 01①, 02③, 07①)

(1) 보의 철근량 산출 일반

① 보철근의 이음 및 정착 길이는 다음 표와 같이 한다. 일반적으로 상부철근(인장철근), 벤트철근(굽힘철근, 절곡철근)을 40d, 압축철근은 25d로 하면 된다.

② 다음 그림과 같이 최상층보와 중간층보를 구분하여 정착길이를 산정한다.

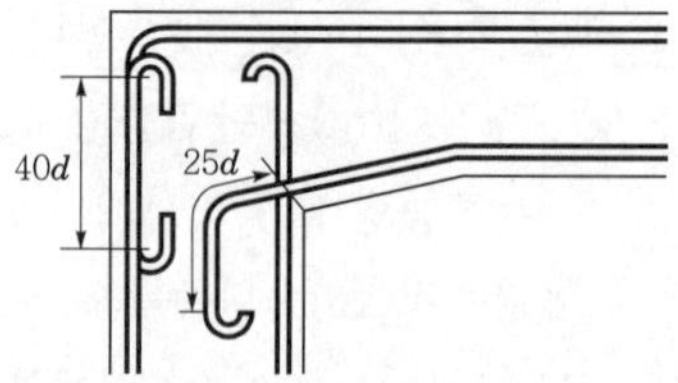

【최상층보의 철근 정착길이 상세】

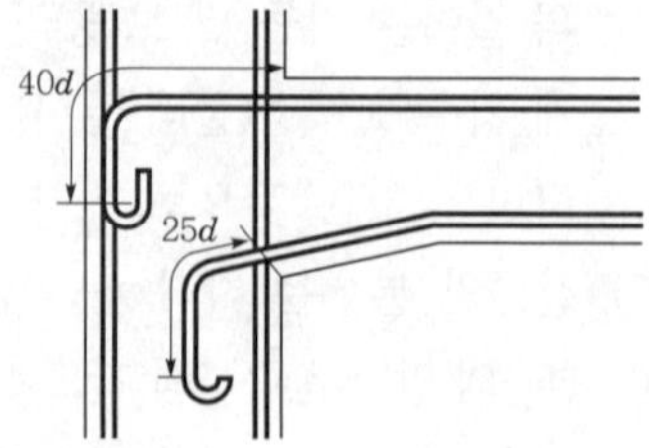

【중간층보의 철근 정착길이 상세】

③ 이음 및 정착 길이는 갈고리 중심간 거리로 한다.

④ 늑근은 보의 둘레길이로 하고 갈고리는 없는 것으로 한다.

⑤ 연속되지 않은 상부철근은 단부의 길이에 여장 15d를 더한 길이로 한다.

⑥ 연속보의 경우 모든 기둥에 정착하는 것으로 한다.

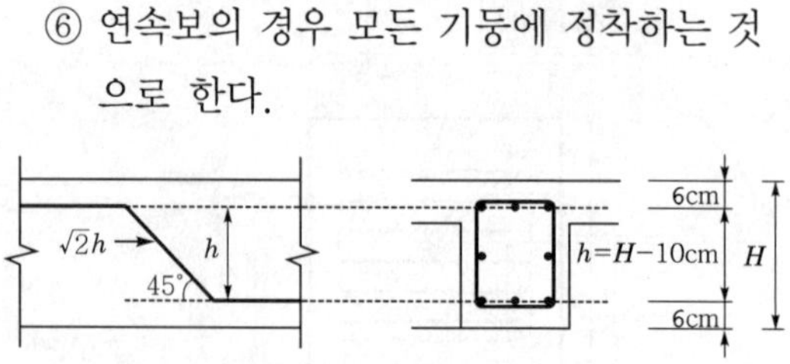

$(\sqrt{2}h - h) \times 2$(양쪽)

$= (1.414-1)h \times 2 = 0.414h \times 2 = 0.828h$

여기서, $h = H - 12$ cm

(주1) 보의 연단(압축 혹은 인장연단)에서 주철근 중심까지의 거리
① 보의 최소 피복두께 : 4 cm
② 늑근(D10) 지름 : 1 cm
③ 주철근(D22) 지름의 1/2 : 약 1 cm
따라서 보의 연단에서 주철근 중심까지의 거리는 4+1+1=6 cm이다.

(주2) 보의 각종 철근

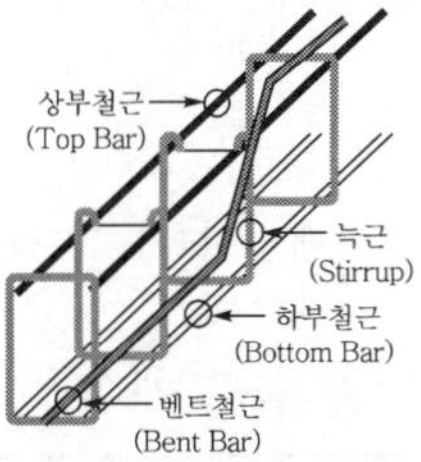

(주3) 보의 각종 길이

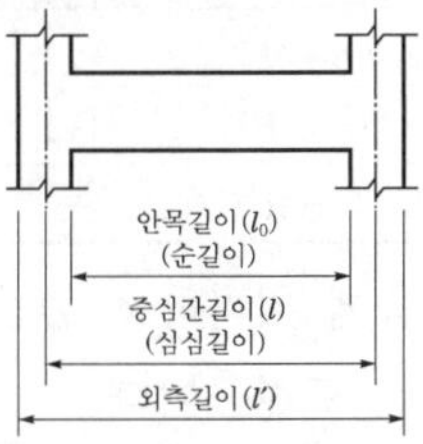

① 안목길이(l_0)=11.6 m
② 중심간길이(l)=12.0 m
③ 외측길이(l')=12.4 m

예제 13

다음과 같은 철근콘크리트 기준층 보에서 철근 중량을 산출하시오. (단, D22=3.04kg/m, D10=0.56kg/m이고, Hook의 길이는 10.3d로 한다.)

• 95 ⑤, 97 ③, 99 ①, 02 ③

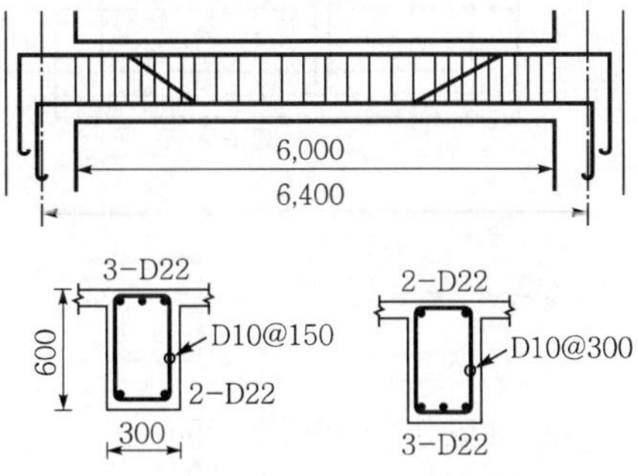

【END】 【CENTER】

정답

① 상부철근 (D22, 2EA)	$(l_0+50.3d\times2)\times n$EA (6.0+50.3×0.022×2)×2=16.426m
② 하부철근 (D22, 2EA)	$(l_0+35.3d\times2)\times n$EA (6.0+35.3×0.022×2)×2=15.106m
③ 벤트철근 (D22, 1EA)	$(l_0+50.3d\times2+0.828h)\times n$EA {6.0+50.3×0.022×2+0.828 ×(0.6−0.12)}×1=8.611m
④ 늑근(D10)	$\left(\frac{l_0/2}{a_1}+\frac{l_0/2}{a_2}+1\right)\times(b+H)\times2$ 30×(0.3+0.6)×2=54.0m
⑤ 철근량	D10 : 54.0×0.56=30.24→ 30.24kg D22 : 16.426+15.106+8.611) ×3.04=122.035 → 122.04kg
⑥ 총철근량 (정미량)	∴ 합계 : 30.24+122.04=152.28kg

(주) 늑근 개수 산정
$\left(\frac{3}{0.15}+\frac{3}{0.3}+1\right)$=(20+10+1)=31개이나 도면의 개수를 확인하면 30개이므로 도면의 개수가 우선이다.
$\frac{l_0}{2}=\frac{6}{2}=3.0$m

6) 슬래브

(1) 주철근과 배력철근(부철근)

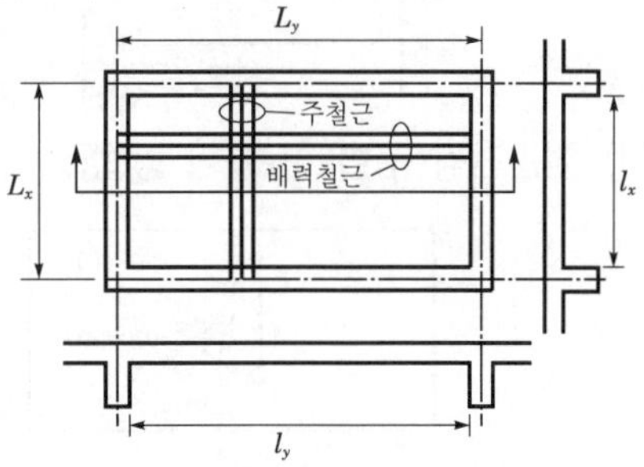

여기서, l_x : 단변방향의 안목길이
l_y : 장변방향의 안목길이

(2) 주열대와 중간대

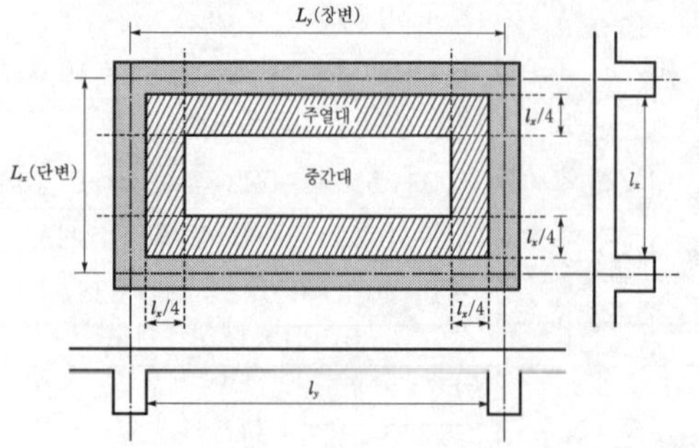

(주1) 슬래브의 안목길이(순길이)

① l_x : 단변방향의 안목길이

② l_y : 장변방향의 안목길이

(3) 단변방향 및 장변방향의 주열대와 중간대

① 단변방향(주철근)

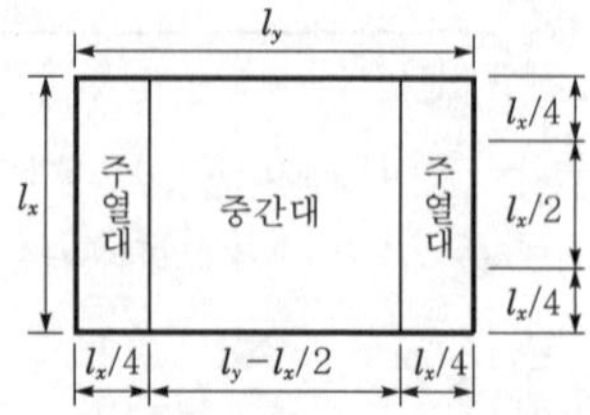

② 장변방향(부철근)

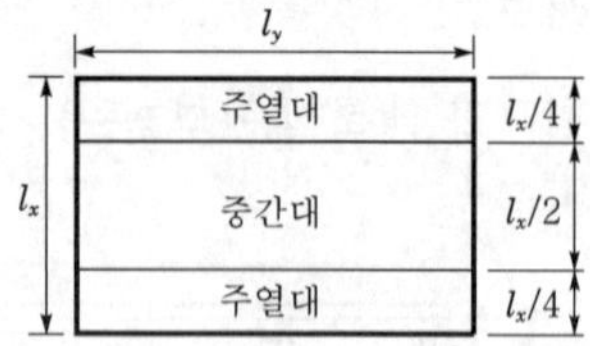

(4) 철근간격 구별 및 표기 방법(중간대)

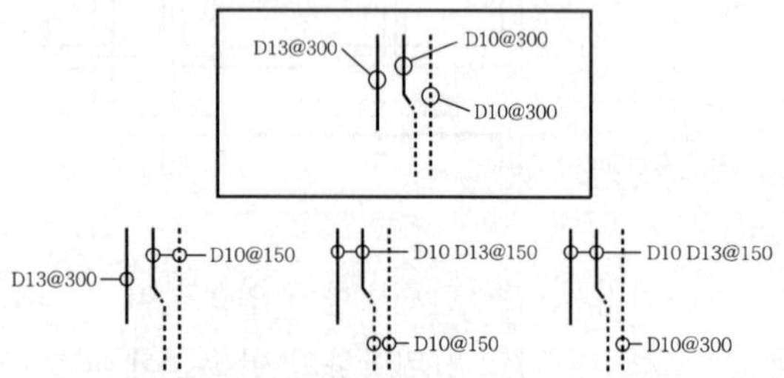

(주) 4가지 표현 양식 모두가 동일하며, 상부철근이 가장 중요하므로 직경이 큰 철근을 위치시킨다.

(5) 슬래브 철근 개수 산정

① 철근의 간격수(n)

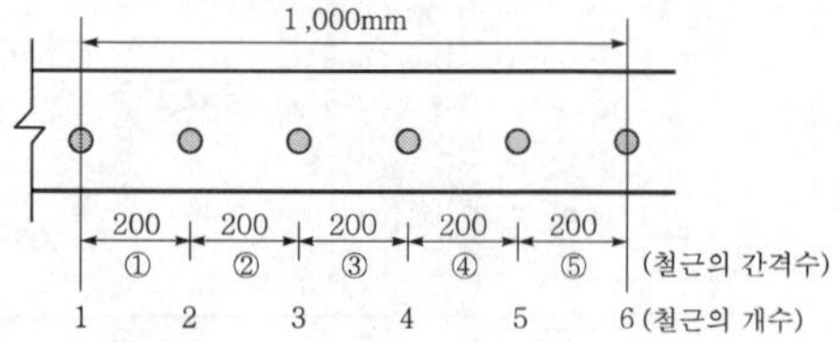

여기서,

$$n(\text{간격수}) = \frac{\text{전제길이}(l)}{\text{간격}(a)} = \frac{100\text{cm}}{20\text{cm}} = 5\ \text{EA}$$

② 슬래브의 각종 철근 개수

구 분	주열대	중간대
상부철근(Top Bar)	$n+1$	$n-1$
하부철근(Bottom Bar)	$n+1$	$n-1$
벤트철근(Bent Bar)	–	n

③ 주열대 다음에 위치하는 중간대의 첫번째 철근은 벤트철근이다.

④ 주열대($l_x/4$)에서 엇배근일 경우, 맞배근과 같은 조건으로 계산한다.

7) 슬래브 형태에 따른 철근산출 방법

(1) Type(I) (93④, 94①, 95④, 97⑤)

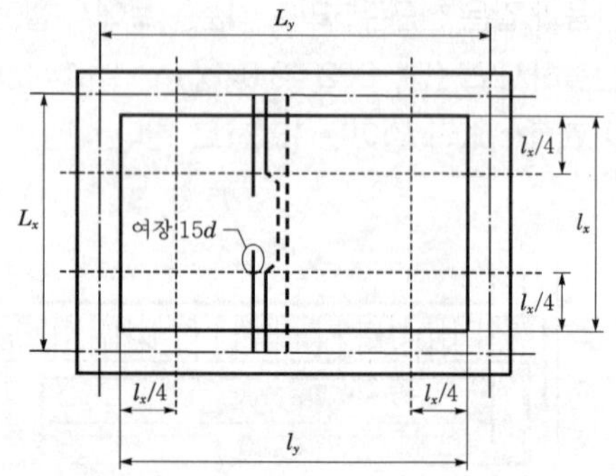

∴ 상부철근의 길이

① $l_x/4$

② 내민길이(=여장) : $15d$

③ 보의 폭×1/2

(2) Type(Ⅱ) (92①, 03①, 08①)

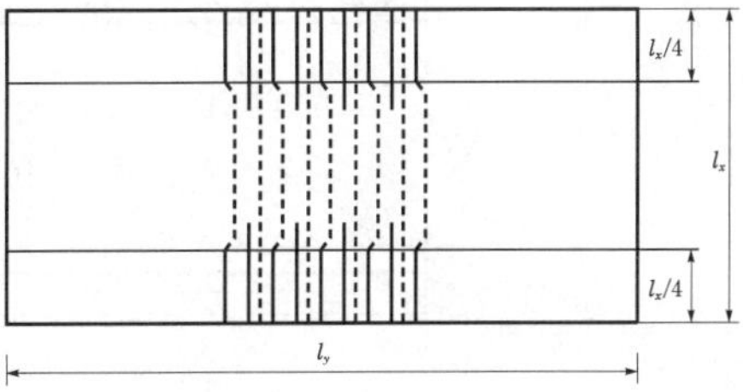

∴ 상부철근의 길이

① $l_x/4$,

② 내민길이(여장) : $15d$

(3) Type(Ⅲ) (84②, 87③)

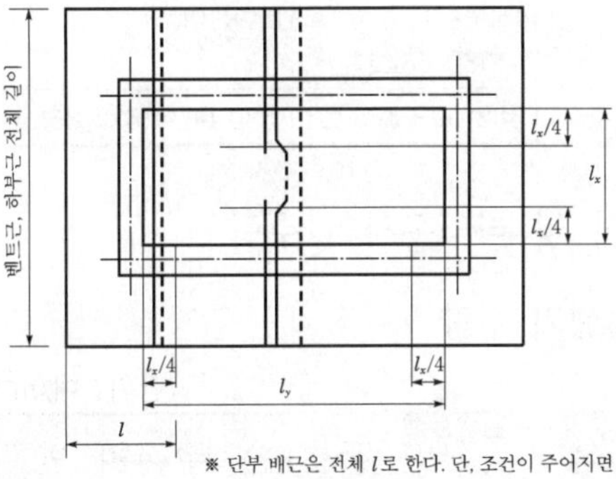

※ 단부 배근은 전체 l로 한다. 단, 조건이 주어지면 조건대로 할 것

예제 14

철근콘크리트 공사의 바닥(Slab) 철근물량 산출에서 주어진 그림과 같은 Two Way Slab의 철근물량을 산출(정미량)하시오. (단, D13=0.995kg/m, D10=0.56kg/m) • 03 ①, 08 ①

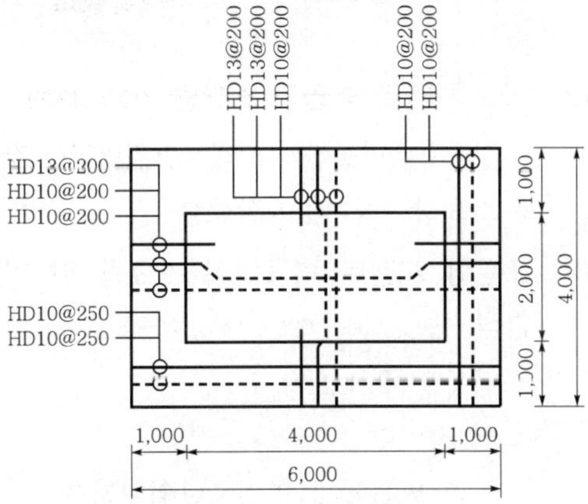

정답

(1) 단변방향(주철근)

① 단부 상(HD10) : $\left(\frac{1}{0.2}+1 \rightarrow 6\text{EA}\right)\times 4.0\times 2$
$=48.0\text{m}$

② 단부 하(HD10) : $\left(\frac{1}{0.2}+1 \rightarrow 6\text{EA}\right)\times 4.0\times 2$
$=48.0\text{m}$

③ 중앙 하(HD10) : $\left(\frac{4}{0.2}-1 \rightarrow 19\text{EA}\right)\times 4.0$
$=76.0\text{m}$

④ Bent Bar(HD13) : $\left(\frac{4}{0.2} \rightarrow 20\text{EA}\right)\times 4.0$
$=80.0\text{m}$

⑤ Top Bar(HD13) : $\left(\frac{4}{0.2}-1 \rightarrow 19\text{EA}\right)\times(1.0+0.2)\times 2=45.60\text{m}$

(2) 장변방향(부철근)

① 단부 상(HD10) : $\left(\frac{1}{0.25}+1 \rightarrow 5\text{EA}\right)\times 6.0\times 2$
$=60.0\text{m}$

② 단부 하(HD10) : $\left(\frac{1}{0.25}+1 \rightarrow 5\text{EA}\right)\times 6.0\times 2$
$=60.0\text{m}$

③ 중앙 하(HD10) : $\left(\frac{2}{0.2}-1 \rightarrow 9\text{EA}\right)\times 6.0$
$=54.0\text{m}$

④ Bent Bar(HD10) : $\left(\frac{2}{0.2} \rightarrow 10\text{EA}\right)\times 6.0$
$=60.0\text{m}$

⑤ Top Bar(HD13) : $\left(\frac{2}{0.2}-1 \rightarrow 9\text{EA}\right)\times(1.0+0.2)\times 2=21.60\text{m}$

(3) 철근량

① HD10 : $\{(48.0\times 2+76.0)+(60.0\times 2+54.0+60.0)\}\times 0.56=227.36\text{kg}$

② HD13 : $(80.0+45.60+21.60)\times 0.995$
$=146.464 \rightarrow 146.46\text{kg}$

∴ 합계 : $227.36+146.46=373.82\text{kg}$

7. 강구조공사의 수량

1) 강구조공사의 수량산출

(1) 형강류(Angle) (87①, 88②, 90①, 93①, 95②, 96②, 97①③, 98①, 99①③, 00③, 01①, 03①, 05②, 07②, 08②, 12③)

종별 및 단면치수별로 구분하여 총연장을 산출하고, 총연장×단위길이당 중량으로 산출한다.

(2) 강판재(Plate) (87①, 88②, 90①, 93①, 95②, 96②, 97①, 98①, 99③, 00③, 01①, 03①②, 05②, 07②, 08②)

① 두께별로 구분하여, 면적×단위면적당 중량 혹은 정치수판 1장의 면적×1장당 중량으로 산출한다.

② 실제면적에 가장 가까운 사각형, 삼각형, 평행사변형, 사다리꼴 면적을 계산한다.

③ 볼트, 리벳 구멍 및 콘크리트 부어넣기용 구멍은 면적에서 공제하지 않는다. 다만, 가공상 배관 등으로 구멍이 큰 경우에는 공제한다.

④ 강재 발생재의 처리 (87②, 07②, 13②)
소요 강재량과 도면 정미량의 차이에서 생기는 스크랩은 그 스크랩 발생량의 70%를 시중의 도매가격으로 환산하여 그 대금을 설계당시 미리 공제한다.
공제금액=(소요 강재량−도면 정미량)
×70%(스크랩 톤당 단가)

예제 15

다음 그림과 같은 플레이트보의 강재량을 산출하시오. (단, 보의 길이는 10m로 하고 리벳은 제외한다. Ls−90×90×10의 단위중량은 13.3kg/m이며, PL−10의 단위중량은 78.5kg/m^2, PL−12의 단위중량은 94.2kg/m^{2}이다.)

• 97 ③, 99 ①

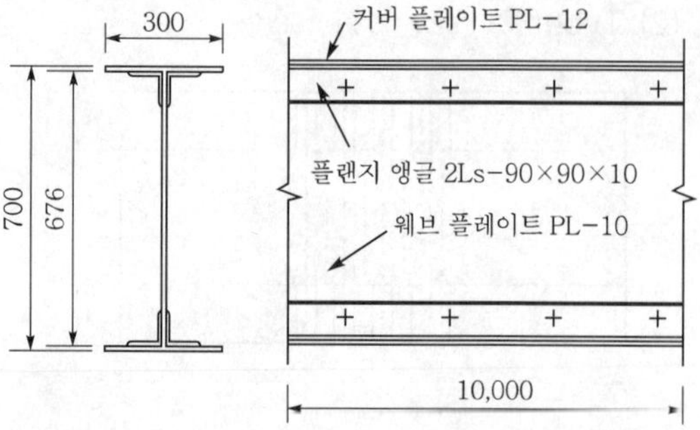

정답

구분	수량 산출근거
플랜지 앵글	4EA×10m×13.3kg/m=532.00kg
커버 플레이트	2EA×0.3m×10m×94.2kg/m^2 =565.20kg
웨브 플레이트	1EA×(0.7−0.024)m×10m×78.5kg/m^2 =530.66kg
∴ 합계	532.00+565.20+530.66=1627.86kg

8. 조적 및 타일공사의 수량

1) 벽돌쌓기 수량

(단위 : 매/m^2)

벽돌규격	0.5B	1.0B	1.5B	2.0B	2.5B	비 고
190×90×57	75	149	224	298	373	표준형
210×100×60	65	130	195	260	325	기존형

(1) 1.5B, 1,000장을 쌓을 경우 표준형 벽돌의 벽면적 (92②, 07②, 08②, 12②, 15②, 20③)

$$벽면적=\frac{1,000}{224}=4.464\rightarrow 4.46\text{m}^2$$

(2) 1.0B 시멘트 벽돌의 소요량 (96⑤, 13③)

① 정미량=벽돌쌓기 면적×단위면적당 장수

② 소요량=정미량×할증률

(3) 표준형 시멘트 벽돌쌓기 소요량 및 미장면적 (95⑤, 03②, 09①, 13①, 20⑤)

① 벽돌쌓기 소요량

㉠ 정미량
=벽돌쌓기 면적×단위면적당 장수

㉡ 소요량=정미량×할증률

② 미장면적

㉠ 내벽의 미장면적=안쪽 둘레길이×천장 높이-개구부 면적

㉡ 외벽의 미장면적=바깥쪽 둘레길이×건물 외부 높이-개구부 면적

(4) **표준형 시멘트 벽돌쌓기 소요량 및 쌓기용 모르타르량** (85①, 88①, 90①, 94②, 96④, 98①, 02③)

① 벽돌쌓기 소요량

㉠ 정미량

=벽돌쌓기 면적×단위면적당 장수

㉡ 소요량=정미량×할증률

② 쌓기용 모르타르량

정미량÷1,000매당 쌓기 모르타르량

(5) **굴뚝공사에서 기존형 붉은벽돌과 내화벽돌의 정미량 산출** (92④)

정미량=벽돌쌓기 면적×단위면적당 장수

(6) **벽면적 $20m^2$에 표준형 벽돌 1.5B로 쌓을 때 붉은벽돌의 소요량**

(08②, 10②, 18①, 19②, 22①)

붉은벽돌의 소요량

=20×224×1.03=4,163.4 → 4,165매

2) 1.0B 시멘트 벽돌의 사춤 모르타르량

(96⑤, 13③)

(1,000매당)

벽두께	쌓기면적(m^2)	모르타르(m^3)	시멘트(kg)	모래(m^3)	벽돌공(인)	인부(인)
0.5B	13.33	0.25	127.5	0.279	1.8	1.0
1.0B	6.71	0.33	168.3	0.363	1.6	0.9
1.5B	4.46	0.35	178.5	0.385	1.4	0.8
2.0B	3.41	0.36	183.6	0.396	1.2	0.7

(주) 1. 모르타르는 할증이 포함되지 않은 벽돌 정미량 1,000매당을 기준으로 산정한다.
2. 모르타르 배합비는 1 : 3이다.

3) 표준형(190×90×57) 시멘트 벽돌쌓기 소요량 및 쌓기용 모르타르량 (85①, 88①, 90①, 94②, 96④⑤, 98①, 99②, 01②, 02③)

① 벽돌쌓기 소요량

㉠ 정미량

=벽돌쌓기 면적×단위면적당 장수

㉡ 소요량=정미량×할증률

② 쌓기용 모르타르량

정미량÷1,000매당 쌓기 모르타르량

4) 타일수량 산출식 (92①, 03③, 04②)

타일수량(매)

$$= \frac{\text{타일면적}}{(\text{타일한변길이}+\text{줄눈두께})\times(\text{타일다른변길이}+\text{줄눈두께})}$$

9. 목공사의 수량

1) 통나무 길이 6m 이상의 재적 (88①, 92②, 94④, 97①, 03①)

$$V=\left(D+\frac{L'-4}{2}\right)^2\times L\times\frac{1}{10{,}000}\ (m^3)$$

여기서, D : 통나무의 끝마구리 지름(cm)
L : 통나무의 길이(m)
L' : 통나무의 길이로써 1m 미만의 끝 수를 버린 길이(m)

2) 제재목(각재, 판재)의 재적 (85②, 88②, 90①, 91③, 93①)

$$V=T\times W\times L\times\frac{1}{10{,}000}\ (m^3)$$

여기서, T : 제재목의 두께(cm)
W : 제재목의 나비(cm)
L : 제재목의 길이(m)

10. 기타 공사의 수량

1) 옥상방수면적 (06①, 08③, 11③, 15①, 21②)

방수면적은 시공장소별(바닥, 벽면, 지하실, 옥상 등), 시공종별(아스팔트방수, 액제방수, 방수모르타르 등)로 구분하여 방수층의 시공면적으로 산출한다.

2) 미장공사

구 분	미장면적 수량 산출방법
바닥 또는 천장	단변의 안목길이×장변의 안목길이
내벽	안쪽 둘레길이×천장높이-개구부 면적
외벽	바깥쪽 둘레길이×건물 외부높이-개구부 면적

(1) 조적구조의 벽돌쌓기량과 미장면적 (95⑤, 03②, 09①, 13①)

① 벽돌쌓기 소요량

㉠ 정미량
=벽돌쌓기 면적×단위면적당 장수

㉡ 소요량=정미량×할증률

② 미장면적

㉠ 내벽의 미장면적=안쪽 둘레길이×천장 높이-개구부 면적

㉡ 외벽의 미장면적=바깥쪽 둘레길이×건물 외부 높이-개구부 면적

(2) 바닥 미장면적의 작업 소요일 (92④, 03②, 09①, 15③, 18①)

① 바닥 미장 1일 품셈

② 작업 소요일

$$=\frac{\text{미장면적}\times\text{바닥 미장 1일 품셈}}{\text{1일 작업인부}}$$

(3) 조적구조의 시멘트 벽돌 소요량, 테라조 현장갈기 수량 및 외벽 미장면적 (93①, 00④, 01③, 02②)

예제 16

다음 도면을 보고 옥상방수면적(m^2), 누름콘크리트량(m^3), 보호벽돌량(매)를 구하시오. (단, 벽돌의 규격은 190×90×57이며, 할증률은 5%이다.)

• 06 ①, 08 ③, 11 ③, 15 ①

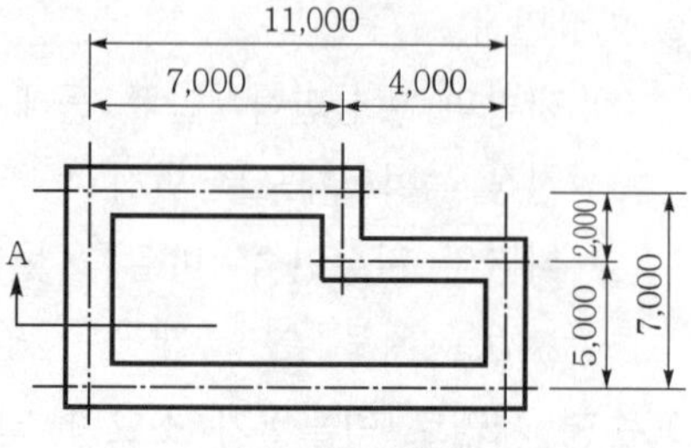

옥상 평면도

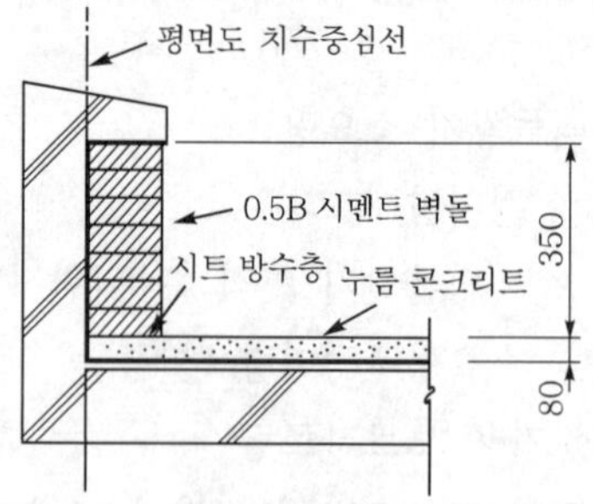

A단면 상세도

정답 가. 옥상 방수면적

$(7\times2)+(11\times5)+(11+7)\times2\times0.43$
$=84.48m^2$

나. 누름 콘크리트량

$(7\times2+11\times5)\times0.08=5.52m^3$

다. 보호 벽돌량

$\{(11-0.09)+(7-0.09)\}\times2\times0.35\times75$
$\times1.05=982.3$ → 983매

11. 종합적산

1) 거푸집 면적 산정

(1) 보 밑 거푸집

① 조적구조

㉠ 원칙 : 조적구조의 보 밑 거푸집을 산정하지 않는다.

㉡ 방법 : 조적구조의 보 밑 거푸집은 슬래브 거푸집에서 빼준다. 단, 칸막이벽인 경우 거푸집이 필요하다.

② RC구조

㉠ 원칙 : RC구조의 보 밑 거푸집을 산정해야 한다.

㉡ 방법 : RC구조의 보 밑 거푸집은 슬래브 거푸집 산출시 계산한다.

(2) 조적구조의 개구부 상부 거푸집

구 분	내 용
알루미늄 창호 (AW, AD)	조적구조에서 알루미늄창호는 나중세우기를 하므로 거푸집이 필요하다. (주) 1. 조적구조에서 창호가 출입문(Door)이 되어 비내력벽(칸막이벽)으로 조적될 경우, 슬래브 등의 시공이 완료된 후 칸막이벽이 조적되므로 이러한 곳의 조적구조 상부면에는 창호의 종류에 관계없이 거푸집이 필요하다. 2. 조적구조의 내력벽(1.0B 이상)에서 알루미늄창호 상부에 다시 조적을 할 경우 조적구조가 거푸집 역할을 하므로 거푸집은 필요없다.
목재창호 (WW, WD)	조적구조에서 목재창호는 먼저세우기를 하므로 거푸집이 필요없다. (주) 문제의 조건이 나중세우기이면 거푸집이 필요하다.
기타	문제에서 정확한 설명이 없으면, 나중세우기로 간주하여 거푸집 이 필요하다.

(3) 철근이음 및 정착길이

구 분		이음길이	정착길이
조적구조		$25d$ (테두리보이므로)	정착은 하지 않는 것으로 가정한다.
RC 구조	압축력 또는 작은 인장력	$25d$	
	기타(인장력 등)의 부분	$40d$	

(주1) 위 표의 값은 약식적인 값이며, 정확한 값은 관련 기준에 따른다.

2) 종합적산의 과년도 문제

(1) 조적구조(벽돌구조) 건물에 대한 벽돌량, 모르타르량, 콘크리트량, 거푸집량, 철근량, 잡석량, 미장면적, 미장량(시멘트량, 모래량), 방수면적 등의 수량 산출 (86①, 87① ③, 88②, 90④, 91①, 93③, 95③, 97④, 98②, 99② ⑤, 00① ⑤, 01②, 02①, 03③)

(2) RC구조(라멘구조) 건물의 거푸집량, 콘크리트량, 철근량, 시멘트 벽돌량, 옥상 방수면적 산출 (85②)

(3) 직선 담장의 터파기량, 되메우기량, 잔토처리량, 잡석량, 버림콘크리트량, 구조체 콘크리트량, 철근량, 거푸집량, 적벽돌 소요량, 시멘트 벽돌 소요량, 미장면적, 도장면적 산출 (89②)

(4) 정화조의 철근량, 거푸집량, 콘크리트량, 되메우기량 산출 (89①, 98⑤)

(5) 세차장의 잡석 다짐량, 거푸집량, 콘크리트량 산출 (90③, 92③, 96⑤, 98④)

(6) 야외용 화장실의 잡석량, 버림콘크리트량, 구조체 콘크리트량, 거푸집량, 철근량, 벽돌량 산출 (90②, 95①)

(7) L형 옹벽의 철근량, 거푸집 면적, 콘크리트량, 각 재료량 산출 (87②)

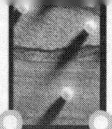

예제 17

아래의 조적조 건물의 평면도 및 A–A′ 단면도를 보고, 요구하는 재료량을 산출하시오. (단, 벽돌 수량산출은 벽체 중심선으로 하고, 할증은 무시한다. 콘크리트량 및 거푸집량은 정미량으로 계산한다.)

• 93 ③, 98 ②, 99 ⑤, 00 ①, 03 ③

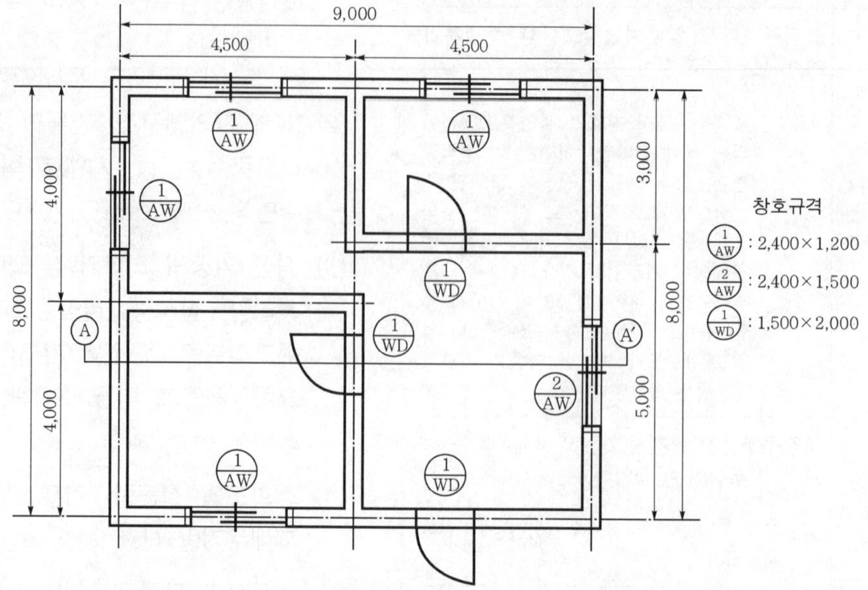

【 평면도 】

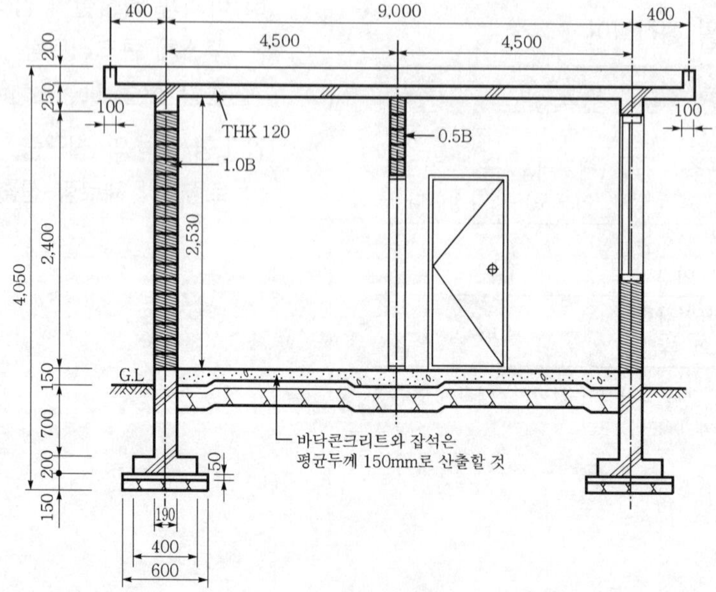

【 A–A′ 단면도 】

가. 벽돌량{외벽(1.0B 붉은벽돌), 내벽(0.5B 시멘트벽돌), 벽돌 크기(190×90×57mm), 줄눈 나비(10mm)} :

나. 콘크리트량(단, 버림콘크리트 제외) :

다. 거푸집면적(단, 버림콘크리트 부분은 제외) :

정답

구 분	수량 산출근거	계
가. 벽돌량	① 외벽(1.0B, 붉은벽돌) : $34.0\times2.4-18.12=63.48m^2$ ∴ $63.48\times149=9,458.5$ → 9,459매	9,459매
	② 내벽(0.5B, 시멘트벽돌) : $(4.0+4.5+3.0+4.5)\times\{2.4+(0.25-0.12)\}-6.0$ $=34.48m^2$ ∴ $34.48\times75=2,586$매	2,586매
나. 콘크리트량	① 기초 : $0.4\times0.2\times34.0+0.19\times(0.7+0.15)\times34.0=8.211m^3$ ② 바닥 : $\left(9.0-\dfrac{0.19}{2}\times2\right)\times\left(8.0-\dfrac{0.19}{2}\times2\right)\times0.15=10.321m^3$ ③ 슬래브 : $9.9\times8.9\times0.12=10.573m^3$ ④ 난간 : $0.2\times0.1\times37.2=0.744m^3$ ⑤ 보 : $0.19\times(0.25-0.12)\times34.0=0.840m^3$ ∴ 합계 : $8.211+10.321+10.573+0.744+0.840=30.689$ → $30.69m^3$	$30.69m^3$
다. 거푸집면적	① 기초 : $(0.2+0.85)\times34.0\times2$sides$=71.40m^2$ ② 보 : $(0.25-0.12)\times34.0\times2$sides$=8.84m^2$ ③ 슬래브(슬래브 밑면+슬래브 옆면−조적조 상부면) : $9.9\times8.9+0.12\times37.6$ $-0.19\times34.0=86.162m^2$ ④ 알루미늄창 상단 : $2.4\times0.19\times5EA=2.28m^2$ ⑤ 난간 : $\{0.2\times(9.8+8.8)\times2EA\}\times2$sides$=14.88m^2$ ∴ 합계 : $71.40+8.84+86.162+2.28+14.88=183.562$ → $183.56m^2$	$183.56m^2$

해설 (1) 목재창호(WD)는 먼저세우기이므로 개구부 상부면에 거푸집이 필요 없으나, 알루미늄창호(AW)는 나중세우기이므로 상부면에 거푸집이 필요하다.

(2) 내력벽(1.0B) 형식인 조적조의 상부면은 거푸집이 필요 없으나, 칸막이벽(0.5B)의 상부면은 거푸집이 필요하다.

(3) 보(기초벽) 중심간 둘레길이(ΣL_1) : $\Sigma L_1=(9.0+8)\times2=34.0$m

(4) 파라펫 중심간 둘레길이(ΣL_2) : $\Sigma L_2=\{(9.0+0.4\times2)+(8+0.4\times2)\}\times2=37.2$m

(5) 파라펫 외부 둘레길이(ΣL_3) : $\Sigma L_3=(9.9+8.9)\times2=37.6$m

여기서, $9.0+\left(0.4+\dfrac{0.1}{2}\right)\times2=9.9$

$8.0+\left(0.4+\dfrac{0.1}{2}\right)\times2=8.9$

(6) 개구부면적

구 분	창 호	크 기	면 적
외 부	1/WD	1.5×2.0×1EA	18.12m^2
	1/AW	2.4×1.2×4EA	
	2/AW	2.4×1.5×1EA	
내 부	1/WD	1.5×2.0×2EA	6.00m^2

(7) 문제의 조건으로부터 벽돌 수량산출은 벽체 중심선으로 하고, 할증은 무시한다.

(8) 벽돌쌓기 정미량

① 0.5B 표준형 벽돌 : 75매/m^2

② 1.0B 표준형 벽돌 : 149매/m^2

(9) 붉은벽돌과 시멘트벽돌의 두 종류의 벽돌이 사용되었을 경우, 구분하여 벽돌수량을 산출해야 하며, 벽돌의 종류에 대한 구분이 없거나 시험지의 최종 답란이 한 칸으로 주어졌을 경우 합산하여 산출한다.

Lesson 03 공정관리

1. 공정관리의 개요

1) 공정계획의 요소 (93④)

① 공사시기 ② 공사규모
③ 공사내용 ④ 재료수배
⑤ 노무수배 ⑥ 장비수배

2) 공정계획 시 기후 요소에 대한 작업 불가능 일수 (00③)

① 온도가 1일 평균 (0) ℃ 이하이면 콘크리트공사 등은 작업불가능 일수로 산정한다.
② 강우가 1일 강우량 (10) mm 이상이면 옥외 도장작업 등은 작업불가능 일수로 산정한다.
③ 눈이 1일 적설량 (10)mm 이상이면 옥상 방수작업 등은 작업불가능 일수로 산정한다.
④ 바람이 1일 최대 풍속 (10) m/sec 이상이면 강구조 부재 조립작업 등은 작업 불가능일수로 산정한다.

3) 공정계획 순서 (94④, 97①, 00⑤)

① 네트워크 작성준비
② 전체 프로젝트를 단위작업으로 분해
③ 네트워크의 작성
④ 각 작업의 작업시간 산정
⑤ 일정계산
⑥ 공사기일의 조정
⑦ 공정표 작성

4) 여러 가지 공정표에 대한 설명 (92①)

① 횡선식 공정표 : 공사의 공정이 일목요연하며 경험이 없는 사람도 쉽게 이해한다.
② 사선식 공정표 : 기성고를 파악하는 데 유리하고 공사지연에 대한 조속한 대처가 가능하다.
③ PERT 공정표 : 경험이 없는 공사에 사용되며, 전자계산기 이용이 가능하다
④ CMP 공정표 : 기성고를 파악하는 데 유리하고 공사지연에 대한 조속한 대처가 가능하다.

5) 횡선식 공정표의 장점 (91①)

① 각 공종별 공사와 전체의 공정시기가 일목요연하다.
② 각 공종별 공사의 착수 및 완료일이 명시되어 판단이 용이하다.
③ 공정표가 단순하여 경험이 적은 사람도 이용하기 쉽다.

6) 횡선식 공정표의 단점 (01③)

① 작업 상호간의 관계가 불분명하다.
② 주공정선을 파악할 수 없으므로 관리통제가 어렵다.
③ 횡선의 길이에 따라 진척도를 개괄적으로 판단해야 한다.
④ 공사기일에 맞추는 단순한 작도를 하는 결점이 있다.
⑤ 공정계획 및 진도관리 측면에서 비과학적이다.

7) S-Curve(바나나곡선)는 무엇을 표시하는데 활용되는가 (04①, 10①, 13①)

공정관리를 위하여 공정계획선의 상하에 허용한계선을 설정하여 두고 실제 진행되는

공사가 이 한계선 내에 들도록 공정을 수정하는 데 활용한다.

8) 네트워크에서 얻어지는 정보활용 (89③)

① 주공정선과 중점작업의 파악
② 작업순서와 상호관계의 파악
③ 여유시간 종류와 특성 파악
④ 공정계획 단계에서 만든 데이터 수집
⑤ 공기 조정시 전체 공정의 영향 파악
⑥ 자료정리와 장래를 위한 피드백

9) 네트워크 공정표의 종류 (12①)

① PERT 공정표
② CMP 공정표

10) CPM 공정표의 종류 (12①)

① PDM(Precedence Diagram Method)
② ADM(Arrow Diagram Method, 화살형 네트워크)

11) PERT와 CPM의 비교 (예상)

구분	PERT	CPM
목적	공기단축	공사비 절감
작업시간 산정	3점 시간추정	1점 시간추정
일정계산	단계 중심의 일정계산	작업 중심의 일정계산

12) PERT에 사용되는 3가지 시간 견적치와 기대시간값 (97③, 02③, 09①, 09③, 14②, 17① ③)

(1) 시간 견적치

① t_o : 낙관시간
② t_m : 정상시간
③ t_p : 비관시간

(2) 기대시간값

$$t_e = \frac{t_0 + 4t_m + t_p}{6}$$

2. 네트워크 공정표의 작성

1) 네트워크 공정표 관련 용어 (86①, 12③)

① 더미 : 네트워크에서 작업의 상호관계를 나타내는 점선화살표
② 계산공기 : 네트워크의 시간계산에 의해 얻은 공기
③ 패스 : 네트워크 중의 둘 이상의 작업이 연결된 작업의 경로
④ 플로트 : 작업의 여유시간

2) 네트워크 공정표 관련 용어 (86②, 10③)

① EFT : 작업을 끝낼 수 있는 가장 빠른 시간
② LP(최장경로) : 임의의 두 결합점간의 패스 중 소요기간이 가장 긴 패스
③ CP(주공정선) : 개시 결합점에서 종료 결합점에 이르는 가장 긴 패스

3) 명목상의 작업인 더미의 종류 (02①, 11③, 17③)

① 넘버링 더미
② 로지컬 더미
③ 릴레이션십 더미
④ 커넥션 더미
⑤ 타임 랙 더미

4) 네트워크 공정표 작성에 관한 기본원칙에 관한 설명 (93④)

① 개시 및 종료 결합점은 반드시 하나로 되어야 한다.
② 요소작업 상호간에는 교차할 수도 있다.
③ ⓘ 이벤트에서 ⓙ 이벤트로 연결되는 작업은 반드시 하나이어야 한다.
④ 개시에서 종료 결합점에 이르는 주공정선은 하나 이상이다.
⑤ 네트워크 공정표에서 어느 경우라도 역진 또는 회송되어서는 안 된다.

5) 결합점 번호붙이기

① 결합점 번호가 주어져 있지 않을 경우라도 네트워크 공정표 작성시에 각 결합점의 번호를 부여하여야 한다.

② 개시 결합점의 번호는 0 혹은 1에서부터 시작한다.

③ 선행 결합점의 번호는 후속 결합점의 번호보다 작아야 한다.

④ 병렬단계의 번호는 작업의 순서에 의하여 보통 위에서부터 아래로 번호를 증가시키는 것이 일반적이다.

6) 네트워크 공정표의 작성요령

(1) 예제 프로젝트 1

작 업	선행 작업	작업 일수	작업의 선후관계
A	없음	7	① 선행작업이 없는 작업 A가 이 프로젝트의 최초 작업이다. ② 작업 A가 완료된 후 작업 B, C를 착수한다. ③ 작업 B, C가 완료된 후 후속작업이 없으므로 이 프로젝트의 최종 작업이 된다.
B	A	5	
C	A	2	

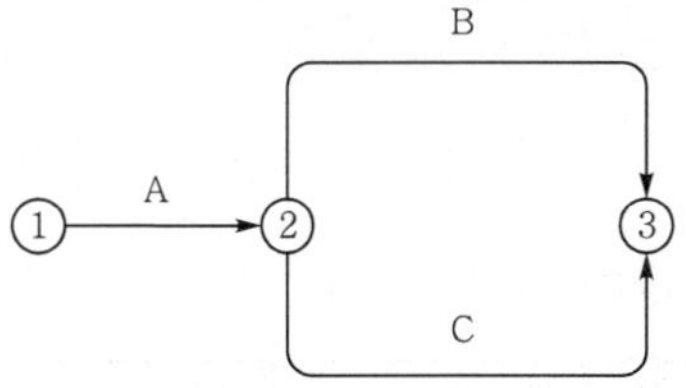

(×)

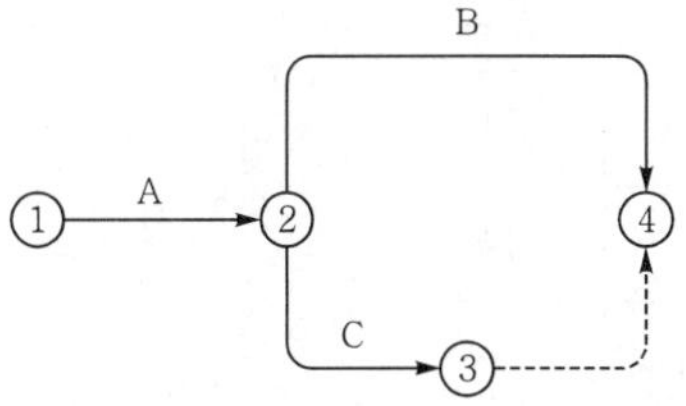

(○)

(2) 예제 프로젝트 2

작 업	선행 작업	작업 일수	작업의 선후관계
A	없음	7	① 선행작업이 없는 작업 A, B, C가 최초작업이다. ② 후속작업이 없는 작업 D가 최종작업이다. ③ 선행작업이 없는 A, B, C 중 작업일수가 가장 긴 A 작업을 중앙에 위치시킨다. ④ ①번 Event에서 A, B, C 작업이 시작하여 ④번 Event에서 동시에 완료할 수 없으므로 Dummy Activity가 필요하며, 일반적으로 소요일수가 적은 곳의 후미에 둔다.
B	없음	5	
C	없음	2	
D	A, B, C	4	

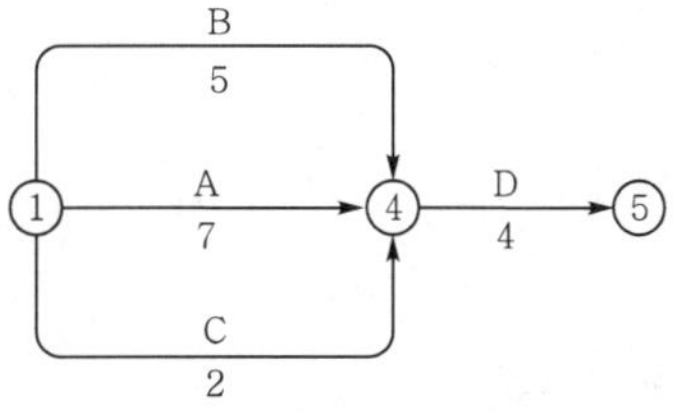

(×)

➡

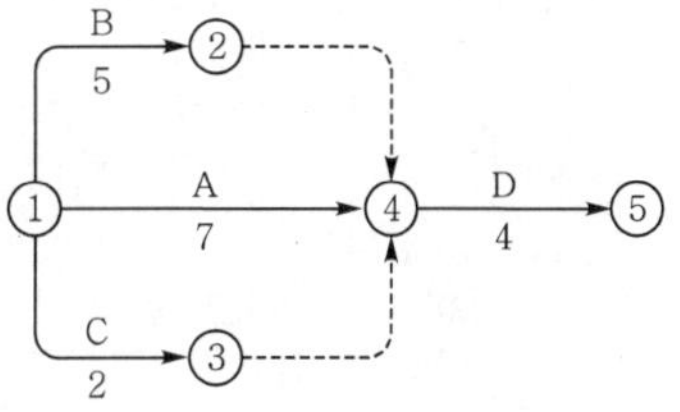

(○)

(3) 예제 프로젝트 3

작업명	선행 작업	작업 일수	작업의 선후관계
A	없음	5	① 선행작업이 없는 작업 A, B, C가 최초작업이다. ② 후속작업이 없는 작업 D, E, F가 최종작업이다. ③ 작업 A, B, C 중에서 작업일수가 가장 긴 작업 A를 중앙에, 작업 D, E, F 중에서
B	없음	2	
C	없음	4	

D	A, B, C	4	작업일수가 가장 긴 작업 D를 중앙에 위치시킨다. ④ 작업 A 및 D가 중앙에 위치되고 나면 나머지 작업들은 작업(알파벳)의 순서에 따라 위에서 아래로 정렬한다.
E	A, B, C	3	
F	A, B, C	2	

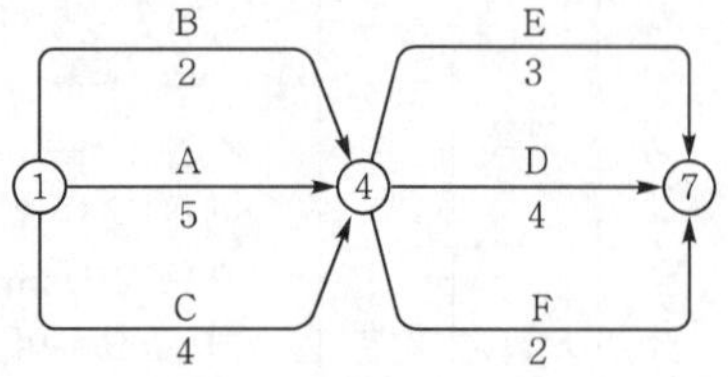

(×)

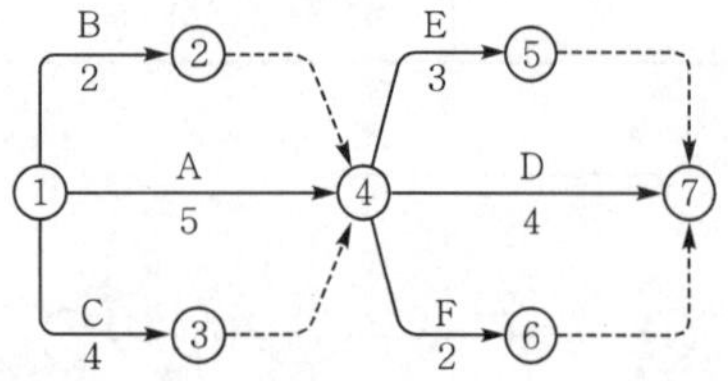

(○)

(4) 예제 프로젝트 4

작 업	선행작업	작업의 선후관계
A	없음	① 선행작업이 없는 작업 A, B가 최초작업이다. ② 작업 A완료 후 작업 C를 착수한다. ③ 작업 B완료 후 작업 C, D를 착수한다. ④ 후속작업이 없는 작업 C, D가 최종작업이다.
B	없음	
C	A, B	
D	B	

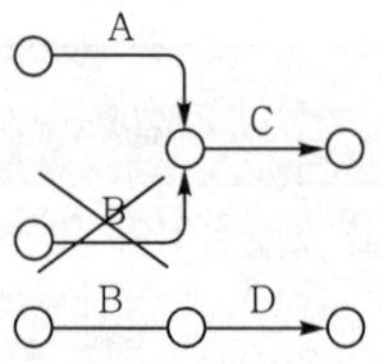

【Step 1】

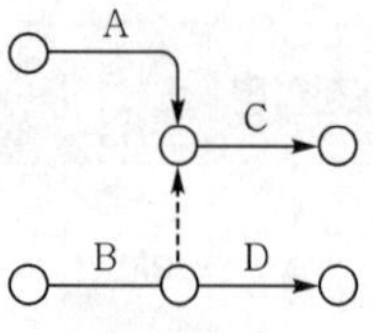

【Step 2】

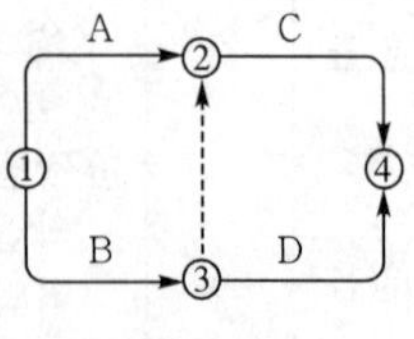

【Step 3】

(주) Event를 중심으로 Activity가 많은 쪽을 없애고 Dummy Activity를 설치한다.

(5) 예제 프로젝트 5

작 업	선행작업	작업의 선후관계
A	없음	① 선행작업이 없는 작업 A, B, C가 최초작업이다. ② 작업 A완료 후 작업 D를 착수한다. ③ 작업 B완료 후 작업 D, E를 착수한다. ④ 작업 C완료 후 작업 D, E, F를 착수한다. ⑤ 후속작업이 없는 작업 D, E, F가 최종작업이다.
B	없음	
C	없음	
D	A, B, C	
E	B, C	
F	C	

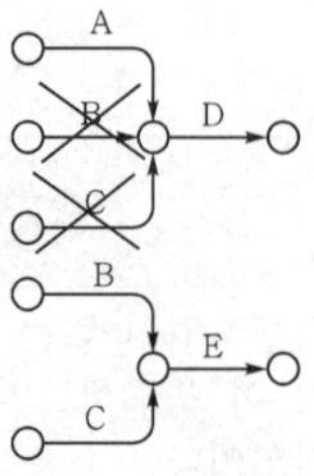

【Step 1】

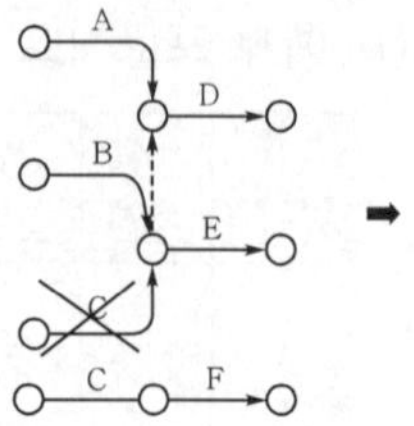

【Step 2】

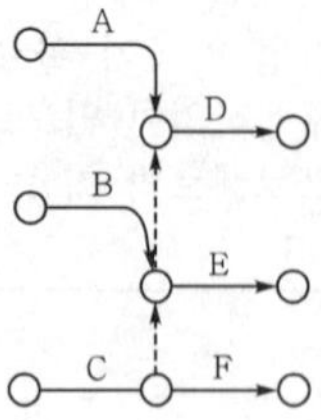

【Step 3】

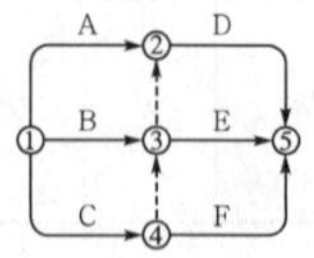

【Step 4】

(6) 예제 프로젝트 6

작 업	선행작업	작업의 선후관계
A	없음	① 선행작업이 없는 작업 A, B, C가 최초작업이다. ② 작업 A완료 후 작업 D, E를 착수한다. ③ 작업 B완료 후 작업 E를 착수한다. ④ 작업 C완료 후 작업 E, F를 착수한다. ⑤ 후속작업이 없는 작업 D, E, F가 최종작업이다.
B	없음	
C	없음	
D	A	
E	A, B, C	
F	C	

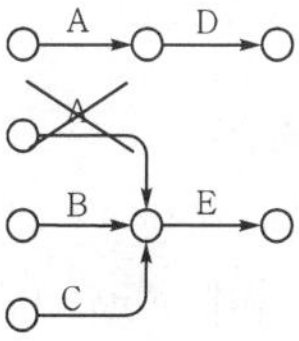

【Step 1】

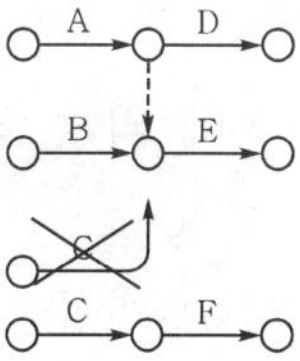

【Step 2】

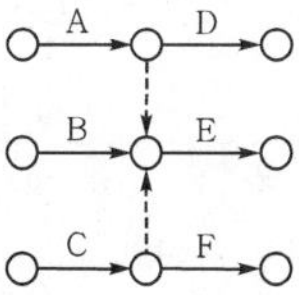

【Step 3】

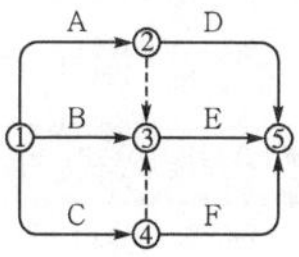

【Step 4】

(7) 예제 프로젝트 7

작 업	선행작업	작업의 선후관계
A	없음	① 선행작업이 없는 작업 A, B, C가 최초작업이다. ② 작업 A완료 후 작업 D를 착수한다. ③ 작업 B완료 후 작업 D, E, F를 착수한다. ④ 작업 C완료 후 작업 F를 착수한다. ⑤ 후속작업이 없는 작업 D, E, F가 최종작업이다.
B	없음	
C	없음	
D	A, B	
E	B	
F	B, C	

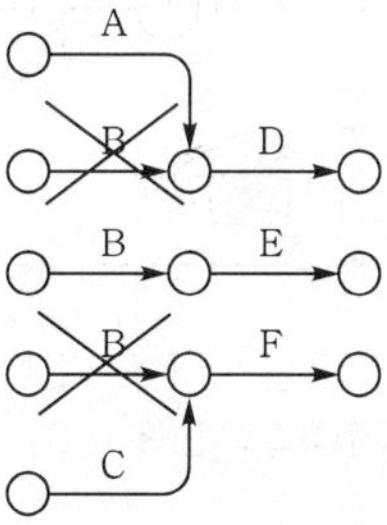

【Step 1】

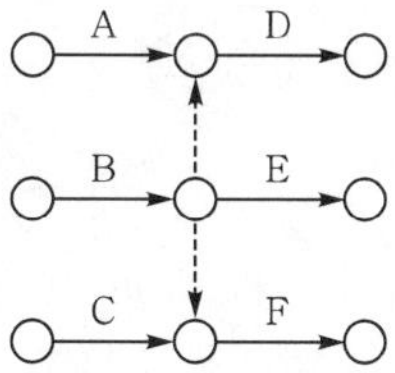

【Step 2】

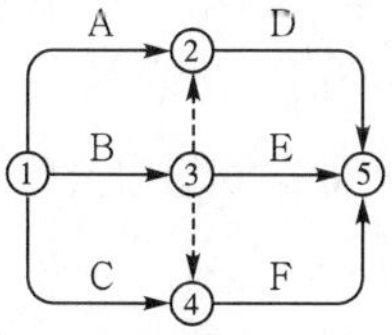

【Step 3】

(8) 예제 프로젝트 8

작 업	선행작업	작업의 선후관계
A	없음	① 선행작업이 없는 작업 A, B, C가 최초작업이다. ② 작업 A완료 후 작업 D, E, F를 착수한다. ③ 작업 B완료 후 작업 D, E를 착수한다. ④ 작업 C완료 후 작업 E, F를 착수한다. ⑤ 후속작업이 없는 작업 D, E, F가 최종작업이다.
B	없음	
C	없음	
D	A, B	
E	A, B, C	
F	A, C	

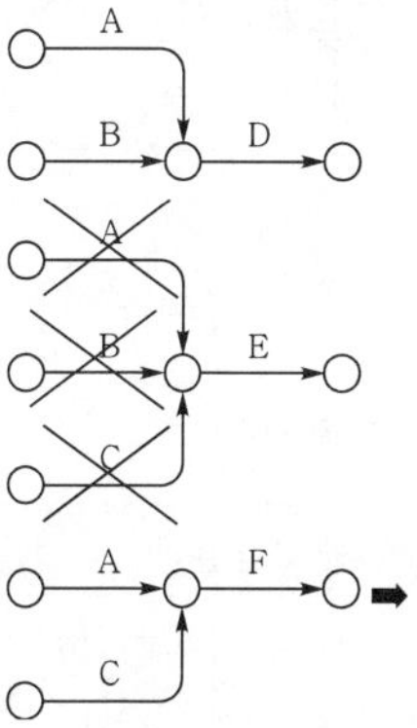

【Step 1】

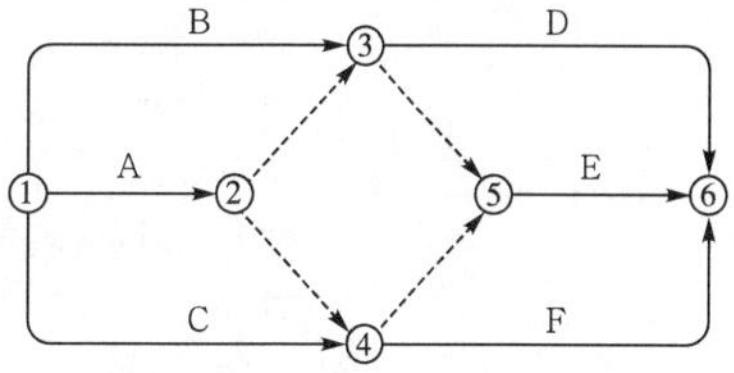

【Step 2】

(9) 예제 프로젝트 9

작 업	선행작업	작업의 선후관계
A	없음	① 선행작업이 없는 작업 A, B, C가 최초작업이다. ② 작업 A완료 후 작업 D, E를 착수한다. ③ 작업 B완료 후 작업 D, E, F, G를 착수한다. ④ 작업 C완료 후 작업 F, G를 착수한다. ⑤ 후속작업이 없는 작업 D, E, F, G가 최종작업이다.
B	없음	
C	없음	
D	A, B	
E	A, B	
F	B, C	
G	B, C	

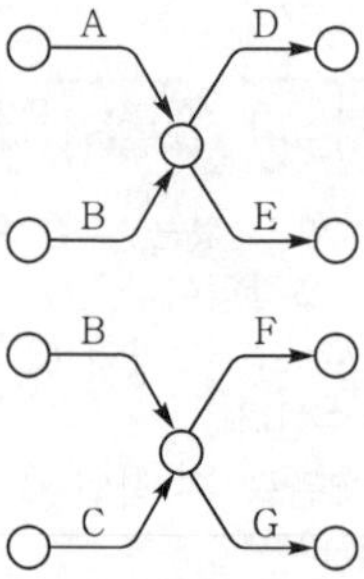

【Step 1】

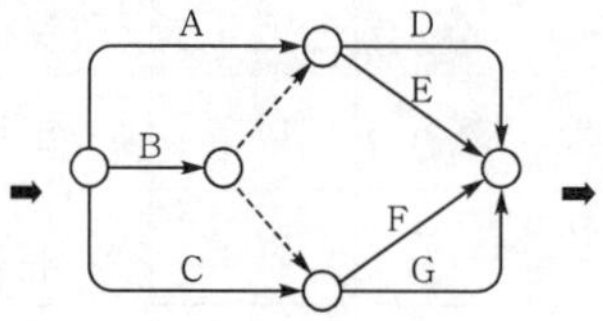

(×)

【Step 2】

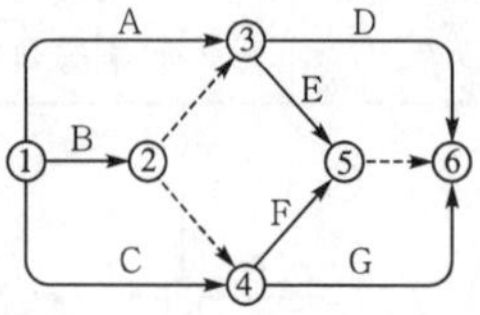

(○)

【Step 3】

(10) 예제 프로젝트 10

작 업	선행작업	작업의 선후관계
A	없음	① 선행작업이 없는 작업 A, B가 최초작업이다.
B	없음	② 작업 A완료 후 작업 C, D를 착수한다.
C	A, B	③ 작업 B완료 후 작업 C, D, E, F를 착수한다.
D	A, B	④ 작업 C완료 후 작업 G, H를 착수한다.
E	B	⑤ 작업 D완료 후 작업 H를 착수한다.
F	B	⑥ 작업 E완료 후 작업 G, H를 착수한다.
G	C, E	⑦ 작업 F완료 후 작업 H를 착수한다.
H	C, D, E, F	⑧ 후속작업이 없는 작업 G, H가 최종작업이다.

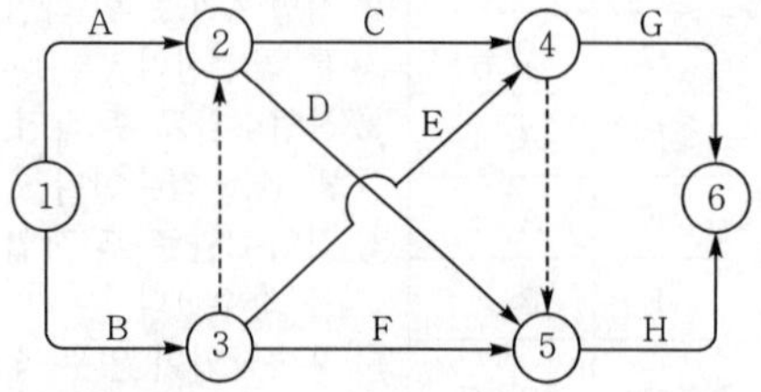

7) 네트워크 공정표의 일정계산

(1) CPM에 의한 일정계산

① 개요

㉠ 일반적인 일정계산이며, Activity Time이라고도 한다.

㉡ Activity 중심의 일정계산이다.

② 작업시각(Activity Time)

일정 종류	기 호	내 용
가장빠른 개시시각 (Earliest Start Time)	EST	㉠ 작업을 시작할 수 있는 가장 빠른 시각 ㉡ 전진계산 후 최댓값
가장빠른 완료시각 (Earliest Finish Time)	EFT	㉠ 작업을 종료할 수 있는 가장 빠른 시각 ㉡ EST+D
가장늦은 개시시각 (Latest Start Time)	LST	㉠ 작업을 시작할 수 있는 가장 늦은 시각 ㉡ LFT−D
가장늦은 완료시각 (Latest Finish Time)	LFT	㉠ 작업을 종료할 수 있는 가장 늦은 시각 ㉡ 후진계산 후 최솟값

③ 표시 방법

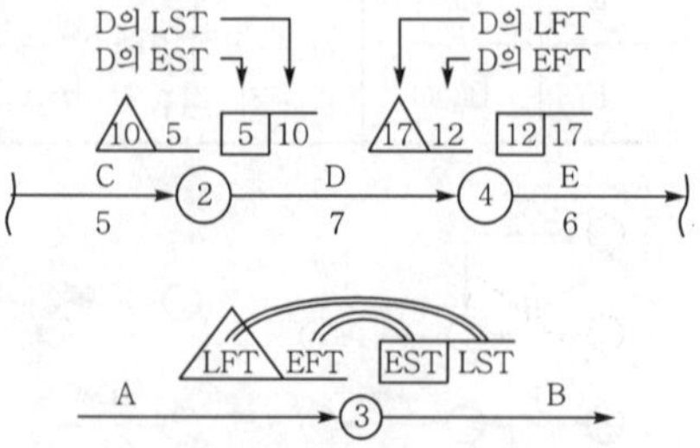

• LFT, EFT : A작업의 LFT, EFT
• EST, LSF : B작업의 EST, LST

④ 일정계산

㉠ EST, EFT의 계산

ⓐ 작업 진행방향으로 전진계산한다.

ⓑ 개시 결합점에서 나오는 작업의 EST는 0이다.

ⓒ 각 결합점에서 선행작업이 완료되어야 후속작업을 개시할 수 있다.

ⓓ 전진계산 후 최댓값이 EST이다. 즉 어떤 작업의 EST는 그 선행작업들에

대한 EFT의 최댓값이다.

ⓔ 어떤 작업의 EFT는 그 작업의 EST에 공기(D)를 더하여 구한다. (EFT=EST+D)

ⓕ 종료 결합점에서 끝나는 작업의 EFT의 최댓값이 계산공기가 되며, 최종 결합점의 LFT가 된다.

ⓛ LFT, LST의 계산

ⓐ 작업 진행방향의 반대방향으로 후진 계산한다.

ⓑ 종료 결합점에서 나가는 작업의 LFT 그 프로젝트의 계산공기(전체공기)가 된다.

ⓒ 후진계산 후 최솟값이 LFT이다. 즉, 어떤 작업의 LFT는 그 후속작업에 대한 LST의 최솟값이다.

ⓓ 어떤 작업의 LST는 그 작업의 LFT에 공기(D)를 감하여 구한다.(LST=LFT−D)

(2) PERT에 의한 일정계산

① 개요

㉠ 공정표를 의미하며, Node Time이라고도 한다.

㉡ Event 중심의 일정계산이다.

② 결합점 시각(Node Time)

일정 종류	기 호	내 용
가장 빠른 결합점 시각 (Earliest Node Time)	ET 혹은 TE	최초의 결합점에서 대상의 결합점에 이르는 가장 긴 경로를 통과하여 가장 빨리 도달되는 결합점 시각
가장 늦은 결합점 시각 (Latest Node Time)	LT 혹은 TL	임의의 결합점에서 최종 결합점에 이르는 경로 중 가장 긴 경로를 통과하여 종료시각에 맞출 수 있는 개시 시각

③ 표시 방법

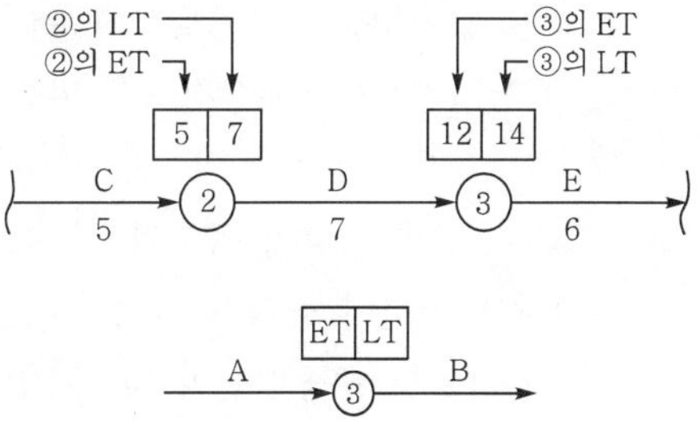

(주) ET, LT : 결합점 ③의 ET, LT

8) 네트워크 공정표의 여유시간

(1) CPM 기법에 의한 여유시간(Float) (10③, 11②)

종 류	내용 및 계산 방법
TF (총여유)	① 작업을 EST로 시작하고 LFT로 완료할 때 발생하는 여유시간 ② TF=LFT−EFT(=EST+D) ③ TF=△−(□+D)
FF (자유여유)	① 작업을 EST로 시작하고 후속작업도 EST로 시작하여도 발생하는 여유시간 ② FF=후속작업의 EST−그 작업의 EFT(=EST+D) ③ FF=후속작업의 □−(□+D)
DF (간섭여유)	① 후속작업의 TF에 영향을 미치는 여유시간 ② DF=TF−FF=그 작업의 LFT−후속작업의 EST

(2) CPM에 의한 여유시간의 표시 방법

다음과 같은 2가지 방법이 대표적으로 사용되나, 주로 (a) 방법으로 표현된다. 그러나 문제에서 표로 구할 경우는 표에서 계산하면 된다.

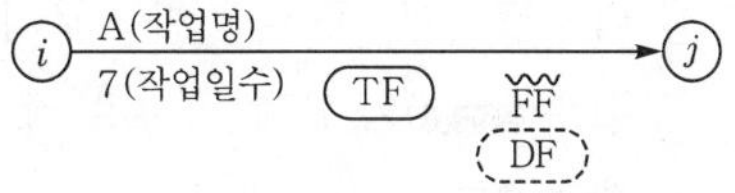

(a)

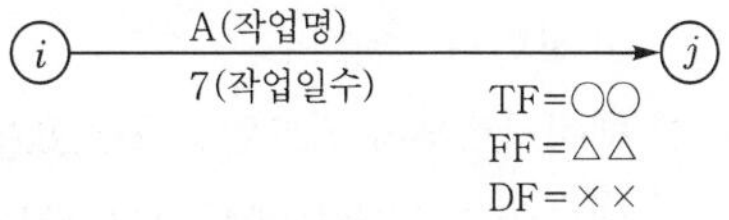

(b)

9) 주공정선(CP : Critical Path)

① 최초 개시점에서 최종 종료점까지 연결

되는 경로 중에서 가장 긴 경로이다.

② 즉 개시점에서 종료점까지 여유시간을 포함하지 않는 최장경로를 말한다.

③ TF=0인 작업이다.

④ CP는 2개 이상의 복수가 될 수 있다.

⑤ CP에 의하여 공기가 결정된다.

⑥ Dummy도 주공정선이 될 수 있다.

⑦ 일정계획 수립의 기준이 된다.

⑧ 굵은선 또는 이중선으로 표시한다.

3. 네트워크 공정표와 바차트

1) 데이터에 의한 바차트 작성 (86②, 97④, 01③)

① 주어진 데이터를 이용하여 네트워크 공정표를 작성한다.

② 일정계산을 통하여 각 작업의 여유시간(FF, DF)을 산정한다.

③ 바차트는 EST+1에서 시작한다.

④ 작업일수를 먼저 표시하며, 작업일수 뒤에 여유시간(Float)을 FF, DF 순으로 그린다.

⑤ 작업의 범례를 작업일수는 ▬, FF는 ▭, DF는 ⬚ 로 표시한다.

⑥ 여유시간(Float)이 없는 것이 CP가 된다.

2) 바차트에 의한 네트워크 공정표 작성 (84②, 87②, 89②)

① 바차트에서 DF(⬚)는 무시하고 작업일수(▬)와 FF(▭)로 각 작업의 선후관계를 파악한다.

② 데이터를 작성하고, 작업의 선후관계를 표시한다.

③ 데이터로부터 네트워크 공정표를 작성한다.

④ 네트워크 공정표에서 일정계산을 하여 각 작업의 여유시간(FF, DF)를 산정한다.

⑤ 산정된 여유시간(FF, DF)을 바차트에서의 여유시간과 비교·검토한다.

예제 1

다음 데이터를 이용하여 네트워크 공정표를 작성하고, 각 작업의 여유시간을 계산하시오. • 90 ②, 95 ③, 00 ④, 04 ①, 07 ②, 10 ③, 14③, 15①, 20 ①②

작업명	작업 일수	선행 작업	비 고
A	5	없음	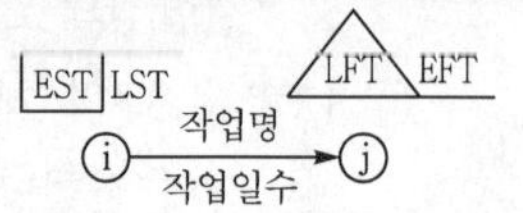 로 일정 및 작업을 표기하고, 주공정선은 굵은선으로 표기한다. 또한 여유시간 계산시는 각 작업의 실제적인 의미의 여유시간으로 계산한다.(더미의 여유시간은 고려하지 않을 것)
B	2	없음	
C	4	없음	
D	4	A, B, C	
E	3	A, B, C	
F	2	A, B, C	

가. 네트워크 공정표

나. 여유시간

정답

가. 네트워크 공정표

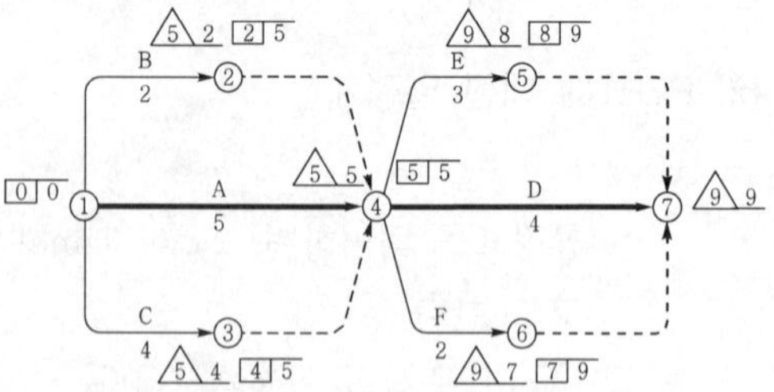

나. 여유시간

작업명	TF	FF	DF	CP
A	0	0	0	*
B	3	3	0	
C	1	1	0	
D	0	0	0	*
E	1	1	0	
F	2	2	0	

(주) 1. B, C작업에 대한 후속작업의 EST는 넘버링 더미에 의해 D, E, F작업의 EST인 5가 된다.

2. E작업에 대한 후속작업의 EST는 9가 된다.

4. 공기단축의 개요

1) 지정공기, 계산공기, 공기조정의 정의 (91③, 94④)

① 네트워크에서 공기는 계약시 주어진 (**지정공기**)와 일정 산출시 구하여진 (**계산공기**)로 구분할 수 있는데, 이 두 공기를 일치시키는 작업을 (**공기조정**)이라 한다. 이 단계에서 계획에 수정이 있을 때에는 전체 공정의 일정계산을 다시 해야 한다.

② 네트워크에서는 공기를 둘로 나누어 생각할 수 있는데, 그 하나는 미리 건축주로부터 결정된 공기로서 이것을 (**지정공기**)라 하고, 다른 하나는 일정을 진행방향으로 산출하여 구한 (**계산공기**)인데, 이러한 두 공기간의 차이를 없애는 작업을 (**공기조정**)이라 한다.

2) 네트워크 공정표에서 지정공기와 계산공기를 일치시키는 과정 (07③)

공기조정

3) 건설공사 계약체결 후 실제 현장공사 착수시까지의 준비기간 (07③)

리드타임(Lead Time)

4) 공기단축 시 검토사항 (96⑤)

① 공기단축으로 인한 공사비 증가에 대한 검토
② 공기단축으로 인한 작업시간 연장에 대한 검토
③ 공기단축시 다른 작업과의 연관성 검토
④ 전체 공정의 주공정선(CP) 검토
⑤ 각 작업의 비용구배(CS) 검토
⑥ 각 작업의 최대단축가능일수 검토

5) 경제적인 시공속도 (95③)

① 총공사비는 간접비와 직접비로 구성되고 또 직접비는 공사 시공량에 비례한다고 가정하면 시공속도를 빠르게 하면 (**간접비**)는 그 만큼 절감되고 (**총공사비**)는 저렴하게 될 것이다.

② 그러나 이것은 직접비가 시공량에 비례된다고 가정하였기 때문이며, 실제로는 단위 시공량에 대한 (**직접비**)는 속도를 빨리 할수록 점증하는 경향이 있다. 공사기일을 단축하여 (**간접비**)를 절감한 것과 (**직접비**)가 증대된 것을 합계로 하면 서로 상쇄되고 이 합계가 최소가 되도록 하는 것이 가장 적절한 시공속도, 즉 경제적인 속도가 될 것이다.

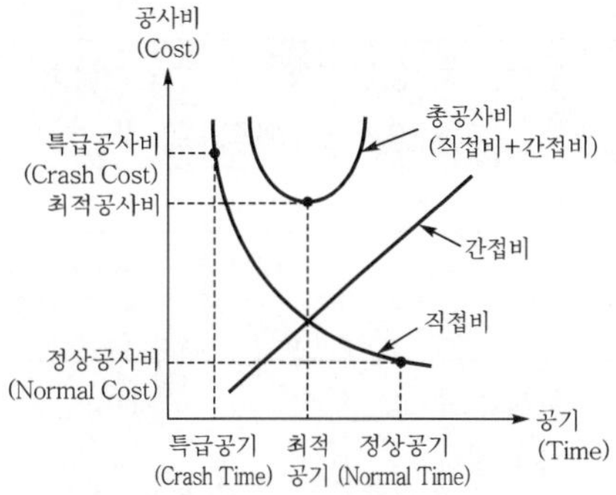

【 공기(시간)–공사비(비용) 관계도 】

6) 비용구배의 정의 (95④, 07③, 10③)

공기단축 과정에서 1일당 그 작업을 단축하는 데 소요되는 직접비의 증가액

7) 비용구배 산정 (90④, 95①, 05③, 09②, 21②)

$$\text{비용구배(CS)} = \frac{\text{특급비용} - \text{정상비용}}{\text{정상공기} - \text{특급공기}} = \frac{\Delta C}{\Delta T}\ (\text{원/일})$$

8) 특급점의 정의 (08①)

재료, 노무 등을 아무리 투입하여도 더 이상 공기단축이 불가능한 한계점이다.

9) 특급비용의 정의 (10③)

특급공기로 작업할 경우의 직접비 혹은 총공사비이다.

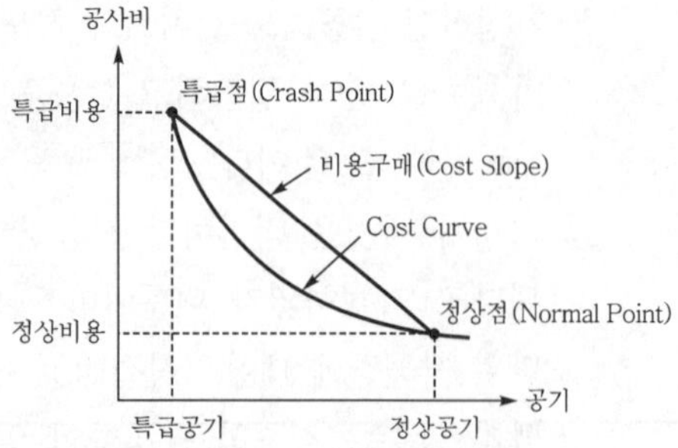

【 공기(시간)–직접비(비용) 관계도 】

예제 2

다음과 같은 작업 데이터에서 비용구배(Cost Slope)가 가장 큰 작업부터 순서대로 작업명을 쓰시오. (3점)

•95 ①, 09 ②, 21 ②

작업명	정상계획		급속계획	
	공기(일)	비용(원)	공기(일)	비용(원)
A	2	2,000	1	3,000
B	14	12,000	12	15,000
C	8	5,000	3	8,000

가. 산출근거 :

나. 작업순서 :

정답 가. 산출근거

작업	비용구배(Cost Slope)
A	$\frac{3,000-2,000}{2-1}$=1,000원/일
B	$\frac{15,000-12,000}{14-12}$=1,500원/일
C	$\frac{8,000-5,000}{8-3}$=600원/일

나. 작업순서 : B → A → C

5. 공기단축 방법 및 최적공기 산정

1) MCX 기법에 의한 공기단축

(1) MCX의 정의 (08①)

MCX 기법은 CPM의 핵심이론이며, Minimum Cost Expediting(최소비용계획법)의 약어

(2) 네트워크 공정표에서 공기단축 요령 (93①)

① 최초의 공기단축은 반드시 주공정선에서부터 단축하여야만 한다.

② 여러 작업 중 공기단축작업의 결정은 비용구배가 최소인 것에서부터 실시한다.

③ 한 개의 작업이 공기단축할 수 있는 범위는 급속시간보다 더 작게 하여서는 안 된다.

④ 급속시간 조건을 만족시키는 조건에서 하나의 작업이 최대한 공기단축 가능한 시간은 주공정선이 그대로 존재하거나 혹은 주공정선이 병행하여 발생한 그 시점까지이다.

⑤ 요구된 공기단축이 완료된 최종 공정표에서의 주공정선은 최초의 주공정선과 달라져서는 안 된다.

(3) MCX 기법에 따른 공기단축 순서 (01②, 10①, 20②)

① 주공정선상의 작업을 선택한다.
② 단축가능한 작업이어야 한다.
③ 우선 비용구배가 최소인 작업을 단축한다.
④ 단축한계까지 단축한다.
⑤ 보조 주공정선의 발생을 확인한다.
⑥ 보조 주공정선의 동시 단축경로를 고려한다.
⑦ 앞의 순서를 반복한다.

(4) MCX 기법에 의한 공기단축 요령

① CP상에서 CS가 최소인 곳에서 단축
② Sub Path가 CP가 되면 CP를 도시
③ 공기단축이 불가능한 Path는 ×표시

예제 3

다음 데이터를 이용하여 정상공기를 산출한 결과 지정공기보다 3일이 지연되는 결과이었다. 공기를 조정하여 3일의 공기를 단축한 네트워크 공정표를 작성하고, 아울러 총공사금액을 산출하시오.

• 94 ①, 96 ③, 99 ③, 03 ③, 06 ②, 16③, 20 ④

작업명	선행작업	비용구배(Cost Slope)(원/일)	표준(Normal) 공기(일)	표준(Normal) 공비(원)	특급(Crash) 공기(일)	특급(Crash) 공비(원)	비고
A	없음	-	3	7,000	3	7,000	
B	A	1,000	5	5,000	3	7,000	단축된 공정표에서 CP는 굵은선으로 표기하고, 각 결합점에서는 EST LST / LFT EFT, ⓘ 작업명 / 작업일수 → ⓙ 로 표기한다.(단, 정상공기는 답지에 표기하지 않고, 시험지 여백을 이용할 것)
C	A	1,500	6	9,000	4	12,000	
D	A	3,000	7	6,000	4	15,000	
E	B	500	4	8,000	3	8,500	
F	B	1,000	10	15,000	6	19,000	
G	C, E	2,000	8	6,000	5	12,000	
H	D	4,000	9	10,000	7	18,000	
I	F, G, H	-	2	3,000	2	3,000	

가. 단축한 네트워크 공정표

나. 총공사금액

정답

가. 단축한 네트워크 공정표

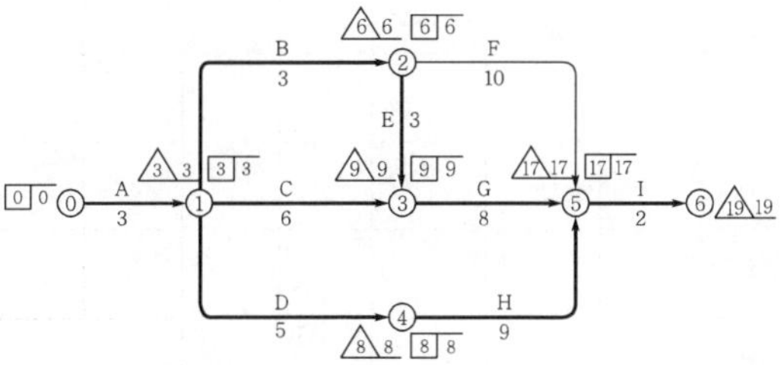

나. 총공사금액

① 표준공사비 : 69,000원

② 추가공사비 : E+2(B+D)이므로

EC=500+2×(1,000+3,000)=8,500원

③ 총공사비

=표준공사비+추가공사비

=69,000+8,500=77,500원

해설

(1) 표준 네트워크 공정표

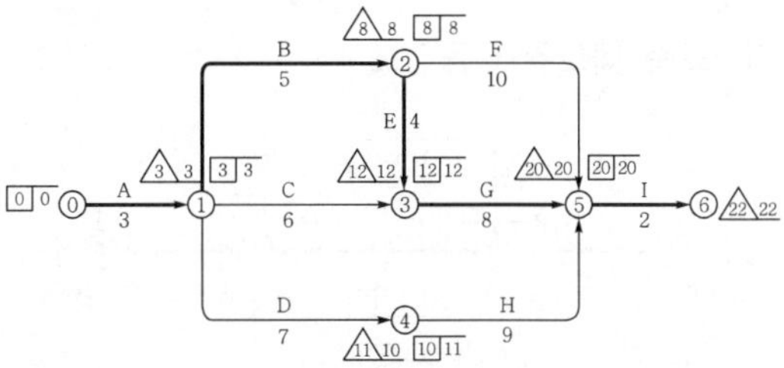

(2) 공기를 3일 단축한 네트워크 공정표 작성

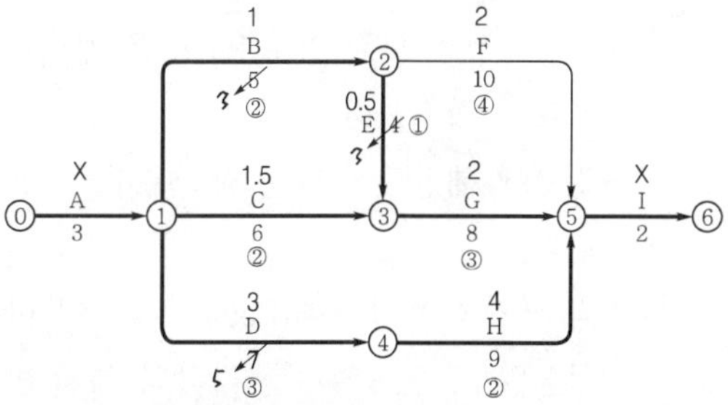

단축단계	공기단축 Act.	공기단축 일수	공기단축 생성 CP	공기단축 단축불가 Path	Path A-B-F-I (20일)	Path A-B-E-G-I (22일)	Path A-C-G-I (19일)	Path A-D-H-I (21일)	비고
1단계	E	1	D, H	E	20	21	19	21	
2단계	B, D	2	C	B	18	19	19	19	(주) 1

(주) 병렬단축 : 경우의 수는 다음과 같고, 비용구배(CS)가 최소인 곳에서 단축

작업명	비용구배(CS)
B+D	4,000
B+H	5,000
G+D	5,000
G+H	6,000

(3) 공기단축한 네트워크 공정표

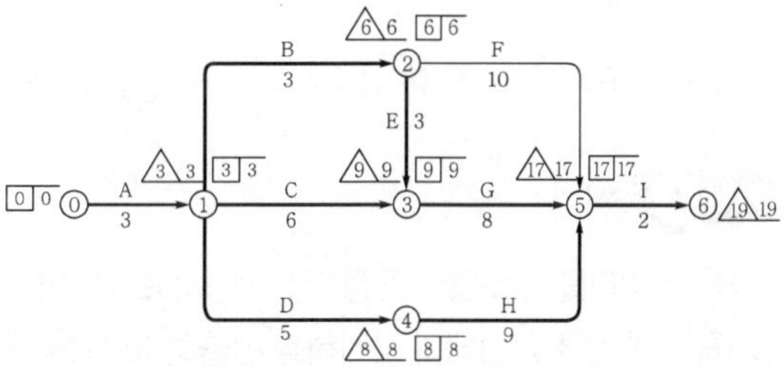

(4) 총공사금액

총공사비=표준공사비+추가공사비

① 표준공사비(NC, Normal Cost) : 69,000원

(Normal의 소요공사비 합계

=7,000+5,000+9,000+6,000+8,000

+15,000+6,000+10,000+3,000

=69,000원)

② 추가공사비(EC, Extra Cost) :

E+2(B+D)이므로

EC=500+2×(1,000+3,000)=8,500원

③ 총공사비 : 69,000+8,500=77,500원

2) SAM 기법에 의한 공기단축

① 공정표상의 모든 경로(Path)를 매트릭스 도표에 작성한다.

② 경로에 해당되지 않는 작업은 ☒로 표시한다.

③ 각 작업의 비용구배(Cost Slope)와 단축 가능일수, 단축일수를 각각의 해당 빈칸에 다음과 같이 표시한다.

$$\frac{\text{비용구배}}{\text{단축가능일수(단축일수)}}$$

④ 공기가 가장 긴 경로 중 비용구배가 최소인 작업부터 단축하며 다른 경로에 단축한 작업이 존재할 경우 다른 경로도 동일하게 적용한다.

⑤ 각 작업의 비용구배를 매트릭스 도표에 표시한다.

⑤ 각 작업의 공기 단축일수의 합계를 매트릭스 도표에 표시한다.

⑥ 각 작업의 추가비용을 매트릭스 도표에 표시한다.

⑦ 공기단축 완료 후 총공사비 산출한다.

예제 4

다음 데이터를 네트워크 공정표로 작성하고, 4일의 공기를 단축한 최종상태의 공사비를 산출하시오.(단, 최종 작성 네트워크 공정표에서 크리티칼 패스는 굵은선으로 표시하고, 결합점 시간은 다음과 같이 표시한다.)

• 91 ②, 94 ②, 98 ④, 99 ④, 02 ②, 05 ①, 06 ③

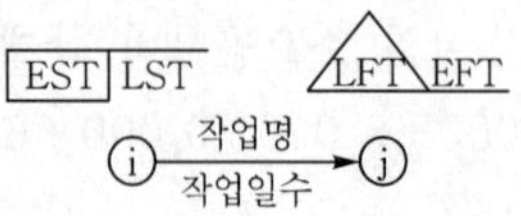

작업명	선행작업	표준(Normal)		급속(Crash)	
		소요일수	공사비	소요일수	공사비
A	없음	3일	70,000	2일	130,000
B	없음	4일	60,000	2일	80,000
C	A	4일	50,000	3일	90,000
D	A	6일	90,000	3일	120,000
E	A	5일	70,000	3일	140,000
F	B, C, D	3일	80,000	2일	120,000

가. 표준 네트워크 공정표

나. 공기단축 총공사비 산출

경로 / 작업	A–E	A–D–F	A–C–F	B–F	비용구배	공기단축	추가비용
A							
B							
C							
D							
E							
F							
공기							

다. 총공사비

정답

가. 표준 네트워크 공정표

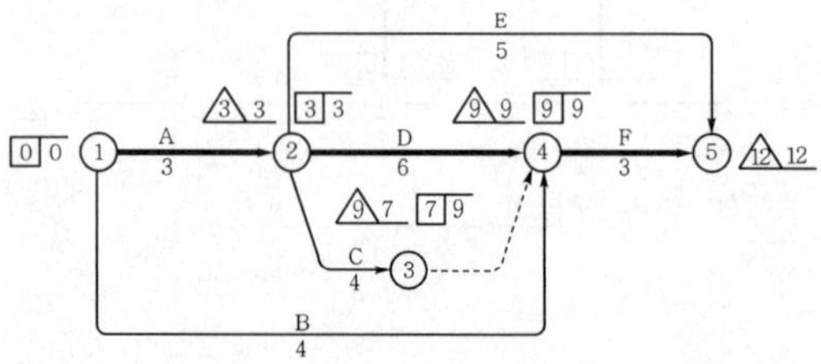

나. 공기단축(4일, SAM 기법을 이용)

작업 \ 경로	A-E	A-D-F	A-C-F	B-F	비용구배	공기단축	추가비용
A	60,000 / 1	60,000 / 1	60,000 / 1		60,000	-	-
B				10,000 / 2	10,000	-	-
C			40,000 / 1(1)		40,000	1	40,000
D		10,000 / 3(3)			10,000	3	30,000
E	35,000 / 2				35,000	-	-
F		40,000 / 1(1)	40,000 / 1(1)	40,000 / 1(1)	40,000	1	40,000
공기	8	8	8	6	-	-	110,000

(주) 문제에서 위와 같은 표가 주어졌을 경우, SAM 기법을 이용한 공기단축을 의미한다.

다. 공기단축시 총공사비

총공사비=표준공사비+추가공사비

① 표준공사비(NC, Normal Cost) : 420,000원

② 추가공사비(EC, Extra Cost) : 110,000원

③ 총공사비 : 420,000+110,000=530,000원

6. 진도관리 및 자원배당

1) 자원배당(자원평준화)의 목적 (02①)

① 자원의 효율화

② 공사비의 절감

③ 자원변동의 최소화

④ 자원의 시간낭비 제거

2) 자원배당의 대상(종류)이 되는 자원 (90④, 96①, 99③, 05③)

① 인력 ② 장비

③ 자재 ④ 자금

⑤ 기술 방법 ⑥ 공간

3) 자원의 특성상 분류 (00④, 01②, 07②)

(1) 내구성 자원

① 인력 ② 장비

(2) 소모성 자원

① 자재 ② 자금

4) 자원평준화 중 Crew-Balance 방식에 대해 기술 (03①)

초고층 건축물과 같이 반복되는 작업이 많은 건설현장에서 몇 개의 작업팀을 구성하고, 각 공구의 작업을 작업팀에 균형 있게 배당하는 방식이다.

Lesson 04 품질관리

1. 품질관리의 개요

1) 품질관리의 관리 사이클 (90②④, 96①, 98②)

① Plan(계획) ② Do(실시)
③ Check(검토) ④ Action(조치)

2) 품질관리 절차 (00③, 10③)

① 품질관리 항목 선정
② 품질 및 작업기준 결정
③ 교육 및 작업실시
④ 품질시험 및 검사
⑤ 공정의 안정성 검토
⑥ 이상원인 조사 및 수정조치
⑦ 관리한계선의 재결정

3) 품질관리의 순서 (93④, 03②)

① 품질표준 ② 작업표준
③ 품질조사 ④ 수정조치
⑤ 수정조치의 조사

4) 품질관리계획서의 항목 4가지 (14①, 15③)

① 건설공사의 정보
② 현장 품질방침 및 품질목표 관리절차
③ 책임 및 권한
④ 문서관리 ⑤ 기록관리
⑥ 자원관리 ⑦ 설계관리

5) 품질관리 시험의 종류 (95⑤, 98③)

① 선정시험 ② 관리시험
③ 검사시험

6) 품질관리의 모델화 종류 (92①, 94①, 95④)

① 구체적 모델 ② 픽토리얼 모델
③ 그래픽 모델 ④ 스키마틱 모델
⑤ 수학적 모델 ⑥ 시뮬레이션 모델

2. 통계적 품질관리

1) 산포상태를 표시하는 방법 (91①②, 92②, 94①, 95③⑤, 96②④⑤, 97①, 98①③, 99④⑤, 01③, 09①③, 15①)

분 류 (데이터 : x_1, x_2, $\cdots$, x_n)	예 제 (데이터 : 9, 4, 2, 7, 6)
① 편차(Deviation, D) $D=(x_i-\bar{x})$	$\bar{x}=5.6$(평균) 데이터 9의 경우 $D=(9-5.6)=3.4$ 나머지 데이터의 경우 −1.6, −3.6, 1.4, 0.4
② 편차제곱합(S, 변동) $S=\sum_{i=1}^{n}(x_i-\bar{x})^2$ $=(x_1-\bar{x})^2+(x_2-\bar{x})^2$ $+\cdots+(x_n-\bar{x})^2$	$S=(9-5.6)^2+(4-5.6)^2$ $+(2-5.6)^2+(7-5.6)^2$ $+(6-5.6)^2$ $=29.2$
③ 분산(σ^2) $\sigma^2=\frac{S}{n}$	$\sigma^2=\frac{29.2}{5}=5.84$
④ 불편분산(V) $V=\frac{S}{n-1}=\frac{S}{\phi}$ $(\phi=n-1)$	$V=\frac{29.2}{5-1}=7.30$
⑤ 표준편차(σ) $\sigma=\sqrt{\frac{S}{n}}$	$\sigma=\sqrt{5.84}=2.42$
⑥ 불편분산 제곱근($\sqrt{V}$) $\sqrt{V}=\sqrt{\frac{S}{n-1}}$	$\sqrt{V}=\sqrt{7.30}=2.70$
⑦ 범위(R) $R=x_{\max}-x_{\min}$	$R=9-2=7$
⑧ 변동계수(CV) $CV=\frac{\sigma}{\bar{x}}\times 100(\%)$	$CV=\frac{2.42}{5.6}\times 100$ $=43.21(\%)$

예제 1

다음 데이터는 일정한 산지에서 계속 반입되고 있는 잔골재의 단위용적 중량을 매 차량마다 1회씩 10대를 측정한 자료이다. 이 데이터를 이용하여 다음 물음에 답하시오. •94 ①, 96 ②⑤, 98 ③, 99 ④, 01 ③, 09①

[Data] 176, 174, 175, 173, 176, 177, 174, 176, 174, 175 (MPa)
(산술평균 $\bar{x}$ = 175MPa)

가. 편차제곱합(Sum Squares : S)
나. 분산(Variance : σ^2)
다. 불편편차(Unbiased Variance : V)
라. 표준편차(Standard Deviation : σ)
마. 불편분산의 제곱근(혹은 표본표준편차 : Sample Standard Deviation : $\sqrt{V}$)
바. 변동계수(Coefficient of Variation : CV)

정답 문제의 조건 : $n=10$, $\bar{x}=175$

가. 편차제곱합

$$S=(176-175)^2+(174-175)^2+(175-175)^2+(173-175)^2+(176-175)^2+(177-175)^2+(174-175)^2+(176-175)^2+(174-175)^2+(175-175)^2=14$$

나. 분산

$$\sigma^2=\frac{S}{n}=\frac{14}{10}=1.40$$

다. 불편분산

$$V=\frac{S}{n-1}=\frac{14}{10-1}=1.56$$

라. 표준편차

$$\sigma=\sqrt{\frac{S}{n}}=\sqrt{1.40}=1.18$$

마. 불편분산의 제곱근

$$\sqrt{V}=\sqrt{1.56}=1.25$$

바. 변동계수

$$CV=\frac{\sigma}{\bar{x}}\times 100=\frac{1.18}{175}\times 100=0.67\%$$

3. 종합적 품질관리

1) 품질관리의 7가지 도구의 종류 (92③④, 94③, 95③④, 96③, 97②, 98②, 99④, 00⑤, 01①, 02②, 06②③, 07①②③, 09③, 11②, 12②③, 14①③, 15③, 20①, 21①②)

QC 도구	내 용
히스토그램	계량치의 데이터가 어떠한 분포를 하고 있는지 알아보기 위하여 작성하는 그림
특성요인도	결과에 원인이 어떻게 관계하고 있는가를 한눈으로 알 수 있도록 작성한 그림
파레토도	불량 등 발생건수를 분류 항목별로 구분하여 크기순서 대로 나누어 놓은 그림
체크시트	계수치의 데이터가 분류 항목의 어디에 집중되어 있는가를 알아보기 쉽게 나타낸 그림이나 표
각종 그래프	막대, 원, 꺾은선 등 단번에 뜻하는 것을 알 수 있도록 한 그림이며 각종 관리도 등이 있다.
산점도 (산포도)	대응되는 두 개의 짝으로 된 데이터를 그래프 용지 위에 점으로 나타낸 그림
층별	집단을 구성하고 있는 많은 데이터를 어떤 특징에 따라 몇 개의 부분집단으로 나누는 것

2) 히스토그램의 작업순서 (93②, 96①, 98⑤, 00④, 04①③, 06③, 09①, 15②, 16②, 20④)

① 데이터를 수집한다.
② 데이터에서 최솟값과 최댓값을 구하여 전 범위를 구한다.
③ 구간폭을 정한다.
④ 도수분포도를 만든다.
⑤ 히스토그램을 작성한다.
⑥ 히스토그램과 규격값을 대조하여 안정상태인지 검토한다.

3) 파레토도의 작성 (90③, 94②, 98⑤)

(1) 레미콘 불량에 대한 데이터

불량 항목	불량개수
슬럼프 불량	17
공기량 불량	4
재료량 부족 불량	8
압축강도 불량	9
균열발생 불량	10
기타	2

(2) 데이터가 큰 것부터 순서대로 정렬

불량 항목	불량 개수	누적수	누적비율 (%)
슬럼프 불량	17	17	34
균열발생 불량	10	27	54
압축강도 불량	9	36	72
재료량 부족 불량	8	44	88
공기량 불량	4	48	96
기타	2	50	100
합계	50	50	100

(3) 파레토도 작성

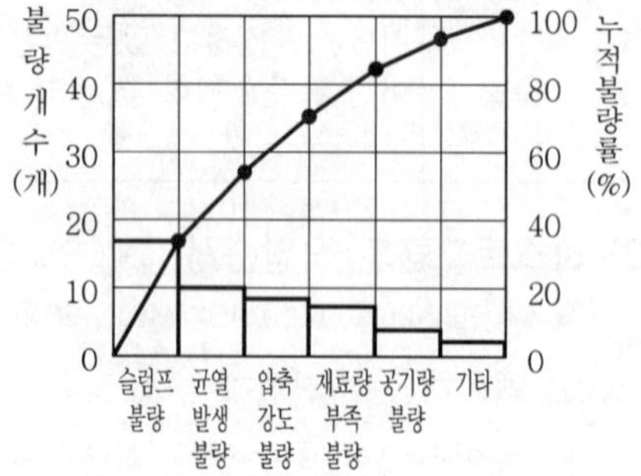

4) 계량치 관리도 및 계수치 관리도의 종류 (91③)

(1) 계량치 관리도

① $\bar{x}-R$ 관리도　② $\tilde{x}-R$ 관리도

③ $x-R_s$ 관리도

(2) 계수치 관리도

① P_n 관리도　② P 관리도

③ C 관리도　④ U 관리도

5) 관리도의 종류 (91③, 94①, 95①, 97③, 00①)

(1) 계량치 관리도

종 류	관리대상	내 용
$\bar{x}-R$ 관리도	평균치와 범위	몇 개의 계량치를 평균치와 범위로 관리함
$\tilde{x}-R$ 관리도	메디안과 범위	몇 개의 계량치를 메디안과 범위로 관리함
$x-R_s$ 관리도	측정치와 범위	데이터를 군으로 나누지 않고 개개의 계량치와 앞뒤 값의 범위로 관리함
x 관리도	개개 측정치	데이터를 조로 나누지 않고 하나 하나의 측정치를 그대로 사용하여 관리함

(2) 계수치 관리도

종 류	관리대상	내 용
P_n 관리도	불량개수	계수치를 불량개수로 관리함
P 관리도	불량률	계수치를 불량률로 관리함
C 관리도	결점수	일정 단위 중 결점수로 관리함
U 관리도	단위당 결점수	시료의 크기가 일정하지 않을 경우 단위시료당 나타나는 결점수에 따라 관리함

4. 토질시험

1) 흙의 구성

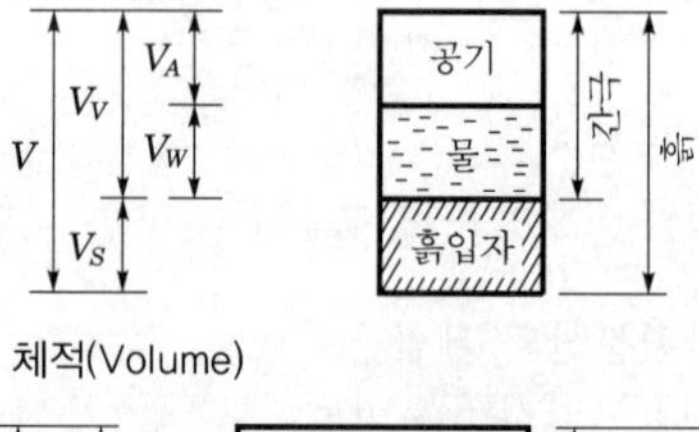

체적(Volume)

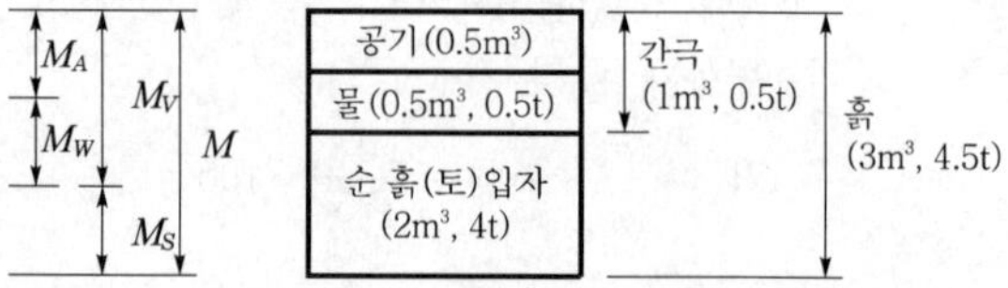

질량(Mass)

2) 흙의 성질 (93②, 97④, 00①, 00②, 03①, 11③, 22②)

흙의 성질	계산식	예 제
간극비 (e)	$\dfrac{\text{간극(물+공기)의 부피}}{\text{흙입자의 부피}}$ $=\dfrac{V_V}{V_S}$	$\dfrac{(0.5+0.5)}{2}$ $=0.5$
간극률 (n)	$\dfrac{\text{간극의 부피}}{\text{흙의 전체부피}}\times 100(\%)$ $=\dfrac{V_V}{V}\times 100(\%)$	$\dfrac{1}{3}\times 100$ $=33.33\%$
간극비와 간극률의 관계	$e=\dfrac{n}{(1-n)}$, $n=\dfrac{e}{(1-e)}$	-
함수비 (w)	$\dfrac{\text{물의 질량}}{\text{흙입자의 질량}}\times 100(\%)$ $=\dfrac{W_W}{W_S}\times 100(\%)$	$\dfrac{0.5}{4}\times 100$ $=12.50\%$
함수율	$\dfrac{\text{물의 질량}}{\text{흙의 전체질량}}\times 100(\%)$ $=\dfrac{W_W}{W}\times 100(\%)$	$\dfrac{0.5}{4.5}\times 100$ $=11.11\%$
포화도	$\dfrac{\text{물의 부피}}{\text{간극부분의 부피}}\times 100(\%)$ $=\dfrac{V_W}{V_V}\times 100(\%)$	$\dfrac{0.5}{1}\times 100$ $=50.00\%$

5. 시멘트시험

1) 시멘트의 재료시험 방법 (98①, 02②)

① 비중시험 ② 분말도시험
③ 응결시간시험 ④ 안정성시험

2) 시멘트 재료시험의 종류 및 관련 시험기구와 재료 (93①, 96①, 03②)

① 비중시험 : 르 샤틀리에 플라스크
② 분말도시험 : 마노미터
③ 응결시간 측정시험 : 길모어장치
④ 안정성시험 : 오토클레이브
⑤ 압축강도시험 : 표준모래
⑥ 강도시험 : 슈미트해머

3) 시멘트의 비중시험에 이용되는 실험기구 및 재료 (00④, 02③)

① 르 샤틀리에 플라스크(비중병)
② 광유
③ 시험시멘트
④ 천평(저울)
⑤ 스푼
⑥ 마른걸레
⑦ 수조
⑧ 온도계

4) 시멘트의 비중 산정 및 자재품질관리상의 합격여부 판정 (89①, 07②)

$$\text{시멘트의 비중}=\frac{W}{V_2-V_1}$$

여기서, W : 투입한 시멘트의 무게(g)
V_1 : 시멘트 투입 전의 눈금(mℓ, cc)
V_2 : 시멘트 투입 후의 눈금(mℓ, cc)

(주) 보통 포틀랜드 시멘트의 평균비중은 3.15이고 규정값은 3.05 이상이다.

5) 시멘트 분말도시험의 종류 (08③, 11③, 17③)

① 공기투과장치에 의한 시험(비표면적시험)
② 표준체에 의한 시험

6) 시멘트의 오토클레이브 팽창도 산정 및 합격여부 판정 (91②, 97③, 00⑤, 21③)

$$\text{팽창도}=\frac{l_2-l_1}{l_1}\times 100(\%)$$

여기서, l_1 : 시험 전의 유효표점길이(mm)
l_2 : 시험 후의 유효표점길이(mm)

7) 시멘트의 압축강도 산정 및 합격여부 판정 (92②, 93④)

$$f_c=\frac{P_c}{A}\ \text{(MPa)}$$

여기서, P_c : 최대압축하중(N)
A : 시험체의 단면적(mm^2)

6. 골재시험

1) 조립률 산정에 사용되는 체의 종류 10가지

75mm, 40mm, 20mm, 10mm, 5mm, 2.5mm, 1.2mm, 0.6mm, 0.3mm, 0.15mm

2) 조립률(FM) 산정 (92④, 93①④, 94③, 95④, 96②, 97③⑤, 99③, 08①)

$$FM = \frac{\text{각 체에 남는 백분율 누계의 합}}{100}$$

3) 골재의 함수상태 및 수량

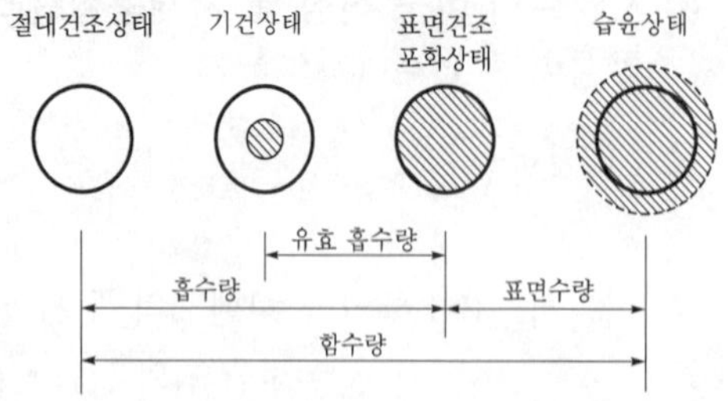

4) 골재상태 (99②, 09③, 13③)

골재상태의 종류	내 용
절대건조상태 (절건상태)	건조기에서 105±5℃로 24시간 이상 일정 질량이 될 때까지 건조시킨 상태
기건상태	대기 중의 건조상태
표면건조 포화상태	표면은 건조하고 내부의 공극에는 물로 가득 찬 상태
습윤상태	내부는 물로 포화되어 있고 표면에도 물이 부탁되어 있는 상태

5) 골재수량 (91②, 94①, 95⑤, 98②, 99②④, 01③, 09③, 12②, 13③)

수량의 종류	내 용
함수량	습윤상태의 질량 – 절건상태의 질량
흡수량	표면건조포화상태의 질량 – 절건상태의 질량
표면수량	습윤상태의 질량 – 표면건조포화상태의 질량
유효흡수량	표면건조포화상태의 질량 – 기건상태의 질량

6) 골재수율 (91②, 92①, 95①, 99④, 00③)

수율의 종류	내 용
함수율	$\text{함수율} = \frac{\text{함수량}}{\text{절건상태의 질량}} \times 100$
흡수율	$\text{흡수율} = \frac{\text{흡수량}}{\text{절건상태의 질량}} \times 100$
표면수율	$\text{표면수율} = \frac{\text{표면수량}}{\text{표면건조포화상태의 질량}} \times 100$
유효흡수율	$\text{유효흡수율} = \frac{\text{유효흡수량}}{\text{기건상태의 질량}} \times 100$

7) 굵은골재의 비중시험(KS F 2503, 2504)

(90②, 98④, 00④, 11②, 17②, 21①)

분 류	굵은골재
절대건조상태의 비중	$\frac{A}{B-C}$
표면건조포화상태의 비중 (표건비중)	$\frac{B}{B-C}$
진비중	$\frac{A}{A-C}$
비 고	A : 절대건조상태 시료의 질량(g) B : 표면건조포화상태 시료의 질량(g) C : 시료의 수중 질량(g)

7) 흡수율시험 (90②, 98④, 00④, 11②, 17②, 21①)

굵은골재	잔골재
$\frac{B-A}{A} \times 100$	$\frac{m-A}{A} \times 100$

(주) 굵은골재 및 잔골재의 흡수율 산정식의 A, B, m 등은 비중시험의 내용과 동일하다.

8) 공극률 (90④, 98③, 09①, 14②, 20③)

$$\text{공극률} = \frac{(G \times 0.999) - M}{G \times 0.999} \times 100(\%)$$

여기서, G : 골재의 비중

M : 단위용적질량(t/m^3)

0.999 : 수온 17℃일 때의 물의 질량(t/m³)

9) 실적률 (94④, 97①, 00①, 09③, 15③, 20⑤)

① 실적률=100%−공극률

② 실적률$=\dfrac{M}{G\times 0.999}\times 100(\%)$

7. 콘크리트시험

1) 콘크리트의 성능시험 (98②)

① 슬럼프시험
② 공기함유량시험
③ 압축강도시험
④ 염화물 함유량시험
⑤ 반죽질기시험
⑥ 블리딩시험
⑦ 인장강도시험
⑧ 휨강도시험

2) 슬럼프시험용 기구 (99①)

① 슬럼프콘 ② 다짐막대
③ 수밀평판 ④ 소형삽
⑤ 계측기

3) 슬럼프시험의 순서 (93①, 00①)

① 수밀평판을 수평으로 설치한다.
② 슬럼프콘을 평판 중앙에 밀착시킨다.
③ 비빈 콘크리트를 슬럼프 콘 용적의 1/3까지 부어넣는다.
④ 다짐막대로 25회 다진다.
⑤ 위의 ③과 ④의 작업을 2회 되풀이 하고 윗면을 고른다.
⑥ 슬럼프콘을 조용히 들어 올린다.
⑦ 계측기로 콘크리트가 내려앉은 높이를 측정하고, 이것을 슬럼프값으로 한다.

4) 슬럼프값 산정 (89①)

슬럼프값(cm)
=30cm−평판에서부터의 콘크리트 높이(cm)

5) 콘크리트의 압축강도 산정 및 합격 여부 판정 (90④, 92③, 93②③, 96①④, 00②, 05③, 06①, 13①, 15②, 20①)

$$f_c=\frac{P}{A}=\frac{4P}{\pi d^2}\,(\text{MPa})$$

여기서, P : 최대하중(N)
A : 공시체(원주형공시체)의 단면적(mm²)
d : 공시체의 지름(mm)

(주1) $1\text{MPa}=1\text{N/mm}^2$

6) 하중속도에 따른 압축하중 값의 산출 (95②, 97①, 03①)

① 하중속도 : 매초 0.2MPa인 경우
② 공시체 $\phi 100\times 200$mm에 매초 가해지는 하중

$0.2\text{N/mm}^2/\text{sec}\times\left(\dfrac{\pi\times 100^2}{4}\right)\text{mm}^2$

$=1,570.80\text{N/sec}$

③ 1분 경과시의 하중

$1,570.80\text{N/sec}\times 60\text{sec/분}$

$=94,248.0\text{N/분}$

7) 콘크리트의 할렬 인장강도 산정 및 합격 여부 판정 (89②, 05②, 20④, 22①)

$$f_{sp}=\frac{2P}{\pi l d}=\frac{2\times \text{최대하중}}{\text{공시체의 곡면부분의 면적}}\,(\text{MPa})$$

여기서, P : 최대하중(N)
l : 공시체(원주형 공시체)의 길이(mm)
d : 공시체의 지름(mm)

8) **중앙점 하중법에 의한 휨강도 산정 및 합격여부 판정** (92①, 94①, 05②)

$$f_b=\frac{M}{Z}=\frac{3Pl}{2bd^2}\,(\text{MPa})$$

$$\left(M=\frac{Pl}{4},\ Z=\frac{bd^2}{6}\right)$$

예제 2

특기시방서상 레미콘의 압축강도가 18MPa 이상으로 규정되어 있다고 할 때 납품된 레미콘으로부터 임의의 3개 공시체(지름 150mm, 높이 300mm인 원주체)를 제작하여 압축강도시험한 결과 최대하중 300kN, 310kN, 320kN에서 파괴되었다. 평균 압축강도를 구하고, 규정을 상회하고 있는지 여부에 따라 합격 및 불합격을 판정하시오.

• 93 ②, 96 ④, 05 ③, 06 ①, 13 ①

① 평균 압축강도(f_c) :

② 판정 :

정답

① 평균 압축강도(f_c)

$$f_c=\frac{\sum_{i=1}^{n}P_i}{A}\div n=\frac{4\sum_{i=1}^{n}P_i}{\pi d^2}\div n$$

$$=\left\{\frac{4\times(300{,}000+310{,}000+320{,}000)}{\pi\times150^2}\right\}\div 3$$

$$=17.54\text{MPa}$$

② 판정 : 불합격(∵ 17.54MPa < 18.0MPa)

8. 기타 시험

1) **콘크리트벽돌의 압축강도산정 및 합격여부 판정** (91③, 92④, 98⑤, 99⑤)

$$f_c=\frac{P}{A}=\frac{\text{최대하중}}{\text{길이방향 길이}\times\text{마구리방향 길이}}\,(\text{MPa})$$

2) **속빈 콘크리트블록의 압축강도산정 및 합격여부 판정** (90③, 91②, 95⑤, 98④, 09②, 11①, 18①)

$$f_c=\frac{P}{A}=\frac{\text{최대하중}}{\text{전 단면적 (공동부 포함)}}\,(\text{MPa})$$

여기서, 전 단면적(全 斷面積)이란 '길이×두께'로서 속빈부분 및 오목하게 들어간 부분의 면적도 포함한다.

(주) 블록의 치수
(길이×높이×두께)
① 390×190×190mm
② 390×190×150mm
③ 390×190×100mm

3) **블록의 압축강도시험에서 붕괴시간 산정** (90③, 98④, 05①, 09②, 11①)

예제 3

150×190×390mm인 속빈 콘크리트블록의 압축강도 시험에서 블록에 대한 가압면적(mm^2)을 구하고 그 가압면에 대한 하중속도를 매초 0.2MPa로 할 때 압축강도 10MPa인 블록은 몇 초에서 붕괴(파괴)되겠는지 붕괴시간(초)을 구하시오.

• 90 ③, 98 ④, 05 ①, 09 ②, 11 ①

가. 가압면적
- 계산과정 :
- 답 :

나. 붕괴시간
- 계산과정 :
- 답 :

정답 가. 가압면적
- 계산과정 : 390×150=58,500mm^2
- 답 : 58,500mm^2

나. 붕괴시간
- 계산과정 : (100MPa)/(0.2MPa/초)=50초
- 답 : 50초

(주) $1\text{MPa}=1\text{N/mm}^2$

4) 화강암의 비중과 흡수율을 산정하고 합격 여부 판정 (97①, 00①)

표면건조포화상태의 비중 (골재의 비중과 비교)	$\frac{A}{B-C}$
흡수율	$\frac{B-A}{A}\times 100(\%)$

여기서, A : 공시체의 건조중량(g)

B : 공시체의 표면건조 내부포수상태의 중량(g)

C : 공시체의 수중중량(g)

5) 철근의 항복강도 산정 및 합격여부 판정 (90①, 96②, 18②)

$$f_y = \frac{\text{최대항복하중}}{\text{단면적}} = \frac{P_y}{A}\,(\text{MPa})$$

6) 철근의 인장강도 산정 및 합격여부 판정 (94②, 96③, 04②, 20③)

$$f_t = \frac{\text{최대인장하중}}{\text{단면적}} = \frac{P_{\max}}{A}\,(\text{MPa})$$

여기서, P_y : 항복하중(N)

$P_{\max}$: 최대 인장하중(N)

A : 단면적(mm^2)

7) 역청재료의 침입도 산정 (94④)

① 표준조건(25℃, 하중 100g, 5초) 하에서 침이 관입하는 척도이다.

② 시험에서 0.1mm 관입을 침입도 1로 한다.(1mm 관입은 침입도가 10이다).

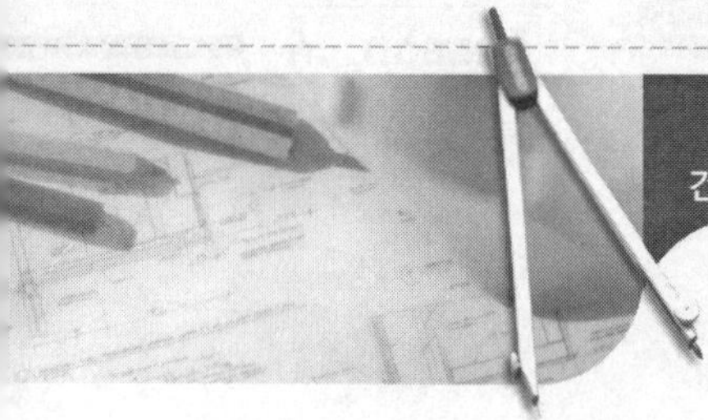

건축기사 실기 과년도

Lesson 05 건축구조

I 구조역학

1. 구조물의 특성 및 판별

1) 힘의 합성

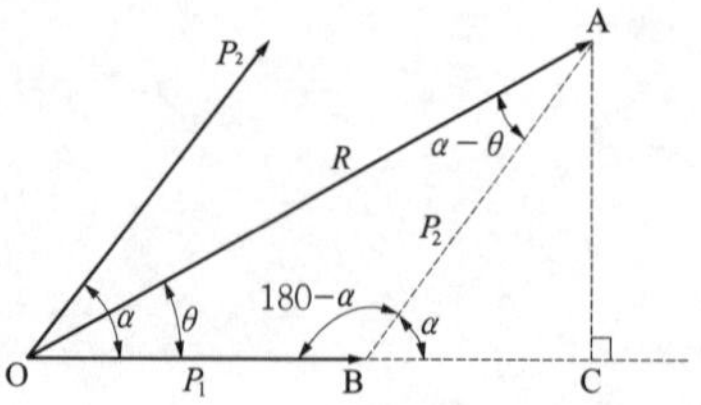

① 크기 : $R=\sqrt{P_1^2+P_2^2+2P_1P_2\cos\alpha}$

② 방향 : $\theta=\tan^{-1}\left(\dfrac{P_2\sin\alpha}{P_1+P_2\cos\alpha}\right)$

③ 작용점 : 동일점(O)

2) SIN법칙(라미의 정리) (11①, 13③, 16②, 18①, 20③, 22②)

$$\frac{P_1}{\sin\theta_1}=\frac{P_2}{\sin\theta_2}=\frac{P_3}{\sin\theta_3}$$

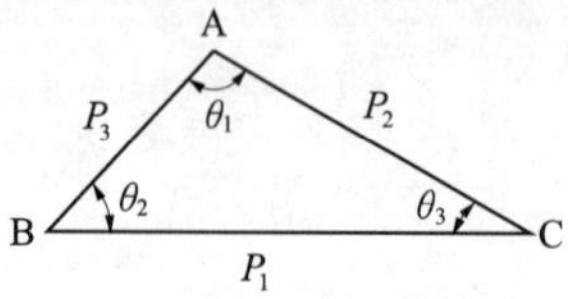

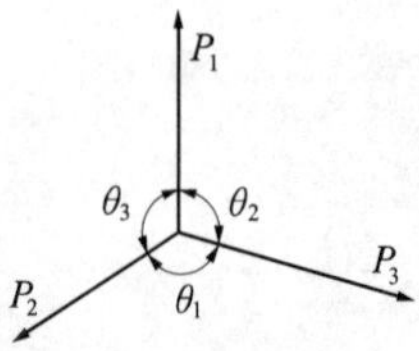

예제 1

다음 그림에서 부재 T에 발생하는 부재력을 산정하시오.

• 11 ①, 13 ③, 16 ②, 18 ①, 20 ③, 22 ②

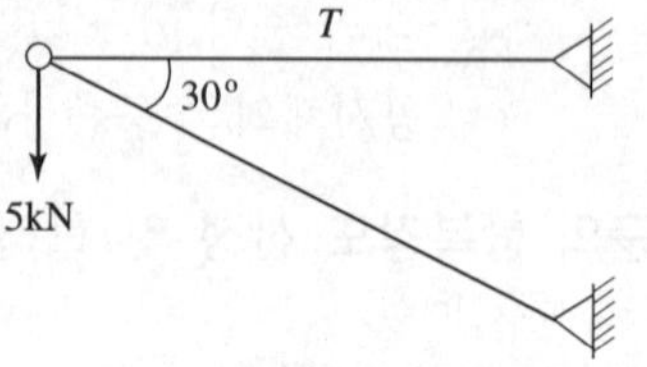

정답

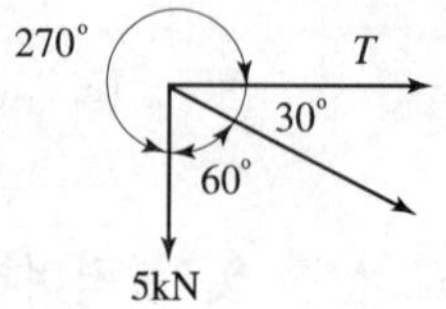

SIN법칙(라미의 정리)를 이용하여 다음과 같이 산정한다.

$$\frac{5}{\sin30^\circ}=\frac{T}{\sin60^\circ}$$

$$T=5\times\left(\frac{\sin60^\circ}{\sin30^\circ}\right)=5\sqrt{3}=8.66\text{ kN}(\text{인장})$$

$\therefore\ T=5\sqrt{3}$ kN(인장) 또는 $T=8.66$ kN(인장)

3) 힘의 평형방정식

평형조건	비 고
① 수평분력의 합이 0이 되어야 한다.	$\Sigma X=0$
② 수직분력의 합이 0이 되어야 한다.	$\Sigma Y=0$
③ 임의의 점에 대한 모멘트의 합이 0이 되어야 한다.	$\Sigma M=0$

(주) $\Sigma X=0$, $\Sigma Y=0$, $\Sigma M=0$; 힘의 평형방정식, 힘의 평형조건식, 정역학적 3요소(정정구조물을 푸는 3요소)라 한다.

4) 자유물체도(FBD)의 정의

전체 구조물 중에서 일부를 끊었을 때, 그 해석 대상 물체에 작용하는 모든 힘이 표시된 자유물체에 대한 스케치이다.

5) 지점의 종류와 반력

종 류	기 호	반력수
이동지점 (이동단)	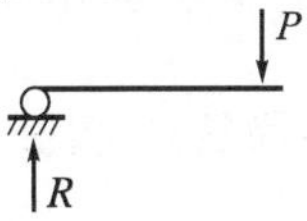	수직반력(R) 1개
회전지점 (회전단)	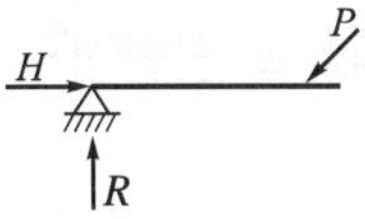	수직반력(R) 1개 수평반력(H) 1개
고정지점 (고정단)	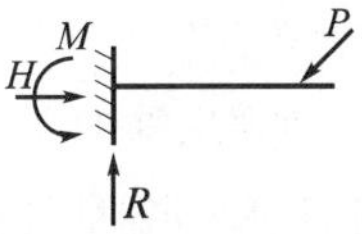	수직반력(R) 1개 수평반력(H) 1개 모멘트반력(M) 1개

6) 단면력의 종류

종류로는 축방향력, 전단력, 휨모멘트, 비틀림 모멘트가 있으며, 비틀림을 제외한 단면력들의 정의와 부호규약은 다음과 같다.

구 분	축방향력(N)	전단력(V)	휨모멘트(M)
정 의	단면력의 부재 축방향 성분으로 부재축방향에 대해 인장 또는 압축작용을 한다.	단면력의 부재 축에 직각방향 성분으로 부재를 절단하려는 작용을 한다.	부재단면에 생기는 모멘트로 부재를 휘게 하는 작용을 한다.
부호 규약	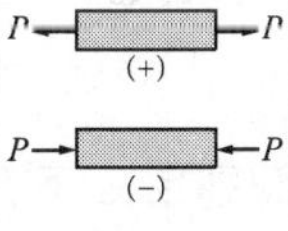	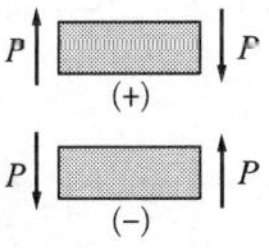	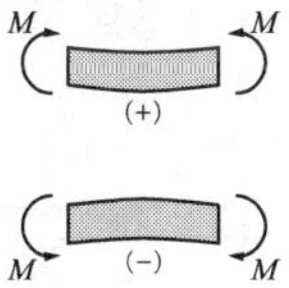

7) 단면력의 특성

① 단순보 지점의 전단력은 그 지점의 (반력)이다.

② 어떤 점까지의 전단력도의 면적은 그 지점의 (휨모멘트)이다.

③ 전단력이 영(0)인 곳에서 휨모멘트는 (최대 또는 최소)가 된다.

④ 휨모멘트가 최대(최소)인 곳은 전단력이 (영)이 되는 곳이다.

8) 안정과 불안정 (14①)

① 내적 안정 : 외력에 의해 구조물이 변형되지 않는 경우이다.

② 내적 불안정 : 외력에 의해 구조물이 변형되는 경우이다.

③ 외적 안정 : 외력에 의해 구조물이 이동하지 않는 경우로 지점반력이 3개 이상이다.

④ 외적 불안정 : 외력에 의해 구조물이 이동되는 경우로 지점반력이 2개 이하이거나 3개 이상이라도 힘의 평형조건을 만족하지 못하는 경우이다.

9) 정정과 부정정

① 내적 정정 : 힘의 평형방정식만으로 단면력(부재력)을 구할 수 있는 경우이다.

② 내적 부정정 : 힘의 평형방정식만으로 단면력(부재력)을 구할 수 없는 경우이다.

③ 외적 정정 : 힘의 평형방정식만으로 구조물의 지점반력을 구할 수 있는 경우이다.

④ 외적 부정정 : 힘의 평형방정식만으로 구조물의 지점반력을 구할 수 없으므로 골조의 변형조건이 추가로 필요하다.

10) 구조물의 부정정 치수 (11①, 12②, 13③, 14①)

$$N=(r+m+f)-2j$$

여기서, r : 반력수(reaction)

m : 부재수(member)

f : 강절점수(fixed joint)

j : 절점수(joint)

(주1) 트러스의 경우, $f=0$이다.(∵ 절점을 힌지로 가정)
(주2) 절점수 j는 자유단, 지점의 수도 포함한다.
(주3) 강절점수는 어떤 부재에 강절점으로 접합된 부재수이다.

예제 2

다음 그림과 같은 라멘의 부정정 차수를 산정하시오.

• 11 ①

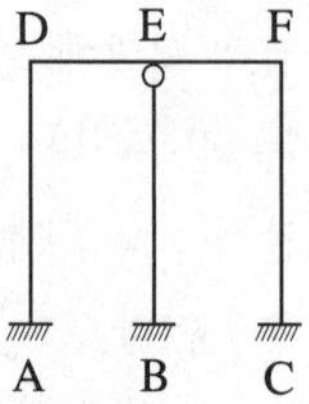

정답 전체 부정정 차수

$N=(r+m+f)-2j$

$=(9+5+3)-2\times6=5$

∴ 5차 부정정

2. 정정 구조물의 해석

1) 정정 구조물의 반력 산정 (11②, 12① ③)

반력을 가정하고 힘의 평형방정식을 이용하여 산정한다.

① $\Sigma X=0$ ② $\Sigma Y=0$ ③ $\Sigma M=0$

2) 정정보의 종류

① 단순보 ② 캔틸레버보
③ 내민보 ④ 겔버보

3) 정정보의 해석과 단면력도 작도 (14①, 15①)

정정보의 경우 힘의 평형방정식($\Sigma X=0$, $\Sigma Y=0$, $\Sigma M=0$)으로부터 반력과 단면력을 구할 수 있다.

4) 정정 라멘의 종류

① 단순보형 라멘 ② 캔틸레버형 라멘
③ 3회전단형 라멘 ④ 3이동단형 라멘

5) 단순보에 등분포하중이 작용할 경우 최대 휨모멘트의 발생 지점 (15①)

최대 휨모멘트는 전단력이 영(0)인 곳에서 발생한다.

6) 단순보에 각각 집중하중과 등분포하중이 작용하여 최대 휨모멘트가 같을 경우 집중하중 산정 (14①)

7) 전단력도로부터 최대 휨모멘트 산정 (18③)

8) 캔틸레버보의 반력 또는 전단력 및 휨모멘트 산정 (12①, 17③, 20①, 20④)

9) 내민보의 전단력도와 휨모멘트도 작성 (12①, 17③)

10) 겔버보의 해석과 단면력도 작도 (11②, 12①③, 16①)

① 단순보와 내민보로 분리
② 단순보의 반력산정
③ 단순보에서 겔버보의 내부힌지에 해당하는 지점의 반력을 내민보의 하중으로 작용
④ 내빈보의 반력산정
⑤ 겔버보의 단면력도 작성

11) 정정 라멘의 해석법 (16③)

① 정정 라멘의 경우 힘의 평형방정식($\Sigma X=0$, $\Sigma Y=0$, $\Sigma M=0$)으로부터 반력과 단면력을 구할 수 있다.
② 3회전단형 라멘의 경우 중간에 위치한 힌지 양쪽 부재 각각에 $\Sigma M=0$의 조건을 부가해 반력과 단면력을 구할 수 있다.

12) 불안정 라멘의 휨모멘트도 (11①, 13③)

13) 3회전단형 라멘의 반력 산정 (16③, 19①, 20②)

14) 3회전단형 라멘의 휨모멘트도 작도 (21①)

15) 트러스의 종류 (20⑤)

① 하우 트러스

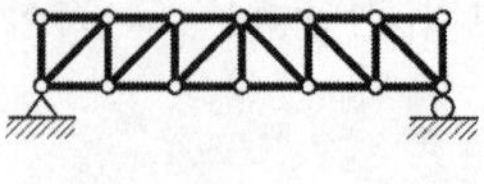

② 플랫 트러스

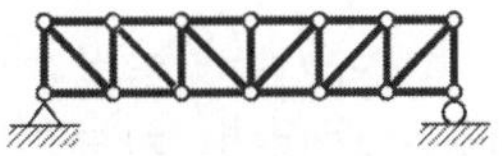

16) 하우 트러스와 플랫 트러스의 부재력 (13①)

① 하우 트러스

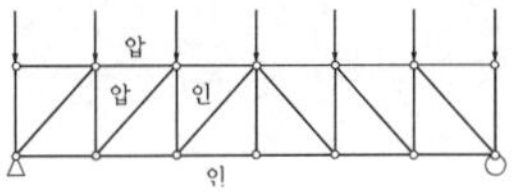

② 플랫 트러스

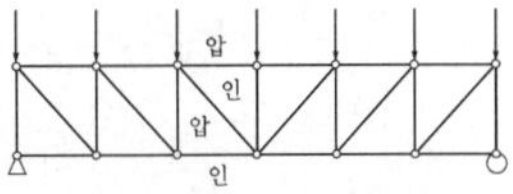

17) 트러스 해법상의 가정

① 절점은 전혀 마찰이 없는 힌지로 되어 있다.

② 외력은 모두 절점에만 집중하중으로 작용한다.

③ 부재는 직선재이고 절점과 절점을 연결한 직선은 부재축과 일치한다.

④ 하중이 작용한 경우에도 절점의 위치는 변하지 않는다고 생각한다.

⑤ 트러스 부재와 작용 외력은 동일 평면 내에 존재한다.

(주) 트러스 해법상의 가정에 의해 부재력으로는 축방향력만 발생하고, 전단력과 휨모멘트는 발생하지 않는다.

18) 트러스 부재력에 관한 성질

(1) 절점에 모인 부재가 두 개이고, 이 절점에 외력이 작용하지 않을 때, 이 두 부재의 부재력은 영(0)이다.

① $\Sigma X=0(+;\rightarrow)$: $N_1=0$

② $\Sigma Y=0(+;\uparrow)$: $N_2=0$

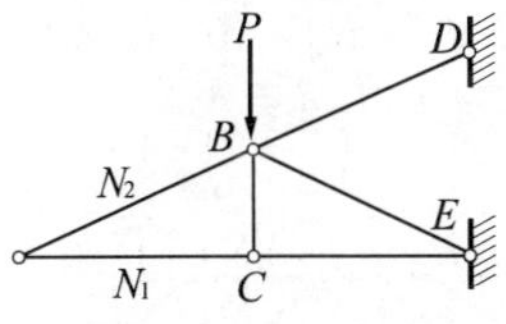

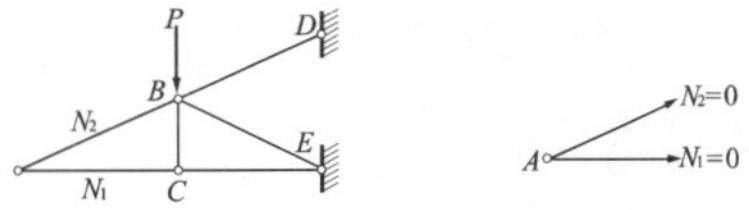

(2) 절점에 모인 세 개의 부재 중에서 두 부재의 재축선이 일직선이고 이 절점에 외력이 작용하지 않으면, 직선상의 두 부재의 부재력은 같고 다른 한 부재의 부재력은 영(0)이다.

① $\Sigma X=0(+;\rightarrow)$: $N_1=N_2$

② $\Sigma Y=0(+;\uparrow)$: $N_3=0$

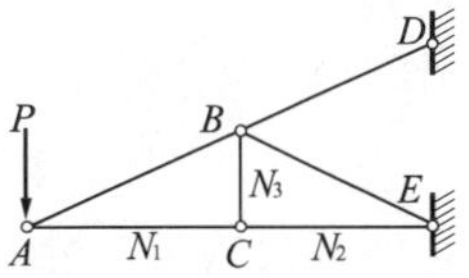

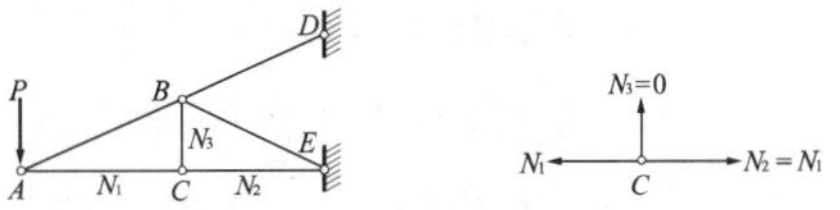

(3) 절점에 모인 부재의 재축선 또는 외력의 중심선이 서로 두 개씩 일직선상에 있을 때, 서로 향하고 있는 두 부재의 부재력 또는 외력과 부재의 부재력은 서로 같다.

① $\Sigma X=0(+;\rightarrow)$: $N_1=N_2$

② $\Sigma Y=0(+;\uparrow)$: $N_3=P$

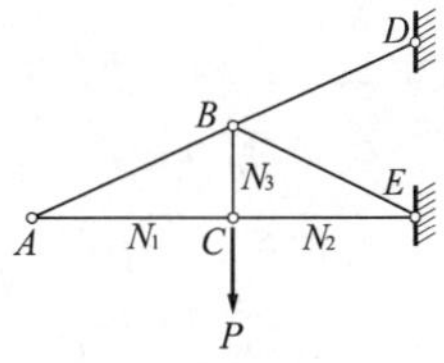

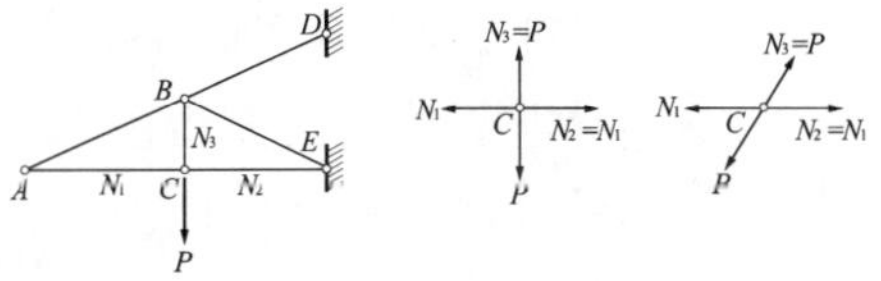

19) 트러스의 해석법

(1) 일반사항

① 힘의 평형방정식($\Sigma X=0$, $\Sigma Y=0$, $\Sigma M=0$)으로부터 지점반력을 구한다.

② 부재력 산정방법은 격점법과 절단법이 있다.

(2) 격점법(절점법)

① 트러스의 격점(절점)에 작용하는 외력(하중과 반력)과 부재력을 힘의 평형방정식으로 산정하는 방법이다.

② 해석순서

㉠ 트러스 전체를 하나의 보로 가정하여 반력을 산정한다.

㉡ 각 절점에서 이 절점에 작용하는 모든 힘(하중과 반력)을 $\Sigma X=0$, $\Sigma Y=0$의 식을 사용하여 미지의 부재력을 산정한다. 이때 방정식이 두 개이므로 미지의 부재력이 두 개 이하인 절점부터 차례로 산정해야 한다.

㉢ 계산과정에서 힘의 부호는 상향과 우향을 양(+), 하향과 좌향을 음(−)으로 한다.

㉣ 부재력은 모두 인장으로 가정하여 산정하며, 결과가 양(+)이면 인장력, 음(−)이면 압축력이 된다.

(3) 절단법(단면법) (12③, 18③)

① 개요

㉠ 트러스의 면내(面內)에 작용하는 외력과 부재력을 힘의 평형방정식을 사용하여 산정하는 방법이다.

㉡ 절점법은 미지의 부재력이 두 개 이내인 절점부터 차례대로 부재력을 산정해야 하나, 절단법은 트러스의 임의 부재력을 직접 산정할 수 있는 장점이 있다.

② 해석순서

㉠ 격점법과 같이 트러스 전체를 하나의 보로 간주하여 반력을 산정한다.

㉡ 미지 부재력이 세 개 이하가 되도록 가상단면을 절단한다.

㉢ 절단된 구조체의 어느 한쪽을 선택하여 힘의 평형방정식($\Sigma X=0$, $\Sigma Y=0$, $\Sigma M=0$)을 사용하여 부재력을 산정한다.

㉣ 부재력은 모두 인장으로 가정하여 산정하며, 결과가 양(+)이면 인장력, 음(−)이면 압축력이 된다.

③ 종류

㉠ 모멘트법(Ritter법)

트러스를 임의 단면으로 절단하여 고려하고자 하는 구조체의 외력과 절단면의 부재력이 평형을 이룬다는 조건으로 $\Sigma M=0$의 식 만을 사용하여 부재력을 산정한다.

㉡ 전단력법(Culmann법)

트러스를 임의 단면으로 절단하여 고려하고자 하는 구조체의 외력과 절단면의 부재력이 평형을 이룬다는 조건으로 $\Sigma X=0$, $\Sigma Y=0$의 식을 사용하여 부재력을 산정한다.

예제 3

그림과 같은 보에서 C점의 전단력과 D점의 휨모멘트를 구하여라. (예상)

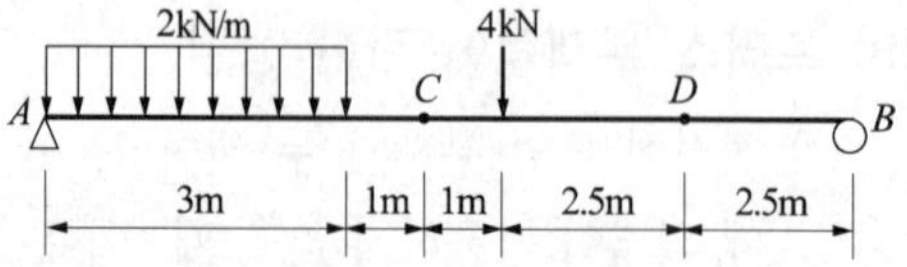

정답

(1) 반력 산정

① $\Sigma M=0(+;\curvearrowright)$:

$$\Sigma M_B = R_A \times 10 - (2\times 3) \times \left(\frac{3}{2}+7\right) - 4\times 5 = 0$$

$\therefore\ R_A = 7.1\ \mathrm{kN}\,(\uparrow)$

② $\Sigma Y=0(+;\ \uparrow)$:

$$\Sigma Y = R_A - 2\times 3 - 4 + R_B = 0$$

$\therefore\ R_B = 2.9\ \text{kN}(\uparrow)$

(2) 점 C의 전단력

$V_C = R_A - 2\times 3 = 7.1 - 2\times 3 = 1.1\ \text{kN}$

(3) 점 D의 휨모멘트

$$M_D = R_A \times 7.5 - (2\times 3)\times\left(\frac{3}{2}+4.5\right) - 4\times 2.5$$
$$= 7.1\times 7.5 - (2\times 3)\times\left(\frac{3}{2}+4.5\right) - 4\times 2.5$$
$$= 7.25\ \text{kN}\cdot\text{m}$$

예제 4

다음과 같은 내민보에서 E점의 전단력과 C점의 휨모멘트를 구하여라. (예상)

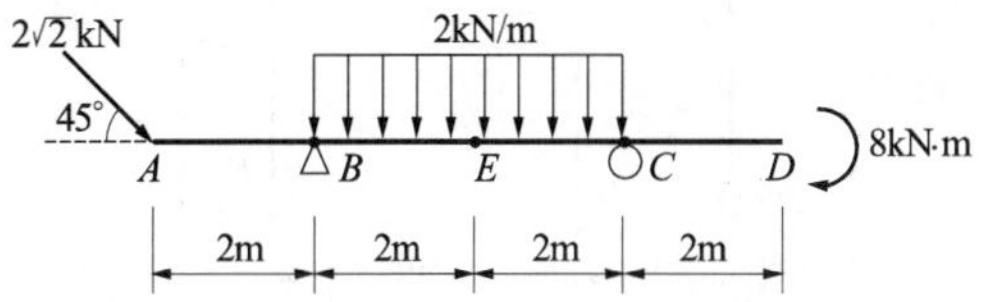

정답

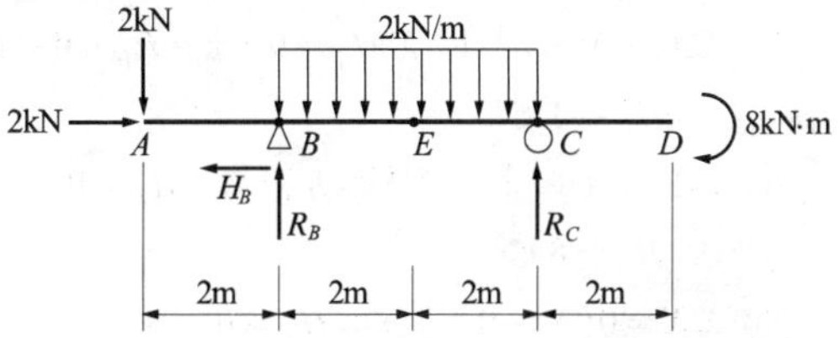

(1) 반력의 가정 : R_B, R_C, H_B

(2) 힘의 평형방정식으로부터 반력 산정

① $\Sigma M = 0(+;\curvearrowleft)$:

$$\Sigma M_B = -2\times 2 + 2\times 4\times\frac{4}{2} - R_C\times 4 + 8 = 0$$

$\therefore\ R_C = 5\ \text{kN}$

② $\Sigma Y = 0(+;\uparrow)$:

$\Sigma Y = -2 + R_B - 2\times 4 + R_C = 0$

$\therefore\ R_B = 5\ \text{kN}$

③ $\Sigma X = 0(+;\rightarrow)$: $\Sigma X = 2 - H_B = 0$

$\therefore\ H_B = 2\ \text{kN}$

(3) 점 E의 전단력과 점 C의 휨모멘트

$V_E = -2 + R_B - 2\times 2 = -2 + 5 - 2\times 2 = -1\ \text{kN}$

$$M_C = -2\times 6 + R_B\times 4 - (2\times 4)\times\left(\frac{4}{2}\right)$$
$$= -2\times 6 + 5\times 4 - (2\times 4)\times\left(\frac{4}{2}\right)$$
$$= -8\ \text{kN}\cdot\text{m}$$

예제 5

그림과 같은 부재의 단면력도(SFD와 BMD)를 작도하시오. (예상)

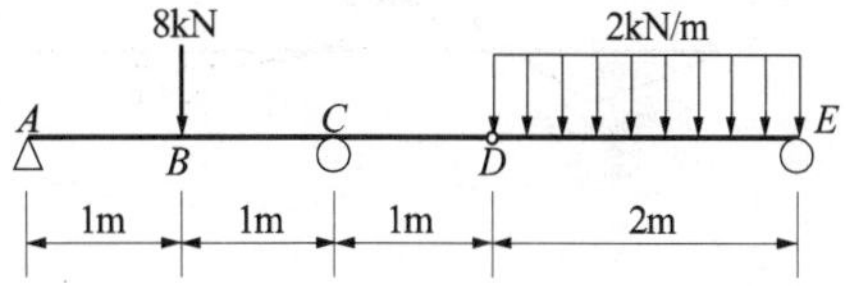

정답

(1) 단순보와 내민보로 분리

① 단순보 : D－E

② 내민보 : A－B－C－D

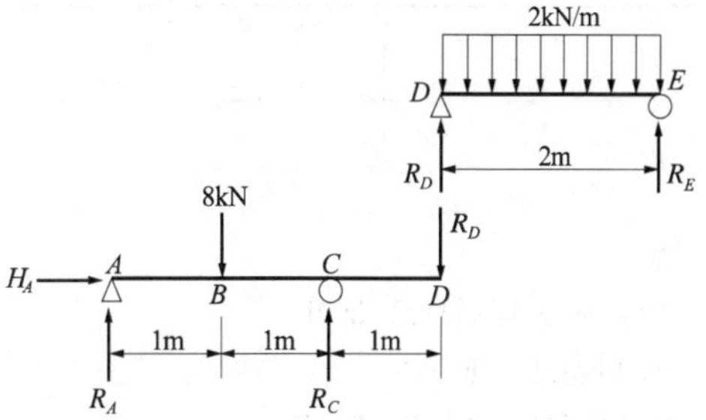

(2) 단순보의 해석

① $R_D = 2\ \text{kN}$

② $R_E = 2\ \text{kN}$

(3) 내민보의 해석(힘의 평형방정식)

① $\Sigma M = 0(+;\curvearrowleft)$:

$\Sigma M_A = 8\times 1 - R_C\times 2 + R_D\times 3$

$= 8\times 1 - R_C\times 2 + 2\times 3 = 0$

$\therefore\ R_C = 7\ \text{kN}$

② $\Sigma Y = 0(+;\uparrow)$:

$\Sigma Y = R_A - 8 + R_C - R_D = R_A - 8 + 7 - 2 = 0$

$\therefore\ R_A = 3\ \text{kN}$

③ $\Sigma X = 0(+;\rightarrow)$: $\Sigma X = H_A = 0$

$\therefore\ H_A = 0\ \text{kN}$

(4) 단면력도 작성

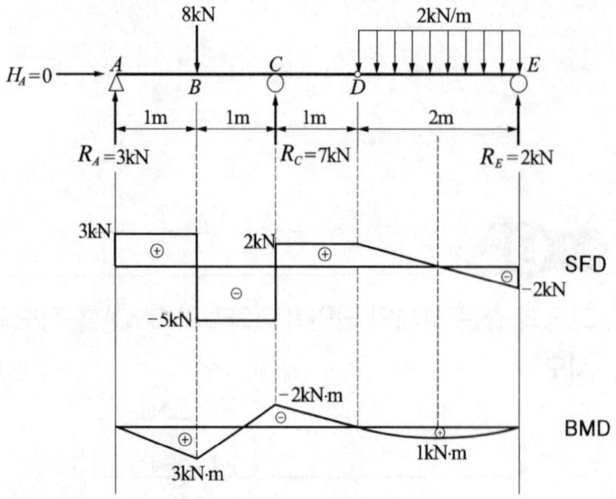

예제 6

다음 겔버보의 지점반력을 구하시오. • 11 ②

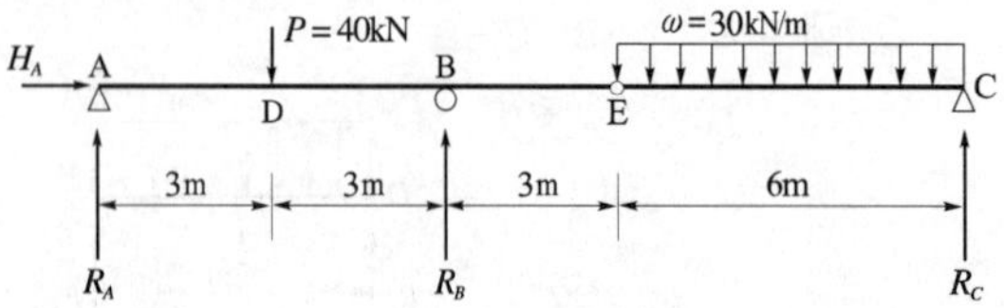

정답

(1) 단순보와 내민보로 분리

① 단순보 : E−C

② 내민보 : A−D−B−E

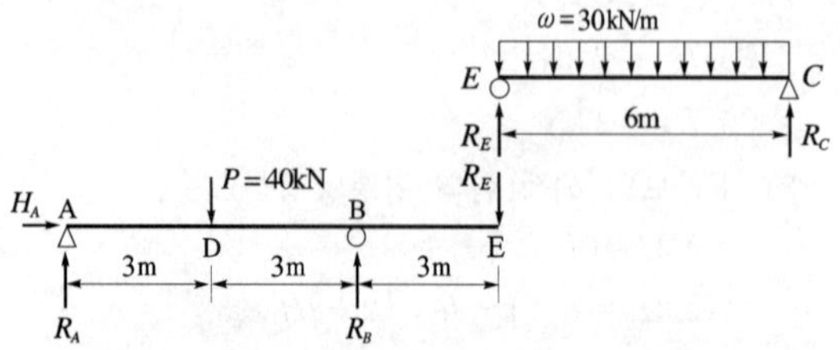

(2) 단순보의 해석(부재 EC의 전체에 등분포하중이 작용)

① $R_E = \dfrac{30 \times 6}{2} = 90\ \text{kN}$

② $R_C = 90\ \text{kN}$

(3) 내민보의 해석(힘의 평형방정식으로부터 반력 산정)

① $\Sigma M = 0(+;\ \curvearrowleft)$:

$\Sigma M_A = 40 \times 3 - R_B \times 6 + R_E \times 9$
$= 40 \times 3 - R_B \times 6 + 90 \times 9 = 0$

$\therefore\ R_B = 155\ \text{kN}$

② $\Sigma Y = 0(+;\uparrow)$: $\Sigma Y = R_A - 40 + R_B - R_E$
$= R_A - 40 + 155 - 90 = 0$

$\therefore\ R_A = -25\ \text{kN}$

③ $\Sigma X = 0(+;\rightarrow)$: $\Sigma X = H_A = 0$

$\therefore\ H_A = 0\ \text{kN}$

예제 7

다음 단순보형 라멘의 반력을 구하고 단면력도를 작성하시오. (예상)

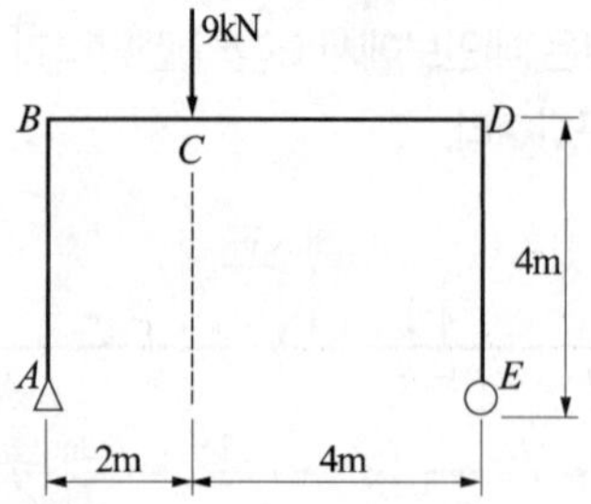

정답

(1) 반력 산정(힘의 평형방정식으로부터 반력 산정)

① $\Sigma M = 0(+;\ \curvearrowleft)$: $\Sigma M_A = 9 \times 2 - R_E \times 6 = 0$

$\therefore\ R_E = 3\ \text{kN}$

② $\Sigma Y = 0(+;\uparrow)$: $\Sigma Y = R_A - 9 + R_E = 0$

$\therefore\ R_A = 6\ \text{kN}$

③ $\Sigma X = 0(+;\rightarrow)$: $\Sigma X = H_A = 0$

$\therefore\ H_A = 0\ \text{kN}$

(2) 단면력도 작성

【AFD】 【SFD】 【BMD】

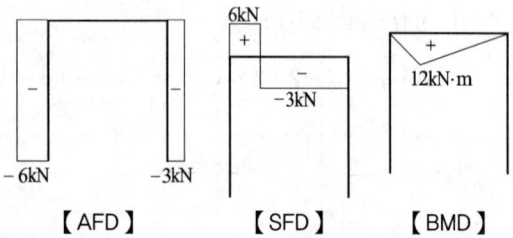

예제 8

다음 3회전단 라멘의 반력을 구하고 단면력도를 작성하시오. (예상)

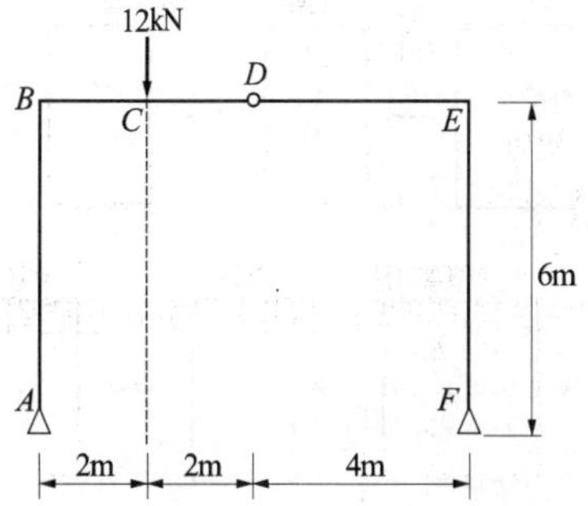

정답

(1) 반력 산정(힘의 평형방정식으로부터 반력 산정)

① $\Sigma M=0(+;\circlearrowleft)$: $\Sigma M_F = R_A \times 8 - 12 \times 6 = 0$

$\therefore R_A = 9\text{ kN}$

② $\Sigma Y=0(+;\uparrow)$:

$\Sigma Y = R_A - 12 + R_F = 9 - 12 + R_F = 0$

$\therefore R_F = 3\text{ kN}$

③ $\Sigma M=0(+;\circlearrowleft)$:

$\Sigma M_{D(DA)} = R_A \times 4 - H_A \times 6 - 12 \times 2$

$= 9 \times 4 - H_A \times 6 - 12 \times 2 = 0$

$\therefore H_A = 2\text{ kN}$

④ $\Sigma X=0(+;\rightarrow)$:

$\Sigma X = H_A - H_F = 2 - H_F = 0$

$\therefore H_F = 2\text{ kN}$

(2) 단면력도 작성

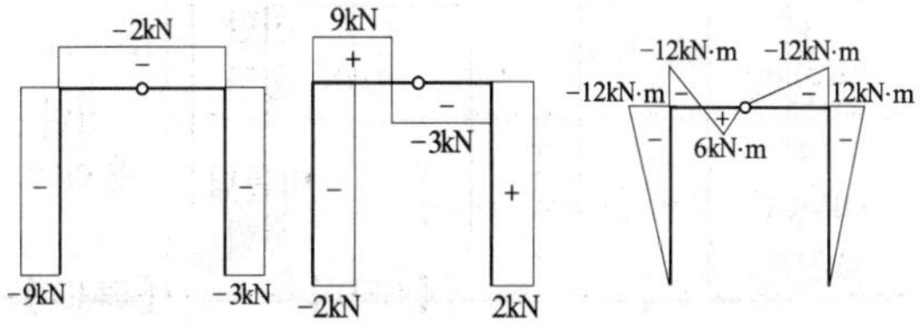

【AFD】 【SFD】 【BMD】

예제 9

다음 그림과 같은 트러스에서 부재력이 0인 부재의 수는 몇 개인가? (예상)

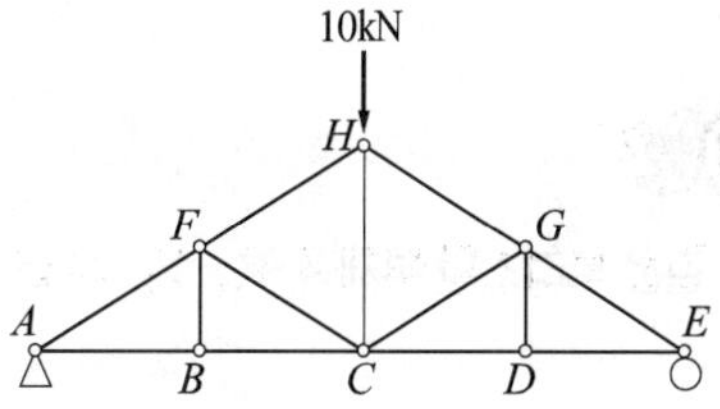

정답 부재력이 영(0)인 부재는 5개 이다.

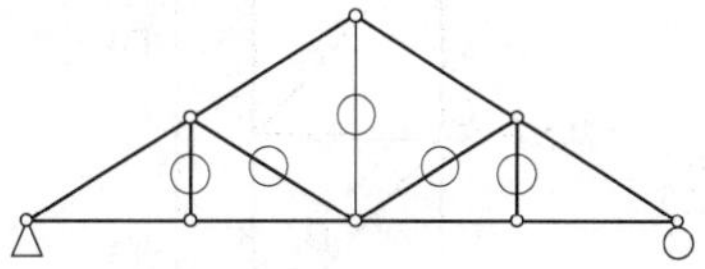

예제 10

다음과 같은 트러스의 D_1과 L_1의 부재력을 격점법(절점법)을 이용하여 구하여라. (예상)

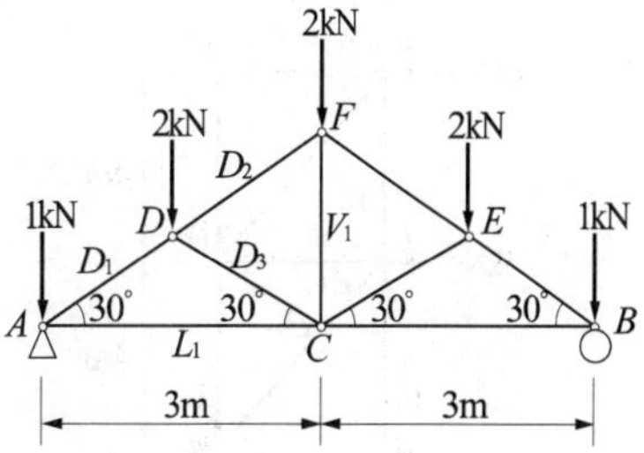

정답

(1) 반력의 산정

$R_A = 4\text{ kN}(\uparrow)$ $R_B = 4\text{ kN}(\uparrow)$

(2) 절점 A 부재력의 산정

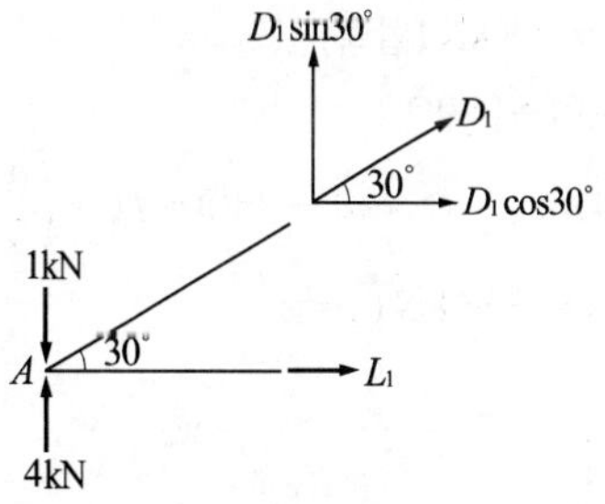

① $\Sigma Y=0(+;\uparrow)$: $\Sigma Y = 4 - 1 + D_1\sin 30° = 0$

$\therefore\ D_1 = -6\text{ kN}$ (압축)

② $\Sigma X = 0(+;\rightarrow)$:

$\Sigma X = L_1 + D_1\cos 30° = L_1 - 6\times\cos 30° = 0$

$\therefore\ L_1 = 5.2\text{ kN}$ (인장)

예제 11

다음과 같은 트러스의 부재력 V_1, V_2, D_1을 구하여라.

(예상)

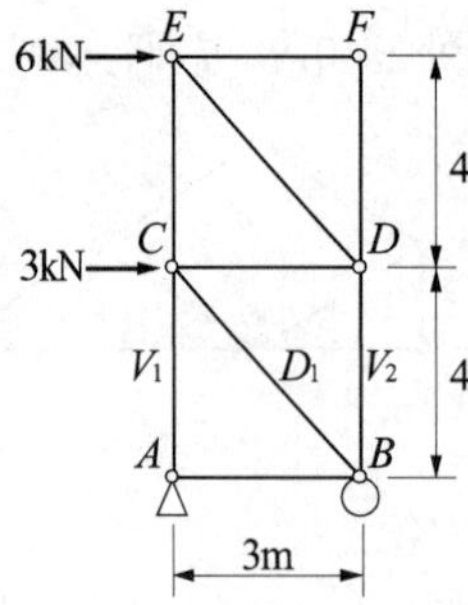

정답

절단법(단면법)을 이용하여 다음과 같이 부재력을 산정한다.

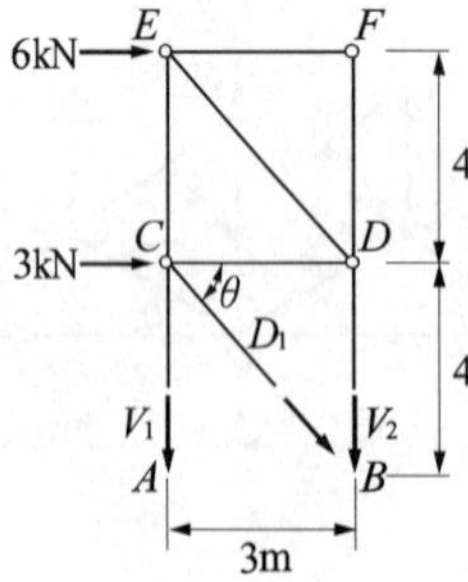

① $\Sigma M = 0(+;\circlearrowleft)$: $\Sigma M_B = 6\times 8 + 3\times 4 - V_1\times 3 = 0$

$\therefore\ V_1 = 20\text{ kN}$ (인장)

② $\Sigma M = 0(+;\circlearrowleft)$: $\Sigma M_C = 6\times 4 + V_2\times 3 = 0$

$\therefore\ V_1 = -8\text{ kN}$ (압축)

③ $\Sigma X = 0(+;\rightarrow)$:

$\Sigma X = 6 + 3 + D_1\cos\theta = 6 + 3 + D_1\times\left(\dfrac{3}{5}\right) = 0$

$\therefore\ D_1 = -15\text{ kN}$ (압축)

3. 탄성체의 성질

1) 응력과 변형률

(1) 개요

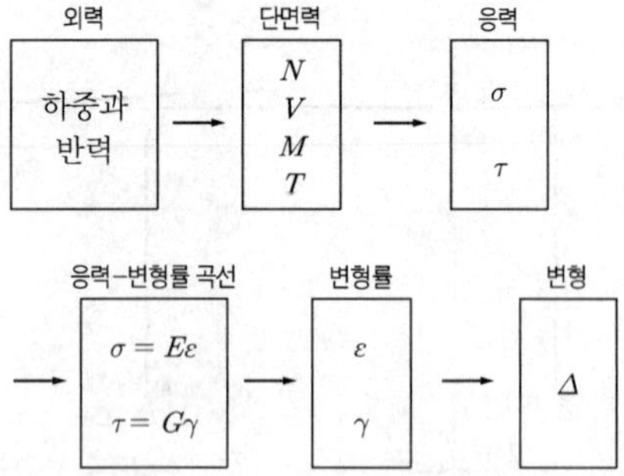

(2) 응력

① 응력(Stress)은 단위면적에 대한 힘의 세기이며, 내응력(Internal Stress)이라고도 한다.

② 응력의 단위로는 N/mm^2 (MPa), kN/m^2 등이 있다.

【단면력, 응력 및 명칭】

단면력의 종류	부호규약 (+)	응력	응력의 명칭	
			단면력의 관점	응력방향의 관점
N (축방향력)	←‖→	$\sigma = \dfrac{N}{A}$	축(방향) 응력 또는 수직응력	수직 응력(σ)
M (휨모멘트)	↑‖↓	$\sigma = \dfrac{M}{I}y$	휨응력	
V (전단력)	↱‖↰	$\tau_{aver} = \dfrac{V}{A}$	전단 응력	전단 응력(τ)
T (비틀림 모멘트)	↞‖↠	$\tau = \dfrac{T}{I_p}\rho$	비틀림 응력	

(주1) 위의 표에서 전단력 V에 의한 $\tau_{aver} = \dfrac{V}{A}$는 평균 전단응력이며, 최대 전단응력은 $\tau_{\max} = k\dfrac{V}{A}$이고 k는 단면의 형상계수로 직사각형 단면의 경우 $k=3/2$, 원형 단면의 경우 $k=4/3$이다.

(주2) 비틀림응력 산정식 $\tau = \dfrac{T}{I_p}\rho$는 원형단면에 대한 것이다. 여기서,

N : 축방향력(N, kN)
A : 단면적(mm², cm², m²)
V : 전단력(N, kN)
I : 단면2차 모멘트(mm⁴, cm⁴, m⁴)
M : 휨모멘트(N·mm, kN·m 등)
y : 중립축으로부터 휨응력을 구하고자 하는 곳까지의 거리(mm, cm, m)
T : 비틀림모멘트(N·mm, kN·m)
I_p : 단면극2차 모멘트(mm⁴, cm⁴, m⁴)

원형 단면의 단면극2차 모멘트, $I_p = \frac{\pi D^4}{32} = \frac{\pi r^4}{2}$

ρ : 원형 단면의 중심으로부터 비틀림응력을 구하고자 하는 곳까지의 거리(mm, cm, m)

(3) 휨모멘트와 축방향력에 의한 응력
(13③, 16③, 18②)

$$\sigma = \pm \frac{N}{A} \pm \frac{M}{Z} \text{ (N/mm}^2\text{, MPa)}$$

여기서, +는 인장응력, −는 압축응력

(4) 단순보에 집중하중과 등분포하중이 작용할 경우 최대 휨응력 (14③, 19②, 20②)

$$M_{\max} = \frac{\omega l^2}{8} + \frac{Pl}{4}$$

$$Z = \frac{bh^2}{6}$$

$$\therefore \sigma_{\max} = \frac{M_{\max}}{Z}$$

(5) 단순보에 등간격으로 두 개의 집중하중이 작용할 경우 최대 휨응력 (13③)

(6) 직사각형 보 단면의 최대 전단응력 산정
(13②, 16③)

$$\tau_{\max} = k\frac{V}{A} = \frac{3}{2} \cdot \frac{V}{A} \text{ (N/mm}^2\text{, MPa)}$$

예제 12

단면적(A) 100 mm²인 부재에 200 kN의 인장력이 작용할 경우 인장응력은 얼마인가? (예상)

정답 $\sigma_t = \frac{N}{A} = \frac{200 \times 10^3}{100} = 2{,}000 \text{ N/mm}^2\text{(MPa)}$

예제 13

경간 $l = 8$ m, 단면 300 mm×400 mm 되는 단순보의 중앙에 100 kN의 집중하중이 작용할 때 최대 휨응력과 최대 전단응력은? (예상)

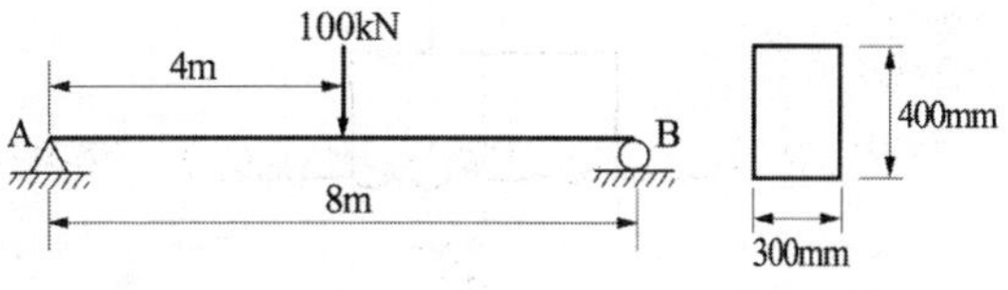

【단면】

정답

(1) 최대 휨응력

① 최대 휨모멘트 산정

$$M_{\max} = \frac{Pl}{4} = \frac{100 \times 8}{4} = 200 \text{ kN} \cdot \text{m}$$
$$= 200 \times 10^6 \text{ N} \cdot \text{mm}$$

② 최대 휨응력 산정

$$\sigma_{\max} = \frac{M_{\max}}{I} y = \frac{M_{\max}}{Z} = \frac{200 \times 10^6}{\left(\frac{300 \times 400^2}{6}\right)}$$
$$= 25 \text{ N/mm}^2\text{(MPa)}$$

(2) 최대 전단응력

① 반력 산정

$$R_A = \frac{P}{2} = \frac{100}{2} = 50 \text{ kN} = 50{,}000 \text{ N}$$

② 최대 전단력 산정

$$V_{\max} = R_A = 50{,}000 \text{ N}$$

③ 최대 전단응력 산정

$$\tau_{\max} = \frac{3}{2} \cdot \frac{V_{\max}}{A} = \frac{3}{2} \times \left(\frac{50{,}000}{300 \times 400}\right)$$
$$= 0.625 \text{ N/mm}^2\text{(MPa)}$$

예제 14

다음 그림과 같은 편심하중을 받는 직사각형 단면에서 단주의 최대 압축응력은? (예상)

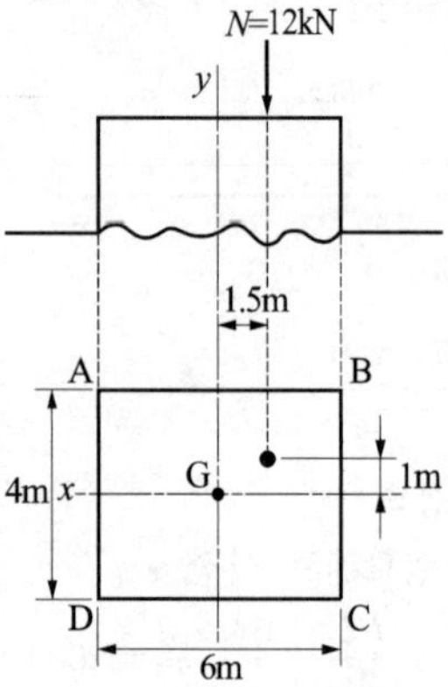

정답

$N = 12\ \mathrm{kN}$

$M_x = Ne_y = 12 \times 1 = 12\ \mathrm{kN \cdot m}$

$M_y = Ne_x = 12 \times 1.5 = 18\ \mathrm{kN \cdot m}$

$A = 6 \times 4 = 24\ \mathrm{m^2}$

$Z_x = \dfrac{bh^2}{6} = \dfrac{6 \times 4^2}{6} = 16\ \mathrm{m^3}$

$Z_y = \dfrac{hb^2}{6} = \dfrac{4 \times 6^2}{6} = 24\ \mathrm{m^3}$

$\sigma_{\max} = -\dfrac{N}{A} - \dfrac{M_x}{Z_x} - \dfrac{M_y}{Z_y} = -\dfrac{12}{24} - \dfrac{12}{16} - \dfrac{18}{24}$

$= -2.0\ \mathrm{kN/m^2}$(압축응력)

(7) 변형률

① 세로변형률

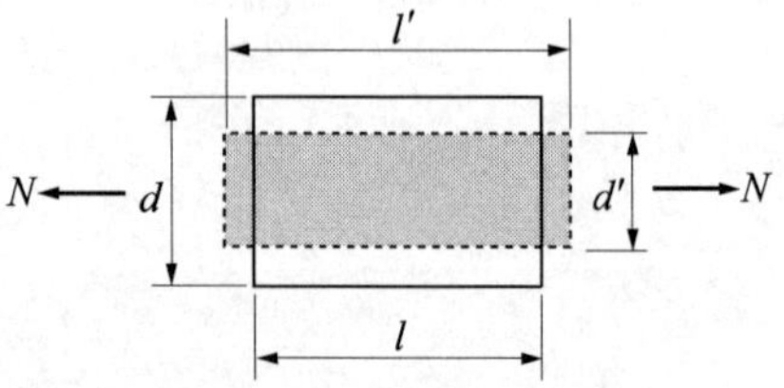

【인장력을 받는 부재의 변형】

$$\varepsilon = \frac{\Delta l}{l} = \frac{l' - l}{l}$$

여기서, ε : 세로변형률 또는 길이방향 변형률(무명수)

Δl : 변형된 길이(mm, cm, m)

l : 본래의 부재 길이(mm, cm, m)

l' : 늘어난 부재 길이(mm, cm, m)

② 가로변형률

$$\beta = \frac{\Delta d}{d} = \frac{d' - d}{d}$$

여기서, β : 가로변형률(무명수)

Δd : 변형된 부재 폭(mm, cm, m)

d : 본래의 부재 폭(mm, cm, m)

d' : 늘어난 부재 폭(mm, cm, m)

③ 푸아송비

$$\nu = -\frac{\text{가로변형률}}{\text{세로변형률}} = -\frac{\beta}{\varepsilon} = \frac{1}{m}$$

여기서, ν : 푸아송비(Poisson's Ratio, 무명수)

m : 푸아송수(Poisson's Number)

β : 가로변형률

ε : 세로변형률

예제 15

구조물에 외력이 작용하여 부재가 그림과 같이 변형하였다. 이 부재의 세로변형률, 가로변형률, 푸아송비, 푸아송수를 구하시오. (예상)

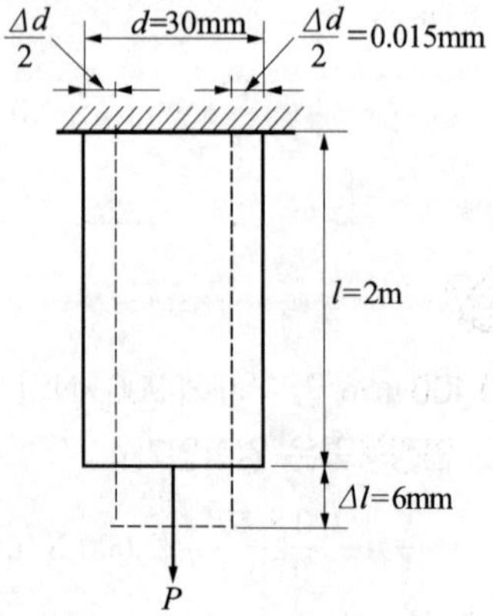

정답

(1) 세로변형률(ε)

$$\varepsilon=\frac{\Delta l}{l}=\frac{6}{2,000}=0.0030$$

(2) 가로변형률(β)

$$\beta=\frac{\Delta d}{d}=\frac{(-0.03)}{30}=-0.0010$$

(3) 푸아송비(ν)

$$\nu=-\frac{\text{가로변형도}}{\text{세로변형도}}=-\frac{\beta}{\varepsilon}=-\frac{(-0.0010)}{0.0030}$$

$=0.3333$

(4) 푸아송수(m)

$$m=\frac{1}{\nu}=3.00$$

(8) 응력-변형률의 관계 (16②)

① 강재의 응력-변형률 곡선

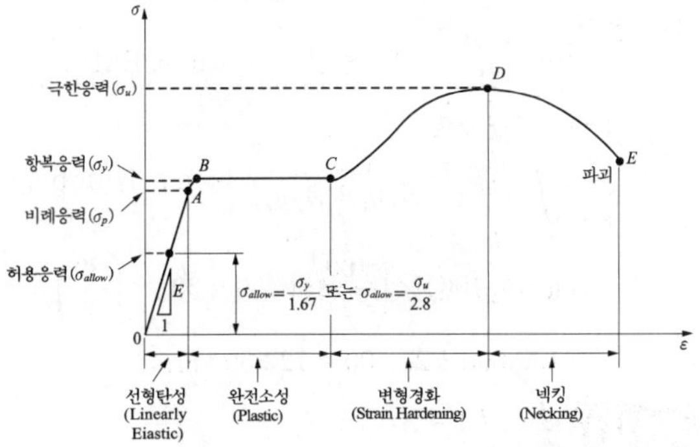

(주1) 구간 O-A
① 구간 O-A를 선형탄성영역이라 한다.
② 점 A를 비례한계점이라 하고, 직선 O-A의 기울기를 탄성계수 E라 한다.

(주2) 강재의 응력-변형률 곡선과 관계된 자세한 설명은 'Ⅲ. 철근콘크리트 구조'에서 하도록 한다. 일반적인 구조역학은 구간 O-A의 선형탄성영역에 대해서 다루어진다.

① 압축응력

$$\sigma=\frac{N}{A}(\text{N/mm}^2,\ \text{MPa})$$

② 변형률

$$\varepsilon=\frac{\Delta l}{l}$$

③ 후크의 법칙

$$\sigma=E\varepsilon$$

④ 탄성계수

$$E=\frac{\sigma}{\varepsilon}=\frac{\left(\frac{N}{A}\right)}{\left(\frac{\Delta l}{l}\right)}=\frac{N\cdot l}{A\cdot\Delta l}$$

여기서, E : 탄성계수(N/mm², MPa)
N : 축방향력(N)
A : 단면적(mm²)
Δl : 변형된 길이(mm)
l : 본래의 부재 길이(mm)

(9) 강재의 변형량 산정 (12①)

$$\Delta l=\frac{N\cdot l}{E\cdot A}$$

예제 16

부재길이가 3.5 m이고, 지름이 16 mm인 원형 단면봉에 30 kN의 인장력을 가하여 2.2 mm 늘어났을 때 이 재료의 탄성계수 E는 약 얼마인가? (예상)

정답 $$E=\frac{N\cdot l}{A\cdot\Delta l}=\frac{(30\times10^3)\times(3.5\times10^3)}{\left(\frac{\pi\times16^2}{4}\right)\times2.2}$$

$=237,376\ \text{N/mm}^2(\text{MPa})$

예제 17

철근이 단면적 200 mm², 탄성계수 200,000 MPa, 길이가 10 m이고 하중으로 100 kN의 인장력이 작용할 때 늘어난 길이 Δl을 구하시오. (3점) •12 ①

정답 $$\Delta l=\frac{N\cdot l}{E\cdot A}=\frac{(100\times10^3)\times(10\times10^3)}{200,000\times200}$$

$=25.0\ \text{mm}$

2) 단면의 성질

(1) 단면성능의 종류와 특징

단면성능	정의식	단위 및 부호
단면1차 모멘트	$S_x = \int_A y\,dA = Ay_0$ $S_y = \int_A x\,dA = Ax_0$	mm^3 (+), (−)
도심 (圖心)	$x_0 = \frac{S_y}{A}$ $y_0 = \frac{S_x}{A}$	mm (+), (−)
단면2차 모멘트 (관성 모멘트) (12②③, 14①③, 15①, 18②, 20③)	$I_x = \int_A y^2\,dA$ $I_y = \int_A x^2\,dA$	mm^4 (+)
단면계수 (15②, 21③)	$Z_c = \frac{I_{xG}}{y_c}$ $Z_t = \frac{I_{xG}}{y_t}$	mm^3 (+)
단면2차 반경 (회전반경) (17③)	$i_x = \sqrt{\frac{I_x}{A}}$ $i_y = \sqrt{\frac{I_y}{A}}$	mm (+)

(2) 임의 축에 대한 단면2차 모멘트 산정 (12②③, 14①③, 15①, 18②, 20③)

(3) 원형 단면 내에서의 직사각형의 단면계수 산정 (15②, 21③)

(4) 단면2차 반경으로부터 단면적 산정 (17③)

① 단면2차 반경 i_x

$$i_x = \sqrt{\frac{I_x}{A}}$$

$$i_x^2 = \frac{I_x}{A}$$

② 단면적 A

$$A = \frac{I_x}{i_x^2}$$

예제 18

다음 그림과 같은 L형 단면의 단면1차 모멘트 S_x, S_y와 도심 G를 구하라. (예상)

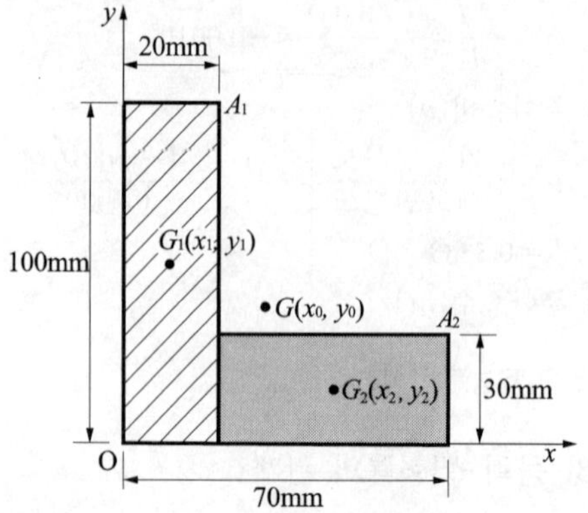

정답

(1) 면적

$$A = A_1 + A_2 = 20\times100 + 50\times30 = 3{,}500\ \text{mm}^2$$

(2) 단면1차 모멘트

$$S_x = \int_A y\,dA = A_1y_1 + A_2y_2$$
$$= (20\times100)\times\left(\frac{100}{2}\right) + (50\times30)\times\left(\frac{30}{2}\right)$$
$$= 100{,}000 + 22{,}500 = 122{,}500\ \text{mm}^3$$

$$S_y = \int_A x\,dA = A_1x_1 + A_2x_2$$
$$= (20\times100)\times\left(\frac{20}{2}\right) + (50\times30)\times\left(20+\frac{50}{2}\right)$$
$$= 20{,}000 + 67{,}500 = 87{,}500\ \text{mm}^3$$

(3) 도심

$$y_0 = \frac{S_x}{A} = \frac{A_1y_1 + A_2y_2}{A_1 + A_2} = \frac{122{,}500}{3{,}500} = 35\,\text{mm}$$

$$x_0 = \frac{S_y}{A} = \frac{A_1x_1 + A_2x_2}{A_1 + A_2} = \frac{87{,}500}{3{,}500} = 25\,\text{mm}$$

$$\therefore\ G(x_0,\ y_0) = G(25\ \text{mm},\ 35\ \text{mm})$$

예제 19

다음 그림과 같은 단면에서 x축에 대한 단면2차 모멘트를 구하시오. (2점) •12 ②

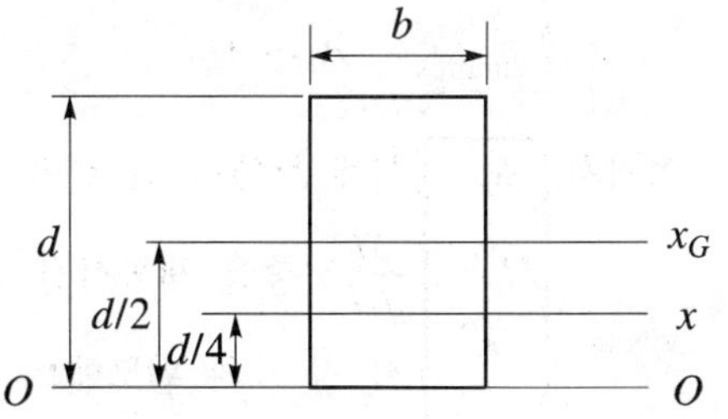

정답

$$I_x = I_{xG} + Ay^2 = \frac{bd^3}{12} + (bd) \times \left(\frac{d}{2} - \frac{d}{4}\right)^2 = \frac{7bd^3}{48}$$

예제 20

다음 그림과 같은 직사각형 단면의 단면계수는?

(예상)

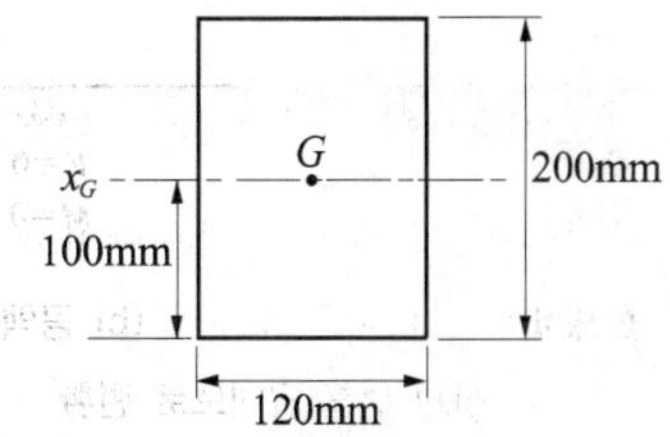

정답

(1) 도심축에 대한 단면2차 모멘트

$$I_{xG} = \frac{120 \times 200^3}{12} = 80 \times 10^6 \text{ mm}^4$$

(2) 단면계수

$$Z = \frac{I_{xG}}{y} = \frac{80 \times 10^6}{100} = 800 \times 10^3 \text{ mm}^3$$

4. 구조물의 변형

1) 개요

(1) 탄성곡선

직선이었던 부재가 하중을 받을 경우 변형하며, 이렇게 변형된 곡선을 탄성곡선이라 한다. 또는 처짐곡선이라고도 한다.

(2) 처짐각

탄성곡선의 한 점에서 그은 접선이 변형 전의 보의 길이방향 축(x 축)과 이루는 각(θ_A 또는 θ_B)을 말한다. 회전각, 경사각 또는 기울기의 각도라고도 하며, 단위는 라디안(rad)이다.

(3) 처짐

그림과 같은 부재에 하중이 작용할 경우, 부재의 길이방향(AB)에 수직인 방향으로의 변위를 말한다. 즉, 그림에서 변위의 수직성분($\Delta_C = CC'$)이다.

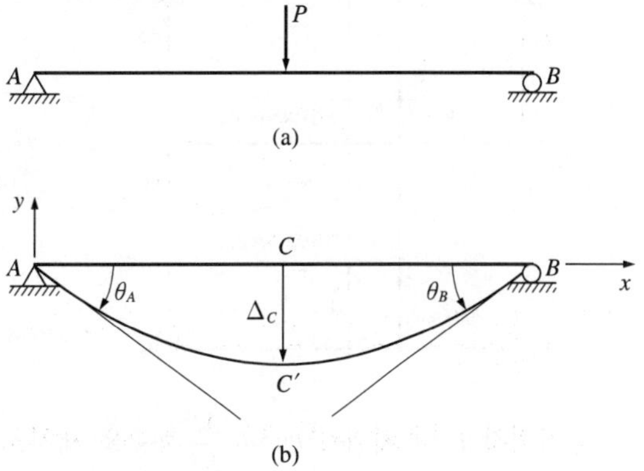

단순보의 처짐곡선, 처짐 및 처짐각

2) 탄성하중법 (12①, 22①)

(1) 개요

① 탄성하중법은 처짐각(기울기)과 처짐 산정을 위해 모멘트면적법을 간접적으로 적용한 것으로 공액보법이라고도 한다.

② $\dfrac{M}{EI}$의 하중을 받는 보를 공액보라 한다.

③ $\frac{M}{EI}$의 하중을 받는 공액보에서 공액보의 전단력은 실제 보의 처짐각이며, 공액보의 휨모멘트는 실제 보의 처짐이다.

④ y 좌표의 양(+)이 상향(↑)일 경우, 휨모멘트 M이 양(+)일 때 공액보에 가해지는 $\frac{M}{EI}$하중은 상향(↑)으로, 휨모멘트 M이 음(−)일 때 공액보에 가해지는 $\frac{M}{EI}$ 하중은 하향(↓)으로 가정한다.

(2) 단순보에서 탄성하중법

① 임의점의 처짐각

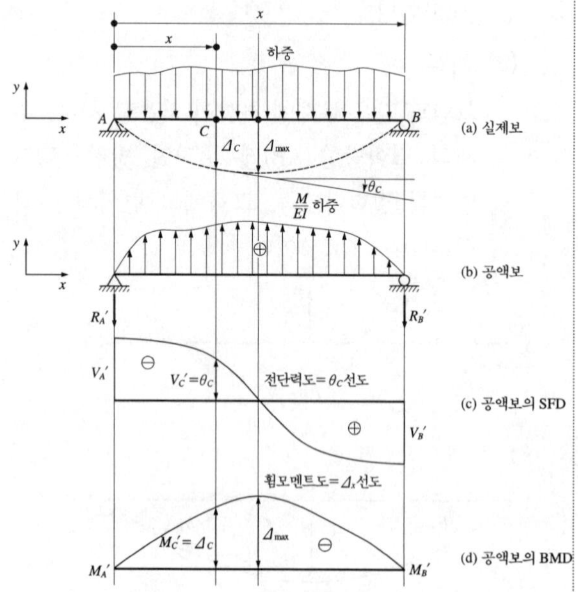

임의점 C의 처짐각 θ_C는 $\frac{M}{EI}$하중을 재하시킨 공액보에서 그 점의 전단력 V_C'과 같다.

$$\theta_C = V_C'$$

여기서, V_C' : $\frac{M}{EI}$하중을 재하시킨 공액보에서 점 C의 전단력

② 임의점의 처짐

임의점 C의 처짐 Δ_C는 $\frac{M}{EI}$하중을 재하시킨 공액보에서 그 점의 휨모멘트 M_C'과 같다.

$$\Delta_C = M_C'$$

여기서, Δ_C : 실제 보에서 점 C의 처짐

M_C' : $\frac{M}{EI}$하중을 재하시킨 공액에서 점 C의 휨모멘트

(3) 탄성하중법에서 지점의 변환

① 고정단 → 자유단
② 자유단 → 고정단
③ 내부 지점 → 내부 힌지
④ 내부 힌지 → 내부 지점

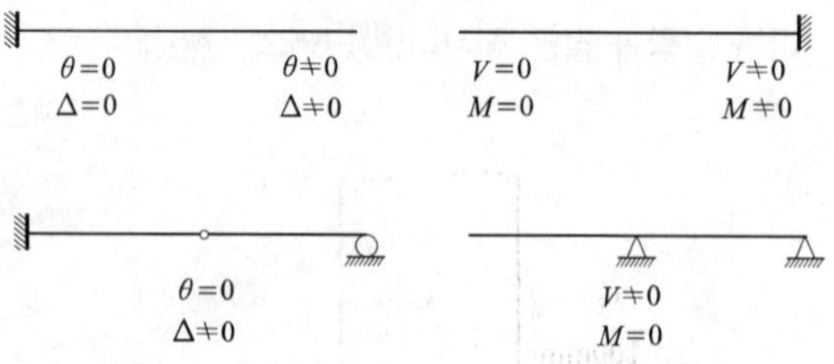

(a) 실제보 (b) 공액보

실제 보를 공액보로 변환

(4) 해석방법

① 실제 보의 BMD (휨모멘트도)를 작성한다.
② $\frac{M}{EI}$을 작성한다.
③ 실제 보에서 지점 및 절점의 변화가 필요한 경우 변환한다.
④ $\frac{M}{EI}$ 하중을 재하한다.(공액보)
⑤ 공액보에서 임의점 C의 전단력이 실제 보에서 점 C의 처짐각(θ_C)이다.
⑥ 공액보에서 임의점 C의 휨모멘트가 실제 보에서 점 C의 처짐(Δ_C)이다.

예제 21

다음 그림과 같은 단순보에서 θ_A, θ_B, Δ_C를 계산하시오. (단, EI는 일정하다.) (4점) •12 ①

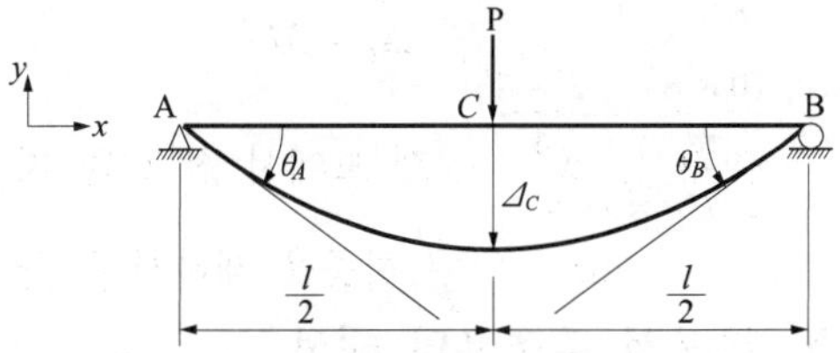

정답

(1) 실제 보의 BMD(휨모멘트도)

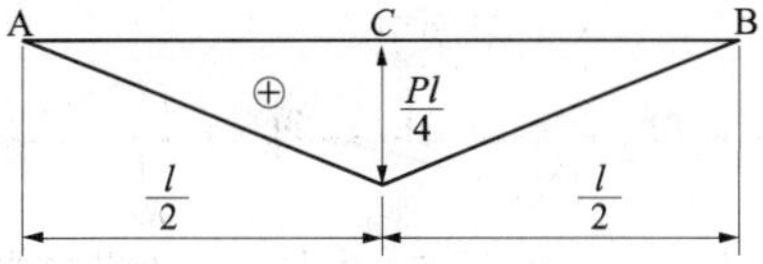

(2) $\dfrac{M}{EI}$을 하중으로 재하

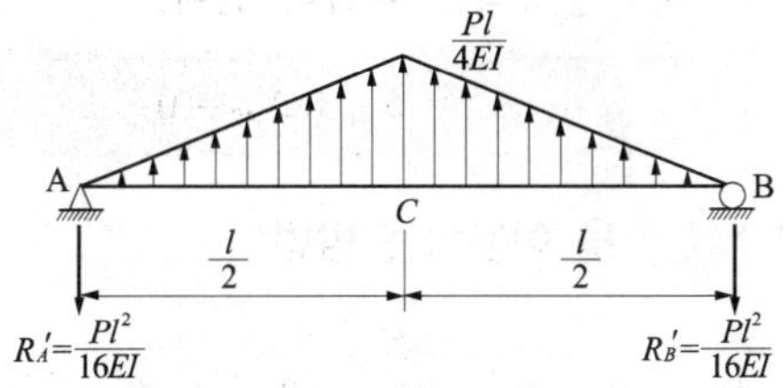

(3) 처짐각 θ_A, θ_B의 산정

실제 보의 θ_A는 $\dfrac{M}{EI}$을 하중으로 재하시킨 공액보에서 점 A의 전단력(반력)이다.

$$R_A' = \frac{1}{2}\times\left(\frac{Pl}{4EI}\right)\times\left(\frac{l}{2}\right) = \frac{Pl^2}{16EI}\ (\downarrow)$$

$$\therefore\ \theta_A = V_A' = -\frac{Pl^2}{16EI}\ (\text{시계방향})$$

실제 보의 θ_B는 $\dfrac{M}{EI}$을 하중으로 재하시킨 공액보에서 점 B의 전단력이다.

$$\therefore\ \theta_B = V_B' = -\frac{Pl^2}{16EI} + \frac{1}{2}\times\left(\frac{Pl}{4EI}\right)\times\left(\frac{l}{2}\right)\times 2$$

$$= \frac{Pl^2}{16EI}\ (\text{반시계방향})$$

(4) 처짐 Δ_C의 산정

실제 보의 Δ_C는 $\dfrac{M}{EI}$을 하중으로 재하시킨 공액보에서 점 C의 휨모멘트이다.

$$M_C' = -\frac{Pl^2}{16EI}\times\left(\frac{l}{2}\right) + \frac{1}{2}\times\left(\frac{Pl}{4EI}\right)$$

$$\times\left(\frac{l}{2}\right)\times\left(\frac{l}{2}\times\frac{1}{3}\right) = -\frac{Pl^3}{48EI}$$

$$\therefore\ \Delta_C = M_C' = -\frac{Pl^3}{48EI}\ (\text{하향})$$

예제 22

다음 캔틸레버보에서 점 B의 처짐각과 처짐을 구하라. (단, EI는 일정하다.) (예상)

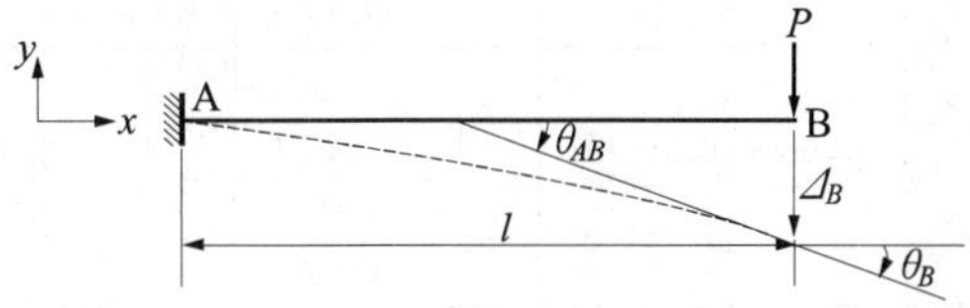

정답

(1) 실제 보의 BMD(휨모멘트도)

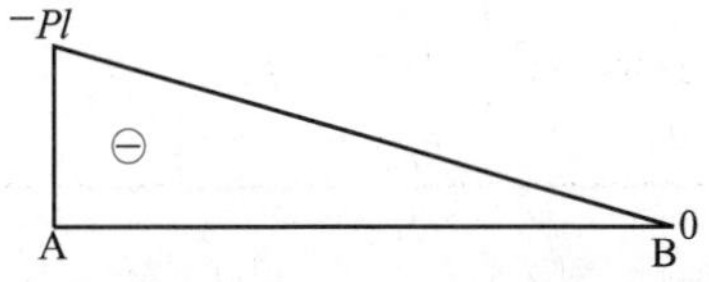

(2) 실제 보를 공액보로 변환(고정단↔자유단)한 후 $\dfrac{M}{EI}$을 하중으로 재하

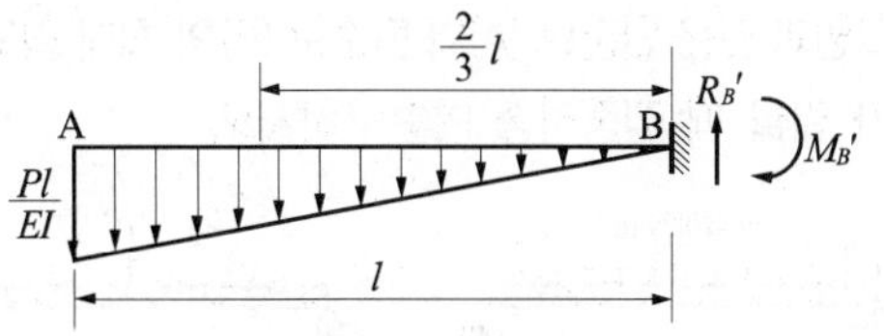

(3) 처짐각 θ_B의 산정

실제 보의 θ_B는 $\dfrac{M}{EI}$을 하중으로 재하시킨 공액보에서 점 B의 전단력이다.

$$\therefore\ \theta_B = V_B' = -\frac{1}{2}\times\left(\frac{Pl}{EI}\right)\times(l) = -\frac{Pl^2}{2EI}$$

(시계방향)

(4) 처짐 Δ_B의 산정

실제 보의 Δ_B는 $\dfrac{M}{EI}$을 하중으로 재하시킨 공액보에서 점 B의 휨모멘트이다.

$$\therefore\ \Delta_B = M_B' = -\frac{Pl^2}{2EI} \times \left(\frac{2}{3}l\right) = -\frac{Pl^3}{3EI}$$

(하향)

3) 보의 처짐각 및 최대 처짐 공식

(12①, 14②, 16②, 20①②)

【하중 상태에 따른 보의 처짐각 및 최대 처짐】

구분	하중 상태	처짐각 (θ)	최대 처짐 (Δ_{max})
단순보	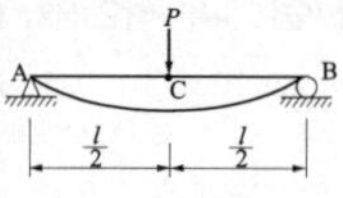	$\theta_A = -\dfrac{Pl^2}{16EI}$ $\theta_B = \dfrac{Pl^2}{16EI}$	$\Delta_C = -\dfrac{Pl^3}{48EI}$
단순보	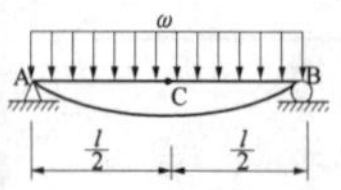	$\theta_A = -\dfrac{wl^3}{24EI}$ $\theta_B = \dfrac{wl^3}{24EI}$	$\Delta_C = -\dfrac{5wl^4}{384EI}$
캔틸레버보	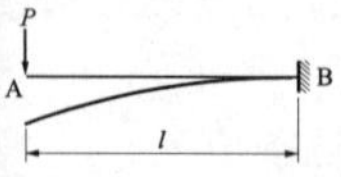	$\theta_A = \dfrac{Pl^2}{2EI}$ $\theta_B = 0$	$\Delta_A = -\dfrac{Pl^3}{3EI}$
캔틸레버보	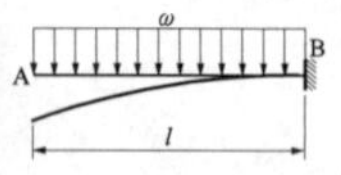	$\theta_A = \dfrac{wl^3}{6EI}$ $\theta_B = 0$	$\Delta_A = -\dfrac{wl^4}{8EI}$

(주) 위의 표에서 좌표계는 y↑ →x 이다.

예제 23

그림과 같은 단순보 (A)와 단순보 (B)의 최대 휨모멘트가 같을 때 집중하중 P를 구하시오. • 14 ①

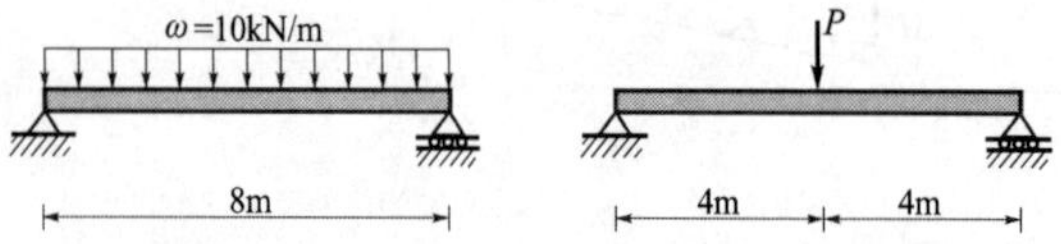

(A) (B)

정답

(1) 등분포하중이 작용할 경우 최대 휨모멘트

$$M_{A,\max} = \frac{wl^2}{8}$$

(2) 집중하중이 작용할 경우 최대 휨모멘트

$$M_{B,\max} = \frac{Pl}{4}$$

(3) 최대 휨모멘트가 같을 경우 집중하중 P

$$\frac{wl^2}{8} = \frac{Pl}{4}$$

$$\frac{10\times 8^2}{8} = \frac{P\times 8}{4}$$

$$\therefore\ P = 40\ \text{kN}$$

5. 부정정 구조물의 해석

1) 변위일치법에 의한 해석방법 (19②)

(1) 처짐을 이용하는 방법

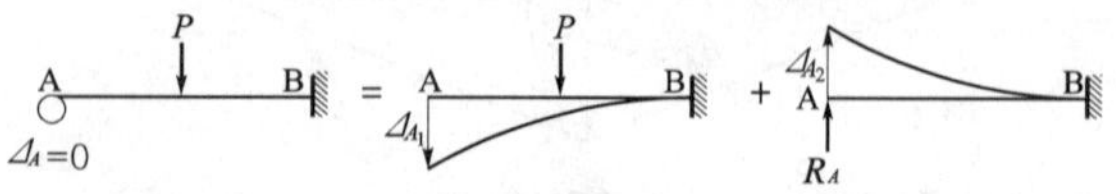

(a) 실제구조물 (b) 하중 P만 작용하는 정정구조물 (c) 부정정반력 R_A만 작용하는 정정구조물

그림 (a)에서 A점의 처짐 Δ_A는 영(0)이므로 적합방정식은 다음과 같다.

$$\Delta_A = \Delta_{A1} + \Delta_{A2} = 0$$

(2) 처짐각을 이용하는 방법

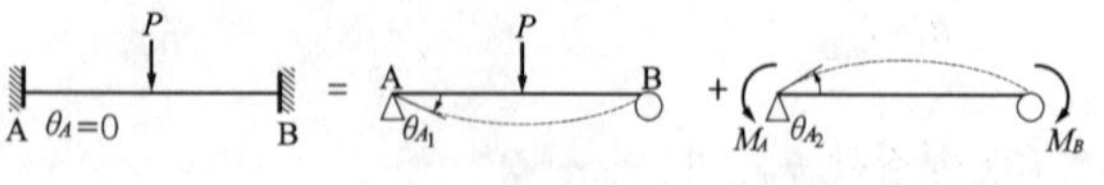

(a) 실제구조물 (b) 하중 P만 작용하는 정정구조물 (c) 부정정반력 M_A, M_B만 작용하는 정정구조물

그림 (a)에서 고정단 A, B점의 처짐각 θ_A는 영(0)이므로 적합방정식은 다음과 같다.

$$\theta_A = \theta_{A1} + \theta_{A2} = 0$$

여기서,

Δ_A : 실제구조물에서 작용하중 및 부정정 반력 R_A에 의한 A점의 처짐

Δ_{A1} : 정정구조물에서 부정정반력(지점반력)을 제거하고, 작용하중만에 의한 A점의 하향 처짐

Δ_{A2} : 정정구조물에서 부정정반력(지점반력)
에 의한 A점의 상향 처짐

θ_A : 실제구조물에서 작용하중 및 부정정반력 M_A에 의한 A점의 처짐각

θ_{A1} : 정정구조물에서 부정정반력(지점반력)을 제거하고, 작용하중만에 의한 A점의 처짐각

θ_{A2} : 정정구조물에서 부정정반력(지점반력)에 의한 A점의 처짐각

2) 처짐각법의 해석방법

(1) 처짐각법의 계산과정

① 미지수(절점각 θ, 부재각 R)를 선정한다.
② 강도에 의한 강비와 하중항을 계산한다.
③ 각 부재마다 처짐각의 기본식을 정한다.
④ 절점방정식(각 절점마다 1개의 식)이나 층방정식(라멘에서 각 층마다 1개의 식)을 세운다.
⑤ 절점방정식과 층방정식을 연립시켜 미지수(절점각 θ, 부재각 R)를 구한다.
⑥ 이 미지수를 기본식(실용식)에 대입하여 재단모멘트를 구한다.
⑦ 각 부재별 재단모멘트와 평형조건에 따라 전체 구조물의 반력 및 단면력 등을 산정한다.

(2) 처짐각법의 공식

① 기본식(휨강성이 K 또는 I 및 l로 주어질 때 사용)

$$M_{AB} = 2EK_{AB}(2\theta_A + \theta_B - 3R) + C_{AB}$$
$$M_{BA} = 2EK_{BA}(2\theta_B + \theta_A - 3R) + C_{BA}$$

② 실용식(휨강성이 강비 k로 주어질 때 사용)

$$M_{AB} = k_{AB}(2\phi_A + \phi_B + \psi) + C_{AB}$$
$$M_{BA} = k_{BA}(2\phi_B + \phi_A + \psi) + C_{BA}$$

여기서, $\phi_A = 2EK_0\,\theta_A$

$\phi_B = 2EK_0\,\theta_B$

$\psi = 2EK_0\,(-3R)$

$K_0 = K_{AB}/k_{AB}$

(3) 절점방정식(모멘트식)

한 절점에 모인 각 부재의 재단모멘트의 합은 그 절점에 작용하는 휨모멘트와 평형을 이룬다.

① 절점에 모멘트 M이 작용할 경우

$$M_{AB} + M_{AC} + M_{AD} + M_{AE} = M$$

② 절점에 모멘트 M이 작용하지 않을 경우

$$M_{AB} + M_{AC} + M_{AD} + M_{AE} = 0$$

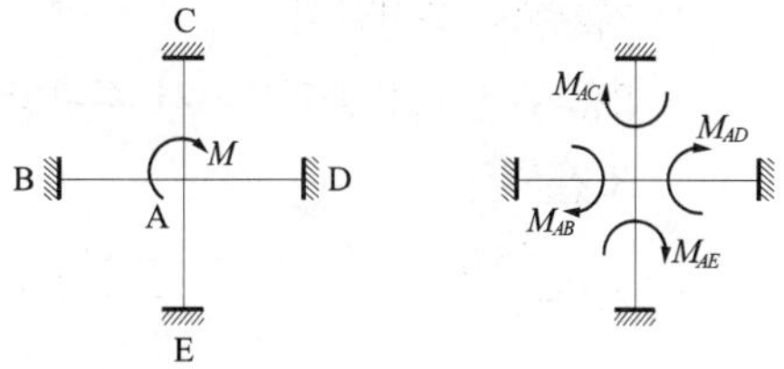

3) 층방정식(전단력식)

(1) 개요

라멘 구조물에서 수평하중이 작용하여 절점이 이동할 때에는 절점각(θ) 이외에 부재각(R)이 미지수로 추가된다. 이와 같이 수평하중이 작용하는 라멘의 보 부재에서는 회전은 일어나지 않고 기둥의 부재각이 각 층마다 공통으로 층수에 해당하는 미지수가 증가된다. 따라서 층수에 해당하는 층방정식이 필요하다.

(2) 층방정식의 유도(2층 구조물의 경우)

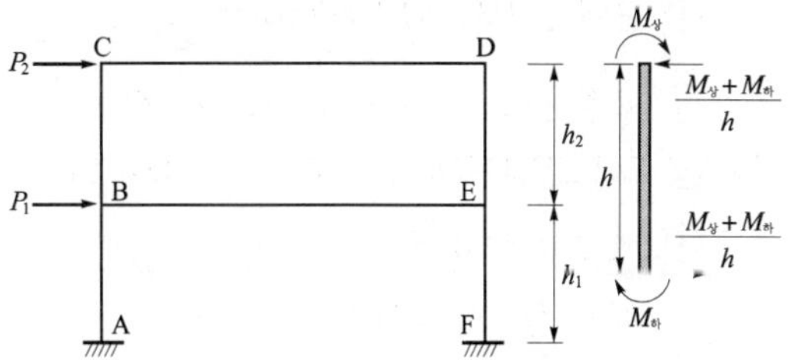

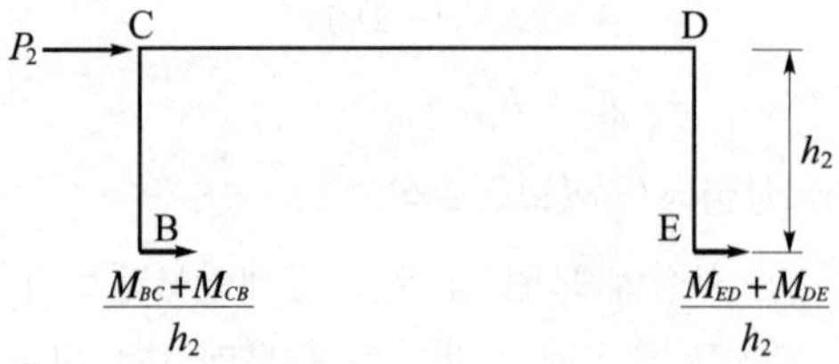

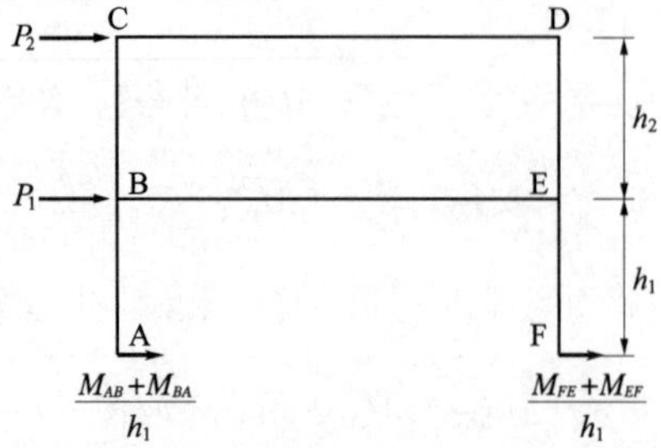

① 제2층의 층전단력

2층 부분 자유물체도에서 수평방향 평형 조건식은

$$\Sigma X = \frac{M_{BC}+M_{CB}}{h_2} + \frac{M_{ED}+M_{DE}}{h_2} + P_2 = 0$$

또는 $\Sigma M = (M_{BC}+M_{CB}) + (M_{ED}+M_{DE}) + P_2 h_2 = 0$

② 제1층의 층전단력

1층+2층 부분 자유물체도에서 수평방향 평형조건식은

$$\Sigma X = \frac{M_{AB}+M_{BA}}{h_1} + \frac{M_{FE}+M_{EF}}{h_1} + P_1 + P_2 = 0$$

또는 $\Sigma M = (M_{AB}+M_{BA}) + (M_{FE}+M_{EF}) + (P_1+P_2)h_1 = 0$

4) 모멘트분배법의 해석순서 (15②, 16①)

① 분배율(DF, μ) : $DF = \mu = \dfrac{k}{\Sigma k}$

② 고정단모멘트(FEM) : $FEM = C$

③ 고정모멘트(M_u) : $M_u = \Sigma FEM = \Sigma C$

④ 해방모멘트($\overline{M}$) :

$\overline{M} = -M_u = -\Sigma FEM = -\Sigma C$

⑤ 분배모멘트(DM, M') :

$DM = M' = DF \times \overline{M} = \dfrac{k}{\Sigma k} \times \overline{M}$

⑥ 도달모멘트(CM, M'') :

$CM = M'' = \dfrac{1}{2} \times DM = \dfrac{1}{2} \times M'$

⑦ 재단모멘트(FM) :

$FM = FEM + DM + CM = C + M' + M''$

⑧ 각 부재의 재단모멘트와 평형조건을 사용하여 전체 구조물의 반력 및 단면력 산정

예제 24

다음 양단고정인 부정정보에서 하중이 작용할 때 A점, B점의 모멘트반력 M_A, M_B을 구하시오. 또한 C점의 처짐 Δ_C를 구하시오. (단, EI는 일정하다.) (예상)

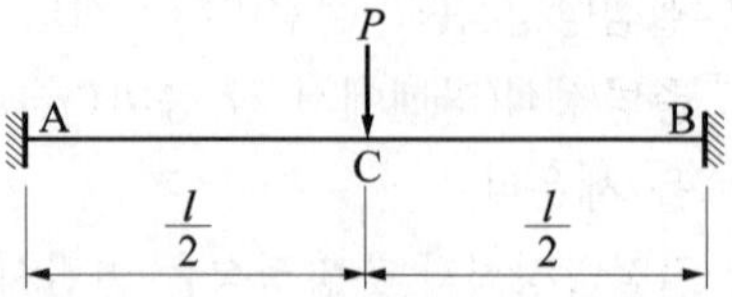

정답

(1) 구조물의 변형일치

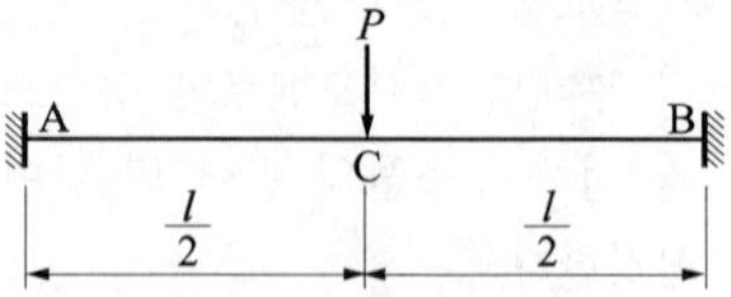

(2) 적합방정식

지점 A의 처짐각, $\theta_A = 0$이므로 $\theta_A = \theta_{A1} + \theta_{A2} = 0$이다.

(3) 하중 P만 작용하는 정정구조물의 처짐각

$\theta_{A1} = \dfrac{Pl^2}{16EI}$(시계방향)

(4) 부정정반력 M_A만 작용하는 정정구조물의 처짐각

$\theta_{A2} = -\dfrac{M_A l}{2EI}$(반시계방향)

(5) 실제구조물의 지점반력 산정

① $\theta_A = 0$: $\theta_A = \theta_{A1} + \theta_{A2} = \dfrac{Pl^2}{16EI} - \dfrac{M_A l}{2EI} = 0$

$\therefore M_A = \dfrac{Pl}{8}$

② 좌우대칭으로부터 $M_B = M_A = \frac{Pl}{8}$

(6) 처짐 산정

① 하중 P만 작용하는 정정구조물의 C점 처짐

$$\Delta_{C1} = \frac{Pl^3}{48EI}(\text{하향})$$

② 부정정반력 M_A만 작용하는 정정구조물의 C점 처짐

$$\Delta_{C2} = -\frac{M_A l^2}{8EI} = -\left(\frac{Pl}{8}\right)\left(\frac{l^2}{8EI}\right) = -\frac{Pl^3}{64EI}$$

(상향)

③ 실제보의 C점 처짐

$$\Delta_C = \Delta_{C1} + \Delta_{C2} = \frac{Pl^3}{48EI} - \frac{Pl^3}{64EI} = \frac{Pl^3}{192EI}$$

(하향)

예제 25

다음 오른쪽 그림과 같은 라멘의 재단모멘트를 산정하고 휨모멘트를 작도하시오. (예상)

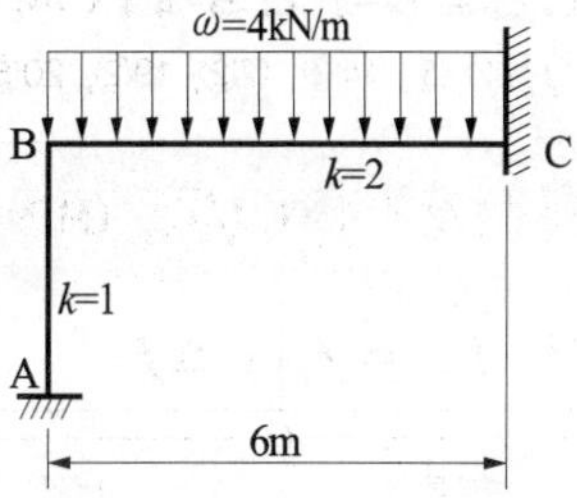

정답

(1) 미지수

절 점	성 질	부재각 및 처짐각	비 고
A, C	회전 없음	$\phi_A = \phi_C = 0$	–
B	이동 없음	$\psi = 0$	–
	회전 있음	$\phi_B = ?$	미지수 1개

(2) 하중항

① $C_{AB} = C_{BA} = 0$

② $C_{BC} = -\frac{wl^2}{12} = -\frac{4 \times 6^2}{12} = -12\text{ kN}\cdot\text{m}$

③ $C_{CB} = \frac{wl^2}{12} = 12\text{ kN}\cdot\text{m}$

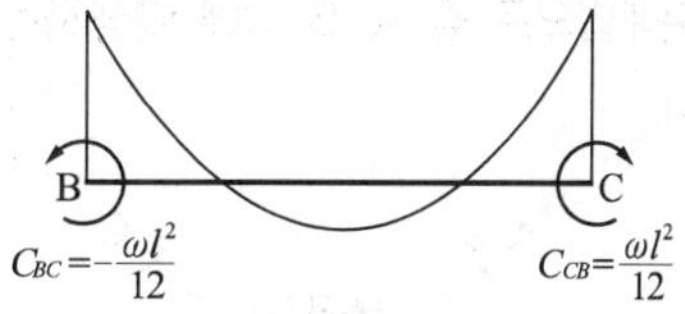

하중도

(3) 실용식

$$M_{AB} = k_{AB}(2\phi_A + \phi_B + \psi) + C_{AB}$$
$$= 1 \times (0 + \phi_B + 0) + 0 = \phi_B$$
$$M_{BA} = k_{BA}(2\phi_B + \phi_A + \psi) + C_{BA}$$
$$= 1 \times (2\phi_B + 0 + 0) + 0 = 2\phi_B$$
$$M_{BC} = k_{BC}(2\phi_B + \phi_C + \psi) + C_{BC}$$
$$= 2 \times (2\phi_B + 0 + 0) - 12 = 4\phi_B - 12$$
$$M_{CB} = k_{CB}(2\phi_C + \phi_B + \psi) + C_{CB}$$
$$= 2 \times (0 + \phi_B + 0) + 12 = 2\phi_B + 12$$

(4) 절점방정식(B절점)

$$M_{BA} + M_{BC} = 2\phi_B + (4\phi_B - 12) = 0$$
$$\therefore\ \phi_B = 2\text{kN}\cdot\text{m}$$

(5) 재단모멘트

$$M_{AB} = \phi_B = 2\text{kN}\cdot\text{m}$$
$$M_{BA} = 2\phi_B = 4\text{kN}\cdot\text{m}$$
$$M_{BC} = 4\phi_B - 12 = -4\text{kN}\cdot\text{m}$$
$$M_{CB} = 2\phi_B + 12 = 16\text{kN}\cdot\text{m}$$

(6) 휨모멘트도

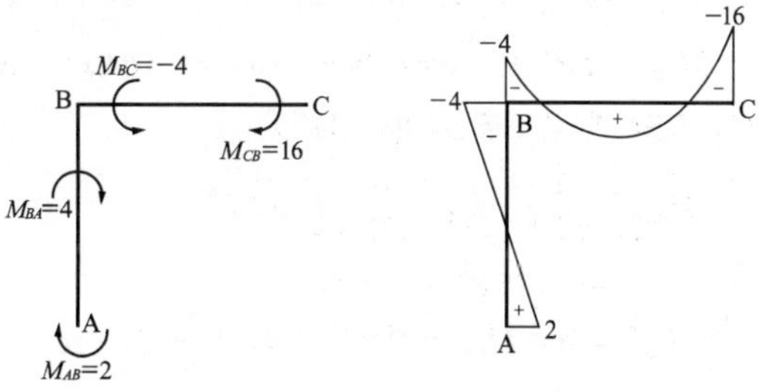

예제 26

모멘트분배법으로 점 A, B, C에 발생하는 모멘트를 구하여라. (예상)

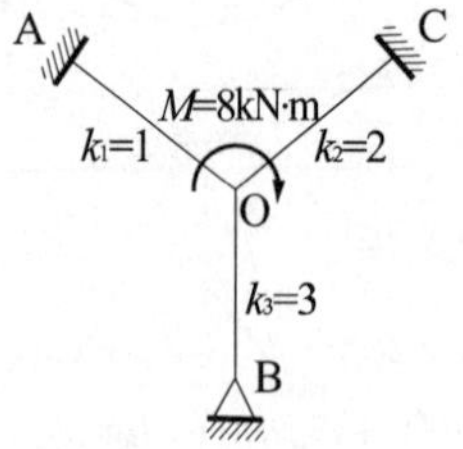

정답

(1) OB 부재의 유효강비(등가강비, k_e)

$$k_e = \frac{3}{4} \times 3 = 2.25$$

(2) 분배율(DF, $k/\Sigma k$)

$$DF_{OA} = \frac{1}{1+2+2.25} = 0.19$$

$$DF_{OB} = \frac{2.25}{1+2+2.25} = 0.43$$

$$DF_{OC} = \frac{2}{1+2+2.25} = 0.38$$

(3) 고정모멘트(M_u)

$M_u = 8\ \text{kN} \cdot \text{m}$

(4) 해방모멘트($\overline{M}$)

$\overline{M} = -8\ \text{kN} \cdot \text{m}$

(5) 분배모멘트(DM, M')

$M_{OA}' = DF_{OA} \times \overline{M} = 0.19 \times (-8) = -1.52\ \text{kN} \cdot \text{m}$

$M_{OB}' = DF_{OA} \times \overline{M} = 0.43 \times (-8) = -3.44\ \text{kN} \cdot \text{m}$

$M_{OC}' = DF_{OA} \times \overline{M} = 0.38 \times (-8) = -3.04\ \text{kN} \cdot \text{m}$

(6) 도달(전달)모멘트(CM, M'')

$$M_{AO}'' = \frac{1}{2} \times M_{OA}' = \frac{1}{2} \times (-1.52)$$
$$= -0.75\ \text{kN} \cdot \text{m}$$

$$M_{BO}'' = 0 \times M_{OB}' = 0 \times (-3.44) = 0\ \text{kN} \cdot \text{m}$$

$$M_{CO}'' = \frac{1}{2} \times M_{OC}' = \frac{1}{2} \times (-3.04)$$
$$= -1.52\ \text{kN} \cdot \text{m}$$

Ⅱ 철근콘크리트구조

1. 철근콘크리트 구조설계 일반

1) 철근콘크리트구조의 성립이유

① 철근과 콘크리트 사이의 큰 부착강도

② 강알칼리성 콘크리트의 철근 부식 방지

③ 거의 같은 두 재료의 열팽창계수

2) 콘크리트 탄성계수의 종류

① 초기접선 탄성계수

② 접선탄성계수

③ 할선탄성계수

3) 콘크리트의 할선탄성계수 ($m_c = 1{,}450 \sim 2{,}500\ \text{kg/m}^3$)

$$E_c = 0.077\, m_c^{1.5} \sqrt[3]{f_{cm}} \ \ (\text{MPa})$$

4) 보통중량골재의 탄성계수($m_c = 2{,}300\ \text{kg/m}^3$) (11③, 14②, 17②, 19②, 20⑤)

$$E_c = 8{,}500 \sqrt[3]{f_{cm}} \ \ (\text{MPa})$$

여기서, $f_{cm} = f_{ck} + \Delta f$

구분	Δf
$f_{ck} \le 40\text{MPa}$	4 MPa
$40 < f_{ck} < 60\text{MPa}$	직선보간
$f_{ck} \ge 60\text{MPa}$	6 MPa

5) 철근의 탄성계수

$$E_s = 2.0 \times 10^5\ (\text{MPa})$$

6) 탄성계수비 (11③, 15③, 20⑤)

$$n = \frac{E_s}{E_c} = \frac{2.0 \times 10^5}{8{,}500 \sqrt[3]{f_{cm}}} = \frac{23.53}{\sqrt[3]{f_{cm}}}$$

7) 경량콘크리트계수

(1) f_{sp} 값이 규정되어 있지 않은 경우

① 전경량콘크리트 : $\lambda = 0.75$

② 모래경량콘크리트 : $\lambda = 0.85$

(주1) 전경량콘크리트는 잔골재와 굵은골재 전부를 경량골재로 대체하여 만든 콘크리트이다.

(주2) 모래경량콘크리트는 잔골재는 자연산 모래를 사용하고 굵은골재는 경량골재를 사용하여 만든 콘크리트이다.

(2) 보통중량콘크리트의 경량콘크리트계수는 $\lambda = 1.0$이다.

(주1) 일반적인 철근콘크리트 공사에서는 보통중량콘크리트를 사용하므로 $\lambda = 1.0$이다.

8) 철근의 응력-변형률 곡선에서 각 점과 영역의 용어 (11②, 15① 22①)

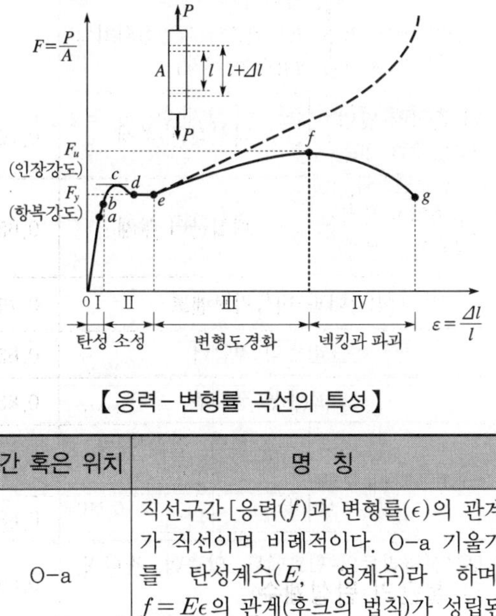

【응력-변형률 곡선의 특성】

구간 혹은 위치	명 칭
O-a	직선구간 [응력(f)과 변형률(ϵ)의 관계가 직선이며 비례적이다. O-a 기울기를 탄성계수(E, 영계수)라 하며, $f = E\epsilon$의 관계(후크의 법칙)가 성립된다.]
a점	비례한계점
b점	탄성한계점
c점	상항복점
d점	하항복점 [재료의 설계기준항복강도(f_y)를 의미한다.]
e점	변형률경화시점
f점	인장강도점(극한강도점) [인장강도(f_u)는 재료가 받을 수 있는 최대 응력이다.]
g점	파괴점
Ⅰ구간	탄성영역
Ⅱ구간	소성영역
Ⅲ구간	변형률경화영역
Ⅳ구간	파괴영역(넥킹구간)

9) 안전규정 (22①)

$$\text{소요강도}(U) \le \text{설계강도}(R_d)$$

여기서, U : 계수하중에 의한 소요강도
(U=1.2D+1.6L 등)

R_d : 설계강도($R_d = \phi R_n$)

R_n : 공칭강도

ϕ : 강도감소계수

(1) 공칭강도 (22①)

공식과 재료강도 및 부재치수를 사용하여 계산된 구조물, 부재 또는 단면의 저항능력을 말하며, 강도감소계수 또는 저항계수를 적용하지 않은 강도이다.

(2) 설계강도 (22①)

구조물, 부재 또는 단면의 공칭강도에 강도감소계수 또는 저항계수를 곱한 구조물, 부재 또는 단면의 강도이다.

10) 강도설계의 기본 개념

$$M_u \le M_d,\ \ M_d = \phi M_n$$
$$P_u \le P_d,\ \ P_d = \phi P_n$$
$$V_u \le V_d,\ \ V_d = \phi V_n$$

11) 하중계수와 소요강도 (11②, 13②, 15③)

고정하중(D), 활하중(L), 적설하중(S), 풍하중(W) 및 지진하중(E)에 대한 최대 소요강도는 다음의 하중조합 중 최댓값이다.

$U=1.4D$ (1)
$U=1.2D+1.6L+0.5S$ (2)
$U=1.2D+1.6S+1.0L$ (3)
$U=1.2D+1.6S+0.65W$ (4)
$U=1.2D+1.3W+1.0L+0.5S$ (5)
$U=1.2D+1.0E+1.0L+0.2S$ (6)
$U=0.9D+1.3W$ (7)
$U=0.9D+1.0E$ (8)

12) 철근콘크리트 단순보의 중앙에 집중 고정하중과 집중 활하중이 작용할 경우, 최대 계수 휨모멘트(소요휨강도) 산정 (13②)

(1) 집중하중에 대한 계수하중

$P_u=1.2P_D+1.6P_L$

(2) 최대 계수휨모멘트

$$M_{u,\max}=\frac{P_u l}{4}$$

13) 보의 전단설계를 위한 전단력 산정 (15③)

① $w_u=1.2w_o+1.6w_L$

② $V_{u,\ \max}=\dfrac{w_u\times l}{2}$

③ $V_u=V_{u,\ \max}-w_u\times d$

14) 하중계수의 사용 이유

① 하중의 공칭값과 실제 하중과의 불가피한 차이
② 하중을 작용 외력으로 변환시키는 해석상의 불확실성
③ 하중의 영향을 계산함에 있어 3차원 구조물을 모델링할 때 발생하는 부정확성 등과 같은 불확실성의 존재
④ 환경작용 등의 변동을 고려

15) 강도감소계수의 사용이유

① 재료의 공칭값과 실제 강도와의 차이
② 부재를 제작 또는 시공할 때 설계도와의 차이
③ 내력의 추정과 해석에 관련된 불확실성의 고려
④ 재료강도의 가변성에 따른 설계시 예상했던 값과의 차이
⑤ 크기가 다른 철근을 연결하여 사용하는데 따른 부재의 실제 강도와의 차이
⑥ 구조물의 구조부재의 중요성 및 구조물의 교체에 따른 비용 절감

16) 강도감소계수와 설계강도

설계강도(R_d)는 공칭강도(R_n)에 강도감소계수(ϕ)를 곱한 값($R_d=\phi R_n$)으로 한다. 강도감소계수 ϕ는 다음과 같다.

부재 또는 하중의 종류		강도감소계수
인장지배 단면 (휨모멘트, 또는 휨모멘트와 축인장력이 동시에 작용하는 부재)		0.85
압축지배 단면 (축압축력, 또는 휨모멘트와 축압축력이 동시에 작용하는 부재)	나선철근 부재	0.70
	띠철근의 부재	0.65
전단력과 비틀림모멘트		0.75
콘크리트의 지압력		0.65
포스트텐션 정착부		0.85
스트럿-타이 모델	스트럿, 절점부 및 지압부	0.75
	타이	0.85
무근콘크리트의 휨모멘트, 압축력, 전단력, 지압력		0.55

(주) 나선철근 부재의 강도감소계수 ϕ가 띠철근 부재(기둥)보다 큰 이유는 나선철근 부재가 연성이나 인성이 크기 때문이다.

17) 표준갈고리

① 주철근의 표준갈고리는 180° 표준갈고리 [그림 (a)]와 90° 표준갈고리 [그림 (b)]로 분류된다.

② 스터럽과 띠철근의 표준갈고리는 90° 표준갈고리 [그림 (c), (d)]와 135° 표준갈고리 [그림 (e)]로 분류된다.

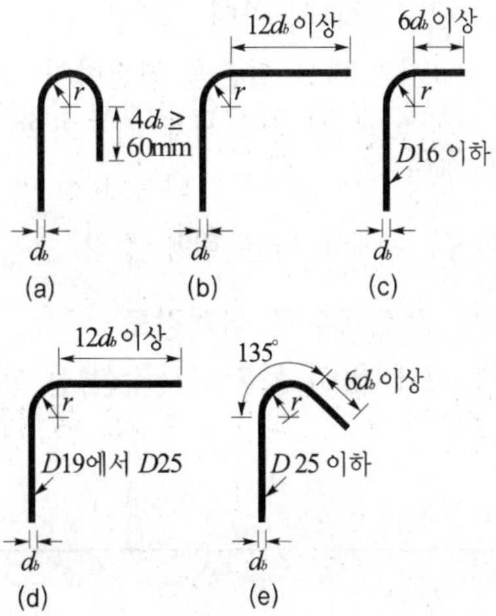

18) 철근의 간격제한

구분		주철근의 간격제한
보	보의 주철근의 최소 수평 순간격	최소 수평 순간격 $\geq \max\left(25\,\text{mm},\ 1.0\,d_b,\ \dfrac{4}{3}\,G\right)$
	상단과 하단에 2단 이상으로 배치된 경우	① 상하 철근은 동일 연직면 내에 배치되어야 함 ② 상하 철근의 순간격은 25 mm 이상
기둥	압축부재에서 축방향철근의 최소 순간격	최소 순간격 $\geq \max\left(40\,\text{mm},\ 1.5\,d_b,\ \dfrac{4}{3}\,G\right)$

여기서, G : 굵은골재의 공칭 최대치수 (mm)

d_b : 이형철근의 공칭지름 (mm)

h : 벽체나 슬래브 등의 전체두께 (mm)

(주1) 주철근의 최소 중심간격은 '최소 수평 순간격+ d_b'이다.

19) 철근의 최소 피복두께[16] (20⑤)

환경조건과 부재의 종류			최소 피복두께(mm)
옥외의 공기나 흙에 접하지 않는 콘크리트	보, 기둥 (f_{ck} ≥40MPa이면 10mm를 저감시킬 수 있다.)		40
	슬래브, 벽체, 장선구조	D35 이하 철근	20
		D35를 초과하는 철근	30
흙에 접하거나 옥외의 공기에 직접 노출되는 콘크리트		D19 이상 철근	50
		D16 이하 철근	40
흙에 접하여 콘크리트를 친 후 영구히 흙에 묻혀 있거나 수중에 있는 콘크리트			75
수중에서 타설하는 콘크리트			100

(주) 설계피복두께(표준피복두께)는 최소 피복두께에서 10mm를 더한 값 이상으로 한다.

2. 보의 해석과 설계

1) 콘크리트의 실제 압축응력분포를 등가직사각형 응력블록으로 대체하기 위한 조건

① 실제 압축응력분포의 면적과 등가직사각형 응력블록의 면적의 크기는 같다.

② 실제 압축응력분포의 도심과 등가직사각형 응력블록의 도심의 위치는 같다.

2) 보의 강도설계를 위한 기본가정

① 철근 및 콘크리트의 변형률은 중립축으로부터의 거리에 비례한다.

② 휨모멘트 또는 휨모멘트와 축력을 동시에 받는 부재의 압축연단 콘크리트의 극한변형률 ε_{cu}는 콘크리트의 설계기준압축강도가 40 MPa 이하인 경우에는 0.0033으로 가정한다.

16) KDS 14 20 50 콘크리트구조 철근상세 설계기준(4.3), 국토교통부, 한국콘크리트학회, 2022.

③ 철근의 변형률(ε_s)이 항복 변형률(ε_y) 이하인 경우의 철의 응력은 그 변형률(ε_s)에 E_s를 곱한 값으로 한다. 철근의 변형률(ε_s)이 항복강도 f_y에 해당하는 변형률(ε_y)보다 더 큰 변형률에 대한 철근의 응력은 그 변형률에 관계없이 f_y로 한다.

④ 콘크리트의 인장강도는 철근콘크리트 부재 단면의 축강도와 휨강도계산에서 무시할 수 있다.

⑤ 콘크리트의 압축응력의 분포와 콘크리트 변형률 사이에 관계는 등가직사각형 응력분포 등으로 가정 할 수 있다.

⑥ 등가직사각형 응력분포는 콘크리트 압축응력이 $0.85f_{ck}$로 균등하고, 이 응력이 압축연단으로부터 등가직사각형 압축응력블록의 길이($a=\beta_1 c$)까지 등분포로 작용한다고 가정한다.

3) 콘크리트 강도에 따른 중립축 위치와 관련된 계수(압축응력등가블록의 깊이 계수), β_1 (14①)

① $f_{ck} \le 40$ MPa : $\beta_1 = 0.80$

② $40 < f_{ck} \le 90$ MPa : $\beta_1 = 0.80 - 0.002(f_{ck} - 40)$

③ $f_{ck} > 90$ MPa : $\beta_1 = 0.70$

4) 철근의 항복과 콘크리트의 극한변형률

① 철근의 설계기준항복강도 : $f_s = f_y$
[철근의 응력이 항복응력에 도달]

② 콘크리트의 극한변형률($f_{ck} \le 40$MPa) :
$\varepsilon_c = \varepsilon_{cu} = 0.0033$
[콘크리트의 압축연단에서 콘크리트의 변형률이 극한변형률인 0.0033에 도달]

5) 균형보와 균형변형률 상태 ($\varepsilon_c = \varepsilon_{cu} = 0.0033$, $\varepsilon_t = \varepsilon_y$)

균형변형률 상태는 압축연단 콘크리트의 변형률이 극한변형률 ε_{cu}인 0.0033에 도달했을 때, 동시에 인장철근의 변형률이 항복변형률인 ε_y에 처음으로 도달할 때의 단면 상태이다.

6) 균형보에 있어 압축연단에서 중립축까지의 거리

$$c_b = \frac{600}{600+f_y}d$$

7) 균형보에 있어 등가직사각형 응력블록의 깊이

$$a_b = \beta_1 c_b = \beta_1\left(\frac{600}{600+f_y}\right)d$$

여기서,
β_1는 $f_{ck} \le 40$ MPa인 경우 $\beta_1 = 0.80$이다.

8) 균형철근비 (12①, 13③, 16①)

균형철근비는 인장철근의 응력 f_s가 설계기준항복강도 f_y에 대응하는 변형률 ε_y에 도달하고, 동시에 압축 콘크리트의 변형률 ε_c가 가정된 극한변형률 ε_{cu}인 0.0033에 도달한 단면의 인장철근비이다. 또한 이러한 상태의 보를 균형철근보라 한다.

$$\rho_b = 0.85\beta_1 \cdot \frac{f_{ck}}{f_y} \cdot \frac{600}{600+f_y}$$

9) 지배 단면에 따른 변형률 특징 (12①, 18②③, 20②, 21③)

① 압축지배 단면 :
$\varepsilon_c = \varepsilon_{cu}$일 때, $\varepsilon_t \le \varepsilon_{tc} = \varepsilon_y$인 단면

② 인장지배 단면 :
$\varepsilon_c = \varepsilon_{cu}$일 때, $\varepsilon_{tc} < \varepsilon_t < \varepsilon_{tt}$인 단면

③ 변화구간 단면 :
$\varepsilon_c = \varepsilon_{cu}$일 때, $\varepsilon_t \ge \varepsilon_{tt}$인 단면

여기서, $\varepsilon_{cu} = 0.0033$이고, $\varepsilon_{tt} = \max(0.0050,\ 2.5\varepsilon_y)$이고 $f_y \le 400$ MPa인 경우 $\varepsilon_{tt} = 0.0050$이다.

10) 단면에 따른 강도감소계수 (11②, 12①②, 14③, 15①, 20③)

지배단면 구분	순인장변형률(ε_t) 조건	강도감소계수(ϕ)
압축지배 단면	$\varepsilon_t \le \varepsilon_{tc} = \varepsilon_y$	띠철근 또는 스터럽 : 0.65 나선철근 보강 : 0.70
변화구간 단면	$\varepsilon_{tc} < \varepsilon_t < \varepsilon_{tt}$	띠철근 또는 스터럽 : 0.65~0.85 나선철근 보강 : 0.70~0.85
인장지배 단면	$\varepsilon_t \ge \varepsilon_{tt}$	0.85

(주) 띠철근 부재의 변화구간 단면의 강도감소계수는 $\phi = 0.65 + (\varepsilon_t - \varepsilon_y) \times O$이다.

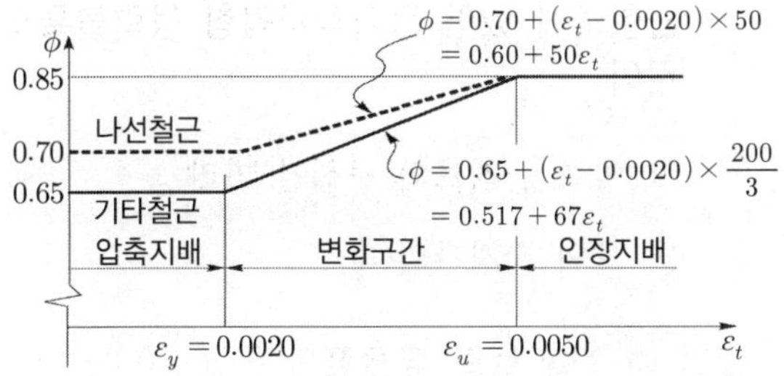

11) 휨부재의 변형률한계 및 해당 철근비 (13③, 16①)

해당 철근비는 이전 구조설계기준의 최대 철근비 ρ_{max}에 해당된다.

【단면에 따른 변형률 한계 및 해당 철근비】

철근의 설계기준 항복강도 (f_y)	압축지배 변형률 한계 (ε_y)	압축지배 강도감소계수(ϕ) 나선	압축지배 강도감소계수(ϕ) 기타	인장지배 변형률 한계 (ε_u)	인장지배 휨 부재에 대한 해당 철근비 (ρ_{max})	인장지배 강도감소계수 (ϕ)	S	O
300MPa	0.0015	0.70	0.65	0.0050	$0.578\rho_b$	0.85	300/7	400/7
400MPa	0.0020	0.70	0.65	0.0050	$0.639\rho_b$	0.85	50	200/3
500MPa	0.0020	0.70	0.65	0.00625	$0.607\rho_b$	0.85	40	160/3

(주) 해당 철근비(ρ_{max}, 최대 철근비)는 다음 식으로 산정된 것이다.

$$\rho_{max} = \left(\frac{\varepsilon_{cu} + \varepsilon_y}{\varepsilon_{cu} + \varepsilon_{tt}}\right)\rho_b = \left(\frac{0.0033 + \varepsilon_y}{0.0033 + 0.0050}\right)\rho_b$$

12) 강도감소계수 산정 (12①, 14③, 15①, 16③, 18③, 20③)

① $f_y = 400\text{MPa}(\text{SD400})$

② $\varepsilon_{tc} = \varepsilon_y = 0.0020(\varepsilon_y = f_y/E_s)$

③ $\varepsilon_{tt} = 0.0050$

④ $\varepsilon_t = 0.0040$

⑤ $\varepsilon_{tc} = 0.0020 < \varepsilon_t = 0.0040 < \varepsilon_{tt} = 0.0050$

⑥ 변화구간 단면이다.

⑦ 강도감소계수 ϕ

$$\phi = 0.65 + (\varepsilon_t - 0.0020) \times \frac{200}{3}$$

$$= 0.65 + (0.004 - 0.002) \times \frac{200}{3} = 0.783$$

$\therefore\ \phi = 0.78$

13) 휨부재인 보의 최대 철근량 산정 (13③, 16①)

① 균형철근비 : ρ_b

② $\varepsilon_y = f_y/E_s = 300/2.0 \times 10^5 = 0.0015$

③ 최대 철근비($f_y = 300\text{MPa}$)

$$\rho_{max} = \left(\frac{0.0033 + \varepsilon_y}{0.0033 + 0.0050}\right)\rho_b = \frac{0.0048}{0.0083} = 0.578\rho_b$$

③ 최대 철근량

$$A_{s,max} = \rho_{max} bd$$

14) 최소 철근량

(1) 최소 철근량

휨부재의 모든 단면에 대하여 다음을 만족하도록 인장철근을 배치한다.

$$\phi M_n \ge 1.2 M_{cr}$$

(2) 휨부재의 최소 철근량 예외규정

해석에 필요한 철근량보다 1/3 이상 인장철근이 더 배치되는 경우 최소 철근량 규정을 적용하지 않을 수 있다.

$$\phi M_n \ge \frac{4}{3} M_u$$

15) 등가직사각형 응력블록의 깊이

$$a = \frac{A_s\, f_y}{0.85 f_{ck} b} = \frac{\rho f_y d}{0.85 f_{ck}}$$

16) 압축연단에서 중립축까지의 거리 (11①)

$$c = \frac{a}{\beta_1}$$

여기서, $f_{ck} \le 40\text{MPa}$이면, $\beta_1 = 0.80$이다.

17) 저보강보($f_s = f_y$)의 검토

$\varepsilon_s \ge \varepsilon_y$ 이면 $f_s = f_y$이다.

18) 강도감소계수 ϕ의 산정

$\varepsilon_c = \varepsilon_{cu}$ 일 때, $\varepsilon_t \ge \varepsilon_{tt}$ 이면 인장지배 단면이고 $\phi = 0.85$가 된다.

$f_y \le 400$ MPa인 경우, $\varepsilon_t \ge \varepsilon_{tt} = 0.0050$
$f_y = 500$ MPa인 경우, $\varepsilon_t \ge \varepsilon_{tt} = 0.00625$
$f_y = 600$ MPa인 경우, $\varepsilon_t \ge \varepsilon_{tt} = 0.0075$

19) 공칭 휨강도(공칭 휨모멘트)

$$M_n = T \cdot z = A_s f_y\left(d - \frac{a}{2}\right)$$

또는 $M_n = C \cdot z = 0.85 f_{ck}\, ab\left(d - \frac{a}{2}\right)$

20) 설계 휨강도(설계 휨모멘트)

$$M_d = \phi M_n$$

21) 단순보에서 휨설계에 대한 최대 계수집중하중 산정 (14②)

(1) 등가직사각형 블록의 깊이 a

$$a = \frac{A_s\, f_y}{0.85 f_{ck} b}$$

(2) 단면의 검토와 강도감소계수 ϕ

$\phi = 0.85$

(3) 설계 휨강도 $M_d = \phi M_n$

$$M_d = \phi M_n = \phi A_s f_y\left(d - \frac{a}{2}\right)$$

(4) 계수하중에 의한 소요 휨강도 M_u

$$M_u = \frac{P_u\, l}{4} + \frac{\omega_u\, l^2}{8}$$

(5) 휨설계

$M_u \le M_d = \phi M_n$ OK

22) 대칭 T형 보의 유효폭 (11③, 20⑤)

대칭 T형 보의 유효폭 b는 다음 중 가장 작은 값으로 한다.

① $16 h_f + b_w$

② 양쪽 슬래브의 중심간 거리

③ 보의 순경간의 $\frac{1}{4}$

23) 반 T형 보의 유효폭

반 T형 보의 유효폭 b는 다음 중 가장 작은 값으로 한다.

① $6h_f + b_w$

② $\left(\text{보의 순경간의 } \frac{1}{12}\right) + b_w$

③ $\left(\text{인접보와의 내측 거리의 } \frac{1}{2}\right) + b_w$

24) T형 보의 구분과 해석방법

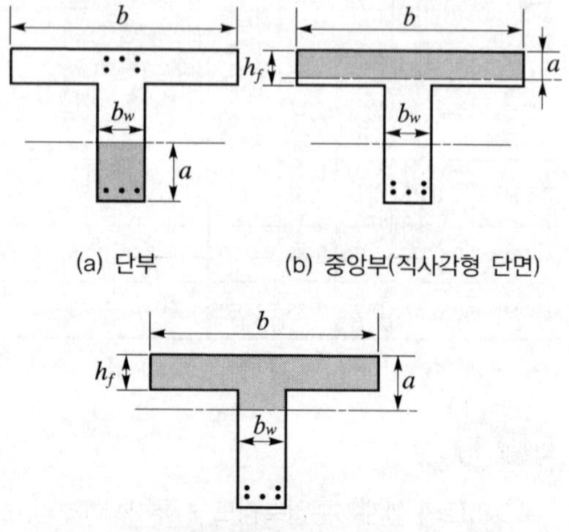

(a) 단부 (b) 중앙부(직사각형 단면)

(c) 중앙부(T형 단면)

【중립축의 변화에 따른 T형 보의 구분】

【T형 보의 구분과 해석방법】

구 분	그 림	내 용
부(−)의 휨모멘트를 받는 경우	그림 (a)	복부폭 b_w를 폭으로 하는 직사각형 단면으로 해석
중립축(NA)이 플랜지에 있는 경우	그림 (b)	플랜지 폭 b를 폭으로 하는 직사각형 단면으로 해석
중립축(NA)이 복부에 있는 경우	그림 (c)	일반적인 T형 단면이며, 이 절에서 논의하는 방법으로 해석

25) 중립축(NA)이 플랜지에 있는 T형 보의 경우, 압축연단에서 중립축까지의 거리 c 산정 (14②)

(1) $f_{ck} = 30\,\text{MPa}$

(2) 슬래브 두께 $h_f = 200\,\text{mm}$

(3) β_1의 결정 $f_{ck} \le 40\,\text{MPa}$인 경우, $\beta_1 = 0.80$이다.

$\therefore\ \beta_1 = 0.80$

(2) 등가직사각형 블록의 깊이 a의 산정과 중립축의 위치

$$a = \frac{A_s f_y}{0.85 f_{ck} b} = 20.92\,\text{mm}$$

따라서, $a = 20.92\,\text{mm} \le h_f = 200\,\text{mm}$ 이므로 이 보의 중립축은 플랜지에 위치하며 유효폭 b를 단면의 폭으로 하는 직사각형 보가 된다.

(3) 압축연단에서 중립축까지의 거리 c 산정($a = \beta_1 c$로부터 산정)

$$c = \frac{a}{\beta_1} = \frac{20.92}{0.80} = 26.15\,\text{mm}$$

예제 1

콘크리트의 설계기준압축강도 f_{ck} =24 MPa인 보통골재를 사용한 콘크리트의 탄성계수를 구하고 탄성계수비를 결정하시오. • 11 ③, 15 ③, 20 ⑤

(1) 콘크리트의 탄성계수 :

(2) 탄성계수비 :

정답

(1) 콘크리트의 탄성계수

$f_{ck} \le 40\text{MPa}$인 경우, $\Delta f = 4\,\text{MPa}$

$f_{cm} = f_{ck} + \Delta f = 24 + 4 = 28\,\text{MPa}$

$E_c = 8{,}500\sqrt[3]{f_{cm}} = 8{,}500 \times \sqrt[3]{28} = 25{,}811\,\text{MPa}$

(2) 탄성계수비

$$n = \frac{E_s}{E_c} = \frac{2.0 \times 10^5}{8{,}500\sqrt[3]{f_{cm}}} = \frac{23.53}{\sqrt[3]{f_{cm}}} = \frac{23.53}{\sqrt[3]{28}} = 7.75$$

예제 2

다음 그림과 같은 단면의 보에서 압축연단에서 중립축까지의 거리 c를 구하라. (단, $f_{ck} = 35\,\text{MPa}$, $f_y = 400\,\text{MPa}$, $A_s = 2{,}028\,\text{mm}^2$이다.) • 11 ①

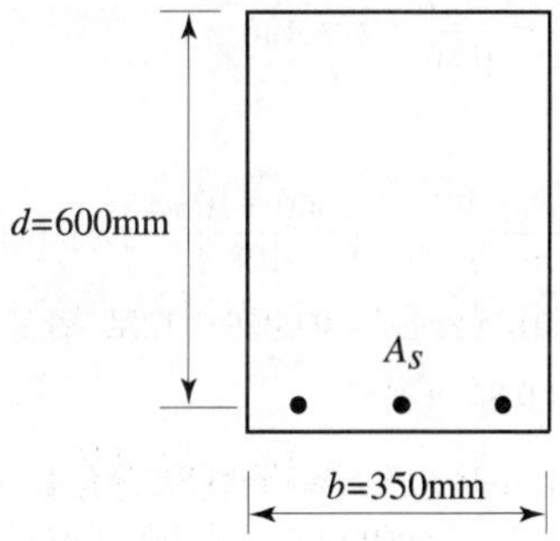

정답

(1) β_1의 결정

$f_{ck} \le 40\text{MPa}$인 경우 $\beta_1 = 0.80$이다.

(2) 등가직사각형 블록의 깊이 a

$$a = \frac{A_s f_y}{0.85 f_{ck} b} = \frac{2{,}028 \times 400}{0.85 \times 35 \times 350} = 77.91\,\text{mm}$$

(3) 압축연단에서 중립축까지의 거리 c

$$c = \frac{a}{\beta_1} = \frac{77.91}{0.80} = 97.39\,\text{mm}$$

예제 3

그림과 같은 철근콘크리트보가 $f_{ck}=21$MPa, $f_y=400$MPa이고 D22(단면적 387mm²)일 때 강도감소계수 $\phi=0.85$가 적합인지 부적합인지를 판단하시오.

• 11 ②

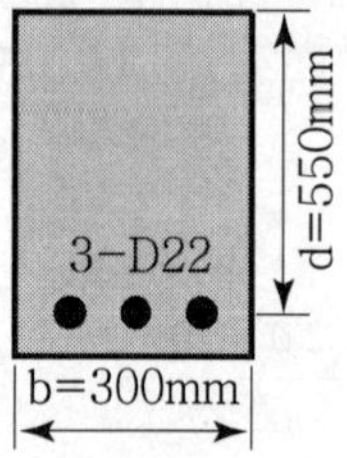

정답

(1) β_1과 ε_{cu}의 결정

$f_{ck} \le 40$MPa인 경우 $\beta_1=0.80$이고,

$\varepsilon_{cu}=0.0033$이다.

(2) 등가직사각형 블록의 깊이 a의 산정

$$a=\frac{A_s f_y}{0.85 f_{ck} b}=\frac{(387\times3)\times400}{0.85\times21\times300}=86.7\,\text{mm}$$

(3) 강도감소계수 ϕ

$$c=\frac{a}{\beta_1}=\frac{86.7}{0.80}=108.4\,\text{mm}$$

$$\varepsilon_t=\left(\frac{d_t-c}{c}\right)\varepsilon_{cu}=\left(\frac{550-108.4}{108.4}\right)\times0.0033=0.0134$$

$\varepsilon_t=0.0134 \ge \varepsilon_{tt}=0.0050$이므로 인장지배 단면

$\therefore\ \phi=0.85$ (적합)

(주) 최 외단 인장철근의 순인장변형률 ε_t가 0.0050 이상($\varepsilon_t \ge 0.0050$)이면 인장지배 단면이 되며, 강도감소계수는 $\phi=0.85$가 되므로 적합이다.

예제 4

보의 너비는 400 mm, 유효높이는 650 mm, 인장철근은 6－D25인 철근콘크리트 단근보의 공칭 휨모멘트(휨강도) 값은 몇 kN·m인가? (여기서, $f_{ck}=30$ MPa, $f_y=400$ MPa, D25의 단면적은 507 mm²이다. 최소 철근비 조건을 만족하고 콘크리트의 압축파괴보다 철근의 인장파괴가 선행한다고 가정한다.) (예상)

정답

(1) 등가직사각형 블록의 깊이 a의 산정

$$a=\frac{A_s f_y}{0.85 f_{ck} b}=\frac{(507\times6)\times400}{0.85\times30\times400}=119\text{mm}$$

(2) 공칭 휨강도 M_n의 산정

$$M_n=A_s f_y\left(d-\frac{a}{2}\right)$$

$$=(507\times6)\times400\times\left(650-\frac{119}{2}\right)$$

$$=718.5\times10^6\ \text{N}\cdot\text{mm}=718.5\ \text{kN}\cdot\text{m}$$

예제 5

그림과 같은 철근콘크리트 보에서 최외단 인장철근의 순인장변형률(ε_t)를 산정하고, 이 보의 지배단면(인장지배 단면, 압축지배 단면 또는 변화구간 단면)을 구분하시오. (단, $A_s=1{,}927\ \text{mm}^2$, $f_{ck}=24$ MPa, $f_y=400$ MPa, $E_s=200{,}000$ MPa) (4점)

•12 ①, 18 ③

정답

(1) β_1과 ε_{cu}의 결정

$f_{ck} \le 40$MPa인 경우 $\beta_1=0.80$이고,

$\varepsilon_{cu}=0.0033$이다.

(2) 등가직사각형 블록의 깊이 a

$$a=\frac{A_s f_y}{0.85 f_{ck} b}=\frac{1{,}927\times400}{0.85\times24\times250}=151\,\text{mm}$$

(3) 중립축의 깊이 c

$$c=\frac{a}{\beta_1}=\frac{151}{0.80}=188.8\,\text{mm}$$

(4) 순인장변형률 산정

$$\varepsilon_t=\left(\frac{d-c}{c}\right)\varepsilon_{cu}$$

$$=\left(\frac{450-188.8}{188.8}\right)\times0.0033=0.0046$$

(5) 지배단면의 구분

$\varepsilon_{tc}=\varepsilon_y=0.0020$

$\varepsilon_{tc}=0.0020<\varepsilon_t=0.0046<\varepsilon_{tt}=0.0050$이므로

변화구간 단면이다.

3. 전단과 비틀림

1) 전단철근의 종류

① 부재 축에 직각인 스터럽
② 부재 축에 직각으로 배치된 용접철망
③ 주인장철근에 45° 이상의 각도로 설치된 스터럽
④ 주인장철근에 30° 이상의 각도로 구부린 굽힘철근
⑤ 스터럽과 굽힘철근의 조합
⑥ 나선철근, 원형 띠철근 또는 후프철근

2) 보의 전단설계의 기본식

$$V_u \leq V_d = \phi V_n = \phi(V_c + V_s)$$
$$(\phi = 0.75)$$

3) 전단력에 대한 위험단면과 최대 계수전단력 (15③)

최대 계수전단력은 받침부 내면에서 d(위험단면) 거리에서 구한 전단력 V_u로 한다.

$$V_u = V_{u,\max} - \omega_u \times d \text{ (N)}$$

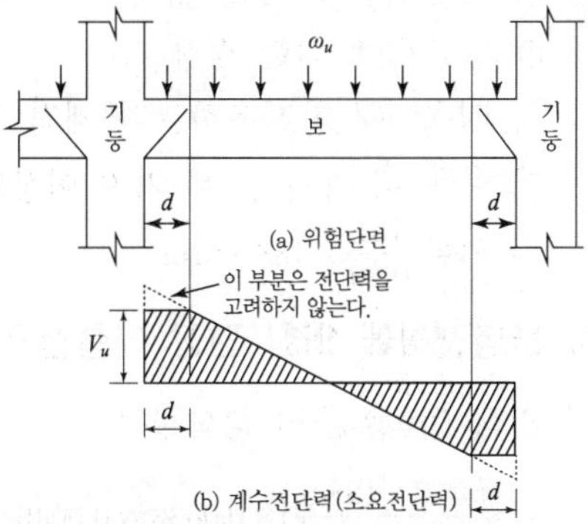

전단력에 대한 위험단면과 계수전단력

4) 단면의 공칭전단강도

$$V_n = V_c + V_s$$

5) 콘크리트가 부담하는 전단강도

$$V_c = \frac{1}{6}\lambda\sqrt{f_{ck}}\,b_w d$$

여기서, λ : 경량콘크리트계수
① 전경량콘크리트 : $\lambda = 0.75$
② 모래경량콘크리트 : $\lambda = 0.85$
③ 보통중량콘크리트 : $\lambda = 1.0$

(주1) 일반적인 철근콘크리트 공사에서는 보통중량콘크리트를 사용하므로 $\lambda = 1.0$이고, $V_c = \frac{1}{6}\sqrt{f_{ck}}\,b_w d$이다.
(주2) 전경량콘크리트는 잔골재와 굵은골재 전부를 경량골재로 대체하여 만든 콘크리트이다.
(주3) 모래경량콘크리트는 잔골재로 자연산 모래를 사용하고, 굵은골재로는 경량골재를 사용하여 만든 콘크리트이다.

6) 수직 스터럽이 부담하는 전단강도

$$V_s = \frac{A_v f_{yt} d}{s}$$

7) 수직 스터럽이 부담하는 전단력 V_s에 대한 전단철근 간격 산정 (15①)

$$s = \frac{A_v f_{yt} d}{V_s}$$

8) 전단철근의 강도제한

전단철근의 설계기준항복강도 f_y는 400 MPa 이하로 한다.

9) 전단철근의 설계

① $V_u \leq \frac{1}{2}\phi V_c$ 인 경우

전단철근을 배근하지 않아도 된다.

② $\frac{1}{2}\phi V_c < V_u \leq \phi V_c$ 인 경우

이론상 전단철근이 필요 없으나 다음의 최소 전단철근량을 배근한다.

$$A_{v,\min} = \max\left(0.0625\sqrt{f_{ck}}\frac{b_w s}{f_{yt}},\ \frac{0.35 b_w s}{f_{yt}}\right)$$

③ $V_u > \phi V_c$인 경우

콘크리트와 전단철근이 전단력을 부담한다. 전단철근이 부담해야 할 전단력은 $\phi V_s \geq V_u - \phi V_c$이다.

$$V_u \le \phi V_n = \phi V_c + \phi V_s = \phi V_c + \frac{\phi A_v f_{yt} d}{s}$$

수직스터럽 단면적 A_v를 가정하면 스터럽의 간격 s는 다음과 같다.

$$s \le \frac{\phi A_v f_{yt} d}{V_u - \phi V_c} = \frac{A_v f_{yt} d}{V_s}$$

10) 단면의 적합성

① $V_s > 0.2\left(1-\frac{f_{ck}}{250}\right) f_{ck} b_w d$ 이면 부적합

② $V_s \le 0.2\left(1-\frac{f_{ck}}{250}\right) f_{ck} b_w d$ 이면 적합

11) 전단철근의 간격제한 (19③)

① 수직 스터럽을 사용할 경우 간격(s) 제한

$$\text{수직 스터럽의 간격}(s) \le \min\left(\frac{d}{2},\ 600\text{mm}\right)$$

② $V_s > \frac{1}{3}\lambda\sqrt{f_{ck}}\, b_w d$ 인 경우

전단철근의 간격은 앞서 규정된 최대 간격을 $\frac{1}{2}$ 이하로 한다.

예제 6

강도설계법에 의한 철근콘크리트 보의 전단설계에서 그림과 같은 보가 지지할 수 있는 최대 전단강도(kN)는 얼마인가? (단, 사용재료는 보통중량콘크리트로써 f_{ck} =24 MPa, f_{yt} =400 MPa, ϕ= 0.75이다.)

(예상)

정답

$V_d = \phi V_n = \phi(V_c + V_s)$

$\phi = 0.75$

$\lambda = 1.0$ (∵ 보통중량콘크리트)

$V_c = \frac{1}{6}\lambda\sqrt{f_{ck}}\, b_w d = \frac{1}{6}\times 1.0\times\sqrt{24}\times 300\times 600$

$= 146{,}969$ N

$V_s = \frac{A_v f_{yt} d}{s} = \frac{(71.3\times 2)\times 400\times 600}{150}$

$= 228{,}160$ N

$V_d = \phi V_n = \phi(V_c + V_s) = 0.75\times(146{,}969 + 228{,}160)$

$= 281{,}347$ N $= 281.3$ kN

예제 7

극한강도설계법에서 V_s = 210 kN, d = 500 mm, f_{yt} = 300 MPa, A_v = 253.4 mm²(U형, 1-D13)일 때 수직 스터럽의 최대 간격(mm)은 얼마인가?

(예상)

정답

$$s \le \frac{A_v f_{yt} d}{V_s} = \frac{253.4\times 300\times 500}{210\times 10^3} = 181\text{ mm}$$

∴ 수직 스터럽의 최대 간격은 181 mm이다.

4. 철근의 정착과 이음

1) 철근과 콘크리트의 부착을 일으키는 작용의 종류

① 시멘트 풀과 철근 표면의 교착작용

② 콘크리트와 철근 표면의 마찰작용

③ 이형철근 표면의 요철에 의한 기계적 작용

2) 콘크리트 속에 있는 철근의 정착방법

① 묻힘길이에 의한 정착

② 갈고리에 의한 정착

③ 정착기구를 사용하는 기계적 정착

④ 이들 세 가지 중 두 가지 이상의 조합에 의한 정착

3) 묻힘길이에 의한 인장 이형철근의 정착

(1) 인장 이형철근의 정착길이

$$l_d \ge \max(\text{보정계수}\times l_{db},\ 300\text{ mm})$$

(2) 인장 이형철근의 기본정착길이(l_{db}) (13②)

$$l_{db} = \frac{0.6 d_b f_y}{\lambda\sqrt{f_{ck}}}$$

(3) 보정계수 (18②)

【인장 이형철근의 보정계수】

조건 \ 철근 지름	D19 이하의 철근	D22 이상의 철근
① 철근의 순간격 $\geq d_b$이고, 피복두께 $\geq d_b$이면서, l_d의 전 구간에 설계기준의 규정된 최소 철근량 이상의 스터럽 또는 띠철근이 배치된 경우 ② 정착되거나 이어지는 철근의 순간격 $\geq 2d_b$이고, 피복두께 $\geq d_b$인 경우	$0.8\alpha\beta$	$\alpha\beta$
기타	$1.2\alpha\beta$	$1.5\alpha\beta$

【묻힘길이에 의한 인장 이형철근의 보정계수】

종 류	구 분	보정계수
α (철근배치 위치계수)	① 상부철근(정착길이 또는 이음부 아래 300mm 이상 콘크리트에 묻힌 수평철근)	1.3
	② 기타 철근	1.0
β (철근 도막계수)	① 피복두께 $<3d_b$ 또는 순간격 $<6d_b$인 에폭시 도막철근	1.5
	② 기타 에폭시 도막철근	1.2
	③ 아연도금 철근	1.0
	④ 도막되지 않은 철근	1.0
γ (철근의 크기계수)	① D19 이하의 철근	0.8
	② D22 이상의 철근	1.0
λ (경량 콘크리트 계수)	① 전경량콘크리트	0.75
	② 모래경량콘크리트	0.85
	④ 보통중량콘크리트	1.0

단, 에폭시 도막철근이 상부철근인 경우에 $\alpha\beta$가 1.7보다 클 필요는 없다.

(주) 일반적인 철근콘크리트 공사에서는 보통중량콘크리트를 사용하므로 $\lambda=1.0$이다.

(4) 초과 철근량에 대한 감소계수

계산된 정착길이에 (소요 A_s)/(배근 A_s)을 곱하여 정착길이 l_d를 감소시킬 수 있다. 감소시킨 정착길이 l_d는 300 mm 이상이어야 한다.

4) 묻힘길이에 의한 압축 이형철근의 정착

(1) 압축 이형철근의 정착길이(l_d)

$$l_d \geq \max(\text{보정계수} \times l_{db},\ 200\ \text{mm})$$

(2) 압축 이형철근의 기본정착길이(l_{db}) (12②, 20④)

$$l_{db} = \frac{0.25\, d_b\, f_y}{\lambda\sqrt{f_{ck}}}$$

$$\text{단, } l_{db} \geq 0.043\, d_b\, f_y$$

5) 표준갈고리를 갖는 인장 이형철근의 정착

(1) 인장 이형철근의 정착길이(l_{dh})

$$l_{dh} \geq \max(\text{보정계수} \times l_{hb},\ 8d_b,\ 150\ \text{mm})$$

여기서, l_{dh} : 위험단면으로부터 갈고리 외측까지의 거리

(2) 인장 이형철근의 기본정착길이(l_{hb})

기본정착길이 l_{hb}는 $f_y=400$ MPa일 때 다음과 같다.

$$l_{hb} = \frac{0.24\beta\, d_b f_y}{\lambda\sqrt{f_{ck}}}$$

(3) 보정계수

구분		보정계수
콘크리트 피복두께	D35 이하의 철근에서 갈고리 평면에 수직방향인 측면 피복두께가 70mm 이상이며, 90° 갈고리에 대해서는 갈고리를 넘어선 부분의 철근피복두께가 50mm 이상인 경우	0.7
띠철근 또는 스터럽	① D35 이하의 90° 갈고리 철근 또는 180° 갈고리 철근에서 정착길이 l_{dh} 구간을 $3d_b$ 이하 간격으로 띠철근 또는 스터럽이 정착되는 주철근을 수직으로 둘러싼 경우 ② D35 이하의 90° 갈고리철근에서 갈고리 끝 연장부와 구부림부의 전 구간을 $3d_b$ 이하 간격으로 띠철근 또는 스터럽이 정착되는 주철근을 평행하게 둘러싼 경우	0.8

배치된 철근량이 소요철근량을 초과하는 경우	전체 f_y를 발휘하도록 정착을 특별히 요구하지 않는 단면에서 휨철근이 소요철근량 이상 배치된 경우	$\frac{소요 A_s}{배근 A_s}$

예제 8

f_{ck} =30 MPa, f_y =400 MPa인 보통 콘크리트에 D22(공칭지름 22.2mm), 경량콘크리트계수 λ =1.0일 때 묻힘길이에 의한 인장철근의 기본정착길이(mm)를 산정하시오. (3점) •13 ②, 17 ①

정답 묻힘길이에 의한 인장 이형철근의 정착길이

$\lambda = 1.0$ (∵ 보통중량콘크리트)

$$l_{db} = \frac{0.6\,d_b\,f_y}{\lambda\sqrt{f_{ck}}} = \frac{0.6\times 22.2\times 400}{1.0\times\sqrt{30}} = 973\,\text{mm}$$

예제 9

보통중량콘크리트로써 보에서 압축을 받는 D22(공칭지름 22.2mm) 철근의 묻힘길이에 의한 기본정착길이를 산정하시오. (단, $f_{ck} = 24\text{MPa}$, $f_y = 400\text{MPa}$이다.) (3점) •12 ②, 20 ④

정답 묻힘길이에 의한 압축 이형철근의 기본정착길이 l_{db}

$\lambda = 1.0$

$$l_{db} = \max\left(\frac{0.25\,d_b f_y}{\lambda\sqrt{f_{ck}}},\ 0.043\,d_b\,f_y\right)$$

$$= \max\left(\frac{0.25\times 22.2\times 400}{1.0\times\sqrt{24}},\ 0.043\times 22.2\times 400\right)$$

$$= \max(453,\ 382) = 453\,\text{mm}$$

$\therefore\ l_{db} = 453\,\text{mm}$

∴ 묻힘길이에 의한 압축 이형철근의 기본정착길이 l_{db}는 최소 453mm이다.

예제 10

사용재료는 도막되지 않은 철근이며, 보통중량콘크리트로써 f_{ck} =24 MPa, f_y =400 MPa으로 된 부재에 표준갈고리를 둔다면 표준갈고리를 갖는 인장 이형철근의 최소 기본정착길이(mm)는 얼마인가? (단, D25 철근의 공칭지름은 25.4 mm이다.) (예상)

정답 표준갈고리를 갖는 인장 이형철근의 기본정착길이

$\beta = 1.0$ (∵ 도막되지 않은 철근)

$\lambda = 1.0$ (∵ 보통중량콘크리트)

$$l_{hb} = \frac{0.24\beta\,d_b\,f_y}{\lambda\sqrt{f_{ck}}}$$

$$= \frac{0.24\times 1.0\times 25.4\times 400}{1.0\times\sqrt{24}} = 498\,\text{mm}$$

예제 11

철근콘크리트 보의 춤이 700mm이고, 부모멘트를 받는 상부단면에 HD25 철근(공칭지름 25.4mm)이 배근되어 있을 때, 철근의 인장 정착길이를 구하시오. (단, f_{ck} = 27MPa, f_y = 400MPa이며, 철근의 순간격과 피복두께는 철근지름 이상임, 상부철근 보정계수는 1.3 적용, 도막되지 않는 철근, 보통중량콘크리트 사용) (3점) •19 ①, 22 ②

정답

(1) 묻힘길이에 의한 인장 이형철근의 정착길이

$l_d \geq \max(\text{보정계수}\times l_{db},\ 300\text{mm})$

여기서, $l_{db} = \frac{0.6\,d_b\,f_y}{\sqrt{f_{ck}}}$

(2) 보정계수 :

D22 이상의 철근으로 철근의 순간격 ≥ d_b이고, 피복두께 ≥ d_b이면서, l_d의 전 구간에 설계기준의 규정된 최소 철근량 이상의 스터럽 또는 띠철근이 배근된 경우의 보정계수는 $\alpha\beta\lambda$이다.

여기서,

α : 철근배근 위치계수 – 상부철근으로 정착길이 또는 이음부 아래 300mm 이상 콘크리트에 묻힌 수평철근임으로 α=1.3

β : 에폭시 도막계수 – 도막되지 않은 철근임으로 β=1.0

λ : 경량콘크리트계수 – 보통중량콘크리트임으로 λ=1.0

(3) 묻힘길이에 의한 인장 이형철근의 기본정착길이 l_{db}

$$l_{db}=\frac{0.6\,d_b\,f_y}{\sqrt{f_{ck}}}$$
$$=\frac{0.6\times25.4\times400}{\sqrt{27}}=1{,}173\text{ mm}$$

(4) 묻힘길이에 의한 인장 이형철근의 정착길이 l_d

$l_d \geq \max$(보정계수$\times l_{db}$, 300 mm)
= max(1.3×1.0×1.0×1,173, 300mm)
= max(1,525, 300 mm)=1,525mm

따라서 묻힘길이에 의한 인장 이형철근의 정착길이는 최소 1,525 mm이다.

5. 사용성과 내구성

1) 구조물 설계시의 만족해야 할 사항

① 안전성
② 사용성
③ 내구성

2) 사용성 검토를 사용하중으로 하는 이유

부재의 처짐이나 균열, 피로 등은 보통의 사용상태에서의 문제이기 때문

3) 균열 발생 전의 거동

(1) 균열발생 직전의 인장측 콘크리트 연단의 인장응력 f_t

이때 f_t는 콘크리트의 휨인장강도(파괴계수) f_r과 같게 된다.

$$f_t=\frac{M_{cr}}{I_g}y_t\ \text{(MPa)}$$

(2) 균열휨모멘트 M_{cr} (12③, 16②, 20⑤)

$$M_{cr}=\frac{f_r\,I_g}{y_t}\ \text{(kN·m)}$$

(3) 콘크리트의 파괴계수(휨인장강도) f_r (19②)

$$f_r=0.63\lambda\sqrt{f_{ck}}\ \text{(MPa)}$$

여기서,
I_g : 철근의 단면적을 무시한 총단면($b\times h$)에 대한 단면2차 모멘트(mm^4)
y_t : 직사각형 단면은 $y_t=h/2$
(주) 단면의 인장측 콘크리트 연단에서 $f_t > f_r$이면, 단면의 인장측에 균열이 발생하게 되고 콘크리트 인장응력은 무시된다.

4) 균열 발생 후 압축측 연단으로부터 중립축까지의 거리

$$c=\sqrt{2\rho n d^2+(\rho n d)^2}-\rho n d$$

여기서,
b : 단면의 폭 (mm)
c : 압축측 콘크리트 연단으로부터 중립축까지의 거리 (mm)
n : 탄성계수비 ($n=E_s/E_c$)
A_s : 인장철근의 단면적 (mm^2)
d : 단면의 유효깊이 (mm)
ρ : 인장철근비, $\rho=\frac{A_s}{bd}$

5) 단근 직사각형 보에서 균열단면2차 모멘트

$$I_{cr}=\frac{bc^3}{3}+nA_s(d-c)^2\quad(\text{mm}^4)$$

6) 압축 콘크리트 연단의 최대 압축응력

사용하중에 의한 휨모멘트가 M_s일 경우 다음과 같다.

$$f_c=\frac{M_s}{I_{cr}}c\ \text{(MPa)}$$

7) 철근의 인장응력

$$f_s=n\frac{M_s}{I_{cr}}(d-c)\ \text{(MPa)}$$

8) 처짐계산

(1) 순간치짐(즉시치짐)

하중이 구조물에 처음 재하될 때 발생하는 처짐을 순간처짐(즉시처짐 또는 탄성처짐)이라 하고 보의 대표적인 값은 다음과 같다.

조건	최대처짐
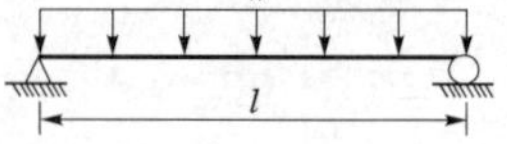	$\Delta_{\max}=\dfrac{5wl^4}{384EI}$
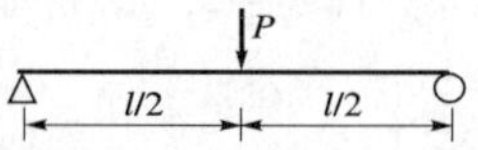	$\Delta_{\max}=\dfrac{Pl^3}{48EI}$
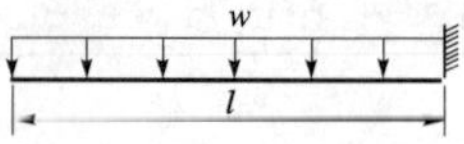	$\Delta_{\max}=\dfrac{wl^4}{8EI}$
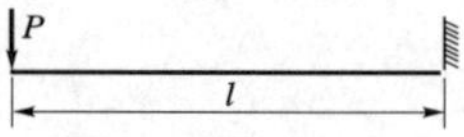	$\Delta_{\max}=\dfrac{Pl^3}{3EI}$
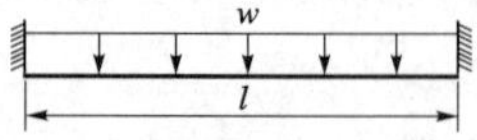	$\Delta_{\max}=\dfrac{wl^4}{384EI}$
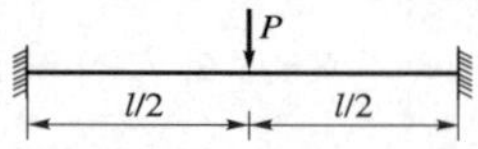	$\Delta_{\max}=\dfrac{Pl^3}{192EI}$

(2) 장기처짐 (13②, 15②)

$$장기처짐=\lambda_\Delta \times \Delta_{i,D}$$
$$\lambda_\Delta=\frac{\xi}{1+50\rho'}$$

여기서,

$\rho'=\dfrac{A_s'}{b_w d}$: 단순 및 연속경간인 보는 중앙에서, 캔틸레버 보는 받침부에서의 압축철근비이다.

λ_Δ : 지속하중의 시간이 무한대인 경우의 시간에 대한 계수

$\Delta_{i,D}$: 고정하중에 의한 순간처짐

【 지속하중의 재하기간에 따른 ξ 값 】

월수	1	3	6	12	18	24	36	48	60이상
ξ	0.5	1.0	1.2	1.4	1.6	1.7	1.8	1.9	2.0

(3) 총처짐 (13②, 15②, 16③, 18③, 21②⑬)

$$총처짐=순간처짐+장기처짐$$
$$=\Delta_{i,L}+\lambda_\Delta \Delta_{i,D}$$

여기서, $\Delta_{i,L}$: 활하중에 의한 순간처짐

9) 처짐을 계산하지 않는 경우 부재의 최소두께 (19①, 22②)

부 재	최소두께, h			
	단순 지지	1단 연속	양단 연속	캔틸 레버
	큰 처짐에 의해 손상되기 쉬운 칸막이벽이나 기타 구조물을 지지 또는 부착하지 않은 부재			
1방향 슬래브	$l/20$	$l/24$	$l/28$	$l/10$
① 보 ② 리브가 있는 1방향 슬래브	$l/16$	$l/18.5$	$l/21$	$l/8$

여기서, 철근의 설계기준항복강도 f_y가 400 MPa이외인 경우 계산된 h값에 $(0.43+f_y/700)$를 곱한다.

10) 균열폭을 제어할 수 있는 요인

① 철근의 수량

② 철근의 간격

③ 콘크리트의 구성재료

④ 철근의 최소 피복두께

11) 휨철근 배치를 이용한 균열폭의 제어 (16①)

① 휨철근 배치를 이용한 균열폭의 제어는 균열폭을 0.3 mm를 기본으로 하여 철근의 간격으로 제어한 것이다.

② 보 및 1방향 슬래브의 휨철근은 다음의 철근의 최대 중심간격 $s_{\max}$ 이하로 부재 단면의 최대 휨인장영역 내에 배치한다.

$$s_{\max}=\min\left[375\left(\frac{\kappa_{cr}}{f_s}\right)-2.5c_c,\ 300\left(\frac{\kappa_{cr}}{f_s}\right)\right]$$

여기서,

κ_{cr} : 철근 간격을 통한 균열 검증에서 철근의 노출 조건을 고려한 계수. κ_{cr}은 건조 건조 환경에 노출되는 경우에는 280, 그 외의 환경(습윤 환경, 부식성 환경, 고부식성 환경)에 노출되는 경우에는 210이다.

f_s : 인장연단에서 가장 가까이에 위치한 철근의 응력 (MPa). 다만, 간단한 방법으로 균열을 검증하고자 할 때는 f_s는 $\dfrac{2}{3}f_y$로 근사값을

사용할 수 있다.

c_c : 인장연단에서 가장 가까이에 위치한 인장철근(주철근)의 표면과 인장콘크리트 표면 사이의 순피복두께(mm). 여기서 c_c가 피복두께가 아님에 주의한다.

12) 균열제어 측면에서 철근의 배치간격의 적합 여부 (16①)

① 휨철근(주철근)의 중심간격 (s)

$$s=\frac{1}{(n-1)}\times[b_w-(\text{피복두께}+d_s)\times 2-d_b]$$

$$\text{또는 } s=\frac{1}{(n-1)}[b_w-(c_c-d_s)\times 2-d_b]$$

② 휨철근(주철근)의 최소 수평 중심간격 (s_{min})

$$\text{최소 수평 순간격}=\max\left(25\,\text{mm},\ 1.0d_b,\ \frac{4}{3}G\right)$$

$$s_{min}=\text{최소 수평 순간격}+d_b$$

여기서,

n : 주철근의 개수

b_w : 보부재의 폭(mm)

c_c : 순피복두께(mm)

피복두께$=c_c-d_t$

d_t : 스터럽의 지름(mm)

d_b : 주철근의 지름(mm)

G : 굵은골재의 공칭 최대치수(mm)

f_y : 철근의 설계기준항복강도(MPa)

④ 균열제어 측면에서 철근의 배치간격의 적합 여부 검토

$$s_{min}\leq s\leq s_{max}\quad(\text{적합})$$

예제 12

단면의 크기가 $b=300$mm, $h=500$mm인 단면의 균열휨모멘트 M_{cr}은 몇 kN·m 인가? (단, 보통중량콘크리트이며, $f_{ck}=24$ MPa, $f_y=400$ MPa이다.) (4점) •12 ③, 20 ⑤

정답 (1) 총단면에 대한 단면2차 모멘트 I_g

$$I_g=\frac{bh^3}{12}=\frac{300\times 500^3}{12}=3{,}125\times 10^6\,\text{mm}^4$$

(2) 보통중량콘크리트의 경량콘크리트계수

$\lambda=1.0$

(3) 콘크리트의 파괴계수(휨인장강도) f_r

$$f_r=0.63\lambda\sqrt{f_{ck}}$$
$$=0.63\times 1.0\times\sqrt{24}=3.086\,\text{MPa}$$

(4) 균열휨모멘트 M_{cr}

$$y_t=\frac{h}{2}=\frac{500}{2}=250\,\text{mm}$$

$$M_{cr}=\frac{f_r I_g}{y_t}=\frac{3.086\times(3{,}125\times 10^6)}{250}$$
$$=38.6\times 10^6\,\text{N}\cdot\text{mm}=38.6\,\text{kN}\cdot\text{m}$$

예제 13

그림과 같은 단근 직사각형 보의 균열단면2차 모멘트는? (단, 탄성계수비 $n=8$, 1-D19의 $A_s=286.5\,\text{mm}^2$, $n-n=$ 중립축) (예상)

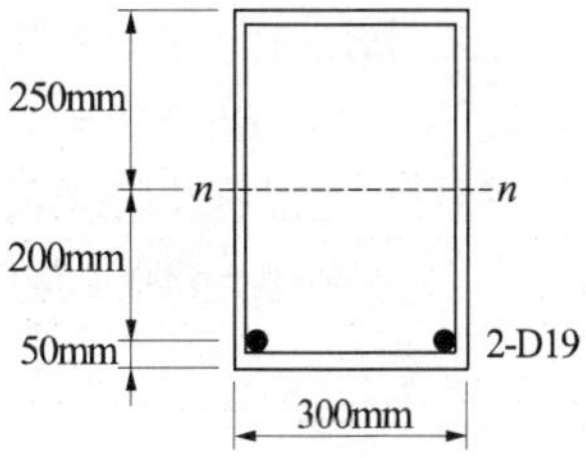

정답 $$I_{cr}=\frac{bc^3}{3}+nA_s(d-c)^2$$

$$=\frac{300\times 250^3}{3}$$
$$+8\times(2\times 286.5)\times(450-250)^2$$
$$=2{,}043\times 10^6\,\text{mm}^4$$

예제 14

강도설계법에서 보의 스팬 $l = 8\text{ m}$인 보통 콘크리트 보가 단순지지일 때 처짐을 계산하지 않고 정할 수 있는 보의 최소두께는? ($f_y = 400\text{ MPa}$, $m_c = 2{,}300\text{kg/m}^3$)

(예상)

정답 $h_{\min} = \dfrac{l}{16} = \dfrac{8{,}000}{16} = 500\text{ mm}$

예제 15

다음과 같은 조건을 갖는 철근콘크리트 보의 총처짐(mm)을 구하시오. (3점) •16 ③, 21 ②

[조건]

① 순간처짐(즉시처짐) : 20mm

② 단면 : $b_w \times d = 400\text{ mm} \times 600\text{ mm}$

③ 지속하중의 재하기간에 따른 시간경과계수 :

$\xi = 2.0$

④ 압축철근량 : $A_s' = 1{,}000\text{ mm}^2$

정답 ① 순간처짐$= 20.0\text{ mm}$

② 압축철근비 :

$$\rho' = \frac{A_s'}{b_w d} = \frac{1{,}000}{400 \times 500} = 0.005$$

③ $\lambda_\Delta = \dfrac{\xi}{1+50\rho'} = \dfrac{2.0}{1+50 \times 0.005} = 1.6$

④ 장기처짐$= \lambda_\Delta \times$순간처짐

$= 1.6 \times 20.0 = 32.0\text{ mm}$

⑤ 총처짐=순간처짐+장기처짐

$= 20.0 + 32.0 = 52.0\text{ mm}$

6. 기둥

1) 기둥의 종류 (12①)

① 띠철근기둥

② 나선철근기둥

③ 매입형 합성기둥

④ 강관 속을 콘크리트로 채운 기둥 (콘크리트충전 강관 기둥, CFT 기둥)

2) 매입형 합성기둥의 설명 (12①)

강구조에서 H형강 또는 십자형 형강의 강재 기둥을 콘크리트 속에 매입한 후 그 주위에 철근을 배근하고 콘크리트가 타설되어 일체가 되도록 한 것으로서, 초고층 구조물 하층부의 복합구조로 많이 채택되는 구조

3) 기둥의 최소철근비 1%의 제한 이유

① 철근의 양이 너무 적으면 배치효과가 없다.

② 시공시 재료분리로 인한 부분적 결함을 보완한다.

③ 예상치 않은 편심하중으로 인해 발생하는 휨모멘트에 저항한다.

④ 콘크리트의 크리프 및 건조수축의 영향을 줄인다.

4) 기둥의 최대철근비 8%의 제한 이유

① 철근량이 너무 많으면 콘크리트의 시공에 지장이 있다.

② 철근의 가공 및 조립 비용으로 인해 비경제적이 된다.

③ 과다한 철근 배근으로 인해 연성확보에 어려움이 있다.

5) 등가환산단면적(등가단면적)

$$A_e = A_c + nA_{st} = A_g - A_{st} + nA_{st} = A_g + (n-1)A_{st}$$

6) 기둥의 구조상세와 구조제한 (22②)

구분	내용
축방향 주철근의 순간격	최소 순간격 $\geq \max\left(40\text{mm},\ 1.5d_b,\ \frac{4}{3}\text{G}\right)$
축방향 주철근의 단면적	전체 단면적 A_g의 0.01배 이상, 0.08배 이하 ($1\% \leq \rho_g \leq 8\%$)
축방향 주철근의 겹침이음 제하	축방향 주철근이 겹침이음되는 경우의 철근비는 0.04를 초과하지 않아야 한다.

7) 횡방향 보강철근의 사용 목적 (11③)

① 주철근의 좌굴방지
② 주철근의 위치확보
③ 전단보강
④ 피복두께 유지

8) 띠철근의 수직간격 (12②, 14①, 21②)

$$\text{수직간격} \leq \min(16d_b, 48d_t, D_{\min})$$

여기서,
d_b : 주철근의 공칭지름(mm)
d_t : 띠철근의 공칭지름(mm)
$D_{\min}$: 기둥단면의 최소치수(mm)

9) 나선철근의 지름 및 순간격

① 나선철근의 지름은 10 mm 이상이다.
② 나선철근의 순간격은 25mm 이상, 75mm 이하이다.
③ 나선철근의 정착은 나선철근의 끝에서 추가로 심부 주위를 1.5 회전만큼 더 확보하여야 한다.

10) 띠철근 기둥의 최대 설계축하중
(12③, 13①, 19①, 22①)

$$P_d = \phi P_{n,\max} = \alpha \phi P_0$$
$$= 0.80\phi\{0.85 f_{ck}(A_g - A_{st}) + f_y A_{st}\}$$

11) 나선철근 기둥의 최대 설계축하중

$$P_d = \phi P_{n,\max} = \alpha \phi P_0$$
$$= 0.85\phi\{0.85 f_{ck}(A_g - A_{st}) + f_y A_{st}\}$$

여기서,
f_{ck} : 콘크리트의 설계기준압축강도(MPa)
f_y : 철근의 설계기준항복강도(MPa)
ϕ : 강도감소계수(띠철근 기둥 : ϕ=0.70, 나선철근 기둥 : ϕ=0.75)
α : 우발편심을 고려한 계수(띠철근 기둥 : α = 0.80, 나선철근 기둥 : α =0.85)

A_g : 기둥의 전단면적(mm^2)
A_{st} : 주철근의 공칭단면적(mm^2)

예제 16

철근콘크리트구조 압축부재의 철근량 제한에 관한 내용이다. 다음 ( ) 안에 적절한 수치를 기입하시오. (3점) •22 ②

> 비합성 압축부재의 축방향 주철근 단면적은 전체 단면적 A_g의 (①)배 이상, (②) 배 이하로 하여야 한다. 축방향 주철근이 겹침이음되는 경우의 철근비는 (③)를 초과하지 않도록 하여야 한다.

정답 ① 0.01
② 0.08
③ 0.04

예제 17

다음 보기의 ( ) 안을 채우시오. (2점) •14 ①

> 기둥의 띠철근 수직간격은 축방향주철근 지름의 (①)배, 띠철근 지름의 (②)배, 기둥 단면의 최소치수 이하 중 작은 값으로 한다.

정답 ① 16 ② 48

예제 18

그림과 같은 철근콘크리트 기둥에서 띠철근(Hoop)의 최대 수직간격을 산정하시오. (3점) •12 ②, 21 ②

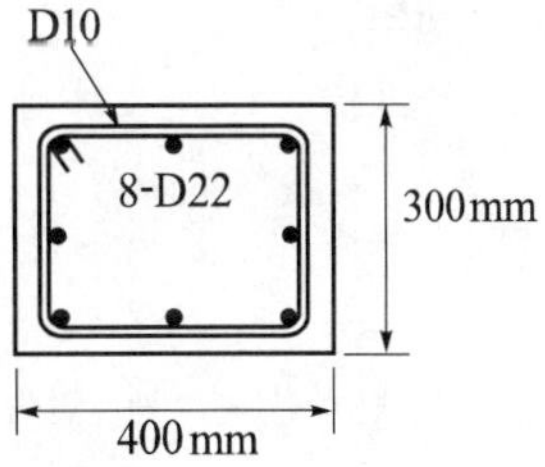

정답 띠철근 간격
$\leq \min(16 \times d_b, 48 \times d_t, D_{\min})$
$= \min(16 \times 22, 48 \times 10, 300)$

$=\min(352,\ 480,\ 300)=300\text{mm}$

∴ 띠철근의 최대 간격은 300mm이다.

예제 19

강도설계법에 의한 철근콘크리트 기둥 설계시 그림과 같은 단주의 최대 설계축하중(kN)은? (단, $f_{ck}=27$ MPa, $f_y=400$ MPa, 8－D22 단면적 3,097 mm^{2}이다.) (3점) •12 ③, 13 ①, 19 ①, 22 ①

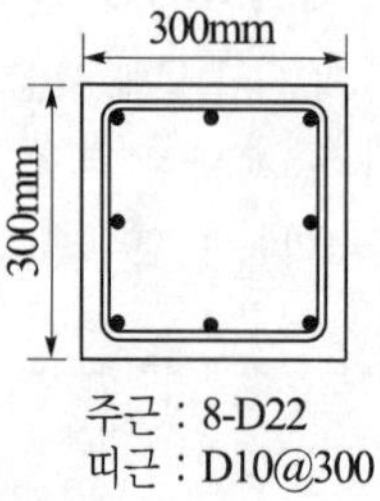

정답 단주의 최대 설계축하중

$$\phi P_{n,\ \max}=\alpha\phi P_0$$
$$=\alpha\phi\{0.85f_{ck}(A_g-A_{st})+f_yA_{st}\}$$
$$=0.80\times0.65\times\{0.85\times27\times(300\times300-3{,}097)\}$$
$$=1{,}681.3\times10^3\text{ N}=1{,}681.2\text{ kN}$$

7. 슬래브

1) 1방향 슬래브와 2방향 슬래브의 조건
(11①, 13②, 19③)

(1) 1방향 슬래브

$$\lambda=\frac{l_y}{l_x}>2$$

(2) 2방향 슬래브

$$\lambda=\frac{l_y}{l_x}\le2$$

여기서,

l_x : 단변방향 순경간(순스팬, 안목길이)

l_y : 장변방향 순경간(순스팬, 안목길이)

2) 2방향 슬래브의 종류

① 플랫 슬래브
② 플랫 플레이트
③ 2방향 장선 슬래브(와플 슬래브)
④ $\lambda\le2$인 사변 고정 슬래브

3) 평 슬래브 구조

① 플랫 슬래브(무량판 구조)
② 장선 슬래브
③ 플랫 플레이트(평판 슬래브)
④ 와플 슬래브

4) 근사해석법에 의한 휨모멘트 및 전단력

정모멘트 및 전단력의 l_n은 순경간이다.

구분	내용
최대 전단력(단부)	$V_{\max}=1.15\left(\frac{wl_n}{2}\right)$
최대 휨모멘트(중앙부, 단부)	① 2경간인 경우 : $M^+_{\max}=+\frac{wl_n^2}{14}$, $M^-_{\max}=-\frac{wl_n^2}{9}$ ② 3경간이고 외측 단부조건이 보인 경우 : $M^+_{\max}=+\frac{wl_n^2}{11}$, $M^-_{\max}=-\frac{wl_n^2}{10}$ ③ 3경간이고 외측 단부조건이 기둥인 경우 : $M^+_{\max}=+\frac{wl_n^2}{14}$, $M^-_{\max}=-\frac{wl_n^2}{10}$

5) 1방향 슬래브의 구조상세

(1) 1방향 슬래브의 최소두께

1방향 슬래브의 두께≥(아래 표, 100mm)

【처짐계산을 하지 않는 경우 1방향 슬래브 및 보의 최소두께】

부재	최소두께, h			
	단순지지	1단연속	양단연속	캔틸레버
1방향 슬래브	$l/20$	$l/24$	$l/28$	$l/10$
① 보 ② 리브가 있는 1방향 슬래브	$l/16$	$l/18.5$	$l/21$	$l/8$

(2) 철근의 간격(s)

주철근 (정철근 및 부철근의 중심간격)	최대 휨모멘트 발생 단면	$s \le \min(2h_f,\ 300\text{mm})$
	기타의 단면	$s \le \min(3h_f,\ 450\text{mm})$
1방향 철근콘크리트 슬래브의 수축·온도철근의 간격 (정철근 및 부철근의 직각방향)		$s \le \min(5h_f,\ 450\text{mm})$

(3) 1방향 철근콘크리트 슬래브의 수축·온도철근비(ρ) (20③)

$f_y \le 400$MPa	$\rho \ge 0.0020$
$f_y > 400$MPa	$\rho \ge \max\left(0.0014,\ \dfrac{0.0020 \times 400}{f_y}\right)$

(주) 최소 철근비는 콘크리트의 전체 단면적 $A_g\ (=bh_f)$에 대한 수축·온도철근의 단면적의 비이다. 따라서 최소 철근량은 $A_{s,\min} = \rho_{\min} bh_f$이다.

6) 2방향 슬래브의 대표적인 설계방법

① 직접설계법　　② 등가골조법

7) 직접설계법에 의한 모멘트산정

(1) 전체 정적 계수모멘트

$$M_o = \frac{w_u l_2 l_n^2}{8}$$

(2) 정 및 부계수 휨모멘트

① 부계수 휨모멘트(단부) : $M_u^- = 0.65 M_o$

② 정계수 휨모멘트(중앙부) : $M_u^+ = 0.35 M_o$

8) 플랫 슬래브의 구조 제한 (11③, 21①)

① 슬래브 두께 : 100mm 이상

② 기둥의 폭(D)

$D \ge \max$(기둥 중심간 거리/20, 300mm, 층고/15)

③ 지판은 받침부 중심선에서 각 방향 받침부 중심간 경간의 1/6 이상을 각 방향으로 연장시킨다.

④ 지판의 슬래브 아래로 돌출한 두께는 돌출부를 제외한 슬래브 두께의 1/4 이상으로 한다.

9) 플랫 슬래브(플레이트) 구조에서 2방향 전단에 대한 보강방법 4가지 (14③)

① 슬래브의 두께를 두껍게 한다.

② 기둥머리에 지판(drop panel)을 배치한다.

③ 기둥의 크기를 증가시키거나 기둥머리를 배치해서 주변길이 b_0를 증가시킨다.

④ 전단보강철근을 배치한다.

예제 20

철근콘크리트 구조에서 1방향 슬래브와 2방향 슬래브를 구분하여 설명하시오. (단, λ= 장변방향 순간격/단변방향 순간격이다.) (3점) •11 ①, 13 ②, 19 ③

① 1방향 슬래브 :

② 2방향 슬래브 :

정답

① 1방향 슬래브 : $\lambda > 2$

② 2방향 슬래브 : $\lambda \le 2$

여기서, $\lambda = \dfrac{\text{장변방향 순간격}}{\text{단변방향 순간격}}$

예제 21

1방향 슬래브의 두께가 250mm일 때 단위폭 1m에 대한 수축·온도철근량과 D13(a_1 = 126.7mm^2) 철근을 배근할 때 요구되는 배치 개수를 구하시오. (단, f_y= 400MPa) (4점) •20 ③

정답

(1) 1방향 슬래브에서 수축·온도철근으로 배치되는 이형 철근의 최소 철근비

$\rho_{\min} = 0.0020$ (단, $f_y \leq$ 400 MPa)

(2) 최소 철근량 :

최소 철근비는 콘크리트의 전체 단면적 A_g ($= bh_f$)에 대한 수축·온도철근의 단면적의 비이다. 따라서 최소 철근량은 $A_{s,\min} = \rho_{\min} bh_f$이다.

$\therefore\ A_{s,\min} = \rho_{\min} bh_f = 0.0020 \times 1{,}000 \times 250$

$= 500\ \text{mm}^2/\text{m}$

(3) 배치 개수

$$n = \frac{A_{s,\min}}{a_1} = \frac{500}{126.7} = 3.9 \rightarrow 4\,EA$$

여기서, a_1 : 단일 철근의 단면적(mm^2)

h_f : 슬래브의 전체 두께(mm)

예제 22

그림과 같은 설계조건에서 플랫 슬래브의 지판(Drop Panel, 드롭 패널)의 최소두께를 산정하시오. (단, 슬래브 두께 h_f는 200mm) (4점) •11 ③, 21 ①

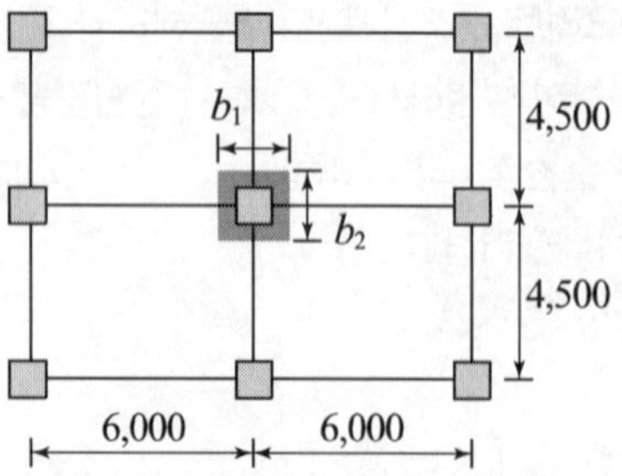

(1) 지판의 최소 크기($b_1 \times b_2$) :

(2) 지판의 최소두께($h_{\min}$) :

정답

(1) 지판의 최소 크기($b_1 \times b_2$)

지판은 받침부 중심선에서 각 방향 받침부 중심간 경간의 1/6 이상을 각 방향으로 연장시킨다.

$$b_1 = \frac{6{,}000}{6} + \frac{6{,}000}{6} = 2{,}000\ \text{mm}$$

$$b_2 = \frac{4{,}500}{6} + \frac{4{,}500}{6} = 1{,}500\ \text{mm}$$

$\therefore\ b_1 \times b_2 = 2{,}000\ \text{mm} \times 1{,}500\ \text{mm}$

(2) 지판의 최소두께($h_{\min}$)

지판의 슬래브 아래로 돌출한 두께는 돌출부를 제외한 슬래브 두께의 1/4 이상으로 한다.

$$h_{\min} = \frac{h_f}{4} = \frac{200}{4} = 50\ \text{mm}$$

따라서 지판의 슬래브 아래로 돌출한 최소두께는 50 mm이다.

예제 23

보가 있는 2방향 슬래브를 강도설계법에서 직접설계법으로 계산할 때 M_o = 900kN·m로 산정되었다. 내부 스팬의 부계수 휨모멘트(kN·m)와 정계수 휨모멘트(kN·m)를 산정하시오. (예상)

정답 ① 부계수 휨모멘트 :

$M_u^- = 0.65M_o = 0.65 \times 900 = 585\,\text{kN}\cdot\text{m}$

② 정계수 휨모멘트 :

$M_u^+ = 0.35M_o = 0.35 \times 900 = 315\,\text{kN}\cdot\text{m}$

8. 기초

1) 독립기초 넓이의 결정

(1) 지반의 순허용지내력(q_a) 결정

> q_a = 허용지내력 − (흙과 콘크리트의 무게 + 표면재하)

(2) 기초판의 크기(A)의 결정

$$A \geq \frac{N}{q_a}$$

여기서, N : 사용하중 하의 기둥 하중 ($N = D + L$)

(3) 설계용 계수하중(N_u)과 기초지반 반력(q_u) (11③)

$$q_u = \frac{N_u}{A}$$

여기서, N_u : 계수하중 하의 기둥 하중 ($N_u = 1.2D + 1.6L$ 등)

2) 유효높이의 결정

① 직접(독립) 기초의 경우 : 150mm 이상

② 말뚝기초의 경우 : 300mm 이상

③ 흙에 묻혀 있는 콘크리트에 대한 철근의 피복두께 : 75mm 이상

3) 기초의 최소두께

① 독립기초 : 150mm+75mm 이상

② 말뚝기초 : 300mm+75mm 이상

4) 휨모멘트에 대한 위험단면

① 콘크리트 기둥, 받침대 또는 벽체를 지지하는 기초판은 기둥 및 받침대 또는 벽체의 외면

② 조적조 벽체를 지지하는 기초판은 벽체 중심과 벽체면과의 중간

③ 강재 베이스 플레이트를 갖는 기둥을 지지하는 기초판은 기둥 외면과 강재 베이스 플레이트 단부와의 중간

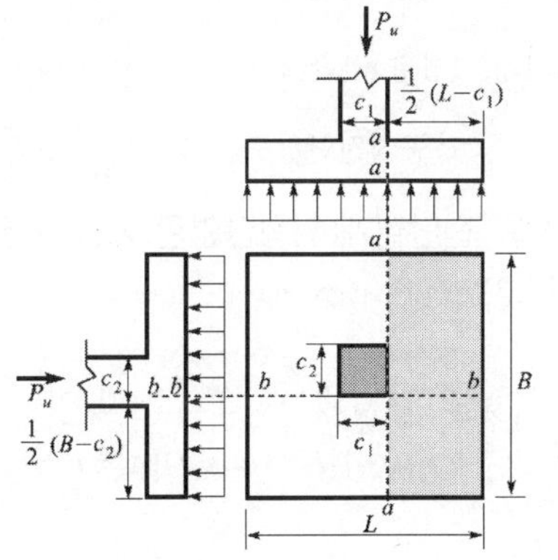

(a) 콘크리트 기둥, 받침대 또는 벽체

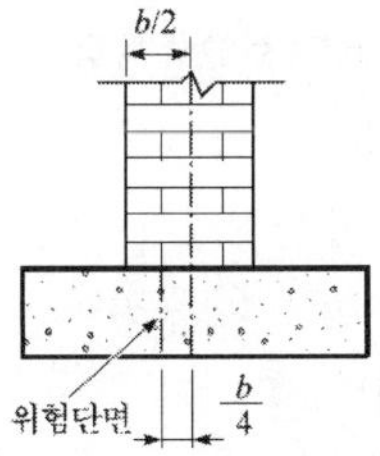

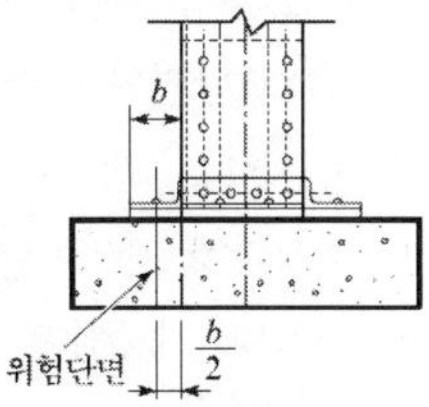

(b) 조적구조 벽체 (c) 강재 기둥

휨모멘트에 대한 위험단면

5) 기초판의 휨모멘트에 대한 설계

① 기초판의 휨모멘트에 대한 소요강도

$$M_u = q_u \times (B \times F) \times \frac{F}{2}$$

여기서, $F = \frac{1}{2}(L - c_1)$ 이고, 기초판 상부의 사각형 기둥의 너비는 $c_1 = c_2$ 이다.

② 철근량 산정

$$A_s = \rho B d$$

여기서, $\rho = \frac{\eta(0.85 f_{ck})}{f_y}\left[1 - \sqrt{1 - \frac{2R_n}{\eta(0.85 f_{ck})}}\right]$,

$R_n = \frac{M_u}{\phi B d^2}$

③ 최소철근비 검토

㉠ $f_y \le 400$ MPa : $\rho_{\min} = 0.0020$

㉡ $f_y > 400$ MPa :

$$\rho_{\min} = \max\left[0.0014,\ 0.0020\left(\frac{400}{f_y}\right)\right]$$

④ 휨검토

$$M_u < \phi M_n \quad (\phi = 0.85)$$

여기서, $M_n = A_s f_y \left(d - \frac{a}{2}\right)$

⑤ 1방향 기초판 또는 2방향 정사각형 기초판의 휨철근은 기초판 전체 폭에 걸쳐 균등하게 배치한다.

⑥ 2방향 직사각형 기초판의 각 방향에 대한 휨철근 배치 (15③, 20④)

㉠ 장변방향의 철근은 단변너비 전체에 걸쳐 등간격으로 배치한다.

㉡ 단변방향으로 배치해야 할 전체 철근량 (A_{sL})에서 다음 식으로 계산되는 양(A_{s1})을 단변길이만큼의 중앙구간(B 구간)에 균등하게 배치하고, 나머지 철근량은 중앙구간 이외의 양쪽구

간 [양쪽 $(L-B)/2$ 구간]에 등간격으로 배치한다.

$$A_{s1}=\gamma_s A_{sL}=\left(\frac{2}{\beta+1}\right)A_{sL}$$

여기서,

A_{s1} : 중앙구간에 배치할 철근량

A_{sL} : 단변방향으로 배치해야 할 전체 철근량

β : 장변과 단변의 비, 즉 $\beta=\dfrac{L}{B}$

L : 기초판에서 장변의 길이

B : 기초판에서 단변의 길이

$\gamma_s=\left(\dfrac{2}{\beta+1}\right)$

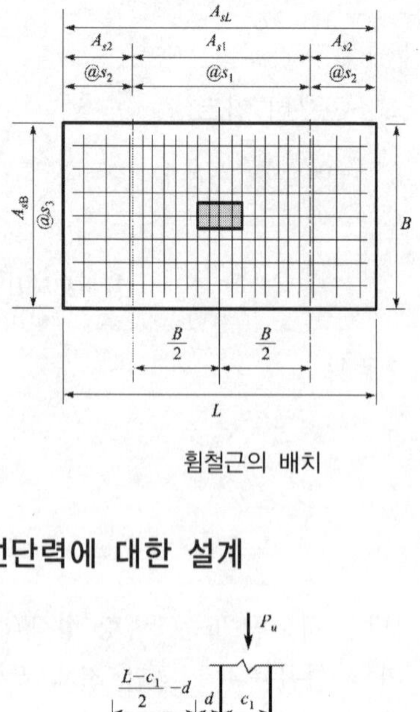

휨철근의 배치

6) 전단력에 대한 설계

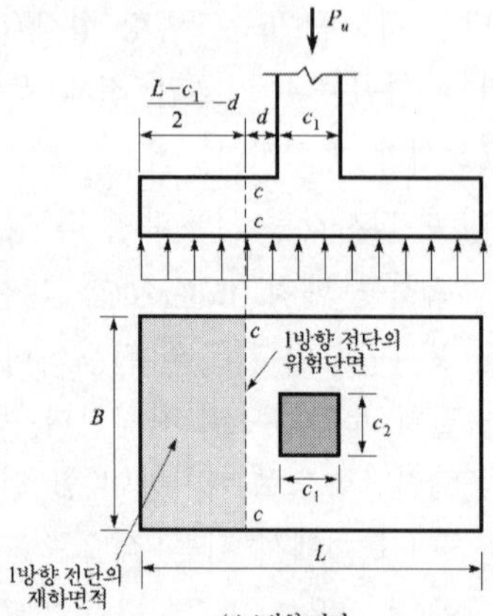

(a) 1방향 전단

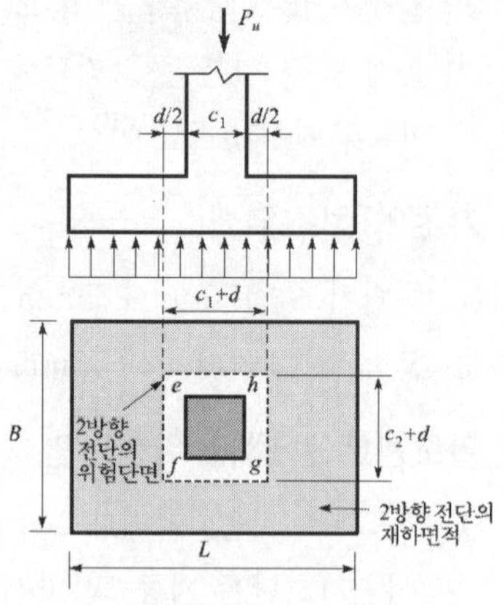

(b) 2방향 전단

전단에 대한 위험단면

(1) 1방향 전단설계(위험단면은 기둥전면에 d 인 단면 c~c)

$$V_u \le \phi V_n=\phi V_c \quad (\phi=0.75)$$
$$V_u=q_u B\left(\frac{L-c_1}{2}-d\right)$$

여기서, 1방향 전단에서 콘크리트가 부담하는

공칭전단강도 : $V_c=\dfrac{1}{6}\lambda\sqrt{f_{ck}}\,b_w d$

(2) 2방향 전단설계(위험단면은 기둥전면에 $d/2$ 인 곳) (13①, 17②, 18①)

$$V_u \le \phi V_n=\phi V_c \quad (\phi=0.75)$$
$$V_u=q_u[BL-(c_1+d)(c_2+d)]$$

여기서,

2방향 전단에서 콘크리트가 부담하는 공칭전단강도 : $V_c=v_c b_0 d$

v_c : 콘크리트 재료의 공칭전단응력강도

b_0 : 위험단면의 둘레길이

$b_0=2[(c_1+d)+(c_2+d)]$

정사각형 기웅이면, $b_0=4(c_1+d)$

c_1 :사각형 기둥의 너비

c_2 :사각형' 기둥의 너비

정사각형 기둥이면, $c_1=c_2$

d : 슬래브의 유효두께

λ : 경량콘크리트계수

7) 2방향 뚫림전단 저항면적 (13①)

$$A = b_0 d$$

여기서,

b_0 : 위험단면의 둘레길이

$b_0 = 2[(c_1 + d) + (c_2 + d)]$

정사각형 기둥이면, $b_0 = 4(c_1 + d)$

c_1 :사각형 기둥의 너비

c_2 :사각형 기둥의 너비

정사각형 기둥이면, $c_1 = c_2$

d : 슬래브의 유효두께

8) 기둥의 밑면에서 기초로의 힘의 전달방법 중 보강근에 의한 방법의 종류

① 주철근의 연장 ② 다우얼 철근

③ 앵커볼트 ④ 기계적이음

예제 24

흙의 허용지내력이 $q_a = 500\text{kN/m}^2$이고 기둥의 축하중과 기초의 자중의 합이 10,000kN 일 때 독립기초의 기초판 최소 면적(m^2)은? • (예상)

정답 기초판의 면적(A)의 결정

$N = 10{,}000\text{kN}$ (사용하중)

$q_a = 500\text{kN/m}^2$(허용지내력)

$$A \geq \frac{N}{q_a} = \frac{10{,}000}{500} = 20\text{m}^2$$

예제 25

기초 설계에 있어 장기 500kN(자중포함)의 사용하중을 받을 경우 장기 허용지내력도 100kN/m^2 의 지반에서 적당한 정사각형 기초판의 한 변의 최소 크기는? (예상)

정답 $N = 500\text{kN}$ (사용하중)

$q_a = 100\text{kN/m}^2$(허용지내력)

$$A \geq \frac{N}{q_a} = \frac{500}{100} = 5\text{m}^2$$

정사각형 기초판의 한 변의 최소 크기

$l = \sqrt{A} \geq \sqrt{5} = 2.24\text{m}$

예제 26

다음과 같은 조건의 기초판 밑면에 발생하는 설계용 토압(kPa)은 얼마인가? • (예상)

기초판 1.8m×1.8m×0.5m
기둥 0.35m×0.35m×1m
철근콘크리트의 중량 2,400kg/m^3
흙의 중량 2,082kg/m^3

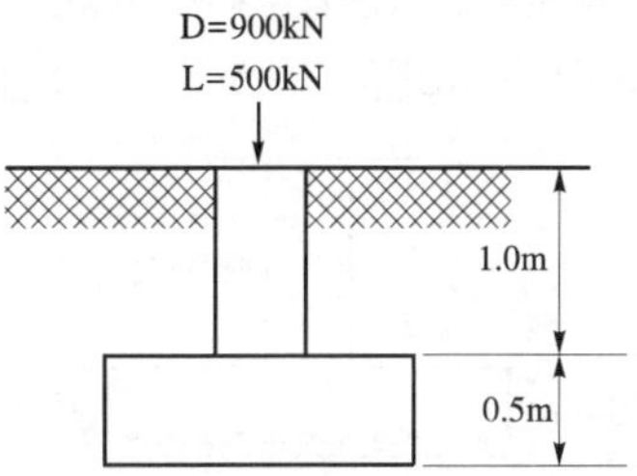

정답 설계용 토압

$$q_u = \frac{1.2D + 1.6L}{A} = \frac{1.2 \times 900 + 1.6 \times 500}{1.8 \times 1.8}$$

$= 580.25\ \text{kPa}$

예제 27

그림과 같은 정방형 독립기초 저면에 작용하는 기초지반 반력(q_u)이 $q_u = 140\ \text{kN/m}^2$일 때, 휨에 대한 위험단면의 휨모멘트는? (예상)

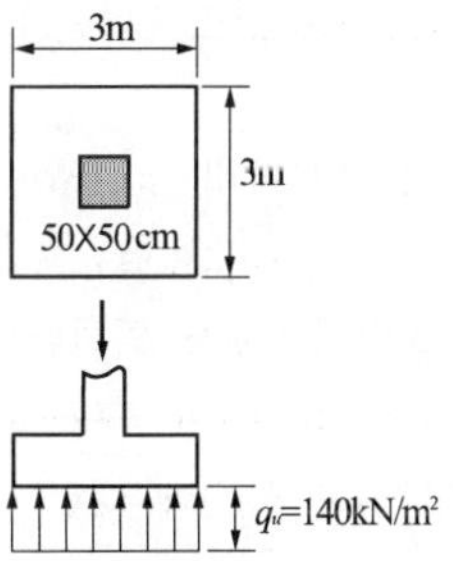

정답 $q_u = \dfrac{N_u}{A} = 140\text{kN/m}^2$

$$M_u = q_u \times (B \times F) \times \frac{F}{2}$$

$$= 140 \times (3 \times 1.25) \times \frac{1.25}{2} = 328\,\text{kN}\cdot\text{m}$$

여기서,

$$F = \frac{1}{2}(L - c_1) = \frac{1}{2} \times (3.0 - 0.5) = 1.25\ \text{m}$$

예제 28

그림과 같은 독립기초에서 2방향 전단(Punching Shear, 뚫림전단) 응력산정을 위한 위험단면의 단면적(m^2)을 구하시오. (3점)

•13 ①, 18 ①

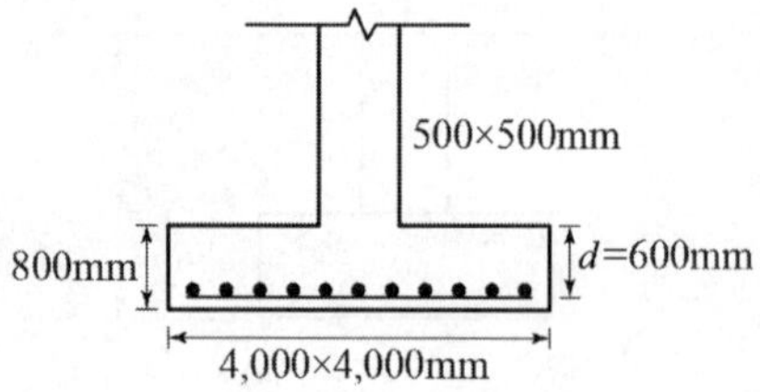

정답 2방향 전단에 대한 위험단면은 지지면에서 $d/2$만큼 떨어진 곳이다

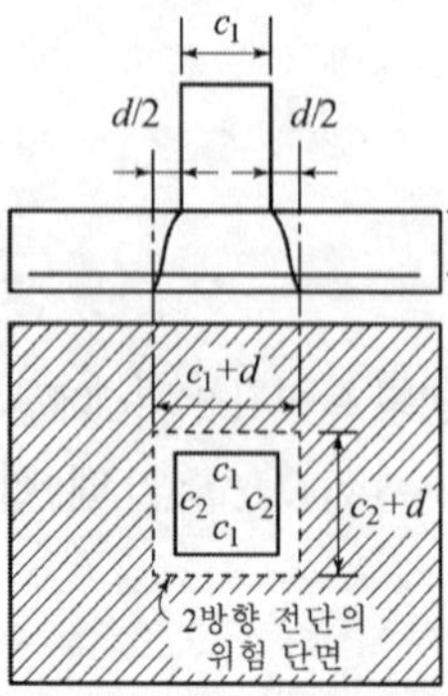

(1) 각종 치수

$c_1 = c_2$=기둥의 너비=500 mm

d=슬래브의 유효깊이=600 mm

(2) 정사각형 독립기초에서 위험단면의 둘레길이

$b_0 = 4(c_1 + d) = 4 \times (500 + 600) = 4{,}400\ \text{mm}$

(3) 2방향 전단(뚫림전단)에 대한 저항면적

$$A = b_0 d$$

$$= 4{,}400 \times 600 = 2.64 \times 10^6\ \text{mm}^2 = 2.64\ \text{m}^2$$

예제 29

강도설계법에서 기초판의 크기가 2m×4m일 때 단변방향으로의 소요 전체 철근량이 4,800mm²이다. 유효너비 내에 배근하여야 할 철근량을 구하시오. (4점)

•15 ③, 20 ④

정답 단변방향으로 배치해야 할 전체 철근량(A_{sL})에서 다음 식으로 계산되는 양(A_{s1})을 단변길이만큼의 중앙구간에 균등하게 배치하고, 나머지 철근량은 중앙구간 이외의 양쪽구간에 등간격으로 배치한다.

(1) $\beta = \dfrac{L}{B} = \dfrac{4.0}{2.0} = 2.00$

(2) $\gamma_s = \left(\dfrac{2}{\beta + 1}\right) = \left(\dfrac{2}{2.00 + 1}\right) = \dfrac{2}{3}$

(3) 단변방향으로 배치해야 할 전체 철근량

$A_{sL} = 4{,}800\text{mm}^2$

(4) 유효너비(중앙구간) 내에 배근하여야 하는 철근량

$$A_{s1} = \gamma_s A_{sL} = \frac{2}{3} \times 4{,}800 = 3{,}200\text{mm}^2$$

여기서,

A_{s1} : 중앙구간에 배치할 철근량

A_{sL} : 단변방향으로 배치해야 할 전체 철근량

β : 장변과 단변의 비, 즉 $\beta = \dfrac{L}{B}$

9. 벽체와 옹벽

1) 내력벽체의 최소철근비

이형 철근	항복강도 (f_y)	최소 수직철근비 ($\rho_{v,\min}$)	최소 수평철근비 ($\rho_{h,\min}$)
D16 이하	400 MPa 이상	0.0012	$0.0020\left(\dfrac{400}{f_y}\right)$
	400 MPa 미만	0.0015	0.0025
D16 초과	–	0.0015	0.0025

(주) 최소철근비는 벽체의 전체 단면적에 대한 철근비이다.

2) 내력벽체에서 다음 설명의 ( ) 안에 용어와 수치 (예상)

① 두께 (250) mm 이상의 벽체에 대해 수직 및 수평철근을 벽면에 평행하게 양면으로 배치한다.

② 수직철근이 집중배치된 벽체부분의 수직철근비가 (0.01) 배 이상인 경우 횡방향 띠철근을 설치해야 한다.

③ 개구부 보강으로 모든 창이나 출입구 등의 개구부 주위에는 기준의 최소철근량 이외에도 수직 및 수평방향으로 이열 배근된 벽체에 대하여 두 개의 (D16) 이상 철근, 일열 배근된 벽체에 대하여 한 개의 (D16) 이상의 철근을 창이나 출입구 등의 개구부 주변에 배치한다. 이때 이러한 철근은 개구부 모서리에서 설계기준항복강도를 발휘할 수 있도록 정착되어야 한다.

④ 내력벽의 최소두께는 (100) mm 이상이다.

3) 벽체의 설계축하중 (17①, 19②)

$$\phi P_{nw} = 0.55\phi f_{ck} A_g \left[1-\left(\frac{kl_c}{32h}\right)^2\right]$$

(ϕ=0.65)

4) 옹벽의 안정성 검토 내용

① 활동에 대한 안정

② 전도에 대한 안정

③ 침하(최대 지반반력)에 대한 안정

예제 29

벽체의 높이가 3.6m인 철근콘크리트 벽체의 설계축하중(kN)을 산정하시오. (단, 벽체는 양단이 횡구속되어 있고 또한 회전구속 되어 있다. 또한 벽체 단면 두께 $h = 150$ mm 이고 압축을 받는 벽체의 전체 유효면적 $A_g = 0.12\ \text{m}^2$ 이며, f_{ck}=27MPa이다.) (4점)

•17 ①

정답 벽체의 설계축하중

$$\phi P_{nw} = 0.55\phi f_{ck} A_g \left[1-\left(\frac{kl_c}{32h}\right)^2\right]$$

$$= 0.55 \times 0.65 \times 27 \times 120{,}000 \times \left[1-\left(\frac{1.0\times 3{,}600}{32\times 150}\right)^2\right]$$

$$= 506.76\times 10^3\text{N} = 506.76\ \text{kN}$$

여기서, $\phi = 0.65$

A_g : 압축을 받는 벽체의 전체 유효면적 ($A_g = 0.12\ \text{m}^2 = 120{,}000\ \text{mm}^2$)

l_c : 받침부간 수직거리 ($l_c = 3.6\ \text{m} = 3{,}600\ \text{mm}$)

k : 유효길이계수 ($k = 1.0$)

상 · 하단 횡구속벽체	양단 또는 한단이 회전구속	0.8
	양단이 비회전구속	1.0
비횡구속벽체		2.0

III 강구조

1. 강구조설계 일반

1) 바우싱거효과

일반적인 철강 재료에서 인장하중의 재하에 의한 항복점과 압축하중에 의한 항복점은 거의 같다. 이와 같은 철강 재료에 대하여 항복점 이상의 탄성한계를 초과하여 인장하중을 가한 후에 반대하중인 압축하중을 가하면 인장에 대한 항복점 (또는 탄성한도)보다 낮은 응력상태에서 재료가 항복하게 되는 현상이다.

2) 러멜러 테어링

열간압연강재는 압연이 진행되는 방향의 단면과 압연 진행과 교차되는 방향의 단면이 서로 다른 기계적인 성질을 가지는 것이다.

3) TMCP강 (제어열처리강)의 특징

① 용접성과 내진성이 뛰어난 극후판의 고강도 강재이다.

② 높은 강도와 인성을 갖는 강재이다.

③ 적은 탄소량으로 우수한 용접성을 나타낸다.

④ 판두께 40mm 이상의 후판이라도 항복강도의 저하가 없다.

4) 강재의 재질표시

① SS계열 : 일반구조용 압연강재

② SM계열 : 용접구조용 압연강재

③ SMA계열 : 용접구조용 내후성 열간 압연강재

④ SN계열 : 건축구조용 압연강재(용접성, 냉강가공성, 인장강도 등이 우수하다.)

⑤ SHN : 건축구조용 열간압연 H형강(국내의 H제철에서 국내 최초로 개발한 건축구조용 압연 H형강이다.)

⑥ TMCP : 제어열처리강. 두께 40 mm 이상 80 mm 이하의 후판에서도 항복강도가 저하하지 않는다.

⑦ HSA : 건축용 고성능강재(초고강도 성능, 연쇄붕괴 안전성 및 내진성을 갖춘 고성능강재이다.

5) 강재의 재질표시 (20①)

① SS : 일반구조용 압연강재

② SM : 용접구조용 압연강재

③ SMA : 용접구조용 내후성 열간 압연강재

④ SN : 건축구조용 압연강재

⑤ SHN : 건축구조용 열간압연 H형강

⑥ TMCP : 제어열처리강

6) 형강의 표시법 (11①, 19②)

(1) H형강의 표시

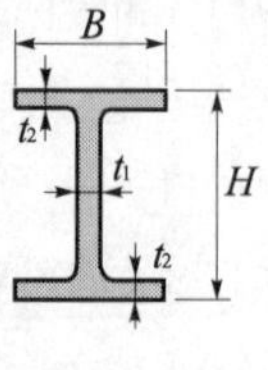

H−$H \times B \times t_1 \times t_2$

(2) ㄷ형강의 표시

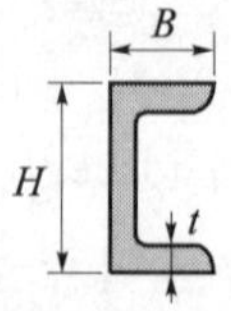

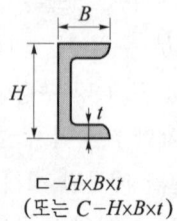

ㄷ−$H \times B \times t$
(또는 $C-H \times B \times t$)

7) 형강의 스케치 (14①)

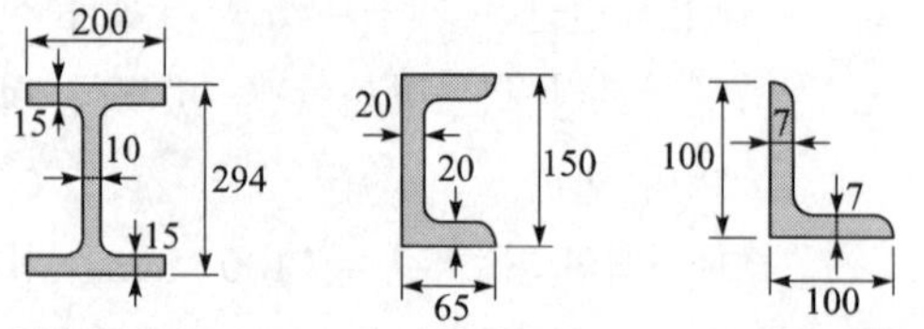

H − 294×200×10×15 C − 150×65×20 L − 100×100×7

8) 구조용 강재의 재료강도(MPa)

강도	판 두께 \ 강재 기호	SS235	SS275	SS315	SM275	SM355	SM420	SM460
F_y	16mm 이하	235	275	315	275	355	420	460
	16mm 초과 40mm 이하	225	265	305	265	345	410	450
	40mm 초과 75mm 이하	205	245	295	255	335	400	430
	75mm 초과 100mm 이하	205	245	295	245	325	390	420
	100mm 초과	195	235	275	235	305	380	–
F_u	–	330	410	490	410	490	520	570

강도	판 두께 \ 강재 기호	SN275	SN355	SN460	SHN275	SHN355	SHN420	SHN460
F_y	6mm 초과 40mm 이하	275	355	460	275	355	420	460
	40mm 초과 100mm 이하	255	335	440				
F_u	100mm 이하	410	490	570	410	490	520	570

9) 고장력볼트의 재료강도(MPa)

강 도 \ 강 종	F8T	F10T	F13T
F_y	640	900	1170
F_u	800	1000	1300

10) 볼트의 재료강도(MPa)

강종	4.6(KS B 1002에 따른 강도 등급)
F_y	240
F_u	400

11) SM355 강재 기호의 의미 (15③, 21③)

① SM : 용접구조용 압연강재

② 355 : 항복강도 355 MPa

12) 강재의 항복비 (19②, 22①)

$$\frac{F_y}{F_u} < 1.0$$

13) 용접재료의 강도(MPa)

용접재료의 재료강도는 항복강도 F_y 및 최소 인장강도 F_u 값에 따라 정한다.

용접재료	강도 F_y	강도 F_u	용접재료	강도 F_y	강도 F_u
KS D 7004 연강용 피복아크 용접봉	345	420	KS D 7006 고장력강용 피복아크 용접봉	390	490
				410	520
				490	570

14) 재료의 정수(定數)

탄성계수, E(MPa)	전단탄성계수, G(MPa)	푸아송비 (ν)	선팽창계수 α (1/℃)
210,000	81,000	0.30	0.000012

15) 수직하중의 흐름

수직하중 → 바닥판 → 작은보 → 큰보 → 기둥 → 기초 → 지반

16) 강도 한계상태의 기본식

$$R_u \le \phi R_n \text{ 혹은 } \sum_{i=1}^{n} \gamma_i Q_i \le \phi R_n$$

여기서,

R_u : 소요강도

$$R_u = \sum_{i=1}^{n} \gamma_i Q_i$$

ϕ : 강도감소계수 (강도저감계수, 일반적으로 1 이하이다)

R_n : 공칭강도

ϕR_n : 설계강도

γ_i : 하중계수 (일반적으로 1 이상이다)

Q_i : LRFD의 하중조합에 의한 계수하중

17) 한계상태의 종류 (19③, 22①)

① 강도 한계상태 : 항복, 소성힌지의 형성, 골조 또는 부재의 안정성, 인장파괴, 피로파괴 등 안정성과 최대하중지지력에 대한 한계상태이다.

② 사용성 한계상태 : 구조물의 외형, 유지 및 관리, 내구성, 사용자의 안락감 또는 기계류의 정상적인 기능 등을 유지하기 위한 구조물의 능력에 영향을 미치는 한계상태이다.

14) LRFD에서 주요 강도감소계수

(1) 인장재

① 총단면의 항복(Yielding) $\phi_t = 0.90$

② 유효순단면의 파단(Rupture) $\phi_t = 0.75$

(2) 압축재

$\phi_c = 0.90$

(3) 휨재

$\phi_b = 0.90$

(4) 전단재

$\phi_v = 1.00$ 또는 $\phi_v = 0.90$

15) 한계상태설계법에서의 대표적 하중에 대한 하중조합

$1.4D$	(1)
$1.2D+1.6L+0.5S$	(2)
$1.2D+1.6S+L$	(3)
$1.2D+1.6S+0.65W$	(4)
$1.2D+1.3W+L+0.5S$	(5)
$1.2D+1.0E+L+0.2S$	(6)
$0.9D+1.3W$	(7)
$0.9D+1.0E$	(8)

예제 1

다음 그림과 같은 H형강과 ㄷ형강의 표시법에 따라 표기하시오. • 11 ①

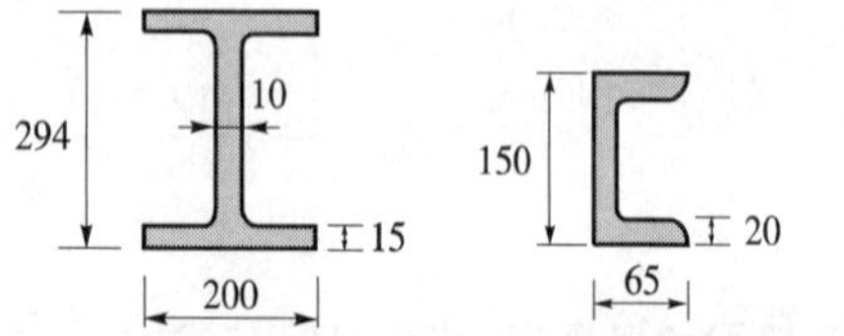

【H형강】 【ㄷ형강】

① ______

② ______

정답

① H−294×200×10 ② ㄷ−150×65×20

예제 2

고정하중 및 적재하중에 의한 전단력이 각각 30 kN, 20 kN일 때 강구조의 한계상태설계법에서 소요전단강도는? (예상)

정답

(1) $V_u = 1.4V_D = 1.4 \times 30 = 42$ kN

(2) $V_u = 1.2V_D + 1.6V_L$

$= 1.2 \times 30 + 1.6 \times 20 = 68$ kN (지배)

따라서 소요강도가 큰 것이 불리하므로 68 kN이다.

예제 3

다음 강재의 구조적 특성을 간단히 설명하시오. (4점)

•20 ①

① SN강 :

② TMCP강 :

정답 ① SN강 : 건축구조용 압연강재로 용접성, 냉강가공성, 인장강도 등이 우수하다.
② TMCP강 : 제어열처리강으로 두께 40mm 이상 80mm 이하의 후판에서 도 항복강도가 저하하지 않는다.

예제 4

구조용 강재 SM355에 대하여 각각 의미하는 바를 쓰시오. (4점)

•15 ③, 21 ③

① SM :

② 355 :

정답 ① SM : 용접구조용 압연강재
② 355 : 강재의 항복강도 355MPa

예제 5

강재의 항복비(Yield Strength Ratio)에 대하여 설명하시오. (2점)

•19 ②, 22 ①

정답 항복비 $= \dfrac{\text{항복강도}}{\text{최소인장강도}} = \dfrac{F_y}{F_u}$

(주) SS275의 경우 $F_y = 275\ \text{MPa}$, $F_u = 410\ \text{MPa}$이므로 항복비는 다음과 같다. 항복비$= \dfrac{F_y}{F_u} = \dfrac{275}{410} = 0.67$이다.

예제 6

구조물을 안전하게 설계하고자 할 때 강도한계상태에 대한 안전을 확보해야 한다. 뿐만 아니라 사용성 한계상태를 고려하여아하는데 여기서 사용성 한계상태란 무엇인가? (2점)

•19 ③, 22 ①

정답 사용성 한계상태는 구조물의 외형, 유지 및 관리, 내구성, 사용자의 안락감 또는 기계류의 정상적인 기능 등을 유지하기 위한 구조물의 능력에 영향을 미치는 한계상태이다.

2. 접합의 기본

1) 강재의 접합방법

① 파스너에 의한 접합

② 마찰력에 의한 접합

③ 야금적 접합

④ 접착에 의한 접합

2) 접합부의 최소 설계강도

45kN

3) 기둥-보의 접합부 명칭 (12②, 14③)

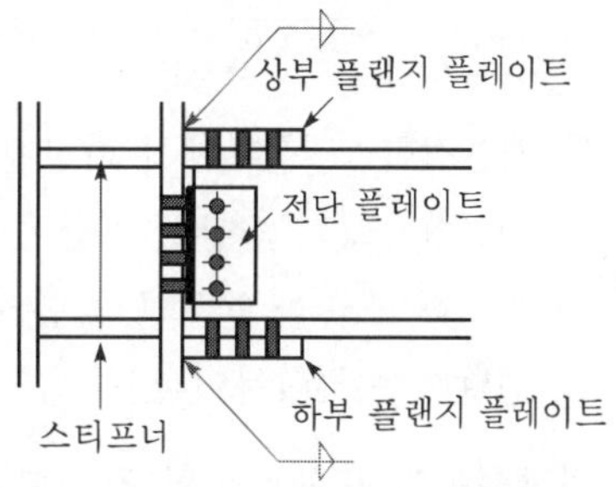

4) 접합부의 형식

(1) 단순접합(전단접합)

① 단순접합은 접합된 부재 간에 무시해도 좋을 정도로 약한 휨모멘트를 전달하는 접합부이다.

② 접합부 내의 축방향력과 전단력을 전달한다.

③ 접합부에서 회전에 대한 구속이 없다고 가정한다.

④ 단부를 단순지점으로 가정하며, 보의 휨모멘트를 기둥이 부담할 수 없다.

(2) 완전강접합

① 접합되는 부재사이에 무시할 정도의 상대 회전 변형이 발생하면서 모멘트를 전

달할 수 있는 접합부이다.

② 접합부 내의 축방향력, 전단력, 휨모멘트 등을 전달한다.

③ 단부를 고정지점으로 가정하며, 보의 휨모멘트를 기둥이 일부 부담한다.

(3) 부분강접합(반강접합)

접합된 부재간 무시할 수 없는 회전을 갖고 모멘트에 저항하는 접합부이다.

5) 전단접합의 도식과 설명 (15②)

① 전단접합의 도식

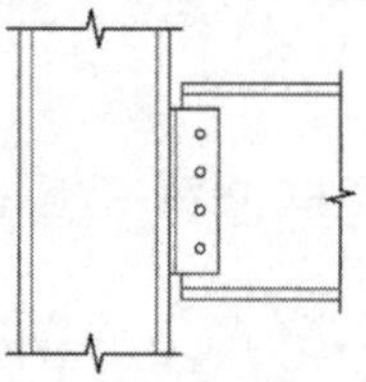

② 전단접합 : 접합부에서 회전에 대한 구속이 없다고 가정하여, 접합된 부재 간에 무시해도 좋을 정도로 약한 휨모멘트를 전달하는 접합부이다.

6) 전단접합과 모멘트접합(강접합)의 도식과 설명 (21①)

① 전단접합

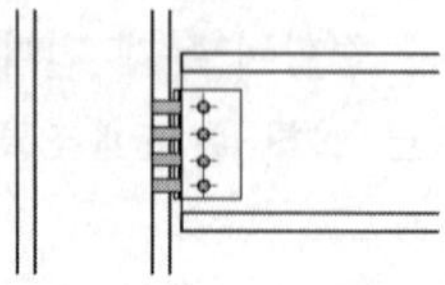

② 강접합

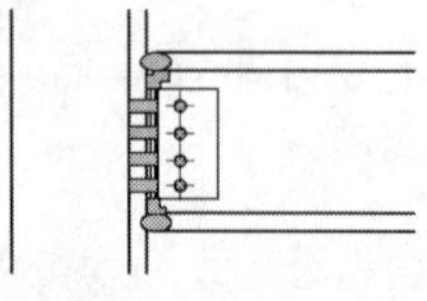

7) 고장력볼트접합에서 ( ) 안에 적당한 말을 적으시오.

접합부 마찰면의 밀착성 유지에 주의하며, 구멍을 중심으로 지름의 2배 이상 범위의 녹, 흑피 등을 (**숏블라스트**) 또는 (**샌드블라스트**)로 제거하고, 건축물의 경우 마찰면에 페인트를 칠하지 않고, 미끄럼계수가 (0.5) 이상 확보되도록 표면처리 한다.

8) 고장력볼트의 접합방법

① 마찰접합 ② 지압접합

③ 인장접합

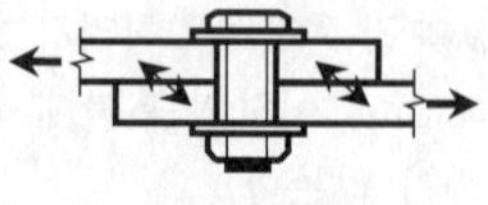

【마찰접합】

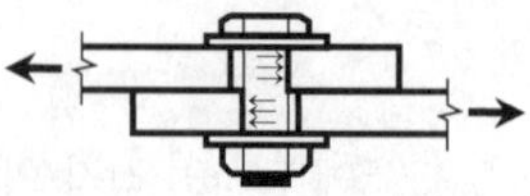

【지압접합】

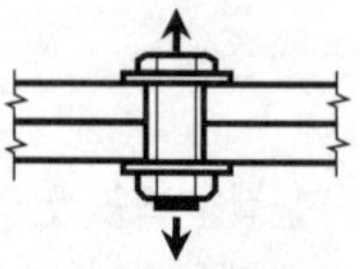

【인장접합】

9) 접합에서 접합재의 힘의 작용형태 (접합형태) (14③)

① 1면 전단접합

② 2면 전단접합

③ 인장접합

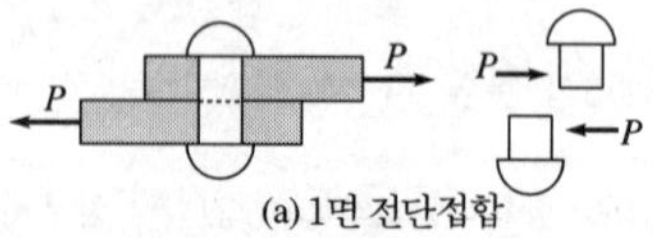

(a) 1면 전단접합

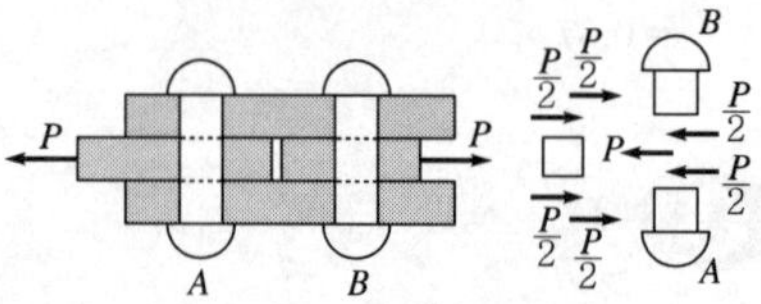

(b) 2면 전단접합

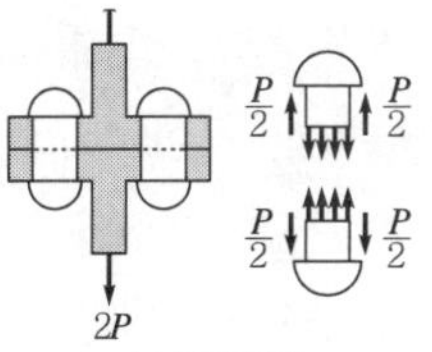

(c) 인장접합

접합재의 힘의 작용형태(접합형태)

10) 접합에서 접합재의 파괴형태

① 모재의 인장파괴(측단부파괴)

② 접합재의 전단파괴

③ 지압파괴

④ 연단부파괴

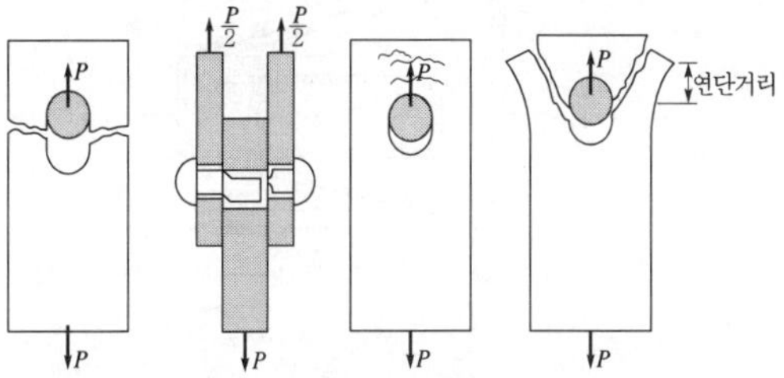

(a) 모재의 인장 파괴 (측단부파괴) (b) 접합재(볼트)의 전단파괴 (c) 지압파괴 (d) 연단부파괴

【볼트접합부의 파괴형태】

11) 고장력볼트의 설계인장강도

$$\phi R_n = \phi F_{nt} A_b(\mathrm{N})\text{로부터}$$
$$\phi R_n = \phi\, 0.75 F_u A_b(\mathrm{N})$$

12) 고장력볼트에서 나사부가 전단 면에 포함될 경우의 설계전단강도 (13①)

$$\phi R_n = \phi F_{nv} A_b(\mathrm{N})\text{로부터}$$
$$\phi R_n = \phi\, 0.40 F_u A_b(\mathrm{N})$$

13) 고장력볼트 및 볼트의 인장강도와 공칭강도(MPa)

강 종 / 강 도		고장력볼트			일반볼트
		F8T	F10T	F13T	SS400
인장강도, F_u		800	1,000	1,300	400
공칭인장강도, F_{nt} ($F_{nt}=0.75F_u$)		600	750	975	300
지압접합의 공칭전단강도, F_{nv}	나사부가 전단면에 포함될 경우	320	400	520	160
	나사부가 전단면에 포함되지 않을 경우	400	500	650	

14) 고장력볼트의 설계볼트장력과 표준볼트장력(kN)

$$T_o = (0.7F_u)(0.75A_6)(\mathrm{N})$$

여기서,

F_u : 고장력볼트의 최소 인장강도(MPa)

Δ_b : 고장력볼트의 공칭단면적(mm^2)

볼트의 등급	볼트의 호칭	공칭단면적 (mm^2)	설계볼트장력* T_0(kN)	표준볼트장력 $1.1T_0$(kN)
F8T	M16	201	84	93
	M20	314	132	146
	M22	380	160	176
	M24	453	190	209
F10T	M16	201	106	117
	M20	314	165	182
	M22	380	200	220
	M24	453	237	261
F13T	M16	201	137	151
	M20	314	214	236
	M22	380	259	285
	M24	453	309	339

(주) 1. 설계볼트장력은 볼트의 인장강도의 0.7배에 볼트의 유효단면적을 곱한 값
2. 볼트의 유효단면적은 공칭단면적의 0.75배

15) 고장력볼트의 미끄럼 한계상태에 대한 설계미끄럼강도 검토 (14②, 15③)

(1) 설계미끄럼강도 ϕR_n

$$\phi R_n = \phi \mu h_f T_o N_s\ (\mathrm{N})$$

① 표준구멍 또는 하중방향에 수직인 단슬롯에 대하여, $\phi = 1.00$

② 대형구멍 또는 하중방향에 평행한 단슬롯에 대하여, $\phi = 0.85$

③ 장슬롯구멍에 대하여, $\phi = 0.70$

여기서,

μ : 미끄럼계수

$\mu = 0.50$ (무도장 블라스트 처리한 마찰면)

$\mu = 0.45$ (무기질 아연말 프라이머 도장한 표면)

h_f : 끼움재계수

T_o : 고장력볼트의 설계볼트장력 (kN)

N_s : 전단 면의 수

(2) 고장력볼트 강도의 검토

$P_u \leq \phi R_n$ OK

16) 접합부재의 설계강도

접합부재에서는 인장, 압축, 전단 그리고 블록전단에 대한 설계강도 산정 기준은 있으나 휨에 대한 기준은 정해져 있지 않다.

(1) 접합부재의 설계인장강도 (11③, 22②)

① 접합부재의 총단면 인장항복에 대한 설계인장강도

$$\phi R_n = \phi F_y A_g \text{ (N)}$$
$$\phi = 0.90$$

② 접합부재의 유효순단면의 인장파단에 대한 설계인장강도

$$\phi R_n = \phi F_u A_e \text{ (N)}$$
$$\phi = 0.75$$

(2) 접합부재의 설계전단강도

① 접합부재의 총단면의 전단항복에 대한 설계전단강도

$$\phi R_n = \phi 0.60 F_y A_{gv} \text{ (N)}$$
$$\phi = 1.00$$

② 접합부재의 순단면의 전단파단에 대한 설계전단강도

$$\phi R_n = \phi 0.6 F_u A_{nv} \text{ (N)}$$
$$\phi = 0.75$$

여기서,

A_g : 총단면적(mm^2)

A_c : 유효단면적(mm^2)

볼트 접합부의 경우에는 $A_c = A_n \leq 0.85 A_g$

A_{nv} : 유효전단단면적(mm^2)

A_{gv} : 전단저항 총단면적(mm^2)

A_{gt} : 인장저항 총단면적(mm^2)

A_{nv} : 전단저항 순단면적(mm^2)

A_{nt} : 인장저항 순단면적(mm^2)

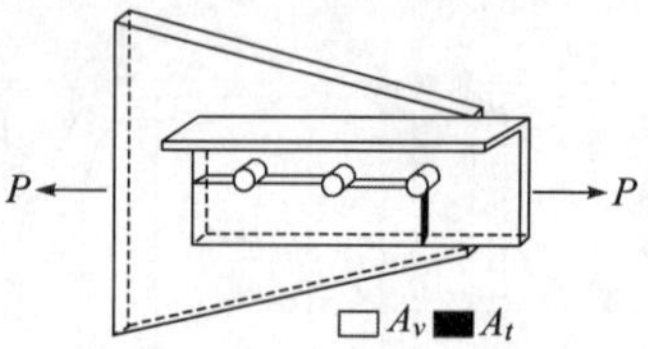

17) 그루브용접(맞댐용접)

(1) 개요

접합하는 두 부재간의 사이를 트이게 하여(홈, Groove), 그 사이에 용착금속으로 채워 용접하는 것으로 맞댐용접 또는 홈용접이라고도 한다.

(2) 유효단면적

유효 단면적	유효단면적=용접의 유효길이×유효목두께
유효 길이	유효길이=재축에 직각으로 측정한 접합부의 폭 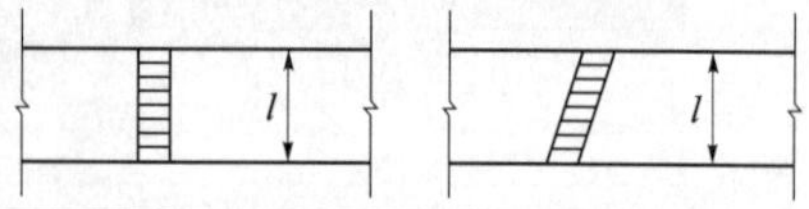
유효 목두께	① 완전용입 그루브용접의 유효 목두께는 모재의 두께(t)로 한다. ② 두께가 다를 경우, 얇은 쪽의 판 두께이다. 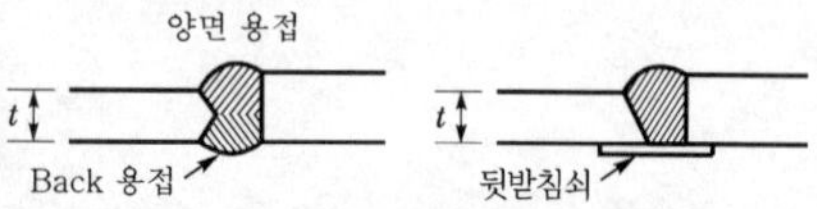

(주) 유효길이는 양 끝에 엔드탭을 사용할 경우에는 그루브

용접 총길이로, 엔드탭을 사용하지 않을 경우에는 그루브용접 총길이에 용접모재두께의 2배를 공제한 값으로 한다.

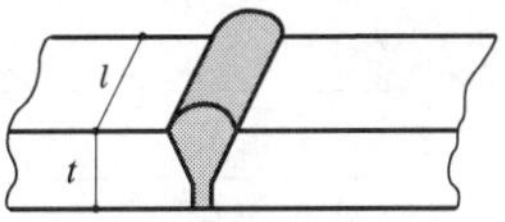

18) 필릿용접(모살용접)

(1) 개요

용접되는 부재의 교차되는 면 사이에 일반적으로 삼각형의 단면이 만들어지는 용접으로 모살용접이라고도 한다.

(2) 유효단면적 (08③)

유효단면적	유효단면적=용접의 유효길이×유효목두께
유효길이	유효길이 =필릿용접의 총길이(용접길이) $-2\times s$
유효목두께	유효목두께(a) =필릿사이즈(s)의 0.7배($a=0.7s$)

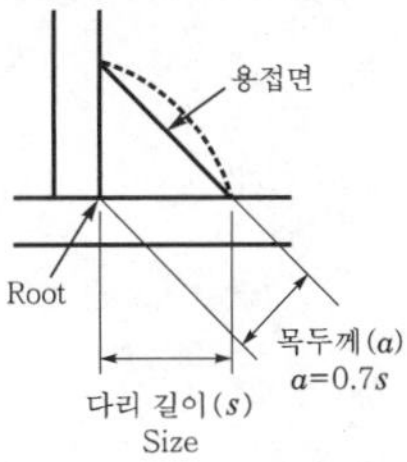

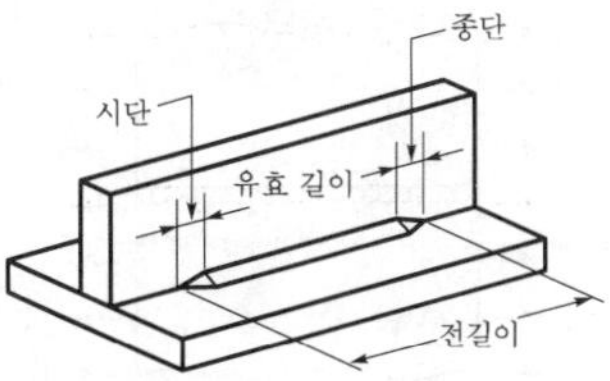

19) 필릿용접의 사이즈(치수)

(1) 필릿용접의 최소 사이즈(치수, s, mm)

접합부의 얇은 쪽 모재 두께 (t)	필릿용접의 최소 사이즈(s)
$t\le6$	3
$6<t\le13$	5
$13<t\le19$	6
$19<t$	8

(주) 필릿용접의 최소 사이즈는 접합부의 얇은 쪽 모재 두께를 기준으로 한다.

(2) 필릿용접의 최대 사이즈(mm)

접합재 단부 판두께 (t)	필릿 사이즈(s)
$t<6$	$s\le t$
$t\ge6$	$s=t-2$

(주) 필릿용접의 최대 사이즈는 접합부의 두꺼운 쪽 모재 두께를 기준으로 한다.

(3) 강도를 기반으로 하여 설계되는 필릿용접의 최소 유효길이

최소 유효용접길이 $\ge 4s$ 또는
$s\le$ 유효용접길이/4

(4) 필릿용접 길이(l)와 수직방향 간격(w)의 관계

$$l\ge w$$

20) 용접부의 설계강도 (11③, 13③, 16①)

(1) 용접의 설계 기본식

용접에서 설계강도 ϕR_n은 다음 식을 만족해야 한다.

$$R_u\le\phi R_n$$

(2) 접합부재(Base Metal)의 설계강도식

접합부재(강판 및 형강 등의 모재)의 설계인장강도, 설계전단강도 및 설계블록전단강도 등을 산정하기 위한 기본식이다.

$$\phi R_n=\phi F_{nBM}A_{BM}\ \text{(N)}$$

(3) 용접재(Weld Metal)의 설계강도식 (11③, 13③, 16①, 17②③)

부분용입 그루브용접 및 필릿용접 등에서 용접재(Weld Metal)의 설계인장강도 및 설계전단강도 등을 산정하기 위한 기본식이다.

$$\phi R_n=\phi F_{nw}A_{we}\ \text{(N)}$$

여기서, ϕ, F_{nBM}, F_{nw}은 다음 표와 같다.

(4) 용접부(용접조인트)의 공칭강도

하중 유형 및 방향	적용재료	ϕ	공칭강도(F_{nBM}, F_{nw}) (MPa)	유효면적(A_{BM}, A_{we}) (mm^2)
완전용입 그루브용접				
용접선에 직각인 인장	용접부 강도는 모재와 동일			
용접선에 직각인 압축	용접부 강도는 모재와 동일			
전단	용접부 강도는 모재와 동일			
부분용입 그루브용접				
용접선에 직각인 인장	모재	0.75	F_u	2. 8) 참조
	용접재	0.80	$0.60F_w$	3. 1) 참조
전단	모재	2. 8) 참조		
	용접재	0.75	$0.60F_w$	3. 1) 참조
필릿용접				
전단	모재	2. 8) 참조		
	용접재	0.75	$0.60F_w$	3. 1) 참조

1) F_w는 용접재의 등급강도 곧 용접재의 인장강도(F_u)이다.

2) 원칙적으로 매칭용접재(Matching Weld Metal)는 용접재의 공칭인장강도가 모재의 공칭인장강도와 같거나 거의 동등한 수준을 지칭한다.

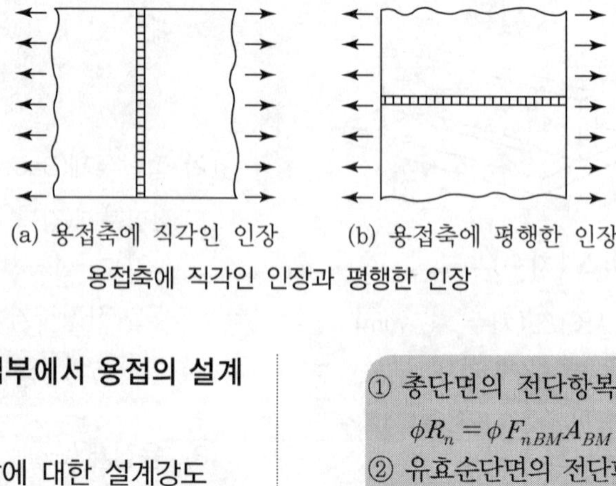

(a) 용접축에 직각인 인장　　(b) 용접축에 평행한 인장

용접축에 직각인 인장과 평행한 인장

21) 완전용입 그루브용접부에서 용접의 설계강도

(1) 용접선에 직각인 인장에 대한 설계강도

다음 값 중에서 작은 값으로 산정한다.

① 총단면의 인장항복에 의한 설계인장강도

$\phi R_n = \phi F_{nBM} A_{BM} = \phi F_y A_g$ (N) ($\phi = 0.90$)

② 유효순단면의 인장파단에 의한 설계인장강도

$\phi R_n = \phi F_{nBM} A_{BM} = \phi F_u A_e$ (N) ($\phi = 0.75$)

(2) 용접선에 평행한 전단에 대한 설계강도

다음 값 중에서 작은 값으로 산정한다.

① 총단면의 전단항복에 대한 설계전단강도

$\phi R_n = \phi F_{nBM} A_{BM} = \phi F_y A_{gv}$ (N) ($\phi = 1.00$)

② 유효순단면의 전단파단에 대한 설계전단강도

$\phi R_n = \phi F_{nBM} A_{BM} = \phi F_u A_{nv}$ (N) ($\phi = 0.75$)

여기서,

A_e : 인장에 대한 유효순단면적(mm^2)

$A_e = UA_n$

A_g : 인장에 대한 총단면적(mm^2)

A_{gv} : 전단에 대한 총단면적(mm^2)

A_{nv} : 전단에 대한 유효순단면적(mm^2)

F_y : 접합부재의 항복강도(MPa)

F_u : 접합부재의 최소 인장강도(MPa)

U : 전단지연계수

U_{bs} : 인장응력이 균일할 경우 1.0,
불균일할 경우 0.5

22) 필릿용접부에서 용접의 설계전단강도

(11③, 13③, 16①, 17② ③)

$$\phi R_n = \phi F_{nw} A_{we} = \phi(0.6F_{uw})(a\, l_e)$$
$$(\phi = 0.75)$$

여기서,

ϕ : 강도감소계수

F_{nw} : 용접재의 공칭강도(MPa)

F_{uw} : 용접재의 인장강도(MPa)

A_{we} : 용접재의 유효단면적(mm^2).
$A_{we} = l_e \times a = l_e \times (0.7s)$

a : 유효목두께($a = 0.7s$)

s : 필릿용접의 사이즈(mm)

l_e : 용접의 유효길이($l_e = l - 2s$)

l : 용접의 총길이(mm)

예제 7

그림의 용접기호를 설명하시오. (예상)

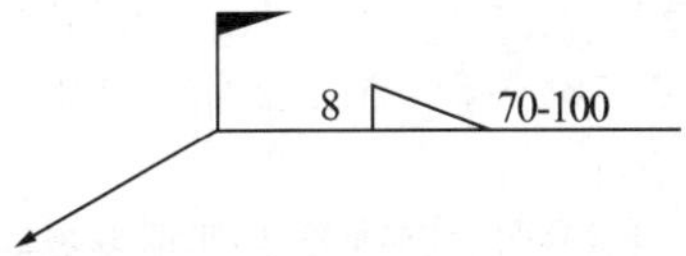

정답

용접치수 8 mm, 용접길이 70 mm, 용접피치 100 mm인 화살표 반대쪽의 단속필릿 현장용접

예제 8

강구조 접합부에서 전단접합과 모멘트접합(강접합)을 도식하고 설명하시오. (6점) •15 ②, 21 ①

전단접합	모멘트접합

정답

전단접합	모멘트접합
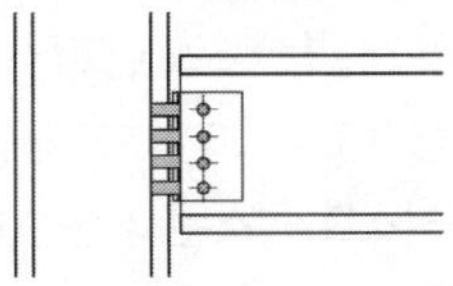	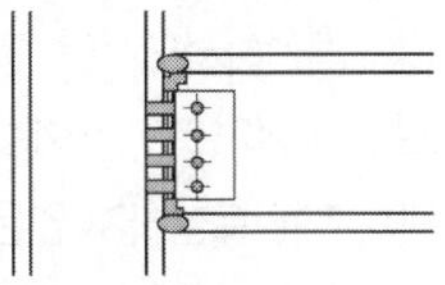
접합된 부재 간에 무시해도 좋을 정도로 약한 휨모멘트를 전달하는 접합부이며, 접합부 내의 축방향력과 전단력을 전달한다.	접합되는 부재사이에 무시할 정도의 상대 회전 변형이 발생하면서 모멘트를 전달할 수 있는 접합부이며, 접합부 내의 축방향력, 전단력, 휨모멘트 등을 전달한다.

예제 9

그림과 같은 접합부에서 아래 조건에 따른 고장력볼트에서 나사부가 전단 면에 포함될 경우의 소요전단강도(kN)를 산정하시오. (단, 사용강재는 SS275이다.) (4점) •13 ①, 17 ①

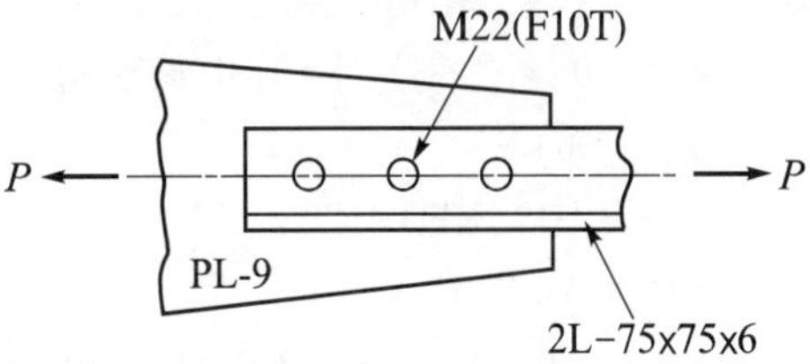

정답

(1) 나사부가 전단면에 포함될 경우 F10T의 공칭전단강도 F_{nv}

$F_u = 1,000$ MPa

$F_{nv} = 0.40F_u = 0.40 \times 1,000 = 400$ MPa

(2) 고장력볼트 1개의 설계전단강도

$\phi R_n = \phi F_{nv} A_b$ ($\phi = 0.75$)

$F_{nv} = 400$ MPa

$A_b = \left(\dfrac{\pi \times 20^2}{4}\right) = 380\,mm^2$

$$\phi R_n = \phi F_{nv} A_b$$
$$= 0.75 \times 400 \times 380$$
$$= 114.0 \times 10^3 \text{N} = 114.0 \text{kN}$$

(3) 2면 전단인 고장력볼트 3개의 설계전단강도

$$2 \times 3 \times 114.0 = 684.0 \text{kN}$$

예제 10

다음 그림과 같은 경우 마찰접합에 의한 설계미끄럼강도를 계산하시오. (단, 강재의 재질은 SS275, 고장력볼트는 M22(F10T), 설계볼트장력 T_0=200kN, 표준구멍이며, 페인트칠하지 않은 블라스트 청소된 마찰면이고 끼움재를 사용하지 않은 경우이다.) •15 ③

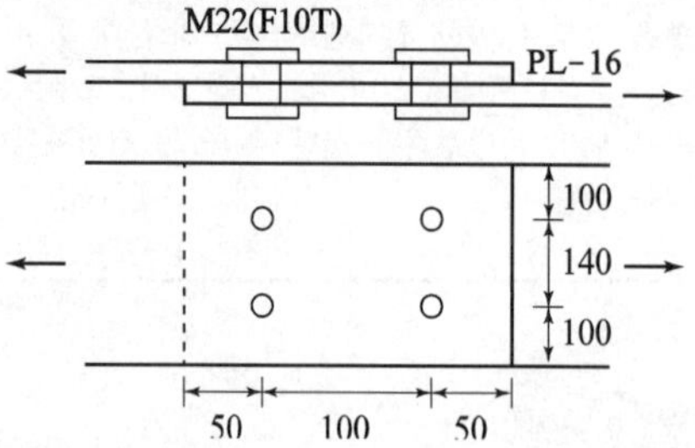

정답

(1) 고장력볼트 1개의 미끄럼 한계상태에 대한 설계미끄럼강도

$\phi = 1.0$ (표준구멍)

$\mu = 0.5$ (페인트칠하지 않은 블라스트 청소된 마찰면)

$h_f = 1.0$ (끼움재를 사용하지 않은 경우)

$T_o = 200$ kN

$N_s = 1$ (1면 전단)

$$\phi R_n = \phi \, \mu \, h_f \, T_o \, N_s$$
$$= 1.0 \times 0.5 \times 1.0 \times 200 \times 1 = 100.0 \text{ kN}$$

(2) 고장력볼트 4개에 대한 설계미끄럼강도

$$\phi R_n = 4 \times 100.0 = 400.0 \text{ kN}$$

예제 11

H−250×175×7×11 (SM355)의 단면적 A_g= 5,624mm²일 때 한계상태설계법에 의한 접합부재의 총단면의 인장항복에 대한 설계인장강도를 산정하시오. (단, 강도감소계수 ϕ = 0.90을 적용한다.) (3점) •11 ②, 22 ②

정답

접합부재(H형강)의 총단면의 인장항복에 대한 설계인장강도

SM355($t \le 40$mm)의 경우, $F_y = 355$MPa이다.

$$\phi R_n = \phi F_y A_g$$
$$= 0.90 \times 355 \times 5{,}624$$
$$= 1{,}796.9 \times 10^3 \text{ N} = 1{,}796.9 \text{ kN}$$

예제 12

다음과 같이 그루브용접된 부재가 용접선에 직각인 인장력을 받고 있을 경우, 용접부의 설계인장강도(kN)는? (단, 완전용입용접이고 용접의 유효길이 l_e = 150 mm이며, 강재는 SS275, $t \le 40$ mm이다.) (예상)

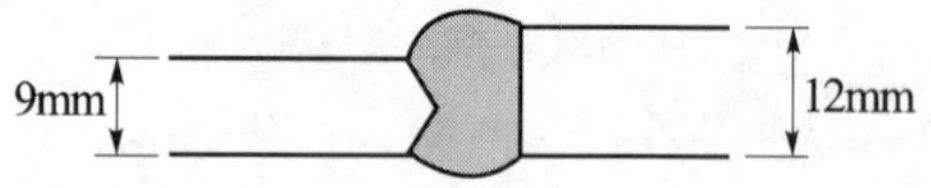

정답

(1) 강재의 재료강도(SS275)

$F_y = 275$MPa, $F_u = 410$MPa

(2) 완전용입 그루브용접에서 용접부의 설계인장강도

① 모재의 두께가 다를 경우, 얇은 쪽의 판두께를 사용한다.

② 완전용입 그루브용접에서 용접선에 직각인 인장의 경우 공칭강도 F_{nw}는 모재와 동일하다. 즉, $F_{nw} = F_y$ 또는 $F_{nw} = F_u$이다.

③ 강도감소계수 ϕ도 모재의 인장력에 대한 값과 같다.

④ 완전용입 그루브용접에서 용접부의 설계인장강도 산정

㉠ 접합부재의 총단면의 인장항복에 대한 설계인장강도 ($\phi = 0.90$)

$$\phi R_n = \phi F_{nw} A_{we} = \phi F_y A_g$$

$l_e = 150$ mm

$a = t = 9$ mm

$A_g = l_e \times a = 150 \times 9 = 1{,}350 \text{ mm}^2$

$$\phi R_n = \phi F_{nw} A_{we} = \phi F_y A_g$$
$$= 0.9 \times 275 \times 1{,}350$$
$$= 334.1 \times 10^3 \text{ N} = 334.1 \text{ kN}$$

㉡ 접합부재의 유효순단면의 인장파단에 대한 설계인장강도 ($\phi = 0.75$)

$\phi R_n = \phi F_{nw} A_{we} = \phi F_u A_e$

$A_e = A_g = 1{,}350\ \mathrm{mm}^2$

$\phi R_n = \phi F_{nw} A_{we} = \phi F_u A_e$

$= 0.9 \times 410 \times 1{,}350$

$= 498.2 \times 10^3\ \mathrm{N} = 498.2\ \mathrm{kN}$

㉢ 완전용입 그루브용접에서 용접부의 설계인장강도

$\phi R_n = \min(334.1,\ 498.2) = 334.1\ \mathrm{kN}$

(주1) 예제와 같은 용접의 경우, 단면 결손이 없으므로 총단면적과 유효순단면적은 같다. 따라서 두 식에 따라 완전용입 그루브용접의 설계인장강도는 접합부재(강판)의 총단면의 인장항복(항복한계상태)에 대한 설계인장강도 값이다.

예제 13

그림과 같은 필릿용접부에서 용접재의 설계전단강도(kN)는 얼마인가? (단, 사용강재는 SS275이고, 용접재는 KS D 7004 연강용 피복아크 용접봉용접봉으로 F_y=345MPa이고 F_u=420MPa이다.) (4점)

•11 ③

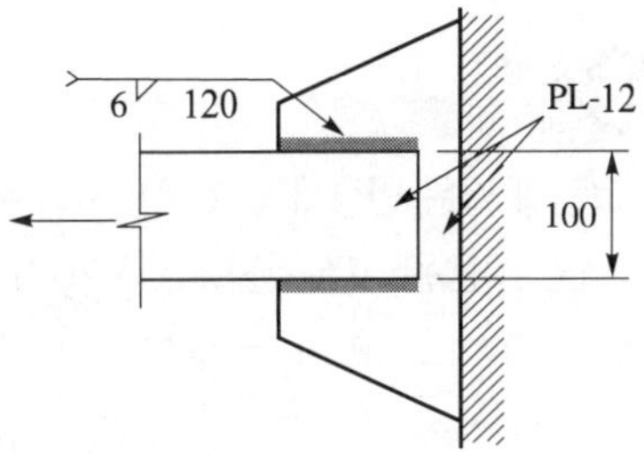

정답

(1) 용접재의 최소 인장강도(KS D 7004 연강용 피복아크 용접봉)

$F_w = F_u = 420\ \mathrm{MPa}$

(2) 용접 사이즈와 용접길이의 검토

① 모재 두께 $t = 12\ \mathrm{mm}$인 경우 필릿용접의 최소 사이즈 $s_{\min} = 5\ \mathrm{mm}$

② 필릿용접의 최대 사이즈

$s_{\max} = t - 2 = 12 - 2 = 10\ \mathrm{mm}$

③ $s_{\min} = 5\ \mathrm{mm} < s = 6\ \mathrm{mm} < s_{\max} = 10\ \mathrm{mm}$ OK

④ 용접의 유효길이 $= l_e$

$= l - 2s = 120 - 2 \times 6 = 108\ \mathrm{mm} \geq 4s$

$= 4 \times 6 = 24\ \mathrm{mm}$ OK

⑤ $l = 120\ \mathrm{mm} \geq w = 100\ \mathrm{mm}$ OK

(3) 용접재의 설계전단강도

① 용접재의 공칭강도

$F_{nw} = 0.60 F_{uw} = 0.6 \times 420 = 252\ \mathrm{MPa}$

② 용접의 유효길이

$l_e = 2(l - 2s) = 2 \times (120 - 2 \times 6) = 216\ \mathrm{mm}$

③ 용접의 사이즈

$s = 6\ \mathrm{mm}$

④ 용접의 유효목두께

$a = 0.7s = 0.7 \times 6 = 4.2\ \mathrm{mm}$

⑤ 용접의 유효단면적

$A_{we} = l_e \times a = 216 \times 4.2 = 907\ \mathrm{mm}^2$

⑥ 용접재의 설계전단강도 ($\phi = 0.75$)

$\phi R_n = \phi F_{nw} A_{we} = \phi(0.60 F_{uw}) A_{we}$

$= 0.75 \times 252 \times 907 = 171.4 \times 10^3\ \mathrm{N}$

$= 171.4\ \mathrm{kN}$

3. 인장재

1) 총단면적 (13①, 20②)

부재의 총단면적 A_g는 부재 축에 직각방향으로 측정된 각 요소 단면의 합이다.

2) 순단면적 (13①, 17③, 18②, 20②)

(1) 정렬배치인 경우

$$A_n = A_g - n\, d_h\, t\ \ (\mathrm{mm}^2)$$

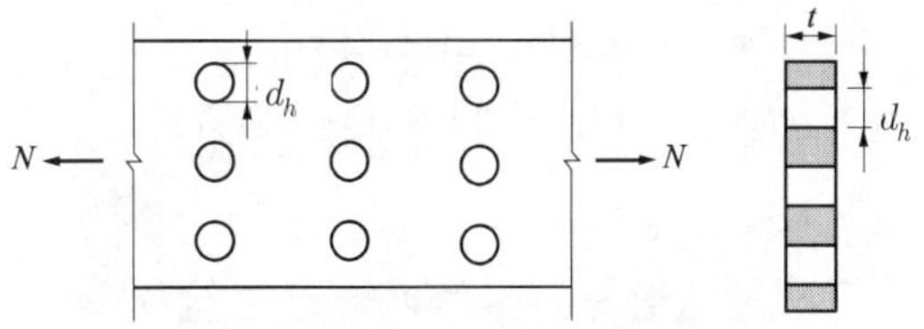

(2) 불규칙배치(엇모배치)인 경우 (15②)

$$A_n = A_g - n\, d_h\, t + \Sigma \frac{s^2}{4g} t\ \ (\mathrm{mm}^2)$$

3) 유효순단면적

시어래그의 영향을 고려한 유효순단면적, A_e은 다음과 같다.

$$A_e = UA_n \ (\text{mm}^2)$$

중심축에 단일 거셋플레이트와 길이방향 용접을 한 원형강관을 제외한 모든 인장부재의 전단지연계수를 다음과 같다.

$$U = 1 - \frac{\bar{x}}{l}$$

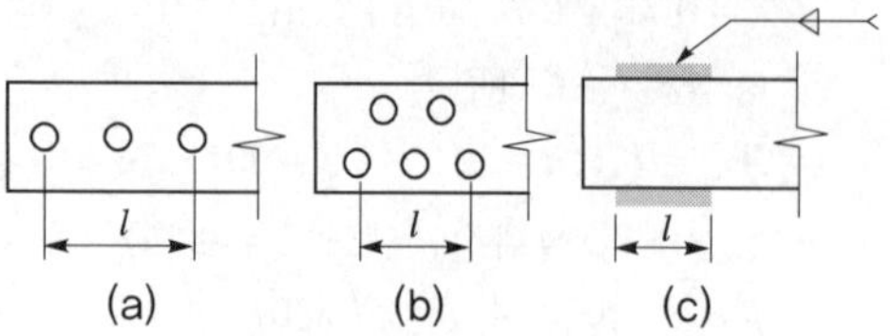

【전단지연계수의 l】

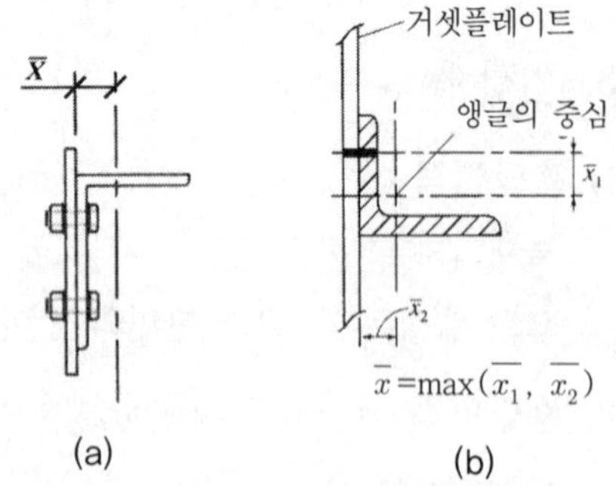

전단지연계수의 $\bar{x}$

4) 블록전단강도

전단 파괴선을 따라 발생하는 전단파단과 직각으로 발생하는 인장파단의 블록전단파단 한계상태에 대한 설계블록전단강도 ϕR_n 은 다음과 같이 산정한다.

$$\phi R_n = \phi[0.6 F_u A_{nv} + U_{bs} F_u A_{nt}]$$
$$\le \phi[0.6 F_y A_{gv} + U_{bs} F_u A_{nt}] \ (\text{N})$$
$$\phi = 0.75$$

여기서, A_{nv} : 전단저항 순단면적 (mm^2)

A_{nt} : 인장저항 순단면적 (mm^2)

A_{gv} : 전단저항 총단면적 (mm^2)

U_{bs} : 인장응력이 균일할 경우 1.0, 불균일할 경우 0.5

(주) U_{bs} 에 있어 앵글, 연결판, 그리고 대부분의 플랜지 일부를 잘라낸 보는 인장응력이 균일한 경우로 U_{bs} =1.0이다.

5) 인장재의 설계

(1) 인장재의 설계 기본식

$$P_u \le \phi_t P_n$$

(2) 인장재의 설계인장강도

다음 값 중 가장 작은 값으로 한다.

① 총단면의 항복에 의한 설계인장강도

$$\phi_t P_n = \phi_t F_y A_g \ (\text{N}) \ (\phi_t = 0.90)$$

② 유효순단면의 파단에 의한 설계인장강도

$$\phi_t P_n = \phi_t F_u A_e \ (\text{N}) \ (\phi_t = 0.75)$$

(3) 인장재의 세장비 제한

$$\frac{L}{r} \le 300$$

예제 14

아래 그림과 같은 인장재의 총단면적과 순단면적을 구하라. (단, 사용된 고장력볼트는 M20이고 ㄱ형강은 L-150×150×12이고 $A_g = 3{,}477\ \text{mm}^2$ 이다.) (3점)

•13 ①, 20 ②

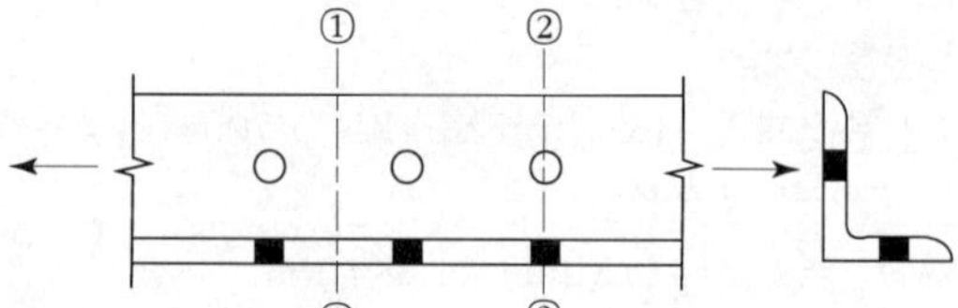

정답

(1) 고장력볼트의 구멍지름 (M20)

$d_h = d + 2 = 20 + 2 = 22\ \text{mm}$

(2) 총단면적 (①-① 단면)

$A_g = 3{,}477\ \text{mm}^2$

(3) 파단선에 따른 순단면적 (②-② 단면)

$A_n = A_g - n\, d_h\, t$

$= 3{,}477 - 2 \times 22 \times 12 = 2{,}949\ \text{mm}^2$

∴ 순단면적은 가장 작은 1,489 mm^2가 된다.

예제 15

아래 그림과 같은 인장재의 총단면적과 순단면적을 구하라. (단, 사용된 고장력볼트는 M20이다.) (예상)

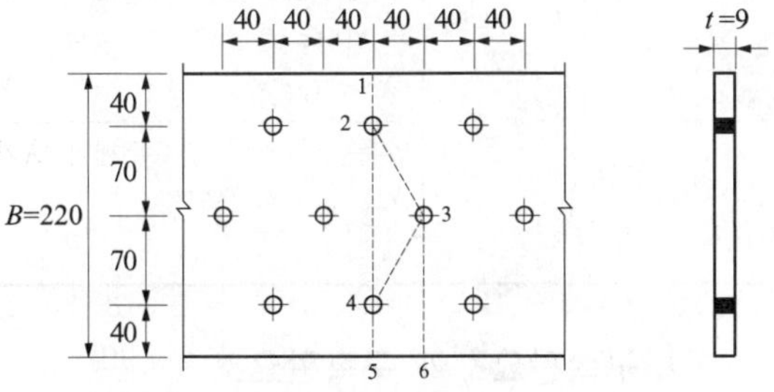

I 파단선 : 1245, II 파단선 : 12345, III 파단선 : 1236

정답

(1) 고장력볼트의 구멍직경

$d_h = d + 2 = 20 + 2 = 22\ \text{mm}$

(2) 총단면적

$A_g = 220 \times 9 = 1{,}980\ \text{mm}^2$

(3) 파단선에 따른 순단면적

① I 파단선 (1245)

$A_n = A_g - n\, d_h\, t = 220 \times 9 - 2 \times 22 \times 9$

$= 1{,}584\ \text{mm}^2$

② II 파단선 (12345)

$$A_n = A_g - n\, d_h\, t + \frac{s^2}{4g_1}t + \frac{s^2}{4g_2}t$$

$$= 220 \times 9 - 3 \times 22 \times 9 + \frac{40^2}{4 \times 70} \times 9 + \frac{40^2}{4 \times 70} \times 9 = 1{,}489\ \text{mm}^2$$

③ III 파단선 (1236)

$$A_n = A_g - n\, d_h\, t + \frac{s^2}{4g}t$$

$$= 220 \times 9 - 2 \times 22 \times 9 + \frac{40^2}{4 \times 70} \times 9$$

$= 1{,}635\ \text{mm}^2$

예제 16

아래 그림과 같이 용접된 부재에 인장력이 작용할 경우 설계인장강도만을 고려한 접합부의 강판의 최대 계수 인장하중(kN)을 산정하라. (단, 강재의 종류는 SS275이고, 거셋플레이트의 3면에 용접되었다.) (예상)

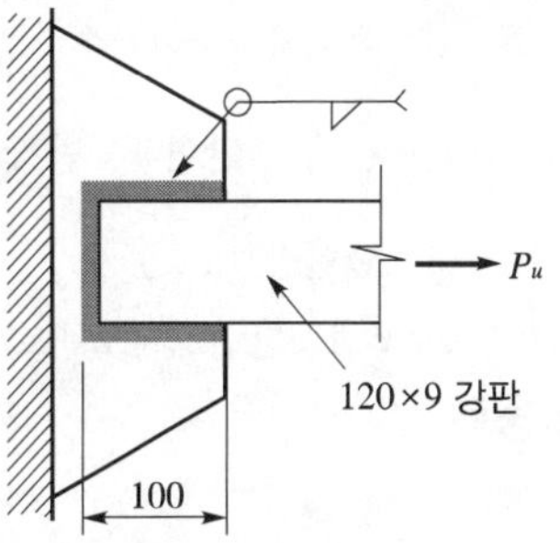

정답

(1) 접합부재 (강판)의 재료강도 (SS275)

$F_y = 275\text{MPa}$

$F_u = 410\text{MPa}$

(2) 접합부재 (강판)의 총단면적 A_g와 유효순단면적 A_e 산정

$A_g = 120 \times 9 = 1{,}080\text{mm}^2$

$A_n = A_g = 1{,}080\text{mm}^2$

$U = 1.0$

$A_e = UA_n = 1.0 \times 1{,}080 = 1{,}080\text{mm}^2$

(3) 접합부재 (강판)의 계수인장하중 산정

① 총단면의 인장항복에 대한 설계인장강도

$\phi_t P_n = \phi_t F_y A_g$

$= 0.9 \times 275 \times 1{,}080$

$= 267.3 \times 10^3\ \text{N} = 267.3\ \text{kN}$

② 유효순단면의 인장파단에 대한 설계인장강도

$\phi_t P_n = \phi_t F_u A_e$

$= 0.75 \times 410 \times 1{,}080$

$= 332.1 \times 10^3\ \text{N} = 332.1\ \text{kN}$

③ 따라서 설계인장강도는

$\phi_t P_n = \min(267.3,\ 332.1) = 267.3\ \text{kN}$ 이고,

$P_u \le \phi_t P_n$이므로 최대 계수인장하중(소요인장강도)는 $P_u = 267.3\ \text{kN}$ 이다.

4. 압축재

1) 좌굴하중 (12②③, 15②, 21②)

$$P_{cr}=\frac{\pi^2 EA}{\left(\frac{KL}{r}\right)^2}=\frac{\pi^2 r^2 EA}{(KL)^2}=\frac{\pi^2 EI}{(KL)^2}\ \text{(N)}$$

여기서, E : 탄성계수

$\lambda = KL/r$: 세장비

KL : 압축재의 유효좌굴길이 (mm)

K : 유효좌굴길이계수

$r=\sqrt{\frac{I}{A}}$: 단면2차 반경 (mm)

A : 단면적 (mm^2)

$I=r^2 A$: 단면2차 모멘트 (mm^4)

2) 좌굴응력

$$F_{cr}=\frac{P_{cr}}{A}=\frac{\pi^2 E}{(KL/r)^2}\ \text{(MPa)}$$

3) 유효좌굴길이 (12①, 18②, 19②, 22①)

단부 구속조건	양단 힌지	양단 고정	1단 힌지 타단고정	1단 자유 타단고정
좌굴형	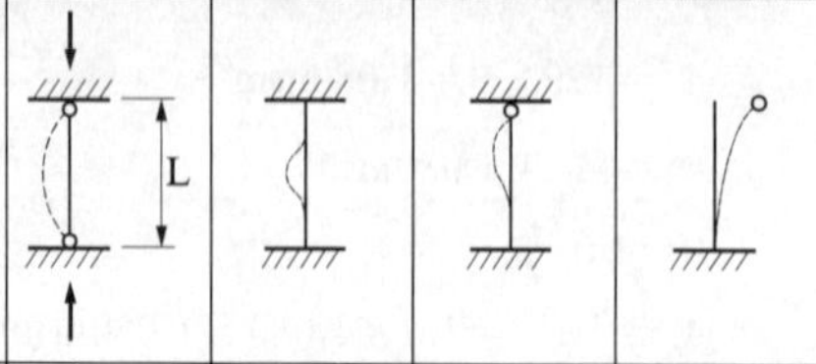			
유효좌굴 길이(KL)	1.0L	0.5L	0.7L	2.0L

4) 압축재의 세장비 제한

$$\frac{KL}{r}\le 200$$

5) 기둥의 세장비 산정 (13①, 18③)

$$\frac{KL}{r}=\frac{KL}{\sqrt{\frac{I}{A}}}$$

여기서,

KL : 유효좌굴길이(mm)

r : 좌굴 축에 대한 단면2차 반경(mm)

I : 단면2차 모멘트(mm^4)

A : 단면적(mm^2)

6) 압축력을 받는 강재 단면의 분류

요소		내용
비세장판 단면 ($\lambda \le \lambda_r$)	조밀단면 (콤팩트단면)	압축 판요소의 판폭두께비 λ가 λ_p를 초과하지 않는 단면 ($\lambda \le \lambda_p$)
	비조밀단면 (비콤팩트 단면)	압축 판요소의 판폭두께비 λ가 λ_p를 초과하고 λ_r을 초과하지 않는 단면 ($\lambda_p < \lambda \le \lambda_r$)
세장판단면 ($\lambda > \lambda_r$)		압축 판요소의 판폭두께비 λ가 λ_r를 초과하는 단면 ($\lambda > \lambda_r$)

7) 비구속판요소와 구속판요소

구 분	내 용
비구속판 요소 (자유돌출판)	플랜지의 내민부분과 같이 한쪽이 웨브에 의해 지지된 경우이다.
구속판 요소 (양연지지판)	웨브가 양쪽의 플랜지에 의해 지지된 경우이다.

8) H형강의 비구속판요소(자유돌출판, 한쪽만 지지된 판요소)의 폭

I, H형강과 T형강 플랜지에 대한 폭 b는 전체 플랜지폭 b_f의 1/2이다.

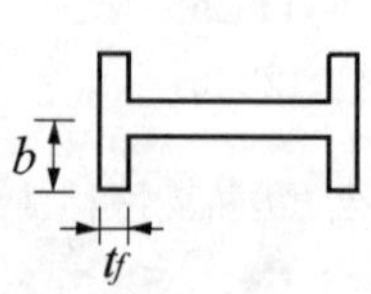

9) H형강의 구속판요소(양연지지판, 양쪽이 지지된 판요소)의 폭

압연이나 성형단면의 웨브에 대하여, h는 각 플랜지에서 필릿이나 모서리 반경을 감한 플랜지 사이의 순간격이다.

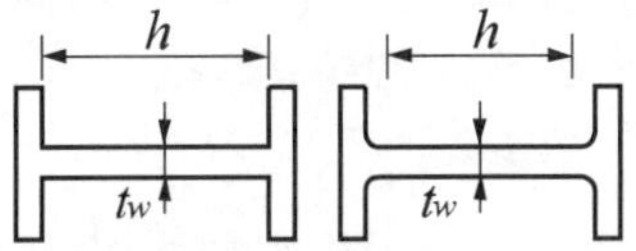

(a) 용접형강 (b) 압연형강

10) 플랜지와 웨브의 판폭두께비

(1) 플랜지의 판폭두께비

$$\lambda = \frac{b}{t_f}$$

(2) 웨브의 판폭두께비

$$\lambda = \frac{h}{t_w}$$

11) 압축요소의 판폭두께비 제한값

(1) 비구속판요소 (한쪽만 지지된 판요소)

판폭두께비(λ)	판폭두께비 제한값 λ_r(비콤팩트/세장)	예
$\frac{b}{t}$	$0.56\sqrt{\frac{E}{F_y}}$	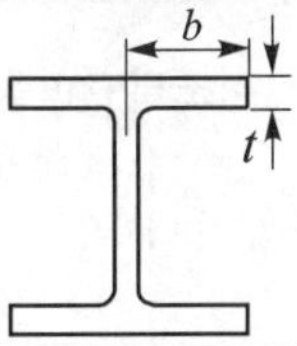

(2) 구속판요소 (양쪽이 지지된 판요소)

판폭두께비(λ)	판폭두께비 제한값 λ_r(비콤팩트/세장)	예
$\frac{h}{t_w}$	$1.49\sqrt{\frac{E}{F_y}}$	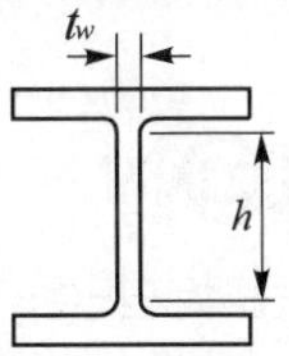

12) 압축재의 설계 기본식 (11②)

$$P_u \le \phi_c P_n = \phi_c F_{cr} A_g \ \text{(N)}$$
$$\phi_c = 0.90$$

13) 콤팩트단면 및 비콤팩트단면을 가진 부재의 휨좌굴에 대한 압축강도

$$P_n = F_{cr} A_g \ \text{(N)}$$

구 분	휨좌굴강도(F_{cr}, MPa)
$\frac{KL}{r} \le 4.71\sqrt{\frac{E}{F_y}}$ 또는 $\frac{F_y}{F_e} \le 2.25$	$F_{cr} = \left[0.658^{\frac{F_y}{F_e}}\right] F_y$
$\frac{KL}{r} > 4.71\sqrt{\frac{E}{F_y}}$ 또는 $\frac{F_y}{F_e} > 2.25$	$F_{cr} = 0.877\,F_e$

여기서, $F_e = F_{cr} = \dfrac{\pi^2 E}{\left(\dfrac{KL}{r}\right)}$

예제 17

기둥의 재질과 단면적 및 길이가 같은 다음 4개의 장주를 유효좌굴길이가 큰 순서대로 나열하시오. (3점)

•18 ②, 22 ①

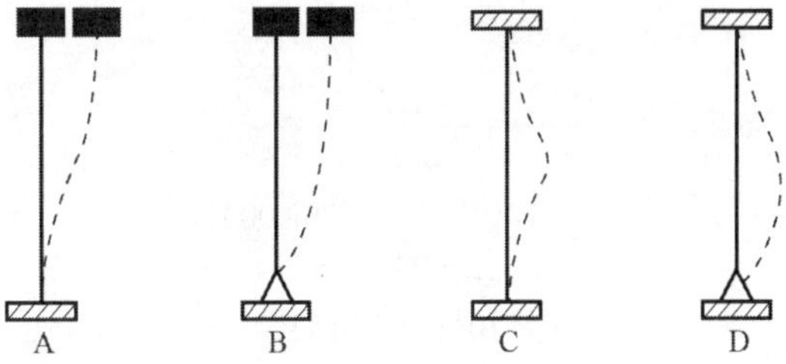

정답

B → A → D → C

(주1) 유효좌굴길이(KL)

B($2.0L$) → A($1.0L$) → D($0.7L$) → C($0.5L$)

(주2) 유효좌굴길이계수(K)

단부 구속조건	양단 고정	1단 힌지, 타단 고정	양단 힌지	1단 회전구속, 이동자유, 타단 고정	1단 회전 자유, 이동자유, 타단 고정	1단 회전구속, 이동자유, 타단 힌지
좌굴형태	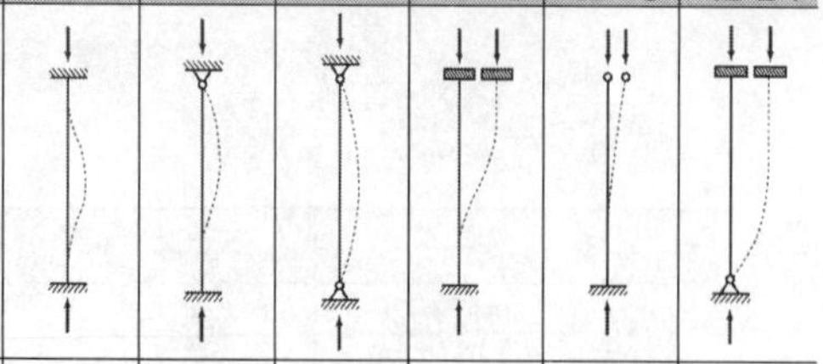					
이론적인 K값	0.50	0.70	1.0	1.0	2.0	2.0
권장하는 설계 K값	0.65	0.80	1.0	1.2	2.1	2.4
절점 조건 범례	 회전구속, 이동구속 : 고정단 회전자유, 이동구속 : 힌지 회전구속, 이동자유 : 큰 보강성과 작은 기둥강성인 라멘 회전자유, 이동자유 : 자유단					

예제 18

1단 자유, 타단 고정인 길이 2.5m의 압축력을 받는 강구조 기둥의 탄성 좌굴하중(오일러의 좌굴하중)은 몇 kN인가? (단, 단면2차 모멘트 $I = 798,000\ \text{mm}^4$, 탄성계수 $E = 210,000\ \text{MPa}$이다.) (3점)

•12 ②, 15 ②, 21 ②

정답

(1) 1단 자유, 타단 고정인 경우의 유효좌굴길이

$KL = 2.0L$

(2) 탄성 좌굴하중

$$P_{cr} = \frac{\pi^2 EI}{(KL)^2} = \frac{\pi^2 EI}{(2L)^2}$$

$$= \frac{\pi^2 \times (210,000) \times (798,000)}{(2 \times 2,500)^2}$$

$$= 66.16 \times 10^3\ \text{N} = 66.16\ \text{kN}$$

예제 19

균일 압축력을 받는 압연 H형강 H−400×200×8×13 (r = 16mm)에 대한 압축판요소의 판폭두께비를 계산하시오. (4점)

•17 ①, 18 ①, 20 ③

정답

(1) 비구속판요소 (플랜지)의 판폭두께비 계산

$$b = \frac{b_f}{2} = \frac{200}{2} = 100\text{mm}$$

$$\lambda = \frac{b}{t} = \frac{100}{13} = 7.69$$

(2) 구속판요소 (웨브)의 판폭두께비 계산

$$h = d - 2t_f - 2r = 400 - 2 \times 13 - 2 \times 16 = 342\ \text{mm}$$

$$\lambda = \frac{h}{t_w} = \frac{342}{8} = 42.75$$

예제 20

비조밀단면을 가진 압축재 H−250×250×9×14 (A_g =9,218 mm²)가 균일압축을 받을 경우, 이 기둥의 설계압축강도 $\phi_c P_n$(kN)은 얼마인가? (단, SS275, $t \le$ 40 mm이고, 세장비 KL/r=80이다.) (예상)

정답

(1) 구분 (SS275의 경우, $F_y = 275\text{MPa}$이다.)

$$\frac{KL}{r} = 80.0$$

$$\le 4.71\sqrt{\frac{E}{F_y}} = 4.71 \times \sqrt{\frac{210,000}{275}} = 130.2$$

(2) 탄성좌굴강도

$$F_e = \frac{\pi^2 E}{\left(\frac{KL}{r}\right)^2} = \frac{\pi^2 \times 210,000}{(80.0)^2} = 323.8\ \text{MPa}$$

(3) 비조밀단면을 가진 부재의 휨좌굴강도

$$F_{cr} = \left[0.658^{\frac{F_y}{F_e}}\right] F_y$$

$$= \left[0.658^{\frac{275}{323.8}}\right] \times 275 = 192.7\ \text{MPa}$$

(4) 기둥의 설계압축강도

$$\phi_c P_n = \phi_c F_{cr} A_g$$

$$= 0.90 \times 192.7 \times 9,218$$

$$= 1,598.77 \times 10^3\ \text{N} = 1,598.77\ \text{kN}$$

예제 21

비콤팩트단면을 가진 부재 H−250×250×9×14 (A_g =9,218 mm²)가 균일 압축을 받을 경우, 이 기둥의 설계압축강도 $\phi_c P_n$(kN)은 얼마인가? (단, SS400, $t \le$ 40 mm이고, 세장비 KL/r=150이다.) (예상)

정답

(1) 구분(SS400의 경우, $F_y = 235\text{MPa}$ 이다.)

$$\frac{KL}{r} = 150.0 > 4.71\sqrt{\frac{E}{F_y}} = 4.71 \times \sqrt{\frac{205{,}000}{235}}$$
$$= 139.1$$

(2) 탄성좌굴강도

$$F_e = \frac{\pi^2 E}{\left(\frac{KL}{r}\right)^2} = \frac{\pi^2 \times 205{,}000}{(150)^2} = 89.9\text{ MPa}$$

(3) 비콤팩트단면을 가진 부재의 휨좌굴강도

$$F_{cr} = 0.877\,F_e = 0.877 \times 89.9 = 78.8\text{ MPa}$$

(4) 기둥의 설계압축강도

$$\phi_c P_n = \phi_c F_{cr} A_g = 0.90 \times 78.8 \times 9{,}218$$
$$= 653.7 \times 10^3\text{ N} = 653.7\text{ kN}$$

5. 휨재

1) H형 강구조 보에 응력분담

① 플랜지 : 휨모멘트

② 웨브 : 전단력

(주) 강구조 보의 단면 (참고)

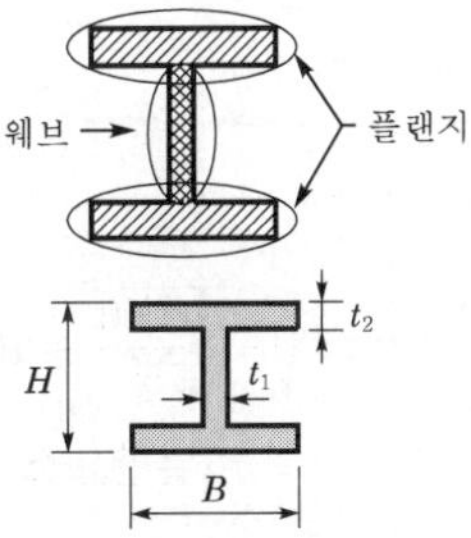

$H - H \times B \times t_1 \times t_2$

2) 강구조 보에서 플랜지와 웨브의 단면이 부족할 경우 대표적인 보강방법

① 플랜지 : 커버 플레이트

② 웨브 : 스티프너

3) 하이브리드보에 대한 설명

용접 H형강에서 웨브는 저강도의 일반강재를 사용하고 플랜지는 고강도의 강재를 사용하여 경제성을 증가시킨 보

4) 장스팬 보나 하중이 커서 휨강성이 크게 요구되는 경우 대표적인 보의 형식

① 커버 플레이트보 ② 플레이트거더

③ 플레이트거더 ④ 허니컴보

⑤ 트러스보

5) 플레이트거더의 구성요소

① 커버 플레이트 ② 웨브 플레이트

③ 플랜지 앵글 ④ 스티프너

⑤ 필러

6) 전단연결재(Shear Connector, 시어커넥터)

바닥슬래브와 강구조 보를 일체화시켜 그 접합부에 발생되는 전단력을 부담시키기 위한 철물

7) 전단연결재의 사용 부재

① 합성보 ② 합성기둥

③ 데크플레이트

8) 전단연결재의 종류

① 스터드 볼트 ② ㄷ형강

③ 나선철근

9) 스티프너

종 류	내 용
하중점 스티프너	집중하중이 작용하는 곳에 보강한다.
중간 스티프너	① 보 전체를 통해 재축에 직각 방향으로 보강한다. ② 중간 스티프너의 주된 사용목적은 웨브 플레이트의 좌굴방지이다.
수평 스티프너	① 보의 재축 방향으로 웨브판을 보강한다. ② 휨, 압축좌굴에 대해 효과적이다.

(주) 스티프너(Stiffener) : 웨브 플레이트의 두께가 춤에 비해 작을 경우 보의 웨브나 판재에 부착된 ㄱ형강 혹은 강판 등의 보강 부재이다.

10) 휨요소의 판폭두께비 제한값

(1) H형강의 비구속판요소(자유돌출판, 한쪽만 지지된 판요소)

판폭두께비(λ)	판폭두께비 제한값		예
	λ_p (콤팩트/비콤팩트)	λ_r (비콤팩트/세장)	
$\frac{b}{t_f}$	$0.38\sqrt{\frac{E}{F_y}}$	$1.0\sqrt{\frac{E}{F_y}}$	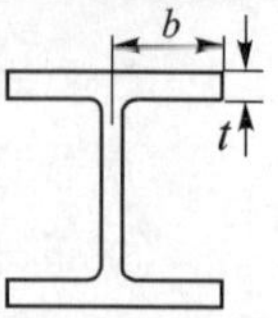

(2) H형강의 구속판요소(양연지지판, 양쪽이 지지된 판요소)

판폭두께비(λ)	판폭두께비 제한값		예
	λ_p (콤팩트/비콤팩트)	λ_r (비콤팩트/세장)	
$\frac{h}{t_w}$	$3.76\sqrt{\frac{E}{F_y}}$	$5.70\sqrt{\frac{E}{F_y}}$	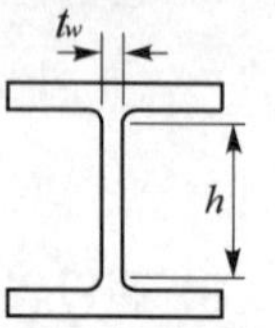

11) 항복모멘트

보 단면의 최외연 섬유가 강재의 항복강도에 도달할 때의 단면이 저항하는 휨강도이다.

$$M_y = F_y S \ (\text{N} \cdot \text{mm})$$

12) 전소성모멘트

보 단면의 전부분이 항복강도에 도달하는 소성상태일 때의 단면이 저항하는 휨강도이다.

$$M_p = F_y Z \ (\text{N} \cdot \text{mm})$$

여기서, F_y : 강재의 항복강도 (MPa)

S : 보 단면의 탄성단면계수 (mm^3)

Z : 보 단면의 소성단면계수 (mm^3)

13) 전단중심 (12②, 19①, 20⑤)

임의 단면의 보에서 작용하는 하중의 위치에 따라 보에 비틀림이 생기지 않고 휨변형만 발생하게 하는 위치

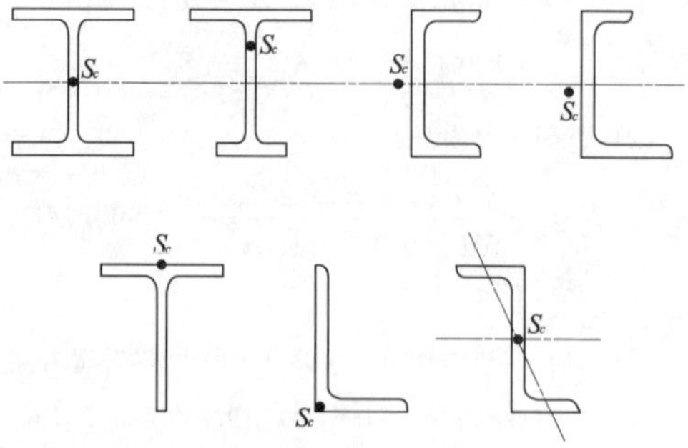

부재 단면의 형상에 따른 전단중심

예제 22

휨을 받는 압연 H형강 H−450×200×9×14 (r = 18, SS275)의 보에서 플랜지에 대한 판폭두께비를 검토하면 어떤 요소인가? (예상)

정답

H형강 보의 플랜지에 대한 판폭두께비 검토 (SS275의 경우, $F_y = 275\text{MPa}$ 이다.)

$b = \frac{b_f}{2} = \frac{200}{2} = 100\ \text{mm}$

$\lambda = \frac{b}{t_f} = \frac{100}{14} = 7.14$

$\lambda_p = 0.38\sqrt{\frac{E}{F_y}} = 0.38 \times \sqrt{\frac{210{,}000}{275}} = 10.51$

$\lambda = 7.14 \le \lambda_p = 10.51$ ∴ 조밀판요소

예제 23

휨을 받는 압연 H형강 H−450×200×9×14 (r = 18, SN355)의 보에 대한 판폭두께비를 확인하여 어떤 단면인지 분류하라. (예상)

정답

(1) 강재의 재료강도 (SN355)

$F_y = 355\,\text{MPa}$

$F_u = 490\,\text{MPa}$

(2) H형강 휨재(보 부재)의 판폭두께비 검토

① 비구속판요소 (플랜지)의 판폭두께비 검토

$$b = \frac{b_f}{2} = \frac{200}{2} = 100\ \text{mm}$$

$$\lambda = \frac{b}{t_f} = \frac{100}{14} = 7.14$$

$$\lambda_p = 0.38\sqrt{\frac{E}{F_y}} = 0.38 \times \sqrt{\frac{210{,}000}{355}} = 9.24$$

$\lambda = 7.14 \le \lambda_p = 9.24$ ∴ 조밀판요소

② 구속판요소 (웨브)의 판폭두께비 검토

$$h = d - 2t_f - 2r$$
$$= 450 - 2\times 14 - 2\times 18 = 386\ \text{mm}$$

$$\lambda = \frac{h}{t_w} = \frac{386}{9} = 42.89$$

$$\lambda_p = 3.76\sqrt{\frac{E}{F_y}} = 3.76 \times \sqrt{\frac{210{,}000}{355}} = 91.45$$

$\lambda = 42.89 \le \lambda_p = 91.45$ ∴ 조밀판요소

따라서 이 부재는 단면을 구성하는 모든 압축판요소가 조밀판요소이므로 조밀단면이 된다.

예제 24

휨을 받는 압연 H형강 H-300×150×6.5×9인 보의 강축에 대한 항복모멘트와 전소성모멘트는 각각 몇 kN 인가? (단, 사용강재는 SS400 ($t \le 49$ mm)이고, 단면의 각 방향에 대한 탄성단면계수는 $S_x = 481 \times 10^5\ \text{mm}^3$, $S_y = 67.7 \times 10^3\ \text{mm}^3$이고, 단면의 각 방향에 대한 소성단면계수는 $Z_x = 542 \times 10^3\ \text{mm}^3$, $Z_y = 105 \times 10^3\ \text{mm}^3$이다.) (예상)

정답

(1) 강재의 재료강도 (SS275)

$F_y = 275\text{MPa}$, $F_u = 410\text{MPa}$

(2) 강축에 대한 항복모멘트와 전소성모멘트

① 강축에 대한 항복모멘트

$$M_y = F_y S_x = 275 \times (4.81 \times 10^5)$$
$$= 132.28 \times 10^6\ \text{N}\cdot\text{mm} = 132.28\ \text{kN}\cdot\text{m}$$

② 강축에 대한 전소성모멘트

$$M_p = F_y Z_x = 275 \times (5.42 \times 10^5)$$
$$= 149.05 \times 10^6\ \text{N}\cdot\text{mm} = 149.05\ \text{kN}\cdot\text{m}$$

예제 26

H-500×200×10×16 ($r = 20$ mm)의 보에 전단력 150 kN이 작용할 때 발생되는 전단응력도의 크기는? (예상)

정답 $f_v = \dfrac{V}{A_w} = \dfrac{V}{d \times t_w} = \dfrac{150 \times 10^3}{500 \times 10} = 30\ \text{MPa}$

예제 27

강구조 부재에서 비틀림이 생기지 않고 휨변형만 유발하는 위치를 전단중심(Shear Center)이라 한다. 다음 형강들에 대하여 전단중심의 위치를 각 단면에 점(●)으로 표기하시오. (3점) •12 ②, 19 ①

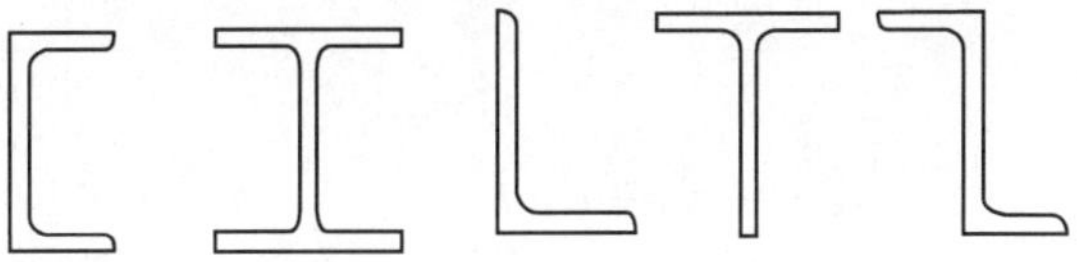

정답

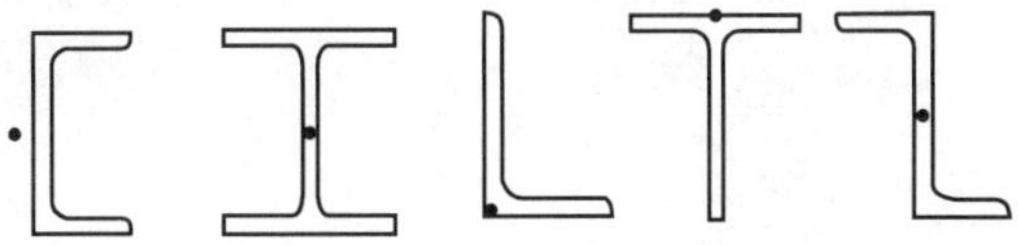

메모하세요..

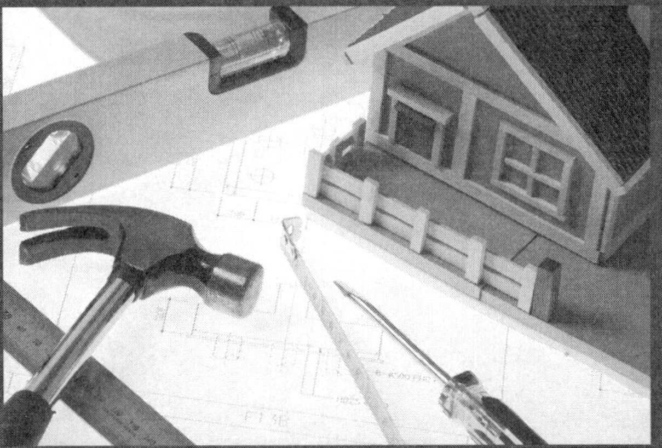

건/축/기/사/실/기/과/년/도

02

과년도 출제 문제

- 2011년
- 2012년
- 2013년
- 2014년
- 2015년
- 2016년
- 2017년
- 2018년
- 2019년
- 2020년
- 2021년
- 2022년
- 2023년

2011년 1회(2011.5.1 시행)

01 강구조구조 공사에 있어서 습식 내화피복 공법의 종류를 4가지 쓰시오. (4점)

① ______

② ______

③ ______

④ ______

02 커튼월공사에서 구조체의 층간변위, 커튼월의 열팽창, 변위 등을 해결하는 긴결 방법 3가지를 기술하시오. (3점)

① ______ ② ______ ③ ______

03 390×190×150mm인 속빈 콘크리트블록의 압축강도시험에서 블록에 대한 가압면적(mm^2)을 구하고 그 가압면에 대한 하중속도를 매초 0.2MPa로 할 때 압축강도 10MPa인 블록은 몇 초에서 붕괴(파괴)되겠는지 붕괴시간(초)을 구하시오. (4점)

가. 가압면적

• 계산과정 : ______

• 답 : ______

나. 붕괴시간

• 계산과정 : ______

• 답 : ______

04 철근콘크리트구조에서 1방향 슬래브와 2방향 슬래브를 구분하여 설명하시오. (단, λ = 장변방향 순간격/단변방향 순간격이다.) (3점)

① 1방향 슬래브 : ______

② 2방향 슬래브 : ______

05 강구조공사에서 용접부의 비파괴시험 방법의 종류를 3가지 쓰시오. (3점)

① ______________ ② ______________ ③ ______________

06 콘크리트의 중성화에 대한 다음 (　　) 안을 채우시오. (4점)

가. 콘크리트의 중성화는 콘크리트 중의 (　①　)과 공기 중의 탄산가스(CO_2)가 결합하여 서서히 (　②　)으로 변하여 콘크리트가 알칼리성을 상실하게 되는 과정이다.

나. 반응식

(　③　) + CO_2 → (　④　) + H_2O

① ______________ ② ______________

③ ______________ ④ ______________

07 강구조 세우기 시공순서를 쓰시오. (3점)

보기

① 앵커볼트 매입　② 기초콘크리트 타설　③ 세우기
④ 가조립　⑤ 변형 바로잡기　⑥ 본조립
⑦ 도장

____

08 흙은 일반적으로 물을 포함하고 있으며 그 함수량의 변화에 따라 그 성질이 변화한다. 다음 보기의 (　) 안에 알맞은 표현을 쓰시오. (2점)

보기

흙이 소성상태에서 반고체 상태로 옮겨지는 경계의 함수비를 (①)라 하고, 액성상태에서 소성상태로 옮겨지는 함수비를 (②)라고 한다.

① ______________ ② ______________

09 다음 그림과 같은 H형강과 ㄷ형강의 표시법에 따라 표기하시오. (2점)

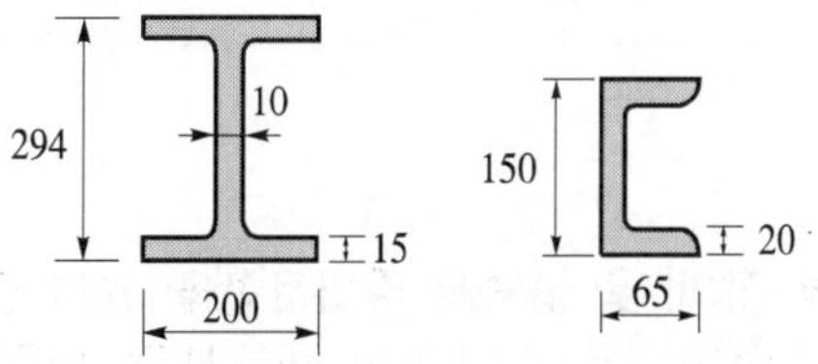

【H형강】 【ㄷ형강】

① ______________________ ② ______________________

10 바닥강화재(Hardner)는 시멘트계 바닥 바탕의 내마모성, 내화학성 및 분진방지성을 증진시켜 주는 역할을 한다. 바닥강화재 중 침투식액상 바닥강화재의 시공시 주의사항을 2가지 적으시오. (4점)

① ______________________

② ______________________

11 다음 보기에서 설명하는 구조의 명칭은 무엇인가? (2점)

보기

구조물의 기초부분 등에 적층고무 또는 미끄럼받이 등을 넣어서 지진에 대한 건축물의 흔들림을 감소시키는 구조

____

12 경화된 콘크리트의 크리프에 대한 설명이다. 옳은 것은 O, 틀린 것은 X로 표시하시오. (5점)

① 재하기간 중 습도가 높을수록 크리프는 커진다. ( )
② 재하개시 재령이 짧을수록 크리프는 커진다. ( )
③ 재하 응력이 클수록 크리프는 커진다. ( )
④ 시멘트페이스트량이 적을수록 크리프는 커진다. ( )
⑤ 단면의 치수가 작을수록 크리프는 커진다. ( )

13 유동화 콘크리트의 유동화 방법에 대해 3가지를 기술하시오. (3점)

① ________ ② ________ ③ ________

14 기준점(Bench Mark)의 정의 및 설치시 주의사항을 3가지만 쓰시오. (5점)

가. 정의 : ________

나. 주의사항

① ________

② ________

③ ________

15 목공사의 마무리 중 모접기(면접기)의 종류를 3가지 쓰시오. (3점)

① ________ ② ________ ③ ________

16 다음의 용어를 설명하시오. (4점)

가. 잔골재율(S/a) : ________

나. 조립률(FM) : ________

17 연약 점토질지반의 개량공법 두 가지를 적고 그 중에서 한 가지를 선택하여 간단히 설명하시오. (5점)

가. 연약 점토질지반의 개량공법

① ________ ② ________

나. 설명

____

18 커튼월 공법에 의한 분류방식 중 외관 형태별 분류의 종류를 4가지 쓰시오. (4점)

① ______________ ② ______________

③ ______________ ④ ______________

19 다음 그림과 같은 라멘의 부정정 차수를 산정하시오. (3점)

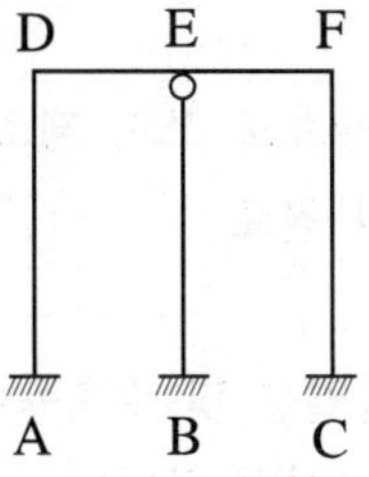

____

20 다음 그림과 같은 라멘의 휨모멘트도를 개략적으로 그리시오. (3점)

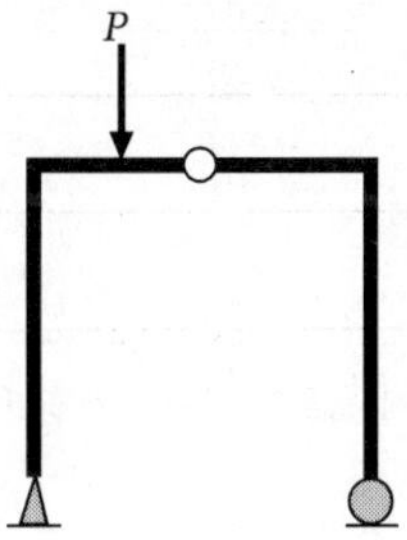

21 설계 · 시공 일괄계약 방식의 장점을 3가지 쓰시오. (3점)

① ______________

② ______________

③ ______________

22 다음 특성과 용도에 관계되는 시멘트의 종류를 보기에 골라 적으시오. (3점)

보기

조강시멘트, 실리카시멘트, 내황산염시멘트, 중용열시멘트, 백색시멘트, 콜로이드시멘트, 고로슬래그시멘트

가. ① 특성 : 조기강도가 크고 수화열이 많으며 저온에서 강도의 저하율이 낮다.
② 용도 : 긴급공사 및 한중공사

나. ① 특성 : 석탄 대신 중유를 원료로 쓰며 제조시 산화철분이 섞이지 않도록 주의한다.
② 용도 : 미장재 및 인조석의 원료

다. ① 특성 : 내식성이 좋으며 발열량 및 수축률이 작다.
② 용도 : 대단면 구조재 및 방사선 차단재

가. ______________ 나. ______________ 다. ______________

23 철강재(금속재)의 바탕처리법 중 화학적 방법의 종류 3가지를 쓰시오. (3점)

① ______________

② ______________

③ ______________

24 역타설 공법(Top-Down Method)의 장점을 3가지 쓰시오. (3점)

① ______________

② ______________

③ ______________

25 **다음에서 설명하는 강구조 볼트접합의 용어를 쓰시오. (3점)**

가. 볼트 구멍의 중심간 간격 : ______________________

나. 한 열의 볼트 중심을 연결한 선 : ______________________

다. 볼트 중심을 연결한 선 사이의 거리 : ______________________

26 **커튼월 공법에서 조립 공법별 분류에서 아래에서 설명하는 공법을 적으시오. (2점)**

① 공장에서 미리 벽체 유닛을 완전조립한 후 현장에서는 설치만 하는 공법

② 부재를 현장에 반입한 후, 현장에서 부재를 조립 및 설치하는 공법

③ 창호 주변(Frame)이 패널(월)로 구성됨으로서 창호의 구조가 패널트러스에 연결되는 공법

① ______________ ② ______________ ③ ______________

27 **다음 그림에서 부재 T에 발생하는 부재력을 산정하시오. (2점)**

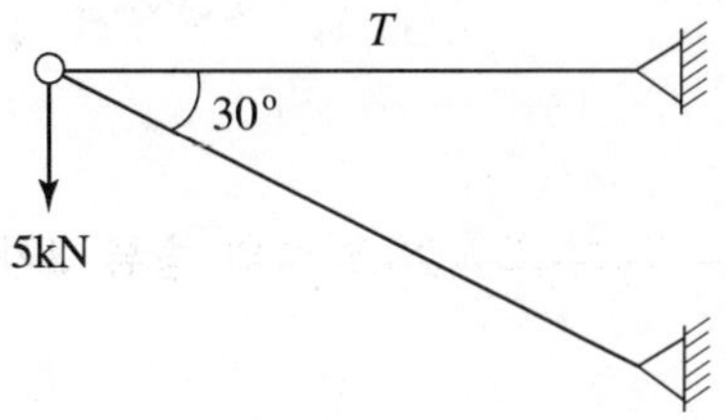

____

28 **다음 설명에 적합한 용어명을 쓰시오. (3점)**

① 신축이 가능한 무지주 공법의 수평지지보

② 무량판구조에서 2방향 장선 바닥판구조가 가능하도록 된 기성재 거푸집

③ 벽식 철근콘크리트구조를 시공할 때 한 구획 전체의 벽판과 바닥판을 ㄱ자형 또는 ㄷ자형으로 짜는 거푸집

① ______________ ② ______________ ③ ______________

29 다음의 용어를 설명하시오. (4점)

가. 부대입찰제 : ____________________

나. 대안입찰제 : ____________________

30 다음 그림과 같은 단면의 보에서 압축연단에서 중립축까지의 거리 c를 구하라. (단, $f_{ck} = 35\,\text{MPa}$, $f_y = 400\,\text{MPa}$, $A_s = 2{,}028\,\text{mm}^2$이다.) (5점)

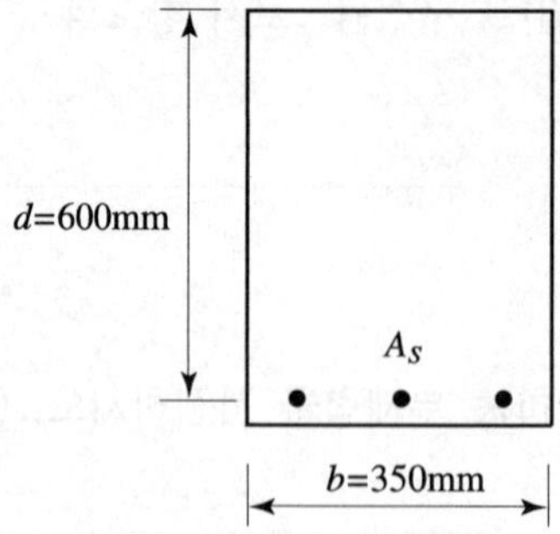

____

2011년 1회 해설 및 정답

01 ① 타설 공법 ② 조적 공법
③ 미장 공법 ④ 뿜칠 공법

02 ① 슬라이드방식
② 회전방식
③ 고정방식

03 가. 가압면적
- 계산과정 : $390 \times 150 = 58,500mm^2$
- 답 : $58,500mm^2$

나. 붕괴시간
- 계산과정 : (100MPa)/(0.2MPa/초)=50초
- 답 : 50초

(주) $1MPa = 1N/mm^2$

04 ① 1방향 슬래브 : $\lambda > 2$
② 2방향 슬래브 : $\lambda \le 2$
여기서, $\lambda = \frac{장변방향\ 순간격}{단변방향\ 순간격}$

05 ① 방사선 투과시험(RT)
② 초음파 탐상시험(UT)
③ 자분(자기분말) 탐상시험(MT)
④ 침투 탐상시험(PT)

06 ① 수산화칼슘[$Ca(OH)_2$]
② 탄산칼슘($CaCO_3$)
③ $Ca(OH)_2$
④ $CaCO_3$

07 ① → ② → ③ → ④ → ⑤ → ⑥ → ⑦

08 ① 소성한계
② 액성한계

09 ① H-294×200×10×15
② ㄷ-150×65×20

10 ① 바닥강화 시공 시 기온이 5℃ 이하가 되면 작업을 중지한다.
② 타설된 면에 비나 눈의 피해가 없도록 보양 조치한다.

11 면진구조

12 ① (X) ② (O)
③ (O) ④ (X)
⑤ (O)

13 ① 공장첨가 유동화법
② 공장첨가 현장유동화법
③ 현장첨가 유동화법

14 가. 정의 : 건축공사 중 건축물의 고저에 기준이 되도록 건축물 인근에 높이의 기준을 설치하는 표시물

나. 주의사항
① 이동의 염려가 없는 곳에 설치한다.
② 현장 어디서나 바라보기 좋고 공사에 지장이 없는 곳에 설치한다.
③ 최소 2개소 이상, 여러 곳에 설치한다.
④ 지면(GL)에서 0.5~1m 위치에 설치한다.

15 ① 실모 ② 둥근모
③ 쌍사모 ④ 게눈모
⑤ 큰모 ⑥ 평골모
⑦ 실오리모 ⑧ 티미리
⑨ 빰접기 ⑩ 등미리
⑪ 쌍사 ⑫ 쇠시리

16 가. 잔골재율(S/a) : 전체골재에 대한 잔골재의 절대용적비를 백분율(%)로 나타낸 것이다.
나. 조립률(FM) : 골재의 입도를 수량적으로 나타낸 것으로 체가름시험에 의해 구한다.

17 가. 연약 점토질지반의 개량공법
① 샌드드레인 공법
② 페이퍼드레인 공법
③ 생석회 공법

나. 설명
① 샌드드레인 공법 : 연약점토질지반에서 탈수를 이용해 지반을 개량하기 위한 공법으로 지반지름 400~600mm 구멍을 뚫고 모래를 넣은 후, 성토 및 기타 하중을 가하여 점토질지반을 압밀함으로써 탈수하는 공법이다.

② 페이퍼드레인 공법 : 점토질지반에서 모래말뚝 대신 흡수지를 삽입하여 탈수시키는 공법이다.
③ 생석회 공법 : 점토질지반에서 모래말뚝 대신 산화칼슘(생석회)을 채워 넣어 탈수시키는 공법이다. 케미코 파일 공법이라고도 한다.

(주) 문제에서 지반개량 공법을 적고 설명하라고 하면 재하법, 치환법, 탈수법, 다짐법, 주입법, 동결법 등을 적고 설명하며, 연약 점토질지반을 명시하였을 경우 점토질지반에서 대표적인 공법을 적고 설명한다.

18 ① 스팬드럴방식 ② 샛기둥방식
③ 격자방식 ④ 피복방식

19 전체 부정정 차수
$N=(r+m+f)-2j=(9+5+3)-2\times6=5$
∴ 5차 부정정

20 외력에 의해 구조물이 변형되는 내적 불안정이며, 불안정 라멘의 경우 하중에 대해 라멘이 붕괴되어 휨모멘트에 저항할 수 없으므로 휨모멘트도를 작도할 수 없다.

21 ① 책임한계가 명확
② 최적대안의 선정
③ 관리업무의 최소화
④ 공기단축
⑤ 사업수행의 효율성 제고
⑥ 신기술 개발유도
⑦ 위험관리 기회증진
⑧ 전문화의 촉진

22 가. 조강시멘트
나. 백색시멘트
다. 중용열시멘트

23 ① 용제에 의한 법 ② 알칼리에 의한 법
③ 산처리법 ④ 인산피막법
⑤ 워시 프라이머법

24 ① 지상, 지하 동시 작업으로 공기단축
② 전천후 시공 가능
③ 1층 슬래브를 선시공함으로써 작업공간 활용 가능
④ 인접건물에 악영향이 적음
⑤ 굴착소음방지 및 분진방지
⑥ 흙막이의 우수한 안정성

25 가. 피치
나. 게이지 라인
다. 게이지

26 ① 유닛월 시스템
② 스틱월 시스템(녹다운 공법, 분해조립 공법)
③ 윈도우월 시스템

27

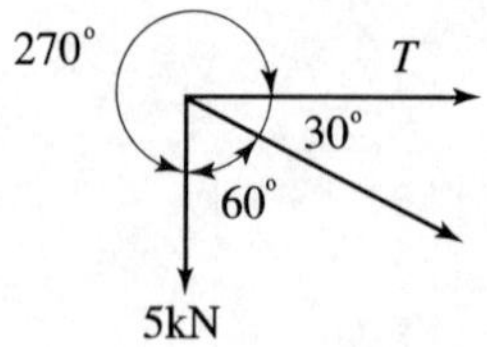

SIN법칙(라미의 정리)를 이용하여 다음과 같이 산정한다.

$$\frac{5}{\sin30^\circ}=\frac{T}{\sin60^\circ}$$

$$T=5\times\left(\frac{\sin60^\circ}{\sin30^\circ}\right)=5\sqrt{3}=8.66\text{ kN}\,(\text{인장})$$

∴ $T=5\sqrt{3}$ kN(인장) 또는 $T=8.66$ kN(인장)

28 ① 페코빔 ② 와플폼
③ 터널폼

29 가. 부대입찰제 : 입찰자로 하여금 산출내역서에 입찰금액을 구성하는 공사 중 하도급 부분, 하도급 금액 및 하수급인 등 하도급에 관한 사항을 기재하여 제출토록 하는 제도이다.
나. 대안입찰제 : 도급자가 당초 작성한 설계서 상의 공종 중에서 대체가 가능한 공종에 대하여 기본방침의 변동없이 대체될 수 있는 동등 이상의 기능 및 효과를 가진 신공법, 신기술, 공기단축 등에 반영될 설계로서 당해 설계상의 가격이 당초 작성된 설계서 상의 가격보다 낮고 공사기간이 당초 작성된 설계서 상의 기간을 초과하지 아니하는 방법을 제시하여 입찰하는 방식이다.

30 (1) β_1의 결정
$28<f_{ck}\le56$ MPa :
$\beta_1=0.85-0.007(f_{ck}-28)$이므로
$\beta_1=0.85-0.007\times(35-28)=0.801$

(2) 등가직사각형 블록의 깊이 a

$$a=\frac{A_s\,f_y}{0.85f_{ck}\,b}=\frac{2{,}028\times400}{0.85\times35\times350}=77.91\text{ mm}$$

(3) 압축연단에서 중립축까지의 거리 c

$$c=\frac{a}{\beta_1}=\frac{77.91}{0.801}=97.27\text{ mm}$$

2011년 2회(2011.7.24 시행)

01 철근의 응력-변형률 곡선에서 해당하는 4개의 주요 영역과 6개의 주요 포인트에 관련된 용어를 쓰시오. (3점)

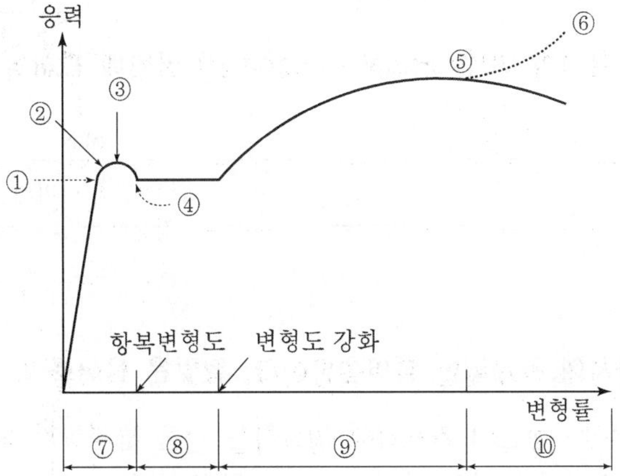

① ______________________ ② ______________________

③ ______________________ ④ ______________________

⑤ ______________________ ⑥ ______________________

⑦ ______________________ ⑧ ______________________

⑨ ______________________ ⑩ ______________________

02 다음 도면에서 기둥의 주철근 및 띠철근의 철근량 합계를 산출하시오. (단, 층고는 3.6m, 주철근의 이음길이는 25d, 철근의 중량은 D22는 3.04kg/m, D19는 2.25kg/m, D10은 0.56kg/m로 한다.) (4점)

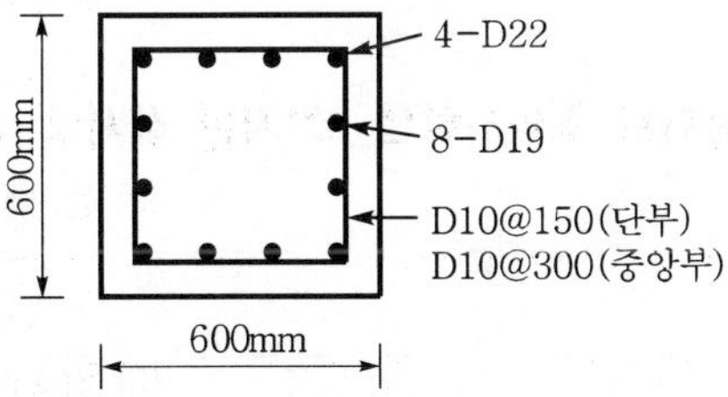

____

03 시트(Sheet)방수 공법의 시공순서를 쓰시오. (3점)

바탕처리 → (①) → 접착제 칠 → (②) → (③)

① ______ ② ______ ③ ______

04 콘크리트 구조체 공사의 VH(Vertical Horizontal) 공법에 관하여 기술하시오. (3점)

______

______

05 다음은 거푸집 공사에 관계되는 용어설명이다. 알맞은 용어를 쓰시오. (4점)

① 슬래브에 배근되는 철근이 거푸집에 밀착하는 것을 방지하기 위한 간격재(굄재)
② 벽거푸집이 오므라지는 것을 방지하고 간격을 유지하기 위한 격리재
③ 기둥 거푸집의 고정 및 측압 버팀용으로 주로 합판 거푸집에 사용되는 것
④ 거푸집을 떼기 쉽게 바르는 물질(약제)

① ______ ② ______
③ ______ ④ ______

06 콘크리트의 크리프(Creep) 현상에 대하여 쓰시오. (3점)

______

______

07 기준점(Bench Mark) 설치시 주의사항을 2가지만 쓰시오. (2점)

① ______
② ______

08 지반조사를 위한 보링(Boring)의 종류를 3가지 쓰시오. (3점)

① ______

② ______

③ ______

09 벽돌벽의 표면에 생기는 백화의 정의와 대책을 3가지 쓰시오. (3점)

(가) 정의 : ______

(나) 대책

① ______

② ______

③ ______

10 벽돌공사에서 다음에 해당하는 벽돌쌓기명을 쓰시오. (2점)

가. 창대돌 또는 벽돌을 15° 경사지게 옆세워 쌓는 것이다.
나. 벽돌벽에 장식적으로 구멍을 내어 쌓는 것이다.

가. ______ 나. ______

11 다음 | 보기 | 는 한중 콘크리트에 관한 설명이다. ( ) 안에 알맞은 내용을 쓰시오. (4점)

| 보기 |

가. 한중 콘크리트는 초기양생을 통해 콘크리트의 양생 종료 시의 소요 압축강도가 최소 ( )MPa 이상이 되게 한다.
나. 한중 콘크리트의 물시멘트비는 원칙적으로 ( )% 이하이어야 한다.

가. ______ 나. ______

12 Moch-Up Test(실물대 모형시험)에 대해 기술하고 이 시험의 성능시험 항목을 3가지 쓰시오. (5점)

(가) Moch-Up Test(실물대 모형시험) : ____________________

____

(나) 성능시험 항목

① ____________________

② ____________________

③ ____________________

13 실비정산보수가산도급에서 | 보기 | 의 기호를 이용하여 각 방식의 총공사비 산정식을 쓰시오. (3점)

| 보기 |

A : 공사실비, A′ : 한정된 실비, f : 비율, Af : 비율보수, F : 정액보수

가. 실비비율보수가산식 : ____________________

나. 실비한정비율보수가산식 : ____________________

다. 실비정액보수가산식 : ____________________

14 다음 | 보기 | 에서 설명하는 줄눈의 명칭을 쓰시오. (3점)

| 보기 |

지반 등 안정된 위치에 있는 바닥판이 수축에 의하여 표면에 균열이 생기는 것을 방지하기 위해 설치하는 줄눈

____

15 다음 측정기별 용도를 (　　)에 쓰시오. (4점)

① Washington Meter : ____________________

② Piezometer : ____________________

③ Earth Pressure Meter : ____________________

④ Dispenser : ____________________

16 목재에 가능한 방부처리 방법 4가지를 쓰시오. (4점)

① ______

② ______

③ ______

④ ______

17 건설업의 TQC에 이용되는 도구 중 다음을 설명하시오. (4점)

① 파레토도 : ______

② 특성요인도 : ______

③ 층 별 : ______

④ 산점도 : ______

18 BOT(Build-Operate-Transfer-Contact) 방식을 설명하고 이와 유사한 방식을 2가지 쓰시오. (5점)

(가) BOT 방식 : ______

(나) 유사한 방식

① ______

② ______

19 철근콘크리트 보가 고정하중과 활하중에 의한 휨모멘트가 M_D=150kN · m, M_L=130kN · m이고 전단력이 V_D=120kN, V_L=110kN이 작용할 경우 공칭휨강도 M_n과 공칭전단강도 V_n을 각각 산정하시오. (단, 강도감소계수는 휨에 대해 $\phi = 0.85$이고, 전단에 대해 $\phi = 0.75$이다.) (4점)

가. 공칭휨강도 M_n : ______

나. 공칭전단강도 V_n : ______

20 다음 겔버보의 전단력도(SFD)와 휨모멘트도(BMD)를 도시하시오. (단, 휨모멘트 및 전단력의 크기와 부호를 표기해야 함) (4점)

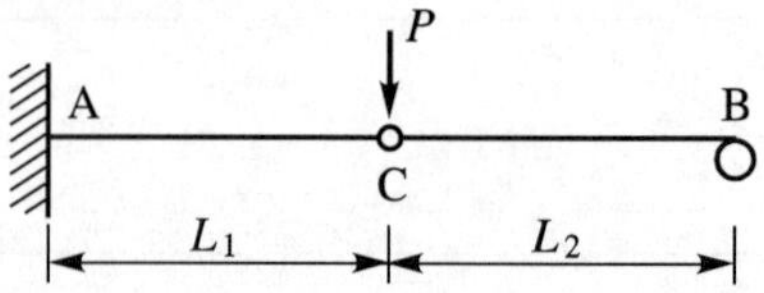

가. 전단력도 : ______

나. 휨모멘트도 : ______

21 다음 겔버보의 지점반력을 구하시오. (3점)

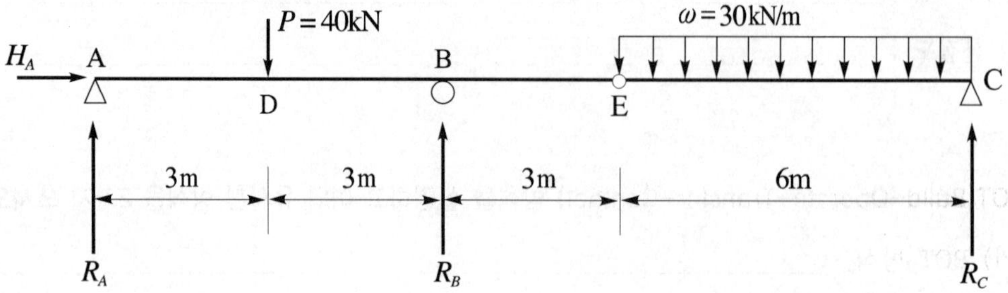

______

22 다음 | 보기 | 는 용접부의 검사항목이다. | 보기 | 에서 골라 알맞은 공정에 번호를 쓰시오. (3점)

보기		
㉮ 트임새모양	㉯ 전류	㉰ 침투수압
㉱ 운봉	㉲ 모아대기법	㉳ 외관판단
㉴ 구속법	㉵ 용접봉	㉶ 초음파검사

① 용접착수 전 : ______

② 용접작업 중 : ______

③ 용접완료 후 : ______

23 다음 네트워크 공정표를 완성하고 아래 표의 일정계산, 여유시간 및 주공정선(CP)과 관련된 빈칸을 모두 채우시오. (단, CP에 해당하는 작업은 ※로 표시하시오.) (10점)

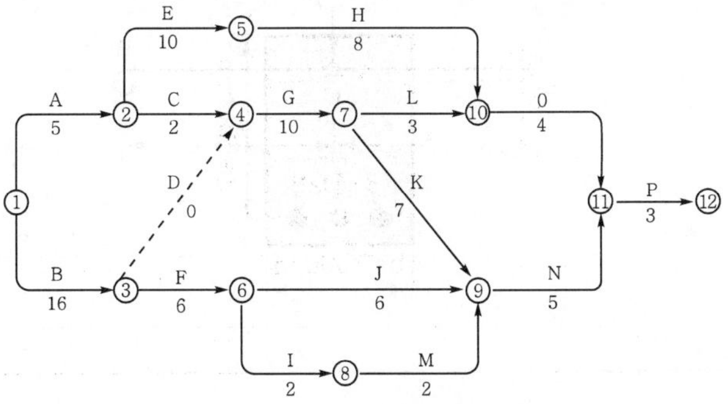

가. 네트워크 공정표

나. 일정계산, 여유시간 및 주공정선(CP)

Act	공기(D)	EST	EFT	LST	LFT	TF	FF	DF	CP
A									
B									
C									
D									
E									
F									
G									
H									
I									
J									
K									
L									
M									
N									
O									
P									

24 강구조공사에서 기초상부 고름질의 방법 3가지를 쓰시오. (3점)

① ______________________________

② ______________________________

③ ______________________________

25 그림과 같은 철근콘크리트 보가 f_{ck}=21MPa, f_y=400MPa이고 D22(단면적 387mm^2)일 때 강도감소계수 ϕ=0.85가 적합인지 부적합인지를 판단하시오. (4점)

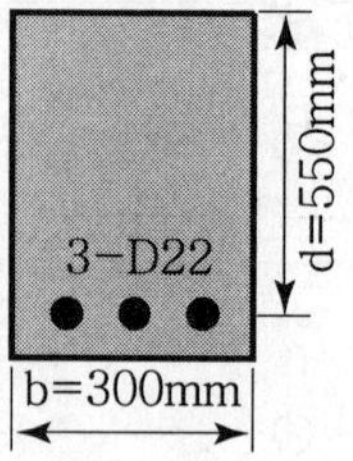

---

26 굵은골재의 최대치수 25mm, 4kg을 물속에서 채취하여 표면건조포화상태의 질량이 3.95kg, 절대건조 질량이 3.60kg, 수중에서의 질량이 2.45kg이다. 다음을 구하시오. (4점)

① 흡수율 : ______

② 표건비중 : ______

③ 겉보기 비중 : ______

④ 진비중 : ______

27 H-250×175×7×11(SM355)의 단면적 A_g=5,624mm^{2}일 때 한계상태설계법에 의한 전압부재의 총단면 인장항복에 대한 설계인장강도를 산정하시오. (단, 강도감소계수 ϕ = 0.90을 적용한다.) (3점)

2011년 2회 해설 및 정답

01 ① 비례한계점(Proportional Limit Point)
② 탄성한계점(Elastic Limit Point)
③ 상항복점(Upper Yield Point)
④ 하항복점(Lower Yield Point)
⑤ 인장강도점(극한강도점, Ultimate Strength Point)
⑥ 파괴점(Fracture Point)
⑦ 탄성영역(Elastic Region)
⑧ 소성영역(Plastic Region 또는 Yielding)
⑨ 변형률경화영역(Strain Hardening)
⑩ 파괴영역(넥킹구간, Necking & Fracture)

02

구 분	수량 산출근거
기둥 주철근의 철근량	① D19 : 8EA×(3.6+25×0.019)×2.25 =73.350 → 73.35kg ② D22 : 4EA×(3.6+25×0.022)×3.04 =50.464 → 50.46kg ∴ 소계 : 73.35+50.46=123.81kg
띠철근 계산(D10)	① 띠철근 길이=(0.6+0.6)×2=2.4m ② 띠철근 개수=(1.8/0.15)+(1.8/0.3)+1 =12+6+1=19EA ③ 띠철근 및 보조 띠철근 중량(D10) =2.4×19EA×0.56=25.54kg
합계	∴ 합계 : 123.81+25.54=149.35kg

03 ① 프라이머 칠 ② 시트붙이기 ③ 마무리

04 기둥, 벽 등의 수직부재를 먼저 타설하고 보, 슬래브 등의 수평부재를 나중에 타설하는 공법

05 ① 간격재(Spacer) ② 격리재(Separator)
③ 칼럼밴드(Column Band) ④ 박리제(form Oil)

06 하중의 증가 없이 시간이 경과함에 따라 콘크리트에 발생되는 소성변형

07 ① 이동의 염려가 없는 곳에 설치한다.
② 현장 어디서나 바라보기 좋고 공사에 지장이 없는 곳에 설치한다.
③ 최소 2개소 이상, 여러 곳에 설치한다.
④ 지면(GL)에서 0.5~1m 위치에 설치한다.

08 ① 오거 보링 ② 수세식 보링
③ 충격식 보링 ④ 회전식 보링

09 (가) 정 의 : 벽 표면에서 침투하는 빗물에 의해 모르타르의 석회분이 유출하여 모르타르 중의 석회분이 수산화석회로 되어 표면에 유출될 때 공기 중의 탄산가스 또는 벽돌의 유황성분과 결합하여 흰 가루가 생기는 현상
(나) 대 책
① 양질의 벽돌 사용
② 줄눈 모르타르에 방수제 혼합
③ 빗물이 침입하지 않도록 벽면에 비막이 설치
④ 벽돌표면에 파라핀 도료를 발라 염류의 유출 방지
⑤ 낮은 물시멘트비로 시공
⑥ 비나 눈이 오면 작업중지

10 가. 창대쌓기
나. 영롱쌓기

11 가. 5
나. 60

12 가. Mock-Up Test(외벽성능시험)
외기의 영향으로 인한 외장재(외벽)의 성능을 사전에 검토하기 위해 풍동시험을 근거로 설계한 실물모형 3개를 만든 뒤, 건축 예정지에서 최악의 기후조건으로 외장재 설치 후 일어날 수 있는 모든 문제점을 검증해 보는 시험
나. 성능시험 항목
① 예비시험
② 기밀시험
③ 정압수밀시험
④ 동압수밀시험
⑤ 구조시험

13 가. 실비비율보수가산식 : A+Af
나. 실비한정비율보수가산식 : A′+A′f
다. 실비정액보수가산식 : A+F

14 조절줄눈

15 ① Washington Meter : 굳지 않은 콘크리트 중의 공기량 측정
② Piezometer : 간극수압측정
③ Earth Pressure Meter : 토압측정
④ Dispenser : AE제의 계량장치

16 ① 가압주입법 ② 침지법
③ 방부제칠 ④ 표면탄화법

17 ① 파레토도 : 불량 등 발생건수를 분류 항목별로 나누어 크기 순서대로 나누어 놓은 그림
② 특성요인도 : 결과에 원인이 어떻게 관계하고 있는가를 한눈으로 알 수 있도록 작성한 그림
③ 층별 : 집단을 구성하고 있는 많은 데이터를 어떤 특징에 따라 몇 개의 부분집단으로 나누는 것
④ 산점도 : 대응되는 두 개의 짝으로 된 데이터를 그래프용지 위에 점으로 나타낸 그림

18 가. BOT(Build – Operate – Transfer)
사회간접시설의 확충을 위해 민간이 자금조달과 시설준공(Build) → 민간이 투자비 회수를 위해 일정기간 운영(Operate) → 소유권을 정부에 이전(Transfer)
나. 유사한 방식
① BTO 방식
② BOO 방식

19 가. 공칭휨강도 M_n
(1) 하중조합
① $M_u = 1.4M_D = 1.4 \times 150 = 210\text{ kN}\cdot\text{m}$
② $M_u = 1.2M_D + 1.6M_L = 1.2 \times 150 + 1.6 \times 130$
$= 388\text{ kN}\cdot\text{m}$
따라서 소요휨강도(계수휨모멘트)
$M_u = 388\text{ kN}\cdot\text{m}$이다.
(2) 공칭휨강도 M_n

$$M_n = \frac{M_u}{\phi} = \frac{388}{0.85} = 456.47\text{ kN}\cdot\text{m}$$

나. 공칭전단강도 V_n
(1) 하중조합
① $V_u = 1.4V_D = 1.4 \times 120 = 168\text{ kN}$
② $V_u = 1.2V_D + 1.6V_L = 1.2 \times 120 + 1.6 \times 110$
$= 320\text{ kN}$
따라서 소요전단강도(계수전단력)
$V_u = 320\text{ kN}$이다.
(2) 공칭전단강도 V_n

$$V_n = \frac{V_u}{\phi} = \frac{320}{0.75} = 426.67\text{ kN}\cdot\text{m}$$

20 가. 전단력도

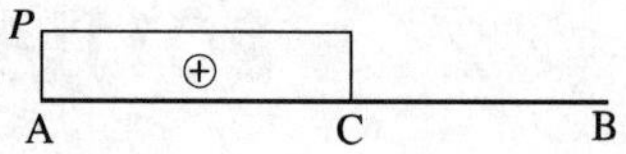

나. 휨모멘트도

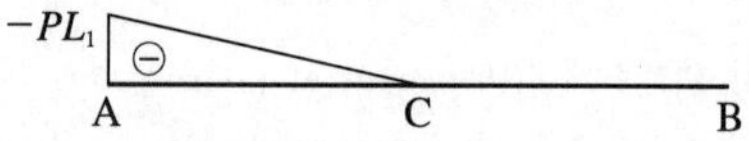

해설
(1) 단순보와 캔틸레버보로 분리
① 단순보 : C–B
② 캔틸레버보 : A–C

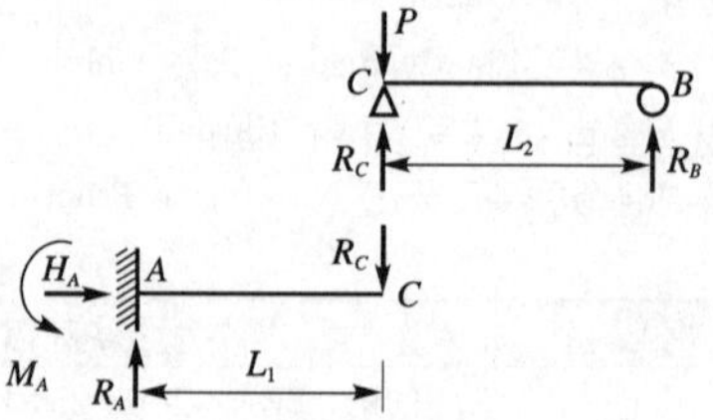

(2) 단순보의 해석(부재 CB에서 지점 C에 집중하중이 작용)
① $R_C = P$
② $R_B = 0$
(3) 캔틸레버보의 해석(힘의 평형방정식으로부터 반력 산정)
① $\Sigma M = 0(+ ; \circlearrowleft)$: $\Sigma M_A = P \times L_1 - M_A = 0$
$\therefore\ M_A = PL_1$
② $\Sigma Y = 0(+ ; \uparrow)$: $\Sigma Y = R_A - R_C = R_A - P = 0$
$\therefore\ R_A = P$
③ $\Sigma X = 0(+ ; \rightarrow)$: $\Sigma X = H_A = 0$
$\therefore\ H_A = 0\text{ kN}$
(4) 단면력도

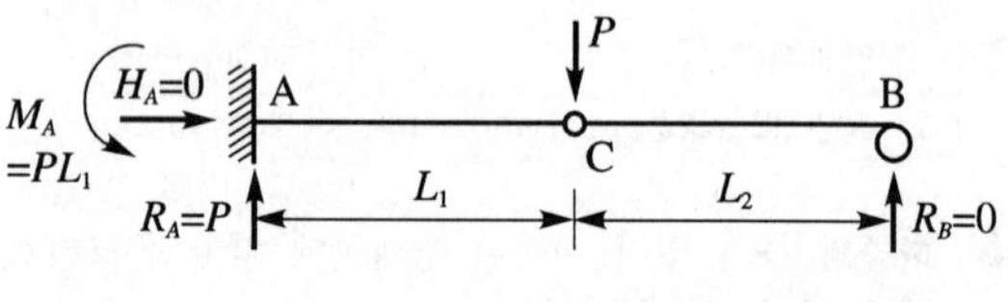

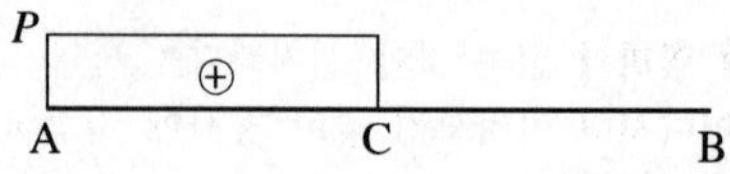

【전단력도】

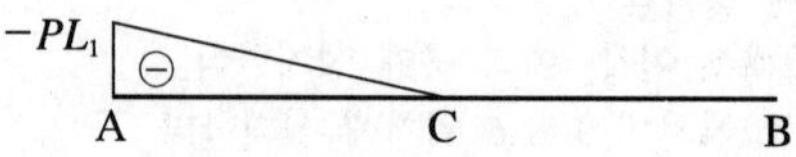

【휨모멘트도】

21 (1) 단순보와 내민보로 분리

① 단순보 : E−C

② 내민보 : A−D−B−E

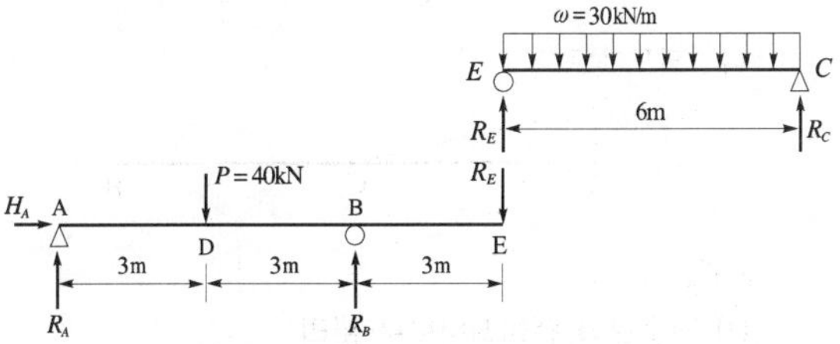

(2) 단순보의 해석(부재 EC의 전체에 등분포하중이 작용)

① $R_E=\dfrac{30\times6}{2}=90\text{ kN}$

② $R_C=90\text{ kN}$

(3) 내민보의 해석(힘의 평형방정식으로부터 반력 산정)

① $\Sigma M=0(+;\circlearrowleft)$:

$\Sigma M_A=40\times3-R_B\times6+R_E\times9$
$=40\times3-R_B\times6+90\times9=0$

$\therefore\ R_B=155\text{ kN}$

② $\Sigma Y=0(+;\uparrow)$: $\Sigma Y=R_A-40+R_B-R_E$
$=R_A-40+155-90=0$

$\therefore\ R_A=-25\text{ kN}$

③ $\Sigma X=0(+;\rightarrow)$: $\Sigma X=H_A=0$

$\therefore\ H_A=0\text{ kN}$

22 ① 용접착수 전 : ㉮, ㉱, ㉳

② 용접작업 중 : ㉯, ㉰, ㉴

③ 용접완료 후 : ㉰, ㉲, ㉵

23 가. 네트워크 공정표

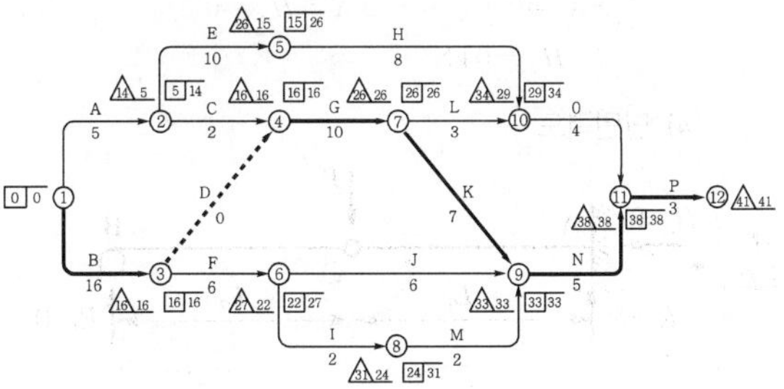

나. 일정계산, 여유시간 및 주공정선(CP)

Act	공기(D)	EST	EFT	LST	LFT	TF	FF	DF	CP
A	5	0	5	9	14	9	0	9	
B	16	0	16	0	16	0	0	0	※
C	2	5	7	14	16	9	9	0	
D	0	16	16	16	16	0	0	0	※
E	10	5	15	16	26	11	0	11	
F	6	16	22	21	27	5	0	5	
G	10	16	26	16	26	0	0	0	※
H	8	15	23	26	34	11	6	5	
I	2	22	24	29	31	7	0	7	
J	6	22	28	27	33	5	5	0	
K	7	26	33	26	33	0	0	0	※
L	3	26	29	31	34	5	0	5	
M	2	24	26	31	33	7	7	0	
N	5	33	38	33	38	0	0	0	※
O	4	29	33	34	38	5	5	0	
P	3	38	41	38	41	0	0	0	※

24 ① 전면바름 마무리법

② 나중채워넣기 중심바름법

③ 나중채워넣기 +자 바름법

④ 나중채워넣기법

25 (1) β_1과 ε_{cu}의 결정

$f_{ck}\leq40\text{MPa}$인 경우 $\beta_1=0.80$이고,

$\varepsilon_{cu}=0.0033$

(2) 등가직사각형 블록의 깊이 a의 산정

$$a=\frac{A_s f_y}{0.85 f_{ck} b}=\frac{(387\times3)\times400}{0.85\times21\times300}=86.7\text{ mm}$$

(3) 강도감소계수 ϕ

$$c=\frac{a}{\beta_1}=\frac{86.7}{0.80}=108.4\text{ mm}$$

$$\varepsilon_t=\left(\frac{d_t-c}{c}\right)\varepsilon_{cu}$$

$$=\left(\frac{550-108.4}{108.4}\right)\times0.0033=0.0134$$

$\varepsilon_t=0.0134\geq\varepsilon_{tt}=0.0050$이므로 인장지배 단면이다.

$\therefore\ \phi=0.85$ (적합)

(주) 최 외단 인장철근의 순인장변형률 ε_t가 0.0050 이상($\varepsilon_t\geq0.0050$)이면 인장지배 단면이 되며, 강도감소계수는 $\phi=0.85$가 되므로 적합이다.

26 A=3.60 : 절건상태의 질량(kg)

B=3.95 : 표면건조포화상태의 질량(kg)

C=2.45 : 시료의 수중 질량(kg)

① 흡수율$=\dfrac{B-A}{A}\times100=\dfrac{3.95-3.60}{3.60}\times100$

$=9.72\%$

② 표건비중 $= \dfrac{B}{B-C} = \dfrac{3.95}{3.95-2.45} = 2.63$

③ 겉보기 비중(절대건조상태의 겉보기 비중)

$= \dfrac{A}{B-C} = \dfrac{3.60}{3.95-2.45} = 2.40$

④ 진비중 $= \dfrac{A}{A-C} = \dfrac{3.60}{3.60-2.45} = 3.13$

(주) 여러 가지 비중을 밀도로 환산하면 다음과 같다.

① 표건밀도 $=2.63\text{g/cm}^3$

② 겉보기 밀도 $=2.40\text{g/cm}^3$

③ 진밀도 $=3.13\text{g/cm}^3$

27 접합부재(H형강)의 총단면의 인장항복에 대한 설계 인장강도

SM355($t \le 40\,\text{mm}$)의 경우, $F_y = 355\,\text{MPa}$이다.

$\phi R_n = \phi F_y A_g = 0.90 \times 355 \times 5{,}624$

$= 1{,}796.9 \times 10^3\,\text{N} = 1{,}796.9\,\text{kN}$

2011년 3회(2011.11.13 시행)

01 VE의 사고방식 4가지를 쓰시오. (4점)

① ______________________ ② ______________________

③ ______________________ ④ ______________________

02 숏크리트(Shotcrete)에 대하여 간단히 기술하고, 장·단점을 쓰시오. (4점)

가. 숏크리트 : ______________________

나. 장점 : ______________________

다. 단점 : ______________________

03 공동도급(Joint Venture)의 장점을 4가지만 쓰시오. (4점)

① ______________________

② ______________________

③ ______________________

④ ______________________

04 지반조사를 위한 보링(Boring)의 정의와 종류 4가지를 쓰시오. (4점)

가. 정의 : ______________________

나. 종류

① ______________________ ② ______________________

③ ______________________ ④ ______________________

05 흙막이 공사에 사용하는 어스앵커(Earth Anchor)공법의 특징을 4가지 쓰시오. (4점)

① ______________________________

② ______________________________

③ ______________________________

④ ______________________________

06 생콘크리트 측압에서 콘크리트헤드(Concrete Head)에 대하여 간결하게 쓰시오. (3점)

____

07 '온도조절철근(Temperature Bar)' 이란 무엇을 말하는가 간단히 쓰시오. (3점)

____

08 다음은 도급업자의 선정시 입찰방식에 대한 설명이다. 각 설명에 맞는 입찰명을 쓰시오. (3점)

① 해당 공사에 적격이라고 인정되는 수 개의 도급업자를 정하여 입찰시키는 방법이다.
② 입찰 참가자를 공모하여 모두 참가할 수 있는 기회를 준다. 그러나 부적격업자에게 낙찰될 우려가 있다.
③ 해당 공사에 가장 적격한 단일 도급업자를 지명하여 입찰시키는 방법이다.

① __________ ② __________ ③ __________

09 대형 시스템 중에서 갱폼(Gang Form)의 장·단점을 각각 2가지씩 쓰시오. (4점)

가. 장점

① __________ ② __________

나. 단점

① __________ ② __________

10 시멘트 분말도시험의 종류를 2가지 쓰시오. (2점)

① ______________________ ② ______________________

11 네트워크 공정표에서 작업상호간의 연관관계만을 나타내는 명목상의 작업인 더미의 종류를 3가지 쓰시오. (3점)

① ______________ ② ______________ ③ ______________

12 강도설계법에서 보통골재를 사용한 콘크리트의 설계기준압축강도 $f_{ck}=24$ MPa인 콘크리트의 탄성계수를 구하고 탄성계수비를 결정하시오. (4점)

가. 콘크리트의 탄성계수

____

나. 탄성계수비

____

13 철근콘크리트 대칭 T형 보의 유효폭 b_e를 결정하는 기준을 3가지 쓰시오. (3점)

① ______________ ② ______________ ③ ______________

14 철근콘크리트구조의 기둥에서 횡방향보강 철근인 띠철근의 사용목적을 2가지 쓰시오. (2점)

① ______________________ ② ______________________

15 그림과 같은 설계조건에서 플랫 슬래브의 지판(Drop Panel, 드롭 패널)의 최소크기와 최소두께를 산정하시오. (단, 슬래브 두께 h_f는 200mm) (4점)

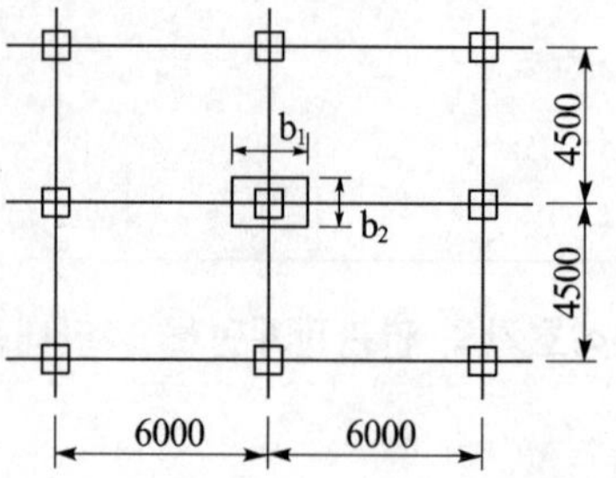

가. 지판의 최소크기($b_1 \times b_2$)

나. 지판의 최소두께($h_{\min}$)

16 한 변의 길이가 1.8m인 정사각형 기초판 바깥면에 작용하는 총토압(kPa)을 계산하라. 단, 흙의 단위질량 $\rho_s = 2{,}082\ \mathrm{kg/m^3}$ 이고, 철근콘크리트의 단위질량 $\rho_c = 2{,}400\ \mathrm{kg/m^3}$ 이다. (6점)

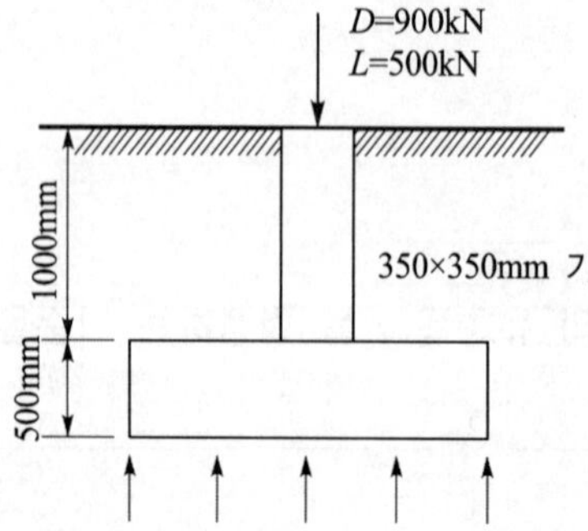

17 그림과 같은 강구조 용접부의 상세에서 ①, ②, ③의 명칭을 기술하시오. (3점)

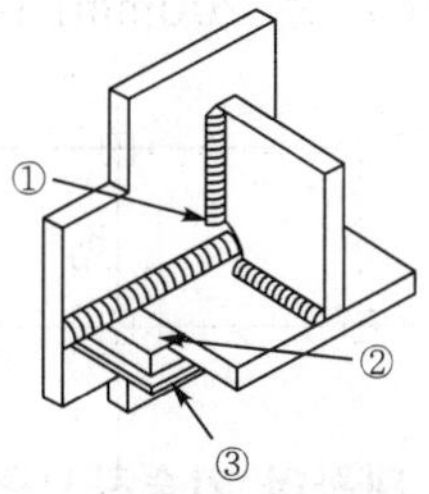

① ________ ② ________ ③ ________

18 점토의 흐트러뜨리지 않은 공시체의 밀도시험과 함수비시험을 행한 결과 다음 표와 같은 시험결과를 얻었다. 이 결과를 근거로 함수비, 간극비, 포화도를 쓰시오. (6점)

시험의 종류	시험결과
토립자 밀도	토립자의 체적 : 11.06cm^3
함수비	흙과 용기의 질량 : 92.58g 건조한 흙과 용기의 질량 : 78.95g 용기의 질량 : 49.32g
습윤밀도	흙의 체적 : 26.22cm^3

① 함수비 : ________

② 간극비 : ________

③ 포화도 : ________

19 흐트러진 상태의 흙 30m^3를 이용하여 30m^2의 면적에 다짐상태로 60cm 두께를 터돋우기 할 때 시공 완료된 다음의 흐트러진 상태로 토량을 산출하시오. (단, 이 흙의 L =1.2이고, C=0.9이다.) (3점)

____

20 지하구조물 축조시 인접구조물의 피해를 막기 위해 실시하는 언더피닝(Underpinning) 공법의 종류 3가지를 쓰시오. (3점)

① ____________ ② ____________ ③ ____________

21 다음 공법의 방수층 형성원리에 대하여 기술하시오. (4점)

① 도막방수 : ____________

② 시트방수 : ____________

22 철근콘크리트공사에서 헛응결(False Set)에 대하여 기술하시오. (3점)

____

____

23 다음 데이터를 네트워크 공정표로 작성하시오. (단, 이벤트(Event)에는 번호를 기입하고,

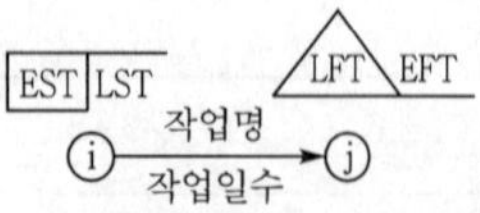

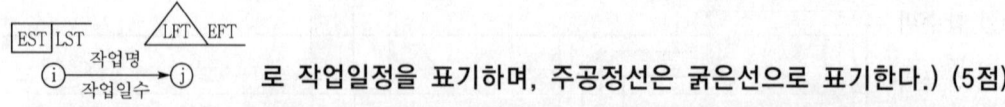

로 작업일정을 표기하며, 주공정선은 굵은선으로 표기한다.) (5점)

작업	선행작업	소요일수	작업	선행작업	소요일수
A	없음	4	F	B, C	7
B	없음	8	G	B, C	5
C	A	6	H	D	2
D	A	11	I	D, F	8
E	A	14	J	E, H, G, I	9

• 네트워크 공정표

24 그림과 같은 필릿용접부에서 용접재의 설계전단강도(kN)는 얼마인가? (단, 사용강재는 SS275 이고, 용접재는 KS D 7004 연강용 피복아크 용접봉용접봉으로 F_y=345MPa이고 F_u=420MPa 이다.) (4점)

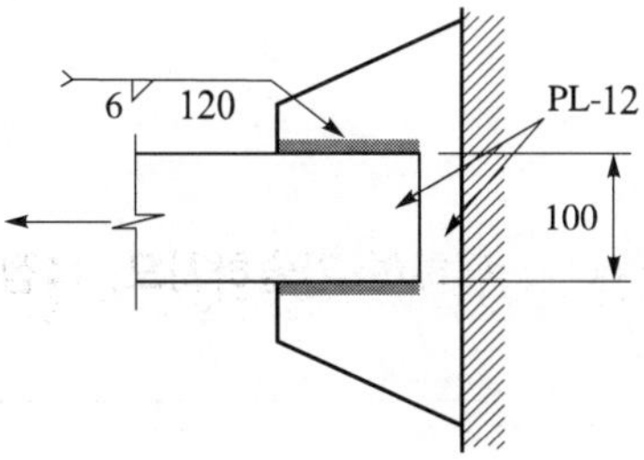

25 다음 도면을 보고 옥상방수면적(m^2), 누름콘크리트량(m^3), 보호벽돌량(매)를 구하시오. (단, 벽돌의 규격은 190×90×57이며, 할증률은 5%이다.) (6점)

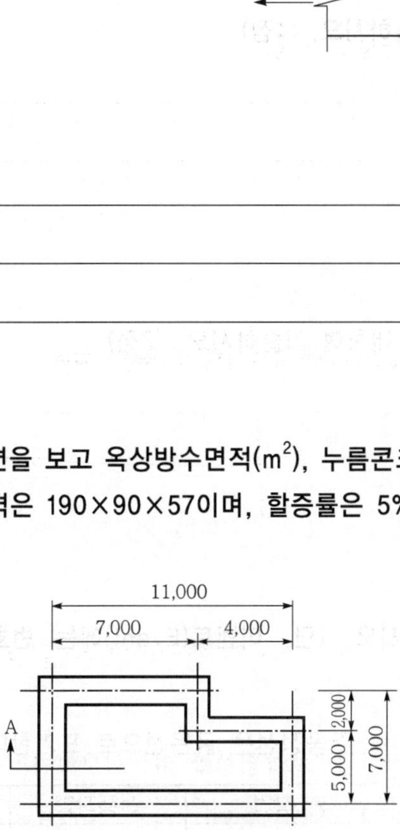

【옥상 평면도】

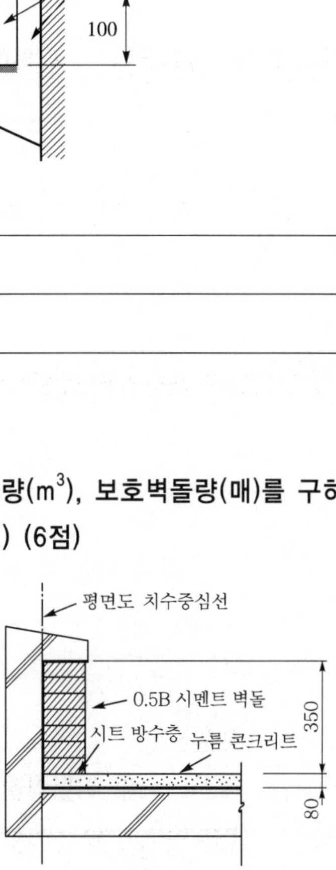

【A단면 상세도】

가. 옥상 방수면적(m^2) : ______

나. 누름 콘크리트량(m^3) : ______

다. 보호벽돌량(매) : ______

26 ALC(Autoclaved Lightweight Concrete) 패널의 설치 공법을 4가지 쓰시오. (4점)

① ______ ② ______

③ ______ ④ ______

27 드라이비트 건이라는 일종의 못 박기 총을 사용하여 콘크리트나 강재 등에 박는 특수 못이다. 머리가 달린 것을 H형, 나사로 된 것을 T형이라고 한다. 이 특수 못을 무엇이라 하는가? (2점)

2011년 3회 해설 및 정답

01 ① 고정관념의 제거 ② 사용자중심의 사고
③ 기능중심의 접근 ④ 조직적 노력

02 가. 숏크리트 : 압축공기로 모르타르를 뿜칠하여 시공하는 공법으로 뿜칠 콘크리트라고도 한다.
나. 장점 : 거푸집이 불필요하고 급속 시공이 가능하며, 곡면 시공이 가능하다.
다. 단점 : 리바운딩이 되기 쉽고, 평활한 표면이 곤란하다.

03 ① 융자력 증대 ② 위험의 분산
③ 시공의 확실성 ④ 상호기술의 확충
⑤ 공사 도급경쟁 완화수단

04 가. 정의 : 토질의 시료를 채취하여 지층의 상황을 판단하는 방법
나. 종류
① 오거 보링 ② 수세식 보링
③ 충격식 보링 ④ 회전식 보링

05 ① 버팀대(지보공) 없이 깊은 굴착이 가능하며 경제적이다.
② 굴착작업 공간이 넓어 기계화 시공이 가능하다.
③ 버팀대와 지주가 없어 가설재가 절약된다.
④ 부분굴착 시공이 가능하여 공구분할이 용이하다.
⑤ 굴착에 있어 공기단축이 가능하다.

06 타설된 콘크리트 윗면으로부터 최대 측압면까지의 거리

07 수축과 온도변화에 따른 콘크리트의 균열을 방지하고, 응력을 분포시킬 목적으로 주철근과 직각방향으로 배치한 보조적인 철근

08 ① 지명경쟁입찰
② 공개경쟁입찰
③ 특명입찰

09 가. 장점
① 조립, 해체가 생략되어 인력 절감
② 줄눈의 감소로 마감 단순화 및 비용 절감
③ 기능공의 기능도에 적은 영향
나. 단점
① 대형 양중 장비가 필요
② 초기 투자비 과다
③ 기능공의 교육 및 작업숙달기간이 필요

10 ① 공기투과장치에 의한 시험(비표면적시험)
② 표준체에 의한 시험

11 ① 넘버링 더미
② 로지칼 더미
③ 릴레이션십 더미
④ 커넥션 더미
⑤ 타임 랙 더미

12 가. 콘크리트의 탄성계수
$f_{ck} \le 40$ MPa이면, $\Delta f = 4$ MPa
$f_{cm} = f_{ck} + \Delta f = 24 + 4 = 28$ MPa
$E_c = 8{,}500\sqrt[3]{f_{cm}} = 8{,}500\sqrt[3]{28} = 25{,}811$ MPa
나. 탄성계수비
$E_s = 2.0 \times 10^5$ MPa
$E_c = 25{,}811$ MPa

$$n = \frac{E_s}{E_c} = \frac{2.0\times10^5}{8{,}500\sqrt[3]{f_{cm}}} = \frac{23.53}{\sqrt[3]{f_{cm}}} = \frac{23.53}{\sqrt[3]{28}} = 7.75$$

13 대칭 T형 보의 유효폭 b_e는 다음 중 가장 작은 값으로 한다.
① $16h_f + b_w$
② 양쪽 슬래브의 중심간 거리
③ 보의 순경간의 $\frac{1}{4}$
여기서, h_f는 슬래브의 두께, b_w는 보의 폭을 의미한다.

14 ① 주철근의 좌굴방지 ② 주철근의 위치확보
③ 전단보강 ④ 피복두께 유지

15 가. 지판의 최소크기($b_1 \times b_2$)
지판은 받침부 중심선에서 각 방향 받침부 중심간 경간의 1/6 이상을 각 방향으로 연장시킨다.

$$b_1 = \frac{6,000}{6} + \frac{6,000}{6} = 2,000\text{ mm}$$

$$b_2 = \frac{4,500}{6} + \frac{4,500}{6} = 1,500\text{ mm}$$

$$\therefore\ b_1 \times b_2 = 2,000\text{ mm} \times 1,500\text{ mm}$$

나. 지판의 최소두께(h_{min})

지판의 슬래브 아래로 돌출한 두께는 돌출부를 제외한 슬래브 두께의 1/4 이상으로 한다.

$$h_{min} = \frac{h_f}{4} = \frac{200}{4} = 50\text{ mm}$$

16 (1) 흙과 철근콘크리트의 단위무게 계산

① 흙의 단위무게

$\gamma_s = 2,082\text{kg/m}^3 \times 9.8\text{m/sec}^2 = 20,404\text{ N/m}^3$

② 철근콘크리트의 단위무게

$\gamma_c = 2,400\text{kg/m}^3 \times 9.8\text{m/sec}^2 = 23,520\text{ N/m}^3$

(2) 기초판의 바닥에 작용하는 모든 하중계산

① 기초의 고정하중 : $1.8 \times 1.8 \times 0.5 \times 23,520 = 38,102.4\text{ N} = 38.10\text{ kN}$

② 기둥의 고정하중 : $0.35 \times 0.35 \times 1.0 \times 23,520 = 2,881.2\text{ N} = 2.88\text{ kN}$

③ 흙의 무게 : $1.0 \times (1.8^2 - 0.35^2) \times 20,404 = 63,609.5\text{ N} = 63.61\text{ kN}$

④ 사용하중 : $900 + 500 = 1,400\text{ kN}$

⑤ 총하중 : $N = 38.10 + 2.88 + 63.61 + 1,400 = 1,504.59\text{ kN}$

(3) 총토압

$$q_{gr} = \frac{N}{A} = \frac{1,504.59}{1.8 \times 1.8} = 464.38\text{ kN/m}^3 = 464.38\text{ kPa}$$

㈜ 민창식, 「철근콘크리트공학」, 구미서관, 2010, p.776.

17 ① 스칼럽(Scallop, 곡선모따기)
② 엔드탭(End Tap, 보조 강판)
③ 뒷댐재(Back Strip, 뒷받침쇠)

18 물 $1\text{g} = 1\text{cm}^3$이다. 즉, 물의 부피와 물의 중량은 같은 값이다.

① 함수비

$$= \frac{\text{물의 질량}}{\text{흙입자의 질량}} \times 100 = \frac{M_W}{M_S} \times 100$$

$$= \frac{(92.58 - 78.95)}{(78.95 - 49.32)} \times 100 = 46.0\%$$

② 간극비

$$= \frac{\text{간극의 부피}}{\text{흙입자의 부피}} = \frac{V_V}{V_S} = \frac{(26.22 - 11.06)}{11.06} = 1.37$$

③ 포화도

$$= \frac{\text{물의 부피}}{\text{간극부분의 부피}} \times 100 = \frac{V_W}{V_V} \times 100$$

$$= \frac{(92.58 - 78.95)}{(26.22 - 11.06)} \times 100 = 89.91\%$$

19 ① 흐트러진 상태에서 다져진 후 토량

$$30 \times \left(\frac{C}{L}\right) = 30 \times \left(\frac{0.9}{1.2}\right) = 22.5\text{m}^3$$

② 터돋우기 후 남는 토량

$22.5 - (30 \times 0.6) = 4.5\text{m}^3$

∴ 다져진 상태에서 흐트러진 상태로 남는 토량

$$4.5 \times \left(\frac{L}{C}\right) = 4.5 \times \left(\frac{1.2}{0.9}\right) = 6.0\text{m}^3$$

20 ① 2중 널말뚝 공법
② 현장타설 콘크리트말뚝 공법
③ 강재말뚝 공법
④ 모르타르 및 약액주입 공법

21 ① 도막방수 : 도료상의 방수재를 여러 번 칠하여 방수막을 형성하는 공법
② 시트방수 : 구조체의 경미한 이동에 대처할 목적으로 신장률이 큰 합성고분자 재료로 제조된 시트상 루핑을 1겹 깔고 접착제를 붙여 방수하는 공법

22 가수 후 10~20분에 퍽 굳어지고 다시 묽어지며 이후 순조로운 경과로 굳어가는 현상

23 • 네트워크 공정표

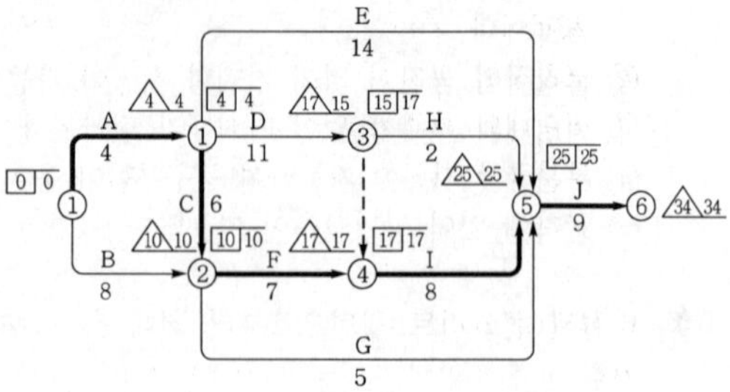

24 1. 용접재의 인장강도(KS D 7004 연강용 피복아크 용접봉)

$F_w = F_u = 420\text{ MPa}$

2. 용접 사이즈와 용접길이의 검토

(1) 모재 두께 $t = 12\text{ mm}$인 경우 필릿용접의 최소 사이즈 $s_{min} = 5\text{ mm}$

(2) 필릿용접의 최대 사이즈

$s_{max} = t - 2 = 12 - 2 = 10\text{ mm}$

(3) $s_{min} = 5\text{ mm} < s = 6\text{ mm} < s_{max} = 10\text{ mm}$ OK

(4) 용접의 유효길이 $= l_e$

$= l - 2s = 120 - 2 \times 6 = 108\text{ mm}$

$\geq 4s = 4 \times 6 = 24\text{ mm}$ OK

(5) $l = 120\,\text{mm} \geq w = 100\,\text{mm}$ OK

3. 용접재의 설계전단강도

(1) 용접재의 공칭강도

$F_{nw} = 0.60 F_w = 0.6 \times 420 = 252\,\text{MPa}$

(2) 용접의 유효길이

$l_e = 2(l - 2s) = 2 \times (120 - 2 \times 6) = 216\,\text{mm}$

(3) 용접의 사이즈

$s = 6\,\text{mm}$

(4) 용접의 유효목두께

$a = 0.7s = 0.7 \times 6 = 4.2\,\text{mm}$

(5) 용접의 유효단면적

$A_{we} = l_e \times a = 216 \times 4.2 = 907\,\text{mm}^2$

(6) 용접재의 설계전단강도 ($\phi = 0.75$)

$$\begin{aligned}\phi R_n &= \phi F_{nw} A_{we} \\ &= \phi(0.60 F_w) A_{we} \\ &= 0.75 \times 252 \times 907 = 171.4 \times 10^3\ \text{N} = 171.4\,\text{kN}\end{aligned}$$

25 가. 옥상방수면적(m^2)

$(7 \times 2) + (11 \times 5) + (11 + 7) \times 2 \times 0.43 = 84.48\text{m}^2$

나. 누름콘크리트량(m^3)

$(7 \times 2 + 11 \times 5) \times 0.08 = 5.52\text{m}^2$

다. 보호벽돌량(매)

$\{(11 - 0.09/4) + (7 - 0.09/4)\} \times 2 \times 0.35 \times 75 \times 1.05$

$= 982.3 \rightarrow 983$매

26 ① 수직철근 공법

② 슬라이드 공법

③ 볼트조임 공법

④ 커버플레이트 공법

⑤ 타이플레이트 공법

⑥ 오 볼트 공법

27 드라이브 핀

(주) 드라이비트 건은 콘크리트 못을 박을 때 화약의 폭발력을 이용하여 박는 공구이며 총은 드라이브 핀의 크기에 따라 여러 종이 사용된다. 드라이브 핀에는 콘크리트용과 철재용이 있으며, 머리가 달린 것을 H형, 나사로 된 것을 T형이라 한다.

2012년 1회(2012.4.22 시행)

01 **다음 데이터를 이용하여 표준 네트워크 공정표 작성 및 7일 공기단축한 네트워크 공정표를 작성하고, 공기 단축된 상태의 추가공사비를 산출하시오. (10점)**

작업명	선행작업	공사일수	비용구배(천원/일)	비고
A (①→②)	없음	2	50	① 공기단축된 각 작업의 일정은 다음과 같이 표기하고 결합점 번호는 원칙에 따라 부여한다. 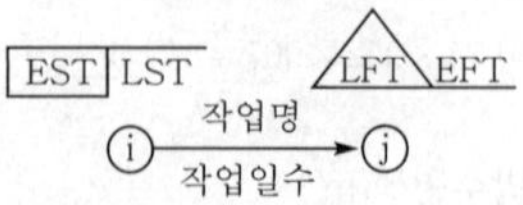 ② 공기단축은 작업일수의 1/2을 초과할 수 없다.
B (①→③)	없음	3	40	
C (①→④)	없음	4	30	
D (②→⑤)	A, B, C	5	20	
E (②→⑥)	A, B, C	6	10	
F (②→⑤)	B, C	4	15	
G (④→⑥)	C	3	23	
H (⑤→⑦)	D, F	6	37	
I (⑥→⑦)	E, G	7	45	

가. 표준 네트워크 공정표　　　　나. 단축한 네트워크 공정표　　　　다. 추가공사비

02 **그림과 같은 철근콘크리트 보에서 최외단 인장철근의 순인장변형률(ϵ_t)를 산정하고, 이 보의 지배단면(인장지배 단면, 압축지배 단면 또는 변화구간 단면)을 구분하시오. (단, $A_s = 1{,}927\ \text{mm}^2$, $f_{ck} = 24\ \text{MPa}$, $f_y = 400\ \text{MPa}$, $E_s = 200{,}000\ \text{MPa}$) (4점)**

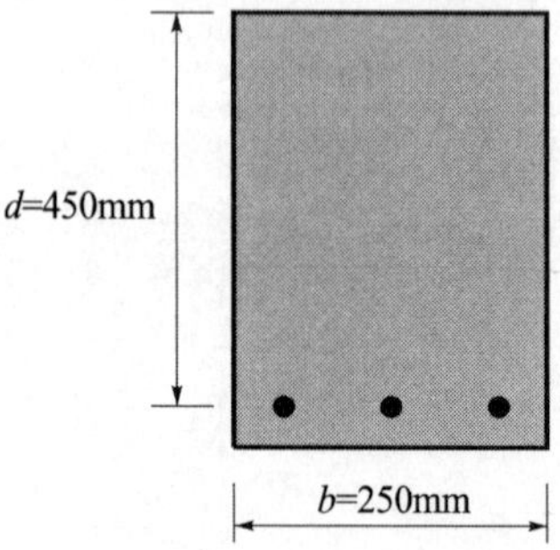

03 현장에 반입된 철근은 시험편을 채취한 후 시험을 하여야 하는데, 그 시험의 종류를 2가지만 쓰시오. (2점)

① ______________________ ② ______________________

04 다음 그림과 같은 단순보의 지점 A의 처짐각, 보의 중앙 점 C의 최대 처짐량을 계산하시오. (단, $E = 210{,}000\ \mathrm{MPa}$, $I = 160 \times 10^6\ \mathrm{mm}^4$이다.) (4점)

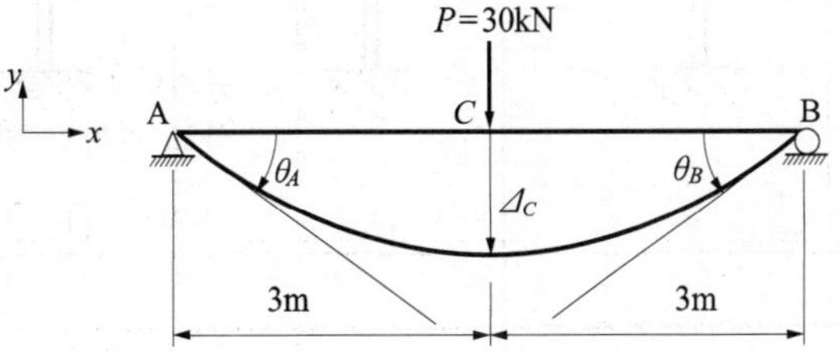

05 그림과 같은 캔틸레버보의 점 A의 수직 반력과 모멘트 반력을 구하시오. (4점)

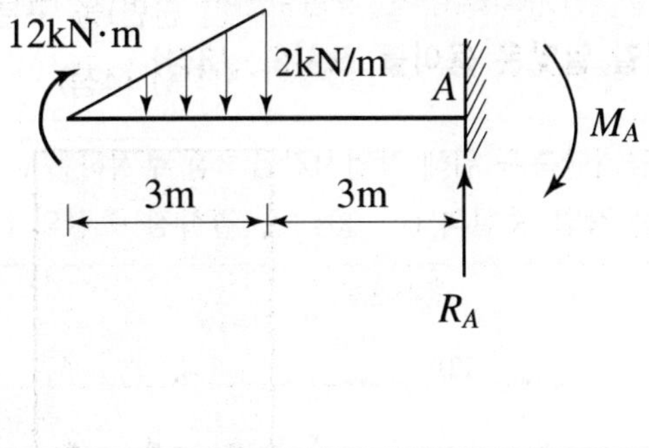

06 **기둥의 재질과 단면 크기가 모두 같은 그림과 같은 4개의 장주의 유효좌굴길이계수와 유효좌굴길이를 쓰시오. (4점)**

단부 구속조건	1단 힌지, 타단 고정	1단 자유, 타단 고정	양단 고정	양단 힌지
조건	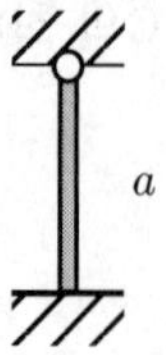	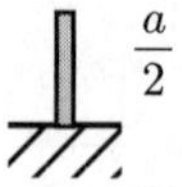	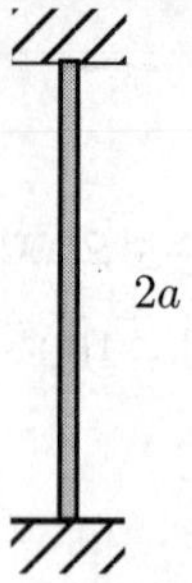	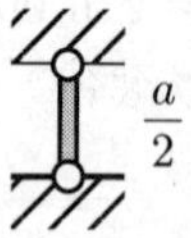
유효좌굴길이계수, K값				
유효좌굴길이, KL				

07 **강재의 탄성계수** $210{,}000\,\mathrm{MPa}$, **단면적** $10\,\mathrm{cm}^2$, **길이** $4\,\mathrm{m}$, **외력으로** $80\,\mathrm{kN}$ **의 인장력이 작용할 때 변형량(** Δl **)을 구하시오. (3점)**

---

08 **다음 괄호 안에 들어갈 알맞은 용어를 쓰시오. (3점)** •12 ①

> 네트워크 공정표는 공기단축을 위해 작업시간을 3점 추정하는 (①) 공정표와 CPM 공정표가 있다. CPM 공정표는 작업 중심의 (②), 결합점 중심의 (③) 공정표가 있다.

① ______________ ② ______________ ③ ______________

09 매스콘크리트 수화열 저감대책(온도균열 기본대책)을 3가지 쓰시오. (3점)

① ______

② ______

③ ______

10 시트방수의 장·단점을 각각 2가지씩 쓰시오. (4점)

가. 장점

① ______

② ______

나. 단점

① ______

② ______

11 설계·시공 일괄계약(턴키 베이스)제도의 장점과 단점을 각각 2가지씩 쓰시오. (4점)

가. 장점

① ______

② ______

나. 단점

① ______

② ______

12 강구조에서 메탈터치 이음(Metal Touch Joint)에 대한 개념을 간략하게 그림으로 그리고 메탈터치 이음을 설명하시오. (4점)

______

13 콘크리트 구조물의 균열발생 시 보강 방법을 3가지 쓰시오. (3점)

① ______________________________

② ______________________________

③ ______________________________

14 압밀과 예민비를 설명하시오. (4점)

가. 압밀 : ______________________________

나. 예민비 : ______________________________

15 히빙파괴와 보일링을 설명하시오. (4점)

가. 히빙파괴 : ______________________________

나. 보일링 : ______________________________

16 지하구조물은 지하수위에서 구조물 밑면까지의 깊이만큼 부력을 받아 건물이 부상하게 되는데, 이것에 대한 방지대책을 4가지 기술하시오. (4점)

① ______________________________

② ______________________________

③ ______________________________

④ ______________________________

17 콘크리트충전 강관(CFT) 구조를 간단히 설명하고, 장단점을 2가지 각각 쓰시오. (5점)

가. CFT

나. 장점

①

②

다. 단점

①

②

18 아래 평면의 건물높이가 13.6m일 때 비계면적을 산출하시오. (단, 도면의 단위는 mm이며, 비계 형태는 쌍줄비계로 한다.) (4점)

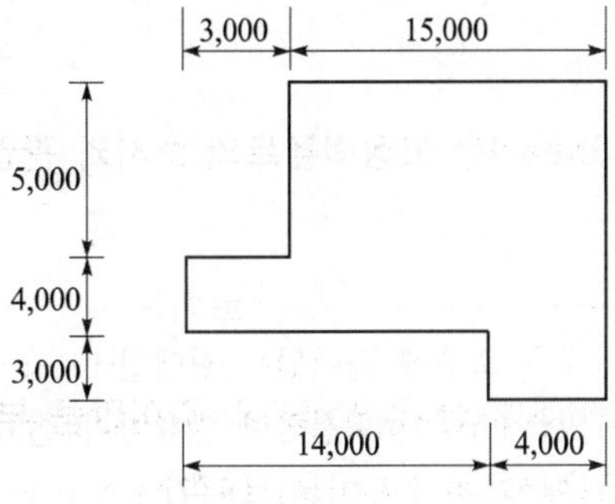

19 시멘트의 주요화합물을 4가지 쓰고, 그중 콘크리트의 28일 이후 장기강도에 관여하는 화합물을 쓰시오. (5점)

가. 주요화합물

① ②

③ ④

나. 콘크리트의 28일 이후 장기강도에 관여하는 화합물

20 다음 통합공정관리(EVMS ; Earned Value Management System using Product Model) 용어를 설명한 것 중 맞는 것을 |보기|에서 선택하여 번호로 쓰시오. (3점)

|보기|

㉮ 프로젝트의 모든 작업내용을 계층적으로 분류한 것으로 가계도와 유사한 형상을 나타낸다.
㉯ 성과측정시점까지 투입예정된 공사비
㉰ 공사착수일로부터 추정 준공일까지의 실투입비에 대한 추정치
㉱ 성과측정시점까지 지불된 공사비(BCWP)에서 성과측정시점까지 투입예정된 공사비를 제외한 비용
㉲ 성과측정시점까지 실제로 투입된 금액을 말한다.
㉳ 성과측정시점까지 지불된 공사비(BCWP)에서 성과측정시점까지 실제로 투입된 금액을 제외한 비용
㉴ 공정, 공사비 통합, 성과측정, 분석의 기본단위를 말한다.

가. CA(Cost Account) : ______

나. CV(Cost Variance) : ______

다. ACWP(Actual Cost for Work Performed) : ______

21 다음 보기는 TS(Torque Shear)형 고장력볼트의 순서와 관련된 내용이다. 시공순서에 알맞게 번호를 나열하시오. (3점)

|보기|

① 팁 레버를 잡아당겨 내측 소켓에 들어있는 핀테일(Pintail)을 제거
② 렌치의 스위치를 켜 외측 소켓이 회전하며 핀테일이 절단 시까지 볼트를 체결
③ 핀테일이 절단되었을 때 외측 소켓이 너트로부터 분리되도록 렌치를 잡아당김.
④ 핀테일에 내측 소켓을 끼우고 렌치를 살짝 걸어 너트에 외측 소켓이 맞춰지도록 함.

______

22 다음은 한식기와 잇기에 관한 설명이다. ( ) 안에 해당하는 용어를 써 넣으시오. (2점)

|보기|

한식기와 잇기에서 산자 위에서 펴 까는 진흙을 (①)(이)라 하며, 수키와 처마 끝에 막새 대신에 회진흙 반죽으로 둥글게 바른 것을 (②)(이)라 한다.

① ______ ② ______

23 금속판 지붕공사에서 금속기와의 설치순서를 맞게 나열하시오. (4점)

보기

① 서까래 설치(방부처리를 할 것)
② 금속기와 사이즈에 맞는 간격으로 기와걸이 미송각재를 설치
③ 경량철골 설치
④ Purlin 설치(지붕레벨고정)
⑤ 부식방지를 위한 강구조 용접부위의 방청도장 실시
⑥ 금속기와 설치

24 철근콘크리트의 강도설계법에서 균형철근비의 정의를 쓰시오. (3점)

25 다음의 [보기]에서 설명하는 구조의 명칭을 쓰시오. (2점)

보기

강구조에서 H형강 또는 십자형 형강의 강재 기둥을 콘크리트 속에 매입한 후 그 주위에 철근을 배근하고 콘크리트가 타설되어 일체가 되도록 한 것으로서, 초고층 구조물 하층부의 복합구조로 많이 채택되는 구조

26 다음은 진동기를 과도 사용할 경우이다. (　) 안에 알맞은 용어를 쓰시오. (2점)

진동기를 과도 사용할 경우에는 (　①　) 현상을 일으키고, AE 콘크리트에서는 (　②　)이 많이 감소된다.

① ________________ ② ________________

27 가설공사에서 수평규준틀의 설치 목적을 2가지 쓰시오. (2점)

① ______

② ______

28 강구조공사에서 내화피복 공법의 종류에 따른 재료를 각각 2가지씩 쓰시오. (3점)

공 법	재 료	
타설 공법		
조적 공법		
미장 공법		

(1) 타설 공법 : ______

(2) 조적 공법 : ______

(3) 미장 공법 : ______

29 SPS(Strut as Permanent System Method) 공법의 장점을 4가지 쓰시오. (4점)

① ______ ② ______

③ ______ ④ ______

2012년 1회 해설 및 정답

01 가. 표준 네트워크 공정표

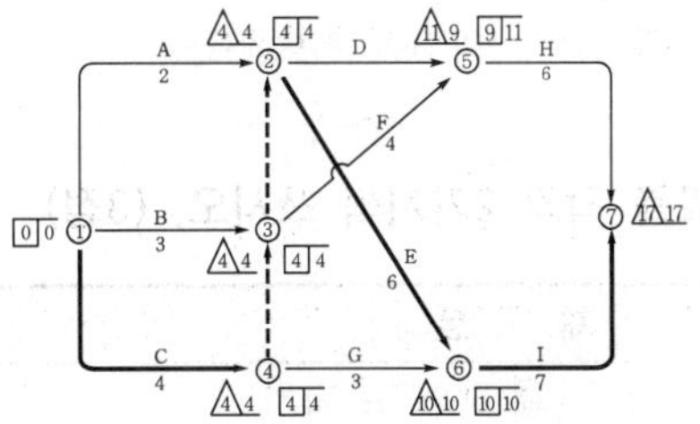

나. 단축한 네트워크 공정표

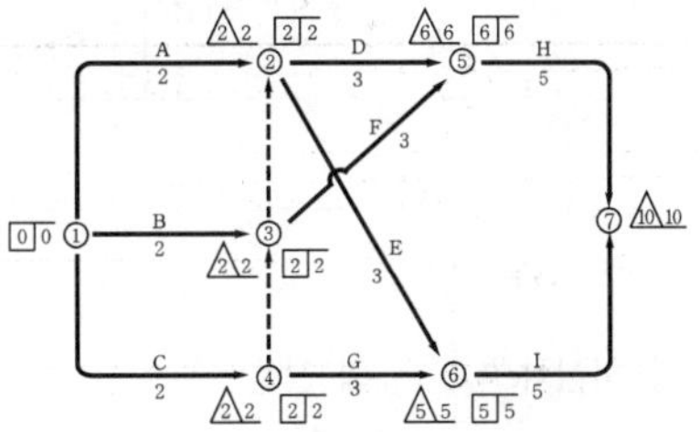

다. 추가공사비

추가공사비(EC, Extra Cost) : 공기단축은 공정 B, 2C, 2D, 3E, F, H, 2I에서 이루어지므로

추가공사비 = 40,000 + 2 × 30,000 + 2 × 20,000 + 3×10,000+15,000+37,000+2×45,000

= 312,000원

해설

(1) 표준 네트워크 공정표

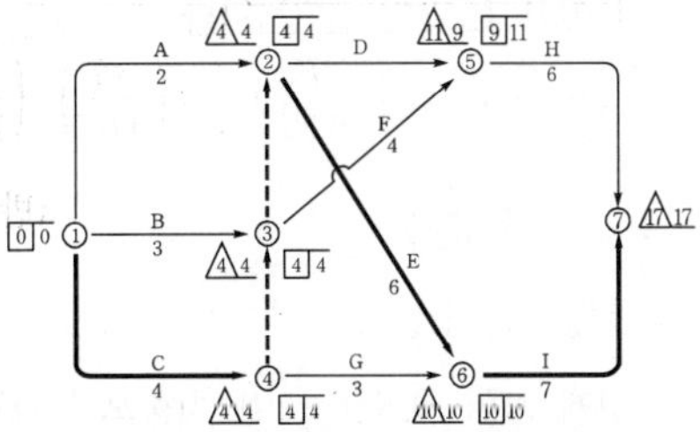

(2) 공기를 7일 단축한 네트워크 공정표 작성

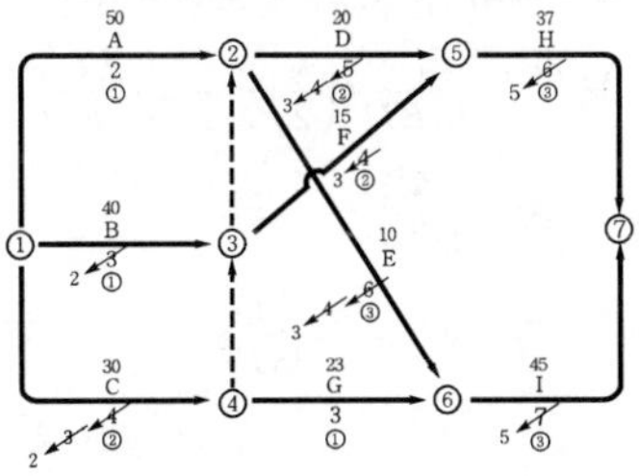

단축 단계	공기단축			
	Act.	일수	생성 CP	단축불가 Path
1단계	E	2	D, H	–
2단계	C	1	B	–
3단계	D, E	1	G, F	E
4단계	B, C	1	A	B, C
5단계	D, F, I	1	–	D
6단계	H, I	1		

단축 단계	Path				
	A–D–H (13일)	A–E–I (15일)	B–D–H (14일)	B–E–I (16일)	B–F–H (13일)
1단계	13	13	14	14	13
2단계	13	13	14	14	13
3단계	12	12	13	13	13
4단계	12	12	12	12	12
5단계	11	11	11	11	11
6단계	10	10	10	10	10

단축 단계	Path				비고
	C–G–I (14일)	C–F–H (14일)	C–D–H (15일)	C–E–I (17일)	
1단계	14	14	15	15	
2단계	13	13	14	14	
3단계	13	13	13	13	(주1)
4단계	12	12	12	12	(주2)
5단계	11	11	11	11	(주3)
6단계	10	10	10	10	

(주1) 병렬단축 : 경우의 수는 다음과 같고, 비용구배(CS)가 최소인 곳에서 단축

작업명	비용구배(CS)
B+C	70
D+E	30
D+I	65
H+E	47
H+I	82

(주2) 병렬단축 : 경우의 수는 다음과 같고, 비용구배(CS)가 최소인 곳에서 단축

작업명	비용구배(CS)
B+C	70
D+F+I	80
H+I	82

(주3) 병렬단축 : 경우의 수는 다음과 같고, 비용구배(CS)가 최소인 곳에서 단축

작업명	비용구배(CS)
D+F+I	80
H+I	82

(3) 공기단축한 네트워크 공정표

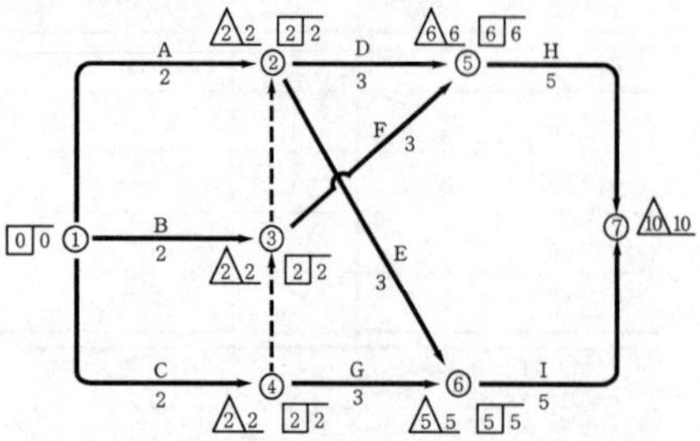

(4) 추가공사비

추가공사비(EC, Extra Cost) : 공기단축은 공정 B, 2C, 2D, 3E, F, H, 2I에서 이루어지므로

추가공사비 = 40,000 + 2×30,000 + 2×20,000 + 3×10,000+15,000+37,000+2×45,000 = 312,000원

02 (1) β_1의 결정

$f_{ck} \le 40\text{MPa}$인 경우 $\beta_1 = 0.80$이고,

$\varepsilon_{cu} = 0.0033$

(2) 등가직사각형 블록의 깊이 a

$$a = \frac{A_s f_y}{0.85 f_{ck} b} = \frac{1{,}927 \times 400}{0.85 \times 24 \times 250} = 151\text{ mm}$$

(3) 중립축의 깊이 c

$$c = \frac{a}{\beta_1} = \frac{151}{0.80} = 188.8\text{ mm}$$

(4) 순인장변형률 산정

$$\varepsilon_t = \left(\frac{d-c}{c}\right)\varepsilon_{cu} = \left(\frac{450-188.8}{188.8}\right) \times 0.0033 = 0.0046$$

(5) 지배단면의 구분

$\varepsilon_{tc} = \varepsilon_y = 0.0020$

$\varepsilon_{tc} = 0.0020 < \varepsilon_t = 0.0046 < \varepsilon_{tt} = 0.0050$이 므로 변화구간 단면이다.

03 ① 인장시험

② 굽힘시험(휨시험)

04 (1) 지점 A의 처짐각

$$\theta_A = -\frac{Pl^2}{16EI} = -\frac{(30 \times 10^3) \times (6{,}000^2)}{16 \times (210{,}000) \times (160 \times 10^6)}$$

$= -0.002009\text{ rad}$ (시계방향)

(2) 보의 중앙 점 C의 최대 처짐량

$$\Delta_C = -\frac{Pl^3}{48EI} = -\frac{(30 \times 10^3) \times (6{,}000^3)}{48 \times (210{,}000) \times (160 \times 10^6)}$$

$= -4.02\text{ mm}$ (하향)

참고

(1) 실제 보의 BMD(휨모멘트도)

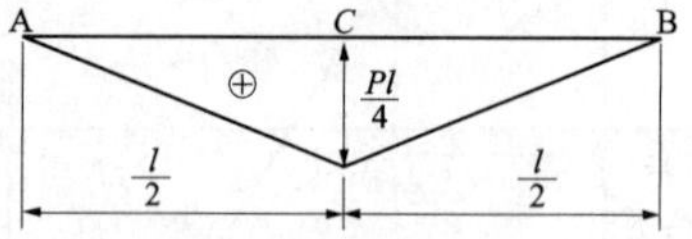

(2) $\dfrac{M}{EI}$을 하중으로 재하

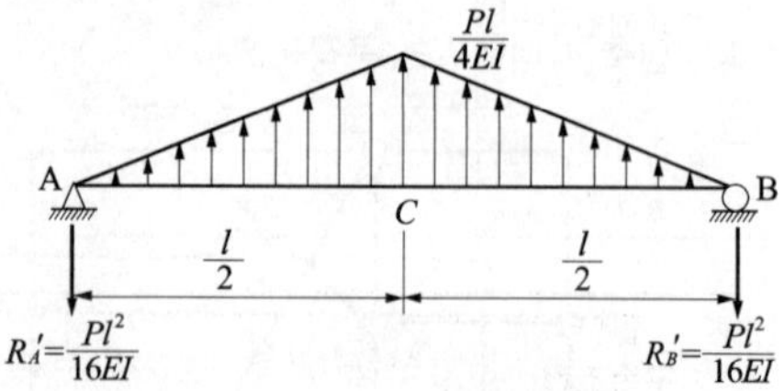

(3) 처짐각 θ_A, θ_B의 산정

실제 보의 θ_A는 $\dfrac{M}{EI}$을 하중으로 재하시킨 공액보에서 점 A의 전단력(반력)이다.

$$R_A' = \frac{1}{2} \times \left(\frac{Pl}{4EI}\right) \times \left(\frac{l}{2}\right) = \frac{Pl^2}{16EI}\ (\downarrow)$$

$$\therefore\ \theta_A = V_A' = -\frac{Pl^2}{16EI}$$ (시계방향)

실제 보의 θ_B는 $\dfrac{M}{EI}$을 하중으로 재하시킨 공액보에서 점 B의 전단력이다.

$$\therefore\ \theta_B = V_B' = -\frac{Pl^2}{16EI} + \frac{1}{2} \times \left(\frac{Pl}{4EI}\right) \times \left(\frac{l}{2}\right) \times 2 = \frac{Pl^2}{16EI}$$ (반시계방향)

(4) 처짐 Δ_C의 산정

실제 보의 Δ_C는 $\dfrac{M}{EI}$을 하중으로 재하시킨 공액보에서 점 C의 휨모멘트이다.

$$M_C' = -\frac{Pl^2}{16EI} \times \left(\frac{l}{2}\right) + \frac{1}{2} \times \left(\frac{Pl}{4EI}\right) \times \left(\frac{l}{2}\right) \times \left(\frac{l}{2} \times \frac{1}{3}\right) = -\frac{Pl^3}{48EI}$$

$$\therefore\ \Delta_C = M_C' = -\frac{Pl^3}{48EI}$$ (하향)

05 ① $\Sigma M=0(+;\curvearrowright)$:

$$\Sigma M_A=12-\left(\frac{1}{2}\times2\times3\right)\times\left(3\times\frac{1}{3}+3\right)+M_A=0$$

$\therefore\ M_A=0\,\mathrm{kN\cdot m}$

② $\Sigma Y=0(+;\uparrow)$: $\Sigma Y=\frac{1}{2}\times2\times3+R_A=0$

$\therefore\ R_A=3\,\mathrm{kN}(\uparrow)$

③ $\Sigma X=0(+;\rightarrow)$: $\Sigma X=H_A=0$

$\therefore\ H_A=0\,\mathrm{kN}$

06

단부 구속조건	1단 힌지, 타단 고정	1단 회전자유, 이동자유, 타단 고정
부재길이, L	a	$\frac{a}{2}$
유효좌굴길이 계수, K	0.7	2.0
유효좌굴길이, KL	$0.7a$	$2.0\times\frac{a}{2}=1.0a$

단부 구속조건	양단 고정	양단 힌지
유효좌굴길이 계수, K값	$2a$	$\frac{a}{2}$
유효좌굴길이 계수, K	0.5	1.0
유효좌굴길이, KL	$0.5\times2a=1.0a$	$1.0\times\frac{a}{2}=0.5a$

07

$$\Delta l=\frac{N\cdot l}{E\cdot A}=\frac{(80\times10^3)\times(4\times10^3)}{210{,}000\times(10\times10^2)}=1.52\,\mathrm{mm}$$

08 ① PERT(Program Evaluation and Review Technique)
② PDM(Precedence Diagram Method)
③ ADM(Arrow Diagram Method)

09 ① 수화열이 낮은 시멘트(중용열 시멘트)를 사용한다.
② 단위시멘트량을 적게 한다.
③ 단위수량을 적게 한다.
④ AE 감수제 지연형, 감수제 지연형을 사용하여 수화반응을 억제한다.
⑤ 굵은골재의 최대 치수를 크게 한다.
⑥ 프리쿨링, 파이프쿨링 등의 냉각 방법을 사용한다.

10 가. 장점
① 신장성과 내후성이 우수하다.
② 방수성능이 우수하다.
③ 시공이 간단하다.
④ 공기단축이 가능하다.

나. 단점
① 보호누름이 필요하다.
② 결함부의 발견이 매우 어렵다.

11 가. 장점
① 책임한계가 명확
② 최적대안의 선정
③ 관리업무의 최소화
④ 공기단축
⑤ 사업수행의 효율성 제고
⑥ 신기술 개발유도
⑦ 위험관리 기회증진
⑧ 전문화의 촉진

나. 단점
① 사업내용의 불확실
② 품질확보의 한계
③ 사업관리의 한계
④ 발주절차의 복잡성
⑤ 입찰부담의 가중
⑥ 중소기업의 참여기회 제한

12 (1) 메탈터치 이음의 개념도와 마감면의 정밀도

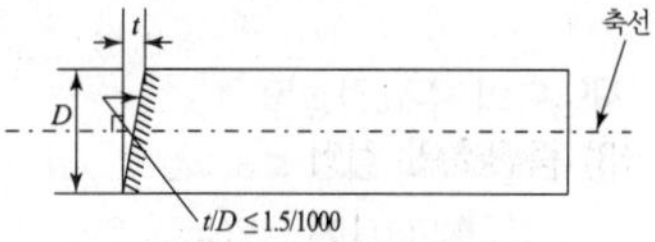

t/D : 마감 가공면의 축선에 대한 직각도
D : 마감 가공면의 단면 폭

(2) 메탈터치 이음
강구조 기둥의 이음부를 가공하여 상하부 기둥의 밀착을 좋게 하여 일정 이상의 축력을 하부 기둥 밀착면에 직접 전달시키는 이음 방법이다.

13 ① 탄소섬유접착 공법
② 강판접착 공법
③ 앵커접합 공법
④ 단면증가법

14 가. 압밀 : 점토지반에서 재하에 의해 간극수가 제거되어 침하되는 현상
나. 예민비 : 흙의 이김에 의해서 약해지는 정도를 표시하는 것. 혹은 $\text{예민비}=\frac{\text{자연시료의 강도}}{\text{이긴시료의 강도}}$

15 가. 히빙파괴 : 연약 점토지반에서 흙의 중량과 지표 적재하중으로 인해 흙이 안으로 밀려 불룩하게 되는 현상

나. 보일링 : 사질지반에서 지하수와 피압수로 인해 저면 사질지반의 지지력이 상실되는 현상이다.

16 ① 영구배수 공법
② 사하중 공법
③ 부력방지용 영구앵커 공법
④ 인장파일 공법
⑤ 조합형 공법

17 가. CFT
콘크리트충전 강관(CFT, Concrete Filled Tube) 구조는 원형 또는 각형강관 내부에 고강도, 고유동화 콘크리트를 타설하여 만든 구조(기둥)이다.

나. 장점
① 내진성능 향상
② 좌굴방지
③ 기둥단면 축소
④ 강성 증대

다. 단점
① 지중에서 부식 우려
② 재료비가 고가

18 쌍줄비계면적 = 비계둘레길이(L) × 건물높이(h)
$= \{(18+12)\times 2+0.9\times 8\}\times 13.5$
$= 907.20\text{m}^2$

19 가. 시멘트의 주요화합물
① 규산3석회(C_3S ; $3CaO \cdot SiO$)
② 규산2석회(C_2S ; $2CaO \cdot SiO_2$)
③ 알루민산3석회(C_3A ; $3CaO \cdot Al_2O_3$)
④ 알루민산철4석회(C_4AF ; $4CaO \cdot Al_2O_3 \cdot FeO_4$)

나. 콘크리트의 28일 이후 장기강도에 관여하는 화합물
규산2석회(C_2S ; $2Cao \cdot SiO_2$)

20 가. CA : ㉳
나. CV : ㉶
다. ACWP : ㉱

21 ④ → ② → ③ → ①

22 ① 알매흙
② 아귀토(아구토)

23 ③ → ④ → ⑤ → ① → ② → ⑥

24 균형철근비는 인장철근의 응력 f_s가 설계기준항복강도 f_y에 대응하는 변형률 ε_y에 도달하고, 동시에 압축 콘크리트의 변형률 ε_c가 가정된 극한변형률 ε_{cu}인 0.0033에 도달한 단면의 인장철근비이다. 또한 이러한 상태의 보를 균형철근보라 한다.

25 매입형 합성기둥

26 ① 재료분리
② 공기량

27 ① 기초 흙파기와 기초 공사시 건물 각 부의 위치의 기준을 표시하기 위한 것이다.
② 건물의 높이, 기초 너비, 길이를 결정하기 위한 것이다.

28 (1) 타설 공법 : 콘크리트, 경량콘크리트
(2) 조적 공법 : 벽돌, 콘크리트블록, 경량콘크리트블록, 돌
(3) 미장 공법 : 철망 모르타르, 철망 파라이트 모르타르

29 ① 지상, 지하 동시 작업으로 공기단축
② 전천후 시공 가능
③ 1층 슬래브를 부분적으로 선시공함으로써 작업공간 활용 가능
④ 인접건물에 악영향이 적음
⑤ 굴착소음방지 및 분진방지
⑥ 흙막이의 우수한 안정성
⑦ 가설 버팀대의 설치 및 해체 공정이 없음

2012년 2회(2012.7.8 시행)

01 다음 데이터를 네트워크 공정표로 작성하시오. (6점)

작업명	작업일수	선행작업	비고
A	5	없음	• 주공정선은 굵은선으로 표시한다. • 각 결합점 일정계산은 PERT 기법에 의거 다음과 같이 계산한다. 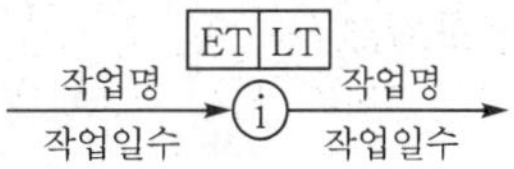 (단, 결합점 번호는 반드시 기입한다.)
B	2	없음	
C	4	없음	
D	5	A, B, C	
E	3	A, B, C	
F	2	A, B, C	
G	4	D, E	
H	5	D, E, F	
I	4	D, F	

• 네트워크 공정표

02 철근콘크리트공사를 하면서 철근 간격을 일정하게 유지하는 이유를 2가지 쓰시오. (2점)

① ______

② ______

03 품질관리 도구 중 특성요인도(Characteristic Diagram)에 대해 간단히 설명하시오. (3점)

______

______

04 보통중량콘크리트로써 철근콘크리트 보에서 압축을 받는 D22(공칭지름 22.2mm) 철근의 묻힘길이에 의한 압축 이형철근의 기본정착길이를 산정하시오. (단, $f_{ck} = 24\text{MPa}$, $f_y = 400\text{MPa}$이다.) (3점)

____

____

05 미장재료에서 기경성과 수경성을 구분하여 각각 2가지씩 쓰시오. (4점)

가. 기경성 미장재료

① ________________ ② ________________

나. 수경성 미장재료

① ________________ ② ________________

06 다음 | 보기 | 에서 하절기 콘크리트 시공시 발생되는 문제점에 대한 대책을 골라 기호로 쓰시오. (3점)

| 보기 |

㉮ 단위시멘트량 증대　　㉯ AE 감수제 사용
㉰ 응결촉진제 사용　　㉱ 운반 및 타설시간의 단축계획 수립
㉲ 중용열시멘트 사용　　㉳ 온도 증가재료 방지대책 수립

____

07 다음 그림과 같은 강구조의 기둥-보의 접합부 명칭을 쓰시오. (3점)

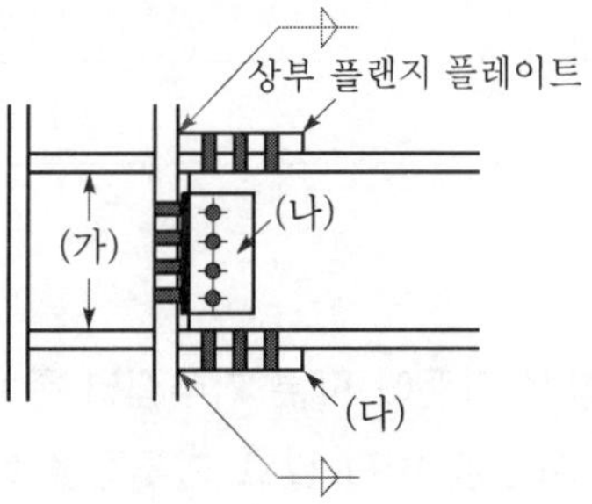

【기둥-보의 접합부】

(가) ____________ (나) ____________ (다) ____________

08 콘크리트의 '유효흡수량'에 대해 기술하시오. (3점)

____

09 다음 그림과 같은 단면에서 x축에 대한 단면2차 모멘트를 구하시오. (2점)

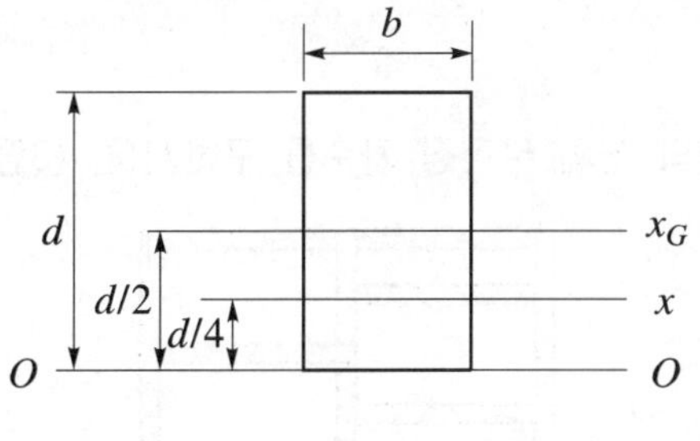

____

10 벽돌 표준형 1,000장을 1.5B 두께로 쌓을 수 있는 벽면적(m^2)을 구하시오. (단, 할증률은 고려하지 않는다.) (4점)

____

11 다음은 미장공사에 대한 용어이다. 간략히 설명하시오. (4점)

① 바탕처리 : ______

② 덧먹임 : ______

12 다음 표는 건축공사표준시방서 기준에 따른 거푸집널 존치기간 중의 평균기온이 10℃ 이상인 경우에 콘크리트의 압축강도 시험을 하지 않고 거푸집을 떼어 낼 수 있는 콘크리트의 재령(일)을 나타낸 표이다. 빈 칸에 알맞은 숫자를 쓰시오. (4점)

【기초, 보 옆, 기둥 및 벽의 거푸집널 존치기간을 정하기 위한 콘크리트의 재령】

평균기온 \ 시멘트의 종류	조강포틀랜드 시멘트	보통포틀랜드 시멘트 고로슬래그 시멘트 (1종)	고로슬래그 시멘트 (2종) 포틀랜드포졸란 시멘트 (2종)
20℃ 이상	①	③	5일
10℃ 이상 20℃ 미만	②	6일	④

① ______ ② ______

③ ______ ④ ______

13 다음 그림과 같은 구조물의 전체 부정정 차수를 구하시오. (3점)

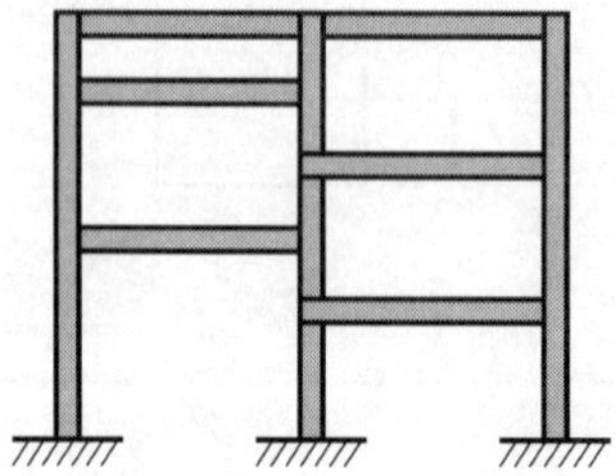

______

14 강구조공사의 절단가공에서 절단 방법의 종류를 3가지 쓰시오. (3점)

① ______ ② ______ ③ ______

15 지반개량 공법 중 샌드드레인 공법에 대하여 기술하시오. (3점)

16 1단 자유, 타단 고정인 길이 2.5m의 압축력을 받는 강구조 기둥의 탄성 좌굴하중(오일러의 좌굴하중)은 몇 kN인가? (단, 단면2차 모멘트 $I = 798{,}000\ \mathrm{mm}^4$, 탄성계수 $E = 210{,}000\ \mathrm{MPa}$이다.) (3점)

17 강구조공사를 시공할 때 베이스 플레이트(Base Plate)의 시공시에 사용되는 충전재의 명칭을 쓰시오. (2점)

18 Pre-stressed Concrete에서 Pre-tension 공법과 Post-tension 공법의 차이점을 시공순서를 바탕으로 쓰시오. (4점)

가. Pre-tension 공법 :

나. Post-tension 공법 :

19 강구조부재에서 비틀림이 생기지 않고 휨변형만 유발하는 위치를 전단중심(Shear Center)이라 한다. 다음 형강들에 대하여 전단중심의 위치를 각 단면에 점(•)으로 표기하시오. (3점)

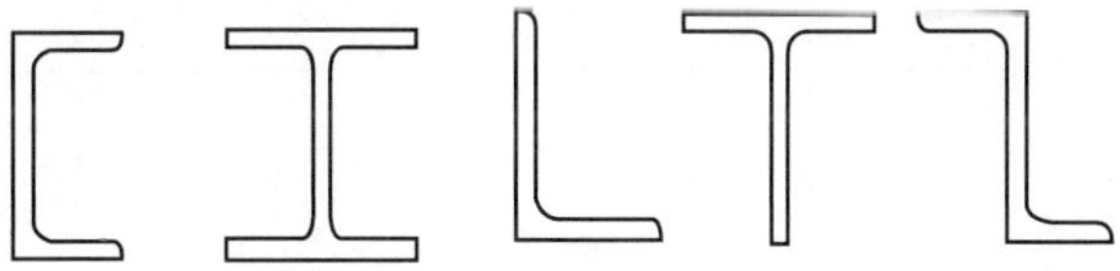

20 기존의 공법은 기초를 축조하여 상부로 시공해 나가는 공법이지만 탑다운 공법(Top-Down Method)은 지하구조물의 시공순서를 지상에서부터 시작하여 점차 깊은 지하로 진행하며, 완성하는 공법으로서 여러 장점을 갖고 있다. 이 장점 중 기상변화의 영향이 적어 공기단축을 꾀할 수 있는 데 그 이유를 설명하시오. (3점)

---

21 AE제의 사용 목적을 3가지 쓰시오. (3점)

① ______________________

② ______________________

③ ______________________

22 휨부재에서 최외단 순인장변형률 $\varepsilon_t = 0.0040$일 때 기타철근을 사용한 압축부재에 대한 강도감소계수 ϕ를 구하시오. (단, $f_y = 400\text{MPa}$이다.) (4점)

---

23 흙막이의 계측관리시 계측에 사용되는 측정장비 3가지를 쓰시오. (3점)

① ______________ ② ______________ ③ ______________

24 지하실방수 공법으로서 바깥방수와 안방수의 장단점을 비교하여 설명하시오. (4점)

가. 안방수

① 장점 : ______________________

② 단점 : ______________________

나. 바깥방수

① 장점 : ______________________

② 단점 : ______________________

25 강구조공사에서 고장력볼트 조임과 용접의 장점을 각각 2가지씩 쓰시오. (4점)

가. 고장력볼트 조임의 장점

① ______________________

② ______________________

나. 용접의 장점

① ______________________

② ______________________

26 공사내용의 분류방법에서 목적에 따른 Breakdown Structure의 3가지 종류를 쓰시오. (3점)

① ____________ ② ____________ ③ ____________

27 기초구조물의 부동침하 방지대책 4가지를 쓰시오. (4점)

① ______________________

② ______________________

③ ______________________

④ ______________________

28 그림과 같은 철근콘크리트 기둥에서 띠철근(Hoop)의 최대 간격을 산정하시오. (3점)

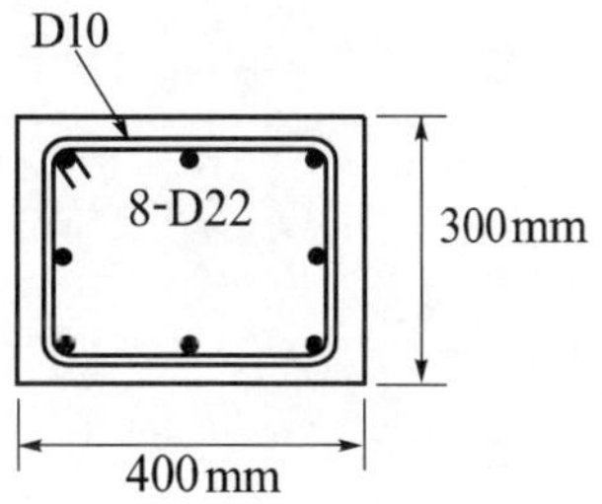

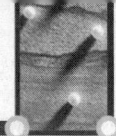

29 거푸집 측압에 영향을 주는 요소는 여러 가지가 있지만, 건축 현장의 콘크리트 부어넣기 과정에서 거푸집 측압에 영향을 줄 수 있는 요인을 3가지 쓰시오. (3점)

① ____________ ② ____________ ③ ____________

30 다음은 커튼월 공법에 의한 분류이다. 각 분류의 종류를 2가지씩 쓰시오. (3점)

가. 조립 방식에 의한 분류 : ① ____________ ② ____________

나. 구조 형식에 의한 분류 : ① ____________ ② ____________

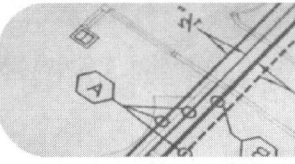

2012년 2회 해설 및 정답

01 네트워크 공정표

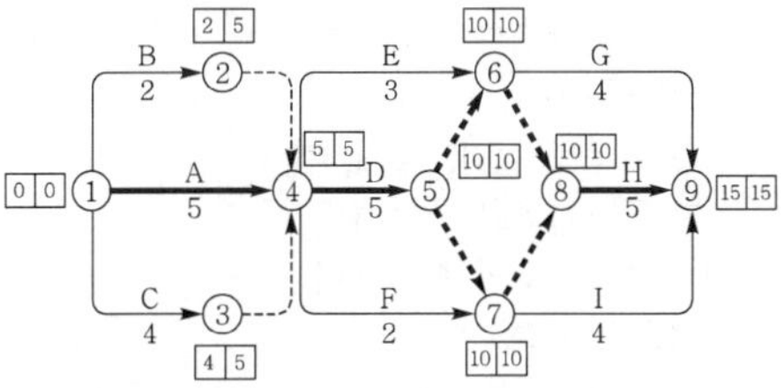

02 ① 콘크리트 타설시의 유동성 확보
② 재료분리 방지
③ 소요강도 확보

03 원인과 결과의 상호관계를 쉽게 이해할 수 있도록 화살표를 이용하여 나타낸 그림으로 생선뼈모양을 닮았다고 해서 생선뼈 그림(Fish Bone Diagram)이라고도 한다.

04 묻힘길이에 의한 압축 이형철근의 기본정착길이 l_{db}

$\lambda = 1.0$

$$l_{db} = \frac{0.25 d_b f_y}{\lambda\sqrt{f_{ck}}} = \frac{0.25 \times 22.2 \times 400}{1.0 \times \sqrt{24}} = 453\text{ mm}$$

$l_{db} = 453\text{mm} \geq 0.043 d_b f_y = 0.043 \times 22.2 \times 400 = 382\text{mm}$

∴ 묻힘길이에 의한 압축 이형철근의 기본정착길이 l_{db}는 최소 453mm이다.

05 가. 기경성 미장재료
① 진흙질
② 회반죽
③ 돌로마이트 플라스터
④ 아스팔트 모르타르

나. 수경성 미장재료
① 순석고 플라스터
② 킨즈시멘트
③ 시멘트 모르타르

06 ㉯, ㉱, ㉲, ㉳

07 (가) 스티프너
(나) 전단 플레이트
(다) 하부 플랜지 플레이트

08 흡수량과 기건상태일 때 함유한 골재 내의 수량과의 차이

09 $I_x = I_{xG} + Ay^2 = \frac{bd^3}{12} + (bd) \times \left(\frac{d}{2} - \frac{d}{4}\right)^2 = \frac{7bd^3}{48}$

10 벽면적 $= \frac{1,000}{224} = 4.464 \rightarrow 4.46\text{m}^2$

11 ① 바탕처리 : 요철 또는 변형이 심한 곳을 고르게 손질바름하여 마감두께가 균등하게 되도록 조정하고 균열 등을 보수하는 것
② 덧먹임 : 바르기의 접합부 또는 균열의 틈새, 구멍 등에 반죽된 재료를 밀어 넣어 때우는 것

12 ① 2일 ② 3일 ③ 4일(3일) ④ 8일(6일)
(주) 괄호 밖은 KCS 14 20 12 기준이고, 괄호 안은 KCS 21 50 05 기준이다.

13 전체 부정정 차수
$N = (r + m + f) - 2j = (9 + 17 + 20) - 2 \times 14 = 18$
∴ 18차 부정정

14 ① 기계절단 ② 가스절단
③ 플라스마절단 ④ 레이즈절단
(건축공사표준시방서, 2013년 개정 기준)

15 연약 점토질지반에서 탈수를 이용해 지반을 개량하기 위한 공법으로 지반에 구멍을 뚫고 모래를 넣은 후, 성토 및 기타 하중을 가하여 점토질 지반을 압밀함으로써 탈수하는 방법

16 ① 1단 자유, 타단 고정인 경우의 유효좌굴길이
$KL = 2.0L$
② 탄성 좌굴하중

$$P_{cr} = \frac{\pi^2 EI}{(KL)^2} = \frac{\pi^2 EI}{(2L)^2} = \frac{\pi^2 \times (210,000) \times (798,000)}{(2 \times 2,500)^2}$$
$$= 66.16 \times 10^3\text{ N} = 66.16\text{ kN}$$

17 무수축 모르터르

18 가. Pre-tension 공법
① 강현재 긴장 ② 콘크리트 타설
③ 콘크리트 경화 ④ 강현재 양끝 절단

나. Post-tension 공법
① 시스 설치
② 콘크리트 타설
③ 강현재 삽입 및 긴장
④ 그라우팅

19

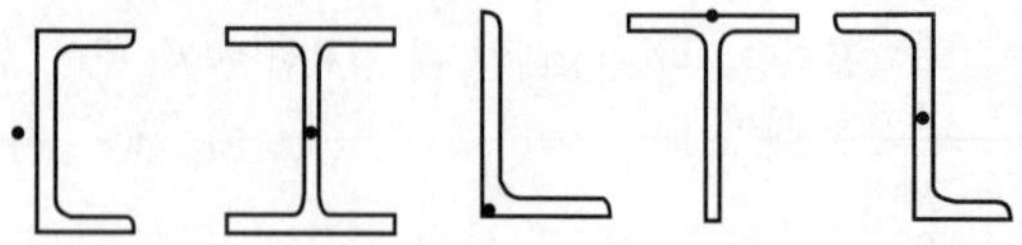

20 1층 바닥의 구조체가 완료되면 1층 바닥을 작업장으로 이용할 수 있다. 따라서 기상변화에 적은 영향을 받으면서 공사를 진행할 수 있으므로 공기를 단축할 수 있다.

21 ① 워커빌리티 개선 ② 동결융해 저항성 증대
③ 내구성, 수밀성 증대 ④ 알칼리 골재반응 감소
⑤ 단위수량 감소 ⑥ 재료분리 감소
⑦ 발열량 감소 ⑧ 건조수축 감소

22 ① 압축지배 변형률 한계 :
$\varepsilon_y = 0.0020$ (SD400, $f_y = 400$MPa인 경우)
② 인장지배 변형률 한계 :
$\varepsilon_u = 0.0050$ (SD400, $f_y = 400$MPa인 경우)
③ 단면의 구분 :
$\varepsilon_y = 0.0020 \leq \varepsilon_t = 0.0040 \leq \varepsilon_u = 0.0050$이므로 변화구간 단면
④ 따라서 강도감소계수 ϕ는 다음과 같다.

$$\phi = 0.65 + (\varepsilon_t - 0.0020) \times \frac{200}{3}$$
$$= 0.65 + (0.0040 - 0.0020) \times \frac{200}{3} = 0.783$$
$$\therefore \phi = 0.78$$

23 ① Earth(Soil) Pressure Gauge(토압계)
② Strain Gauge(변형계)
③ Level and Staff(지표면 침하계)
④ Inclinometer(지중 경사계)
⑤ Load Cell(축력계)

24 가. 안방수
① 장점 : 공사시기가 자유롭고 공사비가 저가이다.
② 단점 : 수압이 적고 얕은 지하실에서 사용되며 내수압성이 적다.
나. 바깥방수
① 장점 : 수압이 크고 깊은 지하실에서 사용되며 내수압성이 크다.
② 단점 : 공사시기가 본 공사에 선행하며, 공사비가 고가이다.

25 가. 고장력볼트 조임의 장점
① 접합부 변형이 적다.
② 응력 전달이 원활하다.
③ 강성 및 내력이 크다.
④ 피로강도가 높다.
⑤ 저소음
⑥ 노동력 절감, 공기단축
⑦ 현장설비가 간단하다.
⑧ 불량개소의 수정용이
나. 용접의 장점
① 무진동, 무소음
② 응력전달이 확실
③ 수밀성, 기밀성에 유리
④ 건물의 경량화
⑤ 강재의 절약
⑥ 접합두께의 제한이 없음
⑦ 간편하며 강성 확보가 용이

26 ① WBS(작업분류체계) ② OBS(조직분류체계)
③ CBS(원가분류체계) ④ BBS(업무분류체계)

27 ① 마찰말뚝을 사용할 것
② 지하실을 설치할 것
③ 경질지반에 지지할 것
④ 복합기초를 사용할 것

28 띠철근 간격
$\leq \min(16 \times d_b,\ 48 \times d_t,\ D_{\min})$
$= \min(16 \times 22,\ 48 \times 10,\ 300)$
$= \min(352,\ 480,\ 300) = 300$mm
∴ 띠철근의 최대 간격은 300mm이다.

29 ① 슬럼프 값
② 치어붓기(부어넣기)의 속도
③ 바이브레이터의 사용
④ 콘크리트의 비중

30 가. 조립 방식에 의한 분류
① 유닛월 시스템
② 스틱월 시스템(녹다운 공법, 분해조립공법)
③ 윈도우월 시스템
나. 구조 형식에 의한 분류
① 패널방식
② 샛기둥방식
③ 커버방식

2012년 3회(2012.11.3 시행)

01 조적구조의 안전에 대한 내용이다. 아래 빈칸을 채우시오. (2점)

> 조적조 대린벽으로 구획된 벽길이는 (①)m 이하이어야 하며, 내력벽으로 둘러싸인 바닥면적은 (②)m^2 이하이어야 한다.

① ______________ ② ______________

02 강재의 길이가 5m인 2L－90×90×15 형강의 중량(kg)을 산출하시오. (단, L－90×90×15의 단위중량은 13.3kg/m이다.) (2점)

____

03 보통중량콘크리트이며, 단면의 크기가 $b=300$mm, $h=500$mm인 단면의 균열휨모멘트 M_{cr}은 몇 kN · m 인가? (단, $f_{ck}=24\,\text{MPa}$, $f_y=400\,\text{MPa}$이다.) (4점)

____

04 강도설계법에 의한 철근콘크리트 기둥 설계시 그림과 같은 단주의 최대 설계축하중(kN)은? (단, $f_{ck}=27\,\text{MPa}$, $f_y=400\,\text{MPa}$, 8-D22 단면적 3,097 mm^2이다.) (3점)

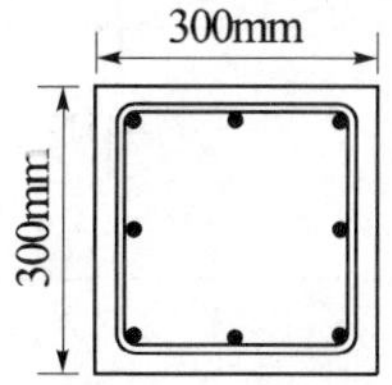

주근 : 8-D22
띠근 : D10@300

____

05 1단 고정, 타단 자유인 길이 2.5m인 압축력을 받는 H형강(H−100×100×6×8)의 탄성 좌굴하중 P_{cr} (kN)을 구하시오. (단, $I_x = 3{,}830 \times 10^3\,\mathrm{mm}^4$, $I_y = 1{,}340 \times 10^3\,\mathrm{mm}^4$, $E = 210{,}000\,\mathrm{MPa}$ 이다.) (4점)

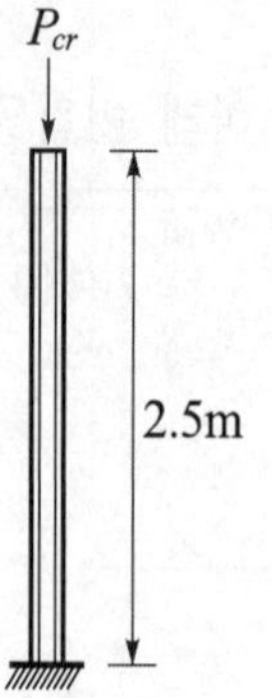

06 다음 그림과 같은 트러스에 하중이 작용할 경우, 그림에서 U_{CD}와 L_{AE}의 부재력을 절단법을 이용하여 산정하시오. (4점)

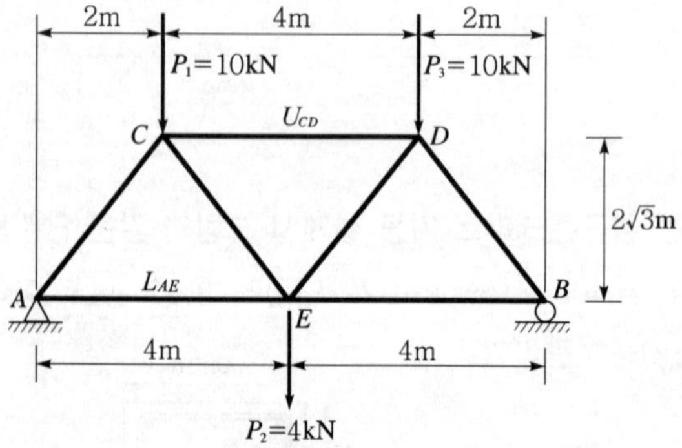

07 다음 그림과 같은 단면에 대한 x축 y축에 대한 단면2차 모멘트의 비 $\frac{I_x}{I_y}$는 얼마인가? (2점)

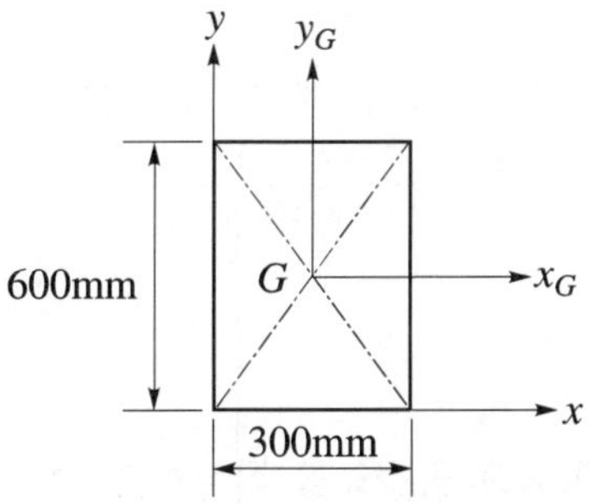

08 그림과 같은 겔버보의 지점 A의 휨모멘트는 몇 kN · m 인가? (2점)

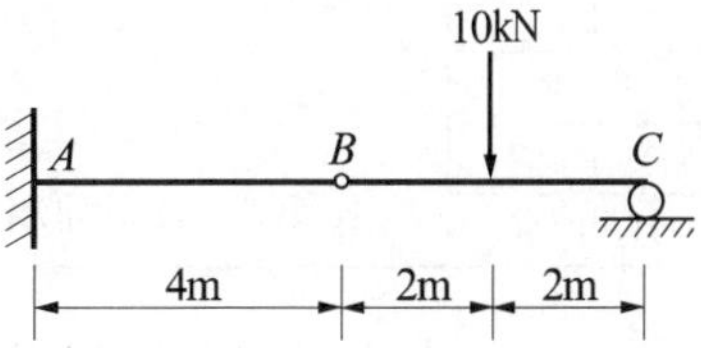

09 네트워크(Network)공정관리기법 중 서로 관계있는 항목을 연결하시오. (4점)

① 계산공기
② 패스(pass)
③ 더미(dummy)
④ 플로트(float)

㉮ 네트워크 중의 둘 이상의 작업이 연결된 작업의 경로
㉯ 네트워크 시간 산식에 의하여 얻은 기간
㉰ 작업의 여유시간
㉱ 네트워크에서 작업의 상호관계를 나타내는 점선화살선

① ______ ② ______

③ ______ ④ ______

10 건설업의 TQC에 이용되는 도구 중 다음을 설명하시오. (4점)

① 파레토도 : ______________________________

② 특성요인도 : ______________________________

③ 층별 : ______________________________

④ 산점도 : ______________________________

11 다음 작업 리스트에서 네트워크 공정표를 작성하고, 각 작업의 여유시간을 구하시오. (10점)

작업명	작업일수	선행작업	비고
A	4	없음	
B	6	A	
C	5	A	
D	4	A	① CP는 굵은선으로 표시하시오.
E	3	B	② 각 결합점과 작업은 다음과 같이 표시한다.
F	7	B, C, D	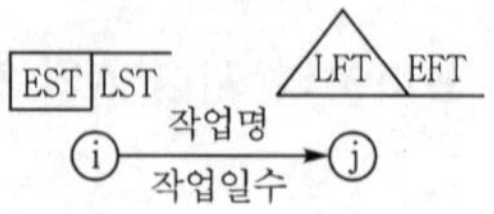
G	8	D	
H	6	E	
I	5	E, F	
J	8	E, F, G	
K	6	H, I, J	

가. 네트워크 공정표

나. 여유시간

12 건축물 기초를 시공하기 위하여 평탄한 지반을 다음과 같이 굴착하고자 한다. 다음 물음에 답하시오. (단, 굴착할 흙의 토량환산계수 $L=1.3$, $C=0.9$이다.) (9점)

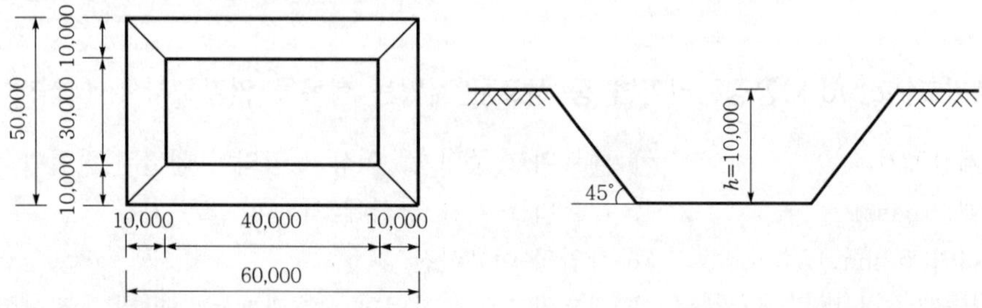

가. 터파기량을 산출하시오.

나. 운반대수를 산출하시오.(단, 운반대수 1대의 적재량 $12m^3$)

다. $5,000m^2$에 흙을 이용하여 성토하여 다짐할 때 표고는 몇 m인지 구하시오. (단, 비탈면은 수직으로 생각함.)

13 어스앵커(Earth Anchor) 공법에 대하여 설명하시오. (3점)

____

14 강구조 시공에서 발생할 수 있는 용접결함을 3가지 쓰시오. (3점)

① ______________ ② ______________ ③ ______________

15 다음 설명에 적합한 용어명을 쓰시오. (3점)

① 신축이 가능한 무지주 공법의 수평지지보
② 무량판구조에서 2방향 장선 바닥판구조가 가능하도록 된 기성재 거푸집
③ 벽식 철근콘크리트구조를 시공할 때 한 구획 전체의 벽판과 바닥판을 ㄱ자형 또는 ㄷ자형으로 짜는 거푸집

① ______________ ② ______________ ③ ______________

16 다음 그림에서와 같이 터파기를 했을 경우 인접건물의 주위 지반이 침하할 수 있는 원인을 3가지 쓰시오. (단, 일반적으로 인접하는 건물 보다 깊게 파는 경우) (3점)

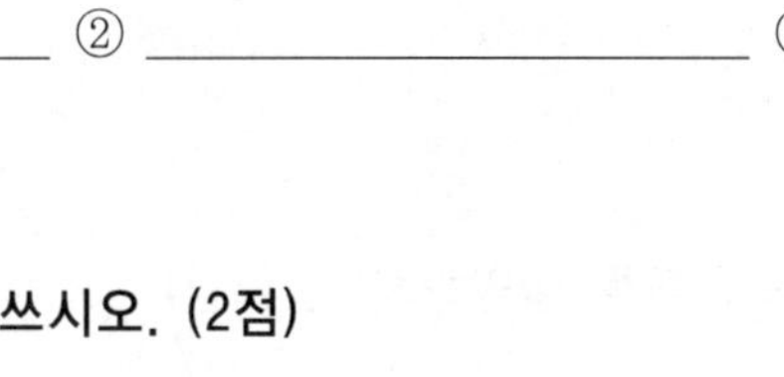

① ______________ ② ______________ ③ ______________

17 지내력시험의 방법 2가지를 쓰시오. (2점)

① ______________ ② ______________

18 **다음 용어를 간단히 설명하시오. (6점)**

가. 흙의 휴식각 : ______________________

나. 히빙파괴 : ______________________

다. 보일링 : ______________________

19 **다음은 혼화제 종류에 대한 설명들이다. 다음 설명이 뜻하는 혼화제 명칭을 쓰시오. (3점)**

① 공기연행제로서 미세한 기포를 고르게 분포시킨다.
② 염화물에 대한 철근의 부식을 억제한다.
③ 기포작용으로 인해 충진성을 개선하고, 중량을 조절한다.

① ______________ ② ______________ ③ ______________

20 **다음 설명이 의미하는 철물명을 쓰시오. (4점)**

① 철선을 꼬아 만든 철망
② 얇은 철판에 각종 모양을 도려낸 것
③ 벽, 기둥의 모서리에 대어 미장바름을 보호하는 철물
④ 테라조 현장갈기의 줄눈에 쓰이는 것
⑤ 얇은 철판에 자름금을 내어 당겨 늘린 것
⑥ 연강철선을 직교시켜 전기용접한 것

① ______________ ② ______________ ③ ______________

④ ______________ ⑤ ______________ ⑥ ______________

21 **다음 목공사에서 활용되는 용어를 설명하시오. (3점)**

① 이음 : ______________________

② 맞춤 : ______________________

③ 쪽매 : ______________________

22 'LCC(Life Cycle Cost)'를 설명하시오. (2점)

____

23 강구조공사의 용접접합에서 아크용접의 경우 용접봉의 피복제는 금속산화물, 탄산염, 셀룰로오스 탈산재 등을 심선에 도포한 것이다. 피복제의 역할 3가지를 쓰시오. (3점)

① ________ ② ________ ③ ________

24 지반조사를 위한 보링(Boring)의 종류를 3가지 쓰시오. (3점)

① ________ ② ________ ③ ________

25 도장공사에 쓰이는 금속재료의 녹막이용 도장재료를 2가지만 쓰시오. (2점)

① ________ ② ________

26 철근콘크리트의 알칼리골재반응을 방지하기 위한 대책을 3가지 쓰시오. (3점)

① ______________________________

② ______________________________

③ ______________________________

27 다음 용어를 설명하시오. (4점)

가. 콜드조인트(Cold Joint) : ______________________________

나. 블리딩(Bleeding) : ______________________________

28 기초와 지정의 차이점을 기술하시오. (4점)

가. 기초 : ______________________________

나. 지정 : ______________________________

2012년 3회 해설 및 정답

01 ① 10 ② 80

02 13.3kg/m×5m×2EA=133.00kg

03 1. 총단면에 대한 단면2차 모멘트 I_g

$$I_g = \frac{bh^3}{12} = \frac{300 \times 500^3}{12} = 3,125 \times 10^6 \text{ mm}^4$$

2. 보통중량콘크리트의 경량콘크리트계수

$\lambda = 1.0$

3. 콘크리트의 휨인장강도(파괴계수) f_r

$$f_r = 0.63\lambda\sqrt{f_{ck}} = 0.63 \times 1.0 \times \sqrt{24} = 3.086 \text{MPa}$$

4. 균열휨모멘트 M_{cr}

$$y_t = \frac{h}{2} = \frac{500}{2} = 250 \text{ mm}$$

$$M_{cr} = \frac{f_r I_g}{y_t} = \frac{3.086 \times (3,125 \times 10^6)}{250}$$

$$= 38.6 \times 10^6 \text{ N} \cdot \text{mm} = 38.6 \text{ kN} \cdot \text{m}$$

04 단주의 최대 설계축하중

$$\phi P_{n,\max} = \alpha\phi P_0$$

$$= \alpha\phi\{0.85 f_{ck}(A_g - A_{st}) + f_y A_{st}\}$$

$$= 0.80 \times 0.65 \times \{0.85 \times 27 \times (300 \times 300 - 3,097) + 400 \times 3,097\}$$

$$= 1,681.3 \times 10^3 \text{ N}$$

$$= 1,681.3 \text{ kN}$$

05 x축 및 y축의 양방향에 대해 좌굴하중을 고려할 경우 $P_{cr} = \min(P_{crx},\ P_{cry})$가 된다. $P_{cr} = \frac{\pi^2 EI}{(KL)^2}$이고, E와 KL이 동일 할 경우 I에 의해 좌굴하중이 결정된다. 즉, $I = \min(I_x,\ I_y) = I_y$이므로 I_y를 P_{cr}에 대입하여 좌굴하중을 산정한다. 그리고 1단 고정, 타단 자유인 경우의 유효좌굴길이 KL은 $2.0L$이다.

$$P_{cr} = \frac{\pi^2 EI}{(KL)^2} = \frac{\pi^2 \times 210,000 \times 134 \times 10^4}{(2 \times 2,500)^2} = 111.1 \times 10^3 \text{ N}$$

$$= 111.1 \text{ kN}$$

06 (1) 반력 산정

$R_A = 12.0 \text{ kN},\ H_A = 0 \text{ kN},\ R_B = 12.0 \text{ kN}$

(2) 절단법에 의한 부재력 산정

① $\Sigma M_E = 12 \times 4 - 10 \times 2 + U_{CD} \times 2\sqrt{3} = 0$

$\therefore\ U_{CD} = -8.1 \text{ kN}$(압축)

② $\Sigma M_C = 12 \times 2 - L_{AE} \times 2\sqrt{3} = 0$

$\therefore\ L_{AE} = 6.9 \text{ kN}$(인장)

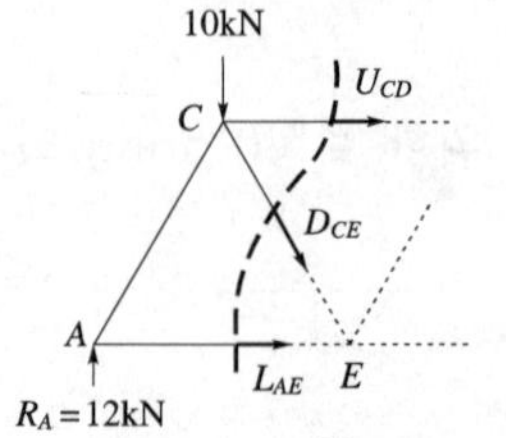

07 (1) x축에 대한 단면2차 모멘트 I_x

$$I_x = I_{xG} + Ay^2 = \frac{300 \times 600^3}{12} + (300 \times 600) \times 300^2$$

$$= 21,600 \times 10^6 \text{mm}^4$$

(2) y축에 대한 단면2차 모멘트 I_y

$$I_y = I_{yG} + Ax^2 = \frac{600 \times 300^3}{12} + (600 \times 300) \times 150^2$$

$$= 5,400 \times 10^6 \text{mm}^4$$

(3) 단면2차 모멘트의 비 $\frac{I_x}{I_y}$

$$\frac{I_x}{I_y} = \frac{21,600 \times 10^6}{5,400 \times 10^6} = 4.0$$

08

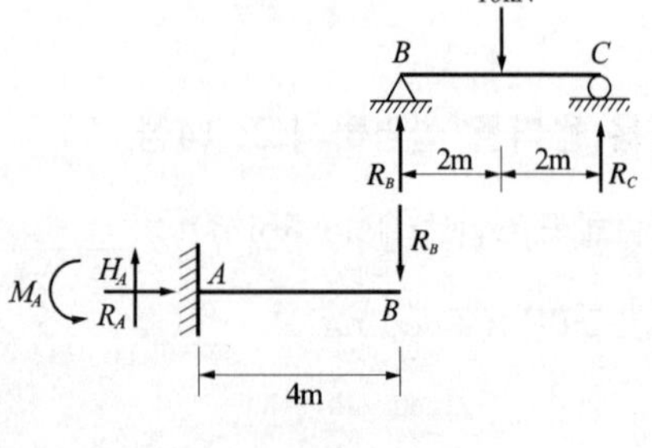

(1) 단순보와 캔틸레버보로 분리

① 단순보 : B−C

② 캔틸레버보 : A−B

(2) 단순보의 해석(부재 BC의 중심에 집중하중이 작용)

① $R_B = 5 \text{ kN}$

② $R_C = 5 \text{ kN}$

(3) 지점 A의 휨모멘트 산정

$\Sigma M=0(+\ ;\ \curvearrowright)$:

$\Sigma M_A=-M_A+R_B\times4=-M_A+5\times4=0$

$\therefore\ M_A=20\,\text{kN}\cdot\text{m}$

09 ① ㈏ ② ㈎
③ ㈑ ④ ㈐

10 ① 파레토도 : 불량 등 발생건수를 분류 항목별로 나누어 크기 순서대로 나누어 놓은 그림
② 특성요인도 : 결과에 원인이 어떻게 관계하고 있는가를 한눈으로 알 수 있도록 작성한 그림
③ 층별 : 집단을 구성하고 있는 많은 데이터를 어떤 특징에 따라 몇 개의 부분집단으로 나누는 것
④ 산점도 : 대응되는 두 개의 짝으로 된 데이터를 그래프 용지 위에 점으로 나타낸 그림

11 가. 네트워크 공정표

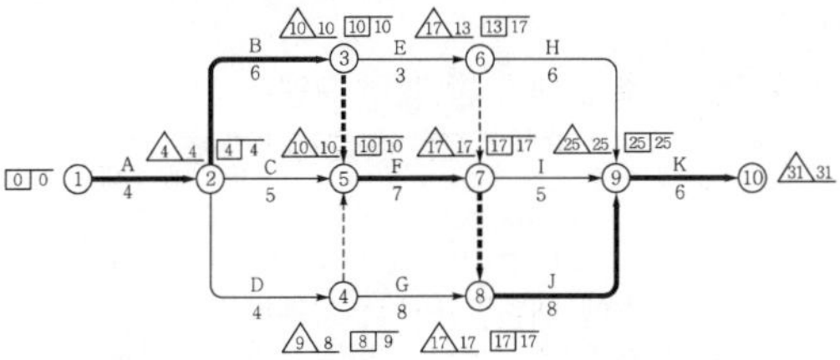

나. 여유시간

작업명	TF	FF	DF	CP
A	0	0	0	*
B	0	0	0	*
C	1	1	0	
D	1	0	1	
E	4	0	4	
F	0	0	0	*
G	1	1	0	
H	6	6	0	
I	3	3	0	
J	0	0	0	*
K	0	0	0	*

12 가. 터파기량(자연상태의 토량)

$$V=\frac{h}{6}\{(2a+a')b+(2a'+a)b'\}$$

$$=\frac{10}{6}\times\{(2\times60+40)\times50+(2\times40+60)\times30\}$$

$$=20{,}333.333\ \rightarrow\ 20{,}333.33\,\text{m}^3$$

나. 운반대수(자연상태에서 흐트러진 상태의 토량으로 운반)

$$\text{운반대수}=\frac{20{,}333.33}{12}\times1.3=2{,}202.78\ \rightarrow\ 2{,}203\text{대}$$

다. 표고(터파기한 자연상태의 체적에 토량을 다져 넣는다.)

$$\text{표고}=\frac{20{,}333.33}{5{,}000}\times0.9=3.660\ \rightarrow\ 3.66\,\text{m}$$

(해설)
① $L=1.3$: 자연상태의 토량
→ 흐트러진 상태의 토량
② $C=0.9$: 자연상태의 토량
→ 다져진 상태의 토량

13 버팀대 대신 흙막이벽의 바깥쪽에 어스앵커를 설치하여 토압을 지지하면서 굴착하는 공법

14 ① 크랙
② 공기구멍
③ 슬래그 감싸들기
④ 언더컷
⑤ 오버랩
⑥ 크레이터
⑦ 용입부족

15 ① 페코빔
② 와플폼
③ 터널폼

16 ① 히빙파괴
② 보일링
③ 파이핑현상
④ 지하수위 변화
⑤ 흙막이벽 배면의 뒤채움 불량

17 ① 평판재하시험
② 말뚝재하시험

18 가. 흙의 휴식각 : 흙입자간의 부착력, 응집력을 무시한 때, 즉 마찰력만으로서 중력에 대해 정지하는 흙의 사면각도
나. 히빙파괴 : 연약 점토지반에서 흙의 중량과 지표 적재하중으로 인해 흙이 안으로 밀려 불룩하게 되는 현상
다. 보일링 : 사질지반에서 지하수, 피압수로 인해 저면 사질지반의 지지력을 상실하는 현상

19 ① AE제
② 방청제
③ 기포제(발포제)

20 ① 와이어라스
② 펀칭메탈
③ 코너비드
④ 줄눈대
⑤ 메탈라스
⑥ 와이어메시

21 ① 이음 : 목재의 두 부재를 부재의 길이방향으로 길게 접합하는 것
② 맞춤 : 목재의 두 부재를 서로 경사 또는 직각 방향으로 접합하는 것
③ 쪽매 : 널재를 나란히 옆으로 붙여대어 판재를 넓게 하는 것

22 건축물의 기획, 설계, 시공에서부터 완공된 후의 유지관리 및 해체까지 이어지는 일련의 과정을 건물의 생애(수명)라 한다. 이러한 건물의 생애기간 동안 소요되는 초기투자비 및 유지관리비 등의 총 비용이다.

23 ① 아크 주변의 공기를 차단하여 용적의 산화, 질화를 방지한다.
② 함유원소를 이온화해 아크를 안정시킨다.
③ 용융금속을 탈산, 정련한다.
④ 용착금속에 합금원소를 첨가한다.
⑤ 고온의 금속표면의 산화를 방지한다.
⑥ 고온의 금속표면의 냉각 응고속도를 늦춘다.

24 ① 오거 보링
② 수세식 보링
③ 충격식 보링
④ 회전식 보링

25 ① 광명단
② 징크로메이트 도료
③ 알루미늄 도료

26 ① 반응성 골재의 사용금지
② 저알칼리시멘트 사용
③ 콘크리트 $1m^3$당 총알칼리량 저감
④ 방수성 마감
⑤ 혼화제를 사용하여 수분의 이동 감소

27 가. 콜드조인트(Cold Joint) : 콘크리트의 작업관계로 경화된 콘크리트에 새로 콘크리트를 타설할 경우 발생하는 줄눈
나. 블리딩(Bleeding) : 아직 굳지 않은 시멘트 풀, 모르타르 및 콘크리트에 있어서 물이 윗면에 스며 오르는 현상

28 가. 기초 : 기초 슬래브와 지정을 총칭한 것으로 기초구조라고도 함
나. 지정 : 슬래브를 지지하기 위한 것으로 잡석, 말뚝 등의 부분

2013년 1회(2013.4.21 시행)

01 특기시방서상 레미콘의 압축강도가 18MPa 이상으로 규정되어 있다고 할 때 납품된 레미콘으로부터 임의의 3개 공시체(지름 150mm, 높이 300mm인 원주체)를 제작하여 압축강도시험한 결과 최대하중 300kN, 310kN, 320kN에서 파괴되었다. 평균 압축강도를 구하고, 규정을 상회하고 있는지 여부에 따라 합격 및 불합격을 판정하시오. (3점)

① 평균 압축강도(f_c) : ______________________

____

② 판정 : ______________________

02 강도설계법에 의한 철근콘크리트 기둥 설계시 그림과 같은 단주의 최대 설계축하중(kN)은? (단, $f_{ck}=27$ MPa, $f_y=400$ MPa, 8－D22 단면적 3,097 mm^2이다.) (3점)

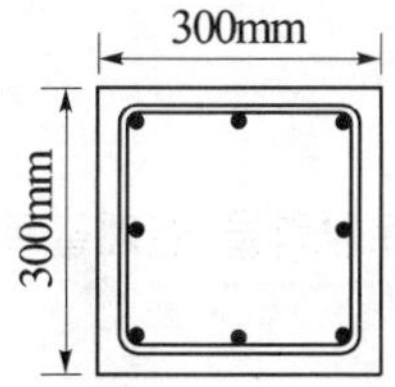

주근 : 8-D22
띠근 : D10@300

____

____

03 그림과 같은 독립기초에서 뚫림전단(Punching Shear) 응력을 계산할 때 검토하는 저항 면적(m^2)은? (3점)

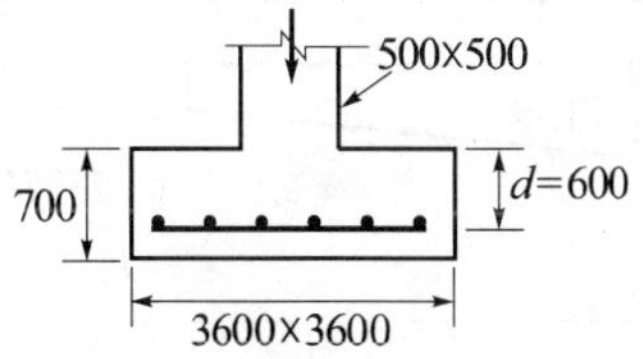

[단위 : mm]

____

04 콘크리트 직사각형 기둥(150mm×200mm)이 양단힌지로 지지되었을 경우, 약축에 대한 세장비가 150이 되기 위한 기둥의 길이를 산정하시오. (4점)

05 아래 그림과 같은 인장재의 총단면적과 순단면적(mm^2)을 구하라. (단, 사용된 고장력볼트는 M20이고 ㄱ형강은 L-150×150×12이고 $A_g = 3{,}477mm^2$이다.) (3점)

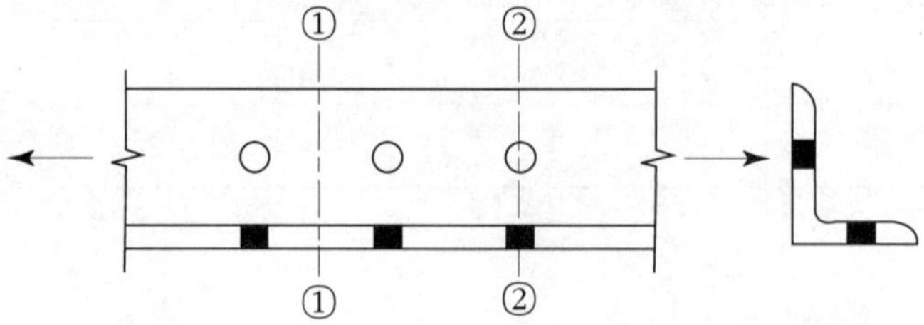

06 강구조공사에서 활용되는 표준볼트장력을 설계볼트장력과 비교하여 설명하시오. (2점)

07 그림과 같은 접합부에서 아래 조건에 따른 고장력볼트에서 나사부가 전단 면에 포함될 경우의 소요전단강도(kN)를 산정하시오. (단, 사용강재는 SS275이다.) (3점)

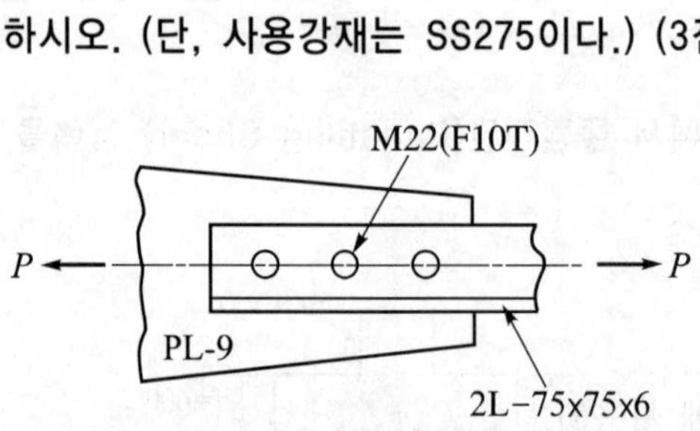

08 다음 ( ) 안에 알맞은 숫자를 순서대로 옳게 적으시오. (2점)

> 현장타설 콘크리트말뚝을 배치할 때 그 중심간격은 말뚝머리지름의 (①)배 이상 또는 말뚝머리지름에 (②) mm를 더한 값 이상으로 한다.

① ______________________ ② ______________________

09 다음과 같은 하우 트러스와 플랫 트러스에서 각 부재의 인장과 압축을 구분하여라. (4점)

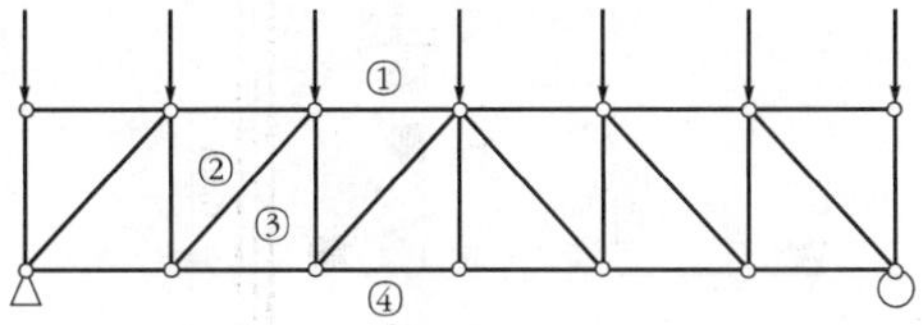

【하우 트러스】

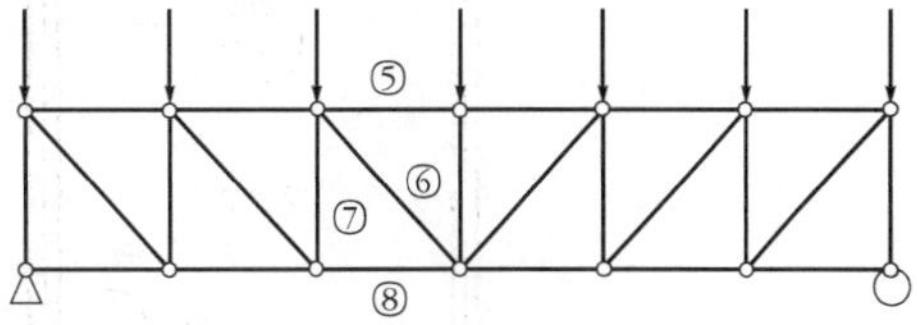

【플랫 트러스】

(가) 인장재 : ______________________

(나) 압축재 : ______________________

10 다음 데이터를 네트워크 공정표로 작성하고, 각 작업의 여유시간을 구하시오. (10점)

작업명	선행작업	작업일수	비 고
A	–	3	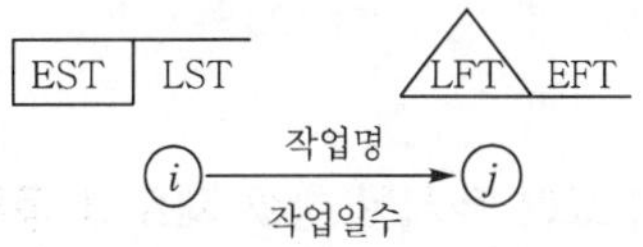 로 표기하고, 주공정선은 굵은선으로 표기하시오.
B	–	2	
C	–	4	
D	C	5	
E	B	2	
F	A	3	
G	A, C, E	3	
H	D, F, G	4	

가. 네트워크 공정표 나. 여유시간

11 공정관리 등 진도관리에 사용되는 S-Curve(바나나곡선)는 주로 무엇을 표시하는 데 활용되는지를 설명하시오. (2점)

____

12 그림과 같은 창고를 시멘트벽돌로 신축하고자할 때, 벽돌쌓기량(매)과 내외벽 시멘트 미장할 때 미장면적을 구하시오. (10점)

(단, ① 벽두께는 외벽 1.5B쌓기, 칸막이벽 1.0B쌓기로 하고 벽높이는 안팎 공히 3.6m로 가정하며, 벽돌은 표준형(190×90×57)으로 할증률은 5%이다.

② 창문틀 규격은

1/D : 2.2×2.4m　　2/D : 0.9×2.4m　　3/D : 0.9×2.1m

1/W : 1.8×1.2m　　2/W : 1.2×1.2m

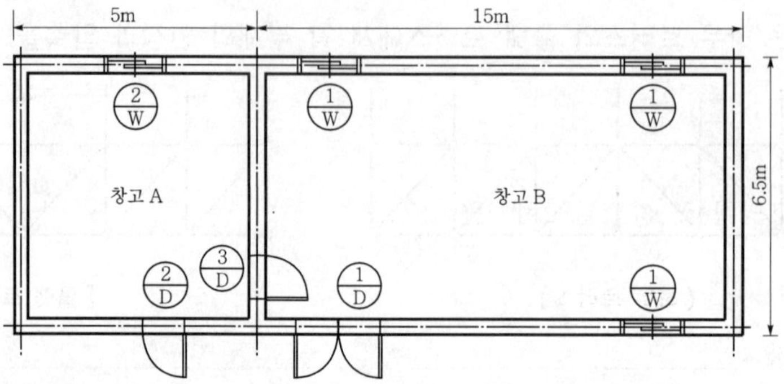

13 토량 2,000m^{3}를 2대의 불도저로 작업하려 한다. 삽날 용량 0.6m^3, 토량환산계수 0.7, 작업효율 0.9이며, 1회 사이클 시간이 15분일 때 작업을 완료할 수 있는 시간을 구하시오. (4점)

14 다음 표에 제시된 창호 재료의 종류 및 기호를 참고하여, 아래의 창호 기호 표를 완성하시오. (3점)

기호	재료종류
A	알루미늄
P	플라스틱
S	강철
W	목재

영문기호	창호구별
D	문
W	창
S	셔터

구분	창	문
강철재	3	4
목재	1	2
알루미늄재	5	6

15 건축주와 시공자간에 다음과 같은 조건으로써 실비한정비율보수가산식을 적용한 시공계약을 체결하였다. 공사완료 후 실제소요공사비를 상호 확인한 결과 90,000,000원이었다. 이 때 건축주가 시공자에게 지불해야 하는 총공사금액은 얼마인지 산출하시오. (3점)

[계약조건]
• 한정된 실비 : 100,000,000원 • 보수비율 : 5%

① 계산과정 : ______

② 답 : ______

16 시멘트 창고의 관리 방법을 3가지만 쓰시오. (3점)

① ______

② ______

③ ______

17 흙막이의 계측관리시 구조물 계측기기에 적합한 설치위치를 한 가지씩 쓰시오. (4점)

① 토압계 : ______ ② 하중계 : ______

③ 경사계 : ______ ④ 변형계 : ______

18 철근의 이음 방법에는 콘크리트와의 부착력에 의한 (①) 외에, (②) 또는 연결재를 사용한 (③)이 있다. (3점)

① ______ ② ______ ③ ______

19 다음은 거푸집공사에 관계되는 용어설명이다. 알맞은 용어를 쓰시오. (5점)

① 슬래브에 배근되는 철근이 거푸집에 밀착하는 것을 방지하기 위한 간격재(굄재)
② 벽거푸집이 오므라지는 것을 방지하고 간격을 유지하기 위한 격리재
③ 거푸집 긴장철선을 콘크리트 경화 후 절단하는 절단기
④ 콘크리트에 달대와 같은 설치물을 고정하기 위하여 매입하는 철물
⑤ 거푸집의 간격을 유지하며 벌어지는 것을 막는 긴장재

① ______________________ ② ______________________
③ ______________________ ④ ______________________
⑤ ______________________

20 대형 시스템 중에서 갱폼(Gang Form)의 장·단점을 각각 2가지씩 쓰시오. (4점)

가. 장점
① ______________________ ② ______________________

나. 단점
① ______________________ ② ______________________

21 콘크리트의 착색재에서 다음의 색깔을 발현할 수 있는 재료를 보기에서 골라 번호를 적어시오. (4점)

보기	
① 카본블랙	② 군청
③ 크롬산바륨	④ 산화크롬
⑤ 산화 제2철	⑥ 이산화망간

(1) 초록색 : ______________________ (2) 빨강색 : ______________________
(3) 노랑색 : ______________________ (4) 갈　색 : ______________________

22 염분을 포함한 바닷모래를 골재로 사용하는 경우 철근부식에 대한 방청상 유효한 조치를 3가지 쓰시오. (3점)

① ______________________________

② ______________________________

③ ______________________________

23 매스 콘크리트에서 온도균열의 기본대책을 |보기|에서 고르시오. (3점)

보기	
㉮ 응결촉진제 사용	㉯ 중용열 시멘트 사용
㉰ Pre Cooling 방법 사용	㉱ 단위시멘트량 감소
㉲ 잔골재율 증가	㉳ 물시멘트비 증가

____

24 중량 콘크리트의 용도를 쓰고, 대표적으로 사용되는 골재 2가지를 쓰시오. (4점)

① 용도 : ______________________________

② 사용골재 : ______________________________

25 용접부 검사에서 용접착수 전에 실시하는 검사 항목을 3가지 쓰시오. (3점)

① ______________________________

② ______________________________

③ ______________________________

26 다음 용어를 설명하시오. (4점)

(가) 복층유리 : ______________________________

(나) 배강도유리 : ______________________________

2013년 1회 해설 및 정답

01 1. 평균 압축강도(f_c)

$$f_c = \frac{\sum_{i=1}^{n} P_i}{A} \div n = \frac{4\sum_{i=1}^{n} P_i}{\pi d^2} \div n$$

$$= \left\{ \frac{4 \times (300,000 + 310,000 + 320,000)}{\pi \times 150^2} \right\} \div 3$$

$$= 17.54\,\text{MPa}$$

2. 판정 : 불합격($\because$ 17.54MPa < 18.0MPa)

02 단주의 최대 설계축하중

$$\phi P_{n,\,\max} = \alpha\phi P_0 = \alpha\phi\{0.85 f_{ck}(A_g - A_{st}) + f_y A_{st}\}$$

$$= 0.80 \times 0.65 \times \{0.85 \times 27 \times (300 \times 300 - 3,097) + 400 \times 3,097\}$$

$$= 1,681.3 \times 10^3\,\text{N} = 1,681.3\,\text{kN}$$

03 2방향 전단(뚫림전단)에 대한 위험단면은 지지면에서 $d/2$만큼 떨어진 곳이다.

1. 각종 치수

c_1=기둥의 폭=500 mm

d=슬래브의 유효깊이=600 mm

2. 정사각형 독립기초에서 위험단면의 둘레길이

$b_0 = 4(c_1 + d) = 4 \times (500 + 600) = 4,400\,\text{mm}$

3. 2방향 전단(뚫림전단)에 대한 저항면적

$A = b_0 d$

$= 4,400 \times 600 = 2.64 \times 10^6\,\text{mm}^2 = 2.64\,\text{m}^2$

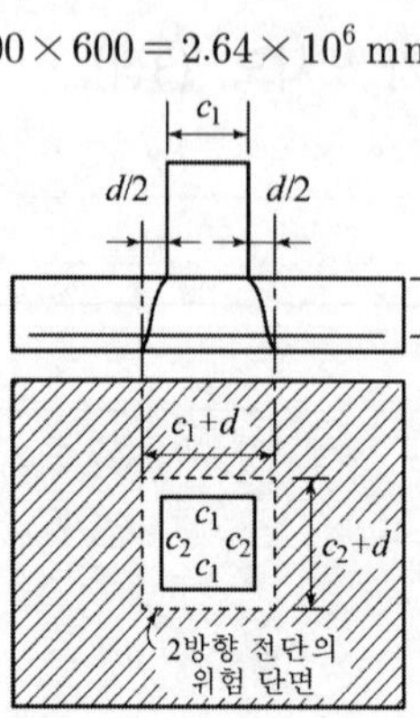

04 1. 약축에 대한 단면2차 모멘트

$$I_y = \frac{200 \times 150^3}{12} = 50.25 \times 10^6\,\text{mm}^4$$

2. 단면적

$A = 200 \times 150 = 30 \times 10^3\text{mm}^2$

3. 약축에 대한 단면2차 반경

$$r_y = \sqrt{\frac{I_y}{A}} = \sqrt{\frac{56.25 \times 10^6}{30 \times 10^3}} = 43.3\text{mm}$$

4. 기둥의 길이

$$\frac{KL}{r_y} = \frac{1.0 \times L}{43.3} = 150$$

$\therefore L = 150 \times 43.3 = 6495\text{mm} = 6.495\text{m}$

05 1. 고장력볼트의 구멍직경(M20)

$d_h = d + 2 = 20 + 2 = 22\,\text{mm}$

2. 총단면적(①-① 단면)

$A_g = 3,477\,\text{mm}^2$

3. 파단선에 따른 순단면적(②-② 단면)

$A_n = A_g - n\,d_h\,t = 3,477 - 2 \times 22 \times 12$

$= 2,949\,\text{mm}^2$

06 설계볼트장력은 고장력볼트의 설계 시 전단강도를 구하기 위해서 사용되는 값이며, 표준볼트장력은 마찰접합을 위한 모든 볼트 시공 시 장력의 풀림을 고려하여 설계볼트장력에 최소한 10%를 할증하여 조여야 하는 표준값이다.

07 1. 나사부가 전단면에 포함될 경우 F10T의 공칭 전단강도 F_{nv}

$F_u = 1,000\,\text{MPa}$

$F_{nv} = 0.40 F_u = 0.40 \times 1,000 = 400\,\text{MPa}$

2. 고장력볼트 1개의 설계전단강도

$\phi R_n = \phi F_{nv} A_b$

$\phi = 0.75$

$F_{nv} = 400\,\text{MPa}$

$$A_b = \left(\frac{\pi \times 20^2}{4}\right) = 380\,\text{mm}^2$$

$\phi R_n = \phi F_{nv} A_b = 0.75 \times 400 \times 380$

$= 114.0 \times 10^3\,\text{N} = 114.0\,\text{kN}$

3. 2면 전단인 고장력볼트 3개의 설계전단강도

$2 \times 3 \times 114.0 = 684.0\,\text{kN}$

08 ① 2.0

② 1,000

09 (가) 인장재 : ③, ④, ⑥, ⑧
(나) 압축재 : ①, ②, ⑤, ⑦

10 가. 네트워크 공정표

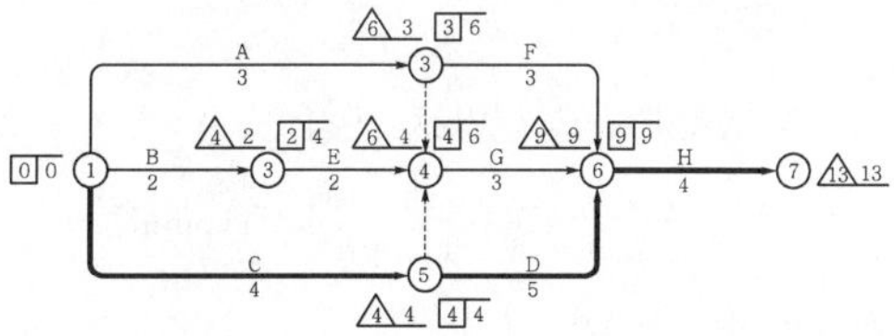

나. 여유시간

작업명	D	EST	EFT	LST	LFT	TF	FF	DF	CP
A	3	0	3	3	6	6−3=3	3−3=0	3	
B	2	0	2	2	4	4−2=2	2−2=0	2	
C	4	0	4	0	4	4−4=0	4−4=0	0	*
D	5	4	9	4	9	9−9=0	9−9=0	0	*
E	2	2	4	4	6	6−4=2	4−4=0	2	
F	3	3	6	6	9	9−6=3	9−6=3	0	
G	3	4	7	6	9	9−7=2	9−7=2	0	
H	4	9	13	9	13	13−13=0	13−13=0	0	*

11 공정관리를 위하여 공정계획선의 상하에 허용한계선을 설정하여 두고 실제 진행되는 공사가 이 한계선 내에 들도록 공정을 수정하는 데 활용한다.

12

구분	수량 산출근거	계
(1) 벽돌 쌓기량	① 외벽(1.5B) : 51.84×3.6−15.36=171.264m^2 ∴ 171.264×224=38,363.1 → 38,364매 ② 내벽(1.0B) : (6.5−0.29×2)×3.6−1.89=19.422m^2 ∴ 19.422×149=2,893.9 → 2,894매 ∴ 소요량 : (38,364+2,894)×1.05 =43,320.9 → 43,321매	43,321매
(2) 미장 면적	(1) 외부 (20+6.5)×2×3.6−15.36=175.44m^2 (2) 내부 ① 창고(A) $\left\{\left(5-0.29-\frac{0.19}{2}\right)+(6.5-0.29\times2)\right\}$ $\times2\times3.6$ $-(0.9\times2.4+0.9\times2.1+1.2\times1.2)$ $=70.362m^2$ ② 창고(B) $\left\{\left(15-0.29-\frac{0.19}{2}\right)+(6.5-0.29\times2)\right\}\times2\times3.6$ $-(2.2\times2.4+1.8\times1.2\times3+0.9\times2.1)$ $=134.202m^2$ ∴ 합계 : 175.44+70.362+134.202 =380.004 → 380.00m^2	380.00m^2

13 ① 불도저의 시간당 작업량

$$Q=\frac{60\times q\times f\times E}{C_m}=\frac{60\times0.6\times0.7\times0.9}{15}$$

$$=1.512m^3/hr$$

② 불도저 2대의 작업시간

$$\frac{2{,}000m^3}{(1.512m^3/hr\times2EA)}=661.376\rightarrow661.38\text{시간}$$

여기서, q : 토공관 용량(m^3)
f : 토량환산계수
E : 작업효율
C_m : 1회 사이클 소요시간(min)

14

구분	창	문
강철재	3 / S W	4 / S D
목재	1 / W W	2 / W D
알루미늄재	5 / A W	6 / A D

15 ① 계산과정 :
100,000,000+100,000,000×0.05
=105,000,000원
② 답 : 105,000,000원

16 ① 지붕 및 외벽은 방수 및 방습구조로 한다.
② 주위에 배수 도랑을 두고 누수를 방지한다.
③ 바닥은 지면에서 30cm 이상의 높이로 한다.
④ 채광창을 제외한 통풍창은 두지 않는다.
⑤ 반입구와 반출구는 구분하여 반입순서로 반출한다.
⑥ 3개월 이상 경과한 시멘트는 재시험 후 사용한다.
⑦ 쌓기 높이는 13포대 이하로 한다.

17 ① 토압계(Earth Pressure Gauge) : 흙막이벽의 인접지점
② 하중계(Load Cell) : 버팀대(Strut) 또는 Earth Anchor 설치 지점
③ 지중 경사계(Inclinometer) : 흙막이 및 인접구조물의 주변지반
④ 변형계(Strain Gauge) : 버팀대(Strut) 또는 흙막이 벽체

참고 건물 경사계(Tiltmeter) : 흙막이벽 및 인접 구조물의 벽

18 ① 겹침이음
② 용접이음
③ 기계적 이음

19 ① 간격재(Spacer)
② 격리재(Separator)
③ 와이어클리퍼(Wire Clipper)
④ 인서트(Insert)
⑤ 긴결재(Form Tie, 긴장재)

20 가. 장점

① 조립, 해체가 생략되어 인력 절감
② 줄눈의 감소로 마감 단순화 및 비용 절감
③ 기능공의 기능도에 적은 영향

나. 단점

① 대형 양중 장비가 필요
② 초기 투자비 과다
③ 기능공의 교육 및 작업숙달기간이 필요

21 (1) 초록색 : ④
(2) 빨강색 : ⑤
(3) 노랑색 : ③
(4) 갈 색 : ⑥

22 ① 염분제거
② 염분의 고정화
③ 에폭시코팅 철근 사용
④ 아연도금 철근 사용
⑤ 내식성 철근 사용
⑥ 콘크리트에 방청제 혼합

23 ㉯, ㉰, ㉱

24 ① 용도 : 방사선 차단용
② 사용골재 : 중정석, 자철광

25 ① 트임새 모양
② 모아대기
③ 구속법
④ 자세의 적부

26 (가) 복층유리 : 건조 공기층을 사이에 두고 판유리를 이중으로 접합하여 테두리를 둘러서 밀봉한 유리이다.
(나) 배강도유리 : 판유리를 열처리하여 유리 표면에 적절한 크기의 압축응력층을 만들어 파괴강도를 증대시킨 유리이다.

2013년 2회(2013.7.14 시행)

01 **다음 설명에 해당하는 흙파기 공법의 명칭을 쓰시오. (4점)**

가. 구조물 위치 전체를 동시에 파내지 않고 측벽이나 주열선 부분만을 먼저 파내고 그 부분의 기초와 지하구조체를 축조한 다음 중앙부의 나머지 부분을 파내어 지하구조물을 완성하는 공법

나. 중앙부의 흙을 먼저 파고 그 부분에 기초 또는 지하구조체를 축조한 후 이것을 지점으로 하여 흙막이 버팀대를 경사지게 또는 수평으로 가설하여 널말뚝 부근의 흙을 마저 파내는 공법

가. ______________________

나. ______________________

02 **다음의 외부 비계면적 산출방법을 기술하시오. (4점)**

① 쌍줄비계면적 : ______________________

② 외줄비계면적 : ______________________

03 **지반개량 공법 중 탈수 공법의 종류를 4가지 쓰시오. (4점)**

① ______________________

② ______________________

③ ______________________

④ ______________________

04 다음은 커튼월 공법의 외관 형태별 분류방식에 대한 설명이다. | 보기 | 에서 그 명칭을 골라 번호를 쓰시오. (4점)

보기
㉮ 격자방식　　　　　　　　㉯ 샛기둥방식
㉰ 피복방식　　　　　　　　㉱ 스팬드럴방식

① 수평선을 강조하는 창과 스팬드럴 조합으로 이루어지는 방식
② 수직기둥을 노출시키고, 그 사이에 유리창이나 스팬드럴 패널을 끼우는 방식
③ 수직, 수평의 격자형 외관을 보여주는 방식
④ 구조체를 외부에 노출시키지 않고 패널로 은폐시키고 섀시는 패널 안에서 끼워지는 방식

① ______________________

② ______________________

③ ______________________

④ ______________________

05 다음 데이터를 네트워크 공정표로 작성하고, 각 작업의 여유시간을 구하시오. 또한 이를 횡선식 공정표(Bar Chart)로 전환하시오. (10점)

작업명	작업일수	선행작업	비고
A	5	없음	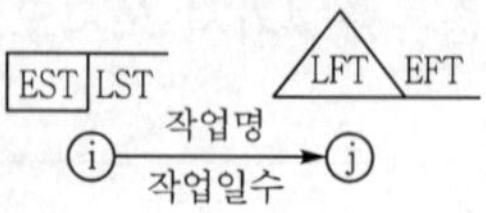 로 표기하고, 주공정선은 굵은선으로 표기하시오. (단, Bar Chart로 전환하는 경우 ■ : 작업일수, □ : FF, ⬚ : DF로 표기함.)
B	6	없음	
C	5	A	
D	2	A, B	
E	3	A	
F	4	C, E	
G	2	D	
H	3	G, F	

가. 네트워크 공정표　　　　나. 여유시간　　　　다. 횡선식 공정표

06 다음과 같은 조건인 경우, 부재의 최종적인 총 처짐(mm)은 얼마인가? (4점)

보기

① 인장철근만 배근된 직사각형 단순보

② 순간처짐 : 5mm

③ 장기처짐계수 $\lambda_{\Delta} = \frac{\xi}{1+50\rho'}$ 을 적용

④ 시간경과계수 : 2.0

07 철근콘크리트구조에서 1방향 슬래브와 2방향 슬래브를 구분하여 설명하시오. (단, λ=장변방향 순간격/단변방향 순간격이다.) (3점)

① 1방향 슬래브 :

② 2방향 슬래브 :

08 다음 용어에 대해 설명하시오. (4점)

(가) 적산 :

(나) 견적 :

09 컨소시엄(Consortium)공사에 있어서 페이퍼 조인트(Paper Joint)에 관하여 기술하시오. (3점)

10 강도설계법에서 다음과 같은 조건의 철근콘크리트 보가 철근의 이음이 없을 경우, 보의 폭(b)은 최소 얼마 이상으로 하여야 하는가? (4점)

[조건]	
① 주철근으로 4-D25를 1단 배열	② 스터럽 D13
③ 굵은 골재의 최대치수 18mm	④ 철근의 피복두께 40mm

11 가치공학의 기본추진절차를 4단계로 구분하여 쓰시오. (4점)

①

②

③

④

12 다음은 지반조사법 중 보링에 대한 설명이다. 알맞은 용어를 쓰시오. (3점)

① 비교적 연약한 토사에 수압을 이용하여 탐사하는 방식
② 경질층을 깊이 파는 데 이용되는 방식
③ 지층의 변화를 연속적으로 비교적 정확히 알고자 할 때 사용하는 방식

① ② ③

13 철근콘크리트의 알칼리골재반응을 방지하기 위한 대책을 3가지 쓰시오. (3점)

①

②

③

14 다음 설명에 해당하는 용어를 쓰시오. (3점)

> ① 바닥 콘크리트 타설을 위한 슬래브 하부 거푸집판
> ② 작업시 안정성 강화 및 동바리 수량감소로 원가절감 가능
> ③ 아연도금철판을 절곡하여 제작하며 해체작업이 필요 없음

____

15 경간 6m, 단면 300mm×500mm인 단순보의 중앙에 200kN의 집중하중이 작용할 때 최대 전단응력을 산정하시오. (3점)

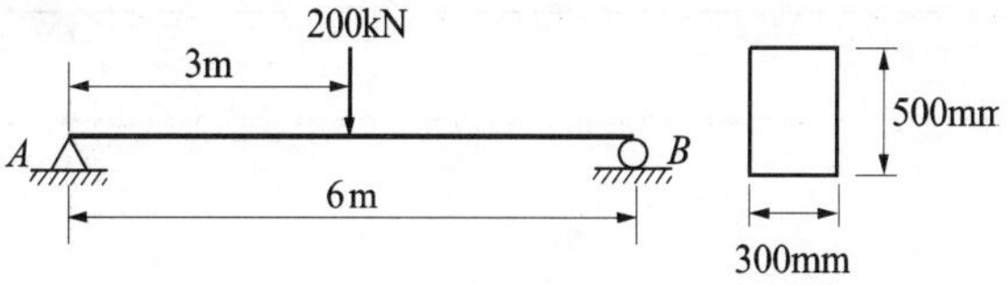

【단면】

____

16 콘크리트의 혼합재료는 혼화제와 혼화재로 구분할 수 있다. 혼화제 및 혼화재의 정의를 쓰고, 종류를 쓰시오. (4점)

가. 혼화제와 혼화재의 정의

① 혼화재 : ______________________________

② 혼화재 : ______________________________

나. 혼화제와 혼화재의 종류

① 혼화재 : ______________________________

② 혼화재 : ______________________________

17 다음 용어에 대해 설명하시오. (4점)

(가) 재하시험 : ______

(나) 합성말뚝 : ______

18 다음은 시트방수공사의 항목들이다. | 보기 | 에서 시공순서대로 기호를 나열하시오. (3점)

| 보기 |

㉮ 단열재 깔기　㉯ 접착제 도포　㉰ 조인트 실(Seal)
㉱ 물채우기시험　㉲ 보강붙이기　㉳ 바탕처리
㉴ 시트붙이기

______

19 철근콘크리트공사에 이용되는 '스페이서(spacer)'를 설명하시오. (2점)

______

20 강구조 세우기에서 주각부 현장 시공순서를 쓰시오. (2점)

① 기초상부 고름질	② 가조립
③ 변형 바로잡기	④ 앵커볼트 설치
⑤ 철골 세우기	⑥ 철골 도장

______

21 스팬 8m인 철근콘크리트 단순보에서 보의 중앙에 집중고정하중 20kN, 집중활하중 30kN이 작용할 때 최대 계수휨모멘트는 얼마인가? (4점)

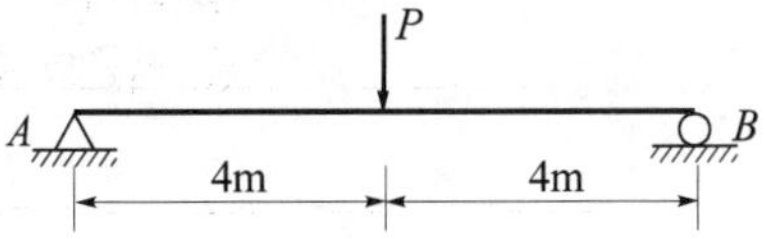

22 철근콘크리트공사에서 철근이음을 하는 방법으로 가스압접이 있는데, 가스압접으로 이음을 할 수 없는 경우를 3가지 쓰시오. (3점)

① ______________________

② ______________________

③ ______________________

23 강판을 그림과 같이 가공하여 20개의 수량을 사용하고자 한다. 강판의 비중이 7.85일 때 소요량(kg)을 산출하고, 스크랩의 발생량(kg)도 함께 산출하시오. (4점)

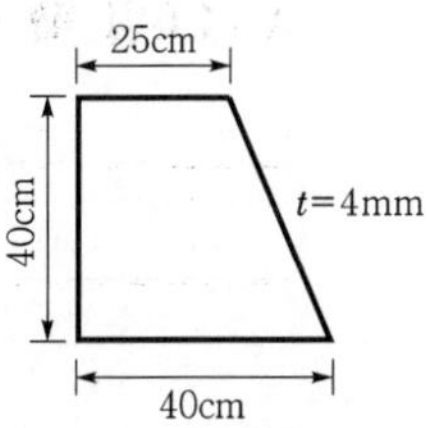

24 굴착공사 시 발생하는 보일링(Boiling) 현상과 히빙(Heaving) 파괴에 대한 방지대책을 3가지 쓰시오. (4점)

가. 보일링 현상에 대한 방지대책

① ________ ② ________ ③ ________

나. 히빙 파괴에 대한 방시대책

① ________ ② ________ ③ ________

25 철근 단부에서 반드시 갈고리(Hook)를 두어야 할 철근을 골라 쓰시오. (3점)

① 원형철근	② 스터럽
③ 띠철근	④ 지중보 돌출부 부분의 철근
⑤ 굴뚝철근	

26 커튼월에서 발생하는 다음과 같은 누수처리 방식에 대해 기술하시오. (4점)

(가) Closed Joint System :

(나) Open Joint System :

27 f_{ck}=30 MPa, f_y=400 MPa인 보통콘크리트에 D22 (공칭지름 22.2 mm), 경량콘크리트계수 λ=1.0일 때 묻힘길이에 의한 인장 이형철근의 기본정착길이 (mm)를 산정하시오. (3점)

2013년 2회 해설 및 정답

01 가. 트렌치컷 공법
나. 아일랜드컷 공법

02 ① 쌍줄비계면적(m^2)=비계둘레길이(L)×건물높이(h) =벽외면에서 90cm 거리의 지면에서부터 건물 높이까지의 외주면적={($a+b$)×2+0.90×8}×h

② 외줄비계면적(m^2)=비계둘레길이(L)×건물높이(h) =벽외면에서 45cm 거리의 지면에서부터 건물 높이까지의 외주면적={($a+b$)×2+0.45×8}×h

03 ① 웰포인트 공법
② 샌드드레인 공법
③ 페이퍼드레인 공법
④ 생석회 공법

04 ① ㉣
② ㉯
③ ㉮
④ ㉰

05 가. 네트워크 공정표

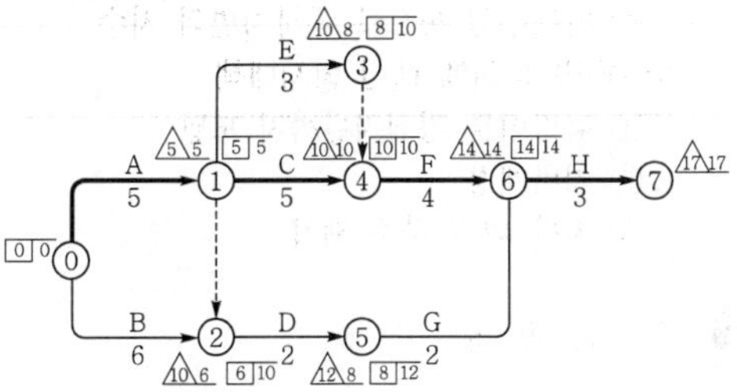

나. 여유시간

작업명	TF	FF	DF	CP
A	0	0	0	*
B	4	0	4	
C	0	0	0	*
D	4	0	4	
E	2	2	0	
F	0	0	0	*
G	4	4	0	
H	0	0	0	*

다. 횡선식 공정표

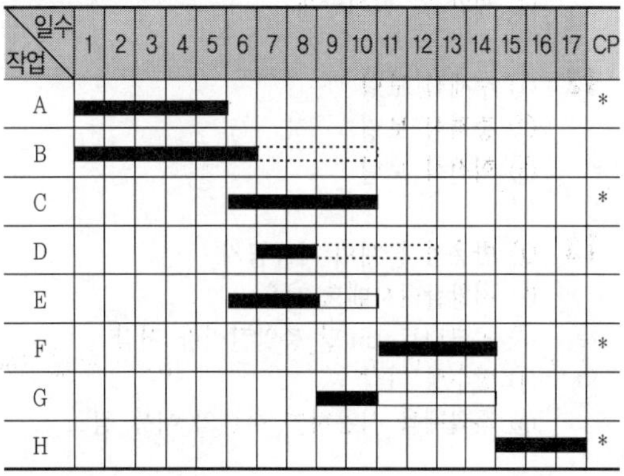

06 ① 순간처짐=5.0mm

② 압축철근비 : $\rho' = \frac{A_s}{bd} = \frac{0}{bd} = 0$

③ $\lambda_\Delta = \frac{\xi}{1+50\rho'} = \frac{2.0}{1+50\times0} = 2.0$

④ 장기처짐=λ_Δ×순간처짐=2.0×5=10.0mm

⑤ 총처짐=순간처짐+장기처짐=5+10.0=15.0mm

07 ① 1방향 슬래브 : $\lambda > 2$
② 2방향 슬래브 : $\lambda \leq 2$
여기서, $\lambda = \frac{\text{장변방향 순간격}}{\text{단변방향 순간격}}$

08 (가) 적산 : 공사에 필요한 재료 및 품의 수량 등의 공사량을 산출하는 기술활동이다.
(나) 견적 : 산출한 공사량에 적정한 단가를 곱하여 총공사비를 산출하는 기술활동이다.

09 서류상(명목상)으로는 공동도급의 형태를 취하지만, 실질적으로는 한 회사가 공사 전체를 진행하고 나머지 회사는 하도급의 형태 또는 단순 이익배당 형태로 참여하는 서류상의 공동도급 방식

10 철근의 순간격(s) $\geq \max\left(25\text{ mm}, \frac{4}{3}G, d_b\right)$

$\geq \max\left(25\text{ mm}, \frac{4}{3}\times18, 25\text{ mm}\right)$

$\geq 25\text{ mm}$

보의 폭(b)= 피복두께×2+스터럽 지름×2 +철근지름×철근 개수+순간격×간격수

$= 40\times2+13\times2+25\times4+25\times3=281$ mm

∴ 보의 폭(b)은 최소 281 mm 이상이어야 한다.

11 ① 정보수집 및 기능분석단계
② 아이디어 창출단계
③ 대체안 평가 및 개발단계
④ 제안 및 실시단계

12 ① 수세식 보링
② 충격식 보링
③ 회전식 보링

13 ① 반응성 골재의 사용금지
② 저알칼리시멘트 사용
③ 콘크리트 $1m^3$당 총알칼리량 저감
④ 방수성 마감
⑤ 혼화제를 사용하여 수분의 이동 감소

14 데크 플레이트(Deck Plate)

15 ① 반력 산정

$$R_A=\frac{P}{2}=\frac{200}{2}=100\text{ kN}=100{,}000\text{ N}$$

② 최대 전단력 산정

$$V_{\max}=R_A=100{,}000\text{ N}$$

③ 최대 전단응력 산정

$$\tau_{\max}=\frac{3}{2}\cdot\frac{V_{\max}}{A}=\frac{3}{2}\times\left(\frac{100{,}000}{300\times500}\right)$$
$$=1.00\text{ N/mm}^2\text{ (MPa)}$$

16 가. 혼화제와 혼화재의 정의
① 혼화제 : 약품적으로 소량 사용되고 배합설계시 중량을 무시
② 혼화재 : 비교적 다량 사용되고 배합설계 시 중량을 고려

나. 혼화제와 혼화재의 종류
① 혼화제 : 공기연행제(AE제), 감수제, AE 감수제, 고성능 AE 감수제, 유동화제, 응결경화 조정제, 기포제, 방청제
② 혼화재 : 포졸란, 플라이애시, 고로슬래그, 규산백토, 팽창혼화재, 착색재, 실리카퓸

17 (가) 재하시험 : 평판지하 또는 시험말뚝을 이용하여 기초지반의 지지력 산정과 지반반력계수를 산정하는 시험이다.
(나) 합성말뚝 : 합성말뚝은 이질 재료의 말뚝을 이어서 한 개의 말뚝으로 구성하는 것이다.

18 ㉯ → ㉮ → ㉯ → ㉳ → ㉱ → ㉰ → ㉲

19 슬래브 등에 배근되는 철근이 거푸집에 밀착되는 것을 방지하기 위한 굄재이다.

20 ④ → ① → ⑤ → ② → ③ → ⑥

21 (1) 집중하중에 대한 계수하중

$$P_u=1.2P_D+1.6P_L=1.2\times20+1.6\times30$$
$$=72.0\text{ kN}$$

(2) 최대 계수 휨모멘트

$$M_{u,\max}=\frac{P_u l}{4}=\frac{72.0\times8}{4}=144.0\text{ kN}$$

22 ① 철근지름 차가 6mm 이상인 경우
② 철근재질이 서로 다른 경우
③ 철근 항복강도가 서로 다른 경우
④ 강풍, 강우, 강설시
⑤ 철근 중심축 편심량이 철근지름의 1/5($1/5d_b$) 이상인 경우

23 ① 소요량 : (0.4×0.4×0.004×7,850)×20EA =100.48kg
② 스크랩량 : (0.4×0.15×1/2×0.004×7,850) ×20EA=18.84kg

24 가. 보일링 현상에 대한 방지대책
① 흙막이를 경질지반까지 도달
② 웰포인트 공법으로 지하수위 저하
③ 약액주입 등으로 굴착지면의 지수

나. 히빙 파괴에 대한 방지대책
① 흙막이를 경질지반까지 도달
② 지반개량
③ 지반 위의 하중 제거

25 ①, ②, ③, ⑤

26 (가) Closed Joint System : 커튼월 접합부로 실(Seal)재로 완전히 밀폐시켜 누수의 원인 중 틈새를 없애는 방식이다. 실재의 외기 노출로 인해 성능저하의 우려가 있다.
(나) Open Joint System : 커튼월의 내측 및 외측 벽 사이에 공간을 두고 외기압과 같은 기압을 유지하여 배수하는 방식이다. 기밀 실재가 외기에 노출되지 않아 성능유지에 유리하다.

27 묻힘길이에 의한 인장 이형철근의 기본정착길이

$$l_{db}=\frac{0.6d_bf_y}{\lambda\sqrt{f_{ck}}}=\frac{0.6\times22.2\times400}{1.0\times\sqrt{30}}=973\text{ mm}$$

2013년 3회(2013.11.10 시행)

01 다음에서 설명하는 민간투자사업의 계약 방식의 명칭을 무엇이라 하는가? (4점)

사회간접시설의 확충을 위해 민간이 자금조달과 시설준공을 하고 소유권을 정부에 이전한 후 민간이 투자비 회수를 위해 정부와 약정기간 동안 운영업자에게 리스로 임대하는 방식으로 최종 수요자에게 사용료를 부과해 투자비 회수가 어려운 시설을 짓는 데 주로 적용한다.

____

02 특명입찰(수의계약)의 장 · 단점을 각각 2가지씩 쓰시오. (4점)

가. 장점

① ______________________________

② ______________________________

나. 장점

① ______________________________

② ______________________________

03 다음 용어에 대해 설명하시오. (4점)

(1) 기준점 : ______________________________

(2) 방호선반 : ______________________________

04 다음 흙막이벽 공사에서 발생되는 현상을 쓰시오. (3점)

① 시트 파일 등의 흙막이벽 좌측과 우측의 토압 차로써 즉, 흙막이 밑 부분의 흙이 재하하중 등의 영향으로 기초파기 하는 공사장 안으로 흙막이벽 밑을 돌아서 미끄러져 올라오는 현상

② 모래질지반에서 흙막이벽을 설치하고 기초파기 할 때의 흙막이벽 뒷면수위가 높아서 지하수가 흙막이벽을 돌아서 지하수가 모래와 같이 솟아오르는 현상

③ 흙막이벽의 부실공사로서 흙막이벽의 뚫린 구멍 또는 이음새를 통하여 물이 공사장 내부 바닥으로 스며드는 현상

① ____________ ② ____________ ③ ____________

05 지반개량 공법 중 탈수법에서 다음의 토질에 적당한 대표적 공법을 각각 1가지씩 쓰시오. (2점)

가. 사질토 : ______

나. 점토질 : ______

06 흙막이 공법 중 그 자체가 지하구조물이면서 흙막이 및 버팀대 역할을 하는 공법을 | 보기 | 에서 모두 골라 기호로 쓰시오. (3점)

보기	
㉮ 지반정착(Earth Anchor) 공법	㉯ 개방잠함(Open Caisson) 공법
㉰ 수평버팀대 공법	㉱ 강재 널말뚝(Sheet Pile) 공법
㉲ 우물통(Well) 공법	㉳ 용기잠함(Pneumatic Caisson) 공법

______

07 전기로에서 금속규소나 규소철을 생산하는 과정 중 부산물로 생성되는 매우 미세한 입자로써 고강도 콘크리트 제조 시 사용되는 포졸란계 혼화재의 명칭을 쓰시오. (2점)

______

08 다음은 프리스트레스트 콘크리트의 공법과 관련된 내용이다. ( ) 안에 알맞은 용어를 채우시오. (4점)

프리스트레스트 콘크리트에 사용되는 강재(강선, 강연선, 강봉)를 긴장재라고 총칭하며, (①) 공법에서 PC 강재의 삽입공간을 확보하기 위해서 콘크리트 타설전 미리 매입하는 관(튜브)을 (②)라고 한다.

① ______ ② ______

09 강구조 시공에서 발생할 수 있는 용접결함을 4가지 쓰시오. (4점)

① ______ ② ______

③ ______ ④ ______

10 **강구조 용접 과정에 따른 검사순서를 쓰고, 각 검사단계의 검사항목을 | 보기 | 에서 골라 번호를 쓰시오. (3점)**

보기	
㉮ 절단검사	㉯ 운봉검사
㉰ 트임새모양	㉱ X선 및 γ선 투과검사
㉲ 모아대기검사	㉳ 구속법검사
㉴ 초음파검사	㉵ 전류검사
㉶ 침투수압검사	㉷ 자세의 적부검사
㉸ 용접봉검사	

① ________ : ____________________

② ________ : ____________________

③ ________ : ____________________

11 **벽돌벽의 표면에 생기는 백화의 발생 원인과 대책을 각각 2가지를 쓰시오. (4점)**

가. 원인

① ____________________

② ____________________

나. 대책

① ____________________

② ____________________

12 **미장재료에서 기경성과 수경성을 구분하여 각각 3가지씩 쓰시오. (6점)**

가. 기경성 미장재료

① ____________________

② ____________________

③ ____________________

나. 수경성 미장재료

① ____________________

② ____________________

③ ____________________

13 커튼월 공법에서 조립 공법별 분류에서 아래에서 설명하는 공법을 적으시오. (3점)

① 공장에서 미리 벽체 유닛을 완전조립한 후 현장에서는 설치만 하는 공법
② 부재를 현장에 반입한 후, 현장에서 부재를 조립 및 설치하는 공법
③ 창호 주변(Frame)이 패널(월)로 구성됨으로서 창호의 구조가 패널트러스에 연결되는 공법

① ______ ② ______ ③ ______

14 Mock-Up Test(실물대 모형시험)에서 성능시험 항목을 4가지 쓰시오. (4점)

① ______ ② ______
③ ______ ④ ______

15 다음 그림을 보고 줄눈 이름을 쓰시오. (4점)

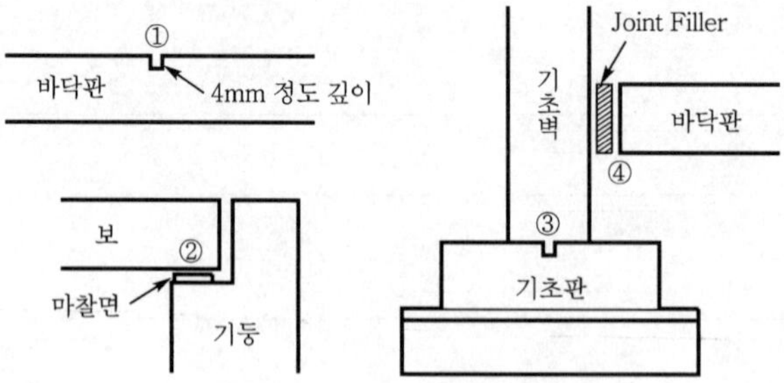

① ______ ② ______
③ ______ ④ ______

16 시멘트벽돌 1.0B 두께로 가로 15m, 세로 3m 쌓을 경우 시멘트벽돌의 소요량과 이때 소요되는 사춤 모르타르량을 산출하시오. (4점)

① 시멘트벽돌의 소요량 : ______
② 사춤 모르타르량 : ______

17 다음 그림과 같은 온통기초에서 터파기량, 되메우기량, 잔토처리량, 흙막이면적을 산출하시오. (단, 토량환산계수 L=1.3으로 한다.)[1] (9점)

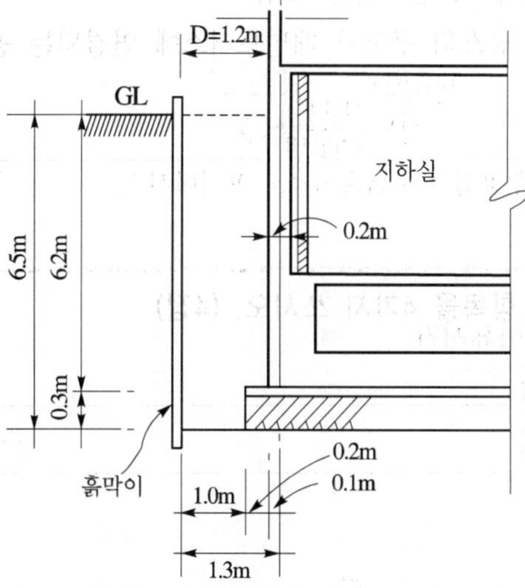

【터파기여유폭의 단면도】

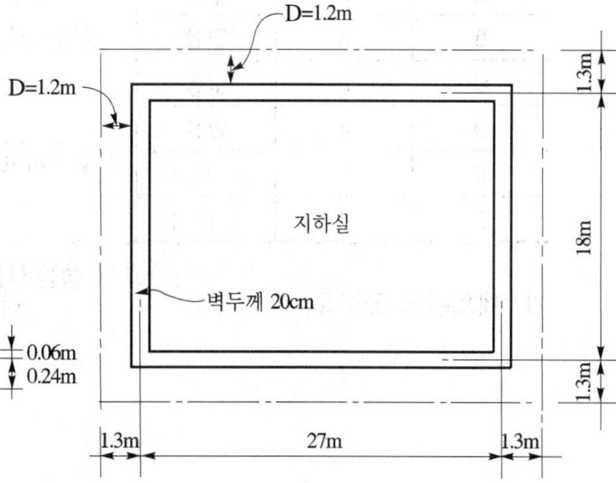

【지하실의 평면도】

① 터파기량 : ________

② 되메우기량 : ________

③ 잔토처리량 : ________

④ 흙막이면적 : ________

18 다음 골재 수량에 관한 설명을 보기에서 골라 적으시오. (3점)

보기
절대건조상태, 기건상태, 표면건조포화상태, 습윤상태, 함수량, 흡수량, 표면수량, 유효흡수량

① 건조기에서 105±5℃로 24시간 이상 정중량이 될 때까지 건조시킨 상태

② 골재 내부에 약간의 수분이 있는 대기 중의 건조상태

③ 골재 내부는 이미 포화상태이고, 표면에도 물이 묻어 있는 상태

④ 표면건조포화상태의 골재 중에 포함되는 물의 양

⑤ 습윤상태의 골재표면에 있는 물의 양

1) 유원대 외 3인, 건축적산, 한국이공학사, pp.80

19 **다음 데이터를 네트워크 공정표로 작성하고, 각 작업의 여유시간을 구하시오. (10점)**

작업명	작업일수	선행작업	비고
A	2	없음	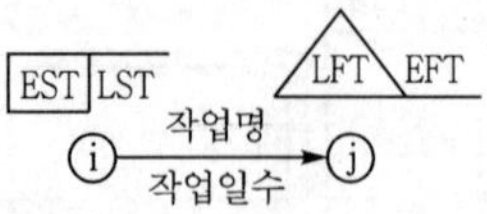 로 표기하고, 주공정선은 굵은선으로 표기하시오.
B	3	없음	
C	5	없음	
D	4	없음	
E	7	A, B, C	
F	4	B, C, D	

가. 네트워크 공정표

나. 여유시간

20 **그림과 같은 무근콘크리트 단순보에서 $P = 12$ kN 의 하중에서 파괴되었을 때 최대 휨응력를 구하시오. (4점)**

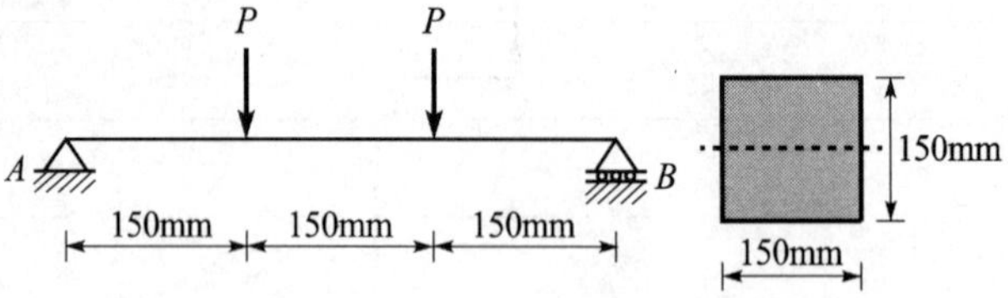

21 **다음 그림에서 부재 T에 발생하는 부재력을 산정하시오. (2점)**

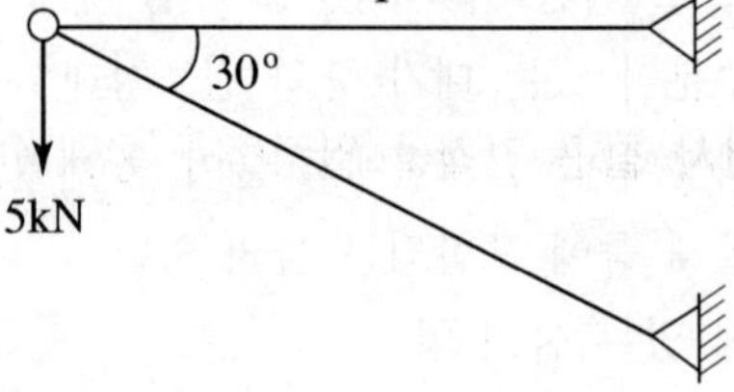

22 다음 그림과 같은 라멘의 휨모멘트도를 개략적으로 그리시오. (2점)

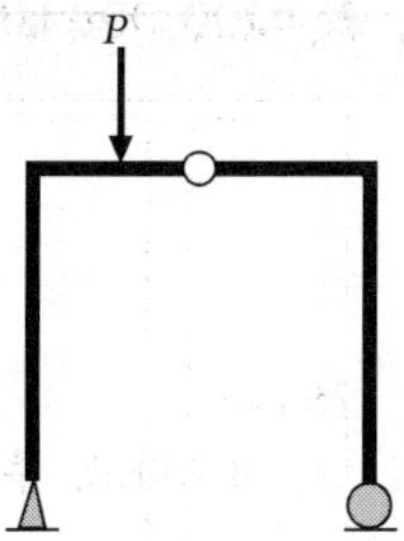

23 그림과 같은 구조물의 고정단에 발생하는 최대 압축응력을 구하시오. 단, 기둥 단면은 600×600mm, 압축응력은 -로 표현한다. (3점)

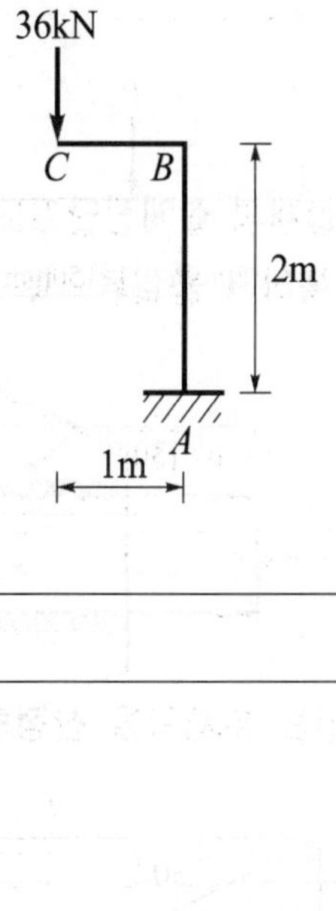

24 철근콘크리트공사를 하면서 철근 간격을 일정하게 유지하는 이유를 3가지 쓰시오. (3점)

①

②

③

25 강도설계법에 따른 다음 그림과 같은 콘크리트 단근보의 균형철근비 및 최대 철근량을 구하시오. (단, f_{rk}=27 MPa, f_y=300 MPa, E_s=200,000 MPa) (4점)

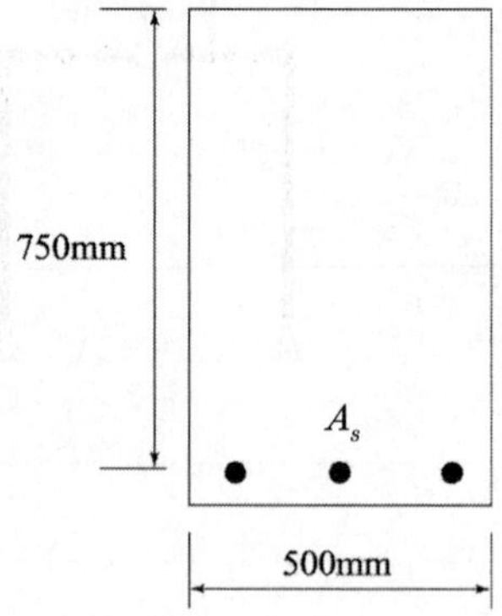

가. 균형철근비(ρ_b 단, 소수점 다섯째자리까지 구하시오.) : ______________________

____

나. 최대 철근량($A_{s,\max}$) : ______________________

____

26 그림과 같은 필릿용접부에서 용접재의 설계전단강도는 얼마인가? (단, 사용강재는 SS275이고, 용접재는 KS D 7004 연강용 피복아크 용접봉으로 F_y=325MPa이고 F_u=420MPa이다.) (4점)

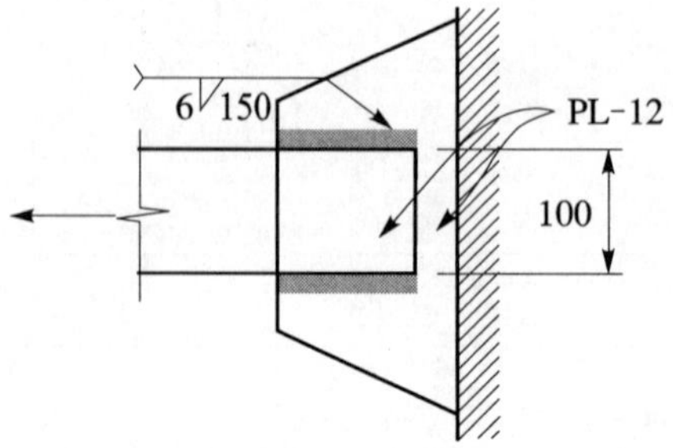

____

____

____

____

2013년 3회 해설 및 정답

01 BLT(Build-Lease-Transfer)

02 가. 장점
① 공사기밀 유지 가능
② 우량시공 기대
③ 입찰수속 간단

나. 단점
① 공사금액 결정이 불명확
② 불공평한 일이 내재
③ 공사비 증대의 우려

03 (1) 기준점 : 건축공사 중 건축물의 고저에 기준이 되도록 건축물 인근에 높이의 기준을 설치하는 표시물이다.
(2) 방호선반 : 낙하비래방지시설로서 낙하물에 의한 위험요소가 있는 주출입구 및 리프트 상부 등에 설치한다.

04 ① 히빙파괴
② 보일링
③ 파이핑 현상

05 가. 사질토 : 웰포인트 공법
나. 점토질 : 샌드드레인 공법

06 ㉯, ㉲, ㉳

07 실리카퓸(Silica Fume)

08 ① 포스트텐션
② 시스

09 ① 크랙 ② 공기구멍
③ 슬래그 감싸들기 ④ 언더컷
⑤ 오버랩 ⑥ 크레이터
⑦ 용입부족

10 ① 용접착수 전 : ㉰, ㉲, ㉳, ㉶
② 용접작업 중 : ㉯, ㉴, ㉷
③ 용접완료 후 : ㉮, ㉱, ㉵, ㉶

11 가. 원인
① 벽돌벽면의 빗물 침입
② 재료 불량
③ 시공 불량
④ 기온이 낮을 때
⑤ 습도가 높을 때
⑥ 물시멘트비가 클 때

나. 대책
① 양질의 벽돌 사용
② 줄눈 모르타르에 방수제 혼합
③ 빗물이 침입하지 않도록 벽면에 비막이 설치
④ 벽돌표면에 파라핀 도료를 발라 염류의 유출 방지
⑤ 낮은 물시멘트비로 시공
⑥ 비나 눈이 오면 작업중지

12 가. 기경성 미장재료
① 진흙질 ② 회반죽
③ 돌로마이트 플라스터 ④ 아스팔트 모르타르

나. 수경성 미장재료
① 순석고 플라스트
② 킨즈시멘트
③ 시멘트 모르타르

13 ① 유닛월 시스템
② 스틱월 시스템(녹다운 공법, 분해조립 공법)
③ 윈도우월 시스템

14 ① 예비시험 ② 기밀시험
③ 정압수밀시험 ④ 동압수밀시험
⑤ 구조시험

15 ① 소설줄눈(Control Joint)
② 미끄럼줄눈(Sliding Joint)
③ 시공줄눈(Construction Joint)
④ 신축줄눈(Expansion Joint)

16 (1) 시멘트벽돌량
① 정미량 : 15×3×149=6,705매
② 소요량 : 6,705×1.05=7,040.3 → 7,041매

(2) 사춤 모르타르량 : 6,705×0.33=2,213
→ 2.21m³

17

구분	수량 산출근거	계
1. 터파기량 (V)	$V=(27+1.3\times2)\times(18+1.3\times2)\times6.5$ $=3,963.44\text{m}^3$	$3,963.44\text{m}^3$
2. 되메우기량($V-S$)	(1) 되메우기량=터파기량(V)−GL이하 기초구조부체적(S) (2) 터파기량(V)$=3,963.44\text{m}^3$ (3) GL이하 기초구조부체적(S)=잡석다짐량+버림콘크리트량+지하실부분 ① 잡석다짐량$=\{27+(0.1+0.2)\times2\}\times\{18+(0.1+0.2)\times2\}\times0.24$ $=123.206\text{m}^3$ ② 버림콘크리트량$=\{27+(0.1+0.2)\times2\}\times\{18+(0.1+0.2)\times2\}\times0.06$ $=30.802\text{m}^3$ ③ 지하실부분$=(27+0.1\times2)\times(18+0.1\times2)\times6.2$ $=3,069.248\text{m}^3$ ∴ GL이하 기초구조부체적(S) $=123.206+30.802+3,069.248$ $=3,223.256\rightarrow 3,223.26\text{m}^3$ (4) 되메우기량$=V-S$ $=3,963.44-3,223.26=740.18\text{m}^3$	740.18m^3
3. 잔토 처리량 ($C=1.0$, $L=1.3$)	잔토처리량$=\left\{V-(V-S)\times\dfrac{1}{C}\right\}\times L$ $=\text{S}\times\text{L}=3,223.26\times1.3$ $=4,190.238\rightarrow 4,190.24\text{m}^3$	$4,190.24\text{m}^3$
4. 흙막이 면적	$\text{A}=\{(27+1.3\times2)+(18+1.3\times2)\}\times2\times6.5=652.60\text{m}^2$	652.60m^2

18

① 절건상태
② 기건상태
③ 습윤상태
④ 흡수량
⑤ 표면수량

19

가. 네트워크 공정표

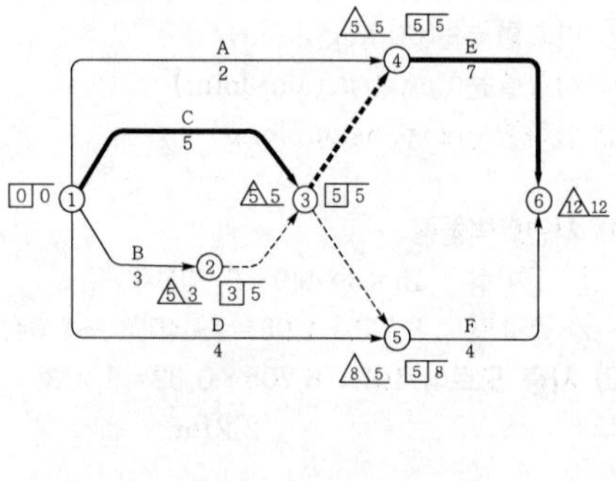

나. 여유시간

작업명	TF	FF	DF	CP
A	3	3	0	
B	2	2	0	
C	0	0	0	*
D	4	1	3	
E	0	0	0	*
F	3	3	0	

(주) B작업에서 후속작업의 EST는 3이 아닌 5임에 주의할 것

20

(1) 최대 휨모멘트

$M_{\max}=Pl=(12\times10^3)\times150=1,800\times10^3\ \text{N}\cdot\text{mm}$

(2) 단면계수

$$Z=\frac{bh^2}{6}=\frac{150\times150^2}{6}=562,500\ \text{mm}^2$$

(3) 최대 휨응력

$$\sigma_{\max}=\frac{M_{\max}}{I}y=\frac{M_{\max}}{Z}=\frac{1,800\times10^3}{562,500}$$
$$=3.20\ \text{N/mm}^2\ (\text{MPa})$$

21

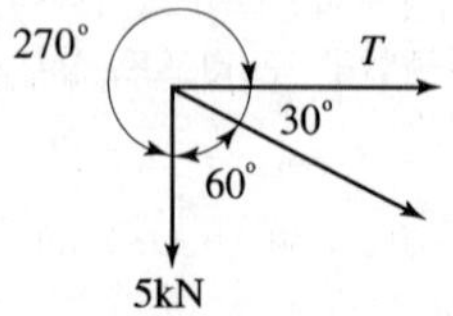

사인법칙(라미의 정리)를 이용하여 다음과 같이 산정한다.

$$\frac{5}{\sin30°}=\frac{T}{\sin60°}$$
$$T=5\times\left(\frac{\sin60°}{\sin30°}\right)=5\sqrt{3}$$
$=8.66\ \text{kN}$ (인장)

∴ $T=5\sqrt{3}\ \text{kN}$(인장)

또는 $T=8.66\ \text{kN}$(인장)

22

외력에 의해 구조물이 변형되는 내적 불안정이며, 불안정 라멘의 경우 하중에 대해 라멘이 붕괴되어 휨모멘트에 저항할 수 없으므로 휨모멘트도를 작도할 수 없다.

23

(1) 고정단의 반력

① $R_A=N=36\ \text{kN}=36\times10^3\ \text{N}$

② $M_A=Pl=36\times1=36\ \text{kN}\cdot\text{m}$
$=36\times10^6\ \text{N}\cdot\text{mm}$

(2) 고정단의 최대 응력

$$\sigma_{\max}=-\frac{N}{A}-\frac{M}{Z}$$
$$=-\frac{36\times10^3}{600\times600}-\frac{36\times10^6}{\left(\frac{600\times600^2}{6}\right)}$$
$$=-0.10-1.00=-1.10\ \mathrm{N/mm^2\,(MPa)}$$

24 ① 콘크리트 타설시의 유동성 확보
② 재료분리 방지
③ 소요강도 확보

25 가. 균형철근비(ρ_b)
① $f_{ck}\le 40$ MPa이므로 $\beta_1=0.80$
② $\rho_b=0.85\beta_1\cdot\frac{f_{ck}}{f_y}\cdot\frac{600}{600+f_y}$
$$=0.85\times0.80\times\frac{27}{300}\times\frac{600}{600+300}=0.04080$$

나. 최대 철근량($A_{s,\max}$)
① $\epsilon_y=f_y/E_s=300/200{,}000=0.0015$
② $\rho_{\max}=\left(\frac{0.0033+\epsilon_y}{0.0033+0.0050}\right)\rho_b$
$$=\left(\frac{0.0033+0.0015}{0.0033+0.0050}\right)=0.578\rho_b=0.02360$$
③ $A_{s,\max}=\rho_{\max}bd$
$$=0.02360\times500\times750=8{,}848.2\mathrm{mm^2}$$

26 1. 용접재의 인장강도(KS D 7004 연강용 피복아크 용접봉)
$F_{uw}=420$ MPa

2. 용접 사이즈와 용접길이의 검토
(1) 모재 두께 $t=12$ mm인 경우 필릿용접의 최소 사이즈 $s_{\min}=5$ mm
(2) 필릿용접의 최대 사이즈
$s_{\max}=t-2=12-2=10$ mm
(3) $s_{\min}=5\ \mathrm{mm}<s=6\ \mathrm{mm}<s_{\max}=10$ mm OK
(4) 용접의 유효길이
$=l_e=l-2s=150-2\times6=138$ mm
$\ge 4s=4\times6=24$ mm OK
(5) $l=150\ \mathrm{mm}\ge w=100$ mm OK

3. 용접재의 설계전단강도
(1) 용전재의 공칭강도
$F_{nw}=0.60F_{uw}=0.6\times420=252$ MPa
(2) 용접의 유효길이
$l_e=2(l-2s)=2\times(150-2\times6)$
$=276$ mm
(3) 용접의 사이즈
$s=6$ mm
(4) 용접의 유효목두께
$a=0.7s=0.7\times6=4.2$ mm
(5) 용접의 유효단면적
$A_{we}=l_e\times a=276\times4.2=1{,}159\ \mathrm{mm^2}$
(6) 용접재의 설계전단강도($\phi=0.75$)
$$\phi R_n=\phi F_{nw}A_{we}=\phi(0.60F_{uw})A_{we}$$
$$=0.75\times252\times1{,}159$$
$$=219.1\times10^3\ \mathrm{N}=219.1\ \mathrm{kN}$$

2014년 1회(2014.4.19 시행)

01 다음 그림과 같은 트러스 구조의 부정정차수를 구하고, 안정구조인지 불안정구조인지를 판별하시오. (4점)

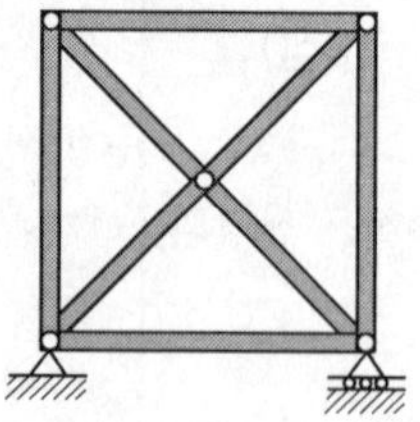

02 그림과 같은 단면의 x축에 대한 단면2차 모멘트를 계산하시오. (2점)

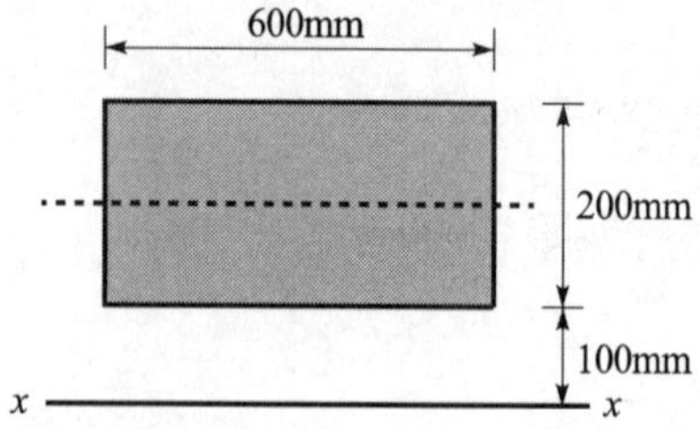

03 그림과 같은 단순보 (A)와 단순보 (B)의 최대 휨모멘트가 같을 때 집중하중 P를 구하시오. (4점)

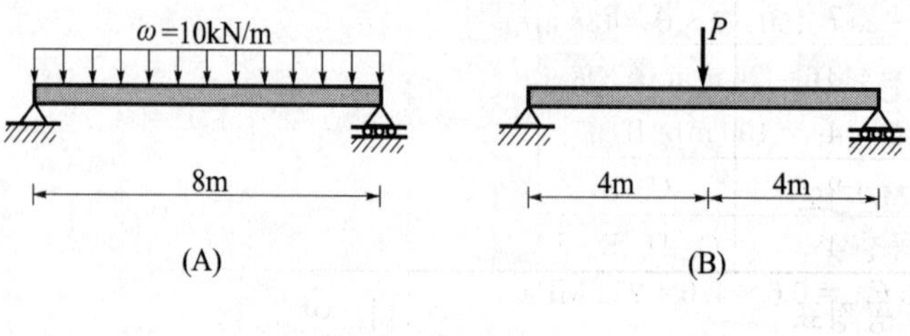

04 **콘크리트 설계기준압축강도 $f_{ck}=30\text{MPa}$일 때 등가직사각형 압축응력블록의 깊이계수 β_1을 구하시오. (3점)**

05 **다음 보기의 ( ) 안을 채우시오. (2점)**

보기

기둥의 띠철근 수직간격은 축방향주철근 직경의 (①)배, 띠철근 직경의 (②)배, 기둥 단면의 최소치수 이하 중 작은 값으로 한다.

① ②

06 **다음 보기에서 제시하는 형강을 개략적으로 스케치하고 치수를 기입하시오. (6점)**

보기

① $H-294\times200\times10\times15$
② $C-150\times65\times20$
③ $L-100\times100\times7$

07 **다음 데이터를 네트워크 공정표로 작성하고, 각 작업의 여유시간을 구하시오. (8점)**

작업명	작업일수	선행작업	비고
A	5	없음	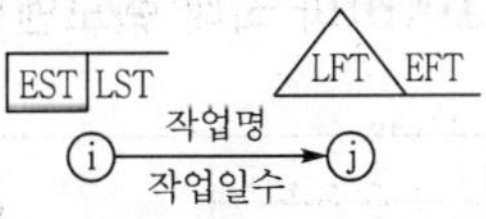 로 일정 및 작업을 표기하고, 주공정선은 굵은선으로 표기하시오.
B	6	없음	
C	5	A, B	
D	7	A, B	
E	3	B	
F	4	B	
G	2	C, E	
H	4	C, D, E, F	

가. 네트워크 공정표 나. 여유시간

08 다음은 TQC의 도구에 대한 설명이다. 해당하는 도구명을 쓰시오. (3점)

(1) 계량치의 데이터가 어떠한 분포를 하고 있는지 알아보기 위하여 작성하는 그림
(2) 불량 등 발생건수를 분류항목별로 나누어 크기 순서대로 나열해 높은 그림
(3) 결과에 원인이 어떻게 관계하고 있는가를 한 눈에 알아보기 위한 그림

(1) ____________ (2) ____________ (3) ____________

09 품질관리 계획서 제출시 필수적으로 기입하여야 하는 항목을 4가지 적으시오. (4점)

(1) ____________ (2) ____________

(3) ____________ (4) ____________

10 BOT(Build-Operate-Transfer contract)방식을 설명하시오. (3점)

____

____

11 기준점(Bench Mark)을 설명하시오. (2점)

____

____

12 지하구조물은 지하수위에 구조물 밑면까지의 깊이만큼 부력을 받아 건물이 부상하게 되는데, 이것에 대한 방지대책을 4가지 기술하시오. (4점)

(1) ____________

(2) ____________

(3) ____________

(4) ____________

13 철근콘크리트공사를 하면서 철근간격을 일정하게 유지하는 이유를 3가지 쓰시오. (3점)

① ______ ② ______ ③ ______

14 다음 측정기별 용도를 ( )에 쓰시오. (4점)

① Washington Meter : ______

② Piezometer : ______

③ Earth Pressure Meter : ______

④ Dispenser : ______

15 콘크리트 시공과정 중 휴식시간 등으로 응결하기 시작한 콘크리트에 새로운 콘크리트를 이어 칠할 때 일체화가 저해되어 생기게 되는 줄눈은? (2점)

______

16 한중 콘크리트의 문제점에 대한 대책을 |보기|에서 모두 골라 기호로 쓰시오. (3점)

|보기|

㉮ AE제 사용	㉯ 응결지연제 사용
㉰ 보온양생	㉱ 물시멘트비를 60% 이하로 유지
㉲ 중용열시멘트 사용	㉳ Pre-cooling 방법 사용

______

17 고강도 콘크리트의 폭렬현상에 대하여 설명하시오. (3점)

18 강구조공사에서 강구조 부재에 녹막이칠을 하지 않은 부분을 3가지만 쓰시오. (3점)

①

②

③

19 강구조의 접합 방법 중 용접의 장점을 4가지 쓰시오. (4점)

① ②

③ ④

20 강구조공사에서 용접부의 비파괴시험 방법의 종류를 3가지 쓰시오. (3점)

① ② ③

21 타워크레인에서 T형 타워크레인(T-Tower Crane) 대신 러핑형 타워크레인(Luffing Crane)을 사용해야 하는 경우를 2가지를 적으시오. (4점)

①

②

22 강구조공사에 있어서 습식내화피복 공법의 종류를 4가지 쓰시오. (4점)

① ____________________ ② ____________________

③ ____________________ ④ ____________________

23 목구조에서 횡력(수평력)을 보강하는 부재를 3가지 쓰시오. (3점)

① ______________ ② ______________ ③ ______________

24 알루미늄 창호를 철재 창호와 비교한 장점을 2가지 쓰시오. (2점)

① ____

② ____

25 다음 용어를 설명하시오. (4점)

(1) 스칼럽(Scallop) : ______________________________

(2) 뒷댐재(Back Strip) : ______________________________

2014년 1회 해설 및 정답

01 (1) 전체 부정정 차수

$N=(r+m+f)-2j=(3+8+0)-2\times5=1$

∴ 1차 부정정

(2) 안정과 불안정

내적 안정이면서 외적 안정

02 x축에 대한 단면2차 모멘트

$$I_x=I_{xG}+Ay^2$$
$$=\frac{600\times200^3}{12}+(600\times200)\times200^2$$
$$=5,200\times10^6\ \text{mm}^4$$

03 (1) 등분포하중이 작용할 경우 최대 휨모멘트

$$M_{A,\max}=\frac{wl^2}{8}$$

(2) 집중하중이 작용할 경우 최대 휨모멘트

$$M_{B,\max}=\frac{Pl}{4}$$

(3) 최대 휨모멘트가 같을 경우 집중하중 P

$$\frac{wl^2}{8}=\frac{Pl}{4}$$
$$\frac{10\times8^2}{8}=\frac{P\times8}{4}$$

∴ $P=40\ \text{kN}$

04 콘크리트 강도에 따른 중립축 위치와 관련된 계수(등가직사각형 압축응력블록의 깊이계수), β_1

(1) $f_{ck}=30\ \text{MPa}$

(2) $f_{ck}\le40\ \text{MPa}$이므로 $\beta_1=0.80$

05 ① 16

② 48

06 ①

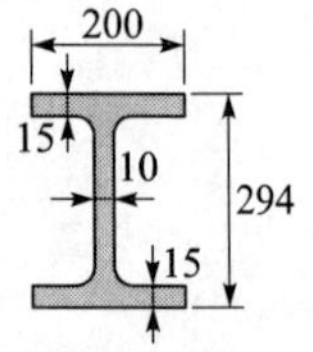

H－294×200×10×15

②

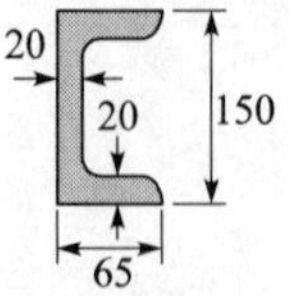

C－150×65×20

③

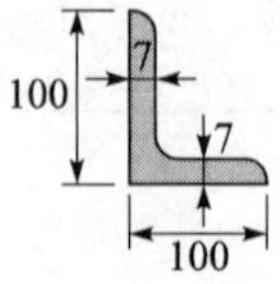

L－100×100×7

07 가. 네트워크 공정표

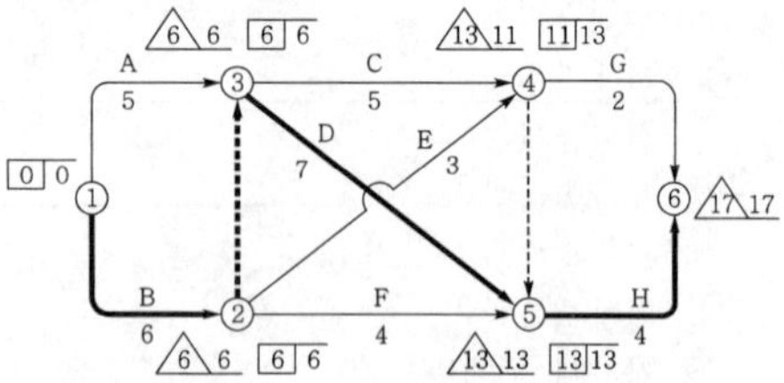

나. 여유시간

작업명	TF	FF	DF	CP
A	1	1	0	
B	0	0	0	*
C	2	0	2	
D	0	0	0	*
E	4	2	2	
F	3	3	0	
G	4	4	0	
H	0	0	0	*

08 (1) 히스토그램

(2) 파레토도

(3) 특성요인도

09 (1) 건설공사의 정보

(2) 현장 품질방침 및 품질목표 관리절차

(3) 책임 및 권한

(4) 문서관리

(5) 기록관리

(6) 자원관리

(7) 설계관리

참고

1. 품질관리계획 수립대상 공사, 건설기술진흥법 시행령 제89조
   ① 감독 권한대행 등 건설사업관리 대상인 건설공사로서 총공사비가 500억 원 이상인 건설공사
   ② 다중이용 건축물의 건설공사로서 연면적이 30,000m^2 이상인 건축물의 건설공사
   ③ 해당 건설공사의 계약에 품질관리계획을 수립하도록 되어 있는 건설공사

2. 품질관리계획서의 항목, 건설공사품질관리지침 제7조
   ① 건설공사의 정보
   ② 현장 품질방침 및 품질목표 관리절차
   ③ 책임 및 권한
   ④ 문서관리
   ⑤ 기록관리
   ⑥ 자원관리
   ⑦ 설계관리
   ⑧ 건설공사 수행준비
   ⑨ 계약변경관리
   ⑩ 교육훈련관리
   ⑪ 의사소통관리
   ⑫ 기자재 구매관리
   ⑬ 지급자재 관리
   ⑭ 하도급 관리
   ⑮ 공사 관리
   ⑯ 중점 품질관리
   ⑰ 식별 및 추적 관리
   ⑱ 기자재 및 공사 목적물의 보존 관리
   ⑲ 검사장비, 측정장비 및 시험장비 관리
   ⑳ 검사 및 시험, 모니터링 관리
   ㉑ 부적합 공사의 관리
   ㉒ 데이터의 분석관리
   ㉓ 시정조치 및 예방조치 관리
   ㉔ 자체 품질점검 관리
   ㉕ 건설공사 운영성과의 검토 관리
   ㉖ 공사준공 및 인계 관리

10 사회간접시설의 확충을 위해 민간이 자금조달과 시설준공(Build) → 민간이 투자비 회수를 위해 일정기간 운영(Operate) → 소유권을 정부에 이전(Transfer)

11 건축공사 중 건축물의 고저에 기준이 되도록 건축물 인근에 높이의 기준을 설치하는 표시물

12 ① 영구배수 공법
② 사하중 공법
③ 부력방지용 영구앵커 공법
④ 인장파일 공법
⑤ 조합형 공법

13 ① 콘크리트 타설시의 유동성 확보
② 재료분리 방지
③ 소요강도 확보

14 ① Washington Meter : 굳지 않은 콘크리트 중의 공기량 측정
② Piezometer : 간극수압측정
③ Earth Pressure Meter : 토압측정
④ Dispenser : AE제의 계량장치

15 콜드조인트(Cold joint)

16 ㉮, ㉰, ㉱

17 고강도 콘크리트에서 화재 시 급격한 고온에 의해 내부 수증기압이 발생하고, 이 수증기압이 콘크리트의 인장강도보다 크게 되면 콘크리트 부재의 표면이 심한 폭음과 함께 박리 및 탈락되는 현상이다.

18 ① 현장 용접부에서 100mm 이내
② 고장력볼트 접합부 마찰면
③ 콘크리트 부착 또는 매입 부분
④ 밀착 또는 회전하는 기계깎기 마무리면
⑤ 철골 조립에 의해 맞닿는면
⑥ 밀폐되는 내면

19 ① 무진동, 무소음
② 응력전달이 확실
③ 수밀성, 기밀성에 유리
④ 건물의 경량화
⑤ 강재의 절약
⑥ 접합두께의 제한이 없음
⑦ 간편하며 강성 확보가 용이

20 ① 방사선 투과시험(RT)
② 초음파 탐상시험(UT)
③ 자분(자기분말) 탐상시험(MT)
④ 침투 탐상시험(PT)

21 ① 도심의 구조물 밀집 지역
② 초고층 건설 현장
③ 인접대지 경계의 침해 등이 예상되는 지역

22 ① 타설 공법
② 조적 공법
③ 미장 공법
④ 뿜칠 공법

23 ① 가새
② 버팀대
③ 귀잡이

24 ① 비중은 철의 1/3 정도로 가볍다.
② 녹슬지 않고, 사용연한이 길다.
③ 공작이 자유롭고, 빗물막이, 기밀성에 유리하다.
④ 여닫음이 경쾌하다.

25 (1) 스칼럽(Scallop) : 강구조 부재의 용접시 이음 및 접합부위의 용접선이 교차되어 재용접된 부위가 열 영향을 받아 취약해지기 때문에 모재에 부채꼴모양의 모따기를 한 것이다.
(2) 뒷댐재(Back Strip, 뒷받침쇠) : 용접을 용이하게 하고 엔드탭의 위치를 확보하기 위해 사용하는 받침쇠이다.

2014년 2회(2014.7.5 시행)

01 건축공사표준시방서에 따른 경질석재의 물갈기 마감공정을 순서대로 적으시오. (3점)

(1) ____________________ (2) ____________________

(3) ____________________ (4) ____________________

02 철근공사에서 철근 선조립(Pre-fab) 공법의 시공적인 측면에서의 장점 3가지를 쓰시오. (3점)

① ____________________

② ____________________

③ ____________________

03 미장공사와 관련된 다음 용어를 설명하시오. (4점)

(1) 손질바름 : ____________________

(2) 실러바름 : ____________________

04 콘크리트의 소성수축균열(Plastic shrinkage crack)에 관하여 설명하시오. (3점)

____

____

05 콘크리트 타설 중 가수하여 물시멘트비가 큰 콘크리트로 시공하였을 경우 예상되는 결점을 4가지 쓰시오. (4점)

① ______________________

② ______________________

③ ______________________

④ ______________________

06 실시설계도서가 완성되고 공사물량산출 등 견적업무가 끝나면 공사예정가격 작성을 위한 원가계산을 하게 된다. 원가계산기준 중 아래 내용에 대한 답안을 쓰시오. (3점)

① 공사시공 과정에서 발생하는 재료비, 노무비, 경비의 합계액
② 기업의 유지를 위한 관리활동 부분에서 발생하는 제비용
③ 공사계약 목적물을 완성하기 위하여 직접 작업에 종사하는 종업원 및 기능공에 대한 대가

① ____________ ② ____________ ③ ____________

07 다음 (   )에 해당하는 용어를 쓰시오. (4점)

보기

목공사에 있어 목재의 단면을 표시환 지정치수는 특기가 없을 때는 구조재, 수장재 모두 (①)치수로 하고, 창호재, 가구재는 (②)치수로 한다. 따라서 제재목의 실제치수는 톱날두께만큼 작아지고, 이를 다시 대패질 마무리하면 더욱 줄어든다.

① ____________ ② ____________

08 숏크리트(Shotcrete)에 대하여 간단히 기술하고, 장 · 단점을 쓰시오. (4점)

가. 숏크리트 : ____________________

나. 장점 : ____________________

다. 단점 : ____________________

09 Ready Mixed Concrete가 현장에 도착하여 타설될 때 시공자가 현장에서 일반적으로 행하여야 하는 품질관리 항목을 [보기]에서 모두 골라 기호로 쓰시오. (3점)

보기

㉮ 슬럼프시험 ㉯ 물의 염소이온량 측정
㉰ 골재의 반응성 ㉱ 공기량시험
㉲ 압축강도 측정용 공시체 제작 ㉳ 시멘트의 알칼리량

____

10 강구조공사에서 내화피복 공법의 종류에 따른 재료를 각각 2가지씩 쓰시오. (3점)

공 법	재 료	
타설 공법		
조적 공법		
미장 공법		

(1) 타설 공법 : ____________________

(2) 조적 공법 : ____________________

(3) 미장 공법 : ____________________

11 아래 그림은 철근콘크리트구조 경비실건물이다. 주어진 평면도 및 단면도를 보고 C_1, G_1, G_2, S_1 에 해당되는 부분의 1층과 2층 콘크리트량과 거푸집량을 산출하시오. (10점)

단, 1) 기둥단면 (C_1) : 30cm×30cm

2) 보단면 (G_1, G_2) : 30cm×60cm

3) 슬라브두께 (S_1) : 13cm

4) 층고 : 단면도 참조

단, 단면도에 표기된 1층 바닥선 이하는 계산하지 않는다.

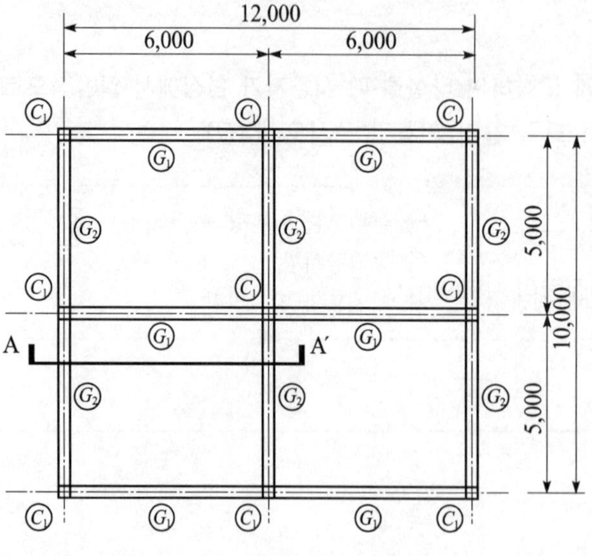

1, 2층 평면도

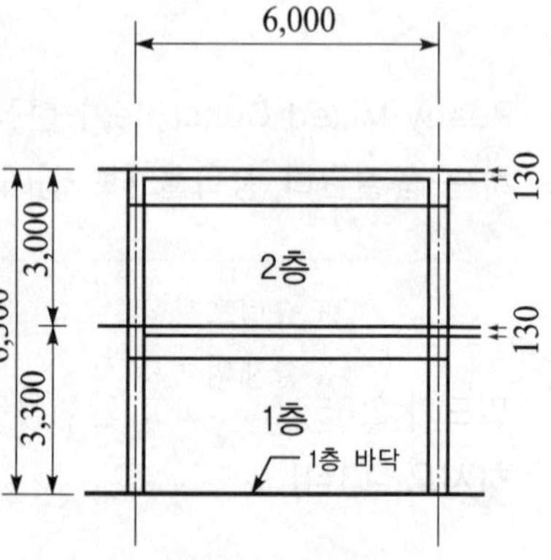

A–A′ 단면도

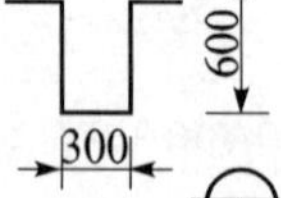

G_1, G_2보 단면도

12 언더피닝을 설명하고, 그 공법을 2가지 쓰시오. (4점)

가. 언더피닝 : ______________________

나. 종류 :

① ______________________

② ______________________

13 다음 설명에 해당하는 보링 방법을 쓰시오. (4점)

보기

① 충격날을 60~70cm 정도 낙하시키고 그 낙하충격에 의해 파쇄된 토사를 퍼내어 지층상태를 판단하는 방법
② 충격날을 회전시켜 천공하므로 토층이 흐트러질 우려가 적은 방법
③ 오거를 회전시키면서 지중에 압입, 굴착하고 여러번 오거를 인발하여 교란시료를 채취하는 방법
④ 깊이 30cm 정도의 연질층에 사용하며, 외경 50~60mm관을 이용하여 천공하면서 흙과 물을 동시에 배출시키는 방법

① ______________________ ② ______________________

③ ______________________ ④ ______________________

14 밀도가 2.65g/cm^{3}이고 단위용적질량이 1,600kg/m^{3}인 골재가 있다. 이 골재의 공극률(%)을 구하시오. (3점)

____

15 SPS(Strut as Permanent System)공법의 장점을 4가지 쓰시오. (4점)

① ______________________

② ______________________

③ ______________________

④ ______________________

16 기성말뚝의 타격공법에서 주로 사용하는 디젤해머(Diesel Hammer)의 장점 또는 단점을 3가지만 쓰시오. (3점)

① ______________________

② ______________________

③ ______________________

17 목재의 방부처리 방법을 3가지 쓰고, 그 내용을 설명하시오. (3점)

① ______

② ______

③ ______

18 다음 데이터를 네트워크 공정표로 작성하고, 각 작업의 여유시간을 구하시오. (8점)

작업명	작업일수	선행작업	비고
A	5	없음	
B	6	없음	
C	5	A, B	
D	7	A, B	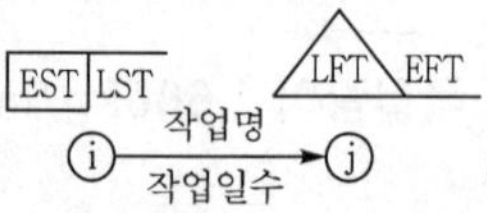 로 일정 및 작업을 표기하고, 주공정선은 굵은선으로 표기하시오.
E	3	B	
F	4	B	
G	2	C, E	
H	4	C, D, E, F	

가. 네트워크 공정표

나. 여유시간

19 PERT기법에 의한 기대시간(Expected Time)을 구하시오. (4점)

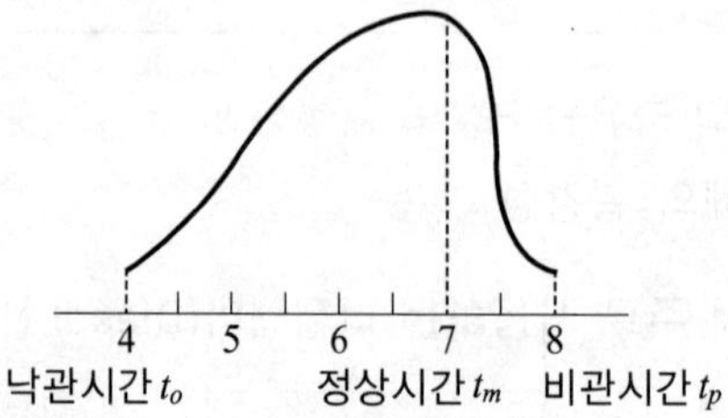

______

20 그림과 같은 철근콘크리트 단순보에서 계수집중하중(P_u)의 최대값(kN)을 구하시오. (단, 보통중량콘크리트 f_{ck}=27MPa, f_y=400MPa, 인장철근 단면적 A_s=1,500mm^2, 휨에 대한 강도감소계수 ϕ=0.85를 적용한다.) (4점)

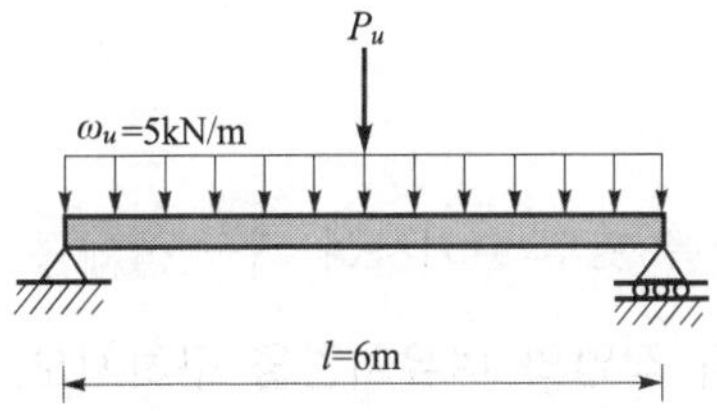

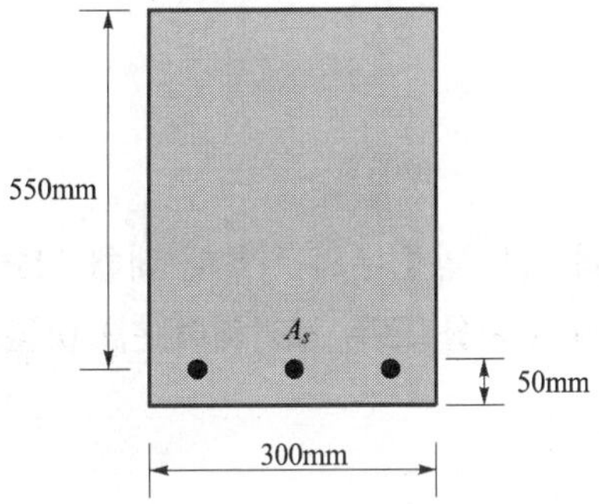

---

21 그림과 같은 T형보의 압축연단에서 중립축까지의 거리(c)를 구하시오. (단, 보통중량콘크리트 f_{ck}=30MPa, f_y=400MPa, 인장철근 단면적 A_s=2,000mm^2) (4점)

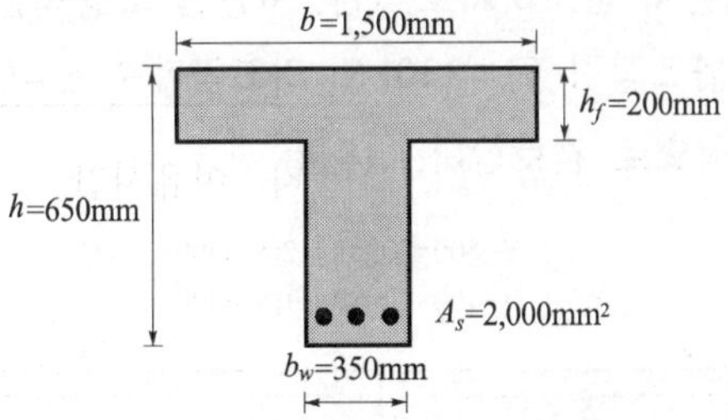

---

22 그림과 같은 캔틸레버보의 자유단 B점의 처짐이 0이 되기 위한 등분포하중 w (kN/m)의 크기를 구하시오. (단, 경간 전체의 휨강성 EI는 일정) (3점)

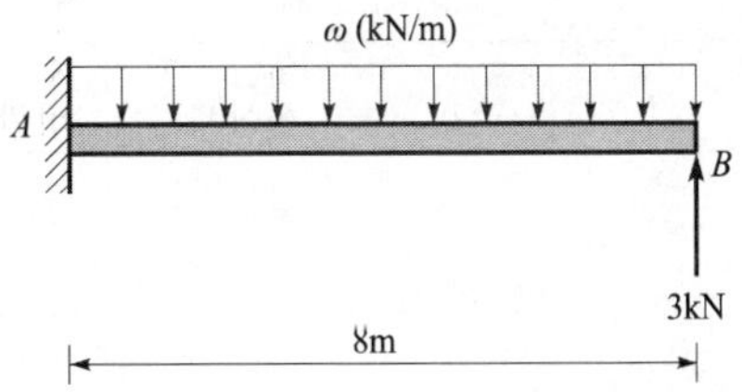

---

23 보통골재를 사용한 f_y=30MPa인 콘크리트의 탄성계수를 구하시오. (3점)

(1) ______________________________

(2) ______________________________

24 그림과 같은 용접부의 기호에 대해 기호의 수치를 모두 표기하여 제작 상세를 도시하시오. (단, 기호의 수치를 모두 표기해야 함) (4점)

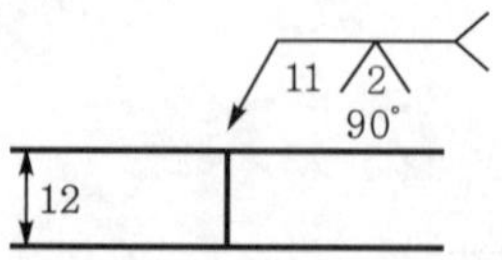

25 고장력볼트로 접합된 큰보와 작은보의 접합부의 사용성 한계상태에 대한 설계미끄럼강도를 계산하여 볼트 개수가 적절한지 검토하시오. (단, 사용된 고장력볼트는 M22(F10T)이며 표준구멍을 적용, 고장력볼트 설계볼트장력 T_o=200kN, 미끄럼계수 μ =0.5, 고장력볼트의 설계미끄럼강도 $\phi R_n = \phi \cdot \mu \cdot h_{sc} \cdot T_o \cdot N_s$ 식으로 검토한다.) (5점)

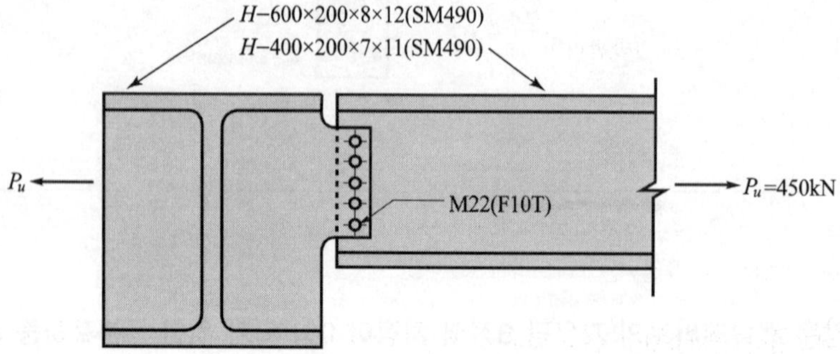

____

____

2014년 2회 해설 및 정답

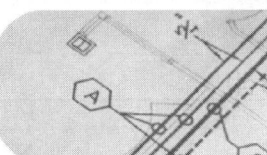

01 (1) 거친갈기 (2) 물갈기
(3) 본갈기 (4) 정갈기

02 ① 철근 가공 정밀도 향상
② 철근 손실 감소
③ 현장 노동력 절감
④ 공기단축

03 (1) **손질바름** : 콘크리트, 콘크리트블록 바탕에서 초벌바름하기 전에 마감두께를 균등하게 할 목적으로 모르타르 등으로 미리 요철을 조정하는 것
(2) **실러바름** : 바탕의 흡수 조정, 바름재와 바탕재의 접착력 증진 등을 위하여 합성수지 에멀션 희석액 등을 바탕에 바르는 것

04 굳지 않은 콘크리트가 경화할 때 수분 증발량이 블리딩량을 초과할 경우 인장응력에 의해 콘크리트 표면에 발생하는 균열이다.

05 ① 강도 저하 ② 재료분리
③ 블리딩현상 ④ 건조수축

06 ① 공사원가 ② 일반관리비
③ 직접노무비

07 ① 제재 ② 마무리

08 가. **숏크리트** : 압축공기로 모르타르를 뿜칠하여 시공하는 공법으로 뿜칠 콘크리트라고도 한다.
나. **장점** : 거푸집이 불필요하고 급속 시공이 가능하며, 곡면 시공이 가능하다.
다. **단점** : 리바운딩이 되기 쉽고, 평활한 표면이 곤란하다.

09 ㉮, ㉱, ㉲

10 (1) **타설 공법** : 콘크리트, 경량콘크리트
(2) **조적 공법** : 벽돌, 콘크리트블록, 경량콘크리트블록, 돌
(3) **미장 공법** : 철망 모르타르, 철망 파라이트 모르타르

11

구분	수량산출근거	계
1. 콘크리트량	(1) 기둥 ① 1층(C_1) : $0.3\times0.3\times(3.3-0.13)\times9EA=2.568m^3$ ② 2층(C_1) : $0.3\times0.3\times(3.0-0.13)\times9EA=2.325m^3$ (2) 보 ① 1층+2층(G_1) : $0.3\times(0.6-0.13)\times5.7\times12EA=9.644m^3$ ② 1층+2층(G_2) : $0.3\times(0.6-0.13)\times4.7\times12EA=7.952m^3$ (3) 슬래브 1층+2층(S_1) : $12.3\times10.3\times0.13\times2EA=32.939m^3$ ∴ 합계 : $2.568+2.325+9.644+7.952+32.939$ $=55.428 \rightarrow 55.43m^3$	$55.43m^3$
2. 거푸집면적	(1) 기둥 ① 1층(C_1) : $(0.3+0.3)\times2\times(3.3-0.13)\times9EA=34.236m^2$ ② 2층(C_1) : $(0.3+0.3)\times2\times(3.0-0.13)\times9EA=30.996m^2$ (2) 보 ① 1층+2층(G_1) : $(0.6-0.13)\times5.7\times12EA\times2=64.296m^2$ ② 1층+2층(G_2) : $(0.6-0.13)\times4.7\times12EA\times2=53.016m^2$ (3) 슬래브 1층+2층(S_1) : $\{12.3\times10.3+(12.3+10.3)\times2\times0.13\}\times2EA$ $=265.132m^2$ ∴ 합계 : $34.236+30.996+64.296+53.016+265.132$ $=447.676 \rightarrow 447.68m^2$	$447.68m^2$

12 가. **언더피닝** : 굴착공사 중 기존건물의 지반이 연약할 경우 기존건물의 기초, 지정을 보강하는 공법
나. **종류**
① 2중 널말뚝 공법
② 현장타설 콘크리트말뚝 공법
③ 강재말뚝 공법
④ 모르타르 및 약액주입 공법

13 ① 충격식 보링
② 회전식 보링
③ 오거 보링
④ 수세식 보링

14 ① 골재의 비중(G) : $G=2.65$

② 단위용적 중량(M) : $M=1.60\text{tf/m}^3$

③ $\text{공극률}=\dfrac{(G\times0.999)-M}{G\times0.999}\times100$

$=\dfrac{(2.65\times0.999)-1.60}{2.65\times0.999}\times100=39.56\%$

15 ① 지상, 지하 동시 작업으로 공기단축

② 전천후 시공 가능

③ 1층 슬래브를 부분적으로 선시공함으로써 작업 공간 활용 가능

④ 인접건물에 악영향이 적음

⑤ 굴착소음방지 및 분진방지

⑥ 흙막이의 우수한 안정성

⑦ 가설 버팀대의 설치 및 해체 공정이 없음

16 (1) 장점

① 단위시간당 타격횟수가 많다.

② 타격력이 크다.

③ 파일 박는 속도가 빨라 능률적이다.

④ 설치가 쉽고 연료 소비가 적다

⑤ 운전 조작이 쉽다

(2) 단점

① 설비비가 비싸고 유지비가 많이 든다.

② 수중 작업이 곤란하고 정비가 어렵다.

③ 소음, 진동이 크다.

17 ① 가압주입법 : 방부제 용액을 고기압(7~12기압)으로 가압 주입하여 방부처리

② 침지법 : 방부제 용액 중에 담가 공기를 차단하여 방부처리

③ 방부제칠 : 목재를 충분히 건조 후 솔 등으로 약제를 도포 및 뿜칠하여 방부처리

④ 표면탄화법 : 목재에서 균에게 양분을 제공하는 표면을 3~10mm 정도 태워 방부처리

18 가. 네트워크 공정표

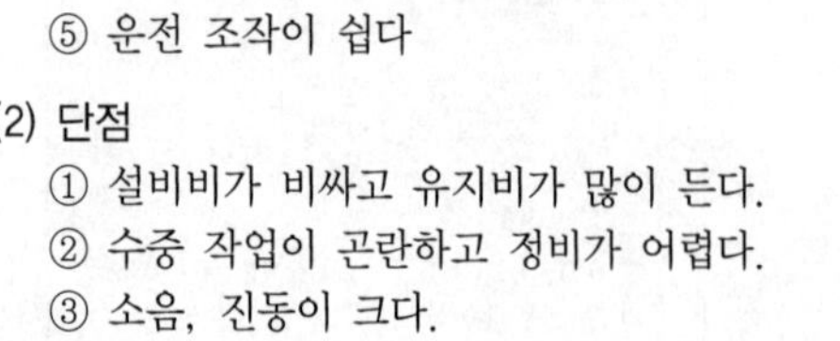

나. 여유시간

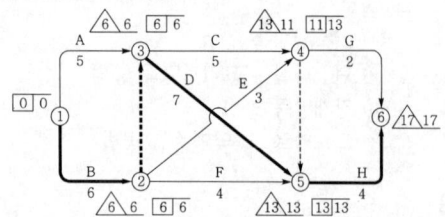

작업명	TF	FF	DF	CP
A	1	1	0	
B	0	0	0	*
C	2	0	2	
D	0	0	0	*
E	4	2	2	
F	3	3	0	
G	4	4	0	
H	0	0	0	*

19 $t_e=\dfrac{t_o+4t_m+t_p}{6}=\dfrac{4+4\times7+8}{6}=6.67\text{일}$

20 (1) 등가직사각형 블록의 깊이 a

$$a=\frac{A_s f_y}{0.85 f_{ck} b}=\frac{1{,}500\times400}{0.85\times27\times300}=87.1\text{ mm}$$

(2) 단면의 검토와 강도감소계수 ϕ

$\phi=0.85$

(3) 설계 휨강도 $M_d=\phi M_n$

$$M_d=\phi M_n=\phi A_s f_y\left(d-\frac{a}{2}\right)$$

$$=0.85\times1{,}500\times400\times\left(500-\frac{87.1}{2}\right)$$

$$=232.79\times10^6\text{ N}\cdot\text{mm}=232.79\text{ kN}\cdot\text{m}$$

(4) 계수하중에 의한 소요 휨강도 M_u

$$M_u=\frac{P_u l}{4}+\frac{w_u l^2}{8}=\frac{P_u\times6}{4}+\frac{5\times6^2}{8}$$

$$=1.5P_u+22.5\text{ kN}\cdot\text{m}$$

(5) 최대 계수집중하중의 산정

$M_u\le M_d=\phi M_n$

$M_u=1.5P_u+22.5\text{ kN}\cdot\text{m}\le$

$M_d=\phi M_n=232.79\text{ kN}\cdot\text{m}$

$\therefore\ P_u\le140.19\text{kN}$

따라서 최대 계수집중하중 $P_{u,\max}=140.19\text{kN}$이다.

21 (1) β_1의 결정

$f_{ck}\le40\text{ MPa}$이므로 $\beta_1=0.80$

(2) 등가직사각형 블록의 깊이 a의 산정과 중립축의 위치

$$a=\frac{A_s f_y}{0.85 f_{ck} b}=\frac{2{,}000\times400}{0.85\times30\times1{,}500}=20.9\text{ mm}$$

따라서 $a=20.9\text{ mm}\le h_f=200\text{ mm}$이므로 이 보의 중립축은 플랜지에 위치하며, 유효너비 $b=1{,}500\text{ mm}$를 단면의 너비로 하는 직사각형 보가 된다.

(3) 압축연단에서 중립축까지의 거리 c 산정
등가직사각형 응력블록의 깊이 $a=\beta_1 c$로부터 산정한다.

$$c=\frac{a}{\beta_1}=\frac{20.9}{0.80}=26.2\,\text{mm}$$

22 (1) 집중하중이 작용할 경우 처짐

$$\Delta_B=\frac{Pl^3}{3EI} \quad (\text{상향})$$

(2) 등분포하중이 작용할 경우 처짐

$$\Delta_B=-\frac{wl^4}{8EI} \quad (\text{하향})$$

(3) 점 B의 처짐이 영(0)이 되기 등분포하중의 크기

$$\Delta_B=\frac{Pl^3}{3EI}-\frac{wl^4}{8EI}=0$$

$$\frac{Pl^3}{3EI}=\frac{wl^4}{8EI}$$

$$\therefore\ w=\frac{8P}{3l}=\frac{8\times3}{3\times8}=1\,\text{kN/m}$$

23 $f_{ck}\le 40\,\text{MPa}$인 경우, $\Delta f=4\,\text{MPa}$

$f_{cm}=f_{ck}+\Delta f=30+4=34\,\text{MPa}$

$E_c=8{,}500\sqrt[3]{f_{cm}}=8{,}500\sqrt[3]{34}=27{,}536.7\,\text{MPa}$

24

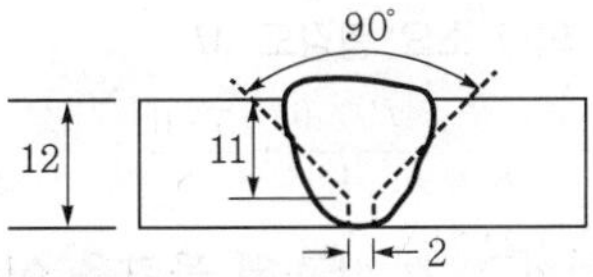

참고 실형(의미)
① V형 완전용입 그루브용접
② 이음부 판두께(T) : 12mm
③ 개선깊이(D) : 11mm
④ 루트간격(G) : 2mm
⑤ 개선각도(α) : 90°
⑥ 루트면(R) : 1mm

25 고장력볼트의 미끄럼 한계상태에 대한 설계미끄럼 강도 검토

(1) 고장력볼트 1개의 미끄럼 한계상태에 내한 실계 미끄럼 강도 ϕR_n 산정

$\phi R_n=\phi\,\mu\,h_{sc}\,T_o\,N_s$

$\phi=1.0$ (사용성 한계상태에서 미끄럼방지를 위한 마찰접합의 검토)

$\mu=0.5$

$h_{sc}=1.0$ (표준구멍)

$T_o=200\,\text{kN}$

$N_s=1$ (1면 전단)

$\phi R_n=\phi\,\mu\,h_{sc}\,T_o\,N_s=1.0\times0.5\times1.0\times200\times1$
$=100\,\text{kN}$

(2) 고장력볼트 5개에 대한 설계미끄럼강도 검토

$P_u=450\,\text{kN}$

$\phi R_n=5\times100=500\,\text{kN}$

$P_u=450\,\text{kN}\le\phi R_n=5\times100=500\,\text{kN}$

$\therefore$ 고장력볼트 개수는 적절하다.

2014년 3회(2014.11.1 시행)

01 다음 그림에서 한 층분의 물량을 산출하시오. (16점)

• 부재치수(단위 : mm)	• 전 기둥(C_1) : 500×500	• 슬래브두께(t) : 120
• G_1, G_2 : 400×600	• G_3 : 400×700 • B_1 : 300×600	
• 층고 : 3,600		

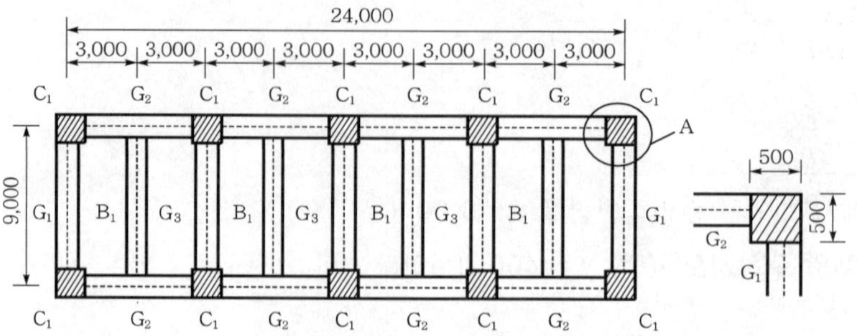

【평면도】 【A부분 상세도】

(1) 전체 콘크리트량(m^3)

(2) 전체 거푸집 면적(m^2)

(3) 시멘트(포대 수), 모래(m^3), 자갈량(m^3)을 계산하시오.(단, (1)항에 의거 산출된 물량을 이용하되 배합비는 1 : 3 : 6이며, 약산식을 사용한다.)

02 건설업의 TQC에 이용되는 도구 중 다음을 설명하시오. (4점)

① 파레토도 : ____________________

② 특성요인도 : ____________________

③ 층별 : ____________________

④ 산점도 : ____________________

03 VE의 사고방식 4가지를 쓰시오. (4점)

① ____________________ ② ____________________

③ ____________________ ④ ____________________

04 커튼월 공사에서 구조체의 층간변위, 커튼월의 열팽창, 변위 등을 해결하는 긴결 방법 3가지를 기술하시오. (3점)

① ______________ ② ______________ ③ ______________

05 휨부재에서 최외단 순인장변형률 $\varepsilon_t = 0.0040$일 때 기타철근을 사용한 압축부재에 대한 강도감소계수 ϕ를 구하시오. (단, $f_y = 400\text{MPa}$이다.) (4점)

____

06 BOT(Build-Operate-Transfer-Contact) 방식을 설명하시오. (3점)

____

____

07 주열식 지하연속벽 공법의 특징 4가지를 쓰시오. (4점)

① ____________________ ② ____________________

③ ____________________ ④ ____________________

08 **프리스트레스트 콘크리트에서 다음 항에 대해서 간단하게 기술하시오. (4점)**

가. 프리텐션(Pre-tension)방식 : ______________________________

____

나. 포스트텐션(Post-tension)방식 : ______________________________

____

09 **다음 계측기의 종류에 맞는 용도를 골라 줄로 이으시오 (6점)**

(종류)	(용도)
① Piezometer •	• ㉮ 하중 측정
② Inclinometer •	• ㉯ 인접건물의 기울기 측정
③ Load Cell •	• ㉰ Strut 변형측정
④ Extension Meter •	• ㉱ 지중 수평변위 측정
⑤ Strain Gauge •	• ㉲ 지중 수직변위 측정
⑥ Tiltmeter •	• ㉳ 간극수압의 변화 측정

10 **다음은 지반의 종류와 허용지내력을 나타내고 있다. ( )에 적당한 지내력과 단기허용지내력과 장기허용지내력의 관계를 쓰시오. (5점)**

가. 장기허용지내력도

① 경암반 (㉮) kN/m^2

② 연암반 (㉯) kN/m^2

③ 자갈과 모래와의 혼합물 (㉰) kN/m^2

④ 모래 (㉱) kN/m^2

나. 단기허용지내력도

단기허용지내력도=장기허용지내력도×(㉲)

㉮ ______________ ㉯ ______________ ㉰ ______________

㉱ ______________ ㉲ ______________

11 벽타일 붙이기 시공순서를 쓰시오. (4점)

① 바탕처리	② (㉮)	③ (㉯)
④ (㉰)	⑤ (㉱)	

㉮ ______________________ ㉯ ______________________

㉰ ______________________ ㉱ ______________________

12 다음 콘크리트 공사용 거푸집에 대하여 설명하시오. (3점)

가. 슬라이딩폼(Sliding Form) : ______________________

나. 와플폼(Waffle Form) : ______________________

다. 터널폼(Tunnel Form) : ______________________

13 그림과 같은 하중을 받는 단순보에서 단면 150 mm × 300 mm의 각재를 사용했을 때, 각재에 생기는 최대 휨응력은? (단, 목재는 결함 없는 균질의 단면이다.) (3점)

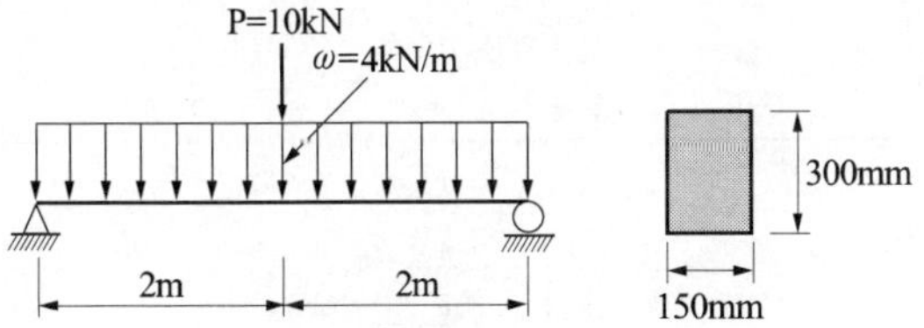

14 매스콘크리트 수화열 저감대책(온도균열 기본대책)을 3가지 쓰시오. (3점)

① ______________________________

② ______________________________

③ ______________________________

15 강구조 시공에서 발생할 수 있는 용접결함을 3가지 쓰시오. (3점)

① ______________________________

② ______________________________

③ ______________________________

16 다음 그림과 같은 강구조의 보-기둥의 모멘트 접합부 상세이다. 기호로 지적된 부분의 명칭을 적으시오. (3점)

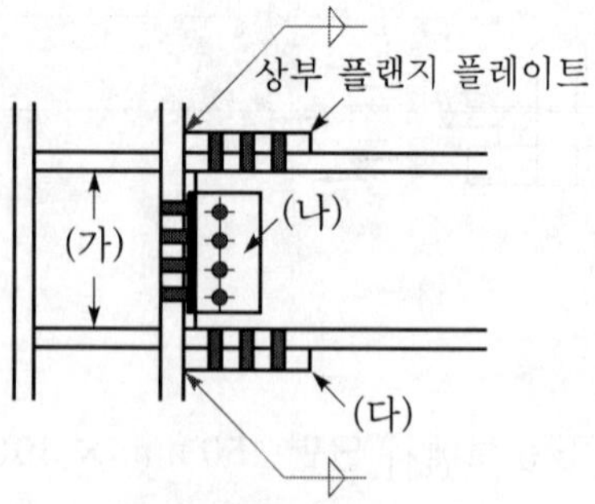

【기둥-보의 접합부】

가. ______________ 나. ______________ 다. ______________

17 다음 도형에서 x축에 대한 단면2차 모멘트는 얼마인가? (3점)

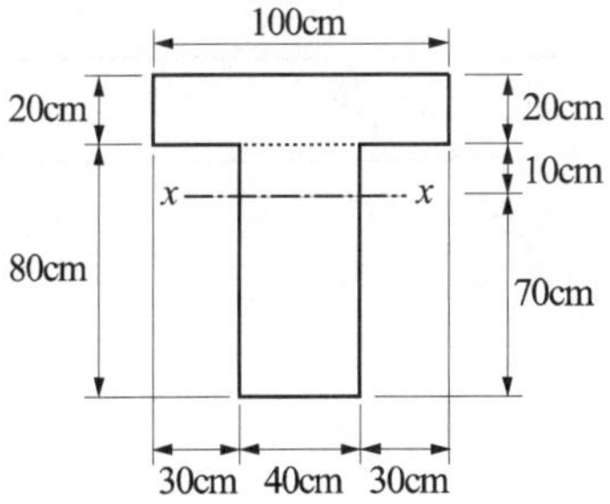

---

18 다음 그림과 같은 접합에서 접합부의 힘의 작용형태에 따른 명칭을 쓰시오. (6점)

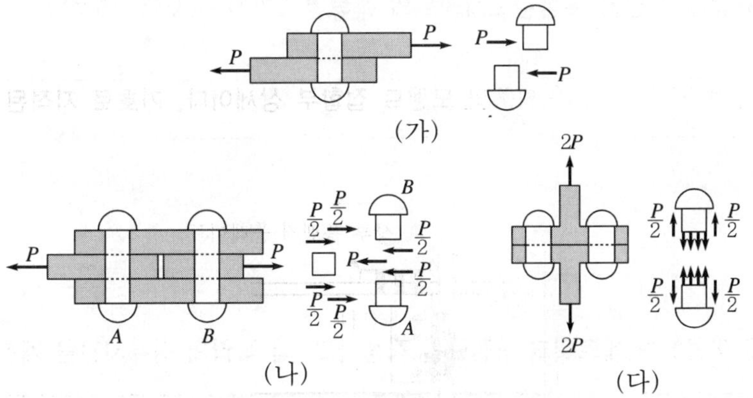

(가) ______ (나) ______ (다) ______

19 조적구조를 바탕으로 하는 지상부 건축물의 외부벽면 방수 방법의 내용을 3가지 쓰시오. (3점)

① ______

② ______

③ ______

20 다음 용어를 설명하시오. (4점)

가. 블리딩 :

나. 레이턴스 :

21 지반개량 공법 중 샌드드레인 공법에 대하여 기술하시오. (4점)

22 KS L 5201 규정에서 정한 포틀랜드시멘트의 종류를 5가지 쓰시오. (5점)

① ② ③

④ ⑤

23 다음 데이터를 이용하여 네트워크 공정표를 작성하고, 각 작업의 여유시간을 계산하시오. (10점)

작업명	작업일수	선행작업	비고
A	5	없음	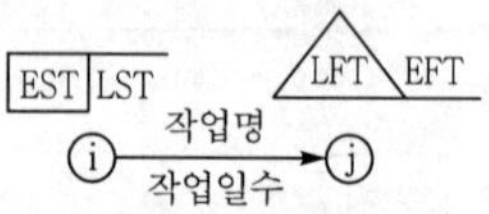 로 일정 및 작업을 표기하고, 주공정선은 굵은선으로 표기한다. 또한 여유시간 계산시는 각 작업의 실제적인 의미의 여유시간으로 계산한다.(더미의 여유시간은 고려하지 않을 것)
B	2	없음	
C	4	없음	
D	4	A, B, C	
E	3	A, B, C	
F	2	A, B, C	

가. 네트워크 공정표

나. 여유시간

24 플랫슬래브(플레이트) 구조에서 2방향 전단에 대한 보강방법을 4가지 적으시오. (4점)

① ____________________

② ____________________

③ ____________________

④ ____________________

2014년 3회 해설 및 정답

01

구분	수량산출근거	계
1. 전체 콘크리트량	(1) 기둥 : $0.5\times0.5\times(3.6-0.12)\times10EA$ $=8.70m^3$ (2) 보 ① G_1 : $0.4\times(0.6-0.12)\times8.4\times2EA=3.226m^3$ ② $G_2(l_0=5.45)$: $0.4\times(0.6-0.12)\times5.45\times4EA=4.186m^3$ ③ $G_2(l0=5.5)$: $0.4\times(0.6-0.12)\times5.5\times4EA=4.224m^3$ ④ G_3 : $0.4\times(0.7-0.12)\times8.4\times3EA=5.846m^3$ ⑤ B_1 : $0.3\times(0.6-0.12)\times8.6\times4EA=4.954m^3$ ∴ 소계 : $3.226+4.186+4.224+5.846+4.954$ $=22.436m^3$ (3) 슬래브 : $9.4\times24.4\times0.12=27.523m^3$ ∴ 합계 : $8.70+22.436+27.523$ $=58.659 \rightarrow 58.66m^3$	$58.66m^3$
2. 거푸집면적	(1) 기둥 : $(0.5+0.5)\times2\times(3.6-0.12)\times10EA$ $=69.60m^2$ (2) 보 ① G_1 : $(0.6-0.12)\times8.4\times2sides\times2EA=16.128m^2$ ② $G_2(l0=5.45)$: $(0.6-0.12)\times5.45\times2\times4EA=20.928m^2$ ③ $G_2(l0=5.5)$: $(0.6-0.12)\times5.5\times2\times4EA=21.120m^2$ ④ G_3 : $(0.7-0.12)\times8.4\times2\times3EA=29.232m^2$ ⑤ B_1 : $(0.6-0.12)\times8.6\times2\times4EA=33.024m^2$ ∴ 소계 : $16.128+20.928+21.120+29.232$ $+33.024=120.432m^2$ (3) 슬래브 : $9.4\times24.4+(9.4+24.4)\times2\times0.12$ $=237.472m^2$ ∴ 합계 : $69.60+120.432+237.472$ $=427.504 \rightarrow 427.50m^2$	$427.50m^2$
3. 시멘트량·모래량·자갈량	(1) 콘크리트 $1m^3$당 재료량(1 : 3 : 6) $V=1.1m+0.57n$ $=1.1\times3+0.57\times6=6.72m^3$ (2) 전체 시멘트의 소요량 $C=\dfrac{37.5}{V}\times$전체 콘크리트물량 $=\dfrac{37.5}{6.72}\times58.66=327.3 \rightarrow 328$포대	328포대
3. 시멘트량·모래량·자갈량	(3) 모래량 $S=\dfrac{m}{V}\times$전체 콘크리트물량 $=\dfrac{3}{6.72}\times58.66$ $=26.188 \rightarrow 26.19m^3$	$26.19m^3$
3. 시멘트량·모래량·자갈량	(4) 자갈량 $G=\dfrac{n}{V}\times$전체 콘크리트물량 $=\dfrac{6}{6.72}\times58.66$ $=52.375 \rightarrow 52.38m^3$	$52.38m^3$

참고

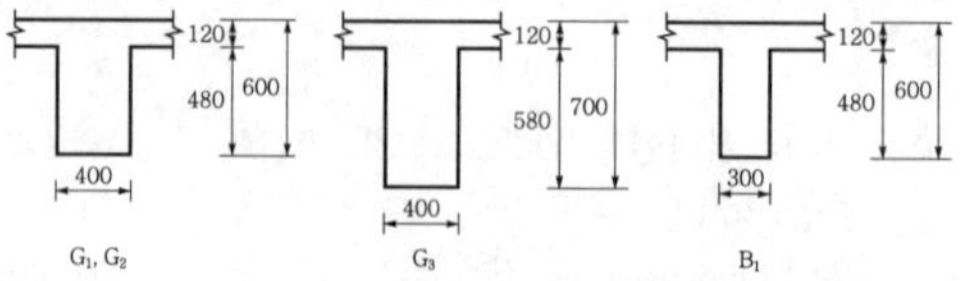

【보 단면치수 상세】

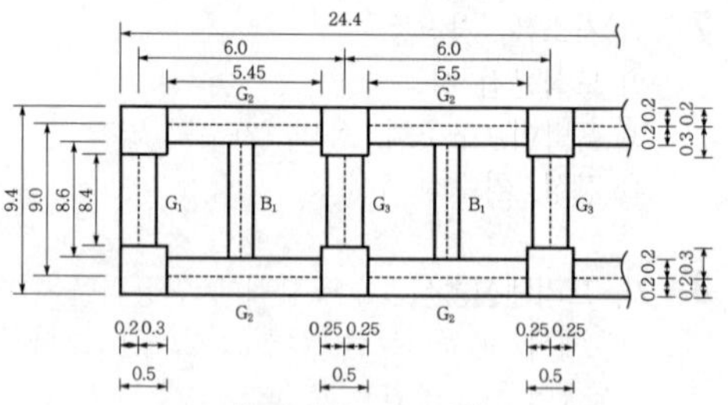

【평면치수 상세】

02
① 파레토도 : 불량 등 발생건수를 분류 항목별로 나누어 크기 순서대로 나누어 놓은 그림
② 특성요인도 : 결과에 원인이 어떻게 관계하고 있는가를 한눈으로 알 수 있도록 작성한 그림
③ 층별 : 집단을 구성하고 있는 많은 데이터를 어떤 특징에 따라 몇 개의 부분집단으로 나누는 것
④ 산점도 : 대응되는 2개의 짝으로 된 데이터를 그래프 용지 위에 점으로 나타낸 그림

03
① 고정관념의 제거
② 사용자중심의 사고
③ 기능중심의 접근
④ 조직적 노력

04 ① 슬라이드방식
② 회전방식
③ 고정방식

05 ① 압축지배 변형률 한계 :
$\epsilon_y = 0.0020$ (SD400, $f_y = 400$MPa인 경우)
② 인장지배 변형률 한계 :
$\epsilon_u = 0.0050$ (SD400, $f_y = 400$MPa인 경우)
③ 단면의 구분 :
$\epsilon_y = 0.0020 \leq \epsilon_t = 0.0040 \leq \epsilon_u = 0.0050$이므로
변화구간 단면
④ 따라서 강도감소계수 ϕ는 다음과 같다.

$$\phi = 0.65 + (\epsilon_t - 0.0020) \times \frac{200}{3}$$
$$= 0.65 + (0.0040 - 0.0020) \times \frac{200}{3} = 0.783$$
$$\therefore \ \phi = 0.78$$

06 사회간접시설의 확충을 위해 민간이 자금조달과 시설 준공(Build) → 민간이 투자비 회수를 위해 일정기간 운영(Operate) → 소유권을 정부에 이전(Transfer)

07 ① 저소음, 저진동
② 도심근접 시공 유리
③ 흙막이, 구조체, 옹벽, 차수벽 역할
④ 강성, 차수성 우수

08 가. **프리텐션방식** : PS 강재에 인장력을 가한 상태에서 콘크리트를 타설, 경화한 후에 긴장을 풀어주는 방법
나. **포스트텐션방식** : 콘크리트를 쳐서 경화한 후에 미리 묻어둔 시스관 내에 PS 강재를 삽입하여 긴장시킨 후 정착하고 그라우팅하는 방법

09 ① ㉳ ② ㉱
③ ㉮ ④ ㉲
⑤ ㉰ ⑥ ㉯

10 ㉮ 4,000 ㉯ 2,000
㉰ 200 ㉱ 100
㉲ 2

11 ㉮ 타일나누기 ㉯ 벽타일 붙이기
㉰ 치장줄눈 ㉱ 보양

12 가. **슬라이딩폼** : 사일로, 교각, 건물의 코어부분 등 단면형상의 변화가 없는 수직으로 연속된 콘크리트 구조물에 사용되는 거푸집
나. **와플폼** : 격자천장형식을 만들 때 사용되는 거푸집
다. **터널폼** : ㄱ자형, ㄷ자형의 기성재 거푸집으로 아파트공사에 주로 사용되는 거푸집

13
$$M_{max} = \frac{wl^2}{8} + \frac{Pl}{4} = \frac{4\times4^2}{8} + \frac{10\times4}{4} = 18\,\text{kN}\cdot\text{m}$$
$$= 18\times10^6\ \text{N}\cdot\text{mm}$$
$$Z = \frac{bh^2}{6} = \frac{150\times300^2}{6} = 2.25\times10^6\ \text{mm}^3$$
$$\therefore \sigma_{max} = \frac{M_{max}}{Z} = \frac{18\times10^6}{2.25\times10^6} = 8\ \text{N/mm}^2(\text{MPa})$$

14 ① 수화열이 낮은 시멘트(중용열 시멘트)를 사용한다.
② 단위시멘트량을 적게 한다.
③ 단위수량을 적게 한다.
④ AE 감수제 지연형, 감수제 지연형을 사용하여 수화반응을 억제한다.
⑤ 굵은골재의 최대 치수를 크게 한다.
⑥ 프리쿨링, 파이프쿨링 등의 냉각 방법을 사용한다.

15 ① 크랙
② 공기구멍
③ 슬래그 감싸들기
④ 언더컷
⑤ 오버랩
⑥ 크레이터
⑦ 용입부족

16 가. 스티프너
나. 전단 플레이트
다. 하부 플랜지 플레이트

17
$$I_x = \frac{100\times20^3}{12} + (100\times20)\times\left(\frac{20}{2}+10\right)^2 + \frac{40\times80^3}{12}$$
$$+ (40\times80)\times\left(70-\frac{80}{2}\right)^2 = 5,453,333\ \text{cm}^4$$

18 (가) 1면 전단접합
(나) 2면 전단접합
(다) 인장접합

19 ① 피막도표 질(도막방수)
② 방수 모르타르바름
③ 타일, 판돌붙임(수밀재 붙임)

20 가. 블리딩 : 아직 굳지 않은 시멘트 풀, 모르타르 및 콘크리트에 있어서 물이 윗면에 스며 오르는 현상이다.

나. 레이턴스 : 콘크리트를 부어 넣은 후 블리딩 수의 증발에 따라 그 표면에 나오는 백색의 미세한 물질이다.

21 연약 점토질지반에서 탈수를 이용해 지반을 개량하기 위한 공법으로 지반에 구멍을 뚫고 모래를 넣은 후, 성토 및 기타 하중을 가하여 점토질 지반을 압밀함으로써 탈수하는 방법

22 ① 보통 포틀랜드시멘트
② 중용열 포틀랜드시멘트
③ 조강 포틀랜드시멘트
④ 저열 포틀랜드시멘트
⑤ 내황산염 포틀랜드시멘트

23 가. 네트워크 공정표

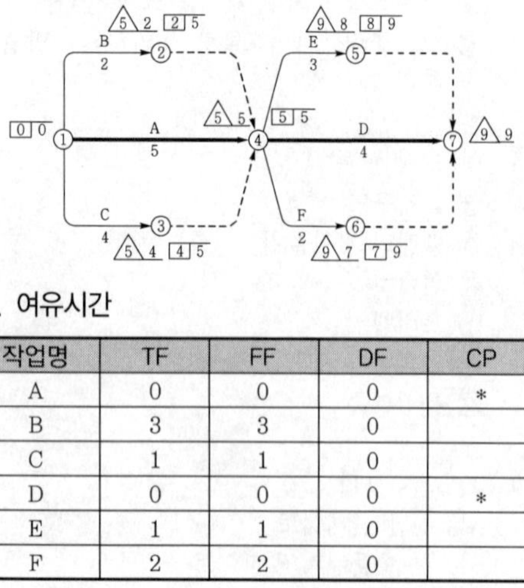

나. 여유시간

작업명	TF	FF	DF	CP
A	0	0	0	*
B	3	3	0	
C	1	1	0	
D	0	0	0	*
E	1	1	0	
F	2	2	0	

(주) 1. B, C작업에 대한 후속작업의 EST는 넘버링 더미에 의해 D, E, F작업의 EST인 [5]가 된다.
2. E작업에 대한 후속작업의 EST는 △9가 된다.

24 ① 슬래브의 두께를 두껍게 한다.
② 기둥머리에 지판(drop panel)을 배치한다.
③ 기둥의 크기를 증가시키거나 기둥머리를 배치해서 주변길이 b_0를 증가시킨다.
④ 전단보강철근을 배치한다.
(주) 민창식, 「철근콘크리트공학」, 구미서관, 2010, p.742.

2015년 1회(2015.4.18 시행)

01 다음 도면에서 기둥의 주철근 및 띠철근의 철근량 합계를 산출하시오. (단, 층고는 3.6m, 주철근의 이음길이는 25d, 철근의 중량은 D22는 3.04kg/m, D19는 2.25kg/m, D10은 0.56kg/m로 한다.) (4점)

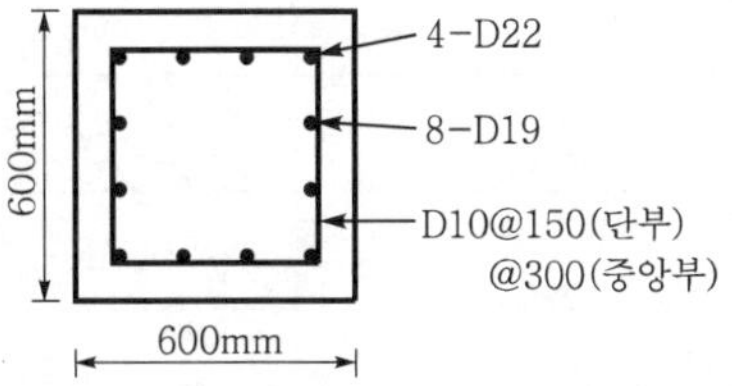

02 건축공사표준시방서에서 정한 거푸집의 존치기간에 대한 내용이다. (　　) 안을 채우시오. (4점)

> 기초, 보, 기둥, 벽 등의 측면 거푸집널의 존치기간은 콘크리트의 압축강도가 (①) MPa 이상에 도달한 것이 확인될 때까지로 한다. 다만, 거푸집널 존치기간 중 평균기온이 10℃ 이상 20℃ 미만이고 보통 포틀랜드시멘트를 사용한 경우는 콘크리트 재령 (②)일이 경과하면 압축강도시험을 하지 않고도 해체할 수 있다.

① ______________________ ② ______________________

03 흙의 전단강도 식을 쓰고, 각 기호가 나타내는 것을 쓰시오. (4점)

04 휨부재에서 최외단 순인장변형률 $\varepsilon_t = 0.0040$일 때 기타 철근을 사용한 압축부재에 대한 강도감소계수 ϕ를 구하시오. (단, $f_y = 400\text{MPa}$이다.) (4점)

______

05 가치공학의 기본추진절차를 4단계로 구분하여 쓰시오. (4점)

① ______

② ______

③ ______

④ ______

06 다음 도면을 보고 옥상방수면적(m^2), 누름콘크리트량(m^3), 보호벽돌량(매)을 구하시오. (단, 벽돌의 규격은 190×90×57이며, 할증률은 5%이다.) (6점)

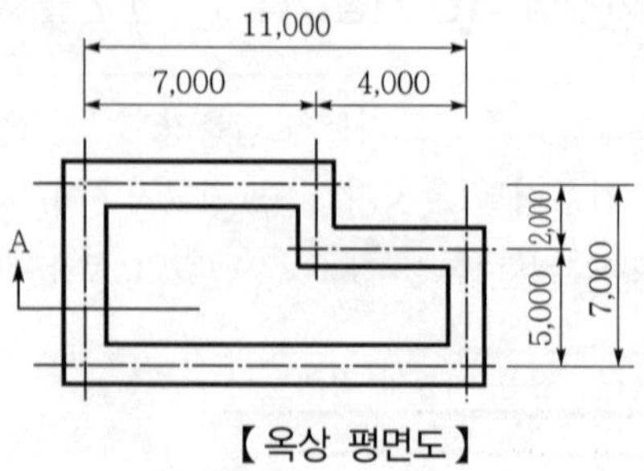

【옥상 평면도】

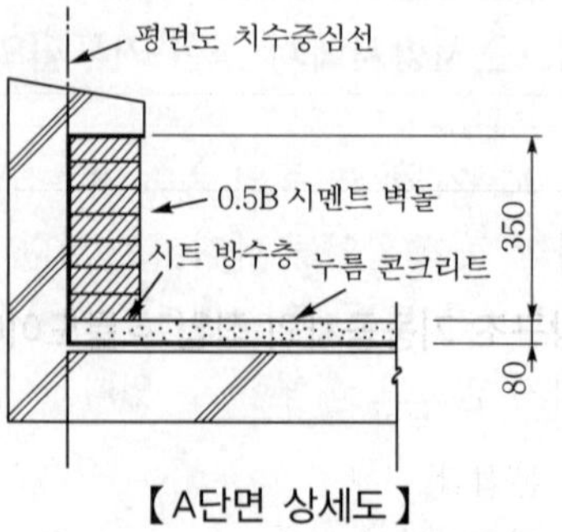

【A단면 상세도】

가. 옥상 방수면적(m^2) : ______

나. 누름 콘크리트량(m^3) : ______

다. 보호 벽돌량(매) : ______

07 기성콘크리트말뚝을 사용한 기초공사에 사용 가능한 무소음, 무진동 공법을 3가지 쓰시오. (3점)

① ______

② ______

③ ______

08 **다음 금속공사에 이용되는 철물이 뜻하는 용어를 | 보기 | 에서 골라 그 번호를 쓰시오. (4점)**

| 보기 |

① 철선을 꼬아 만든 철망
② 얇은 철판에 각종 모양을 도려낸 것
③ 벽, 기둥의 모서리에 대어 미장바름을 보호하는 철물
④ 테라초 현장갈기의 줄눈에 쓰이는 것
⑤ 얇은 철판에 자름금을 내어 당겨 늘린 것
⑥ 연강철선을 직교시켜 전기용접한 것
⑦ 천정, 벽 등의 이음새를 감추고 누르는 것

㉮ 와이어라스 : ______________ ㉯ 메탈라스 : ______________

㉰ 와이어메시 : ______________ ㉱ 펀칭메탈 : ______________

09 **기초구조물의 부동침하 방지대책 4가지를 쓰시오. (4점)**

① ______________

② ______________

③ ______________

④ ______________

10 **다음은 강구조 기둥공사의 작업 흐름도이다. 알맞은 번호를 | 보기 | 에서 골라 ( )를 채우시오. (4점)**

| 보기 |

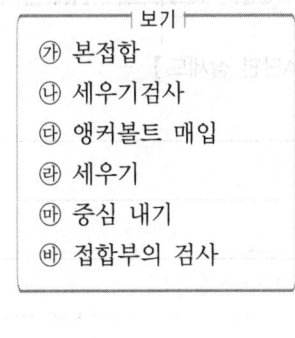

㉮ 본접합
㉯ 세우기검사
㉰ 앵커볼트 매입
㉱ 세우기
㉲ 중심 내기
㉳ 접합부의 검사

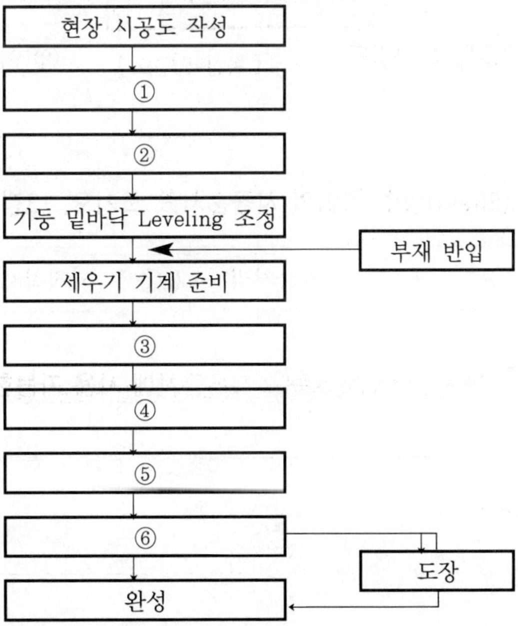

① ______________ ② ______________ ③ ______________

④ ______________ ⑤ ______________ ⑥ ______________

11 대형 시스템 거푸집 중에서 갱폼(Gang Form)의 장단점을 각각 2가지씩 쓰시오. (4점)

가. 장점

① ______________ ② ______________

나. 단점

① ______________ ② ______________

12 다음 데이터를 이용하여 네트워크 공정표를 작성하고, 각 작업의 여유시간을 계산하시오. (10점)

작업명	작업일수	선행작업	비고
A	5	없음	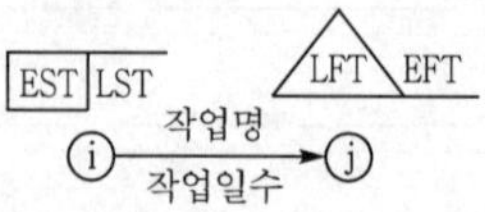 로 일정 및 작업을 표기하고, 주공정선은 굵은선으로 표기한다. 또한 여유시간 계산시는 각 작업의 실제적인 의미의 여유시간으로 계산한다.(더미의 여유시간은 고려하지 않을 것)
B	2	없음	
C	4	없음	
D	4	A, B, C	
E	3	A, B, C	
F	2	A, B, C	

① 네트워크 공정표 ② 여유시간

13 시트(Sheet)방수 공법의 시공순서를 쓰시오. (3점)

바탕처리 → (①) → 접착제 칠 → (②) → (③)

① ______________ ② ______________ ③ ______________

14 철근의 응력-변형률 곡선에서 해당하는 4개의 주요 영역과 6개의 주요 포인트에 관련된 용어를 쓰시오. (3점)

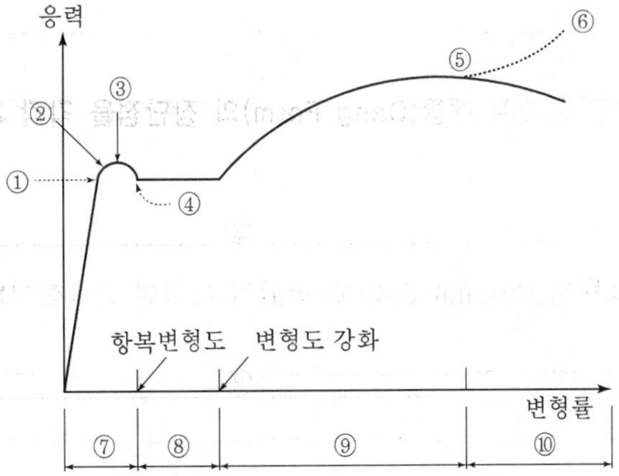

① ______________________ ② ______________________

③ ______________________ ④ ______________________

⑤ ______________________ ⑥ ______________________

⑦ ______________________ ⑧ ______________________

⑨ ______________________ ⑩ ______________________

15 목재에 가능한 방부처리법(난연처리법)을 4가지 쓰시오. (4점)

① ______________________ ② ______________________

③ ______________________ ④ ______________________

16 생콘크리트 측압에서 콘크리트헤드(Concrete Head)에 대하여 간략하게 쓰시오. (2점)

____

____

17 지하구조물 축조 시 인접구조물의 피해를 막기 위해 실시하는 언더피닝(Under pinning) 공법의 종류 4가지를 쓰시오. (4점)

① ______________ ② ______________

③ ______________ ④ ______________

18 강구조에서 칼럼쇼트닝(Column Shortening)에 대하여 기술하시오. (3점)

____

____

19 다음 용어를 간단히 설명하시오. (4점)

가. 물시멘트비(W/C) : ______________

나. 침입도 : ______________

20 다음 철근의 인장강도(MPa) 시험 결과 데이터를 이용하여 표본분산(σ^2)을 구하시오. (4점)

[Data] 460, 540, 450, 490, 470, 500, 530, 480, 490

____

____

21 조적재 쌓기 시공 시 기준이 되는 세로규준틀의 설치위치 1개소와 표시하는 사항 2가지를 쓰시오. (3점)

가. 세로규준틀의 설치위치 : ______________

나. 세로규준틀의 기입사항

① ______________ ② ______________

22 다음 (　　) 안에 알맞은 용어를 쓰시오. (3점)

> 가설공사에 사용되는 고정용 부속철물 중 클램프의 종류에는 (①), (②)이(가) 있으며, 지반에 사용되는 철물에는 (③)가 있다.

① ________ ② ________ ③ ________

23 다음에 설명된 타일붙임 공법의 명칭을 쓰시오. (3점)

> ① 가장 오래된 타일붙이기 방법으로 타일 뒷면에 붙임 모르타르를 얹어 바탕 모르타르에 누르거나 하여 1매씩 붙이는 방법
> ② 평평하게 만든 바탕 모르타르 위에 붙임 모르타르를 만들고, 그 위에 타일을 두드려 누르거나 닿으면서 붙이는 방법
> ③ 평평하게 만든 바탕 모르타르 위에 붙임 모르타르를 바르고, 타일 뒷면에 붙임 모르타르를 얇게 두드려 누르거나, 비벼 넣으면서 붙이는 방법

① ________ ② ________ ③ ________

24 다음 설명에 해당하는 공법의 명칭을 쓰시오. (2점)

> 가설 스트럿(Strut)이 흙막이벽을 지지하지 않고 강구조 기둥과 보를 스트럿(버팀대)으로 활용하여 스트럿의 해체 없이 영구 강구조 지하구조물을 완성하는 공법

____

25 다음 그림과 같은 단면에 대한 x축 y축에 대한 단면2차 모멘트의 비 $\frac{I_x}{I_y}$는 얼마인가? (2점)

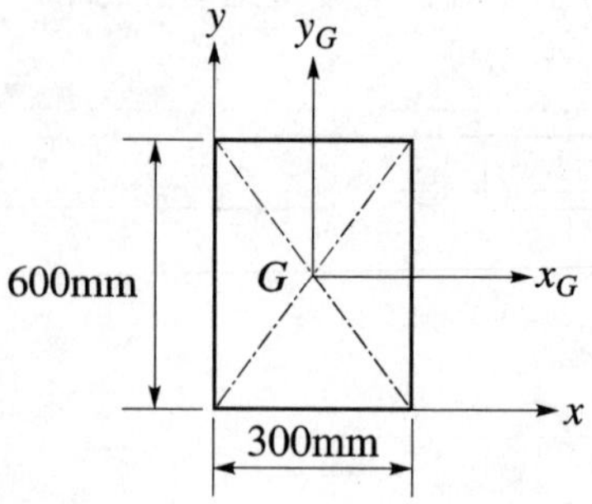

26 보의 유효깊이 $d=550$mm, 보의 폭 $b_w=300$mm인 보에서 스터럽이 부담할 전단력 $V_s=200$kN일 경우, 전단철근의 간격은? (단, 전단철근면적 $A_v=142\text{mm}^2$(2-D10), 스터럽의 설계기준 항복강도 $f_{yt}=400$MPa, 콘크리트 압축강도 $f_{ck}=24$MPa) (4점)

27 그림과 같은 단순보에서 최대 휨모멘트가 발생하는 지점의 위치는 A점으로부터 어느 곳에 있는가? (4점)

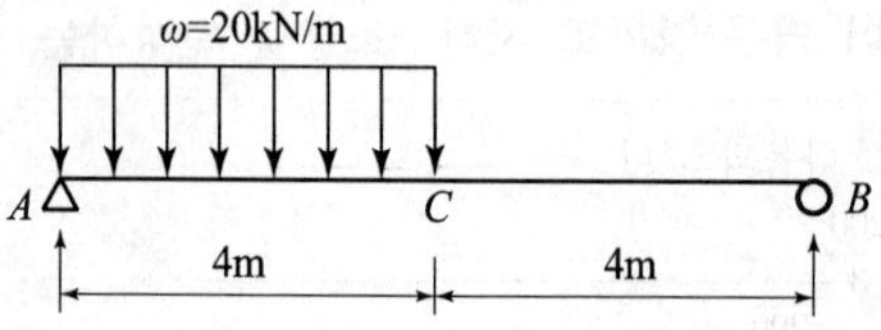

2015년 1회 해설 및 정답

01

구 분	수량 산출근거
기둥 주철근의 철근량	① D19 : 8EA×(3.6+25×0.019)×2.25 =73.350 → 73.35kg ② D22 : 4EA×(3.6+25×0.022)×3.04 =50.464 → 50.46kg ∴ 소계 : 73.35+50.46=123.81kg
띠철근 계산 (D10)	① 띠철근 길이=(0.6+0.6)×2=2.4m ② 띠철근 개수=(1.8/0.15)+(1.8/0.3)+1 =12+6+1=19EA ③ 띠철근 및 보조 띠철근 중량(D10) =2.4×19EA×0.56=25.54kg
합계	∴ 합계 : 123.81+25.54=149.35kg

02 ① 5
② 6(4)
(괄호 밖은 KCS 14 20 12 기준이고, 괄호 안은 KCS 21 50 05 기준이다.)

03 전단강도(τ)$=c+\sigma\tan\phi$

여기서, c : 점착력
$\tan\phi$: 마찰계수
ϕ : 내부마찰각
σ : 파괴면에 수직인 힘

04 ① 압축지배 변형률 한계 :
$\varepsilon_y=0.0020$ (SD400, $f_y=400\text{MPa}$인 경우)
② 인장지배 변형률 한계 :
$\varepsilon_u=0.0050$ (SD400, $f_y=400\text{MPa}$인 경우)
③ 단면의 구분 :
$\varepsilon_y=0.0020\le\varepsilon_t=0.0040\le\varepsilon_u=0.0050$이므로 변화구간 단면
④ 따라서 강도감소계수 ϕ는 다음과 같다.

$$\phi=0.65+(\epsilon_t-0.0020)\times\frac{200}{3}$$
$$=0.65+(0.0040-0.0020)\times\frac{200}{3}=0.783$$
$$\therefore\ \phi=0.78$$

05 ① 정보수집 및 기능분석단계
② 아이디어 창출단계
③ 대체안 평가 및 개발단계
④ 제안 및 실시단계

06

구 분	수량 산출근거	계
옥상 방수 면적	(7×2)+(11×5)+(11+7)×2 ×0.43=84.48m^2	84.48m^2
누름 콘크리트량	(7×2+11×5)×0.08=5.52m^3	5.52m^3
보호 벽돌량	{(11−0.09)+(7−0.09)}×2 ×0.35×75×1.05 =982.3 → 983매	983매

07 ① 프리보링 공법
② 수사법
③ 중굴 공법
④ 회전압입 공법

08 ㉮ ①
㉯ ⑤
㉰ ⑥
㉱ ②

09 ① 마찰말뚝을 사용할 것
② 지하실을 설치할 것
③ 경질지반에 지지할 것
④ 복합기초를 사용할 것

10 ① ㉲
② ㉰
③ ㉱
④ ㉯
⑤ ㉮
⑥ ㉳

11 가. 장점
① 조립, 해체가 생략되어 인력 절감
② 줄눈의 감소로 마감 단순화 및 비용 절감
③ 기능공의 기능도에 적은 영향

나. 단점
① 대형 양중 장비가 필요
② 초기 투자비 과다
③ 기능공의 교육 및 작업숙달기간이 필요

12 ① 네트워크 공정표

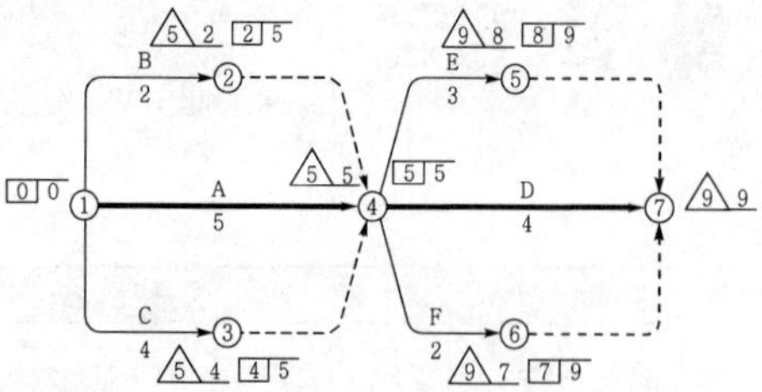

② 여유시간

작업명	TF	FF	DF	CP
A	0	0	0	*
B	3	3	0	
C	1	1	0	
D	0	0	0	*
E	1	1	0	
F	2	2	0	

(주) 1. B, C작업에 대한 후속작업의 EST는 넘버링 더미에 의해 D, E, F작업의 EST인 5 가 된다.
2. E작업에 대한 후속작업의 EST는 9 가 된다.

13 ① 프라이머 칠
② 시트붙이기
③ 마무리

14 ① 비례한계점(Proportional Limit Point)
② 탄성한계점(Elastic Limit Point)
③ 상항복점(Upper Yield Point)
④ 하항복점(Lower Yield Point)
⑤ 인장강도점(극한강도점, Ultimate Strength Point)
⑥ 파괴점(Fracture Point)
⑦ 탄성영역(Elastic Region)
⑧ 소성영역(Plastic Region 또는 Yielding)
⑨ 변형률경화영역(Strain Hardening)
⑩ 파괴영역(넥킹구간, Necking & Fracture)

15 ① 가압주입법
② 침지법
③ 방부제칠
④ 표면탄화법

16 타설된 콘크리트 윗면으로부터 최대 측압면까지의 거리

17 ① 2중 널말뚝 공법
② 현장타설 콘크리트말뚝 공법
③ 강재말뚝 공법
④ 모르타르 및 약액주입 공법

18 건축물이 초고층화, 대형화됨에 따라 강구조 기둥의 높이 증가와 하중의 증가로 인해 수직하중이 증대되어 발생되는 기둥의 수축량이다.

19 가. 물시멘트비(W/C) : 부어 넣기 직후의 모르타르 또는 콘크리트에 포함된 시멘트 페이스트 중의 시멘트에 대한 물의 중량 백분율
나. 침입도 : 아스팔트의 경도를 나타내는 기준으로 아스팔트의 양부를 결정하는 데 있어 가장 중요하다.

20 $\Sigma x = 460+540+450+490+470+500+530+480+490 = 4,410$

$n = 9$

① 평균치

$$\bar{x} = \frac{\Sigma x}{n} = \frac{4,410}{9} = 490.00$$

② 분산

㉠ 편차제곱합(S)

$$S = (460-490)^2+(540-490)^2+(450-490)^2+(490-490)^2+(470-490)^2+(500-490)^2+(530-490)^2+(480-490)^2+(490-490)^2 = 7,200$$

㉡ 분산(σ^2)

$$\sigma^2 = \frac{S}{n} = \frac{7,200}{9} = 800.00$$

21 가. 세로규준틀의 설치위치
① 건물의 모서리
② 벽의 교차부(구석)
③ 긴 벽의 중앙부

나. 세로규준틀의 기입사항
① 쌓기 단수(켜수)
② 줄눈의 위치
③ 창문틀의 위치 및 치수
④ 매입철물의 위치
⑤ 테두리보 및 인방보의 설치위치

22 ① 고정용 클램프
② 회전형 클램프
③ 베이스 플레이트

23 ① 떠붙임 공법
② 압착붙임 공법
③ 개량압착붙임 공법

24 SPS 공법

25 (1) x축에 대한 단면2차 모멘트 I_x

$$I_x = I_{xG} + Ay^2 = \frac{300 \times 600^3}{12} + (300 \times 600) \times 300^2$$
$$= 21,600 \times 10^6 \text{mm}^4$$

(2) y축에 대한 단면2차 모멘트 I_y

$$I_y = I_{yG} + Ax^2 = \frac{600 \times 300^3}{12} + (600 \times 300) \times 150^2$$
$$= 5,400 \times 10^6 \text{mm}^4$$

(3) 단면2차 모멘트의 비 $\frac{I_x}{I_y}$

$$\frac{I_x}{I_y} = \frac{21,600 \times 10^6}{5,400 \times 10^6} = 4.0$$

26 전단철근의 간격(s)

$$s = \frac{A_v f_{yt} d}{V_s} = \frac{142 \times 400 \times 550}{200 \times 10^3} = 156.20 \text{mm}$$

27 (1) 반력의 가정 : R_A, R_B, H_A

(2) 힘의 평형방정식으로부터 반력(R_A) 산정

① $\Sigma M = 0(+; \curvearrowleft)$

: $\Sigma M_B = R_A \times 8 - 20 \times 4 \times (2 \times 4) = 0$

$\therefore\ R_A = 60\text{kN}(\uparrow)$

(3) 최대 휨모멘트 발생 지점

최대 휨모멘트는 전단력이 영(0)인 곳에서 발생하므로 $V_x = R_A - \omega \times x = 60 - 20 \times x = 0$

$\therefore\ x = 3\text{m}$

2015년 2회(2015.7.11 시행)

01 가설공사에서 수평규준틀의 설치 목적을 2가지 쓰시오. (2점)

① ______

② ______

02 다음 용어의 정의를 쓰시오. (4점)

① 접합유리 : ______

② 로이(Low-E)유리 : ______

03 다음 중 슬러리월(Slurry Wall) 공법에서 가이드월(Guide Wall)을 스케치(Sketch)하고, 설치 목적 2가지를 서술하시오. (4점)

가. 스케치(Sketch) : ______

나. 설치 목적

① ______ ② ______

04 강구조공사에서 용접결함 중 슬래그 감싸들기의 원인 및 대책 2가지를 쓰시오. (3점)

가. 원인

① ______ ② ______

나. 대책

① ______ ② ______

05 다음 중 용어에 대해 설명하시오. (4점)

① 슬럼프플로(Slump Flow) : ______

② 조립률(F.M.) : ______

06 강구조공사의 절단가공에서 절단 방법의 종류를 3가지 쓰시오. (3점)

① ______ ② ______ ③ ______

07 대안입찰제도에 대해 설명하시오. (2점)

______

08 다음 용어를 간단히 설명하시오. (4점)

① 슬립폼(Silp Form) : ______

② 트래블링폼(Travelling Form) : ______

09 다음 용어를 설명하시오. (4점)

① 압밀 : ______

② 예민비 : ______

10 흙의 함수량 변화와 관련하여 (   ) 안을 채우시오. (2점)

보기
흙이 소성상태에서 반고체 상태로 옮겨지는 경계의 함수비를 (①)라 하고, 액성상태에서 소성상태로 옮겨지는 함수비를 (②)라고 한다.

① ______________________ ② ______________________

11 파이프구조에서 파이프 절단면 단부는 녹막이를 고려하여 밀폐하여야 하는데, 이 때 실시하는 밀폐 방법에 대하여 3가지를 쓰시오. (3점)

① ______________ ② ______________ ③ ______________

12 블록 벽체의 결함 중 습기, 빗물 침투현상의 원인을 4가지 쓰시오. (4점)

① ______________________ ② ______________________

③ ______________________ ④ ______________________

13 다음 | 보기 | 에서 설명하는 줄눈의 명칭을 쓰시오. (3점)

보기
지반 등 안정된 위치에 있는 바닥판이 수축에 의하여 표면에 균열이 생기는 것을 방지하기 위해 설치하는 줄눈

____

14 '온도조절철근(Temperature Bar)'이란 무엇을 말하는가 간단히 쓰시오. (2점)

____

15 지내력시험의 방법 2가지를 쓰시오. (2점)

① ______________________ ② ______________________

16 다음은 아스팔트 8층 방수공사의 방수층을 하층에서부터 상층으로 사용하는 재료를 기입한 것이다. 각 층에 알맞은 재료를 기입하시오. (4점)

가. 1층 : (　　①　　)　2층 : 아스팔트
나. 3층 : (　　②　　)　4층 : (　　③　　)
다. 5층 : (　　④　　)　6층 : 아스팔트
라. 7층 : 아스팔트 루핑　8층 : (　　⑤　　)

① ______________________ ② ______________________

③ ______________________ ④ ______________________

⑤ ______________________

17 재령 28일의 콘크리트 표준 공시체(ϕ150mm×300mm)에 대한 압축강도시험결과 400kN의 하중에서 파괴되었다. 이 콘크리트의 압축강도 f_c(MPa)를 구하시오. (3점)

____

____

18 히스토그램(Histogram)의 작업순서를 | 보기 | 에서 골라 순서를 기호로 쓰시오. (3점)

| 보기 |

㉮ 히스토그램과 규격값을 대조하여 안정 상태인지 검토한다.
㉯ 히스토그램을 작성한다.
㉰ 도수분포도를 만든다.
㉱ 데이터에서 최소값과 최대값을 구하여 전 범위를 구한다.
㉲ 구간폭을 정한다.
㉳ 데이터를 수집한다.

____

19 파워셔블의 1시간당 추정 굴착작업량을 다음 | 조건 |일 때 산출하시오. (단, 단위를 명기하시오.) (4점)

조건
㉮ $q=0.8\text{m}^3$, ㉯ $f=0.7$, ㉰ $E=0.83$, ㉱ $k=0.8$, ㉲ $C_m=40\text{sec}$

---

20 벽돌 표준형 1,000장을 1.5B 두께로 쌓을 수 있는 벽면적(m^2)을 구하시오. (단, 할증률은 고려하지 않는다.) (4점)

---

21 다음 데이터를 이용하여 Normal Time 네트워크 공정표를 작성하고 3일 공기단축 네트워크 및 공기 단축된 총공사비를 산출하시오. (10점)

작업명	비용구배 (Cost Slope) (원/일)	표준(Normal)		특급(Crash)		비고
		공기 (일)	공비 (원)	공기 (일)	공비 (원)	
A(0 → 1)	6,000	3	20,000	2	26,000	
B(0 → 2)	5,000	7	40,000	5	50,000	
C(1 → 2)	7,000	5	45,000	3	59,000	
D(1 → 4)	10,000	8	50,000	7	60,000	
E(2 → 3)	9,000	5	35,000	4	44,000	
F(2 → 4)	5,000	4	15,000	3	20,000	
G(3 → 5)	-	3	15,000	3	15,000	
H(4 → 5)	-	7	60,000	7	60,000	
계			280,000		334,000	

(비고) 단, ① Network 공정표 작성은 화살표 Network로 한다.
② 주공정선(Critical Path)은 굵은 선으로 한다.
③ 각 결합점에는 다음과 같이 표시한다.

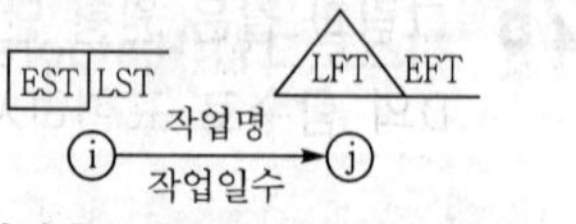

④ 공기단축 Network 공정표에는

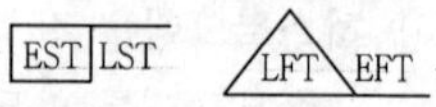

를 표시하지 않는다.)

가. 표준(Normal) Network를 작성하시오.

나. 공기를 3일 단축한 Network를 작성하시오.

다. 공기단축된 총공사비를 산출하시오.

22 1단 자유, 타단 고정인 길이 2.5m의 압축력을 받는 강구조 기둥의 탄성 좌굴하중(오일러의 좌굴하중)은 몇 kN인가? (단, 단면2차 모멘트 $I = 798,000\ \mathrm{mm}^4$, 탄성계수 $E = 210,000\ \mathrm{MPa}$이다.) (3점)

---

23 트럭 적재한도의 중량이 6t일 때, 비중 0.8이고 부피 30,000재(才)의 목재 운반 트럭대수를 구하시오. (단, 6t 트럭의 적재 가능 중량은 6t, 부피는 $9.5\mathrm{m}^3$이다. 최종 답은 정수로 표기하시오.) (4점)

---

24 그림과 같은 라멘에 있어서 A점의 도달(전달)모멘트를 구하시오. (단, k는 강비이다.) (3점)

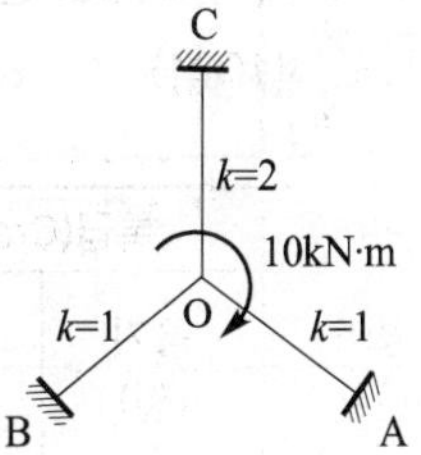

---

25 그림과 같은 원형 단면에서 폭 b, 높이 h=2b의 직사각형 단면을 얻기 위한 단면 계수 Z를 직격 D의 함수로 표현하시오. (지름이 D인 원에 내접하는 밑변이 b이고 h=2b) (4점)

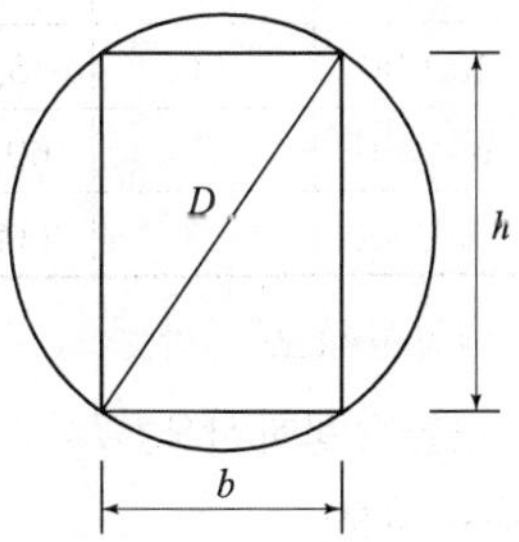

---

26 인장철근비 0.0025, 압축철근비 0.016의 철근콘크리트 직사각형 단면의 보에 하중이 작용하여 순간처짐이 2cm 발생하였다. 3년 지속하중이 작용할 경우 총처짐량(순간처짐+장기처짐)을 구하시오. (단, 시간경과계수는 다음 표를 참조) (4점)

기간(월)	1	3	6	12	18	24	36	48	60 이상
ξ	0.5	1.0	1.2	1.4	1.6	1.7	1.8	1.9	2.0

27 그림과 같은 인장부재의 순단면적을 구하시오. (단, 사용 고장력볼트는 M20이며, 판 두께는 6mm이다.) (4점)

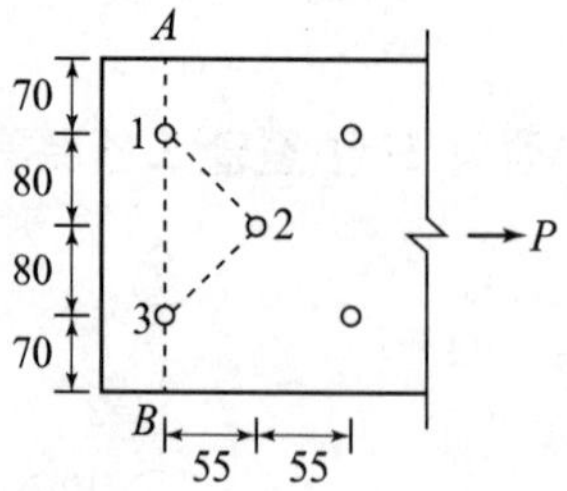

28 강구조물의 접합부 형식 중 전단접합을 도식하고, 설명하시오. (4점)

2015년 2회 해설 및 정답

01 ① 기초 흙파기와 기초 공사 시 건물 각 부의 위치의 기준을 표시하기 위한 것이다.
② 건물의 높이, 기초 너비, 길이를 결정하기 위한 것이다.

02 ① 접합유리 : 두 장 이상의 유리를 합성수지로 겹붙여 댄 것
② 로이유리(Low-E glass) : 열적외선을 반사하는 은소재도막으로 코팅하여 방사율과 열관류율을 낮추고 가시광선 투과율을 높인 유리로서 일반적으로 복층유리로 제조하여 사용한다.

03 가. 스케치(Sketch)

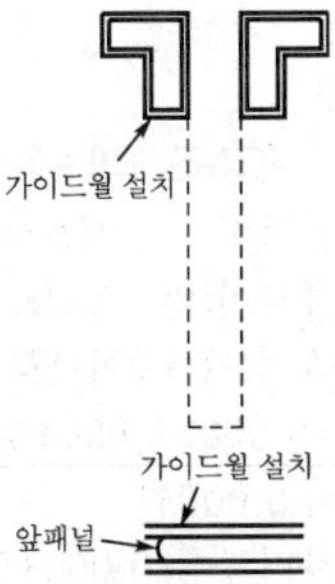

나. 설치 목적
① 인접지반의 붕락방지
② 굴착기계의 진입유도
③ 철근망의 거치

04 가. 원인
① 용접전류의 불안정
② 운봉속도의 부적당
③ 용접봉의 결함

나. 대책
① 적정전류의 공급
② 용접속도의 준수
③ 적당한 용접봉의 선택

05 ① 슬럼프플로 : 아직 굳지 않는 콘크리트의 유동성 정도를 나타내는 지표로 슬럼프콘을 들어올린 후에 원모양으로 퍼진 콘크리트의 직경을 측정하여 나타낸다.
② 조립률 : 골재의 입도를 수량적으로 나타낸 것으로 체가름시험에 의해 구한다.

06 ① 기계절단
② 가스절단
③ 플라즈마절단
④ 레이즈절단

07 도급자가 당초 작성한 설계서 상의 공종 중에서 대체가 가능한 공종에 대하여 기본방침의 변동없이 대체될 수 있는 동등 이상의 기능 및 효과를 가진 신공법, 신기술, 공기단축 등에 반영될 설계로써 당해 설계상의 가격이 당초 작성된 설계서 상의 가격보다 낮고 공사기간이 당초 작성된 설계서 상의 기간을 초과하지 아니하는 방법을 제시하여 입찰하는 방식

08 ① 슬립폼 : 전망탑, 급수탑 등 단면형상에 변화가 있는 수직으로 연속된 콘크리트구조물에 사용되는 거푸집
② 트래블링폼 : 장선, 멍에, 동바리 등이 일체로 유닛화한 대형, 수평이동 거푸집

09 ① 압밀 : 점토지반에서 재하에 의해 간극수가 제거되어 침하되는 현상
② 예민비 : 흙의 이김에 의해서 약해지는 정도를 표시하는 것

혹은 $예민비 = \dfrac{자연시료의\ 강도}{이긴시료의\ 강도}$

10 ① 소성한계
② 액성한계

11 ① 스피닝에 의한 방법
② 가열하여 구형으로 가공
③ 원판, 반구원판을 용접
④ 관내에 모르타르 채움
⑤ 관 끝을 압착하여 용접 밀폐시키는 방법

12 ① 이질재와의 접합부 불량
② 사춤 모르타르의 충전 부족
③ 치장줄눈의 시공 불량
④ 물흘림, 물끊기 불량
⑤ 조적조쌓기 완료 후 비계장선 등의 구멍 메우기 불충분
⑥ 채양 등 돌출부 위에 물이 괴는 부분에 접속되는 조적벽

13 조절줄눈

14 수축과 온도변화에 따른 콘크리트의 균열을 방지하고, 응력을 분포시킬 목적으로 주철근과 직각방향으로 배치한 보조적인 철근

15 ① 평판재하시험
② 말뚝재하시험

16 ① 아스팔트 프라이머
② 아스팔트 펠트
③ 아스팔트
④ 아스팔트 루핑
⑤ 아스팔트

17

$$f_c=\frac{P}{A}=\frac{P}{\left(\frac{\pi d^2}{4}\right)}=\frac{4P}{\pi d^2}=\frac{4\times(400\times10^3)}{\pi\times150^2}=22.635$$

$\therefore\ f_c=22.64\text{MPa}$

18 ㉯ → ㉣ → ㉤ → ㉢ → ㉡ → ㉠

19

$$Q=\frac{3{,}600\times q\times k\times f\times E}{C_m}$$

$$=\frac{3{,}600\times0.8\times0.8\times0.7\times0.83}{40}$$

$=33.466\rightarrow33.47\text{m}^3/\text{hr}$

여기서, q : 디퍼(Dipper) 또는 버킷의 공칭용량(m^3)
k : 디퍼 또는 버킷계수
f : 토량환산계수
E : 작업효율
C_m : 1회 사이클 소요시간(sec)

20 벽면적 $=\frac{1{,}000}{224}=4.464\rightarrow4.46\text{m}^2$

21 가. 표준 네트워크 공정표

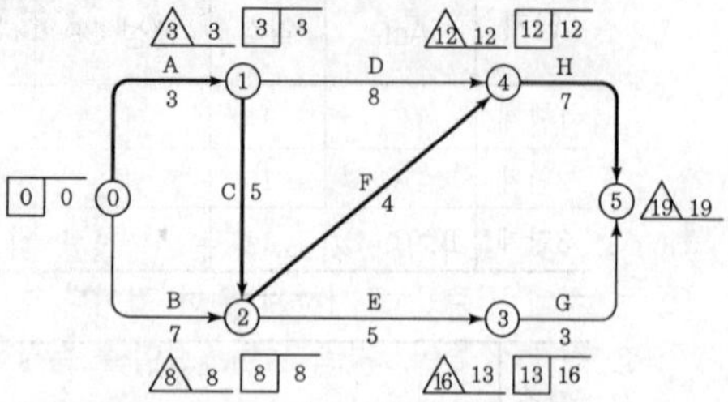

나. 공기를 3일 단축한 네트워크 공정표

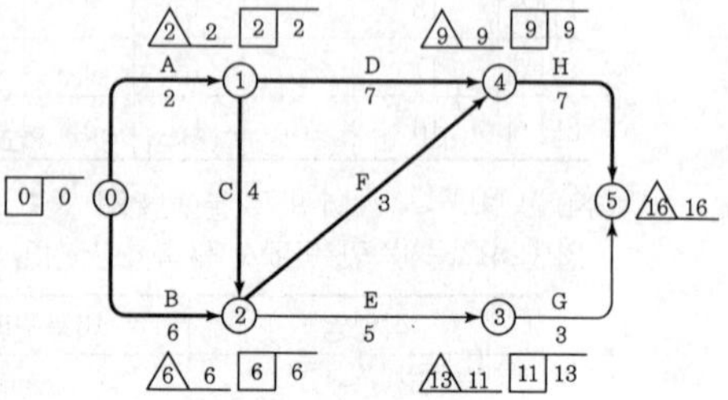

다. 총공사비
총공사비=표준공사비+추가공사비
① 표준공사비(NC, Narmal Cost) : 280,000원
② 추가공사비(EC, Extra Cost)
: F+A+B+C+D이므로
EC=5,000+6,000+5,000+7,000+10,000
=33,000원
③ 총공사비 : 280,000+23,000=313,000원

해설

(1) 표준 네트워크 공정표

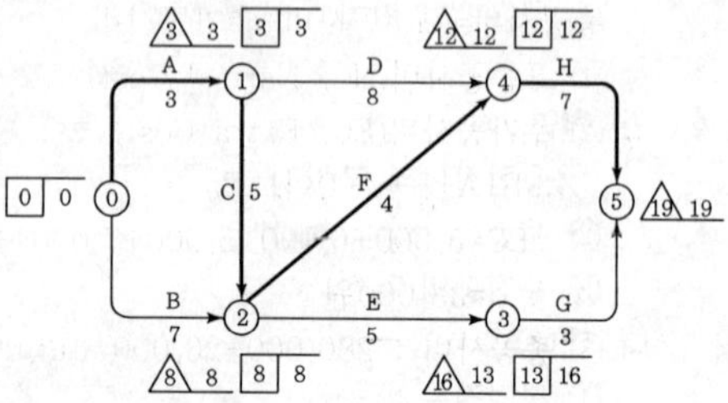

(2) 공기를 3일 단축한 네트워크 공정표

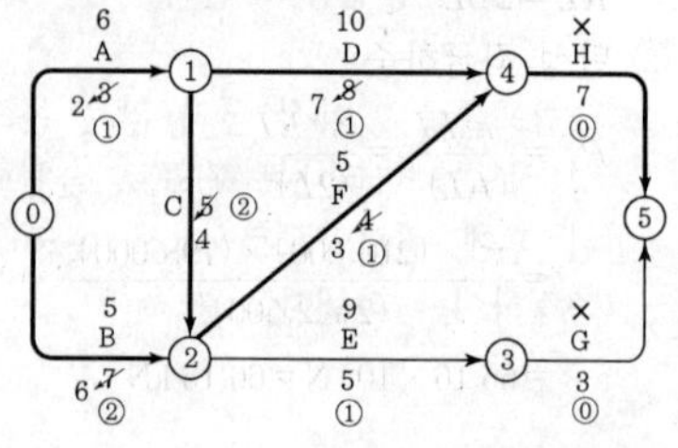

단축 단계	공기단축			
	Act.	일수	생성 CP	단축불가 Path
1단계	F	1	D	F
2단계	A	1	B	A
3단계	B, C, D	1	–	D

단축 단계	Path					비고
	A–C–F–H (19일)	A–D–H (18일)	A–C–E (16일)	B–F–H (17일)	B–E–G (15일)	
1단계	18	18	16	17	15	
2단계	17	17	15	17	15	
3단계	16	16	15	16	15	(주)1

(주1) 병렬단축 : 경우의 수는 다음과 같고, 비용구배(CS)가 최소인 곳에서 단축

작업명	비용구배(CS)
B+C+D	22,000

(3) 공기단축한 네트워크 공정표

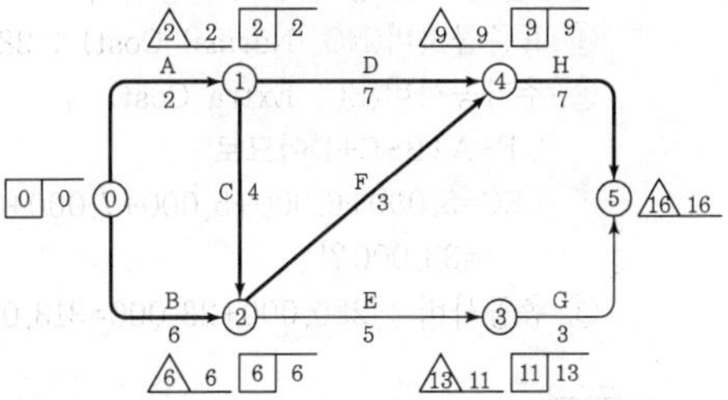

(4) 총공사비

총공사비=표준공사비+추가공사비

① 표준공사비(NC, Narmal Cost) : 280,000원

② 추가공사비(EC, Extra Cost)

: F+A+B+C+D이므로

EC=5,000+6,000+5,000+7,000+10,000
=33,000원

③ 총공사비 : 280,000+23,000=313,000원

22 ① 1단 자유, 타단 고정인 경우의 유효좌굴길이

$KL = 2.0L$

② 탄성 좌굴하중

$$P_{cr} = \frac{\pi^2 EI}{(KL)^2} = \frac{\pi^2 EI}{(2L)^2}$$

$$= \frac{\pi^2 \times (210{,}000) \times (798{,}000)}{(2 \times 2{,}500)^2}$$

$$= 66.16 \times 10^3\ \text{N} = 66.16\ \text{kN}$$

23 (1) 목재의 전체 부피$= \dfrac{30{,}000\text{재}}{300\text{재}/\text{m}^3} = 100\text{m}^3$

(2) 목재의 중량

① 목재의 비중$= 0.8 = 0.8\text{t/m}^3$

② 목재의 중량$= 0.8\text{t/m}^3 \times 100\text{m}^3 = 80\text{t}$

(3) 트럭 1대의 목재 적재량

① 6t 트럭 1대의 적재 가능 부피는 9.5m^3이고, 적재 가능 중량은 6t이다.

② 트럭 1대에 목재를 9.5m^3만큼 적재할 경우, 적재 중량은 다음과 같다.

$0.8\text{t/m}^3 \times 9.5\text{m}^3 = 7.6\text{t}$

③ 따라서 트럭의 적재 가능 중량 6t을 초과하므로 운반트럭 대수는 트럭 1대의 목재 적재량인 6t/대로만 검토한다.

(4) 운반트럭 대수

운반트럭 대수$= \dfrac{80\text{t}}{6\text{t}/\text{대}} = 13.3 \rightarrow 14$대

24 (1) 분배율(DF, $k/\Sigma k$)

$$DF_{OA} = \frac{1}{1+1+2} = \frac{1}{4}$$

(2) 고정모멘트(M_u)

$M_u = 10\text{kN} \cdot \text{m}$

(3) 해방모멘트($\overline{M}$)

$\overline{M} = -10\text{kN} \cdot \text{m}$

(4) 분배모멘트(DM, M')

$$M_{OA}' = DF_{OA} \times \overline{M}$$

$$= \frac{1}{4} \times (-10) = -2.5\text{kN} \cdot \text{m}$$

(5) 도달(전달)모멘트(CM, M'')

$$M_{OA}'' = \frac{1}{2} \times M_{OA}' = \frac{1}{2} \times (-2.5) = -1.25\text{kN} \cdot \text{m}$$

25 ① 문제의 조건에 따라 $h = 2b$이다.

② 직각삼각형에서 피타고라스의 정리

$$D^2 = b^2 + h^2 = b^2 + (2b)^2 = 5b^2$$

$$\therefore\ b = \frac{\sqrt{5}}{5} D$$

③ 직각삼각형의 단면 계수

$$Z = \frac{bh^2}{6} = \frac{b(2b)^2}{6} = \frac{2}{3} b^3 = \frac{2}{3} \left(\frac{\sqrt{5}}{5} D \right)^3 = \frac{2\sqrt{5}}{75} D^3$$

26 ① 순간처짐$= 20.0\text{mm}$

② 압축철근비 : $\rho' = 0.016$

③ 지속하중의 재하기간에 따른 ξ 값

(3년=3×12=36개월)

$\xi = 1.8$

④ $\lambda_\Delta = \frac{\xi}{1+50\rho'} = \frac{1.8}{1+50\times0.016} = 1.0$

⑤ 장기처짐= λ_Δ ×순간처짐

$= 1.0\times20 = 20.0\text{mm}$

⑥ 총처짐

=순간처짐+장기처짐

$= 20.0+20.0 = 40.0\text{mm}$

27 1. 고장력볼트의 구멍직경(M20)

$d_h = d+2 = 20+2 = 22\text{mm}$

2. 총단면적

$A_g = 300\times6 = 1{,}800\text{mm}^2$

3. 파단선에 따른 순단면적

(1) 파단선 A-1-3-B

$A_n = A_g - nd_h t$

$= 1{,}800 - 2\times22\times6 = 1{,}536\text{mm}^2$

(2) 파단선 A-1-2-3-B

$$A_n = A_g - nd_h t + \Sigma\frac{s^2}{4g}t$$

$$= 1{,}800 - 3\times22\times6 + \frac{55^2}{4\times80}\times6 + \frac{55^2}{4\times80}\times6$$

$$= 1{,}517\text{mm}^2$$

∴ 순단면적은 가장 작은 $1{,}517\text{mm}^2$가 된다.

28 (1) 전단접합의 도식

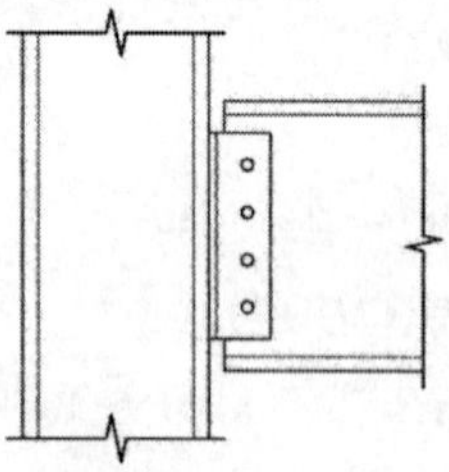

(2) 전단접합

접합된 부재 간에 무시해도 좋을 정도로 약한 휨모멘트를 전달하는 접합부이며, 접합부 내의 축방향력과 전단력을 전달한다.

2015년 3회(2015.11.7 시행)

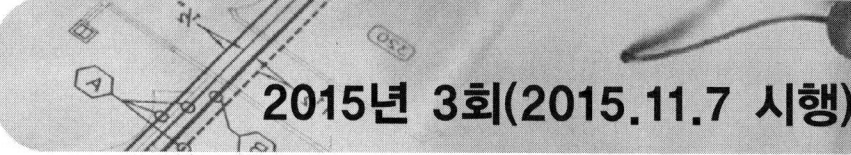

01 **지하 토공사 중 계측관리와 관련된 항목을 골라 번호를 쓰시오. (4점)**

【보기】

㉮ Strain Gauge ㉯ 경사계(Inclinometer)

㉰ Water Level Meter ㉱ Level and Staff

① 지표면 침하측정 : ______

② 지중 흙막이벽 수평변위 측정 : ______

③ 지하수위 측정 : ______

④ 응력측정(엄지말뚝, 띠장에 작용하는 응력측정) : ______

02 **흐트러진 상태의 흙 30m^{3}를 이용하여 30m^{2}의 면적에 다짐상태로 60cm 두께를 터돋우기 할 때 시공 완료된 다음의 흐트러진 상태로 토량을 산출하시오. (단, 이 흙의 L=1.2이고, C=0.9이다.) (3점)**

______

03 **바닥 미장면적이 1,000m^{2}일 때, 1일 10인 작업 시 작업 소요일을 구하시오. (단, 다음과 같은 품셈을 기준으로 하며, 계산과정을 쓰시오.) (3점)**

【바닥 미장 품셈(m^{2}당)】

구분	단위	수량
미장공	인	0.05

______

04 콘크리트의 강도추정과 관련된 비파괴시험의 종류를 4가지만 기재하시오. (4점)

① ______________________ ② ______________________

③ ______________________ ④ ______________________

05 잭서포트(Jack Support)에 대하여 설명하시오. (3점)

____

____

06 구조용 강재 SM355에 대하여 각각 의미하는 바를 쓰시오. (4점)

① SM : ______________________________________

② 355 : ______________________________________

07 어떤 골재의 비중이 2.65이고, 단위용적질량이 1,800kg/m^3이라면 이 골재의 실적률을 구하시오. (3점)

____

08 강도설계법에서 보통골재를 사용한 콘크리트의 설계기준압축강도 f_{ck}= 24 MPa인 콘크리트의 탄성계수를 구하고 탄성계수비를 결정하시오. (4점)

가. 콘크리트의 탄성계수 : ______________________

나. 탄성계수비 : ______________________________

09 TQC에 이용되는 7가지 도구 중 4가지를 쓰시오. (4점)

① ______________________ ② ______________________

③ ______________________ ④ ______________________

10 품질관리 계획서 제출 시 필수적으로 기입하여야 하는 항목을 4가지 적으시오. (4점)

① ______________________ ② ______________________

③ ______________________ ④ ______________________

11 다음 각 재료의 할증률을 쓰시오. (4점)

① 유리 : ______________________ ② 시멘트벽돌 : ______________________

③ 붉은벽돌 : ______________________ ④ 단열재 : ______________________

12 다음 데이터를 네트워크 공정표로 작성하고, 각 작업의 여유시간을 구하시오. (10점)

작업명	작업일수	선행작업	비고
A	3	−	
B	4	−	
C	5	−	
D	6	A, B	
E	7	B	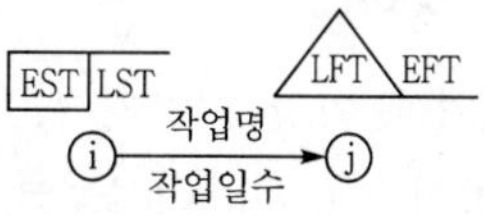
F	4	D	
G	5	D, E	로 표기하고, 주공정선은 굵은선으로 표기하시오.
H	6	C, F, G	
I	7	F, G	

가. 네트워크 공정표

나. 여유시간

13 강구조공사에 있어서 강구조 부재의 습식내화피복 공법의 종류를 4가지 쓰시오. (4점)

① ________________ ② ________________

③ ________________ ④ ________________

14 강구조공사에서 강구조 부재를 접합할 때 발생하는 용접(鏞接)결함을 3가지만 쓰시오. (3점)

① ____________ ② ____________ ③ ____________

15 강구조공사에 사용되는 용어를 설명하였다. 알맞은 용어를 쓰시오. (3점)

① 강구조 부재 용접 시 이음 및 접합수위의 용접선이 교차되어 재용접된 부위가 열 영향을 받아 취약해지기 때문에 모재에 부채꼴모양의 모따기를 한 것
② 강구조 기둥의 이음부를 가공하여 상부와 하부 기둥 밀착을 좋게 하며, 축력의 50%까지 하부 기둥 밀착면에 직접 전달시키는 이음 방법
③ 공기구멍(Blow Hole), 크레이터(Crater) 등의 용접결함이 생기기 쉬운 용접 비드(Bead)의 시작과 끝 지점에 용접을 하기 위해 용접접합하는 모재의 양단에 부착하는 보조 강판

① ____________ ② ____________ ③ ____________

16 다음 설명이 뜻하는 콘크리트의 명칭을 써넣으시오. (3점)

① 콘크리트면에 미장을 하지 않고, 직접 노출시켜 마무리한 콘크리트
② 부재 단면치수 0.8m 이상, 콘크리트 내 · 외부 온도 차가 25℃ 이상으로 예상되는 콘크리트
③ 건축구조물 20층 이상이면서 기둥 크기를 작게 하도록 콘크리트 강도를 높게 하는 구조물에 사용되는 콘크리트로써 설계기준압축강도가 보통 콘크리트에서 40MPa 이상, 경량골재 콘크리트에서 27MPa 이상인 콘크리트

① ____________ ② ____________ ③ ____________

17 Ready Mixed Concrete의 규격(25-30-210)에 대하여 3가지의 수치가 뜻하는 바를 쓰시오. (단, 단위까지 명확히 기재하시오.) (3점)

____

18 알칼리골재반응을 간략하게 설명하고 이에 대한 방지대책을 3가지 쓰시오. (5점)

(1) 정의 : ______________________________

(2) 방지대책 : ______________________________

19 벽돌벽의 표면에 생기는 백화의 정의와 대책을 3가지 쓰시오. (4점)

가. 정의 : ______________________________

나. 대책

① ______________________________

② ______________________________

③ ______________________________

20 Value Engineering 개념에서 V=F/C식의 각 기호를 설명하시오. (3점)

① ____________ ② ____________ ③ ____________

21 어스앵커(Earth Anchor) 공법에 대하여 설명하시오. (3점)

____

22 BTO(Build-Transfer-Operate) 방식을 설명하시오. (3점)

23 거푸집 측압의 증가 원인에 대해서 쓰시오. (4점)

24 강도설계법에서 기초판의 크기가 2m×3m일 때 단변방향으로의 소요 전체 철근량이 $3,000mm^2$ 이다. 유효쪽 내에 배근하여야 할 철근량을 구하시오. (4점)

25 다음 그림과 같은 경우 마찰접합에 의한 설계미끄럼강도를 계산하시오. (단, 강재의 재질은 SS275, 고장력볼트는 M22(F10T), 설계볼트 장력 T_0=200kN, 표준구멍)

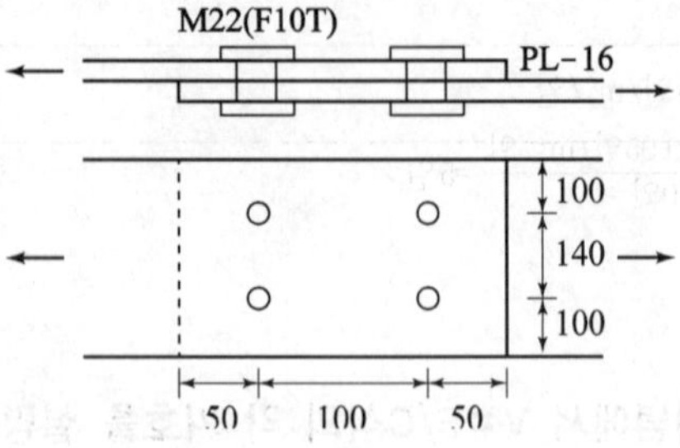

26 스팬 6m의 단순보에 $\omega_D = 15\text{kN/m}$, $\omega_L = 12\text{kN/m}$ 가 작용하는 경우, 보의 전단설계를 위한 최대 전단력 V_u는 얼마인가? (단, 보의 단면 $b_m \times d = 300\text{mm} \times 500\text{mm}$ 이다.) (4점)

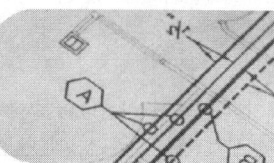

2015년 3회 해설 및 정답

01 ① ㉱
② ㉯
③ ㉰
④ ㉮

02 ① 흐트러진 상태에서 다져진 후 토량 :
$30\times\left(\frac{C}{L}\right)=30\times\left(\frac{0.9}{1.2}\right)=\ 22.5\text{m}^3$
② 터돋우기 후 남는 토량 :
$22.5-(30\times0.6)=4.5\text{m}^3$
∴ 다져진 상태에서 흐트러진 상태로 남는 토량 :
$4.5\times\left(\frac{L}{C}\right)=4.5\times\left(\frac{1.2}{0.9}\right)=\ 6.0\text{m}^3$

해설
① C/L : 흐트러진 상태의 토량 → 다져진 상태의 토량
② L/C : 다져진 상태의 토량 → 흐트러진 상태의 토량

03 ① 바닥미장 1일 품셈 : 0.05인/m²/일
② 작업 소요일 : $\frac{1{,}000\text{m}^2\times 0.05\text{인/m}^2\text{/일}}{10\text{인}}=5\text{일}$

04 ① 반발경도법
② 초음파속도법
③ 복합법
④ 공진법

05 잭서포트는 상판구조물의 과다한 하중과 진동으로 균열 및 붕괴를 방지하기 위해 설치하는 동바리로서 높낮이 조절이 수월하여 신속한 설치와 해체가 가능하다.

06 ① SM : 용접구조용 압연강재
② 355 : 강재의 항복강도 355MPa

07 $\text{실적률}=\frac{M}{G\times0.999}\times100=\frac{1.8}{2.65\times0.999}\times100$
$=68.0\%$

08 가. 콘크리트의 탄성계수
$f_{ck}\le 40\text{ MPa}$이면, $\Delta f=4\text{ MPa}$
$f_{cm}=f_{ck}+\Delta f=24+4=28\text{ MPa}$
$E_c=8{,}500\sqrt[3]{f_{cm}}=8{,}500\sqrt[3]{28}=25{,}811\text{ MPa}$
나. 탄성계수비
$E_s=2.0\times10^5\text{ MPa}$
$E_c=25{,}811\text{ MPa}$
$n=\frac{E_s}{E_c}=\frac{2.0\times10^5}{25{,}811}=7.749\rightarrow7.75$

09 ① 히스토그램
② 특성요인도
③ 파레토도
④ 체크시트
⑤ 각종 그래프
⑥ 산점도
⑦ 층별

10 ① 건설공사의 정보
② 현장 품질방침 및 품질목표 관리절차
③ 책임 및 권한
④ 문서관리
⑤ 기록관리
⑥ 자원관리
⑦ 설계관리

11 ① 유리 : 1%
② 시멘트벽돌 : 5%
③ 붉은벽돌 : 3%
④ 단열재 : 10%

12 가. 네트워크 공정표

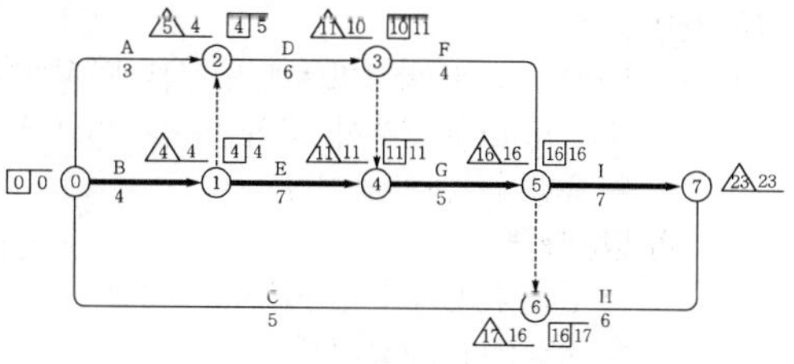

나. 여유시간

작업명	TF	FF	DF	CP
A	2	1	1	
B	0	0	0	*
C	12	11	1	
D	1	0	1	
E	0	0	0	*
F	2	2	0	
G	0	0	0	*
H	1	1	0	
I	0	0	0	*

13 ① 타설 공법
② 조적 공법
③ 미장 공법
④ 뿜칠 공법

14 ① 크랙
② 공기구멍
③ 슬래그 감싸들기
④ 언더컷
⑤ 오버랩
⑥ 크레이터
⑦ 용입부족

15 ① 스칼럽(Scallop)
② 메탈터치(Metal Touch)
③ 엔드탭(End Tap)

16 ① 제치장 콘크리트
② 매스 콘크리트
③ 고강도 콘크리트

17 ① 25 : 굵은골재 최대 치수(mm)
② 30 : 콘크리트의 설계기준압축강도(MPa)
③ 210 : 슬럼프값(mm)

18 (1) 정의
시멘트 중의 알칼리(Alkali)성분과 골재 중의 실리카(Silica)성분이 화학반응을 일으켜 팽창을 유발시키는 반응이다.
(2) 방지대책
① 반응성 골재의 사용금지
② 저알칼리시멘트 사용
③ 콘크리트 $1m^3$당 총알칼리량 저감
④ 방수성 마감
⑤ 혼화제를 사용하여 수분의 이동감소

19 가. 정의
벽 표면에서 침투하는 빗물에 의해 모르타르의 석회분이 유출하여 모르타르 중의 석회분이 수산화석회로 되어 표면에 유출될 때 공기 중의 탄산가스 또는 벽돌의 유황성분과 결합하여 흰 가루가 생기는 현상
나. 대책
① 양질의 벽돌 사용
② 줄눈 모르타르에 방수제 혼합
③ 빗물이 침입하지 않도록 벽면에 비막이 설치
④ 벽돌표면에 파라핀 도료를 발라 염류의 유출 방지
⑤ 낮은 물시멘트비로 시공
⑥ 비나 눈이 오면 작업중지

20 ① V : 가치(Value)
② F : 기능(Function)
③ C : 비용(Cost)

21 버팀대 대신 흙막이벽의 바깥쪽에 어스앵커를 설치하여 토압을 지지하면서 굴착하는 공법

22 사회간접시설의 확충을 위해 민간이 자금조달과 시설준공(Build) → 소유권을 정부에 이전(Transfer) → 민간이 투자비 회수를 위해 일정기간 운영(Operate)

23 ① 슬럼프가 클수록 측압은 크다.
② 부배합이 빈배합보다 측압은 크다.
③ 벽두께 단면이 두꺼울수록 측압은 크다.
④ 부어넣기 속도가 빠를수록 측압은 크다.
⑤ 높은 곳에서 낙하시켜 충격을 주면 측압은 크다.
⑥ 대기 중의 습도가 높을수록 측압은 크다.
⑦ 묽은 콘크리트일수록 측압은 크다.
⑧ 콘크리트의 비중이 클수록 측압이 크다.
⑨ 콘크리트의 온도가 낮을수록 측압은 크다.
⑩ 거푸집 표면이 평활할수록 측압은 크다.
⑪ 거푸집의 투수성 및 누수성이 작을수록 측압은 크다.
⑫ 바이브레이터를 사용하여 다질수록 측압은 크다.
⑬ 거푸집의 강성이 클수록 측압은 크다.
⑭ 철골 또는 철근량이 작을수록 측압은 크다.

24 단변방향으로 배치해야 할 전체 철근량(A_{sL})에서 다음 식으로 계산되는 양(A_{s1})을 단변길이만큼의 중앙구간에 균등하게 배치하고, 나머지 철근량은 중앙구간 이외의 양쪽구간에 등간격으로 배치한다.

(1) $\beta = \frac{L}{B} = \frac{3.0}{2.0} = 1.50$

(2) $\gamma_s = \left(\frac{2}{\beta+1}\right) = \left(\frac{2}{1.50+1}\right) = \frac{2}{2.5}$

(3) 단변방향으로 배치해야 할 전체 철근량

$A_{sL} = 4,800\text{mm}^2$

(4) 유효폭(중앙구간) 내에 배근하여야 하는 철근량

$A_{s1} = \gamma_s A_{sL} = \frac{2}{2.5} \times 3,000 = 2,400\text{mm}^2$

여기서, A_{s1} : 중앙구간에 배치할 철근량

A_{sL} : 단변방향으로 배치해야 할 전체 철근량

β : 장변과 단변의 비, 즉 $\beta = \frac{L}{H}$

25 (1) 고장력볼트 1개의 미끄럼 한계상태에 대한 설계 미끄럼강도

$\phi R_n = \phi \, \mu \, h_f \, T_o \, N_s$

$\phi = 1.0$ (표준구멍)

$\mu = 0.5$ (페인트칠하지 않은 블라스트 청소된 마찰면)

$h_f = 1.0$ (끼움재를 사용하지 않은 경우)

$T_o = 200$ kN

$N_s = 1$ (1면 전단)

$\phi R_n = \phi \, \mu \, h_f \, T_o \, N_s = 1.0 \times 0.5 \times 1.0 \times 200 \times 1$
$= 100.0$ kN

(2) 고장력볼트 접합부에서 4개의 고장력볼트에 대한 설계미끄럼강도 검토

$\phi R_n = 4 \times 100.0 = 400.0$ kN

26 (1) 하중조합

$w_u = 1.2 w_D + 1.6 w_L = 1.2 \times 15 + 1.6 \times 12 = 37.2$ kN/m

(2) 최대 계수전단강도

$V_{u,\max} = \frac{w_u L}{2} = \frac{37.2 \times 6}{2} = 111.6$ kN

(3) 전단설계를 위한 최대 전단력

$V_u = V_{u,\max} - w_u \times d = 111.6 - 27.2 \times 0.5 = 93.0$ kN

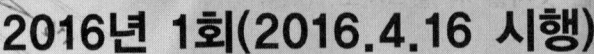

2016년 1회(2016.4.16 시행)

01 폭 b_w=400mm인 보에 3-D22 (공칭지름 22.2mm)를 배근할 경우 균열제어 측면에서 철근의 배치간격의 적합 여부를 검토하시오. (단, 사용재료는 f_y= 400MPa의 도막하지 않은 철근이고, κ_{cr}은 210, 철근의 응력은 근사값 $\frac{2}{3}f_y$ 사용, 피복두께는 40mm, 스터럽은 D10 (공칭지름 9.53mm) 사용하며 최종 답은 적합 또는 부적합으로 표기할 것) (4점)

02 모래질흙으로된 지하실의 터파기량(자연상태) 12,000m^3 중에서 5,000m^{3}를 되메우기하고 나머지 전부를 8t 트럭으로 잔토 처리할 경우 덤프트럭 1회 적재량과 필요한 차량 대수를 산출하시오. (단, 자연상태에서의 토석의 단위 중량 : 1,800kg/m^3, 토량변화율(L) : 1.25) (6점)

가. 덤프트럭 1회 적재량

나. 필요 차량 대수

03 프리팩트콘크리트말뚝의 종류를 3가지 쓰시오. (3점)

①

②

③

04 주문공급방식으로써 대형구조물이나 특수구조물에 적합한 PC(Precast Concrete)생산방식의 명칭을 쓰시오. (2점)

05 다음 ( )안에 알맞은 숫자를 써 넣으시오. (2점)

기성콘크리트말뚝을 타설할 때 그 중심간격은 말뚝머리지름의 (①)배 이상 또한 (②)mm이상으로 한다.

① ________ ② ________

06 표준관입시험에서 표준 샘플러를 관입량 30cm에 달하는데 요하는 타격회수 N 값이 답란과 같을 때 추정할 수 있는 모래의 상대밀도를 ( )에 써 넣으시오. (4점)

N 값	모래의 상대밀도
0~4	① ( )
4~10	② ( )
10~30	③ ( )
50 이상	④ ( )

07 건설 계약방식과 관련된 다음 용어에 대해 설명하시오. (4점)

가. BOT(Build Operation Transfer)방식 : ________

나 파트너링(partnering)방식 : ________

08 수평버팀대식 흙막이에 작용하는 응력이 아래의 그림과 같을 때 각 번호에 해당되는 것을 보기에서 골라 기호로 쓰시오. (3점)

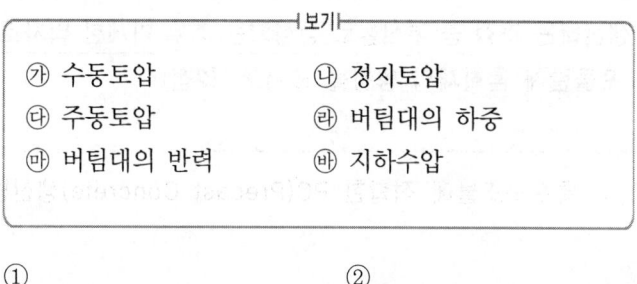

보기

㉮ 수동토압　　㉯ 정지토압
㉰ 주동토압　　㉱ 버팀대의 하중
㉲ 버팀대의 반력　　㉳ 지하수압

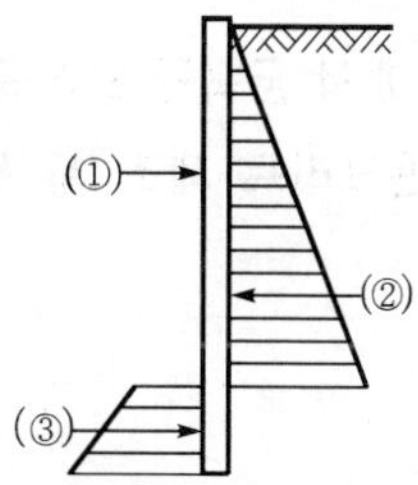

① ________ ② ________ ③ ________

09 콘크리트헤드(Concrete Head)의 정의를 쓰시오. (3점)

10 지반조사를 위한 보링의 종류를 3가지 쓰시오. (3점)

① ② ③

11 SS275(F_y=275 MPa)을 사용한 그림과 같은 필릿용접 부위의 설계강도(ϕR_w)를 구하시오. (단, $\phi R_n = \phi F_{nw} A_{we}$, $\phi = 0.75$, $F_{nw} = 0.6 F_w$이고 KS D 7004 연강용 피복아크 용접봉이다.) (4점)

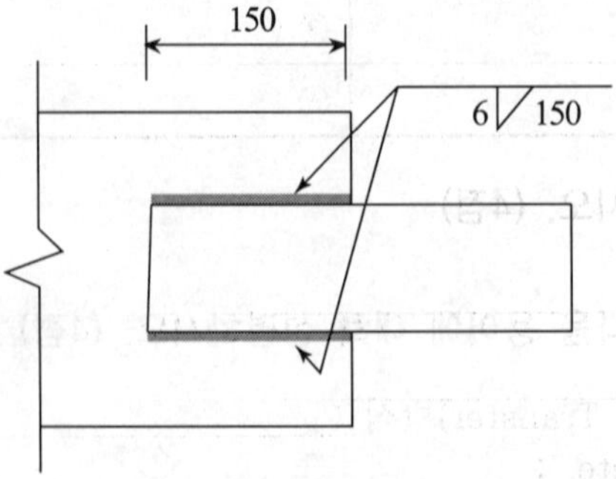

12 전기로에서 금속규소나 규소철을 생산하는 과정 중 부산물로 생성되는 매우 미세한 입자로써 고강도 콘크리트 제조 시 사용되는 포졸란계 혼화재의 명칭을 쓰시오. (2점)

13 다음은 커튼월 공법에 의한 분류이다. 각 분류의 종류를 2가지씩 쓰시오. (3점)

가. 조립 방식에 의한 분류 : ① ______________ ② ______________

나. 구조 형식에 의한 분류 : ① ______________ ② ______________

14 벽타일의 붙임 공법을 4가지만 쓰시오. (4점)

① ______________

② ______________

③ ______________

④ ______________

15 다음 용어에 대해 설명하시오. (4점)

가. AE 감수제 : ______________

나. Shrink Mixed Concrete : ______________

16 다음 겔버보의 전단력도(SFD)와 휨모멘트도(BMD)를 도시하시오.(단, 휨모멘트 및 전단력의 크기와 부호를 표기해야 함) (4점)

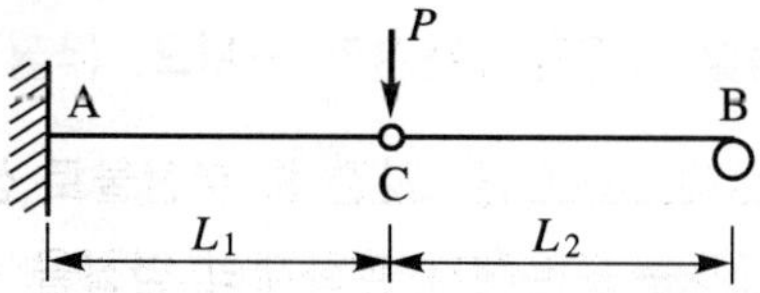

가. 전단력도 : ______________

나. 휨모멘트도 : ______________

17 프리스트레스트 콘크리트에 이용되는 긴장재의 종류를 3가지 쓰시오 (3점)

① ______________ ② ______________ ③ ______________

18 다음 데이터를 이용하여 표준 네트워크 공정표 작성 및 7일 공기단축한 네트워크 공정표를 작성하고, 공기 단축된 상태의 추가공사비를 산출하시오. (10점)

<table>
<tr><th>작업명</th><th>선행작업</th><th>공사일수</th><th>비용구배(천원/일)</th><th>비고</th></tr>
<tr><td>A (①→②)</td><td>없음</td><td>2</td><td>50</td><td rowspan="9">① 공기단축된 각 작업의 일정은 다음과 같이 표기하고 결합점 번호는 원칙에 따라 부여한다.
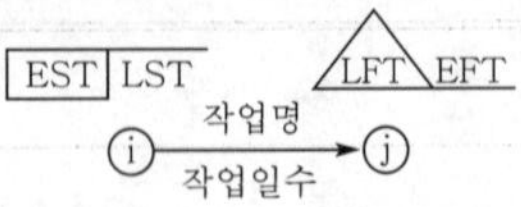

② 공기단축은 작업일수의 1/2을 초과할 수 없다.</td></tr>
<tr><td>B (①→③)</td><td>없음</td><td>3</td><td>40</td></tr>
<tr><td>C (①→④)</td><td>없음</td><td>4</td><td>30</td></tr>
<tr><td>D (②→⑤)</td><td>A, B, C</td><td>5</td><td>20</td></tr>
<tr><td>E (②→⑥)</td><td>A, B, C</td><td>6</td><td>10</td></tr>
<tr><td>F (②→⑤)</td><td>B, C</td><td>4</td><td>15</td></tr>
<tr><td>G (④→⑥)</td><td>C</td><td>3</td><td>23</td></tr>
<tr><td>H (⑤→⑦)</td><td>D, F</td><td>6</td><td>37</td></tr>
<tr><td>I (⑥→⑦)</td><td>E, G</td><td>7</td><td>45</td></tr>
</table>

가. 표준 네트워크 공정표 나. 단축한 네트워크 공정표 다. 추가공사비

19 목재 난연처리법의 종류를 3가지 쓰시오. (3점)

① ______________ ② ______________ ③ ______________

20 콘크리트용 골재가 갖추어야할 조건을 4가지만 쓰시오. (4점)

① ______________

② ______________

③ ______________

④ ______________

21 강도설계법에 따른 다음 그림과 같은 콘크리트 단근보의 균형철근비 및 최대 철근량을 구하시오. (단, f_{ck}=27MPa, f_y=300MPa, E_s=200,000MPa) (4점)

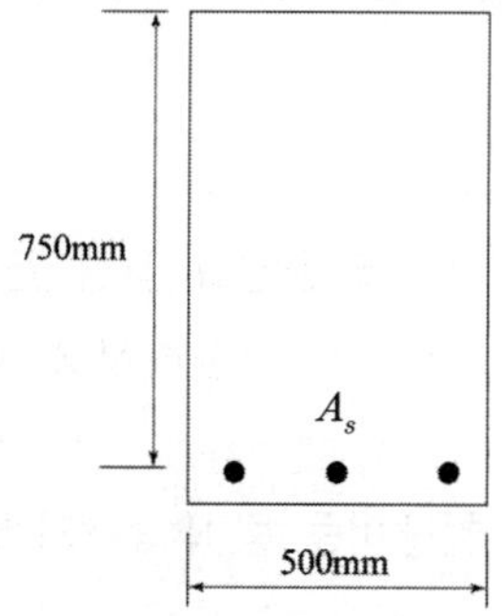

가. 균형철근비 (단, 소수점 다섯째자리까지 구하시오.)

나. 최대 철근량

22 가설건축물 축조신고 시 구비서류를 3가지만 쓰시오. (3점)

① ② ③

23 Life Cycle Cost(LCC)에 대해 간단히 설명하시오. (3점)

24 콘크리트충전 강관(CFT)구조에 대해 간단히 설명하고, 장·단점 2가지를 각각 쓰시오. (5점)

가. CFT

나. 장점

① ______________________

② ______________________

다. 단점

① ______________________

② ______________________

25 철근콘크리트공사 시 활용되는 철근이음 방식 3가지를 쓰시오. (3점)

① ______________ ② ______________ ③ ______________

26 그림과 같은 라멘 구조물의 O점에서 발생하는 모멘트를 기준으로 부재 OA로의 모멘트 분배율을 구하시오. (3점)

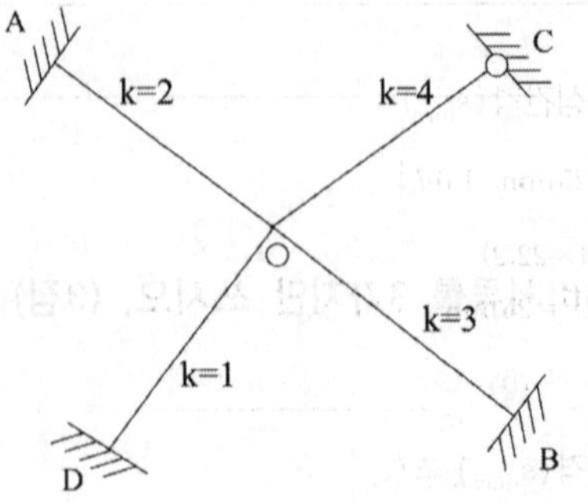

____

____

27 샌드드레인(Sand drain)공법에 대하여 간단히 설명하시오. (3점)

____

____

2016년 1회 해설 및 정답

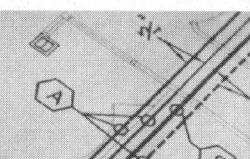

01 (1) 문제의 조건

$n=3$(주철근의 개수)

$b_w=400\text{mm}$(보 부재의 너비)

$d_s=9.53\text{mm}$(스터럽의 직름)

$d_b=22.2\text{mm}$(주철근의 지름)

$f_y=400\text{MPa}$(철근의 설계기준항복강도)

$f_s=\frac{2}{3}f_y=\frac{2}{3}\times 400=266.7\text{MPa}$

$c_c=$ 피복두께 $+d_s=40+9.53=49.53\text{mm}$

(순피복두께)

피복두께 $=40\text{mm}$

$\kappa_{cr}=210$

(2) 휨철근(주철근)의 중심간격(s)

$$s=\frac{1}{(n-1)}[b_w-(\text{피복두께}+d_s)\times 2-d_b]$$

$$=\frac{1}{(3-1)}\{400-(40+9.53)\times 2-22.2\}$$

$$=139.4\rightarrow 139\text{mm}$$

(3) 휨철근(주철근)의 최소 수평 중심간격($s_{\min}$)

$$\text{최소 수평 순간격}=\max\left(\frac{4}{3}G,\ 25\text{mm},\ 1.0d_b\right)$$

$$=\max(25,\ 1.0\times 22.2)$$

$$=\max(25,\ 22)=25\text{mm}$$

$$s_{\min}=\text{최소 수평 순간격}+d_b$$

$$=25+22.2=47.2\rightarrow 47\text{mm}$$

(4) 휨철근(주철근)의 최대 중심 간격($s_{\max}$)

$$s_{\max}=\min\left[375\left(\frac{\kappa_{cr}}{f_s}\right)-2.5c_c,\ 300\left(\frac{\kappa_{cr}}{f_s}\right)\right]$$

$$=\min\left[375\times\left(\frac{210}{266.7}\right)-2.5\times 49.53,\ 300\times\left(\frac{210}{266.7}\right)\right]$$

$$=\min(171.5,\ 236.2)=171.5\rightarrow 172\text{mm}$$

(5) 균열제어 측면에서 철근의 배치간격의 적합 여부 검토

$s_{\min}=47\text{mm}\le s=139\text{mm}\le s_{\max}=172\text{mm}$ OK

∴ 균열제어 측면에서 철근의 배치간격의 적합 여부 검토결과 적합하다.

02 가. 덤프트럭 1회 적재량

$$\frac{8\text{t}}{1.8\text{t/m}^3}=4.444\rightarrow 4.44\text{m}^3/\text{회}$$

나. 필요 차량 대수

(1) 잔토처리량 :

$$(12{,}000-5{,}000)\times 1.25=8{,}750\text{m}^3$$

(2) 필요 차량 대수

$$\frac{8{,}750\text{m}^3}{4.44\text{m}^3/\text{회}}=1970.7\rightarrow 1971\text{회(대)}$$

03 ① CIP(Cast In Place Pile)
② PIP(Packed In Place Pile)
③ MIP(Mixed In Place Pile)

04 Closed System(클로즈드 시스템)

05 ① 2.5
② 750

06 ① 매우 느슨
② 느슨
③ 보통
④ 매우 조밀

07 가. BOT 방식 : 사회간접시설의 확충을 위해 민간이 자금조달과 시설준공(Build) → 민간이 투자비 회수를 위해 일정기간 운영(Operate)→ 소유권을 정부에 이전(Transfer)

나. 파트너링(partnering)방식 : 발주자와 수급자가 상호 신뢰를 바탕으로 팀을 구성하여 프로젝트의 성공과 상호 이익을 목표로 프로젝트를 공동으로 집행 관리하는 방식

08 ① ㉮
② ㉰
③ ㉮

09 타설된 콘크리트 윗면으로부터 최대 측압면까지의 거리

10 ① 오거 보링
② 수세식 보링
③ 충격식 보링
④ 회전식 보링

11 1. 접합부재(강판) 및 용접재의 재료강도(SS275, KS D 7004 연강용 피복아크 용접봉)

(1) 강판의 항복강도 : $F_y = 275\,\text{MPa}$

(2) 강판의 인장강도 : $F_u = 410\,\text{MPa}$

(3) 용접재의 인장강도 : $F_w = F_u = 420\,\text{MPa}$

(주1) 강판의 인장강도와 용접재의 인장강도는 다름에 주의한다.

2. 용접 사이즈와 용접길이의 검토

(1) 용접 사이즈에 대한 검토는 접합부재(강판)의 두께가 주어지지 않으므로 검토할 수 없다.

(2) 용접의 유효길이 $= l_e$

$= l - 2s = 150 - 2 \times 6 = 138\,\text{mm} \geq 4s$

$= 4 \times 6 = 24\,\text{mm}$ OK

3. 필릿용접부의 설계강도

(1) 접합부재(강판)의 총단면의 인장항복 및 유효순단면의 인장파단에 대한 설계인장강도, 접합부재의 총단면의 전단항복 및 순단면의 전단파단에 대한 설계전단강도 그리고 설계블록전단강도는 문제 조건에서 접합부재의 두께와 폭이 주어지지 않았으므로 산정할 수 없다.

(2) 용접재의 설계전단강도

① 용접재의 공칭강도

$F_{nw} = 0.60F_w = 0.6 \times 420 = 252\,\text{MPa}$

② 용접의 유효길이

$l_e = 2(l - 2s) = 2 \times (150 - 2 \times 6) = 276\,\text{mm}$

③ 용접의 사이즈

$s = 6\,\text{mm}$

④ 용접의 유효목두께

$a = 0.7s = 0.7 \times 6 = 4.2\,\text{mm}$

⑤ 용접의 유효단면적

$A_{we} = l_e \times a = 276 \times 4.2 = 1{,}159\,\text{mm}^2$

⑥ 용접재의 설계전단강도($\phi = 0.75$)

$\phi R_n = \phi F_{nw} A_{we} = \phi(0.60F_w)A_{we}$

$= 0.75 \times 252 \times 1{,}159$

$= 219.1 \times 10^3\ \text{N} = 219.1\,\text{kN}$

(3) 용접부의 설계강도

$\phi R_n = 219.1\,\text{kN}$

필릿용접부의 설계강도는 $\phi R_n = 219.1\,\text{kN}$이고, 용접재의 설계전단강도가 지배한다.

12 실리카퓸(Silica Fume)

13 가. 조립 방식에 의한 분류

① 유닛월 시스템

② 스틱월 시스템(녹다운 공법, 분해조립공법)

③ 윈도우월 시스템

나. 구조 형식에 의한 분류

① 패널방식

② 샛기둥방식

③ 커버방식

14 ① 떠붙임 공법

② 압착붙임 공법

③ 개량압착붙임 공법

④ 판형붙임 공법

⑤ 접착붙임 공법

⑥ 동시 줄눈붙임 공법(밀착붙임 공법)

15 가. AE 감수제 : 공기 연행제로서 미세한 기포를 고르게 분포시키는 AE제의 성질과 계면활성 작용으로 시멘트 입자를 분산시켜 유동성을 증가시키는 감수제의 성질을 겸한 것이다.

나. Shrink Mixed Concrete : 믹싱플랜트에서 고정 믹서로 어느 정도 비빈 것을 애지테이터 트럭으로 실어 운반 도중 완전히 비비는 것

16 가. 전단력도

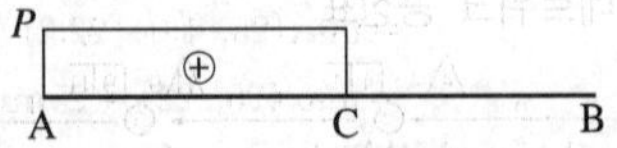

나. 휨모멘트도

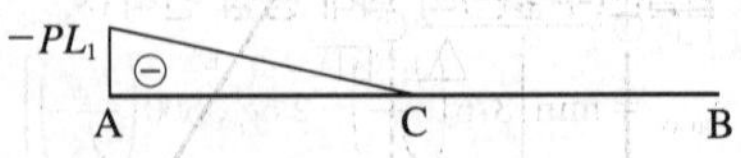

(해설)

(1) 단순보와 캔틸레버보로 분리

① 단순보 : C–B

② 캔틸레버보 : A–C

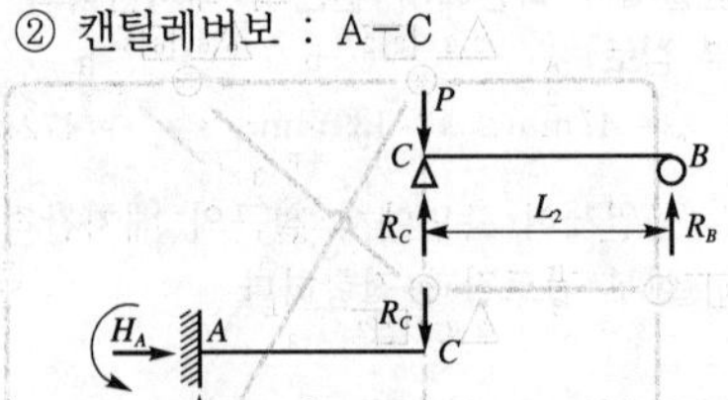

(2) 단순보의 해석(부재 CB에서 지점 C에 집중하중이 작용)

① $R_C = P$ ② $R_B = 0$

(3) 캔틸레버보의 해석(힘의 평형방정식으로부터 반력 산정)

① $\Sigma M=0(+;\curvearrowleft)$: $\Sigma M_A=P\times L_1-M_A=0$

$\therefore\ M_A=PL_1$

② $\Sigma Y=0(+;\uparrow)$: $\Sigma Y=R_A-R_C=R_A-P=0$

$\therefore\ R_A=P$

③ $\Sigma X=0(+;\rightarrow)$: $\Sigma X=H_A=0$

$\therefore\ H_A=0\,\text{kN}$

(4) 단면력도

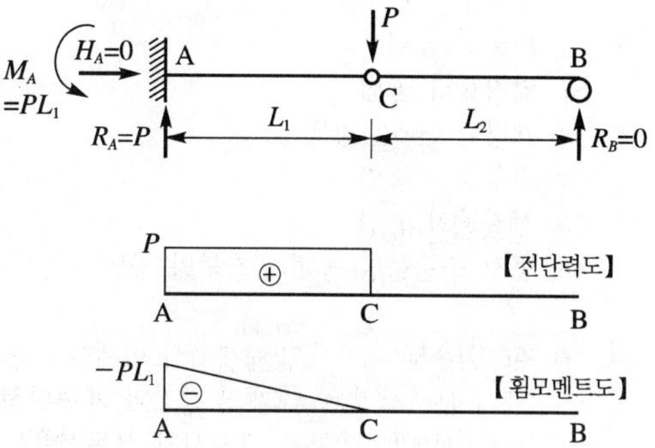

17 ① PC 강선

② PC 강연선

③ PC 경강선

④ PC 강봉

18 가. 표준 네트워크 공정표

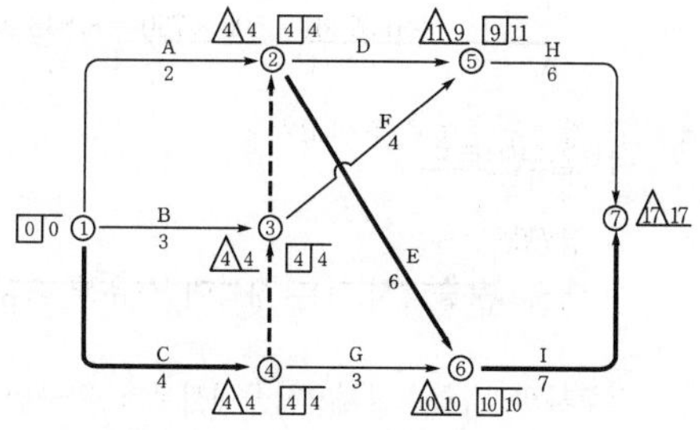

나. 단축한 네트워크 공정표

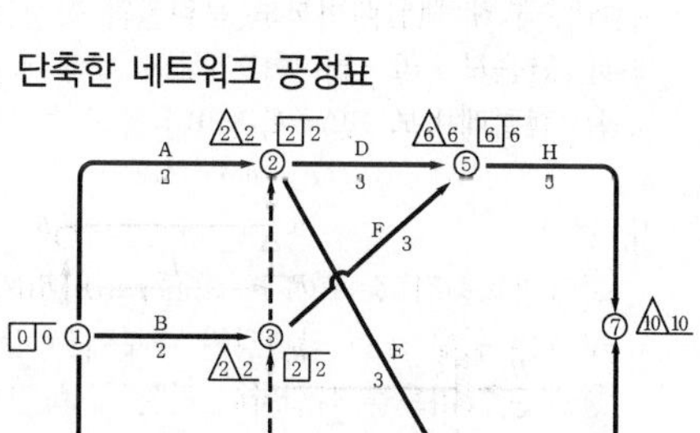

다. 추가공사비

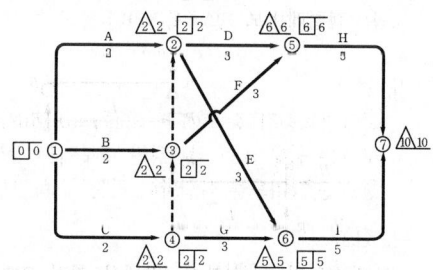

추가공사비(EC, Extra Cost) : 공기단축은 공정 B, 2C, 2D, 3E, F, H, 2I에서 이루어지므로

추가공사비=40,000+2×30,000+2×20,000+3×10,000+15,000+37,000+2×45,000

=312,000원

해설

(1) 표준 네트워크 공정표

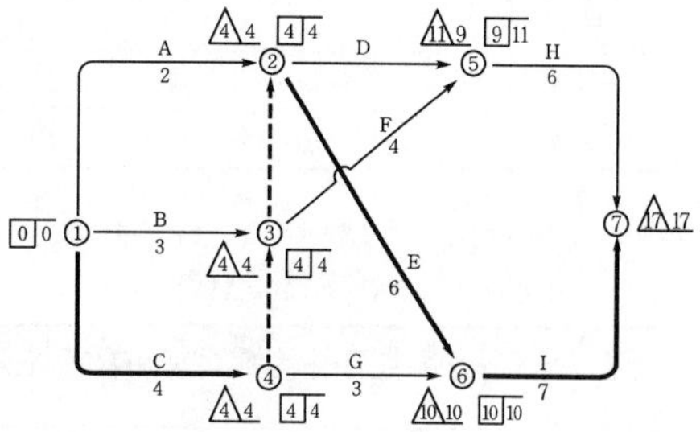

(2) 공기를 7일 단축한 네트워크 공정표 작성

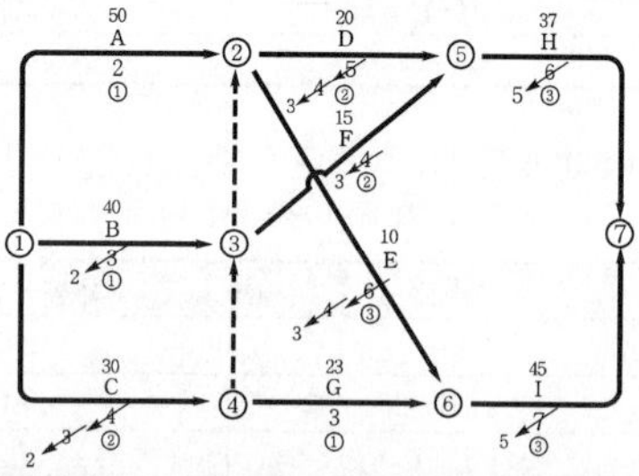

단축단계	공기단축			
	Act.	일수	생성 CP	단축불가 Path
1단계	E	2	D, H	–
2단계	C	1	B	–
3단계	D, E	1	G, F	E
4단계	B, C	1	A	B, C
5단계	D, F, I	1	–	D
6단계	H, I	1		

단축단계	Path				
	A–D–H (13일)	A–E–I (15일)	B–D–H (14일)	B–E–I (16일)	B–F–H (13일)
1단계	13	13	14	14	13
2단계	13	13	14	14	13
3단계	12	12	13	13	13
4단계	12	12	12	12	12
5단계	11	11	11	11	11
6단계	10	10	10	10	10

단축 단계	Path				비고
	C-G-I (14일)	C-F-H (14일)	C-D-H (15일)	C-E-I (17일)	
1단계	14	14	15	15	
2단계	13	13	14	14	
3단계	13	13	13	13	(주1)
4단계	12	12	12	12	(주2)
5단계	11	11	11	11	(주3)
6단계	10	10	10	10	

(주1) 병렬단축 : 경우의 수는 다음과 같고, 비용구배(CS)가 최소인 곳에서 단축

작업명	비용구배(CS)
B+C	70
D+E	30
D+I	65
H+E	47
H+I	82

(주2) 병렬단축 : 경우의 수는 다음과 같고, 비용구배(CS)가 최소인 곳에서 단축

작업명	비용구배(CS)
B+C	70
D+F+I	80
H+I	82

(주3) 병렬단축 : 경우의 수는 다음과 같고, 비용구배(CS)가 최소인 곳에서 단축

작업명	비용구배(CS)
D+F+I	80
H+I	82

(3) 공기단축한 네트워크 공정표

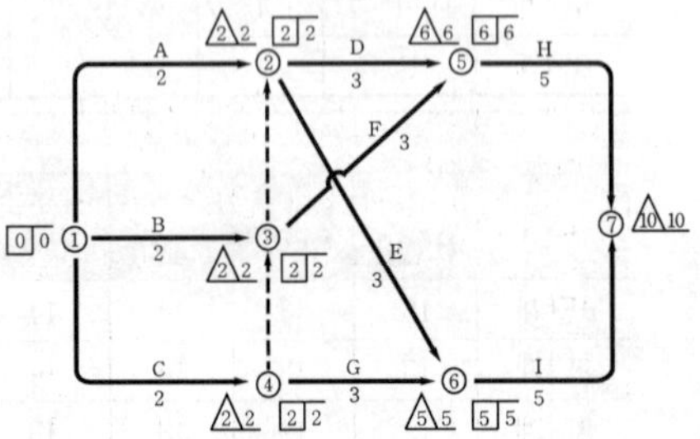

(4) 추가공사비

추가공사비(EC, Extra Cost) : 공기단축은 공정 B, 2C, 2D, 3E, F, H, 2I에서 이루어지므로

추가공사비 = 40,000 + 2×30,000 + 2×20,000 + 3×10,000 + 15,000 + 37,000 + 2×45,000 = 312,000원

19 ① 가압주입법
② 침지법
③ 방부제칠
④ 표면탄화법

20 ① 청결하고 유해불순물이 없을 것
② 내구성과 내화성을 가질 것
③ 표면이 거칠고 둥글며, 입도가 적당할 것
④ 시멘트강도 이상으로 견고할 것
⑤ 내열적이고, 내약품적일 것
⑥ 내마모성이 있을 것
⑦ 흡수율이 작을 것
⑧ 운모가 함유되지 않은 것

21 가. 균형철근비(ρ_b)

① $f_{ck} \le 40$ MPa이므로 $\beta_1 = 0.80$

② $\rho_b = 0.85\beta_1 \cdot \dfrac{f_{ck}}{f_y} \cdot \dfrac{600}{600+f_y}$

$= 0.85 \times 0.80 \times \dfrac{27}{300} \times \dfrac{600}{600+300} = 0.04080$

나. 최대 철근량($A_{s,\max}$)

① $\epsilon_y = f_y / E_s = 300/200{,}000 = 0.0015$

② $\rho_{\max} = \left(\dfrac{0.0033+\epsilon_y}{0.0033+0.0050}\right)\rho_b$

$= \left(\dfrac{0.0033+0.0015}{0.0033+0.0050}\right) = 0.578\rho_b = 0.02360$

③ $A_{s,\max} = \rho_{\max}bd$

$= 0.02360 \times 500 \times 750 = 8{,}848.2\text{mm}^2$

22 ① 가설건축물축조신고서
② 배치도
③ 평면도
④ 대지사용승낙서(다른 사람이 소유한 대지인 경우)

23 건축물의 기획, 설계, 시공에서부터 완공된 후의 유지관리 및 해체까지 이어지는 일련의 과정을 건물의 생애(수명)라 한다. 이러한 건물의 생애기간동안 소요되는 초기투자비 및 유지관리비 등의 총 비용이다.

24 가. CFT

콘크리트충전 강관(CFT, Concrete Filled Tube) 구조는 원형 또는 각형강관 내부에 고강도, 고유동화 콘크리트를 타설하여 만든 구조(기둥)이다.

나. 장점

① 내진성능 향상
② 좌굴방지
③ 기둥단면 축소

④ 강성 증대

다. 단점

① 지중에서 부식 우려

② 재료비가 고가

25 ① 겹침이음

② 용접이음

③ 가스압접이음

④ 기계적 이음

26 (1) 부재 OC의 유효강비(등가강비, k_e)

$$k_e = \frac{3}{4} \times 4 = 3$$

(2) 부재 OA로의 모멘트 분배율(DF, $k/\Sigma k$)

$$DF_{OA} = \frac{2}{2+3+3+1} = \frac{2}{9} = 0.22$$

27 연약 점토질지반에서 탈수를 이용해 지반을 개량하기 위한 공법으로 지반에 구멍을 뚫고 모래를 넣은 후, 성토 및 기타 하중을 가하여 점토질 지반을 압밀함으로써 탈수하는 방법

2016년 2회(2016.6.25 시행)

01 다음 그림과 같은 조적구조 평면에서 평균준틀과 귀규준틀의 수량을 산정하시오. (단, 도면의 설명이 없는 벽체는 내력벽이다.)

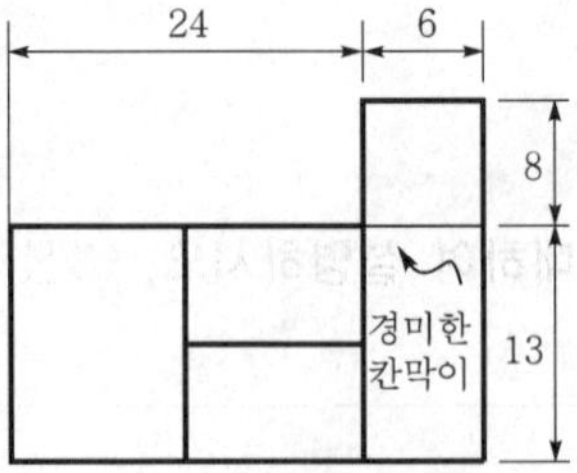

02 역타설 공법(Top-Down Method)의 장점을 4가지 쓰시오. (4점)

① ______

② ______

③ ______

④ ______

03 토량 2,000m^{3}를 2대의 불도저로 작업하려 한다. 삽날 용량 0.6m^3, 토량환산계수 0.7, 작업효율 0.9이며, 1회 사이클 시간이 15분일 때 작업을 완료할 수 있는 시간을 구하시오. (4점)

______

______

04 점토지반 개량공법 2가지와 그 중에서 1가지를 선택하여 간단히 설명하시오. (4점)

가. 점토지반 개량공법

① ______

② ______

나. (　　　　　) : ______

05 다음은 건축공사표준시방서 기준에 의한 철근의 간격과 관련한 설명이다. ( )를 채우시오. (3점)

> 철근과 철근의 순간격은 굵은 골재 최대치수 (①)배 이상, (②)mm, 이상, 이형철근 공칭직경의 (③)배 이상으로 한다.

① ______ ② ______ ③ ______

06 다음 콘크리트공사용 거푸집에 대하여 설명하시오. (3점)

가. 슬라이딩폼 : ______

나. 터널폼 : ______

07 콘크리트의 착색재에서 다음의 색깔을 발현할 수 있는 재료를 보기에서 골라 번호를 적어시오. (4점)

보기

① 카본블랙	② 군청	③ 크롬산바륨
④ 산화크롬	⑤ 산화 제2철	⑥ 이산화망간

① 초록색 : ______ ② 빨강색 : ______

③ 노랑색 : ______ ④ 갈 색 : ______

08 콘크리트 펌프의 실린더 안지름 18cm, 스트로크 길이 1m, 스트로크 수 24회/분인 조건의 90% 효율로 휴식시간 없이 계속적으로 콘크리트를 펌핑할 때 원활한 공사 시공을 위한 $7m^3$ 레미콘 트럭의 배차시간 간격(분)을 구하시오. (4점)

09 다음 설명에 해당되는 알맞은 줄눈(Joint)을 적으시오. (3점)

구조물의 일부분을 일정 폭으로 남겨 두고 인접 부위의 콘크리트를 먼저 타설하여 초기 건조수축을 어느 정도 진행시킨 후 해당 스트립(strip) 부분을 마지막으로 타설하여 일체화하는 줄눈

____

10 다음 ❘보기❘는 한중 콘크리트에 관한 설명이다. ( ) 안에 알맞은 내용을 쓰시오. (4점)

❘ 보기 ❘

가. 한중 콘크리트는 초기양생을 통해 콘크리트의 양생 종료시의 소요압축강도가 최소 (　　)MPa 이상이 되게 한다.

나. 한중 콘크리트의 물시멘트비는 원칙적으로 (　)% 이하이어야 한다.

가. ____________ 나. ____________

11 폴리머시멘트 콘크리트의 특성을 보통시멘트 콘크리트와 비교하여 4가지 기술하시오. (4점)

① ____________ ② ____________

③ ____________ ④ ____________

12 다음 그림과 같은 직사각형 단면을 가진 단순보에서 등분포하중이 작용할 경우, 최대 휨모멘트와 균열휨모멘트 그리고 균열 발생 여부를 판정하시오. (단, 콘크리트의 설계기준압축강도 f_{ck} = 24 MPa 이고, 경량콘크리트계수는 1.0을 적용한다.) (5점)

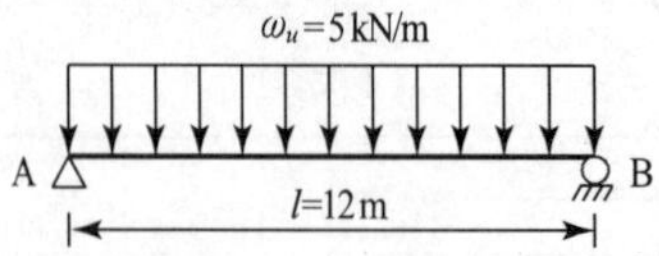

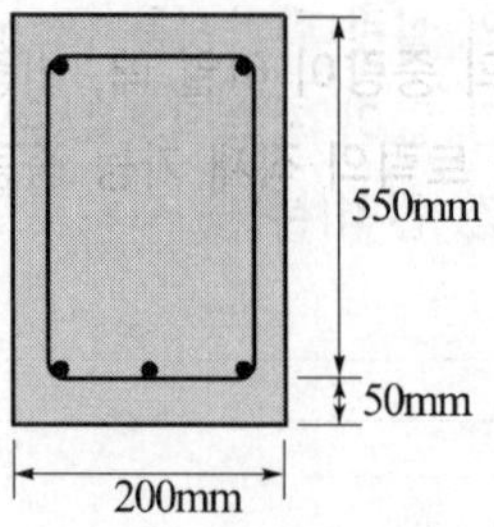

가. 최대 휨모멘트

나. 균열휨모멘트

다. 균열 발생 여부의 판단

13 **강구조공사 습식 내화피복 공법의 종류를 3가지 쓰시오. (3점)**

① ______ ② ______ ③ ______

14 **다음 용어를 설명하시오. (4점)**

(1) 스칼럽(Scallop) :

(2) 엔드탭(End Tab) :

15 **트럭 적재한도의 중량이 6t일 때, 비중 0.8이고 부피 30,000재(才)의 목재 운반 트럭대수를 구하시오. (단, 6t 트럭의 적재 가능 중량은 6t, 부피는 $9.5m^3$이다. 최종 답은 정수로 표기하시오.) (4점)**

16 건축공사표준시방서에서의 방수공사 표기 방법 중 각 공법에서 최초의 문자는 방수층의 종류를 의미한다. 이에 사용되는 영문 기호 A, M, S, L의 의미를 설명하시오. (4점)

① A : ______________________

② M : ______________________

③ S : ______________________

④ L : ______________________

17 목재면 바니시칠 공정의 작업순서를 |보기|에서 골라 기호로 쓰시오. (4점)

|보기|

㉮ 색올림　　㉯ 왁스 문지름　　㉰ 바탕처리　　㉱ 눈먹임

____

18 철강재(금속재)의 바탕처리법 중 화학적 방법의 종류 3가지를 쓰시오. (3점)

① ______________ ② ______________ ③ ______________

19 구조물을 신축하기 전에 실시하는 Mock-Up Test의 시험항목을 4가지만 쓰시오. (4점)

① ______________ ② ______________

③ ______________ ④ ______________

20 건축공사의 단열 공법에서 단열 부위 위치에 따른 벽 단열 공법의 종류를 쓰시오. (3점)

① ______________ ② ______________ ③ ______________

21 히스토그램(Histogram)의 작업순서를 | 보기 | 에서 골라 순서를 기호로 쓰시오. (5점)

| 보기 |

㉮ 히스토그램과 규격값을 대조하여 안정 상태인지 검토한다.
㉯ 히스토그램을 작성한다.
㉰ 도수분포도를 만든다.
㉱ 데이터에서 최소값과 최대값을 구하여 전 범위를 구한다.
㉲ 구간폭을 정한다.
㉳ 데이터를 수집한다.

---

22 주어진 Data에 의하여 다음 물음에 답하시오. (10점)

작업	선행작업	Normal		Crash	
		Time(일)	Cost(만원)	Time(일)	Cost(만원)
A	없음	5	17	4	21
B	없음	18	30	13	45
C	없음	16	32	12	48
D	A	8	20	6	26
E	A	7	11	6	14
F	A	6	12	4	20
G	D, E, F	7	15	5	22

가. Normal Network를 작성하시오.
(단, CP는 굵은 선으로 표시하고 각 결합점에서는 다음과 같이 표시한다.)

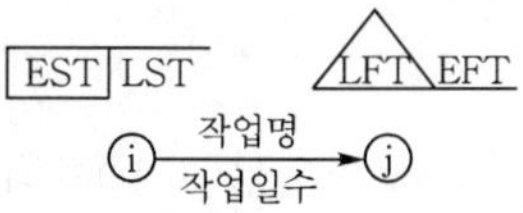

나. 정상공기시 총공사비용 (①)과 공기를 4일 단축할 경우 총공사비용 (②)을 구하시오.

① 총공사비용
- 계산과정 :
- 답 :

② 공기단축시 총공사비용
- 계산과정 :
- 답 :

23 다음 통합공정관리(EVMS ; Earned Value Management System using Product Model) 용어를 설명한 것 중 맞는 것을 |보기|에서 선택하여 번호로 쓰시오. (3점)

|보기|

㉮ 프로젝트의 모든 작업내용을 계층적으로 분류한 것으로 가계도와 유사한 형상을 나타낸다.
㉯ 성과측정시점까지 투입예정된 공사비
㉰ 공사착수일로부터 추정 준공일까지의 실투입비에 대한 추정치
㉱ 성과측정시점까지 지불된 공사비(BCWP)에서 성과측정시점까지 투입예정된 공사비를 제외한 비용
㉲ 성과측정시점까지 실제로 투입된 금액을 말한다.
㉳ 성과측정시점까지 지불된 공사비(BCWP)에서 성과측정시점까지 실제로 투입된 금액을 제외한 비용
㉴ 공정, 공사비 통합, 성과측정, 분석의 기본단위를 말한다.

가. CA(Cost Account) : ______

나. CV(Cost Variance) : ______

다. ACWP(Actual Cost for Work Performed) : ______

24 그림과 같은 구조물에서 T부재에 발생하는 부재력을 구하시오. (단, 인장은 +, 압축은 −로 표시한다.) (3점)

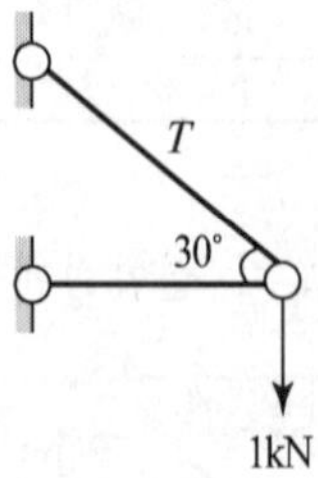

25 다음 그림을 보고 물음에 답하시오. (3점)

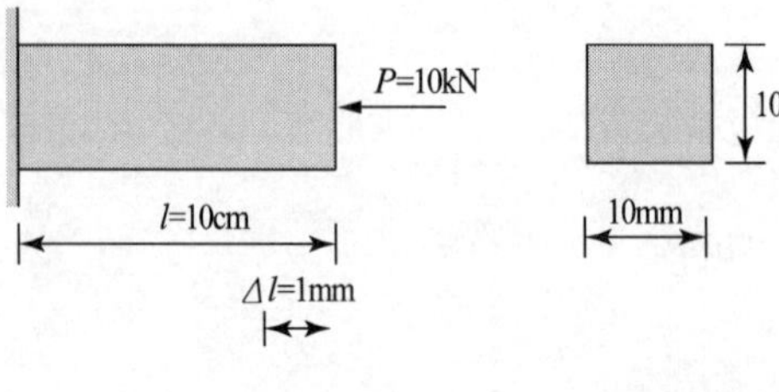

가. 압축응력(σ_c) : ______

나. 변형률(ε) : ______

다. 탄성계수(E) : ______

26 다음 보기에서 설명하는 구조의 명칭은 무엇인가? (2점)

보기

구조물의 기초부분 등에 적층고무 또는 미끄럼받이 등을 넣어서 지진에 대한 건축물의 흔들림을 감소시키는 구조

27 H형강을 사용한 그림과 같은 단순지지 강구조 보의 최대 처짐(mnm)을 구하시오. (단, 탄성계수 $E=$ 210,000 MPa, 단면 2차 모멘트 $I=$4,870 cm^4, 고정하중 $w_D=$ 10 kN/m, 활하중 $w_L=$ 20 kN/m이다.) (3점)

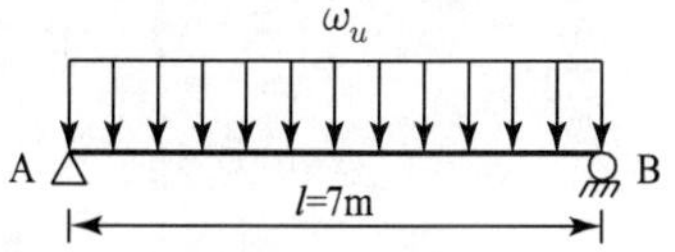

2016년 2회 해설 및 정답

01 ① 평규준틀 : 6개소
② 귀규준틀 : 5개소

02 ① 지상, 지하 동시 작업으로 공기단축
② 전천후 시공 가능
③ 1층 슬래브를 선시공함으로써 작업공간 활용 가능
④ 인접건물에 악영향이 적음
⑤ 굴착소음방지 및 분진방지
⑥ 흙막이의 우수한 안정성

03 ① 불도저의 시간당 작업량

$$Q=\frac{60\times q\times f\times E}{C_m}=\frac{60\times 0.6\times 0.7\times 0.9}{15}$$

$=1.512\text{m}^3/\text{hr}$

② 불도저 2대의 작업시간

$$\frac{2,000\text{m}^3}{(1.512\text{m}^3/\text{hr}\times 2\text{EA})}=661.376\rightarrow 661.38\text{시간}$$

여기서, q : 토공판 용량(m^3)
f : 토량환산계수
E : 작업효율
C_m : 1회 사이클 소요시간(min)

04 가. 점토지반 개량공법
① 재하법
② 치환법
③ 탈수법
④ 동결법
⑤ 전기화학고결법

나. 탈수법
주로 연약 점토질지반에서 간극수를 탈수하여 지내력을 증가시키는 공법이다.

05 ① 4/3
② 25
③ 1.5

06 가. 슬라이딩폼 : 사일로, 교각, 건물의 코어부분 등 단면형상의 변화가 없는 수직으로 연속된 콘크리트 구조물에 사용되는 거푸집
나. 터널폼 : ㄱ자형, ㄷ자형의 기성재 거푸집으로 아파트공사에 주로 사용되는 거푸집

07 ① 초록색 : ④
② 빨강색 : ⑤
③ 노랑색 : ③
④ 갈 색 : ⑥

08 ① 1회 펌핑량 $=\dfrac{\pi\times 0.18^2}{4}\times 1\times 0.9=0.02290\text{m3}$

② 1분 펌핑량 $=0.02290\text{m3}\times 24$회/분 $=0.54963$/분

③ 레미콘 트럭 배차시간 간격(분) $=\dfrac{7\text{m}^3}{0.5496\text{m}^3/\text{분}}$

$=12.737$분 → 12.74분

09 지연줄눈(Delay Joint)

10 가. 5
나. 60

11 ① 수밀성 증대
② 내동결융해성
③ 내약품성
④ 내마모성, 내충격성
⑤ 방수성
⑥ 강도(압축, 인장, 휨)의 증대

12 가. 최대 휨모멘트

$$M_{\max}=\frac{w_u l^2}{8}=\frac{5\times 12^2}{8}=90.0\ \text{kN}\cdot\text{m}$$

나. 균열휨모멘트

(1) 총단면에 대한 단면2차 모멘트 I_g

$$I_g=\frac{bh^3}{12}=\frac{200\times 600^3}{12}=3,600\times 10^6\ \text{mm}^4$$

(2) 경량콘크리트계수 λ

$\lambda=1.0$

(3) 콘크리트의 파괴계수(휨인장강도) f_r

$f_r=0.63\lambda\sqrt{f_{ck}}=0.63\times 1.0\times\sqrt{24}=3.086\text{MPa}$

(4) 균열휨모멘트 M_{cr}

$$y_t=\frac{h}{2}=\frac{600}{2}=300\ \text{mm}$$

$$M_{cr}=\frac{f_r\,I_g}{y_t}=\frac{3.086\times 3,600\times 10^6}{300}$$

$=37.0\times 10^6\ \text{N}\cdot\text{mm}=37.0\ \text{kN}\cdot\text{m}$

다. 균열 발생 여부의 판단

$M_{max} = 90.0\,kN \cdot m > M_{cr} = 37.0\,kN \cdot m$

∴ 단면에 균열이 발생된다.

13 도장 공법
습식 공법
건식 공법
합성 공법

14 ① 스칼럽 : 강구조 부재의 용접시 이음 및 접합부위의 용접선이 교차되어 재용접된 부위가 열영향을 받아 취약해지기 때문에 모재에 부채꼴 모양의 모따기를 한 것

② 엔드탭 : 공기구멍(Blow Hole), 크레이터(Crater) 등의 용접결함이 생기기 쉬운 용접 비드(Bead)의 시작과 끝지점에 용접을 하기 위해 용접접합하는 모재의 양단에 부착하는 보조 강판

15 (1) 목재의 전체 부피 $= \dfrac{30,000\text{재}}{300\text{재}/m^3} = 100m^3$

(2) 목재의 중량

① 목재의 비중 $= 0.8 = 0.8t/m^3$

② 목재의 중량 $= 0.8t/m^3 \times 100m^3 = 80t$

(3) 트럭 1대의 목재 적재량

① 6t 트럭 1대의 적재 가능 부피는 $9.5m^3$이고, 적재 가능 중량은 6t이다.

② 트럭 1대에 목재를 $9.5m^3$만큼 적재할 경우, 적재 중량은 다음과 같다.

$0.8t/m^3 \times 9.5m^3 = 7.6t$

③ 따라서 트럭의 적재 가능 중량 6t을 초과하므로 운반트럭 대수는 트럭 1대의 목재 적재량인 6t/대로만 검토한다.

(4) 운반트럭 대수

운반트럭 대수 $= \dfrac{80t}{6t/\text{대}} = 13.3 \rightarrow 14\text{대}$

16 ① A : 아스팔트 방수층
② M : 개량 아스팔트 방수층
③ S : 합성고분자 시트 방수층
④ L : 도막 방수층

17 ㉰ → ㉱ → ㉮ → ㉯

18 ① 용제에 의한 법
② 알칼리에 의한 법
③ 산처리법
④ 인산피막법
⑤ 워시 프라이머법

19 ① 예비시험
② 기밀시험
③ 정압수밀시험
④ 동압수밀시험
⑤ 구조시험

20 ① 외벽단열 공법
② 내벽단열 공법
③ 중공벽단열 공법

21 ㉶ → ㉱ → ㉲ → ㉰ → ㉯ → ㉮

22 가. Normal Network의 작성

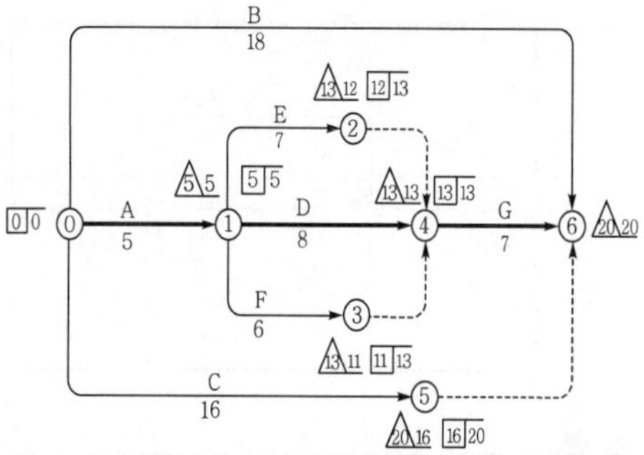

나. 정상공기시 총공사비용 (①)과 공기를 4일 단축할 경우 총공사비용 (②)을 구하시오.

① 총공사비용

• 계산과정 : 170,000 + 300,000 + 320,000 + 200,000 + 110,000 + 120,000 + 150,000 = 1,370,000원

• 답 : 1,370,0000원

② 공기단축시 총공사비용

• 계산과정 : 공기단축시 총공사비 = 표준공사비 + 추가공사비

㉠ 표준공사비(NC, Normal Cost) : 1,370,000원

㉡ 추가공사비(EC, Extra Cost) : 공기단축은 공정 D, 2G, 2B, A에서 이루어지므로 추가공사비 = 30,000 + 2 × 35,000 + 2 × 30,000 + 40,000 = 200,000원

㉢ 총공사비 : 1,370,000 + 200,000 = 1,570,000원

• 답 : 1,570,000원

해설

가. 표준 네트워크 공정표

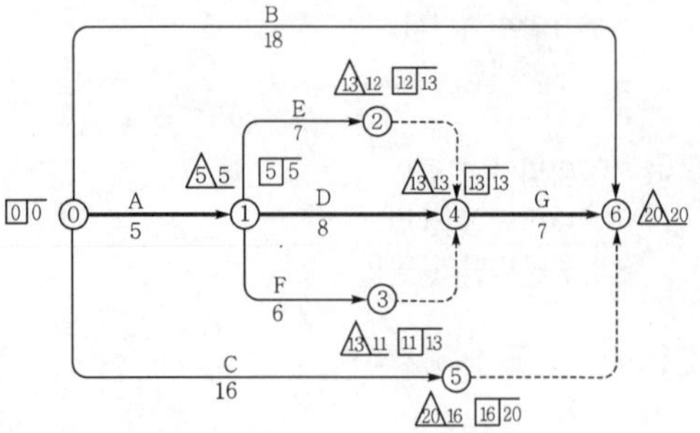

나. 공기단축(4일)

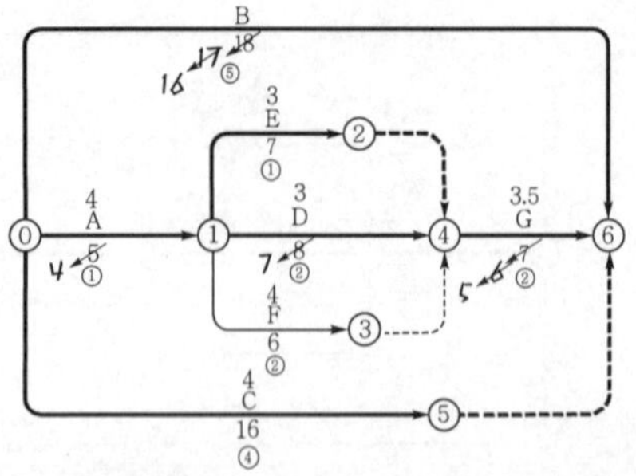

단축단계	공기단축				Path				
	Act.	일수	생성 CP	단축불가 Path	B (18일)	A-E-G (19일)	A-D-G (20일)	A-F-G (18일)	C (16일)
1단계	D	1	E	–	18	19	19	18	16
2단계	G	1	B	–	18	18	18	17	16
3단계	B, G	1	–	G	17	17	17	16	16
4단계	B, A	1	C	A	16	16	16	15	16

다. 공기단축시 총공사비

- 총공사비 = 표준공사비 + 추가공사비

① 표준공사비(NC, Normal Cost) : 1,370,000원
표준공사비(Normal의 소요공사비 합계)
=170,000+300,000+320,000+200,000+110,000+120,000+150,000
=1,370,000원

② 추가공사비(EC, Extra Cost) : 공기단축은 공정 D, 2G, 2B, A에서 이루어지므로
추가공사비 = 30,000 + 2 × 35,000 + 2×30,000+40,000
=200,000원

③ 총공사비 : '총공사비=표준공사비+추가공사비'이므로
총공사비=1,370,000+200,000
=1,570,000원

23 가. CA : ㊔
나. CV : ㊒
다. ACWP : ㊑

24

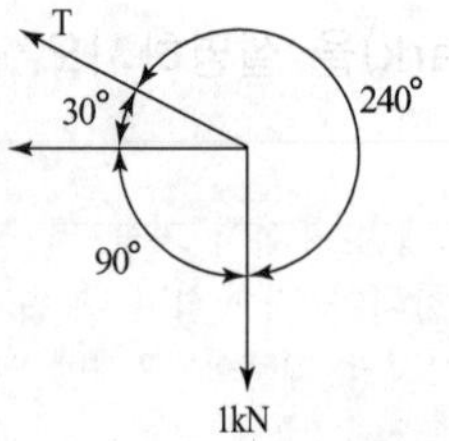

사인법칙(라미의 정리)을 이용하여 다음과 같이 산정한다.

$$\frac{1}{\sin 30^\circ} = \frac{T}{\sin 90^\circ}$$

$$T = 1 \times \frac{\sin 90^\circ}{\sin 30^\circ} = 2\text{ kN (인장)}$$

25 가. 압축응력(σ_c)

$$\sigma_c = \frac{P}{A} = \frac{10\times 10^3}{10\times 10} = 100\text{ N/mm}^2\text{ (MPa)}$$

나. 변형률(ε)

$$\epsilon = \frac{\Delta l}{l} = \frac{1}{100} = 0.01$$

다. 탄성계수(E)

$$E = \frac{\sigma_c}{\epsilon} = \frac{100}{0.01} = 10{,}000\text{ N/mm}^2\text{ (MPa)}$$

26 면진구조

27 (1) 등분포하중 w_u

$$w_u = 1.0w_D + 1.0w_L = 1.0\times 10 + 1.0\times 20$$
$$= 30\text{ kN/m} = 30\text{ N/mm}$$

(주1) 처짐을 계산할 때는 하중계수를 고려하지 않는다.

(2) 최대 처짐의 산정

$l = 7\text{ m} = 7{,}000\text{ mm}$

$I = 4{,}870 = 4{,}870\times 10^4\text{ mm}^4$

$$\delta_{\max} = \frac{5w_u l^4}{384EI} = \frac{5\times 30\times 7{,}000^4}{384\times 210{,}000\times(4{,}870\times 10^4)}$$
$$= 91.71 \rightarrow 93.7\text{ mm}$$

2016년 3회(2016.11.12 시행)

01 기준점(Bench Mark)을 설명하시오. (3점)

02 지반조사를 위한 보링(Boring)의 종류를 3가지 쓰시오. (3점)

① ______ ② ______ ③ ______

03 슬러리월(Slurry Wall) 공법에 대한 정의를 설명한 것이다. 다음 빈 칸을 채우시오. (3점)

벤토나이트 슬러리(Bentonite Slurry)의 안정액을 사용하여 지반을 굴착하고 (①)을 설치하고 (②)을 삽입한 후 (③)를 타설하여 지중에 시공된 철근콘크리트 연속벽체

① ______ ② ______ ③ ______

04 건축물 기초를 시공하기 위하여 평탄한 지반을 다음과 같이 굴착하고자 한다. 다음 물음에 답하시오. (단, 굴착할 흙의 토량환산계수 $L=1.3$, $C=0.9$이다.) (9점)

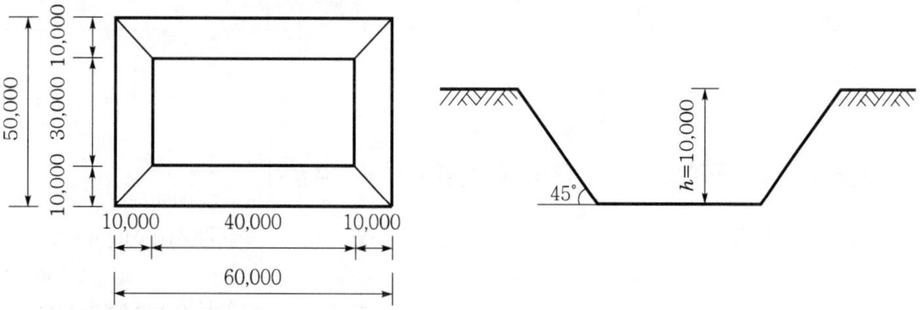

가. 터파기량을 산출하시오.

나. 운반대수를 산출하시오.(단, 운반대수 1대의 적재량 $12m^3$)

다. $5,000m^2$에 흙을 이용하여 성토하여 다짐할 때 표고는 몇 m인지 구하시오. (단, 비탈면은 수직으로 생각함.)

05 제자리콘크리트말뚝 공법 3가지 쓰시오. (5점)

① ______ ② ______ ③ ______

06 시멘트의 주요화합물을 4가지 쓰고, 그중 콘크리트의 28일 이후 장기강도에 관여하는 화합물을 쓰시오. (5점)

가. 주요화합물

① ______ ② ______

③ ______ ④ ______

나. 콘크리트의 28일 이후 장기강도에 관여하는 화합물

______

07 혼합시멘트 중 플라이애시시멘트의 특징 3가지를 쓰시오. (6점)

① ______ ② ______ ③ ______

08 콘크리트 타설시 현장가수로 인한 문제점을 3가지 쓰시오. (4점)

① ______ ② ______

③ ______ ④ ______

09 다음 콘크리트의 균열보수법에 대하여 설명하시오. (4점)

가. 표면처리 공법 : ______

______

나. 주입 공법 : ______

______

10 휨부재에서 최외단 순인장변형률 ε_t=0.0040일 때 기타 철근을 사용한 압축부재에 대한 강도감소계수 ϕ를 구하시오. (단, f_y=400MPa이다.) (4점)

---

11 다음과 같은 조건을 갖는 철근콘크리트 보의 총처짐(mm)을 구하시오. (3점)

[조건]
① 순간처짐(즉시처짐) : 20mm
② 단면 : $b_w \times d = 400\,\text{mm} \times 600\,\text{mm}$
③ 지속하중의 재하기간에 따른 시간경과계수 : $\xi = 2.0$
④ 압축철근량 : $A_s' = 1{,}000\,\text{mm}^2$

---

12 강구조공사 고장력볼트의 마찰접합 및 인장접합에서는 설계볼트장력 및 표준볼트장력과 미끄럼계수의 확보가 반드시 보장되어야 한다. 이에 대한 방법을 서술하시오. (4점)

가. 설계볼트장력

나. 표준볼트장력

다. 미끄럼계수의 확보를 위한 마찰면 처리

---

13 용접부의 검사항목이다. 보기에서 골라 알맞은 고정에 해당 번호를 쓰시오. (3점)

보기		
① 아크 전압	② 용접 속도	③ 청소 상태
④ 홈 각도, 간격 및 치수	⑤ 부재의 밀착	⑥ 필릿의 크기
⑦ 균열, 언더컷 유무	⑧ 밑면 따내기	

(1) 용접착수 전 : ________ (2) 용접착수 중 : ________

(3) 용접착수 후 : ________

14 **다음 용어를 설명하시오. (6점)**

(1) 데크플레이트(Deck Plate) : ____________________

____

(2) 시어커넥터(Shear Connector) : ____________________

____

(3) 거셋플레이트(Gusset Plate) : ____________________

____

15 **조적공사시 세로규준틀의 기입사항을 4가지 기재하시오. (4점)**

① ____________________ ② ____________________

③ ____________________ ④ ____________________

16 **목재의 섬유포화점을 설명하고, 섬유포화점과 관련하여 함수율 증감에 따른 강도의 변화에 대하여 설명하시오. (2점)**

가. 목재의 섬유포화점

____

나. 목재의 함수율 증감에 따른 강도의 변화

____

17 **다음 목공사에서 활용되는 용어를 설명하시오. (6점)**

① 이음 : ____________________

② 맞춤 : ____________________

③ 쪽매 : ____________________

18 목재에 가능한 방부처리법(난연처리법)을 3가지 쓰시오. (4점)

① ________________ ② ________________

③ ________________ ④ ________________

19 목공사의 마무리 중 모접기(면접기)의 종류를 3가지 쓰시오. (5점)

① ____________ ② ____________ ③ ____________

④ ____________ ⑤ ____________

20 타일의 탈락 원인에 대해 4가지를 쓰시오. (4점)

① ________________ ② ________________

③ ________________ ④ ________________

21 도장공사에 쓰이는 금속재료의 녹막이용 도장재료를 2가지만 쓰시오. (2점)

① ________________ ② ________________

22 천장이나 벽체에 주로 사용되는 일반 석고보드의 장단점을 2가지씩 쓰시오. (4점)

(1) 장점

① ________________________________

② ________________________________

(2) 단점

① ________________________________

② ________________________________

23 건설 계약방식과 관련된 다음 용어에 대해 설명하시오. (배점 4점)

가. BOT(Build Operation Transfer)방식 : ______________________________

____

나. 파트너링(partnering)방식 : ______________________________

____

24 다음 데이터를 이용하여 정상공기를 산출한 결과 지정공기보다 3일이 지연되는 결과이었다. 공기를 조정하여 3일의 공기를 단축한 네트워크 공정표를 작성하고, 아울러 총공사금액을 산출하시오. (10점)

작업명	선행작업	비용구배 (Cost Slope) (원/일)	표준(Normal)		특급(Crash)		비고
			공기(일)	공비(원)	공기(일)	공비(원)	
A	없음	–	3	7,000	3	7,000	단축된 공정표에서 CP는 굵은 선으로 표기하고, 각 결합점에서는 EST LST / LFT EFT / ⓘ —작업명 / 작업일수→ ⓙ 로 표기한다.(단, 정상공기는 답지에 표기하지 않고, 시험지 여백을 이용할 것)
B	A	1,000	5	5,000	3	7,000	
C	A	1,500	6	9,000	4	12,000	
D	A	3,000	7	6,000	4	15,000	
E	B	500	4	8,000	3	8,500	
F	B	1,000	10	15,000	6	19,000	
G	C, E	2,000	8	6,000	5	12,000	
H	D	4,000	9	10,000	7	18,000	
I	F, G, H	–	2	3,000	2	3,000	

가. 단축한 네트워크 공정표　　　　　　　나. 총공사금액

25 다음 그림과 같은 3회전단형 라멘에서 지점 A의 반력을 구하시오. (3점)

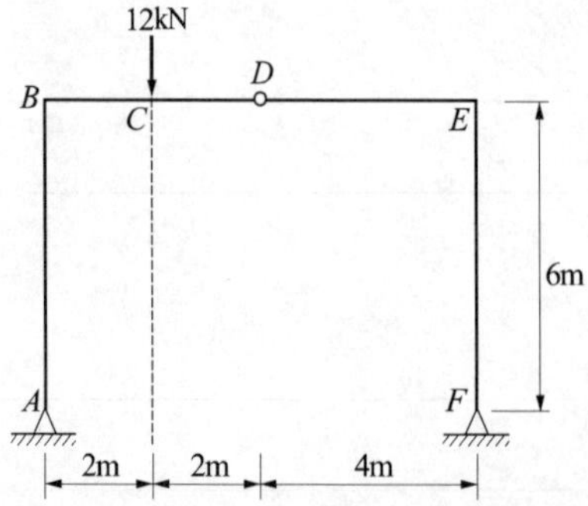

26 경간 6m, 단면 300mm×500mm인 단순보의 중앙에 200kN의 집중하중이 작용할 때 최대 전단응력을 산정하시오. (3점)

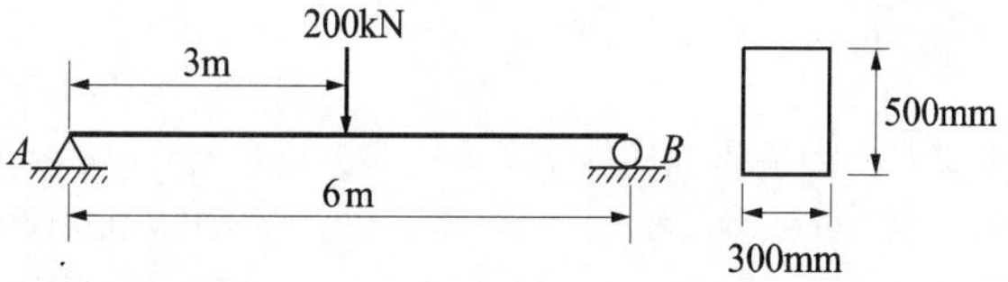

【단면】

2016년 3회 해설 및 정답

01 건축공사 중 건축물의 고저에 기준이 되도록 건축물 인근에 높이의 기준을 설치하는 표시물

02 ① 오거 보링
② 수세식 보링
③ 충격식 보링
④ 회전식 보링

03 ① 가이드월(Guide Wall)
② 철근망
③ 콘크리트

04 가. 터파기량(자연상태의 토량)

$V = \frac{h}{6}\{(2a+a')b+(2a'+a)b'\}$

$= \frac{10}{6} \times \{(2\times60+40)\times50+(2\times40+60)\times30\}$

$=20,333.333 \rightarrow 20,333.33$m3

나. 운반대수(자연상태에서 흐트러진 상태의 토량으로 운반)

운반대수$=\frac{20,333.33}{12}\times1.3=2,202.78\rightarrow2,203$대

다. 표고(터파기한 자연상태의 체적에 토량을 다져 넣는다.)

표고$=\frac{20,333.33}{5,000}\times0.9=3.660\rightarrow3.66$m

해설

① $L=1.3$: 자연상태의 토량 → 흐트러진 상태의 토량

② $C=0.9$: 자연상태의 토량 → 다져진 상태의 토량

05 ① 콤프레솔 파일
② 심플렉스 파일
③ 페데스탈 파일
④ 레이몬드 파일
⑤ 프랭키 파일
⑥ 어스드릴 공법(=칼웰드 공법)
⑦ 베노토 파일
⑧ 리버스 서큘레이션 공법(RCD)
⑨ ICOS 공법
⑩ 프리팩트콘크리트말뚝 공법

06 가. 시멘트의 주요화합물

① 규산2석회(C_2S ; $2CaO \cdot SiO_2$)
② 규산3석회(C_3S ; $3CaO \cdot SiO_2$)
③ 알루민산3석회(C_3A ; $3CaO \cdot Al_2O_3$)
④ 알루민산철4석회(C_4AF ; $4CaO \cdot Al_2O_3 \cdot FeO_4$)

나. 콘크리트의 28일 이후 장기강도에 관여하는 화합물

규산2석회(C_2S ; $2CaO \cdot SiO_2$)

07 ① 워커빌리티 개선
② 수밀성 증대
③ 블리딩 및 재료분리 감소
④ 조기강도 감소, 장기강도 증대
⑤ 단위수량 감소
⑥ 수화열 감소
⑦ 건조수축 감소
⑧ 화학적 저항성 증대(내구성 증대)
⑨ 알칼리성 감소(알칼리 골재반응 감소)

08 ① 콘크리트의 강도 저하
② 내구성, 수밀성 저하
③ 재료분리 발생
④ 블리딩 증가
⑤ 건조수축에 따른 균열발생

09 가. 표면처리 공법 : 미세한 균열 부위에 퍼터수지로 충전하고 균열표면에 보수재료를 씌우는 공법

나. 주입 공법 : 균열 부위에 주입 파이프를 설치하여 보수재를 저압저속으로 주입하는 공법

10 ① 압축지배 변형률 한계 :
$\varepsilon_y = 0.0020$ (SD400, $f_y = 400$MPa인 경우)

② 인장지배 변형률 한계 :
$\varepsilon_u = 0.0050$ (SD400, $f_y = 400$MPa인 경우)

③ 단면의 구분 :
$\varepsilon_y = 0.0020 \le \varepsilon_t = 0.0040 \le \varepsilon_u = 0.0050$이므로 변화구간 단면

④ 따라서 강도감소계수 ϕ는 다음과 같다.

$\phi = 0.65 + (\epsilon_t - 0.0020) \times \frac{200}{3}$

$= 0.65 + (0.0040 - 0.0020) \times \frac{200}{3} = 0.783$

$\therefore \phi = 0.78$

11 ① 순간처짐(즉시처짐) $= 20\text{ mm}$

② 압축철근비 : $\rho' = \dfrac{A_s'}{b_w d} = \dfrac{1,000}{400 \times 500} = 0.005$

③ $\lambda_\Delta = \dfrac{\xi}{1+50\rho'} = \dfrac{2.0}{1+50 \times 0.005} = 1.6$

④ 장기처짐 $= \lambda_\Delta \times$ 순간처짐

$= 1.6 \times 20 = 32\text{ mm}$

⑤ 총처짐 = 순간처짐 + 장기처짐 $= 20 + 32 = 52\text{ mm}$

12 가. 설계볼트장력 : 고장력볼트의 설계 시 전단강도를 구하기 위해서 사용된 값이다.

나. 표준볼트장력 : 마찰접합을 위한 모든 볼트 시공 시 장력의 풀림을 고려하여 설계볼트장력에 최소한 10 %를 할증하여 조여야 하는 표준 값이다.

다. 미끄럼계수의 확보를 위한 마찰면 처리 : 접합부 마찰면의 밀착성 유지에 주의하며, 구멍을 중심으로 지름의 2배 이상 범위의 녹, 흑피 등을 숏블라스트 또는 샌드블라스트로 제거하고, 건축물의 경우 마찰면에 페인트를 칠하지 않고, 미끄럼계수가 0.5 이상 확보되도록 표면처리한다.

13 (1) 용접착수 전 : ③, ④, ⑤

(2) 용접착수 중 : ①, ②, ⑧

(3) 용접착수 후 : ⑥, ⑦

14 (1) 데크플레이트(Deck Plate) : 강구조의 보에 걸어 지주 없이 쓰이는 바닥판이며, 거푸집으로 사용될 수 있도록 제작된 골형 플레이트이다.

(2) 시어커넥터(Shear Connector) : 합성보에서 슬래브와 강구조 보를 일체화시켜 전단력에 저항하도록 한 부재이다. 전단 연결재의 종류로는 스터드 볼트, ㄷ형강, 나선철근 등이 있다.

(3) 거셋플레이트(Gusset Plate) : 강구조의 이음 또는 맞춤에서 부재를 접합하기 위해 사용되는 강판이다.

15 ① 쌓기 난수(켜수)

② 줄눈의 위치

③ 창문틀의 위치 및 치수

④ 매입철물 위치

⑤ 테두리보 및 인방보의 설치 위치

16 가. 목재의 섬유포화점 : 목재의 세포 내에서 자유수는 모두 증발되고 세포벽은 결합수로 포화되어 있는 상태이며, 일반적으로 함수율 30% 정도에 해당된다.

나. 목재의 함수율 증감에 따른 강도의 변화 : 섬유포화점 이하에서는 함수율이 낮을수록 강도는 증가하나, 섬유포화점 이상에서는 강도가 변하지 않는다.

17 ① 이음 : 목재의 두 부재를 부재의 길이방향으로 길게 접합하는 것

② 맞춤 : 목재의 두 부재를 서로 경사 또는 직각 방향으로 접합하는 것

③ 쪽매 : 널재를 나란히 옆으로 붙여대어 판재를 넓게 하는 것

18 ① 가압주입법

② 침지법

③ 방부제칠

④ 표면탄화법

19

① 실모	② 둥근모
③ 쌍사모	④ 게눈모
⑤ 큰모	⑥ 평골모
⑦ 실오리모	⑧ 티미리
⑨ 빽접기	⑩ 등미리
⑪ 쌍사	⑫ 쇠시리

20 ① 바탕처리 미비

② 붙임모르타르의 강도부족(압축강도, 접착강도 부족)

③ 모르타르의 시간경과로 인한 접착강도 저하

④ 붙임 모르타르의 두께 부족(타일공의 기능도 부족)

⑤ 타일의 흡수율

⑥ 구조체의 수축, 팽창차이

⑦ 일사량의 차이

21 ① 광명단

② 징크로메이트 도료

③ 알루미늄 도료

22 (1) 장점

① 단열성 우수

② 차음성 우수

③ 가공성 우수

④ 방화성 우수

⑤ 보온성 우수

⑥ 방균성 우수

(2) 단점

① 내충격성 부족

② 내수성 부족

③ 방청성 부족

23 가. BOT 방식 : 사회간접시설의 확충을 위해 민간이 자금조달과 시설준공(Build) → 민간이 투자비 회수를 위해 일정기간 운영(Operate)→ 소유권을 정부에 이전(Transfer)

나. 파트너링(partnering)방식 : 발주자와 수급자가 상호 신뢰를 바탕으로 팀을 구성하여 프로젝트의 성공과 상호 이익을 목표로 프로젝트를 공동으로 집행 관리하는 방식

24 가. 단축한 네트워크 공정표

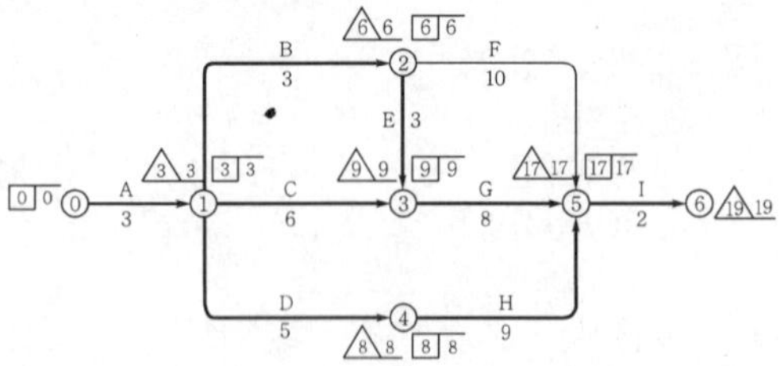

나. 총공사금액

① 표준공사비 : 69,000원

② 추가공사비 : E+2(B+D)이므로
EC=500+2×(1,000+3,000)=8,500원

③ 총공사비=표준공사비+추가공사비 :
69,000+8,500=77,500원

해설

(1) 표준 네트워크 공정표

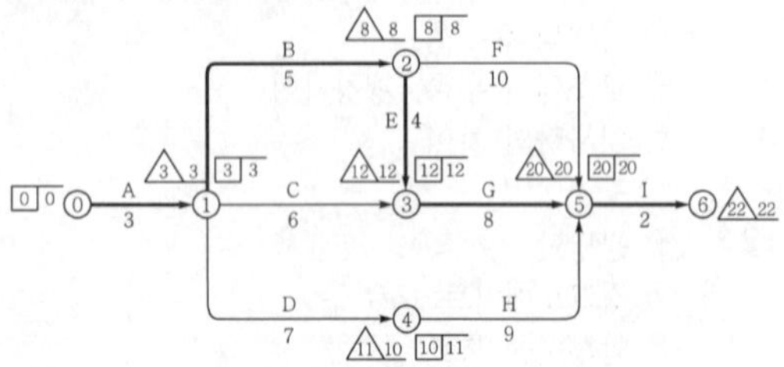

(2) 공기를 3일 단축한 네트워크 공정표 작성

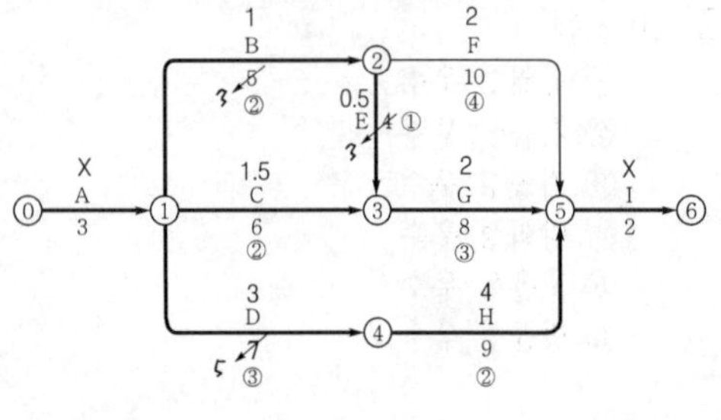

단축단계	공기단축 Act.	일수	생성 CP	단축불가 Path	A-B-F-I (20일)	A-B-E-G-I (22일)	A-C-G-I (19일)	A-D-H-I (21일)	비고
1단계	E	1	D, H	E	20	21	19	21	
2단계	B, D	2	C	B	18	19	19	19	(주) 1

(주) 병렬단축 : 경우의 수는 다음과 같고, 비용구배(CS)가 최소인 곳에서 단축

작업명	비용구배(CS)
B+D	4,000
B+H	5,000
G+D	5,000
G+H	6,000

(3) 공기단축한 네트워크 공정표

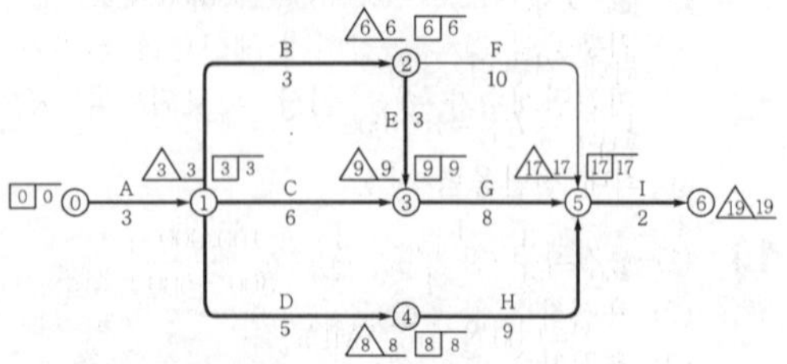

(4) 총공사금액

총공사비=표준공사비+추가공사비

① 표준공사비(NC, Normal Cost) : 69,000원
(Normal의 소요공사비 합계
=7,000+5,000+9,000+6,000+8,000+15,000+6,000+10,000+3,000=69,000원)

② 추가공사비(EC, Extra Cost) : E+2(B+D)이므로
EC=500+2×(1,000+3,000)=8,500원

③ 총공사비 : 69,000+8,500=77,500원

25

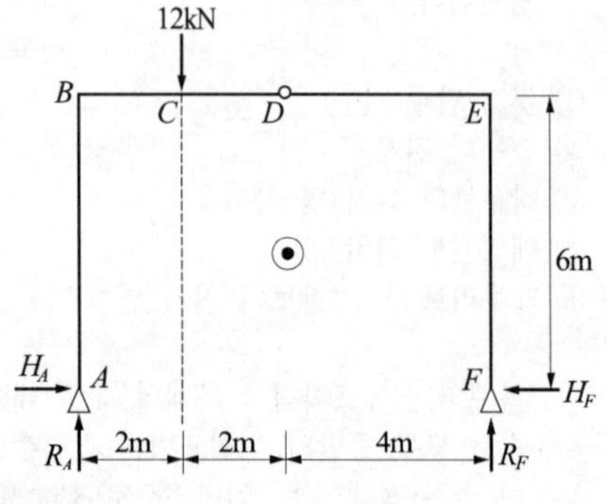

반력 산정(힘의 평형방정식으로부터 반력 산정)

① $\Sigma M=0(+;\circlearrowleft)$: $\Sigma M_F = R_A \times 8 - 12 \times 6 = 0$

$\therefore\ R_A = 9\,\text{kN}$

② $\Sigma Y=0(+;\uparrow)$:

$\Sigma Y = R_A - 12 + R_F = 9 - 12 + R_F = 0$

$\therefore\ R_F = 3\,\text{kN}$

③ $\Sigma M=0(+;\circlearrowleft)$:

$\Sigma M_{D(DA)} = R_A \times 4 - H_A \times 6 - 12 \times 2$

$= 9 \times 4 - H_A \times 6 - 12 \times 2 = 0$

$\therefore\ H_A = 2\,\text{kN}$

④ $\Sigma X=0(+;\rightarrow)$: $\Sigma X = H_A - H_F = 2 - H_F = 0$

$\therefore\ H_F = 2\,\text{kN}$

∴ 지점 A의 반력은 다음과 같다.

$R_A = 9\text{kN}$

$H_A = 2\text{kN}$

26 ① 반력 산정

$R_A = \dfrac{P}{2} = \dfrac{200}{2} = 100\,\text{kN} = 100{,}000\,\text{N}$

② 최대 전단력 산정

$V_{\max} = R_A = 100{,}000\,\text{N}$

③ 최대 전단응력 산정

$\tau_{\max} = \dfrac{3}{2} \cdot \dfrac{V_{\max}}{A} = \dfrac{3}{2} \times \left(\dfrac{100{,}000}{300 \times 500}\right)$

$= 1.00\,\text{N/mm}^2(\text{MPa})$

2017년 1회(2017.4.16 시행)

01 기준점(Bench Mark)의 설치시 주의사항을 3가지만 쓰시오. (3점)

① ____________________

② ____________________

③ ____________________

02 굴착공사시 발생하는 Boiling현상과 Heaving파괴에 대한 방지대책을 3가지 쓰시오. (3점)

가. Boiling 현상에 대한 방지대책

① ____________ ② ____________ ③ ____________

나. Heaving 파괴에 대한 방지대책

① ____________ ② ____________ ③ ____________

03 다음 표는 건축공사표준시방서 기준에 따른 거푸집널 존치기간 중의 평균기온이 10℃ 이상인 경우에 콘크리트의 압축강도 시험을 하지 않고 거푸집을 떼어 낼 수 있는 콘크리트의 재령(일)을 나타낸 표이다. (　)에 알맞은 숫자를 쓰시오. (4점)

【기초, 보 옆, 기둥 및 벽의 거푸집널 존치기간을 정하기 위한 콘크리트의 재령】

시멘트의 종류 / 평균기온	조강포틀랜드 시멘트	보통포틀랜드 시멘트 고로슬래그 시멘트 (1종)	고로슬래그 시멘트 (2종) 포틀랜드포졸란 시멘트 (2종)
20℃ 이상	①	③	5일
10℃ 이상 20℃ 미만	②	6일	④

① ____________ ② ____________

③ ____________ ④ ____________

04 AE제에 의해 생성된 Entrained Air(인트레인드에어)의 목적을 4가지 쓰시오. (4점)

① ______

② ______

③ ______

④ ______

05 철근콘크리트 공사에서 헛응결(False Set)에 대하여 기술하시오. (3점)

______

______

06 다음 설명한 콘크리트의 종류를 쓰시오. (3점)

① 콘크리트 제작시 골재는 전혀 사용하지 않고 물, 시멘트, 발포제만으로 만든 경량콘크리트
② 콘크리트 타설 후 Mat, Vacuum Pump 등을 이용하여 콘크리트 속에 잔류해 있는 잉여수 및 기포 등을 제거함을 목적으로 하는 콘크리트
③ 거푸집 안에 미리 굵은골재를 채워 넣은 후 그 공극 속으로 특수한 모르타르를 주입하여 만든 콘크리트

① ______ ② ______ ③ ______

07 콘크리트 구조물의 균열발생시 보강 방법을 3가지 쓰시오. (3점)

① ______

② ______

③ ______

08 다음 | 조건 | 에서 콘크리트 1m^3를 생산하는 데 필요한 시멘트, 모래, 자갈의 중량을 산출하시오. (6점)

조건		
㉮ 단위수량 : 160kg/m^3	㉯ 물시멘트비 : 50%	㉰ 잔골재율 : 40%
㉱ 시멘트 비중 : 3.15	㉲ 잔골재 비중 : 2.5	㉳ 굵은골재 비중 : 2.6
㉴ 공기량 : 1%		

09 f_{ck}=30 MPa, f_y=400 MPa인 보통콘크리트에 D22(공칭지름 22.2mm), 경량콘크리트계수 λ=1.0일 때 묻힘길이에 의한 인장 이형철근의 기본정착길이(mm)를 산정하시오. (3점)

10 강구조의 그루브용접과 필릿용접을 개략적으로 도시하고 설명하시오. (6점)

그루브 용접	도시	
	설명	
필릿 용접	도시	
	설명	

11 다음은 강구조공사에서 용접결함의 종류이다. 강구조 용접공사에서 과대전류에 의한 용접결함을 고르시오. (3점)

보기

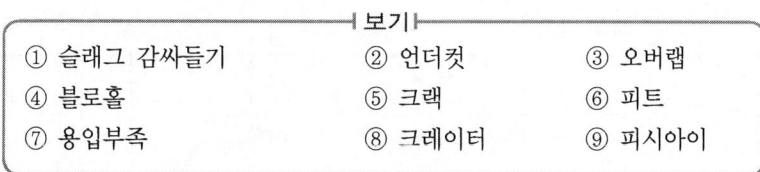

① 슬래그 감싸들기	② 언더컷	③ 오버랩
④ 블로홀	⑤ 크랙	⑥ 피트
⑦ 용입부족	⑧ 크레이터	⑨ 피시아이

12 다음 그림과 같은 접합부에서 고장력볼트가 지압접합되어 미끄럼이 허용되는 경우, 하중저항계수설계법(LRFD)에 따른 고력볼트 구멍의 설계전단강도를 구하시오. (단, 강재는 SS275이고 나사부가 전단 면에 포함될 경우이다. 또한 사용 볼트는 M22(F10T)이며, 공칭전단강도 $F_{nv}=$ 400MPa이다.) (4점)

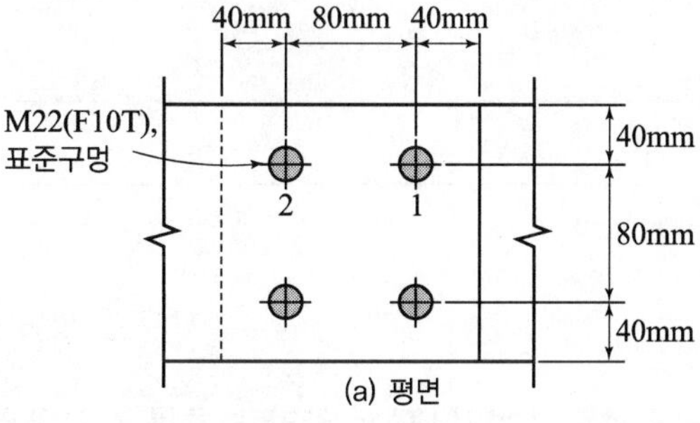

(a) 평면

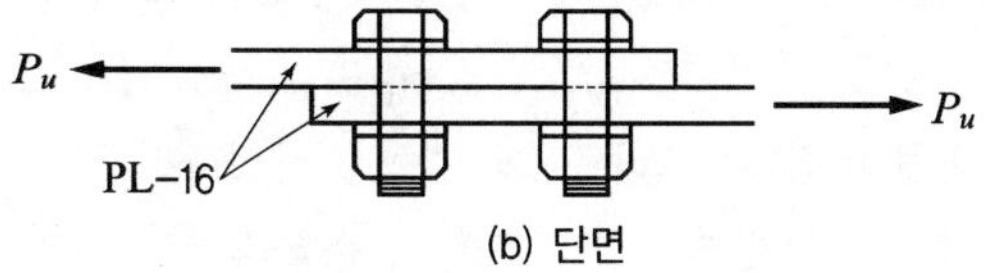

(b) 단면

13 균일 압축력을 받는 압연 H형강 H－400×200×8×13 (r＝16mm)에 대한 압축판요소의 폭두께비를 계산하시오. (4점)

14 강구조의 보와 철근콘크리트 슬래브가 일체가 되어 전단력을 전달하도록 강재 보의 플랜지에 용접되고 콘크리트 슬래브 속에 매입된 전단연결재(Shear Connector)로 사용되는 볼트의 명칭을 쓰시오. (3점)

15 벽쌓기 방식 중 영식쌓기 특성을 간단히 설명하시오. (4점)

16 지하실 바깥방수 시공순서를 | 보기 | 에서 골라 번호를 쓰시오. (4점)

보기	
㉮ 밑창(버림) 콘크리트	㉯ 잡석다짐
㉰ 바닥 콘크리트	㉱ 보호누름 벽돌쌓기
㉲ 외벽 콘크리트	㉳ 외벽방수
㉴ 되메우기	㉵ 바닥방수층 시공

17 **커튼월 공법에서 조립 공법별 분류에서 아래에서 설명하는 공법을 적으시오. (3점)**

① 공장에서 미리 벽체 유닛을 완전조립한 후 현장에서는 설치만 하는 공법
② 부재를 현장에 반입한 후, 현장에서 부재를 조립 및 설치하는 공법
③ 창호 주변(Frame)이 패널(월)로 구성됨으로서 창호의 구조가 패널트러스에 연결되는 공법

① ____________ ② ____________ ③ ____________

18 **BOT(Build-Operate-Transfer-Contact) 방식을 설명하시오. (3점)**

____

____

19 **품질관리 도구 중 특성요인도(Characteristic Diagram)에 대해 간단히 설명하시오. (3점)**

____

____

20 **다음 데이터를 네트워크 공정표로 작성하시오. (8점)**

<table>
<tr><th>작업명</th><th>작업일수</th><th>선행작업</th><th>비고</th></tr>
<tr><td>A</td><td>5</td><td>없음</td><td rowspan="9">• 주공정선은 굵은선으로 표시한다.
• 각 결합점 일정계산은 PERT 기법에 의거 다음과 같이 계산한다.
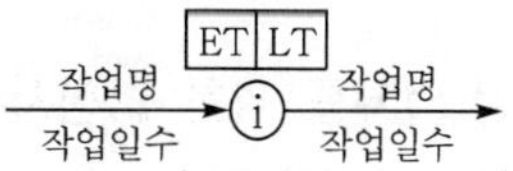

(단, 결합점 번호는 반드시 기입한다.)</td></tr>
<tr><td>B</td><td>2</td><td>없음</td></tr>
<tr><td>C</td><td>4</td><td>없음</td></tr>
<tr><td>D</td><td>5</td><td>A, B, C</td></tr>
<tr><td>E</td><td>3</td><td>A, B, C</td></tr>
<tr><td>F</td><td>2</td><td>A, B, C</td></tr>
<tr><td>G</td><td>4</td><td>D, E</td></tr>
<tr><td>H</td><td>5</td><td>D, E, F</td></tr>
<tr><td>I</td><td>4</td><td>D, F</td></tr>
</table>

____

21 PERT 기법에서 그림과 같이 낙관시간(t_o), 정상시간(t_m) 그리고 비관시간(t_p)일 경우, 기대시간(t_e, Expected Time)을 구하시오. (3점)

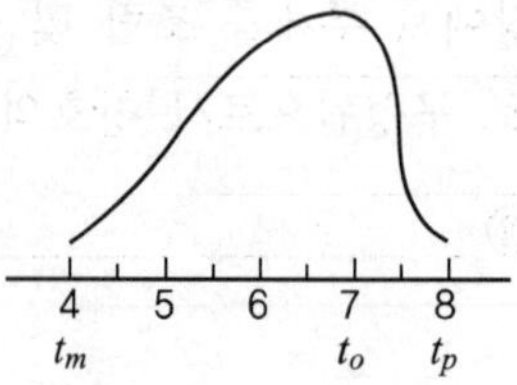

22 공사내용의 분류방법에서 목적에 따른 Breakdown Structure(건설정보 분류체계)에서 WBS(Work Breakdown Structure)의 정의를 쓰시오. (3점)

23 다음 보기의 괄호에 적당한 숫자를 적으시오. (2점)

보기

흙 되메우기 시 일반흙으로 되메우기 할 경우 (①)cm 마다 다짐밀도 (②)% 이상으로 다진다.

① ______ ② ______

24 비산먼지 발생 억제를 위한 방진시설을 설치할 때 야적(분체상 물질을 야적하는 경우에 한함) 시 조치사항을 3가지를 쓰시오. (3점)

① ______

② ______

③ ______

25 철근콘크리트구조의 휨부재에서 압축철근의 사용 이유를 3가지 쓰시오. (3점)

① ______

② ______

③ ______

26 벽체의 높이가 3.6m인 철근콘크리트 벽체의 설계축하중(kN)을 산정하시오. (단, 벽체는 양단이 횡구속되어 있고 또한 회전구속 되어 있다. 또한 벽체 단면 두께 $h = 150\,\mathrm{mm}$이고 압축을 받는 벽체의 전체 유효면적 $A_g = 0.12\,\mathrm{m}^2$이며, f_{ck}=27MPa이다.) (4점)

______

______

2017년 1회 해설 및 정답

01 ① 이동의 염려가 없는 곳에 설치한다.
② 현장 어디서나 바라보기 좋고 공사에 지장이 없는 곳에 설치한다.
③ 최소 2개소 이상, 여러 곳에 설치한다.
④ 지면(GL)에서 0.5~1m 위치에 설치한다.

02 가. 보일링현상에 대한 방지대책
① 흙막이를 경질지반까지 도달
② 웰포인트공법으로 지하수위 저하
③ 약액주입 등으로 굴착지면의 지수
나. 히빙파괴에 대한 방지대책
① 흙막이를 경질지반까지 도달
② 지반개량
③ 지반 위의 하중 제거

03 ① 2일 ② 3일 ③ 4일(3일) ④ 8일(6일)
(주) 괄호 밖은 KCS 14 20 12 기준이고, 괄호 안은 KCS 21 50 05 기준이다.

04 ① 워커빌리티 개선
② 동결융해 저항성 증대
③ 내구성, 수밀성 증대
④ 알칼리 골재반응 감소
⑤ 단위수량 감소
⑥ 재료분리 감소
⑦ 발열량 감소
⑧ 건조수축 감소
(주) AE제의 사용 목적을 의미한다.

05 가수 후 10~20분에 퍽 굳어지고 다시 묽어지며 이후 순조로운 경과로 굳어가는 현상

06 ① 서모콘
② 진공 콘크리트
③ 프리팩트 콘크리트

07 ① 탄소섬유접착 공법
② 강판접착 공법
③ 앵커접합 공법
④ 단면증가법

08 (1) 시멘트의 중량
$\frac{W}{C} = 50\% = 0.5$

$\therefore C = \frac{W}{0.5} = \frac{160}{0.5} = 320\text{kg/m}^3$

(2) 전체 골재(모래+자갈)의 체적
$V_{s+g} = 1-(V_a+V_w+V_c)$
① 공기의 체적 : $V_a = 1\% = 0.01\text{m}^3$
② 물의 체적 : $V_w = \frac{w_w}{G_w} = \frac{0.16}{1} = 0.16\text{m}^3$
③ 시멘트의 체적 : $V_c = \frac{w_c}{G_c} = \frac{0.320}{3.15} = 0.102\text{m}^3$

$\therefore V_{s+g} = 1-(V_a+V_w+V_c) = 1-(0.01+0.16+0.102) = 0.728\text{m}^3$

(3) 모래의 체적
V_s =전체 골재의 체적×잔골재율
$= V_{s+g} \times (S/A) = 0.728 \times 0.4 = 0.291\text{m}^3$

(4) 자갈의 체적
$V_g = V_{s+g} - V_s = 0.728 - 0.291 = 0.437\text{m}^3$

(5) 모래의 중량
$w_s = V_s \times G_s = 0.291 \times 2.5 = 0.728\text{t/m}^3 = 728.0\text{kg/m}^3$

(6) 자갈의 중량
$w_g = V_g \times G_g = 0.437 \times 2.6 = 1.136\text{t/m}^3 = 1,136.0\text{kg/m}^3$

∴ 콘크리트 1m^3를 생산하는 데 필요한 시멘트, 모래, 자갈의 중량은 다음과 같다.
가. 시멘트의 중량 : 320kg/m^3
나. 모래의 중량 : 728.0kg/m^3
다. 자갈의 중량 : $1,136.0\text{kg/m}^3$

해설
① 비중=중량/체적
② 체적(V)=중량(w)/비중(G)
③ 물시멘트비는 중량비
④ 잔골재율은 용적비
⑤ 잔골재율(S/A) : $\text{S/A} = \frac{\text{잔골재의 절대용적}}{\text{전체 골재의 절대용적}}$

09 묻힘길이에 의한 인장 이형철근의 기본정착길이

$$l_{db} = \frac{0.6\, d_b\, f_y}{\lambda \sqrt{f_{ck}}} = \frac{0.6 \times 22.2 \times 400}{1.0 \times \sqrt{30}} = 973\text{mm}$$

10

그루브 용접	도시	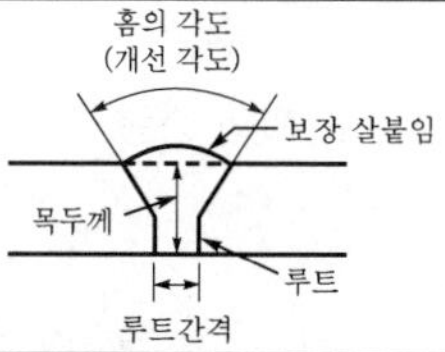
	설명	접합 부재 면에 홈을 만들어(개선하여) 그 사이에 용착금속을 채우는 용접이다.
필릿 용접	도시	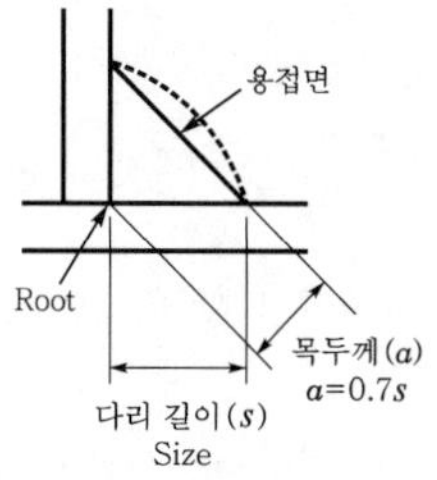
	설명	목두께의 방향이 면과 45° 또는 거의 45° 를 이루게 하는 용접이다.

11 ②, ④, ⑤, ⑧

참고

- 과대전류 : 언더컷, 블로홀, 크랙, 크레이터
- 과소전류 : 슬래그 감싸들기, 오버랩, 용입부족

12 고장력볼트의 설계전단강도(나사부가 전단 면에 포함될 경우)

1. 고장력볼트 1개에 대한 설계전단강도

$F_{nv} = 400\text{MPa}$ (지압접합의 공칭전단강도)

$d = 22\text{mm}$ (M22의 공칭직경)

$$A_b = \frac{\pi d^2}{4} = \frac{\pi \times 22^2}{4} = 380.13\text{mm}^2$$

$$\phi R_n = \phi F_n A_b = \phi F_{nv} A_b = 0.75 \times 400 \times 380.13$$
$$= 114.04 \times 10^3 \text{ N} = 114.04 \text{ kN}$$

2. 고장력볼트 4개에 대한 설계전단강도

$$\phi R_n = 4 \times 114.04 = 456.16 \text{ kN}$$

13 1. 비구속판요소(플랜지)의 폭두께비 계산

$$b = \frac{b_f}{2} = \frac{200}{2} = 100\text{mm}$$

$$\lambda = \frac{b}{t} = \frac{100}{13} = 7.69$$

2. 구속판요소(웨브)의 폭두께비 계산

$$h = d - 2t_f - 2r = 400 - 2 \times 13 - 2 \times 16 = 342 \text{ mm}$$

$$\lambda = \frac{h}{t_w} = \frac{342}{8} = 42.75$$

14 스터드볼트(Stud Bolt)

15 ① 1켜 길이쌓기, 1켜 마구리쌓기
② 모서리 끝벽 이오토막 또는 반절 사용
③ 통줄눈이 생기지 않는다.
④ 가장 튼튼한 쌓기법

16 ㉯ → ㉮ → ㉴ → ㉰ → ㉱ → ㉲ → ㉳ → ㉵

17 ① 유닛월 스시템
② 스틱월 시스템(분해조립 공법)
③ 윈도우월 시스템

18 사회간접시설의 확충을 위해 민간이 자금조달과 시설준공(Build) → 민간이 투자비 회수를 위해 일정기간 운영(Operate) → 소유권을 정부에 이전(Transfer)

19 원인과 결과의 상호관계를 쉽게 이해할 수 있도록 화살표를 이용하여 나타낸 그림으로 생선뼈모양을 닮았다고 해서 생선뼈 그림(Fish Bone Diagram)이라고도 한다.

20 • 네트워크 공정표

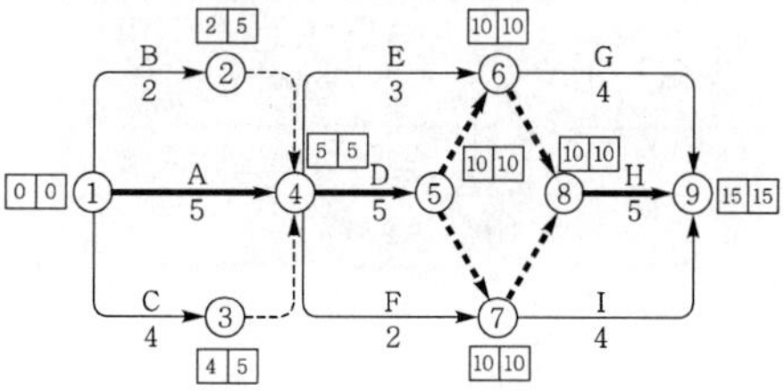

21

$$t_e = \frac{t_o + 4t_m + t_p}{6} = \frac{4 + 4 \times 7 + 8}{6} = 6.67\text{일}$$

22 WBS는 작업분류체계를 말하며, 건설분야에서 발생되는 모든 공사내용을 작업의 공종에 따라 분류한 것이다.

23 ① 30
② 95

24 ① 야적물질을 1일 이상 보관하는 경우 방진덮개로 덮을 것

② 야적물질의 최고 저장높이의 1/3 이사의 방진벽을 설치하고, 최고 저장높이의 1.25배 이상의 방진망(막)을 설치할 것
③ 야적물질로 인한 비산먼지 발생억제를 위하여 물을 뿌리는 시설을 설치할 것
(주) 대기환경보전법 시행규칙 별표 14 참고

25 ① 콘크리트의 크리프 변형을 억제하여 장기처짐을 감소 시킨다.
② 연성거동을 증진시킨다.
③ 시공시 철근의 조립을 편리하게 한다.(늑근의 위치를 고정시킬 수 있다.)
④ 인장 철근비를 최대 철근비 이하로 하면서 설계강도를 증진시킨다.
⑤ 지진하중 등과 같이 정(+), 부(−) 모멘트가 반복되는 하중에 효과적이다.

26

$$\phi P_{nw} = 0.55\phi f_{ck} A_g \left[1-\left(\frac{kl_c}{32h}\right)^2\right]$$
$$= 0.55\times 0.65\times 27\times 120{,}000\times\left[1-\left(\frac{1.0\times 3{,}600}{32\times 150}\right)^2\right]$$
$$= 506.76\times 10^3\text{N} = 506.76\text{ kN}$$

여기서, $\phi = 0.65$
A_g : 압축을 받는 벽체의 전체 유효면적
($A_g = 0.12\text{ m}^2 = 120{,}000\text{ mm}^2$)
l_c : 받침부간 수직거리
($l_c = 3.6\text{ m} = 3{,}600\text{ mm}$)
k : 유효길이계수 ($k = 1.0$)

상·하단 횡구속벽체	양단 또는 한단이 회전구속	0.8
	양단이 비회전구속	1.0
비횡구속벽체		2.0

2017년 2회(2017.6.25 시행)

01 자연상태의 시료를 운반하여 압축강도를 시험한 결과 8MPa이었고, 그 시료를 이긴시료로 하여 압축강도를 시험한 결과는 5MPa이었다면 이 흙의 예민비를 구하시오. (3점)

02 토공 장비 선정시 고려해야 할 기본적인 요소 3가지를 기술하시오. (3점)

①

②

③

03 아일랜드컷(Island Cut) 공법을 설명하시오. (3점)

04 흙막이공사에 사용하는 어스앵커(Earth Anchor)공법의 특징을 4가지 쓰시오. (4점)

①

②

③

④

05 기존의 공법은 기초를 축조하여 상부로 시공해 나가는 공법이지만 탑다운 공법(Top-Down Method)은 지하구조물의 시공순서를 지상에서부터 시작하여 점차 깊은 지하로 진행하며, 완성하는 공법으로서 여러 장점을 갖고 있다. 이 장점 중 기상변화의 영향이 적어 공기단축을 꾀할 수 있는 데 그 이유를 설명하시오. (3점)

06 기초의 부동침하는 구조적으로 문제를 일으키게 된다. 이러한 기초의 부동침하를 방지하기 위한 대책 중 기초구조물의 부동침하 방지대책 4가지를 쓰시오. (4점)

07 KS L 5201 규정에서 정한 포틀랜드시멘트의 종류를 5가지 쓰시오. (5점)

① ② ③

④ ⑤

08 굵은골재의 최대치수 25mm, 4kg을 물속에서 채취하여 표면건조포화상태의 질량이 3.95kg, 절대건조 질량이 3.60kg, 수중에서의 질량이 2.45kg이다. 다음을 구하시오. (4점)

① 흡수율 :

② 표건비중 :

③ 겉보기 비중 :

④ 진비중 :

09 **다음 용어에 대해 기술하시오. (4점)**

① 인트랩트에어(Entrapped Air)

____

② 인트레인드에어(Entrained Air)

____

10 **다음 측정기별 용도를 (　　)에 쓰시오. (4점)**

① Washington Meter : (____________________________)

② Dispenser : (____________________________)

③ Piezometer : (____________________________)

④ Earth Pressure Meter : (____________________________)

11 **Pre-stressed Concrete에서 Pre-tension 공법과 Post-tension 공법의 차이점을 시공순서를 바탕으로 쓰시오. (4점)**

가. Pre-tension 공법 : ____________________________

____

나. Post-tension 공법 : ____________________________

____

12 **보통골재를 사용한 f_y=30MPa인 콘크리트의 탄성계수를 구하시오. (3점)**

(1) ____

(2) ____

13 그림과 같은 독립기초에서 뚫림전단(Punching Shear) 응력을 계산할 때 검토하는 저항면적(m^2)은? (4점)

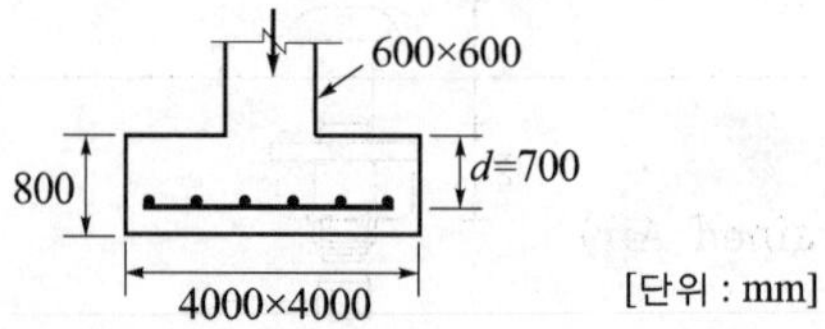

14 강구조공사에서 내화피복 공법의 종류에 따른 재료를 각각 2가지씩 쓰시오. (3점)

공법	재료	
타설 공법		
조적 공법		
미장 공법		

① 타설 공법 :

② 조적 공법 :

③ 미장 공법 :

15 강구조공사의 기초 앵커볼트(Anchor Bolt)는 구조물 전체의 집중하중을 지탱하는 중요한 부분이다. 강구조공사에서 앵커볼트 매입 공법의 종류 3가지를 쓰시오. (3점)

①

②

③

16 특수형 고력볼트(TS볼트)의 부위별 명칭을 쓰시오. (5점)

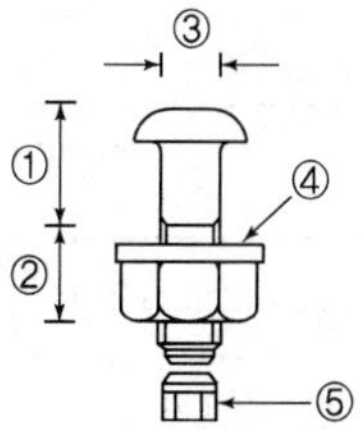

① ____________ ② ____________ ③ ____________

④ ____________ ⑤ ____________

17 다음 조건에서의 용접의 최소 유효길이(l_e)를 산출하시오. (4점)

조건
① 강판(모재) : SN355 ($F_y = 355$ MPa, $F_u = 490$ MPa)
② 용접재료 : KS D 7004 연강용 피복아크 용접봉 ($F_y = 345$ MPa, $F_u = 420$ MPa)
③ 필릿용접의 사이즈 : $s = 5$ mm
④ 하중 : 고정하중 20 kN, 활하중 30 kN

____

____

18 타일공사에서 타일의 탈락 원인에 대해 2가지를 쓰시오. (2점)

① ____________

② ____________

19 시트(Sheet)방수 공법의 시공순서를 쓰시오. (3점)

바탕처리 → (①) → 접착제 칠 → (②) → (③)

① ____________ ② ____________ ③ ____________

20 다음 용어를 설명하시오. (4점)

(가) 복층유리 : ______

(나) 배강도유리 : ______

21 다음 용어는 커튼월 공법의 외관 형태별 분류방식이다. 간단히 설명하시오. (4점)

- 스팬드럴방식 : ______

22 BTL(Build-Transfer-Lease)방식을 설명하시오. (2점)

______

______

23 공개경쟁입찰의 순서를 |보기|에서 골라 쓰시오. (4점)

보기			
㉮ 입찰	㉯ 현장설명	㉰ 낙찰	㉱ 계약
㉲ 견적	㉳ 입찰등록	㉴ 입찰공고	

______

24 특명입찰(수의계약)의 장단점을 각각 2가지씩 쓰시오. (4점)

가. 장점

① ______

② ______

나. 단점

① ______

② ______

25 주어진 데이터에 의하여 다음 물음에 답하시오. (단, ① 네트워크 작성은 Arrow Network로 할 것, ② Critical Path는 굵은선으로 표시할 것, ③ 각 결합점에서는 다음과 같이 표시한다.) (10점)

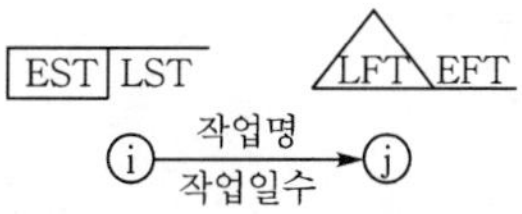

<table>
<tr><th>작업명</th><th>작업일수</th><th>선행작업</th><th>공기 1일단축시 비용(원)</th><th>비고</th></tr>
<tr><td>A</td><td>5</td><td>없음</td><td>10,000</td><td rowspan="11">① 공기단축은
Activity I에서 2일,
Activity H에서 3일,
Activity C에서 5일로 한다.
② 표준공기시 총공사비는 1,000,000원이다.</td></tr>
<tr><td>B</td><td>8</td><td>없음</td><td>15,000</td></tr>
<tr><td>C</td><td>15</td><td>없음</td><td>9,000</td></tr>
<tr><td>D</td><td>3</td><td>A</td><td>공기단축불가</td></tr>
<tr><td>E</td><td>6</td><td>A</td><td>25,000</td></tr>
<tr><td>F</td><td>7</td><td>B, D</td><td>30,000</td></tr>
<tr><td>G</td><td>9</td><td>B, D</td><td>21,000</td></tr>
<tr><td>H</td><td>10</td><td>C, E</td><td>8,500</td></tr>
<tr><td>I</td><td>4</td><td>H, F</td><td>9,500</td></tr>
<tr><td>J</td><td>3</td><td>G</td><td>공기단축불가</td></tr>
<tr><td>K</td><td>2</td><td>I, J</td><td>공기단축불가</td></tr>
</table>

가. 표준(Normal) 네트워크를 작성하시오.

나. 공기를 10일 단축한 네트워크를 작성하시오.

다. 공기단축된 총공사비를 산출하시오.

26 지름이 D인 원형의 단면계수를 Z_A, 한 변의 길이가 a인 정사각형의 단면계수를 Z_B라고 할 때, $Z_A : Z_B$를 구하시오. (단, 두 재료의 단면적은 같고, Z_A를 1로 환산한 Z_B의 값으로 표현하시오.) (4점)

2017년 2회 해설 및 정답

01 예민비 $= \dfrac{\text{자연시료의 강도}}{\text{이긴시료의 강도}} = \dfrac{8}{5} = 1.60$

02 ① 굴착 깊이(장비의 규모)
② 흙의 처리(야적장과의 거리, 반출거리)
③ 흙의 종류
④ 공사기간(장비의 유형, 크기, 수)

03 터파기 공사시 중앙부분을 먼저 파고 기초를 축조한 다음 버팀대로 지지하여 주변 흙을 파내고 지하 구조물을 완성하는 터파기 공법이다.

04 ① 버팀대(지보공) 없이 깊은 굴착이 가능하며 경제적이다.
② 굴착작업 공간이 넓어 기계화 시공이 가능하다.
③ 버팀대와 지주가 없어 가설재가 절약된다.
④ 부분굴착 시공이 가능하여 공구분할이 용이하다.
⑤ 굴착에 있어 공기단축이 가능하다.

05 1층 바닥의 구조체가 완료되면 1층 바닥을 작업장으로 이용할 수 있다. 따라서 기상변화에 적은 영향을 받으면서 공사를 진행할 수 있으므로 공기를 단축할 수 있다.

06 ① 마찰말뚝을 사용할 것
② 지하실을 설치할 것
③ 경질지반에 지지할 것
④ 복합기초를 사용할 것

07 ① 보통포틀랜드시멘트
② 중용열포틀랜드시멘트
③ 조강포틀랜드시멘트
④ 저열포틀랜드시멘트
⑤ 내황산염포틀랜드시멘트

08 A=3.60 : 절건상태의 질량(kg)
B=3.95 : 표면건조포화상태의 질량(kg)
C=2.45 : 시료의 수중 질량(kg)

① 흡수율 $= \dfrac{B-A}{A} \times 100 = \dfrac{3.95-3.60}{3.60} \times 100$
$= 9.72\%$

② 표건비중 $= \dfrac{B}{B-C} = \dfrac{3.95}{3.95-2.45} = 2.63$

③ 겉보기 비중(절대건조상태의 겉보기 비중)
$= \dfrac{A}{B-C} = \dfrac{3.60}{3.95-2.45} = 2.40$

④ 진비중 $= \dfrac{A}{A-C} = \dfrac{3.60}{3.60-2.45} = 3.13$

(주) 여러 가지 비중을 밀도로 환산하면 다음과 같다.
① 표건밀도=2.63g/cm^3
② 겉보기 밀도=2.40g/cm^3
③ 진밀도=3.13g/cm^3

09 ① 인트랩트에어 : 일반 콘크리트에 자연적으로 상호연속된 기포가 1~2% 함유된 것
② 인트레인드에어 : AE제에 의한 미세한 독립된 기포로서 볼 베어링 역할을 한다.

10 ① Washington Meter : 굳지않은 콘크리트 중의 공기량 측정
② Dispenser : AE제의 계량 장치
③ Piezometer : 간극수압 측정
④ Earth Pressure Meter : 토압 측정

11 가. Pre-tension 공법
① 강현재 긴장
② 콘크리트 타설
③ 콘크리트 경화
④ 강현재 양끝 절단

나. Post-tension 공법
① 시스 설치
② 콘크리트 타설
③ 강현재 삽입 및 긴장
④ 그라우팅

12 $f_{ck} \le 40$ MPa인 경우, $\Delta f = 4$ MPa
$f_{cm} = f_{ck} + \Delta f = 30 + 4 = 34$ MPa
$E_c = 8{,}500\sqrt[3]{f_{cm}} = 8{,}500\sqrt[3]{34} = 27{,}536.7$ MPa

13 2방향 전단(뚫림전단)에 대한 위험단면은 지지면에서 $d/2$만큼 떨어진 곳이다.
1. 각종 치수
c_1=기둥의 폭=600 mm

d=슬래브의 유효깊이=700 mm

2. 정사각형 독립기초에서 위험단면의 둘레길이
$b_0 = 4(c_1 + d) = 4 \times (600 + 700) = 5{,}200$ mm

3. 2방향 전단(뚫림전단)에 대한 저항면적
$A = b_0 d$
$= 5{,}200 \times 700 = 3.64 \times 10^6 \text{ mm}^2 = 3.64 \text{ m}^2$

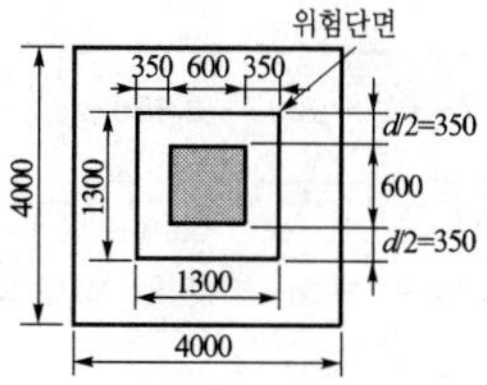

14 ① 타설 공법 : 콘크리트, 경량콘크리트
② 조적 공법 : 벽돌, 콘크리트블록, 경량콘크리트 블록, 돌
③ 미장 공법 : 철망 모르타르, 철망 파라이트 모르타르

15 ① 고정매입공법
② 가동매입공법
③ 나중매입공법

16 ① 축부
② 나사부
③ 직경
④ 평와셔
⑤ 핀테일

17 1. 소요강도
$R_u = 1.4P_D = 1.4 \times 20 = 28$ kN
$R_u = 1.2P_D + 1.6P_L = 1.2 \times 20 + 1.6 \times 30 = 72$ kN
$\therefore R_u = \max(28, 72) = 72$ kN

2. 필릿용접부에서 용접재의 설계전단강도

(1) 용접재의 용접재의 최소 인장강도
$F_w = F_u = 420$ MPa

(2) 용접재의 공칭강도
$F_{nw} = 0.60F_w = 0.6 \times 420 = 252$ MPa

(3) 필릿 사이즈
$s = 5$ mm

(4) 용접의 유효목두께
$a = 0.7s = 0.7 \times 5 = 3.5$ mm

(5) 용접의 유효단면적
$A_{we} = l_e \times a = l_e \times 3.5 = 3.5\, l_e \text{ mm}^2$

(6) 용접재의 설계전단강도 ($\phi = 0.75$)
$\phi R_n = \phi F_{nw} A_{we} = \phi(0.60F_w)A_{we}$
$= 0.75 \times 252 \times 3.5 l_e$
$= 661.5 l_e$ N

3. 용접의 최소 유효길이
$R_u = 72$ kN$= 72 \times 10^3$ N $\le \phi R_n = 661.5 l_e$ N
$l_e \ge \dfrac{72 \times 10^3}{661.5} = 108.84$ mm
∴ 용접의 최소 유효길이는 108.84mm이다.

(주1) 접합부재(강판)에 대한 설계강도 산정에서는 강판(SN355)의 강도를 사용하지만 용접의 유효길이를 산정하기 위한 용접재의 설계강도에서는 용접재(KS D 7004)의 강도를 사용함에 주의하여야 한다.

18 ① 바탕처리 미비
② 붙임모르타르의 강도부족(압축강도, 접착강도 부족)
③ 모르타르의 시간경과로 인한 접착강도 저하
④ 붙임 모르타르의 두께 부족(타일공의 기능도 부족)
⑤ 타일의 흡수율
⑥ 구조체의 수축, 팽창차이
⑦ 일사량의 차이

19 ① 프라이머 칠
② 시트붙이기
③ 마무리

20 (가) 복층유리 : 건조 공기층을 사이에 두고 판유리를 이중으로 접합하여 테두리를 둘러서 밀봉한 유리이다.
(나) 배강도유리 : 판유리를 열처리하여 유리 표면에 적절한 크기의 압축응력층을 만들어 파괴강도를 증대시킨 유리이다.

21 스팬드럴방식 : 수평선을 강조하는 창과 스팬드럴의 조합으로 이루어진 방식

22 사회간접시설의 확충을 위해 민간이 자금조달과 시설준공(Build) → 소유권을 정부에 이전(Transfer) → 민간이 투자비 회수를 위해 정부와 약정기간 동안 운영업자에게 리스로 임대(Lease)

23 ㈔ → ㈏ → ㈒ → ㈓ → ㈎ → ㈐ → ㈑

24 가. 장점
① 공사기밀 유지 가능
② 우량시공 기대
③ 입찰수속 간단

나. 단점
① 공사금액 결정이 불명확
② 불공평한 일이 내재
③ 공사비 증대의 우려

25 가. 표준(Normal) 네트워크

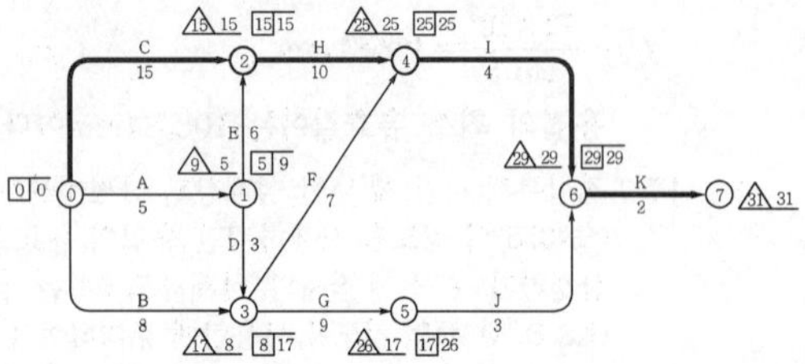

나. 단축한 네트워크

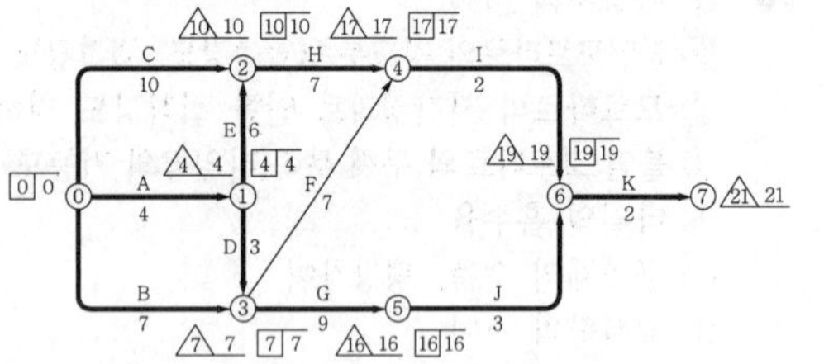

다. 총공사비
① 표준공사비 : 1,000,000원
② 추가공사비 : 3H+4C+2I+(A+B+C)이므로
∴ EC=3×8,500+4×9,000+2×9,500
+(10,000+15,000+9,000)
=114,500원
③ 총공사비=표준공사비+추가공사비
∴ 1,000,000+114,500=1,114,500원

해설

(1) 표준 네트워크 공정표

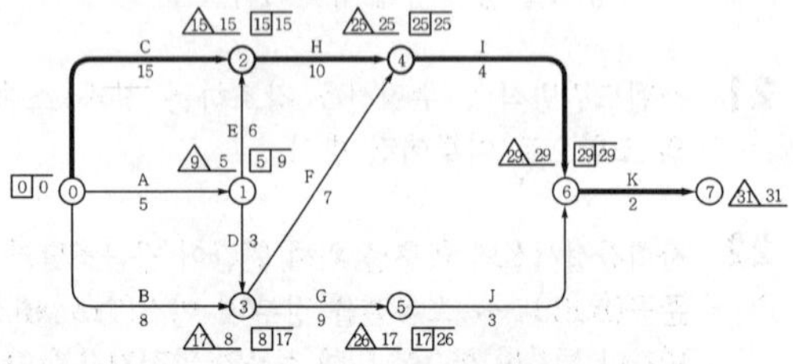

(2) 공기를 10일 단축한 네트워크 공정표 작성

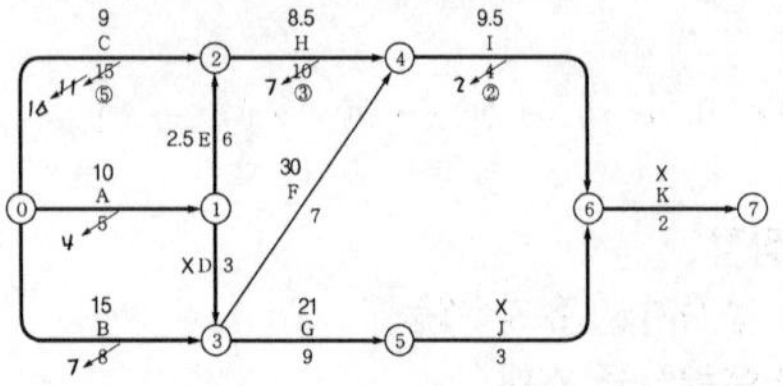

단축단계	공기단축			
	Act.	일수	생성 CP	단축불가 Path
1단계	H	3	–	H
2단계	C	4	A, E	–
3단계	I	2	B, G, J, D	I
4단계	A, B, C	1	–	C

단축단계	Path					
	C-H-I-K (31일)	A-E-H-I-K (27일)	A-D-F-I-K (21일)	A-D-G-J-K (21일)	B-F-I-K (21일)	B-G-J-K (22일)
1단계	28	24	21	22	21	22
2단계	24	24	21	22	21	22
3단계	22	22	19	22	19	22
4단계	21	21	18	21	18	21

(3) 공기단축한 네트워크 공정표

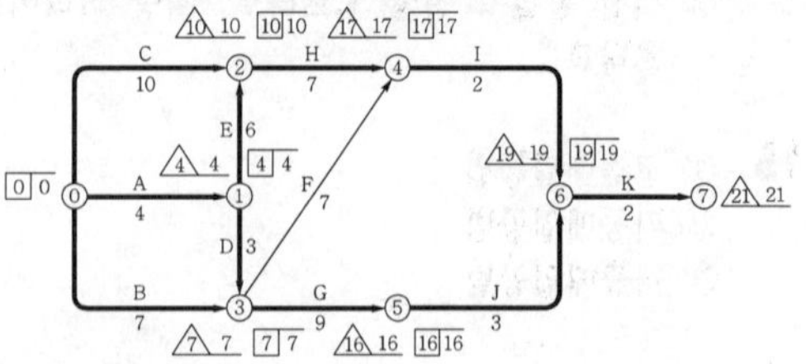

(4) 총공사비
총공사비=표준공사비+추가공사비
① 표준공사비(NC, Normal Cost) : 1,000,000원
② 추가공사비(EC, Extra Cost) : 3H+4C+2I+(A+B+C)이므로
EC=3×8,500+4×9,000+2×9,500+(10,000+15,000+9,000)=114,500원
③ 총공사비 : 1,000,000+114,500=1,114,500원

26 1. 원형의 단면적

$$A_A = \frac{\pi D^2}{4}$$

2. 정사각형의 단면적

$$A_B = a^2$$

3. 원형과 정사각형의 단면적은 같음

$$\frac{\pi D^2}{4} = a^2$$

$$\therefore\ a = \frac{\sqrt{\pi}\,D}{2} = 0.88623D$$

4. 원형의 단면계수

$$Z_A = \frac{I_G}{y} = \frac{\pi D^4/64}{D/2} = \frac{\pi D^3}{32} = 0.09818D^3$$

5. 정사각형의 단면계수

$$Z_B = \frac{I_G}{y} = \frac{bh^3/12}{h/2} = \frac{bh^2}{6} = \frac{a^3}{6} = \frac{(0.88623D)^3}{6}$$

$$= \frac{0.69605D^3}{6} = 0.11601D^3$$

6. 단면계수의 비

Z_A : Z_B = $0.09818D^3$: $0.11601D^3$

양쪽에 $0.09818D^3$를 나누면 1 : 1.18161이다.

∴ Z_A : Z_B = 1 : 1.182

2017년 3회(2017.11.11 시행)

01 그림과 같은 필릿용접부에서 용접재의 설계전단강도는 얼마인가? (단, 사용강재는 SS275이고, 용접재는 KS D 7004 연강용 피복아크 용접봉으로 F_y=325MPa이고 F_u=420MPa이다.)(5점)

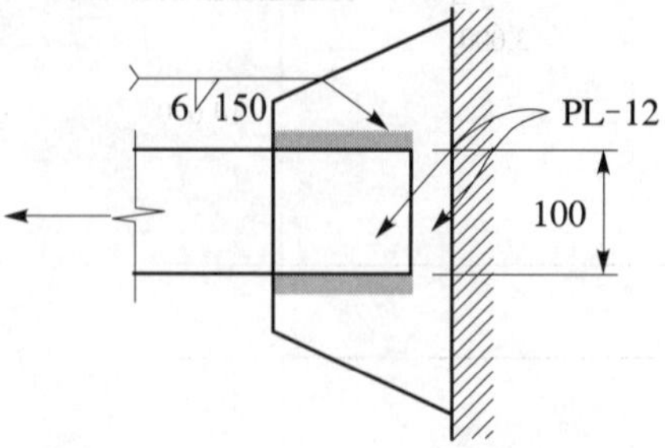

02 다음 용어를 설명하시오. (6점)

가. 인트랩트에어(Entrapped Air)

나. 알칼리골재반응

다. 배처플랜트(Batcher Plant)

03 민간 주도하에 Project(시설물) 완공 후 발주처(정부)에게 소유권을 양도하고 발주처의 시설물 임대료를 통하여 투자비가 회수되는 민간투자사업 계약 방식을 무엇이라 하는가? (2점)

04 아래 평면의 건물높이가 13.5m일 때 비계면적을 산출하시오. (단, 도면의 단위는 mm이며, 비계 형태는 쌍줄비계로 한다.) (5점)

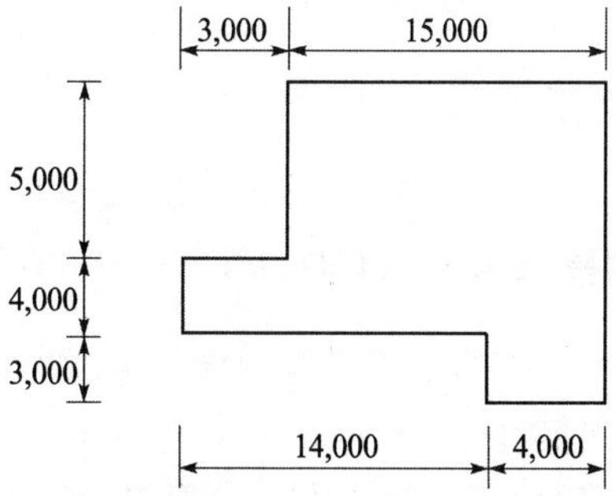

05 다음 그림과 같은 인장재 L−100×100×7의 순단면적(mm^2)을 구하시오. (3점)

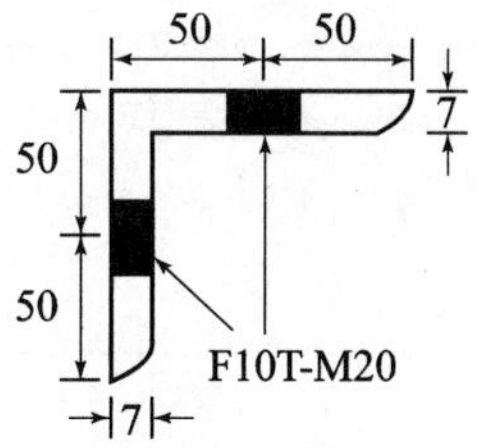

06 역타설 공법(Top−Down Method)의 장점을 3가지 쓰시오. (3점)

①

②

③

07 콘크리트의 반죽질기의 측정시험 방법을 3가지 쓰시오. (3점)

① ______________ ② ______________ ③ ______________

08 다음 설명이 뜻하는 용어를 쓰시오. (4점)

① 보링구멍을 이용하여 +자 날개를 지반에 때려 박고, 회전시킬 때의 회전력으로 지반의 점착력을 판별하는 지반조사시험

② 블로운 아스팔트에 광물성, 동 · 식물섬유, 광물질가루 등을 혼입하여 유동성을 부여한 것

① ______________

② ______________

09 다음 |보기|에서 가치공학(Value Engineering)의 기본추진절차를 순서대로 나열하시오. (4점)

보기|		
㉮ 정보수집	㉯ 기능정리	㉰ 아이디어 발상
㉱ 기능정의	㉲ 대상선정	㉳ 제안
㉴ 기능평가	㉵ 평가	㉶ 실시

____

10 강구조공사에서 용접부의 비파괴시험 방법의 종류를 3가지 쓰시오. (3점)

① ______________ ② ______________ ③ ______________

11 네트워크 공정표에서 작업상호간의 연관관계만을 나타내는 명목상의 작업인 더미의 종류를 3가지 쓰시오. (3점)

① ______ ② ______ ③ ______

12 샌드드레인(Sand Drain) 공법을 설명하시오. (3점)

______

______

13 PERT 기법에서 낙관시간(t_o) 4일, 정상시간(t_m) 5일, 비관시간(t_p) 6일 때 기대시간(t_e)을 구하시오. (4점)

______

______

14 알루미늄합금제 창호를 철재 창호와 비교한 장점을 2가지 쓰시오. (4점)

① ______

② ______

15 다음 용어를 간단히 설명하시오. (4점)

① 콜드조인트(Cold Joint) : ______

② 조절줄눈(Control Joint) : ______

16 다음 괄호 안에 들어갈 수치를 쓰시오. (2점)

보기

강관틀비계에서 세로틀은 수직방향 (①)m, 수평방향 (②)m 내외의 간격으로 건축물의 구조체에 견고하게 긴결해야 한다.

① ______________________ ② ______________________

17 시멘트 분말도시험의 종류를 2가지 쓰시오. (4점)

① ______________________ ② ______________________

18 다음 보기에서 설명이 의미하는 거푸집 관련 용어를 쓰시오. (4점)

보기

① 철근의 피복두께를 유지하기 위해 벽이나 바닥 철근에 대어주는 것
② 벽 거푸집 간격을 일정하게 유지하여 격리와 긴장재 역할을 하는 것
③ 기둥 거푸집의 고정 및 측압 버팀용으로 주로 합판 거푸집에 사용되는 것
④ 거푸집의 탈형과 청소를 용이하게 만들기 위해 합판 거푸집 표면에 미리 바르는 것

① ______________________ ② ______________________
③ ______________________ ④ ______________________

19 그림과 같은 캔틸레버보의 점 A의 수직 반력과 모멘트 반력을 구하시오. (4점)

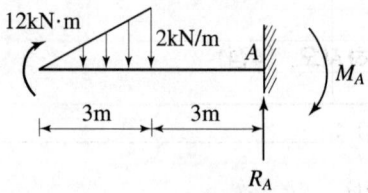

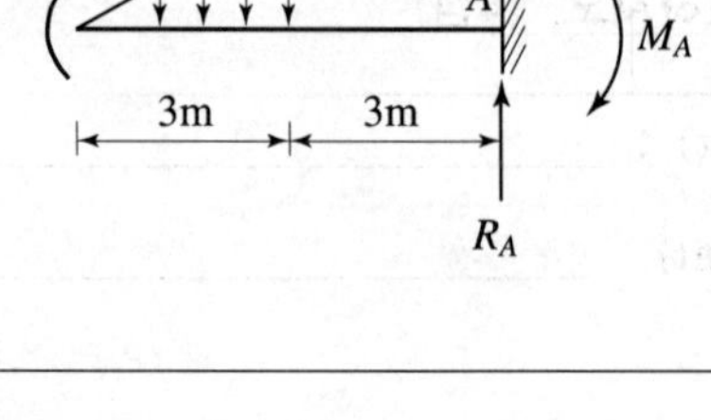

____

20 콘크리트충전 강관(CFT) 구조를 간단히 설명하시오. (3점)

---

21 다음 네트워크 공정표를 완성하고 아래 표의 일정계산, 여유시간 및 주공정선(CP)과 관련된 빈칸을 모두 채우시오. (단, CP에 해당하는 작업은 * 표시를 하시오.) (10점)

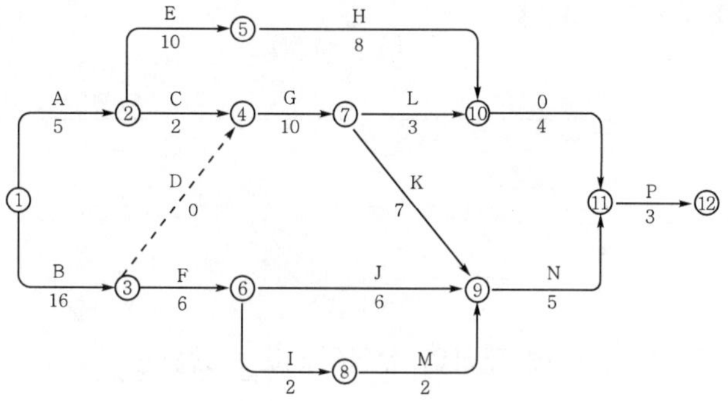

가. 네트워크 공정표

나. 일정계산, 여유시간 및 주공정선(CP)

Act	공기(D)	EST	EFT	LST	LFT	TF	FF	DF	CP
A									
B									
C									
D									
E									
F									
G									
H									
I									
J									
K									
L									
M									
N									
O									
P									

22 철근콘크리트공사에서 철근이음을 하는 방법으로 가스압접이 있는데, 가스압접으로 이음을 할 수 없는 경우를 3가지 쓰시오. (3점)

① ____________________

② ____________________

③ ____________________

23 다음 용어를 설명하시오. (4점)

(가) 복층유리 : ____________________

(나) 강화유리 : ____________________

24 고강도 콘크리트의 폭렬현상에 대하여 설명하시오. (2점)

____

____

25 거푸집 측압에 영향을 주는 요소는 여러 가지가 있지만, 건축 현장의 콘크리트 부어넣기 과정에서 거푸집 측압에 영향을 줄 수 있는 요인을 3가지 쓰시오. (3점)

① ____________ ② ____________ ③ ____________

26 그림과 같은 단면의 단면2차 모멘트 $I_x = 640,000\ \text{cm}^4$, 단면2차 반경 $i_x = \frac{20}{\sqrt{3}}\ \text{cm}$ 일 때, 단면적($A = b \times h,\ \text{cm}^2$)를 구하시오. (4점)

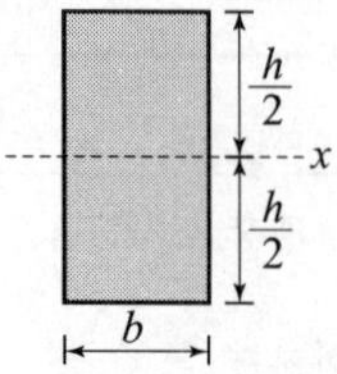

____

2017년 3회 해설 및 정답

01 1. 용접재의 인장강도(KS D 7004 연강용 피복아크 용접봉)

$F_{uw} = 420\text{ MPa}$

2. 용접 사이즈와 용접길이의 검토

(1) 모재 두께 $t = 12\text{ mm}$인 경우 필릿용접의 최소 사이즈 $s_{\min} = 5\text{ mm}$

(2) 필릿용접의 최대 사이즈

$s_{\max} = t - 2 = 12 - 2 = 10\text{ mm}$

(3) $s_{\min} = 5\text{ mm} < s = 6\text{ mm} < s_{\max} = 10\text{ mm}$ OK

(4) 용접의 유효길이

$= l_e = l - 2s = 150 - 2 \times 6 = 138\text{ mm}$

$\geq 4s = 4 \times 6 = 24\text{ mm}$ OK

(5) $l = 150\text{ mm} \geq w = 100\text{ mm}$ OK

3. 용접재의 설계전단강도

(1) 용접재의 공칭강도

$F_{nw} = 0.60 F_{uw} = 0.6 \times 420 = 252\text{ MPa}$

(2) 용접의 유효길이

$l_e = 2(l - 2s) = 2 \times (150 - 2 \times 6)$

$= 276\text{mm}$

(3) 용접의 사이즈

$s = 6\text{ mm}$

(4) 용접의 유효목두께

$a = 0.7s = 0.7 \times 6 = 4.2\text{ mm}$

(5) 용접의 유효단면적

$A_{we} = l_e \times a = 276 \times 4.2 = 1{,}159\text{ mm}^2$

(6) 용접재의 설계전단강도 ($\phi = 0.75$)

$\phi R_n = \phi F_{nw} A_{we} = \phi(0.60 F_{uw}) A_{we}$

$= 0.75 \times 252 \times 1{,}159$

$= 219.1 \times 10^3\text{ N} = 219.1\text{ kN}$

02 가. **인트랩트에어** : 일반 콘크리트에 자연적으로 상호 연속된 기포가 1~2% 함유된 것

나. **알칼리골재반응** : 시멘트 중의 알칼리성분과 골재 중의 실리카성분이 화학반응을 일으켜 팽창을 유발시키는 반응

다. **배처플랜트** : 물, 시멘트, 골재 등을 정확하고 능률적으로 자동 중량 계량하여 혼합하여 주는 기계설비

03 BTL(Build–Transfer–Lease)

04 쌍줄비계면적 = 비계둘레길이(L) × 건물높이(h)

$= \{(18+12) \times 2 + 0.9 \times 8\} \times 13.5$

$= 907.20\text{m}^2$

05 1. 고장력볼트의 구멍직경(M20)

$d_h = d + 2 = 20 + 2 = 22\text{ mm}$

2. 총단면적

$A_g = (200 - 7) \times 7 = 1{,}351\text{ mm}^2$

3. 순단면적

$A_n = A_g - n d_h t = 1{,}351 - 2 \times 22 \times 7 = 1{,}043\text{ mm}^2$

06 ① 지상, 지하 동시 작업으로 공기단축
② 전천후 시공 가능
③ 1층 슬래브를 선시공함으로써 작업공간 활용 가능
④ 인접건물에 악영향이 적음
⑤ 굴착소음방지 및 분진방지
⑥ 흙막이의 우수한 안정성

07 ① 슬럼프시험 ② 흐름시험
③ 구관입시험 ④ 리몰딩시험
⑤ 비비시험

08 ① 베인테스트(Vane Test)
② 아스팔트 컴파운드(Asphalt Compound)

09 ㉤ → ㉮ → ㉣ → ㉯ → ㉳ → ㉰ → ㉴ → ㉲ → ㉵

10 ① 방사선 투과시험(RT)
② 초음파 탐상시험(UT)
③ 자분(자기분말) 탐상시험(MT)
④ 침투 탐상시험(PT)

11 ① 넘버링 더미 ② 로지칼 더미
③ 릴레이션십 더미 ④ 커넥션 더미
⑤ 타임 랙 더미

12 연약 점토질지반에 서 탈수를 이용해 지반을 개량하기 위한 공법

13 $t_e = \dfrac{t_o + 4t_m + t_p}{6} = \dfrac{4 + 4 \times 5 + 6}{6} = 5$일

14 ① 비중은 철의 1/3 정도로 가볍다.
② 녹슬지 않고, 사용연한이 길다.
③ 공작이 자유롭고, 빗물막이, 기밀성에 유리하다.
④ 여닫음이 경쾌하다.

15 ① 콜드조인트(Cold Joint) : 기계고장, 휴식시간 등의 요인으로 콘크리트 타설 작업이 중단됨으로써 다음 배치의 콘크리트를 이어치기할 때 먼저 친 콘크리트가 응결 또는 경화함에 따라 일체화되지 않음으로 생기는 줄눈
② 조절줄눈(Control Joint) : 온도균열 및 콘크리트의 수축에 의한 균열을 제어하기 위해서 구조물의 길이방향에 일정 간격으로 단면 감소 부분을 만들어 그 부분에 균열이 집중되도록 하고, 나머지 부분에서는 균열이 발생하지 않도록 하여 균열이 발생한 위치에 대한 사후 조치를 쉽게 하기 위한 줄눈

16 ① 6 ② 8

17 ① 공기투과장치에 의한 시험(비표면적시험)
② 표준체에 의한 시험

18 ① 간격재(Spacer)
② 격리재(Separator)
③ 칼럼밴드(Column Band)
④ 박리제(form Oil)

19 ① $\Sigma M=0(+;\curvearrowright)$:
$$\Sigma M_A = 12-\left(\frac{1}{2}\times 2\times 3\right)\times\left(3\times\frac{1}{3}+3\right)+M_A=0$$
$\therefore\ M_A = 0\,\text{kN}\cdot\text{m}$
② $\Sigma Y=0(+;\uparrow)$: $\Sigma Y=\frac{1}{2}\times 2\times 3+R_A=0$
$\therefore\ R_A = 3\,\text{kN}(\uparrow)$
③ $\Sigma X=0(+;\rightarrow)$: $\Sigma X=H_A=0$
$\therefore\ H_A = 0\,\text{kN}$

20 콘크리트충전 강관(CFT, Concrete Filled Tube) 구조는 원형 또는 각형강관 내부에 고강도, 고유동화 콘크리트를 타설하여 만든 구조(기둥)로 내진성능 향상, 좌굴방지, 기둥단면 축소 및 강성 증대의 장점이 있다.

21 (1) 네트워크 공정표

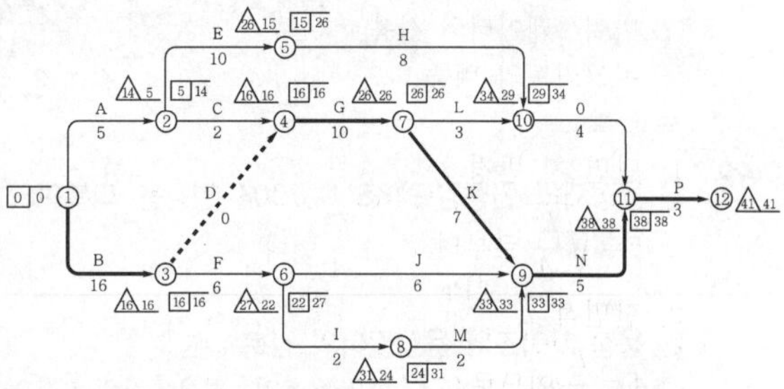

(2) 일정계산, 여유시간 및 주공정선(CP)

Act	공기(D)	EST	EFT	LST	LFT	TF	FF	DF	CP
A	5	0	5	9	14	9	0	9	
B	16	0	16	0	16	0	0	0	*
C	2	5	7	14	16	9	9	0	
D	0	16	16	16	16	0	0	0	*
E	10	5	15	16	26	11	0	11	
F	6	16	22	21	27	5	0	5	
G	10	16	26	16	26	0	0	0	*
H	8	15	23	26	34	11	6	5	
I	2	22	24	29	31	7	0	7	
J	6	22	28	27	33	5	5	0	
K	7	26	33	26	33	0	0	0	*
L	3	26	29	31	34	5	0	5	
M	2	24	26	31	33	7	7	0	
N	5	33	38	33	38	0	0	0	*
O	4	29	33	34	38	5	5	0	
P	3	38	41	38	41	0	0	0	*

22 ① 철근지름 차가 6mm 이상인 경우
② 철근재질이 서로 다른 경우
③ 철근 항복강도가 서로 다른 경우
④ 강풍, 강우, 강설시
⑤ 철근 중심축 편심량이 철근지름의 1/5(1/5d_b) 이상인 경우

23 (가) **복층유리** : 건조 공기층을 사이에 두고 판유리를 이중으로 접합하여 테두리를 둘러서 밀봉한 유리이다.
(나) **강화유리** : 판유리를 열처리하여 유리 표면에 강한 압축응력층을 만들어 파괴강도를 증가시키고, 또 깨어질 때에는 작은 조각이 되도록 처리한 유리이다.

24 고강도 콘크리트에서 화재 시 급격한 고온에 의해 내부 수증기압이 발생하고, 이 수증기압이 콘크리트의 인장강도보다 크게 되면 콘크리트 부재의 표면이 심한 폭음과 함께 박리 및 탈락되는 현상이다.

25 ① 슬럼프 값
② 치어붓기(부어넣기)의 속도
③ 바이브레이터의 사용
④ 콘크리트의 비중

26 1. 단면2차 반경 i_x

$i_x = \sqrt{\dfrac{I_x}{A}}$ 로부터 $i_x^2 = \dfrac{I_x}{A}$ 이다.

2. 단면적 A

$A = \dfrac{I_x}{i_x^2}$ 이므로

$$A = \frac{I_x}{i_x^2} = \frac{640,000}{\left(\frac{20}{\sqrt{3}}\right)^2} = 4,800\ \text{cm}^2$$

2018년 1회(2018.4.14 시행)

01 아일랜드식 터파기 공법의 시공순서에서 번호에 들어갈 내용을 쓰시오. (3점)

흙막이 설치 → (①) → (②) → (③) → (④) → 지하구조물 완성

① ________________ ② ________________

③ ________________ ④ ________________

02 다음 용어를 정의하시오. (4점)

가. 이형철근 : ________________

나. 배력철근 : ________________

03 보링의 목적을 3가지 쓰시오. (3점)

① ________________

② ________________

③ ________________

04 고강도 콘크리트의 폭렬현상에 대하여 설명하시오. (3점)

____

____

05 언더피닝을 해야 하는 경우를 2가지 쓰시오. (4점)

① ______

② ______

06 합성수지 중에서 열가소성수지와 열경화성수지를 2가지씩 기재하시오. (4점)

가. 열가소성수지

① ______ ② ______

나. 열경화성수지

① ______ ② ______

07 바닥 미장면적이 1,000m^2일 때, 1일 10인 작업 시 작업 소요일을 구하시오. (단, 다음과 같은 품셈을 기준으로 하며, 계산과정을 쓰시오.) (3점)

【바닥 미장 품셈(m^2당)】

구분	단위	수량
미장공	인	0.05

______

______

08 금속공사에서 사용되는 철물이 뜻하는 다음 용어를 설명하시오. (4점)

가. 메탈라스(Metal Lath) : ______

나. 펀칭메탈(Punching Metal) : ______

09 목재의 방부처리법 중에서 방부제처리법에 대한 종류를 3가시 쓰시오. (3점)

① ______ ② ______ ③ ______

10 다음에 설명된 공법의 명칭을 쓰시오. (4점)

가. 무량판구조에서 2방향 장선 바닥판구조가 가능하도록 특수 상자모양으로 된 기성재 거푸집
나. 시스템거푸집으로 한 구간 콘크리트 타설 후 다음 구간으로 수평이동이 가능한 거푸집
다. 유닛거푸집을 설치하여 요크로 거푸집을 끌어올리면서 연속해서 콘크리트를 타설 가능한 수직활동 거푸집
라. 아연도금 철판을 절곡 제작하여 거푸집으로 사용하여 콘크리트 타설 후 사용 철판을 바닥하부 마감재로 사용

가. ______ 나. ______

다. ______ 라. ______

11 벽면적 100m^{2}에 표준형 벽돌 1.5B로 쌓을 때 붉은벽돌의 소요량을 산출하시오. (4점)

______

______

12 다음 그림을 보고 줄눈 이름을 쓰시오. (4점)

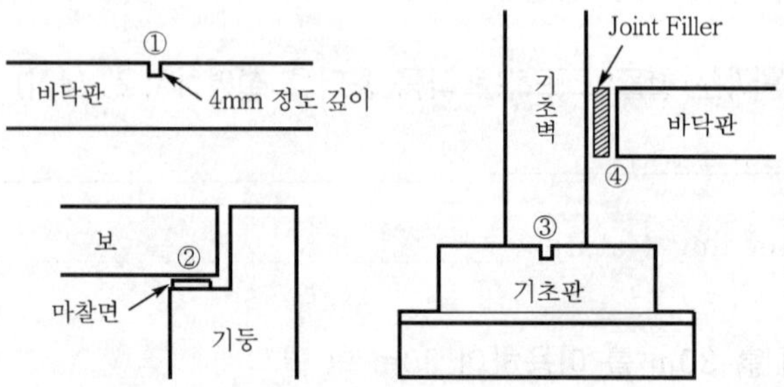

① ______ ② ______

③ ______ ④ ______

13 다음 표는 건축공사표준시방서 기준에 따른 거푸집널 존치기간 중의 평균기온이 10℃ 이상인 경우에 콘크리트의 압축강도 시험을 하지 않고 거푸집을 떼어 낼 수 있는 콘크리트의 재령(일)을 나타낸 표이다. 빈 칸에 알맞은 숫자를 쓰시오. (4점)

【기초, 보 옆, 기둥 및 벽의 거푸집널 존치기간을 정하기 위한 콘크리트의 재령】

시멘트의 종류 / 평균기온	조강포틀랜드 시멘트	보통포틀랜드시멘트 고로슬래그시멘트(1종)	고로슬래그시멘트(2종) 포틀랜드포졸란 시멘트(2종)
20℃ 이상	①	③	5일
10℃ 이상 20℃ 미만	②	6일	④

① ______________ ② ______________

③ ______________ ④ ______________

14 기준점(Bench Mark)의 정의 및 설치시 주의사항을 2가지만 쓰시오. (4점)

가. 정의 : ______________

나. 주의사항

① ______________ ② ______________

15 블록의 1급 압축강도는 8MPa 이상으로 규정되어 있다. 현장에 반입된 블록의 규격은 390×190×190mm일 때, 압축강도시험을 실시한 결과 600kN, 500kN, 550kN에서 파괴되었다면 평균 압축강도를 구하고, 규격을 상회하고 있는지 여부에 따라 합격 및 불합격을 판정하시오. (단, 구멍부분을 공제한 중앙부의 순단면적은 46,000mm^{2}이다.) (4점)

① 평균 압축강도(f_c) : ______________

② 판정 : ______________

16 흐트러진 상태의 흙 30m^{3}를 이용하여 30m^{2}의 면적에 다짐상태로 60cm 두께를 터돋우기 할 때 시공 완료된 다음의 흐트러진 상태로 토량을 산출하시오. (단, 이 흙의 L=1.2이고, C=0.9이다.) (3점)

____

17 다음 설명하는 용어를 쓰시오. (3점)

드라이비트 건이라는 일종의 못 박기 총을 사용하여 콘크리트나 강재 등에 박는 특수 못이다. 머리가 달린 것을 H형, 나사로 된 것을 T형이라고 한다.

___

18 공동도급의 종류를 3가시 쓰시오. (3점)

① ___

② ___

③ ___

19 다음 작업 리스트에서 네트워크 공정표를 작성하고, 각 작업의 여유시간을 구하시오. (10점)

작업명	작업일수	선행작업	비고
A	5	없음	
B	6	A	
C	5	A	
D	4	A	① CP는 굵은선으로 표시하시오.
E	3	B	② 각 결합점과 작업은 다음과 같이 표시한다.
F	7	B, C, D	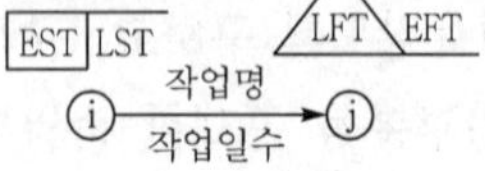
G	8	D	
H	6	E	
I	5	E, F	
J	8	E, F, G	
K	7	H, I, J	

가. 네트워크 공정표

___

나. 여유시간

___

20 강구조의 주각부는 고정주각, 핀주각, 매입형주각 등 3가지로 구분된다. 그림에 적합한 주각부의 명칭을 쓰시오. (6점)

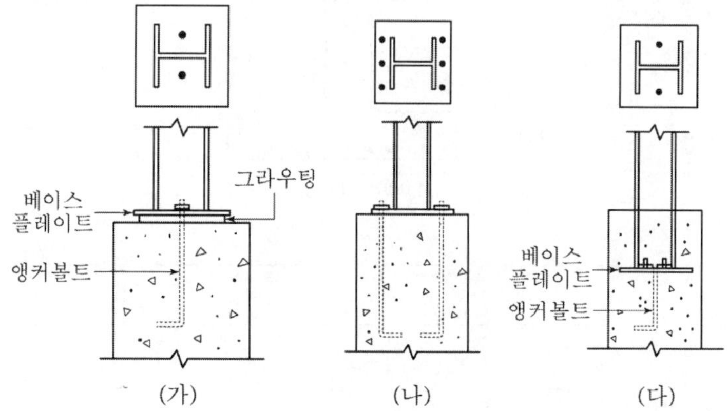

가. ______________________

나. ______________________

다. ______________________

21 용접부를 주어진 [조건]에 따라 용접기호를 도면에 표기하시오. (4점)

조건

① 개선각 45°	② 화살표 방향
③ 현장용접	④ 간격 3mm

____

22 흙막이의 계측관리시 계측에 사용되는 측정장비 3가지를 쓰시오. (3점)

① ____________ ② ____________ ③ ____________

23 H-400×300×9×14 형강의 플랜지의 판폭 두께비를 구하시오. (4점)

____

24 독립기초의 2방향 전단(Punching Shear)의 응력산정을 위한 위험단면의 단면적을 구하시오. (3점)

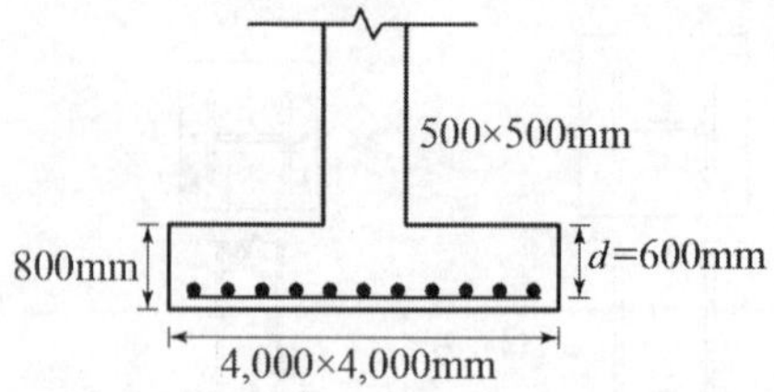

25 다음 그림에서 부재 T에 발생하는 부재력을 산정하시오. (3점)

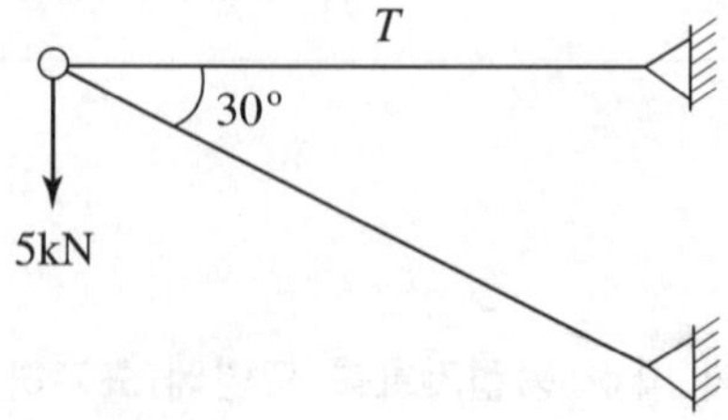

26 다음과 같은 캔틸레버보의 수직반력과 점 C의 휨모멘트를 구하시오. (3점)

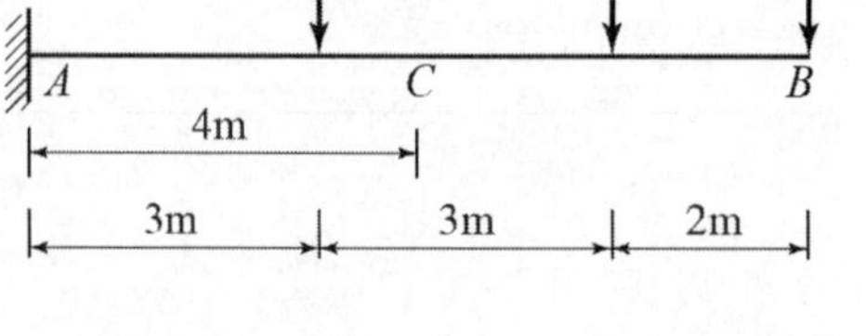

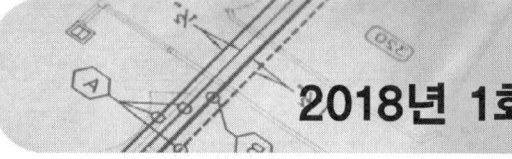

2018년 1회 해설 및 정답

01 ① 중앙부 굴착
② 중앙부 기초구조물 축조
③ 버팀대 설치
④ 주변부 흙파기

02 가. 이형철근 : 철근과 콘크리트와의 부착력을 증가시키기 위해 마디와 리브가 있는 철근으로 SD400과 같이 표기하며 숫자 400은 설계기준 항복강도 f_y=400 MPa 이상을 의미한다. 또한 철근 호칭은 D25와 같이 표기하며, 숫자는 철근의 지름을 의미한다.
나. 배력철근 : 하중을 분산시키거나 균열을 제어할 목적으로 주철근과 직각에 가까운 방향으로 배치한 보조 철근이다.

03 ① 토질의 분포파악
② 토층의 구성파악
③ 토질 주상도 작성
④ 지하수위 조사
⑤ 토질시험을 위한 교란시료 및 불교란시료 채취
⑥ 보링 공내에 표준관입시험 등의 원위치시험

04 고강도 콘크리트에서 화재 시 급격한 고온에 의해 내부 수증기압이 발생하고, 이 수증기압이 콘크리트의 인장강도보다 크게 되면 콘크리트 부재의 표면이 심한 폭음과 함께 박리 및 탈락되는 현상이다.

05 ① 기존 건축물의 기초 지지력이 불충분하여 기초 지정을 보강할 경우
② 기초의 지지면을 더 깊은 경질지반에 기초를 옮길 경우
③ 기울어진 건축물을 바로 세울 경우
④ 인접 디피기에서 기존 건축물의 침하방지가 필요한 경우

06 가. 열가소성수지
① 염화비닐수지 ② 폴리에틸렌수지
③ 아크릴수지
나. 열경화성수지
① 페놀수지 ② 멜라민수지
③ 에폭시수지 ④ 폴리에스테르수지
⑤ 프란수지

07 ① 바닥미장 1일 품셈 : 0.05인/m^2/일
② 작업 소요일 : $\frac{1{,}000\text{m}^2 \times 0.05\text{인/m}^2\text{/일}}{10\text{인}}$=5일

08 가. 메탈라스(Metal Lath)
얇은 철판에 자름금을 내어 당겨 늘린 것
나. 펀칭메탈(Punching Metal)
얇은 철판에 각종 모양을 도려낸 것

09 ① 크레오소트유
② 콜타르칠
③ 아스팔트 방부칠
(주1) 목재의 방부처리 방법은 ① 가압주입법 ② 침지법 ③ 방부제칠 ④ 표면탄화법 등이 있고 위 문제는 이 중에서 방부제칠에 대한 문제이다.

10 가. 와플폼 나. 트래블링폼
다. 슬라이딩폼 라. 데크플레이트

11 붉은벽돌의 소요량
100×224×1.03=23,072매

12 ① 조절줄눈(Control Joint)
② 미끄럼줄눈(Sliding Joint)
③ 시공줄눈(Construction Joint)
④ 신축줄눈(Expansion Joint)

13 ① 2일 ② 3일 ③ 4일(3일) ④ 8일(6일)
(주) 괄호 밖은 KCS 14 20 12 기준이고, 괄호 안은 KCS 21 50 05 기준이다.

14 가. 정의 : 건축공사 중 건축물의 고저에 기준이 되도록 건축물 인근에 높이의 기준을 설치하는 표시물이다.
나. 주의사항
① 이동의 염려가 없는 곳에 설치한다.
② 현장 어디서나 바라보기 좋고 공사에 지장이 없는 곳에 설치한다.
③ 최소 2개소 이상, 여러 곳에 설치한다.
④ 지면(GL)에서 0.5~1m 위치에 설치한다.

15 ① 평균 압축강도(f_c)

$$f_c = \frac{\sum_{i=1}^{n} P_i}{A} \div n = \left(\frac{600,000+500,000+550,000}{390\times190}\right)\div 3$$

$=7.42\text{MPa}(\text{N/mm}^2)$

② 판정 : 불합격

($\because$ 7.42MPa < 8.0MPa)

16 ① 흐트러진 상태에서 다져진 후 토량

$30\times\left(\frac{C}{L}\right)=30\times\left(\frac{0.9}{1.2}\right)=22.5\text{m}^3$

② 터돋우기 후 남는 토량

$22.5-(30\times0.6)=4.5\text{m}^3$

∴ 다져진 상태에서 흐트러진 상태로 남는 토량

$4.5\times\left(\frac{L}{C}\right)=4.5\times\left(\frac{1.2}{0.9}\right)=6.0\text{m}^3$

해설

① C/L : 흐트러진 상태의 토량 → 다져진 상태의 토량

② L/C : 다져진 상태의 토량 → 흐트러진 상태의 토량

17 드라이브 핀

(주1) 드라이비트 건은 콘크리트 못을 박을 때 화약의 폭발력을 이용하여 박는 공구이며 총은 드라이브 핀의 크기에 따라 여러 종이 사용된다. 드라이브 핀에는 콘크리트용과 철재용이 있으며, 머리가 달린 것을 H형, 나사로된 것을 T형이라 한다.

18 ① 공동이행방식

② 분담이행방식

③ 주계약자형 공동도급방식

19 가. 네트워크 공정표

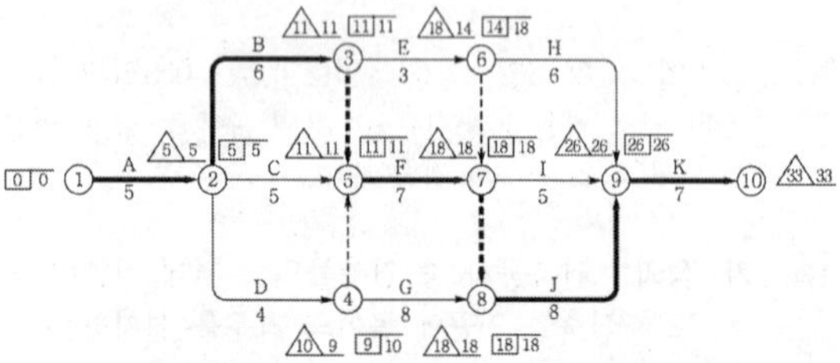

나. 여유시간

작업명	TF	FF	DF	CP
A	0	0	0	*
B	0	0	0	*
C	1	1	0	
D	1	0	1	
E	4	0	4	
F	0	0	0	*
G	1	1	0	
H	6	6	0	
I	3	3	0	
J	0	0	0	*
K	0	0	0	*

20 가. 핀주각 나. 고정주각

다. 매입형주각

21

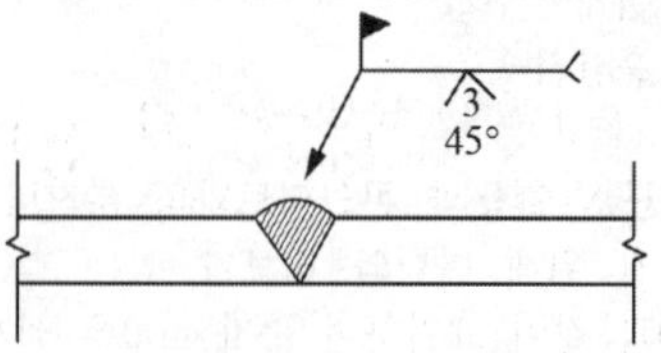

22 ① Earth(Soil) Pressure Gauge(토압계)

② Strain Gauge(변형계)

③ Level and Staff(지표면 침하계)

④ Inclinometer(지중 경사계)

⑤ Load Cell(하중계)

23 플랜지의 판폭두께비(λ) 계산

$b=\frac{b_f}{2}=\frac{300}{2}=150\text{ mm}$

$\lambda=\frac{b}{t_f}=\frac{150}{14}=10.71$

24 2방향 전단(뚫림전단)에 대한 위험단면은 지지면에서 $d/2$만큼 떨어진 곳이다.

1. 각종 치수

c_1 =기둥의 폭=500 mm

d=전자산업기사 필기 본문상세 원여슬래브의 유효깊이=600 mm

2. 정사각형 독립기초에서 위험단면의 둘레길이

$b_0=4(c_1+d)=4\times(500+600)=4,400\text{ mm}$

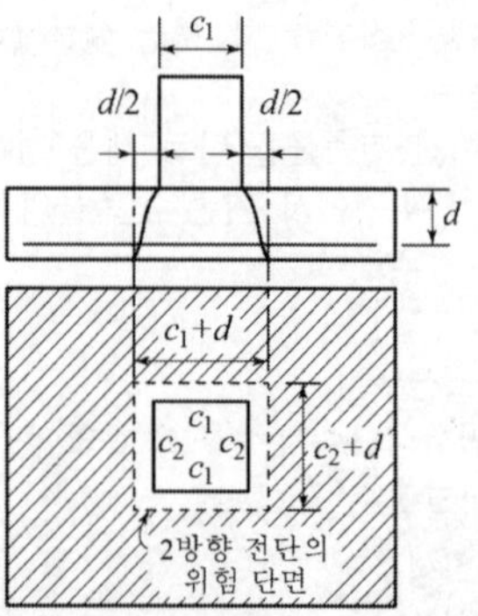

3. 2방향 전단(뚫림전단)에 대한 저항면적

$A=b_0 d=4,400\times600=2.64\times10^6\text{ mm}^2=2.64\text{ m}^2$

25

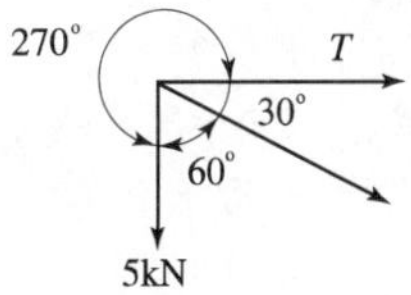

사인법칙(라미의 정리)을 이용하여 다음과 같이 산정한다.

$$\frac{5}{\sin 30°} = \frac{T}{\sin 60°}$$

$$T = 5 \times \left(\frac{\sin 60°}{\sin 30°}\right) = 5\sqrt{3} = 8.66\text{ kN (인장)}$$

$\therefore\ T = 5\sqrt{3}$ kN(인장) 또는 $T = 8.66$ kN(인장)

26

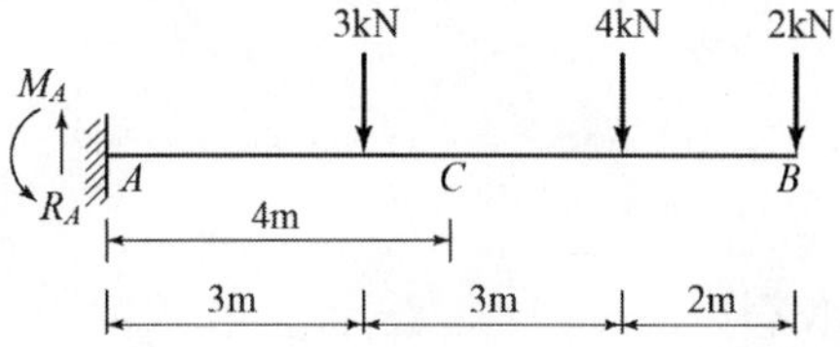

1. 수직반력

$\Sigma Y = 0(+;\uparrow)$: $\Sigma Y = R_A - 3 - 4 - 2 = 0$

$\therefore\ R_A = 9$ kN (상향)

2. 점 C의 휨모멘트

1) 지점 A의 반력 모멘트

$\Sigma M = 0(+;\curvearrowright)$:

$\Sigma M_A = -M_A + 3\times3 + 4\times6 + 2\times8 = 0$

$\therefore\ M_A = 49$ kN · m (반시계방향)

2) 점 C의 휨모멘트

$M_C = -M_a + R_A \times 4 - 3 \times 1$

$= -49 + 9\times4 - 3\times1 = -16$ kN · m

(주1) 점 C의 전단력을 산정하면,
$V_C = R_A - 3 = 9 - 3 = 6$ kN이다.

2018년 2회(2018.6.30 시행)

01 다음 콘크리트 줄눈에 관한 용어를 간단히 설명하시오. (6점)

가. 콜드조인트(Cold Joint) : ______

나. 조절줄눈(Control Joint) : ______

다. 신축줄눈(Expansion Joint) : ______

02 다음은 입찰에 관한 종류이다. 간단히 설명하시오. (6점)

가. 지명경쟁입찰 : ______

나. 특명입찰 : ______

다. 공개경쟁입찰 : ______

03 강구조공사의 내화피복 공법 중 습식 공법에 대하여 설명하고 습식 공법의 종류 3가지 및 각 종류에 해당하는 재료를 1가지씩 쓰시오. (4점)

가. 습식 공법 : ______

나. 습식 공법의 종류 및 재료

① ______ ② ______ ③ ______

04 목재의 건조방법 중 인공건조법의 종류를 3가지 쓰시오. (3점)

① ______

② ______

③ ______

05 콘크리트가 슬럼프손실이 발생하는 경우를 2가지만 쓰시오. (4점)

① ______________________________

② ______________________________

06 흙의 성질 중 예민비의 식과 설명하시오. (4점)

가. 예빈비 식 : ______________________________

나. 설명 : ______________________________

07 섬유보강 콘크리트에 사용되는 섬유의 종류를 3가지 쓰시오. (3점)

① ______________________________

② ______________________________

③ ______________________________

08 돌을 이용한 공사를 진행하다 석재가 깨진 경우 사용되는 접착제를 기재하시오. (3점)

____

____

09 블록 벽제의 결함 중 습기, 빗물 침투현상의 원인을 4가지 쓰시오. (4점)

① ______________ ② ______________

③ ______________ ④ ______________

10 일반적인 건축물의 철근조립 순서를 | 보기 | 에서 골라 쓰시오. (3점)

보기		
㉮ 기둥철근	㉯ 기초철근	㉰ 보철근
㉱ 바닥철근	㉲ 계단철근	㉳ 벽철근

11 수장공사 시 실 내부의 벽 하부에 1~1.5m 정도의 높이까지 널을 댄 판벽의 명칭을 쓰시오. (2점)

12 다음 도면의 줄기초 도면을 보고 주어진 조건에 따라 터파기된 토량을 6t 트럭으로 운반하였을 경우, 트럭의 운반 대수를 산정하시오. (단, 토량의 할증은 25%이며, 토량의 자연산태의 단위중량은 1,600kg/m^{3}이다.) (4점)

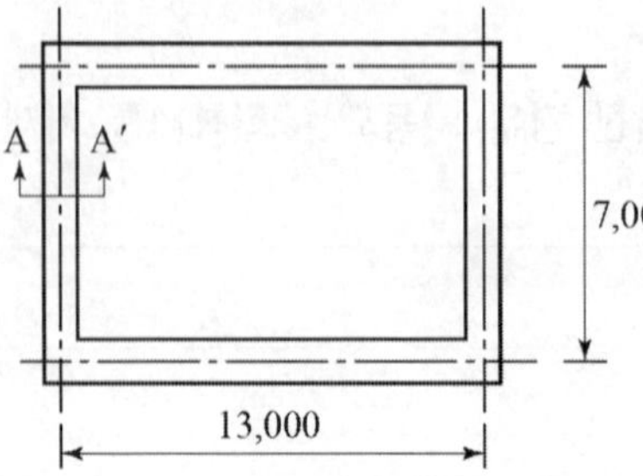

【평면도】

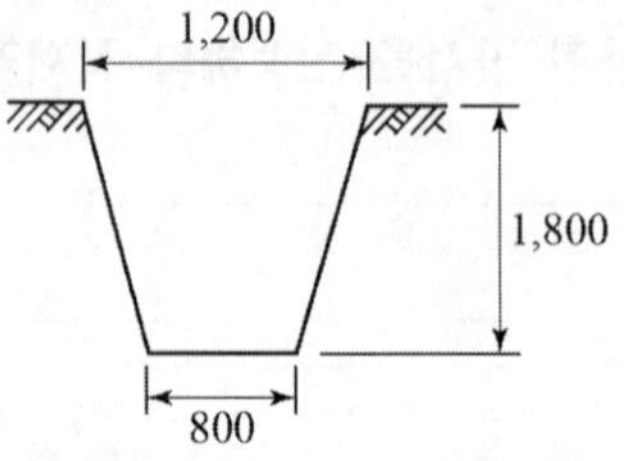

【A–A' 단면도】

가. 터파기량 :

나. 잔토처리량의 중량 :

다. 6t 트럭 운반대수 :

13 공사의 실비를 건축주와 도급자가 확인, 정산하고 건축주는 미리정한 보수율에 따라 도급자에게 그 보수액을 지불하는 도급방식을 무엇이라고 하는가? (3점)

14 매스콘크리트의 온도균열의 기본 대책을 [보기]에서 골라 기호를 쓰시오. (3점)

보기

① 응결촉진제 사용	② 중용열시멘트 사용
③ Pre Cooling	④ 단위시멘트량 감소
⑤ 잔골재율 증가	⑥ 물시멘트비 증가

15 다음 ( )에 알맞은 수치를 기재하시오. (4점)

보강콘크리트블록공사에서 블록 안에 들어가는 세로근의 정착길이는 철근지름의 (가)배 이상이어야 하며, 이때 철근의 피복두께는 (나)mm 이상이어야 한다.

가.

나.

16 거푸집의 종류 중 터널폼에 대한 정의를 간단히 설명하시오. (3점)

17 작업리스트에 따라 네트워크 공정표를 작성하시오. (8점)

작업명	작업일수	선행작업	비고
A	2	없음	① CP는 굵은선으로 표시한다. ② 각 결합점에서는 다음과 같이 표시한다.
B	3	없음	
C	5	A	
D	5	A, B	
E	2	A, B	
F	3	C, D, E	
G	5	E	

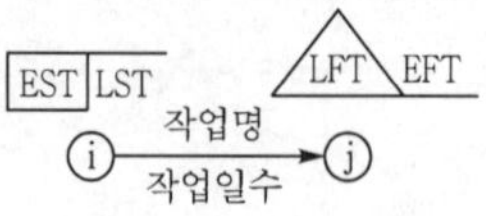

18 특기시방서상 철근의 항복강도는 240MPa 이상으로 규정되어 있다. 건설공사 현장에 반입된 철근을 KS 규격에 의거 중앙부 지름 14mm, 표점거리 50mm로 가공하여 인장시험을 하였더니 38,160N, 40,750N 및 39,270N에서 항복현상이 나타났다. 평균 항복강도를 구하고 특기시방서상 규정과 비교하여 합격 여부를 판정하시오. (5점)

① 평균 항복강도(f_y) : ______

② 판정 : ______

19 다음은 토공사에 사용되는 기계 기구의 설명이다. ( ) 안에 알맞은 장비명을 기재하시오. (4점)

가. 장비가 서 있는 곳보다 높은 곳의 굴착에 사용된다.
나. 장기가 서 있는 곳보다 낮은 열질의 흙을 긁어모으거나 판다.

가. (______)

나. (______)

20 대리석 분말 또는 세라믹 분말제에 특수 혼화제를 첨가한 레디믹스트 모르타르를 현장에서 물과 혼합하여 뿜칠로 전체 표면을 1~3mm 두께로 얇게 바르는 미장공법을 쓰시오. (3점)

21 다음 그림과 같은 단면에 대한 x축 y축에 대한 단면2차 모멘트의 비 $\frac{I_x}{I_y}$는 얼마인가? (4점)

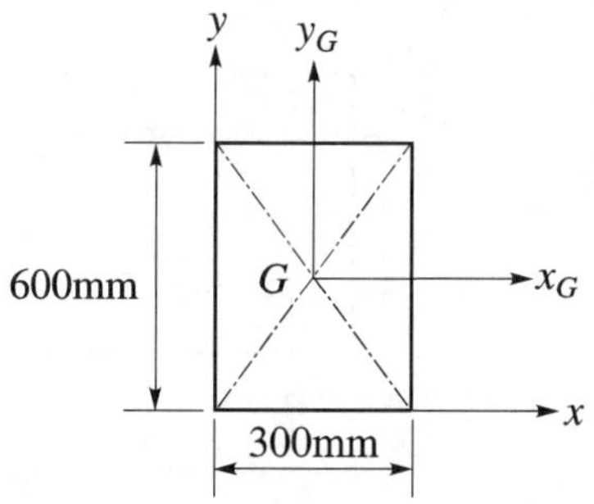

22 묻힘길이에 의한 인장 이형철근의 정착길이를 다음과 같은 식으로 계산할 때 α, β, γ, λ가 의미하는 바를 쓰시오. (4점)

$$\frac{0.90\, d_b f_y}{\lambda \sqrt{f_{ck}}} \frac{\alpha \beta \gamma}{\left(\frac{c+K_{tr}}{d_b}\right)}$$

① α : ________

② β : ________

③ γ : ________

④ λ : ________

23 기둥의 재질과 단면적 및 길이가 같은 다음 4개의 장주를 유효좌굴길이가 큰 순서대로 나열하시오. (3점)

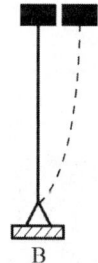

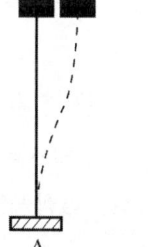

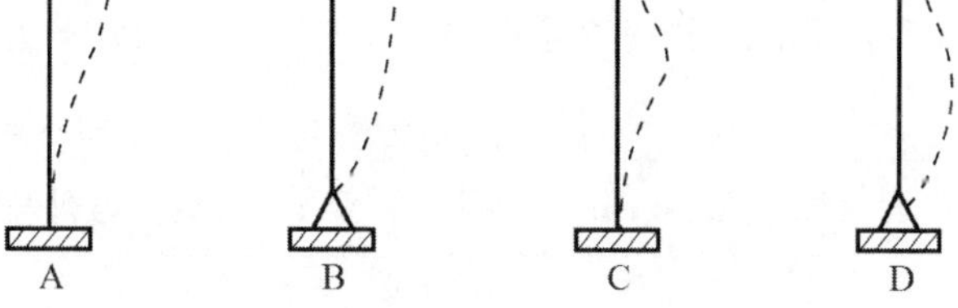

24 다음과 같은 인장재의 순단면적을 구하시오. (단, 판재의 두께는 10mm이며, 구멍크기는 22mm 이다.) (4점)

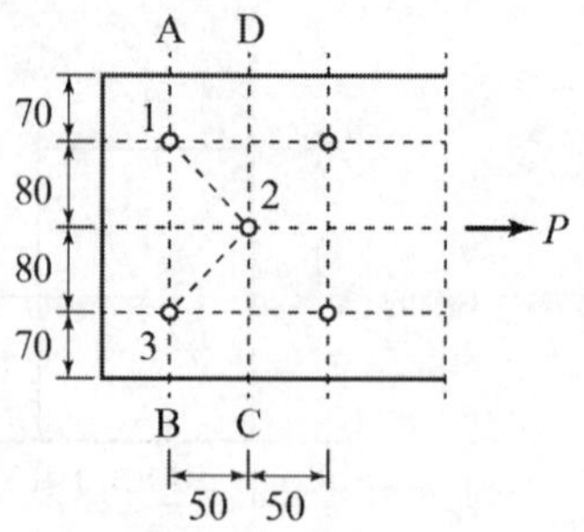

25 다음과 같은 독립기초에서 최대 압축응력을 구하시오. (4점)

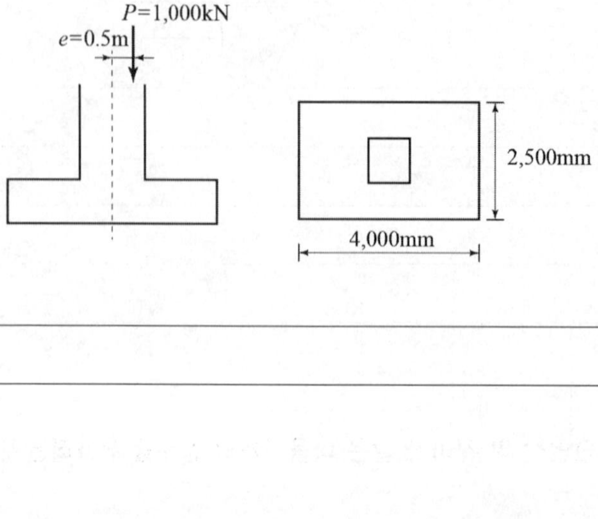

26 다음과 같이 설명하는 용어를 쓰시오. (2점)

압축연단 콘크리트가 가정된 극한변형률 0.0033에 도달할 때 최외단 인장철근의 순인장변형률 ε_t가 0.0050 이상인 단면

2018년 2회 해설 및 정답

01 가. **콜드조인트(Cold Joint)** : 기계고장, 휴식시간 등의 요인으로 콘크리트 타설 작업이 중단됨으로써 다음 배치의 콘크리트를 이어치기할 때 먼저 친 콘크리트가 응결 또는 경화함에 따라 일체화되지 않음으로 생기는 줄눈이다.

나. **조절줄눈(Control Joint)** : 균열을 전체 벽면 중의 일정한 곳에만 일어나도록 유도하는 줄눈이다.

다. **신축줄눈(Expansion Joint)** : 온도변화에 따른 팽창, 수축 혹은 부동침하, 진동 등에 의해 균열이 예상되는 위치에 설치하는 줄눈이다.

02 가. **지명경쟁입찰** : 해당 공사에 적격이라고 인정되는 수 개의 도급업자를 정하여 입찰시키는 방법이다.

나. **특명입찰** : 해당 공사에 가장 적격한 단일 도급업자를 지명하여 입찰시키는 방법이다.

다. **공개경쟁입찰** : 입찰 참가자를 공모하여 모두 참가할 수 있는 기회를 준다. 그러나 부적격업자에게 낙찰될 우려가 있다.

03 가. **습식 공법** : 강구조에서 화재 등으로 인한 강재의 온도상승을 막고 화재로부터 보호하기 위해 모르타르, 콘크리트벽돌 등의 습식 재료로 내화피복을 한 것이다.

나. **습식 공법의 종류 및 재료**

① 뿜칠 공법 : 암면, 모르타르, 플라스터
② 타설 공법 : 콘크리트, 경량콘크리트
③ 미장 공법 : 철망 모르타르
④ 조적 공법 : 벽돌, 블록

04 ① 훈연건조
② 전열건조
③ 연소가스건조
④ 진공건조
⑤ 약품건조

05 ① 온도가 높을수록 발생한다.
② 운반거리가 멀면 발생한다.
③ 운반이 지연되었을 경우 발생한다.
④ 수분이 증발할 경우 발생한다.

06 가. 예빈비 $= \dfrac{\text{자연시료의 강도}}{\text{이긴시료의 강도}}$

나. 설명 : 흙의 이김에 의해서 약해지는 정도를 표시하는 것으로 이긴시료의 강도에 대한 자연시료의 강도의 비이다.

07 ① 강섬유 ② 유리섬유
③ 탄소섬유 ④ 비닐론섬유

08 에폭시수지 접착제(에폭시 접착제)

09 ① 이질재와의 접합부 불량
② 사춤 모르타르의 충전 부족
③ 치장줄눈의 시공 불량
④ 물흘림, 물끊기 불량
⑤ 조적조쌓기 완료 후 비계장선 등의 구멍 메우기 불충분
⑥ 채양 등 돌출부 위에 물이 괴는 부분에 접속되는 조적벽

10 ㉯ → ㉮ → ㉳ → ㉰ → ㉱ → ㉲

11 징두리판벽

12 가. 터파기량

$h=1.8\,\mathrm{m},\ a=1.2\,\mathrm{m},\ b=0.8\,\mathrm{m}$

평균폭 $= \dfrac{a+b}{2} = \dfrac{1.2+0.8}{2} = 1.0\,\mathrm{m}$

줄기초의 전체길이$(\Sigma L) = (13+7)\times 2 = 40\,\mathrm{m}$

터파기량(V) $= \dfrac{a+b}{2}\times h \times \Sigma L$

$= 1.0\times 1.8\times 40$

$= 72.0\mathrm{m}^3$

나. 잔토처리량의 중량

잔토처리량의 중량 = 터파기량 × 흙의 단위중량

$= 72\times 1.6\,\mathrm{t/m^3} = 115.2\mathrm{t}$

(주1) 잔토처리량을 산정할 경우 부피증가에 의한 토량의 할증을 고려해야 하나 중량은 변화가 없음으로 주의한다.

다. 6t 트럭 운반대수

6t 트럭 운반대수 $= \dfrac{115.2}{6} = 19.2$ 대

13 실비정산보수가산도급

14 ②, ③, ④

참고

1. 온도균열의 원인
   ① 수화반응에 따른 콘크리트 내부와 외부의 온도 차에 의한 균열이다.
   ② 단위시멘트량이 많을 경우, 부재단면이 큰 경우(최소 800mm 이상) 그리고 콘크리트 내·외부의 온도 차가 큰 경우(약 25℃ 이상)에 발생된다.
2. 수화열에 의한 온도균열에 대한 대책
   ① 단위시멘트량을 줄임
   ② 타설 후 파이프 냉각을 통해 내부온도를 하강(파이프쿨링 방법)
   ③ 사전 냉각방식을 통해 사용 재료를 냉각(프리쿨링 방법)
   ④ 콘크리트의 슬럼프치는 15cm 이하
   ⑤ 콘크리트의 타설온도는 35℃ 이하
   ⑥ 한 구획의 타설길이는 30~40m 정도

15 가. 40
나. 20

16 터널폼은 한 구획 전체의 벽판과 바닥면을 ㄱ자형, ㄷ자형의 기성재 거푸집으로 아파트 공사에 주로 사용되는 거푸집이다.

17 네트워크 공정표

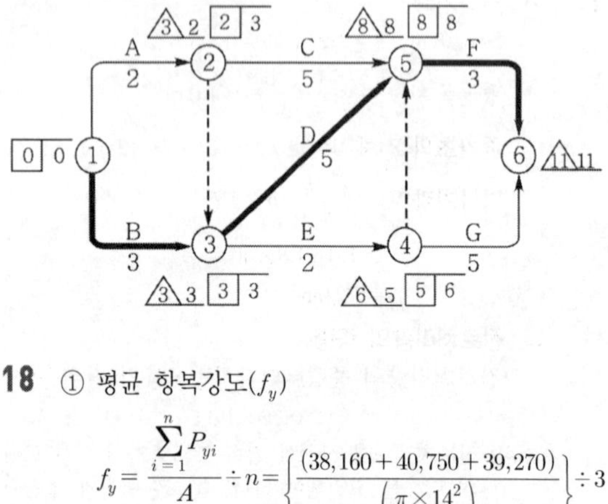

18 ① 평균 항복강도(f_y)

$$f_y = \frac{\sum_{i=1}^{n} P_{yi}}{A} \div n = \left\{ \frac{(38,160+40,750+39,270)}{\left(\frac{\pi \times 14^2}{4}\right)} \right\} \div 3$$

$$= 255.90\text{MPa}(\text{N/mm}^2)$$

② 판정 : 불합격(∵ 255.90MPa > 240.0MPa)

19 가. 파워셔블
나. 드래그라인

20 수지미장 또는 수지 플라스터 바름

21 (1) x축에 대한 단면2차 모멘트 I_x

$$I_x = I_{xG} + Ay^2$$
$$= \frac{300 \times 600^3}{12} + (300 \times 600) \times 300^2$$
$$= 21,600 \times 10^6 \text{mm}^4$$

(2) y축에 대한 단면2차 모멘트 I_y

$$I_y = I_{yG} + Ax^2$$
$$= \frac{600 \times 300^3}{12} + (600 \times 300) \times 150^2$$
$$= 5,400 \times 10^6 \text{mm}^4$$

(3) 단면2차 모멘트의 비 $\frac{I_x}{I_y}$

$$\frac{I_x}{I_y} = \frac{21,600 \times 10^6}{5,400 \times 10^6} = 4.0$$

22 ① α : 철근배치 위치계수
② β : 철근 도막계수
③ γ : 철근의 크기계수
④ λ : 경량콘크리트계수

23 B → A → D → C

(주1) 유효좌굴길이(KL)
B($2.0L$) → A($1.0L$) → D($0.7L$) → C($0.5L$)

(주2) 유효좌굴길이계수(K)

단부 구속조건	양단 고정	1단 힌지, 타단 고정	양단 힌지	1단 회전구속, 이동자유, 타단 고정	1단 회전 자유, 이동자유, 타단 고정	1단 회전구속, 이동자유, 타단 힌지
좌굴형태	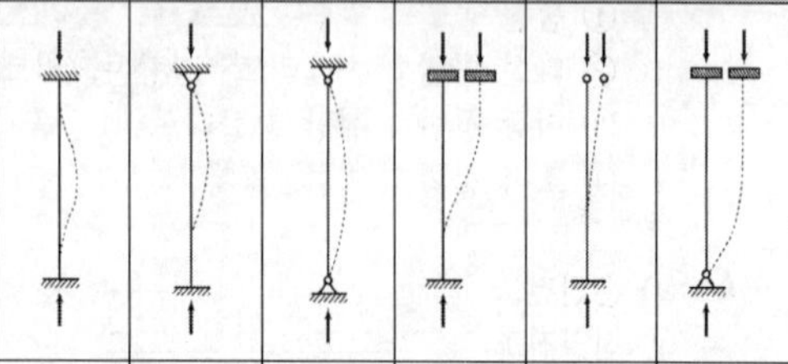					
이론적인 K값	0.50	0.70	1.0	1.0	2.0	2.0
권장하는 설계 K값	0.65	0.80	1.0	1.2	2.1	2.4
절점 조건 범례	회전구속, 이동구속 : 고정단 회전자유, 이동구속 : 힌지 회전구속, 이동자유 : 큰 보강성과 작은 기둥강성인 라멘 회전자유, 이동자유 : 자유단					

24 1. 고장력볼트의 구멍지름

$d_h = 22\,\text{mm}$

2. 총단면적

$A_g = 300 \times 10 = 3{,}000\,\text{mm}^2$

3. 파단선에 따른 순단면적

(1) 파단선 A-1-3-B

$$A_n = A_g - n\,d_h\,t = 3{,}000 - 2 \times 22 \times 10$$
$$= 2{,}560\,\text{mm}^2$$

(2) 파단선 A-1-2-3-B

$$A_n = A_g - n\,d_h\,t + \frac{s^2}{4g_1}t + \frac{s^2}{4g_2}t$$
$$= 3{,}000 - 3 \times 22 \times 10 + \frac{50^2}{4 \times 80} \times 10 + \frac{50^2}{4 \times 80} \times 10$$
$$= 2{,}496\text{mm}^2$$

∴ 순단면적은 가장 작은 $2{,}496\text{mm}^2$가 된다.

25 $P = 1{,}000\,\text{kN} = 1.0 \times 10^6\,\text{N}$

$M = Pe = 1{,}000 \times 0.5 = 500\,\text{kN} \cdot \text{m} = 500 \times 10^6\,\text{N} \cdot \text{mm}$

$A = 2{,}500 \times 4{,}000 = 10.0 \times 10^6\,\text{m}^2$

$$Z = \frac{bh^2}{6} = \frac{2{,}500 \times 4{,}000^2}{6} = 6{,}667 \times 10^6\,\text{mm}^3$$

$$\sigma_{\max} = -\frac{P}{A} - \frac{M}{Z} = -\frac{1.0 \times 10^6}{10.0 \times 10^6} - \frac{500 \times 10^6}{6{,}667 \times 10^6}$$
$$= -0.175\,\text{MPa}\ (\text{압축})$$

26 인장지배 단면

참고

인장지배 단면은 압축콘크리트의 변형률(ε_c)이 가정된 극한변형률 ε_{cu}인 0.0033에 도달할 때($\varepsilon_c = \varepsilon_{cu} = 0.0033$), 최 외단 인장철근의 순인장변형률($\varepsilon_t$)가 인장지배 변형률 한계($\varepsilon_{tt} = 0.0050$) 이상($\varepsilon_t \geq \varepsilon_{tt} = 0.0050$)인 단면이다. 다만 철근의 항복강도 f_y가 400 MPa을 초과하는 경우에는 인장지배 변형률 한계(ε_u)를 철근 항복변형률의 2.5배($2.5\varepsilon_y$)로 한다.

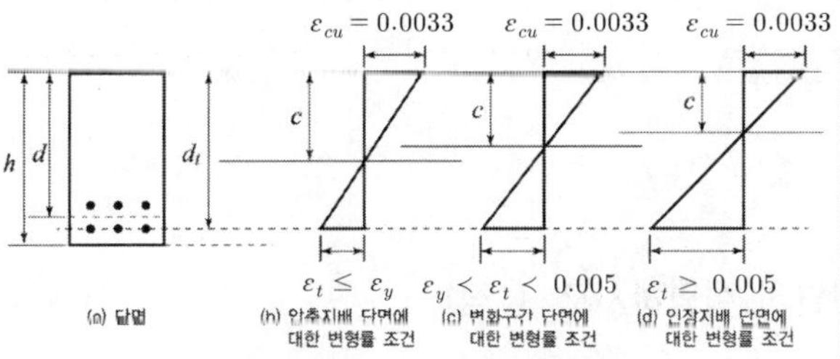

그림. 각종 단면 조건에 대한 변형률 분포
(SD400의 경우 $\varepsilon_y = 0.0020$)

2018년 3회(2018.11.10 시행)

01 시공계획서 제출 시 환경관리 및 친환경관리에 대해 제출해야 할 서류에 포함될 내용을 4가지 쓰시오. (4점)

① ______

② ______

③ ______

④ ______

02 다음 프리스트레스 콘크리트와 관련된 용어를 간단히 설명하시오. (4점)

가. 프리텐션법 : ______

나. 포스트텐션법 : ______

03 다음 용어를 간단히 설명하시오. (4점)

① 슬립폼(Slip Form)

______

② 트래블링폼(Travelling Form)

______

04 Genecon(종합건설업 면허제도)에 관하여 간단히 설명하시오. (3점)

______

______

05 강구조공사에서 현장 세우기용 기계의 종류를 3가지 쓰시오. (3점)

① ____________________

② ____________________

③ ____________________

06 언더피닝을 설명하고, 그 공법을 2가지 쓰시오. (4점)

가. 언더피닝 :

나. 종류 : ① ____________________

② ____________________

07 다음 (   )에 알맞은 용어를 기재하시오. (4점)

가. 슬래브에 배근되는 철근이 거푸집에 밀착하는 것을 방지하기 위한 간격재(굄재)

나. 벽거푸집이 오므라지는 것을 방지하고 간격을 유지하기 위한 격리재

다. 콘크리트에 달대와 같은 설치물을 고정하기 위하여 매입하는 철물

라. 거푸집의 간격을 유지하며 벌어지는 것을 막는 긴장재

가. ____________________ 나. ____________________

다. ____________________ 라. ____________________

08 공사현장에서 절단이 불가능하여 사용치수로 주문 제작해야 하는 유리의 명칭 2가지를 쓰시오. (2점)

가. ____________________

나. ____________________

09 다음 철근콘크리트 부재의 부피와 중량을 산출하시오. (4점)

1. 기둥 : 450mm×600mm, 길이 4m, 수량 50개
2. 보 : 300mm×400mm, 길이 1m, 수량 150개

가. 부피 : ______

나. 중량 : ______

10 시멘트의 응결시간에 영향을 미치는 요소를 3가지 설명하시오. (3점)

① ______

② ______

③ ______

11 염화물이 철근에 부식을 초래하는 것과 관련된 철근부식 방지대책 4가지를 기재하시오. (4점)

① ______

② ______

③ ______

④ ______

12 강구조 부재의 공장 가공이 완료되는 단계에서 강재면에 녹막이칠을 1회 하고 현장으로 운반하는데, 이때 녹막이칠을 하지 않은 부분에 대하여 3가지를 쓰시오. (3점)

① ______

② ______

③ ______

13 조적구조의 안전에 대한 내용이다. 아래 (   )을 채우시오. (2점)

> 조적구조의 대린벽으로 구획된 벽길이는 (①)m 이하이어야 하며, 내력벽으로 둘러싸인 바닥면적은 (②)m^2 이하이어야 한다.

① ______________ ② ______________

14 조적구조를 바탕으로 하는 지상부 건축물의 외부벽면 방수 방법의 내용을 3가지 쓰시오. (3점)

① ______________

② ______________

③ ______________

15 커튼월공사에서 구조물을 신축하기 전에 실시하는 Mock-Up Test의 시험항목을 4가지만 쓰시오. (4점)

① ______________

② ______________

③ ______________

④ ______________

16 공동도급(Joint Venture)의 장점을 4가지만 쓰시오. (3점)

① ______________

② ______________

③ ______________

④ ______________

17 다음 데이터를 네트워크 공정표로 작성하고, 각 작업의 여유시간을 구하시오. (8점)

작업명	작업일수	선행작업	비고
A	2	없음	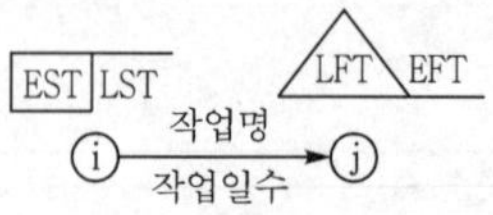 로 표기하고, 주공정선은 굵은선으로 표기하시오.
B	3	없음	
C	5	없음	
D	4	없음	
E	7	A, B, C	
F	4	B, C, D	

가. 네트워크 공정표

나. 여유시간

18 다음 용어를 간단히 설명하시오. (4점)

가. 콜드조인트(Cold Joint) : ______

나. 블리딩(Bleeding) : ______

19 두께 0.15m, 너비 6m, 길이 100m의 도로를 $6m^3$ 레미콘을 이용하여 하루 8시간 작업하는 경우 레미콘의 배차 간격은? (단, 낭비시간은 없는 것으로 한다.) (4점)

______

______

20 목재에 가능한 방부처리법(난연처리법)을 3가지 쓰시오. (3점)

① ______

② ______

③ ______

21 다음 용어에 대해 기술하시오. (4점)

가. 적산 : ____________________

나. 견적 : ____________________

22 다음과 같은 트러스에서 F_1, F_2, F_3의 부재력을 구하시오. (6점)

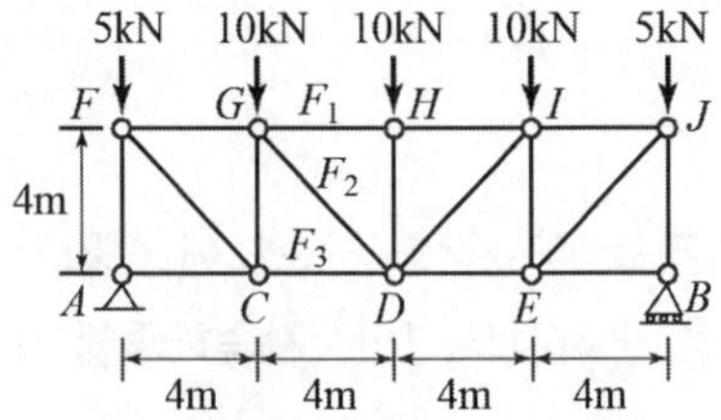

____

____

23 그림과 같은 사각형 기둥의 양단이 핀으로 지지되었을 때, 약축에 대한 세장비가 150이 되기 위해 필요한 기둥의 길이(m)를 구하시오. (3점)

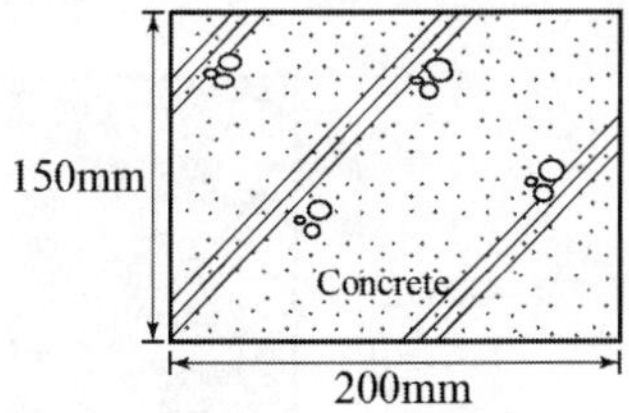

____

____

24 다음과 같은 전단력도를 보고 최대 휨모멘트를 구하시오. (4점)

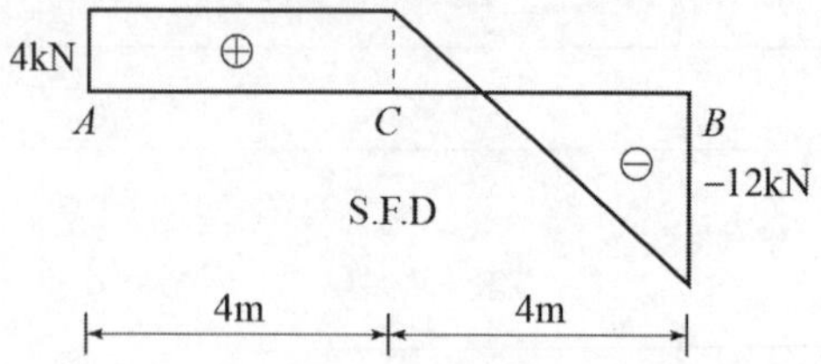

25 인장철근만 배근된 철근콘크리트 직사각형 단순보에 순간처짐이 5mm 발생, 5년 이상 지속하중이 작용할 경우 총처짐량을 구하시오. (단, 지속하중에 대한 5년의 시간경과계수(ξ)=2.0이다.) (3점)

26 그림과 같은 철근콘크리트 보에서 최외단 인장철근의 순인장변형률(ε_t)를 산정하고, 이 보의 지배단면(인장지배 단면, 압축지배 단면 또는 변화구간 단면)을 구분하시오. (단, $A_s = 1{,}927\,\mathrm{mm}^2$, $f_{ck} = 24\,\mathrm{MPa}$, $f_y = 400\,\mathrm{MPa}$, $E_s = 200{,}000\,\mathrm{MPa}$) (4점)

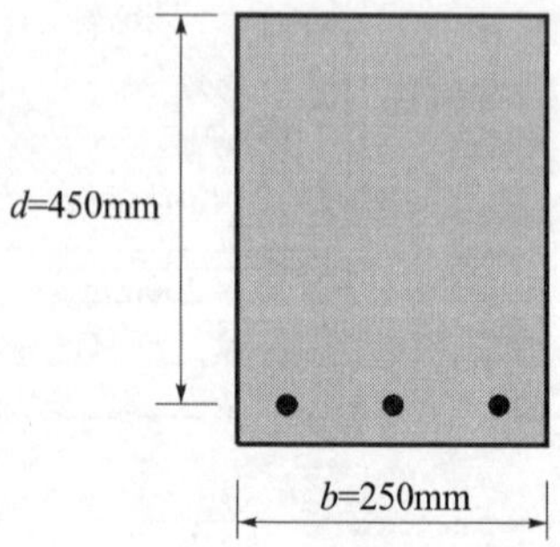

2018년 3회 해설 및 정답

01 ① 식물 및 수목 등의 자연환경보전 및 복원
② 소음 및 진동 대책 및 저감
③ 폐기물의 절약과 재활용
④ 경관훼손의 저감
⑤ 건설폐자재의 재활용
⑥ 재생자원의 이용

02 가. **프리텐션법** : PS 강재에 인장력을 가한 상태에서 콘크리트를 타설, 경화한 후에 긴장을 풀어주는 방법이다.
나. **포스트텐션법** : 콘크리트를 쳐서 경화한 후에 미리 묻어둔 시스관 내에 PS 강재를 삽입하여 긴장시킨 후 정착하고 그라우팅하는 방법이다.

03 ① **슬립폼** : 전망탑, 급수탑 등 단면형상에 변화가 있는 수직으로 연속된 콘크리트구조물에 사용되는 거푸집
② **트래블링폼** : 장선, 멍에, 동바리 등이 일체로 유닛화한 대형, 수평이동 거푸집

04 Genecon(종합건설업 면허제도, General Construction)은 엄격한 자격요건을 갖추면서 프로젝트의 전 단계에 걸쳐 공사를 추진할 수 있는 능력을 갖춘 종합건설업 면허제도이다.

05 ① 가이데릭 ② 스티프레그데릭
③ 타워크레인 ④ 트럭크레인

06 가. **언더피닝** : 굴착공사 중, 기존 건축물의 지반이 연약할 경우 기존 건축물의 기초와 지정을 보강하는 공법이다.
나. **종류**
① 2중 널말뚝 공법
② 현장타설 콘크리트말뚝 공법
③ 강재말뚝 공법
④ 모르타르 및 약액주입공법

07 가. 간격재(Spacer)
나. 격리재(Separator)
다. 인서트(Insert)
라. 긴결재(Form Tie, 긴장재)

08 가. 강화유리
나. 복층유리
다. 스테인드글라스
라. 유리블록

09 가. 부피
(1) 기둥 : $0.45\,\text{m} \times 0.6\,\text{m} \times 4\,\text{m} \times 50\,EA = 54.0\,\text{m}^3$
(2) 보 : $0.3\,\text{m} \times 0.4\,\text{m} \times 1\,\text{m} \times 150\,EA = 18.0\,\text{m}^3$
계 : $54.0 + 18.0 = 72.0\,\text{m}^3$

나. 중량
(1) 기둥 : $0.45\,\text{m} \times 0.6\,\text{m} \times 4\,\text{m} \times 50\,EA \times 2.4\,\text{t/m}^3$
$= 54.0\,\text{m}^3 \times 2.4\,\text{t/m}^3 = 129.6\,\text{t}$
(2) 보 : $0.3\,\text{m} \times 0.4\,\text{m} \times 1\,\text{m} \times 150\,EA \times 2.4\,\text{t/m}^3$
$= 18.0\,\text{m}^3 \times 2.4\,\text{t/m}^3 = 43.2\,\text{t}$
계 : $129.6 + 43.2 = 172.8\,\text{t}$

10 ① 분말도가 크면 빠르다.
② 석고량이 적을수록 빠르다.
③ 온도가 높을수록 빠르다.
④ 습도가 낮을수록 빠르다.
⑤ W/C가 낮을수록 빠르다.
⑥ 시멘트가 풍화되면 늦어진다.
⑦ 알루민산3석회(C_3A) 성분이 많을수록 빠르다.

11 ① 염분 제거
② 염분의 고정화
③ 에폭시코팅 철근 사용
④ 아연도금 철근 사용
⑤ 내식성 철근 사용
⑥ 콘크리트에 방청제 혼합

12 ① 현장 용접부에서 100mm 이내
② 고장력볼드 집합부 마찰면
③ 콘크리트 부착 또는 매입 부분
④ 밀착 또는 회전하는 기계깎기 마무리면
⑤ 철골조립에 의해 맞닿는면
⑥ 밀폐되는 내면

13 ① 10
② 80

14 ① 피막도료칠(도막방수)
② 방수 모르타르바름(시멘트액체방수)
③ 타일, 판돌붙임(수밀재 붙임)

15 ① 예비시험 ② 기밀시험
③ 정압수밀시험 ④ 동압수밀시험
⑤ 구조시험

16 ① 융자력 증대 ② 위험의 분산
③ 시공의 확실성 ④ 상호기술의 확충
⑤ 공사 도급경쟁 완화수단

17 가. 네트워크 공정표

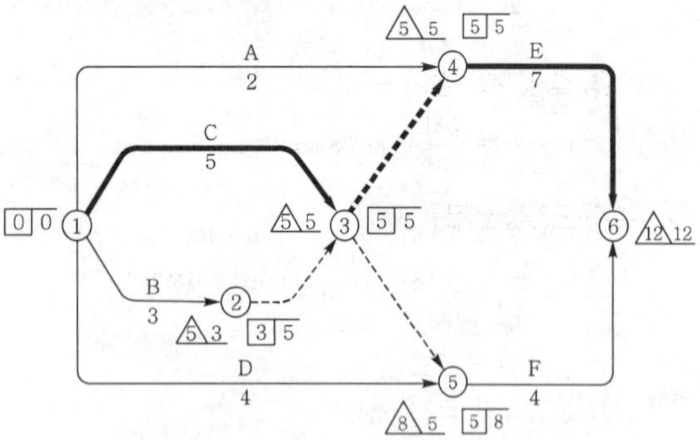

나. 여유시간

작업명	TF	FF	DF	CP
A	3	3	0	
B	2	2	0	
C	0	0	0	*
D	4	1	3	
E	0	0	0	*
F	3	3	0	

(주) B작업에서 후속작업의 EST는 3이 아닌 5임에 주의할 것

18 가. 콜드조인트(Cold Joint) : 콘크리트의 작업관계로 경화된 콘크리트에 새로 콘크리트를 타설할 경우 발생하는 줄눈이다.
나. 블리딩(Bleeding) : 아직 굳지 않은 시멘트 풀, 모르타르 및 콘크리트에 있어서 물이 윗면에 스며 오르는 현상이다.

19 ① 레미콘 작업량 $= 0.15\text{m} \times 6\text{m} \times 100\text{m} = 90\text{m}^3$
② 레미콘 대수 $= \dfrac{90\text{m}^3}{6\text{m}^3/\text{대}} = 15$대 (절상)
③ 레미콘 배차간격 회수 = 14회
(레미콘 배차간격 회수=레미콘 대수−1)
④ 레미콘 배차간격 $= \dfrac{8\text{시간} \times 60\text{분/시간}}{14\text{회}}$
$= 34.286 \rightarrow 34$분/회(절하)

(주1) 문제의 모든 조건을 동일하고, 6m^3 레미콘이 7m^3 레미콘일 경우, 다음과 같다.
① 레미콘 작업량 $= 0.15\text{m} \times 6\text{m} \times 100\text{m} = 90\text{m}^3$
② 레미콘 대수 $= \dfrac{90\text{m}^3}{7\text{m}^3/\text{대}} = 12.857 \rightarrow 13$대(절상)
③ 레미콘 배차간격 회수=12회(레미콘 배차회수=레미콘 대수−1)
④ 레미콘 배차간격 $= \dfrac{8\text{시간} \times 60\text{분/시간}}{12\text{회}}$
$= 40$분/회 (절하)

20 ① 가압주입법 ② 침지법
③ 방부제칠 ④ 표면탄화법

21 가. 적산 : 공사에 필요한 재료 및 품의 수량 등의 공사량을 산출하는 기술활동이다.
나. 견적 : 산출한 공사량에 적당한 단가를 곱하여 총공사비를 산출하는 기술활동이다.

22 1. 반력 산정

$$R_A = R_B = \frac{1}{2} \times (5+10+10+10+5) = 20\text{ kN}(\uparrow)$$

2. 부재력 산정
1) F_1
절단법(단면법)을 이용하여 다음과 같이 산정한다.

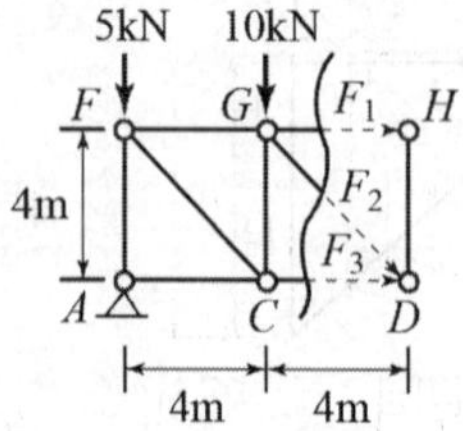

$\Sigma M = 0(+;\curvearrowright)$: ΣM_D
$= 20 \times 8 - 5 \times 8 - 10 \times 4 + F_1 \times 4 = 0$
$\therefore\ F_1 = -20\text{ kN}$ (압축)

2) F_2

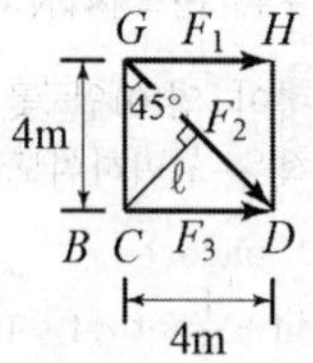

$$\sin 45^\circ = \frac{l}{4},\ l = 4\sin 45^\circ$$

$\Sigma M=0(+;\curvearrowright)$:

$\Sigma M_C=20\times4-5\times4+F_1\times4+F_2\times4\sin45°$

$=20\times4-5\times4-20\times4+F_2\times4\sin45°=0$

$\therefore\ F_2=5\sqrt{2}=7.07\text{ kN}$ (인장)

3) F_3

$\Sigma M=0(+;\curvearrowright)$:

$\Sigma M_G=20\times4-5\times4-F_3\times4=0$

$\therefore\ F_3=15\text{ kN}$ (인장)

23 세장비(λ) : $\lambda=\dfrac{l_k}{i}=150$

여기서, l_k : 부재의 유효좌굴길이

[양단 핀(힌지) : $l_k=1.0l$]

i : 단면2차 반경

$$\left(i=\sqrt{\frac{I_{xG}}{A}}=\sqrt{\frac{\left(\frac{bh^3}{12}\right)}{(bh)}}=\frac{h}{2\sqrt{3}}\right)$$

따라서, $\lambda=\dfrac{1.0l}{\left(\dfrac{h}{2\sqrt{3}}\right)}=150$

$\therefore\ l=150\left(\dfrac{h}{2\sqrt{3}}\right)=150\times\left(\dfrac{150}{2\sqrt{3}}\right)$

$=6.495\times10^3\text{ mm}=6.5\text{ m}$

24 임의의 점의 휨모멘트는 전단력도의 면적과 같다. 그리고 최대 휨모멘트는 전단력이 영(0)인 곳에서 발생한다. 전단력이 영(0)인 위치는 다음과 같다.

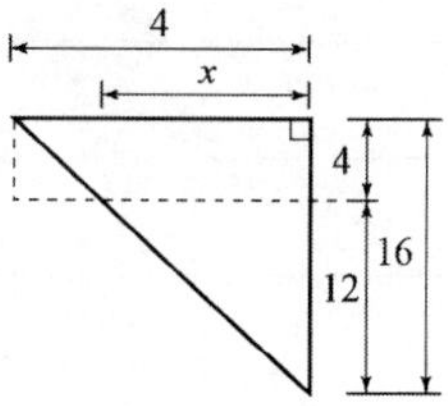

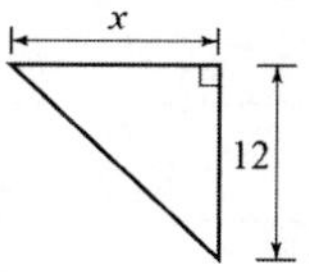

4 : 16 = x : 12 $\qquad x=\dfrac{4\times12}{16}=3\text{ m}$

전단력이 영(0)인 곳을 중심으로 전단력도의 오른쪽의 면적을 고려하여 최대 휨모멘트를 산정하면 다음과 같다.

$M_{\max}=\dfrac{1}{2}\times3\times12=18\text{ kN}\cdot\text{m}$

또는 전단력이 영(0)인 곳을 중심으로 전단력도의 왼쪽의 면적을 고려하여도 다음과 같이 동일한 결과가 된다.

$M_{\max}=4\times4+\dfrac{1}{2}\times1\times4=18\text{ kN}\cdot\text{m}$

25 ① 순간처짐=5.0 mm

② 압축철근비 : $\rho'=0$

③ 지속하중의 재하기간에 따른 ξ값 : $\xi=2.0$

④ $\lambda_\Delta=\dfrac{\xi}{1+50\rho'}=\dfrac{2.0}{1+50\times0}=2.0$

⑤ 장기처짐= λ_Δ ×순간처짐

=2.0×5.0=10.0 mm

⑥ 총처짐=순간처짐+장기처짐=5.0+10.0=15.0mm

26 (1) β_1의 결정

$f_{ck}\le40$MPa인 경우 $\beta_1=0.80$이고, $\epsilon_{cu}=0.0033$

(2) 등가직사각형 블록의 깊이 a

$a=\dfrac{A_sf_y}{0.85f_{ck}b}=\dfrac{1,927\times400}{0.85\times24\times250}=151\text{ mm}$

(3) 중립축의 깊이 c

$c=\dfrac{a}{\beta_1}=\dfrac{151}{0.80}=188.8\text{ mm}$

(4) 순인장변형률 산정

$\epsilon_t=\left(\dfrac{d-c}{c}\right)\epsilon_{cu}=\left(\dfrac{450-188.8}{188.8}\right)\times0.0033$

$=0.0046$

(5) 지배단면의 구분

$\epsilon_{tc}=\epsilon_y=0.0020$

$\epsilon_{tc}=0.0020<\epsilon_t=0.0046<\epsilon_{tt}=0.0050$이므로

변화구간 단면이다.

2019년 1회(2019.4.13 시행)

01 목재의 건조방법 중 천연건조의 장점을 2가지만 쓰시오. (4점)

① ____________________

② ____________________

02 콘크리트 구조물의 화재 시 급격한 고열현상에 의하여 발생하는 폭렬현상에 대한 방지대책을 2가지만 쓰시오. (4점)

① ____________________

② ____________________

03 콘크리트의 워커빌리티 측정시험의 종류를 3가지만 쓰시오. (3점)

① ____________________

② ____________________

③ ____________________

04 어스앵커(Earth Anchor) 공법에 대하여 설명하시오. (3점)

____

____

05 다음 [보기]에서 설명하는 구조의 명칭을 쓰시오. (3점)

보기

강구조물 주위에 철근배근을 하고 그 위에 콘크리트를 타설하여 일체가 되게 한 것으로 초고층 구조물 하층부의 복합구조물로 많이 사용된다.

____

____

06 다음 설명에 해당되는 용접 결함의 용어를 쓰시오. (4점)

① 용접봉의 피복제 용해물인 회분이 용착금속 내에 혼합된 것
② 용융금속이 응고할 때 방출되어야 할 가스가 남아서 생기는 용접부의 빈자리
③ 용접금속과 모재가 융합되지 않고 단순히 겹쳐지는 것
④ 용접금속이 홈에 차지 않고 가장자리가 남게 된 부분

① ______________ ② ______________

③ ______________ ④ ______________

07 금속커튼월의 성능시험관련 실물모형시험(Mock-Up Test)에서의 시험종목을 4가지만 쓰시오. (단, KCS 기준) (4점)

① ______________ ② ______________

③ ______________ ④ ______________

08 다음 용어를 설명하시오. (4점)

① 밀시트(Mill Sheet) : ______________

② 뒷댐재(Back Strip) : ______________

09 시트방수의 장단점을 각각 2가지씩 쓰시오. (4점)

가. 장점

①

②

나. 단점

①

②

10 다음 보기에서 설명하는 구조의 명칭은 무엇인가? (2점)

보기
구조물의 기초부분 등에 적층고무 또는 미끄럼받이 등을 넣어서 지진에 대한 건축물의 흔들림을 감소시키는 구조

11 숏크리트(Shotcrete)공법의 정의를 설명하고, 공법의 장·단점을 각각 2가지씩 쓰시오. (6점)

(1) 정의

(2) 장점

①

②

(3) 단점

①

②

12 파워셔블의 1시간당 추정 굴착작업량을 다음 | 조건 |일 때 산출하시오. (단, 단위를 명기하시오.) (4점)

| 조건 |

㉮ $q=0.8\text{m}^3$,　㉯ $f=0.7$,　㉰ $E=0.83$,　㉱ $k=0.8$,　㉲ $C_m=40\text{sec}$

13 다음 그림과 같은 단면의 철근콘크리트 띠철근 기둥에서 최대 설계축하중 ϕP_n (kN)를 구하시오. (단, $f_{ck}=24\text{MPa}$, $f_y=400\text{MPa}$, 8-HD22, HD22 한 개의 단면적은 387mm², 강도감소계수는 0.65) (3점)

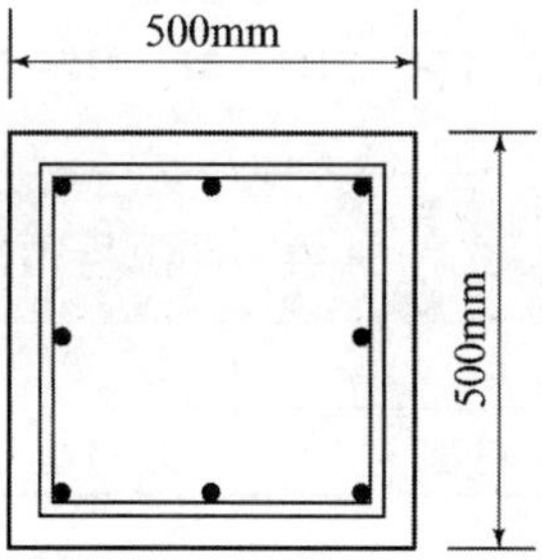

14 커튼월의 알루미늄바에서 누수방지 대책을 시공적인 측면에서 4가지만 쓰시오. (4점)

①

②

③

④

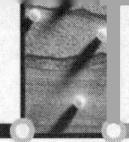

15 그림과 같은 3회전단형 라멘에서 A지점의 수평 반력을 구하시오. (3점)

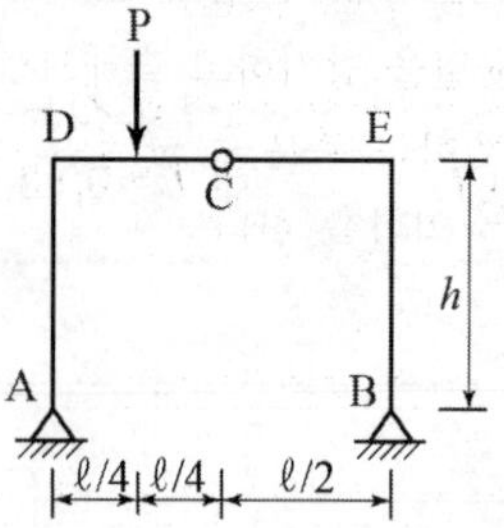

16 다음은 콘크리트의 압축강도를 시험하지 않을 경우 거푸집널의 해체시기를 나타낸 표이다. 빈칸에 알맞은 기간을 써 넣으시오. (단, 기초, 보, 기둥 및 벽의 측면의 경우) (4점)

평균기온 \ 시멘트의 종류	조강포틀랜드시멘트	보통포틀랜드시멘트
20℃ 이상	(①)일	(③)일
10℃ 이상 20℃ 미만	(②)일	(④)일

① ______ ② ______

③ ______ ④ ______

17 강구조 부재의 접합에 사용되는 고장력볼트 중 볼트의 장력관리를 손쉽게 하기 위한 목적으로 개발된 것으로 본조임 시 전용조임기를 사용하여 볼트의 핀테일이 파단될 때까지 조임 시공하는 볼트의 명칭을 쓰시오. (3점)

18 다음에서 설명하는 줄눈의 명칭을 쓰시오. (2점)

콘크리트 경화 시 수축에 의한 균열을 방지하고 슬래브에서 발생하는 수평 움직임을 조절하기 위하여 설치한다. 벽과 슬래브, 외기에 접하는 부분 등 균열이 예상되는 위치에 약한 부분을 인위적으로 만들어 다른 부분의 균열을 억제하는 역할을 한다.

____

____

19 사운딩시험(Sounding Test)에 대하여 설명하고 그 종류를 2가지만 쓰시오. (4점)

가. 사운딩시험

____

나. 종류

① ______________________________

② ______________________________

20 다음 데이터를 네트워크 공정표로 작성하고, 각 작업의 여유시간을 구하시오. (10점)

작업명	선행작업	작업일수	비 고
A	–	3	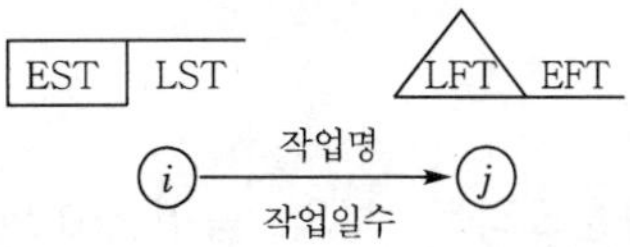 로 표기하고, 주공정선은 굵은선으로 표기하시오.
B	–	2	
C	–	4	
D	C	5	
E	B	2	
F	A	3	
G	A, C, E	3	
H	D, F, G	4	

가. 네트워크 공정표

나. 여유시간

____

____

21 기초구조를 기초와 지정으로 나눌 때 각각의 역할에 대하여 설명하시오. (4점)

가. 기초 : ____________________

나. 지정 : ____________________

22 콘크리트의 응력 · 경화 시 콘크리트의 온도 상승 후 냉각하면서 발생하는 온도균열에 대한 방지 대책을 3가지만 쓰시오. (3점)

① ____________________

② ____________________

③ ____________________

23 다음 유리에 대하여 설명하시오. (4점)

가. 저방사(Low-E)유리

____

나. 접합유리

____

24 철근콘크리트 보의 춤이 700mm이고, 부모멘트를 받는 상부단면에 HD25 철근(공칭지름 25.4mm)이 배근되어 있을 때, 철근의 인장 정착길이를 구하시오. (단, $f_{ck}=27$MPa, $f_y=$ 400MPa이며, 철근의 순간격과 피복두께는 철근지름 이상임, 상부철근 보정계수는 1.3 적용, 도막되지 않는 철근, 보통중량콘크리트 사용) (3점)

____

25 큰 처짐에 의하여 손상되기 쉬운 칸막이벽이나 기타 구조물을 지지 또는 부착하지 않은 부재의 경우 다음 표에서 정한 최소두께를 적용하여야 한다. 표의 ( ) 안에 알맞은 내용을 써 넣으시오. (단, 표의 값은 보통중량콘크리트와 설계기준항복강도 400MPa 철근을 사용한 부재에 대한 값임)

【처짐을 계산하지 않는 경우의 보 또는 1방향 슬래브의 최소두께】

부재	최소두께, h(l : 경간)
• 단순지지 된 1방향 슬래브	$\frac{l}{(\ ①\ )}$
• 1단 연속된 보	$\frac{l}{(\ ②\ )}$
• 양단 연속된 리브가 있는 1방향 슬래브	$\frac{l}{(\ ③\ )}$

① ______

② ______

③ ______

26 강구조 부재에서 비틀림이 생기지 않고 휨변형만 유발하는 위치를 전단중심(Shear Center)이라 한다. 다음 형강들에 대하여 전단중심의 위치를 각 단면에 점(•)으로 표기하시오. (3점)

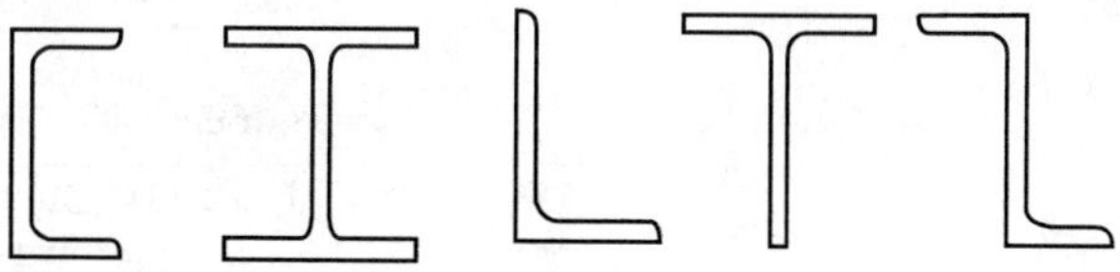

______

______

2019년 1회 해설 및 정답

01 천연건조(자연건조)의 장점
① 특별한 건조장치가 필요 없기 때문에 시설과 작업 비용이 적게 든다.
② 열에너지가 절약된다.
③ 작업이 비교적 간단하여 목재 손상이 적고 특수한 건조기술이 덜 요구된다.

(주1) 천연건조의 단점
① 천연건조는 건조시간이 길다.
② 기건 함수율 이하로 건조할 수 없다.
③ 기후와 입지 등 천연건조의 영향을 많이 받는다.
④ 넓은 장소가 필요하다.

02 ① 섬유의 혼입
② 철근의 피복두께 증가
③ 단위수량의 감소
④ 흡수율이 적은 골재의 사용
⑤ 내화피복 또는 단열시공

03 ① 슬럼프시험 ② 흐름시험
③ 구관입시험 ④ 리몰딩시험
⑤ 비비시험

04 버팀대 대신 흙막이벽의 바깥쪽에 어스앵커를 설치하여 토압을 지지하면서 굴착하는 공법

05 철골철근콘크리트구조(SRC구조)

06 ① 슬래그 감싸들기
② 공기구멍(블로홀)
③ 오버랩
④ 언더컷

07 ① 예비시험 ② 기밀시험
③ 정압수밀시험 ④ 동압수밀시험
⑤ 구조시험

08 ① 밀시트(Mill Sheet) : 강재 제조업체가 발행하는 품질보증서이다.
② 뒷댐재(Back Strip, 뒷받침쇠) : 그루브용접을 한쪽 면으로만 실시하는 경우, 충분한 용접을 확보하고 용융금속의 용락을 방지할 목적으로 루트 뒷면에 금속판 등으로 받치는 받침쇠이다.

09 가. 장점
① 신장성과 내후성이 우수하다.
② 방수성능이 우수하다.
③ 시공이 간단하다.
④ 공기단축이 가능하다

나. 단점
① 보호누름이 필요하다.
② 결함부의 발견이 매우 어렵다.

10 면진구조

11 가. 숏크리트 : 압축공기로 모르타르를 뿜칠하여 시공하는 공법으로 뿜칠 콘크리트라고도 한다.

나. 장점
① 거푸집이 불필요다.
② 급속 시공이 가능하다.
③ 곡면 시공이 가능하다.

다. 단점
① 리바운딩이 되기 쉽다.
② 평활한 표면이 곤란하다.

12
$$Q=\frac{3,600\times q\times k\times f\times E}{C_m}$$
$$=\frac{3,600\times 0.8\times 0.8\times 0.7\times 0.83}{40}$$
$$=33.466 \rightarrow 33.47\text{m}^3/\text{hr}$$

여기서, q : 디퍼(Dipper) 또는 버킷의 공칭용량(m^3)
k : 디퍼 또는 버킷계수
f : 토량환산계수
E : 작업효율
C_m : 1회 사이클 소요시간(sec)

13 단주의 최대 설계축하중
$$\phi P_{n,\max}=\alpha\phi P_0$$
$$=\alpha\phi\{0.85 f_{ck}(A_g-A_{st})+f_y A_{st}\}$$
$$=0.80\times 0.65\times\{0.85\times 24\times(500\times 500 -8\times 387)+400\times(8\times 387)\}$$
$$=3,263.1\times 10^3\ \text{N}$$
$$=3,263.1\ \text{kN}$$

14 ① 멀리온과 패널의 이음매 처리 철저
② Closed Joint System의 경우 이음새 없이 시공
③ Open Joint System의 경우 누수 차단 철저
④ 용도에 적합한 실란트 사용

15 힘의 평형방정식으로부터 반력 산정
① $\Sigma X = H_A - H_F = 0$
② $\Sigma Y = R_A - P + R_F = 0$
③ $\Sigma M_{D(DA)} = R_A \times \frac{l}{2} - H_A \times h - P \times \frac{l}{4} = 0$
④ $\Sigma M_{D(DF)} = H_F \times h - R_F \times \frac{l}{2} = 0$
⑥ ①식으로부터 $H_A = H_F$
⑦ ②식으로부터 $R_A = P - R_F$
⑧ ⑦식을 ③에 대입하여 정리하여 4를 곱하면,
$(P - R_F) \times \frac{l}{2} - H_A \times h - P \times \frac{l}{4} = 0$
$\frac{Pl}{4} - \frac{R_F l}{2} - H_A h = 0$
$Pl - 2R_F l - 4H_A h = 0$
⑨ ⑥식을 ④식에 대입하여 정리하여 4를 곱하면,
$H_A \times h - \frac{R_F l}{2} = 0$
$4H_A h - 2R_F l = 0$
$\therefore \ 2R_F l = 4H_A h$
⑩ ⑨식을 ⑧식에 대입하면
$Pl - 4H_A h - 4H_A h = 0$
$8H_A h = Pl$
$\therefore \ H_A = \frac{Pl}{8h} \ (\rightarrow)$

16 ① 2 ② 3
③ 4(3) ④ 6(4)
(주) 괄호 밖은 KCS 14 20 12 기준이고, 괄호 안은 KCS 21 50 05 기준이다.

17 T/S 고장력볼트 또는 토크-전단형 고장력 또는 볼트축 전단형볼트

18 조절줄눈(Control Joint)
(주1) 신축줄눈은 온도변화에 따른 팽창, 수축 혹은 부동침하, 진동 등에 의해 균열이 예상되는 위치에 설치하는 줄눈이다. 조절줄눈은 균열을 전체 벽면 또는 바닥판 중의 일정한 곳에만 일어나도록 유도하는 줄눈으로써 수축에 의하여 표면에 균열이 생기는 것을 방지하기 위해 설치하는 줄눈이다.

19 가. 사운딩시험 : 로드에 붙인 저항체를 지중에 넣고 관입, 회전, 인발 등의 저항으로부터 토층의 성상을 탐사하는 방법이다.
나. 종류
① 표준관입시험
② 스웨덴식 관입시험
③ 화란식 관입시험
④ 베인테스트

20 가. 네트워크 공정표

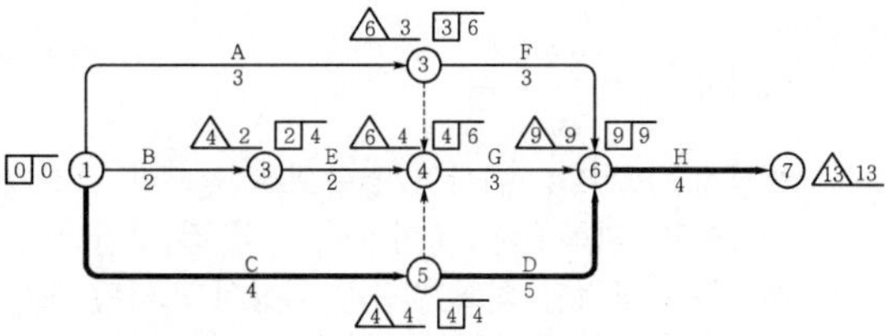

나. 여유시간

작업명	D	EST	EFT	LST	LFT	TF	FF	DF	CP
A	3	0	3	3	6	6−3=3	3−3=0	3	
B	2	0	2	2	4	4−2=2	2−2=0	2	
C	4	0	4	0	4	4−4=0	4−4=0	0	*
D	5	4	9	4	9	9−9=0	9−9=0	0	*
E	2	2	4	4	6	6−4=2	4−4=0	2	
F	3	3	6	6	9	9−6=3	9−6=3	0	
G	3	4	7	6	9	9−7=2	9−7=2	0	
H	4	9	13	9	13	13−13=0	13−13=0	0	*

21 가. 기초 : 기초슬래브와 지정을 총칭한 것으로 건축물의 최하부에서 건물의 상부하중을 받아 지반에 안전하게 전달하는 구조부분이다.
나. 지정 : 기초슬래브를 지지하기 위한 것으로 기초판 하부에 보강한 구조부분이다.

22 ① 수화열이 낮은 중용열시멘트를 사용한다.
② 단위시멘트량을 적게 한다.
③ 단위수량을 적게 한다.
④ AE 감수제 지연형, 감수제 지연형을 사용하여 수화반응을 억제한다.
⑤ 굵은골재의 최대 치수를 크게 한다.
⑥ 프리쿨링 또는 파이프쿨링 등의 냉각 방법을 사용한다.

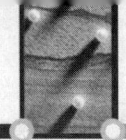

23 가. 저방사(Low-E)유리 : 열적외선을 반사하는 은소재도막으로 코팅하여 방사율과 열관류율을 낮추고 가시광선 투과율을 높인 유리로서, 일반적으로 복층유리로 제조하여 사용한다.

나. 접합유리 : 두 장 이상의 유리를 합성수지로 겹붙여 댄 것이다.

24 묻힘길이에 의한 인장 이형철근의 정착길이를 산정한다.

$l_d \geq \max$(보정계수$\times l_{db}$, 300mm)

여기서, $l_{db} = \dfrac{0.6 d_b f_y}{\sqrt{f_{ck}}}$

보정계수 : D22 이상의 철근으로 철근의 순간격 $\geq d_b$이고, 피복두께$\geq d_b$이면서, l_d의 전 구간에 설계기준의 규정된 최소 철근량 이상의 스터럽 또는 띠철근이 배근된 경우의 보정계수는 $\alpha\beta\lambda$이다.

여기서, α : 철근배근 위치계수 – 상부철근으로 정착길이 또는 이음부 아래 300mm 이상 콘크리트에 묻힌 수평철근임으로 α=1.3

β : 에폭시 도막계수 – 도막되지 않은 철근임으로 β=1.0

λ : 경량콘크리트계수 – 보통중량콘크리트임으로 λ=1.0

묻힘길이에 의한 인장 이형철근의 기본정착길이 l_{db}

$$l_{db} = \frac{0.6 d_b f_y}{\sqrt{f_{ck}}} = \frac{0.6 \times 25.4 \times 400}{\sqrt{27}} = 1{,}173\ \text{mm}$$

묻힘길이에 의한 인장 이형철근의 정착길이 l_d

$l_d \geq \max$(보정계수$\times l_{db}$, 300 mm)

= max(1.3×1.0×1.0×1,173, 300mm)

= max(1,525, 300 mm)=1,525mm

따라서 묻힘길이에 의한 인장 이형철근의 정착길이는 최소 1,525 mm이다.

25 ① 20
② 18.5
③ 21

26

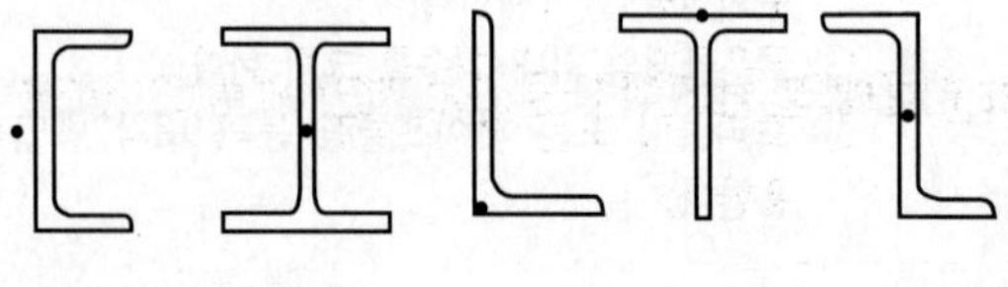

2019년 2회(2019.6.29 시행)

01 다음 설명에 알맞은 계약방식을 쓰시오. (4점)

가. (______________) : 발주측이 프로젝트 공사비를 부담하는 것이 아니라 민간부분 수주측이 설계, 시공 후 일정기간 시설물을 운영하여 투자금을 회수하고 시설물과 운영권을 무상으로 발주측에 이전하는 방식

나. (______________) : 사회간접시설을 민간부분 주도하에 설계, 시공 후 소유권을 공공부분에 먼저 이양하고, 약정기간 동안 그 시설물을 운영하여 투자금액을 회수하는 방식

다. (______________) : 민간부분이 설계, 시공 주도 후 그 시설물의 운영과 함께 소유권도 민간에 이전되는 방식

라. (______________) : 건축주는 발주시에 설계도서를 사용하지 않고 요구성능만을 표시하고 시공자는 거기에 맞는 시공법, 재료 등을 자유로이 선택할 수 있는 일종의 특명입찰방식

가. ______________________ 나. ______________________

다. ______________________ 라. ______________________

02 벽면의 면적이 20m^{2}인 칸막이벽을 표준형 벽돌 1.5B 두께로 쌓고자 한다. 이 때 현장에 반입하여야 할 벽돌의 수량(소요량)을 산출하시오. (단, 줄눈의 너비는 10 mm를 기준으로 한다. 최종 결과값의 소숫점 이하는 올림하여 정수매로 표기한다.) (3점)

____

____

03 한중 콘크리트 시공 시 발생이 우려되는 초기동해의 방지대책을 2가지만 쓰시오. (2넘)

① ____

② ____

04 다음 그림과 같이 각 부재에 대한 부재길이가 제시되어 있다. 지점 조건에 따른 각 부재의 유효좌굴길이를 구하시오. (4점)

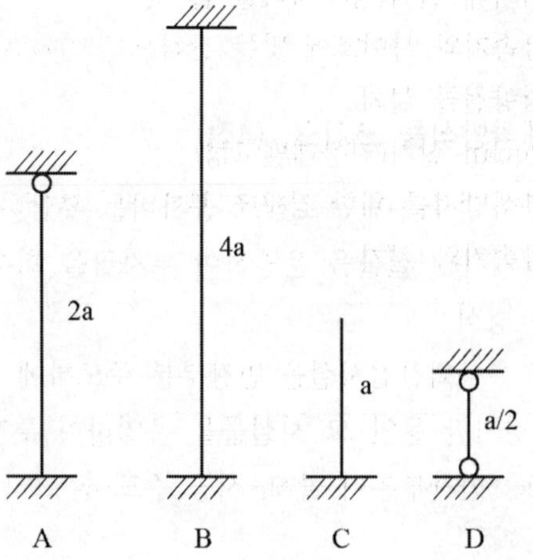

05 흙막이공사에서 역타설 공법(Top-Down Method)의 장점을 4가지 쓰시오. (4점)

①

②

③

④

06 커튼월에서 발생하는 다음과 같은 누수처리 방식에 대해 기술하시오. (4점)

가. Closed Joint System

나. Open Joint System

07 **금속판 지붕공사에서 금속기와의 설치순서를 맞게 나열하시오. (4점)**

보기
① 서까래 설치(방부처리를 할 것)
② 금속기와 사이즈에 맞는 간격으로 기와걸이 미송각재를 설치
③ 경량철골 설치
④ Purlin 설치(지붕레벨고정)
⑤ 부식방지를 위한 강구조 부재 용접부위의 방청도장 실시
⑥ 금속기와 설치

08 **다음은 슬러리월(Slurry Wall) 공법에 관한 설명이다. ( ) 안에 알맞은 용어를 각각 스시오. (3점)**

특수 굴착기와 공벽붕괴방지용 (①)을(를) 이용, 지중굴착하여 여기에 (②)을(를) 세우고 (③)을(를) 타설하여 연속적으로 벽체를 형성하는 공법이다. 타 흙막이 벽에 비하여 차수효과가 높으며 역타공법 적용시나 인접 건축물에 피해가 예상될 때 적용하는 저소음, 저진동 공법이다.

①

②

③

09 **매스 콘크리트의 시공과 관련된 다음 용어에 대하여 설명하시오. (4점)**

가. 선행냉각 (Pre-Cooling)

나. 관로식냉각 (Pipe-Cooling)

10 기둥축소(Column Shortening)현상에 대한 다음 항목에 대하여 설명하시오. (5점)

가. 발생원인

나. 기둥축소 현상이 건축물에 끼치는 영향 3가지

① ______ ② ______ ③ ______

11 압축강도 (f_{ck})가 21 MPa인 모래경량콘크리트의 휨파괴계수 (f_r)를 구하시오. (3점)

12 그림과 같은 단순보에서 최대 휨응력은 얼마인지 구하시오. (단, 보의 길이는 9m, 자중은 무시한다.) (3점)

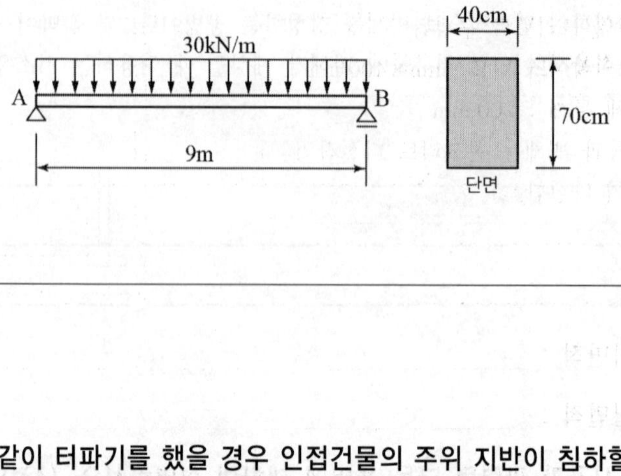

13 다음 그림에서와 같이 터파기를 했을 경우 인접건물의 주위 지반이 침하할 수 있는 원인을 3가지 쓰시오. (단, 일반적으로 인접하는 건물보다 깊게 파는 경우) (3점)

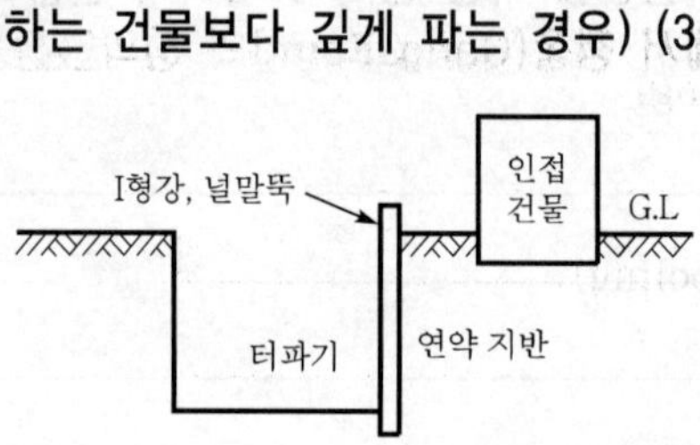

① ______ ② ______ ③ ______

14 다음 데이터를 네트워크 공정표로 작성하고 각 작업의 여유시간을 구하시오. (10점)

<table>
<tr><th>작업명</th><th>선행작업</th><th>공기</th><th>비 고</th></tr>
<tr><td>A</td><td>없음</td><td>5</td><td rowspan="8">EST | LST   LFT EFT
ⓘ —작업명 / 공사일수→ ⓙ 로 표기하고
주공정선은 굵은 선으로 표시하시오.
단, Bar Chart로 전환하는 경우
▬ 작업일수 ▭ F.F ▭ D.F로 표기</td></tr>
<tr><td>B</td><td>없음</td><td>6</td></tr>
<tr><td>C</td><td>A</td><td>5</td></tr>
<tr><td>D</td><td>A, B</td><td>2</td></tr>
<tr><td>E</td><td>A</td><td>3</td></tr>
<tr><td>F</td><td>C, E</td><td>4</td></tr>
<tr><td>G</td><td>D</td><td>2</td></tr>
<tr><td>H</td><td>G, F</td><td>3</td></tr>
</table>

가. 네트워크 공정표   나. 여유시간

15 다음 그림과 같은 철근콘크리트 구조물에서 벽체와 기둥의 거푸집 면적을 각각 산출하시오. (6점)

- 구조물 : 5 m×8 m (외곽선 기준 평면 크기), 높이 3 m, 기둥과 벽체는 모두 철근콘크리트로 구성됨.
- 기둥 사이즈 : 400 mm×400 mm
- 벽체 두께 : 200 mm
- 기둥과 벽체는 콘크리트 타설작업 시 분리 타설함.

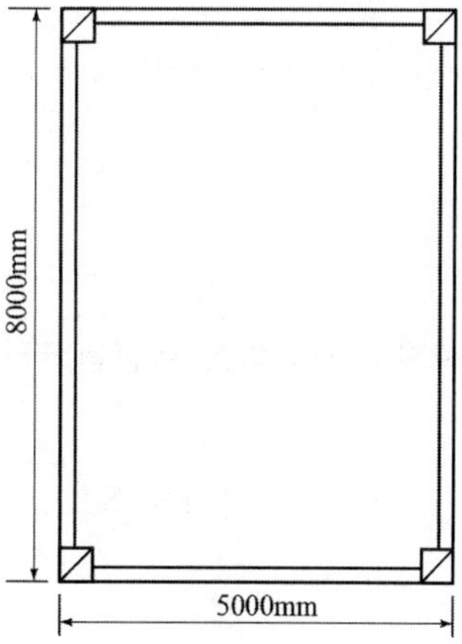

가. 벽체의 거푸집면적 : ______

나. 기둥의 거푸집면적 : ______

16 대형 시스템 거푸집 중에서 갱폼(Gang Form)의 장·단점을 각각 2가지씩 쓰시오. (4점)

가. 장점

① ______ ② ______

나. 단점

① ______ ② ______

17 다음 부정정보에서 각 지점의 반력을 구하시오. (3점)

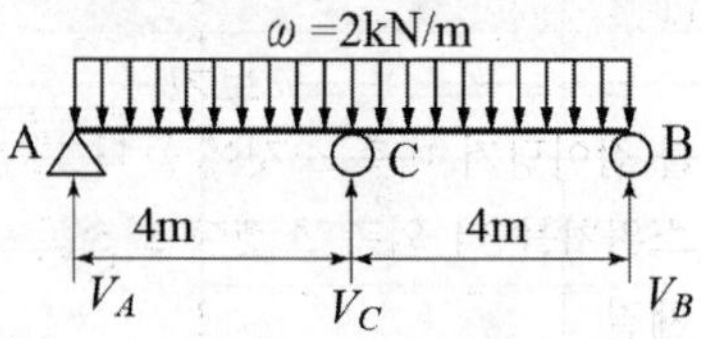

18 시트방수의 단점을 2가지만 쓰시오. (2점)

①

②

19 다음 설계조건에 따라 철근콘크리트 벽체에 대한 설계축하중 ϕP_{nw}를 구하시오. (4점)

[설계 조건]
- 벽두께 $h = 200\,\text{mm}$
- 벽체 지점간 높이 $l_c = 3{,}200\,\text{mm}$
- 벽체유효수평길이 $b_e = 2{,}000\,\text{mm}$
- 유효길이계수 $k = 0.8$
- $f_{ck} = 24\,\text{MPa}$, $f_y = 400\,\text{MPa}$
- $\phi P_{nw} = 0.55\phi f_{ck} A_g \left[1 - \left(\dfrac{kl_c}{32h}\right)^2\right]$

20 다음 보기는 T/S(Torque Shear) 고장력볼트의 순서와 관련된 내용이다. 시공순서에 알맞게 번호를 나열하시오. (3점)

보기

① 팁 레버를 잡아당겨 내측 소켓에 들어있는 핀테일(Pintail)을 제거
② 렌치의 스위치를 켜 외측 소켓이 회전하며 핀테일이 절단 시까지 볼트를 체결
③ 핀테일이 절단되었을 때 외측 소켓이 너트로부터 분리되도록 렌치를 잡아당김.
④ 핀테일에 내측 소켓을 끼우고 렌치를 살짝 걸어 너트에 외측 소켓이 맞춰지도록 함.

21 강구조의 내화피복공법 중 습식 공법의 종류를 3가지만 쓰시오. (3점)

①
②
③

22 다음 ( ) 안에 알맞은 내용을 쓰시오. (4점)

KDS(Korea Design Standard)에서는 재령 28일인 보통중량골재를 사용한 콘크리트의 탄성계수를 $E_c = 8{,}500\sqrt[3]{f_{cm}}$ (MPa)로 제시하고 있으며 여기서, $f_{cm} = f_{ck} + \Delta f$이고, Δf : Δf는 f_{ck}가 40 MPa 이하면 (①) MPa, 60 MPa 이상이면 (②) MPa이며, 그 사이는 직선보간으로 구한다.

①
②

23 굵은골재를 물 속에서 채취하여 표면건조포화상태의 질량이 2,000g, 절대건조상태의 질량이 1,992g, 수중에서의 질량이 1,300g이라면 이때의 흡수율(%)을 구하시오. (4점)

24 다음 형강을 단면 형상의 표시방법에 따라 표시하시오. (2점)

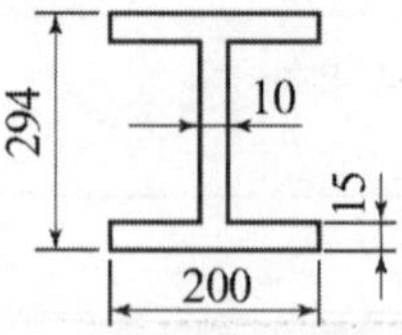

H－(　　　)×(　　　)×(　　　)×(　　　)

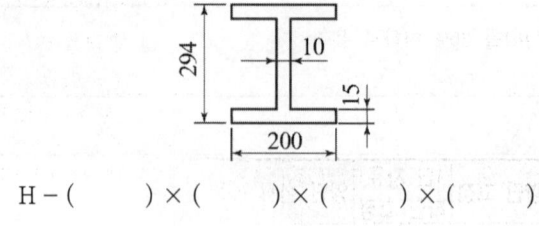

25 철근콘크리트의 알칼리골재반응을 방지하기 위한 대책을 3가지 쓰시오. (3점)

①

②

③

26 강재의 재료특성과 관련된 다음 용어에 대하여 설명하시오. (2점)

항복비 :

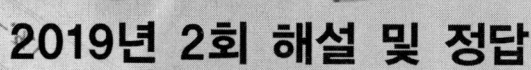

2019년 2회 해설 및 정답

01 가. BOT 방식
나. BTO 방식
다. BOO 방식
라. 성능발주 방식

02 붉은벽돌의 소요량
20×224×1.03=4,163.4 → 4,165매

03 ① 물결합재비(물시멘트비)를 60% 이하로 유지
② AE제 사용
③ 보온양생

04

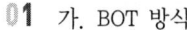

단부 구속조건	1단 힌지, 타단 고정	양단 고정	1단 자유, 타단 고정	양단 힌지
부재길이, L	$2a$	$4a$	a	$a/2$
유효좌굴 길이계수, K	0.7	0.5	2.0	1.0
유효좌굴 길이, KL	$2a\times0.7$ $=1.4a$	$4a\times0.5$ $=2.0a$	$a\times2.0$ $=2.0a$	$a/2\times1.0$ $=0.5a$

05 ① 지상, 지하 동시 작업으로 공기단축
② 전천후 시공 가능
③ 1층 슬래브를 선시공함으로써 작업공간 활용 가능
④ 인접건물에 악영향이 적음
⑤ 굴착소음방지 및 분진방지
⑥ 흙막이의 우수한 안정성

06 가. Closed Joint System
커튼월 접합부를 실(Seal)재로 완전히 밀폐시켜 틈새를 없애는 방식이다. 실재의 외기 노출로 인해 성능저하의 우려가 있다.
나. Open Joint System
커튼월의 내측 및 외측벽 사이에 공간을 두고 외기압과 같은 기압을 유지하여 배수하는 방식이다. 기밀 실재가 외기에 노출되지 않아 성능 유지에 유리하다.

07 ③ → ④ → ⑤ → ① → ② → ⑥

08 ① 안정액(벤토나이트용액)
② 철근망
③ 콘크리트

09 가. 선행냉각(Pre-Cooling)
콘크리트를 타설하기 전에 콘크리트의 온도를 제어하기 위해 얼음이나 액체질소 등으로 콘크리트의 원재료를 냉각시키는 방법이다.
나. 관로식냉각(Pipe-Cooling)
콘크리트를 타설한 후 콘크리트의 내부온도를 제어하기 위해 미리 묻어 둔 파이프 내부에 냉수 또는 공기를 강제적으로 순환시켜 콘크리트를 냉각시키는 방법이다.

10 가. 발생원인
① 탄성 축소
② 크리프
③ 건조수축

나. 기둥축소 현상이 건축물에 끼치는 영향 3가지
① 기둥의 심한 축소현상으로 기본설계와는 다른 층고 발생
② 기둥별 부담하중 차이로 슬래브나 보와 같은 수평부재의 초기 위치 변화 발생
③ 마감재(외장재), 파이프나 엘리베이터 레일과 같은 비구조재에 영향을 주어 균열, 비틀림 등의 사용성 문제 발생

(주) 기둥축소량(Column Shortening, 칼럼 쇼트닝)의 정의 : 건축물이 초고층화, 대형화됨에 따라 강구조 기둥의 높이 증가와 하중의 증가로 인해 수직하중이 증대되어 발생되는 기둥의 수축량이다.

11 ① 경량콘크리트계수 $\lambda=0.85$
② 휨파괴계수 $f_r=0.63\lambda\sqrt{f_{ck}}$
$=0.63\times0.85\times\sqrt{21}$
$=2.45\rightarrow2.5\text{ MPa}$

12 (1) 최대 휨모멘트

$$M_{\max}=\frac{wl^2}{8}=\frac{30\times9^2}{8}=303.75\text{ kN}\cdot\text{m}$$
$$=303.75\times10^6\text{ N}\cdot\text{mm}$$

(2) 단면계수

$$Z = \frac{400 \times 700^2}{6} = 32.7 \times 10^6 \text{ mm}^3$$

(3) 최대 휨응력

$$\sigma_{\max} = \frac{M_{\max}}{I} y = \frac{M_{\max}}{Z} = \frac{303.75 \times 10^6}{32.7 \times 10^6}$$

$$= 9.29 \rightarrow 9.3 \text{ MPa}$$

13 ① 히빙파괴
② 보일링
③ 파이핑 현상
④ 지하수위 변화
⑤ 흙막이벽 배면의 뒤채움 불량

14 ① 네트워크 공정표

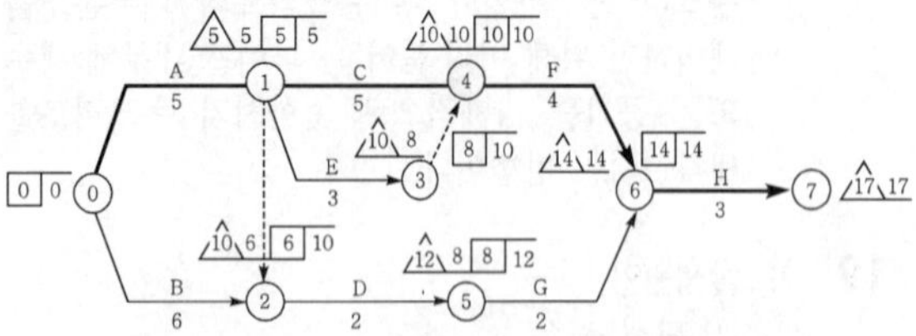

② 여유시간

작업명	TF	FF	DF	CP
A	0	0	0	*
B	4	0	4	
C	0	0	0	*
D	4	0	4	
E	2	2	0	
F	0	0	0	*
G	4	4	0	
H	0	0	0	*

15 가. 벽체의 거푸집 면적
$\{(5.0 - 0.4 \times 2) + (6.0 - 0.4 \times 2)\} \times 2 \times 3 \times 2\text{sides}$
$= 112.8\text{m}^2$

나. 기둥의 거푸집 면적
$(0.4 + 0.4) \times 2 \times 3 \times 4\text{EA} = 19.2 \text{ m}^2$

16 가. 장점
① 조립, 해체가 생략되어 인력 절감
② 줄눈의 감소로 마감 단순화 및 비용 절감
③ 기능공의 기능도에 적은 영향

나. 단점
① 대형 양중 장비가 필요
② 초기 투자비 과다
③ 기능공의 교육 및 작업숙달기간이 필요

17 (1) 구조물의 변형일치

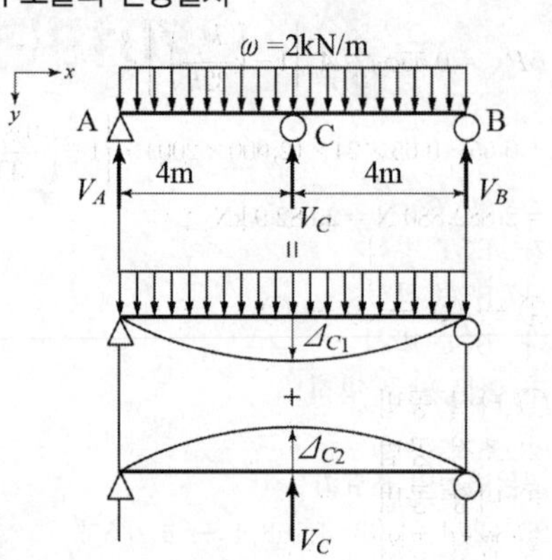

(2) 적합방정식
지점 C의 처짐, $\Delta_C = 0$이므로
$\Delta_C = \Delta_{C1} + \Delta_{C2} = 0$이다.

(3) 하중 w만 작용하는 정정구조물의 처짐

$$\Delta_{C1} = \frac{5wl^4}{384EI} \text{(하향)}$$

(4) 부정정반력 V_C만 작용하는 정정구조물의 처짐

$$\Delta_{C2} = -\frac{V_C l^3}{48EI} \text{(상향)}$$

(5) 실제구조물의 지점반력 산정

① $\Delta_C = 0$:

$$\Delta_C = \Delta_{C1} + \Delta_{C2} = \frac{5wl^4}{384EI} - \frac{V_C l^3}{48EI} = 0$$

$$\therefore\ V_C = \frac{5wl}{8} = \frac{5 \times 2 \times 8}{8} = 10.0 \text{ kN}$$

② $\Sigma M = 0(+;\curvearrowright)$:

$$\Sigma M_A = w \times l \times \frac{l}{2} - V_C \times \frac{l}{2} - V_B \times l = 0$$

$$\therefore\ V_B = \frac{wl}{2} - \frac{V_C}{2} = \frac{wl}{2} - \left(\frac{5wl}{8}\right) \times \frac{1}{2}$$

$$= \frac{3wl}{16} = \frac{3 \times 2 \times 8}{16} = 3.0 \text{ kN}$$

③ $\Sigma Y = 0(+;\uparrow)$:

$$\Sigma Y = V_A - w \times l + V_C + V_B = 0$$

$$\therefore\ V_A = w \times l - V_C - V_B = wl - \frac{5wl}{8} - \frac{3wl}{16}$$

$$= \frac{3wl}{16} = \frac{3 \times 2 \times 8}{16} = 3.0 \text{ kN}$$

④ $\Sigma X = 0(+;\rightarrow)$:

$$\Sigma X = H_A = 0 \qquad \therefore\ H_A = 0$$

18 ① 보호누름이 필요하다.
② 결함부의 발견이 매우 어렵다.

19 $\phi = 0.65$

$$\phi P_{nw} = 0.55\phi f_{ck} A_g \left[1 - \left(\frac{kl_c}{32h}\right)^2\right]$$

$$= 0.55 \times 0.65 \times 24 \times (2{,}000 \times 200) \times \left[1 - \left(\frac{0.8 \times 3{,}200}{32 \times 200}\right)^2\right]$$

$$= 2{,}882{,}880\ \mathrm{N} = 2{,}882.9\ \mathrm{kN}$$

20 ④ → ② → ③ → ①

21 ① 타설 공법
② 조적 공법
③ 미장 공법
④ 뿜칠 공법

22 ① 4
② 6

23

$$흡수율 = \frac{흡수량}{절대건조상태의\ 질량} \times 100$$

$$= \frac{표면건조포화상태의\ 질량 - 절대건조상태의\ 질량}{절대건조상태의\ 질량} \times 100$$

$$= \frac{2{,}000 - 1{,}992}{1{,}992} \times 100 = 0.40\,\%$$

24 H－294 × 200 × 10 × 15

25 ① 반응성 골재의 사용금지
② 저알칼리시멘트 사용
③ 콘크리트 $1\mathrm{m}^3$당 총알칼리량 저감
④ 방수성 마감
⑤ 혼화제를 사용하여 수분의 이동 감소

26

$$항복비 = \frac{항복강도}{최소인장강도} = \frac{F_y}{F_u}$$

2019년 3회(2019.11.9 시행)

01 언더피닝을 설명하고, 그 공법을 2가지 쓰시오. (4점)

가. 언더피닝

나. 종류

① ______ ② ______

02 콘크리트의 계속타설 중의 이어치기 허용 시간간격에 대해 다음 빈칸을 완성하시오. (4점)

외기온도	이어치기 허용 시간간격
25℃ 이상	(①) 시간 이내
25℃ 미만	(②) 시간 이내

① ______

② ______

03 인텔리전트 빌딩의 Access Floor(액세스 플로어)에 관하여 서술하시오. (2점)

04 지반개량 공법 3가지를 쓰시오. (3점)

① ______

② ______

③ ______

05 다음 공사관리 계약 방식에 대해 설명하시오. (4점)

가. CM for Fee 방식(용역형 CM)

나. CM at Risk 방식(시공책임형 CM)

06 다음 용어를 설명하시오. (4점)

가. 예민비

나. 지내력시험

07 히빙파괴의 정의와 형상을 표현하시오. (5점)

가. 히빙파괴의 정의

나. 히빙파괴의 형상

08 지하실 외벽의 경우에 안방수와 바깥방수를 다음의 관점에서 각각 비교하여 쓰시오. (5점)

구분	안방수	바깥방수
① 사용환경		
② 공사시기		
③ 내수압성		
④ 경제성		
⑤ 보호누름		

09 다음 데이터를 네트워크 공정표로 작성하고, 각 작업의 여유시간을 구하시오. (10점)

작업명	작업일수	선행작업	비고
A	5	없음	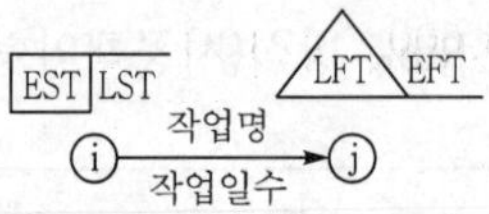 로 일정 및 작업을 표기하고, 주공정선은 굵은선으로 표기하시오.
B	3	없음	
C	2	없음	
D	2	A, B	
E	5	A, B, C	
F	4	A, C	

가. 네트워크 공정표

나. 여유시간

10 다음을 용어를 설명하시오. (4점)

가. 코너비드

나. 차폐용 콘크리트

11 강재 밀시트(Mill Sheet)에서 확인할 수 있는 사항 1가지를 쓰시오. (3점)

12 다음 그림에서 한 층분의 물량을 산출하시오. (10점)

• 부재치수(단위 : mm)	• 전 기둥(C_1) : 500×500	• 슬래브두께(t) : 120
• G_1, G_2 : 400×600	• G_3 : 400×700	• B_1 : 300×600
• 층고 : 3,600		

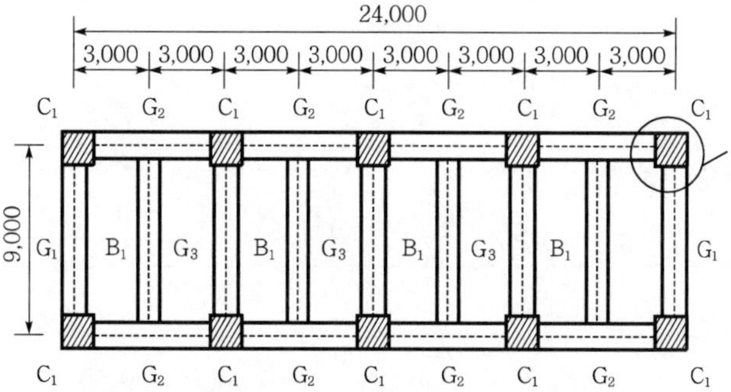

【평면도】

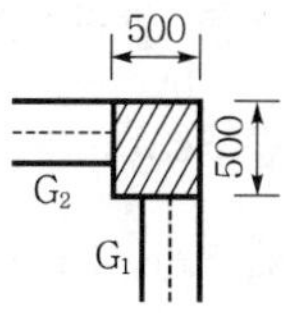

【A부분 상세도】

(1) 전체 콘크리트량(m^3)

(2) 전체 거푸집 면적(m^2)

(3) 시멘트(포대 수), 모래(m^3), 자갈량(m^3)을 계산하시오.(단, (1)항에 의거 산출된 물량을 이용하되 배합비는 1 : 3 : 6이며, 약산식을 사용한다.)

13 다음 용어를 설명하시오. (4점)

가. 골재의 흡수량

나. 골재의 함수량

14 강구조의 공장 가공이 완료되는 단계에서 강재면에 녹막이칠을 1회 하고 현장으로 운반하는데, 이 때 녹막이칠을 하지 않은 부분에 대하여 3가지를 쓰시오. (3점)

① ______________________

② ______________________

③ ______________________

15 다음 용어를 설명하시오. (4점)

① 스칼럽(Scallop) : ______________________

② 엔드탭(End Tap) : ______________________

16 목재의 방부처리 방법을 3가지 쓰고, 그 내용을 설명하시오. (3점)

① ______________________

② ______________________

③ ______________________

17 Ready Mixed Concrete의 규격(25-30-210)에 대하여 3가지의 수치가 뜻하는 바를 쓰시오. (단, 단위까지 명확히 기재하시오.) (3점)

____

18 시험에 관계되는 것을 | 보기 | 에서 골라 번호를 쓰시오. (4점)

보기	
㉮ 딘월 샘플링(Thin Wall Sampling)	㉯ 베인시험(Vane Test)
㉰ 표준관입시험	㉱ 정량분석시험

① 진흙의 점착력　　② 지내력
③ 연한점토　　④ 염분

① __________ ② __________ ③ __________ ④ __________

19 벽돌벽의 표면에 생기는 백화현상을 설명하시오. (2점)

20 조립분해를 반복하지 않고 대형틀을 단순화하여 한 번에 연결하고 해체할 수 있는 거푸집 판 중 장선, 멍에, 서포트 등을 일체로 하여 수평, 수직이 가능한 바닥전용 거푸집의 명칭은? (2점)

21 'LCC(Life Cycle Cost)'에 대해 간단히 설명하시오. (3점)

22 철근콘크리트구조에서 1방향 슬래브와 2방향 슬래브를 구분하여 설명하시오. (단, λ=장변방향 순간격/단변방향 순간격이다.) (4점)

① 1방향 슬래브

② 2방향 슬래브

23 구조물을 안전하게 설계하고자 할 때 강도한계상태에 대한 안전을 확보해야 한다. 뿐만 아니라 사용성 한계상태를 고려하여야 하는데 여기서 사용성 한계상태란 무엇인가? (2점)

24 다음과 같은 전단력도에서 V_s값의 산정결과, $V_s > \frac{1}{3}\lambda\sqrt{f_{ck}}\, b_w\, d$로 검토되었다. 수직 스터럽을 배치하여야 하는 구간 내에서 수직 스터럽의 최대 간격을 구하시오. (단, 단면의 적합성은 확보되었고 보의 유효깊이는 550 mm이다.) (4점)

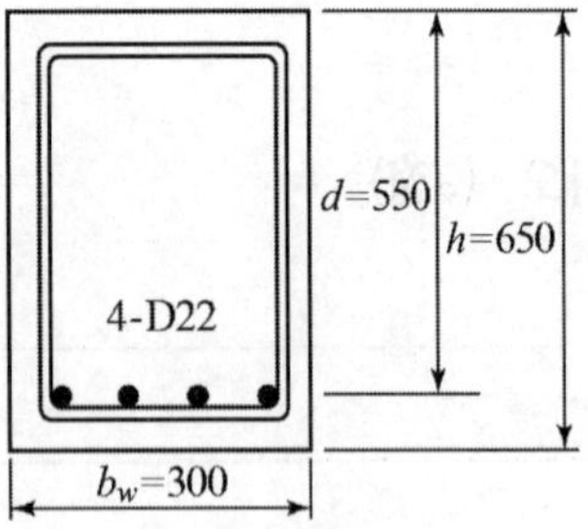

【보의 단면】

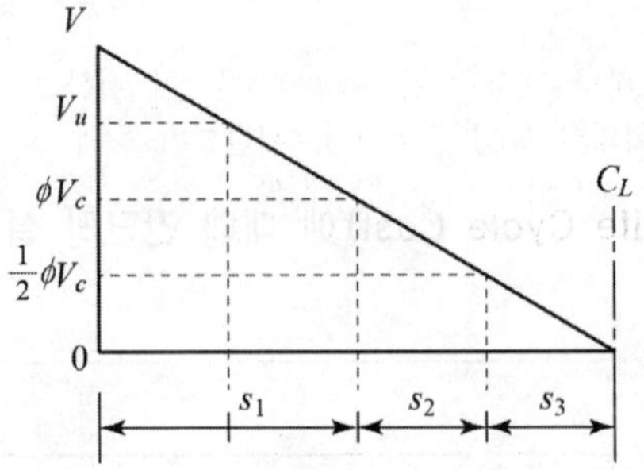

【전단력도】

25 다음 내민보의 전단력도와 휨모멘트도를 작성하시오. (4점)

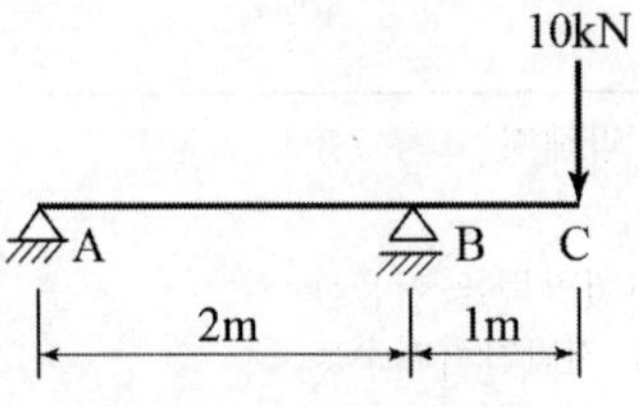

2019년 3회 해설 및 정답

01 가. 언더피닝
굴착공사 중, 기존 건축물의 지반이 연약할 경우 기존 건축물의 기초와 지정을 보강하는 공법이다.

나. 종류
① 2중 널말뚝 공법
② 현장타설 콘크리트말뚝 공법
③ 강재말뚝 공법
④ 모르타르 및 약액주입 공법

02 ① 2.0
② 2.5

03 정방형의 바닥 패널을 지주대로 지지시켜 전산실, 강의실, 회의실 등에 공조설비, 배관설비 등의 설치를 위해 사용되는 이중 바닥구조

04 ① 재하법
② 치환법
③ 탈수법
④ 다짐법
⑤ 응결법(주입법)
⑥ 동결법
⑦ 전기화학 고결법

05 가. CM for Fee 방식 : 발주자와 시공자가 직접 계약을 하고 CM은 설계 및 시공에 직접 관여하지 않고 건설사업 수행에 관한 발주자에 대한 대리인 및 조정자의 역할만을 하는 방식

나. CM at Risk 방식 : 발주자와 CM이 계약을 하고 발주자와 합의된 계약 조건하에서 CM이 시공자 역할까지 하면서 하도급자를 선정하고 이윤을 추구할 수 있도록 하는 방식

06 가. 예민비 : 흙의 이김에 의해서 약해지는 정도를 표시하는 것

나. 지내력시험 : 평판재하 또는 시험말뚝을 이용하여 기초지반의 지지력 산정과 지반반력계수를 산정하는 시험

07 가. 히빙파괴의 정의
연약 점토지반에서 흙의 중량과 지표 적재하중으로 인해 흙이 안으로 밀려 불룩하게 되는 현상

나. 히빙파괴의 형상

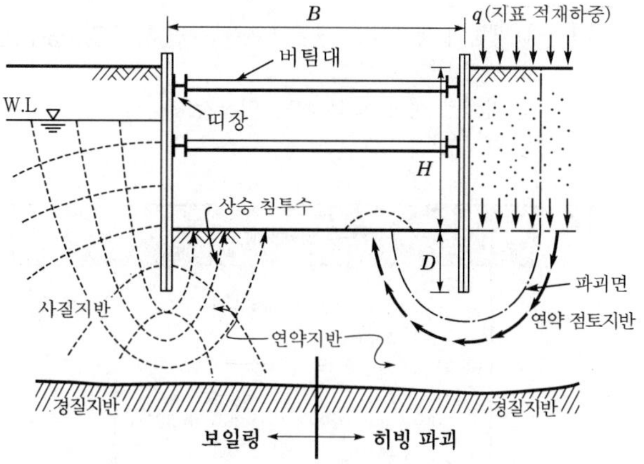

08

구분	안방수	바깥방수
① 사용환경	수압이 적고 얕은 지하실	수압이 크고 깊은 지하실
② 공사시기	자유롭다.	본 공사에 선행
③ 내수압성	적다.	크다.
④ 경제성	저가	고가
⑤ 보호누름	필요	없어도 무방

09 가. 네트워크 공정표

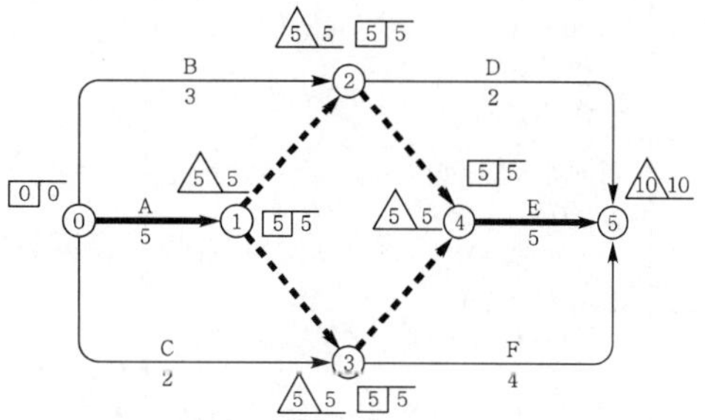

나. 여유시간

작업명	TF	FF	DF	CP
A	0	0	0	*
B	2	2	0	
C	3	3	0	
D	3	3	0	
E	0	0	0	*
F	1	1	0	

10 가. 코너비드 : 벽, 기둥 등의 모서리에 대어 미장바름을 보호하는 철물이다.

나. 차폐용 콘크리트 : 주로 생물체의 방호를 위하여 X선, γ선 및 중성자선을 차폐할 목적으로 중량 골재를 사용하여 기건비중 2.5~6.9, 단위중량 $2.5t/m^3$ 이상인 콘크리트이다.

11 ① 제품의 생산정보 (제품치수, 제품번호, 수량, 중량, 제강번호)
② 기계적 성질 (항복강도, 인장강도)
③ 화학 성분

12

구분	수량산출근거	계
1. 전체 콘크리트량	(1) 기둥 : $0.5\times0.5\times(3.6-0.12)\times10EA$ $=8.70m^3$ (2) 보 ① G_1 : $0.4\times(0.6-0.12)\times8.4\times2EA=3.226m^3$ ② $G_2(l_0=5.45)$: $0.4\times(0.6-0.12)\times5.45\times4EA=4.186m^3$ ③ $G_2(l_0=5.5)$: $0.4\times(0.6-0.12)\times5.5\times4EA=4.224m^3$ ④ G_3 : $0.4\times(0.7-0.12)\times8.4\times3EA=5.846m^3$ ⑤ B_1 : $0.3\times(0.6-0.12)\times8.6\times4EA=4.954m^3$ ∴ 소계 : $3.226+4.186+4.224+5.846+4.954$ $=22.436m^3$ (3) 슬래브 : $9.4\times24.4\times0.12=27.523m^3$ ∴ 합계 : $8.70+22.436+27.523$ $=58.659 \rightarrow 58.66m^3$	$58.66m^3$
2. 거푸집면적	(1) 기둥 : $(0.5+0.5)\times2\times(3.6-0.12)\times10EA$ $=69.60m^2$ (2) 보 ① G_1 : $(0.6-0.12)\times8.4\times2sides\times2EA=16.128m^2$ ② $G_2(l_0=5.45)$: $(0.6-0.12)\times5.45\times2\times4EA=20.928m^2$ ③ $G_2(l_0=5.5)$: $(0.6-0.12)\times5.5\times2\times4EA=21.120m^2$ ④ G_3 : $(0.7-0.12)\times8.4\times2\times3EA=29.232m^2$ ⑤ B_1 : $(0.6-0.12)\times8.6\times2\times4EA=33.024m^2$ ∴ 소계 : $16.128+20.928+21.120+29.232$ $+33.024=120.432m^2$ (3) 슬래브 : $9.4\times24.4+(9.4+24.4)\times2\times0.12$ $=237.472m^2$ ∴ 합계 : $69.60+120.432+237.472$ $=427.504 \rightarrow 427.50m^2$	$427.50m^2$
3. 시멘트량·모래량·자갈량	(1) 콘크리트 $1m^3$당 재료량(1 : 3 : 6) $V=1.1m+0.57n$ $=1.1\times3+0.57\times6=6.72m^3$ (2) 전체 시멘트의 소요량 $C=\frac{37.5}{V}\times$전체 콘크리트물량 $=\frac{37.5}{6.72}\times58.66=327.3 \rightarrow$ 328포대	328포대
	(3) 모래량 $S=\frac{m}{V}\times$전체 콘크리트물량 $=\frac{3}{6.72}\times58.66$ $=26.188 \rightarrow 26.19m^3$	$26.19m^3$
	(4) 자갈량 $G=\frac{n}{V}\times$전체 콘크리트물량 $=\frac{6}{6.72}\times58.66$ $=52.375 \rightarrow 52.38m^3$	$52.38m^3$

참고

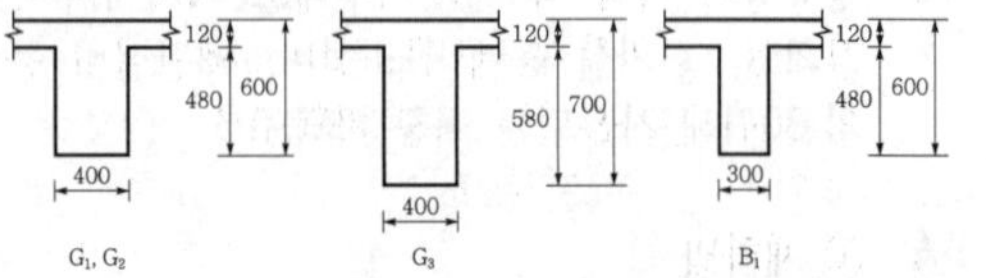

【보 단면치수 상세】

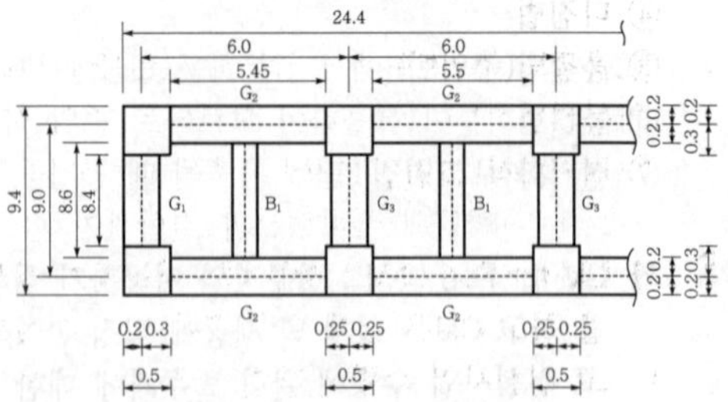

【평면치수 상세】

13 가. 골재의 흡수량 : 표면건조포수상태의 골재 중에 포함되는 물의 양

나. 골재의 함수량 : 습윤상태의 골재가 함유하는 전 수량

14 ① 현장 용접부에서 100mm 이내
② 고장력볼트 접합부 마찰면
③ 콘크리트 부착 또는 매입 부분
④ 밀착 또는 회전하는 기계깎기 마무리면
⑤ 강구조 조립에 의해 맞닿는면
⑥ 밀폐되는 내면

15 ① **스칼럽(Scallop)** : 강구조 부재의 용접 시, 이음이나 접합부위에서 용접선이 교차하는 것을 피하기 위하여 한쪽의 부재에 설치(모따기)한 홈이다.
② **엔드탭(End Tap)** : 개선이 있는 용접의 양끝의 전체 단면을 완전한 용접으로 하기 위해 그리고 공기구멍, 크레이터 등의 용접결함이 생기기 쉬운 용접 비드의 시작과 끝 지점에 용접을 하기 위해 용접접합 하는 모재의 양단에 부착하는 보조 강판이다.

16 ① **가압주입법** : 방부제 용액을 고기압(7~12기압)으로 가압 주입하여 방부처리
② **침지법** : 방부제 용액 중에 담가 공기를 차단하여 방부처리
③ **방부제칠** : 목재를 충분히 건조 후 솔 등으로 약제를 도포 및 뿜칠하여 방부처리
④ **표면탄화법** : 목재에서 균에게 양분을 제공하는 표면을 3~10mm 정도 태워 방부처리

17 ① 25 : 굵은골재의 최대 치수(mm)
② 30 : 콘크리트의 호칭강도(MPa)
③ 210 : 슬럼프값(mm)

18 ① ㉯ ② ㉰
③ ㉮ ④ ㉱

19 **백화현상** : 벽 표면에서 침투하는 빗물에 의해 모르타르의 석회분이 유출하여 모르타르 중의 석회분이 수산화석회로 되어 표면에 유출될 때 공기중의 탄산가스 또는 벽돌의 유황성분과 결합하여 흰 가루가 생기는 현상

20 트래블링폼

21 건축물의 기획, 설계, 시공에서부터 완공된 후의 유지관리 및 해체까지 이어지는 일련의 과정을 건물의 생애(수명)라 한다. 이러한 건물의 생애기간동안 소요되는 초기투자비 및 유지관리비 등의 총비용이다.

22 ① **1방향 슬래브** : $\lambda > 2$
② **2방향 슬래브** : $\lambda \le 2$
여기서, $\lambda = \dfrac{\text{장변방향 순간격}}{\text{단변방향 순간격}}$

23 사용성 한계상태는 구조물의 외형, 유지 및 관리, 내구성, 사용자의 안락감 또는 기계류의 정상적인 기능 등을 유지하기 위한 구조물의 능력에 영향을 미치는 한계상태이다.

24 ① 간격제한에 의한 수직 스터럽의 최대 간격

$$s \le \min\left(\frac{d}{2},\ 600\,\text{mm}\right) = \min\left(\frac{550}{2},\ 600\right)$$
$$= \min(275,\ 600) = 275\,\text{mm}$$

② $V_s > \dfrac{1}{3}\lambda\sqrt{f_{ck}}\,b_w\,d$ 인 경우 위의 최대 간격의 1/2이하로 한다.

∴ 수직 스터럽의 최대 간격은 275/2=137.5 mm이다.

25

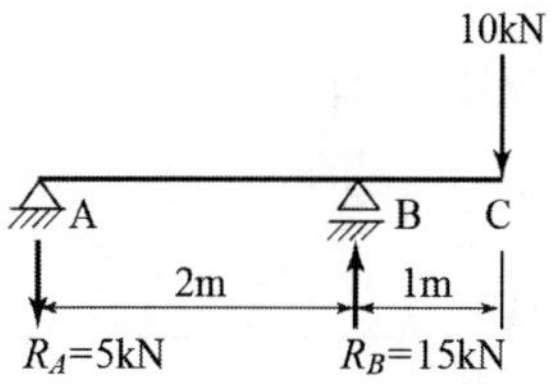

【반력산정】

1. 힘의 평형방정식($\Sigma X=0,\ \Sigma Y=0,\ \Sigma M=0$)으로부터 반력을 산정한다.
① $\Sigma M = 0(+;\curvearrowright)$: $\Sigma M_A = 10\times 6 - R_B \times 4 = 0$
$\therefore R_B = 15\,\text{kN}\ (\uparrow)$
② $\Sigma Y = 0(+;\ \uparrow)$: $\Sigma Y = -R_A + R_B - 10 = 0$
$\therefore R_A = 5\,\text{kN}\ (\downarrow)$

2. 전단력도와 휨모멘트도

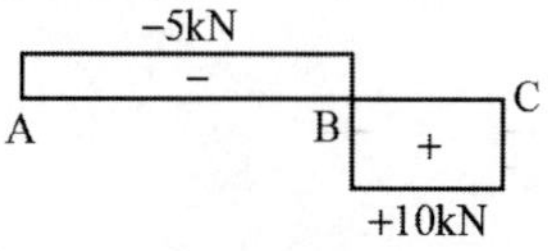

【전단력도(SFD)】

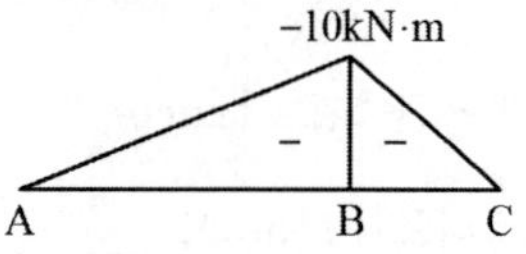

【휨모멘트도(BMD)】

2020년 1회(2020.5.24 시행)

01 BOT(Build-Operate-Transfer Contract) 방식을 설명하고 이와 유사한 방식을 2가지만 쓰시오. (4점)

(1) BOT 방식 : ______

(2) 유사한 방식

① ______

② ______

02 지하구조물은 지하수위에서 구조물 밑면까지의 깊이만큼 부력을 받아 건물이 부상하게 되는데, 이것에 대한 방지대책을 2가지 기술하시오. (2점)

① ______

② ______

03 다음 용어를 간단히 설명하시오. (4점)

(1) 레이턴스(Laitance) : ______

(2) 크리프(Creep) : ______

04 벽, 기둥 등의 모서리는 손상되기 쉬우므로 별도의 마감재를 감아 대거나 미장면의 모서리를 보호하면서 벽, 기둥을 마무리 하는 보호용 재료를 무엇이라고 하는가? (2점)

______

05 다음 | 조건 | 에서 콘크리트 1m^{3}를 생산하는 데 필요한 시멘트, 모래, 자갈의 중량을 산출하시오. (8점)

조건		
㉮ 단위수량 : 160kg/m^3	㉯ 물시멘트비 : 50%	㉰ 잔골재율 : 40%
㉱ 시멘트 비중 : 3.15	㉲ 잔골재 비중 : 2.5	㉳ 굵은골재 비중 : 2.6
㉴ 공기량 : 1%		

06 ALC(Autoclaved Lightweight Concrete, 경량기포콘크리트) 제조시 필요한 재료를 2가지만 쓰시오. (4점)

①

②

07 압밀(Consolidation)과 다짐(Compaction)의 차이점을 비교하여 설명하시오. (3점)

08 목구조에서 횡력(수평력)을 보강하는 부재를 3가지 쓰시오. (3점)

①

②

③

09 다음 데이터를 이용하여 네트워크 공정표를 작성하고, 각 작업의 여유시간을 계산하시오. (10점)

<table>
<tr><th>작업명</th><th>작업일수</th><th>선행작업</th><th>비고</th></tr>
<tr><td>A</td><td>5</td><td>없음</td><td rowspan="6">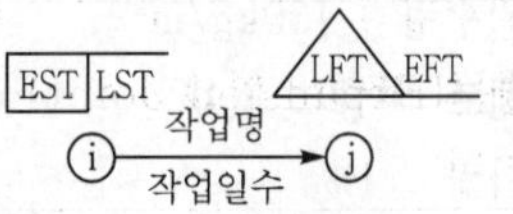로 일정 및 작업을 표기하고, 주공정선은 굵은선으로 표기한다. 또한 여유시간 계산시는 각 작업의 실제적인 의미의 여유시간으로 계산한다.(더미의 여유시간은 고려하지 않을 것)</td></tr>
<tr><td>B</td><td>2</td><td>없음</td></tr>
<tr><td>C</td><td>4</td><td>없음</td></tr>
<tr><td>D</td><td>4</td><td>A, B, C</td></tr>
<tr><td>E</td><td>3</td><td>A, B, C</td></tr>
<tr><td>F</td><td>2</td><td>A, B, C</td></tr>
</table>

가. 네트워크 공정표

나. 여유시간

10 SPS(Strut as Permanent System Method) 공법의 장점을 4가지 쓰시오. (4점)

①

②

③

④

11 매스 콘크리트 수화열 저감대책(온도균열 기본대책)을 3가지 쓰시오. (3점)

①

②

③

12 **다음 용어를 간단히 설명하시오. (4점)**

(1) 시공줄눈(Construction Joint)

(2) 신축줄눈(Expansion Joint)

13 **강구조공사에서 용접부의 비파괴시험 방법의 종류를 3가지 쓰시오. (3점)**

① ______ ② ______ ③ ______

14 **커튼월 조립방식에 의한 분류에서 각 설명에 해당하는 방식을 번호로 쓰시오. (3점)**

보기

① Stick Wall 방식 ② Window Wall 방식 ③ Unit Wall 방식

(1) 구성 부재 모두가 공장에서 조립된 프리패브(Pre-Fab) 형식으로 창호와 유리, 패널의 일괄발주 방식으로, 이 방식은 업체의 의존도가 높아서 현장상황에 융통성을 발휘하기가 어려움

(2) 구성 부재를 현장에서 조립 · 연결하여 창틀이 구성되는 형식으로 유리는 현장에서 주로 끼우며, 현장 적응력이 우수하여 공기조절이 가능

(3) 창호와 유리, 패널의 개별발주 방식으로 창호 주변이 패널로 구성됨으로써 창호의 구조가 패널 트러스에 연결할 수 있어서 재료의 사용 효율이 높아 비교적 경제적인 시스템 구성이 가능한 방식

15 **강구조에서 메탈터치(Metal Touch)에 대한 용어의 정의를 간단히 설명하시오. (3점)**

16 기초의 부동침하는 구조적으로 문제를 일으키게 된다. 이러한 기초의 부동침하를 방지하기 위한 대책 중 기초구조 부분에 처리할 수 있는 사항을 2가지 기술하시오. (4점)

① ______________________________

② ______________________________

17 입찰방식 중 적격심사 낙찰제에 관하여 간단히 설명하시오. (2점)

____

____

18 아래 그림은 철근콘크리트구조의 경비실건물이다. 주어진 평면도 및 단면도를 보고 C_1, G_1, G_2, S_1에 해당되는 부분의 1층과 2층 콘크리트량과 거푸집량을 산출하시오. (8점)

단, 1) 기둥단면(C_1) : 30cm×30cm

2) 보단면(G_1, G_2) : 30cm×60cm

3) 슬라브두께(S_1) : 13cm

4) 층고 : 단면도 참조

단, 단면도에 표기된 1층 바닥선 이하는 계산하지 않는다.

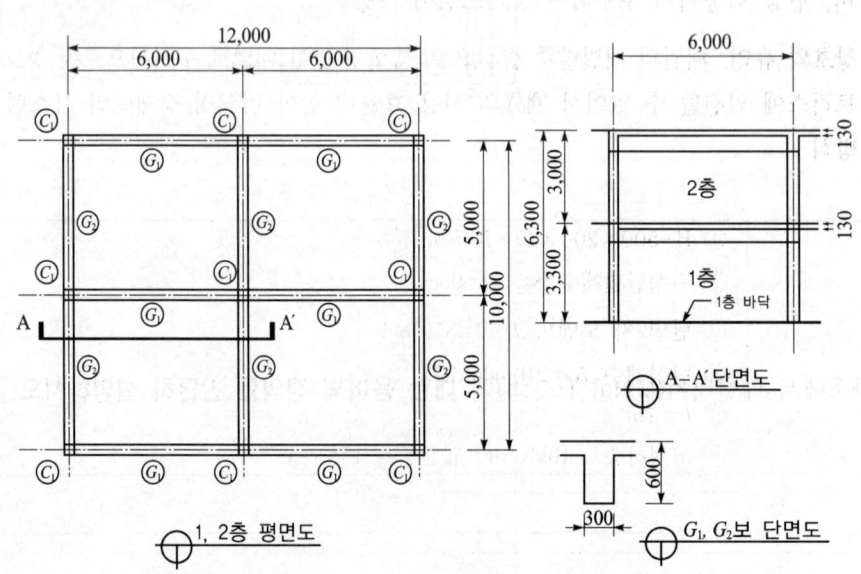

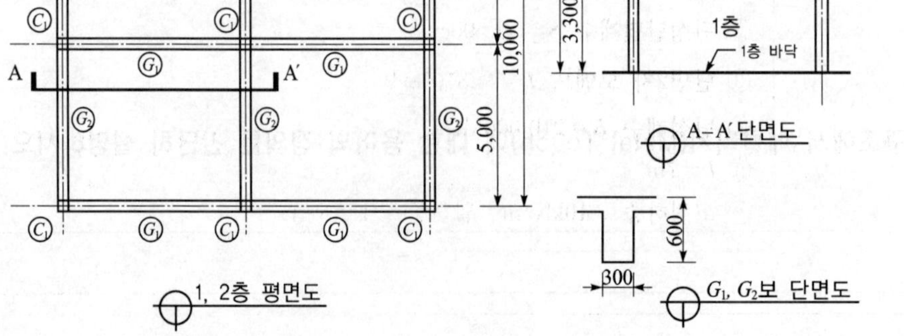

1, 2층 평면도

G_1, G_2보 단면도

19 다음에 해당되는 콘크리트에 사용되는 굵은골재의 최대 치수를 기재하시오. (3점)

(1) 일반적인 경우 .... ( ) mm
(2) 단면이 큰 경우 .... ( ) mm
(3) 무근콘크리트 .... ( ) mm

20 품질관리 도구 중 특성요인도(Characteristic Diagram)에 대해 간단히 설명하시오. (3점)

21 재령 28일 콘크리트 표준공시체(ϕ150mm×300mm)에 대한 압축강도시험 결과, 파괴하중이 450kN일 때 콘크리트의 압축강도 f_c(MPa)를 구하시오. (3점)

22 H형강을 사용한 그림과 같은 단순지지된 강구조 보의 최대 처짐(mm)을 구하시오. (단, 강구조 보의 자중은 무시한다.) (3점)

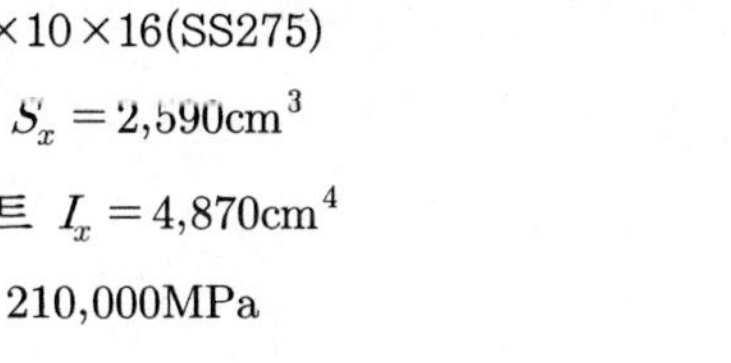

보기

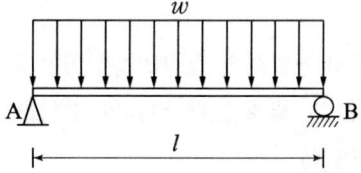

① H−500×200×10×16(SS275)
② 탄성단면계수 $S_x = 2{,}590\text{cm}^3$
③ 단면2차 모멘트 $I_x = 4{,}870\text{cm}^4$
④ 탄성계수 $E = 210{,}000\text{MPa}$
⑤ $l = 7\text{m}$
⑥ 고정하중 : 10kN/m, 활하중 : 18kN/m

23 다음 강재의 구조적 특성을 간단히 설명하시오. (4점)

(1) SN강

(2) TMCP강

24 그림과 같은 캔틸레버보의 점 A의 수직 반력과 모멘트 반력을 구하시오. (3점)

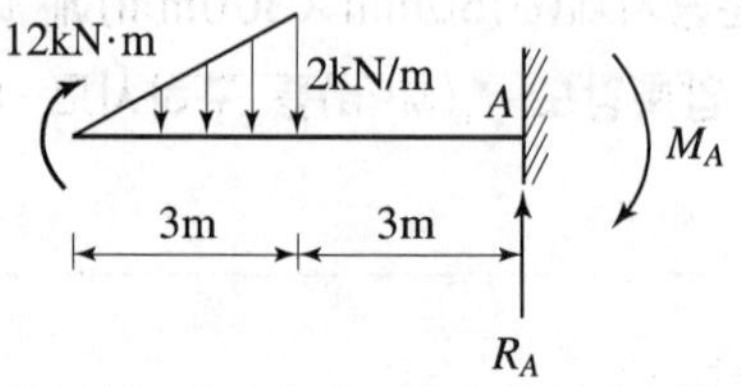

25 인장력을 받는 이형철근 및 이형철선의 겹침이음길이는 A급과 B급으로 분류되며, 다음 값 이상, 또한 300mm 이상이어야 한다. 괄호 안에 알맞은 수치를 쓰시오. (단, l_d는 묻힘길이에 의한 인장 이형철근의 정착길이) (3점)

(1) A급 이음 : (　　　　) l_d

(2) B급 이음 : (　　　　) l_d

26 다음 그림을 보고 물음에 답하시오. (4점)

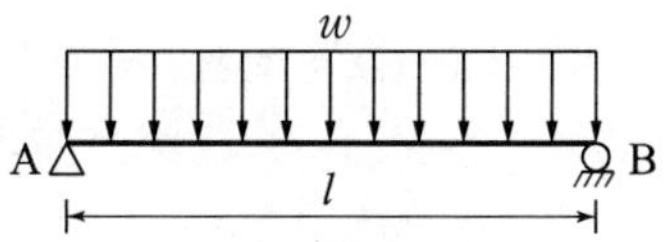

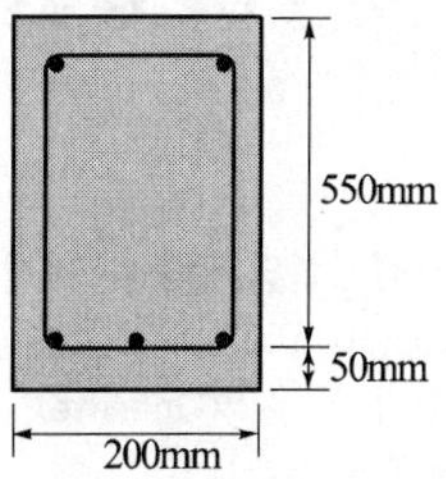

보기

① $w=5\text{kN/m}$ (자중 포함) ② 경간(Span) : $l=12\text{m}$

③ $f_{ck}=24\text{MPa}$ ④ $f_y=400\text{MPa}$

⑤ 보통중량콘크리트 사용

가. 최대휨모멘트

나. 균열휨모멘트

다. 균열 발생 여부의 판단

2020년 1회 해설 및 정답

01 (1) BOT 방식 : 사회간접시설의 확충을 위해 민간이 자금조달과 시설준공(Build) → 민간이 투자비 회수를 위해 일정기간 운영(Operate) → 소유권을 정부에 이전(Transfer)

(2) 유사한 방식
① BTO ② BOO
③ BLT ④ BTL

02 ① 영구배수 공법
② 사하중 공법
③ 부력방지용 영구앵커 공법
④ 인장파일 공법
⑤ 조합형 공법

03 (1) 레이턴스(Laitance) : 콘크리트를 부어넣은 후 블리딩 수의 증발에 따라 그 표면에 나오는 백색의 미세한 물질

(2) 크리프(Creep) : 하중의 증가 없이 시간이 경과함에 따라 콘크리트에 발생되는 소성변형

04 코너비드

05 (1) 시멘트의 중량

$\frac{W}{C} = 50\% = 0.5$

$\therefore\ C = \frac{W}{0.5} = \frac{160}{0.5} = 320\text{kg/m}^3$

(2) 전체 골재(모래+자갈)의 체적

$V_{s+g} = 1-(V_a + V_w + V_c)$

① 공기의 체적 : $V_a = 1\% = 0.01\text{m}^3$

② 물의 체적 : $V_w = \frac{w_w}{G_w} = \frac{0.16}{1} = 0.16\text{m}^3$

③ 시멘트의 체적 : $V_c = \frac{w_c}{G_c} = \frac{0.320}{3.15} = 0.102\text{m}^3$

$\therefore\ V_{s+g} = 1-(V_a + V_w + V_c) = 1-(0.01+0.16+0.102) = 0.728\text{m}^3$

(3) 모래의 체적

V_s = 전체 골재의 체적×잔골재율

$= V_{s+g} \times (S/A) = 0.728 \times 0.4 = 0.291\text{m}^3$

(4) 자갈의 체적

$V_g = V_{s+g} - V_s = 0.728 - 0.291 = 0.437\text{m}^3$

(5) 모래의 중량

$w_s = V_s \times G_s = 0.291 \times 2.5 = 0.728\text{t/m}^3 = 728.0\text{kg/m}^3$

(6) 자갈의 중량

$w_g = V_g \times G_g = 0.437 \times 2.6 = 1.136\text{t/m}^3 = 1{,}136.0\text{kg/m}^3$

∴ 콘크리트 1m^3를 생산하는 데 필요한 시멘트, 모래, 자갈의 중량은 다음과 같다.
가. 시멘트의 중량 : 320kg/m^3
나. 모래의 중량 : 728.0kg/m^3
다. 자갈의 중량 : $1{,}136.0\text{kg/m}^3$

해설
① 비중=중량/체적
② 체적(V)=중량(w)/비중(G)
③ 물시멘트비는 중량비
④ 잔골재율은 용적비
⑤ 잔골재율(S/A) : S/A=$\frac{\text{잔골재의 절대용적}}{\text{전체 골재의 절대용적}}$

06 ① 석회질 원료(석회, 시멘트)
② 규산질 원료(고로슬래그, 플라이애시)
③ 기포제

(주1) ALC의 재료 [KS F 2701(2012년 기준)]
1. 석회질 원료
(1) 석회
(2) 시멘트
① 포틀랜드 시멘트(KS L 5201)
② 고로슬래그 시멘트(KS L 5210)
③ 플라이애시 시멘트(KS L 5211)
2. 규산질 원료
(1) 규석 (2) 규사
(3) 고로슬래그 (4) 플라이애시
3. 기포제

(주2) 경량골재의 주원료(KCS 14 20 20(2021년 개정 기준))
팽창성 혈암, 팽창성 점토, 플라이 애시 등

07 ① 압밀은 점토지반에서 재하(在荷, Loading)에 의해 간극수가 제거되어 침하되는 현상이다.
② 다짐은 사질지반에서 재하(在荷, Loading)에 의해 공기가 제거되어 침하되는 현상이다.

08 ① 가새 ② 버팀대 ③ 귀잡이

09 가. 네트워크 공정표

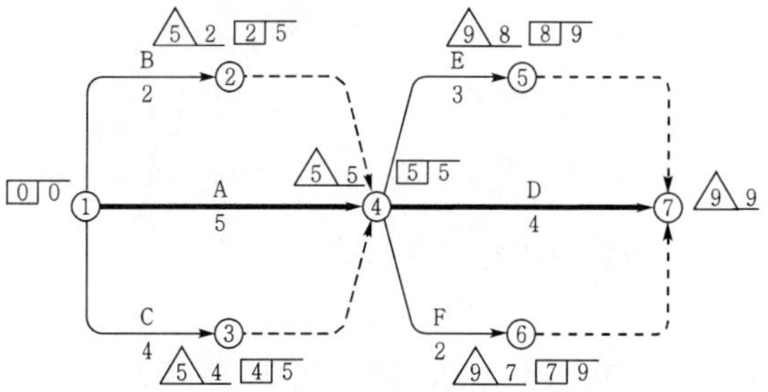

나. 여유시간

작업명	TF	FF	DF	CP
A	0	0	0	*
B	3	3	0	
C	1	1	0	
D	0	0	0	*
E	1	1	0	
F	2	2	0	

(주) 1. B, C작업에 대한 후속작업의 EST는 넘버링 더미에 의해 D, E, F작업의 EST인 [5]가 된다.

2. E작업에 대한 후속작업의 EST는 △9가 된다.

10 ① 지상, 지하 동시 작업으로 공기단축
② 전천후 시공 가능
③ 1층 슬래브를 부분적으로 선시공함으로써 작업 공간 활용 가능
④ 인접건물에 악영향이 적음
⑤ 굴착소음방지 및 분진방지
⑥ 흙막이의 우수한 안정성
⑦ 가설 버팀대의 설치 및 해체 공정이 없음

11 ① 수화열이 낮은 중용열 시멘트를 사용한다.
② 단위시멘트량을 적게 한다.
③ 단위수량을 적게 한다.
④ AE 감수제 지연형, 감수제 지연형을 사용하여 수화반응을 억제한다.
⑤ 굵은골재의 최대 치수를 크게 한다.
⑥ 프리쿨링, 파이프쿨링 등의 냉각 방법을 사용한다.

12 (1) 시공줄눈(Construction Joint) : 시공상 콘크리트를 한 번에 계속하여 부어 나가지 못할 때 생기는 줄눈이다.

(2) 신축줄눈(Expansion Joint) : 온도변화에 따른 팽창, 수축 혹은 부동침하, 진동 등에 의해 균열이 예상되는 위치에 설치하는 줄눈이다.

13 ① 방사선 투과시험(RT)
② 초음파 탐상시험(UT)
③ 자분(자기분말) 탐상시험(MT)
④ 침투 탐상시험(PT)

14 (1) ③ (2) ① (3) ②

15 강구조 기둥의 이음부를 가공하여 상하부 기둥의 밀착을 좋게 하여 일정 이상의 축력을 하부 기둥 밀착면에 직접 전달시키는 이음 방법이다.

16 ① 마찰말뚝을 사용할 것
② 지하실을 설치할 것
③ 경질지반에 지지할 것
④ 복합기초를 사용할 것

17 적격심사 낙찰제는 국고 등의 부담이 되는 경쟁입찰에서는 예정가격 이하의 최저가격으로 입찰한 자의 순으로 당해 계약이행능력을 심사하여 낙찰자로 결정하는 제도이다.

18

구분	수량산출근거	계
1. 콘크리트량	(1) 기둥 ① 1층(C_1) : 0.3×0.3×(3.3−0.13)×9EA=2.568m^3 ② 2층(C_1) : 0.3×0.3×(3.0−0.13)×9EA=2.325m^3 (2) 보 ① 1층+2층(G_1) : 0.3×(0.6−0.13)×5.7×12EA=9.644m^3 ② 1층+2층(G_2) : 0.3×(0.6−0.13)×4.7×12EA=7.952m^3 (3) 슬래브 1층+2층(S_1) : 12.3×10.3×0.13×2EA=32.939m^3 ∴ 합계 : 2.568+2.325+9.644+7.952+32.939 =55.428 → 55.43m^3	55.43m^3
2. 거푸집면적	(1) 기둥 ① 1층(C_1) : (0.3+0.3)×2×(3.3−0.13)×9EA=34.236m^2 ② 2층(C_1) : (0.3+0.3)×2×(3.0−0.13)×9EA=30.996m^2 (2) 보 ① 1층+2층(G_1) : (0.6−0.13)×5.7×12EA×2=64.296m^2 ② 1층+2층(G_2) : (0.6−0.13)×4.7×12EA×2=53.016m^2 (3) 슬래브 1층+2층(S_1) : {12.3×10.3+(12.3+10.3)×2×0.13}×2EA =265.132m^2 ∴ 합계 : 34.236+30.996+64.296+53.016+265.132 =447.676 → 447.68m^2	447.68m^2

19 (1) 일반적인 경우 : 20mm 또는 25mm

(2) 단면이 큰 경우 : 40mm

(3) 무근콘크리트 : 40mm

20 원인과 결과의 상호관계를 쉽게 이해할 수 있도록 화살표를 이용하여 나타낸 그림으로 생선뼈모양을 닮았다고 해서 생선뼈 그림(Fish Bone Diagram)이라고도 한다.

21 압축강도(f_c)

$$f_c = \frac{P_c}{A} = \frac{4P_c}{\pi d^2} = \frac{4\times 450\times 10^3}{\pi\times 150^2} = 25.465 \rightarrow 25.46\ \mathrm{N/mm^2\,(MPa)}$$

22 (1) 사용하중(w)

$$w = 1.0w_D + 1.0w_L = 1.0\times 10 + 1.0\times 18 = 28\mathrm{kN/m} = 28\mathrm{N/mm}$$

(2) 최대 처짐($\Delta_{\max}$)

$$\Delta_{\max} = \frac{5wl^4}{384EI} = \frac{5\times 28\times(7\times 10^3)^4}{384\times 210{,}000\times(4{,}870\times 10^4)} = 85.59\mathrm{mm}$$

23 (1) SN강 : 건축구조용 압연강재로 용접성, 냉강가공성, 인장강도 등이 우수하다.

(2) TMCP강 : 제어열처리강으로 두께 40mm 이상 80mm 이하의 후판에서 도 항복강도가 저하하지 않는다.

24 ① $\Sigma M = 0(+;\frown)$:

$$\Sigma M_A = 12 - \left(\frac{1}{2}\times 2\times 3\right)\times\left(3\times\frac{1}{3}+3\right) + M_A = 0$$

$\therefore\ M_A = 0\ \mathrm{kN\cdot m}$

② $\Sigma Y = 0(+;\uparrow)$: $\Sigma Y = \frac{1}{2}\times 2\times 3 + R_A = 0$

$\therefore\ R_A = 3\ \mathrm{kN}(\uparrow)$

③ $\Sigma X = 0(+;\rightarrow)$: $\Sigma X = H_A = 0$

$\therefore\ H_A = 0\ \mathrm{kN}$

25 (1) A급 이음 : $1.0l_d$

(2) B급 이음 : $1.3l_d$

26 가. 최대휨모멘트

$$M_{\max} = \frac{w_u l^2}{8} = \frac{5\times 12^2}{8} = 90.0\ \mathrm{kN\cdot m}$$

나. 균열휨모멘트

(1) 총단면에 대한 단면2차 모멘트 I_g

$$I_g = \frac{bh^3}{12} = \frac{200\times 600^3}{12} = 3{,}600\times 10^6\ \mathrm{mm^4}$$

(2) 경량콘크리트계수 λ

$\lambda = 1.0$

(3) 콘크리트의 파괴계수(휨인장강도) f_r

$$f_r = 0.63\lambda\sqrt{f_{ck}} = 0.63\times 1.0\times\sqrt{24} = 3.086\ \mathrm{MPa}$$

(4) 균열휨모멘트 M_{cr}

$$y_t = \frac{h}{2} = \frac{600}{2} = 300\ \mathrm{mm}$$

$$M_{cr} = \frac{f_r I_g}{y_t} = \frac{3.086\times 3{,}600\times 10^6}{300} = 37.0\times 10^6\ \mathrm{N\cdot mm} = 37.0\ \mathrm{kN\cdot m}$$

다. 균열 발생 여부의 판단

$M_{\max} = 90.0\ \mathrm{kN\cdot m} > M_{cr} = 37.0\ \mathrm{kN\cdot m}$

$\therefore$ 단면에 균열이 발생된다.

2020년 2회(2020.7.25 시행)

01 슬러리월(Slurry Wall) 공법의 장점과 단점을 각각 2가지씩 쓰시오. (4점)

(1) 장점

① ______________________

② ______________________

(2) 단점

① ______________________

② ______________________

02 강관말뚝 지정의 특징을 3가지 쓰시오. (3점)

① ____________ ② ____________ ③ ____________

03 샌드드레인(Sand Drain) 공법을 설명하시오. (3점)

____

____

04 콘크리트를 타설할 때 거푸집의 측압이 증가되는 요인을 4가지 쓰시오. (4점)

① ______________________

② ______________________

③ ______________________

④ ______________________

05 목재의 섬유포화점을 설명하고, 섬유포화점과 관련하여 함수율 증감에 따른 강도의 변화에 대하여 설명하시오. (3점)

가. 목재의 섬유포화점

나. 목재의 함수율 증감에 따른 강도의 변화

06 고강도 콘크리트의 폭렬현상에 대하여 설명하시오. (3점)

07 다음의 용어를 설명하시오. (4점)

가. 부대입찰제 :

나. 대안입찰제 :

08 다음 표는 건축공사표준시방서 기준에 따른 거푸집널 존치기간 중의 평균기온이 10℃ 이상인 경우에 콘크리트의 압축강도 시험을 하지 않고 거푸집을 떼어 낼 수 있는 콘크리트의 재령(일)을 나타낸 표이다. 빈 칸에 알맞은 숫자를 쓰시오. (4점)

【기초, 보 옆, 기둥 및 벽의 거푸집널 존치기간을 정하기 위한 콘크리트의 재령】

시멘트의 종류 / 평균기온	조강포틀랜드 시멘트	보통포틀랜드시멘트 고로슬래그시멘트(1종)	고로슬래그시멘트(2종) 포틀랜드포졸란 시멘트(2종)
20℃ 이상	(①)일	(③)일	5일
10℃ 이상 20℃ 미만	(②)일	6일	(④)일

09 **프리스트레스트 콘크리트(Pre-Stressed Concrete)의 프리텐션(Pre-Tension)방식과 포스트텐션(Post-Tension)방식에 대하여 설명하시오. (4점)**

(1) 프리텐션(Pre-Tension)방식

(2) 포스트텐션(Post-Tension)방식

10 **열가소성수지와 열경화성수지의 종류를 각각 2가지씩 쓰시오. (4점)**

(1) 열가소성수지

① ②

(2) 열경화성수지

① ②

11 **드라이비트 건이라는 일종의 못 박기 총을 사용하여 콘크리트나 강재 등에 박는 특수 못이다. 머리가 달린 것을 H형, 나사로 된 것을 T형이라고 한다. 이 특수 못을 무엇이라 하는가? (3점)**

12 **한국산업규격(KS)에 명시된 속빈 콘크리트블록의 치수를 3가지 쓰시오. (3점)**

①

②

③

13 강구조 내화피복 공법의 재료를 각각 2가지씩 쓰시오. (3점)

공법	재료	
타설 공법	①	②
조적 공법	③	④
미장 공법	⑤	⑥

① ______________ ② ______________ ③ ______________

④ ______________ ⑤ ______________ ⑥ ______________

14 용접부의 검사항목이다. 보기에서 골라 알맞은 고정에 해당 번호를 쓰시오. (3점)

보기

① 아크 전압　② 용접 속도
③ 청소 상태　④ 홈 각도, 간격 및 치수
⑤ 부재의 밀착　⑥ 필릿의 크기
⑦ 균열, 언더컷 유무　⑧ 밑면 따내기

(1) 용접착수 전 : ______________

(2) 용접착수 중 : ______________

(3) 용접착수 후 : ______________

15 보의 단면으로 늑근(Stirrup 철근)과 주철근(인장철근)까지 그림으로 도시한 후 피복두께의 정의와 철근 피복두께의 유지목적을 2가지 적으시오. (5점)

(1) 그림

(2) 피복두께의 정의

____

(3) 피복두께의 유지목적

① ______________

② ______________

16 시스템비계에 설치하는 일체형작업발판의 장점을 3가지만 적으시오. (3점)

① ______________ ② ______________ ③ ______________

17 그림과 같은 용접 표시에서 알 수 있는 사항을 기입하시오. (3점)

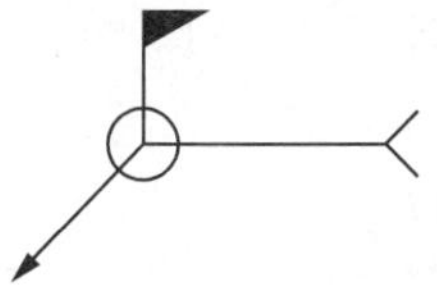

____

18 다음 그림과 같은 온통기초에서 터파기량, 되메우기량, 잔토처리량, 흙막이면적을 산출하시오. (단, 토량환산계수 L=1.3으로 한다.) (9점)

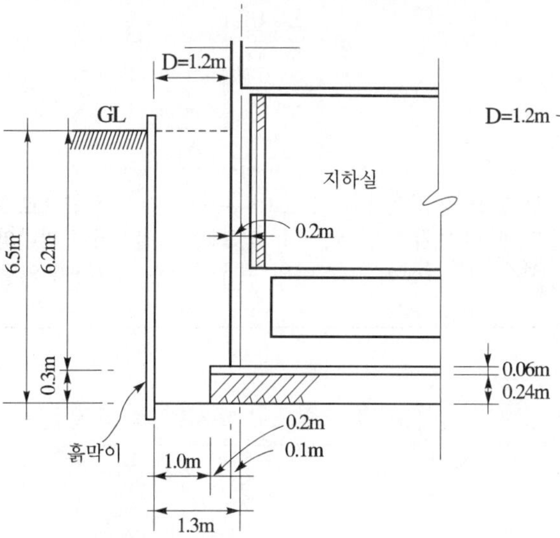

【터파기여유폭의 단면도】

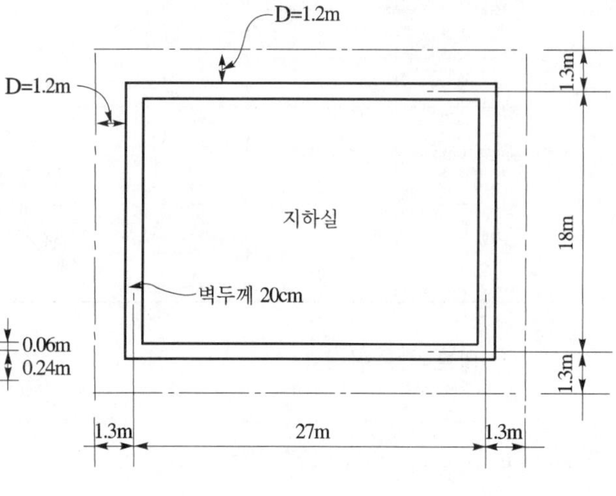

【지하실의 평면도】

① 터파기량 : ______________

② 되메우기량 : ______________

③ 잔토처리량 : ______________

④ 흙막이면적 : ______________

19 공기단축 기법 중에서 MCX(Minimum Cost Expediting) 기법의 순서를 |보기|에서 찾아 쓰시오. (4점)

|보기|

㉮ 우선 비용구배가 최소인 작업을 단축한다.
㉯ 보조 주공정선(Sub-Critical Path)의 발생을 확인한다.
㉰ 단축한계까지 단축한다.
㉱ 단축가능한 작업이어야 한다.
㉲ 주공정선(Critical Path)상의 작업을 선택한다.
㉳ 보조 주공정선의 동시 단축경로를 고려한다.
㉴ 앞의 순서를 반복하여 시행한다.

20 다음 데이터를 이용하여 네트워크 공정표를 작성하고, 각 작업의 여유시간을 계산하시오. (10점)

작업명	작업일수	선행작업	비고
A	5	없음	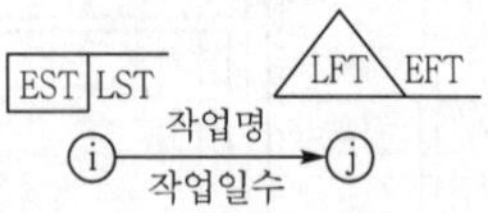 로 일정 및 작업을 표기하고, 주공정선은 굵은선으로 표기한다. 또한 여유시간 계산시는 각 작업의 실제적인 의미의 여유시간으로 계산한다.(더미의 여유시간은 고려하지 않을 것)
B	2	없음	
C	4	없음	
D	4	A, B, C	
E	3	A, B, C	
F	2	A, B, C	

가. 네트워크 공정표

나. 여유시간

21 다음 그림과 같은 3회전단형 라멘에서 지점 A의 반력을 구하시오. (3점)

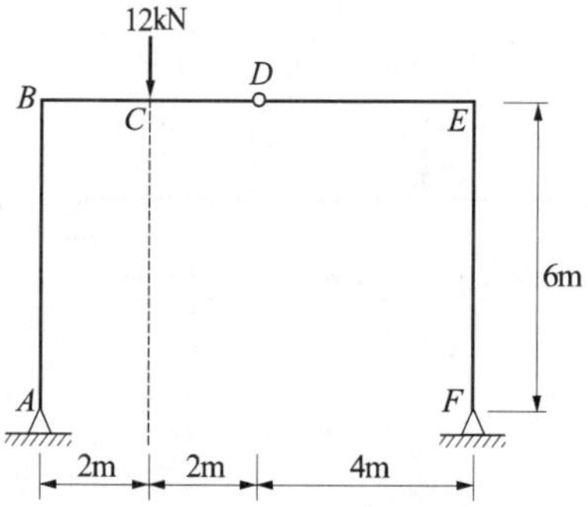

22 아래 그림과 같은 인장재의 총단면적과 순단면적(mm^2)을 구하라. (단, 사용된 고장력볼트는 M20이고 ㄱ형강은 L−150×150×12이고 A_g =3,477mm^2이다.) (3점)

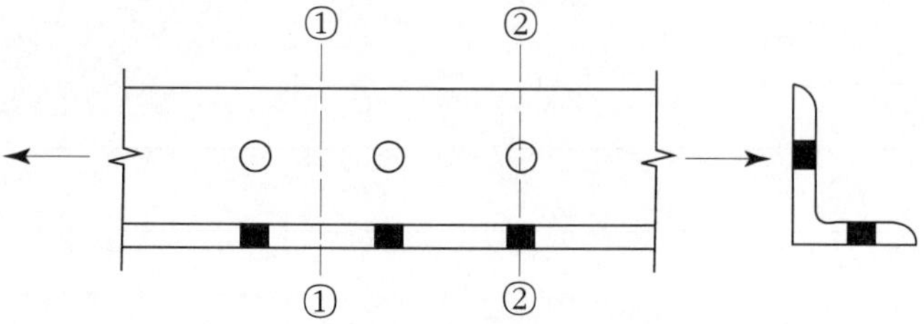

23 다음 그림과 같은 단순보의 지점 A의 처짐각, 보의 중앙점 C의 최대 처짐량을 계산하시오. (단, E=210,000MPa, I=160×$10^6$$mm^4$이다.) (4점)

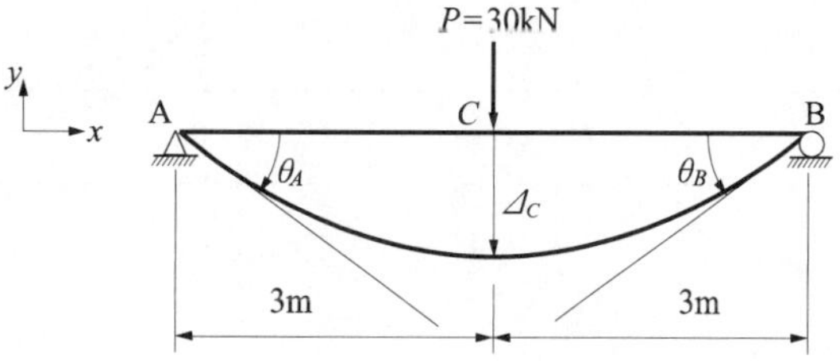

24 그림과 같은 무근콘크리트 단순보에서 $P=12$kN의 하중에서 파괴되었을 때 최대 휨응력를 구하시오. (4점)

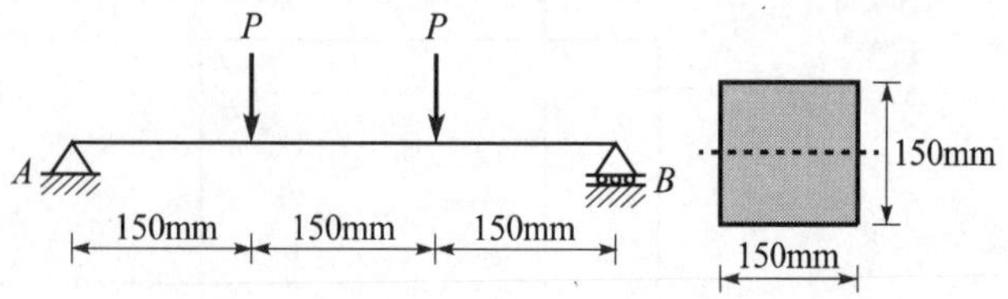

25 다음 괄호 안에 알맞은 수치를 쓰시오. (2점)

> 벽체 또는 슬래브에서 휨주철근의 간격은 벽체나 슬래브 두께의 (①)배 이하로 하여야 하고, 또한 (②)mm 이하로 하여야 한다. 다만, 콘크리트 장선구조의 경우 이 규정이 적용되지 않는다.

①

②

26 철근콘크리트구조에서 인장지배 단면 규정은 철근의 항복강도 f_y를 기준으로 2가지로 구분된다. 다음 표의 빈칸을 최외단 인장철근의 순인장변형률 ϵ_t, 항복변형률 ϵ_y로 표현하시오. (2점)

$f_y \le 400$MPa	$f_y > 400$MPa

2020년 2회 해설 및 정답

01 (1) 장점
① 저소음, 저진동
② 도심근접 시공 유리
③ 흙막이, 구조체, 옹벽, 차수벽 역할
④ 강성, 차수성 우수
⑤ 자유로운 형상, 치수가 가능
⑥ 깊은 심도까지 가능

(2) 단점
① 공사비가 고가
② 콘크리트의 품질관리에 유의
③ 수평방향의 연속성이 결여
④ 고도의 경험과 기술이 필요
⑤ 연결부의 구조적 처리가 미흡

02 ① 경질지반에도 사용 가능
② 지지력이 크다.
③ 이음이 안전하고 길이 조절이 용이
④ RC말뚝에 비해 경량이고 운반 용이
⑤ 상부구조와 결합이 용이
⑥ 휨강성이 크다.
⑦ 균질한 재료의 대량생산 가능
⑧ 재질에 대한 신뢰성 확보
⑨ 지중에서 부식 우려
⑩ 재료비가 고가

03 연약 점토질지반의 탈수를 이용해 지반을 개량하기 위한 공법으로 지반에 구멍을 뚫고 모래를 넣은 후, 성토 및 기타 하중을 가하여 점토질 지반을 압밀함으로써 탈수하는 공법이다.

04 ① 슬럼프는 슬럼프값이 클수록 측압은 크다.
② 배합은 부배합이 빈배합보다 측압은 크다.
③ 벽두께(거푸집의 수평단면)은 단면이 두꺼울수록 측압은 크다.
④ 부어넣기 속도가 빠를수록 측압은 크다.
⑤ 부어넣기 방법은 높은 곳에서 낙하시켜 충격을 주면 측압은 크다.
⑥ 대기 중의 습도는 습도가 높을수록 측압은 크다.
⑦ 콘시스턴시는 묽은 콘크리트일수록 측압은 크다.
⑧ 콘크리트의 비중은 비중이 클수록 측압이 크다.
⑨ 콘크리트의 온도 및 기온은 온도가 낮을수록 측압은 크다.
⑩ 거푸집 표면의 평활도는 표면이 평활할수록 측압은 크다.
⑪ 거푸집의 투수성 및 누수성은 투수성 및 누수성이 작을수록 측압은 크다.
⑫ 바이브레이터의 사용은 바이브레이터를 사용하여 다질수록 측압은 크다.
⑬ 시멘트의 종류는 응결시간이 빠른 것을 사용할수록 측압은 작다.
⑭ 거푸집의 강성은 거푸집의 강성이 클수록 측압은 크다.
⑭ 철골 또는 철근량은 철골 또는 철근량이 작을수록 측압은 크다.

05 가. 목재의 섬유포화점
목재의 세포 내에서 자유수는 모두 증발되고 세포벽은 결합수로 포화되어 있는 상태이며, 일반적으로 함수율 30% 정도에 해당된다.

나. 목재의 함수율 증감에 따른 강도의 변화
섬유포화점보다 높은 함수율 상태에서는 함수율 변화에 따른 목재 성질의 변화가 없지만, 섬유포화점보다 낮은 함수율 상태에서는 함수율의 변화에 따라서 수축이 일어나고 강도가 증가된다.

06 고강도 콘크리트에서 화재 시 급격한 고온에 의해 내부 수증기압이 발생하고, 이 수증기압이 콘크리트의 인장강도보다 크게 되면 콘크리트 부재의 표면이 심한 폭음과 함께 박리 및 탈락되는 현상이다.

07 가. 부대입찰제
입찰자로 하여금 산출내역서에 입찰금액을 구성하는 공사 중 하도급 부분, 하도급 금액 및 하수급인 등 하도급에 관한 사항을 기재하여 제출토록 하는 제도이다.

나. 대안입찰제
도급자가 당초 작성한 설계서 상의 공종 중에서 대체가 가능한 공종에 대하여 기본방침의 변동 없이 대체될 수 있는 동등 이상의 기능 및 효과를 가진 신공법, 신기술, 공기단축 등에 반영될 설계로서 당해 설계상의 가격이 당초 작성된 설계서 상의 가격보다 낮고 공사기간이 당초 작성된 설계서 상의 기간을 초과하지 아니하는 방법을 제시하여 입찰하는 방식이다.

08 ① 2 ② 3
③ 4(3) ④ 8(6)
(주) 괄호 밖은 KCS 14 20 12 기준이고, 괄호 안은 KCS 21 50 05 기준이다.

09 (1) 프리텐션(Pre-Tension)방식
PS 강재에 인장력을 가한 상태에서 콘크리트를 타설, 경화한 후에 긴장을 풀어주는 방법이다.
(2) 포스트텐션(Post-Tension)방식
콘크리트를 쳐서 경화한 후에 미리 묻어둔 시스관 내에 PS 강재를 삽입하여 긴장시킨 후 정착하고 그라우팅하는 방법이다.

10 (1) 열가소성수지
① 염화비닐수지
② 폴리에틸렌수지
③ 아크릴수지
(2) 열경화성수지
① 페놀수지
② 멜라민수지
③ 에폭시수지
④ 폴리에스테르수지
⑤ 프란수지

11 드라이브 핀
(주1) 드라이비트 건은 콘크리트 못을 박을 때 화약의 폭발력을 이용하여 박는 공구이며 총은 드라이브 핀의 크기에 따라 여러 종이 사용된다. 드라이브 핀에는 콘크리트용과 철재용이 있으며, 머리가 달린 것을 H형, 나사로 된 것을 T형이라 한다.

12 KS F 4002(2016년) 기준
① 390×190×210mm ② 390×190×190mm
② 390×190×150mm ③ 390×190×100mm

13 (1) 타설 공법
① 콘크리트
② 경량콘크리트
(2) 조적 공법
③ 벽돌
④ 콘크리트블록 또는 경량콘크리트블록, 돌
(3) 미장 공법
⑤ 철망모르타르
⑥ 철망파라이트모르타르

14 (1) 용접착수 전 : ③, ④, ⑤
(2) 용접착수 중 : ①, ②, ⑧
(3) 용접착수 후 : ⑥, ⑦

15 (1) 그림

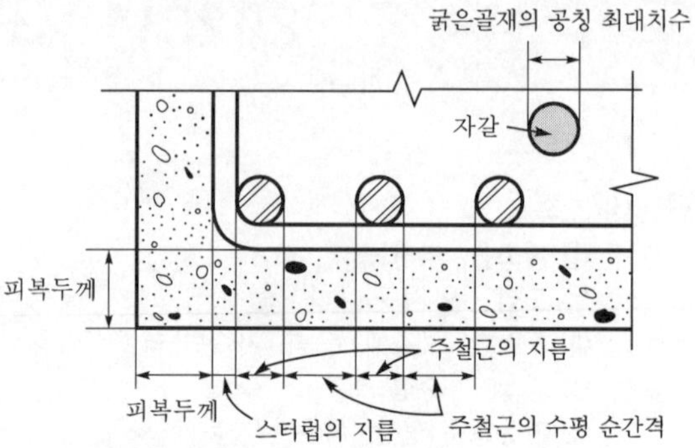

(2) 피복두께의 정의
콘크리트의 표면에서 제일 외측에 가까운 철근(띠철근 혹은 스터럽)의 표면까지의 거리이다.
(3) 피복두께의 유지목적
① 내구성
② 내화성
③ 부착성
④ 콘크리트 타설시의 유동성 확보

16 ① 조립식 구조로 견고하며 비틀림이나 이탈이 없다.
② 설치 및 해체 작업의 안정성 확보된다.
③ 고층 설치와 큰 하중에도 비계는 구조적으로 안전하다.
④ 조립식 구조로 시공속도가 빠르다.
⑤ 넓은 작업 공간이 확보 가능하다.
⑥ 현장 사용 여건에 따라 설치 폭이 조절 가능하다.

17 ① 온둘레현장용접
② 특별지시

18

구 분	수량산출근거	계
1. 터파기량(V)	V=(27+1.3×2)×(18+1.3×2)×6.5 =3,963.44m³	3,963.44m³
2. 되메우기량(V−S)	(1) 되메우기량=터파기량(V)−GL이하 기초구조부체적(S) (2) 터파기량(V) =3,963.44m³ (3) GL이하 기초구조 부체적(S)=잡석다짐량+버림콘크리트량+지하실부분 ① 잡석다짐량 ={27+(0.1+0.2)×2}×{18+(0.1+0.2)×2}×0.24 =123.206m³	740.18m³

2. 되메우기량(V−S)	② 버림콘크리트량 $=\{27+(0.1+0.2)\times 2\}$ $\times\{18+(0.1+0.2)\times 2\}$ $\times 0.06$ $=30.802\text{m}^3$ ③ 지하실부분 $=(27+0.1\times 2)\times(18$ $+0.1\times 2)\times 6.2$ $=3,069.248\text{m}^3$ ∴ GL이하 기초구조 부체적(S)=123.206 +30.802+3,069.248 =3,223.256 → $3,223.26\text{m}^3$ (4) 되메우기량 =V−S =3,963.44−3,223.26 $=740.18\text{m}^3$	
3. 잔토처리량 (C=1.0, L=1.3)	잔토처리량 $=\left\{V-(V-S)\times\frac{1}{C}\right\}\times L$ =S×L=3,223.26×1.3 =4,190.238 → $4,190.24\text{m}^3$	$4,190.24\text{m}^3$
4. 흙막이 면적	$A=\{(27+1.3\times 2)+(18$ $+1.3\times 2)\}\times 2\times 6.5$ $=652.60\text{m}^2$	652.60m^2

19 ㉮ → ㉱ → ㉮ → ㉰ → ㉯ → ㉲ → ㉳

20 가. 네트워크 공정표

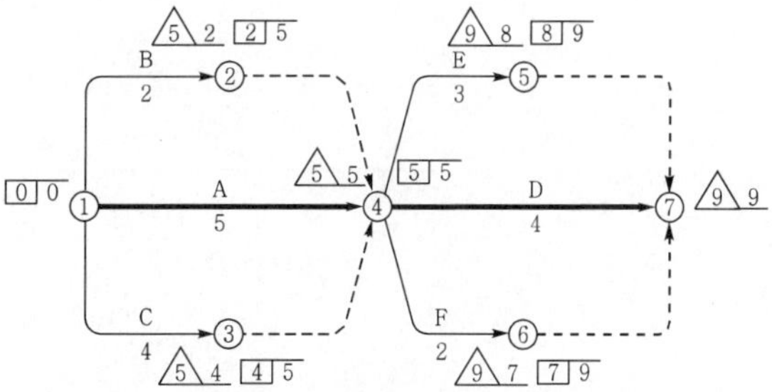

나. 여유시간

작업명	TF	FF	DF	CP
A	0	0	0	*
B	3	3	0	
C	1	1	0	
D	0	0	0	*
E	1	1	0	
F	2	2	0	

(주) 1. B, C작업에 대한 후속작업의 EST는 넘버링 더미에 의해 D, E, F작업의 EST인 [5]가 된다.

2. E작업에 대한 후속작업의 EST는 △9가 된다.

21

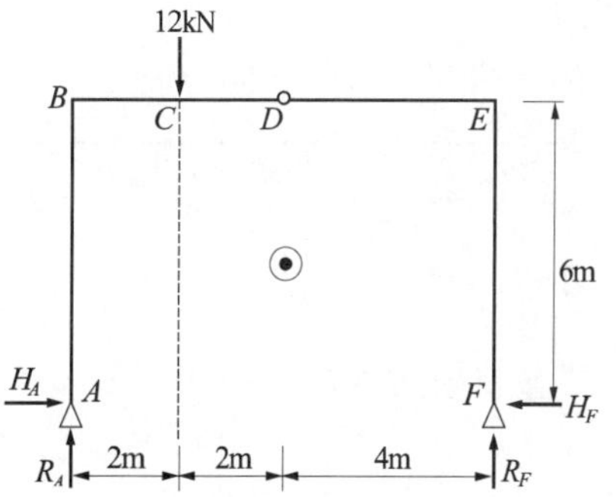

반력 산정(힘의 평형방정식으로부터 반력 산정)

① $\Sigma M=0(+;↰)$: $\Sigma M_F=R_A\times 8-12\times 6=0$

∴ $R_A=9\text{ kN}$

② $\Sigma Y=0(+;\uparrow)$:

$\Sigma Y=R_A-12+R_F=9-12+R_F=0$

∴ $R_F=3\text{ kN}$

③ $\Sigma M=0(+;↰)$:

$\Sigma M_{D(DA)}=R_A\times 4-H_A\times 6-12\times 2$

$=9\times 4-H_A\times 6-12\times 2=0$

∴ $H_A=2\text{ kN}$

④ $\Sigma X=0(+;\rightarrow)$: $\Sigma X=H_A-H_F=2-H_F=0$

∴ $H_F=2\text{ kN}$

∴ 지점 A의 반력은 다음과 같다.

$R_A=9\text{kN}$

$H_A=2\text{kN}$

22 1. 고장력볼트의 구멍지름(M20)

$d_h=d+2=20+2=22\text{ mm}$

2. 총단면적(①–① 단면)

$A_g=3,477\text{ mm}^2$

3. 파단선에 따른 순단면적(②–② 단면)

$A_n=A_g-n\,d_h\,t=3,477-2\times 22\times 12$

$=2,949\text{ mm}^2$

23 (1) 지점 A의 처짐각

$$\theta_A=-\frac{Pl^2}{16EI}=-\frac{(30\times 10^3)\times(6,000^2)}{16\times(210,000)\times(160\times 10^6)}$$

$=-0.002009\text{ rad}$ (시계방향)

(2) 보의 중앙 점 C의 최대 처짐량

$$\Delta_C=-\frac{Pl^3}{48EI}=-\frac{(30\times 10^3)\times(6,000^3)}{48\times(210,000)\times(160\times 10^6)}$$

$=-4.02\text{ mm}$ (하향)

해설

(1) 실제 보의 BMD(휨모멘트도)

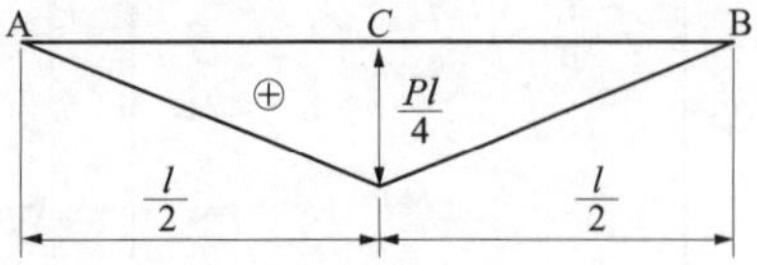

(2) $\frac{M}{EI}$을 하중으로 재하

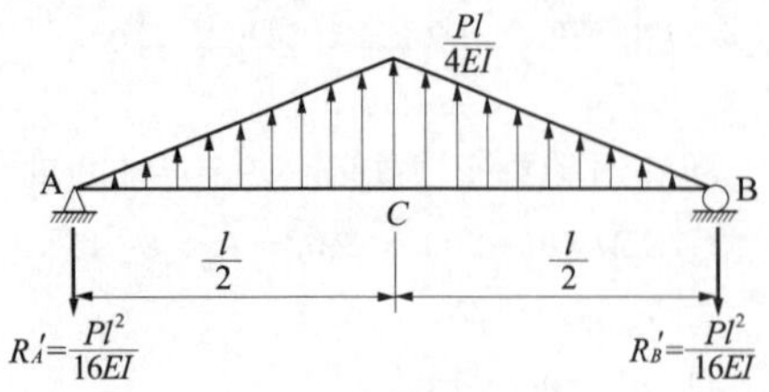

(3) 처짐각 θ_A, θ_B의 산정

실제 보의 θ_A는 $\frac{M}{EI}$을 하중으로 재하시킨 공액보에서 점 A의 전단력(반력)이다.

$$R_A' = \frac{1}{2}\times\left(\frac{Pl}{4EI}\right)\times\left(\frac{l}{2}\right) = \frac{Pl^2}{16EI}\ (\downarrow)$$

$$\therefore\ \theta_A = V_A' = -\frac{Pl^2}{16EI} \qquad \text{(시계방향)}$$

실제 보의 θ_B는 $\frac{M}{EI}$을 하중으로 재하시킨 공액보에서 점 B의 전단력이다.

$$\therefore\ \theta_B = V_B' = -\frac{Pl^2}{16EI} + \frac{1}{2}\times\left(\frac{Pl}{4EI}\right)\times\left(\frac{l}{2}\right)\times 2$$

$$= \frac{Pl^2}{16EI} \qquad \text{(반시계방향)}$$

(4) 처짐 Δ_C의 산정

실제 보의 Δ_C는 $\frac{M}{EI}$을 하중으로 재하시킨 공액보에서 점 C의 휨모멘트이다.

$$M_C' = -\frac{Pl^2}{16EI}\times\left(\frac{l}{2}\right) + \frac{1}{2}\times\left(\frac{Pl}{4EI}\right)\times\left(\frac{l}{2}\right)\times\left(\frac{l}{2}\times\frac{1}{3}\right)$$

$$= -\frac{Pl^3}{48EI}$$

$$\therefore\ \Delta_C = M_C' = -\frac{Pl^3}{48EI} \qquad \text{(하향)}$$

24 (1) 최대 휨모멘트

$$M_{max} = Pl = (12\times10^3)\times150$$

$$= 1{,}800\times10^3\ \text{N}\cdot\text{mm}$$

(2) 단면계수

$$Z = \frac{bh^2}{6} = \frac{150\times150^2}{6} = 562{,}500\ \text{mm}^2$$

(3) 최대 휨응력

$$\sigma_{max} = \frac{M_{max}}{I}y = \frac{M_{max}}{Z} = \frac{1{,}800\times10^3}{562{,}500}$$

$$= 3.20\text{N/mm}^2(\text{MPa})$$

25 ① 3

② 450

(주) KDS 14 20 50(2021년 개정 기준)
벽체 또는 슬래브에서 휨 주철근의 간격은 벽체나 슬래브 두께의 3배 이하로 하여야 하고, 또한 450 mm 이하로 하여야 한다. 다만, 콘크리트 장선구조의 경우 이 규정이 적용되지 않는다.

26

$f_y \le 400$MPa	$f_y > 400$MPa
$\epsilon_t \ge \epsilon_{tt} = 0.0050$	$\epsilon_t \ge \epsilon_{tt} = 2.5\epsilon_y$

여기서, ϵ_{tt}는 인장지배변형률 한계이다.

(주) KDS 14 20 20(2021년 개정 기준)
압축연단 콘크리트가 가정된 극한변형률에 도달할 때 최외단 인장철근의 순인장변형률 ϵ_t가 0.005의 인장지배변형률 한계 이상인 단면을 인장지배 단면이라고 한다. 다만, 철근의 항복강도가 400 MPa을 초과하는 경우에는 인장지배변형률 한계를 철근 항복변형률의 2.5배로 한다.

2020년 3회(2020.10.17 시행)

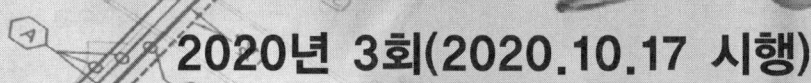

01 기준점(Bench Mark)을 설명하시오. (3점)

02 굴착공사 시 발생하는 Heaving파괴와 Boiling현상에 대한 방지대책을 3가지 쓰시오. (4점)

가. Heaving 파괴에 대한 방지대책

① ______ ② ______ ③ ______

나. Boiling 현상에 대한 방지대책

① ______ ② ______ ③ ______

03 지반개량을 위한 탈수법 중 다음 공법에 대하여 설명하시오. (4점)

가. 페이퍼드레인 공법 : ______

나. 생석회 공법 : ______

04 특기시방서상 철근의 인장강도가 240MPa 이상으로 규정되어 있다. 건설공사 현장에 반입된 철근을 KS 규격에 의거 중앙부 지름 14mm, 표점거리 50mm로 가공하여 인장강도를 실험하였더니 37,200N, 40,570N 및 38,150N에서 파괴되었다. 평균 인장강도를 구하고, 특기시방서의 규정과 비교하여 합격 여부를 판정하시오. (5점)

① 평균 인장강도(f_t) : ______

② 판정 : ______

05 밀도가 2.65g/cm^{3}이고 단위용적질량이 1,600kg/m^{3}인 골재가 있다. 이 골재의 공극률(%)을 구하시오. (4점)

06 ALC(Autoclaved Lightweight Concrete, 경량기포콘크리트) 제조시 필요한 재료를 2가지와 기포도입방법을 쓰시오. (3점)

(1) 재료

①

②

(2) 기포도입방법

07 콘크리트 구조물의 균열발생시 보강 방법을 3가지 쓰시오. (3점)

① ② ③

08 그림과 같은 철근콘크리트 보에서 중립축거리(c)가 250mm일 때 강도감소계수 ϕ를 산정하시오. (단, ϕ의 계산값은 소수 셋째자리에서 반올림하여 소수 둘째자리까지 표현하시오.) (4점)

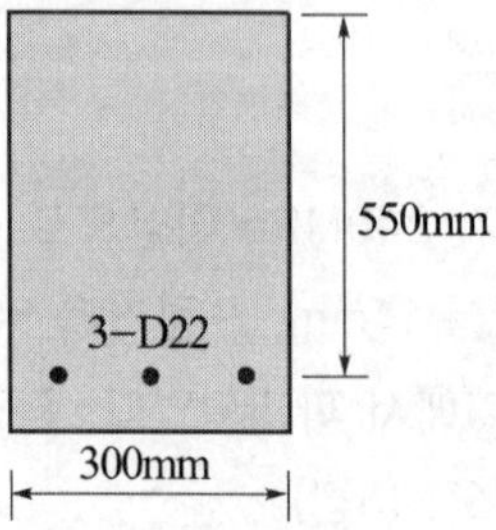

09 다음 그림의 헌치 보에 대하여, 콘크리트량과 거푸집량을 구하시오. (단, 거푸집 면적은 보의 하부면도 산출할 것.) (6점)

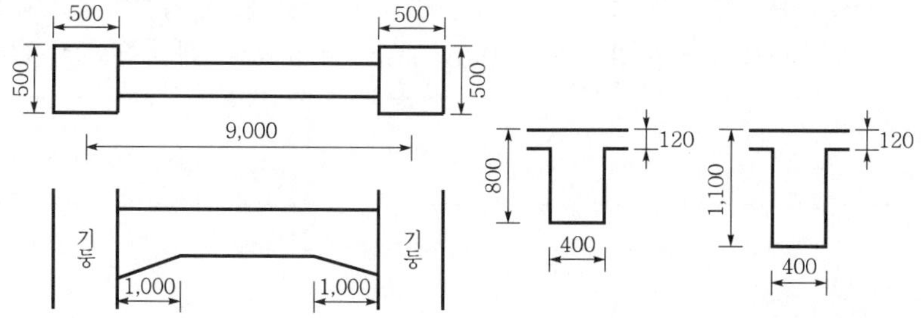

【중앙부】 【단부】

10 강구조공사의 내화피복 공법 중 습식 공법에 대하여 설명하고 습식 공법의 종류 3가지 및 각 종류에 해당하는 재료를 1가지씩 쓰시오. (5점)

가. 습식 공법 :

나. 습식 공법의 종류 및 재료

①

②

③

11 H-400×200×8×13(필릿의 반지름 r=16mm) 형강의 플랜지와 웨브의 판폭두께비를 구하시오. (4점)

(1) 플랜지 :

(2) 웨브 :

12 다음 [보기]에서 설명하는 볼트의 명칭을 쓰시오. (3점)

보기
철근콘크리트 슬래브와 강재 보의 전단력을 전달하도록 강재에 용접되고 콘크리트 속에 매입된 시어커넥터(Shear Connector)에 사용되는 볼트

____

13 벽돌벽의 표면에 생기는 백화의 정의와 대책을 3가지 쓰시오. (4점)

가. 정의 : ______________________________

나. 대책

① ______________________________

② ______________________________

③ ______________________________

14 석재공사 진행 중 석재가 깨진 경우 이것을 접착할 수 있는 대표적인 접착제를 1가지 쓰시오. (2점)

____

15 벽돌 표준형 1,000장을 1.5B 두께로 쌓을 수 있는 벽면적(m^2)을 구하시오. (단, 할증률은 고려하지 않는다.) (4점)

____

16 금속공사에서 사용되는 철물이 뜻하는 다음 용어를 설명하시오. (4점)

가. 메탈라스(Metal Lath) : ______

나. 펀칭메탈(Punching Metal) : ______

17 VE의 사고방식 4가지를 쓰시오. (4점)

① ______ ② ______

③ ______ ④ ______

18 다음 용어를 설명하시오. (4점)

(1) LCC : ______

(2) VE(Value Engineering) : ______

19 그림과 같은 구조물에서 T부재에 발생하는 부재력을 구하시오. (단, 인장은 +, 압축은 −로 표시한다.) (3점)

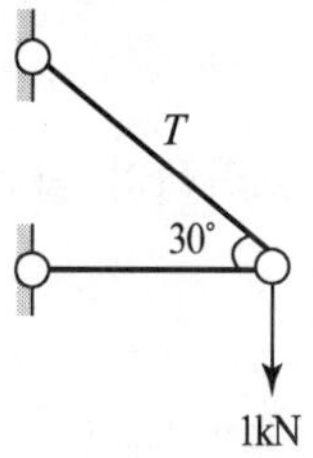

______

20 그림과 같은 단면의 x축에 대한 단면2차 모멘트를 계산하시오. (3점)

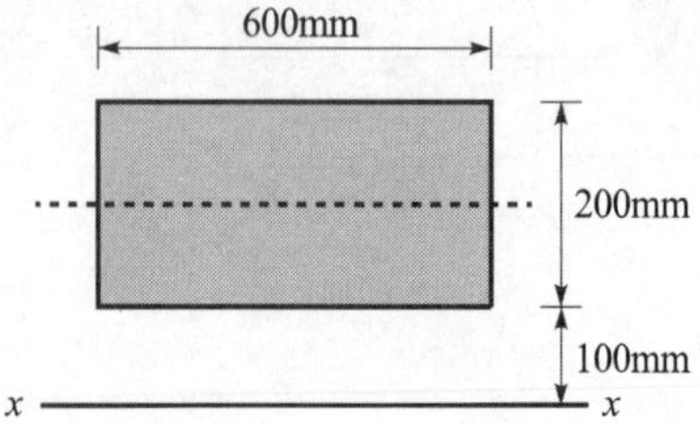

21 다음 데이터를 네트워크 공정표로 작성하시오. (6점)

작업명	작업일수	선행작업	비고
A	5	없음	(1) 결합점에서는 다음과 같이 표시한다. 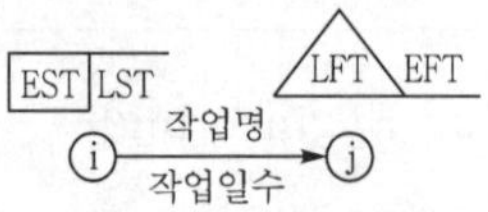 (2) 주공정선은 굵은선으로 표시한다.
B	4	A	
C	2	없음	
D	4	없음	
E	3	C, D	

22 레미콘 공장을 현장에서 선정할 때 고려해야 할 유의사항을 3가지 쓰시오. (3점)

① ______ ② ______ ③ ______

23 1방향 슬래브의 두께가 250mm일 때 단위폭 1m에 대한 수축 · 온도철근량과 D13($a_1 = 126.7\text{mm}^2$) 철근을 배근할 때 요구되는 배치 개수를 구하시오, (단, f_y =400MPa) (4점)

24 강구조 공사에서 다음 상황에 맞는 용접기호를 완성하시오. (6점)

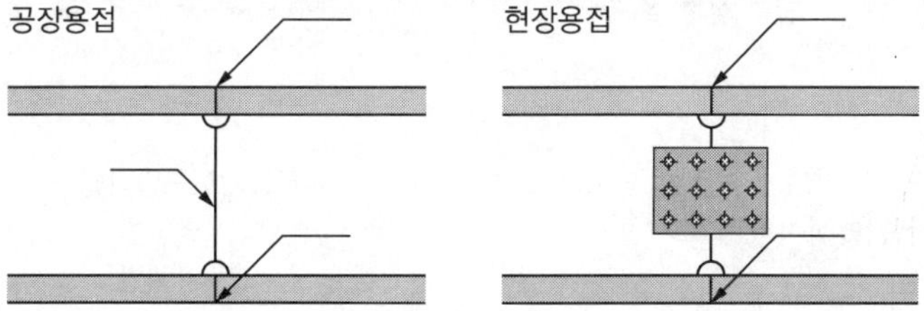

25 콘크리트로 바탕 슬래브 위에 보기에 있는 항목을 이용하여 작업을 수행할 때 하단부터 상단까지의 가장 적합한 시공순서를 보기에서 골라 번호로 쓰시오. (4점)

보기

① 무근콘크리트　② 고름모르타르　③ 목재 데크
④ 보호모르타르　⑤ 시트방수

26 도장공사에서 유성니스(Vanish)에 사용되는 재료 2가지를 쓰시오. (2점)

① ______

② ______

2020년 3회 해설 및 정답

01 건축공사 중 건축물의 고저에 기준이 되도록 건축물 인근에 높이의 기준을 설치하는 표시물

02 가. 히빙파괴에 대한 방지대책
① 흙막이를 경질지반까지 도달
② 지반개량
③ 지반 위의 하중 제거

나. 보일링현상에 대한 방지대책
① 흙막이를 경질지반까지 도달
② 웰포인트공법으로 지하수위 저하
③ 약액주입 등으로 굴착지면의 지수

03 가. 페이퍼 드레인 공법
점토질지반에서 모래말뚝 대신 흡수지를 삽입하여 탈수시키는 공법이다.

나. 생석회 공법
점토질지반에서 모래말뚝 대신 산화칼슘(생석회)을 채워 넣어 탈수시키는 공법이다.

04 ① 평균 인장강도(f_t)

$$f_t = \frac{\sum_{i=1}^{n} P_i}{A} \div n = \left\{ \frac{(37,200+40,570+38,150)}{\left(\frac{\pi \times 14^2}{4}\right)} \right\} \div 3$$

$$= 251.01\text{MPa}(\text{N/mm}^2)$$

② 판정 : 합격
(∵ 251.01MPa > 240.0MPa)

05 ① 골재의 비중(G) : $G = 2.65$

② 단위용적 중량(M) : $M = 1.60\text{tf/m}^3$

③ 공극률 $= \frac{(G \times 0.999) - M}{G \times 0.999} \times 100$

$$= \frac{(2.65 \times 0.999) - 1.60}{2.65 \times 0.999} \times 100 = 39.56\%$$

06 (1) 재료
① 석회질 원료(석회, 시멘트)
② 규산질 원료(고로슬래그, 플라이애시)
③ 기포제

(2) 기포도입방법
① 발포법
② 기포법

(주1) ALC의 재료(KS F 2701(2012년 기준))
1. 석회질 원료
(1) 석회
(2) 시멘트
① 포틀랜드 시멘트(KS L 5201)
② 고로슬래그 시멘트(KS L 5210)
③ 플라이애시 시멘트(KS L 5211)
2. 규산질 원료
(1) 규석
(2) 규사
(3) 고로슬래그
(4) 플라이애시
3. 기포제

(주2) 경량골재의 주원료[KCS 14 20 20(2021년 개정 기준)]
팽창성 혈암, 팽창성 점토, 플라이 애시 등

(주3) 발포법과 기포법
① 발포법 : 시멘트 슬러지 중에서 화학반응을 이용해 가스를 발생시키는 방법
② 기포법 : 시멘트 슬러지 중에 기포제를 이용해 기포를 발생시키는 방법

07 ① 탄소섬유접착 공법
② 강판접착 공법
③ 앵커접합 공법
④ 단면증가법

08 ① 순인장변형률 ϵ_t 의 산정

$d_t = d = 550\,\text{mm}$

$$\varepsilon_t = \left(\frac{d_t - c}{c}\right)\varepsilon_{cu} = \left(\frac{550-250}{250}\right) \times 0.0033 = 0.00396$$

② 강도감소계수 ϕ의 산정

$\varepsilon_{tc} = \varepsilon_y = 0.0020$

$\varepsilon_{tc} = 0.0020 < \varepsilon_t = 0.00396 < \varepsilon_{tt} = 0.0050$이므로 변화구간 단면이다.

$$\phi = 0.65 + (\varepsilon_t - 0.0020) \times \frac{200}{3}$$

$$= 0.65 + (0.00396 - 0.0020) \times \frac{200}{3} = 0.781$$

$\therefore\ \phi = 0.78$

09

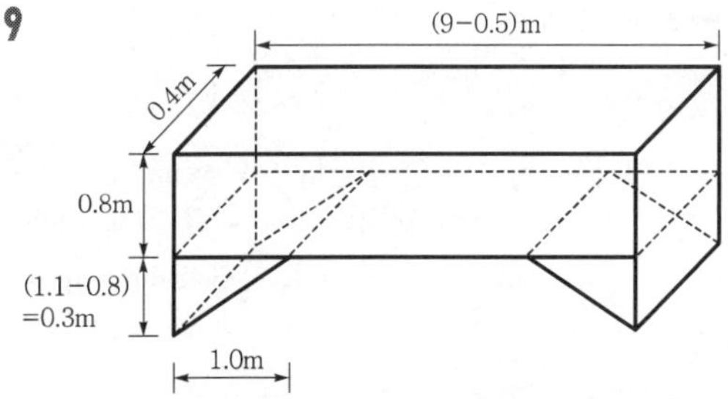

【콘크리트량 산출 관련】

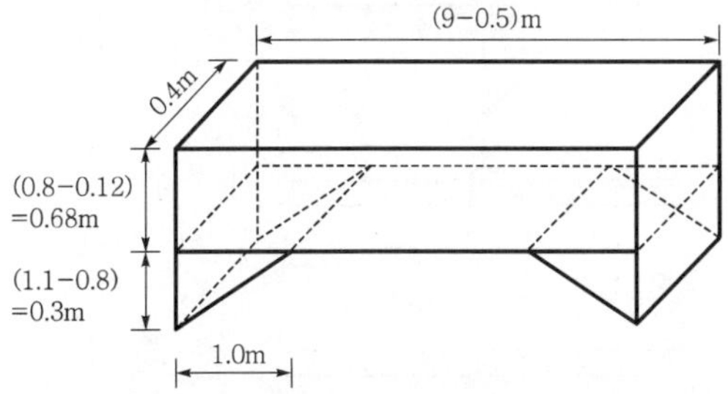

【거푸집량 산출 관련】

(1) 콘크리트량(보의 콘크리트량 산출은 상단 그림 참조)

$$0.4\times0.8\times(9-0.5)+\frac{1}{2}\times1\times0.3\times0.4\times2\text{EA}$$

$$=2.84\text{m}^3$$

(2) 거푸집량(보의 콘크리트량 산출은 하단 그림 참조)

① 옆면 : $\left\{0.68\times(9-0.5)+\frac{1}{2}\times1\times0.3\times2\text{EA}\right\}$
$\times2\text{sides}=12.16\text{m}^2$

② 밑면 : $0.4\times(9-1\times2-0.5)+0.4\times\sqrt{1^2+0.3^2}$
$\times2\text{EA}=3.44\text{m}^2$

∴ 합계 : $12.16+3.44=15.60\text{m}^2$

(주) 단일보에 대한 물량 산출시, 슬래브의 두께를 고려하여 산출해야 한다.

10 가. 습식 공법 : 강구조에서 화재 등으로 인한 강재의 온도상승을 막고 화재로부터 보호하기 위해 모르타르, 콘크리트벽돌 등의 습식 재료로 내화피복을 한 것이다.

나. 습식 공법의 종류 및 재료

① 뿜칠 공법 : 암면, 모르타르, 플라스터
② 타설 공법 : 콘크리트, 경량콘크리트
③ 미장 공법 : 철망모르타르
④ 조적 공법 : 벽돌, 블록

11 (1) 플랜지(비구속판요소)의 판폭두께비

$$b=\frac{b_f}{2}=\frac{200}{2}=100\text{mm}$$

$$\lambda_f=\frac{b}{t_f}=\frac{100}{13}=7.69$$

(2) 웨브(구속판요소)의 판폭두께비

$$h=d-2t_f-2r=400-2\times13-2\times16=342\text{mm}$$

$$\lambda_w=\frac{h}{t_w}=\frac{342}{8}42.75$$

12 스터드볼트

13 가. 정의 : 벽 표면에서 침투하는 빗물에 의해 모르타르의 석회분이 유출하여 모르타르 중의 석회분이 수산화석회로 되어 표면에 유출될 때 공기 중의 탄산가스 또는 벽돌의 유황성분과 결합하여 흰 가루가 생기는 현상

나. 대책

① 양질의 벽돌 사용
② 줄눈 모르타르에 방수제 혼합
③ 빗물이 침입하지 않도록 벽면에 비막이 설치
④ 벽돌표면에 파라핀 도료를 발라 염류의 유출 방지
⑤ 낮은 물시멘트비로 시공
⑥ 비나 눈이 오면 작업중지

14 에폭시수지 접착제(에폭시 접착제)

15 벽면적$=\frac{1,000}{224}=4.464\rightarrow4.46\text{m}^2$

16 가. 메탈라스(Metal Lath)
얇은 철판에 자름금을 내어 당겨 늘린 것

나. 펀칭메탈(Punching Metal)
얇은 철판에 각종 모양을 도려낸 것

17 ① 고정관념의 제거
② 사용자중심의 사고
③ 기능중심의 접근
④ 조직적 노력

18 (1) LCC : 건축물의 기획, 설계, 시공에서 부터 완공된 후의 유지관리 및 해체까지 이어지는 일련의 과정을 건물의 생애(수명)라 한다. 이러한 건물의 생애기간동안 소요되는 초기투사비 및 유지관리비 등의 총비용이다.

(2) VE(Value Engineering) : 발주자가 요구하는 성능, 품질을 보장하면서 가장 저렴한 값으로 공사를 수행하기 위한 수단을 찾고자 하는 체계적이고 과학적인 공사 방법이다.

19

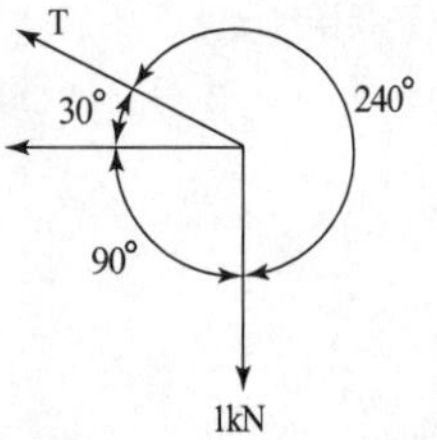

사인법칙(라미의 정리)을 이용하여 다음과 같이 산정한다.

$$\frac{1}{\sin 30^\circ} = \frac{T}{\sin 90^\circ}$$

$$T = 1 \times \frac{\sin 90^\circ}{\sin 30^\circ} = 2\,\text{kN (인장)}$$

20 x축에 대한 단면2차 모멘트

$$I_x = I_{xG} + Ay^2 = \frac{600 \times 200^3}{12} + (600 \times 200) \times 200^2$$

$$= 5,200 \times 10^6\ \text{mm}^4$$

21

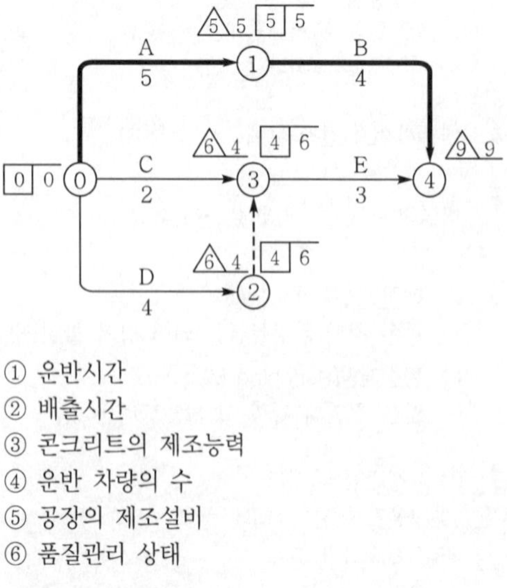

22 ① 운반시간
② 배출시간
③ 콘크리트의 제조능력
④ 운반 차량의 수
⑤ 공장의 제조설비
⑥ 품질관리 상태

23 1. 1방향 슬래브에서 수축·온도철근으로 배치되는 이형철근의 최소 철근비

$f_y \le 400$MPa	$\rho_{\min} = 0.0020$
$f_y > 400$MPa	$\rho_{\min} = \max\left[0.0014,\ 0.0020\left(\frac{400}{f_y}\right)\right]$

$\therefore\ \rho_{\min} = 0.0020$

2. 최소 철근량 : 최소 철근비는 콘크리트의 전체 단면적 $A_g(=bh_f)$에 대한 수축·온도철근의 단면적의 비이다. 따라서 최소 철근량은 $A_{s,\min} = \rho_{\min}\, bh_f$이다.

$$\therefore\ A_{s,\min} = \rho_{\min}\, bh_f = 0.0020 \times 1,000 \times 250$$

$$= 500\ \text{mm}^2/\text{m}$$

3. 배치 개수

$$n = \frac{A_{s,\min}}{a_1} = \frac{500}{126.7} = 3.9 \rightarrow 4\,EA$$

여기서, a_1 : 단일 철근의 단면적(mm^2)
$A_{s,\min}$: 단위폭 1 m 내의 전체 사용 철근의 최소 단면적(mm^2/m)

24

공장용접

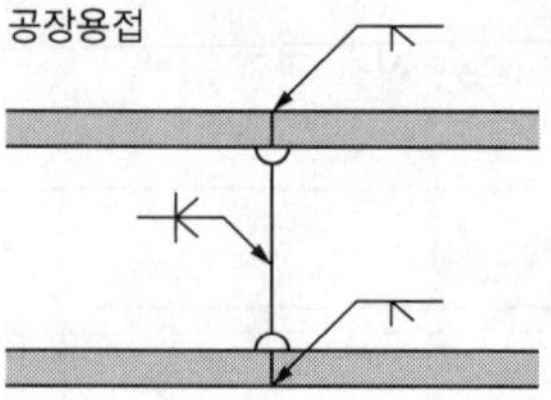

현장용접

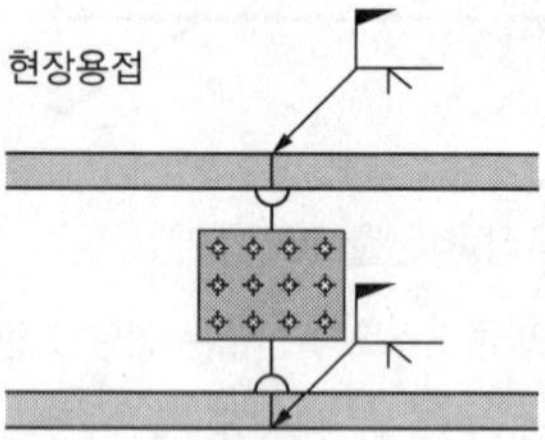

25 ② → ⑤ → ④ → ① → ③

26 ① 건성류
② 휘발성용제

2020년 4회(2020.11.14 시행)

01 다음 그림과 같은 조적구조 평면에서 평규준틀과 귀규준틀의 수량을 산정하시오. (단, 도면의 설명이 없는 벽체는 내력벽이다.) (4점)

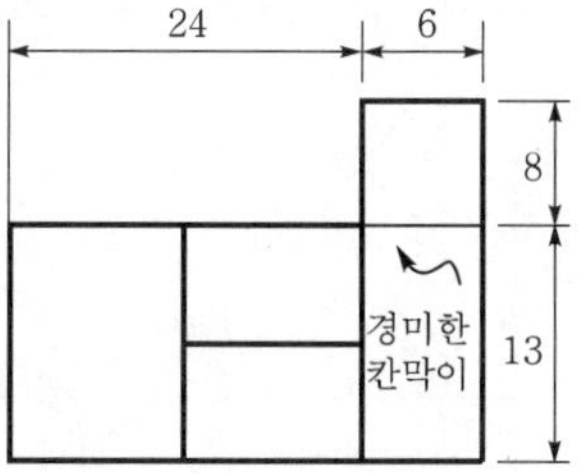

02 지반조사를 위한 보링의 종류를 3가지 쓰시오. (3점)

① ______ ② ______ ③ ______

03 지하연속벽(Slurry Wall)공법에 사용되는 안정액의 기능을 2가지 쓰시오. (4점)

① ______

② ______

04 흙막이의 계측관리시 계측에 사용되는 측정장비 3가지를 쓰시오. (3점)

① ______ ② ______ ③ ______

05 흐트러진 상태의 흙 30m^{3}를 이용하여 30m^{2}의 면적에 다짐상태로 60cm 두께를 터돋우기 할 때 시공 완료된 다음의 흐트러진 상태로 토량을 산출하시오. (단, 이 흙의 L=1.2이고, C=0.9이다.) (3점)

---

06 기초와 지정의 차이점을 기술하시오. (4점)

가. 기초 : ____________________

나. 지정 : ____________________

07 철근의 이음 방법에는 콘크리트와의 부착력에 의한 (①) 외에, (②) 또는 연결재를 사용한 (③)이 있다. (3점)

① ____________ ② ____________ ③ ____________

08 염분을 포함한 바닷모래를 골재로 사용하는 경우 철근부식에 대한 방청상 유효한 조치를 4가지 쓰시오. (4점)

① ____________________

② ____________________

③ ____________________

④ ____________________

09 섬유보강 콘크리트에 사용되는 섬유의 종류를 3가지 쓰시오. (3점)

① ____________ ② ____________ ③ ____________

10 매스 콘크리트(Mass Concrete) 시공에서 콘크리트 재료의 일부 또는 전부를 냉각시켜 콘크리트의 온도를 낮추는 방법을 무엇이라 하는가? (3점)

11 지름 300mm, 길이 500mm의 콘크리트 시험체의 할렬 인장강도시험에서 최대 하중이 100kN으로 나타나면 이 시험체의 인장강도를 구하시오. (3점)

12 보통중량콘크리트로써 보에서 압축을 받는 D22 철근(공칭지름 22.2mm)의 묻힘길이에 의한 압축 이형철근의 기본정착길이를 산정하시오. (단, f_{ck} =24MPa, f_y =400MPa이다.) (3점)

13 철근콘크리트 기초판의 크기가 2m×4m일 때 단변방향으로의 소요 전체 철근량이 4,800mm^{2}이다. 유효폭 내에 배근하여야 할 철근량을 구하시오. (3점)

14 강구조공사 용접방법 중 다음에 설명하는 용접방법을 기재하시오. (4점)

(1) 한쪽 또는 양쪽 부재의 끝을 용접이 양호하게 될 수 있도록 끝 단면을 비스듬히 절단(개선)하여 용접하는 방법

(2) 두 부재를 일정한 각도로 접합한 후 2장의 판재를 겹치거나 T자형 ,十자형의 교차부를 등변 삼각형 모양으로 접합부을 용접하는 방법

(1) ______________________

(2) ______________________

15 강구조 부재 용접접합부에 있어서 용접이음새나 받침쇠의 관통을 위해 또한 용접이음새끼리 교차를 피하기 위해 설치하는 원호상의 구멍을 무엇이라 하는지 용어를 쓰고, 간단히 그 모양을 그림으로 도시하시오. (5점)

(1) 용어 : ______________________

(2) 그림 : ______________________

16 강합성 데크플레이트 구조에 사용되는 시어커넥터(Shear Connector)의 역할에 대하여 설명하시오. (3점)

____

____

17 강구조에서 칼럼쇼트닝(Column Shortening)에 대하여 기술하시오. (3점)

____

____

18 강구조 주각부는 고정주각, 핀주각, 매입형주각 등 3가지로 구분된다. 그림에 적합한 주각부의 명칭을 쓰시오. (6점)

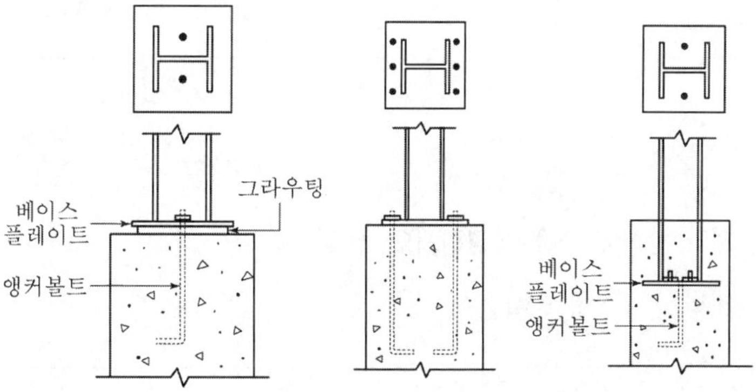

(가) (나) (다)

가. ______

나. ______

다. ______

19 블록 벽체의 결함 중 습기, 빗물 침투현상의 원인을 4가지 쓰시오. (4점)

① ______ ② ______

③ ______ ④ ______

20 기존의 멤브레인(Membrane) 계통의 방수를 하지 않고 수중, 지하구조물의 콘크리트 강도 증진 및 수밀성, 내구성 향상과 콘크리트 성능개선 효과 등을 동시에 얻고자 콘크리트 구조물 단면 전체를 방수화 하는 공법의 명칭을 쓰시오. (3점)

______

______

21 커튼월공사에서 발생될 수 있는 유리의 열 파손 메커니즘(Mechanism)에 대해 설명하시오. (3점)

22 다음 공사관리 계약 방식에 대해 설명하시오. (4점)

가. CM for Fee 방식(용역형 CM)

나. CM at Risk 방식(시공책임형 CM)

23 민간 주도하에 Project(시설물) 완공 후 발주처(정부)에게 소유권을 양도하고 발주처의 시설물 임대료를 통하여 투자비가 회수되는 민간투자사업 계약방식의 명칭은? (3점)

24 히스토그램(Histogram)의 작업순서를 | 보기 | 에서 골라 순서를 기호로 쓰시오. (3점)

| 보기 |

㉮ 히스토그램과 규격값을 대조하여 안정 상태인지 검토한다.
㉯ 히스토그램을 작성한다.
㉰ 도수분포도를 만든다.
㉱ 데이터에서 최소값과 최대값을 구하여 전 범위를 구한다.
㉲ 구간폭을 정한다.
㉳ 데이터를 수집한다.

25 다음 데이터를 이용하여 정상공기를 산출한 결과 지정공기보다 3일이 지연되는 결과이었다. 공기를 조정하여 3일의 공기를 단축한 네트워크 공정표를 작성하고, 아울러 총공사금액을 산출하시오. (10점)

작업명	선행작업	비용구배 (Cost Slope) (원/일)	표준(Normal)		특급(Crash)		비고
			공기(일)	공비(원)	공기(일)	공비(원)	
A	없음	–	3	7,000	3	7,000	단축된 공정표에서 CP는 굵은 선으로 표기하고, 각 결합점에서는 EST LST / LFT EFT, ⓘ —작업명/작업일수→ ⓙ 로 표기한다.(단, 정상공기는 답지에 표기하지 않고, 시험지 여백을 이용할 것)
B	A	1,000	5	5,000	3	7,000	
C	A	1,500	6	9,000	4	12,000	
D	A	3,000	7	6,000	4	15,000	
E	B	500	4	8,000	3	8,500	
F	B	1,000	10	15,000	6	19,000	
G	C, E	2,000	8	6,000	5	12,000	
H	D	4,000	9	10,000	7	18,000	
I	F, G, H	–	2	3,000	2	3,000	

가. 단축한 네트워크 공정표

나. 총공사금액

26 그림과 같은 캔틸레버보의 점 A로부터 우측으로 4m 위치인 점 C의 전단력과 휨모멘트를 구하시오. (4점)

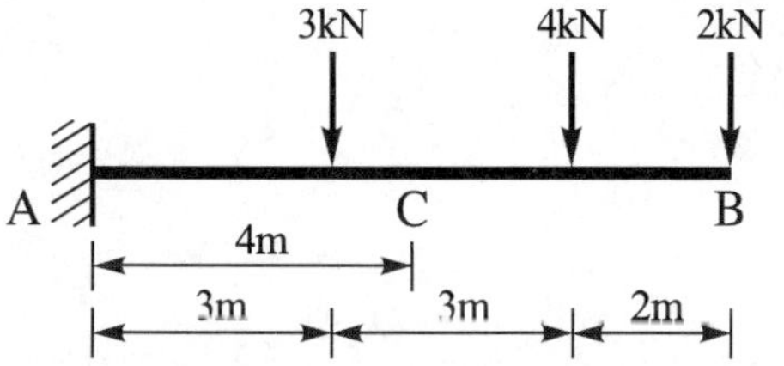

2020년 4회 해설 및 정답

01 ① 평규준틀 : 6개소
② 귀규준틀 : 5개소

참고

• 규준틀의 설치위치

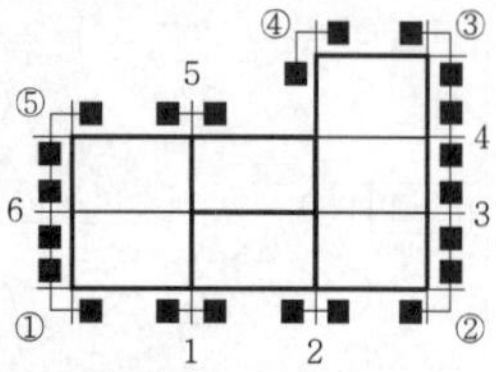

02 ① 오거 보링
② 수세식 보링
③ 충격식 보링
④ 회전식 보링

03 ① 슬라임의 부유 배제
② 굴착면의 붕괴방지
③ 지수효과
④ 굴착부의 마찰저항 감소
(주1) 벤토나이트(Bentonite, 안정액) 용액의 사용 목적과 같다.

04 ① Earth(Soil) Pressure Gauge(토압계)
② Strain Gauge(변형계)
③ Level and Staff(지표면 침하계)
④ Inclinometer(지중 경사계)
⑤ Load Cell(하중계)

05 ① 흐트러진 상태에서 다져진 후 토량

$$30 \times \left(\frac{C}{L}\right) = 30 \times \left(\frac{0.9}{1.2}\right) = 22.5\text{m}^3$$

② 터돋우기 후 남는 토량

$22.5-(30\times0.6)=4.5\text{m}^3$

∴ 다져진 상태에서 흐트러진 상태로 남는 토량

$$4.5 \times \left(\frac{L}{C}\right) = 4.5 \times \left(\frac{1.2}{0.9}\right) = 6.0\text{m}^3$$

해설

① C/L : 흐트러진 상태의 토량 → 다져진 상태의 토량
② L/C : 다져진 상태의 토량 → 흐트러진 상태의 토량

06 가. 기초 : 기초 슬래브와 지정을 총칭한 것으로 기초 구조라고도 함
나. 지정 : 슬래브를 지지하기 위한 것으로 잡석, 말뚝 등의 부분

07 ① 겹침이음
② 용접이음
③ 기계적 이음

08 ① 염분제거
② 염분의 고정화
③ 에폭시코팅 철근 사용
④ 아연도금 철근 사용
⑤ 내식성 철근 사용
⑥ 콘크리트에 방청제 혼합

09 ① 강섬유 ② 유리섬유
③ 탄소섬유 ④ 비닐론섬유

10 프리쿨링(Pre-Cooling, 선행냉각)
(주1) 프리쿨링(Pre-Cooling, 선행냉각) : 매스 콘크리트의 시공에서 콘크리트를 타설하기 전에 콘크리트의 온도를 제어하기 위해 얼음이나 액체질소 등으로 콘크리트의 원재료의 일부 또는 전부를 냉각시키는 방법이다.
(주2) 파이프쿨링(Pipe-Cooling, 관료식냉각) : 매스 콘크리트의 시공에서 콘크리트를 타설한 후 콘크리트의 내부 온도를 제어하기 위해 미리 묻어둔 파이프 내부에 냉수를 강제적으로 순환시켜 콘크리트를 냉각하는 방법이다.

11 인장강도(f_{sp})

$$f_{sp} = \frac{2P}{\pi l d} = \frac{2\times100{,}000}{\pi\times500\times300} = 0.42\text{MPa}$$

12 묻힘길이에 의한 압축 이형철근의 기본정착길이 l_{db}

$\lambda = 1.0$

$$l_{db} = \frac{0.25\, d_b\, f_y}{\lambda\sqrt{f_{ck}}} = \frac{0.25\times22.2\times400}{1.0\times\sqrt{24}} = 453\text{ mm}$$

$l_{db} = 449\text{mm} \geq 0.043\, d_b\, f_y = 0.043\times22.2\times400 = 382\text{mm}$

∴ 묻힘길이에 의한 압축 이형철근의 기본정착길이 l_{db}는 최소 453mm이다.

13 단변방향으로 배치해야 할 전체 철근량(A_{sL})에서 다음 식으로 계산되는 양(A_{s1})을 단변길이만큼의 중앙구간에 균등하게 배치하고, 나머지 철근량은 중앙구간 이외의 양쪽구간에 등간격으로 배치한다.

(1) $\beta = \dfrac{L}{B} = \dfrac{4.0}{2.0} = 2.00$

(2) $\gamma_s = \left(\dfrac{2}{\beta+1}\right) = \left(\dfrac{2}{2.00+1}\right) = \dfrac{2}{3}$

(3) 단변방향으로 배치해야 할 전체 철근량
$A_{sL} = 4,800\text{mm}^2$

(4) 유효폭(중앙구간) 내에 배근하여야 하는 철근량
$A_{s1} = \gamma_s A_{sL} = \dfrac{2}{3} \times 4,800 = 3,200\text{mm}^2$

여기서, A_{s1} : 중앙구간에 배치할 철근량
A_{sL} : 단변방향으로 배치해야 할 전체 철근량
β : 장변과 단변의 비, 즉 $\beta = \dfrac{L}{H}$

14 (1) 그루브용접(맞댐용접, 홈용접)
(2) 필릿용접(모살용접)

15 (1) 용어 : 스칼럽(Scallop)
(2)

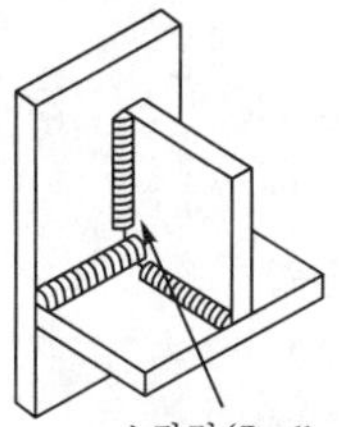

스칼럽(Scallop)

(주1) 스칼럽(Scallop)은 강구조 부재의 용접 시 이음 및 접합부위의 용접선이 교차되어 재용접된 부위가 열 영향을 받아 취약해지기 때문에 모재에 부채꼴모양의 모따기를 한 것이다.

16 합성보에서 슬래브와 강구조 보를 일체화시켜 전단력에 저항하도록 한 부재이다. 전단 연결재의 종류로는 스터드 볼트, ㄷ형강, 나선철근 등이 있다.

17 건축물이 초고층화되거나 대형화됨에 따라 상구소구조물의 높이 증가와 하중의 증가로 인해 기둥에 작용하는 수직하중이 증대되어 발생되는 기둥의 수축량이다.

18 가. 핀주각
나. 고정주각
다. 매입형주각

19 ① 이질재와의 접합부 불량
② 사춤 모르타르의 충전 부족
③ 치장줄눈의 시공 불량
④ 물흘림, 물끊기 불량
⑤ 조적조쌓기 완료 후 비계장선 등의 구멍 메우기 불충분
⑥ 채양 등 돌출부 위에 물이 괴는 부분에 접속되는 조적벽

20 구체방수, 콘크리트구체방수 또는 수밀콘크리트
(주) 콘크리트에 방수제를 혼입하여 방수효과를 갖는 것은 방수공사가 아닌 콘크리트공사에 해당되며, 이러한 방법은 구체방수 또는 수밀콘크리트(KCS 14 20 30, KS F 4926)라 할 수 있다.

21 유리가 두꺼울 경우, 열 축적이 커지게 되므로 유리 단면의 중앙부와 주변부의 온도차이가 발생되며 이로 인한 유리의 열팽창 차이로 유리가 파손하게 된다.

22 가. CM for Fee 방식 : 발주자와 시공자가 직접 계약을 하고 CM은 설계 및 시공에 직접 관여하지 않고 건설사업 수행에 관한 발주자에 대한 대리인(Agent) 및 조정자(Coordinator)의 역할만을 하는 방식이다.

나. CM at Risk 방식 : 발주자와 CM이 계약을 하고 발주자와 합의된 계약 조건하에서 CM이 시공자 역할까지 하면서 하도급자를 선정하고 이윤을 추구할 수 있도록 하는 방식이다.

23 BTL(Build-Transfer-Lease) : 사회간접시설의 확충을 위해 민간이 자금조달과 시설준공(Build) → 소유권을 정부에 이전(Transfer) → 민간이 투자비 회수를 위해 정부와 약정기간 동안 운영업자에게 리스로 임대(Lease)
(주) 최종 수요자에게 사용료를 부과해 투자비 회수가 어려운 시설을 짓는 데 주로 적용

24 ㉳ → ㉱ → ㉲ → ㉰ → ㉯ → ㉮

25 가. 단축한 네트워크 공정표

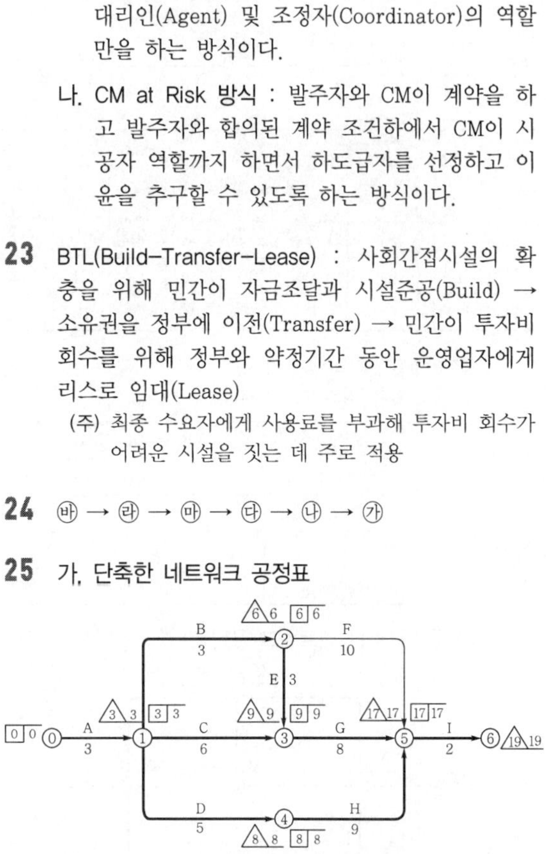

나. 총공사금액

① 표준공사비 : 69,000원

② 추가공사비 : E+2(B+D)이므로

EC=500+2×(1,000+3,000)=8,500원

③ 총공사비=표준공사비+추가공사비 :

69,000+8,500=77,500원

해설

(1) 표준 네트워크 공정표

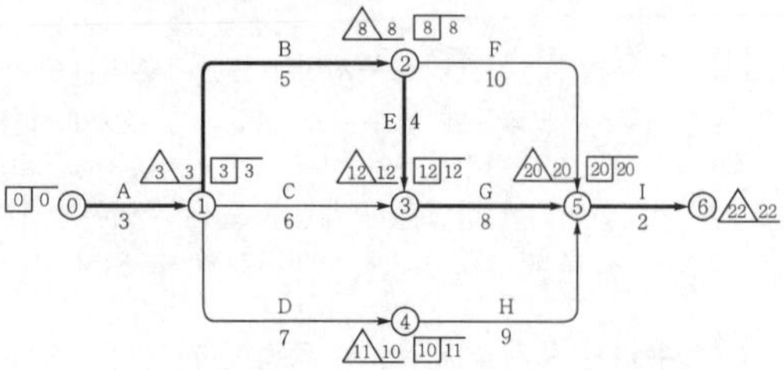

(2) 공기를 3일 단축한 네트워크 공정표 작성

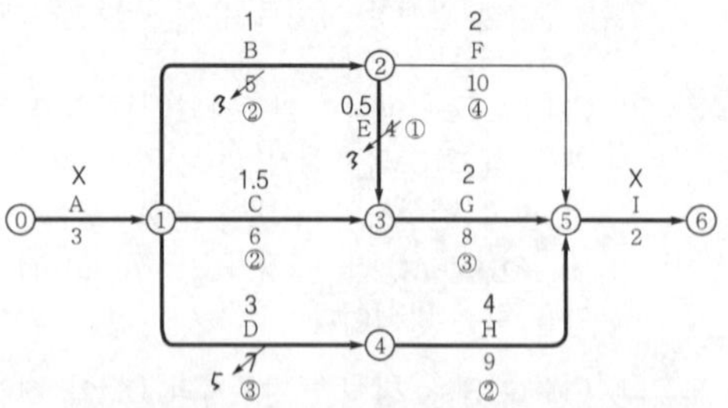

단축단계	공기단축				Path				비고
	Act.	일수	생성 CP	단축불가 Path	A-B-F-I (20일)	A-B-E-G-I (22일)	A-C-G-I (19일)	A-D-H-I (21일)	
1단계	E	1	D, H	E	20	21	19	21	
2단계	B, D	2	C	B	18	19	19	19	(주)1

(주) 병렬단축 : 경우의 수는 다음과 같고, 비용구배(CS)가 최소인 곳에서 단축

작업명	비용구배(CS)
B+D	4,000
B+H	5,000
G+D	5,000
G+H	6,000

(3) 공기단축한 네트워크 공정표

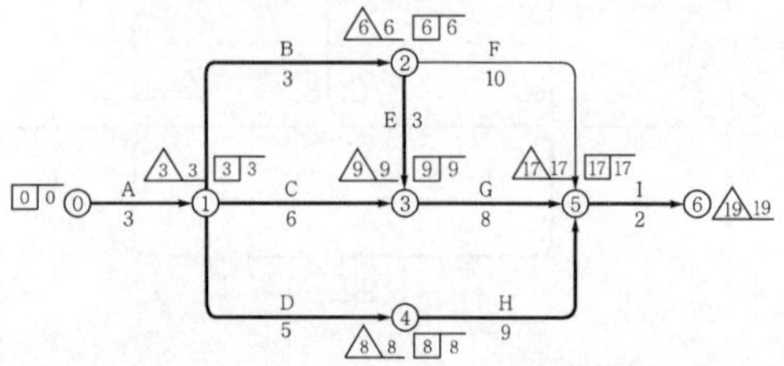

(4) 총공사금액

총공사비=표준공사비+추가공사비

① 표준공사비(NC, Normal Cost) : 69,000원
(Normal의 소요공사비 합계
=7,000+5,000+9,000+6,000+8,000+15,000+6,000+10,000+3,000=69,000원)

② 추가공사비(EC, Extra Cost) : E+2(B+D)이므로
EC=500+2×(1,000+3,000)=8,500원

③ 총공사비 : 69,000+8,500=77,500원

26 (1) 반력 산정

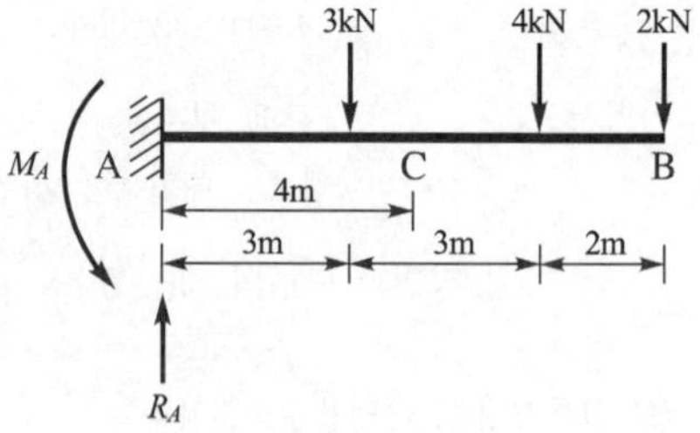

① $\Sigma M=0(+;\curvearrowright)$:
$\Sigma M_A=-M_A+3\times3+4\times6+2\times8=0$
$\therefore\ M_A=37\text{kN}\cdot\text{m}(\curvearrowleft)$

② $\Sigma Y=0(+;\ \uparrow)$:
$\Sigma Y=R_A-3-4-2=0$
$\therefore\ R_A=9\text{kN}(\uparrow)$

(2) 점 C의 전단력

$V_C=9-3=6\text{kN}$

(3) 점 C의 휨모멘트

$M_C=-37-3\times1=-40\text{kN}\cdot\text{m}$

2020년 5회(2020.11.29 시행)

01 시공계획서 제출 시 환경관리 및 친환경관리에 대해 제출해야 할 서류에 포함될 내용을 4가지 쓰시오. (4점)

① ______

② ______

③ ______

④ ______

02 다음이 설명하는 시공기계를 쓰시오. (4점)

보기

(1) 사질지반의 굴착이나 지하연속벽, 케이슨 기초 같은 좁은 곳의 수직굴착에 사용되며, 토사채취에도 사용된다. 최대 18m 정도 깊이까지 굴착이 가능하다.
(2) 지반보다 낮은 곳(기계의 위치보다 낮은 곳)의 굴착에 적합한 토공장비

(1) ______

(2) ______

03 탑다운 공법(Top-Down Method) 공법은 지하구조물의 시공순서를 지상에서부터 시작하여 점차 깊은 지하로 진행하며 완성하는 공법으로서 여러 장점이 있다. 이 중 작업공간이 협소한 부지를 넓게 쓸 수 있는 이유를 기술하시오. (3점)

______

______

04 매입말뚝 중에서 마이크로 말뚝의 정의와 장점 2가지를 쓰시오. (4점)

(1) 정의 :

(2) 장점 :

05 수중에서 타설하는 콘크리트 타설 시 콘크리트 피복두께를 얼마 이상으로 하여야 하는가? (2점)

06 다음의 첫 번째 그림을 참조하여 콘크리트 측압의 변화를 2회로 나누어 타설하는 경우와 2차 타설 시의 측압으로 구분하여 도시하시오. (단, 최대 측압 부분은 굵은선으로 표시하시오.) (4점)

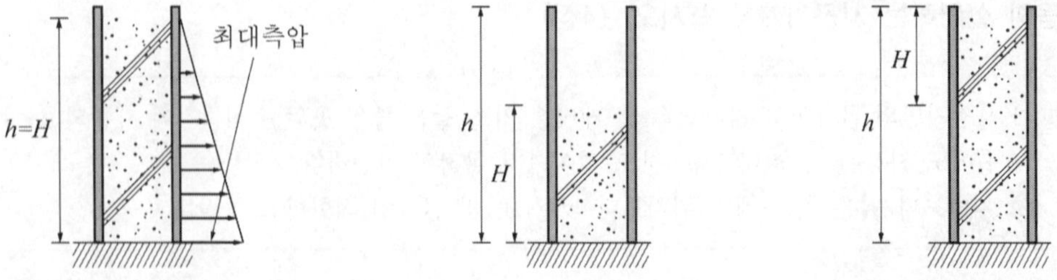

【한 번에 타설하는 경우】 【2회로 나누어 타설하는 경우】 【2차 타설 시의 측압】

07 다음 콘크리트공사용 거푸집에 대하여 설명하시오. (4점)

가. 슬라이딩폼 :

나. 터널폼 :

08 어떤 골재의 비중이 2.65이고, 단위용적질량이 1,800kg/m^{3}이라면 이 골재의 실적률을 구하시오. (3점)

09 고강도 콘크리트의 폭렬현상에 대하여 설명하시오. (3점)

10 강도설계법에서 보통골재를 사용한 콘크리트의 설계기준압축강도 f_{ck}=24 MPa인 콘크리트의 탄성계수를 구하고 탄성계수비를 결정하시오. (4점)

가. 콘크리트의 탄성계수 : ______

나. 탄성계수비 : ______

11 다음과 같은 조건의 대칭 T형 보의 유효너비(b_e)을 구하시오. (4점)

보기

- 슬래브의 두께(t_f) : 200mm
- 복부폭(b_w) : 300mm
- 양쪽 슬래브의 중심간 거리 : 3,000mm
- 보 경간(Span): 6,000mm

12 다음과 같은 조건의 외력에 대한 균열휨모멘트(M_{cr})를 구하시오. (4점)

보기

- 단면의 크기 : $b \times h = 300\text{mm} \times 600\text{mm}$
- 보통중량콘크리트르의 설계기준압축강도 : $f_{ck} = 30\text{MPa}$
- 철근의 설계기준항복강도 : $f_y = 400\text{MPa}$

____

13 온도조절철근(Temperature Bar)의 배근목적에 대하여 간단히 설명하시오. (2점)

____

____

14 강구조공사의 접합방법 중 용접의 단점을 2가지 쓰시오. (4점)

① ______________________________

② ______________________________

15 강구조공사의 절단가공에서 절단 방법의 종류를 3가지 쓰시오. (3점)

① ____________ ② ____________ ③ ____________

16 부재 단면에 비틀림이 생기지 않고 휨변형만 유발하는 위치를 무엇이라 하는가? (2점)

____

____

17 벽돌벽의 표면에 생기는 백화현상을 설명하시오. (4점)

18 목재의 인공건조법의 종류를 3가지 쓰시오. (3점)

①

②

③

19 대리석 분말 또는 세라믹 분말제에 특수 혼화제를 첨가한 레디믹스트 모르타르를 현장에서 물과 혼합하여 뿜칠로 전체 표면을 1~3mm 두께로 얇게 바르는 미장공법을 쓰시오. (3점)

20 미장공사와 관련된 다음 용어를 설명하시오. (4점)

① 손질바름 :

② 실러바름 :

21 다음 | 보기 | 의 미장재료에서 기경성과 수경성 미장재료를 구분하어 쓰시오. (4점)

보기
진흙, 모르타르, 회반죽, 무수석고 플라스터, 돌로마이트 플라스터, 석고 플라스터

① 기경성 미장재료 :

② 수경성 미장재료 :

22 그림과 같은 창고를 시멘트벽돌로 신축하고자할 때, 벽돌쌓기량(매)과 내외벽 시멘트 미장할 때 미장면적을 구하시오. (10점)

단, ① 벽두께는 외벽 1.5B쌓기, 칸막이벽 1.0B쌓기로 하고 벽높이는 안팎 공히 3.6m로 가정하며, 벽돌은 표준형(190×90×57)으로 할증률은 5%이다.

② 창문틀 규격은

1/D : 2.2×2.4m 2/D : 0.9×2.4m 3/D : 0.9×2.1m

1/W : 1.8×1.2m 2/W : 1.2×1.2m

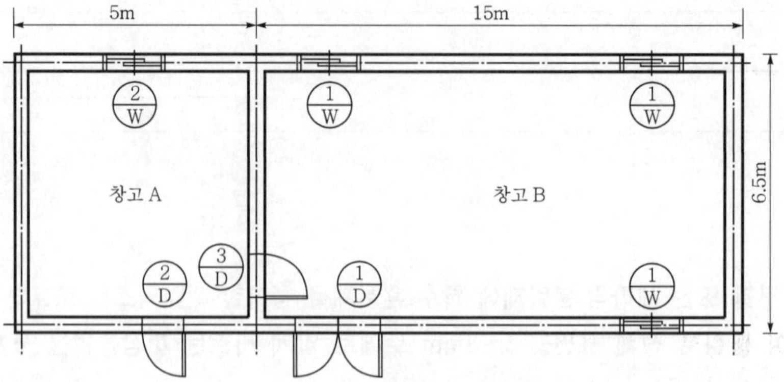

23 다음 용어를 설명하시오. (4점)

(1) 로이유리(Low-Emissivity Glass) :

(2) 단열간봉(Warm-edge Space) :

24 민간 주도하에 Project(시설물) 완공 후 발주처(정부)에게 소유권을 양도하고 발주처의 시설물 임대료를 통하여 투자비가 회수되는 민간투자사업 계약방식의 명칭은? (3점)

25 다음 데이터를 네트워크 공정표로 작성하시오. (8점)

<table>
<tr><th>작업명</th><th>작업일수</th><th>선행작업</th><th>비고</th></tr>
<tr><td>A</td><td>5</td><td>없음</td><td rowspan="9">• 주공정선은 굵은선으로 표시한다.
• 각 결합점 일정계산은 PERT 기법에 의거 다음과 같이 계산한다.
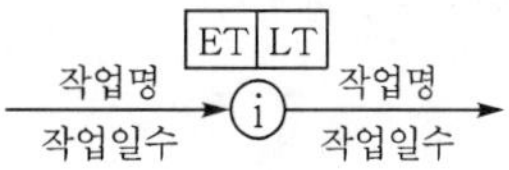

(단, 결합점 번호는 반드시 기입한다.)</td></tr>
<tr><td>B</td><td>2</td><td>없음</td></tr>
<tr><td>C</td><td>4</td><td>없음</td></tr>
<tr><td>D</td><td>5</td><td>A, B, C</td></tr>
<tr><td>E</td><td>3</td><td>A, B, C</td></tr>
<tr><td>F</td><td>2</td><td>A, B, C</td></tr>
<tr><td>G</td><td>4</td><td>D, E</td></tr>
<tr><td>H</td><td>5</td><td>D, E, F</td></tr>
<tr><td>I</td><td>4</td><td>D, F</td></tr>
</table>

• 네트워크 공정표

26 다음 그림과 같은 트러스의 명칭을 쓰시오. (4점)

(1)

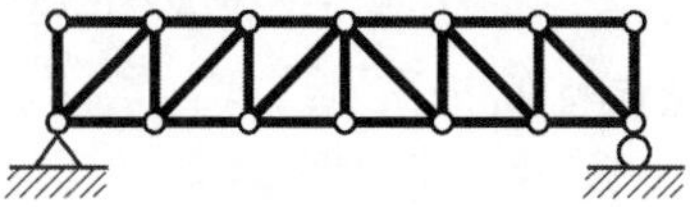

(2)

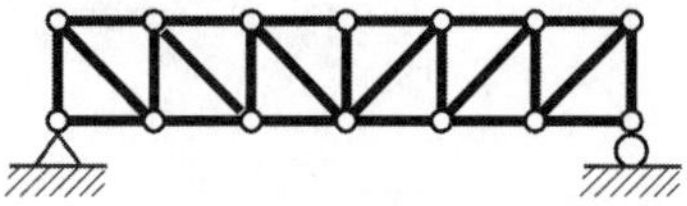

(1) ______________________________

(2) ______________________________

2020년 4회 해설 및 정답

01 ① 식물 및 수목 등의 자연환경보전 및 복원
② 소음 및 진동 대책 및 저감
③ 폐기물의 절약과 재활용
④ 경관훼손의 저감
⑤ 건설폐자재의 재활용
⑥ 재생자원의 이용

02 (1) 크램셸 (2) 드래그셔블(백호)

03 탑다운 공법(Top-Down Method) 공법은 1층 바닥의 구조체가 완료되면 1층 바닥을 작업장으로 이용할 수 있다. 따라서 작업공간이 협소한 부지를 넓게 쓸 수 있다.

04 (1) 정의 : 소형시공장비를 사용할 수 있는 마이크로파일(미니파일)을 마찰말뚝처럼 사용하여 지반의 강성을 높여 지반보강을 통해 부력을 방지하는 방법이다.

(2) 장점 : ① 주변 마찰력을 이용하므로 지반개량효과도 얻을 수 있다.
② 소형장비를 사용하므로 협소한 공간에서 시공이 용이하다.

05 100mm

06

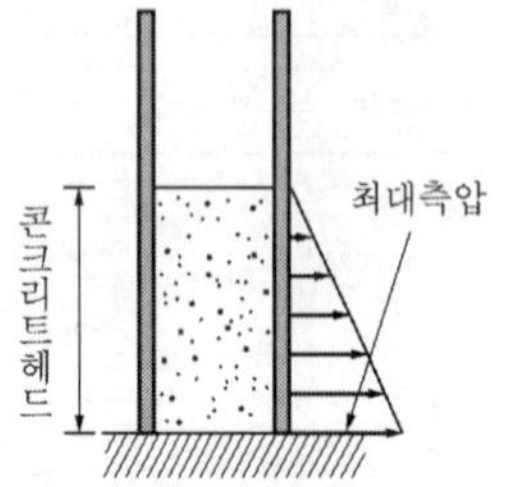

2회로 나누어 타설하는 경우

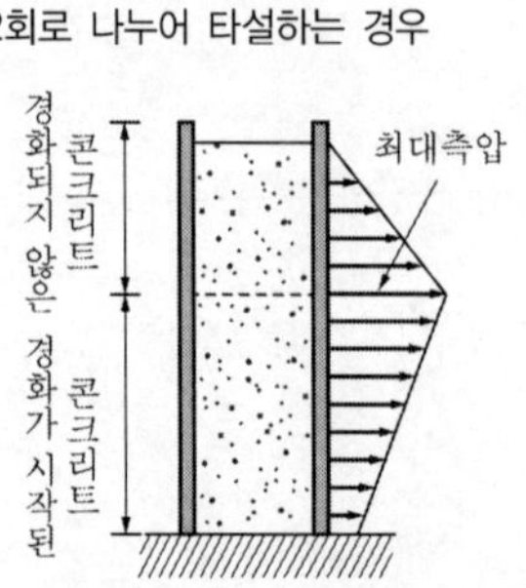

2차 타설 시의 측압

07 가. 슬라이딩폼 : 사일로, 교각, 건물의 코어부분 등 단면형상의 변화가 없는 수직으로 연속된 콘크리트 구조물에 사용되는 거푸집

나. 터널폼 : ㄱ자형, ㄷ자형의 기성재 거푸집으로 아파트공사에 주로 사용되는 거푸집

08

$$\text{실적률} = \frac{M}{G \times 0.999} \times 100$$

$$= \frac{1.8}{2.65 \times 0.999} \times 100 = 68.0\%$$

09 고강도 콘크리트에서 화재 시 급격한 고온에 의해 내부 수증기압이 발생하고, 이 수증기압이 콘크리트의 인장강도보다 크게 되면 콘크리트 부재의 표면이 심한 폭음과 함께 박리 및 탈락되는 현상이다.

10 가. 콘크리트의 탄성계수

$f_{ck} \le 40\,\text{MPa}$이면, $\Delta f = 4\,\text{MPa}$

$f_{cm} = f_{ck} + \Delta f = 24 + 4 = 28\,\text{MPa}$

$E_c = 8{,}500\sqrt[3]{f_{cm}} = 8{,}500\sqrt[3]{28} = 25{,}811\,\text{MPa}$

나. 탄성계수비

$E_s = 2.0 \times 10^5\,\text{MPa}$

$E_c = 25{,}811\,\text{MPa}$

$$n = \frac{E_s}{E_c} = \frac{2.0 \times 10^5}{25{,}811} = 7.749 \rightarrow 7.75$$

11 T형 보(플랜지)의 유효너비(b_e)

(1) $16h_f + b_w = 16 \times 200 + 300 = 3{,}500\,\text{mm}$

(2) 양쪽 슬래브의 중심간 거리$= 3{,}000\,\text{mm}$

(3) 보의 경간의 $\frac{1}{4} = 6{,}000 \times \frac{1}{4} = 1{,}500\,\text{mm}$

따라서 플랜지의 유효너비(b_e)은 $1{,}500\,\text{mm}$이다.

12 균열휨모멘트(M_{cr})

$$f_r = 0.63\lambda\sqrt{f_{ck}} = 0.63 \times 1.0 \times \sqrt{30} = 3.45\,\text{MPa}$$

$$I_g = \frac{bh^3}{12} = \frac{300 \times 600^3}{12} = 5{,}400.0 \times 10^6\,\text{mm}^4$$

$$y_t = \frac{h}{2} = \frac{600}{2} = 300\,\text{mm}$$

$$M_{cr} = \frac{f_r I_g}{y_t} = \frac{3.45 \times (5{,}400.0 \times 10^6)}{300}$$

$$= 62.1 \times 10^6\,\text{N} \cdot \text{mm} = 62.1\,\text{kN} \cdot \text{m}$$

13 온도조절철근(Temperature Bar)은 수축과 온도변화에 따른 콘크리트의 균열을 방지하고, 응력을 분포시킬 목적으로 주철근과 직각방향으로 배치한 보조적인 철근이다.

14 ① 접합부 검사가 곤란
② 숙련공이 필요
③ 용접부의 취성파괴 우려
④ 피로강도가 낮음
⑤ 용접열에 의한 변형, 왜곡
⑥ 응력집중에 민감

15 ① 기계절단
② 가스절단
③ 플라즈마절단
④ 레이즈절단

16 전단중심

17 **백화현상** : 벽 표면에서 침투하는 빗물에 의해 모르타르의 석회분이 유출하여 모르타르 중의 석회분이 수산화석회로 되어 표면에 유출될 때 공기중의 탄산가스 또는 벽돌의 유황성분과 결합하여 흰 가루가 생기는 현상

18 ① 훈연건조
② 전열건조
③ 연소가스건조
④ 진공건조
⑤ 약품건조

19 수지미장 또는 수지 플라스터 바름

20 ① **손질바름**
콘크리트, 콘크리트블록 바탕에서 초벌바름하기 전에 마감두께를 균등하게 할 목적으로 모르타르 등으로 미리 요철을 조정하는 것

② **실러바름**
바탕의 흡수 조정, 바름재와 바탕과의 접착력 증진 등을 위하여 합성수지 에멀션 희석액 등을 바탕에 바르는 것

21 ① **기경성 미장재료**
진흙, 회반죽, 돌로마이트 플라스터

② **수경성 미장재료**
모르타르, 무수석고 플라스터, 석고 플라스터

22

구분	수량 산출근거	계
(1) 벽돌쌓기량	① 외벽(1.5B) : 51.84×3.6−15.36 =171.264m^2 ∴ 171.264×224=38,363.1 → 38,364매 ② 내벽(1.0B) : (6.5−0.29×2)×3.6−1.89 =19.422m^2 ∴ 19.422×149=2,893.9 → 2,894매 ∴ 소요량 : (38,364+2,894)×1.05 =43,320.9 → 43,321매	43,321매
(2) 미장면적	(1) 외부 (20+6.5)×2×3.6−15.36=175.44m^2 (2) 내부 ① 창고(A) $\left\{\left(5-0.29-\frac{0.19}{2}\right)+(6.5-0.29\times2)\right\}$ $\times2\times3.6-(0.9\times2.4+0.9\times2.1$ $+1.2\times1.2)=70.362m^2$ ② 창고(B) $\left\{\left(15-0.29-\frac{0.19}{2}\right)+(6.5-0.29\times2)\right\}$ $\times2\times3.6-(2.2\times2.4+1.8\times1.2\times3$ $+0.9\times2.1)=134.202m^2$ ∴ 합계 : 175.44+70.362+134.202 =380.004 → 380.00m^2	380.00m^2

(해설)

(1) 문제의 치수가 외벽 중심간 치수가 아님에 주의한다.

(2) 외벽의 중심간 길이(ΣL_1)

$$\Sigma L_1=\left\{\left(20-\frac{0.29}{2}\times2\right)+\left(6.5-\frac{0.29}{2}\times2\right)\right\}\times2$$
$=51.84m$

(3) 개구부 면적

외부	$\frac{1}{D}$	2.2×2.4×1EA	15.36m^2
	$\frac{2}{D}$	0.9×2.4×1EA	
	$\frac{1}{W}$	1.8×1.2×3EA	
	$\frac{2}{W}$	1.2×1.2×1EA	
내부	$\frac{3}{D}$	0.9×2.1×1EA	1.89m^2

(4) 도면의 치수가 벽체 중심선으로 주어지는 경우도 있으므로 유의한다.

(5) 벽돌쌓기 정미량
① 1.0B 표준형 벽돌 : 149매/m^2
② 1.5B 표준형 벽돌 : 224매/m^2

23 (1) 로이유리(Low-Emissivity Glass) : 열적외선을 반사하는 은소재도막으로 코팅하여 방사율과 열관류율을 낮추고 가시광선 투과율을 높인 유리로서, 일반적으로 복층유리로 제조하여 사용한다.

(2) 단열간봉(Warm-edge Space) : 복층유리의 간격을 유지하며 열전달을 차단하는 자재이며, 고단열 및 결로방지를 위한 목적으로 적용된다.

24 BTL

(주1) BTL(Build-Transfer-Lease) : 사회간접시설의 확충을 위해 민간이 자금조달과 시설준공(Build) → 소유권을 정부에 이전(Transfer) → 민간이 투자비 회수를 위해 정부와 약정기간 동안 운영업자에게 리스로 임대(Lease)

(주2) 최종 수요자에게 사용료를 부과해 투자비 회수가 어려운 시설을 짓는 데 주로 적용

25 • 네트워크 공정표

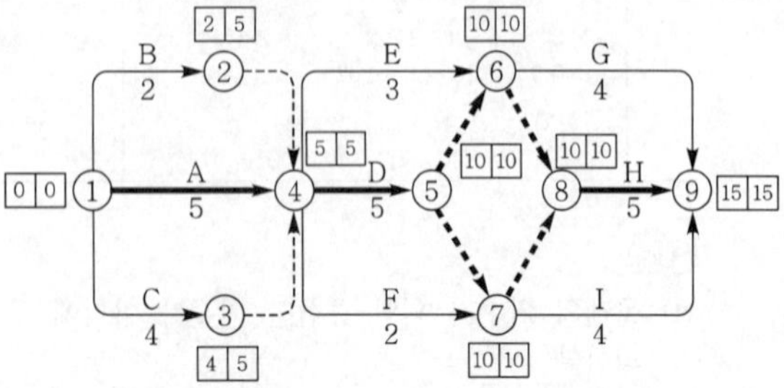

26 (1) 하우 트러스
(2) 플랫 트러스

2021년 1회(2021.4.25 시행)

01 BOT(Build-Operate-Transfer contract)방식을 설명하시오. (3점)

02 굵은골재의 최대치수 25mm, 4kg을 물속에서 채취하여 표면건조포수상태의 질량이 3.95kg, 절대건조질량이 3.60kg, 수중에서의 질량이 2.45kg일 때 흡수율과 밀도를 구하시오. (단, 물의 밀도 : 1g/cm^3) (6점)

(1) 흡수율 :

(2) 표건상태 밀도 :

(3) 진밀도 :

03 재령 28일 콘크리트 표준공시체(ϕ150mm×300mm)에 대한 압축강도시험 결과 파괴하중이 500kN일 때, 이 콘크리트의 압축강도 f_c(MPa)를 구하시오. (3점)

04 다음 설명에 해당하는 흙파기공법의 명칭을 쓰시오. (4점)

① 구조물 측벽이나 주열선 부분만을 먼저 파내고 그 부분의 기초와 지하구조체를 축조한 다음 중앙부의 나머지 부분을 파내어 지하구조물을 완성하는 공법
② 중앙부의 흙을 먼저 파고, 그 부분에 기초 또는 지하구조체를 축조한 후, 이것을 지점으로 흙막이 버팀대를 경사지게 또는 수평으로 가설하여 널말뚝 부근의 흙을 파내고 지하 구조체를 완성하는 공법

①

②

05 **다음이 설명하는 적당한 벽돌 쌓기 방법을 쓰시오. (2점)**

> ① 담 또는 처마 부분에 내쌓기를 할 때 45° 각도로 모서리면이 돌출되어 나오도록 쌓는 방법
> ② 난간벽과 같이 상부 하중을 지지하지 않는 벽에 있어서 장식적인 효과를 기대하기 위하여 벽체에 구멍을 내어 쌓는 방법

① ______________________

② ______________________

06 **다음 조건으로 요구하는 산출량을 구하시오. (단, $L=1.3$, $C=0.9$) (9점)**

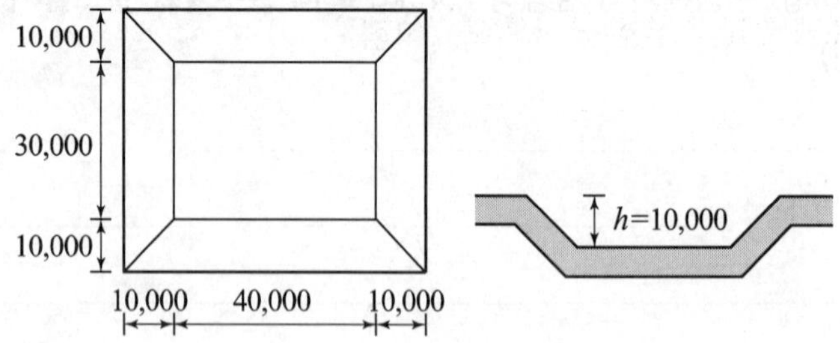

(1) 터파기량을 산출하시오.

(2) 운반대수를 산출하시오(운반대수는 1대의 적재량은 $12m^3$).

(3) $5,000m^2$에 흙을 이용하여 성토하여 다짐할 때 표고는 몇 m인지 구하시오. (단, 비탈면은 수직으로 생각함.)

(1) ______________________

(2) ______________________

(3) ______________________

07 **흙의 함수량 변화와 관련하여 (　　) 안을 적당한 용어로 채우시오. (2점)**

> 흙이 소성 상태에서 반고체 상태로 옮겨지는 경계의 함수비를 (①)라 하고, 액성 상태에서 소성 상태로 옮겨지는 함수비를 (②)라고 한다.

① ______________ ② ______________

08 **콘크리트 구조물의 압축강도를 추정하고 내구성 진단, 균열의 위치, 철근의 위치 등을 파악하는데 있어서 구조체를 파괴하지 않고, 비파괴적인 방법으로 측정하는 검사방법 3가지를 쓰시오. (3점)**

(1) ______________ (2) ______________ (3) ______________

09 **다음 용어를 설명하시오. (4점)**

(1) 기준점 : ______________

(2) 방호선반 : ______________

10 **다음 지반탈수공법의 명칭을 쓰시오. (4점)**

(1) 점토질지반의 대표적인 탈수공법으로서 지반에 지름 40~60cm의 구멍을 뚫고 모래를 넣은 후, 성토 및 기타 하중을 가하여 점토질 지반을 압밀하므로써 탈수하는 공법을 무슨 공법이라고 하는가?

(2) 사질지반의 대표적인 탈수공법으로서 지름 약 20cm 특수파이프를 상호 2m 내외 간격으로 관입하여 모래를 투입한 후 진동다짐하여 탈수통로를 형성시켜서 탈수하는 공법을 무슨 공법이라고 하는가?

(1) ______________

(2) ______________

11 **종합심사 낙찰제에 관하여 간단히 설명하시오. (2점)**

____

____

12 **다음 용어를 간단히 설명하시오. (4점)**

(1) 데크플레이트(Deck plate) : ______________

(2) 시어커넥터(Shear Connector) : ______________

13 경량철골 칸막이 공사에 관한 내용이다. 보기의 항목을 이용하여 순서대로 번호로 나열하시오. (3점)

> ① 벽체틀 설치　② 단열재 설치　③ 바탕 처리　④ 석고보드 설치　⑤ 마감(벽지마감)

____

14 다음 데이터를 네트워크 공정표로 작성하고, 각 작업의 여유시간을 구하시오. (10점)

작업명	작업일수	선행작업	비고
A	3	없음	(1) 결합점에서는 다음과 같이 표시한다. 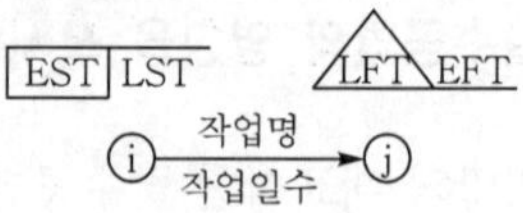 (2) 주공정선은 굵은선으로 표시한다.
B	4	없음	
C	5	없음	
D	6	A, B	
E	7	B	
F	4	D	
G	5	D, E	
H	6	C, F, G	
I	7	F, G	

____

____

15 TQC의 7도구에 대한 설명이다. 해당되는 도구명을 쓰시오. (3점)

> ① 계량치의 데이터가 어떠한 분포를 하고 있는지 알아보기 위하여 작성하는 그림
> ② 불량 등 발생건수를 분류 항목별로 나누어 크기 순서대로 나열해 놓은 그림
> ③ 결과에 원인이 어떻게 관계하고 있는가를 한 눈에 알 수 있도록 작성한 그림

① ______________ ② ______________ ③ ______________

16 목공사에서 방충 및 방부처리된 목재를 사용해야 하는 경우를 2가지 쓰시오. (4점)

(1) ______________________________

(2) ______________________________

17 두꺼운 유리나 색유리에서 많이 발생하는 유리의 열파(열파손) 현상을 설명하시오. (3점)

18 안방수와 바깥방수의 차이점을 3가지 이상 설명하시오. (3점)

(1)

(2)

(3)

19 철근콘크리트공사에 이용되는 스페이서(Spacer) 용도에 대하여 쓰시오. (2점)

20 알루미늄 거푸집을 일반합판 거푸집과 비교하여 골조품질과 거푸집 해체작업 시 발생될 수 있는 장점에 대하여 설명하시오. (2점)

(1) 골조품질 :

(2) 해체작업 :

21 한중 콘크리트 초기양생 시 주의해야 할 점 3가지를 쓰시오. (3점)

(1)

(2)

(3)

22 그림과 같은 하중이 작용하는 3회전단형 라멘의 휨모멘트도를 그리시오. (단, 라멘의 바깥은 −, 안쪽은 +이며, 이를 그림에 표기할 것) (3점)

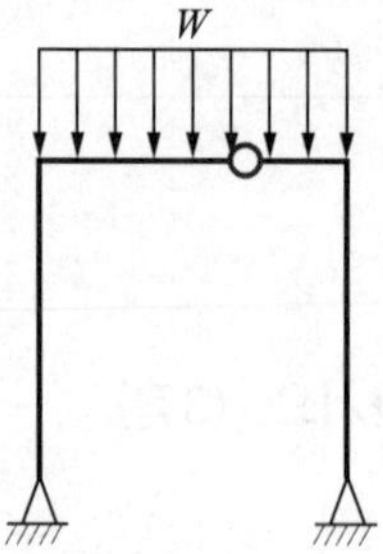

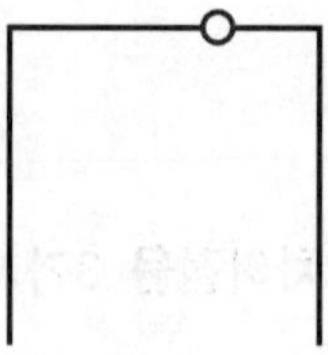

23 그림과 같은 설계조건에서 플랫 슬래브의 지판(Drop Panel, 드롭 패널)의 최소크기와 최소두께를 산정하시오. (단, 슬래브 두께 h_f는 200mm) (4점)

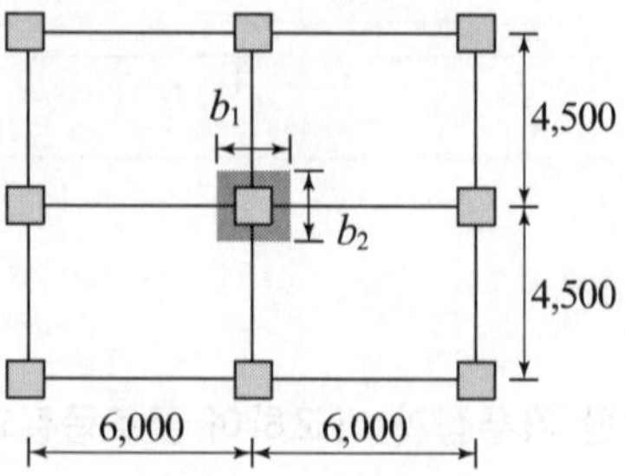

(1) 지판의 최소 크기 : ______________________

(2) 지판의 최소 두께 : ______________________

24 굳지 않는 콘크리트의 성질을 설명한 다음 내용에 적합한 용어를 쓰시오. (4점)

(1) 단위 물량 다소에 따르는 혼합물의 묽기 정도 (______________________)

(2) 작업의 난이정도, 재료분리에 저항하는 정도 (______________________)

25 건축공사표준시방서에 따른 금속재 커튼월과 관련된 Mock-up Test(실물대 모형시험)의 시험항목을 4가지 쓰시오. (4점)

(1) ______________________ (2) ______________________

(3) ______________________ (4) ______________________

26 강구조 접합부에서 전단접합과 모멘트접합(강접합)을 도식하고 설명하시오. (6점)

전단접합	모멘트접합

2021년 1회 해설 및 정답

01 민간부분 수주측이 설계, 시공 후 일정기간 시설물을 운영하여 투자금을 회수하고 시설물과 운영권을 무상으로 발주측에 이전하는 방식

02
(1) 흡수율 $= \dfrac{3.95-3.60}{3.60}\times 100 = 9.72\%$

(2) 표건상태밀도 $= \dfrac{3.95}{3.95-2.45} = 2.63$

(3) 진밀도 $= \dfrac{3.60}{3.60-2.45} = 3.13$

03
$$f_c = \frac{P}{A} = \frac{4P}{\pi d^2} = \frac{4\times(500\times10^3)}{\pi\times150^2} = 28.294\,\text{N/mm}^2$$
$$= 28.294\,\text{MPa}$$
$$\therefore\ f_c = 28.29\,\text{N/mm}^2\,(\text{MPa})$$

04 ① 트렌치컷 공법
② 아일랜드컷 공법

05 ① 엇모쌓기
② 영롱쌓기

06
(1) $V = \dfrac{10}{6}\left[(2\times60+40)\times50+(2\times40+60)\times30\right]$
$= 20,333.333\,\text{m}^3$

(2) $\dfrac{20,333.33\times1.3}{12} = 2,202.777 \fallingdotseq 2,203$대

(3) $\dfrac{20,333.33\times0.9}{5,000} = 3.659 \fallingdotseq 3.66\,\text{m}$

07 ① 소성한계(plastic limit)
② 액성한계(liquid limit)

08 (1) 슈미트해머법(반발경도법)
(2) 공진법
(3) 음속법(초음파 속도법)
(4) 복합법(반발경도법+음속법)
※ 철근탐사법 등

09 (1) **기준점** : 건축공사 중 건축물의 고저에 기준이 되도록 건축물 인근에 설치하는 표시물이다.
(2) **방호선반** : 상부에서 작업도중 자재나 공구 등의 낙하로 인한 재해를 방지하기 위하여 개구부 및 비계 외부 안전 통로 출입구 상부에 설치하는 낙하물방지망 대신 설치하는 목재 또는 금속 판재이다.

10 (1) 샌드드레인 공법
(2) 웰포인트 공법

11 종합심사 낙찰제는 예정가격 이하로 입찰한 입찰자 중 각 입찰자의 입찰가격, 공사수행능력 및 사회적 책임 등을 종합 심사하여 합산점수가 가장 높은 자를 낙찰자로 결정하는 제도이다.

12 (1) 강구조의 보에 걸어 지주 없이 쓰이는 바닥판이며, 거푸집으로 사용될 수 있도록 제작된 골형 플레이트이다.
(2) 합성구조에서 양재간에 발생하는 전단력의 전달, 보강 및 일체성 확보를 위해 설치하는 연결재료

13 ③ → ① → ② → ④ → ⑤

14

작업명	TF	FF	DF	CP
A	2	1	1	
B	0	0	0	※
C	12	11	1	
D	1	0	1	
E	0	0	0	※
F	2	2	0	
G	0	0	0	※
H	1	1	0	
I	0	0	0	※

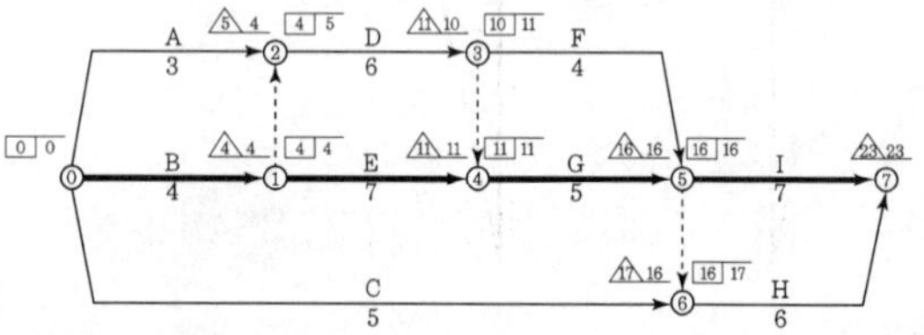

15 ① 히스토그램
② 파레토도
③ 특성요인도

16 ① 콘크리트, 벽돌 등의 투습성 재질의 접합부
② 외부에 직접 노출되는 부위
③ 급수, 배수관이 접하는 부위
④ 모르타르 등의 바탕으로 사용되는 부위
⑤ 지면 또는 콘크리트 바닥면으로부터 300mm 이내에 설치되는 부재

17 유리의 중앙부와 유리 Frame이 면하는 주변부와의 온도차이로 인한 팽창, 수축 차이때문에 응력이 생겨서 유리가 파손되는 현상

18 (1) 안방수는 공사가 간단하나 바깥방수는 복잡하다.
(2) 안방수는 보호누름이 필요하나 바깥방수는 없어도 된다.
(3) 안방수는 비교적 저렴하고 바깥방수는 비교적 고가이다.

19 바닥이나 벽 철근이 거푸집에 밀착되는 것을 방지하는 간격재(굄재) 용도
※ 피복두께유지 및 철근간격 유지 용도

20 (1) **골조품질** : 골조의 수직, 수평의 정밀도가 우수하며, 면처리(견출) 작업이 감소된다.
(2) **해체작업** : 거푸집 해체 시 소음이 감소되고, 해체작업의 안정성이 향상된다.

21 (1) 초기 동해의 방지에 필요한 압축강도 5 MPa이 초기양생기간 내에 얻어지도록 한다.
(2) 소요 압축강도가 얻어질 때까지 콘크리트의 온도를 5℃ 이상으로 유지한다.
(3) 소요 압축강도에 도달한 후 2일간은 구조물의 어느 부분이라도 0℃ 이상이 되도록 유지한다.

22

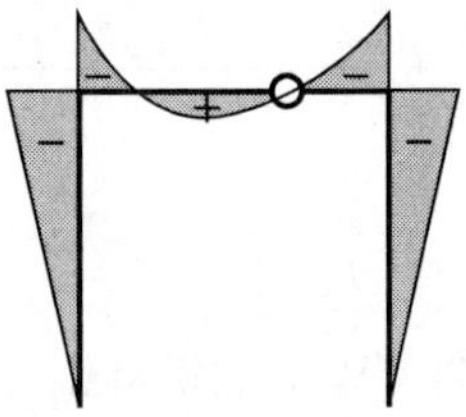

23 (1) 지판의 최소크기($b_1 \times b_2$)
지판은 받침부 중심선에서 각 방향 받침부 중심간 경간의 1/6 이상을 각 방향으로 연장시킨다.

$$b_1 = \frac{6,000}{6} + \frac{6,000}{6} = 2,000\text{ mm}$$

$$b_2 = \frac{4,500}{6} + \frac{4,500}{6} = 1,500\text{ mm}$$

$$\therefore\ b_1 \times b_2 = 2,000\text{ mm} \times 1,500\text{ mm}$$

(2) 지판의 최소두께($h_{\min}$)
지판의 슬래브 아래로 돌출한 두께는 돌출부를 제외한 슬래브 두께의 1/4 이상으로 한다.

$$h_{\min} = \frac{h_f}{4} = \frac{200}{4} = 50\text{ mm}$$

24 (1) 반죽질기(Consistency)
(2) 시공연도(Workability)

25 (1) 예비시험
(2) 기밀시험
(3) 정압수밀시험
(4) 동압수밀시험
※ 구조시험

26

전단접합	모멘트접합
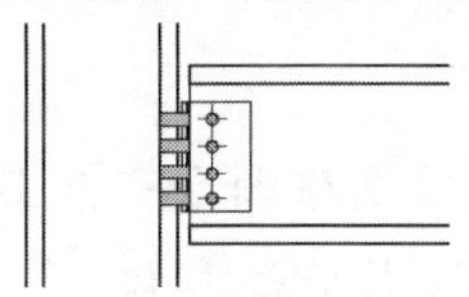	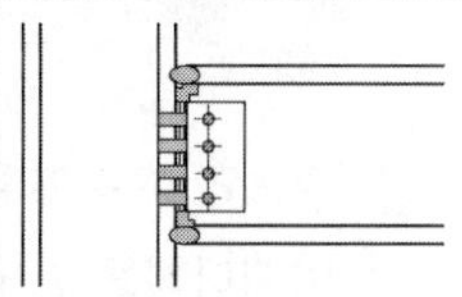
접합된 부재 간에 무시해도 좋을 정도로 약한 휨모멘트를 전달하는 접합부이며, 접합부 내의 축방향력과 전단력을 전달한다.	접합되는 부재사이에 무시할 정도의 상대 회전 변형이 발생하면서 모멘트를 전달할 수 있는 접합부이며, 접합부 내의 축방향력, 전단력, 휨모멘트 등을 전달한다.

2021년 2회(2021.7.10 시행)

01 콘크리트 응결경화 시 콘크리트 온도상승 후 냉각하면서 발생하는 온도균열 방지대책을 3가지 쓰시오. (3점)

(1) ______

(2) ______

(3) ______

02 콘크리트 구조물의 화재 시 급격한 고열현상에 의하여 발생하는 폭렬현상(Explosive Fracture) 방지대책을 2가지 쓰시오. (4점)

(1) ______

(2) ______

03 다음의 용어를 설명하시오. (4점)

(1) 슬럼프플로(Slump Flow) : ______

(2) 조립률(Fineness Modulus) : ______

04 다음에 제시한 흙막이 구조물 계측기 종류에 적합한 설치 위치를 한 가지씩 기입하시오. (4점)

(1) 하중계 : ______

(2) 토압계 : ______

(3) 변형률계 : ______

(4) 경사계 : ______

05 흙막이공사에서 역타설 공법(Top Down Method)의 장점을 3가지 쓰시오. (3점)

(1) ____________________

(2) ____________________

(3) ____________________

06 샌드드레인(Sand Drain) 공법을 설명하시오. (3점)

____

____

07 시멘트 500포의 공사현장에서 필요한 시멘트 창고의 면적을 구하시오. (단, 쌓기 단수는 12단) (3점)

____

____

08 그림과 같은 용접부의 기호에 대해 기호의 수치를 모두 표기하여 제작 상세를 표시하시오. (4점)

____

____

09 그림과 같이 배근된 철근콘크리트 기둥에서 띠철근의 최대 수직간격을 구하시오. (3점)

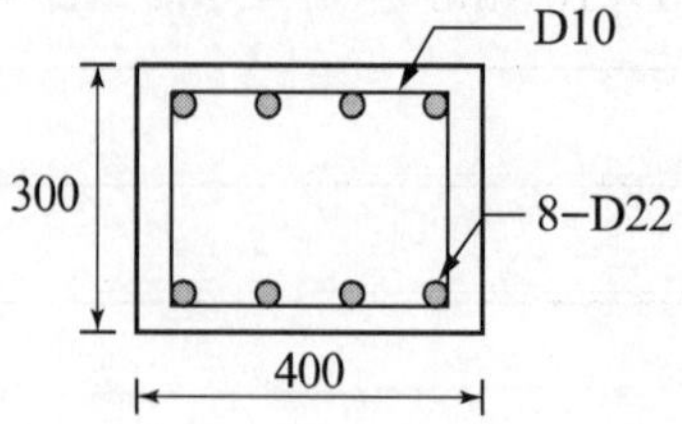

10 철근콘크리트 보의 총처짐(mm)을 구하시오. (4점)

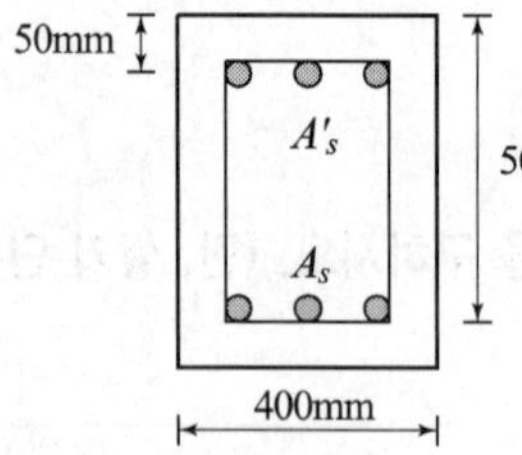

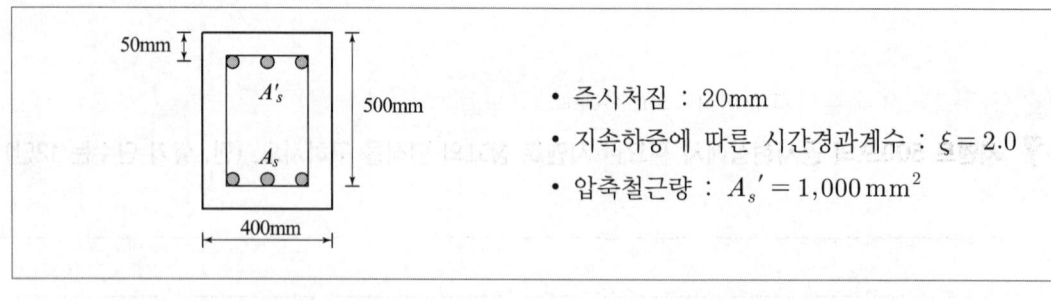

- 즉시처짐 : 20mm
- 지속하중에 따른 시간경과계수 : $\xi = 2.0$
- 압축철근량 : $A_s' = 1{,}000\,\text{mm}^2$

11 다음 ( ) 안에 적당한 용어나 수치를 기입하시오. (3점)

높은 외부기온으로 인하여 콘크리트의 슬럼프저하나 수분의 급격한 증발 등의 염려가 있을 경우 시공되는 콘크리트로써 일평균기온이 25℃를 넘는 시기에 혼합 · 운반 · 타설 및 양생을 하는 경우 (①) 콘크리트의 적용을 받도록 규정하고 있다. 또한 이 콘크리트는 콘크리트를 비빈 후 즉시 타설하여야 하며, 지연형 감수제를 사용하는 등의 일반적인 대책을 강구한 경우라도 (②) 시간 이내에 타설하여야 하며, 콘크리트를 타설할 때의 콘크리트 온도는 (③)℃ 이하로 한다.

① ______ ② ______ ③ ______

12 1단 자유, 타단 고정, 길이 2.5m인 압축력을 받는 $H-100\times100\times6\times8$ 기둥의 탄성 좌굴하중을 구하시오. (단, $I_x=383\times10^4\mathrm{mm}^4$, $I_y=134\times10^4\mathrm{mm}^4$, $E=210,000\mathrm{MPa}$) (4점)

13 강구조공사의 기초 Anchor Bolt는 구조물 전체의 집중하중을 지탱하는 중요한 부분이다. Anchor Bolt 매입공법의 종류 3가지를 쓰시오. (3점)

(1)

(2)

(3)

14 강구조에서 메탈터치(Metal Touch)에 대한 개념을 간략하게 그림을 그려서 정의를 설명하시오. (4점)

15 강구조 용접결함 중 오버랩(Overlap)과 언더컷(Undercut)을 개략적으로 도시하시오. (4점)

16 목구조 1층 마루널 시공순서를 보기에서 보고 번호순서대로 나열하시오. (3점)

보기

① 동바리 ② 멍에 ③ 장선 ④ 마루널 ⑤ 동바리돌

17 목재의 방부처리방법을 3가지 쓰고 간단히 설명하시오. (3점)

(1) ______

(2) ______

(3) ______

18 벽돌벽 표면에 생기는 백화현상의 방지대책을 4가지 쓰시오. (4점)

(1) ______ (2) ______

(3) ______ (4) ______

19 다음은 조적공사와 관련된 내용이다. (　) 안을 채우시오. (5점)

(1) 벽돌쌓기 시 가로줄눈 및 세로줄눈의 너비는 도면 또는 공사시방서에서 정한 바가 없을 때에는 (①)mm를 표준으로 한다.
(2) 벽돌쌓기는 도면 또는 공사시방서에서 정한 바가 없을 때에는 영식쌓기 또는 (②)쌓기로 한다.
(3) 하루의 쌓기높이는 (③)m를 표준으로 하고, 최대 (④)m 이하로 한다.
(4) 벽돌벽이 블록벽과 서로 직각으로 만날 때에는 연결철물을 만들어 블록 (⑤)켜마다 보강하여 쌓는다.

① ______ ② ______

③ ______ ④ ______

⑤ ______

20 TQC에 이용되는 7가지 도구 중 4가지를 쓰시오. (3점)

(1) ______ (2) ______

(3) ______ (4) ______

21 다음이 설명하는 용어를 쓰시오. (2점)

수장공사 시 실 내부의 바닥에서 1~1.5m 정도의 높이까지 널을 댄 것

22 다음은 천장공사와 관련된 내용이다. (   ) 안을 채우시오. (4점)

(1) 금속계 천장에서 달대볼트의 설치에서 반자틀받이 행어를 고정하는 달대볼트는 천장재가 떨어지지 않도록 인서트, 용접 등의 적절한 공법으로 설치한다. 달대볼트는 주변부의 단부로부터 150 mm 이내에 배치하고 간격은 900 mm 정도로 한다. 달대볼트는 수직으로 설치한다. 또한 천장 깊이가 1.5 m 이상인 경우에는 가로, 세로 (①) m 정도의 간격으로 달대볼트의 흔들림 방지용 보강재를 설치한다.
(2) 시스템 천장에서 현장타설 콘크리트 및 프리캐스트 콘크리트 부재에 설치할 경우, 미리 설치한 강제 인서트나 앵커볼트에 달대볼트를 반자틀받이에 대해 (②) mm 간격 이내로 설치하고, 또한 재하에 대해서 충분한 내력이 확보되도록 한다.

① ______________ ② ______________

23 다음 도면을 보고 옥상방수면적(m^2), 누름콘크리트량(m^3), 보호벽돌량(매)를 구하시오. (단, 벽돌의 규격은 190×90×57) (6점)

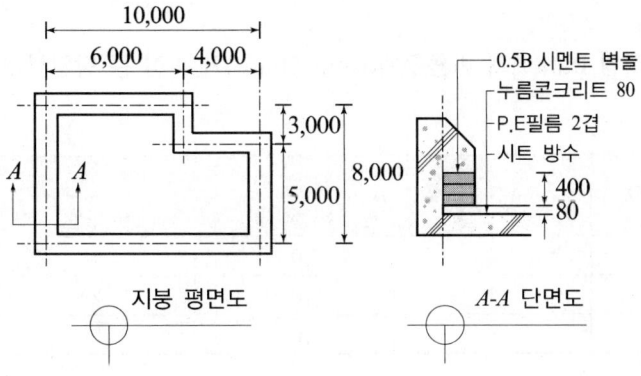

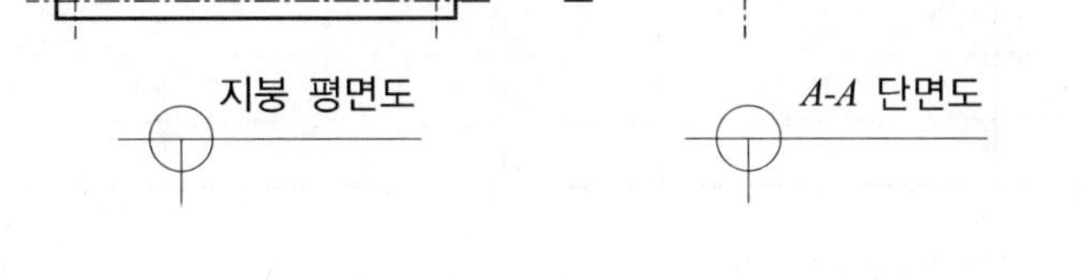

지붕 평면도

A-A 단면도

24 다음 데이터를 네트워크 공정표로 작성하고, 각 작업의 여유시간을 구하시오. (10점)

작업명	작업일수	선행작업	비고
A	5	없음	
B	6	A	
C	5	A	
D	4	A	(1) 결합점에서는 다음과 같이 표시한다.
E	3	B	
F	7	B, C, D	
G	8	D	
H	6	E	(2) 주공정선은 굵은선으로 표시한다.
I	5	E, F	
J	8	E, F, G	
K	7	H, I, J	

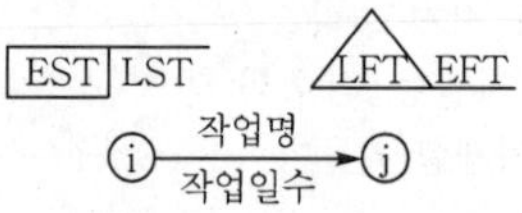

25 용수철에 단위하중이 작용할 때 용수철계수 k를 구하시오. (단, 하중 P, 길이 L, 단면적 A, 탄성계수 E) (4점)

26 다음과 같은 작업 Data에서 비용구배(Cost Slope)가 가장 큰 작업부터 순서대로 작업명을 쓰시오. (3점)

작업명	정상계획		급속계획	
	공기(일)	비용(원)	공기(일)	비용(원)
A	2	2,000	1	3,000
B	4	3,000	2	6,000
C	8	5,000	3	8,000

2021년 2회 해설 및 정답

01 (1) 수화열이 낮은 중용열시멘트를 사용한다.
(2) 단위시멘트량을 적게 한다.
(3) 단위수량을 적게 한다.
(4) AE감수제 지연형, 감수제 지연형을 사용하여 수화반응을 억제한다.
(5) 굵은골재의 최대 치수를 크게 한다.
(6) 프리쿨링 또는 파이프쿨링 등의 냉각 방법을 사용한다.

02 (1) 강섬유를 혼입한다.
(2) 철근의 피복두께를 증가시킨다.
(3) 단위수량을 감소시킨다.
(4) 흡수율이 적은 골재를 사용한다.
(5) 내화피복 또는 단열시공을 한다.

03 (1) 슬럼프플로(Slump Flow)
아직 굳지 않는 콘크리트의 유동성 정도를 나타내는 지표로 슬럼프콘을 들어 올린 후에 원 모양으로 퍼진 콘크리트의 지름을 측정하여 나타낸다.
(2) 조립률(Fineness Modulus)
골재의 입도를 수량적으로 나타낸 것으로 체가름 시험에 의해 구한다.

04 (1) 하중계 : 버팀대 또는 Earth Anchor 설치 지점
(2) 토압계 : 흙막이벽의 인접지점
(3) 변형률계 : 버팀대 또는 흙막이 벽체
(4) 경사계 : 흙막이 및 인접 구조물의 주변지반

05 (1) 지상, 지하 동시 작업으로 공기단축
(2) 전천후 시공 가능
(3) 1층 슬래브를 선시공함으로써 작업공간 활용 가능
(4) 인접건물에 악영향이 적음
(5) 굴착소음방시 및 분진방지
(6) 흙막이의 우수한 안정성

06 연약 점토질지반의 탈수를 이용해 지반을 개량하기 위한 공법으로 지반에 구멍을 뚫고 모래를 넣은 후, 성토 및 기타 하중을 가하여 점토질 지반을 압밀함으로써 탈수하는 공법

07 $A = 0.4 \times \dfrac{500}{12} = 16.67\,\text{m}^2$

08 ① V형 완전용입 그루브용접
② 개선깊이(홈의 길이) : 11mm
③ 루트간격(트임새 간격) : 2mm
④ 개선각(홈의 각도) : 90°

09 (1) 22mm×16=352mm
(2) 10mm×48=480mm
(3) 기둥의 최소폭 : 300mm → 지배

10 (1) 순간처짐$=20.0\,\text{mm}$
(2) 압축철근비 : $\rho' = \dfrac{A_s'}{b_w d} = \dfrac{1{,}000}{400 \times 500} = 0.005$
(3) $\lambda_\Delta = \dfrac{\xi}{1+50\rho'} = \dfrac{2.0}{1+50\times 0.005} = 1.6$
(4) 장기처짐$=\lambda_\Delta \times$순간처짐
$= 1.6 \times 20.0 = 32.0\,\text{mm}$
(5) 총처짐=순간처짐+장기처짐
$= 20.0 + 32.0 = 52.0\,\text{mm}$

11 ① 서중(하절기)
② 1.5
③ 35

12 ① 1단 자유, 타단 고정인 경우의 유효좌굴길이 $KL = 2.0L$
② 탄성 좌굴하중
$$P_{cr} = \frac{\pi^2 \times 210{,}000 \times 134 \times 10^4}{(2\times 2{,}500)^2}$$
$$= 111.09 \times 10^3\,\text{N} = 111.09\,\text{kN}$$

13 (1) 고정매입공법
(2) 가동매입공법
(3) 나중매입공법

14

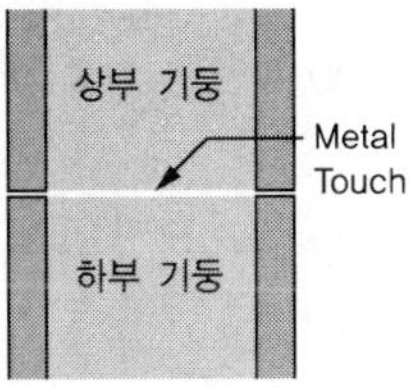

강구조 기둥의 이음부를 가공하여 상하부 기둥의 밀착을 좋게 하여 일정 이상의 축력을 하부 기둥 밀착면에 직접 전달시키는 이음 방법

15

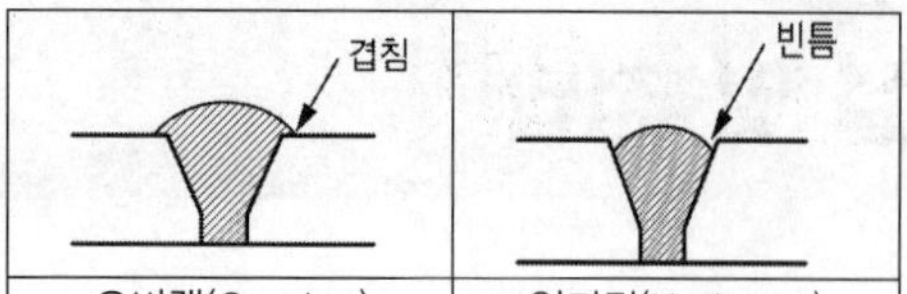

오버랩(Overlap)	언더컷(Undercut)

16 ⑤ → ① → ② → ③ → ④

17 (1) **가압주입법** : 방부제 용액을 고기압(7~12기압)으로 가압 주입하여 방부처리

(2) **침지법** : 방부제 용액 중에 담가 공기를 차단하여 방부처리

(3) **방부제칠** : 목재를 충분히 건조 후 솔 등으로 약제를 도포 및 뿜칠하여 방부처리

(4) **표면탄화법** : 목재에서 균에게 양분을 제공하는 표면을 3~10mm 정도 태워 방부처리

18 (1) 양질의 벽돌 사용

(2) 줄눈 모르타르에 방수제 혼합

(3) 빗물이 침입하지 않도록 벽면에 비막이 설치

(4) 벽돌표면에 파라핀 도료를 발라 염류의 유출 방지

(5) 낮은 물시멘트비로 시공

(6) 비나 눈이 오면 작업 중지

19 ① 10

② 화란식

③ 1.2

④ 1.5

⑤ 3

20 (1) 히스토그램

(2) 특성요인도

(3) 파레토도

(4) 체크시트

※ 각종 그래프, 산점도, 층별

21 징두리판벽

22 ① 1.8

② 1,600

(주) KCS 41 52 00 (3. 시공) (2021), 천장공사 참고

23 (1) **옥상방수면적**

$(6\times8)+(4\times5)+\{(10+8)\times2\times0.48\}=85.28\text{m}^2$

(2) **누름콘크리트량**

$\{(6\times8)+(4\times5)\}\times0.08=5.44\text{m}^3$

(3) **보호벽돌 소요량**

$\{(10-0.09)+(8-0.09)\}\times2\times0.4\times75$매 $=1,069.2$

→ 1,070매

24

작업명	TF	FF	DF	CP
A	0	0	0	※
B	0	0	0	※
C	1	1	0	
D	1	0	1	
E	4	0	4	
F	0	0	0	※
G	1	1	0	
H	6	6	0	
I	3	3	0	
J	0	0	0	※
K	0	0	0	※

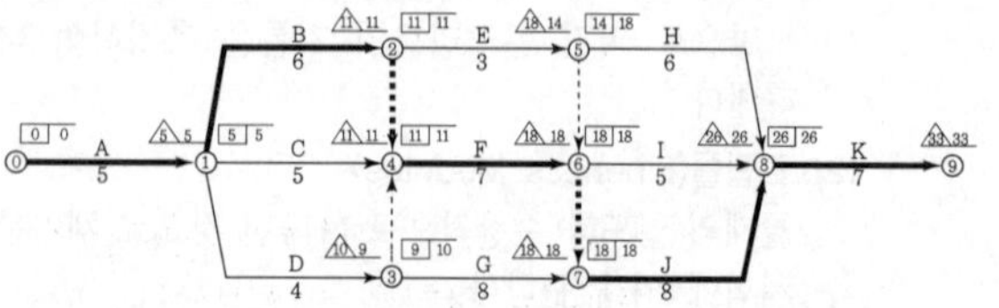

25 (1) 힘(P), 변위(ΔL), 용수철계수(k)의 관계식 :

$P=k\cdot\Delta L$

(2) 변위 $\Delta L=\dfrac{PL}{EA}$ 을 대입하면

$P=k\cdot\Delta L=k\cdot\dfrac{PL}{EA}$ 으로부터 $k=\dfrac{EA}{L}$

26

(1) $\text{A}=\dfrac{3,000-2,000}{2-1}=1,000$원/일

(2) $\text{B}=\dfrac{6,000-3,000}{4-2}=1,500$원/일

(3) $\text{C}=\dfrac{8,000-5,000}{8-3}=600$원/일

∴ B-A-C

2021년 3회(2021.11.14 시행)

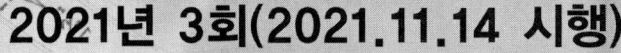

01 보링(Boring) 중에서 수세식 보링(Wash Boring)과 회전식 보링(Rotary Boring)에 대해 설명하시오. (4점)

(1) 수세식 보링(Wash Boring) : ____________________

(2) 회전식 보링(Rotary Boring) : ____________________

02 CFT 구조를 간단히 설명하시오. (3점)

____

____

03 다음이 설명하는 적합한 입찰방식의 명칭을 쓰시오. (3점)

추정가격이 건설공사의 경우 81억 원 미만이거나 전문공사의 경우 10억 원 미만인 공사계약의 경우에는 법인등기부상 본점소재지를 기준으로 하여 입찰참가자의 자격을 제한하여 경쟁입찰을 하게 함으로서 비교적 소규모 공사를 당해 지역업체가 수주토록 하는 제도

____

____

04 목공사에서 활용되는 이음(Connection)과 맞춤(Joint)에 대해 설명하시오. (4점)

(1) 이음(Connection) : ____________________

(2) 맞춤(Joint) : ____________________

05 기준점(Bench Mark) 설치 시 주의사항을 2가지 쓰시오. (4점)

(1) ____________________

(2) ____________________

06 지반조사 방법 중 사운딩(Sounding) 시험의 정의를 간략히 설명하고 종류를 2가지 쓰시오. (4점)

(1) 정의 : ____________________

(2) 종류 : ① ____________________ ② ____________________

07 BOT(Build-Operate-Transfer) 방식을 설명하시오. (3점)

08 두께 0.15m, 폭 6m, 길이 100m 도로를 $6m^3$ 레미콘을 이용하여 하루 8시간 작업 시 레미콘 배차 간격은 몇 분(min)인가? (4점)

09 흙막이 붕괴원인의 하나인 히빙파괴(Heaving Failure)에 대하여 간단히 설명하시오. (3점)

10 다음에서 설명하는 강구조공사에 사용되는 알맞은 용어를 쓰시오. (2점)

Blow Hole, Crater 등의 용접결함이 생기기 쉬운 용접 Bead의 시작과 끝 지점에 용접을 하기 위해 용접 접합하는 모재의 양단에 부착하는 보조강판

11 방수공법 중 콘크리트에 방수제를 직접 넣어서 방수하는 공법을 무엇이라고 하는가? (3점)

12 목재에 가능한 방부처리법을 3가지 쓰시오. (3점)

(1)

(2)

(3)

13 벽돌벽의 표면에 생기는 백화현상의 정의와 발생방지 대책을 2가지 쓰시오. (4점)

(1) 정의 :

(2) 대책 : ①

②

14 KS 규격상 시멘트의 오토클레이브 팽창도는 0.80% 이하로 규정되어 있다. 반입된 시멘트의 안정성 시험결과가 다음과 같다고 할 때 팽창도 및 합격여부를 판정하시오. (4점)

> [안정성 시험결과]
> • 시험 전 시험체의 유효표점길이 254mm
> • 오토클레이브 시험 후 시험체의 길이 255.78mm

(1) 팽창도 : ______

(2) 판정 : ______

15 공사시공 현장에서 공사 중 환경관리와 민원예방을 위해 설치운영 하는 비산먼지 방지시설의 종류를 2가지 쓰시오. (2점)

(정답예시 : 방진막. 단, 예시를 정답란에 쓰면 채점대상에서 제외함.)

(1) ______

(2) ______

16 시트(Sheet) 방수공법의 단점을 2가지 쓰시오. (4점)

(1) ______

(2) ______

17 콘크리트의 알칼리골재반응을 방지하기 위한 대책을 2가지 쓰시오. (4점)

(1) ______

(2) ______

18 강구조공사에서 습식 내화피복 공법의 종류를 4가지 쓰시오. (4점)

(1) ____________________

(2) ____________________

(3) ____________________

(4) ____________________

19 인장철근만 배근된 철근콘크리트 직사각형 단순보에 하중이 작용하여 순간처짐이 5mm 발생하였다. 5년 이상 지속하중이 작용할 경우 총처짐량(순간처짐+장기처짐)을 구하시오. (단, 장기처짐계수 $\lambda_{\triangle} = \dfrac{\xi}{1+50\rho}$을 적용하며 시간경과계수는 2.0으로 한다.) (4점)

____

____

20 강재의 종류 중 SM355에서 SM의 의미와 355가 의미하는 바를 각각 쓰시오. (4점)

(1) SM : ____________________

(2) 355 : ____________________

21 그림과 같은 원형 단면에서 너비 b, 높이 $h=2b$의 직사각형 단면을 얻기 위한 단면계수 Z를 지름 D의 함수로 표현하시오. (지름이 D인 원에 내접하는 밑변이 b이고 $h=2b$) (4점)

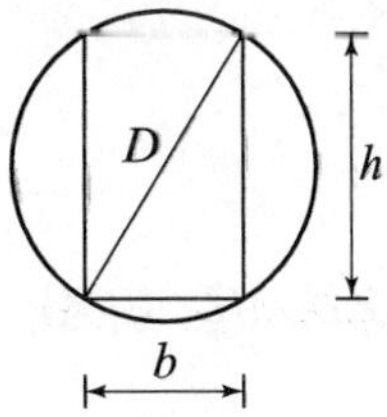

____

____

22 다음 물음에 대해 답하시오. (6점)

(1) 큰보(Girder)와 작은보(Beam)를 간단히 설명하시오.

① 큰보(Girder) : ______________________

② 작은보(Beam) : ______________________

(2) 다음 그림의 (　) 안을 큰보와 작은보 중에서 선택하여 채우시오.

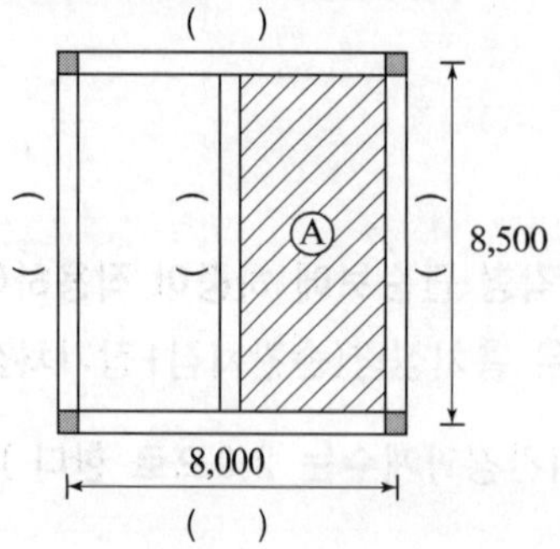

(3) 위 그림의 빗금친 A부분의 변장비를 계산하고 1방향 슬래브인지 2방향 슬래브인지에 대해 동그라미를 치시오. (단, 기둥 500×500, 큰보 500×600, 작은 500×550이고, 변장비를 구할 때 기둥 중심치수를 적용한다.)

____

23 다음이 설명하는 구조의 명칭을 쓰시오. (3점)

건축물의 기초 부분 등에 적층고무 또는 미끄럼받이 등을 넣어서 지진에 대한 건축물의 흔들림을 감소시키는 구조

____

____

24 인장지배 단면의 정의에 대해 기술하시오. (3점)

____

____

25 다음의 내용을 읽고 (　) 안에 적절한 단어나 수치를 써 넣으시오. (4점)

조적구조의 기초는 일반적으로 (①)로 한다. 내력벽의 최소 두께는 (②)mm 이상이어야 하고, 대린벽으로 구획된 내력벽의 길이는 (③)m 이하이어야 하며, 한 층에서 내력벽으로 둘러싸인 바닥면적은 (④)m^2 이하이어야 한다.

26 다음 데이터를 이용하여 물음에 답하시오. (10점)

작업명	선행작업	작업일수	비용구배(원)	비고
A	없음	5	10,000	
B	없음	8	15,000	(1) 결합점에서의 일정은 다음과 같이 표시하고, 주공정선은 굵은선으로 표시한다.
C	없음	15	9,000	
D	A	3	공기단축불가	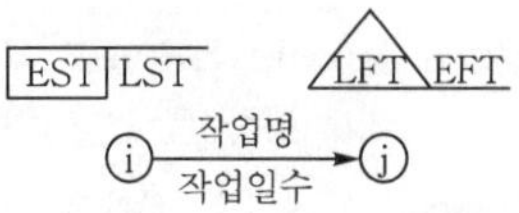
E	A	6	25,000	
F	B, D	7	30,000	
G	B, D	9	21,000	(2) 공기단축은 Activity I에서 2일, Activity H에서 3일, Activity C에서 5일
H	C, E	10	8,500	
I	H, F	4	9,500	
J	G	3	공기단축불가	(3) 표준공기 시 총공사비는 1,000,000원이다.
K	I, J	2	공기단축불가	

(1) 표준(Normal) Network를 작성하시오.

(2) 공기를 10일 단축한 Network를 작성하시오.

(3) 공기단축된 총공사비를 산출하시오.

2021년 3회 해설 및 정답

01 (1) 수세식 보링(Wash Boring)
비교적 연약한 토사에 수압을 이용하여 탐사하는 방식이며, 깊이 30cm 정도의 연질층에 사용하며, 외경 50~60mm관을 이용하여 천공하면서 흙과 물을 동시에 배출시키는 방법
(2) 회전식 보링(Rotary Boring)
지층 변화를 연속적으로 정확히 알고자 할 때 사용하는 방식이며, 충격날을 회전시켜 천공하므로 토층이 흐트러질 우려가 적은 방법

02 강관의 구속효과에 의해 충전콘크리트의 내력상승과 충전콘크리트에 의한 강관의 국부좌굴 보강효과에 의해 뛰어난 변형저항 능력을 발휘하는 구조

03 지역 제한경쟁입찰

04 (1) 이음(Connection) : 목재의 두 부재를 부재의 길이 방향으로 길게 접합하는 것이다.
(2) 맞춤(Joint) : 목재의 두 부재를 서로 경사 또는 직각 방향으로 접합하는 것이다.

05 (1) 지면에서 0.5~1.0m 공사에 지장이 없는 곳에 설치
(2) 이동의 염려가 없는 곳에 설치하며, 필요에 따라 보조기준점을 1~2개소 설치

06 (1) 정의 : Rod 선단에 설치한 저항체를 땅속에 삽입하여서 관입, 회전, 인발 등의 저항으로 토층의 성상을 탐사하는 방법
(2) 종류 : ① 베인시험
② 표준관입시험

07 사운딩시험은 로드에 붙인 저항체를 지중에 넣고 관입, 회전, 인발 등의 저항으로부터 토층의 성상을 탐사하는 방법이다.

08 (1) 소요 콘크리트량 : $0.15\times6\times100=90\text{m}^3$
(2) 6m^3 레미콘 차량대수 : $\frac{90}{6}=15$
(3) 배차 간격 : $\frac{8\times60}{15}=32$분

09 Sheet Pile 등의 흙막이 벽의 좌측과 우측의 토압의 차에 의해 흙막이벽 밑으로 흙이 미끄러져 들어오는 현상

10 엔드탭(End Tab)

11 구체방수, 콘크리트구체방수 또는 수밀콘크리트
(주) 콘크리트에 방수제를 혼입하여 방수효과를 갖는 것은 방수공사가 아닌 콘크리트공사에 해당되며, 이러한 방법은 구체방수 또는 수밀콘크리트(KCS 14 20 30, KS F 4926)라 할 수 있다.

12 (1) 가압주입법
(2) 침지법
(3) 방부제칠
(4) 표면탄화법

13 (1) 백화현상의 정의
시멘트 중의 수산화칼슘이 공기 중의 탄산가스와 반응하여 벽체의 표면에 생기는 흰 결정체
(2) 방지 대책
① 흡수율이 작은 소성이 잘된 벽돌 사용
② 처마 또는 차양의 설치로 빗물 차단

14 (1) 팽창도 : $\frac{255.78-254}{254}\times100=0.70\%$
(2) 판정 : $0.70\%\le0.80\%$이므로 합격

15 (1) 방진망(수직보호망)
(2) 세륜, 세차시설
(3) 공사장 살수시설

16 (1) 보호누름이 필요하다.
(2) 결함부의 발견이 어렵다.

17 (1) 반응성 골재의 사용금지
(2) 저알칼리시멘트 사용
(3) 콘크리트 1m^3당 총알칼리량 저감
(4) 방수성 마감
(5) 혼화제를 사용하여 수분의 이동 감소

18 (1) 타설 공법 (2) 조적 공법
(3) 미장 공법 (4) 뿜칠 공법

19 (1) $\lambda_{\triangle} = \dfrac{2.0}{1+50(0)} = 2$

(2) 장기처짐=탄성처짐×$\lambda_{\triangle} = 5 \times 2 = 10\text{mm}$

(3) 총처짐=$5+10=15\text{mm}$

20 (1) SM : 용접구조용 압연강재

(2) 355 : 항복강도 355 MPa

21 (1) 직각삼각형에서 피타고라스의 정리

$$D^2 = b^2 + h^2 = b^2 + (2b)^2 = 5b^2$$

$$\therefore\ b = \frac{\sqrt{5}}{5}D$$

(2) 직각삼각형의 단면계수

$$Z = \frac{bh^2}{6} = \frac{b(2b)^2}{6} = \frac{2}{3}b^3$$

$$= \frac{2}{3}\left(\frac{\sqrt{5}}{5}D\right)^3 = 2\frac{\sqrt{5}}{75}D^3 = 0.06D^3$$

22 (1) ① 큰보(Girder) : 기둥과 기둥 사이의 보

② 작은보(Beam) : 큰보와 큰보 사이의 보

(2)

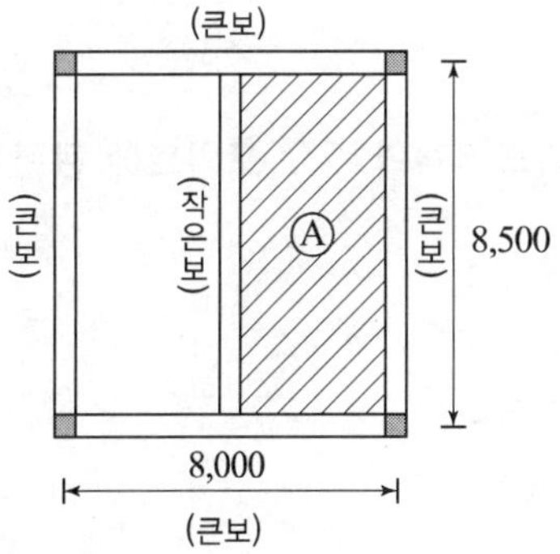

(3) $A = \dfrac{8,500}{4,000} = 2.125 > 2$

1방향 슬래브

23 면진구조

24 인장지배 단면은 압축콘크리트의 변형률(ε_c)이 가정된 극한변형률 ε_{cu}인 0.0033에 도달할 때 ($\varepsilon_c = \varepsilon_{cu} = 0.0033$), 최 외단 인상철근의 순인장변형률($\varepsilon_t$)가 인장지배 변형률 한계($\varepsilon_{tt} = 0.0050$) 이상 ($\varepsilon_t \geq \varepsilon_{tt} = 0.0050$)인 단면이다. 다만 철근의 항복강도 f_y가 400 MPa을 초과하는 경우에는 인장지배 변형률 한계 (ε_u)를 철근 항복변형률의 2.5배 ($2.5\varepsilon_y$)로 한다.

25 ① 연속기초 또는 줄기초

② 190

③ 10

④ 80

26 (1) 표준 네트워크 공정표

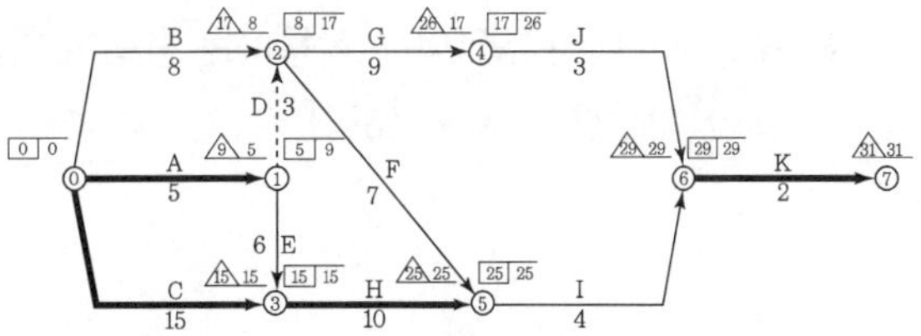

(2) 단축한 네트워크 공정표

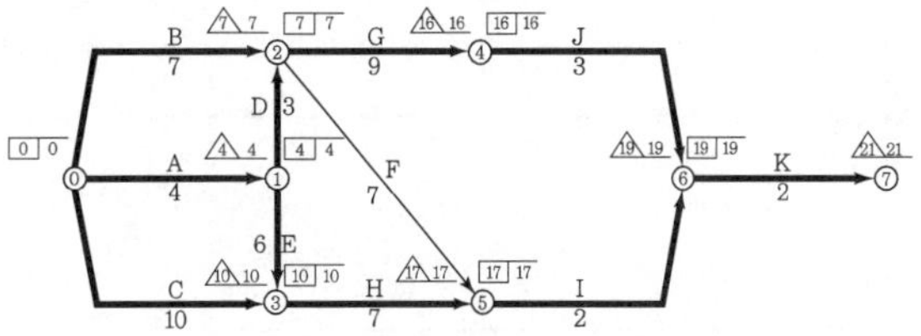

(3) 공기단축 시 총공사비 = 1일 표준공사비+10일 단축 시 추가공사비

=1,000,000+114,500=1,114,500원

	단축대상	추가비용
30일	H	8,500
29일	H	8,500
28일	H	8,500
27일	C	9,000
26일	C	9,000
25일	C	9,000
24일	C	9,000
23일	I	9,500
22일	I	9,500
21일	A+B+C	34,000

2022년 1회(2022.5.7 시행)

01 수평버팀대식 흙막이에 작용하는 응력이 아래의 그림과 같을 때 (　)에 알맞은 말을 ｜보기｜에서 골라 기호를 쓰시오. (3점)

｜보기｜

㉮ 수동토압　　㉯ 정지토압
㉰ 주동토압　　㉱ 버팀대의 하중
㉲ 버팀대의 반력　　㉳ 지하수압

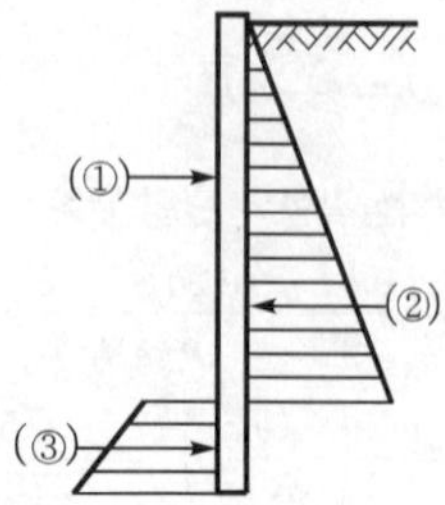

① ________ ② ________ ③ ________

02 철근의 응력-변형률 곡선에서 해당하는 4개의 주요 영역과 6개의 주요 포인트에 관련된 용어를 쓰시오. (5점)

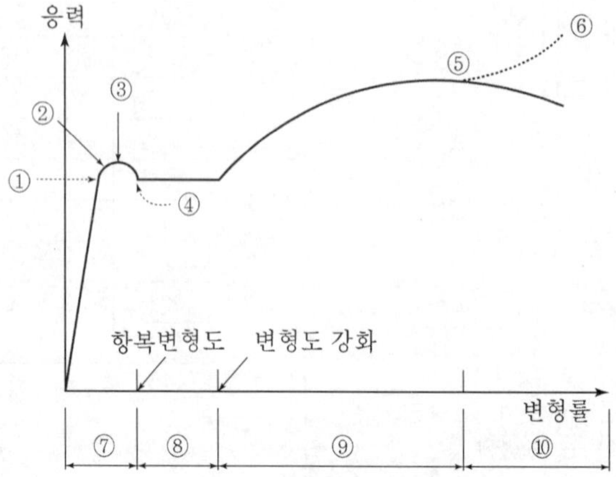

① ________ ② ________
③ ________ ④ ________
⑤ ________ ⑥ ________
⑦ ________ ⑧ ________
⑨ ________ ⑩ ________

03 강재의 항복비(Yield Strength Ratio)에 대하여 설명하시오. (2점)

04 수중에 있는 골재를 채취하였을 때의 질량이 1,300g이고 표면건조포화상태의 질량은 2,000g이며, 이 시료를 완전히 건조시켰을 때의 질량은 1,992g일 때 흡수율을 구하시오. (4점)

05 현장에 도착한 굳지 않은 콘크리트의 타설 중 품질을 확인하는 시험의 종류 3가지를 나열하시오. (3점)

① ____________ ② ____________ ③ ____________

06 지름 300mm, 길이 500mm의 콘크리트 시험체의 할렬 인장강도시험에서 최대하중이 100kN으로 나타나면 이 시험체의 인장강도를 구하시오. (3점)

07 콘크리트의 크리프(Creep) 현상에 대하여 쓰시오. (3점)

08 다음 그림과 같은 철근콘크리트 구조물에서 벽체와 기둥의 거푸집면적을 각각 산출하시오. (6점)

- 구조물 : 5 m×8 m (외곽선 기준 평면 크기), 높이 3 m, 기둥과 벽체는 모두 철근콘크리트로 구성됨.
- 기둥 사이즈 : 400 mm×400 mm
- 벽체 두께 : 200 mm
- 기둥과 벽체는 콘크리트 타설작업 시 분리 타설함.

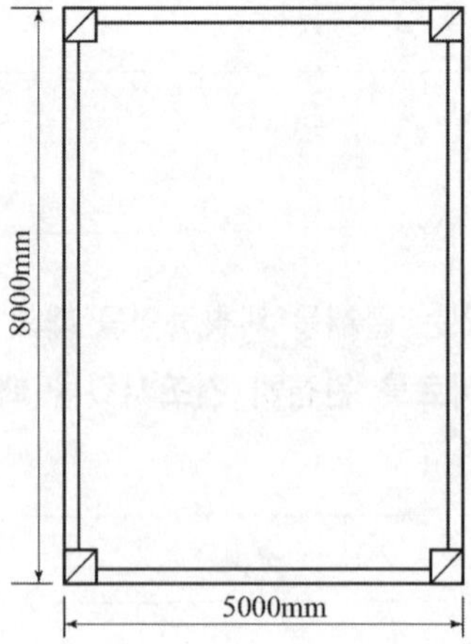

가. 벽체의 거푸집면적

나. 기둥의 거푸집면적

09 강도설계법에 의한 철근콘크리트 기둥 설계시 그림과 같은 단주의 최대 설계축하중(kN)은? (단, f_{ck} =27 MPa, f_y =400 MPa, 8－D22 단면적 3,097 mm^{2}이다.) (3점)

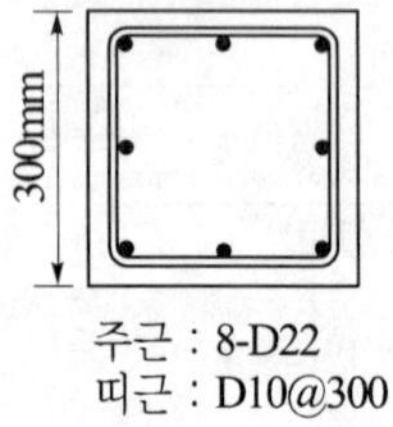

주근 : 8-D22
띠근 : D10@300

10 강구조의 공장 가공이 완료되는 단계에서 강재면에 녹막이도장을 1회하고 현장으로 운반하는데, 이때 녹막이도장을 하지 않은 부분에 대하여 4가지를 쓰시오. (4점)

① ____________________ ② ____________________

③ ____________________ ④ ____________________

11 다음 그림과 같은 강구조의 보-기둥의 모멘트 접합부 상세이다. 기호로 지적된 부분의 명칭을 적으시오. (3점)

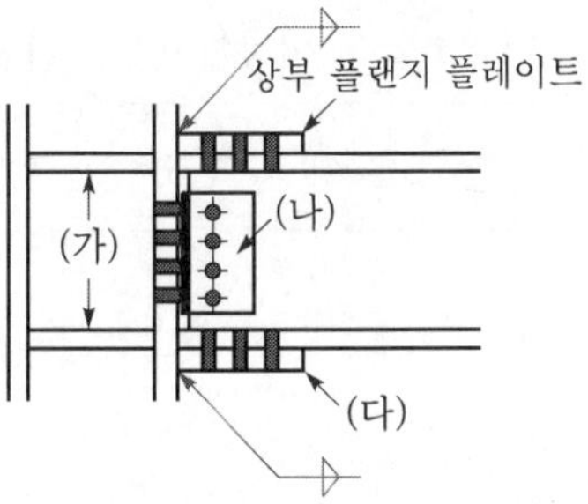

【기둥-보의 접합부】

(가) ____________________ (나) ____________________ (다) ____________________

12 기둥의 재질과 단면적 및 길이가 같은 다음 4개의 장주를 유효좌굴길이가 큰 순서대로 나열하시오. (3점)

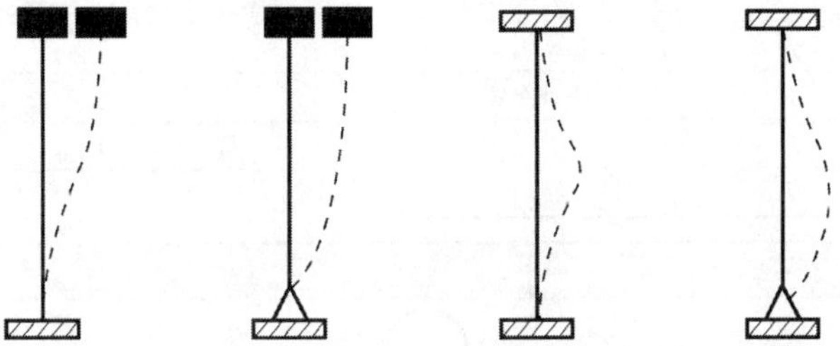

13 구조물을 안전하게 설계하고자 할 때 강도한계상태에 대한 안전을 확보해야 한다. 뿐만 아니라 사용성 한계상태를 고려하여야하는데 여기서 사용성 한계상태란 무엇인가? (2점)

14 다음 ( )에 알맞은 수치를 기재하시오. (4점)

> 보강콘크리트블록공사에서 블록 안에 들어가는 세로근의 정착길이는 철근지름의 (①)배 이상이어야 하며, 이때 철근의 피복두께는 (②)mm 이상이어야 한다.

① ______ ② ______

15 벽면적 $20m^2$에 표준형 벽돌 1.5B로 쌓을 때 붉은벽돌의 소요량을 산출하시오. (3점)

16 다음 표에 제시된 창호 재료의 종류 및 기호를 참고하여, 아래의 창호 기호 표를 완성하시오. (6점)

기호	재료종류
A	알루미늄
P	플라스틱
S	강철
W	목재

영문기호	창호구별
D	문
W	창
S	셔터

구분	창	문
강철재	3	4
목재	1	2
알루미늄재	5	6

17 'LCC(Life Cycle Cost)'에 대해 간단히 설명하시오. (3점)

18 다음은 입찰에 관한 종류이다. 간단히 설명하시오. (3점)

(1) 지명경쟁입찰 :

(2) 특명입찰 :

(3) 공개경쟁입찰 :

19 VE(Value Engineering) 개념에서 V=F/C식의 각 기호를 설명하시오. (3점)

①

②

③

20 공사내용의 분류방법에서 목적에 따른 Breakdown Structure(건설정보 분류체계)에서 WBS(Work Breakdown Structure)의 정의를 쓰시오. (3점)

21 다음이 설명하는 용어를 쓰시오. (4점)

① 보나 트러스 등에서 그의 정상적 위치 또는 형상으로부터 상향으로 구부려 올리는 것이나 구부려 올린 크기

② 거푸집의 일부로 소정의 형상과 치수의 콘크리트가 되도록 고정 또는 지지하기 위한 지주

① ______________________________

② ______________________________

22 작업발판 일체형 거푸집의 종류를 3가지 쓰시오. (3점)

① ______________________________

② ______________________________

③ ______________________________

23 조적공사의 인방보와 관련된 건축공사표준시방서 규정과 관련하여 다음 (   )을 채우시오. (3점)

> 인방보의 양 끝을 벽체의 블록에 (①)mm 이상 걸치고, 또한 위에서 오는 하붕을 전달할 충분한 길이로 한다. 인방보 상부의 벽은 균열이 생기지 않도록 벽과 강하게 연결되도록 철근이나 (②)로 보강연결하거나 인방보 좌우단 상향으로 (③)를 둔다.

① ______________ ② ______________ ③ ______________

24 다음 용어를 설명하시오. (4점)

(1) 공칭강도(Nominal Strength) : ______________________________

(2) 설계강도(Design Strength) : ______________________________

25 그림과 같은 단순보에 모멘트하중 M이 작용할 경우 지점 A의 처짐각을 구하시오. (단, 부재의 탄성계수는 E, 단면2차 모멘트는 I 이다.) (4점)

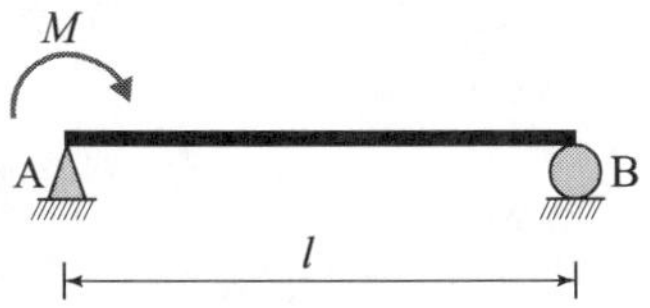

26 다음 데이터를 네트워크 공정표로 작성하고, 각 작업의 여유시간을 구하시오. (10점)

작업명	선행작업	작업일수	비 고
A	−	3	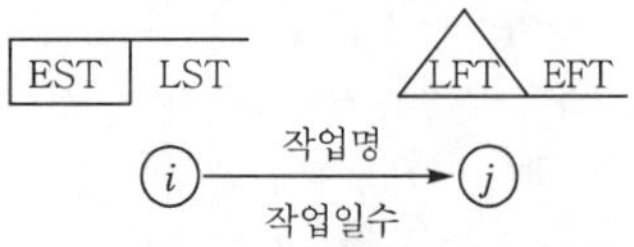 로 표기하고, 주공정선은 굵은선으로 표기하시오.
B	−	2	
C	−	4	
D	C	5	
E	B	2	
F	A	3	
G	A, C, E	3	
H	D, F, G	4	

가. 네트워크 공정표

나. 여유시간

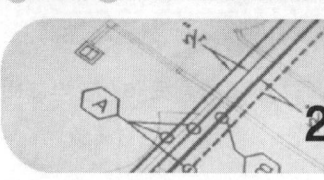

2022년 1회 해설 및 정답

01 ① ㉮
② ㉰
③ ㉮

02 ① 비례한계점
② 탄성한계점
③ 상항복점
④ 하항복점
⑤ 인장강도점(극한강도점)
⑥ 파괴점
⑦ 탄성영역
⑧ 소성영역
⑨ 변형률경화영역
⑩ 파괴영역(넥킹구간)

03 $항복비 = \dfrac{항복강도}{최소인장강도} = \dfrac{F_y}{F_u}$

(주) SS275의 경우 $F_y = 275\text{ MPa}$, $F_u = 410\text{ MPa}$이므로 항복비는 다음과 같다.

$항복비 = \dfrac{F_y}{F_u} = \dfrac{275}{410} = 0.67$

04 $흡수율 = \dfrac{흡수량}{절건상태의\ 질량} \times 100$

$= \dfrac{2{,}000 - 1{,}992}{1{,}992} \times 100 = 0.40\%$

05 ① 슬럼프시험
② 공기량시험
③ 단위용적질량시험
④ 염화물함유량시험

06 할렬 인장강도(f_{sp})

$f_{sp} = \dfrac{2P}{\pi l d} = \dfrac{2 \times 100{,}000}{\pi \times 500 \times 300} = 0.42\text{MPa}$

07 하중의 증가 없이 시간이 경과함에 따라 콘크리트에 발생되는 소성변형

08 가. 벽체의 거푸집 면적 :
$\{(5.0 - 0.4 \times 2) + (6.0 - 0.4 \times 2)\} \times 2 \times 3 \times 2\text{sides}$
$= 112.8\text{m}^2$

나. 기둥의 거푸집 면적
$(0.4 + 0.4) \times 2 \times 3 \times 4\text{EA} = 19.2\text{ m}^2$

09 단주의 최대 설계축하중

$\phi P_{n,\ \max} = \alpha \phi P_0$
$= \alpha \phi \{0.85 f_{ck}(A_g - A_{st}) + f_y A_{st}\}$
$= 0.80 \times 0.65 \times \{0.85 \times 27 \times (300 \times 300 - 3{,}096) + 400 \times 3{,}097\}$
$= 1{,}681.3 \times 10^3\text{ N} = 1{,}681.3\text{ kN}$

10 ① 현장 용접부에서 100 mm 이내
② 고장력볼트 접합부 마찰면
③ 콘크리트 부착 또는 매입 부분
④ 밀착 또는 회전하는 기계깎기 마무리면
⑤ 철골 조립에 의해 맞닿는 면
⑥ 밀폐되는 내면

11 (가) 스티프너
(나) 전단 플레이트
(다) 하부 플랜지 플레이트

12 B → A → D → C

(주1) 유효좌굴길이(KL)
B($2.0L$) → A($1.0L$) → D($0.7L$) → C($0.5L$)

(주2) 유효좌굴길이계수(K)

단부 구속조건	양단 고정	1단 힌지, 타단 고정	양단 힌지	1단 회전구속, 이동자유, 타단 고정	1단 회전 자유, 이동자유, 타단 고정	1단 회전구속, 이동자유, 타단 힌지
좌굴형태	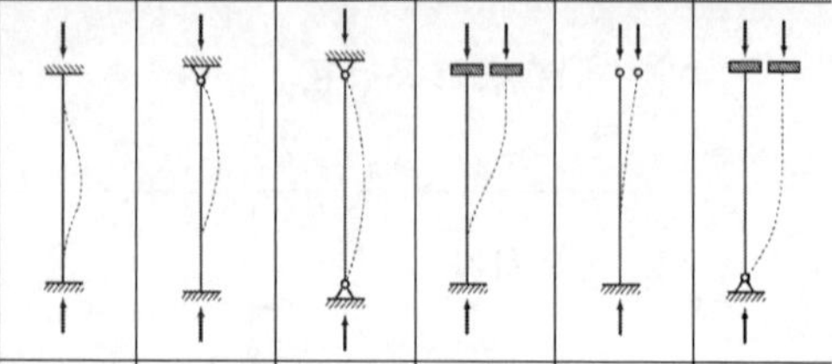					
이론적인 K값	0.50	0.70	1.0	1.0	2.0	2.0
권장하는 설계 K값	0.65	0.80	1.0	1.2	2.1	2.4
절점 조건 범례	회전구속, 이동구속 : 고정단 회전자유, 이동구속 : 힌지 회전구속, 이동자유 : 큰 보강성과 작은 기둥강성인 라멘 회전자유, 이동자유 : 자유단					

13 사용성 한계상태는 구조물의 외형, 유지 및 관리, 내구성, 사용자의 안락감 또는 기계류의 정상적인 기능 등을 유지하기 위한 구조물의 능력에 영향을 미치는 한계상태이다.

14 ① 40 ② 20

15 붉은벽돌의 소요량
$20 \times 224 \times 1.03 = 4,163.4 \rightarrow 4,165$매

16

구분	창	문
강철재	3 / S|W	4 / S|D
목재	1 / W|W	2 / W|D
알루미늄재	5 / A|W	6 / A|D

17 건축물의 기획, 설계, 시공에서부터 완공된 후의 유지관리 및 해체까지 이어지는 일련의 과정을 건물의 생애(수명)라 한다. 이러한 건물의 생애기간 동안 소요되는 초기투자비 및 유지관리비 등의 총 비용이다.

18 (1) **지명경쟁입찰** : 해당 공사에 적격이라고 인정되는 수 개의 도급업자를 정하여 입찰시키는 방법이다.
(2) **특명입찰** : 해당 공사에 가장 적격한 단일 도급업자를 지명하여 입찰시키는 방법이다.
(3) **공개경쟁입찰** : 입찰 참가자를 공모하여 모두 참가할 수 있는 기회를 준다. 그러나 부적격업자에게 낙찰될 우려가 있다.

19 ① V : 가치(Value)
② F : 기능(Function)
③ C : 비용(Cost)

20 WBS는 작업분류체계를 말하며, 건설분야에서 발생되는 모든 공사내용을 작업의 공종에 따라 분류한 것이다.

21 ① 캠버(솟음)
② 동바리

22 ① 갱폼
② 클라이밍폼
③ 슬라이딩폼

23 ① 200
② 블록 메시
③ 컨트롤조인트

24 (1) **공칭강도(Nominal Strength)** : 공식과 재료강도 및 부재치수를 사용하여 계산된 구조물, 부재 또는 단면의 저항능력을 말하며, 강도감소계수 또는 저항계수를 적용하지 않은 강도이다.
(2) 설계강도(Design Strength) : 구조물, 부재 또는 단면의 공칭강도에 강도감소계수 또는 저항계수를 곱한 구조물, 부재 또는 단면의 강도이다.

25 (1) 실제 보의 BMD(휨모멘트도)

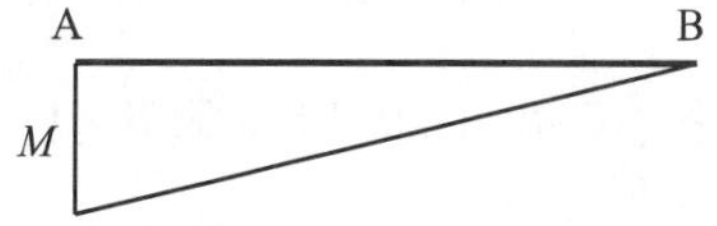

(2) $\frac{M}{EI}$을 하중으로 재하

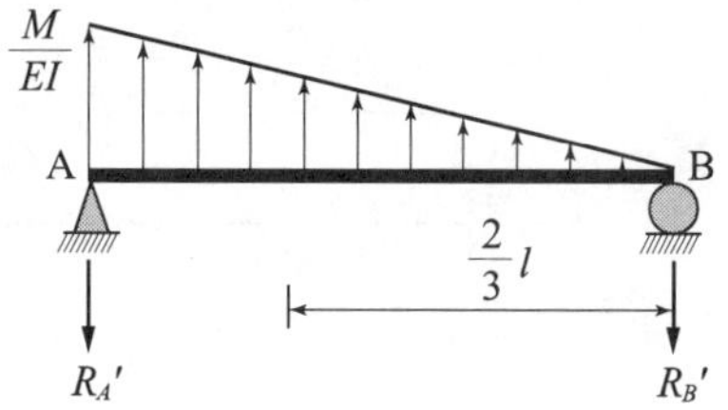

(3) 처짐각 θ_A, θ_B의 산정
(θ_A는 공액보에서 점 A의 전단력)

$$R_A' = \frac{1}{2} \times \left(\frac{M}{EI}\right) \times l \times \frac{2}{3} = \frac{Ml}{3EI} \ (\downarrow)$$

$$\therefore \ \theta_A = V_A' = -\frac{Ml}{3EI} \ \text{(시계방향)}$$

26 가. 네트워크 공정표

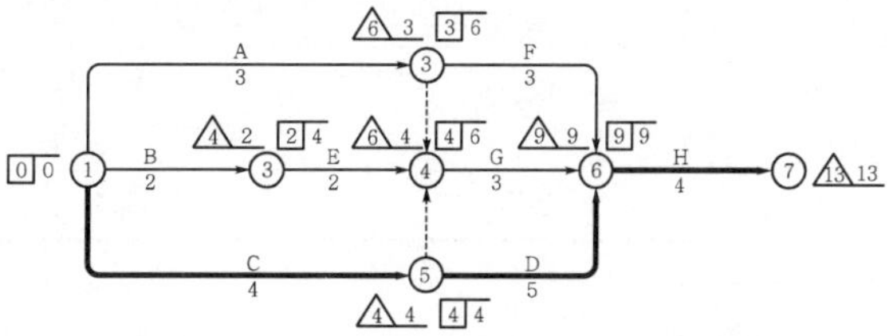

나. 여유시간

작업명	D	EST	EFT	LST	LFT	TF	FF	DF	CP
A	3	0	3	3	6	6−3=3	3−3=0	3	
B	2	0	2	2	4	4−2=2	2−2=0	2	
C	4	0	4	0	4	4−4=0	4−4=0	0	*
D	5	4	9	4	9	9−9=0	9−9=0	0	*
E	2	2	4	4	6	6−4=2	4−4=0	2	
F	3	3	6	6	9	9−6=3	9−6=3	0	
G	3	4	7	6	9	9−7=2	9−7=2	0	
H	4	9	13	9	13	13−13=0	13−13=0	0	*

2022년 2회(2022.7.24 시행)

01 기준점(Bench Mark)의 정의 및 설치시 주의사항을 3가지만 쓰시오. (5점)

가. 정의 : ____________________

나. 주의사항

① ____________________

② ____________________

③ ____________________

02 점토의 흐트러뜨리지 않은 공시체의 밀도시험과 함수비시험을 행한 결과 다음 표와 같은 시험결과를 얻었다. 이 결과를 근거로 함수비, 간극비, 포화도를 쓰시오. (3점)

시험의 종류	시험결과
토립자 밀도	• 토립자의 체적 : 11.06cm^3
함수비	• 흙과 용기의 질량 : 92.58g • 건조한 흙과 용기의 질량 : 78.95g • 용기의 질량 : 49.32g
습윤밀도	• 흙의 체적 : 26.22cm^3

① 함수비 : ____________________

② 간극비 : ____________________

③ 포화도 : ____________________

03 흙의 성질 중 예민비의 식과 용어를 기재하시오. (4점)

(1) 식 : ____________________

(2) 설명 : ____________________

04 흙막이공사에서 역타설 공법(Top Down Method)의 장점을 3가지 쓰시오. (3점)

① ______________________________

② ______________________________

③ ______________________________

05 흐트러진 상태의 흙 $30m^3$를 이용하여 $30m^2$의 면적에 다짐상태로 60cm 두께를 터돋우기 할 때 시공 완료된 다음의 흐트러진 상태로 토량을 산출하시오. (단, 이 흙의 $L=1.2$이고, $C=0.9$이다.) (4점)

____

____

06 지반개량 공법 중 약액주입법 시공 후 주입효과를 판정하기 위한 시험을 3가지 쓰시오. (3점)

① ______________________________

② ______________________________

③ ______________________________

07 철근콘크리트공사를 하면서 철근 간격을 일정하게 유시하는 이유를 3가지 쓰시오. (3점)

① ______________________________

② ______________________________

③ ______________________________

08 다음 콘크리트공사용 거푸집에 대하여 설명하시오. (4점)

가. 슬라이딩폼(Sliding Form)

____

나. 와플폼(Waffle Form)

____

09 다음 용어에 대해 기술하시오. (3점)

① 골재의 흡수량 : ______________________________

② 골재의 함수량 : ______________________________

10 철콘크리트의 소성수축균열(Plastic shrinkage crack)에 관하여 설명하시오. (3점)

____

____

11 철근콘크리트구조 압축부재의 철근량 제한에 관한 내용이다. 다음 (　) 안에 적절한 수치를 기입하시오. (3점)

비합성 압축부재의 축방향 주철근 단면적은 전체 단면적 A_g의 (①)배 이상, (②) 배 이하로 하여야 한다. 축방향 주철근이 겹침이음되는 경우의 철근비는 (③)를 초과하지 않도록 하여야 한다.

① __________ ② __________ ③ __________

12 큰 처짐에 의하여 손상되기 쉬운 칸막이벽이나 기타 구조물을 지지 또는 부착하지 않은 부재의 경우 다음 표에서 정한 최소두께를 적용하여야 한다. 표의 (　) 안에 알맞은 내용을 써 넣으시오. (단, 표의 값은 보통중량콘크리트와 설계기준항복강도 400MPa 철근을 사용한 부재에 대한 값임) (3점)

【처짐을 계산하지 않는 경우의 보 또는 1방향 슬래브의 최소두께】

부재	최소두께, h(l : 경간)
• 단순지지 된 1방향 슬래브	$\frac{l}{(\ ①\ )}$
• 1단 연속된 보	$\frac{l}{(\ ②\ )}$
• 양단 연속된 리브가 있는 1방향 슬래브	$\frac{l}{(\ ③\ )}$

① ______________ ② ______________ ③ ______________

13 철근콘크리트 보의 춤이 700mm이고, 부모멘트를 받는 상부단면에 HD25 철근(공칭지름 25.4mm)이 배근되어 있을 때, 철근의 인장 정착길이를 구하시오. (단, $f_{ck}=27$MPa, $f_y=400$MPa이며, 철근의 순간격과 피복두께는 철근지름 이상임, 상부철근 보정계수는 1.3 적용, 도막되지 않는 철근, 보통중량콘크리트 사용) (3점)

____

____

14 강구조 부재의 접합에 사용되는 고장력볼트 중 볼트의 장력관리를 손쉽게 하기 위한 목적으로 개발된 것으로 본조임 시 전용조임기를 사용하여 볼트의 핀테일이 파단될 때까지 조임 시공하는 볼트의 명칭을 쓰시오. (3점)

____

15 다음의 고장력볼트의 조임방법 중 너트회전법에 대한 그림을 보고, 합격 또는 불합격 여부를 판정하고 불합력은 그 이유를 간단히 쓰시오. (6점)

① ② ③

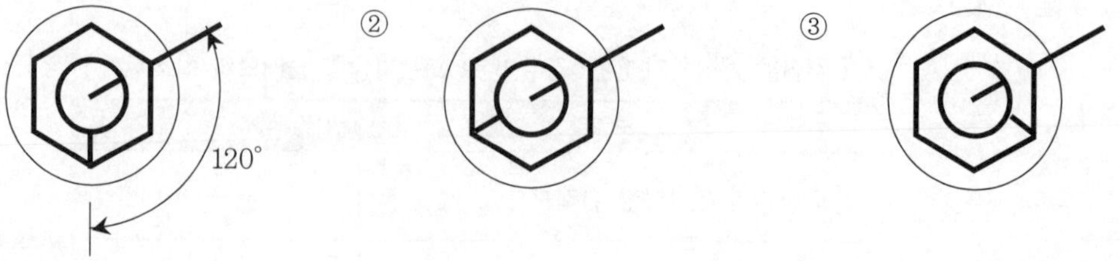

① ______________________________

② ______________________________

③ ______________________________

16 강구조공사 용접결함 중 슬래그 감싸들기의 원인 및 대책 2가지를 쓰시오. (3점)

가. 원인

① ______________ ② ______________

나. 대책

① ______________ ② ______________

17 다음 용어를 설명하시오. (6점)

① 스칼럽(Scallop) : ______________________________

② 엔드탭(End Tab) : ______________________________

18 강재 밀시트(Mill Sheet)에서 확인할 수 있는 사항 1가지를 쓰시오. (2점)

____

19 H-250×175×7×11 (SM355)의 단면적 A_g =5,624mm^{2}일 때 한계상태설계법에 의한 접합부재의 총단면의 인장항복에 대한 설계인장강도를 산정하시오. (단, 강도감소계수 ϕ=0.90을 적용한다.) (3점)

20 조적공사 시 기준이 되는 세로규준틀의 설치위치 1개소와 표시하는 사항 2가지를 쓰시오. (4점)

가. 세로규준틀의 설치위치 :

나. 세로규준틀의 기입사항

①

②

21 목재의 건조방법 중 천연건조의 장점을 2가지만 쓰시오. (4점)

①

②

22 바닥강화재(Hardner)는 시멘트계 바닥 바탕의 내마모성, 내화학성 및 분진방지성을 증진시켜 주는 역할을 한다. 바닥강화재 중 침투식액상 바닥강화재의 시공 시 주의사항을 2가지 적으시오. (4점)

①

②

23 다음 용어를 설명하시오. (6점)

(가) 복층유리 :

(나) 배강도유리 :

24 그림과 같은 구조물에서 T부재에 발생하는 부재력을 구하시오. (단, 인장은 +, 압축은 -로 표시한다.) (3점)

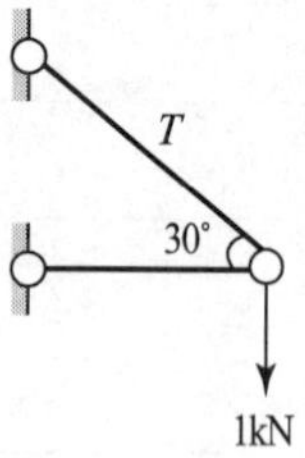

25 다음과 그림과 같은 부정정 라멘구조의 휨모멘트도(BMD)를 그리시오. (4점)

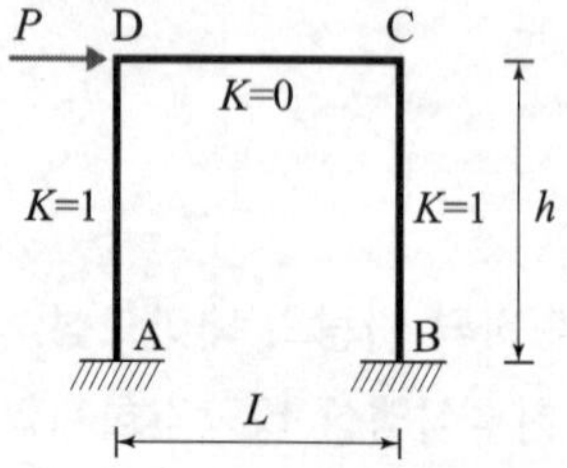

26 다음 네트워크 공정표를 완성하고 아래 표의 일정계산, 여유시간 및 주공정선(CP)과 관련된 빈칸을 모두 채우시오. (단, CP에 해당하는 작업은 ※로 표시 하시오.) (10점)

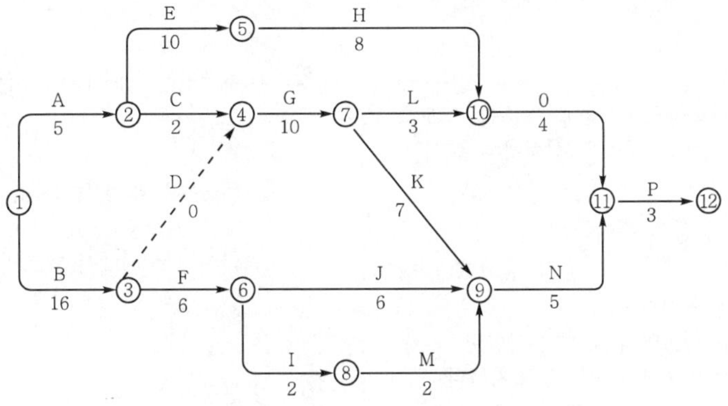

가. 네트워크 공정표

나. 일정계산, 여유시간 및 주공정선(CP)

작업명	EST	EFT	LST	LFT	TF	FF	DF	CP
A								
B								
C								
D								
E								
F								
G								
H								
I								
J								
K								
L								
M								
N								
O								
P								

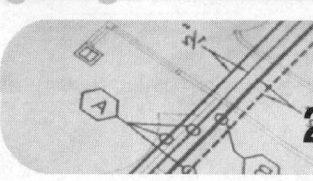

2022년 2회 해설 및 정답

01 가. 정의

건축공사 중 건축물의 고저에 기준이 되도록 건축물 인근에 높이의 기준을 설치하는 표시물

나. 주의사항

① 이동의 염려가 없는 곳에 설치한다.
② 현장 어디서나 바라보기 좋고 공사에 지장이 없는 곳에 설치한다.
③ 최소 2개소 이상, 여러 곳에 설치한다.
④ 지면(GL)에서 0.5~1m 위치에 설치한다.

02 물 $1g=1cm^3$이다. 즉, 물의 부피와 물의 질량은 같은 값이다.

① 함수비 $= \dfrac{\text{물의 질량}}{\text{흙입자의 질량}} \times 100 = \dfrac{M_W}{M_S} \times 100$

$= \dfrac{(92.58-78.95)}{(78.95-49.32)} \times 100 = 46.0\%$

② 간극비 $= \dfrac{\text{간극의 부피}}{\text{흙입자의 부피}} = \dfrac{V_V}{V_S}$

$= \dfrac{(26.22-11.06)}{11.06} = 1.37$

③ 포화도 $= \dfrac{\text{물의 부피}}{\text{간극부분의 부피}} \times 100 = \dfrac{V_W}{V_V} \times 100$

$= \dfrac{(92.58-78.95)}{(26.22-11.06)} \times 100 = 89.91\%$

03 (1) 식

예빈비 $= \dfrac{\text{자연시료의 강도}}{\text{이긴시료의 강도}}$

(2) 설명

흙의 이김에 의해서 약해지는 정도를 표시하는 것으로 이긴시료의 강도에 대한 자연시료의 강도의 비이다.

04 ① 지상, 지하 동시 작업으로 공기단축
② 전천후 시공 가능
③ 1층 슬래브를 선시공함으로써 작업공간 활용 가능
④ 인접건물에 악영향이 적음
⑤ 굴착소음방지 및 분진방지
⑥ 흙막이의 우수한 안정성

05 ① 흐트러진 상태에서 다져진 후 토량

$30 \times \left(\dfrac{C}{L}\right) = 30 \times \left(\dfrac{0.9}{1.2}\right) = 22.5m^3$

② 터돋우기 후 남는 토량

$22.5-(30\times 0.6)=4.5m^3$

∴ 다져진 상태에서 흐트러진 상태로 남는 토량

$4.5 \times \left(\dfrac{L}{C}\right) = 4.5 \times \left(\dfrac{1.2}{0.9}\right) = 6.0m^3$

06 ① 현장투수시험
② 색소판별법
③ 표준관입시험

07 ① 콘크리트 타설 시의 유동성 확보
② 재료분리 방지
③ 소요강도 확보

08 가. 슬라이딩폼

사일로, 교각, 건물의 코어부분 등 단면형상의 변화가 없는 수직으로 연속된 콘크리트 구조물에 사용되는 거푸집

나. 와플폼

격자천장형식을 만들 때 사용되는 거푸집

09 ① 골재의 흡수량

표면건조포화상태의 골재 중에 포함되는 물의 양

② 골재의 함수량

습윤상태의 골재가 함유하는 전수량

10 굳지 않은 콘크리트가 경화할 때 수분 증발량이 블리딩량을 초과할 경우 인장응력에 의해 콘크리트 표면에 발생하는 균열이다.

11 ① 0.01
② 0.08
③ 0.04

12 ① 20
② 18.5
③ 21

13 묻힘길이에 의한 인장 이형철근의 정착길이를 산정한다.

$l_d \geq \max$(보정계수$\times l_{db}$, 300mm)

여기서, $l_{db} = \dfrac{0.6 d_b f_y}{\sqrt{f_{ck}}}$

보정계수 : D22 이상의 철근으로 철근의 순간격 $\geq d_b$이고, 피복두께$\geq d_b$이면서, l_d의 전 구간에 설계기준의 규정된 최소 철근량 이상의 스터럽 또는 띠철근이 배근된 경우의 보정계수는 $\alpha\beta\lambda$이다.

여기서, α : 철근배근 위치계수 – 상부철근으로 정착길이 또는 이음부 아래 300mm 이상 콘크리트에 묻힌 수평철근임으로 $\alpha=1.3$

β : 에폭시 도막계수 – 도막되지 않은 철근임으로 $\beta=1.0$

λ : 경량콘크리트계수 – 보통중량콘크리트임으로 $\lambda=1.0$

묻힘길이에 의한 인장 이형철근의 기본정착길이 l_{db}

$$l_{db} = \frac{0.6 d_b f_y}{\sqrt{f_{ck}}} = \frac{0.6\times 25.4\times 400}{\sqrt{27}} = 1{,}173\text{ mm}$$

묻힘길이에 의한 인장 이형철근의 정착길이 l_d

$l_d \geq \max$(보정계수$\times l_{db}$, 300 mm)

$=\max(1.3\times1.0\times1.0\times1{,}173,\ 300\text{mm})$

$=\max(1{,}525,\ 300\text{ mm}) = 1{,}525\text{mm}$

따라서 묻힘길이에 의한 인장 이형철근의 정착길이는 최소 1,525 mm이다.

14 T/S 고장력볼트 또는 토크–전단형 고장력 또는 볼트축 전단형볼트

15 ① 합격
② 불합격, 회전 과다
③ 불합격, 회전 부족

16 가. 원인
① 용접전류의 불안정
② 운봉속도의 부적당
③ 용접봉의 결함

나. 대책
① 적정전류의 공급
② 용접속도의 준수
③ 적당한 용접봉의 선택

17 ① **스칼럽(Scallop)** : 강구조 부재의 용접 시, 이음이나 접합부위에서 용접선이 교차하는 것을 피하기 위하여 한쪽의 부재에 설치(모따기)한 홈이다.

② **엔드탭(End Tab)** : 개선이 있는 용접의 양끝의 전체 단면을 완전한 용접으로 하기 위해 그리고 공기구멍, 크레이터 등의 용접결함이 생기기 쉬운 용접 비드의 시작과 끝 지점에 용접을 하기 위해 용접접합 하는 모재의 양단에 부착하는 보조 강판이다.

18 ① 제품의 생산정보(제품치수, 제품번호, 수량, 중량, 제강번호)
② 기계적 성질(항복강도, 인장강도)
③ 화학 성분

19 접합부재(H형강)의 총단면의 인장항복에 대한 설계인장강도 SM355($t \leq 40$mm)의 경우, $F_y = 355$MPa이다.

$\phi R_n = \phi F_y A_g$

$= 0.90\times 355\times 5{,}624$

$= 1{,}796.9\times 10^3\text{ N} = 1{,}796.9\text{kN}$

20 가. 세로규준틀의 설치위치
① 건물의 모서리
② 벽의 교차부(구석)
③ 긴 벽의 중앙부

나. 세로규준틀의 기입사항
① 쌓기 단수(켜수)
② 줄눈의 위치
③ 창문틀의 위치 및 치수
④ 매입철물의 위치
⑤ 테두리보 및 인방보의 설치위치

21 ① 특별한 건조장치가 필요 없기 때문에 시설과 작업 비용이 적게 든다.
② 열에너지가 절약된다.
③ 작업이 비교적 간단하여 목재 손상이 적고 특수한 건조기술이 덜 요구된다.

22 ① 바닥강화 시공 시 외기기온이 5℃ 이하가 되면 작업을 중지한다.
② 타설된 면에 비나 눈의 피해가 없도록 보양 조치한

23 (가) **복층유리** : 건조 공기층을 사이에 두고 판유리를 이중으로 접합하여 테두리를 둘러서 밀봉한 유리이다.

(나) **배강도유리** : 판유리를 열처리하여 유리 표면에 적절한 크기의 압축응력층을 만들어 파괴강도를 증대시킨 유리이다.

24 사인법칙을 이용하여 다음과 같이 산정한다.

$$\frac{1}{\sin 30^\circ} = \frac{T}{\sin 90^\circ}$$

$$T = 1 \times \frac{\sin 90^\circ}{\sin 30^\circ} = 2\ \text{kN (인장)}$$

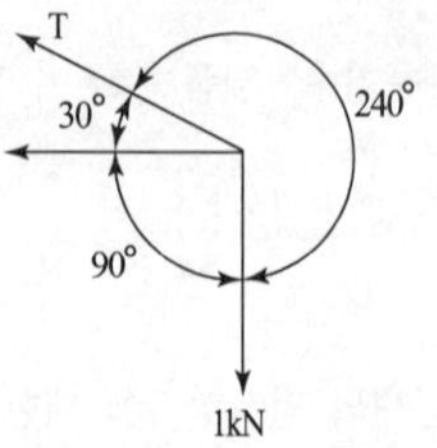

25

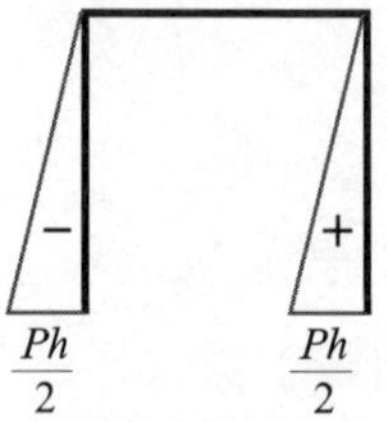

26 가. 네트워크 공정표

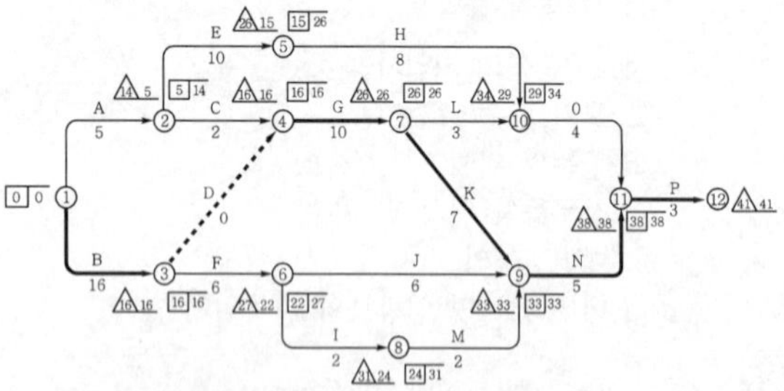

나. 일정계산, 여유시간 및 주공정선(CP)

Act	공기(D)	EST	EFT	LST	LFT	TF	FF	DF	CP
A	5	0	5	9	14	9	0	9	
B	16	0	16	0	16	0	0	0	※
C	2	5	7	14	16	9	9	0	
D	0	16	16	16	16	0	0	0	※
E	10	5	15	16	26	11	0	11	
F	6	16	22	21	27	5	0	5	
G	10	16	26	16	26	0	0	0	※
H	8	15	23	26	34	11	6	5	
I	2	22	24	29	31	7	0	7	
J	6	22	28	27	33	5	5	0	
K	7	26	33	26	33	0	0	0	※
L	3	26	29	31	34	5	0	5	
M	2	24	26	31	33	7	7	0	
N	5	33	38	33	38	0	0	0	※
O	4	29	33	34	38	5	5	0	
P	3	38	41	38	41	0	0	0	※

2022년 3회(2022.11.19 시행)

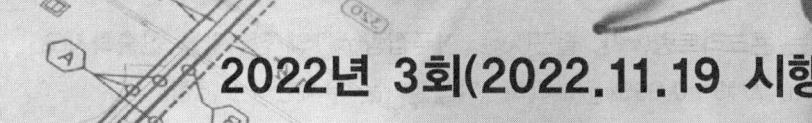

01 다음 설명에 해당하는 보링 방법을 쓰시오. (4점)

보기

① 충격날을 60~70cm 정도 낙하시키고 그 낙하충격에 의해 파쇄된 토사를 퍼내어 지층상태를 판단하는 방법
② 충격날을 회전시켜 천공하므로 토층이 흐트러질 우려가 적은 방법
③ 오거를 회전시키면서 지중에 압입, 굴착하고 여러 번 오거를 인발하여 교란시료를 채취하는 방법
④ 깊이 30cm 정도의 연질층에 사용하며, 외경 50~60mm관을 이용하여 천공하면서 흙과 물을 동시에 배출시키는 방법

① ______________________ ② ______________________

③ ______________________ ④ ______________________

02 언더피닝을 해야 적용해야 하는 경우를 2가지 쓰시오. (3점)

① ____

② ____

③ ____

03 지하구조물은 지하수위에서 구조물 밑면까지의 깊이만큼 부력을 받아 건물이 부상하게 되는데, 이것에 대한 방지대책을 3가지 기술하시오. (3점)

① ____

② ____

③ ____

04 다음 기초에 소요되는 콘크리트량(m^3), 철근(kg), 거푸집량(m^2)의 정리말을 산출하시오. (단, D16=1.56kg/m, D13=0.995kg/m이며, 이음길이는 무시한다.) (6점)

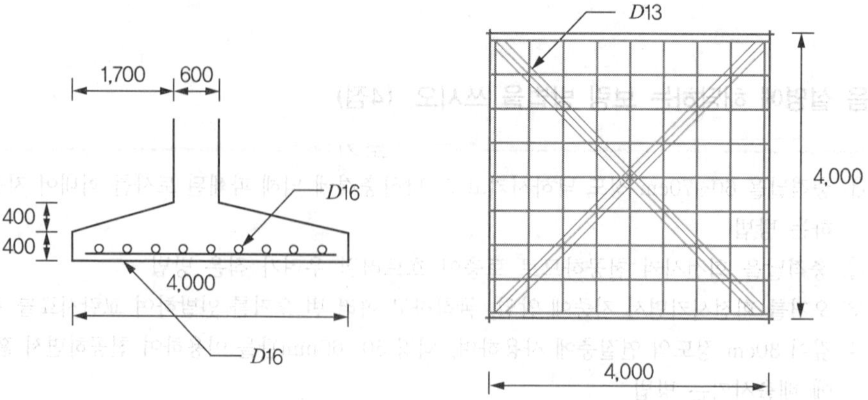

① 콘크리트량(m^3) : ______________________________

② 철근량(kg) : ______________________________

③ 거푸집량(m^2) : ______________________________

05 다음에 설명된 공법의 명칭을 쓰시오. (4점)

① 무량판구조에서 2방향 장선 바닥판구조가 가능하도록 특수 상자 모양으로 된 기성재 거푸집
② 시스템거푸집으로 한 구간 콘크리트 타설 후 다음 구간으로 수평이동이 가능한 거푸집
③ 유닛거푸집을 설치하여 요크로 거푸집을 끌어올리면서 연속해서 콘크리트를 타설 가능한 수직활동 거푸집
④ 아연도금 철판을 절곡 제작하여 거푸집으로 사용하여 콘크리트 타설 후 사용 철판을 바닥하부 마감재로 사용

① ______________ ② ______________

③ ______________ ④ ______________

06 KS L 5201 규정에서 정한 포틀랜드시멘트의 종류를 5가지 쓰시오. (5점)

① ______

② ______

③ ______

④ ______

⑤ ______

07 건설공사 현장에 시멘트가 반입되었다. 특기시방서에 시멘트의 비중은 3.10 이상으로 규정되어 있다고 할 때, 르 샤틀리에 비중병을 이용하여 KS 규격에 의거 시멘트 비중을 시험한 결과에 대하여 시멘트의 비중을 구하고, 자재품질관리상 합격 여부를 판정하시오. (단, 시험결과 비중병에 광유를 채웠을 때의 최소눈금은 0.5cc, 실험에 사용한 시멘트량은 100g, 광유에 시멘트를 넣은 후의 눈금은 32.2cc이었다.) (4점)

① 시멘트의 비중 : ______

② 판정 : ______

08 시멘트 분말도시험의 종류를 2가지 쓰시오. (2점)

① ______

② ______

09 콘크리트 배합 시 잔골재를 세척해사로 사용했을 때, 콘크리트의 염화물 함량을 측정한 결과 염화물이온량이 0.3kg/m^3~0.6kg/m^{3}이었다. 이때 철근부식에 대한 방청상 유효한 조치를 3가지 쓰시오. (3점)

① ______

② ______

③ ______

10 다음에 설명에 해당하는 알맞은 줄눈(Joint)을 적으시오. (2점)

콘크리트 시공과정 중 휴식시간 등으로 응결하기 시작한 콘크리트에 새로운 콘크리트를 이어칠 때 일체화가 저해되어 생기게 되는 줄눈

11 Remicon(보통-25-24-150)의 현장도착 시 송장 표기에 대해 각각 의미하는 내용을 간단히 쓰시오. (4점)

①

②

③

④

12 다음 콘크리트의 균열보수법에 대하여 설명하시오. (4점)

가. 표면처리 공법 :

나. 주입 공법 :

13 강구조공사에 있어서 강구조 습식 내화피복 공법의 종류를 4가지 쓰시오. (4점)

①

②

③

④

14 고장력볼트접합은 3가지(마찰접합, 지압접합, 인장접합)로 구분된다. 다음 그림을 보고 해당하는 접합명을 쓰시오. (3점)

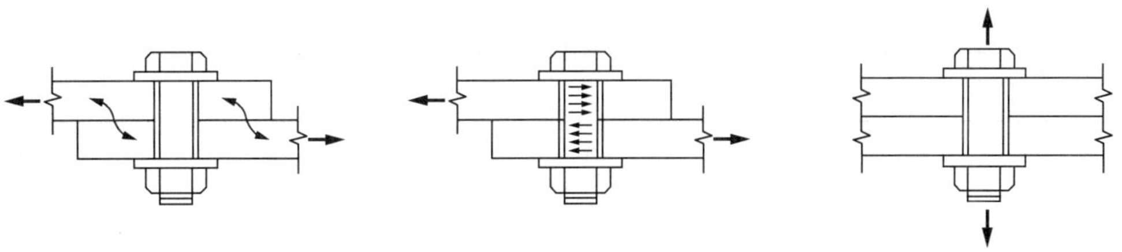

(가) (나) (다)

(가) : ______

(나) : ______

(다) : ______

15 강구조의 용접과정에 따른 검사순서를 쓰고, 각 검사단계의 검사항목을 |보기|에서 골라 번호를 쓰시오. (3점)

|보기|

㉮ 절단검사	㉯ 운봉검사	㉰ 트임새 모양
㉱ X선 및 γ선 투과검사	㉲ 모아대기검사	㉳ 구속법검사
㉴ 초음파검사	㉵ 전류검사	㉶ 침투수압검사
㉷ 자세의 적부검사	㉸ 용접봉검사	

① ______ : ______

② ______ : ______

③ ______ : ______

16 다음 용어를 설명하시오. (4점)

① 스칼럽(Scallop) : ______

② 뒷댐재(Back Strip) : ______

17 강구조공사에서 열간압연강재에서 발생할 수 있는 라멜러 테어링(Lameller Tearing)에 대해 간단히 설명하시오. (3점)

18 조적조를 바탕으로 하는 지상부 건축물의 외부벽면 방수 방법의 내용을 3가지 쓰시오. (3점)

①

②

③

19 평지붕 외단열 시트 방수공법의 시공순서를 보기에서 골라 번호로 쓰시오. (4점)

보기

① 누름콘크리트 ② PE 필름 ③ 단열재
④ 시트 방수 ⑤ 바탕콘크리트 타설

20 다음 데이터를 네트워크 공정표로 작성하고, 각 작업의 여유시간을 구하시오. (10점)

작업명	작업일수	선행작업	비고
A	5	없음	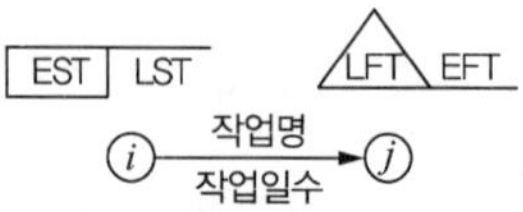 로 일정 및 작업을 표기하고, 주공정선은 굵은선으로 표기하시오.
B	6	없음	
C	5	A, B	
D	7	A, B	
E	3	B	
F	4	B	
G	2	C, E	
H	4	C, D, E, F	

가. 네트워크 공정표 :

나. 여유시간 :

21 그림과 같은 트러스의 부재 U_2, L_2의 부재력(kN)을 절단법으로 구하시오. (단, −는 압축력, +는 인장력으로 부호를 반드시 표시하시오.) (4점)

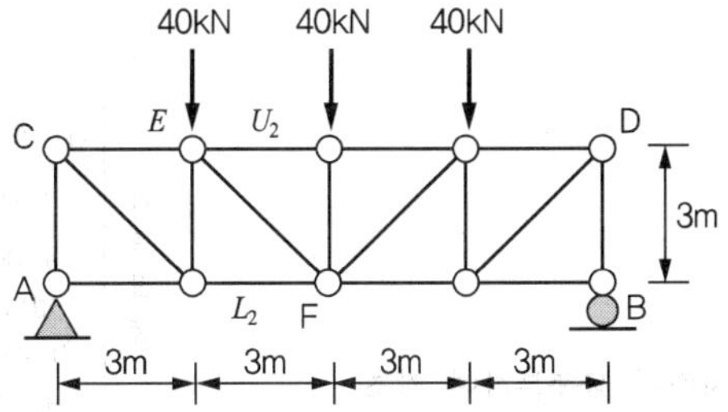

22 철근콘크리트 보가 고정하중과 활하중에 의한 휨모멘트가 M_D=150kN·m, M_L=130kN·m이고 전단력이 V_D=120kN, V_L=110kN이 작용할 경우 공칭휨강도 M_n과 공칭전단강도 V_n을 각각 산정하시오. (단, 강도감소계수는 휨에 대해 ϕ=0.85이고, 전단에 대해 ϕ=0.75이다.) (4점)

가. 공칭휨강도 M_n :

나. 공칭전단강도 V_n :

23 강도설계법에 의한 철근콘크리트 보의 전단설계에서 그림과 같은 보가 지지할 수 있는 최대 설계전단강도(kN)는 얼마인가? (단, 사용재료는 보통중량콘크리트로써 f_{ck}=24 MPa, f_{yt}=400 MPa, ϕ=0.75이다.) (4점)

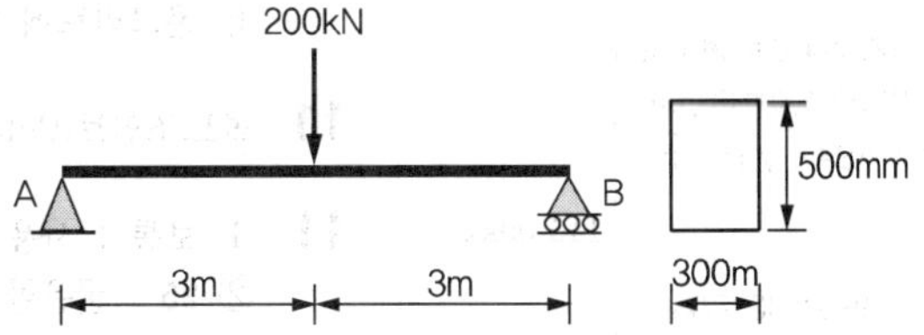

2022년 3회 해설 및 정답

01 ① 충격식 보링
② 회전식 보링
③ 오거 보링
④ 수세식 보링

02 ① 기존 건축물의 기초 지지력이 불충분하여 기초 지정을 보강할 경우
② 기초의 지지면을 더 깊은 경질지반에 기초를 옮길 경우
③ 기울어진 건축물을 바로 세울 경우
④ 인접 터파기에서 기존 건축물의 침하방지가 필요한 경우

03 ① **영구배수 공법**: 구조물 하부로 침투 유입되는 지하수를 유공관의 끝 부분에 집수정을 설치하여 강제로 영구히 배수하는 방법이다.
② **사하중 공법**: 구조물 자중이 부력보다 크도록 하는 방법이다.
③ **부상방지용 영구앵커 공법**: 기초바닥 아래 암반층에 부상방지용 록앵커를 설치하여 강제적으로 저항시키는 방법이다.
④ **인장파일 공법**: 미니파일(마이크로파일)을 마찰말뚝처럼 사용하여 지반의 강성을 높여 지반보강을 통해 부력을 방지하는 방법이다.

04

구분	수량 산출근거	계
콘크리트량	$V=V_1+V_2$ $V=(4.0\times4.0\times0.4)+\frac{0.4}{6}\times\{(2\times4.0+0.6)\times4.0+(2\times0.6+4.0)\times0.6\}$ $=8.901$ $\rightarrow 8.90m^3$	$8.90m^3$
철근량	(1) 기초판 ① 가로근(D16) : 9EA×4.0=36.0m ② 세로근(D16) : 9EA×4.0=36.0m ③ 대각선근(D13) : $6EA\times\sqrt{4^2+4^2}$ =33.941m (2) 총 철근량 ① D13 : 33.941×0.995=33.77kg ② D16 : (36.0+36.0)×1.56 =112.32kg ∴ 합계 : 33.77+112.32=146.09kg	146.09kg
거푸집량	(1) 거푸집의 경사면 각도 $\theta=\tan^{-1}\left(\frac{0.4}{1.7}\right)=13.2°<30°$ $\theta<30°$이면 경사면에 거푸집이 필요 없다. (2) 거푸집량 4.0×0.4×4sides=$6.40m^2$	$6.40m^2$

05 ① 와플폼
② 트래블링폼
③ 슬라이딩폼
④ 데크플레이트

06 ① 보통포틀랜드시멘트
② 중용열포틀랜드시멘트
③ 조강포틀랜드시멘트
④ 저열포틀랜드시멘트
⑤ 내황산염포틀랜드시멘트

07 ① 시멘트의 비중
$$=\frac{M}{V_2-V_1}=\frac{100}{32.2-0.5}=3.15$$
② 판정 : 합격
(∵ 3.15>3.10)

08 ① 공기투과장치에 의한 시험(비표면적시험)
② 표준체에 의한 시험

09 ① 염분제거
② 염분의 고정화
③ 에폭시도막철근 사용
④ 아연도금철근 사용
⑤ 내식성 철근 사용
⑥ 콘크리트에 방청제 혼합

10 콜드조인트(Cold Joint)

11 ① 보통 : 사용 골재의 종류
② 25 : 굵은골재의 최대 치수(mm)
③ 30 : 콘크리트의 호칭강도(MPa)
④ 210 : 슬럼프값(mm)

12 가. **표면처리 공법** : 미세한 균열 부위에 퍼티수지로 충전하고 균열표면에 보수재료를 씌우는 공법
나. **주입 공법** : 균열 부위에 주입 파이프를 설치하여 보수재를 저압·저속으로 주입하는 공법

13 ① 타설 공법
② 조적 공법
③ 미장 공법
④ 뿜칠 공법

14 (가) 마찰접합
(나) 지압접합
(다) 인장접합

15 ① **용접착수 전** : ㉰, ㉲, ㉳, ㉷
② **용접작업 중** : ㉯, ㉵, ㉸
③ **용접완료 후** : ㉮, ㉱, ㉴, ㉶

16 ① **스칼럽(Scallop)** : 강구조 부재의 용접 시, 이음이나 접합부위에서 용접선이 교차하는 것을 피하기 위하여 한쪽의 부재에 설치(모따기)한 홈이다.
② **뒷댐재(Back Strip, 뒷받침쇠)** : 그루브용접을 한쪽 면으로만 실시하는 경우, 충분한 용접을 확보하고 용융금속의 용락을 방지할 목적으로 루트 뒷면에 금속판 등으로 받치는 받침쇠이다.

17 열간압연강재는 압연이 진행되는 방향의 단면과 압연 진행과 교차되는 방향의 단면이 서로 다른 기계적인 성질을 갖는다. 탄성 범위 안아서는 서로 비슷한 거동을 하는 것으로 보이나 실제로는 압연 진행 방향과 교차되는 단면의 연성능력은 진행 방향의 단면에 비해 떨어진다.

18 ① 피막도료칠(도막방수)
② 방수 모르타르 바름(시멘트 액체방수)
③ 타일, 판돌붙임(수밀재 붙임)

19 ⑤→②→③→④→①

20 가. 네트워크 공정표

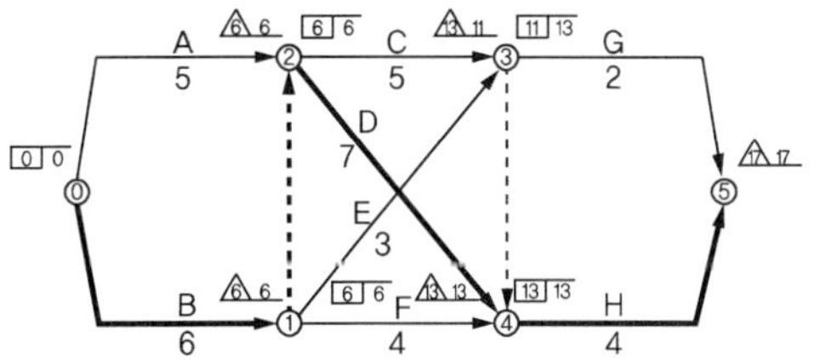

나. 여유시간

작업명	TF	FF	DF	CP
A	1	1	0	
B	0	0	0	*
C	2	0	2	
D	0	0	0	*
E	4	2	2	
F	3	3	0	
G	4	4	0	
H	0	0	0	*

21 (1) 반력 산정(힘의 평형방정식으로부터 반력 산정)
① $\Sigma M=0(+;\curvearrowleft)$:
$\Sigma M_B = R_A \times 12 - 40\times 9 - 40\times 6 - 40\times 3$
$=0$
$\therefore\ R_A = +60.0\ \mathrm{kN}\ (\uparrow)$
② $\Sigma Y=0(+;\uparrow)$:
$\Sigma Y = R_A - 40 - 40 - 40 + R_B = 0$
$\therefore\ R_B = +60.0\ \mathrm{kN}\ (\uparrow)$
(2) 절단법(단면법)을 이용한 부재력 산정

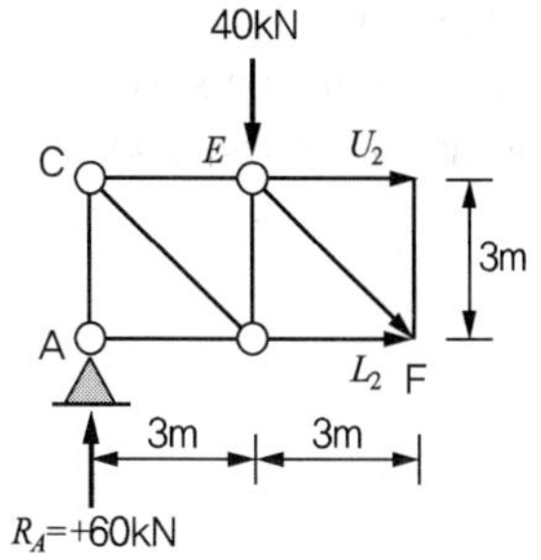

① $\Sigma M=0(+;\curvearrowleft)$:
$\Sigma M_F = +60\times 6 - 40\times 3 + U_2\times 3 = 0$
$\therefore\ U_2 = -80\ \mathrm{kN}$(압축)
② $\Sigma M=0(+;\curvearrowleft)$:
$\Sigma M_E = +60\times 3 - L_2\times 3 = 0$
$\therefore\ L_2 = +60\ \mathrm{kN}$(인장)

22 가. 공칭휨강도 M_n
(1) 하중조합
① $M_u = 1.4M_D = 1.4\times 150 = 210\ \mathrm{kN\cdot m}$
② $M_u = 1.2M_D + 1.6M_L = 1.2\times 150 + 1.6\times 130$
$= 388\ \mathrm{kN\cdot m}$
따라서 소요휨강도(계수휨모멘트)
$M_u = 388\ \mathrm{kN\cdot m}$이다.
(2) 공칭휨강도 M_n

$$M_n = \frac{M_u}{\phi} = \frac{388}{0.85} = 456.47\ \mathrm{kN\cdot m}$$

나. 공칭전단강도 V_n

(1) 하중조합

① $V_u = 1.4V_D = 1.4\times 120 = 168$ kN

② $V_u = 1.2V_D + 1.6V_L = 1.2\times 120 + 1.6\times 110$
$= 320$ kN

따라서 소요전단강도(계수전단력)
$V_u = 320$ kN이다.

(2) 공칭전단강도 V_n

$$V_n = \frac{V_u}{\phi} = \frac{320}{0.75} = 426.67\ \text{kN}\cdot\text{m}$$

23 $V_d = \phi V_n = \phi(V_c + V_s)$

$\phi = 0.75$

$\lambda = 1.0$ (∵ 보통중량콘크리트)

$$V_c = \frac{1}{6}\lambda\sqrt{f_{ck}}\,b_w d$$
$$= \frac{1}{6}\times 1.0\times\sqrt{24}\times 300\times 600 = 146{,}969\ \text{N}$$

$$V_s = \frac{A_v f_{yt} d}{s}$$
$$= \frac{(71.3\times 2)\times 400\times 600}{150} = 228{,}160\ \text{N}$$

$V_d = \phi V_n = \phi(V_c + V_s)$

$= 0.75\times(146{,}969 + 228{,}160)$

$= 281.35\times 10^3\ \text{N} = 281.35$ kN

2023년 1회(2023.4.23 시행)

01 강구조공사를 시공할 때 베이스플레이트(Base Plate)의 시공 시에 사용되는 충전재의 명칭을 쓰시오. (4점)

02 레디믹스트콘크리트(Ready Mixed Concrete)가 현장에 도착했을 때 검사 사항을 4가지 쓰시오. (4점)

① ______ ② ______

③ ______ ④ ______

03 이어치기 시간이란 1층에서 콘크리트 타설, 비기기부터 시작해서 2층에 콘크리트를 마감하는 데까지 소요되는 시간이다. 계속 타설 중의 이어치기 시간간격의 한도는 외기온도가 25℃ 미만일 때는 (①)분, 25℃ 이상에서는 (②)분으로 한다. (4점)

① ______ ② ______

04 철근콘크리트 대칭 T형 보에서 압축을 받는 플랜지 부분의 유효너비를 결정할 때 세 가지 조건에 의하여 산출된 값 중 가장 작은 값으로 유효너비를 결정하는데, 유효너비를 결정하는 3가지 기준을 쓰시오. (3점)

① ______

② ______

③ ______

05 다음 데이터를 이용하여 표준 네트워크 공정표를 작성하고 아울러 3일 공기단축한 네트워크 공정표 및 총공사금액을 산출하시오. (10점)

Activity	Normal		Crash		비고
	Time	Cost(원)	Time	Cost(원)	
A(0→1)	3	20,000	2	26,000	
B(0→2)	7	40,000	5	50,000	
C(1→2)	5	45,000	3	59,000	표준 네트워크 공정표에서의 일정은 다음과 같이 표시하고, 주공정선은 굵은선으로 표시한다.
D(1→4)	8	50,000	7	60,000	
E(2→3)	5	35,000	4	44,000	
F(2→4)	4	15,000	3	20,000	
G(3→5)	3	15,000	3	15,000	
H(4→5)	7	60,000	7	60,000	

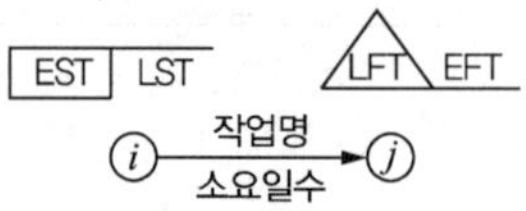

(1) 표준 네트워크 공정표를 작성하시오.(결합점에서 EST, LST, LFT, EFT를 표시할 것)

(2) 3일 공기단축한 네트워크 공정표를 작성하시오.(결합점에서 EST, LST, LFT, EFT를 표시할 것)

(3) 3일 공기단축 시 총공사비를 산출하시오.

06 Remicon(25-30-180)은 Ready Mixed Concerte의 규격에 대한 수치이다. 이 3가지의 수치가 뜻하는 바를 간단히 쓰시오.

(1) 25 : ______

(2) 30 : ______

(3) 180 : ______

07 커튼월 공사에서 구조체의 층간변위, 커튼월의 열팽창, 변위 등을 해결하기 위한 긴별방법 3가지를 쓰시오. (3점)

① ______ ② ______ ③ ______

08 다음이 설명하는 용어를 쓰시오. (3점)

보기

드라이비트 건이라는 일종의 못 박기 총을 사용하여 콘크리트나 강재 등에 박는 특수 못이다. 머리가 달린 것을 H형, 나사로 된 것을 T형이라고 한다.

09 Fast Track Method에 대해 간단히 설명하시오. (3점)

10 $L-100\times100\times7$ 인장재의 순단면적(mm²)을 구하시오. (3점)

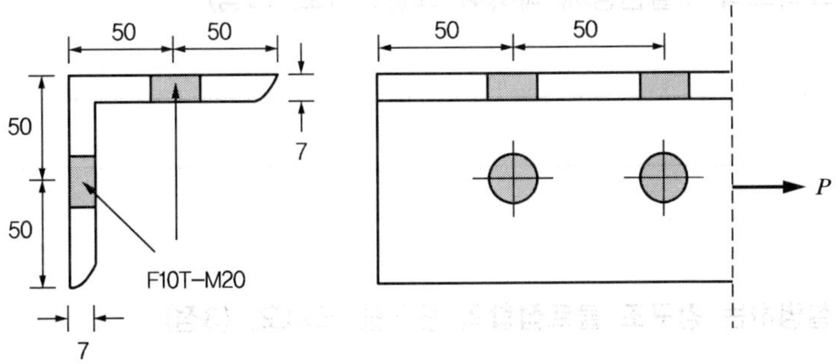

11 보링(Boring)의 정의와 종류 3가지를 쓰시오. (4점)

(1) 정의:

(2) 종류:

12 다음 괄호 안에 알맞은 숫자를 쓰시오. (3점)

보기

강도설계 또는 한계상태설계를 수행할 경우, 각 설계법에 적용하는 하중조합에서 지진하중에 대한 하중계수는 (　　　)로(으로) 한다.

---

13 지하구조물은 지하수위에서 구조물 밑면까지의 깊이만큼 부력을 받아 건물이 부상하게 되는데, 이것에 대한 방지대책을 4가지 기술하시오. (4점)

(1) ____

(2) ____

(3) ____

(4) ____

14 고강도 콘크리트의 폭렬현상에 대하여 설명하시오. (3점)

---

15 다음에서 설명하는 강구조 볼트접합의 용어를 쓰시오. (3점)

① 볼트 등의 접합재 구멍의 중심 간 간격

② 볼트 등의 접합재를 치는데 한 열의 기준이 되는 중심선

③ 볼트 중심을 연결한 선 사이의 중심간격

① ____ ② ____ ③ ____

16 LOB(Line Of Balance)에 대하여 간단히 설명하시오. (3점)

---

17 흙막이공사의 지하연속벽(Slurry Wall)공법에 사용되는 안정액의 기능을 2가지 쓰시오. (4점)

① ______

② ______

18 그림과 같은 겔버보의 A, B, C의 지점반력을 구하시오. (3점)

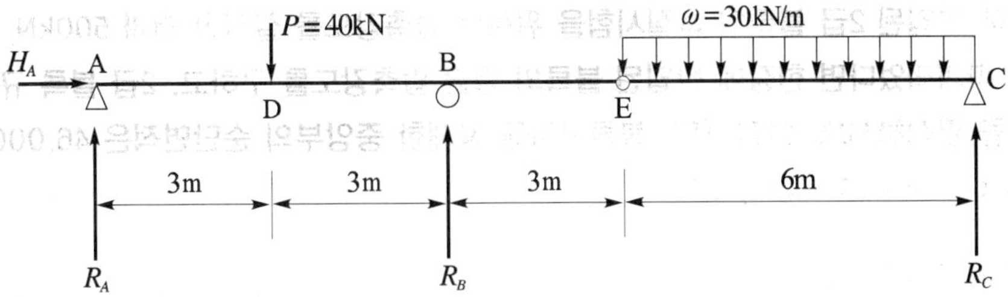

______

19 ALC(Autoclaved Lightweight Concrete)를 제조하기 위한 재료 2가지와 기포제조방법을 쓰시오. (3점)

(1) 재료 : ______

(2) 기포제조방법 : ______

20 자연상태의 시료를 운반하여 압축강도를 시험한 결과 8MPa이었고 그 시료를 이긴시료로 하여 압축강도를 시험한 결과는 5MPa이었다면 이 흙의 예민비는? (3점)

______

21 다음 그림과 같은 트러스 구조의 부정정 차수를 구하고, 안정구조인지 불안정구조인지를 판별하시오. (3점)

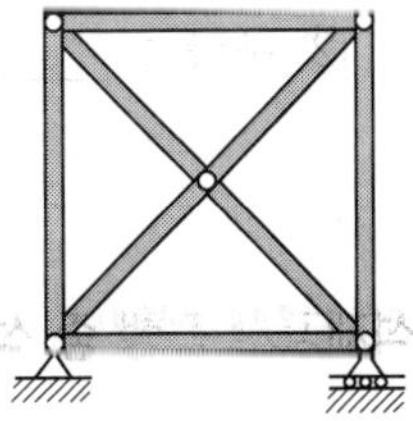

______

22 그림과 같은 단면의 단면2차모멘트 $I_x = 64{,}000\text{cm}^4$, 단면2차반경 $i_x = \dfrac{20}{\sqrt{3}}\text{cm}$일 때 너비 b와 높이 h를 구하시오. (4점)

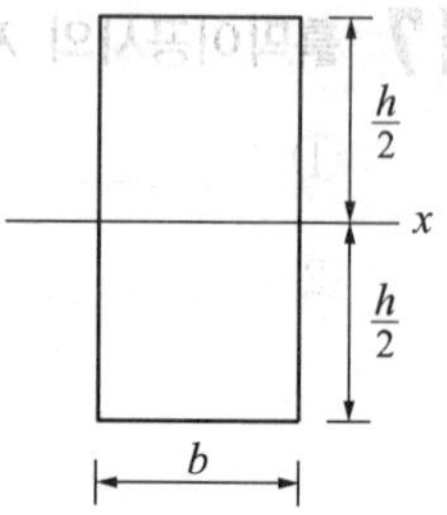

---

23 현장에 반입된 2급 블록의 품질시험을 위하여 압축강도를 실시한 결과 500kN, 600kN, 550kN에서 파괴되었다면 현장에 반입된 블록의 평균 압축강도를 구하고, 2급 블록 규격의 합격 및 불합격을 판정하시오. (4점) (단, 블록구멍을 공제한 중앙부의 순단면적은 46,000mm^{2}이고, 규격은 390×190×190mm이다.)

① 평균 압축강도(f_c) : ______

② 판정 : ______

24 압밀(Consolidation)과 다짐(Compaction)의 차이점을 비교하여 설명하시오. (3점)

---

25 다음 조건의 철근콘크리트 부재의 부피와 중량을 구하시오. (4점)

(1) 보 : 단면 300mm×400mm, 길이 1m, 150개

① 부피 : ______

② 중량 : ______

(2) 기둥 : 단면 450mm×600mm, 길이 4m, 50개

① 부피 : ______

② 중량 : ______

26 석재공사 진행 중 석재가 깨진 경우 이것을 접착할 수 있는 대표적인 접착제를 1가지 쓰시오. (3점)

2023년 1회 해설 및 정답

01 무수축모르타르

02 ① 슬럼프시험 ② 공기량시험
③ 단위용적질량시험 ④ 염화물함유량시험

03 ① 150 ② 120

04 대칭 T형 보의 유효너비 b_e는 다음 중 가장 작은 값으로 한다.

① $16h_f+b_w$

② 양쪽 슬래브의 중심 간 거리

③ 보의 순경간의 $\frac{1}{4}$

여기서, h_f는 슬래브의 두께, b_w는 보의 너비를 의미한다.

05 (1) 표준 네트워크 공정표

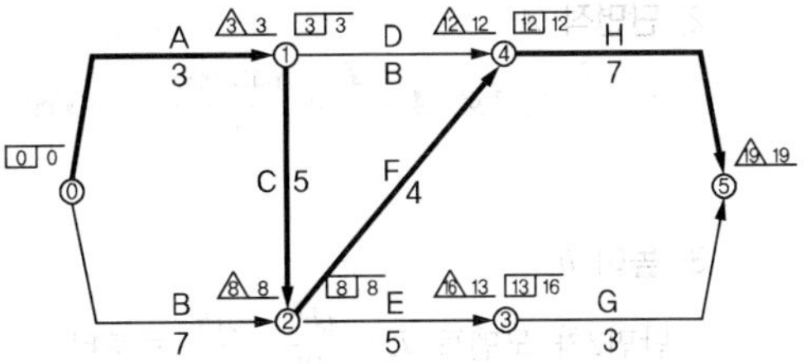

(2) 3일 공기단축한 네트워크 공정표

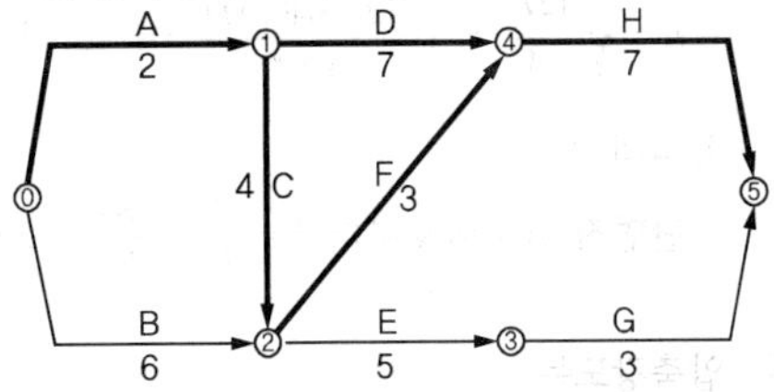

(3) 3일 공기단축 시 총공사비

단축단계	공기단축				Path				
	Act.	일수	생성 CP	난축불가 Path	A-D-H (18일)	A-C-F-H (19일)	A-C-E-G (16일)	B-F-H (18일)	B-E-G (15일)
1단계	F	1	D	F	18	18	16	17	15
2단계	A	1	B	A	17	17	15	17	15
3단계	B, C, D	1	–	D	16	16	14	16	14

총공사비 = 표준공사비 + 추가공사비

① 표준공사비(NC, Normal Cost) : 280,000원

② 추가공사비(EC, Extra Cost) : A+B+C+D+F 이므로

EC = 6,000 + 5,000 + 7,000 + 10,000 + 5,000 = 33,000원

③ 총공사비 : 280,000 + 33,000 = 313,000원

06 (1) 25 : 굵은골재의 최대 치수(mm)
(2) 30 : 콘크리트의 호칭강도(MPa)
(3) 180 : 슬럼프값 (mm)

07 ① 슬라이드방식
② 회전방식
③ 고정방식

08 드라이브 핀(Drive Pin)

09 Fast Track Method(설계·시공병행 방식)는 건설사업의 공사시행 방식 중에서 설계가 완벽하게 완료되지 않은 상태에서 부분적으로 완성된 설계도서를 바탕으로 시공하며, 시공과정 중에 나머지 설계부분을 완성하는 방법이다.

10 1. 고장력볼트의 구멍지름(M20)

$d_h = d+2 = 20+2 = 22\text{mm}$

2. 총단면적 $A_g = (200-7)\times 7 = 1{,}351\text{mm}^2$

3. 순단면적

$A_n = A_g - n d_h t = 1{,}351 - 2\times 22\times 7 = 1{,}043\text{mm}^2$

11 (1) 정의

지중에 철관을 꽂아 천공한 후 토질의 시료를 채취하여 지층의 상황을 판단하는 토질조사법이다.

(2) 종류

① 오거 보링 ② 수세식 보링
③ 충격식 보링 ④ 회전식 보링

12 1.0

13 ① 영구배수 공법: 구조물 하부로 침투 유입되는 지하수를 유공관의 끝 부분에 집수정을 설치하여 강제로 영구히 배수하는 방법이다.

② 사하중 공법: 구조물 자중이 부력보다 크도록 하는 방법이다.

③ 부상방지용 영구앵커 공법: 기초바닥 아래 암반층에 부상방지용 록앵커를 설치하여 강제적으로 저항시키는 방법이다.

④ 인장파일 공법: 미니파일(마이크로파일)을 마찰말뚝처럼 사용하여 지반의 강성을 높여 지반보강을 통해 부력을 방지하는 방법이다.

14 고강도 콘크리트에서 화재 시 급격한 고온에 의해 내부 수증기압이 발생하고, 이 수증기압이 콘크리트의 인장강도보다 크게 되면 콘크리트 부재 표면이 심한 폭음과 함께 박리 및 탈락하는 현상이다.

15 ① 피치
② 게이지라인
③ 게이지

16 초고층건축물 공사와 같은 반복적인 작업에서 각 작업조의 생산성은 유지시키면서, 그 생산성을 직선의 기울기로 작도하고 도식화하는 기법이다.

17 ① 슬라임의 부유 배제
② 굴착면의 붕괴방지
③ 지수효과
④ 굴착부의 마찰저항 감소

18 (1) 단순보와 내민보로 분리
① 단순보 : E-C
② 내민보 : A-D-B-E

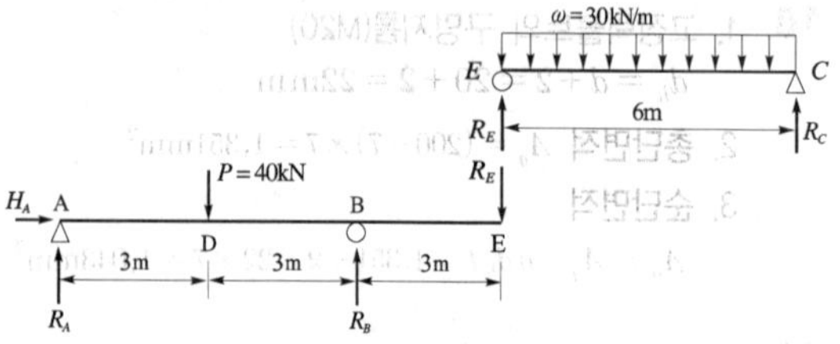

(2) 단순보의 해석(부재 EC의 전체에 등분포하중이 작용)
① $R_E = \dfrac{30\times 6}{2} = 90\text{ kN}$
② $R_C = 90\text{ kN}$

(3) 내민보의 해석(힘의 평형방정식으로부터 반력 산정)
① $\Sigma M = 0(+;\curvearrowleft)$:
$\Sigma M_A = 40\times 3 - R_B\times 6 + R_E\times 9$
$= 40\times 3 - R_B\times 6 + 90\times 9 = 0$
$\therefore\ R_B = 155\text{ kN}$
② $\Sigma Y = 0(+;\uparrow)$:
$\Sigma Y = R_A - 40 + R_B - R_E$
$= R_A - 40 + 155 - 90 = 0$
$\therefore\ R_A = -25\text{ kN}$
③ $\Sigma X = 0(+;\rightarrow)$: $\Sigma X = H_A = 0$
$\therefore\ H_A = 0\text{ kN}$

19 (1) 재료
① 석회질 원료(석회, 시멘트)
② 규산질 원료(고로슬래그, 플라이애시)
③ 기포제

(2) 기포제조방법
① 발포법
② 기포법

20 예민비 $= \dfrac{\text{자연시료의 강도}}{\text{이긴시료의 강도}} = \dfrac{8}{6} = 1.60$

21 (1) 전체 부정정 차수
$N = (r+m+f) - 2j$
$= (3+8+0) - 2\times 5 = 1$
∴ 1차 부정정

(2) 안정과 불안정
내적 안정이면서 외적 안정

22 1. 단면2차 반경 i_x

$i_x = \sqrt{\dfrac{I_x}{A}}$ 로부터 $i_x^2 = \dfrac{I_x}{A}$ 이다.

2. 단면적 A

$A = \dfrac{I_x}{i_x^2}$ 이므로 $A = \dfrac{I_x}{i_x^2} = \dfrac{640{,}000}{\left(\dfrac{20}{\sqrt{3}}\right)^2} = 4{,}800\text{cm}^2$ 이다.

3. 높이 h

단면2차 모멘트 $I_x = \dfrac{bh^3}{12} = \dfrac{Ah^2}{12}$ 로부터

$h = \sqrt{\dfrac{12I_x}{A}} = \sqrt{\dfrac{12\times 640{,}000}{4{,}800}} = 40\text{ cm}$ 이다.

4. 너비 b

단면적 $A = bh$ 로부터 $b = \dfrac{A}{h} = \dfrac{480}{40} = 12$ 이다.

23 압축강도는

$f_c = \dfrac{P}{A} = \dfrac{\text{최대하중}}{\text{전단면적(공동부 포함)}}$ 이고, 2급 블록은 6.0MPa 이상이므로

① 평균 압축강도

$f_c = \dfrac{\sum_{i=1}^{n} P_i}{A} \div n$

$= \left(\dfrac{500{,}000 + 600{,}000 + 550{,}000}{390\times 190}\right) \div 3$

$= 7.42\text{MPa}(\text{N/mm}^2)$

② 판정 : 합격($\because$ 7.42MPa > 6.0MPa)

24 ① 압밀은 점토지반에서 재하(在荷, Loading)에 의해 간극수가 제거되어 침하되는 현상이다.
② 다짐은 사질지반에서 재하(在荷, Loading)에 의해 공기가 제거되어 침하되는 현상이다.

25 (1) 보
① 부피 : $0.3\,\text{m}\times0.4\,\text{m}\times1.0\,\text{m}\times150\,EA$
$=18.00\,\text{m}^3$
② 중량 : $18.00\,\text{m}^3\times2{,}400\,\text{kg/m}^3=43{,}200.00\,\text{kg}$
(2) 기둥
① 부피 : $0.45\,\text{m}\times0.6\,\text{m}\times4.0\,\text{m}\times50\,EA=54.00\,\text{m}^3$
② 중량 : $54.00\,\text{m}^3\times2{,}400\,\text{kg/m}^3=129{,}600.00\,\text{kg}$

26 에폭시수지 접착제(에폭시 접착제)

2023년 2회(2023.7.22 시행)

01 **다음이 설명하는 낙찰제도의 명칭을 쓰시오. (4점)**

(1) 입찰에서 제시한 가격과 기술능력, 공사경험, 경영상태 등 계약수행능력을 종합평가하여 낙찰자를 결정하는 제도

(2) 사회적 책임점수를 포함한 공사수행 능력점수와 입찰금액 점수를 합산하여 가장 높은 점수를 획득한 입찰자를 낙찰시키는 제도

(1) ____________________

(2) ____________________

02 **다음의 [보기]에서 설명하는 구조의 명칭을 쓰시오. (2점)**

보기

강구조에서 H형강 또는 십자형 형강의 강재 기둥을 콘크리트 속에 매입한 후 그 주위에 철근을 배근하고 콘크리트가 타설되어 일체가 되도록 한 것으로서, 초고층 구조물 하층부의 복합구조로 많이 채택되는 구조

____

03 **다음 표는 건축공사표준시방서 기준에 따른 거푸집널 존치기간 중의 평균기온이 10℃ 이상인 경우에 콘크리트의 압축강도 시험을 하지 않고 거푸집을 떼어 낼 수 있는 콘크리트의 재령(일)을 나타낸 표이다. 빈칸에 알맞은 숫자를 쓰시오. (4점)**

【콘크리트의 압축강도를 시험하지 않을 경우 거푸집널의 해체 시기(기초, 보, 기둥 및 벽의 측면)】

평균기온 \ 시멘트의 종류	조강포틀랜드시멘트	보통포틀랜드시멘트 고로슬래그시멘트(1종)	고로슬래그시멘트(2종) 포틀랜드포졸란시멘트(2종)
20℃ 이상	(①)일	(③)일	5일
10℃ 이상 20℃ 미만	(②)일	6일	(④)일

① ____________ ② ____________ ③ ____________ ④ ____________

04 다음 그림과 같은 온통기초에서 터파기량, 되메우기량, 잔토처리량, 흙막이면적을 산출하시오. (단, 토량환산계수 L=1.3으로 한다.) (9점)

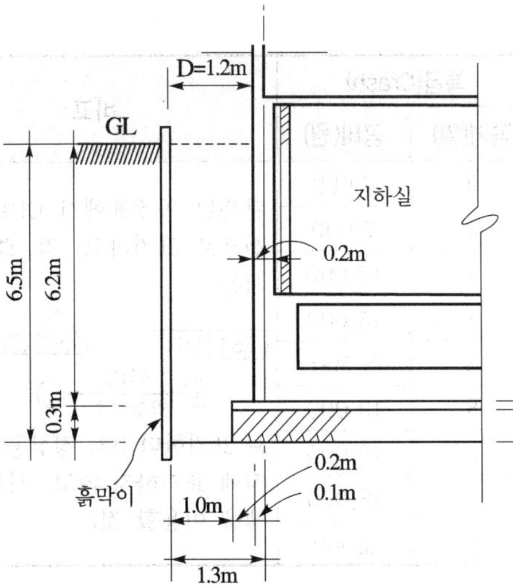

【터파기여유폭의 단면도】

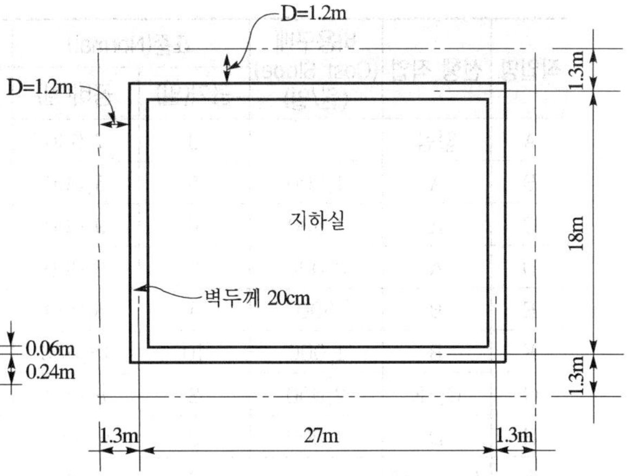

【지하실의 평면도】

① 터파기량 : ______________________________

② 되메우기량 : ______________________________

③ 잔토처리량 : ______________________________

④ 흙막이면적 : ______________________________

05 기초의 부동침하는 구조적으로 문제를 일으키게 된다. 이러한 기초의 부동침하를 방지하기 위한 대책 중 기초구조물의 부동침하 방지대책 2가지를 쓰시오. (4점)

① ______________________________

② ______________________________

06 지하구조물은 지하수위에서 구조물 밑면까지의 깊이만큼 부력을 받아 건물이 부상하게 되는데, 이것에 대한 방지대책을 2가지 기술하시오. (2점)

① ______________________________

② ______________________________

07 다음 데이터를 이용하여 정상공기를 산출한 결과 지정공기보다 3일이 지연되는 결과이었다. 공기를 조정하여 3일의 공기를 단축한 네트워크 공정표를 작성하고, 아울러 총공사금액을 산출하시오. (10점)

작업명	선행 작업	비용구배 (Cost Slope) (원/일)	표준(Normal)		특급(Crash)		비고
			공기(일)	공비(원)	공기(일)	공비(원)	
A	없음	–	3	7,000	3	7,000	
B	A	1,000	5	5,000	3	7,000	단축된 공정표에서 CP는 굵은 선으로 표기하고, 각 결합점에서는 EST LST, LFT EFT, ⓘ —작업명/작업일수→ ⓙ 로 표기한다.(단, 정상공기는 답지에 표기하지 않고, 시험지 여백을 이용할 것)
C	A	1,500	6	9,000	4	12,000	
D	A	3,000	7	6,000	4	15,000	
E	B	500	4	8,000	3	8,500	
F	B	1,000	10	15,000	6	19,000	
G	C, E	2,000	8	6,000	5	12,000	
H	D	4,000	9	10,000	7	18,000	
I	F, G, H	–	2	3,000	2	3,000	

가. 단축한 네트워크 공정표

나. 총공사금액

08 미장재료 중 기경성(氣硬性)과 수경성(水硬性) 재료를 각각 2가지씩 쓰시오. (4점)

(1) 기경성 미장재료

①

②

(2) 수경성 미장재료

①

②

09 다세대주택의 필로티구조에서 전이보(Transfer Girder)의 1층 구조와 2층 구조가 상이한 이유를 설명하시오. (4점)

10 다음 빈칸에 알맞은 용어 또는 숫자를 기입하시오. (4점)

보기

설계볼트장력은 고장력볼트 설계미끄럼강도를 구하기 위한 값으로 미끄럼계수는 최소 (①) 이상으로 하고, 현장시공에서의 (②)볼트장력은 (③)볼트장력에 (④)%를 할증한 값으로 한다.

① ________ ② ________ ③ ________ ④ ________

11 기둥의 재질과 단면 크기가 모두 같은 그림과 같은 4개의 장주의 유효좌굴길이계수와 유효좌굴길이를 쓰시오. (4점)

단부 구속조건	1단 힌지, 타단 고정	1단 자유, 타단 고정	양단 고정	양단 힌지
조건	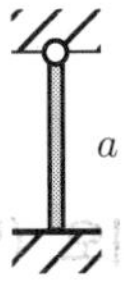	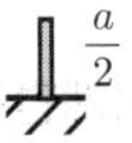	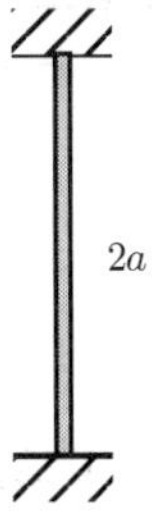	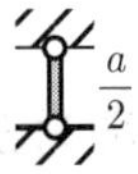
유효좌굴길이계수, K값				
유효좌굴길이, KL				

12 그림과 같은 단면의 x축에 대한 단면2차 모멘트를 계산하시오. (3점)

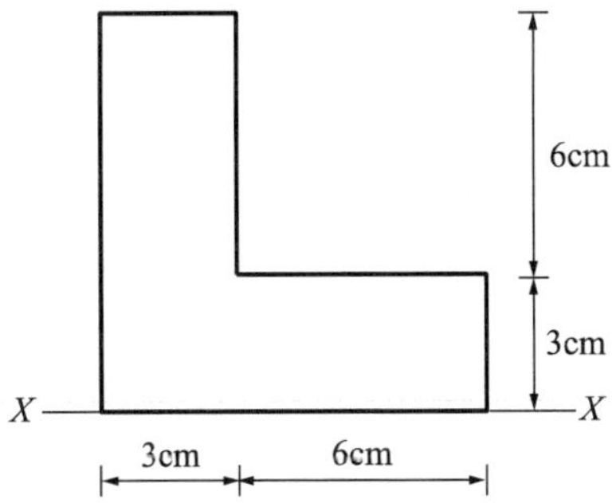

____

13 가설출입구 설치 시 고려사항을 3가지 작성하시오. (3점)

① ________

② ________

③ ________

14 지반조사 시 실시하는 보링(Boring)의 종류를 3가지 쓰시오. (3점)

① ______________________

② ______________________

③ ______________________

15 레디믹스트콘크리트 배합에 대한 내용 중 빈칸에 알맞은 용어를 쓰시오. (3점)

보기

콘크리트 배합 시 레디믹스트콘크리트 배합표에 보통 골재는 (①)상태의 질량, 인공경량골재는 (②)상태의 질량을 표시한다. (③)의 경우는 혼화재를 사용할 때로 물에 대한 시멘트와 혼화재의 질량 백분율로 계산하여 고려한다.

① __________ ② __________ ③ __________

16 아래 평면의 건물높이가 13.5m일 때 비계면적을 산출하시오. (단, 도면의 단위는 mm이며, 비계 형태는 쌍줄비계로 한다.) (5점)

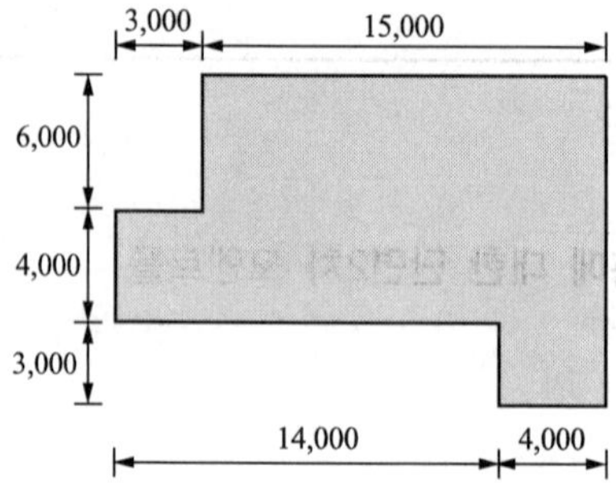

17 연약지반에서 지반개량 공법을 3가지 쓰시오. (3점)

① ______________________

② ______________________

③ ______________________

18 다음은 KDS(건축구조기준)에서 규정하고 있는 철근의 간격과 관련한 설명이다. 괄호를 채우시오. (3점)

철근과 철근의 수평 순간격은 굵은 골재 최대치수 (①)배 이상, (②)mm 이상, 이형철근 공칭지름의 (③)배 이상으로 한다.

① ____________ ② ____________ ③ ____________

19 생콘크리트 측압에서 콘크리트 헤드(Concrete Head)에 대하여 간략하게 쓰시오. (3점)

____

20 다음에서 설명하는 줄눈의 명칭을 쓰시오. (2점)

콘크리트 경화 시 수축에 의한 균열을 방지하고 슬래브에서 발생하는 수평 움직임을 조절하기 위하여 설치한다. 벽과 슬래브, 외기에 접하는 부분 등 균열이 예상되는 위치에 약한 부분을 인위적으로 만들어 다른 부분의 균열을 억제하는 역할을 한다.

____

21 강구조에서 칼럼쇼트닝(Column Shortening)에 대하여 기술하시오. (3점)

____

22 강구조 세우기에서 주각부 현장 시공순서를 쓰시오. (4점)

① 기초상부 고름질	② 가조립
③ 변형 바로잡기	④ 앵커볼트 설치
⑤ 강구조 세우기	⑥ 강구조 도장

____

23 강합성 데크플레이트 구조에 사용되는 시어커넥터(Shear Connector)의 역할에 대하여 설명하시오. (3점)

24 목공사에서 방충 및 방부처리된 목재를 사용해야 하는 경우를 2가지 쓰시오. (4점)

①

②

25 시방서와 설계도의 내용이 서로 달라서 시공상 부적당하다고 판단될 때 현장 책임자는 공사감리자와 협의하고 즉시 알려야 한다. 다음 [보기]에서 건축물의 설계도서 작성기준에서 시방서와 설계도서의 우선순위를 중요도에 따라 나열하시오. (4점)

보기		
① 공사(산출)내역서	② 공사시방서	③ 설계도면
④ 전문시방서	⑤ 표준시방서	

26 그림과 같은 비틀림모멘트(T)가 작용하는 원형 강관의 비틀림전단응력(τ_t)을 기호로 표현하시오. (3점)

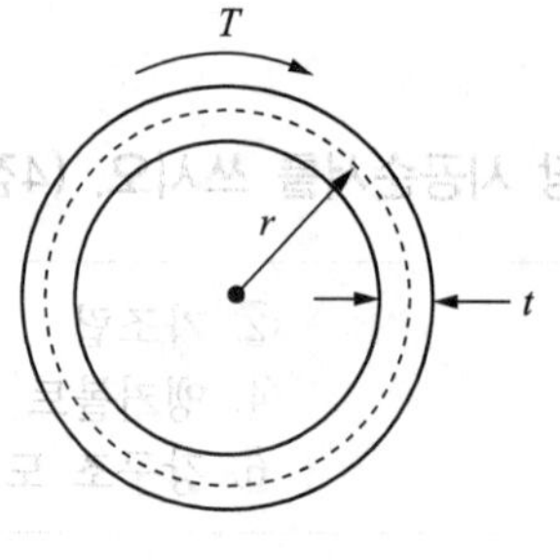

2023년 2회 해설 및 정답

01 (1) 적격심사 낙찰제 (2) 종합심사 낙찰제

02 매입형 합성기둥

03 ① 2 ② 3 ③ 4 ④ 8

04

구분	수량산출근거	계
1. 터파기량(V)	V=(27+1.3×2)×(18+1.3×2)×6.5 =3,963.44m³	3,963.44m³
2. 되메우기량(V−S)	(1) 되메우기량=터파기량(V)−GL 이하 기초구조부체적(S) (2) 터파기량(V) =3,963.44m³ (3) GL이하 기초구조부체적(S)=잡석다짐량+버림콘크리트량+지하실부분 ① 잡석다짐량 ={27+(0.1+0.2)×2}×{18+(0.1+0.2)×2}×0.24 =123.206m³ ② 버림콘크리트량 ={27+(0.1+0.2)×2}×{18+(0.1+0.2)×2}×0.06 =30.802m³ ③ 지하실부분 =(27+0.1×2)×(18+0.1×2)×6.2 =3,069.248m³ ∴ GL 이하 기초구조부체적(S)=123.206+30.802+3,069.248 =3,223.256 → 3,223.26m³ (4) 되메우기량=V−S =3,963.44−3,223.26 =740.18m³	740.18m³
3. 잔토처리량 (C=1.0, L=1.3)	잔토처리량 $=\left\{V-(V-S)\times\frac{1}{C}\right\}\times L$ =S×L=3,223.26×1.3 =4,190.238 → 4,190.24m³	4,190.24m³
4. 흙막이 면적	A={(27+1.3×2)+(18+1.3×2)}×2×6.5=652.60m²	652.60m²

05 ① 마찰말뚝을 사용할 것
② 지하실을 설치할 것
③ 경질지반에 지지할 것
④ 복합기초를 사용할 것

06 ① **영구배수 공법:** 구조물 하부로 침투 유입되는 지하수를 유공관의 끝 부분에 집수정을 설치하여 강제로 영구히 배수하는 방법이다.
② **사하중 공법:** 구조물 자중이 부력보다 크도록 하는 방법이다.
③ **부상방지용 영구앵커 공법:** 기초바닥 아래 암반층에 부상방지용 록앵커를 설치하여 강제적으로 저항시키는 방법이다.
④ **인장파일 공법:** 미니파일(마이크로파일)을 마찰말뚝처럼 사용하여 지반의 강성을 높여 지반보강을 통해 부력을 방지하는 방법이다.

07 가. 단축한 네트워크 공정표

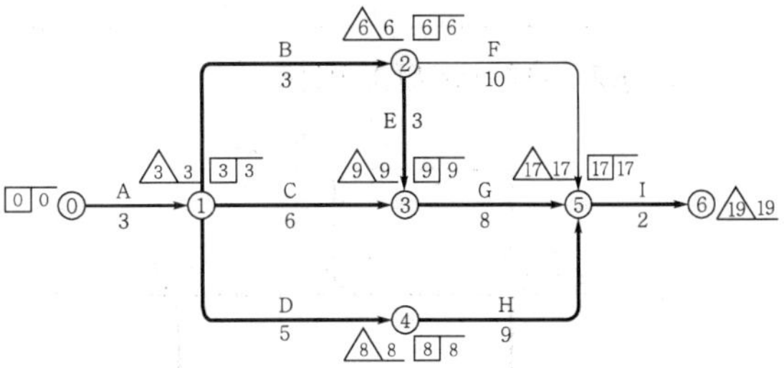

나. 총공사금액
① 표준공사비 : 69,000원
② 추가공사비 : E+2(B+D)이므로
EC=500+2×(1,000+3,000)=8,500원
③ 총공사비=표준공사비+추가공사비 :
69,000+8,500=77,500원

해설

(1) 표준 네트워크 공정표

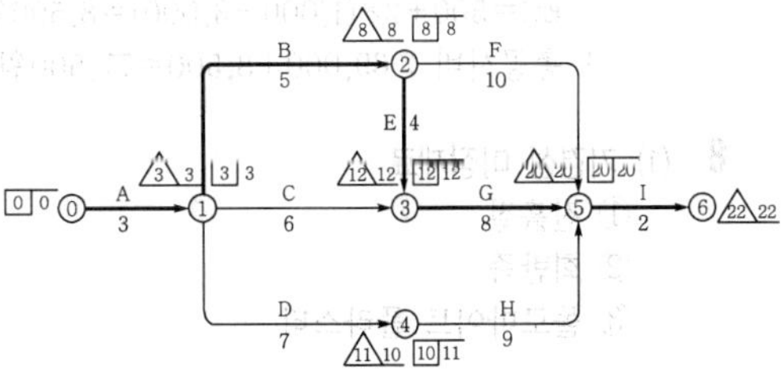

(2) 공기를 3일 단축한 네트워크 공정표 작성

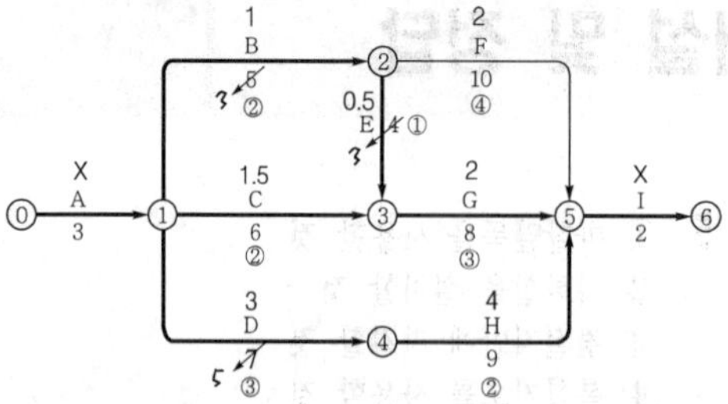

단축 단계	공기단축				Path				비고
	Act.	일수	생성 CP	단축불가 Path	A-B-F-I (20일)	A-B-E-G-I (22일)	A-C-G-I (19일)	A-D-H-I (21일)	
1단계	E	1	D, H	E	20	21	19	21	
2단계	B, D	2	C	B	18	19	19	19	(주)1

(주) 병렬단축 : 경우의 수는 다음과 같고, 비용구배(CS)가 최소인 곳에서 단축

작업명	비용구배(CS)
B+D	4,000
B+H	5,000
G+D	5,000
G+H	6,000

(3) 공기단축한 네트워크 공정표

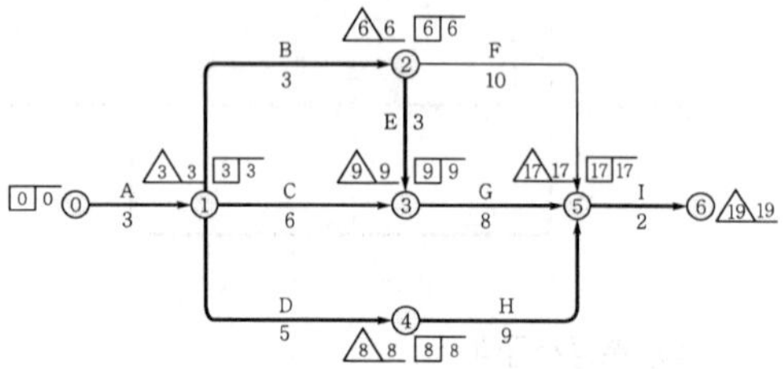

(4) 총공사금액

총공사비 = 표준공사비 + 추가공사비

① 표준공사비(NC, Normal Cost) : 69,000원
(Normal의 소요공사비 합계
=7,000+5,000+9,000+6,000+8,000+15,000+6,000+10,000+3,000=69,000원)

② 추가공사비(EC, Extra Cost) : E+2(B+D)이므로
EC=500+2×(1,000+3,000)=8,500원

③ 총공사비 : 69,000+8,500=77,500원

08 (1) 기경성 미장재료
① 진흙질
② 회반죽
③ 돌로마이트 플라스터
④ 아스팔트 모르타르
⑤ 마그네시아 시멘트

(2) 수경성 미장재료
① 순석고 플라스트
② 킨즈시멘트(무수석고 플라스터)
③ 시멘트 모르타르

09 필로티구조(상부벽식-하부골조 구조)는 상부구조의 경우 내력벽의 벽식구조이며, 하부구조의 경우 기둥과 보의 라멘구조으로 이루어져 있다. 상부구조의 벽식구조에서 하부구조의 라멘구조로 구조형식이 바뀌는 층에 상부구조의 하중을 하부구조에 전달시키기 위해서 전이보(전이층)를 설치한다.

10 ① 0.5
② 표준
③ 설계
④ 10

11

단부 구속조건	1단 힌지, 타단 고정	1단 자유, 타단 고정	양단 고정	양단 힌지
부재길이, L	a	$\frac{a}{2}$	$2a$	$\frac{a}{2}$
유효좌굴 길이계수, K	0.7	2.0	0.5	1.0
유효좌굴 길이, KL	$0.7a$	$2.0\times\frac{a}{2}$ $=1.0a$	$0.5\times2a$ $=1.0a$	$1.0\times\frac{a}{2}$ $=0.5a$

12 $I_x = \frac{3\times9^3}{12}+(3\times9)\times4.5^2+\frac{6\times3^3}{12}+(6\times3)\times1.5^2$

$= 783.00\text{cm}^4$

13 ① 대지 내에 진입이 용이하고 자재 야적이 유리한 위치에 설치한다.
② 가급적 도로에 설치되어 있는 전주, 가로등, 가로수 등에 의해 출입에 지장을 주지 않는 곳에 설치한다.
③ 인접도로의 차량 흐름에 영향을 주지 않는 곳에 설치한다.
④ 유효폭, 전면 도로폭에 의한 진입각도를 확인하여 설치한다.
⑤ 차량의 회전범위를 고려하여 설치한다.
⑥ 유효높이, 출입문 위에 설치되는 횡방향 부재 등에 의한 통행 차량의 적재 높이를 고려하여 설치한다.

14 ① 오거 보링
② 수세식 보링
③ 충격식 보링
④ 회전식 보링

15 ① 표면건조포화
② 절대건조
③ 물-결합재

16 쌍줄비계면적 = 비계둘레길이(L)×건물높이(h)
= {(18+13)×2+0.9×8}×13.5
= 934.20m^2

17 ① 재하법
② 치환법
③ 탈수법
④ 다짐법
⑤ 응결법(주입법)
⑥ 동결법
⑦ 전기화학 고결법

18 ① 4/3
② 25
③ 1.0

19 타설된 콘크리트 윗면으로부터 최대 측압면까지의 거리

20 조절줄눈(Control Joint)

21 건축물이 초고층화되거나 대형화됨에 따라 강구조 구조물의 높이 증가와 하중의 증가로 인해 기둥에 작용하는 수직하중이 증대되어 발생되는 기둥의 수축량이다.

22 ④ → ① → ⑤ → ② → ③ → ⑥

23 합성보에서 슬래브와 강구조 보를 일체화시켜 전단력에 저항하도록 한 부재이다. 전단 연결재의 종류로는 스터드볼트, ㄷ형강, 나선철근 등이 있다.

24 ① 콘크리트, 벽돌 등의 투습성 재질의 접합부
② 외부에 직접 노출되는 부위
③ 급수, 배수관이 접하는 부위
④ 모르타르 등의 바탕으로 사용되는 부위
⑤ 지면 또는 콘크리트 바닥면으로부터 300mm 이내에 설치되는 부재

25 ②, ③, ④, ⑤, ①

26 $\tau_t = \dfrac{T}{2t \cdot A_m} = \dfrac{T}{2t \cdot \pi r^2}$

2023년 3회(2023.11.5 시행)

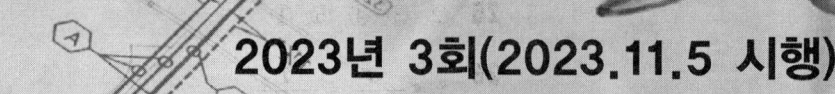

01 건설업의 TQC에 이용되는 도구 중 다음을 설명하시오. (4점)

① 파레토도 : ____________________

② 특성요인도 : ____________________

③ 층별 : ____________________

④ 산점도 : ____________________

02 아래 그림은 철근콘크리트조 경비실건물이다. 주어진 평면도 및 단면도를 보고 C_1, G_1, G_2, S_1에 해당하는 부분의 1층과 2층 콘크리트량과 거푸집량을 산출하시오. (8점)

단, 1) 기둥단면(C_1) : 30cm×30cm

2) 보단면(G_1, G_2) : 30cm×60cm

3) 슬라브두께(S_1) : 13cm

4) 층고 : 단면도 참조(단, 단면도에 표기된 1층 바닥선 이하는 계산하지 않는다.)

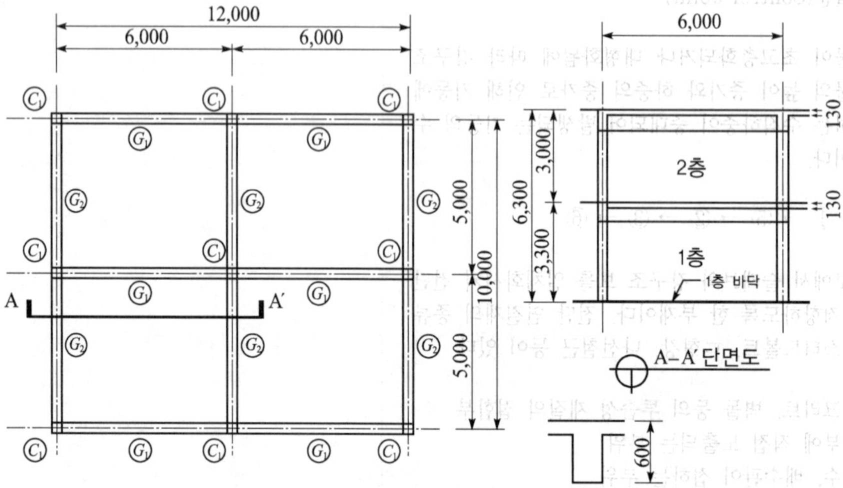

03 시공이 빠르고 이음이 없는 수밀한 콘크리트 구조물을 완성할 수 있는 벽체전용시스템 거푸집의 종류를 3가지 쓰시오. (3점)

① ______ ② ______ ③ ______

04 다음 용어의 정의를 쓰시오. (4점)

① 접합유리 : ______

② 로이유리(Low-Emissivity Glass) : ______

05 매스콘크리트(Mass Concrete) 시공과 관련된 선형냉각(Pre-Cooling)에 대해 설명하고, 공법에 사용되는 재료를 2가지 쓰시오. (4점)

(1) 선형냉각 : ______

(2) 사용되는 재료 : ______

06 그림과 같은 철근콘크리트 단순보에서 계수집중하중(P_u)의 최대값(kN)을 구하시오. (단, 보통중량콘크리트 f_{ck}=27MPa, f_y=400MPa, 인장철근 단면적 A_s=1,500mm^2, 휨에 대한 강도감소계수 ϕ=0.85를 적용한다.) (4점)

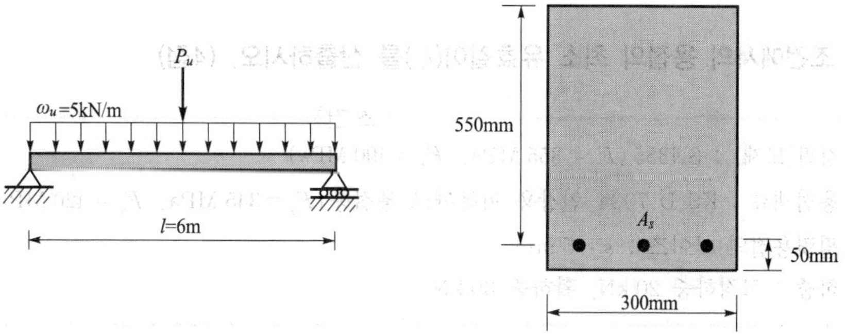

07 컨소시엄(Consortium)공사에 있어서 페이퍼 조인트(Paper Joint)에 관하여 기술하시오. (3점)

---

08 주어진 자료(DATA)에 의하여 다음 물음에 답하시오. (10점)

작업명	선행작업	표준(Normal)		급속(Crash)		비고
		공기(일)	공비(원)	공기(일)	공비(원)	
A	없음	5	170,000	4	210,000	결합점에서의 일정은 다음과 같이 표시하고, 주공정선은 굵은선으로 표시한다. 
B	없음	18	300,000	13	450,000	
C	없음	16	320,000	12	480,000	
D	A	8	200,000	6	260,000	
E	A	7	110,000	6	140,000	
F	A	6	120,000	4	200,000	
G	D, E, F	7	150,000	5	220,000	

(1) 표준 네트워크 공정표를 작성하시오.(결합점에서 EST, LST, LFT, EFT를 표시할 것)

---

(2) 표준공사 시 총공사비를 산출하시오.

---

(3) 4일 공기단축시 총공사비를 산출하시오.

---

09 다음 조건에서의 용접의 최소 유효길이(l_e)를 산출하시오. (4점)

조건

① 강판(모재) : SN355 ($F_y = 355$ MPa, $F_u = 490$ MPa)
② 용접재료 : KS D 7004 연강용 피복아크 용접봉 ($F_y = 345$ MPa, $F_u = 420$ MPa)
③ 필릿용접의 사이즈 : $s = 5$ mm
④ 하중 : 고정하중 20 kN, 활하중 30 kN

---

10 다음 보기에서 설명하는 강구조공사에 사용되는 알맞은 용어를 쓰시오. (3점)

보기

강구조 부재 용접 시 이음 및 접합수위의 용접선이 교차되어 재용접된 부위가 열 영향을 받아 취약해지기 때문에 모재에 부채꼴 모양의 모따기를 한 것

____

11 다음은 지반의 종류와 허용지내력을 나타내고 있다. 괄호에 적당한 지내력과 단기허용지내력과 장기허용지내력의 관계를 쓰시오. (4점)

가. 장기허용지내력도

① 경암반 (㉮)kN/m^2

② 연암반 (㉯)kN/m^2

③ 자갈과 모래와의 혼합물 (㉰)kN/m^2

④ 모래 (㉱)kN/m^2

나. 단기허용지내력도

단기허용지내력도＝장기허용지내력도×(㉲)

㉮ ____________ ㉯ ____________ ㉰ ____________

㉱ ____________ ㉲ ____________

12 지지조건은 양단 힌지이고, 기둥의 길이 3m, 직경 100mm 원형 단면의 세장비를 구하시오. (3점)

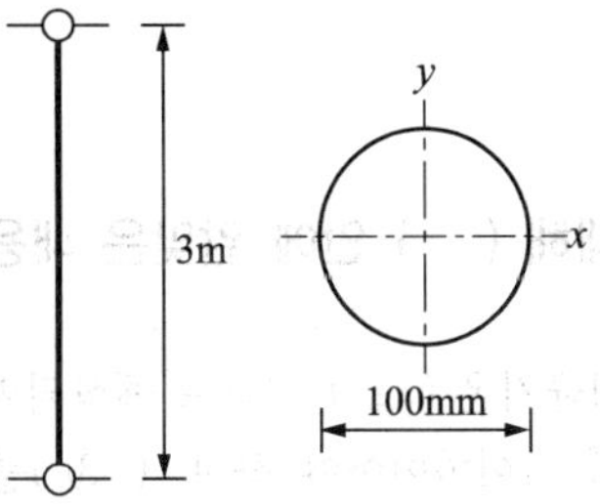

____

13 **숏크리트(Shotcrete)공법의 정의를 설명하고, 공법의 장·단점을 각각 2가지씩 쓰시오. (4점)**

(1) 정의 ____________________

(2) 장점

① ____________________

② ____________________

(3) 단점

① ____________________

② ____________________

14 **다음 용어를 설명하시오. (4점)**

(1) 물시멘트비(Water Cement Ratio) : ____________________

____

(2) 물결합재비(Water Binder Ratio) : ____________________

____

15 **흙막이공사의 지하연속벽(Slurry Wall)공법에 사용되는 안정액의 기능을 2가지 쓰시오. (4점)**

① ____________________ ② ____________________

16 **한중 콘크리트의 특성에 대해 (   ) 안에 알맞은 내용을 쓰시오. (3점)**

한중 콘크리트의 특징은 일평균기온 (①) 이하로 예상되며, 한중 콘크리트의 문제점에 대한 대책으로 W/C비는 원칙적으로 (②) 이하이어야 하며, (③)를/을 사용해야 한다.

① ____________ ② ____________ ③ ____________

17 그림과 같은 T형 단면의 x축에 대한 단면2차 모멘트를 계산하시오. (단, 그림상의 단위는 cm이고, x축은 도심축이다.) (3점)

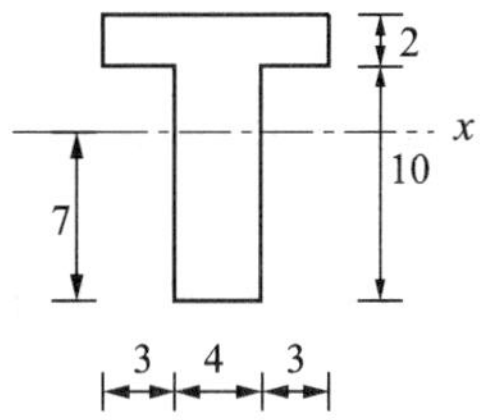

18 목재면 바니시칠 공정의 작업순서를 |보기|에서 골라 기호로 쓰시오. (4점)

|보기|

㉮ 색올림
㉯ 왁스 문지름
㉰ 바탕처리
㉱ 눈먹임

19 다음 용어를 설명하시오. (4점)

(1) 솟음(Camber) :

(2) 토핑콘크리트(Topping Concrete) :

20 다음 평면도에서 평규준틀과 귀규준틀의 개수를 구하시오. (4점)

① 귀규준틀 : (   )개소
② 평규준틀 : (   )개소

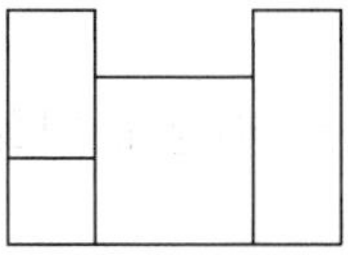

① 　　②

21 다음에 설명된 용어를 쓰시오. (3점)

> ① 가장 오래된 타일붙이기 방법으로 타일 뒷면에 붙임 모르타르를 얹어 바탕 모르타르에 누르거나 하여 1매씩 붙이는 방법
> ② 평평하게 만든 바탕 모르타르 위에 붙임 모르타르를 만들고, 그 위에 타일을 두드려 누르거나 닿으면서 붙이는 방법
> ③ 온도변화에 따른 팽창, 수축 또는 부동침하, 진동 등에 의해 균열이 예상되는 위치에 설치하는 줄눈

① ______________________ ② ______________________ ③ ______________________

22 시멘트 500포의 공사현장에서 필요한 시멘트 창고의 면적을 구하시오. (단, 쌓기 단수는 12단) (3점)

____

23 그림과 같은 구조물의 지점반력을 구하시오. (3점)

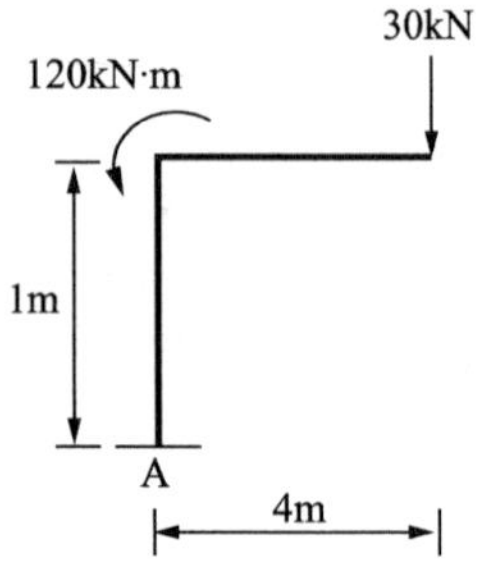

____

24 콘크리트에서 크리프(Creep) 현상에 대하여 설명하시오. (3점)

____

25 다음이 설명하는 용어를 쓰시오. (3점)

공사의 실비를 건축주와 도급자가 확인, 정산하고 건축주는 미리 정한 보수율에 따라 도급자에게 그 보수액을 지불하는 방식

---

26 다음이 설명하는 용어를 쓰시오. (3점)

영구배수공법의 일종으로 쇄석 대신 사용되고, 배수관 또는 양수관으로 물을 흘려 보내기 위해 롤 형태의 보드를 옹벽 뒤에 부탁하여 시공하는 배수자재

2023년 3회 해설 및 정답

01 ① **파레토도** : 불량 등 발생건수를 분류 항목별로 나누어 크기 순서대로 나누어 놓은 그림
② **특성요인도** : 결과에 원인이 어떻게 관계하고 있는가를 한눈으로 알 수 있도록 작성한 그림
③ **층별** : 집단을 구성하고 있는 많은 데이터를 어떤 특징에 따라 몇 개의 부분집단으로 나누는 것
④ **산점도** : 대응되는 2개의 짝으로 된 데이터를 그래프 용지 위에 점으로 나타낸 그림

02

구분	수량 산출근거	계
1. 콘크리트량	(1) 기둥 ① 1층(C_1) : 0.3×0.3×(3.3−0.13)×9EA =2.568m³ ② 2층(C_1) : 0.3×0.3×(3.0−0.13) ×9EA=2.325m³ (2) 보 ① 1층+2층(G_1) : 0.3×(0.6−0.13)× 5.7×12EA=9.644m³ ② 1층+2층(G_2) : 0.3×(0.6−0.13)× 4.7×12EA=7.952m³ (3) 슬래브 1층+2층(S_1) : 12.3×10.3×0.13×2EA =32.939m³ ∴ 합계 : 2.568+2.325+9.644+7.952+ 32.939=55.428 → 55.43m³	55.43m³
2. 거푸집면적	(1) 기둥 ① 1층(C_1) : (0.3+0.3)×2×(3.3−0.13) ×9EA=34.236m² ② 2층(C_1) : (0.3+0.3)×2×(3.0−0.13) ×9EA=30.996m² (2) 보 ① 1층+2층(G_1) : (0.6−0.13)×5.7× 12EA×2=64.296m² ② 1층+2층(G_2) : (0.6−0.13)×4.7× 12EA×2=53.016m² (3) 슬래브 1층+2층(S_1) : {12.3×10.3+(12.3+ 10.3)×2×0.13}×2EA =265.132m² ∴ 합계 : 34.236+30.996+64.296+ 53.016+265.132 =447.676 → 447.68m²	447.68m²

03 ① 갱폼
② 클라이밍폼
③ 슬라이딩폼
④ 슬립폼

04 ① 접합유리 : 두 장 이상의 유리를 합성수지로 겹붙여 댄 것
② 로이유리 : 열적외선을 반사하는 은소재도막으로 코팅하여 방사율과 열관류율을 낮추고 가시광선 투과율을 높인 유리로서, 일반적으로 복층유리로 제조하여 사용한다.

05 (1) **선형냉각** : 매스콘크리트의 시공에서 콘크리트를 타설하기 전에 콘크리트의 온도를 제어하기 위해 콘크리트의 원재료의 일부 또는 전부를 냉각시키는 방법이다.
(2) **사용되는 재료** : 얼음, 액체질소

06 (1) 등가직사각형 블록의 깊이 a

$$a=\frac{A_s f_y}{0.85 f_{ck} b}=\frac{1,500\times400}{0.85\times27\times300}=87.1\text{ mm}$$

(2) 단면의 검토와 강도감소계수 : ϕ=0.85
(3) 설계휨강도 $M_d=\phi M_n$

$$M_d=\phi M_n=\phi A_s f_y\left(d-\frac{a}{2}\right)$$
$$=0.85\times1,500\times400\times\left(500-\frac{87.1}{2}\right)$$
$$=232.79\times10^6\text{N}\cdot\text{mm}=232.79\text{kN}\cdot\text{m}$$

(4) 계수하중에 의한 소요 휨강도 M_u

$$M_u=\frac{P_u l}{4}+\frac{w_u l^2}{8}=\frac{P_u\times6}{4}+\frac{5\times6^2}{8}$$
$$=1.5P_u+22.5\text{ kN}\cdot\text{m}$$

(5) 최대 계수집중하중의 산정

$$M_u\le M_d=\phi M_n$$
$$M_u=1.5P_u+22.5\text{ kN}\cdot\text{m}\le M_d$$
$$=\phi M_n=232.79\text{ kN}\cdot\text{m}$$
$$\therefore\ P_u\le140.19\text{kN}$$

따라서 최대 계수집중하중 $P_{u,\max}=140.19\text{kN}$이다.

07 서류상(명목상)으로는 공동도급의 형태를 취하지만, 실질적으로는 한 회사가 공사 전체를 진행하고 나머지 회사는 하도급의 형태 또는 단순 이익배당 형태로 참여하는 서류상의 공동도급 방식

08 (1) 표준 네트워크 공정표

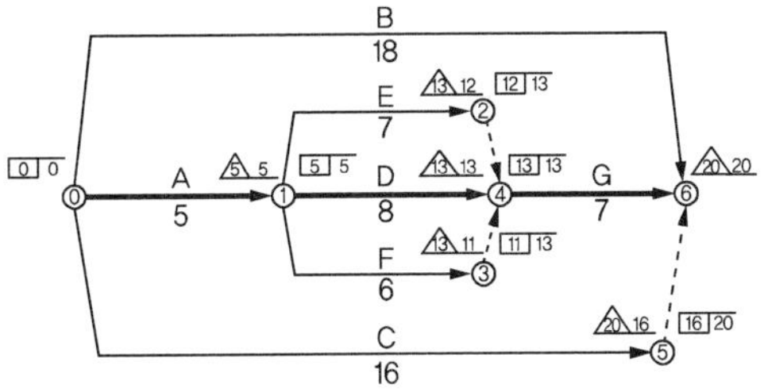

(2) 표준공사 시 총공사비

170,000+300,000+320,000+200,000
+110,000+120,000+150,000
=1,370,000원

(3) 3일 공기단축시 총공사비

단축 단계	공기단축				Path				
	Act.	일수	생성 CP	단축불가 Path	B (18일)	A-E-G (19일)	A-D-G (20일)	A-F-G (18일)	C (16일)
1단계	D	1	E	–	18	19	19	18	16
2단계	G	1	B	–	18	18	18	17	16
3단계	B, G	1	–	G	17	17	17	16	16
4단계	A, B	1	C	A	16	16	16	15	16

총공사비＝표준공사비＋추가공사비

① 표준공사비(NC, Normal Cost) : 1,370,000원

② 추가공사비(EC, Extra Cost) : A+2B+D+2G 이므로

EC＝40,000＋2×30,000+30,000+2×35,000
＝200,000원

③ 총공사비 : 1,370,000＋200,000＝1,570,000원

09 1. 소요강도

$R_u = 1.4P_D = 1.4 \times 20 = 28\ \text{kN}$

$R_u = 1.2P_D + 1.6P_L = 1.2 \times 20 + 1.6 \times 30 = 72\ \text{kN}$

$\therefore\ R_u = \max(28,\ 72) = 72\ \text{kN}$

2. 필릿용접부에서 용접재의 설계전단강도

(1) 용접재의 용접재의 최소 인장강도

$F_w = F_u = 420\ \text{MPa}$

(2) 용접재의 공칭강도

$F_{nw} = 0.60F_w = 0.6 \times 420 = 252\ \text{MPa}$

(3) 필릿 사이즈

$s = 5\ \text{mm}$

(4) 용접의 유효목두께

$a = 0.7s = 0.7 \times 5 = 3.5\ \text{mm}$

(5) 용접의 유효단면적

$A_{we} = l_e \times a = l_e \times 3.5 = 3.5\ l_e\ \text{mm}^2$

(6) 용접재의 설계전단강도 ($\phi = 0.75$)

$\phi R_n = \phi F_{nw} A_{we} = \phi(0.60F_w)A_{we}$

$= 0.75 \times 252 \times 3.5 l_e = 661.5 l_e\ \text{N}$

3. 용접의 최소 유효길이

$R_u = 72\ \text{kN} = 72 \times 10^3\ \text{N} \le \phi R_n = 661.5 l_e\ \text{N}$

$l_e \ge \dfrac{72 \times 10^3}{661.5} = 108.84\ \text{mm}$

∴ 용접의 최소 유효길이는 108.84mm이다.

10 스칼럽(Scallop)

11 ㉮ 4,000
㉯ 2,000
㉰ 200
㉱ 100
㉲ 2

12 $\dfrac{KL}{r} = \dfrac{KL}{\sqrt{\dfrac{I}{A}}} = \dfrac{1.0L}{\sqrt{\dfrac{\left(\dfrac{\pi D^4}{64}\right)}{\left(\dfrac{\pi D^2}{4}\right)}}} = \dfrac{4L}{D}$

$= \dfrac{4 \times (3 \times 10^3)}{100} = 120$

13 (1) 정의 : 압축공기로 모르타르를 뿜칠하여 시공하는 공법으로 뿜칠 콘크리트라고도 한다.

(2) 장점

① 거푸집이 불필요다.
② 급속 시공이 가능하다.
③ 곡면 시공이 가능하다.

(3) 단점

① 리바운딩이 되기 쉽다.
② 평활한 표면이 곤란하다.

14 (1) 물시멘트비(Water Cement Ratio) : 모르타르 또는 콘크리트에 포함된 시멘트풀 중의 시멘트에 대한 물의 질량비이다.

(2) 물결합재비(Water Binder Ratio) : 모르타르 또는 콘크리트에 포함된 시멘트풀 중의 결합재(시멘트+혼화재)에 대한 물의 질량비이다.

15 ① 슬라임의 부유 배제
② 굴착면의 붕괴방지
③ 지수효과
④ 굴착부의 마찰저항 감소

16 ① 4℃
② 60%
③ AE제

17 $I_x = \frac{10\times 2^3}{12} + (10\times 2)\times\left(3+\frac{2}{2}\right)^2 + \frac{4\times 10^3}{12}$
$+(4\times 10)\times\left(7-\frac{10}{2}\right)^2$
$=820\text{cm}^4$

18 ㉰ → ㉱ → ㉮ → ㉯

19 (1) 솟음(Camber) : 바닥판 및 보의 중앙부는 처짐 변형을 감안하여 스팬의 1/300~1/500 정도 치켜 올리는 기구이다.
(2) 토핑콘크리트(Topping Concrete) : 바닥판의 높이를 조절하거나 하중을 균일하게 분포시킬 목적으로 프리스트레스트 또는 기성콘크리트(PC) 바닥판 위에 타설하는 현장타설콘크리트이다.

20 ① 6
② 6

21 ① 떠붙임 공법
② 압착붙임 공법
③ 신축줄눈(Expansion Joint)

22 $A=0.4\times\frac{500}{12}=16.67\text{m}^2$

23 (1) 반력의 가정 : M_A, R_A, H_A
(2) 힘의 평형방정식으로부터 반력 산정
① $\Sigma M=0(+;\curvearrowleft)$: $\Sigma M_B = M_A + 30\times 4 - 120 = 0$
$\therefore\ M_A = 0.00\,\text{kN}\cdot\text{m}$
② $\Sigma Y=0(+;\uparrow)$: $\Sigma Y = R_A - 30 = 0$
$\therefore\ R_A = 30.00\,\text{kN}(\uparrow)$
③ $\Sigma X=0(+;\rightarrow)$: $\Sigma X = H_A - 0 = 0$
$\therefore\ H_A = 0.00\,\text{kN}$

24 하중의 증가 없이 시간이 경과함에 따라 콘크리트에 발생되는 소성변형

25 실비정산보수가산도급(Cost Plus Fee Contract)

26 드레인보드(Drain Board)

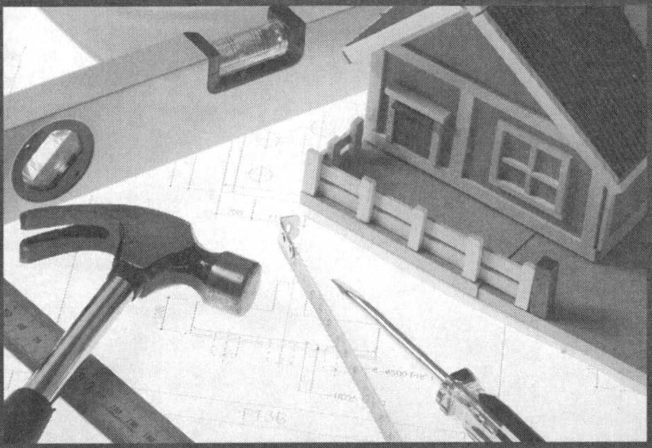

건/축/기/사/실/기/과/년/도

부록

모의고사

제1회 모의고사

20 년도 기사 일반 검정 제1회

자격종목(선택분야)	시험시간	수검번호	성명	형별
건축기사	3시간			A

감독위원 확 인

** 수검자 유의사항 **

1. 시험문제지 총면수, 문제번호순서, 인쇄상태 등을 확인한다.
2. 수검번호, 성명은 답안지 매장마다 기재한다.
3. 답안작성시 반드시 흑색 또는 청색 필기구(연필류 제외) 중 동일한 필기구만을 계속하여 사용하여야 하며, 기타의 필기구를 사용한 답항은 0점 처리된다.
4. 답안을 정정할 때에는 반드시 정정부분을 두 줄로 긋고, 감독위원의 정정날인을 받아야 한다.
5. 답란에는 문제와 관련 없는 불필요한 낙서나 특이한 기록사항 등 부정의 목적이 있었다고 판단될 경우에는 모든 득점이 0점으로 처리된다.
   (단, 계산연습이 필요한 경우는 주어진 계산연습 란을 이용한다.)
6. 계산문제는 반드시 답란에 명시된 계산식(또는 계산과정)과 답을 기재하여야 하며, 계산과정이 없는 답은 0점 처리된다.
7. 계산과정에서 소수가 발생되면 문제의 요구사항에 따르고, 명시가 없으면 소수점 이하 셋째 자리에서 반올림하여 둘째 자리까지만 구하여 답한다.
8. 문제의 요구사항에서 단위가 주어졌을 경우에는 답에서 생략되어도 좋으나 그렇지 아니한 경우는 답란에 단위가 없으면 틀린 답으로 처리된다.
9. 문제에서 요구한 가지수(항수) 이상을 답란에 표기한 경우에는 답란 기재순으로 요구한 가지수(항수)만 채점한다.
10. 시험의 전 과정(필답형, 작업형)을 응시치 않은 경우 채점대상에서 제외시킨다.
11. 부정 또는 불공정한 방법으로 시험을 치른 자는 부정행위자로 처리되어 당해 검정을 중지 또는 무효로 하고 3년간 국가기술자격검정 응시자격이 정지된다.

* 다음 물음에 답을 해당 답란에 답하시오. (배점 : 100)

01 다음 데이터를 이용하여 Normal Time 네트워크 공정표를 작성하고 3일 공기 단축 네트워크 및 공기 단축된 총공사비를 산출하시오.

득점	배점
	10

작업명	작업일수	선행작업	비고
A	5	없음	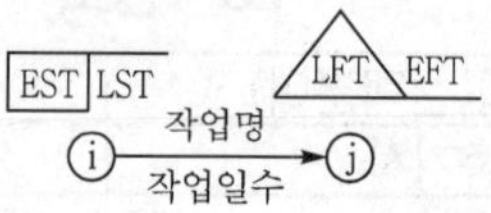 로 일정 및 작업을 표기하고, 주공정선은 굵은선으로 표기한다. 또한 여유시간 계산시는 각 작업의 실제적인 의미의 여유시간으로 계산한다.(더미의 여유시간은 고려하지 않을 것)
B	2	없음	
C	4	없음	
D	4	A, B, C	
E	3	A, B, C	
F	2	A, B, C	

가. 네트워크 공정표

나. 여유시간

02 지반조사시 실시하는 보링(Boring)의 정의와 종류 4가지를 쓰시오.

득점	배점
	4

가. 정의 : ______________________

나. 종류

① ______________ ② ______________

③ ______________ ④ ______________

* 점선 이하는 계산 연습란으로 사용하시오 *

20 년도 기사 일반 검정 제1회

자격종목(선택분야)	시험시간	수검번호	성명	형별
건축기사	3시간			A

감독위원 확 인

03 현장 강구조 세우기용 기계의 종류 4가지를 쓰시오.

득점	배점
	4

① ________________ ② ________________

③ ________________ ④ ________________

04 커튼월 공법에서 조립 공법별 분류에서 아래에서 설명하는 공법을 적으시오.

득점	배점
	3

① 공장에서 미리 벽체 유닛을 완전조립한 후 현장에서는 설치만 하는 공법
② 부재를 현장에 반입한 후, 현장에서 부재를 조립 및 설치하는 공법
③ 창호 주변(Frame)이 패널(월)로 구성됨으로서 창호의 구조가 패널트러스에 연결되는 공법

① ____________ ② ____________ ③ ____________

05 | 보기 | 에 열거한 공법들을 분류에 따라 골라 쓰시오.

득점	배점
	4

| 보기 |

㉮ 칼웰드 공법(리버스 서큘레이션 공법) ㉯ 샌드드레인 공법
㉰ 베노토 공법 ㉱ 동결 공법
㉲ 그라우팅 공법 ㉳ 이코스 공법

가. 제자리콘크리트말뚝 공법 : ________________

나. 지반개량 공법 : ________________

06 콘크리트공사에서 재료분리의 문제점을 2가지 쓰시오.

득점	배점
	2

① ______________________ ② ______________________

07 인텔리전트 빌딩의 Access 바닥의 특징을 2가지 쓰시오.

득점	배점
	2

① ______________________ ② ______________________

08 다음의 [보기]에서 설명하는 구조의 명칭을 쓰시오.

득점	배점
	2

보기

강구조에서 H형강 또는 십자형 형강의 강재 기둥을 콘크리트 속에 매입한 후 그 주위에 철근을 배근하고 콘크리트가 타설되어 일체가 되도록 한 것으로서, 초고층 구조물 하층부의 복합구조로 많이 채택되는 구조

____

09 건설업의 TQC에 이용되는 도구 중 다음을 설명하시오.

득점	배점
	4

① 파레토도 : ______________________

② 특성요인도 : ______________________

③ 층별 : ______________________

④ 산점도 : ______________________

* 점선 이하는 계산 연습란으로 사용하시오 *

20 년도 기사 일반 검정 제1회				
자격종목(선택분야)	시험시간	수검번호	성명	형별
건축기사	3시간			A

감독위원 확 인

10 강도설계법에 의한 철근콘크리트 기둥 설계시 그림과 같은 단주의 최대 설계 축하중(kN)은? (단, $f_{ck}=27$ MPa, $f_y=400$ MPa, 8-D22 단면적 3,097 mm²이다.)

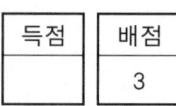

득점	배점
	3

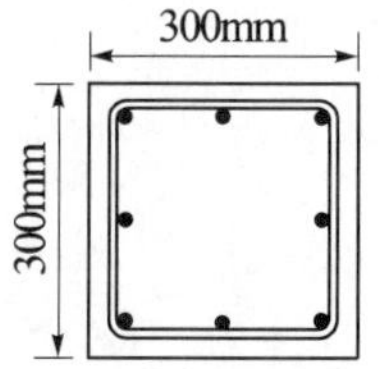

주근 : 8-D22
띠근 : D10@300

11 건축공사표준시방서에서 아스팔트 방수공사시 기호로 방수재질 및 위치 등을 나타낸다. Pr, Mi, Al, Th, In의 영문기호에 관한 뜻을 쓰시오.

득점	배점
	5

① Pr : ______

② Mi : ______

③ Al : ______

④ Th : ______

⑤ In : ______

12 철근콘크리트공사의 바닥(Slab) 철근물량 산출에서 주어진 그림과 같은 Two Way Slab의 철근물량을 산출(정미량)하시오. (단, D13 = 0.995kg/m, D10 = 0.56kg/m)

득점	배점
	6

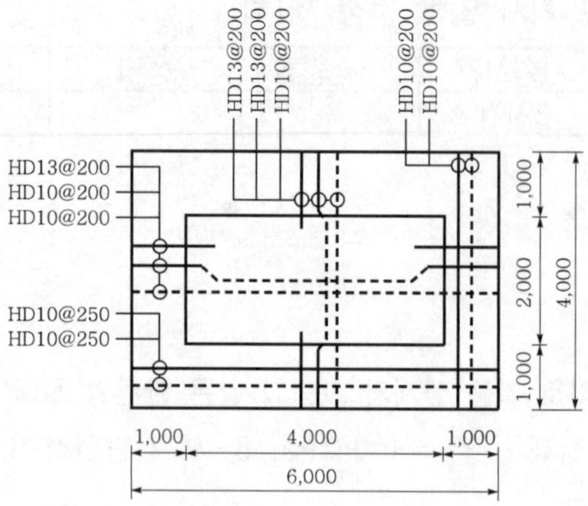

* 점선 이하는 계산 연습란으로 사용하시오 *

20 년도 기사 일반 검정 제1회

자격종목(선택분야)	시험시간	수검번호	성명	형별
건축기사	3시간			A

감독위원 확 인

13 다음 통합공정관리(EVMS ; Earned Value Management System using Product Model) 용어를 설명한 것 중 맞는 것을 |보기|에서 선택하여 번호로 쓰시오.

득점	배점
	3

|보기|

㉮ 프로젝트의 모든 작업내용을 계층적으로 분류한 것으로 가계도와 유사한 형상을 나타낸다.
㉯ 성과측정 시점까지 투입 예정된 공사비
㉰ 공사착수일로부터 추정 준공일까지의 실투입비에 대한 추정치
㉱ 성과측정 시점까지 지불된 공사비(BCWP)에서 성과측정 시점까지 투입 예정된 공사비를 제외한 비용
㉲ 성과측정 시점까지 실제로 투입된 금액을 말한다.
㉳ 성과측정 시점까지 지불된 공사비(BCWP)에서 성과측정 시점까지 실제로 투입된 금액을 제외한 비용
㉴ 공정, 공사비 통합, 성과측정, 분석의 기본단위를 말한다.

① WBS(Work Breakdown Structure) : ______

② SV(Schedule Variance) : ______

③ BCWS(Budgeted Cost for Work Performed) : ______

14 수중에 있는 골재를 채취하였을 때의 무게가 2,000g이고 표면건조내부포화상태의 무게는 1,920g이며 공기 중에서의 긴조무게는 1,880g이었다. 또한 이 시료를 완전히 건조시켰을 때의 무게는 1,860g일 때 다음을 구하시오.

득점	배점
	4

① 함수량(g) : ______

② 표면수율(%) : ______

③ 흡수율(%) : ______

④ 유효흡수량(g) : ______

15 **다음 용어를 설명하시오.**

득점	배점
	4

가. 인트랩트에어(Entrapped Air)

나. 인트레인드에어(Entrained Air)

16 **다음의 용어를 설명하시오.**

득점	배점
	4

① 프리쿨링 :

② 파이프쿨링 :

17 **다음 도형에서 x축에 대한 단면2차 모멘트는 얼마인가?**

득점	배점
	3

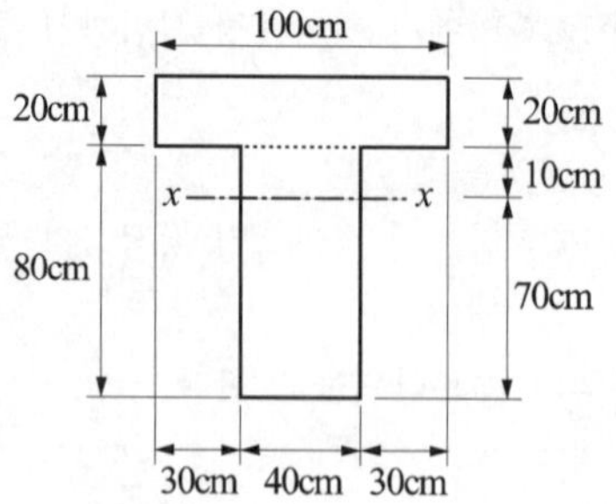

18 **철근의 이음 방법에는 콘크리트와의 부착력에 의한 (①) 외에, (②) 또는 연결재를 사용한 (③)이 있다.**

득점	배점
	3

① ② ③

＊ 점선 이하는 계산 연습란으로 사용하시오 ＊

20 년도 기사 일반 검정 제1회

자격종목(선택분야)	시험시간	수검번호	성명	형별
건축기사	3시간			A

감독위원 확 인

19 콘크리트공사 시 다음 설명이 뜻하는 용어를 쓰시오.

득점	배점
	4

① 수량에 의해 변화하는 콘크리트의 유동성의 정도
② 컨시스턴시에 의한 이어붓기 난이도 정도 및 재료분리에 저항하는 정도
③ 마감성의 난이도를 표시하는 성질
④ 거푸집 등의 형상에 순응하여 채우기 쉽고, 분리가 일어나지 않는 성질

① ________________ ② ________________
③ ________________ ④ ________________

20 거푸집이 갖추어야 할 구비조건 4가지를 쓰시오.

득점	배점
	4

① ________________ ② ________________
③ ________________ ④ ________________

21 흙막이공사에 사용하는 어스앵커(Earth Anchor)공법의 특징을 4가지 쓰시오.

득점	배점
	4

① ________________
② ________________
③ ________________
④ ________________

22 강구조공사에서 용접부의 비파괴시험 방법의 종류를 3가지 쓰시오.

득점	배점
	3

① ____________ ② ____________ ③ ____________

23 시멘트벽돌의 압축강도시험 결과 142kN, 140kN, 138kN에서 파괴되었다. 이 경우 시멘트벽돌의 평균 압축강도를 구하고, KS 규격에 합격 및 불합격 여부를 판정하시오. (단, KS 규격의 압축강도는 8MPa 이상이고 시멘트벽돌의 치수는 190×90×57이다.)

득점	배점
	4

① 평균 압축강도(f_c) : ______________________

② 판정 : ______________________

24 하절기 콘크리트 시공시 발생하는 문제점으로써 콘크리트 품질 및 시공면에서 미치는 영향에 대해 5가지를 쓰시오.

득점	배점
	5

① ______________ ② ______________

③ ______________ ④ ______________

⑤ ______________

25 KS 규격상 시멘트의 오토클레이브 팽창도는 0.80% 이하로 규정되어 있다. 반입된 시멘트의 안정성 시험결과가 다음과 같다고 할 때 팽창도 및 합격여부를 판단하시오. (단, 시험전 시험체의 유효표점길이는 254mm, 오토클레이브 시험 후 시험체의 길이는 255.78mm였다.)

득점	배점
	4

① 팽창도 : ______________________

② 판정 : ______________________

26 BIM(Building Information Modeling)을 간단히 설명하시오.

득점	배점
	2

____

* 점선 이하는 계산 연습란으로 사용하시오 *

제1회 모의고사 해설 및 정답

01 가. 네트워크 공정표

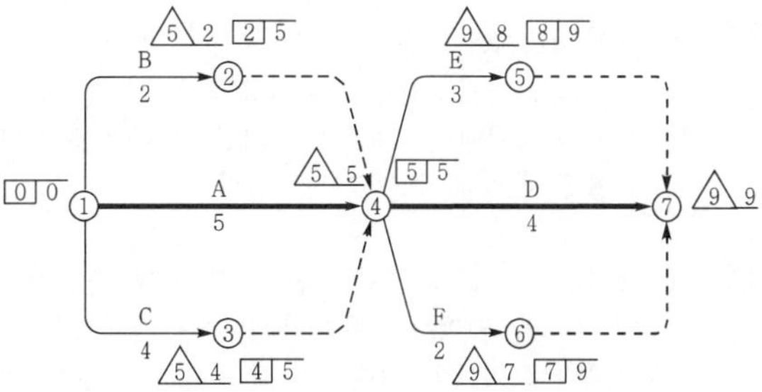

나. 여유시간

작업명	TF	FF	DF	CP
A	0	0	0	*
B	3	3	0	
C	1	1	0	
D	0	0	0	*
E	1	1	0	
F	2	2	0	

(주) 1. B, C작업에 대한 후속작업의 EST는 넘버링 더미에 의해 D, E, F작업의 EST인 [5]가 된다.

2. E작업에 대한 후속작업의 EST는 △9가 된다.

02 가. 정의 : 토질의 시료를 채취하여 지층의 상황을 판단하는 방법

나. 종류
① 오거 보링
② 수세식 보링
③ 충격식 보링
④ 회전식 보링

03 ① 가이데릭
② 스티프레그데릭
③ 타워크레인
④ 트럭크레인

04 ① 유닛월 시스템
② 스틱월 시스템(녹다운 공법, 분해조립 공법)
③ 윈도우월 시스템

05 가. 제자리콘크리트말뚝 공법 : ㉮, ㉰, ㉳
나. 지반개량 공법 : ㉯, ㉱, ㉲

06 ① 콘크리트 강도 저하
② 수밀성 저하
③ 철근부착력 저하
④ 건조수축에 의한 균열발생

07 ① 쾌적한 사무환경
② 전기설로 등의 차단효과
③ 보수 및 유지관리 용이
④ 제품의 표준화, 규격화

08 매입형 합성기둥

09 ① 파레토도 : 불량 등 발생건수를 분류 항목별로 나누어 크기 순서대로 나누어 놓은 그림
② 특성요인도 : 결과에 원인이 어떻게 관계하고 있는가를 한눈으로 알 수 있도록 작성한 그림
③ 층별 : 집단을 구성하고 있는 많은 데이터를 어떤 특징에 따라 몇 개의 부분집단으로 나누는 것
④ 산점도 : 대응되는 두 개의 짝으로 된 데이터를 그래프 용지 위에 점으로 나타낸 그림

10 단주의 최대 설계축하중

$$\phi P_{n,\,\max} = \alpha\phi P_0$$
$$= \alpha\phi\{0.85 f_{ck}(A_g - A_{st}) + f_y A_{st}\}$$
$$= 0.80 \times 0.65 \times \{0.85 \times 27 \times (300 \times 300 - 3{,}097) + 400 \times 3{,}097\}$$
$$= 1{,}681.3 \times 10^3\,\mathrm{N} = 1{,}681.3\,\mathrm{kN}$$

11 ① Pr : 보행 등에 견딜 수 있는 보호층이 필요한 방수층(Protected)
② Mi : 최상층에 모래붙은 루핑을 사용한 방수층(Mineral Surfaced)
③ Al : 바탕이 ALC패널용의 방수층(Alc)
④ Th : 방수층 사이에 단열재를 삽입한 방수층(Thermal Insulated)
⑤ In : 실내용 방수층(Indoor)

12 (1) 단변방향(주철근)

① 단부 상(HD10) : $\left(\dfrac{1}{0.2}+1 \rightarrow 6\text{EA}\right) \times 4.0 \times 2 = 48.0\text{m}$

② 단부 하(HD10) : $\left(\dfrac{1}{0.2}+1 \rightarrow 6\text{EA}\right) \times 4.0 \times 2 = 48.0\text{m}$

③ 중앙 하(HD10) : $\left(\dfrac{4}{0.2}-1 \rightarrow 19\text{EA}\right) \times 4.0 = 76.0\text{m}$

④ Bent Bar(HD13) : $\left(\frac{4}{0.2} \rightarrow 20\text{EA}\right) \times 4.0 = 80.0\text{m}$

⑤ Top Bar(HD13) : $\left(\frac{4}{0.2} - 1 \rightarrow 19\text{EA}\right) \times (1.0 + 0.2) \times 2$
$= 45.60\text{m}$

(2) 장변방향(부철근)

① 단부 상(HD10) : $\left(\frac{1}{0.25} + 1 \rightarrow 5\text{EA}\right) \times 6.0 \times 2 = 60.0\text{m}$

② 단부 하(HD10) : $\left(\frac{1}{0.25} + 1 \rightarrow 5\text{EA}\right) \times 6.0 \times 2 = 60.0\text{m}$

③ 중앙 하(HD10) : $\left(\frac{2}{0.2} - 1 \rightarrow 9\text{EA}\right) \times 6.0 = 54.0\text{m}$

④ Bent Bar(HD10) : $\left(\frac{2}{0.2} \rightarrow 10\text{EA}\right) \times 6.0 = 60.0\text{m}$

⑤ Top Bar(HD13) : $\left(\frac{2}{0.2} - 1 \rightarrow 9\text{EA}\right) \times (1.0 + 0.2) \times 2$
$= 21.60\text{m}$

(3) 철근량

① HD10 : {(48.0×2+76.0)+(60.0×2+54.0+60.0)}×0.56=227.36kg

② HD13 : (80.0+45.60+21.60)×0.995=146.464 → 146.46kg

∴ 합계 : 227.36+146.46=373.82kg

해설

① Type (Ⅱ)

② 철근의 지름이 서로 다를 경우 중간대에서 Top Bar, Bent Bar, Bottom Bar의 순서로 지름이 줄어든다.

③ 도면에서 HD는 고강도 이형철근을 의미한다.

④ 단변방향 중간대 단부에서 Top Bar의 간격이 200, Bent Bar의 간격이 200이므로 중간대 단부의 상부철근의 간격은 Top Bar와 Bent Bar가 교대로 배근되어 100이 된다.

⑤ 단변방향 주열대 상부철근과 하부철근 각각의 간격은 중간대 철근 간격의 두 배가 되어 200이 된다.

⑥ 단변방향 l_x=4.0m에 대한 l_x/4=4.0/4=1.0m 이다.

⑦ Top Bar 내민길이는 D13일 경우, 15×0.013=0.20m이 된다.

13 ① WBS : ㉮ ② SV : ㉰ ③ BCWS : ㉯

14 ① 함수량=습윤상태의 질량−절건상태의 질량
=2,000−1,860=140g

② 표면수율$= \frac{\text{표면수량}}{\text{표면건조 내부포수상태의 질량}} \times 100$
$= \frac{2,000 - 1,920}{1,920} \times 100$
$= 4.17\%$

③ 흡수율$= \frac{\text{흡수량}}{\text{절건상태의 질량}} \times 100$
$= \frac{1,920 - 1,860}{1,860} \times 100$
$= 3.23\%$

④ 유효흡수량=1,920−1,880=40g

15 가. 인트랩트에어 : 일반 콘크리트에 자연적으로 상호 연속된 기포가 1~2% 함유된 것

나. 인트레인드에어 : AE제에 의한 미세한 독립된 기포로서 볼베어링 역할을 한다.

16 ① 프리쿨링 : 콘크리트를 타설하기 전에 콘크리트의 온도를 제어하기 위해 얼음이나 액체질소 등으로 콘크리트의 원재료의 일부 또는 전부를 냉각시키는 방법이다.

② 파이프쿨링 : 콘크리트를 타설한 후 콘크리트의 내부 온도를 제어하기 위해 미리 묻어 둔 파이프 내부에 냉수를 강제적으로 순환시켜 콘크리트를 냉각하는 방법이다.

17
$$I_x = \frac{100 \times 20^3}{12} + (100 \times 20) \times \left(\frac{20}{2} + 10\right)^2 + \frac{40 \times 80^3}{12} + (40 \times 80) \times \left(70 - \frac{80}{2}\right)^2 = 5,453,333\ \text{cm}^4$$

18 ① 겹침이음 ② 용접이음 ③ 기계적 이음

19 ① 컨시스턴시(반죽질기)
② 워커빌리티(시공연도)
③ 피니셔빌리티(마감성)
④ 플라스티시티(성형성)

20 ① 정밀성
② 안전성
③ 수밀성
④ 해체성, 시공성
⑤ 전용성, 경제성

21 ① 버팀대(지보공) 없이 깊은 굴착이 가능하며 경제적이다.
② 굴착작업 공간이 넓어 기계화 시공이 가능하다.
③ 버팀대와 지주가 없어 가설재가 절약된다.
④ 부분굴착 시공이 가능하여 공구분할이 용이하다.
⑤ 굴착에 있어 공기단축이 가능하다.

22 ① 방사선 투과시험(RT)
② 초음파 탐상시험(UT)

③ 자분(자기분말) 탐상시험(MT)
④ 침투 탐상시험(PT)

23 ① 평균 압축강도(f_c)

$$f_c = \frac{\sum_{i=1}^{n} P_{ci}}{A} \div n$$

$$= \left(\frac{142,000+140,000+138,000}{190\times 90}\right)\div 3$$

$$= 8.19\text{ MPa}$$

② 판정 : 합격 (∵ 8.19MPa > 8.0MPa)

24 ① 슬럼프 저하
② 연행공기량의 감소
③ 콜드조인트의 발생
④ 표면수분의 증발에 의한 균열발생
⑤ 온도균열의 발생
⑥ 장기강도 저하
⑦ 콘크리트 표층부의 밀실성 저하

25
① 팽창도 $= \frac{l_2 - l_1}{l_1}\times 100 = \frac{255.78-254}{254}\times 100$

$= 0.70\%$

② 판정 : 합격 (∵ 0.70% < 0.8%)

26 설계에서부터 각종 공사정보의 활용성 및 시공성을 고려하여 원가절감 및 공기단축을 꾀할 수 있는 설계와 시공의 통합 시스템
혹은 발주자의 이익확보의 측면에서 발주자의 대리인으로 설계단계 및 시공단계에서 필요한 업무수행, 즉, 기획, 설계, 시공, 감리 등에 필요한 기술과 경험을 개인 또는 조직이 발주자에게 제공하는 설계와 시공의 통합관리 시스템

제2회 모의고사

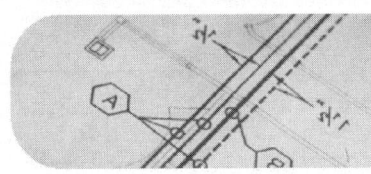

20 년도 기사 일반 검정 제2회

자격종목(선택분야)	시험시간	수검번호	성명	형별
건축기사	3시간			A

감독위원 확인

** 수검자 유의사항 **

1. 시험문제지 총면수, 문제번호순서, 인쇄상태 등을 확인한다.
2. 수검번호, 성명은 답안지 매장마다 기재한다.
3. 답안작성시 반드시 흑색 또는 청색 필기구(연필류 제외) 중 동일한 필기구만을 계속하여 사용하여야 하며, 기타의 필기구를 사용한 답항은 0점 처리된다.
4. 답안을 정정할 때에는 반드시 정정부분을 두 줄로 긋고, 감독위원의 정정날인을 받아야 한다.
5. 답란에는 문제와 관련 없는 불필요한 낙서나 특이한 기록사항 등 부정의 목적이 있었다고 판단될 경우에는 모든 득점이 0점으로 처리된다.
   (단, 계산연습이 필요한 경우는 주어진 계산연습 란을 이용한다.)
6. 계산문제는 반드시 답란에 명시된 계산식(또는 계산과정)과 답을 기재하여야 하며, 계산과정이 없는 답은 0점 처리된다.
7. 계산과정에서 소수가 발생되면 문제의 요구사항에 따르고, 명시가 없으면 소수점 이하 셋째 자리에서 반올림하여 둘째 자리까지만 구하여 답한다.
8. 문제의 요구사항에서 단위가 주어졌을 경우에는 답에서 생략되어도 좋으나 그렇지 아니한 경우는 답란에 단위가 없으면 틀린 답으로 처리된다.
9. 문제에서 요구한 가지수(항수) 이상을 답란에 표기한 경우에는 답란 기재순으로 요구한 가지수(항수)만 채점한다.
10. 시험의 전 과정(필답형, 작업형)을 응시치 않은 경우 채점대상에서 제외시킨다.
11. 부정 또는 불공정한 방법으로 시험을 치른 자는 부정행위자로 처리되어 당해 검정을 중지 또는 무효로 하고 3년간 국가기술자격검정 응시자격이 정지된다.

* 다음 물음에 답을 해당 답란에 답하시오. (배점 : 100)

01 **콘크리트 중성화의 정의와 반응식을 쓰시오.**

득점	배점
	4

가. 정의 : ____________________

나. 반응식 : ____________________

02 **1단 자유, 타단 고정인 길이 2.5m의 압축력을 받는 강구조 기둥의 탄성 좌굴하중(오일러의 좌굴하중)은 몇 kN인가? (단, 단면2차 모멘트 $I = 798{,}000\ \mathrm{mm}^4$, 탄성계수 $E = 210{,}000\ \mathrm{MPa}$이다.)**

득점	배점
	4

____

03 **전기로에서 금속규소나 규소철을 생산하는 과정 중 부산물로 생성되는 매우 미세한 입자로써 고강도 콘크리트 제조 시 사용되는 포졸란계 혼화재의 명칭을 쓰시오**

득점	배점
	2

____

04 **칼럼쇼트닝의 원인과 그에 따른 영향을 각각 2가지 쓰시오.**

득점	배점
	4

(1) 원인

① ______________ ② ______________

(2) 영향

① ______________ ② ______________

* 점선 이하는 계산 연습란으로 사용하시오 *

20 년도 기사 일반 검정 제2회

자격종목(선택분야)	시험시간	수검번호	성명	형별
건축기사	3시간			A

감독위원 확인

05 **다음 데이터를 네트워크 공정표로 작성하고, 각 작업의 여유시간을 구하시오.**

득점	배점
	9

작업명	작업일수	선행작업	비 고
A	5	없음	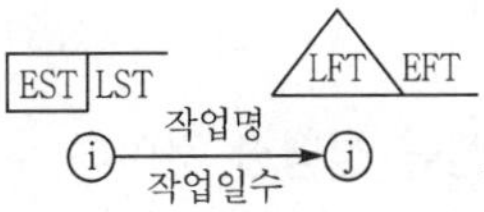 로 일정 및 작업을 표기하고, 주공정선은 굵은선으로 표기하시오.
B	6	없음	
C	5	A, B	
D	7	A, B	
E	3	B	
F	4	B	
G	2	C, E	
H	4	C, D, E, F	

가. 네트워크 공정표

나. 여유시간

06 **다음 용어를 설명하시오.**

득점	배점
	6

(가) EC : ____________________

(나) JIT : ____________________

(다) 브레인스토밍 : ____________________

07 **강구조공사의 용접접합에서 아크용접의 경우 용접봉의 피복제는 금속산화물, 탄산염, 셀룰로오스 탈산재 등을 심선에 도포한 것이다. 피복제의 역할 4가지를 쓰시오.**

득점	배점
	4

① ____________________ ② ____________________

③ ____________________ ④ ____________________

08 그림과 같은 독립기초에서 2방향 전단(Punching Shear, 뚫림전단) 응력산정을 위한 위험단면의 단면적(m^2)을 구하시오.

득점	배점
	3

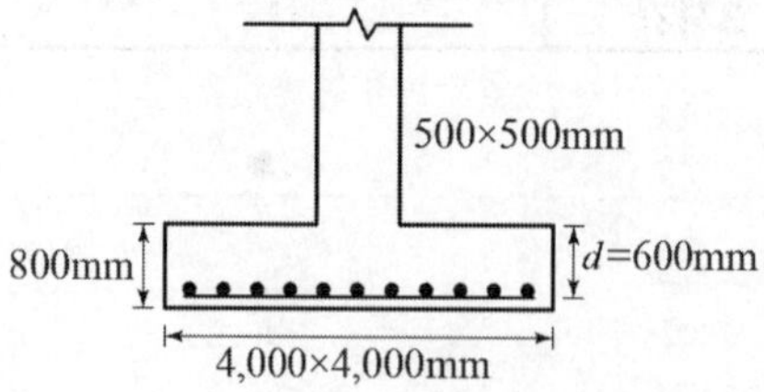

09 다음 | 보기 | 는 콘크리트 문제점을 설명한 것이다. 해당 콘크리트를 | 보기 | 에서 골라 기호로 쓰시오.

득점	배점
	4

보기	
㉮ 서중 콘크리트	㉯ 한중 콘크리트
㉰ 유동화 콘크리트	㉱ 매스 콘크리트
㉲ 진공 콘크리트	㉳ 프리팩트 콘크리트

① 수화반응이 지연되어 콘크리트의 응결 및 강도 발현이 늦어진다.
② 슬럼프 로스(Slump Loss)가 증대하고, 슬럼프가 저하하고, 동일 슬럼프를 얻기 위해 단위수량이 증가한다.
③ 슬럼프의 경시변화가 보통 콘크리트보다 커서 여름에 30분, 겨울에는 1시간 정도에서 베이스 콘크리트의 슬럼프로 되돌아오는 경우도 있다.
④ 수화열이 내부에 축적되어 콘크리트 온도가 상승하고, 균열발생이 쉽다.

① ______ ② ______

③ ______ ④ ______

* 점선 이하는 계산 연습란으로 사용하시오 *

20 년도 기사 일반 검정 제2회

자격종목(선택분야)	시험시간	수검번호	성명	형별
건축기사	3시간			A

감독위원 확 인

10 **다음은 커튼월 공법의 외관 형태별 분류방식에 대한 설명이다. | 보기 | 에서 그 명칭을 골라 번호를 쓰시오.**

득점	배점
	4

| 보기 |

㉮ 격자방식 ㉯ 샛기둥방식
㉰ 피복방식 ㉱ 스팬드럴방식

① 수평선을 강조하는 창과 스팬드럴 조합으로 이루어지는 방식
② 수직기둥을 노출시키고, 그 사이에 유리창이나 스팬드럴 패널을 끼우는 방식
③ 수직, 수평의 격자형 외관을 보여주는 방식
④ 구조체를 외부에 노출시키지 않고 패널로 은폐시키고 새시는 패널 안에서 끼워지는 방식

① ____________ ② ____________

③ ____________ ④ ____________

11 **폴리머시멘트 콘크리트의 특성을 보통시멘트 콘크리트와 비교하여 4가지 기술하시오.**

득점	배점
	4

① ____________ ② ____________

③ ____________ ④ ____________

12 다음 데이터를 네트워크 공정표로 작성하시오. (단, 이벤트(Event)에는 번호를 기입하고, 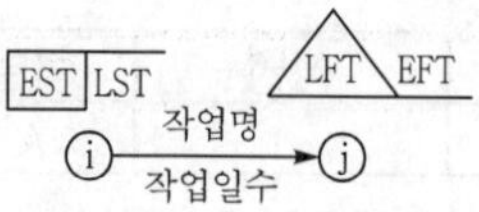

로 작업일정을 표기하며, 주공정선은 굵은선으로 표기한다.)

득점	배점
	8

작업	선행작업	소요일수	작업	선행작업	소요일수
A	없음	4	F	B, C	7
B	없음	8	G	B, C	5
C	A	6	H	D	2
D	A	11	I	D, F	8
E	A	14	J	E, H, G, I	9

• 네트워크 공정표

____

13 CM계약의 장점과 단점을 2가지씩 쓰시오.

득점	배점
	4

가. 장점

① ______________ ② ______________

나. 단점

① ______________ ② ______________

14 다음 아치에 관계되는 용어명을 쓰시오.

득점	배점
	3

① 아치 벽돌을 사다리꼴 모양으로 주문 제작한 것을 이용한 아치
② 보통 벽돌을 쐐기모양으로 다듬어 만든 아치
③ 보통 벽돌을 쓰고 줄눈을 쐐기모양으로 만든 아치

① ______________ ② ______________ ③ ______________

* 점선 이하는 계산 연습란으로 사용하시오 *

20 년도 기사 일반 검정 제2회

자격종목(선택분야)	시험시간	수검번호	성명	형별
건축기사	3시간			A

감독위원 확 인

15 타일공사에서 타일의 검사방법을 2가지 쓰시오.

득점	배점
	2

① ______________ ② ______________

16 콘크리트 타설시 현장가수로 인한 문제점을 4가지 쓰시오.

득점	배점
	4

① ______________ ② ______________

③ ______________ ④ ______________

17 품질관리의 순서를 |보기|에서 골라 번호를 순서대로 나열하시오.

득점	배점
	4

|보기|

㉮ 작업표준 ㉯ 품질표준 ㉰ 품질조사
㉱ 수정조치의 조사 ㉲ 수정조치

____

18 공정관리에 있어서 자원평준화 중 Crew-Balance 방식이 효과적인 경우의 작업 종류를 3가지 쓰시오.

득점	배점
	3

① ______________ ② ______________ ③ ______________

19 다음 그림과 같은 단면에 대한 x축 y축에 대한 단면2차 모멘트의 비 $\frac{I_x}{I_y}$는 얼마인가? (2점)

득점	배점
	2

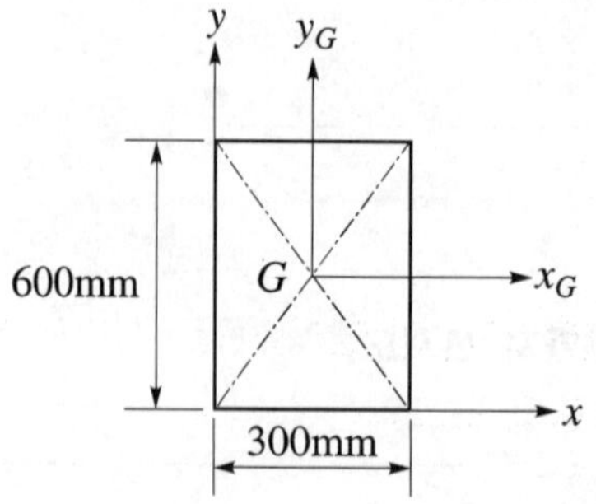

____

20 다음은 지반조사법 중 보링에 대한 설명이다. 알맞은 용어를 쓰시오.

득점	배점
	3

① 비교적 연약한 토사에 수압을 이용하여 탐사하는 방식
② 경질층을 깊이 파는 데 이용되는 방식
③ 지층의 변화를 연속적으로 비교적 정확히 알고자 할 때 사용하는 방식

① ________ ② ________ ③ ________

21 역타설 공법(Top-Down Method)의 장점을 4가지 쓰시오.

득점	배점
	4

① ________ ② ________

③ ________ ④ ________

＊ 점선 이하는 계산 연습란으로 사용하시오 ＊

20 년도 기사 일반 검정 제2회

자격종목(선택분야)	시험시간	수검번호	성명	형별
건축기사	3시간			A

감독위원 확 인

22 흐트러진 상태의 흙 $30m^3$를 이용하여 $30m^2$의 면적에 다짐상태로 60cm 두께를 터돋우기 할 때 시공 완료된 다음의 흐트러진 상태로 토량을 산출하시오. (단, 이 흙의 L=1.2이고, C=0.9이다.)

득점	배점
	3

____

23 콘크리트의 제조과정에서 다음의 성분이 과량 함유된 경우 우려되는 대표적 피해현상은?

① 유기불순물 : ______________________________

② 염화물 : ______________________________

③ 점토덩어리 : ______________________________

④ 당분 : ______________________________

득점	배점
	4

24 지반개량 공법 중 탈수 공법의 종류를 4가지 쓰시오.

① ______________ ② ______________

③ ______________ ④ ______________

득점	배점
	4

25 건축생산을 비롯한 공업생산의 원가관리 수법의 하나인 VE(Value Engineering) 수법에서 물건 또는 서비스의 가치를 정의하는 식을 쓰시오.

득점	배점
	2

____

26 **벽돌공사에서 다음에 해당하는 벽돌쌓기명을 쓰시오.**

득점	배점
	2

가. 창대돌 또는 벽돌을 15° 경사지게 옆세워 쌓는 것이다.
나. 벽돌벽에 장식적으로 구멍을 내어 쌓는 것이다.

가. ____________________ 나. ____________________

* 점선 이하는 계산 연습란으로 사용하시오 *

제2회 모의고사 해설 및 정답

01 가. 정의 : 경화된 콘크리트는 강알칼리성이나 콘크리트 내의 수산화칼슘이 공기 중의 탄산가스와 결합하여 탄산칼슘으로 변하고 알칼리성을 상실하고 중성화 되는 현상

나. 반응식 : $Ca(OH)_2+CO_2 \rightarrow CaCO_3+H_2O$

02 (1) 1단 자유, 타단 고정인 경우의 유효좌굴길이
$KL=2.0L$

(2) 탄성 좌굴하중

$$P_{cr}=\frac{\pi^2EI}{(KL)^2}=\frac{\pi^2EI}{(2L)^2}$$

$$=\frac{\pi^2\times(210{,}000)\times(798{,}000)}{(2\times2{,}500)^2}$$

$$=66.16\times10^3\ \mathrm{N}=66.16\ \mathrm{kN}$$

03 실리카퓸(Silica Fume)

04 (1) 원인

① 탄성 축소 ② 크리프 ③ 건조수축

(2) 영향

① 기둥의 심한 축소현상으로 기본설계와는 다른층고 발생

② 기둥별 부담하중 차이로 슬래브나 보와 같은 수평부재의 초기 위치 변화 발생

③ 마감재(외장재), 파이프나 엘리베이터 레일과 같은 비구조재에 영향을 주어 균열, 비틀림 등의 사용성 문제 발생

05 가. 네트워크 공정표

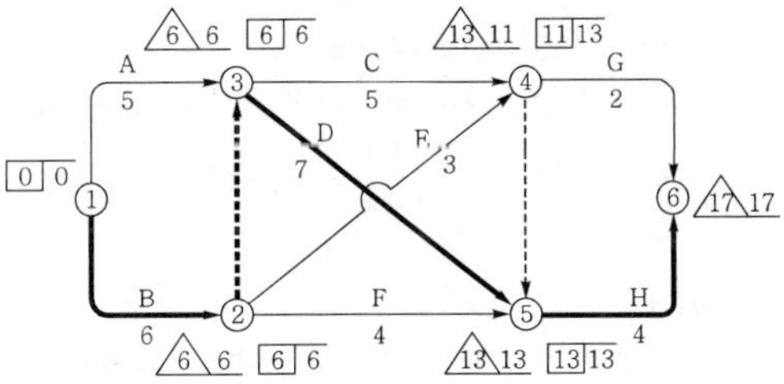

나. 여유시간

작업명	TF	FF	DF	CP
A	1	1	0	
B	0	0	0	*
C	2	0	2	
D	0	0	0	*
E	4	2	2	
F	3	3	0	
G	4	4	0	
H	0	0	0	*

06 (가) EC : 종래의 단순한 시공업과 비교하여 건설사업의 발굴, 기획, 설계, 시공, 유지관리에 이르기까지 사업(Project) 전반에 관한 것을 종합, 기획 관리하는 업무영역의 확대를 말한다.

(나) JIT : 생산부문의 각 공정별로 작업량을 조정하여 중간재고를 최소한으로 줄이는 관리체계로서 생산에 있어 필요한 때 필요한 부품만을 확보하는 경영방식이다.

(다) 브레인스토밍 : 일종의 토의형식으로 5~8명이 한 팀이 되어 약 한 시간 가량 자유롭게 의사를 개진하고 다른 사람의 의견도 들어보는 것이다.

07 ① 아크 주변의 공기를 차단하여 용적의 산화, 질화를 방지한다.

② 함유원소를 이온화해 아크를 안정시킨다.

③ 용융금속을 탈산, 정련한다.

④ 용착금속에 합금원소를 첨가한다.

⑤ 고온의 금속표면의 산화를 방지한다.

⑥ 고온의 금속표면의 냉각 응고속도를 늦춘다.

08 2방향 전단에 대한 위험단면은 지지면에서 $d/2$만큼 떨어진 곳이다.

(1) 각종 치수

$c_1=c_2$=기둥의 너비=500 mm

d=슬래브의 유효깊이=600 mm

(2) 정사각형 독립기초에서 위험단면의 둘레길이

$$b_0=4(c_1+d)=4\times(500+600)=4{,}400\ \mathrm{mm}$$

(3) 2방향 전단(뚫림전단)에 대한 저항면적

$$A=b_0d=4{,}400\times600$$

$$=2.64\times10^6\ \mathrm{mm}^2=2.64\ \mathrm{m}^2$$

09 ① ㉯ ② ㉮ ③ ㉰ ④ ㉱

10 ① ㉱ ② ㉯ ③ ㉮ ④ ㉰

11 ① 수밀성 증대
② 내동결 융해성
③ 내약품성
④ 내마모성, 내충격성
⑤ 방수성
⑥ 강도(압축, 인장, 휨)의 증대

12 • 네트워크 공정표

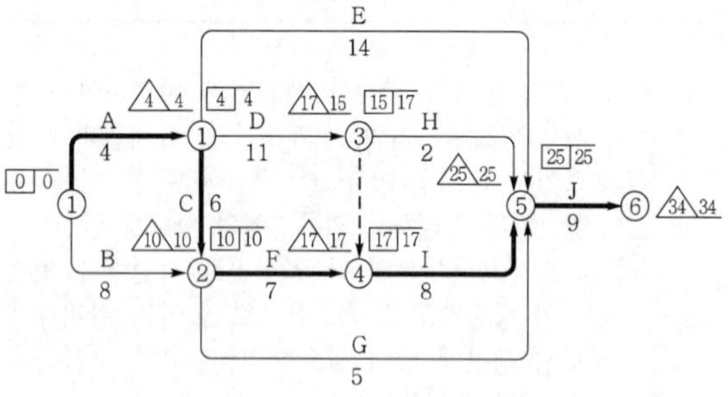

13 가. 장점
① 충실한 설계관리 및 검토 가능
② 견제와 균형
③ 설계-시공 통합관리
④ 발주자의 적극적인 참여

나. 단점
① 공사행정 부담 증가
② 발주자가 감당할 위험 증대
③ 관리기능의 중첩 우려

14 ① 본아치
② 막만든아치
③ 거친아치

15 ① 두들김 검사
② 접착력 검사

16 ① 콘크리트의 강도 저하
② 내구성, 수밀성 저하
③ 재료분리 발생
④ 블리딩 증가
⑤ 건조수축에 따른 균열발생

17 ㉯ → ㉮ → ㉰ → ㉲ → ㉱

18 ① 주기가 짧은 작업
② 작업조 구성원의 수가 적은 작업
③ 반복적인 작업

19 (1) x축에 대한 단면2차 모멘트 I_x

$$I_x = I_{xG} + Ay^2 = \frac{300 \times 600^3}{12} + (300 \times 600) \times 300^2$$
$$= 21,600 \times 10^6 \text{mm}^4$$

(2) y축에 대한 단면2차 모멘트 I_y

$$I_y = I_{yG} + Ax^2 = \frac{600 \times 300^3}{12} + (600 \times 300) \times 150^2$$
$$= 5,400 \times 10^6 \text{mm}^4$$

(3) 단면2차 모멘트의 비 $\frac{I_x}{I_y}$

$$\frac{I_x}{I_y} = \frac{21,600 \times 10^6}{5,400 \times 10^6} = 4.0$$

20 ① 수세식 보링 ② 충격식 보링 ③ 회전식 보링

21 ① 지상, 지하 동시 작업으로 공기단축
② 전천후 시공 가능
③ 1층 슬래브를 선시공함으로써 작업공간 활용 가능
④ 인접건물에 악영향이 적음
⑤ 굴착소음방지
⑥ 분진방지
⑦ 수평변위에 대해 안전성
⑧ 흙막이의 우수한 안전성
⑨ 건설환경에 대처 가능

22 ① 흐트러진 상태에서 다져진 후 토량

$$30 \times \left(\frac{C}{L}\right) = 30 \times \left(\frac{0.9}{1.2}\right) = 22.5\text{m}^3$$

② 터돋우기 후 남는 토량

$$22.5 - (30 \times 0.6) = 4.5\text{m}^3$$

∴ 다져진 상태에서 흐트러진 상태로 남는 토량

$$4.5 \times \left(\frac{L}{C}\right) = 4.5 \times \left(\frac{1.2}{0.9}\right) = 6.0\text{m}^3$$

해설

① C/L : 흐트러진 상태의 토량 → 다져진 상태의 토량
② L/C : 다져진 상태의 토량 → 흐트러진 상태의 토량

23 ① 유기불순물 : 강도 저하
② 염화물 : 철근부식
③ 점토덩어리 : 균열발생
④ 당분 : 응결지연

24 ① 웰포인트 공법
② 샌드드레인 공법
③ 페이퍼드레인 공법
④ 생석회 공법

25 V=F/C
여기서, V : 가치(Value)
F : 기능(Function)
C : 비용(Cost)

26 가. 창대쌓기
나. 영롱쌓기

메모하세요..

제3회 모의고사

20 년도 기사 일반 검정 제3회

자격종목(선택분야)	시험시간	수검번호	성명	형별
건축기사	3시간			A

감독위원 확 인

** 수검자 유의사항 **

1. 시험문제지 총면수, 문제번호순서, 인쇄상태 등을 확인한다.
2. 수검번호, 성명은 답안지 매장마다 기재한다.
3. 답안작성시 반드시 흑색 또는 청색 필기구(연필류 제외) 중 동일한 필기구만을 계속하여 사용하여야 하며, 기타의 필기구를 사용한 답항은 0점 처리된다.
4. 답안을 정정할 때에는 반드시 정정부분을 두 줄로 긋고, 감독위원의 정정날인을 받아야 한다.
5. 답란에는 문제와 관련 없는 불필요한 낙서나 특이한 기록사항 등 부정의 목적이 있었다고 판단될 경우에는 모든 득점이 0점으로 처리된다.
   (단, 계산연습이 필요한 경우는 주어진 계산연습 란을 이용한다.)
6. 계산문제는 반드시 답란에 명시된 계산식(또는 계산과정)과 답을 기재하여야 하며, 계산과정이 없는 답은 0점 처리된다.
7. 계산과정에서 소수가 발생되면 문제의 요구사항에 따르고, 명시가 없으면 소수점 이하 셋째 자리에서 반올림하여 둘째 자리까지만 구하여 답한다.
8. 문제의 요구사항에서 단위가 주어졌을 경우에는 답에서 생략되어도 좋으나 그렇지 아니한 경우는 답란에 단위가 없으면 틀린 답으로 처리된다.
9. 문제에서 요구한 가지수(항수) 이상을 답란에 표기한 경우에는 답란 기재순으로 요구한 가지수(항수)만 채점한다.
10. 시험의 전 과정(필답형, 작업형)을 응시치 않은 경우 채점대상에서 제외시킨다.
11. 부정 또는 불공정한 방법으로 시험을 치른 자는 부정행위자로 처리되어 당해 검정을 중지 또는 무효로 하고 3년간 국가기술자격검정 응시자격이 정지된다.

* 다음 물음에 답을 해당 답란에 답하시오. (배점 : 100)

01 **적기공급생산인 JIT(Just In Time)의 정의를 쓰시오.**

득점	배점
	4

____

____

02 **지하구조물 축조 시 인접구조물의 피해를 막기 위해 실시하는 언더피닝(Underpinning) 공법의 종류 4가지를 쓰시오.**

득점	배점
	4

① ____________ ② ____________

③ ____________ ④ ____________

03 **다음 설명에 적합한 용어명을 쓰시오.**

득점	배점
	3

① 신축이 가능한 무지주 공법의 수평지지보
② 무량판구조에서 2방향 장선 바닥판구조가 가능하도록 된 기성재 거푸집
③ 벽식 철근콘크리트구조를 시공할 때 한 구획 전체의 벽판과 바닥판을 ㄱ자형 또는 ㄷ자형으로 짜는 거푸집

① ____________ ② ____________ ③ ____________

04 **공사내용의 분류방법에서 목적에 따른 Breakdown Structure의 3가지 종류를 쓰시오.**

득점	배점
	3

① ____________ ② ____________ ③ ____________

＊ 점선 이하는 계산 연습란으로 사용하시오 ＊

20 년도 기사 일반 검정 제3회

자격종목(선택분야)	시험시간	수검번호	성명	형별
건축기사	3시간			A

감독위원 확 인

05 다음 데이터를 이용하여 네트워크 공정표를 작성하고, 각 작업의 여유시간을 계산하시오.

득점	배점
	8

작업명	선행작업	작업일수	비고
A	없음	5	① 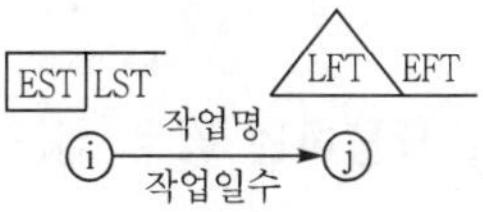 로 일정 및 작업표기 ② 더미의 여유시간은 고려하지 않을 것
B	없음	2	
C	없음	4	
D	A, B, C	4	
E	A, B, C	3	

가. 네트워크 공정표

나. 여유시간

06 PERT 기법에서 낙관시간(t_o) 4일, 정상시간(t_m) 5일, 비관시간(t_p) 6일일 때 기대시간(t_e)을 구하시오.

득점	배점
	4

07 강도설계법에 의한 철근콘크리트 기둥 설계시 그림과 같은 단주의 최대 설계 축하중(kN)은? (단, $f_{ck}=27$ MPa, $f_y=400$ MPa, 8－D22 단면적 3,097 mm^{2}이다.)

득점	배점
	3

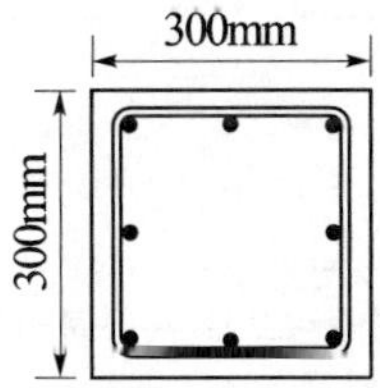

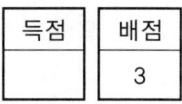

주근 : 8-D22
띠근 : D10@300

08 건축공사표준시방서에서의 방수공사 표기 방법 중 각 공법에서 최초의 문자는 방수층의 종류를 의미한다. 이에 사용되는 영문 기호 A, M, S, L의 의미를 설명하시오.

득점	배점
	4

① A : ________________ ② M : ________________

③ S : ________________ ④ L : ________________

09 계약제도상의 보증금 3가지를 쓰시오.

득점	배점
	3

① ________________ ② ________________ ③ ________________

10 염분을 포함한 바닷모래를 골재로 사용하는 경우 철근부식에 대한 방청상 유효한 조치를 3가지 쓰시오.

득점	배점
	3

① ________________ ② ________________ ③ ________________

11 건축공사표준시방서에서 정한 거푸집의 존치기간에 대한 내용이다. ( ) 안을 채우시오.

득점	배점
	3

> 기초, 보, 기둥, 벽 등의 측면 거푸집널의 존치기간은 콘크리트의 압축강도가 (①) MPa(N/mm^2) 이상에 도달한 것이 확인될 때까지이며, 받침기둥의 존치기간은 슬래브밑 및 보밑 모두 설계기준압축강도의 (②)% 이상의 콘크리트 압축강도가 얻어진 것이 확인될 때까지이며, 계산결과에 관계없이 받침기둥을 해체시 콘크리트의 압축강도는 (③) MPa(N/mm^2) 이상이어야 한다.

① ________________ ② ________________ ③ ________________

＊ 점선 이하는 계산 연습란으로 사용하시오 ＊

20 년도 기사 일반 검정 제3회

자격종목(선택분야)	시험시간	수검번호	성명	형별
건축기사	3시간			A

감독위원 확 인

12 **다음 설명의 내용에 적당한 말을 적으시오.**

득점	배점
	2

① 철강 재료에 대하여 항복점 이상의 탄성한계를 초과하여 인장하중을 가한 후에 반대하중인 압축하중을 가하면 인장에 대한 항복점보다 낮은 응력상태에서 재료가 항복하게 되는 현상을 무엇이라 하는가?

② 열간압연강재는 압연이 진행되는 방향의 단면과 압연 진행과 교차되는 방향의 단면이 서로 다른 기계적인 성질을 가지는 것을 무엇이라 하는가?

① ______________________ ② ______________________

13 **조적구조를 바탕으로 하는 지상부 건축물의 외부벽면 방수 방법의 내용을 3가지 쓰시오.**

득점	배점
	3

① ______________ ② ______________ ③ ______________

14 **목재의 섬유포화점을 설명하고, 섬유포화점과 관련하여 함수율 증감에 따른 강도의 변화에 대하여 설명하시오.**

득점	배점
	2

가. 목재의 섬유포화점

____

나. 목재의 함수율 증감에 따른 강도의 변화

____

15 **공정관리 등 진도관리에 사용되는 S-Curve(바나나곡선)는 주로 무엇을 표시하는 데 활용되는지를 설명하시오.**

득점	배점
	4

① ______________________ ② ______________________

③ ______________________ ④ ______________________

16 지반개량 공법 중 탈수법에서 다음의 토질에 적당한 대표적 공법을 각각 1가지 씩 쓰시오.

득점	배점
	2

가. 사질토 : ____________________

나. 점토질 : ____________________

17 다음 설명이 뜻하는 콘크리트의 명칭을 써넣으시오.

득점	배점
	3

① 콘크리트면에 미장을 하지 않고, 직접 노출시켜 마무리한 콘크리트

② 부재 단면치수 0.8m 이상, 콘크리트 내·외부 온도 차가 25℃ 이상으로 예상되는 콘크리트

③ 건축구조물이 20층 이상이면서 기둥 크기를 작게 하도록 콘크리트 강도를 높게 하는 구조물에 사용되는 콘크리트로써 설계기준압축강도가 보통 40MPa 이상, 경량콘크리트에서 27MPa 이상인 콘크리트

① ____________ ② ____________ ③ ____________

18 조적공사에서 벽돌의 양호정도(품질)를 판별하는 요소를 3가지 쓰시오.

득점	배점
	3

① ____________ ② ____________ ③ ____________

19 다음 그림과 같은 독립기초의 전체 기초파기량, 되메우기량, 잔토처리량을 각각 산출하시오. (단, 토량환산계수 $C=0.9$, $L=1.2$)

득점	배점
	6

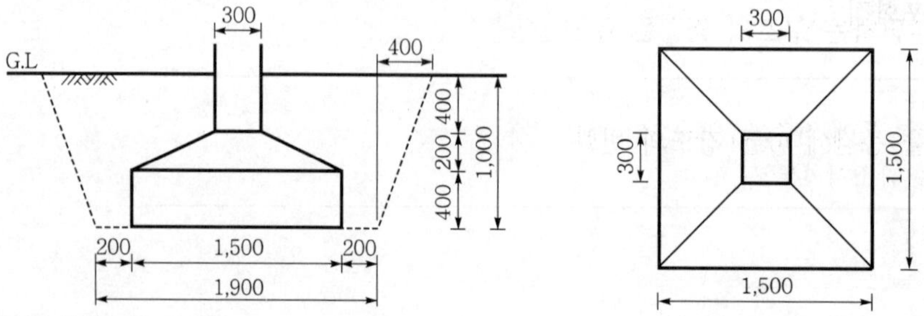

____

* 점선 이하는 계산 연습란으로 사용하시오 *

20 년도 기사 일반 검정 제3회

자격종목(선택분야)	시험시간	수검번호	성명	형별
건축기사	3시간			A

감독위원 확 인

20 시트(Sheet)방수 공법의 시공순서를 쓰시오.

득점	배점
	3

바탕처리 → (①) → 접착제 칠 → (②) → (③)

① ______ ② ______ ③ ______

21 블록공사 시공도에 기입하여야 할 사항을 4가지 쓰시오.

득점	배점
	4

① ______ ② ______

③ ______ ④ ______

22 프리스트레스트 콘크리트에 이용되는 긴장재의 종류를 3가지 쓰시오.

득점	배점
	3

① ______ ② ______ ③ ______

23 다음 보기에서 설명하는 구조의 명칭은 무엇인가?

득점	배점
	2

보기

구조물의 기초부분 등에 적층고무 또는 미끄럼받이 등을 넣어서 지진에 대한 건축물의 흔들림을 감소시키는 구조

______

24 다음 그림과 같은 트러스에 하중이 작용할 경우, 그림에서 U_{CD}와 L_{AE}의 부재력을 절단법을 이용하여 산정하시오.

득점	배점
	4

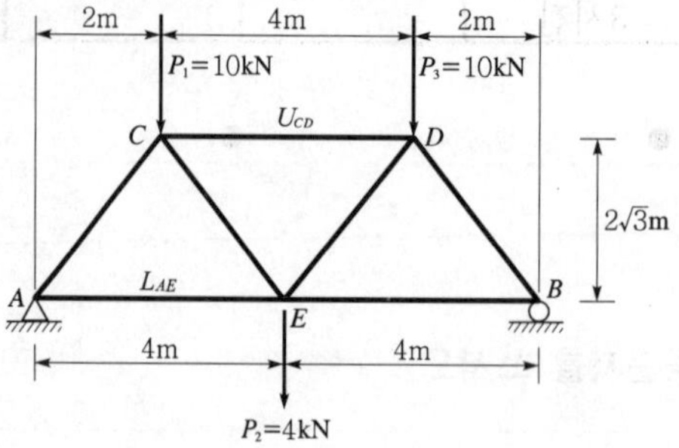

25 다음과 같은 조건인 경우, 부재의 최종적인 총처짐(mm)은 얼마인가?

득점	배점
	3

[조건]
① 인장철근만 배근된 직사각형 단순보
② 순간처짐 : 5mm
③ 장기처짐계수 $\lambda_\Delta = \dfrac{\xi}{1+50\rho'}$ 을 적용
④ 시간경과계수 : 2.0

26 제치장 콘크리트(Exposed Concrete)의 시공목적을 간략하게 4가지 쓰시오.

득점	배점
	4

① ________________ ② ________________

③ ________________ ④ ________________

* 점선 이하는 계산 연습란으로 사용하시오 *

20　년도 기사 일반 검정 제3회

자격종목(선택분야)	시험시간	수검번호	성명	형별
건축기사	3시간			A

감독위원 확 인

27 타일의 종류를 소지질(素地質 : 재료의 질) 및 용도에 따라 분류하시오.

득점	배점
	2

가. 소지질 : ____________________

나. 용도 : ____________________

28 KS F 4009 레디믹스트 콘크리트의 강도시험과 관련하여 다음 괄호를 채우시오.

득점	배점
	4

> 레디믹스트 콘크리트의 강도는 규정에 따라 (①)회의 시험결과에 의해 검사로트의 합부가 결정된다. 시험횟수는 원칙적으로 (②)m^3에 1회로 규정되어 있기 때문에 검사로트의 크기가 (③)m^3가 된다. 1회의 시험결과는 1로트 내의 임의의 한 운반차에서 동시에 채취한 3개 공시체 시험치의 평균값으로 나타낸다.

① ____________ ② ____________ ③ ____________

29 복근 직사각형 보의 필요성(압축철근의 사용 이유)을 4가지 쓰시오.

득점	배점
	4

① ____________________ ② ____________________

③ ____________________ ④ ____________________

제3회 모의고사 해설 및 정답

01 생산부문의 각 공정별로 작업량을 조정하여 중간재고를 최소한으로 줄이는 관리체계로서 생산에 있어 필요한 때 필요한 부품만을 확보하는 경영방식이다.

02 ① 2중 널말뚝 공법
② 현장타설 콘크리트말뚝 공법
③ 강재말뚝 공법
④ 모르타르 및 약액주입 공법

03 ① 페코빔 ② 와플폼 ③ 터널폼

04 ① WBS(작업분류체계) ② OBS(조직분류체계)
③ CBS(원가분류체계) ④ BBS(업무분류체계)

05 가. 네트워크 공정표

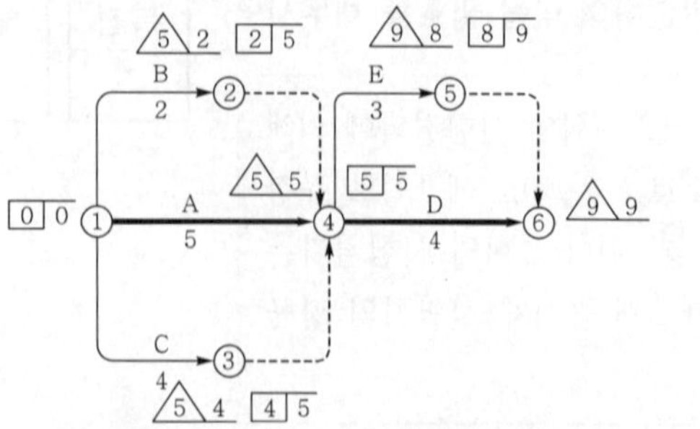

나. 여유시간

작업명	TF	FF	DF	CP
A	0	0	0	*
B	3	3	0	
C	1	1	0	
D	0	0	0	*
E	1	1	0	

(주) 1. B, C작업에 대한 후속작업의 EST는 넘버링 더미에 의해 D, E작업의 EST인 5가 된다.
2. E작업에 대한 후속작업의 EST는 9가 된다.

06 기대시간

$$t_e = \frac{t_o + 4t_m + t_p}{6} = \frac{4+4\times5+6}{6} = 5\text{일}$$

07 단주의 최대 설계 축하중

$$\begin{aligned}\phi P_{n,\,\max} &= \alpha\phi P_0 \\ &= \alpha\phi\{0.85 f_{ck}(A_g - A_{st}) + f_y A_{st}\} \\ &= 0.80\times0.65\times\{0.85\times27\times(300\times300-3{,}097) \\ &\quad +400\times3{,}097\} \\ &= 1{,}681.3\times10^3\,\text{N} = 1{,}681.3\,\text{kN}\end{aligned}$$

08 ① A : 아스팔트 방수층
② M : 개량 아스팔트 방수층
③ S : 합성고분자 시트 방수층
④ L : 도막 방수층

09 ① 입찰보증금 ② 계약보증금
③ 하자보수보증금

10 ① 염분제거
② 염분의 고정화
③ 에폭시코팅 철근 사용
④ 아연도금 철근 사용
⑤ 내식성 철근 사용
⑥ 콘크리트에 방청제 혼합

11 ① 5 ② 2/3 ③ 14

12 ① 바우싱거효과 ② 러멜러 테어링

13 ① 피막도포 칠(도막방수)
② 방수 모르타르바름
③ 타일, 판돌붙임(수밀재 붙임)

14 가. 목재의 섬유포화점
목재의 세포 내에서 자유수는 모두 증발되고 세포벽은 결합수로 포화되어 있는 상태이며, 일반적으로 함수율 30% 정도에 해당된다.
나. 목재의 함수율 증감에 따른 강도의 변화
섬유포화점 이하에서는 함수율이 낮을수록 강도는 증가하나, 섬유포화점 이상에서는 강도가 변하지 않는다.

15 공정관리를 위하여 공정계획선의 상하에 허용한계선을 설정하여 두고 실제 진행되는 공사가 이 한계선 내에 들도록 공정을 수정하는 데 활용한다.

16 가. **사질토** : 웰포인트 공법
나. **점토질** : 샌드드레인 공법

17 ① 제치장 콘크리트
② 매스 콘크리트
③ 고강도 콘크리트

18 ① 압축강도 ② 흡수율 ③ 기건비중

19 1. **터파기량**(V)

$$V=\frac{1.0}{6}\times\{(2\times2.7+1.9)\times2.7+(2\times1.9+2.7)\times1.9\}=5.343 \rightarrow 5.34\text{m}^3$$

2. **되메우기량**($V-S$)

(1) 되메우기량=터파기량(V)−GL 이하 기초구조부체적(S)
(2) 터파기량(V)=5.34m^3
(3) GL 이하 기초구조부체적(S)=잡석다짐량+버림콘크리트량+기초판량+GL 이하의 주각량
① 잡석다짐량과 버림콘크리트량은 0이다.
② 기초판량$=1.5\times1.5\times0.4+\frac{0.2}{6}\times\{(2\times1.5+0.3)\times1.5+(2\times0.3+1.5)\times0.3\}$
$=1.086\text{m}^3$
③ GL 이하의 주각량$=0.3\times0.3\times0.4=0.036\text{m}^3$
∴ GL 이하 기초구조부체적(S)$=1.086+0.036=1.122\text{m}^3$
(4) 되메우기량$=V-S=5.34-1.122=4.218 \rightarrow 4.22\text{m}^3$

3. **잔토처리량**(C=0.9, L=1.2)

$$잔토처리량=\left\{V-(V-S)\times\frac{1}{C}\right\}\times L$$
$$=\left\{5.34-4.22\times\frac{1}{0.9}\right\}\times1.2$$
$$=0.781 \rightarrow 0.78\text{m}^3$$

20 ① 프라이머 칠 ② 시트붙이기
③ 마무리

21 ① 블록 나누기
② 모르타르 및 그라우트의 충전 개소
③ 철근의 종류와 배근 시 매입철물의 종류
④ 철근의 매입위치
⑤ 철근의 가공 상세
⑥ 철근의 이음 및 정착위치와 방법
⑦ 인방의 배근 및 상세
⑧ 창문틀 및 출입문틀의 고정과 접합부위 상세

22 ① PC 강선 ② PC 강연선
③ PC 경강선 ④ PC 강봉

23 면진구조

24 (1) 반력 산정
$R_A=12.0\text{ kN},\ H_A=0\text{ kN},\ R_B=12.0\text{ kN}$
(2) 절단법에 의한 부재력 산정
① $\Sigma M_E=12\times4-10\times2+U_{CD}\times2\sqrt{3}=0$
∴ $U_{CD}=-8.1\text{ kN}$(압축)
② $\Sigma M_C=12\times2-L_{AE}\times2\sqrt{3}=0$
∴ $L_{AE}=6.9\text{ kN}$(인장)

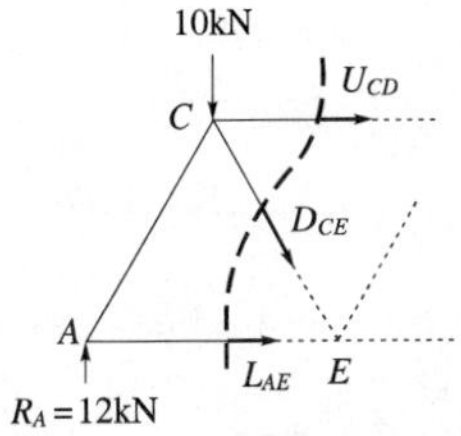

25 ① 순간처짐=5.0mm
② 압축철근비 : $\rho'=\frac{A_s'}{bd}=\frac{0}{bd}=0$
③ $\lambda_\Delta=\frac{\xi}{1+50\rho'}=\frac{2.0}{1+50\times0}=2.0$
④ 장기처짐=$\lambda_\Delta\times$순간처짐=2.0×5=10.0mm
⑤ 총처짐=순간처짐+장기처짐
=5.0+10.0=15.0mm

26 ① 모양의 간소함 ② 고도의 강도추구
③ 재료절감 ④ 건물 자중 경감
⑤ 공사내용의 단일화 ⑥ 안전성, 경제성 추구

27 가. 소지질
① 도기질 ② 석기질 ③ 자기질
나. 용도
① 외부벽용 타일 ② 내부벽용 타일
③ 외부바닥용 타일 ④ 내부바닥용 타일

28 ① 3 ② 150 ③ 450

29 ① 콘크리트의 크리프 변형을 억제하여 장기처짐을 감소시킨다.
② 연성거동을 증진시킨다.
③ 시공시 철근의 조립을 편리하게 한다.(늑근의 위치를 고정시킬 수 있다.)
④ 인장 철근비를 최대 철근비 이하로 하면서 설계강도를 증진시킨다.
⑤ 지진하중 등과 같이 정(+), 부(−) 모멘트가 반복되는 하중에 효과적이다.

제4회 모의고사

20　년도 기사 일반 검정 제4회

자격종목(선택분야)	시험시간	수검번호	성명	형별
건축기사	3시간			A

감독위원 확인

** 수검자 유의사항 **

1. 시험문제지 총면수, 문제번호순서, 인쇄상태 등을 확인한다.
2. 수검번호, 성명은 답안지 매장마다 기재한다.
3. 답안작성시 반드시 흑색 또는 청색 필기구(연필류 제외) 중 동일한 필기구만을 계속하여 사용하여야 하며, 기타의 필기구를 사용한 답항은 0점 처리된다.
4. 답안을 정정할 때에는 반드시 정정부분을 두 줄로 긋고, 감독위원의 정정날인을 받아야 한다.
5. 답란에는 문제와 관련 없는 불필요한 낙서나 특이한 기록사항 등 부정의 목적이 있었다고 판단될 경우에는 모든 득점이 0점으로 처리된다.
   (단, 계산연습이 필요한 경우는 주어진 계산연습 란을 이용한다.)
6. 계산문제는 반드시 답란에 명시된 계산식(또는 계산과정)과 답을 기재하여야 하며, 계산과정이 없는 답은 0점 처리된다.
7. 계산과정에서 소수가 발생되면 문제의 요구사항에 따르고, 명시가 없으면 소수점 이하 셋째 자리에서 반올림하여 둘째 자리까지만 구하여 답한다.
8. 문제의 요구사항에서 단위가 주어졌을 경우에는 답에서 생략되어도 좋으나 그렇지 아니한 경우는 답란에 단위가 없으면 틀린 답으로 처리된다.
9. 문제에서 요구한 가지수(항수) 이상을 답란에 표기한 경우에는 답란 기재순으로 요구한 가지수(항수)만 채점한다.
10. 시험의 전 과정(필답형, 작업형)을 응시치 않은 경우 채점대상에서 제외시킨다.
11. 부정 또는 불공정한 방법으로 시험을 치른 자는 부정행위자로 처리되어 당해 검정을 중지 또는 무효로 하고 3년간 국가기술자격검정 응시자격이 정지된다.

* 다음 물음에 답을 해당 답란에 답하시오. (배점 : 100)

01 **다음 설명에 해당되는 용접결함의 용어를 쓰시오.**

득점	배점
	4

① 용접금속과 모재가 융합되지 않고 단순히 겹쳐지는 것
② 용접상부에 모재가 녹아 용착금속이 채워지지 않고 홈으로 남게 된 부분
③ 용접봉의 피복제 융해물인 회분이 용착금속 내에 혼입된 것
④ 용융금속이 응고할 때 방출되었어야 할 가스가 남아서 생기는 용접부의 빈자리

① ______________________ ② ______________________

③ ______________________ ④ ______________________

02 **커튼월의 성능시험 항목을 3가지 쓰시오.**

득점	배점
	3

① ________________ ② ________________ ③ ________________

03 **지름 300mm, 길이 500mm의 콘크리트 시험체의 할렬 인장강도시험에서 최대 하중이 100kN으로 나타나면 이 시험체의 인장강도를 구하시오.**

득점	배점
	3

____

____

04 **철근콘크리트구조의 강도설계법에서 균형철근비의 정의를 쓰시오.**

득점	배점
	3

____

____

* 점선 이하는 계산 연습란으로 사용하시오 *

20 년도 기사 일반 검정 제4회

자격종목(선택분야)	시험시간	수검번호	성명	형별
건축기사	3시간			A

감독위원 확 인

05 파이프구조에서 파이프 절단면 단부는 녹막이를 고려하여 밀폐하여야 하는데, 이 때 실시하는 밀폐 방법에 대하여 3가지를 쓰시오.

득점	배점
	3

① ________ ② ________ ③ ________

06 다음 용어를 설명하시오.

득점	배점
	4

가. 슬럼프플로

____

나. 조립률

____

07 강구조의 공장가공이 완료되는 단계에서 강재면에 녹막이칠을 1회 하고 현장으로 운반하는데, 이 때 녹막이칠을 하지 않은 부분에 대하여 4가지를 쓰시오.

득점	배점
	4

① ________ ② ________

③ ________ ④ ________

08 흙은 일반적으로 물을 포함하고 있으며 그 함수량의 변화에 따라 그 성질이 변화한다. 다음 보기의 (   ) 안에 알맞은 표현을 쓰시오.

득점	배점
	2

보기

흙이 소성상태에서 반고체 상태로 옮겨지는 경계의 함수비를 (①)라 하고, 액성상태에서 소성상태로 옮겨지는 함수비를 (②)라고 한다.

① ________ ② ________

09 그림과 같은 접합부에서 아래 조건에 따른 고장력볼트에서 나사부가 전단 면에 포함될 경우의 소요전단강도(kN)를 산정하시오. (단, 사용강재는 SS275이다.)

득점	배점
	3

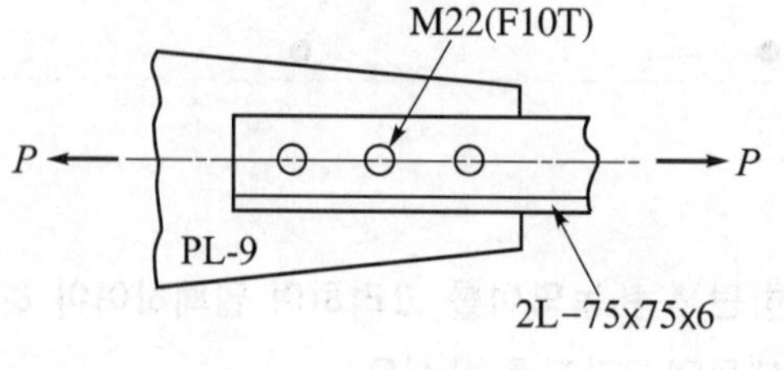

10 f_{ck}=30 MPa, f_y=400 MPa인 보통 콘크리트에 D22(공칭지름 22.2mm), 경량콘크리트계수 λ=1.0일 때 묻힘길이에 의한 인장 이형철근의 기본정착길이(mm)를 산정하시오.

득점	배점
	3

11 그림과 같은 구조물에서 T부재에 발생하는 부재력을 구하시오. (단, 인장은 +, 압축은 −로 표시한다.)

득점	배점
	2

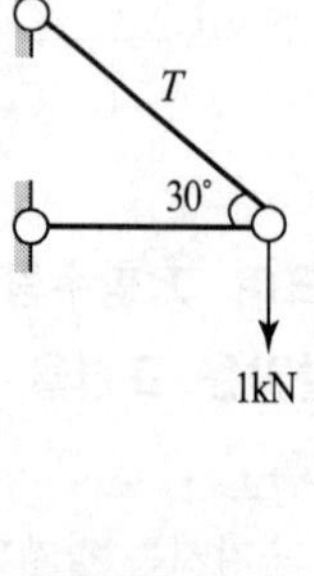

＊ 점선 이하는 계산 연습란으로 사용하시오 ＊

20 년도 기사 일반 검정 제4회

자격종목(선택분야)	시험시간	수검번호	성명	형별
건축기사	3시간			A

감독위원 확 인

12 하절기 콘크리트 시공시 발생하는 문제점으로써 콘크리트 품질 및 시공면에서 미치는 영향에 대해 5가지를 쓰시오.

득점	배점
	5

① ______________ ② ______________

③ ______________ ④ ______________

⑤ ______________

13 중량 콘크리트의 용도를 쓰고, 대표적으로 사용되는 골재 2가지를 쓰시오.

득점	배점
	3

① 용도 : ______________

② 사용골재 : ______________

14 흙막이의 계측관리시 계측에 사용되는 측정장비 3가지를 쓰시오.

득점	배점
	3

① ______________

② ______________

③ ______________

15 다음 설명에 맞는 용어를 쓰시오.

득점	배점
	2

① 나무나 석재의 모나 면을 깎아 밀어서 두드러지게 또는 오목하게 하여 모양지게 하는 것

② 모서리 구석 등에 나무 마구리가 보이지 않게 45° 로 빗질라 대는 맞춤

① ______________ ② ______________

16 특기시방서상 레미콘의 압축강도가 18MPa 이상으로 규정되어 있다고 할 때 납품된 레미콘으로부터 임의의 3개 공시체(지름 150mm, 높이 300mm인 원주체)를 제작하여 압축강도시험한 결과 최대하중 300kN, 310kN, 320kN에서 파괴되었다. 평균 압축강도를 구하고, 규정을 상회하고 있는지 여부에 따라 합격 및 불합격을 판정하시오.

득점	배점
	4

① 평균 압축강도(f_c) : ______________________

____

② 판정 : ______________________

17 굴착공사 시 발생하는 Boiling 현상 혹은 Heaving 파괴에 대한 방지대책을 3가지 쓰시오. (3점)

득점	배점
	3

가. ① ________ ② ________ ③ ________

나. ① ________ ② ________ ③ ________

18 Wind Tunnel Test(풍동시험)와 Mock-Up Test(외벽성능시험)에 관하여 기술하시오. (4점)

득점	배점
	4

가. Wind Tunnel Test(풍동시험) : ______________________

____

나. Mock-Up Test(실물대시험) : ______________________

____

* 점선 이하는 계산 연습란으로 사용하시오 *

20 년도 기사 일반 검정 제4회

자격종목(선택분야)	시험시간	수검번호	성명	형별
건축기사	3시간			A

감독위원 확 인

19 그림과 같은 하중을 받는 단순보에서 단면 150 mm × 300 mm의 각재를 사용했을 때, 각재에 생기는 최대 휨응력은? (단, 목재는 결함 없는 균질의 단면이다.)

득점	배점
	3

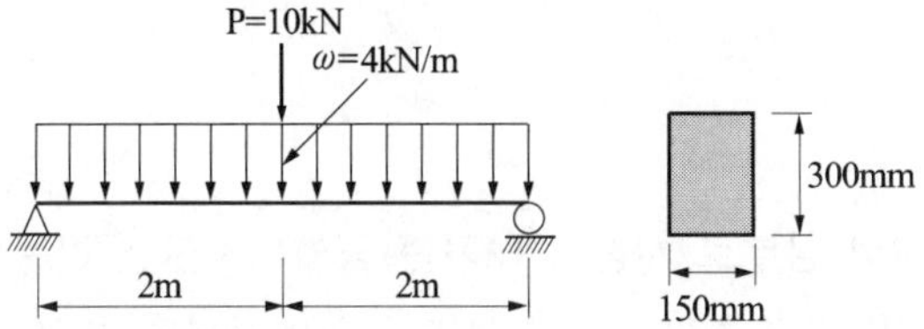

20 그림과 같은 캔틸레버보의 점 A의 수직 반력과 모멘트 반력을 구하시오.

득점	배점
	3

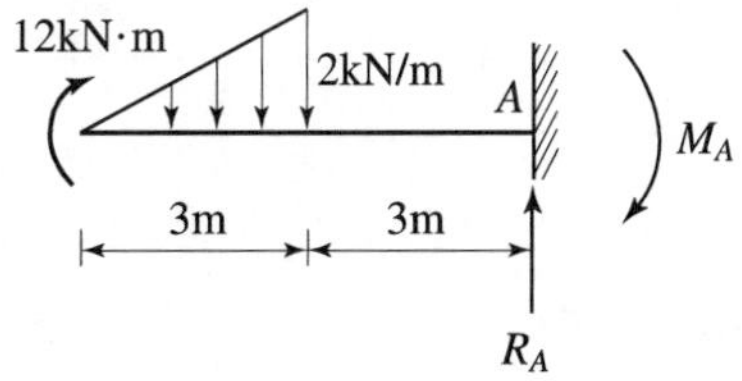

21 BOT(Build-Operate-Transfer-Contact) 방식을 설명하시오.

득점	배점
	3

22 유동화 콘크리트의 유동화 방법에 대해 3가지를 기술하시오.

득점	배점
	3

① ______________ ② ______________ ③ ______________

23 철(鐵)재면의 도장공사시에 금속표면에 붙어있는 유지(油脂)나 녹, 흑피, 기계유 등 여러 종류의 오염물을 닦아내는 도구 및 용제의 이름을 각각 2가지씩 기입하시오.

득점	배점
	4

가. 도구 : (　　　　　　) (　　　　　　)

나. 용제 : (　　　　　　) (　　　　　　)

24 기존의 공법은 기초를 축조하여 상부로 시공해 나가는 공법이지만 탑다운 공법(Top-Down Method)은 지하구조물의 시공순서를 지상에서부터 시작하여 점차 깊은 지하로 진행하며, 완성하는 공법으로서 여러 장점을 갖고 있다. 이 장점 중 기상변화의 영향이 적어 공기단축을 꾀할 수 있는 데 그 이유를 설명하시오.

득점	배점
	3

____

____

25 VE의 가치향상 방법 4가지를 쓰시오.

득점	배점
	4

① ______________________________

② ______________________________

③ ______________________________

④ ______________________________

* 점선 이하는 계산 연습란으로 사용하시오 *

20　년도 기사 일반 검정 제4회

자격종목(선택분야)	시험시간	수검번호	성명	형별
건축기사	3시간			A

감독위원 확 인

26 균일 압축력을 받는 압연 H형강 H－400×200×8×13 (r＝16mm)에 대한 압축판요소의 판폭두께비를 계산하시오.

득점	배점
	2

27 시스템 거푸집 중에서 플라잉폼(Flying Form)의 장점 3가지를 쓰시오.

득점	배점
	3

①

②

③

28 건설공사에서 계약분쟁의 해결 방법 3가지를 쓰시오.

득점	배점
	3

①　　　　②　　　　③

29 강도설계법에 의한 철근콘크리트 보의 전단설계에서 그림과 같은 보가 지지할 수 있는 최대 전단강도(kN)는 얼마인가? (단, 사용재료는 보통중량콘크리트로 써 f_{ck}=24 MPa, f_{yt}=400 MPa, ϕ= 0.75이다.)

득점	배점
	5

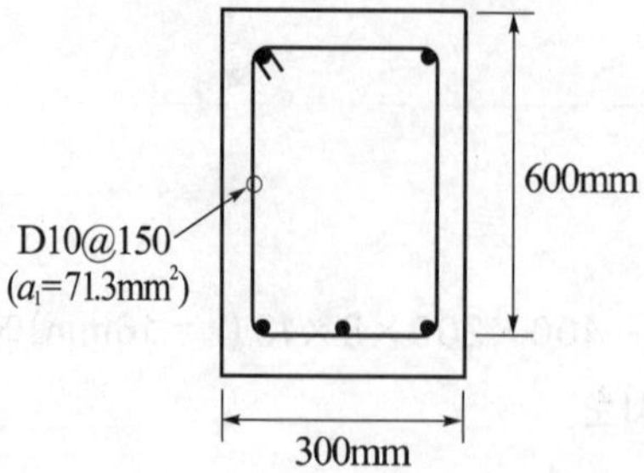

30 다음과 같은 조건의 대칭 T형 보의 유효너비(b_e)을 구하시오.

득점	배점
	3

보기

- 슬래브의 두께(t_f) : 200mm
- 복부폭(b_w) : 300mm
- 양쪽 슬래브의 중심간 거리 : 3,000mm
- 보 경간(Span): 6,000mm

31 염분을 포함한 바닷모래를 골재로 사용하는 경우 철근부식에 대한 방청상 유효한 조치를 3가지 쓰시오.

득점	배점
	3

①

②

③

* 점선 이하는 계산 연습란으로 사용하시오 *

제4회 모의고사 해설 및 정답

01 ① 오버랩
② 언더컷
③ 슬래그 감싸들기
④ 공기구멍(Blow Hole, 블로홀)

02 ① 예비시험
② 기밀시험
③ 정압수밀시험
④ 동압수밀시험
⑤ 구조시험

03 할렬 인장강도(f_{sp})

$$f_{sp} = \frac{2P}{\pi l d} = \frac{2 \times 100,000}{\pi \times 500 \times 300} = 0.42\text{MPa}$$

04 균형철근비는 인장철근의 응력 f_s가 설계기준항복강도 f_y에 대응하는 변형률 ϵ_y에 도달하고, 동시에 압축 콘크리트의 변형률 ϵ_c가 가정된 극한변형률 ϵ_{cu}인 0.0033에 도달한 단면의 인장철근비이다. 또한 이러한 상태의 보를 균형철근보라 한다.

05 ① 스피닝에 의한 방법
② 가열하여 구형으로 가공
③ 원판, 반구원판을 용접
④ 관내에 모르타르 채움
⑤ 관 끝을 압착하여 용접 밀폐시키는 방법

06 가. **슬럼프플로** : 아직 굳지 않는 콘크리트의 유동성 정도를 나타내는 지표로 슬럼프콘을 들어올린 후에 원모양으로 퍼진 콘크리트의 직경을 측정하여 나타낸다.
나. **조립률** : 골재의 입도를 수량적으로 나타낸 것으로 체가름시험에 의해 구한다.

07 ① 현장 용접부에서 100mm 이내
② 고장력볼트 접합부 마찰면
③ 콘크리트 부착 또는 매입 부분
④ 밀착 또는 회전하는 기계깎기 마무리면
⑤ 강구조 부재 조립에 의해 맞닿는면
⑥ 밀폐되는 내면

08 ① 소성한계
② 액성한계

09 1. 나사부가 전단면에 포함될 경우 F10T의 공칭전단강도 F_{nv}

$F_u = 1,000\,\text{MPa}$

$F_{nv} = 0.40 F_u = 0.40 \times 1,000 = 400\,\text{MPa}$

2. 고장력볼트 1개의 설계전단강도

$\phi R_n = \phi F_{nv} A_b$

$\phi = 0.75$

$F_{nv} = 400\,\text{MPa}$

$A_b = \left(\frac{\pi \times 20^2}{4}\right) = 380\,\text{mm}^2$

$\phi R_n = \phi F_{nv} A_b = 0.75 \times 400 \times 380$

$= 114.0 \times 10^3\,\text{N} = 114.0\,\text{kN}$

3. 2면 전단인 고장력볼트 3개의 설계전단강도

$2 \times 3 \times 114.0 = 684.0\,\text{kN}$

10 묻힘길이에 의한 인장철근의 기본정착길이
$\lambda = 1.0$ (∵ 보통중량콘크리트)

$$l_{db} = \frac{0.6\, d_b\, f_y}{\lambda \sqrt{f_{ck}}} = \frac{0.6 \times 22.2 \times 400}{1.0 \times \sqrt{30}} = 973\,\text{mm}$$

11

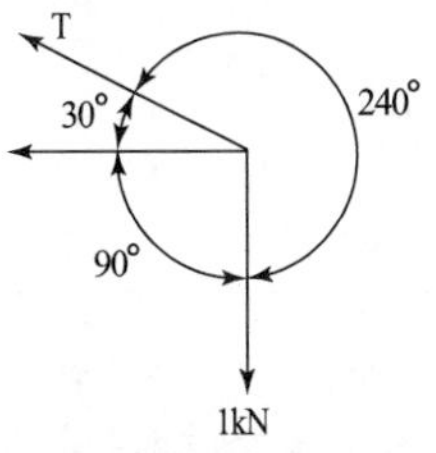

사인법칙을 이용하여 다음과 같이 산정한다.

$$\frac{1}{\sin 30^\circ} = \frac{T}{\sin 90^\circ}$$

$$T = 1 \times \frac{\sin 90^\circ}{\sin 30^\circ} = 2\,\text{kN} \quad \text{(인장)}$$

12 ① 슬럼프 저하
② 연행공기량의 감소
③ 콜드조인트의 발생
④ 표면수분의 증발에 의한 균열발생
⑤ 온도균열의 발생

⑥ 장기강도 저하
⑦ 콘크리트 표층부의 밀실성 저하

13 ① 용도 : 방사선 차단용
② 사용골재 : 중정석, 자철광

14 ① Earth(Soil) Pressure Gauge(토압계)
② Strain Gauge(변형계)
③ Level and Staff(지표면 침하계)
④ Inclinometer(지중 경사계)
⑤ Load Cell(축력계)

15 ① 모접기
② 연귀맞춤

16 ① 평균 압축강도(f_c)

$$f_c = \frac{\sum_{i=1}^{n} P_i}{A} \div n = \frac{4\sum_{i=1}^{n} P_i}{\pi d^2} \div n$$

$$= \left\{ \frac{4 \times (300{,}000 + 310{,}000 + 320{,}000)}{\pi \times 150^2} \right\} \div 3$$

$= 17.54\text{MPa}$

② 판정 : 불합격(∵ 17.54MPa < 18.0MPa)

17 가. 보일링 현상에 대한 방지대책
① 흙막이를 경질지반까지 도달
② 웰포인트 공법으로 지하수위 저하
③ 약액주입 등으로 굴착지면의 지수

나. 히빙파괴에 대한 방지대책
① 흙막이를 경질지반까지 도달
② 지반개량
③ 지반 위의 하중 제거

18 가. Wind Tunnel Test(풍동시험)
건물 준공 후 발생될 수 있는 바람에 의한 문제점을 파악하고, 설계에 반영하기 위해 건물 주변 600m 반경의 지형 및 건물배치를 축소형 모델로 만들어 원형 턴테이블(Turn Table)의 풍동 속에 설치한 후, 과거 10~50년 또는 100년간의 최대 풍속을 가하여 실시하는 시험으로 풍압시험 및 영향시험을 한다.

나. Mock-Up Test(외벽성능시험)
외기의 영향으로 인한 외장재(외벽)의 성능을 사전에 검토하기 위해 풍동시험을 근거로 설계한 실물모형 3개를 만든 뒤, 건축 예정지에서 최악의 기후조건으로 외장재 설치 후 일어날 수 있는 모든 문제점을 검증해 보는 시험이다.

19

$$M_{\max} = \frac{wl^2}{8} + \frac{Pl}{4} = \frac{4 \times 4^2}{8} + \frac{10 \times 4}{4} = 18\,\text{kN} \cdot \text{m}$$

$$= 18 \times 10^6\,\text{N} \cdot \text{mm}$$

$$Z = \frac{bh^2}{6} = \frac{150 \times 300^2}{6} = 2.25 \times 10^6\,\text{mm}^3$$

$$\therefore \sigma_{\max} = \frac{M_{\max}}{Z} = \frac{18 \times 10^6}{2.25 \times 10^6} = 8.00\,\text{N/mm}^2(\text{MPa})$$

20

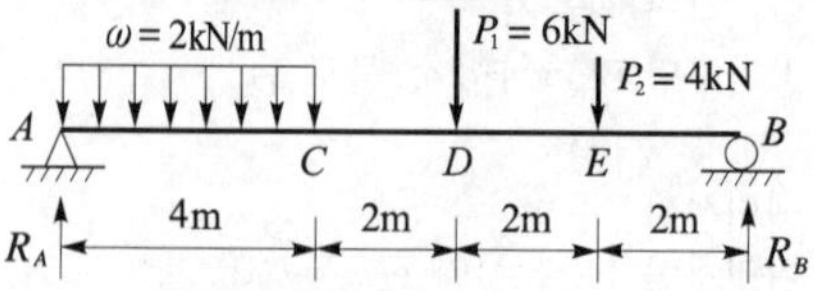

(1) $\Sigma M = 0(+;\frown)$:

$$\Sigma M_A = 12 - \left(\frac{1}{2} \times 2 \times 3\right) \times \left(3 \times \frac{1}{3} + 3\right) + M_A = 0$$

$\therefore\ M_A = 0\,\text{kN} \cdot \text{m}$

(2) $\Sigma Y = 0(+;\uparrow)$: $\Sigma Y = \frac{1}{2} \times 2 \times 3 + R_A = 0$

$\therefore\ R_A = 3\,\text{kN}(\uparrow)$

$\therefore\ H_A = 0\,\text{kN}$

(3) $\Sigma X = 0(+;\rightarrow)$: $\Sigma X = H_A = 0$

$\therefore\ H_A = 0\,\text{kN}$

21 사회간접시설의 확충을 위해 민간이 자금조달과 시설준공(Build) → 민간이 투자비 회수를 위해 일정기간 운영(Operate) → 소유권을 정부에 이전(Transfer)

22 ① 공장첨가 유동화법
② 공장첨가 현장유동화법
③ 현장첨가 유동화법

23 가. 도구
① 와이어 브러시
② 샌드 블라스트
③ 연마지

나. 용제
① 휘발유
② 벤졸
③ 솔벤트
④ 나프타

24 1층 바닥의 구조체가 완료되면 1층 바닥을 작업장으로 이용할 수 있다. 따라서 기상변화에 적은 영향을 받으면서 공사를 진행할 수 있으므로 공기를 단축할 수 있다.

25 ① 기능은 일정하게 하고, 비용은 내린다.
② 기능은 올리고, 비용은 일정하게 한다.
③ 기능은 올리고, 비용은 내린다.
④ 기능은 많이 올리고, 비용은 약간 올린다.
⑤ 기능은 약간 내리고, 비용은 많이 내린다.

26 (1) 비구속판요소(플랜지)의 판폭두께비 계산

$$b=\frac{b_f}{2}=\frac{200}{2}=100\text{mm}$$

$$\lambda=\frac{b}{t}=\frac{100}{13}=7.69$$

(2) 구속판요소(웨브)의 판폭두께비 계산

$$h=d-2t_f-2r=400-2\times13-2\times16=342\text{ mm}$$

$$\lambda=\frac{h}{t_w}=\frac{342}{8}=42.75$$

27 ① 조립, 분해가 생략되어 공기 단축
② 적은 거푸집 처짐
③ 기능도에 영향이 적다.
④ 주요 부재의 재사용 가능(전용횟수가 많다.)
⑤ 인력 절감

28 ① 협상(상호 협의)
② 중재
③ 소송

29 $V_d=\phi V_n=\phi(V_c+V_s)$

$\lambda=1.0$

$$V_c=\frac{1}{6}\lambda\sqrt{f_{ck}}\,b_w d=\frac{1}{6}\times1.0\times\sqrt{24}\times300\times600$$
$$=146{,}969\text{N}$$

$$V_s=\frac{A_v f_{yt} d}{s}=\frac{(71.3\times2)\times400\times600}{150}=228{,}160\text{N}$$

$$V_d=\phi V_n=\phi(V_c+V_s)=0.75\times(146{,}969+228{,}160)$$
$$=281.3\times10^3\text{N}=281.3\text{kN}$$

30 (1) $16h_f+b_w=16\times200+300=3{,}500\text{ mm}$
(2) 양쪽 슬래브의 중심간 거리=3,000mm
(3) 보의 순경간의 $\frac{1}{4}=6{,}000\times\frac{1}{4}=1{,}500\text{ mm}$

따라서 플랜지의 유효너비(b_e)은 위의 값 중 가장 작은 값이므로 1,500 mm이다

31 ① 염분제거
② 염분의 고정화
③ 에폭시코팅 철근 사용
④ 아연도금 철근 사용
⑤ 내식성 철근 사용
⑥ 콘크리트에 방청제 혼합

메모하세요..

제5회 모의고사

20 년도 기사 일반 검정 제5회

자격종목(선택분야)	시험시간	수검번호	성명	형별
건축기사	3시간			A

감독위원 확인

** 수검자 유의사항 **

1. 시험문제지 총면수, 문제번호순서, 인쇄상태 등을 확인한다.
2. 수검번호, 성명은 답안지 매장마다 기재한다.
3. 답안작성시 반드시 흑색 또는 청색 필기구(연필류 제외) 중 동일한 필기구만을 계속하여 사용하여야 하며, 기타의 필기구를 사용한 답항은 0점 처리된다.
4. 답안을 정정할 때에는 반드시 정정부분을 두 줄로 긋고, 감독위원의 정정날인을 받아야 한다.
5. 답란에는 문제와 관련 없는 불필요한 낙서나 특이한 기록사항 등 부정의 목적이 있었다고 판단될 경우에는 모든 득점이 0점으로 처리된다.
   (단, 계산연습이 필요한 경우는 주어진 계산연습 란을 이용한다.)
6. 계산문제는 반드시 답란에 명시된 계산식(또는 계산과정)과 답을 기재하여야 하며, 계산과정이 없는 답은 0점 처리된다.
7. 계산과정에서 소수가 발생되면 문제의 요구사항에 따르고, 명시가 없으면 소수점 이하 셋째 자리에서 반올림하여 둘째 자리까지만 구하여 답한다.
8. 문제의 요구사항에서 단위가 주어졌을 경우에는 답에서 생략되어도 좋으나 그렇지 아니한 경우는 답란에 단위가 없으면 틀린 답으로 처리된다.
9. 문제에서 요구한 가지수(항수) 이상을 답란에 표기한 경우에는 답란 기재순으로 요구한 가지수(항수)만 채점한다.
10. 시험의 전 과정(필답형, 작업형)을 응시치 않은 경우 채점대상에서 제외시킨다.
11. 부정 또는 불공정한 방법으로 시험을 치른 자는 부정행위자로 처리되어 당해 검정을 중지 또는 무효로 하고 3년간 국가기술자격검정 응시자격이 정지된다.

* 다음 물음에 답을 해당 답란에 답하시오. (배점 : 100)

01 그림과 같은 필릿용접부에서 용접재의 설계전단강도(kN)는 얼마인가? (단, 사용강재는 SS275이고, 용접재는 KS D 7004 연강용 피복아크 용접봉용접봉으로 F_y=345MPa이고 F_u=420MPa이다.)

득점	배점
	3

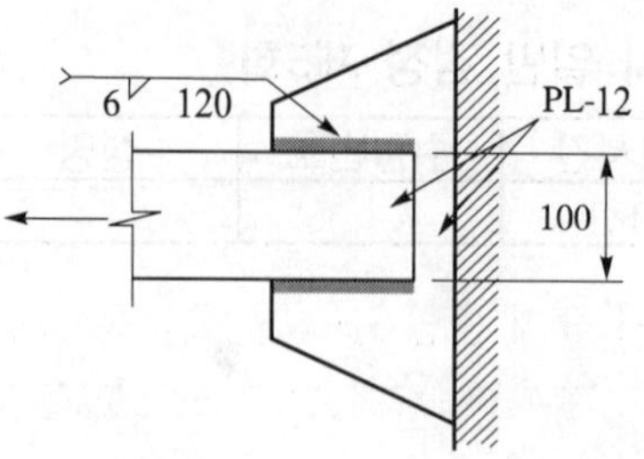

02 강구조물에서 보 및 기둥에는 H형강이 많이 사용되는 데 Long Span에서는 기성품인 Rolled 형강을 사용할 수 없을 정도의 큰 단면의 부재가 필요하게 된다. 이 경우 공장에서 두꺼운 철강판을 절단하여 소요 크기로 용접 제작하여 현장제작(Built Up) 형강을 사용하게 되는데 H-1,200×500×25×100 부재(l=20m) 20개의 철강판 중량은 얼마(ton)인가? (단, 철강의 비중은 7.85로 한다.)

득점	배점
	4

* 점선 이하는 계산 연습란으로 사용하시오 *

20 년도 기사 일반 검정 제5회

자격종목(선택분야)	시험시간	수검번호	성명	형별
건축기사	3시간			A

감독위원 확 인

03 건축공사표준시방서에서의 방수공사 표기 방법 중 각 공법에서 최후의 문자는 각 방수층에 대하여 공통으로 고정상태, 단열재의 유무 및 적용부위를 의미한다. 이에 사용되는 영문 기호 F, M, S, U, T, W 중 4개를 선택하여 그 의미를 설명하시오.

득점	배점
	4

① ______________________

② ______________________

③ ______________________

④ ______________________

04 콘크리트 펌프의 압송방식 종류를 2가지 쓰시오.

득점	배점
	2

① ______________ ② ______________

05 시스템 거푸집 중에서 플라잉폼(Flying Form)의 장점 3가지를 쓰시오.

득점	배점
	3

① ______________________

② ______________________

③ ______________________

06 철근콘크리트의 선팽창계수가 1.0×10^{-5}/℃이라면, 10m 부재가 10℃의 온도변화시 부재의 길이 변화량은 몇 cm인가?

득점	배점
	3

____

07 흙의 전단강도에 관한 설명 중 (　　) 안의 내용을 | 보기 | 중 골라 기재하시오.

득점	배점
	4

| 보기 |

㉮ 지지	㉯ 안정	㉰ 침하
㉱ 붕괴	㉲ 안전	㉳ 융기

"전단강도란 흙에 관한 역학적 성질로서 기초의 극한지지력을 알 수 있다. 따라서 기초의 하중이 흙의 전단강도 이상이 되면 흙은 (①)되고, 기초는 (②)되며, 이하이면 흙은 (③)되고, 기초는 (④)된다."

① ______________ ② ______________

③ ______________ ④ ______________

08 지내력시험의 방법 2가지를 쓰시오.

득점	배점
	2

① ______________ ② ______________

09 치장벽돌쌓기 후에 시행하는 치장면의 청소 방법을 3가지 쓰시오.

득점	배점
	3

① ______________ ② ______________ ③ ______________

10 보강철근콘크리트블록구조에서 반드시 세로근을 넣어야 하는 위치 3개소를 쓰시오.

득점	배점
	3

① ______________ ② ______________ ③ ______________

* 점선 이하는 계산 연습란으로 사용하시오 *

20 년도 기사 일반 검정 제5회

자격종목(선택분야)	시험시간	수검번호	성명	형별
건축기사	3시간			A

감독위원 확 인

11 다음 |보기| 는 한중 콘크리트에 관한 설명이다. ( ) 안에 알맞은 내용을 쓰시오.

득점	배점
	4

|보기|

가. 한중 콘크리트는 초기양생을 통해 콘크리트의 양생 종료 시의 소요 압축 강도가 최소 ( )MPa 이상이 되게 한다.

나. 한중 콘크리트의 물시멘트비는 원칙적으로 ( )% 이하이어야 한다.

가. ______________ 나. ______________

12 다음은 커튼월 공법에 의한 분류방식이다. 각 분류방식의 종류를 2가지씩 쓰시오.

득점	배점
	3

가. 외관 형태별 분류 : ① ______________ ② ______________

나. 구조 방법별 분류 : ① ______________ ② ______________

13 PQ제도의 장점에 대하여 3가지를 쓰시오.

득점	배점
	3

① ______________

② ______________

③ ______________

14 조적공사시 세로규준틀의 기입사항을 4가지 기재하시오.

득점	배점
	4

① ______________ ② ______________

③ ______________ ④ ______________

15 **지하 토공사 중 계측관리와 관련된 항목을 골라 번호를 쓰시오.**

득점	배점
	4

보기

㉮ Strain Gauge ㉯ 경사계(Inclinometer)
㉰ Water Level Meter ㉱ Level and Staff

① 지표면 침하측정 ( )
② 지중 흙막이벽 수평변위 측정 ( )
③ 지하수위 측정 ( )
④ 응력측정(엄지말뚝, 띠장에 작용하는 응력측정) ( )

16 **다음 설명에 맞는 용어를 쓰시오.**

득점	배점
	2

① 나무나 석재의 모나 면을 깎아 밀어서 두드러지게 또는 오목하게 하여 모양지게 하는 것
② 모서리 구석 등에 나무 마구리가 보이지 않게 45°로 빗잘라 대는 맞춤

① ________________ ② ________________

17 **QC 수법으로 알려진 도구에 대한 설명이다. 해당되는 도구명을 쓰시오. (6점)**

득점	배점
	6

① 집단을 구성하고 있는 많은 데이터를 어떤 특징에 따라 몇 개의 부분집단으로 나누는 것
② 결과에 원인이 어떻게 관계하고 있는가를 한눈으로 알 수 있도록 작성한 그림
③ 계량치가 어떤 분포를 하는지 알아보기 위하여 작성하는 그림
④ 계수치가 분류 항목의 어디에 집중되어 있는가를 알아보기 쉽게 나타낸 그림이나 표
⑤ 불량 등 발생건수를 분류 항목별로 나누어 크기 순서대로 나열해 놓은 그림
⑥ 대응되는 2개의 짝으로 된 데이터를 그래프에 점으로 나타낸 그림

① ____________ ② ____________ ③ ____________
④ ____________ ⑤ ____________ ⑥ ____________

＊ 점선 이하는 계산 연습란으로 사용하시오 ＊

20 년도 기사 일반 검정 제5회

자격종목(선택분야)	시험시간	수검번호	성명	형별
건축기사	3시간			A

감독위원 확 인

18 계약제도상의 보증금 3가지를 쓰시오.

득점	배점
	3

① ____________ ② ____________ ③ ____________

19 철근콘크리트 보가 고정하중과 활하중에 의한 휨모멘트가 M_D=150kN · m, M_L=130kN · m이고 전단력이 V_D=120kN, V_L=110kN이 작용할 경우 공칭 휨강도 M_n과 공칭전단강도 V_n을 각각 산정하시오.

득점	배점
	4

가. 공칭휨강도 M_n : ____________

나. 공칭전단강도 V_n : ____________

20 다음 겔버보의 지점반력을 구하시오.

득점	배점
	3

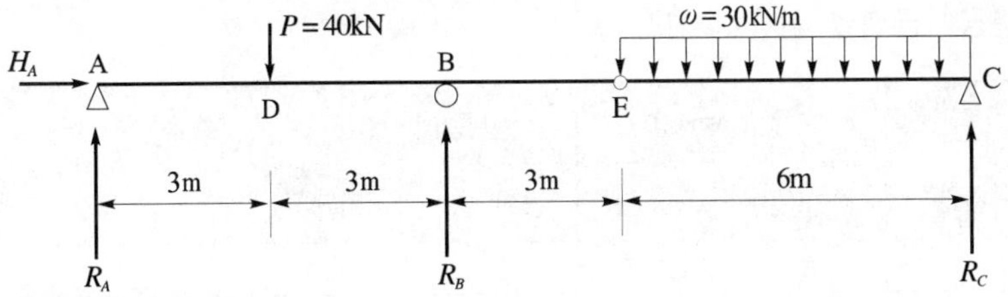

____

____

21 다음 그림과 같은 3회전단형 라멘에서 지점 A의 반력을 구하시오.

득점	배점
	3

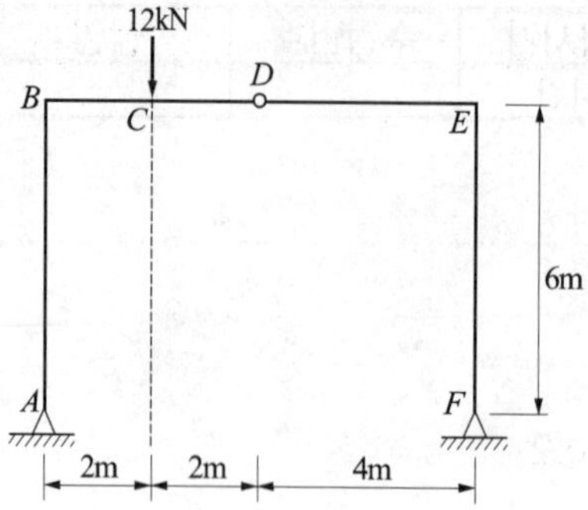

22 강구조공사의 용접접합에서 아크용접의 경우 용접봉의 피복제는 금속산화물, 탄산염, 셀룰로오스 탈산재 등을 심선에 도포한 것이다. 피복제의 역할 4가지를 쓰시오.

득점	배점
	4

① ______________ ② ______________

③ ______________ ④ ______________

23 다음 데이터를 이용하여 정상공기를 산출한 결과 지정공기보다 3일이 지연되는 결과이었다. 공기를 조정하여 3일의 공기를 단축한 네트워크 공정표를 작성하고, 아울러 총공사금액을 산출하시오.

득점	배점
	10

작업명	선행작업	비용구배(Cost Slope)(원/일)	표준(Normal)		특급(Crash)		비고
			공기(일)	공비(원)	공기(일)	공비(원)	
A	없음	–	3	7,000	3	7,000	단축된 공정표에서 CP는 굵은 선으로 표기하고, 각 결합점에서는 EST LST LFT EFT ⓘ —작업명/작업일수→ ⓙ 로 표기한다.(단, 정상공기는 답지에 표기하지 않고, 시험지 여백을 이용할 것)
B	A	1,000	5	5,000	3	7,000	
C	A	1,500	6	9,000	4	12,000	
D	A	3,000	7	6,000	4	15,000	
E	B	500	4	8,000	3	8,500	
F	B	1,000	10	15,000	6	19,000	
G	C, E	2,000	8	6,000	5	12,000	
H	D	4,000	9	10,000	7	18,000	
I	F, G, H	–	2	3,000	2	3,000	

가. 단축한 네트워크 공정표

나. 총공사금액

20　년도 기사 일반 검정 제5회

자격종목(선택분야)	시험시간	수검번호	성명	형별
건축기사	3시간			A

감독위원 확 인

24 강구조공사에 있어서 강구조 습식 내화피복 공법의 종류를 3가지 쓰시오.

득점	배점
	3

① ______________________

② ______________________

③ ______________________

25 그림과 같은 철근콘크리트 보에서 최외단 인장철근의 순인장변형률(ϵ_t)를 산정하고, 이 보의 지배단면(인장지배 단면, 압축지배 단면 또는 변화구간 단면)을 구분하시오. (단, $A_s = 1{,}927\text{ mm}^2$, $f_{ck} = 24\text{ MPa}$, $f_y = 400\text{ MPa}$, $E_s = 200{,}000\text{ MPa}$)

득점	배점
	4

____

26 KS 규격의 콘크리트용 잔골재는 다음과 같은 입도 규격을 규정하고 있다. 이 자료를 이용하여 실용상 허용입도 범위에 속할 수 있는 최대 및 최소 조립률(FM) 범위를 구하시오.

득점	배점
	4

체의 규격	체를 통과하는 양(%)	체의 규격	체를 통과하는 양(%)
10mm	100	0.6mm	25~60
5mm	95~100	0.3mm	10~30
2.5mm	80~100	0.15mm	2~10
1.2mm	50~85	Pan(접시)	0

① 최대조립률 : ______________________

② 최소조립률 : ______________________

27 일반구조용 강재 H−250×250×9×14의 압축부재가 좌굴길이 $KL_x = 5.0$m 그리고 $KL_y = 2.5$m이며, 단부의 조건이 양단힌지로 되어 있을 때 좌굴하중 P_{cr}(kN)은? (단, A_g=9,218 mm^2, I_x=108×10^6 mm^4, I_y= 36.5×10^6 mm^{4}이다.)

득점	배점
	3

28 '배처플랜트(Batcher Plant)'에 대해 간단히 설명하시오.

득점	배점
	2

* 점선 이하는 계산 연습란으로 사용하시오 *

제5회 모의고사 해설 및 정답

01 1. 용접재의 최소 인장강도(KS D 7004 연강용 피복아크 용접봉)

$F_w = F_u = 420\ \mathrm{MPa}$

2. 용접 사이즈와 용접길이의 검토

(1) 모재 두께 $t = 12\ \mathrm{mm}$인 경우 모살(필릿)용접의 최소 사이즈

$s_{\min} = 5\ \mathrm{mm}$

(2) 모살(필릿)용접의 최대 사이즈

$s_{\max} = t - 2 = 12 - 2 = 10\ \mathrm{mm}$

(3) $s_{\min} = 5\ \mathrm{mm} < s = 6\ \mathrm{mm} < s_{\max} = 10\ \mathrm{mm}$ OK

(4) 용접의 유효길이

$= l_e = l - 2s = 120 - 2 \times 6 = 108\ \mathrm{mm} \geq 4s$

$= 4 \times 6 = 24\ \mathrm{mm}$ OK

(5) $l = 120\ \mathrm{mm} \geq w = 100\ \mathrm{mm}$ OK

3. 용접재의 설계전단강도

① 용접재의 공칭강도

$F_{nw} = 0.60 F_{uw} = 0.6 \times 420 = 252\ \mathrm{MPa}$

② 용접의 유효길이

$l_e = 2(l - 2s) = 2 \times (120 - 2 \times 6) = 216\ \mathrm{mm}$

③ 용접의 사이즈

$s = 6\ \mathrm{mm}$

④ 용접의 유효목두께

$a = 0.7s = 0.7 \times 6 = 4.2\ \mathrm{mm}$

⑤ 용접의 유효단면적

$A_{we} = l_e \times a = 216 \times 4.2 = 907\ \mathrm{mm}^2$

⑥ 용접재의 설계전단강도 ($\phi = 0.75$)

$\phi R_n = \phi F_{nw} A_{we} = \phi (0.60 F_{uw}) A_{we}$

$= 0.75 \times 252 \times 907 = 171.4 \times 10^3\ \mathrm{N}$

$= 171.4\ \mathrm{kN}$

02 ① 1개의 제작 : {0.5×0.1×2EA+(1.2−0.1×2)×0.025} ×20EA=2.50m^3

② 전체 중량 : 2.50×7.85×20EA=392.50ton

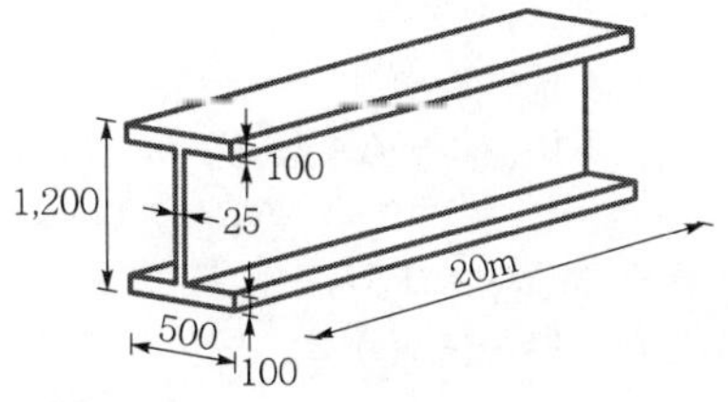

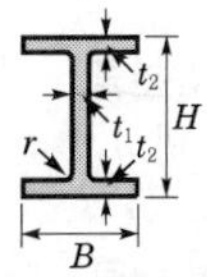

H−$H \times B \times t_1 \times t_2$

(H−1,200×500×25×100)

03 ① F : 바탕에 전면 밀착시키는 공법(Fully Bonded)

② S : 바탕에 부분적으로 밀착시키는 공법(Spot Bonded)

③ T : 바탕과의 사이에 단열재를 삽입한 방수층 (Thermal Insulated)

④ M : 바탕과 기계적으로 고정시키는 방수층 (Mechanical Fastened)

⑤ U : 지하에 적용하는 방수층(Underground)

⑥ W : 외부에 적용하는 방수층(Wall)

04 ① 공기압축식

② 피스톤식

③ 스퀴즈식

05 ① 조립, 분해가 생략되어 공기 단축

② 적은 거푸집 처짐

③ 기능도에 영향이 적다.

④ 주요 부재의 재사용 가능(전용횟수가 많다.)

⑤ 인력 절감

06
- 온도차이 : 10℃
- 부재길이 : 10m
- 선팽창계수 : 1.0×10^{-5}/℃

∴ 부재의 길이 변화량

=1.0×10^{-5}/℃×10℃×1,000cm=0.1cm

07 ① ㉣ ② ㉢

③ ㉡ ④ ㉮

08 ① 평판재하시험

② 말뚝박기시험

③ 말뚝재하시험

09 ① 물세척

② 세제세척

③ 산세척

10 ① 벽끝 ② 모서리
③ 교차부 ④ 문꼴 주위

11 가. 5
나. 60

12 가. 외관 형태별 분류
① 스팬드럴방식 ② 샛기둥방식
③ 격자방식 ④ 피복방식
나. 구조 방법별 분류
① 패널방식
② 샛기둥방식
③ 커버방식

13 ① 부실시공방지
② 부적격업체 사전배제
③ 기업의 경쟁력 확보
④ 입찰자 감소로 입찰시 소요시간과 비용 감소

14 ① 쌓기 단수(켜수)
② 줄눈의 위치
③ 창문틀의 위치 및 치수
④ 매입철물 위치
⑤ 테두리보 및 인방보의 설치 위치

15 ① ㉱ ② ㉯
③ ㉰ ④ ㉮

16 ① 모접기 ② 연귀맞춤

17 ① 층별 ② 특성요인도
③ 히스토그램 ④ 체크시트
⑤ 파레토도 ⑥ 산점도

18 ① 입찰보증금 ② 계약보증금
③ 하자보수보증금

19 가. 공칭휨강도 M_n
(1) 하중조합
① $M_u = 1.4M_D = 1.4\times150 = 210\ \text{kN}\cdot\text{m}$
② $M_u = 1.2M_D + 1.6M_L = 1.2\times150 + 1.6\times130$
$= 388\ \text{kN}\cdot\text{m}$
따라서 소요휨강도(계수휨모멘트)
$M_u = 388\ \text{kN}\cdot\text{m}$이다.
(2) 공칭휨강도 M_n

$$M_n = \frac{M_u}{\phi} = \frac{388}{0.85} = 456.47\ \text{kN}\cdot\text{m}$$

나. 공칭전단강도 V_n
(1) 하중조합
① $V_u = 1.4V_D = 1.4\times120 = 168\ \text{kN}$
② $V_u = 1.2V_D + 1.6V_L = 1.2\times120 + 1.6\times110$
$= 320\ \text{kN}$
따라서 소요전단강도(계수전단력)
$V_u = 320\ \text{kN}$이다.
(2) 공칭전단강도 V_n

$$V_n = \frac{V_u}{\phi} = \frac{320}{0.75} = 426.67\ \text{kN}\cdot\text{m}$$

20 (1) 단순보와 내민보로 분리
① 단순보 : E−C
② 내민보 : A−D−B−E

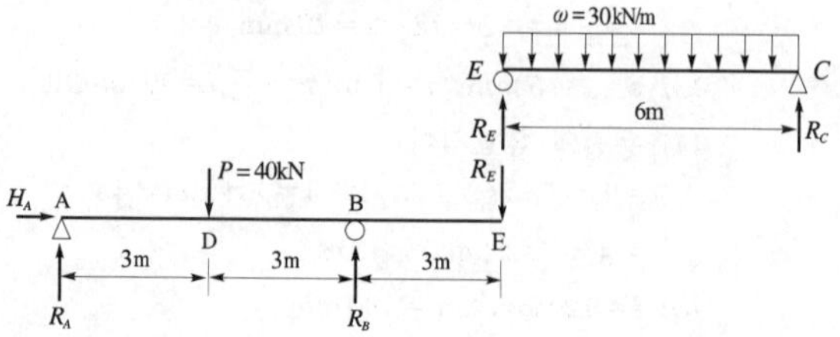

(2) 단순보의 해석(부재 EC의 전체에 등분포하중이 작용)
① $R_E = \dfrac{30\times6}{2} = 90\ \text{kN}$
② $R_C = 90\ \text{kN}$
(3) 내민보의 해석(힘의 평형방정식으로부터 반력 산정)
① $\Sigma M = 0(+;\circlearrowright)$:
$\Sigma M_A = 40\times3 - R_B\times6 + R_E\times9$
$= 40\times3 - R_B\times6 + 90\times9 = 0$
$\therefore\ R_B = 155\ \text{kN}$
② $\Sigma Y = 0(+;\uparrow)$: $\Sigma Y = R_A - 40 + R_B - R_E$
$= R_A - 40 + 155 - 90 = 0$
$\therefore\ R_A = -25\ \text{kN}$
③ $\Sigma X = 0(+;\rightarrow)$: $\Sigma X = H_A = 0$
$\therefore\ H_A = 0\ \text{kN}$

21 반력 산정(힘의 평형방정식으로부터 반력 산정)
① $\Sigma M = 0(+;\circlearrowright)$: $\Sigma M_F = R_A\times8 - 12\times6 = 0$
$\therefore\ R_A = 9\ \text{kN}$
② $\Sigma Y = 0(+;\uparrow)$:
$\Sigma Y = R_A - 12 + R_F = 9 - 12 + R_F = 0$
$\therefore\ R_F = 3\ \text{kN}$
③ $\Sigma M = 0(+;\circlearrowright)$:
$\Sigma M_{D(DA)} = R_A\times4 - H_A\times6 - 12\times2$
$= 9\times4 - H_A\times6 - 12\times2 = 0$
$\therefore\ H_A = 2\ \text{kN}$
④ $\Sigma X = 0(+;\rightarrow)$:

$\Sigma X = H_A - H_F = 2 - H_F = 0$

$\therefore\ H_F = 2\,\text{kN}$

∴ 지점 A의 반력은 다음과 같다.

$R_A = 9\text{kN}$

$H_A = 2\text{kN}$

22 ① 아크 주변의 공기를 차단하여 용적의 산화, 질화를 방지한다.
② 함유원소를 이온화해 아크를 안정시킨다.
③ 용융금속을 탈산, 정련한다.
④ 용착금속에 합금원소를 첨가한다.
⑤ 고온의 금속표면의 산화를 방지한다.
⑥ 고온의 금속표면의 냉각 응고속도를 늦춘다.

23 가. 단축한 네트워크 공정표

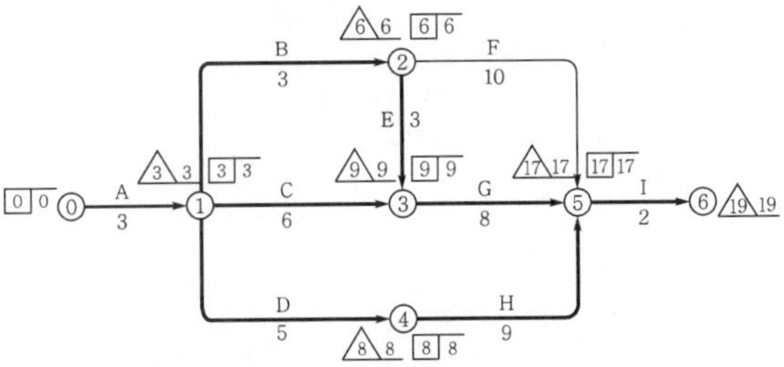

나. 총공사금액
① 표준공사비 : 69,000원
② 추가공사비 : E+2(B+D)이므로
EC=500+2×(1,000+3,000)=8,500원
③ 총공사비=표준공사비+추가공사비 :
69,000+8,500=77,500원

해설

(1) 표준 네트워크 공정표

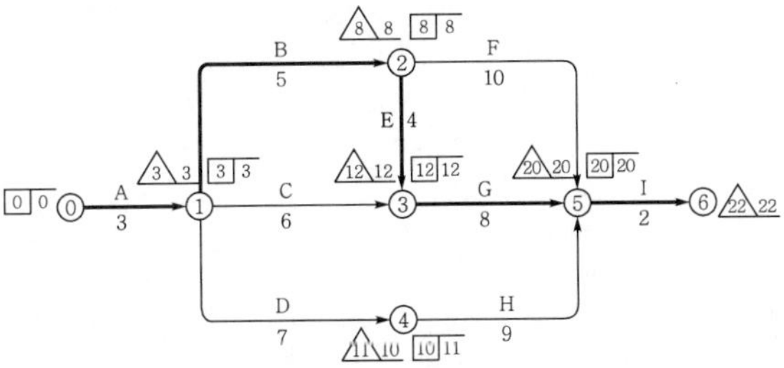

(2) 공기를 3일 단축한 네트워크 공정표 작성

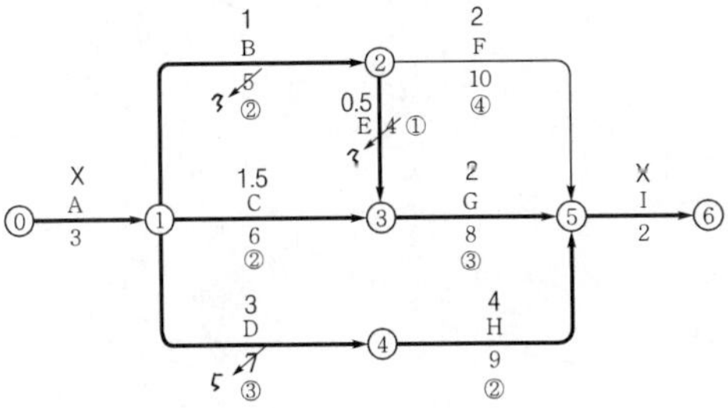

단축 단계	공기단축			
	Act.	일수	생성 CP	단축불가 Path
1단계	E	1	D, H	E
2단계	B, D	2	C	B

단축 단계	Path				
	A-B-F-I (20일)	A-B-E-G-I (22일)	A-C-G-I (19일)	A-D-H-I (21일)	비고
1단계	20	21	19	21	
2단계	18	19	19	19	(주) 1

(주) 병렬단축 : 경우의 수는 다음과 같고, 비용구배(CS)가 최소인 곳에서 단축

작업명	비용구배(CS)
B+D	4,000
B+H	5,000
G+D	5,000
G+H	6,000

(3) 공기단축한 네트워크 공정표

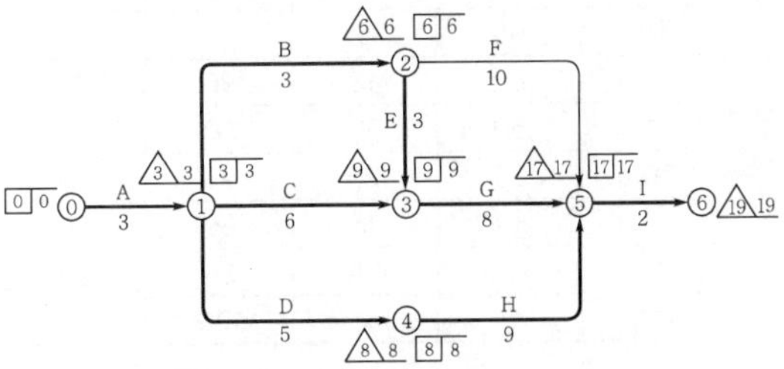

(4) 총공사금액
총공사비=표준공사비+추가공사비
① 표준공사비(NC, Normal Cost) : 69,000원
(Normal의 소요공사비 합계
=7,000+5,000+9,000+6,000+8,000+15,000+6,000+10,000+3,000=69,000원)
② 추가공사비(EC, Extra Cost) : E+2(B+D)이므로
EC=500+2×(1,000+3,000)=8,500원
③ 총공사비 : 69,000+8,500=77,500원

24 ① 타설 공법 ② 조적 공법
③ 미장 공법 ④ 뿜칠 공법

25 (1) β_1과 ϵ_{cu}의 결정
$f_{ck} \le 40\text{MPa}$인 경우 $\beta_1 = 0.80$이고, $\epsilon_{cu} = 0.0033$
(2) 등가직사각형 블록의 깊이 a

$$a=\frac{A_s f_y}{0.85 f_{ck} b}=\frac{1,927\times 400}{0.85\times 24\times 250}=151\text{ mm}$$

(3) 중립축의 깊이 c

$$c=\frac{a}{\beta_1}=\frac{151}{0.80}=188.8\text{ mm}$$

(4) 순인장변형률 산정

$$\epsilon_t=\left(\frac{d-c}{c}\right)\epsilon_{cu}=\left(\frac{450-188.8}{188.8}\right)\times 0.0033=0.0046$$

(5) 지배단면의 구분

$\epsilon_{tc}=\epsilon_y=0.0020$

$\epsilon_{tc}=0.0020<\epsilon_t=0.0046<\epsilon_{tt}=0.0050$ 이므로 변화구간 단면이다.

26 ① 최대조립률 $=\dfrac{5+20+50+75+90+98}{100}=3.38$

② 최소조립률 $=\dfrac{15+40+70+90}{100}=2.15$

해설

체 규격 (mm)	최대조립률			
	통과량 (g)	남는 양 (g)	남는 양 누계(g)	백분율 누계(%)
*10	100	0	0	0
*5	95	5	5	5
*2.5	80	15	20	20
*1.2	50	30	50	50
*0.6	25	25	75	75
*0.3	10	15	90	90
*0.15	2	8	98	98
접시	0	2	100	100

체 규격 (mm)	최소조립률			
	통과량 (g)	남는 양 (g)	남는 양 누계(g)	백분율 누계(%)
*10	100	0	0	0
*5	100	0	0	0
*2.5	100	0	0	0
*1.2	85	15	15	15
*0.6	60	25	40	40
*0.3	30	30	70	70
*0.15	10	20	90	90
접시	0	10	100	100

(주) 1. 조립률은 '*' 표가 있는 체에 한해서 계산한다.

2. 접시는 조립률을 계산하는 체에 들어가지 않음에 주의한다.

27 1. x축에 대한 좌굴하중

$$P_{cr,x}=\frac{\pi^2 EI_x}{(KL_x)^2}=\frac{\pi^2\times 205,000\times(108\times 10^6)}{(5,000)^2}$$

$$=8,740.5\times 10^3\text{ N}=8,740.5\text{ kN}$$

2. y축에 대한 좌굴하중

$$P_{cr,y}=\frac{\pi^2 EI_y}{(KL_y)^2}=\frac{\pi^2\times 205,000\times(36.5\times 10^6)}{(2,500)^2}$$

$$=11,815.9\times 10^3\text{ N}=11,815.9\text{ kN}$$

3. 압축부재의 좌굴하중

$$P_{cr}=\min(P_{cr,x},\ P_{cr,y})=\min(8,740.5,\ 11,815.9)$$
$$=8,740.5\text{ kN}$$

28 물, 시멘트, 골재 등을 정확하고 능률적으로 자동 중량 계량하여 혼합하여 주는 기계설비

제6회 모의고사

20 년도 기사 일반 검정 제6회

자격종목(선택분야)	시험시간	수검번호	성명	형별
건축기사	3시간			A

감독위원 확 인

** 수검자 유의사항 **

1. 시험문제지 총면수, 문제번호순서, 인쇄상태 등을 확인한다.
2. 수검번호, 성명은 답안지 매장마다 기재한다.
3. 답안작성시 반드시 흑색 또는 청색 필기구(연필류 제외) 중 동일한 필기구만을 계속하여 사용하여야 하며, 기타의 필기구를 사용한 답항은 0점 처리된다.
4. 답안을 정정할 때에는 반드시 정정부분을 두 줄로 긋고, 감독위원의 정정날인을 받아야 한다.
5. 답란에는 문제와 관련 없는 불필요한 낙서나 특이한 기록사항 등 부정의 목적이 있었다고 판단될 경우에는 모든 득점이 0점으로 처리된다.
   (단, 계산연습이 필요한 경우는 주어진 계산연습 란을 이용한다.)
6. 계산문제는 반드시 답란에 명시된 계산식(또는 계산과정)과 답을 기재하여야 하며, 계산과정이 없는 답은 0점 처리된다.
7. 계산과정에서 소수가 발생되면 문제의 요구사항에 따르고, 명시가 없으면 소수점 이하 셋째 자리에서 반올림하여 둘째 자리까지만 구하여 답한다.
8. 문제의 요구사항에서 단위가 주어졌을 경우에는 답에서 생략되어도 좋으나 그렇지 아니한 경우는 답란에 단위가 없으면 틀린 답으로 처리된다.
9. 문제에서 요구한 가지수(항수) 이상을 답란에 표기한 경우에는 답란 기재순으로 요구한 가지수(항수)만 채점한다.
10. 시험의 전 과정(필답형, 작업형)을 응시치 않은 경우 채점대상에서 제외시킨다.
11. 부정 또는 불공정한 방법으로 시험을 치른 자는 부정행위자로 처리되어 당해 검정을 중지 또는 무효로 하고 3년간 국가기술자격검정 응시자격이 정지된다.

* 다음 물음에 답을 해당 답란에 답하시오. (배점 . 100)

01 BOT(Build-Operate-Transfer-Contact) 방식을 설명하시오.

득점	배점
	3

① ______

② ______

③ ______

02 폴리머시멘트 콘크리트의 특성을 보통시멘트 콘크리트와 비교하여 4가지 기술하시오.

득점	배점
	4

① ______ ② ______

③ ______ ④ ______

03 계약서류 조항간의 문제 정의나 계약서류의 현장조건 또는 시공조건의 차이점에 의해 발생되는 문제점에 대해 발주자나 시공자가 이의를 제기하여 발생하는 클레임의 유형 4가지를 쓰시오.

득점	배점
	4

① ______ ② ______

③ ______ ④ ______

04 지반개량 공법 중 탈수법에서 다음의 토질에 적당한 대표적 공법을 각각 1가지씩 쓰시오.

득점	배점
	2

가. 사질토 : ______

나. 점토질 : ______

05 Ready Mixed Concrete의 규격(25-30-210)에 대하여 3가지의 수치가 뜻하는 바를 쓰시오. (단, 단위까지 명확히 기재하시오.)

득점	배점
	3

______

* 점선 이하는 계산 연습란으로 사용하시오 *

20 년도 기사 일반 검정 제6회

자격종목(선택분야)	시험시간	수검번호	성명	형별
건축기사	3시간			A

감독위원 확 인

06 콘크리트를 부어 넣은 다음 수화작용을 충분히 발휘시킴과 동시에 건조 및 외력에 의한 균열발생을 방지하고 오손, 변형, 파괴에서 보호하는 것을 무엇이라 하는가?

득점	배점
	2

____

07 철근콘크리트 기둥에서 띠철근(Hoop)의 역할을 2가지 쓰시오.

득점	배점
	2

① ______________ ② ______________

08 건축주와 도급자의 당사자간 계약체결시 포함되어야 할 계약내용에 대하여 4가지만 쓰시오.

득점	배점
	4

① ______________ ② ______________

③ ______________ ④ ______________

09 시스템 거푸집 중에서 플라잉폼(Flying Form)의 장점 3가지를 쓰시오.

득점	배점
	3

① ______________

② ______________

③ ______________

10 다음 주어진 내용과 | 보기 | 중 상호 연결성이 높은 것을 찾아 기호로 쓰시오.

득점	배점
	5

| 보기 |

㉮ 오토클레이브 ㉯ 길모어 ㉰ 슈미트해머
㉱ 르 샤틀리에 ㉲ 표준체

① 응결시험 ( ) ② 안정도시험 ( )
③ 강도시험 ( ) ④ 비중시험 ( )
⑤ 분말도시험 ( )

11 PERT에 사용되는 3가지 시간 견적치를 쓰고, 기댓값(t_e)을 구하는 식을 쓰시오.

득점	배점
	4

가. 시간 견적치

① ______ ② ______ ③ ______

나. 기댓값

______

12 전단철근의 종류를 4가지 쓰시오.

득점	배점
	4

① ______ ② ______
③ ______ ④ ______

* 점선 이하는 계산 연습란으로 사용하시오 *

감독위원 확 인

20 년도 기사 일반 검정 제6회

자격종목(선택분야)	시험시간	수검번호	성명	형별
건축기사	3시간			A

13 강도설계법에서 기초판의 크기가 2m×4m일 때 단변방향으로의 소요 전체 철근량이 4,800mm^{2}이다. 유효너비 내에 배근하여야 할 철근량을 구하시오.

득점	배점
	4

14 강구조물의 접합부 형식 중 전단접합을 도식하고, 설명하시오.

득점	배점
	4

15 그림과 같은 철근콘크리트 보에서 중립축거리(c)가 250mm일 때 강도감소계수 ϕ를 산정하시오. (단, ϕ의 계산값은 소수 셋째자리에서 반올림하여 소수 둘째자리까지 표현하시오.)

득점	배점
	4

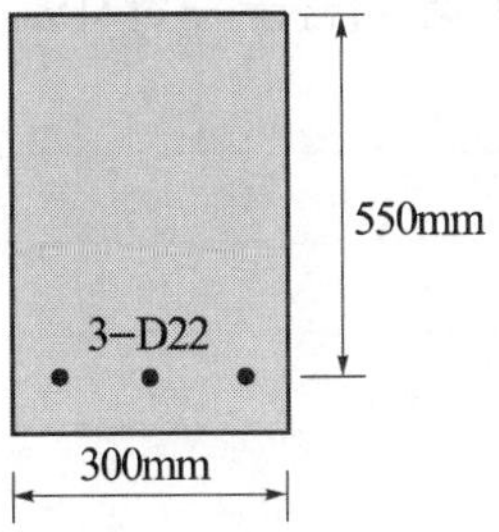

16 그림과 같은 독립기초에서 뚫림전단(Punching Shear) 응력을 계산할 때 검토하는 저항면적(m^2)은?

득점	배점
	4

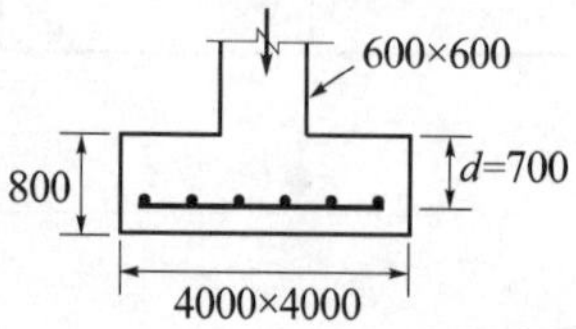

[단위 : mm]

17 다음 ｜보기｜는 용접부의 검사항목이다. ｜보기｜에서 골라 알맞은 공정에 번호를 쓰시오.

득점	배점
	3

｜보기｜

㉮ 트임새모양	㉯ 전류	㉰ 침투수압
㉱ 운봉	㉲ 모아대기법	㉳ 외관판단
㉴ 구속법	㉵ 용접봉	㉶ 초음파검사

① 용접착수 전 :

② 용접작업 중 :

③ 용접완료 후 :

18 수중에 있는 골재를 채취하였을 때의 질량이 2,000g이고 표면건조포화상태의 질량은 1,920g이며 공기 중에서의 건조질량은 1,880g이었다. 또한 이 시료를 완전히 건조시켰을 때의 질량은 1,860g일 때 다음을 구하시오.

득점	배점
	4

① 함수량(g) :

② 표면수율(%) :

③ 흡수율(%) :

④ 유효흡수량(g) :

* 점선 이하는 계산 연습란으로 사용하시오 *

20 년도 기사 일반 검정 제6회

자격종목(선택분야)	시험시간	수검번호	성명	형별
건축기사	3시간			A

감독위원 확 인

19 다음 그림과 같은 독립기초의 터파기량, 되메우기량, 잔토처리량을 각각 산출하시오. (단, 토량변화율 $L=1.2$)

득점	배점
	6

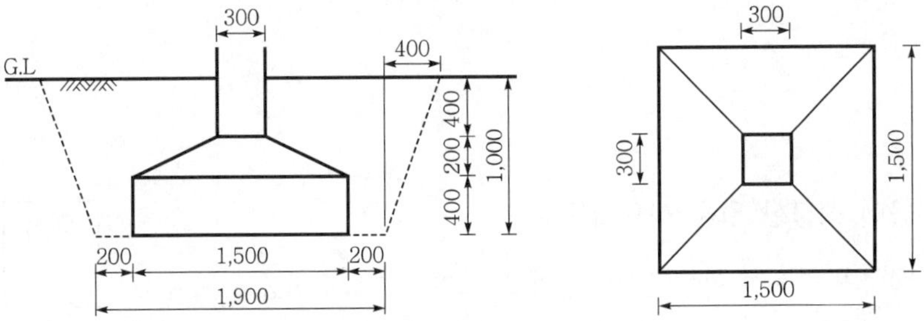

20 기초구조물의 부동침하 방지대책 4가지를 쓰시오.

득점	배점
	4

① ________________ ② ________________

③ ________________ ④ ________________

21 혼화제의 사용목적을 4가지만 쓰시오.

득점	배점
	4

① ________________

② ________________

③ ________________

④ ________________

22 **다음 데이터를 네트워크 공정표로 작성하고, 각 작업의 여유시간을 구하시오.**

득점	배점
	10

작업명	선행작업	작업일수	비 고
A	−	3	
B	−	2	
C	−	4	
D	C	5	
E	B	2	
F	A	3	
G	A, C, E	3	
H	D, F, G	4	

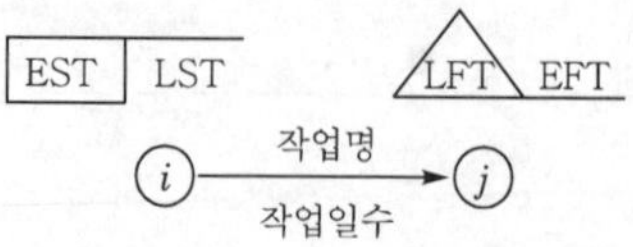

로 표기하고, 주공정선은 굵은선으로 표기하시오.

가. 네트워크 공정표

나. 여유시간

23 **다음 설명의 내용에 적당한 말을 적으시오.**

득점	배점
	2

① 철강 재료에 대하여 항복점 이상의 탄성한계를 초과하여 인장하중을 가한 후에 반대하중인 압축하중을 가하면 인장에 대한 항복점보다 낮은 응력상태에서 재료가 항복하게 되는 현상을 무엇이라 하는가?

② 열간압연강재는 압연이 진행되는 방향의 단면과 압연 진행과 교차되는 방향의 단면이 서로 다른 기계적인 성질을 가지는 것을 무엇이라 하는가?

① ____________________

② ____________________

* 점선 이하는 계산 연습란으로 사용하시오 *

20 년도 기사 일반 검정 제6회

자격종목(선택분야)	시험시간	수검번호	성명	형별
건축기사	3시간			A

감독위원 확 인

24 다음 도면과 같은 굴뚝공사를 할 때 벽돌 소요량을 정미량으로 구하시오.

득점	배점
	5

(단, ① 굴뚝쌓기 높이는 3m이다.

② 붉은벽돌의 규격은 기존형(210×100×60)이고, 줄눈의 나비는 10mm이다.

③ 내화벽돌의 규격은 230×114×65이고, 줄눈의 나비는 6mm이다.)

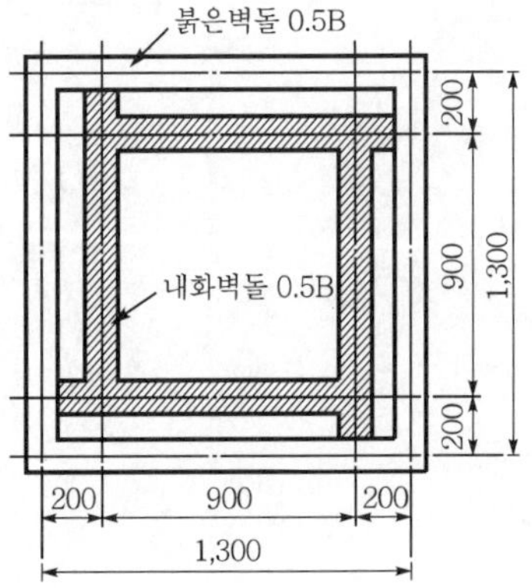

25 고강도 콘크리트의 폭렬현상에 대하여 설명하시오.

득점	배점
	3

26 건축공사의 단열 공법에서 단열 부위 위치에 따른 벽 단열 공법의 종류를 쓰시오.

득점	배점
	3

① ______ ② ______ ③ ______

제6회 모의고사 해설 및 정답

01 사회간접시설의 확충을 위해 민간이 자금조달과 시설 준공(Build)→민간이 투자비 회수를 위해 일정기간 운영(Operate)→소유권을 정부에 이전(Transfer)

02 ① 수밀성 증대
② 내동결융해성
③ 내약품성
④ 내마모성, 내충격성
⑤ 방수성
⑥ 강도(압축, 인장, 휨)의 증대

03 ① 공기지연 클레임
② 공사범위 클레임
③ 공기촉진 클레임
④ 현장조건변경 클레임

04 가. 사질토 : 웰포인트 공법
나. 점토질 : 샌드드레인 공법

05 ① 25 : 굵은골재 최대치수(mm)
② 30 : 콘크리트의 호칭강도(MPa)
③ 210 : 슬럼프값(mm)

06 양생(보양)

07 ① 주철근의 좌굴방지
② 주철근의 위치 고정
③ 기둥의 전단보강
④ 피복두께 유지

08 ① 공사내용(공사명, 대지위치)
② 공사기간
③ 도급금액
④ 공사비 지불시기와 방법
⑤ 하자담보책임기간
⑥ 하자보수보증금률
⑦ 지체상금률
⑧ 계약보증금 등

09 ① 조립, 분해가 생략되어 공기 단축
② 적은 거푸집 처짐
③ 기능도에 영향이 적다.
④ 주요 부재의 재사용 가능(전용횟수가 많다)
⑤ 인력 절감

10 ① ㉯ ② ㉮ ③ ㉰
④ ㉱ ⑤ ㉲

11 가. 시간 견적치
① t_o : 낙관시간
② t_m : 정상시간
③ t_p : 비관시간
나. 기댓값

$$t_e = \frac{t_o + 4t_m + t_p}{6}$$

12 ① 부재 축에 직각인 스터럽
② 부재 축에 직각으로 배치된 용접철망
③ 주인장철근에 45° 이상의 각도로 설치된 스터럽
④ 주인장철근에 30° 이상의 각도로 구부린 굽힘철근
⑤ 스터럽과 굽힘철근의 조합
⑥ 나선철근, 원형 띠철근 또는 후프철근

13 단변방향으로 배치해야 할 전체 철근량(A_{sL})에서 다음 식으로 계산되는 양(A_{s1})을 단변길이만큼의 중앙구간에 균등하게 배치하고, 나머지 철근량은 중앙구간 이외의 양쪽구간에 등간격으로 배치한다.

(1) $\beta = \frac{L}{B} = \frac{4.0}{2.0} = 2.00$

(2) $\gamma_s = \left(\frac{2}{\beta+1}\right) = \left(\frac{2}{2.00+1}\right) = \frac{2}{3}$

(3) 단변방향으로 배치해야 할 전체 철근량
$A_{sL} = 4,800\text{mm}^2$

(4) 유효너비(중앙구간) 내에 배근하여야 하는 철근량

$$A_{s1} = \gamma_s A_{sL} = \frac{2}{3} \times 4,800 = 3,200\text{mm}^2$$

여기서, A_{s1} : 중앙구간에 배치할 철근량

A_{sL} : 단변방향으로 배치해야 할 전체 철근량

β : 장변과 단변의 비, 즉 $\beta = \frac{L}{B}$

14 (1) 전단접합의 도식

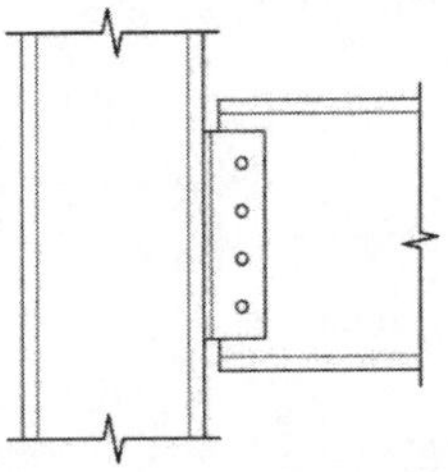

(2) 전단접합

접합된 부재 간에 무시해도 좋을 정도로 약한 휨모멘트를 전달하는 접합부이며, 접합부 내의 축방향력과 전단력을 전달한다.

15 (1) 순인장변형률 ϵ_t 의 산정

$d_t = d = 550\text{ mm}$

$\epsilon_t = \left(\frac{d_t - c}{c}\right)\epsilon_{cu} = \left(\frac{550-250}{250}\right) \times 0.0033 = 0.00396$

(2) 강도감소계수 ϕ의 산정

$\epsilon_{tc} = \epsilon_y = 0.0020$

$\epsilon_{tc} = 0.0020 < \epsilon_t = 0.00396 < \epsilon_{tt} = 0.0050$이므로 변화구간 단면이다.

$\phi = 0.65 + (\epsilon_t - 0.0020) \times \frac{200}{3}$

$= 0.65 + (0.00396 - 0.0020) \times \frac{200}{3} = 0.781$

$\therefore \phi = 0.78$

16

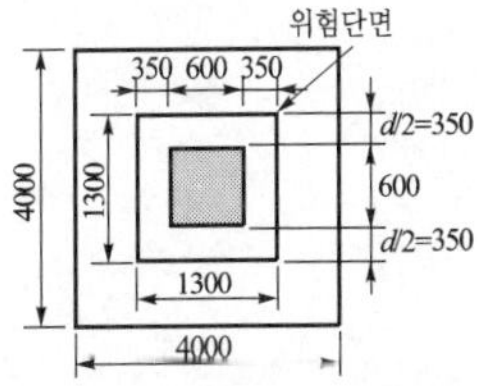

2방향 전단(뚫림전단)에 대한 위험단면은 지지면에서 $d/2$만큼 떨어진 곳이다.

(1) 각종 치수

$c_1 = c_2$=기둥의 너비=600 mm

d=슬래브의 유효깊이=700 mm

(2) 정사각형 독립기초에서 위험단면의 둘레길이

$b_0 = 4(c_1 + d) = 4 \times (600 + 700) = 5{,}200\text{ mm}$

(3) 2방향 전단(뚫림전단)에 대한 저항면적

$A = b_0 d = 5{,}200 \times 700 = 3.64 \times 10^6\text{ mm}^2 = 3.64\text{ m}^2$

17 ① 용접착수 전 : ㉮, ㉱, ㉳

② 용접작업 중 : ㉯, ㉣, ㉴

③ 용접완료 후 : ㉰, ㉲, ㉵

18 ① 함수량=습윤상태의 질량−절건상태의 질량

=2,000−1,860=140g

② 표면수율 = $\frac{\text{표면수량}}{\text{표면건조 내부포수상태의 질량}} \times 100$

$= \frac{2{,}000 - 1{,}920}{1{,}920} \times 100 = 4.17\%$

③ 흡수율= $\frac{\text{흡수량}}{\text{절건상태의 질량}} \times 100$

$= \frac{1{,}920 - 1{,}860}{1{,}860} \times 100 = 3.23\%$

④ 유효흡수량=1,920−1,880=40g

19 1. 터파기량(V) : V=5.34m^3

2. 되메우기량($V-S$) :

$V-S$=5.34-1.122=4.218 → 4.22m^3

3. 잔토처리량(C=1.0, L=1.2) :

잔토처리량 $= \left\{V - (V-S) \times \frac{1}{C}\right\} \times L$

$= \left\{V - (V-S) \times \frac{1}{1}\right\} \times L = S \times L$

=1.122×1.2=1.346 → 1.35m^3

해설

C는 주어져 있지 않으므로 C=1로 한다. 위의 정답에서 1. 터파기량과 2. 되메우기량에 관련된 수량 산출근거는 문제 5번의 내용이 들어와야 하나 편의상 그 결과만 적었음

20 ① 마찰말뚝을 사용할 것

② 지하실을 설치할 것

③ 경질지반에 지지할 것

④ 복합기초를 사용할 것

21 ① 워커빌리티, 동결융해 저항성 개선

② 단위수량, 단위시멘트량 감소

③ 큰 감수효과로 대폭적인 강도 증진

④ 유동성 개선

⑤ 응결경화시간 조절

⑥ 염화물에 대한 철근의 부식 억제

⑦ 기포작용으로 인해 충전성 개선, 중량조절

⑧ 응집작용에 의한 재료분리 억제

22 가. 네트워크 공정표

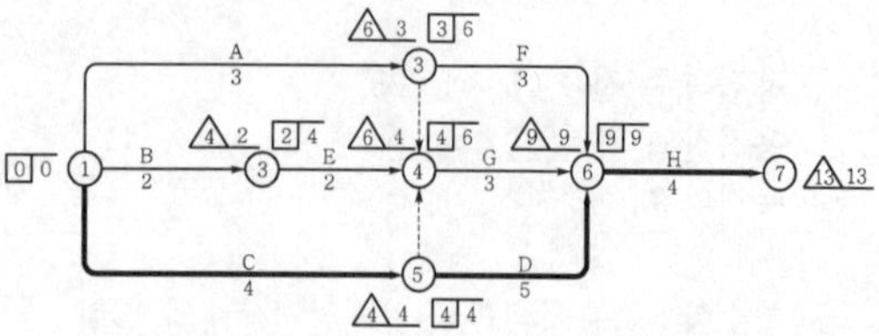

나. 여유시간

작업명	D	EST	EFT	LST	LFT
A	3	0	3	3	6
B	2	0	2	2	4
C	4	0	4	0	4
D	5	4	9	4	9
E	2	2	4	4	6
F	3	3	6	6	9
G	3	4	7	6	9
H	4	9	13	9	13

작업명	TF	FF	DF	CP
A	6−3=3	3−3=0	3	
B	4−2=2	2−2=0	2	
C	4−4=0	4−4=0	0	*
D	9−9=0	9−9=0	0	*
E	6−4=2	4−4=0	2	
F	9−6=3	9−6=3	0	
G	9−7=2	9−7=2	0	
H	13−13=0	13−13=0	0	*

23 ① 바우싱거효과
② 러멜러 테어링

24 ① 붉은벽돌 : (1.3+1.3)×2×3×65=1,014매
② 내화벽돌 : 0.993×4EA×3×59=703.04
→ 704매

해설

(1) 외부에 위치하는 붉은벽돌은 중심간 길이로 정미량을 산출한다.

(2) 내부에 위치하는 내화벽돌은 다음 그림과 같이 한 변의 길이가 0.993m인 것으로 하여 정미량을 산출한다.

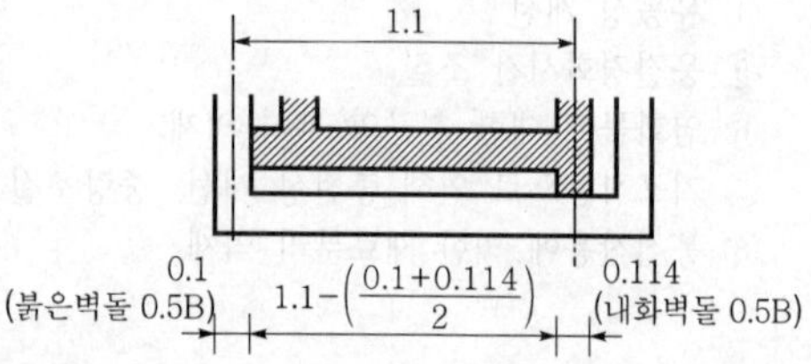

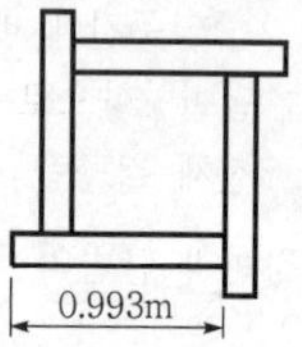

$$1.1-\left(\frac{0.1+0.114}{2}\right)=0.993\text{m}$$

(3) 0.5B 두께
① 기존형 붉은벽돌 : 100mm
② 내화벽돌 : 114mm

(4) 벽돌쌓기 정미량
① 0.5B 기존형 붉은벽돌 : 65매/m^2
② 0.5B 내화벽돌 : 59매/m^2

25 고강도 콘크리트에서 화재 시 급격한 고온에 의해 내부 수증기압이 발생하고, 이 수증기압이 콘크리트의 인장강도보다 크게 되면 콘크리트 부재 표면이 심한 폭음과 함께 박리 및 탈락하는 현상이다.

26 ① 외벽단열 공법
② 내벽단열 공법
③ 중공벽단열 공법

제7회 모의고사

20 년도 기사 일반 검정 제7회

자격종목(선택분야)	시험시간	수검번호	성명	형별
건축기사	3시간			A

감독위원 확 인

** 수검자 유의사항 **

1. 시험문제지 총면수, 문제번호순서, 인쇄상태 등을 확인한다.
2. 수검번호, 성명은 답안지 매장마다 기재한다.
3. 답안작성시 반드시 흑색 또는 청색 필기구(연필류 제외) 중 동일한 필기구만을 계속하여 사용하여야 하며, 기타의 필기구를 사용한 답항은 0점 처리된다.
4. 답안을 정정할 때에는 반드시 정정부분을 두 줄로 긋고, 감독위원의 정정날인을 받아야 한다.
5. 답란에는 문제와 관련 없는 불필요한 낙서나 특이한 기록사항 등 부정의 목적이 있었다고 판단될 경우에는 모든 득점이 0점으로 처리된다.
   (단, 계산연습이 필요한 경우는 주어진 계산연습 란을 이용한다.)
6. 계산문제는 반드시 답란에 명시된 계산식(또는 계산과정)과 답을 기재하여야 하며, 계산과정이 없는 답은 0점 처리된다.
7. 계산과정에서 소수가 발생되면 문제의 요구사항에 따르고, 명시가 없으면 소수점 이하 셋째 자리에서 반올림하여 둘째 자리까지만 구하여 답한다.
8. 문제의 요구사항에서 단위가 주어졌을 경우에는 답에서 생략되어도 좋으나 그렇지 아니한 경우는 답란에 단위가 없으면 틀린 답으로 처리된다.
9. 문제에서 요구한 가지수(항수) 이상을 답란에 표기한 경우에는 답란 기재순으로 요구한 가지수(항수)만 채점한다.
10. 시험의 전 과정(필답형, 작업형)을 응시치 않은 경우 채점대상에서 제외시킨다.
11. 부정 또는 불공정한 방법으로 시험을 치른 자는 부정행위자로 처리되어 당해 검정을 중지 또는 무효로 하고 3년간 국가기술자격검정 응시자격이 정지된다.

* 다음 물음에 답을 해당 답란에 답하시오. (배점 : 100)

01 브레인스토밍의 4대 원칙을 쓰시오.

득점	배점
	4

① ______________________

② ______________________

③ ______________________

④ ______________________

02 지반개량 공법에서 진동다짐압입 공법 2가지를 쓰시오.

득점	배점
	2

① ______________________

② ______________________

03 다음 설명에 적합한 용어명을 쓰시오.

득점	배점
	3

① 신축이 가능한 무지주 공법의 수평지지보
② 무량판구조에서 2방향 장선 바닥판구조가 가능하도록 된 기성재 거푸집
③ 벽식 철근콘크리트구조를 시공할 때 한 구획 전체의 벽판과 바닥판을 ㄱ자형 또는 ㄷ자형으로 짜는 거푸집

① ____________ ② ____________ ③ ____________

04 철근콘크리트구조의 옹벽설계에서 안정성 검토 내용을 3가지 적으시오.

득점	배점
	3

① ____________ ② ____________ ③ ____________

＊ 점선 이하는 계산 연습란으로 사용하시오 ＊

20 년도 기사 일반 검정 제7회

자격종목(선택분야)	시험시간	수검번호	성명	형별
건축기사	3시간			A

감독위원 확 인

05 다음에서 설명하는 건설관리 조직의 명칭을 쓰시오.

득점	배점
	3

> 건설사업에서 전통적으로 사용되어 온 것으로, 사업성격이 분명하고 단순하며 각 업무가 분절되어도 서로 큰 영향을 미치지 않은 경우에 적합하지만 CM 등이 적용되는 대규모 공사에는 부적합하고 자칫 관료적이 되기 쉬운 건설관리 조직

____

06 다음과 같은 작업 데이터에서 비용구배(Cost Slope)가 가장 큰 작업부터 순서대로 작업명을 쓰시오.

득점	배점
	3

작업명	정상계획		급속계획	
	공기(일)	비용(원)	공기(일)	비용(원)
A	2	2,000	1	3,000
B	14	12,000	12	15,000
C	8	5,000	3	8,000

가. 산출근거 : ______________________________

____

____

나. 작업순서 : ______________________________

07 **공사관리를 실시하는 데에는 자원에 대한 배당이 매우 중요하다할 수 있다. 이 때 소요되는 자원을 다음과 같이 특성상으로 분류하면 그 대상은 어떤 것인지 ( ) 안에 기입하시오.**

득점	배점
	4

가. 내구성 자원(Carried-Forward Resource) : (①), (②)
나. 소모성 자원(Used-by-Job Resource) : (③), (④)

① ____________ ② ____________

③ ____________ ④ ____________

08 **철근콘크리트구조설계에서 하중계수의 사용이유를 4가지 쓰시오.**

득점	배점
	4

① ____________

② ____________

③ ____________

④ ____________

09 **다음은 방수공사에 대한 설명으로 ( ) 안에 알맞은 용어를 쓰시오.**

득점	배점
	4

가. 멤브레인 방수층이란 불투수성 피막을 형성하며 방수하는 공사를 총칭하며, (①), (②), (③)가 여기에 해당된다.
나. 방수용 도막재와 병용하여 방수층을 보강하는 재료로서 일반적으로 유리섬유 제품이나 합성섬유 제품을 사용한다. 이것을 (④)(이)라 한다.

① ____________ ② ____________

③ ____________ ④ ____________

＊ 점선 이하는 계산 연습란으로 사용하시오 ＊

20 년도 기사 일반 검정 제7회

자격종목(선택분야)	시험시간	수검번호	성명	형별
건축기사	3시간			A

감독위원 확 인

10 특명입찰(수의계약)의 장 · 단점을 각각 2가지씩 쓰시오. (4점)

득점	배점
	4

가. 장점
① ____________________
② ____________________

나. 단점
① ____________________
② ____________________

11 콘크리트 중성화의 정의와 반응식을 쓰시오.

득점	배점
	4

가. 정의 : ____________________
____

나. 반응식 : ____________________
____

12 다음 콘크리트공사용 거푸집에 대하여 설명하시오.

득점	배점
	3

가. 슬라이딩폼(Sliding Form) : ____________________
____

나. 와플폼(Waffle Form) : ____________________
____

다. 터널폼(Tunnel Form) : ____________________
____

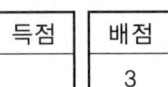

13 단면의 크기가 $b = 300$mm, $h = 500$mm인 단면의 균열휨모멘트 M_{cr}은 몇 kN · m 인가? (단, 보통중량콘크리트이며, $f_{ck} = 24$ MPa, $f_y = 400$ MPa이다.)

득점	배점
	3

14 아래 그림과 같은 인장재의 총단면적과 순단면적(mm^2)을 구하라. (단, 사용된 고장력볼트는 M20이고 ㄱ형강은 L−150×150×12이고 A_g =3,477mm^2이다.)

득점	배점
	3

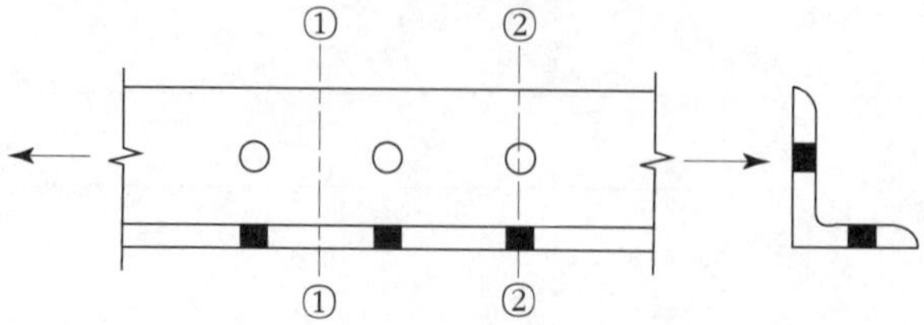

15 시험에 관계되는 것을 | 보기 | 에서 골라 번호를 쓰시오.

득점	배점
	4

보기
㉮ 딘월 샘플링(Thin Wall Sampling) ㉯ 베인시험(Vane Test)
㉰ 표준관입시험 ㉱ 정량분석시험

① 진흙의 점착력 ② 지내력
③ 연한점토 ④ 염분

① ________ ② ________ ③ ________ ④ ________

＊ 점선 이하는 계산 연습란으로 사용하시오 ＊

20 년도 기사 일반 검정 제7회

자격종목(선택분야)	시험시간	수검번호	성명	형별
건축기사	3시간			A

감독위원 확 인

16 조적구조를 바탕으로 하는 지상부 건축물의 외부벽면 방수 방법의 내용을 3가지 쓰시오.

득점	배점
	3

① ______

② ______

③ ______

17 구조용 목재의 요구조건을 4가지 쓰시오.

득점	배점
	4

① ______

② ______

③ ______

④ ______

18 실시설계도서가 완성되고 공사물량산출 등 견적업무가 끝나면 공사예정가격 작성을 위한 원가계산을 하게 된다. 원가계산기준 중 아래 내용에 대한 답안을 쓰시오.

득점	배점
	3

① 공사시공 과정에서 발생하는 재료비, 노무비, 경비의 합계액
② 기업의 유지를 위한 관리활동 부분에서 발생하는 제비용
③ 공사계약 목석물을 완성하기 위하여 지접 작업에 종사하는 종업원 및 기능공에 대한 대가

① ______

② ______

③ ______

19 지하구조물은 지하수위에서 구조물 밑면까지의 깊이만큼 부력을 받아 건물이 부상하게 되는데, 이것에 대한 방지대책을 2가지 기술하시오.

득점	배점
	2

① ______________________ ② ______________________

20 그림과 같은 철근콘크리트 단순보에서 계수집중하중(P_u)의 최대값(kN)을 구하시오. (단, 보통중량콘크리트 f_{ck}=27MPa, f_y=400MPa, 인장철근 단면적 A_s=1,500mm^2, 휨에 대한 강도감소계수 ϕ=0.85를 적용한다.) (4점)

득점	배점
	4

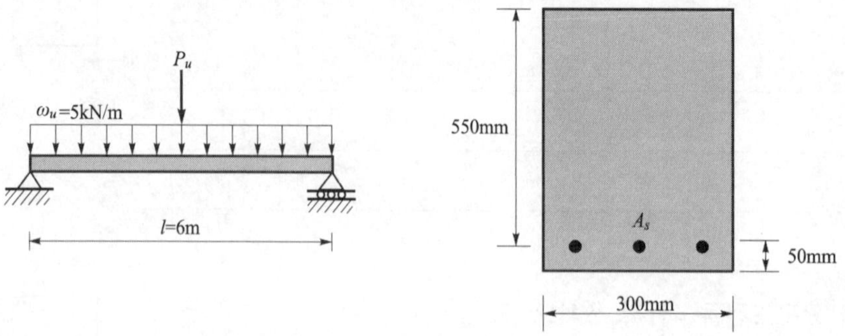

____

21 콘크리트 펌프에서 실린더 안지름 18cm, 스트로크 길이 1m, 스트로크 수 24회/분, 효율 100%인 조건으로 1일 6시간 작업할 때 가능한 1일 최대 콘크리트 펌핑량을 구하시오.

득점	배점
	3

____

22 지하실방수 공법으로서 바깥방수와 안방수의 장단점을 비교하여 설명하시오.

득점	배점
	4

가. 안방수

① 장점 : ______________________

② 단점 : ______________________

나. 바깥방수

① 장점 : ______________________

② 단점 : ______________________

* 점선 이하는 계산 연습란으로 사용하시오 *

20 년도 기사 일반 검정 제7회

자격종목(선택분야)	시험시간	수검번호	성명	형별
건축기사	3시간			A

감독위원 확 인

23 블록공사 시공도에 기입하여야 할 사항을 4가지 쓰시오.

득점	배점
	4

① ______________________

② ______________________

③ ______________________

④ ______________________

24 PMIS(Project Management Information System)의 용어를 설명하시오.

득점	배점
	3

____

25 아래 평면의 건물높이가 13.5m일 때 비계면적을 산출하시오. (단, 도면의 단위는 mm이며, 비계형태는 쌍줄비계로 한다.)

득점	배점
	5

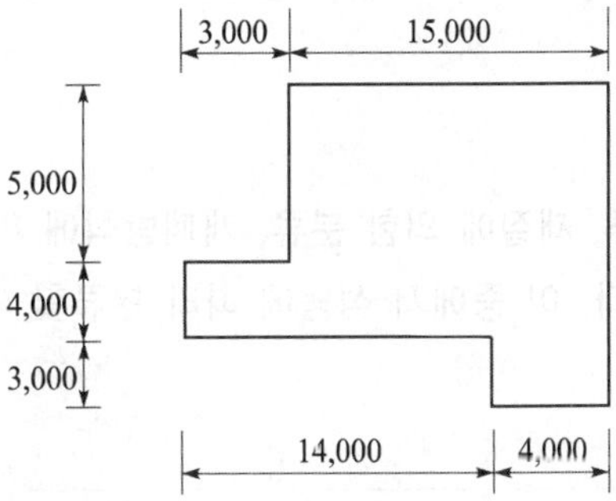

____

26 다음은 도급계약 방식의 설명이다. (　) 안에 알맞은 용어를 쓰시오.

득점	배점
	4

> 건설공사의 도급 방식에는 공사수행 방식에 따라 (①), 분할도급, 공동도급으로 구분 할 수 있으며, 공동도급에는 공동이행 방식, (②), 주계약자형 공동도급방식이 있다.

① ______________________

② ______________________

27 벽타일 붙이기 공법의 종류를 4가지 쓰시오.

득점	배점
	4

① ______________________

② ______________________

③ ______________________

④ ______________________

28 염분을 포함한 바닷모래를 골재로 사용하는 경우 철근부식에 대한 방청상 유효한 조치를 3가지 쓰시오.

득점	배점
	3

① ______________________

② ______________________

③ ______________________

29 창호를 분류하면 기능에 의한 분류, 재질에 의한 분류, 개폐방식에 의한 분류, 성능에 의한 분류로 구분할 수 있다. 이 중에서 성능에 따라 분류할 때의 종류를 3가지 쓰시오.

득점	배점
	3

① ____________ ② ____________ ③ ____________

＊ 점선 이하는 계산 연습란으로 사용하시오 ＊

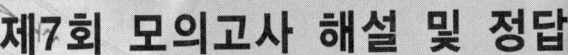

제7회 모의고사 해설 및 정답

01 ① 다른 사람의 아이디어를 비판하지 말 것
② 질 보다 양을 중시할 것
③ 먼저 나온 아이디어를 활용하여 다른 아이디어를 낼 것
④ 기록자는 전문성이 많은 사람이 할 것
⑤ 나온 아이디어를 재빨리 요약해서 기록할 것

02 ① 바이브로 플로테이션 공법
② 바이브로 컴포저 공법
③ 샌드컴팩션 말뚝 공법

03 ① 페코빔　② 와플폼　③ 터널폼

04 ① 활동에 대한 안정
② 전도에 대한 안정
③ 침하(최대 지반반력)에 대한 안정

05 직계식 조직(Line Organization)

06 가. 산출근거

작 업	비용구배(Cost Slope)
A	$\frac{3,000-2,000}{2-1}$=1,000원/일
B	$\frac{15,000-12,000}{14-12}$=1,500원/일
C	$\frac{8,000-5,000}{8-3}$=600원/일

나. 작업순서 : B → A → C

07 가. ① 인력　② 장비
나. ③ 자재　④ 자금

08 ① 하중의 공칭값과 실제 하중과의 불가피한 차이
② 하중을 작용 외력으로 변환시키는 해석상의 불확실성
③ 하중의 영향을 계산함에 있어 3차원 구조물을 모델링할 때 발생하는 부정확성 등과 같은 불확실성의 존재
④ 환경작용 등의 변동을 고려

09 ① 아스팔트방수
② 개량아스팔트 시트방수
③ 합성고분자계 시트방수(시트방수) 혹은 도막방수
④ 보강포

10 가. 장점
① 공사기밀 유지 가능
② 우량시공 기대
③ 입찰수속 간단
나. 단점
① 공사금액 결정이 불명확
② 불공평한 일이 내재
③ 공사비 증대의 우려

11 가. 정의 : 경화된 콘크리트는 강알칼리성이나 공기 중의 탄산가스와 결합하여 탄산칼슘으로 변하고 알칼리성을 상실하고 중성화 되는 현상
나. 반응식
$Ca(OH)_2 + CO_2 \rightarrow CaCO_3 + H_2O$

12 가. 슬라이딩폼 : 사일로, 교각, 건물의 코어부분 등 단면형상의 변화가 없는 수직으로 연속된 콘크리트 구조물에 사용되는 거푸집
나. 와플폼 : 격자천장형식을 만들 때 사용되는 거푸집
다. 터널폼 : ㄱ자형, ㄷ자형의 기성재 거푸집으로 아파트공사에 주로 사용되는 거푸집

13 1. 총단면에 대한 단면2차 모멘트 I_g

$$I_g = \frac{bh^3}{12} = \frac{300\times500^3}{12} = 3,125\times10^6\ \text{mm}^4$$

2. 보통중량콘크리트의 경량콘크리트계수
$\lambda = 1.0$

3. 콘크리트의 파괴계수(휨인장강도) f_r

$$f_r = 0.63\lambda\sqrt{f_{ck}} = 0.63\times1.0\times\sqrt{24} = 3.086\ \text{MPa}$$

4. 균열휨모멘트 M_{cr}

$$y_t = \frac{h}{2} = \frac{500}{2} = 250\ \text{mm}$$

$$M_{cr} = \frac{f_r I_g}{y_t} = \frac{3.086\times(3,125\times10^6)}{250}$$

$$= 38.6\times10^6\ \text{N}\cdot\text{mm} = 38.6\ \text{kN}\cdot\text{m}$$

14 1. 고장력볼트의 구멍직경

$d_h = d + 2 = 20 + 2 = 22\text{ mm}$

2. 총단면적(①-① 단면)

$A_g = 3{,}477\text{ mm}^2$

3. 파단선에 따른 순단면적(②-② 단면)

$A_n = A_g - n\,d_h\,t = 3{,}477 - 2\times 22\times 12$
$= 2{,}949\text{ mm}^2$

15 ① ㉯ ② ㉰
③ ㉮ ④ ㉱

16 ① 피막도표 칠(도막방수)
② 방수 모르타르바름
③ 타일, 판돌붙임(수밀재 붙임)

17 ① 강도가 큰 것
② 곧고 긴 재료를 얻을 수 있을 것
③ 건조변형 및 수축성이 적을 것
④ 산출량이 많고, 구득이 용이할 것
⑤ 잘 썩지 않고, 충해에 저항이 클 것
⑥ 질이 좋고, 공작이 용이할 것

18 ① 공사원가
② 일반관리비
③ 직접노무비

19 ① 영구배수 공법
② 사하중 공법
③ 부상방지용 영구앵커 공법
④ 인장파일 공법
⑤ 조합형 공법

20 (1) 등가직사각형 블록의 깊이 a

$$a = \frac{A_s f_y}{0.85 f_{ck} b} = \frac{1{,}500\times 400}{0.85\times 27\times 300} = 87.1\text{ mm}$$

(2) 단면의 검토와 강도감소계수 ϕ

$\phi = 0.85$

(3) 설계 휨강도 $M_d = \phi M_n$

$$M_d = \phi M_n = \phi A_s f_y \left(d - \frac{a}{2}\right)$$
$$= 0.85\times 1{,}500\times 400\times\left(500 - \frac{87.1}{2}\right)$$
$$= 232.79\times 10^6\text{ N}\cdot\text{mm} = 232.79\text{ kN}\cdot\text{m}$$

(4) 계수하중에 의한 소요 휨강도 M_u

$$M_u = \frac{P_u l}{4} + \frac{w_u l^2}{8} = \frac{P_u\times 6}{4} + \frac{5\times 6^2}{8}$$
$$= 1.5P_u + 22.5\text{ kN}\cdot\text{m}$$

(5) 최대 계수집중하중의 산정

$M_u \le M_d = \phi M_n$

$M_u = 1.5P_u + 22.5\text{ kN}\cdot\text{m}$
$\le M_d = \phi M_n = 232.79\text{ kN}\cdot\text{m}$

$\therefore\ P_u \le 140.19\text{kN}$

따라서 최대 계수집중하중 $P_{u,\max} = 140.19\text{kN}$ 이다.

21 ① 1회 펌핑량$= \dfrac{\pi\times 0.18^2}{4}\times 1\times 1.0 = 0.02545\text{m}^3$
② 1분 펌핑량$=0.02545\text{m}^3\times$24회/분$=0.6108\text{m}^3$/분
③ 1일 펌핑량$=0.6108\text{m}^3$/분$\times$6시간$\times$60분/시간
$=219.888 \rightarrow 219.89\text{m}^3$

해설

① 1회 펌핑량=실린더 안면적×길이×효율
② 1분 펌핑량=1회 펌핑량×분당 스트로크 수
③ 1일 펌핑량=1분당 펌핑량×1일(6시간×60분/시간)
④ 실린더 안면적(d : 실린더 안지름) : $(\pi d^2)/4$

22 가. 안방수
① 장점 : 공사시기가 자유롭고 공사비가 저가이다.
② 단점 : 수압이 적고 얕은 지하실에서 사용되며 내수압성이 적다.

나. 바깥방수
① 장점 : 수압이 크고 깊은 지하실에서 사용되며 내수압성이 크다.
② 단점 : 공사시기가 본 공사에 선행하며, 공사비가 고가이다.

23 ① 블록 나누기
② 모르타르 및 그라우트의 충전 개소
③ 철근의 종류와 배근시 매입철물의 종류
④ 철근의 매입위치
⑤ 철근의 가공 상세
⑥ 철근의 이음 및 정착위치와 방법
⑦ 인방의 배근 및 상세
⑧ 창문틀 및 출입문틀의 고정과 접합부위 상세

24 건설산업관리시스템이라고 하며, 건설사업과 관련된 발주자, 사업관리자, 사업자 간에 발생하는 각종 정보를 체계화, 종합화시킴으로써 최고 품질의 건축물을 건설하도록 지원하는 전산시스템이다.

25 쌍줄비계면적
=비계둘레길이(L)×건물높이(h)
$=\{(18+12)\times2+0.9\times8\}\times13.5=907.20\text{m}^2$

26 ① 일식도급
② 분담이행 방식

27 ① 떠붙임 공법
② 압착붙임 공법
③ 개량압착붙임 공법
④ 판형붙임 공법
⑤ 접착붙임 공법
⑥ 동시줄눈붙임 공법(밀착붙임 공법)

28 ① 염분제거
② 염분의 고정화
③ 에폭시코팅 철근 사용
④ 아연도금 철근 사용
⑤ 내식성 철근 사용
⑥ 콘크리트에 방청제 혼합

29 ① 보통 창호
② 방음 창호
③ 단열 창호
④ 방화 창호

메모하세요..

제8회 모의고사

20　년도 기사 일반 검정 제8회

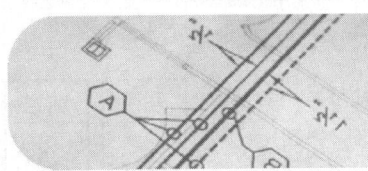

자격종목(선택분야)	시험시간	수검번호	성명	형별
건축기사	3시간			A

감독위원 확　인

** 수검자 유의사항 **

1. 시험문제지 총면수, 문제번호순서, 인쇄상태 등을 확인한다.
2. 수검번호, 성명은 답안지 매장마다 기재한다.
3. 답안작성시 반드시 흑색 또는 청색 필기구(연필류 제외) 중 동일한 필기구만을 계속하여 사용하여야 하며, 기타의 필기구를 사용한 답항은 0점 처리된다.
4. 답안을 정정할 때에는 반드시 정정부분을 두 줄로 긋고, 감독위원의 정정날인을 받아야 한다.
5. 답란에는 문제와 관련 없는 불필요한 낙서나 특이한 기록사항 등 부정의 목적이 있었다고 판단될 경우에는 모든 득점이 0점으로 처리된다.
   (단, 계산연습이 필요한 경우는 주어진 계산연습 란을 이용한다.)
6. 계산문제는 반드시 답란에 명시된 계산식(또는 계산과정)과 답을 기재하여야 하며, 계산과정이 없는 답은 0점 처리된다.
7. 계산과정에서 소수가 발생되면 문제의 요구사항에 따르고, 명시가 없으면 소수점 이하 셋째 자리에서 반올림하여 둘째 자리까지만 구하여 답한다.
8. 문제의 요구사항에서 단위가 주어졌을 경우에는 답에서 생략되어도 좋으나 그렇지 아니한 경우는 답란에 단위가 없으면 틀린 답으로 처리된다.
9. 문제에서 요구한 가지수(항수) 이상을 답란에 표기한 경우에는 답란 기재순으로 요구한 가지수(항수)만 채점한다.
10. 시험의 전 과정(필답형, 작업형)을 응시치 않은 경우 채점대상에서 제외시킨다.
11. 부정 또는 불공정한 방법으로 시험을 치른 자는 부정행위자로 처리되어 당해 검정을 중지 또는 무효로 하고 3년간 국가기술자격검정 응시자격이 정지된다.

＊ 다음 물음에 답을 해당 답란에 답하시오. (배점 : 100)

01 그림과 같은 T형보의 압축연단에서 중립축까지의 거리(c)를 구하시오. (단, 보통중량콘크리트 f_{ck}=30MPa, f_y=400MPa, 인장철근 단면적 A_s =2,000mm²)

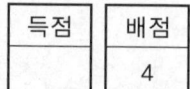

득점	배점
	4

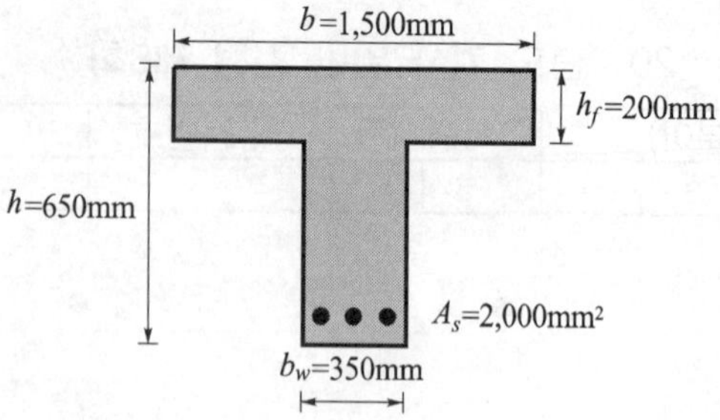

02 다음 그림의 헌치 보에 대하여, 콘크리트량과 거푸집량을 구하시오. (단, 거푸집 면적은 보의 하부면도 산출할 것.)

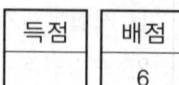

득점	배점
	6

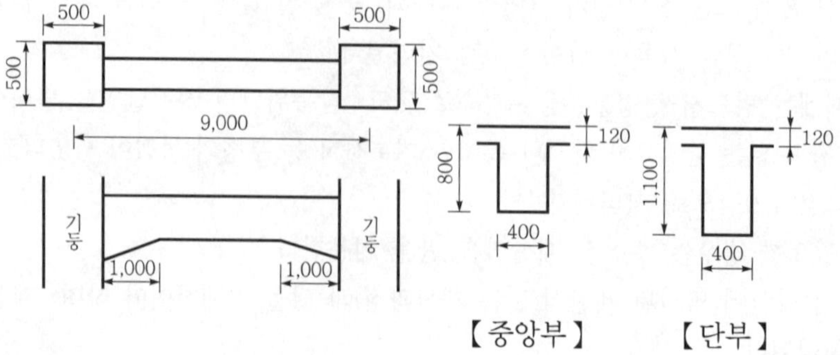

03 다음 데이터를 네트워크 공정표로 작성하고, 각 작업별 여유시간을 산출하시오.

득점	배점
	8

작업명	작업일수	선행작업	비고
A	2	없음	단, 크리티컬 패스는 굵은선으로 표시하고, 결합점에서는 다음과 같이 표시한다. 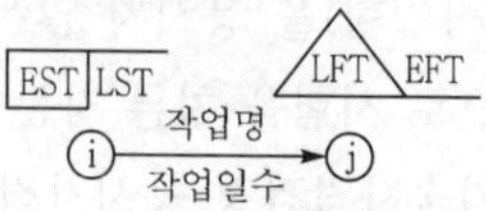
B	5	없음	
C	3	없음	
D	4	A, B	
E	3	B, C	

가. 네트워크 공정표(5점)

나. 여유시간(3점)

* 점선 이하는 계산 연습란으로 사용하시오 *

20 년도 기사 일반 검정 제8회

자격종목(선택분야)	시험시간	수검번호	성명	형별
건축기사	3시간			A

감독위원 확 인

04 구조물을 안전하게 설계하고자 할 때 강도한계상태에 대한 안전을 확보해야 한다. 뿐만 아니라 사용성 한계상태를 고려하여야하는데 여기서 사용성 한계상태란 무엇인가?

득점	배점
	2

____

05 철근콘크리트의 단근보를 강도설계법으로 설계할 경우 콘크리트가 받는 압축력은 몇 kN인가? (단, f_{ck} = 27 MPa, 보의 폭 300 mm, 응력블록의 깊이 a = 120 mm이다.)

득점	배점
	2

____

06 구조물의 구조설계시 만족해야할 사항을 3가지 쓰시오.

득점	배점
	3

① ______________________________

② ______________________________

③ ______________________________

07 균일 압축력을 받는 압연 H형강 H－400×200×8×13 (r = 16mm)에 대한 압축판요소의 판폭두께비를 계산하시오.

득점	배점
	4

____

____

____

08 사용할 때마다 작은 부재의 조립, 분해를 반복하지 않고 대형화, 단순화 하여 한번에 설치하고 해체하는 거푸집을 총칭하여 시스템 거푸집이라고 한다. 이 시스템 거푸집 중 거푸집판, 장선, 멍에, 서포트 등을 일체로 제작하여 수평, 수직방향으로 이동하는 바닥전용 거푸집을 무엇이라고 부르는가?

득점	배점
	2

____

09 콘크리트 구조물의 압축강도를 추정하고 내구성 진단, 균열의 위치, 철근의 위치 등을 파악하는 데 있어서 구조체를 파괴하지 않고 비파괴적인 방법으로 측정하는 검사 방법을 4가지 쓰시오.

득점	배점
	4

① ______________ ② ______________

③ ______________ ④ ______________

10 강구조공사의 용접접합에서 아크용접의 경우 용접봉의 피복제는 금속산화물, 탄산염, 셀룰로오스 탈산재 등을 심선에 도포한 것이다. 피복제의 역할 4가지를 쓰시오.

득점	배점
	4

① ______________ ② ______________

③ ______________ ④ ______________

11 조적구조의 안전에 대한 내용이다. 아래 빈칸을 채우시오.

득점	배점
	4

> 조적구조의 기초는 일반적으로 (①)로 한다. 내력벽의 최소 두께는 (②)mm 이상이어야 하고, 대린벽으로 구획된 내력벽의 길이는 (③)m 이하이어야 하며, 한 층에서 내력벽으로 둘러싸인 바닥면적은 (④)m^2 이하이어야 한다.

① ______________ ② ______________

③ ______________ ④ ______________

* 점선 이하는 계산 연습란으로 사용하시오 *

20 년도 기사 일반 검정 제8회

자격종목(선택분야)	시험시간	수검번호	성명	형별
건축기사	3시간			A

감독위원 확 인

12 강구조 내화피복의 시공 공법을 4가지 들고, 설명하시오. (4점)

득점	배점
	4

① ______ : ______

② ______ : ______

③ ______ : ______

④ ______ : ______

13 다음 설명에 해당하는 거푸집의 명칭을 쓰시오.

득점	배점
	3

① 강철, 금속재의 콘크리트용 거푸집으로 제치장용에 쓰임
② 무량판구조 또는 평판구조에서 2방향 장선 바닥판구조가 가능하도록 특수 상자모양으로 된 기성재 거푸집
③ 콘크리트를 부어 넣으면서 거푸집을 수직방향으로 이동시켜 연속작업을 할 수 있게 된 거푸집으로 사일로, 굴뚝 등에 적합

① ______ ② ______ ③ ______

14 시멘트벽돌 1.0B 두께로 가로 15m, 세로 3m 쌓을 경우 시멘트벽돌의 소요량과 이때 소요되는 사춤 모르타르량을 산출하시오.

득점	배점
	4

______

15 철근의 이음 방법을 4가지 쓰시오.

득점	배점
	4

① ______________ ② ______________

③ ______________ ④ ______________

16 ALC(Autoclaved Lightweight Concrete) 패널의 설치 공법을 4가지 쓰시오.

득점	배점
	4

① ______________ ② ______________

③ ______________ ④ ______________

17 다음에 설명된 타일붙임 공법의 명칭을 쓰시오.

득점	배점
	3

① 가장 오래된 타일붙이기 방법으로 타일 뒷면에 붙임 모르타르를 얹어 바탕 모르타르에 누르거나 하여 1매씩 붙이는 방법

② 평평하게 만든 바탕 모르타르 위에 붙임 모르타르를 만들고, 그 위에 타일을 두드려 누르거나 닿으면서 붙이는 방법

③ 평평하게 만든 바탕 모르타르 위에 붙임 모르타르를 바르고, 타일 뒷면에 붙임 모르타르를 얇게 두드려 누르거나, 비벼 넣으면서 붙이는 방법

① ______________ ② ______________ ③ ______________

18 다음은 진동기를 과도 사용할 경우이다. (　) 안에 알맞은 용어를 쓰시오.

득점	배점
	2

> 진동기를 과도 사용할 경우에는 (①) 현상을 일으키고, AE 콘크리트에서는 (②)이 많이 감소된다.

① ______________ ② ______________

19 PQ제도의 장점에 대해 3가지씩 쓰시오.

득점	배점
	3

① ______________

② ______________

③ ______________

* 점선 이하는 계산 연습란으로 사용하시오 *

감독위원 확 인

20 년도 기사 일반 검정 제8회

자격종목(선택분야)	시험시간	수검번호	성명	형별
건축기사	3시간			A

20 슬러리월(Slurry Wall) 공법에 대하여 서술하고, Guide Wall의 설치목적을 2가지 쓰시오.

득점	배점
	4

가. 슬러리월 공법

____

나. Guide Wall 설치 목적

① ____________________

② ____________________

21 다음 CM에 대한 설명을 읽고 맞는 것을 |보기|에서 고르시오.

득점	배점
	4

|보기|

㉮ GMPCM ㉯ OCM ㉰ XCM ㉱ ACM

① 공사관리자가 대리인 업무만 수행하는 기법
② 비용 한계선을 미리 정하고 관리하는 기법
③ 공사관리자가 설계도 하고 시공도 하는 기법
④ 기능 확대형의 기법

① __________ ② __________

③ __________ ④ __________

22 그림과 같은 플랫 슬래브의 지판(드롭 패널)의 최소 크기와 두께를 산정하기 (단, 슬래브 두께(h_f)는 200mm)

득점	배점
	4

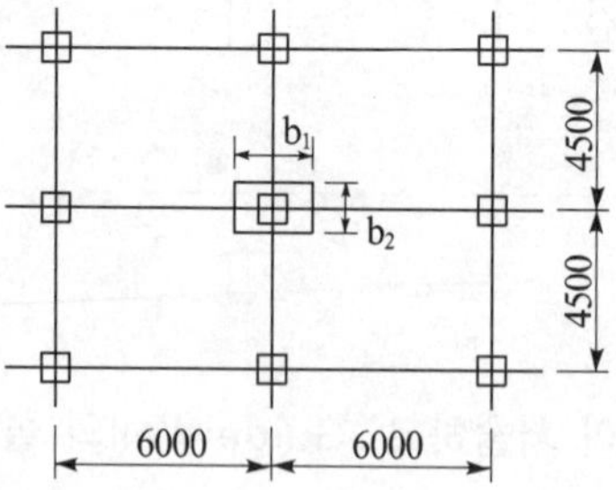

가. 지판의 최소크기($b_1 \times b_2$)

나. 지판의 최소두께($h_{\min}$)

23 다음 용어를 설명하시오.

득점	배점
	2

가. 메탈라스(Metal Lath) :

나. 펀칭메탈(Punching Metal) :

24 시공관리(건축생산관리) 3대 목표를 쓰시오.

득점	배점
	3

① ② ③

25 SPS(Strut as Permanent System)공법의 장점을 4가지 쓰시오.

득점	배점
	4

①

②

③

④

* 점선 이하는 계산 연습란으로 사용하시오 *

20 년도 기사 일반 검정 제8회

자격종목(선택분야)	시험시간	수검번호	성명	형별
건축기사	3시간			A

감독위원 확 인

26 **실시설계도서가 완성되고 공사물량산출 등 견적업무가 끝나면 공사예정가격 작성을 위한 원가계산을 하게 된다. 원가계산기준 중 아래 내용에 대한 답안을 쓰시오.**

득점	배점
	3

① 공사시공 과정에서 발생하는 재료비, 노무비, 경비의 합계액

② 기업의 유지를 위한 관리활동 부분에서 발생하는 제비용

③ 공사계약 목적물을 완성하기 위하여 직접 작업에 종사하는 종업원 및 기능공에 대한 대가

① ____________ ② ____________ ③ ____________

27 **기초와 지정의 차이점을 기술하시오.**

득점	배점
	4

가. 기초 : ______________________________

나. 지정 : ______________________________

28 **다음 형강을 단면 형상의 표시방법에 따라 표시하시오.**

득점	배점
	2

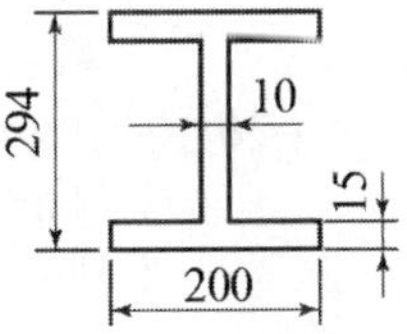

H－(　　　)×(　　　)×(　　　)×(　　　)

제8회 모의고사 해설 및 정답

01 (1) β_1의 결정

$f_{ck} \leq 40$ MPa이므로 $\beta_1 = 0.80$

(2) 등가직사각형 블록의 깊이 a의 산정과 중립축의 위치

$$a = \frac{A_s f_y}{0.85 f_{ck} b} = \frac{2{,}000 \times 400}{0.85 \times 30 \times 1{,}500} = 20.9\text{ mm}$$

따라서 $a = 20.9\text{ mm} \leq h_f = 200\text{ mm}$이므로 이 보의 중립축은 플랜지에 위치하며, 유효너비 $b = 1{,}500$ mm를 단면의 너비로 하는 직사각형 보가 된다.

(3) 압축연단에서 중립축까지의 거리 c 산정

등가직사각형 압축응력블록의 깊이 $a = \beta_1 c$로부터 산정한다.

$$c = \frac{a}{\beta_1} = \frac{20.9}{0.80} = 26.2\text{ mm}$$

02 (주) 단일보에 대한 물량 산출시, 슬래브의 두께를 고려하여 산출해야 한다.

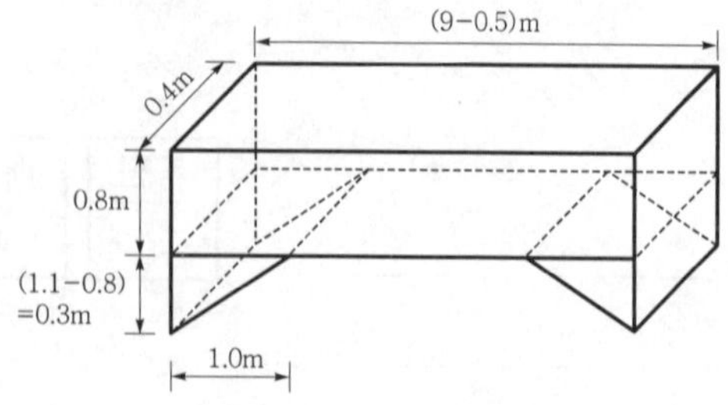

【콘크리트량 산출 관련】

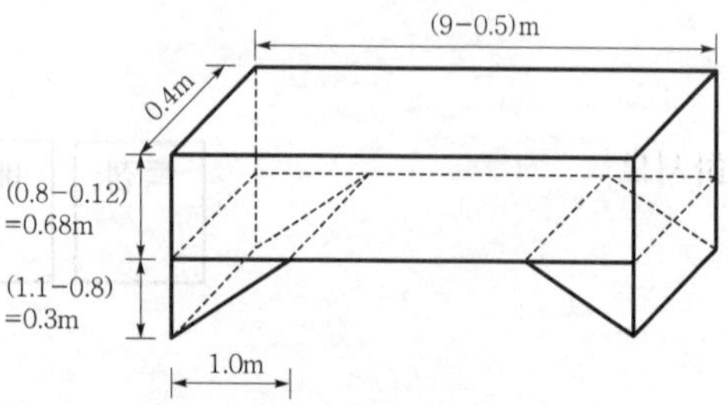

【거푸집량 산출 관련】

(1) 콘크리트량(보의 콘크리트량 산출은 상단 그림 참조)

$$0.4 \times 0.8 \times (9-0.5) + \frac{1}{2} \times 1 \times 0.3 \times 0.4 \times 2\text{EA}$$

$$= 2.84\text{m}^3$$

(2) 거푸집량(보의 콘크리트량 산출은 하단 그림 참조)

① 옆면 : $\left\{0.68 \times (9-0.5) + \frac{1}{2} \times 1 \times 0.3 \times 2\text{EA}\right\} \times 2\text{sides} = 12.16\text{m}^2$

② 밑면 : $0.4 \times (9-1 \times 2-0.5) + 0.4 \times \sqrt{1^2+0.3^2} \times 2\text{EA} = 3.44\text{m}^2$

∴ 합계 : $12.16 + 3.44 = 15.60\text{m}^2$

03 가. 네트워크 공정표

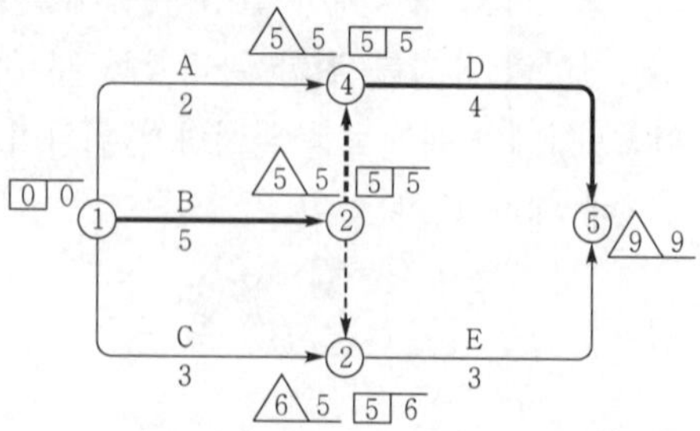

나. 여유시간

작업명	TF	FF	DF	CP
A	3	3	0	
B	0	0	0	*
C	3	2	1	
D	0	0	0	*
E	1	1	0	

04 사용성 한계상태는 구조물의 외형, 유지 및 관리, 내구성, 사용자의 안락감 또는 기계류의 정상적인 기능 등을 유지하기 위한 구조물의 능력에 영향을 미치는 한계상태이다.

05 $C = 0.85 f_{ck} ab = 0.85 \times 27 \times 120 \times 300$

$= 826 \times 10^3\text{ N} = 826\text{ kN}$

06 ① 안전성
② 사용성
③ 내구성

07 1. 비구속판요소(플랜지)의 판폭두께비 계산

$b = \frac{b_f}{2} = \frac{200}{2} = 100\text{mm}$

$\lambda = \frac{b}{t} = \frac{100}{13} = 7.69$

2. 구속판요소(웨브)의 판폭두께비 계산

$h = d - 2t_f - 2r = 400 - 2 \times 13 - 2 \times 16 = 342\ \text{mm}$

$\lambda = \frac{h}{t_w} = \frac{342}{8} = 42.75$

08 플라잉폼 또는 테이블폼

09 ① 반발경도법 ② 초음파속도법
③ 복합법 ④ 공진법

10 ① 아크 주변의 공기를 차단하여 용적의 산화, 질화를 방지한다.
② 함유원소를 이온화해 아크를 안정시킨다.
③ 용융금속을 탈산, 정련한다.
④ 용착금속에 합금원소를 첨가한다.
⑤ 고온의 금속표면의 산화를 방지한다.
⑥ 고온의 금속표면의 냉각 응고속도를 늦춘다.

11 ① 연속기초 또는 줄기초
② 190
③ 10
④ 80

12 ① 내화도료 공법 : 팽창성 내화도료를 강재의 표면에 도장하여 내화피복
② 타설 공법 : 강재의 주위에 경량콘크리트나 기포모르타르 등 내화, 단열성능이 우수한 재료로 타설하여 내화피복
③ 조적 공법 : 콘크리트블록, 경량콘크리트블록, 돌, 벽돌 등을 쌓아 내화피복
④ 미장 공법 : 강재의 주위에 메탈라스 등을 시공 설치하고 경량 콘크리트 또는 플라스터 등을 발라 내화피복
⑤ 뿜칠 공법 : 접착제로 도장한 강구조 부재의 표면에 피복제를 뿜칠하여 내화피복
⑥ 성형판붙임 공법 : 내화 단열성능이 우수한 경량의 각종 성형판을 강구조 부재 주위에 붙여 내화피복
⑦ 멤브레인 공법 : 암면 흡음판을 강구조 부재 주위에 붙여 내화피복
⑧ 합성 공법 : 상기의 방법을 두 종류 이상의 내화피복제를 복합으로 시공하여 내화피복

13 ① 메탈폼
② 와플폼
③ 슬라이딩폼

14 (1) 시멘트벽돌량
① 정미량 : 15×3×149=6,705매
② 소요량 : 6,705×1.05=7,040.3 → 7,041매
(2) 사춤 모르타르량 :
6,705×0.33=2,213 → 2.21m^3

15 ① 겹침이음
② 용접이음
③ 가스압접이음
④ 기계적 이음

16 ① 수직철근 공법
② 슬라이드 공법
③ 볼트조임 공법
④ 커버플레이트 공법
⑤ 타이플레이트 공법
⑥ 오 볼트 공법

17 ① 떠붙임 공법
② 압착붙임 공법
③ 개량압착붙임 공법

18 ① 재료분리
② 공기량

19 ① 부실시공방지
② 부적격업체 사전배제
③ 기업의 경쟁력 확보
④ 입찰자 감소로 입찰시 소요시간과 비용 감소

20 가. 슬러리월 공법 : 벤토나이트액을 이용하여 지반을 굴착하고 철근망을 삽입한 후 콘크리트를 타설하여 지중에 구성된 철근콘크리트 연속벽체를 구성하는 공법

나. Guide Wall 설치 목적
① 인접지반의 붕락방지
② 굴착기계의 진입유도
③ 철근망의 거치

21 ① ㉣ ② ㉮
③ ㉯ ④ ㉰

22 가. 지판의 최소크기($b_1 \times b_2$)

지판은 받침부 중심선에서 각 방향 받침부 중심간 경간의 1/6 이상을 각 방향으로 연장시킨다.

$$b_1 = \frac{6,000}{6} + \frac{6,000}{6} = 2,000\,\text{mm}$$

$$b_2 = \frac{4,500}{6} + \frac{4,500}{6} = 1,500\,\text{mm}$$

$$\therefore\ b_1 \times b_2 = 2,000\,\text{mm} \times 1,500\,\text{mm}$$

나. 지판의 최소두께($h_{\min}$)

지판의 슬래브 아래로 돌출한 두께는 돌출부를 제외한 슬래브 두께의 1/4 이상으로 한다.

$$h_{\min} = \frac{200}{4} = 50\,\text{mm}$$

23 가. 메탈라스(Metal Lath)

얇은 철판에 자름금을 내어 당겨 늘린 것

나. 펀칭메탈(Punching Metal)

얇은 철판에 각종 모양을 도려낸 것

24 ① 품질관리
② 공정관리
③ 원가관리

25 ① 지상, 지하 동시 작업으로 공기단축
② 전천후 시공 가능
③ 1층 슬래브를 부분적으로 선시공함으로써 작업 공간 활용 가능
④ 인접건물에 악영향이 적음
⑤ 굴착소음방지 및 분진방지
⑥ 흙막이의 우수한 안정성
⑦ 가설 버팀대의 설치 및 해체 공정이 없음

26 ① 공사원가
② 일반관리비
③ 직접노무비

27 가. 지정 : 슬래브를 지지하기 위한 것으로 잡석, 말뚝 등의 부분

나. 기초 : 기초 슬래브와 지정을 총칭한 것으로 기초구조라고도 함

28 H-294 × 200 × 10 × 15

제9회 모의고사

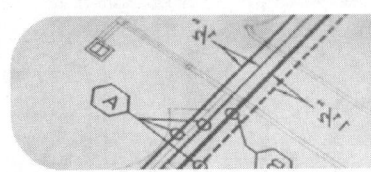

<table>
<tr><td colspan="5">20　년도 기사 일반 검정 제9회</td><td>감독위원
확　인</td></tr>
<tr><td>자격종목(선택분야)</td><td>시험시간</td><td>수검번호</td><td>성명</td><td>형별</td><td rowspan="2"></td></tr>
<tr><td>건축기사</td><td>3시간</td><td></td><td></td><td>A</td></tr>
</table>

** 수검자 유의사항 **

1. 시험문제지 총면수, 문제번호순서, 인쇄상태 등을 확인한다.
2. 수검번호, 성명은 답안지 매장마다 기재한다.
3. 답안작성시 반드시 흑색 또는 청색 필기구(연필류 제외) 중 동일한 필기구만을 계속하여 사용하여야 하며, 기타의 필기구를 사용한 답항은 0점 처리된다.
4. 답안을 정정할 때에는 반드시 정정부분을 두 줄로 긋고, 감독위원의 정정날인을 받아야 한다.
5. 답란에는 문제와 관련 없는 불필요한 낙서나 특이한 기록사항 등 부정의 목적이 있었다고 판단될 경우에는 모든 득점이 0점으로 처리된다.
   (단, 계산연습이 필요한 경우는 주어진 계산연습 란을 이용한다.)
6. 계산문제는 반드시 답란에 명시된 계산식(또는 계산과정)과 답을 기재하여야 하며, 계산과정이 없는 답은 0점 처리된다.
7. 계산과정에서 소수가 발생되면 문제의 요구사항에 따르고, 명시가 없으면 소수점 이하 셋째 자리에서 반올림하여 둘째 자리까지만 구하여 답한다.
8. 문제의 요구사항에서 단위가 주어졌을 경우에는 답에서 생략되어도 좋으나 그렇지 아니한 경우는 답란에 단위가 없으면 틀린 답으로 처리된다.
9. 문제에서 요구한 가지수(항수) 이상을 답란에 표기한 경우에는 답란 기재순으로 요구한 가지수(항수)만 채점한다.
10. 시험의 전 과정(필답형, 작업형)을 응시치 않은 경우 채점대상에서 제외시킨다.
11. 부정 또는 불공정한 방법으로 시험을 치른 자는 부정행위자로 처리되어 당해 검정을 중지 또는 무효로 하고 3년간 국가기술자격검정 응시자격이 정지된다.

* 다음 물음에 답을 해당 답란에 납하시오. (배점 : 100)

01 콘크리트 펌프의 압송방식 종류를 2가지 쓰시오.

득점	배점
	2

① ______________ ② ______________

02 다음에서 설명하는 강구조 볼트접합의 용어를 쓰시오.

득점	배점
	3

① 볼트 등의 접합재 구멍의 중심간 간격

② 볼트 등의 접합재를 치는데 한 열의 기준이 되는 중심선

③ 게이지라인과 게이지라인 사이의 응력 수직방향 중심간격

① ______________ ② ______________ ③ ______________

03 포틀랜드시멘트의 종류를 5가지 쓰시오.

득점	배점
	3

① ______________ ② ______________ ③ ______________

④ ______________ ⑤ ______________

04 다음 글을 읽고 ( ) 안에 들어갈 적당한 내용을 쓰시오.

득점	배점
	3

(가) 건축공사표준시방서에서 규정한 철근콘크리트 표준 슬럼프값은 일반적인 경우 (①)mm이며, 단면이 큰 경우는 (②)mm 범위의 값이다.

(나) AE제 등을 사용한 콘크리트의 공기량은 굵은 골재의 최대 치수에 따라 (③)% 범위의 값이다.

① ______________ ② ______________ ③ ______________

* 점선 이하는 계산 연습란으로 사용하시오 *

감독위원 확 인

20 년도 기사 일반 검정 제9회

자격종목(선택분야)	시험시간	수검번호	성명	형별
건축기사	3시간			A

05 **다음 데이터를 네트워크 공정표로 작성하고, 각 작업의 여유시간을 구하시오.**

득점	배점
	8

작업명	작업일수	선행작업	비고
A	2	없음	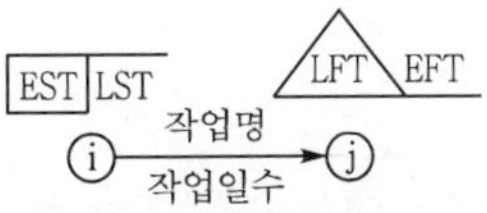 로 표기하고, 주공정선은 굵은선으로 표기하시오.
B	3	없음	
C	5	없음	
D	4	없음	
E	7	A, B, C	
F	4	B, C, D	

가. 네트워크 공정표

나. 여유시간

06 **다음 용어를 설명하시오.**

득점	배점
	6

(가) LCC : ______________________

(나) VE : ______________________

(다) Task Force 조직 : ______________________

07 **다음 보기를 참고하여 수직하중의 흐름을 적으시오.**

득점	배점
	3

보기

㉮ 기초　　㉯ 작은보　　㉰ 지반
㉱ 바닥판　　㉲ 수직하중　　㉳ 큰보
㉴ 기둥

____

08 아래 그림과 같은 인장재의 총단면적과 순단면적(mm^2)을 구하라. (단, 사용된 고장력볼트는 M20이고 ㄱ형강은 L-150×150×12이고 $A_g = 3,477mm^2$이다.)

득점	배점
	3

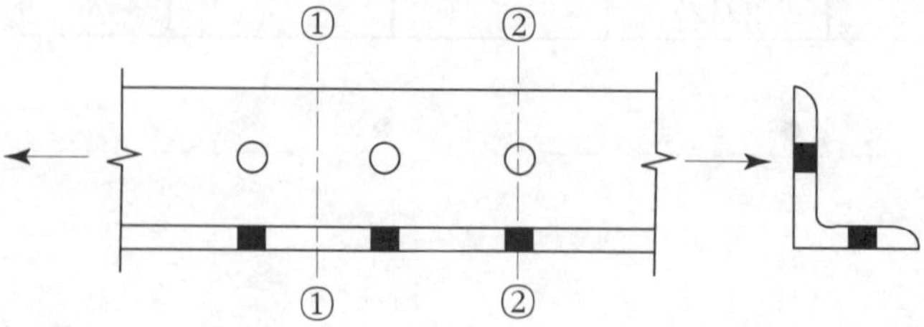

09 단면이 600mm×600mm인 정사각형 기둥을 지지하는 독립기초판의 유효춤 d를 1m로 할 경우, 뚫림전단에 대한 위험단면의 둘레길이 b_0(mm)는?

득점	배점
	2

10 보통콘크리트를 사용한 양단 연속 1방향 슬래브 스팬이 4.2m일 때 처짐을 계산하지 않는 경우 강도설계법에서 최소 두께(mm)는?

득점	배점
	2

＊ 점선 이하는 계산 연습란으로 사용하시오 ＊

20 년도 기사 일반 검정 제9회

자격종목(선택분야)	시험시간	수검번호	성명	형별
건축기사	3시간			A

감독위원 확 인

11 그림과 같은 캔틸레버 보의 점 A의 수직 반력과 모멘트 반력을 구하시오.

득점	배점
	4

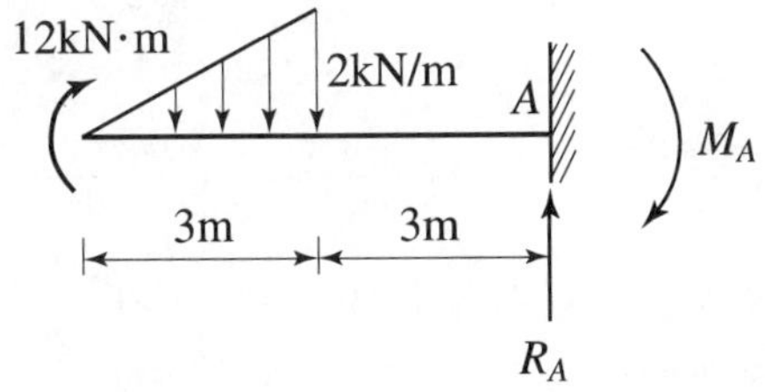

12 흙막이의 계측관리시 계측에 사용되는 측정장비 3가지를 쓰시오.

득점	배점
	3

①

②

③

13 Pre-stressed Concrete에서 Pre-tension 공법과 Post- tension 공법의 차이점을 시공순서를 바탕으로 쓰시오.

득점	배점
	4

가. Pre-tension 공법 :

나. Post-tension 공법 :

14 유성페인트의 구성요소를 3가지 쓰시오.

득점	배점
	3

① ________ ② ________ ③ ________

15 중량(차폐용) 콘크리트에 대하여 기술하시오.

득점	배점
	4

____

16 다음 설명이 뜻하는 용어를 쓰시오.

득점	배점
	3

① 건설공사 계약체결 후 실제 현장공사 착수시까지의 준비 기간
② 네트워크 공정표에서 지정공기와 계산공기를 일치시키는 과정
③ 공기단축 과정에서 작업을 1일 단축할 때 추가되는 직접비용

① ________ ② ________ ③ ________

17 다음 괄호에 공통적으로 들어갈 용어를 쓰시오. (2점)

득점	배점
	2

보기

(가) 한중 콘크리트에서는 초기강도 발현이 늦어지므로 ( )를 이용하여 거푸집의 해체시기, 콘크리트 양생기간 등을 검토한다.
(나) 양생온도가 달라져도 그 ( )가 같으면 콘크리트 강도는 비슷하다고 본다.

____

* 점선 이하는 계산 연습란으로 사용하시오 *

20 년도 기사 일반 검정 제9회

자격종목(선택분야)	시험시간	수검번호	성명	형별
건축기사	3시간			A

감독위원 확 인

18 벽돌벽의 표면에 생기는 백화의 발생 원인과 대책을 각각 2가지를 쓰시오.

득점	배점
	4

가. 원인

① ______________________

② ______________________

나. 대책

① ______________________

② ______________________

19 목구조에서 횡력(수평력)을 보강하는 부재를 3가지 쓰시오.

득점	배점
	3

① ____________ ② ____________ ③ ____________

20 다음 측정기별 용도를 (   )에 쓰시오.

득점	배점
	2

① Washington Meter : (   )

② Dispenser : (   )

21 품질관리 시험의 종류를 3가지 쓰시오.

득점	배점
	3

① ____________ ② ____________ ③ ____________

22 PERT 기법에서 낙관시간(t_o) 4일, 정상시간(t_m) 5일, 비관시간(t_p) 6일일 때 기대시간(t_e)을 구하시오.

득점	배점
	4

23 콘크리트의 인장응력이 생기는 부분을 미리 압축력을 주어 콘크리트의 인장강도를 증가시켜 휨저항을 크게 한 콘크리트를 무엇이라고 말하는가?

득점	배점
	2

24 프리보링 공법 작업순서를 | 보기 | 에서 골라 기호를 쓰시오.

득점	배점
	3

| 보기 |

㉮ 어스 오거 드릴로 구멍굴착　　㉯ 소정의 지지층 확인
㉰ 기성콘크리트말뚝 경타　　㉱ 시멘트액 주입
㉲ 기성콘크리트말뚝 삽입　　㉳ 소정의 지지력 확보

25 제자리콘크리트말뚝을 제작하기 위해 지반에 구멍을 판 후 벤토나이트용액을 넣어주는 목적 3가지를 쓰시오.

득점	배점
	3

①

②

③

* 점선 이하는 계산 연습란으로 사용하시오 *

20 년도 기사 일반 검정 제9회

자격종목(선택분야)	시험시간	수검번호	성명	형별
건축기사	3시간			A

감독위원 확 인

26 주어진 도면을 보고 철근량을 산출하시오. (단, 정미량으로 하고 D16=1.56kg/m, D10=0.56kg/m이며, 소수 3째자리에서 반올림한다.)

득점	배점
	6

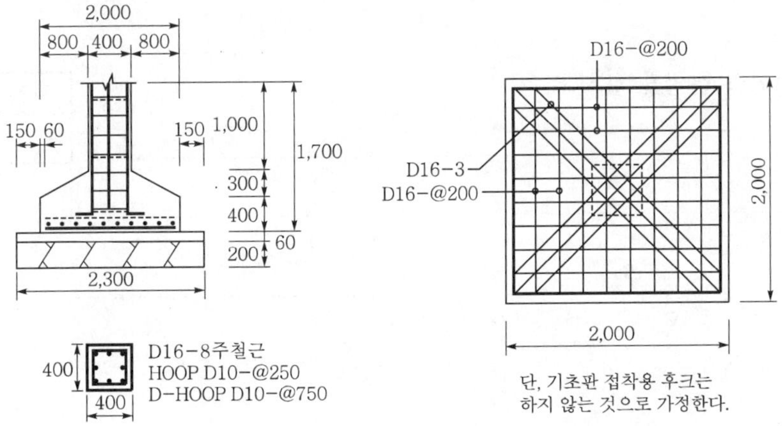

27 콘크리트 구조물의 압축강도를 추정하고 내구성 진단, 균열의 위치, 철근의 위치 등을 파악하는 데 있어서 구조체를 파괴하지 않고 비파괴적인 방법으로 측정하는 검사 방법을 4가지 쓰시오.

득점	배점
	4

① ______________________ ② ______________________

③ ______________________ ④ ______________________

28 | 보기 | 에 열거한 공법들을 분류에 따라 골라 번호를 쓰시오.

득점	배점
	4

보기
㉮ 칼웰드 공법(리버스 서큘레이션 공법) ㉯ 샌드드레인 공법
㉰ 베노토 공법 ㉱ 동결 공법
㉲ 그라우팅 공법 ㉳ 이코스 공법

가. 제자리콘크리트말뚝 공법 : ______

나. 지반개량 공법 : ______

29 JIT(Just In Time)의 정의를 쓰시오.

득점	배점
	4

______

______

* 점선 이하는 계산 연습란으로 사용하시오 *

제9회 모의고사 해설 및 정답

01 ① 공기압축식
② 피스톤식
③ 스퀴즈식

02 ① 피치
② 게이지라인
③ 게이지

03 ① 보통포틀랜드시멘트
② 중용열포틀랜드시멘트
③ 조강포틀랜드시멘트
④ 저열포틀랜드시멘트
⑤ 내황산염포틀랜드시멘트

04 ① 80~180　② 60~150　③ 3.0~6.0

05 가. 네트워크 공정표

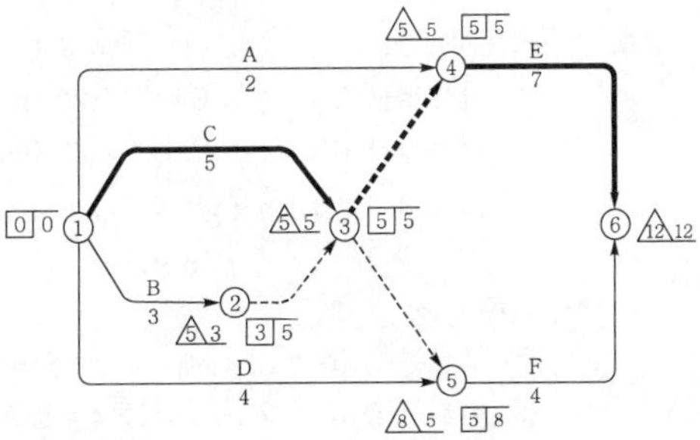

나. 여유시간

작업명	TF	FF	DF	CP
A	3	3	0	
B	2	2	0	
C	0	0	0	*
D	4	1	3	
E	0	0	0	*
F	3	3	0	

(주) B작업에서 후속작업의 EST는 3이 아닌 5임에 주의할 것

06 (가) LCC : 건축물의 기획, 설계, 시공에서부터 완공된 후의 유지관리 및 해체까지 이어지는 일련의 과정을 건물의 생애(수명)라 한다. 이러한 건물의 생애기간동안 소요되는 초기투자비 및 유지관리비 등의 총비용

(나) VE : 발주자가 요구하는 성능, 품질을 보장하면서 가장 싼값으로 공사를 수행하기 위한 수단을 찾고자 하는 체계적이고 과학적인 공사방법 혹은, 건축생산에 있어서 자재 및 관리기술의 대체로써 원가절감에 이용되는 기법.

(다) Task Force 조직 : 다양한 기능조직에서 일정기간 본 부서를 떠나 한시적으로 팀을 구성하여 주어진 임무를 완수한 후 다시 본래의 조직을 복귀하는 조직형태

07 ㉮→㉱→㉯→㉳→㉴→㉮→㉰

08 1. 강고장력볼트의 구멍지름 (M20)

$d_h = d + 2 = 20 + 2 = 22\ \mathrm{mm}$

2. 총단면적 (①-① 단면)

$A_g = 3{,}477\ \mathrm{mm}^2$

3. 파단선에 따른 순단면적 (②-② 단면)

$A_n = A_g - n\, d_h\, t = 3{,}477 - 2 \times 22 \times 12 = 2{,}949\ \mathrm{mm}^2$

09 정사각형 독립기초에서 뚫림전단의 위험단면은 기전면에 $d/2$ 만큼 떨어진 곳이므로 다음과 같다.

(1) 각종 치수

$c_1 = c_2$=기둥의 너비=600 mm

d=슬래브의 유효깊이=1,000 mm

(2) 정사각형 독립기초에서 위험단면의 둘레길이

$b_0 = 4(c_1 + d) = 4 \times (600 + 1{,}000) = 6{,}400\mathrm{mm}$

10 양단 연속 1방향 슬래브에서 처짐을 고려하지 않는 경우의 최소 두께는 $l/28$

$\therefore\ h = \dfrac{4{,}200}{28} = 150\mathrm{mm}$

11 ① $\Sigma M = 0(+;\curvearrowright)$:

$\Sigma M_A = 12 - \left(\dfrac{1}{2} \times 2 \times 3\right) \times \left(3 \times \dfrac{1}{3} + 3\right) + M_A = 0$

$\therefore\ M_A = 0\ \mathrm{kN \cdot m}$

② $\Sigma Y = 0(+;\uparrow)$: $\Sigma Y = \dfrac{1}{2} \times 2 \times 3 + R_A = 0$

$\therefore\ R_A = 3\ \mathrm{kN}(\uparrow)$

③ $\Sigma X = 0(+;\rightarrow)$: $\Sigma X = H_A = 0$

$\therefore\ H_A = 0\ \mathrm{kN}$

12 ① Earth(Soil) Pressure Gauge(토압계)
② Strain Gauge(변형계)
③ Level and Staff(지표면 침하계)
④ Inclinometer(지중 경사계)
⑤ Load Cell(축력계)

13 가. Pre-tension 공법
① 강현재 긴장
② 콘크리트 타설
③ 콘크리트 경화
④ 강현재 양끝 절단

나. Post-tension 공법
① 시스 설치
② 콘크리트 타설
③ 강현재 삽입 및 긴장
④ 그라우팅

14 ① 안료 ② 건성유
③ 희석제 ④ 건조제

15 주로 생물체의 방호를 위하여 X선, γ선 및 중성자선을 차폐할 목적으로 중량골재를 사용하여 기건비중 2.5~6.9, 단위질량 2.5t/m^3 이상인 콘크리트

16 ① 리드타임(Lead Time)
② 공기조정
③ 비용구배(CS, Cost Slope)

17 적산온도

18 가. 원인
① 벽돌벽면의 빗물 침입
② 재료 불량
③ 시공 불량
④ 기온이 낮을 때
⑤ 습도가 높을 때
⑥ 물시멘트비가 클 때

나. 대책
① 양질의 벽돌 사용
② 줄눈 모르타르에 방수제 혼합
③ 빗물이 침입하지 않도록 벽면에 비막이 설치
④ 벽돌표면에 파라핀 도료를 발라 염류의 유출 방지
⑤ 낮은 물시멘트비로 시공
⑥ 비나 눈이 오면 작업중지

19 ① 가새
② 버팀대
③ 귀잡이

20 ① Washington Meter : 굳지 않은 콘크리트 중의 공기량 측정
② Dispenser : AE제의 계량장치

21 ① 선정시험
② 관리시험
③ 검사시험

22 $t_e = \dfrac{t_o + 4t_m + t_p}{6} = \dfrac{4+4\times5+6}{6} = 5$일

23 프리스트레스트 콘크리트
(PS 콘크리트, Prestressed Concrete)

24 ㉮ → ㉯ → ㉱ → ㉲ → ㉰ → ㉳

25 ① 슬라임의 부유 배제
② 굴착면의 붕괴방지
③ 지수효과
④ 굴착부의 마찰저항 감소

26 1. 기초판
① 가로철근(D16) : 10EA×2=20.0m
② 세로철근(D16) : 10EA×2=20.0m
③ 대각선철근(D16) : $6EA\times\sqrt{2^2+2^2}$
=16.971m

2. 기둥
① 주철근(D16) : 8EA×(1.7+0.4)=16.80m
② 띠철근(D10) : 7EA×0.4×4=11.20m
③ 보조띠철근(D10) : 3EA×0.4×4=4.80m

3. 합계
① D10 : (11.20+4.80)×0.56=8.960
→ 8.96kg
② D16 : (20+20+16.97+16.8)×1.56
=115.081 → 115.08kg
∴ 합계 : 8.96+115.08=124.044kg

27 ① 반발경도법
② 초음파속도법
③ 복합법
④ 공진법

28 가. 제자리콘크리트말뚝 공법 : ㉮, ㉰, ㉳
나. 지반개량공법 : ㉯, ㉱, ㉲
(주) 기출문제 출제년도에 따라 리버스 서큘레이션 공법이 칼웰드 공법으로 대체되어 출제되기도 하였음

29 생산부문의 각 공정별로 작업량을 조정하여 중간재고를 최소한으로 줄이는 관리체계로서 생산에 있어 필요한 때 필요한 부품만을 확보하는 경영방식이다.

메모하세요..

건축기사 실기 과년도 및 모의고사

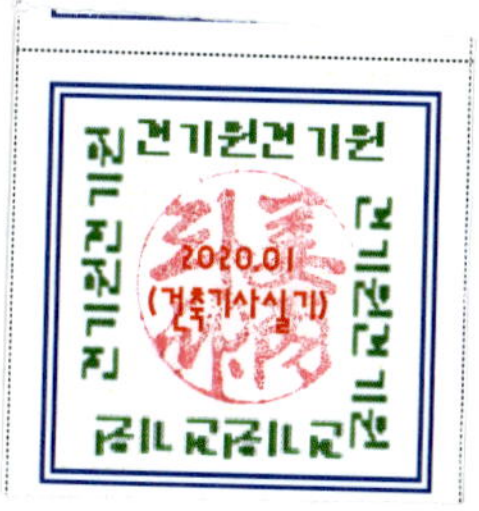

정가 ▌32,000원

편 저 ▌강병두 · 강호근
펴낸이 ▌차 승 녀
펴낸곳 ▌도서출판 건기원

2011년 7월 15일 제1판 제1인쇄 발행
2012년 3월 15일 제2판 제1인쇄 발행
2013년 2월 22일 제3판 제1인쇄 발행
2014년 3월 15일 제4판 제1인쇄 발행
2015년 2월 10일 제5판 제1인쇄 발행
2017년 2월 10일 제6판 제1인쇄 발행
2018년 2월 5일 제7판 제1인쇄 발행
2020년 2월 10일 제8판 제1인쇄 발행
2023년 2월 10일 제9판 제1인쇄 발행
2025년 2월 25일 제10판 제1인쇄 발행

주소 ▌경기도 파주시 연다산길 244(연다산동 186-16)
전화 ▌(02)2662-1874~5
팩스 ▌(02)2665-8281
등록 ▌제11-162호, 1998. 11. 24

ISBN 979-11-5767-884-6 13540